U0059628

# SolidWorks 3D 鈑金設計實例詳解

鄭光臣、陳世龍、宋保玉　編著

全華圖書股份有限公司

# 授權同意書

根據中華民國著作權法之規定，【作者鄭光臣、陳世龍、宋保玉】所著『Solidworks 3D 鈑金設計實例詳解』一書，經由 SolidWorks 在台灣總代理實威國際股份有限公司之同意授權，得以使用與引述 SolidWorks 軟體程式之指令畫面、操作方法、範例圖形與專有名詞，並准予編目註冊發行。

此致

作者： 鄭光臣、陳世龍、宋保玉

授權人：SolidWorks 台灣總代理
實威國際股份有限公司

中 華 民 國 一 〇 四 年 三 月 八 日

# 編者序

本書選用日用生活產品及工業用具等約 85 個鈑金件為實例，引導讀者循序漸進學習地鈑金基本工具指令產生鈑金件、如何套用與建立成形工具於鈑金件上、以及適時地運用進階特徵工具加入鈑金件，以期順利完成該鈑金件造型的編輯等內涵。

本書針對每一個實例之操作步驟，擷取軟體實際介面完整呈現，然後詳實地加以講解說明，使初學者能夠直覺式學習、順利操控 Solidworks 軟體，引導讀者按部就班地完成其模型的建構與鈑金的展平。

本書針對選例、概述、操作、解說、內容、動畫、印刷、編排、以及對象方面的特色敘述如下：

1. 在選例方面：所選的每個實例均經過精心挑選，都是常用的日用生活產品或工業產品，使讀者對其產品結構熟悉易懂。
2. 在概述方面：先針對每個實例進行概要敘述，呈現明確的學習目標、關鍵的繪圖步驟、實用的操作指令及實際的完成品圖等內容做重點性的掌握，使讀者對該實例有一個整體概念，正確並快速的學會 Solidworks 板金設計，並進行板金的展開，提升職場專業能力與競爭力。
3. 在操作方面：本書詳實的記錄關鍵性操作步驟、擷取軟體的實際操作界面，例如指令按鈕、使用滑鼠手勢、對話方塊、立即檢視工具列、或文意感應工具列的畫面。使讀者能夠直觀、準確快速地操作 Solidworks 軟體。
4. 在解說方面：簡要的文字說明其圖示與操作，引導讀者依板金建構邏輯思考，一步一步的完成其模型的建構，減少讀者在軟體操作摸索的時間。
5. 在內容方面：本書分為鈑金概說與產生的方法、使用鈑金工具產生鈑金、套用成形工具於鈑金件、加入特徵工具於鈑金件等四單元，以實例作詳細的解說。
6. 在動畫方面：隨書附動畫教學光碟，內容完整詳實，影音動畫 AVI 檔(有學生版及教師版兩種)。另附加實例基本草圖檔、實例 IGS 檔、實例 SAT 檔、成形工具 IGS 檔、成形工具 SAT 檔等等，供讀者參考採用。
7. 在印刷方面：本書採用彩色印刷圖片精美，實例操作步驟預覽或選取中分別呈現不同顏色標示，藉以提高讀者的判讀與學習效率。
8. 在編排方面：本書採用繁體中文介面，編排循序漸進深入淺出，簡淺易懂容易上手。
9. 在對象方面：適合大專院校「電腦輔助板金設計」課程之實習教材、高職專業模組化課程之實習教材、職業訓練專業實習訓練教材、或相關從業人員自學進修用之教材。

# 目　　錄

第1章 鈑金概說與產生的方法 ........ 1

1.1 鈑金概說 ........ 1

1.1.1 鈑金的基本定義 ........ 1

1.1.2 鈑金製作流程概說 ........ 1

1.1.3 電腦繪製鈑金件的優點 ........ 2

1.2 鈑金件的產生方法 ........ 2

1.2.1 SolidWorks 產生鈑金零件常用的方法 ........ 2

1.2.2 SolidWorks 鈑金工具列之用途及其說明 ........ 3

1.2.3 自訂工具列及滑鼠手勢的設定 ........ 5

1.2.4 系統選項與文件屬性的設定 ........ 7

1.2.5 使用 SolidWorks 線上說明與學習單元 ........ 11

1.3 SolidWorks 產生鈑金零件常用的方法實例概說 ........ 16

1.3.1 從鈑金薄板狀態產生為鈑金件 ........ 17

1.3.2 從鈑金展開狀態產生為鈑金件 ........ 21

1.3.3 從實體薄殼零件轉換為鈑金件 ........ 23

1.3.4 結合使用不同的鈑金設計方法產生鈑金件 ........ 25

第2章 使用鈑金工具產生鈑金 ........ 29

2.1.1 基材凸緣(單一開放形)產生塑膠硬質管護管夾鈑金 ........ 37

2.1.2 基材凸緣(單一開放形)產生扣環鋼片鈑金 ........ 41

2.1.3 基材凸緣(單一封閉形)產生爐心支持片鈑金 ........ 45

2.1.4 基材凸緣(多個包容封閉形)產生 C 型扣環孔用鈑金.................... 47
2.1.5 薄板頁產生鋼製 L 型烤漆書架鈑金........................................ 49
2.2.1 草圖繪製彎折(1 條直線)產生 25mm 鐵扣環鈑金.......................... 54
2.2.2 草圖繪製彎折(1 條直線)產生窗簾吊鉤鈑金................................ 57
2.2.3 草圖繪製彎折(2 條直線)產生拔毛夾鈑金................................ 61
2.2.4 草圖繪製彎折(2 條直線)產生門扣固定端鈑金.......................... 66
2.3.1 邊線凸緣(邊線迴圈)產生爐心鋼板框架鈑金............................ 71
2.3.2 邊線凸緣(2 條相切邊線)產生釘書機底座鈑金.......................... 76
2.3.3 邊線凸緣(多條相切邊線)產生山形夾子活動側鈑金.................... 85
2.3.3 邊線凸緣(多條相切邊線)產生山形夾子固定側鈑金 ................ 92
2.3.4 邊線凸緣(相切邊線迴圈)產生排水孔蓋鈑金............................ 97
2.3.5 邊線凸緣(4 條邊線)產生電源箱門鈑金..................................103
2.3.6 邊線凸緣(1 條邊線)產生固定板鈑金....................................108
2.4.1 插入彎折(伸長填料薄件特徵)產生長尾夾本體鈑金....................115
2.4.2 插入彎折(1 條邊線)產生低壓軟管夾鈑金...............................119
2.5.1 斜接凸緣(草圖含三直線)產生電源箱體鈑金............................125
2.5.2 斜接凸緣(草圖含直線與圓弧)產生方盒鈑金 ............................130
2.6.1 掃出凸緣(封閉的邊線為路徑)產生八角形金屬盒鈑金 ................134
2.6.2 掃出凸緣(封閉的邊線為路徑)產生不銹鋼茶盤鈑金....................139
2.6.3 掃出凸緣(開放的草圖輪廓線為路徑)產生圓柱風管鈑金..............143
2.6.4 掃出凸緣(開放的草圖輪廓線為路徑)產生漸縮圓柱風管鈑金.........147
2.7.1 摺邊(1 條直線)產生鎖用花邊搭扣固定端鈑金..........................151
2.7.1 摺邊(2 條直線)產生鎖用花邊搭扣活動端鈑金..........................153
2.7.2 摺邊(2 條直線)產生汽車用橫接環眼電線端子鈑金....................156
2.7.3 摺邊(3 條直線)產生門鉸鏈鈑金............................................160
2.8.1 凸折(從展開狀態折鈑金)產生座板鈑金...................................165

2.8.2 凸折(1 條水平直線)產生電源供應器外殼上蓋鈑金..................169

2.8.3 凸折(1 條水平直線)產生電腦擋片鈑金 ..................................175

2.9.1 鈑金連接板(3 個連接板)產生 L 型固定片鈑金.....................180

2.9.2 鈑金連接板(2 個連接板)產生鋼製 L 型烤漆書架鈑金............184

2.10.1 裂口(選取內部模型邊線)產生矩形固定盒座鈑金 ......................189

2.10.2 裂口(選取線性草圖圖元與外部模型邊線)產生縮口矩形盒鈑金 ......197

2.11.1 疊層拉伸彎折(偏心圓)產生偏心異徑管鈑金 ............................204

2.11.2 疊層拉伸彎折(平行輪廓)產生異口形管鈑金 ............................209

2.11.3 疊層拉伸彎折(非平行輪廓)產生異口形管鈑金 .........................215

2.12.1 展開+摺疊(多個彎折)產生新式長尾夾本體鈑金..........................219

2.12.2 展開+摺疊(1 個彎折)產生馬達外殼中筒鈑金 ............................224

2.13.1 轉換實體(本體特徵)產生工地手推車鈑金 ...............................232

2.13.2 轉換實體(本體特徵)產生滑動護罩鈑金 ...................................241

第3章 套用成形工具於鈑金件.......................................................257

3.1.1 套用 round flange 用於門鎖鎖片鈑金件............................260

3.1.2 套用 single rib 與 dimple 用於電腦擋片鈑金件.................266

3.1.3 套用 single rib 與 counter sink emboss 用於烤盤鈑金件.........272

3.2.1 產生成形工具(冰塊夾沖頭)用於冰塊夾鈑金件.......................283

3.2.2 產生成形工具(麵包夾沖頭)用於麵包夾鈑金件.......................297

3.2.3 產生成形工具(門栓沖頭)用於門栓鈑金件.............................305

3.2.4 產生&套用成形工具用於不銹鋼茶盤外層鈑金件 .....................315

3.2.5 產生成形工具(釘書機針座沖頭)用於釘書機底座鈑金件...........323

3.2.6 產生成形工具(電源箱體沖頭)用於電源箱體鈑金件..................332

3.3.1 取代成形工具用於電源供應器外殼上蓋鈑金設計變更...............349

第4章 加入特徵工具於鈑金件 ........................................369

4.1.1 填入複製排列指令用於不銹鋼茶盤鈑金件..............................375

4.1.2 填入複製排列指令用於濾清器配件鈑金件..............................384

4.1.3 填入與草圖複製排列使用於電源供應器外殼底座鈑金件............390

4.2.1 凹陷、曲線導出複製排列指令用於指甲剪底層剪片鈑金件.........424

4.2.2 凹陷、曲線導出複製排列指令用於指甲剪頂層剪片鈑金件.........435

4.2.3 凹陷、曲線導出複製排列指令用於指甲剪指壓片鈑金件...........440

4.3.1 包覆指令用於八角形金屬盒鈑金件......................................457

4.3.2 包覆指令用於釘書機底座鈑金件.........................................465

4.4.1 變形(一個點)指令用於管鉗調整框鈑金件..............................471

4.4.2 變形(曲線對曲線)指令用於不銹鋼叉子鈑金件........................478

4.5.1 彎曲指令用於瓦斯爐瓦斯管支架鈑金件.................................484

4.5.2 彎曲指令(L 型角架支撐片)使用於鈑金件..............................496

4.6.1 排氣口指令用於電源供應器外殼底座鈑金件...........................505

4.6.2 排氣口指令用於不銹鋼烤箱外殼鈑金件................................510

4.7.1 分割(兩相交圓柱管)產生上下兩圓柱管鈑金件........................527

4.8.1 熔接角落指令用於電源箱體鈑金角落加入熔珠 ......................536

4.8.2 熔接角落指令用於電源箱體鈑金角落加入熔珠........................541

4.9.1 熔珠(熔接幾何)在偏心異徑管彎折鈑金縫隙產生熔珠...............545

4.9.2 熔珠(熔接幾何)在異口形管彎折鈑金縫隙產生熔珠..................549

4.9.3 熔珠(熔接路徑)在圓柱風管鈑金縫隙產生熔珠........................553

4.9.4 熔珠(熔接幾何)在兩相交圓柱管鈑金縫隙產生熔珠..................557

4.10.1 套用及編輯移畫印花對應至八角形金屬盒上 .......................563

隨書動畫光碟內容說明(學生版) ..........................................571

# 第 1 章 鈑金概說與產生的方法

## 1.1 鈑金概說

### 1.1.1 鈑金的基本定義

鈑金因其外形輕巧、加工容易、成本較低等特點，廣泛的應用在電子產品結構、汽車鈑金、家電機殼、廚房櫃具、機械設備外殼、航太科技、運動器材、電腦硬體設備機殼、空調風管、辦公室鐵櫃、配電箱體、船舶等領域。

鈑金(Sheet Metal)廣義而言，即將金屬薄板做下料、彎折、沖孔、剪切、凸凹壓印、攻牙、鉚接、銲接、膠合、鉤合、壓合、組合或塗裝加工成型後，成為各種不同形狀的鈑金件。鈑金簡單定義是將厚度一致的薄板金屬的冷作加工。

鈑金作業使用的材料種類很多，有鐵金屬與非鐵金屬，其無論在常溫或高溫加工，都必需具備有延展性、剪斷、壓縮成形等性質，且要有不易破裂、變形等性質，方合乎其條件。鈑金一般使用的材料有熱軋鋼板或鋼帶、冷軋鋼板或鋼帶、鍍鋅鐵板、鍍錫鐵板、彩色烤漆鋼板、不銹鋼板、銅板、黃銅板及鋁板等。一般鈑金作業所使用的鋼板，係以極軟鋼之鋼錠，用滾筒軋延成板片狀者，依其厚度來分，可分為薄板、中板、厚板三種。

薄板一般為鈑金作業的材料，一般板厚在 1.6mm 以下。中板則用於機械或鈑金零組件的材料，常用板厚在 1.6mm~6mm 之間。厚板用於構造件、鍋爐、造船的材料，其板厚在 6mm 以上。

鈑金工作屬機械加工的一種，其作業乃將板厚一致的材料經剪切、折彎、沖孔、成型或其組合加工後，做成各種不同形狀的鈑金件。

隨著電腦技術運用的普及化，電腦應用軟體的分析、計算與專業輔助設計能力愈來愈強大，近年來鈑金業界漸漸採用做為設計之重要輔助工具。

### 1.1.2 鈑金製作流程概說

鈑金產品分析以及關鍵概念設計的考量，以繪圖軟體模擬 3D 實體造型組立，繪製鈑金零件圖、工程圖、展開圖、組合圖與客戶做最後確認後，規劃加工程序、生產排程、進行各類型加工、試作樣品檢討各項問題作設計變更，即可進行量產。

1. 產品造型分析：首先針對客戶所需求的項目作關鍵性的考量設計，主要在於產品之功能以及空間配置等等項目，其次是在於概念性設計考量，包含鈑金成型後的顏色，商標，外型等的部分。再其次是材料的選擇，依其特性、經濟性、加工性以及節能性等均為設計考量的重要因素之一。

2. 電腦繪圖設計：以繪圖軟體模擬 3D 實體組合圖繪製出來，並與客戶做最後功能性概念性溝通後，繪製 3D 實體組合圖做拆解進而完成各項實體零件的細部 2D 零件圖、2D 展開圖完成，並做圖面審核做最後確認。檢查圖面視圖是否表達清楚，尺度標註是否正確與齊全，比例與尺寸單位是否正確，尺寸較多或圖形複雜且較小者要加局部放大視圖。零組件裝配關係做干涉及尺寸公差分析，裝配或重要的部位精度要求分析。並在圖面上詳細記註其公差配合、表面織構符號、幾何公差及必要的註解。
3. 鈑金加工設計：將其圖檔資料及要求交零件開發與製程部門，進行新開發外購零組件檢討評估，並作合理化改進建議。製程部門考量零組件之加工順序及切斷或折曲加工性是否合適，進而排製程流程交付雷射切割或經由沖孔、折彎、熔接、噴塗到產品樣品組立完成。檢討試做樣品之各項問題點檢討並進行設計變更，並與客戶做最後認可確認後，才排定產品進入量產的階段。

### 1.1.3 電腦繪製鈑金件的優點

1. 簡化建立及修改鈑金、刀刃、折彎、轉角止裂槽、沖孔和沖壓的日常流程。
2. 支援智慧型特徵辨識功能，只要按一個鈕，就能將修改導入所有相同的鈑金特徵。
3. 配合偏好的鈑金設計工作模式或各種鈑金廠商將材料、沖孔和沖壓標準化。
4. 嵌入鈑金設計建議來提升設計的製造可行性，並找出潛在的製造問題。
5. 建立 3D 和 2D 關聯平坦模式，精準地將鈑金零件的製造資訊傳遞到 2D 工程圖。
6. 自動依據材料類型、體積和製造刀具估算成本。

## 1.2 鈑金件的產生方法

鈑金零件通常用作零組件的包覆外殼或底座，或支撐其他零組件之用途。也可以是獨立地設計一個鈑金零件之物品，而不需要對其所包含的零件作任何的參考。

### 1.2.1 SolidWorks 產生鈑金零件常用的方法

SolidWorks 產生鈑金零件常用的方法有下列四種，詳細分述如下：

1. 從鈑金薄板狀態產生為鈑金件：建立開放或封閉的輪廓草圖後，使用基材凸緣指令產生其鈑金零件。即直接建立為鈑金件，減少了一些額外的步驟。
2. 從鈑金展開狀態產生為鈑金件：先畫出鈑金展開狀態的外形後，使用基材凸緣指令產生鈑金薄板，然後在薄板上需折彎處畫出草圖位置線，再使用插入彎折指令完成其鈑金零件。

3. 從實體薄殼零件轉換為鈑金件：先使用基材伸長、薄殼、旋轉指令，建立實體薄件後，再使用裂口、插入彎折與轉換為鈑金等指令，將其轉換為鈑金零件。例如圓錐彎折不被特定的鈑金產生特徵(基材凸緣、邊線凸緣)支援此種狀況下使用較為理想。因此使用特徵薄件來建立零件，然後使用插入彎折指令，將其轉換來產生圓錐零件以加入彎折。

4. 結合使用不同的鈑金設計方法產生鈑金件：一開始即以鈑金工具產生鈑金件或由實體特徵轉換為鈑金件，再加入特定的鈑金特徵，例如邊線凸緣、斜接凸緣、掃出凸緣、基材-凸緣/薄板頁等工具產生鈑金特徵，結合多種不同的方法建立多個鈑金本體或鈑金本體與其他本體的組合。

### 1.2.2 SolidWorks 鈑金工具列之用途及其說明

鈑金零件通常用於機械零組件包覆之零組件，或用來支撐其他零組件用。亦可單獨設計一個鈑金零件，而不需要對其所包含的零件作任何的參考；也可以在包含此包覆零組件的組合件關聯中設計鈑金零件，或在多本體的環境中，於另一個零件文件之中設計零件。

鈑金工具列提供產生及使用鈑金零件的工具，鈑金工具鈕之圖像、用途及其說明，表 1-1 所示。

表 1-1 鈑金工具列之用途及其說明

| 圖像 | 用　途 | 說　　明 |
|---|---|---|
| | 基材-凸緣/薄板頁 | 產生鈑金新零件的第一個特徵。若為薄板頁特徵時，系統會自動將深度設定為鈑金零件的厚度。深度的方向會自動設定與鈑金零件重合，以避免實體不連接的情況發生。 |
| | 轉換為鈑金 | 透過轉換實體或曲面本體的方式產生鈑金零件。實體可以是輸入的鈑金本體。 |
| | 疊層拉伸彎折 | 由一個疊層拉伸來連接的兩個開放輪廓的草圖，可產生彎折或平滑形式的疊層拉伸彎折。但基材凸緣特徵不能與疊層拉伸彎折特徵一起使用。 |
| | 邊線凸緣 | 鈑金零件上選取一條或多條邊線加入邊線凸緣特徵。 |
| | 斜接凸緣 | 鈑金零件的邊線上可加入一系列的斜接凸緣特徵。 |
| | 摺邊 | 鈑金零件上所選的邊線上加入摺邊特徵。 |
| | 凸折 | 從鈑金零件上畫一直線(草圖輪廓線)可產生兩個彎折特徵。 |

| 圖像 | 用　途 | 說　　　明 |
|---|---|---|
| | 草圖繪製彎折 | 鈑金零件處於摺疊狀態時，加入彎折線可使用草圖繪製彎折特徵，可讓您標註彎折線至其他摺疊幾何的尺寸。 |
| | 橫向斷裂 | 橫向斷裂指令可在鈑金零件中插入橫向斷裂的圖形呈現。在 HVAC 或輸送管工作設計中，橫向斷裂是用於使得鈑金變硬。 |
| | 斷開-角落/角落-修剪 | 在摺疊的鈑金零件邊線或面上，切除或加入一個或多個去角或圓角材料。 |
| | 角落修剪 | 在展開鈑金零件的角落邊線或面上，切除或加入材料。 |
| | 封閉角落 | 使用於鈑金零件的凸緣間加入封閉角落特徵。 |
| | 熔接角落 | 使用於鈑金零件的角落間加入熔珠熔接特徵。 |
| | 成形工具 | 建立成形工具零件，可使用於鈑金零件上，或將 Design Library 中的成形工具(如同沖頭)套用到鈑金零件上。如百葉窗、凸緣、及肋材等成形的特徵。 |
| | 展開 | 展開鈑金零件中的一個、多個或所有彎折。 |
| | 摺疊 | 彎折鈑金零件中的一個、多個或所有彎折。 |
| | 展平 | 使用恢復抑制平板型式來展平整個鈑金零件。亦可用展平工具使多本體鈑金零件中的個別本體展平。 |
| | 無彎折 | 從鈑金零件上回溯所有彎折到彎折曾經被插入的位置，可產生一些額外的東西，例如加入一個薄壁。此功能只能在有展開-彎折 1 及加工-彎折 1 特徵的鈑金零件中使用。 |
| | 裂口 | 沿所選內部或外部模型邊線或線性草圖圖元或藉由合併模型邊線與單一線性草圖圖元，產生裂口特徵。 |
| | 插入彎折 | 插入彎折可將薄殼化特徵零件轉換為鈑金零件。 |
| | 掃出凸緣 | 使用掃出凸緣工具，在鈑金零件中產生複合彎折。 |
| | 加入鈑金支撐 | 產生鈑金支撐，內含穿過彎折的特定凹陷。 |
| | Sheet Metal Costing | 執行 Costing 工具以評估製造鈑金件之製造設置和切割路徑的成本。若鈑金範本中有足夠的資訊，而且已指定符合範本的材質給零件，軟體便會執行成本估計，而且 Costing 工作窗格中會顯示每個零件的估計成本。 |

## 1.2.3 自訂工具列及滑鼠手勢的設定

學習目標：能在零件、組合件、工程圖和草圖狀態，自訂工具列及指定滑鼠手勢。

操作步驟：設定八個滑鼠手勢方向→在圖面空白處按滑鼠右鍵，往八個方向之一滑去(向上、向下、向左、向右或沿四個對角方向)，即選用一個工具指令。

- 您可以指定不同的工具來自訂滑鼠手勢。除了工具之外，您可以指定巨集、確定、取消或 Escape 等指令。
- SolidWorks 滑鼠手勢預設 32 個工具指令，分別在零件、組合件、工程圖和草圖狀態各自有八個滑鼠手勢方向可使用，每個方向可選用一個工具指令。

| 步驟說明 | 自訂工具列及滑鼠手勢步驟圖示 |
|---|---|
| 按標準工作列上快顯工具選項工具旁的向下按鈕，在『自訂...』項次列按一下，彈出『自訂』對話方塊，在『工具列』標籤處於啟用狀態。 | |
| 勾選『啟用 CommandManager』及『使用有文字的大圖示按鈕(U)』。在『選項』中預設勾選『顯示工具列提示(H)』、預設不勾選『最佳化接觸的間距(O)』。『圖示尺寸』點選『大圖示』。『文字大小』預設不勾選『使用作業系統比例(U)』，點選『Aa 中型字』。『文意感應工具列設定』預設勾選『在選擇上顯示(O)』、『顯示快速模型組態(Q)』、『顯示快速結合(U)』及『在快顯功能中顯示(I)』。點選『滑鼠手勢』標籤。 | |

| 步驟說明 | 自訂工具列及滑鼠手勢步驟圖示 |
| --- | --- |
| 預設勾選『啟用滑鼠手勢(E)』，點選『八種手勢』。<br>游標移動至自訂窗格右側捲動軸往下拖曳至出現類別為其他，指令為前視適當位置。 | 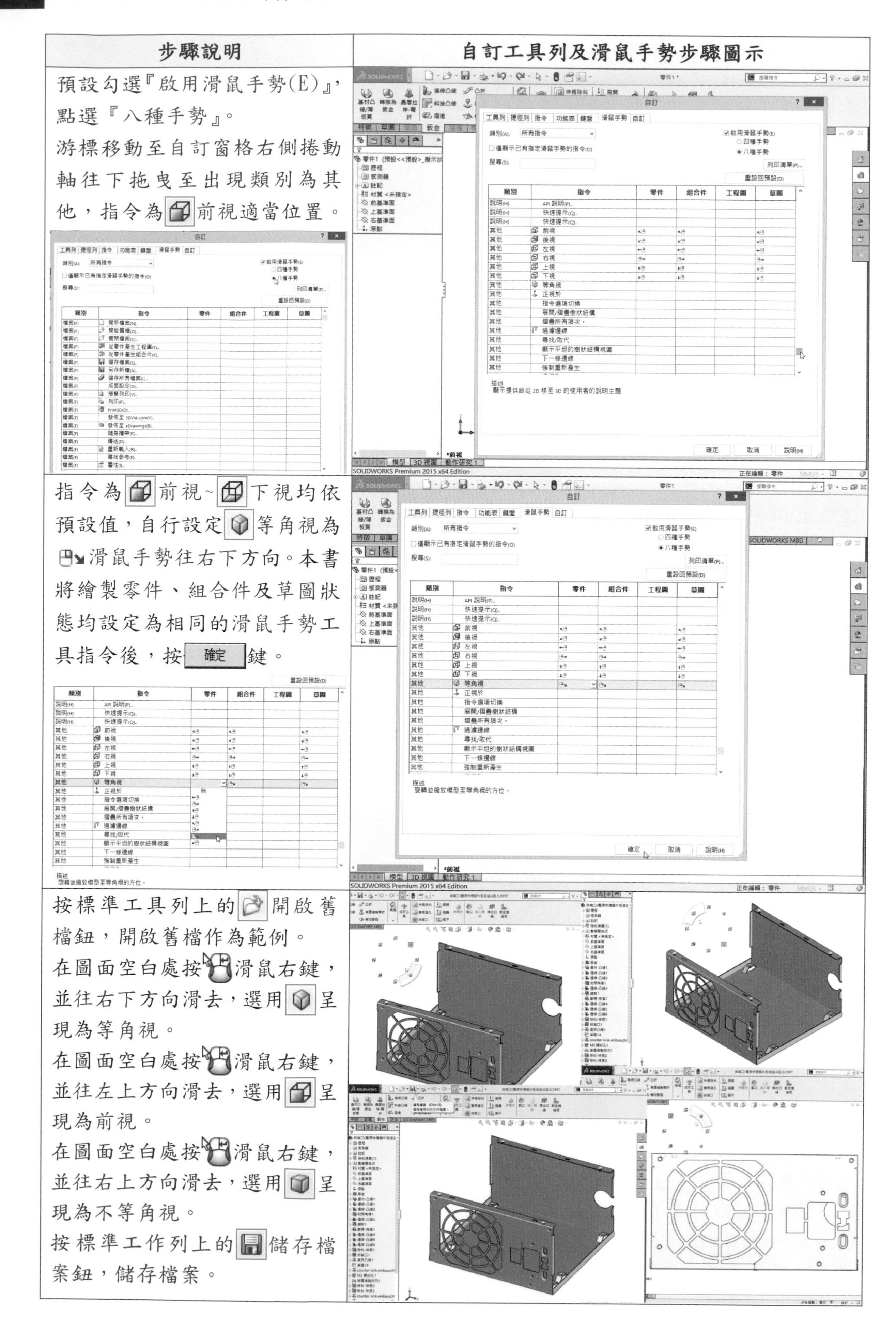 |
| 指令為前視~下視均依預設值，自行設定等角視為滑鼠手勢往右下方向。本書將繪製零件、組合件及草圖狀態均設定為相同的滑鼠手勢工具指令後，按確定鍵。 | |
| 按標準工具列上的開啟舊檔鈕，開啟舊檔作為範例。<br>在圖面空白處按滑鼠右鍵，並往右下方向滑去，選用呈現為等角視。<br>在圖面空白處按滑鼠右鍵，並往左上方向滑去，選用呈現為前視。<br>在圖面空白處按滑鼠右鍵，並往右上方向滑去，選用呈現為不等角視。<br>按標準工作列上的儲存檔案鈕，儲存檔案。 | |

## 1.2.4 系統選項與文件屬性的設定

學習目標：能使用 SolidWorks 系統選項與文件屬性的設定，以及另存範本文件檔。

操作步驟：按選項鈕→設定系統選項→設定文件屬性→另存範本文件檔。

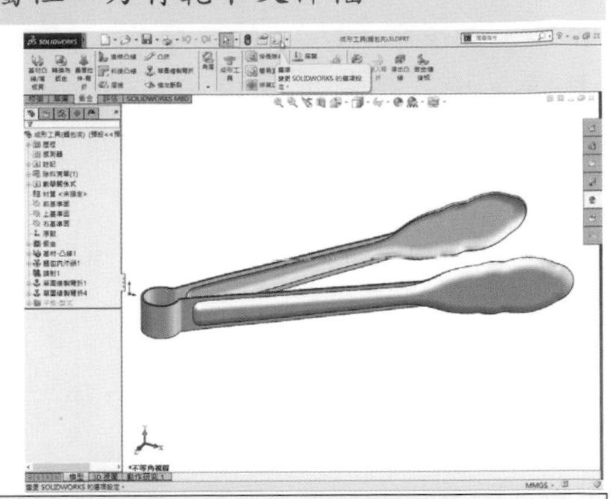

- 系統選項：儲存於登錄中，它不是文件檔案的一部分。因此更改後會影響目前和將來的所有文件檔案。
- 文件屬性：文件屬性標籤僅能套用於目前的文件檔。若文件屬性設定完成後，請另存於範本文件檔(*.prtdot)。

  C:\ProgramData\SOLIDWORKS\SOLIDWORKS 2015\templates\零件.prtdot

| 步驟說明 | 系統選項與文件屬性的設定步驟圖示 |
|---|---|
| 按標準工具列上快顯工具選項鈕，彈出『選項』對話方塊，『系統選項(S)』標籤處於啟用狀態。按清單中『色彩』選項，色彩調配設定，預設選取『視窗背景』項次，按『編輯(E)...』鈕，變更色彩為『□純白』。點選『素面(上方視埠背景色彩)(P)』。 | |
| 按清單中『顯示及選擇』選項，零件/組合件上相切面的交線顯示，點選『移除(M)』。<br>按清單中『預設範本』選項，系統預設零件、組合件和工程圖指定資料夾和範本檔案。 | |

| 步驟說明 | 系統選項與文件屬性的設定步驟圖示 |
| --- | --- |
| 再按對話方塊『文件屬性(D)』標籤。按清單中『草稿標準』選項處於啟用狀態，在『整體草稿標準』中選取『ISO』標準項次。按清單中『註記』選項。 | |
| 在『文字』中按 字型(F)... 鈕，彈出『選擇字型』對話方塊，字型點選『swisop1』，字型樣式點選『標準』，大小 3.5mm 後，按 確定 鍵，圖面註記的字型隨之更新。 | |
| 在『零值小數位數(N):』，選取『移除』。<br>按清單中『尺寸』選項，在『箭頭』中箭頭寬度 1.02mm、箭頭長度 3.3mm、箭頭線長 6.35mm。 | |

| 步驟說明 | 系統選項與文件屬性的設定步驟圖示 |
| --- | --- |
| 按 字型(F)... 鈕，彈出『選擇字型』對話方塊，字型設定與註記相同。在『零值小數位數(N):』，選取『移除』。 | |
| 按清單中『尺寸細目』選項，在『顯示濾器』中勾選『裝飾螺紋線(A)』及『塗彩裝飾螺紋線(I)』。 | |
| 按清單中『模型顯示』選項，在『模型/特徵色彩(M)』中，按『塗彩』項次，按『編輯(E...)』鈕，彈出『色彩』對話方塊，按『定義自訂色彩』鈕。 | |

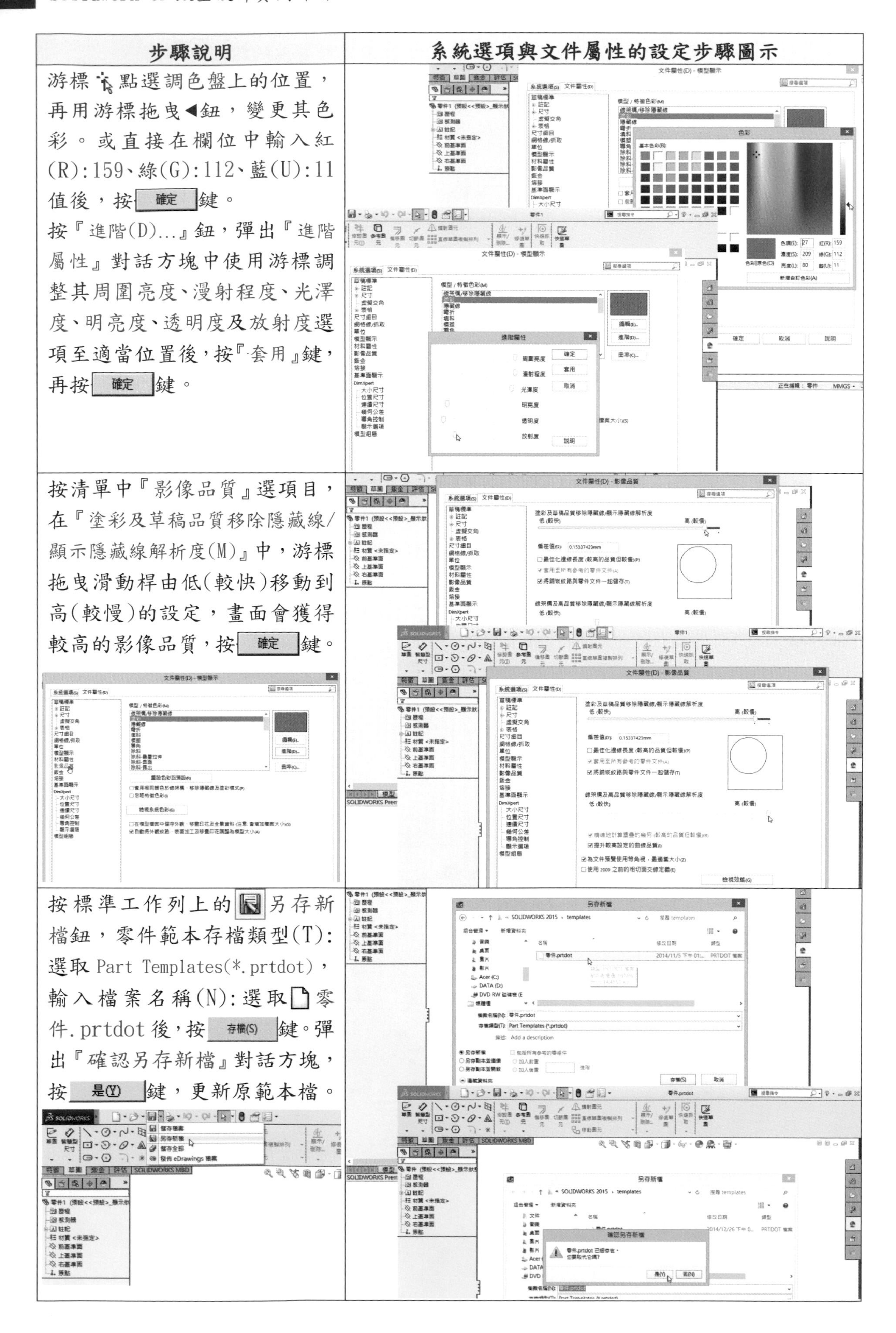

| 步驟說明 | 系統選項與文件屬性的設定步驟圖示 |
| --- | --- |
| 游標點選調色盤上的位置，再用游標拖曳◀鈕，變更其色彩。或直接在欄位中輸入紅(R):159、綠(G):112、藍(U):11值後，按 確定 鍵。<br>按『進階(D)...』鈕，彈出『進階屬性』對話方塊中使用游標調整其周圍亮度、漫射程度、光澤度、明亮度、透明度及放射度選項至適當位置後，按『套用』鍵，再按 確定 鍵。 | |
| 按清單中『影像品質』選項目，在『塗彩及草稿品質移除隱藏線/顯示隱藏線解析度(M)』中，游標拖曳滑動桿由低(較快)移動到高(較慢)的設定，畫面會獲得較高的影像品質，按 確定 鍵。 | |
| 按標準工作列上的 另存新檔鈕，零件範本存檔類型(T)：選取 Part Templates(*.prtdot)，輸入檔案名稱(N)：選取 零件.prtdot 後，按 存檔(S) 鍵。彈出『確認另存新檔』對話方塊，按 是(Y) 鍵，更新原範本檔。 | |

## 1.2.5 使用 SolidWorks 線上說明與學習單元

學習目標：能使用 SolidWorks 線上說明查詢指令功能以及瀏覽學習單元認識操作。

操作步驟：線上查詢指令功能→按關閉結束→瀏覽學習單元→按關閉結束學習單元。

- SolidWorks 線上說明，主要用於簡介應用程式中的使用概念、術語以及操作方式。
- 若您是 SolidWorks 軟體的新使用者，請先使用開始上手中的學習單元來熟悉軟體。

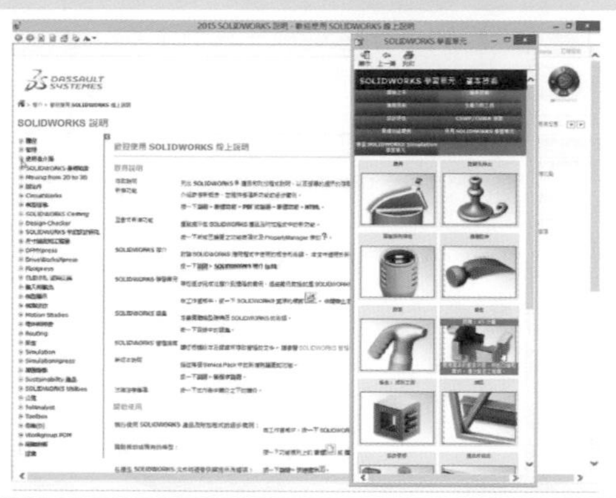

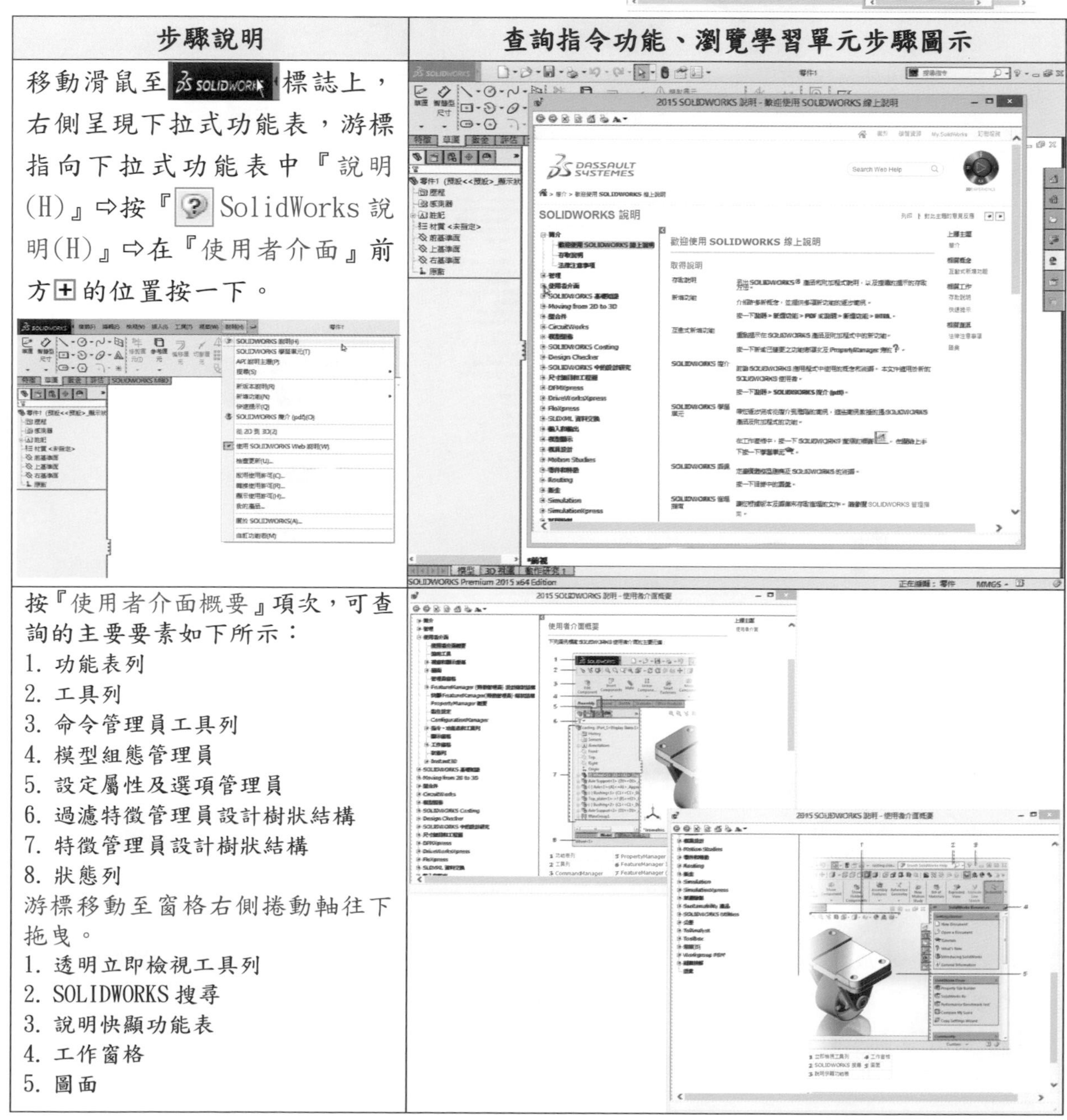

| 步驟說明 | 查詢指令功能、瀏覽學習單元步驟圖示 |
| --- | --- |
| 移動滑鼠至 SOLIDWORKS 標誌上，右側呈現下拉式功能表，游標指向下拉式功能表中『說明(H)』⇨按『SolidWorks 說明(H)』⇨在『使用者介面』前方⊞的位置按一下。 | |
| 按『使用者介面概要』項次，可查詢的主要要素如下所示：<br>1. 功能表列<br>2. 工具列<br>3. 命令管理員工具列<br>4. 模型組態管理員<br>5. 設定屬性及選項管理員<br>6. 過濾特徵管理員設計樹狀結構<br>7. 特徵管理員設計樹狀結構<br>8. 狀態列<br>游標移動至窗格右側捲動軸往下拖曳。<br>1. 透明立即檢視工具列<br>2. SOLIDWORKS 搜尋<br>3. 說明快顯功能表<br>4. 工作窗格<br>5. 圖面 | |

<table>
<tr><th>步驟說明</th><th>查詢指令功能、瀏覽學習單元步驟圖示</th></tr>
<tr><td>按『鈑金』⇨『使用鈑金工具』⇨『邊線凸緣』項次，可查詢操作邊線凸緣指令於一或多個邊線上的方法。<br>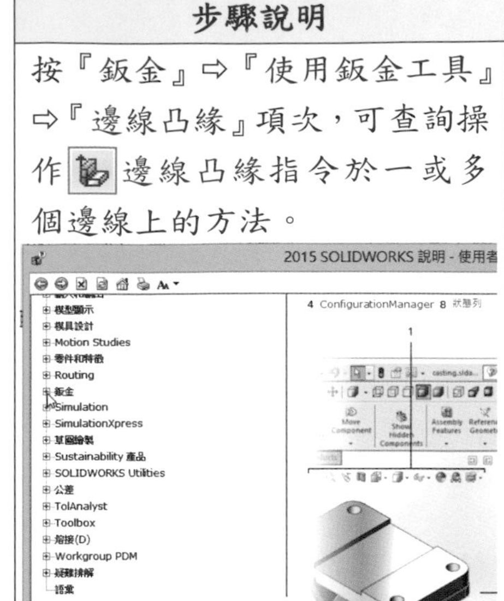</td><td></td></tr>
<tr><td>查詢在一或多個線性邊線上加入邊線凸緣。以及平坦面上的彎曲邊線加入邊線凸緣。按『在鈑金中使用成形工具』項次。<br></td><td>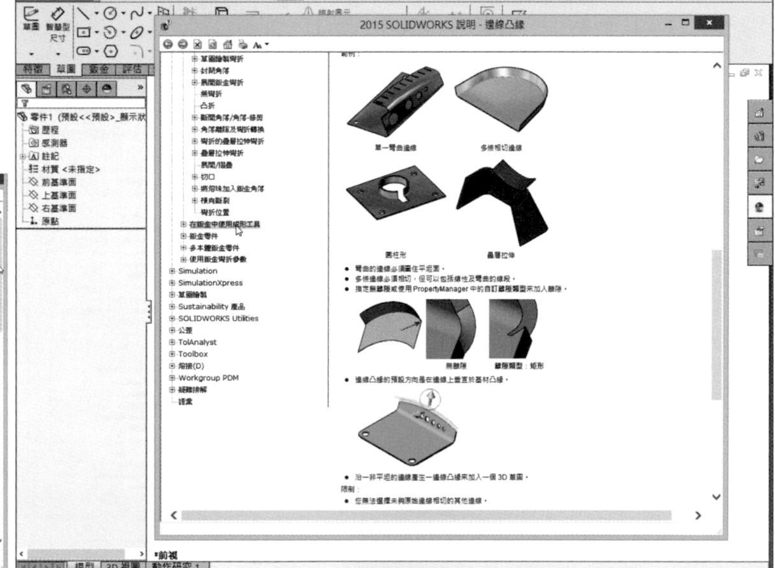</td></tr>
<tr><td>查詢如何『產生成形工具』，建立成形工具零件，以在鈑金零件中使用方式。<br>查詢如何『套用成形工具至鈑金零件』，插入 Design Library 資料夾中的成形工具於鈑金件上。<br>查詢如何『取代成形工具』，將已插入模型的成形工具，使用其他成形工具來加以取代。<br>按回首頁鈕，回到 SolidWorks 說明的首頁。</td><td>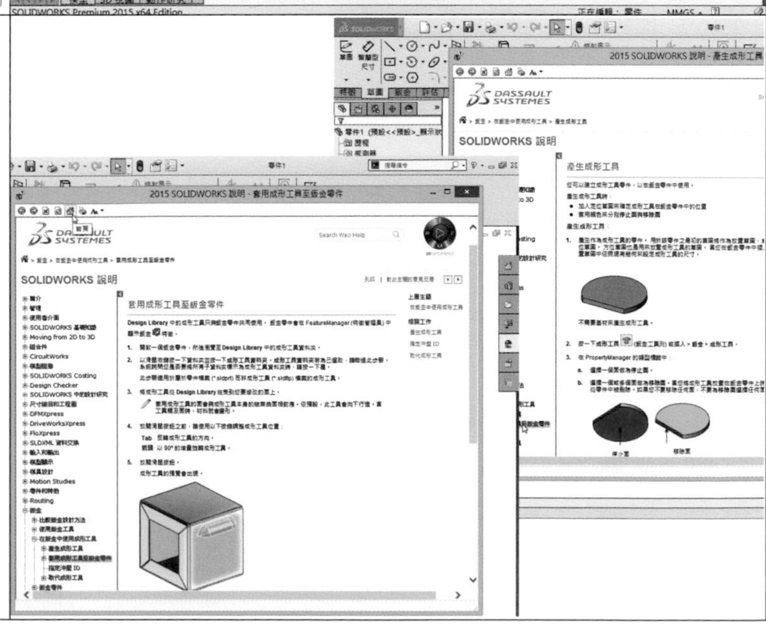</td></tr>
</table>

| 步驟說明 | 查詢指令功能、瀏覽學習單元步驟圖示 |
| --- | --- |
| 按『使用者介面』⇨『指令、功能表和工具列』⇨『工具列』⇨『SolidWorks 工具列』項次，可查詢工具列如下所示：<br>2D 到 3D 工具列、對正工具列、註記工具列、組合件工具列、…、檢視工具列、Web 工具列、熔接工具列等等。<br>按『鈑金工具列』項次。 | 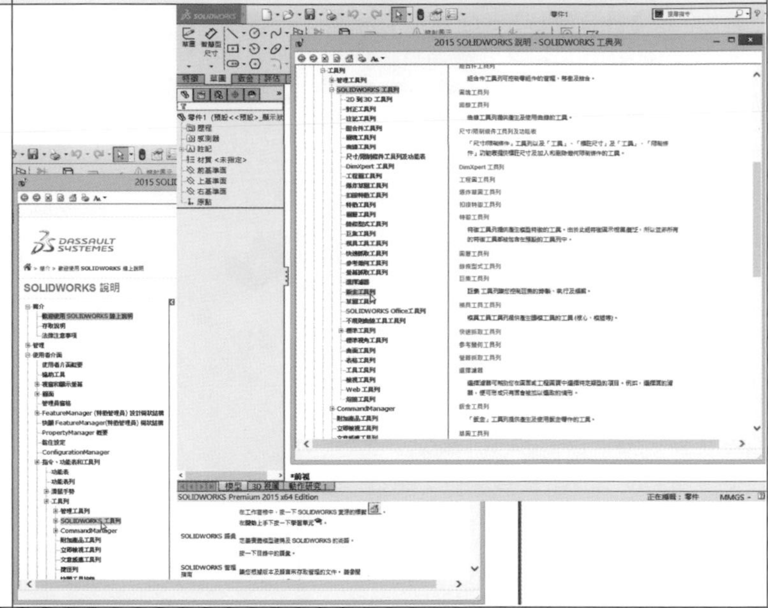 |
| 按『鈑金工具列』項次，可查詢產生及使用鈑金零件的工具。<br>按『基材凸緣』項次，可查詢產生基材凸緣的操作方法。<br>按 回上一步鈕。 |  |
| 按『特徵工具列』項次，可查詢所有的特徵工具。因為所有的特徵工具並非都在預設特徵工具列中，您可以自行加入或移除特徵工具圖示來自訂此工具列，以符合您工作的需求。<br>按右上角 ✖ 關閉鍵，即結束線上說明。線上說明的內容極為豐富，讀者無法立即全數閱讀完畢。讀者繪圖時遇到操作指令不知如何較好時，可常使用線上說明查詢其定義與畫法，以順利繼續完成其繪圖。 |  |

| 步驟說明 | 查詢指令功能、瀏覽學習單元步驟圖示 |
|---|---|
| 若您是SolidWorks軟體的初學者,建議移動滑鼠至 SOLIDWORKS 右側呈現下拉式功能表中『說明(H)』⇨在『SolidWorks學習單元(T)』的位置按一下開啟首頁。可先瀏覽『開始上手』的學習單元,來熟悉此軟體的操作。若有興趣可任意瀏覽其他學習單元,必有豐富的收穫。例如按 基本技術 標籤,再按 鈑金圖示,您將在此學習如何產生鈑金零件的示範課程。瀏覽完畢再按下一個主題: | 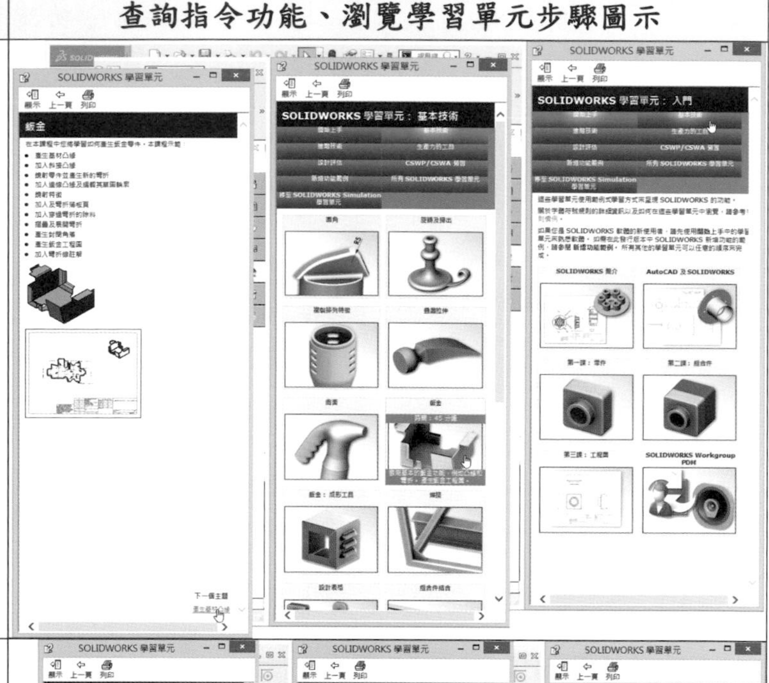 |
| 瀏覽主題:產生基材凸緣⇨檢查特徵管理員⇨加入斜接凸緣⇨設定斜接凸緣⇨完成斜接凸緣⇨鏡射鈑金彎折⇨產生邊線凸緣⇨鏡射鈑金特徵⇨加入薄板頁⇨彎折薄板頁⇨加入穿過彎折的除料⇨產生穿過彎折的除料⇨完成穿過彎折的除料⇨產生封閉的角落⇨完成封閉角落⇨展平及摺疊零件⇨產生鈑金工程圖,瀏覽完畢再按下一個主題:完成鈑金工程圖。 | 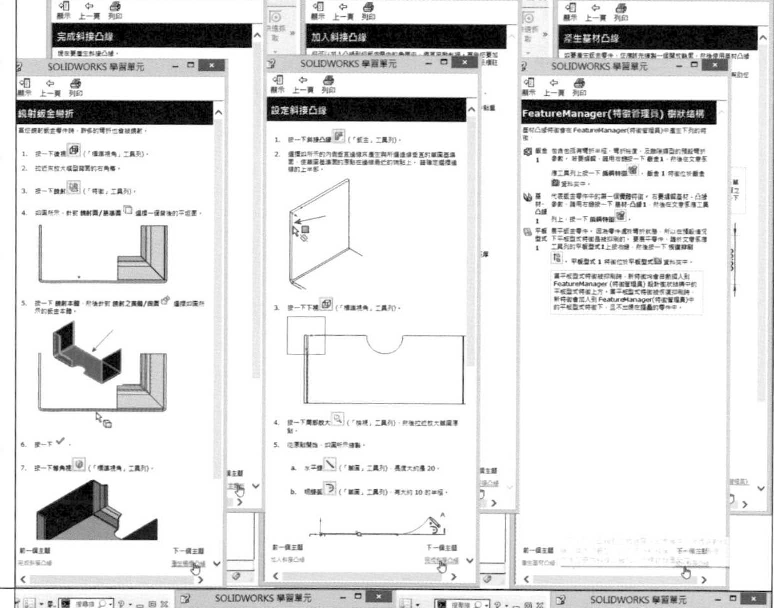 |
| 瀏覽主題:完成鈑金工程圖⇨按下一個主題:鏡射鈑金特徵⇨按下一個主題:調整彎折註解⇨按下一個主題:完成彎折註解的調整。<br>游標移動至屬性管理員窗格右側捲動軸往下拖曳。<br>瀏覽完畢後按一下返回學習單元頁面標籤。 | 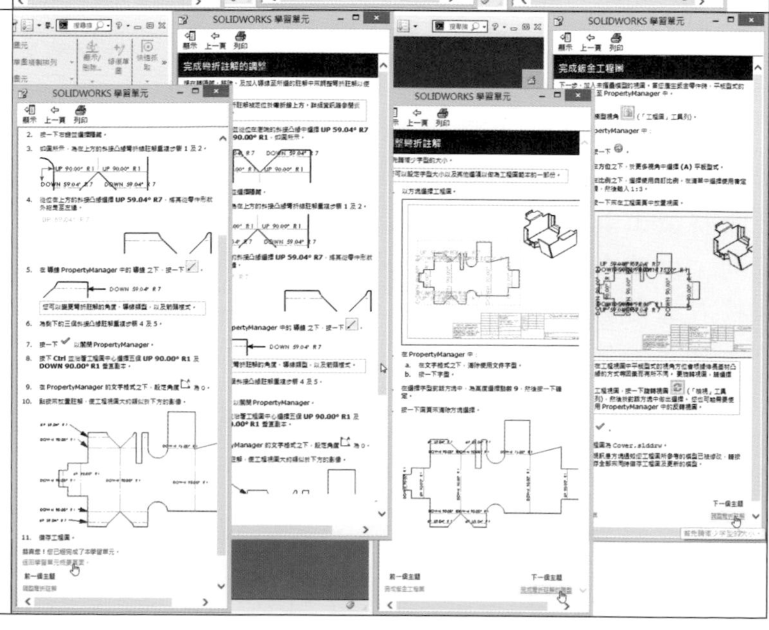 |

| 步驟說明 | 查詢指令功能、瀏覽學習單元步驟圖示  |
| --- | --- |
| SolidWorks 學習單元:入門首頁,按基本技術標籤,再按一下鈑金:成形工具圖示,您將在此學習使用 Design Library 中預先成形的鈑金零件,更效率地進行鈑金零件設計的示範課程。<br>成形工具學習單元瀏覽完畢後,按下一個主題:開啟成形工具學習單元。 |  |
| 瀏覽主題:開啟成形工具學習單元⇨按下一個主題:開啟模型並插入成形工具⇨按下一個主題:指定天窗。⇨按下一個主題:取代成形工具⇨按下一個主題:修改伸長鑽孔成形工具⇨按下一個主題:測試成形工具的連結⇨按下一個主題:平板型式顯示位置草圖。 | 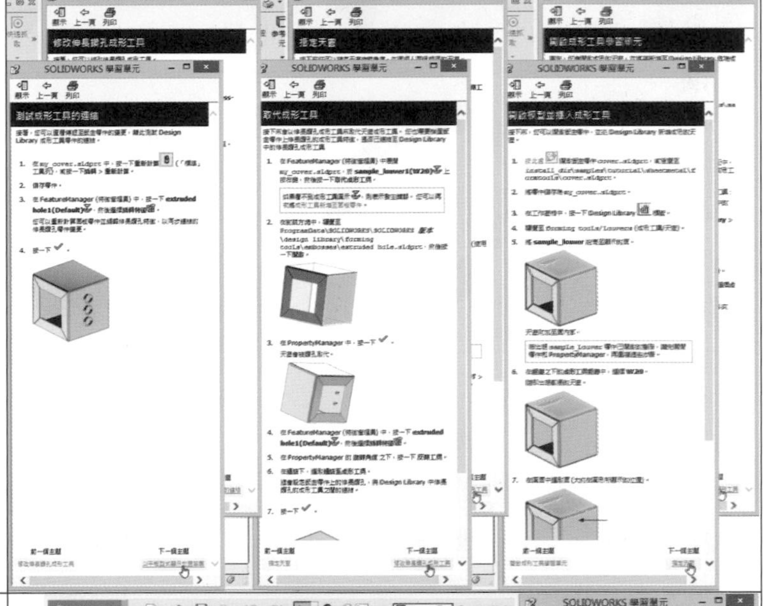 |
| 瀏覽主題:平板型式顯示位置草圖⇨按下一個主題:產生沖壓 ID⇨按下一個主題:插入沖壓表格中所使用的沖壓 ID。<br>**恭喜您!**<br>您已經完成了本學習單元。<br>按右上角✖關閉鍵,即結束瀏覽 學習單元,回到原編輯中的檔案。 | 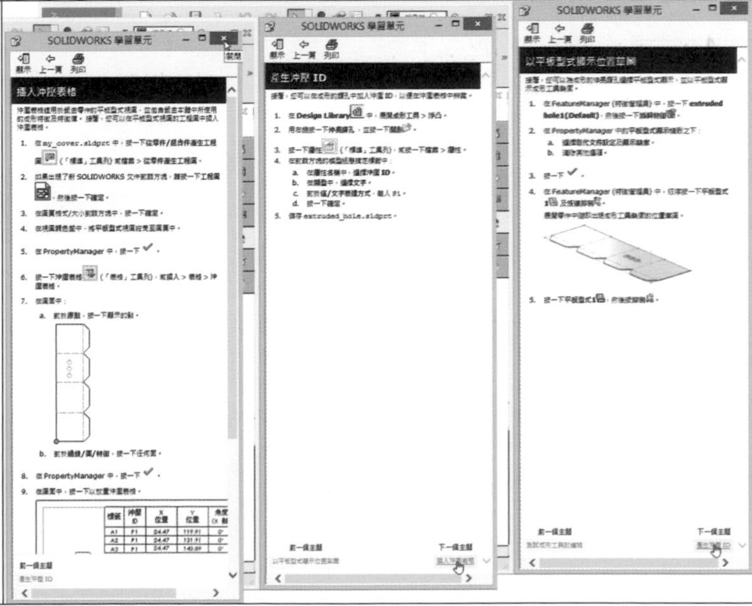 |

## 1.3 SolidWorks 產生鈑金零件常用的方法實例概說

| 實例序號 | 實例立體圖 | 立體呈現鈑金展平 | 正視於展平鈑金件 |
|---|---|---|---|
| 1.3.1 從鈑金薄板狀態產生為鈑金件（單一開放的輪廓草圖） | 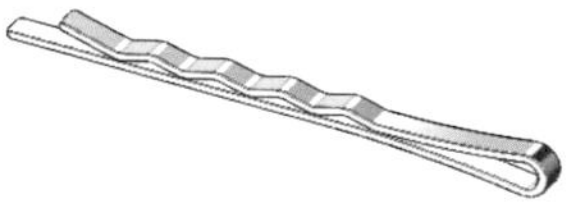 |  |  |
| 1.3.1 從鈑金薄板狀態產生為鈑金件（單一封閉的輪廓） |  |  | 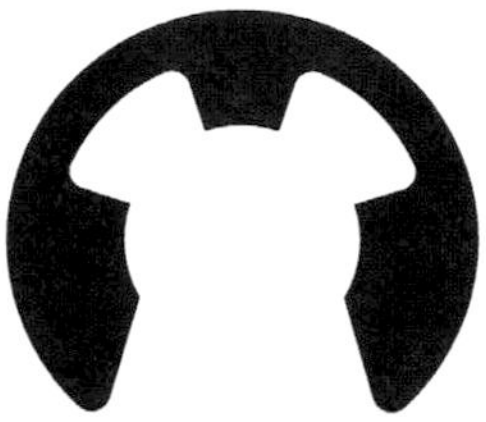 |
| 1.3.1 從鈑金薄板狀態產生為鈑金件（多個包容封閉的輪廓） |  |  |  |
| 1.3.2 從鈑金展開狀態產生為鈑金件 | 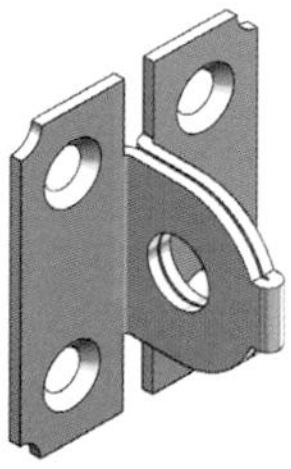 |  | 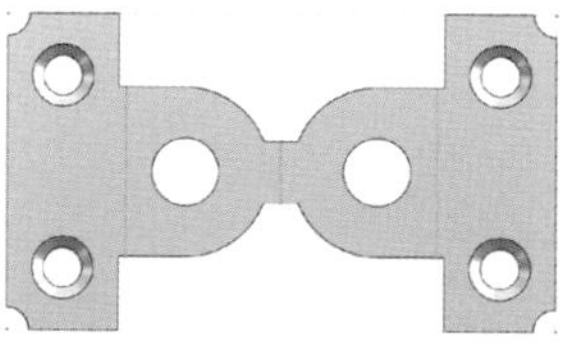 |
| 1.3.3 從實體薄殼零件轉換為鈑金件 | 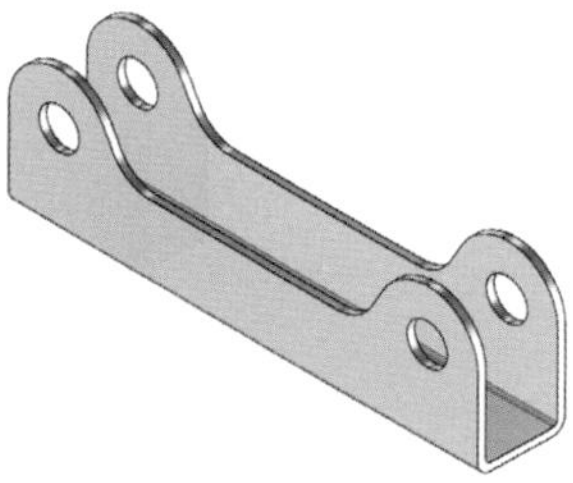 | 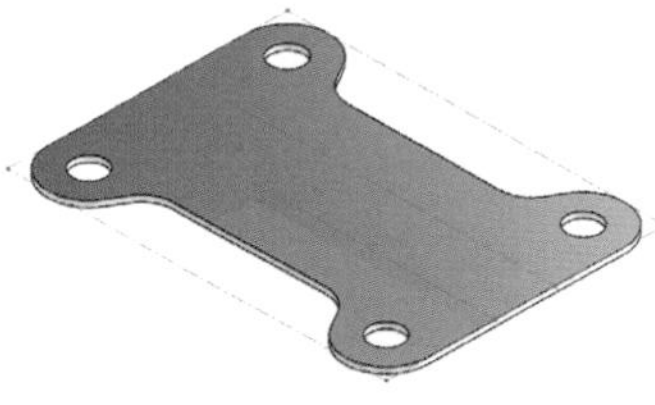 | 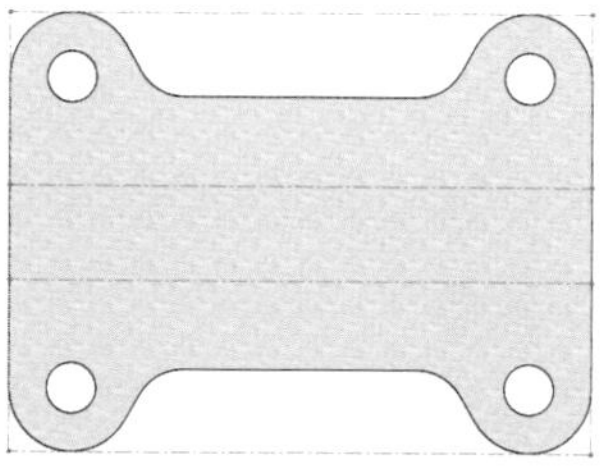 |
| 1.3.4 結合使用不同的鈑金設計方法產生鈑金件 | 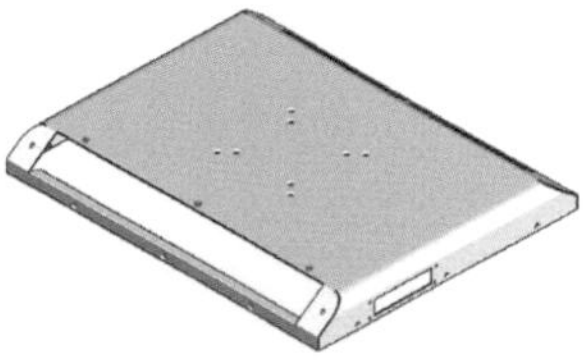 | 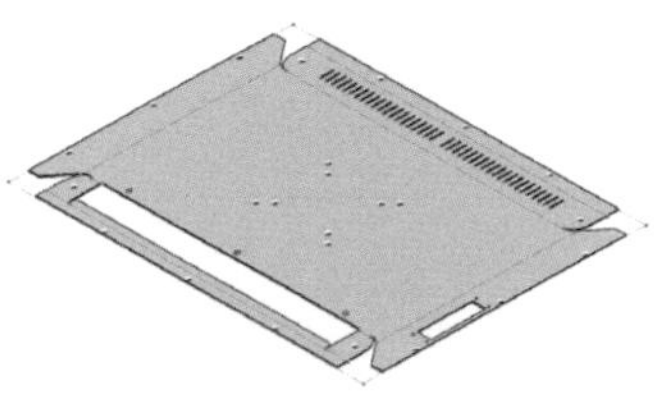 | 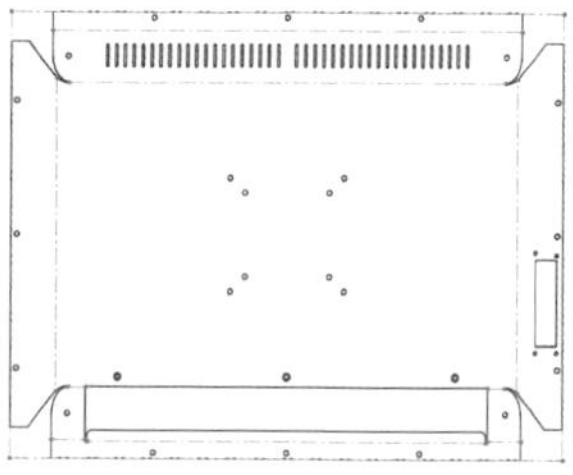 |

## 1.3.1 從鈑金薄板狀態產生為鈑金件

學習目標：能繪製單一開放的草圖輪廓，產生薄板狀態的鈑金件。

繪圖步驟：選取繪圖平面→畫草圖→長基材凸緣/薄板→產生鈑金→作圓角→按展平。

鈑金零件產生的方法(一)：

一、單一開放的草圖輪廓產生鈑金件：

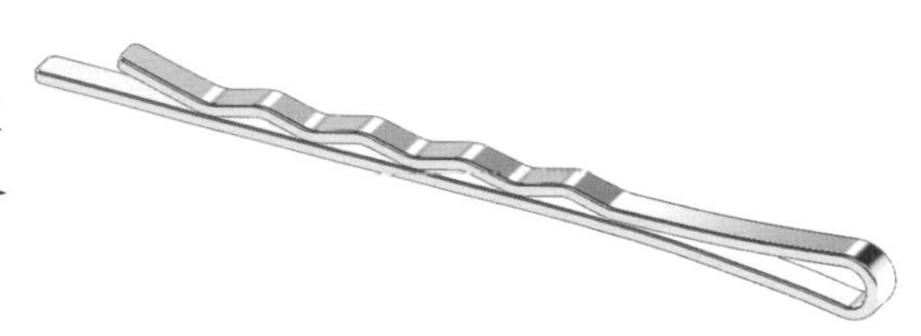

- 若一開始的設計就建立單一開放的輪廓草圖，再使用基材凸緣指令產生鈑金薄板。繪製鈑金件最能減少作圖步驟的方法之一。

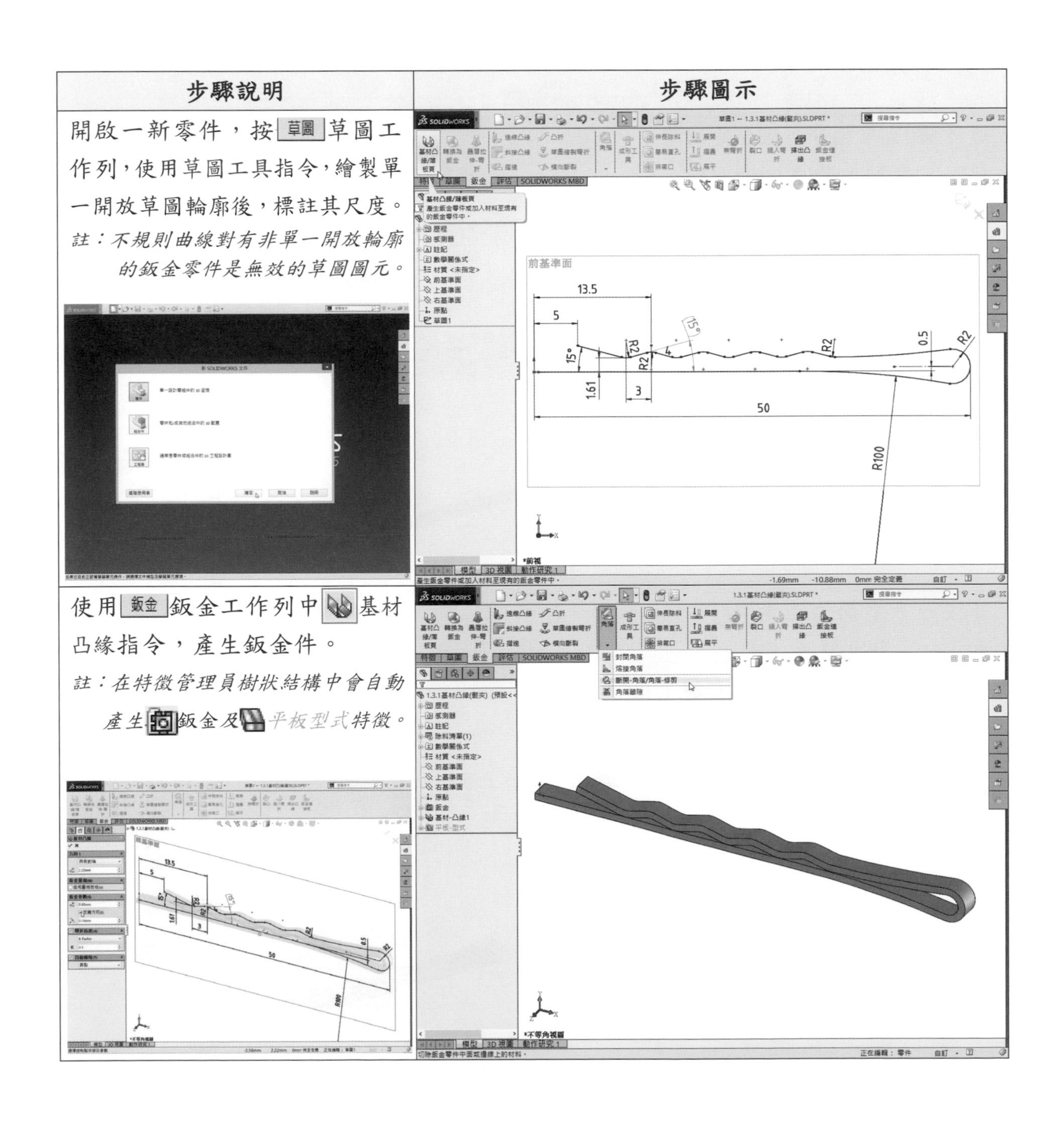

| 步驟說明 | 步驟圖示 |
|---|---|
| 開啟一新零件，按 草圖 草圖工作列，使用草圖工具指令，繪製單一開放草圖輪廓後，標註其尺度。<br>*註：不規則曲線對有非單一開放輪廓的鈑金零件是無效的草圖圖元。* | |
| 使用 鈑金 鈑金工作列中基材凸緣指令，產生鈑金件。<br>*註：在特徵管理員樹狀結構中會自動產生鈑金及平板型式特徵。* | |

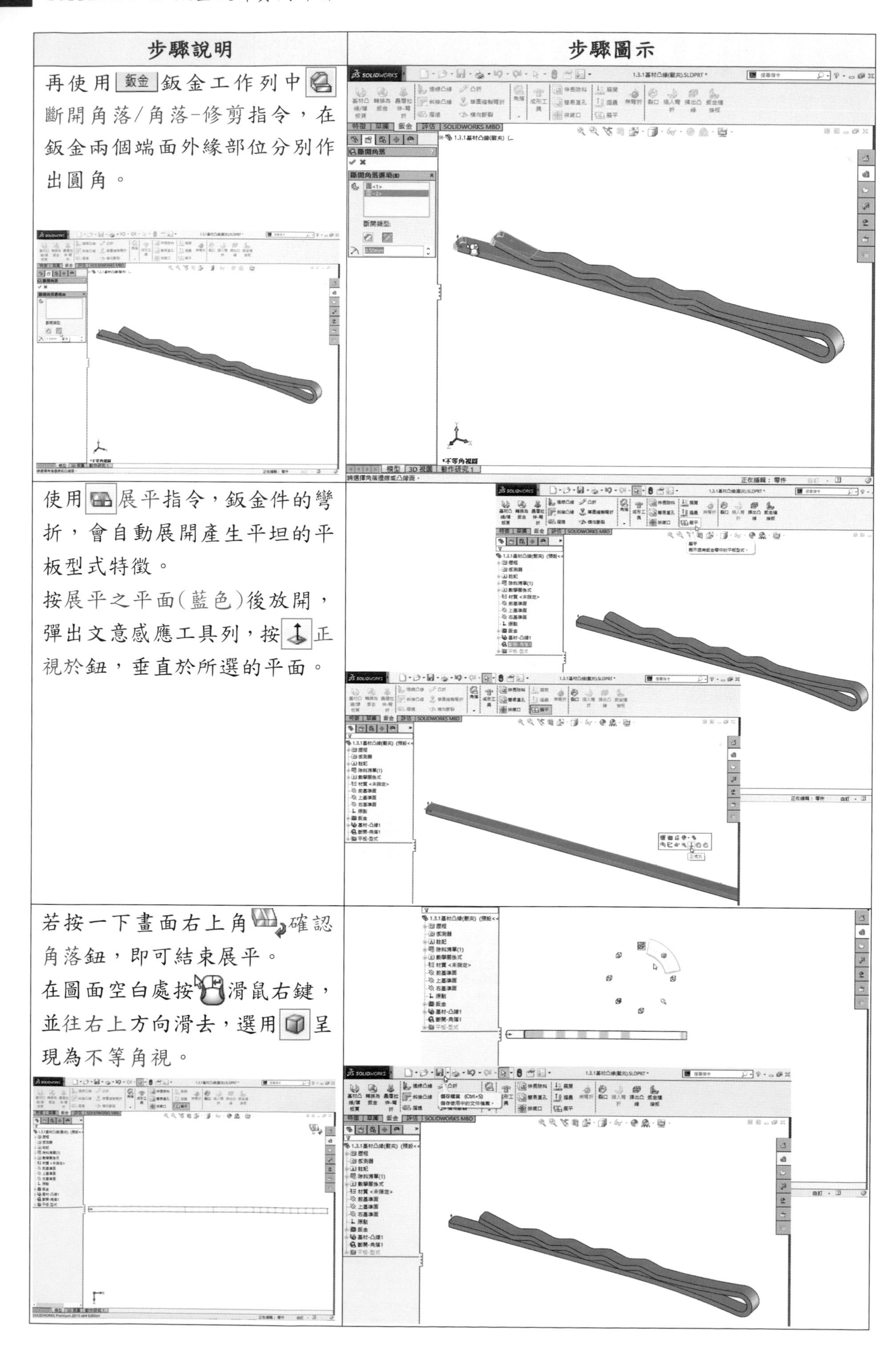

| 步驟說明 | 步驟圖示 |
| --- | --- |
| 再使用 鈑金 鈑金工作列中 斷開角落/角落-修剪指令，在鈑金兩個端面外緣部位分別作出圓角。 | |
| 使用 展平指令，鈑金件的彎折，會自動展開產生平坦的平板型式特徵。<br>按展平之平面(藍色)後放開，彈出文意感應工具列，按 正視於鈕，垂直於所選的平面。 | |
| 若按一下畫面右上角 確認角落鈕，即可結束展平。<br>在圖面空白處按 滑鼠右鍵，並往右上方向滑去，選用 呈現為不等角視。 | |

## 1.3.1 從鈑金薄板狀態產生為鈑金件(續)

學習目標：能繪製單一封閉的草圖輪廓，產生薄板狀態的鈑金件。

繪圖步驟：選取繪圖平面→畫草圖→長基材凸緣/薄板→產生鈑金。

二、單一封閉的草圖輪廓產生鈑金件：

- 若一開始的設計就建立單一封閉的輪廓草圖，再使用基材凸緣指令產生鈑金薄板。繪製鈑金件最能減少作圖步驟的方法之一。

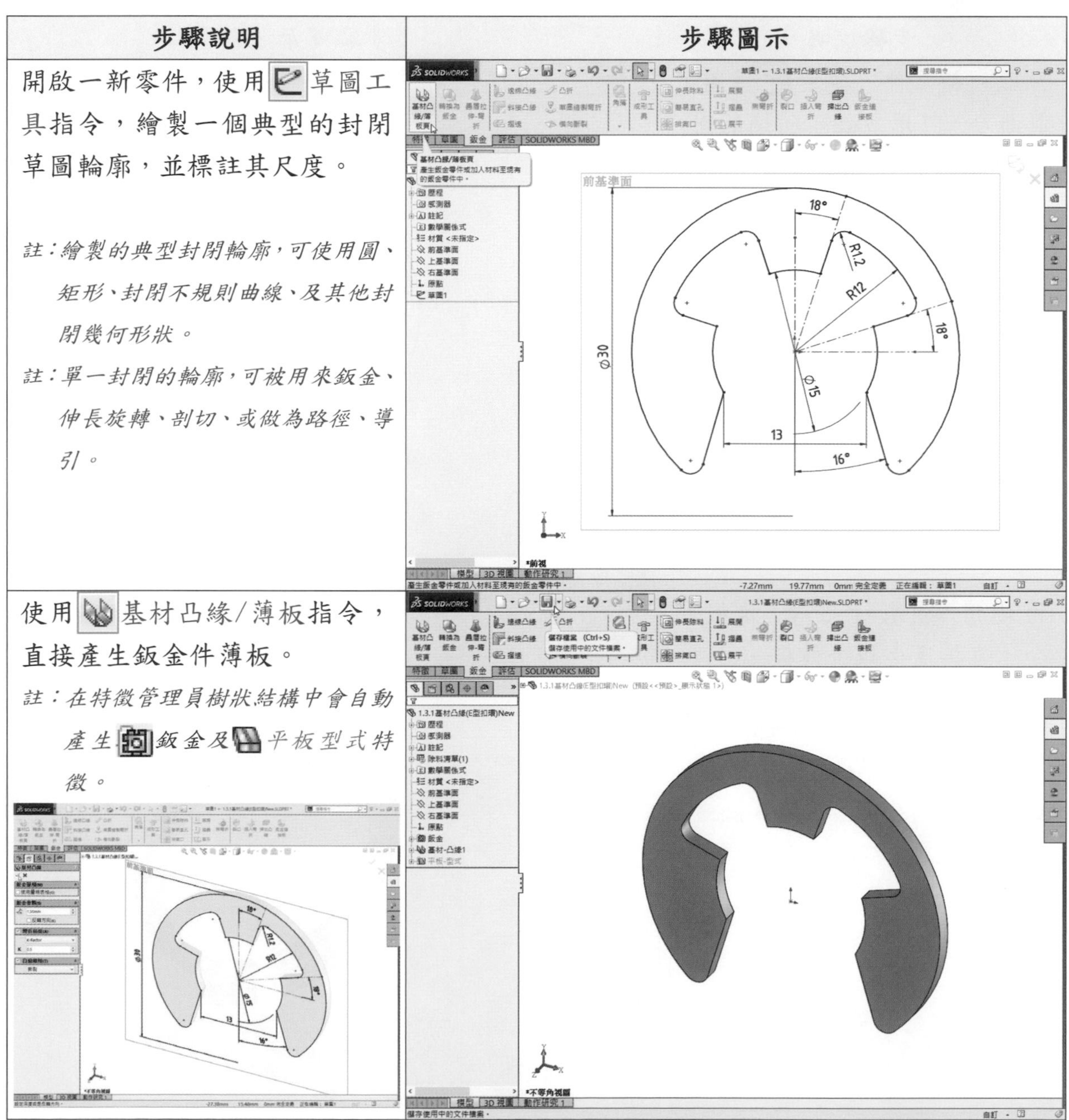

| 步驟說明 | 步驟圖示 |
|---|---|
| 開啟一新零件，使用草圖工具指令，繪製一個典型的封閉草圖輪廓，並標註其尺度。<br>*註：繪製的典型封閉輪廓，可使用圓、矩形、封閉不規則曲線、及其他封閉幾何形狀。*<br>*註：單一封閉的輪廓，可被用來鈑金、伸長旋轉、剖切、或做為路徑、導引。* | |
| 使用基材凸緣/薄板指令，直接產生鈑金件薄板。<br>*註：在特徵管理員樹狀結構中會自動產生鈑金及平板型式特徵。* | |

## 1.3.1 從鈑金薄板狀態產生為鈑金件(續)

學習目標：能繪製多個包容封閉的草圖輪廓，產生薄板狀態的鈑金件。

繪圖步驟：選取繪圖平面→畫草圖→長基材凸緣/薄板→產生鈑金。

三、多個包容封閉的輪廓草圖產生鈑金件：

- 若一開始的設計就建立多個包容封閉的輪廓草圖，再使用基材凸緣指令產生鈑金薄板。繪製鈑金件最能減少作圖步驟的方法之一。

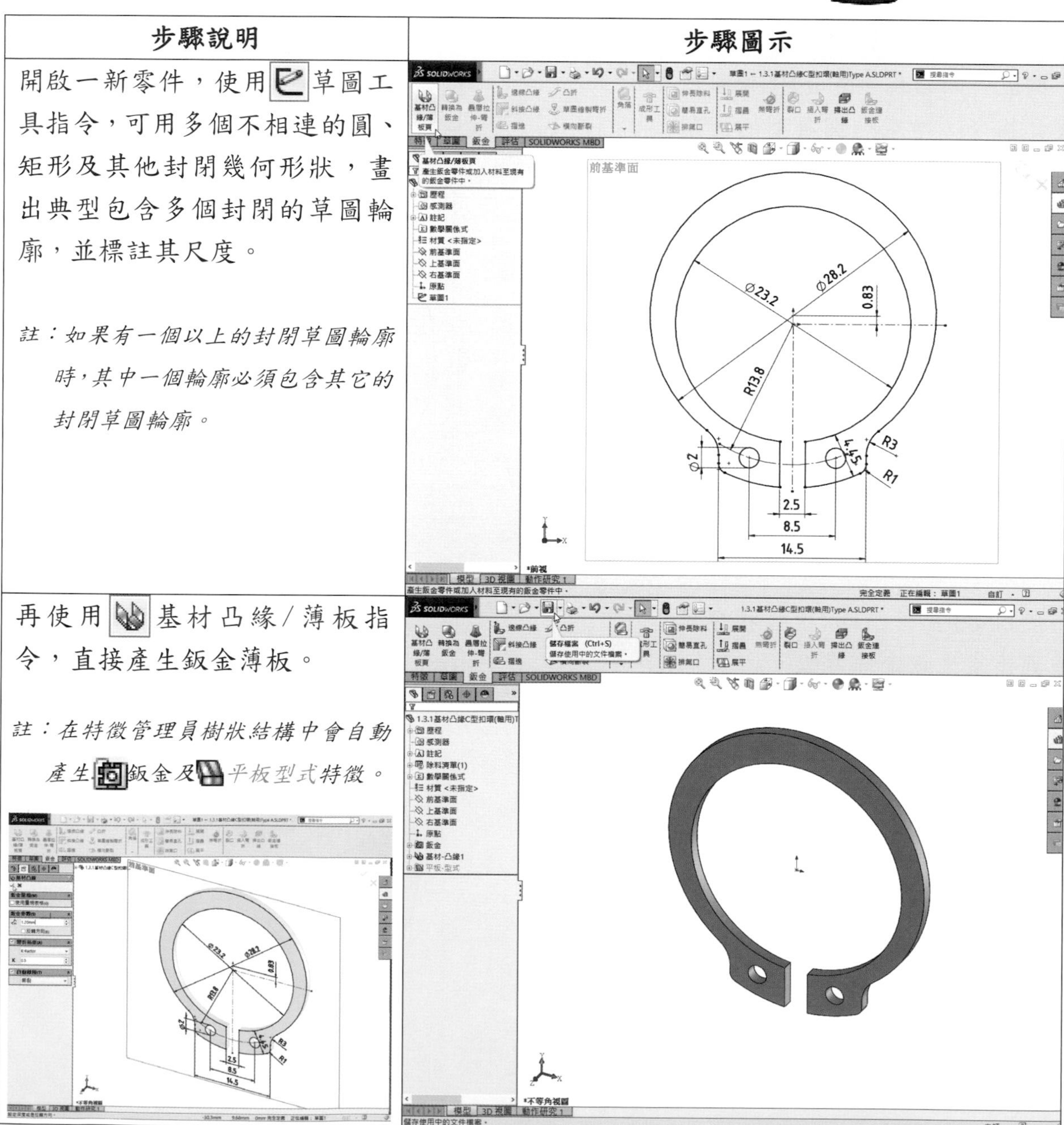


| 步驟說明 | 步驟圖示 |
| --- | --- |
| 開啟一新零件，使用草圖工具指令，可用多個不相連的圓、矩形及其他封閉幾何形狀，畫出典型包含多個封閉的草圖輪廓，並標註其尺度。<br>*註：如果有一個以上的封閉草圖輪廓時，其中一個輪廓必須包含其它的封閉草圖輪廓。* | |
| 再使用基材凸緣/薄板指令，直接產生鈑金薄板。<br>*註：在特徵管理員樹狀結構中會自動產生鈑金及平板型式特徵。* | |

## 1.3.2 從鈑金展開狀態產生為鈑金件

學習目標：能畫出展開狀態設計鈑金的特徵，再使用鈑金指令完成鈑金零件。

繪圖步驟：選取繪圖平面→畫草圖→長基材凸緣/薄板頁→產生鈑金→繪製彎折線→作草圖繪製彎折→按展平。

鈑金零件產生的方法(二)：

- 先畫出鈑金展開狀態的草圖輪廓線後，使用基材凸緣指令產生鈑金薄板，然後在薄板上需折彎處畫出草圖位置線，再使用插入彎折指令完成其鈑金零件。

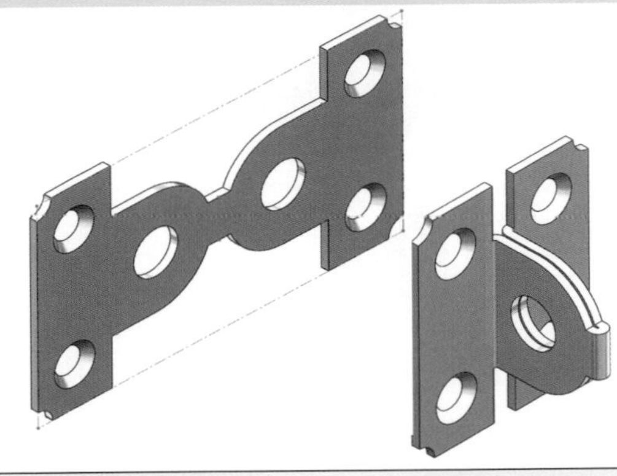

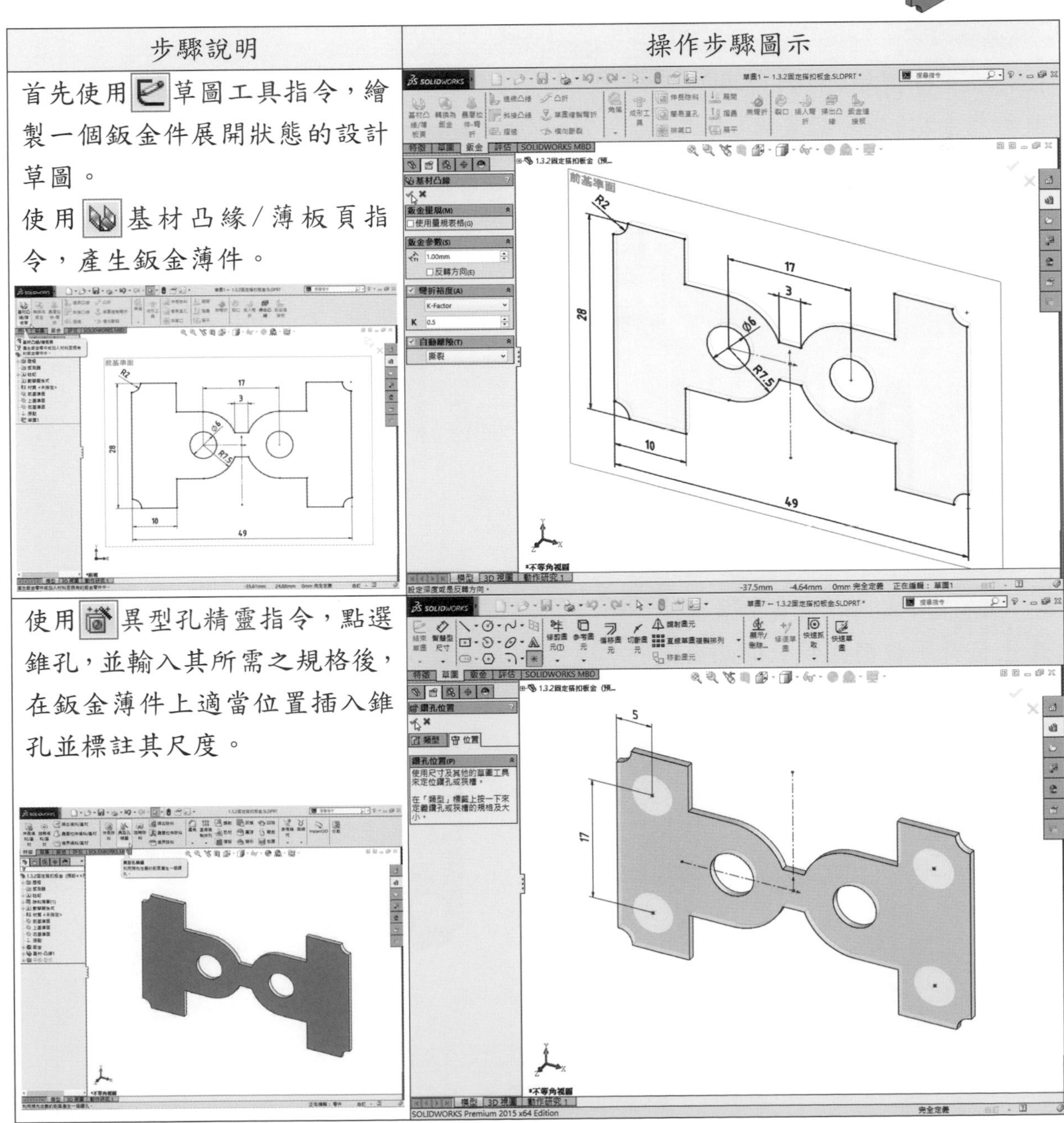

| 步驟說明 | 操作步驟圖示 |
| --- | --- |
| 首先使用草圖工具指令，繪製一個鈑金件展開狀態的設計草圖。<br>使用基材凸緣/薄板頁指令，產生鈑金薄件。 | |
| 使用異型孔精靈指令，點選錐孔，並輸入其所需之規格後，在鈑金薄件上適當位置插入錐孔並標註其尺度。 | |

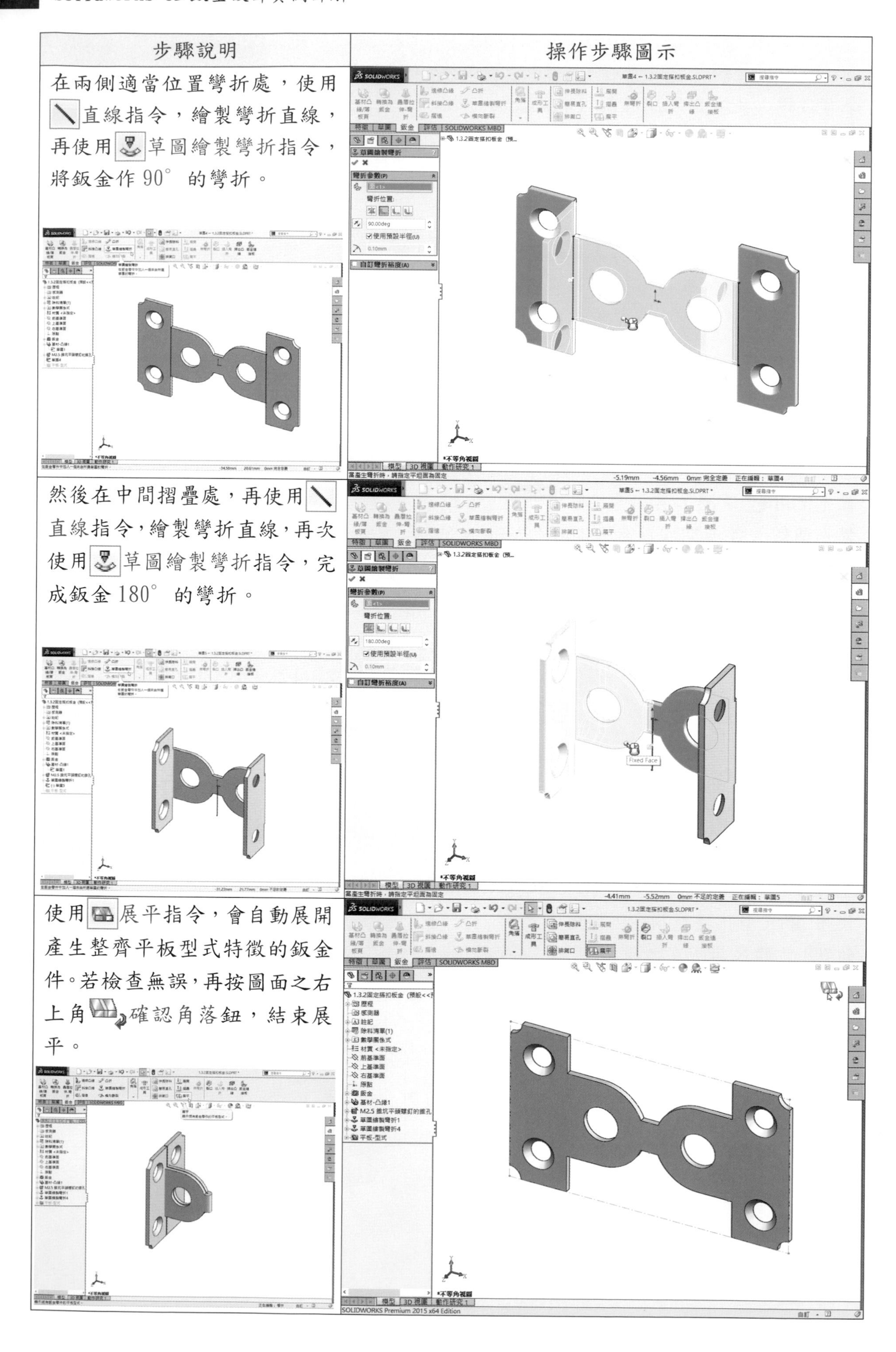

| 步驟說明 | 操作步驟圖示 |
| --- | --- |
| 在兩側適當位置彎折處，使用直線指令，繪製彎折直線，再使用草圖繪製彎折指令，將鈑金作 90° 的彎折。 | |
| 然後在中間摺疊處，再使用直線指令，繪製彎折直線，再次使用草圖繪製彎折指令，完成鈑金 180° 的彎折。 | |
| 使用展平指令，會自動展開產生整齊平板型式特徵的鈑金件。若檢查無誤，再按圖面之右上角確認角落鈕，結束展平。 | |

## 1.3.3 從實體薄殼零件轉換為鈑金件

學習目標：能建立一個實體伸長填料薄件特徵，再插入彎折轉換為鈑金件。

繪圖步驟：建草圖→長伸長填料/基材→作薄殼→插入彎折→轉換為鈑金→按展平。

鈑金零件產生的方法(三)：

- 先以伸長填料、薄殼指令，建立實體薄件，再使用插入彎折或裂口等指令，將其轉換為鈑金零件。
- 在某些狀況此種方式轉換為鈑金較為理想。
- 例如圓錐彎折不被鈑金的基材凸緣、邊線凸緣等指令支援。若使用伸長、旋轉特徵來建立零件，再將其轉換為鈑金零件加入彎折。

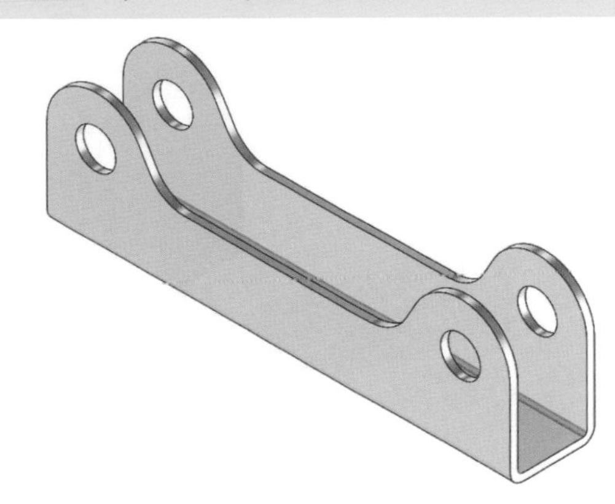

| 步驟說明 | 操作步驟圖示 |
| --- | --- |
| 使用草圖工具指令，繪製一個草圖建立外型輪廓。<br>使用伸長填料/基材指令，從草圖所在的平面建立實體伸長特徵。 | |
| 使用薄殼指令，掏空所選擇面的部位(藍色)，其他未選的面者留下成為薄殼化的特徵型態。 | |

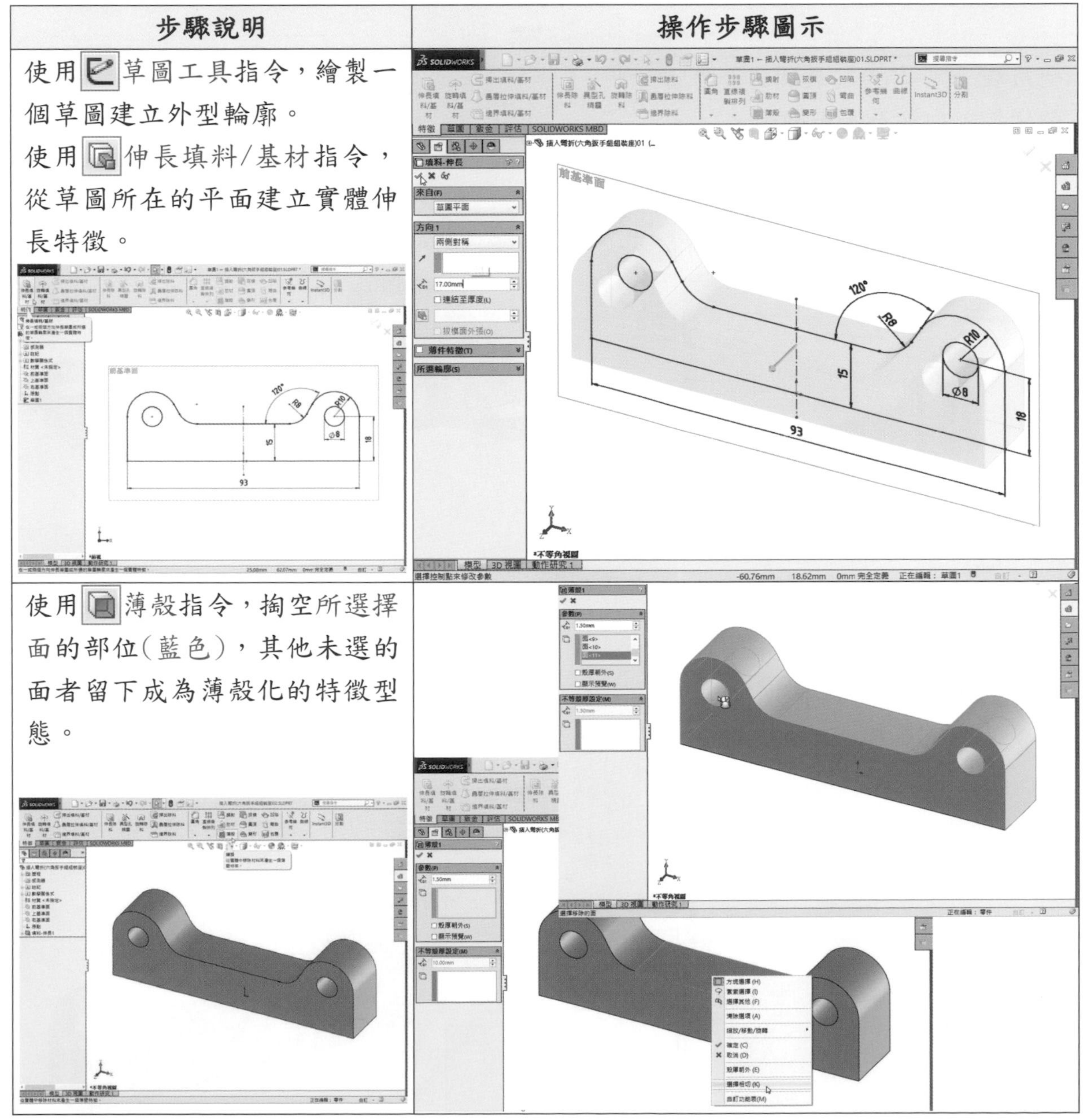

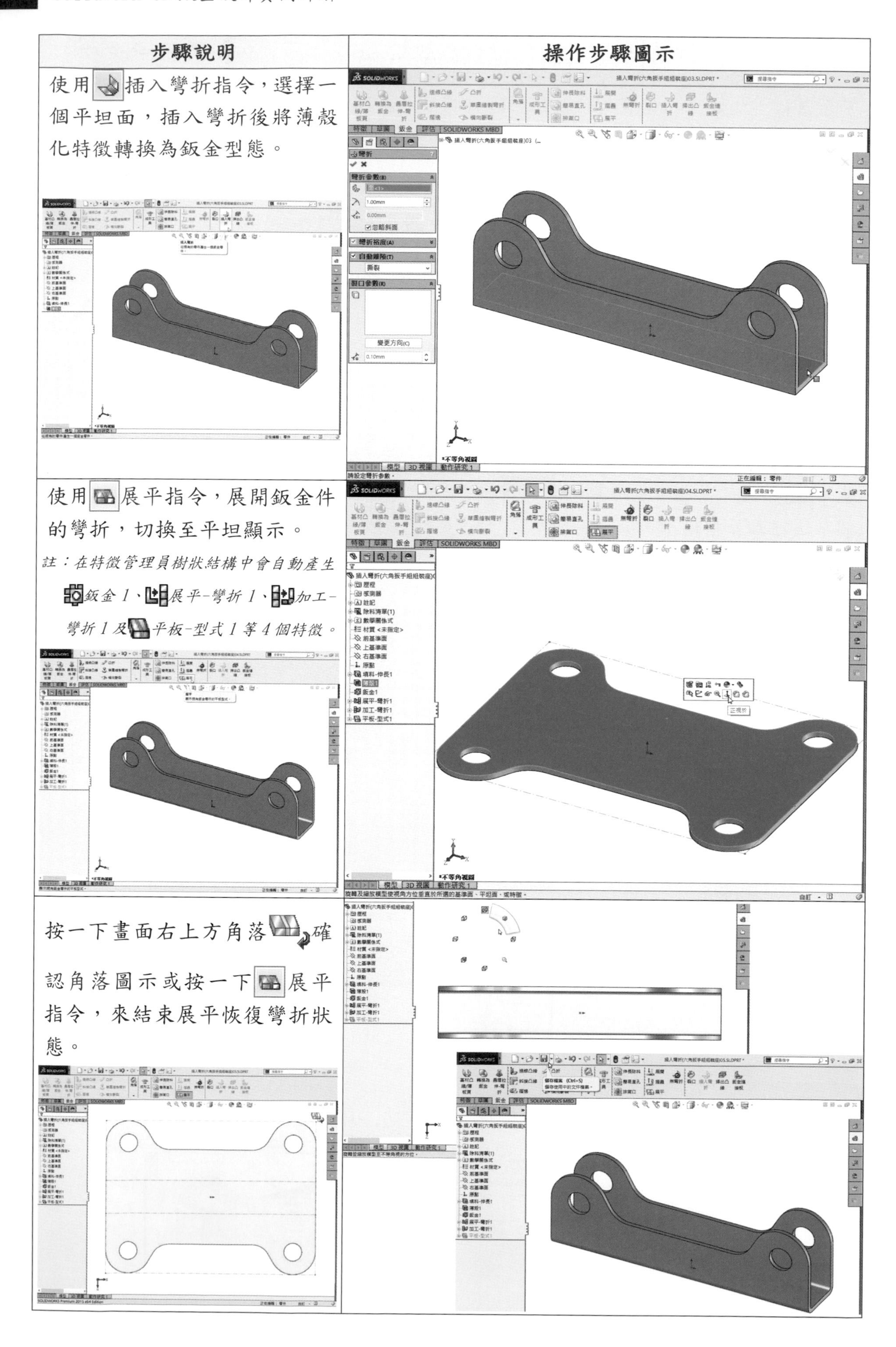

| 步驟說明 | 操作步驟圖示 |
|---|---|
| 使用插入彎折指令，選擇一個平坦面，插入彎折後將薄殼化特徵轉換為鈑金型態。 | |
| 使用展平指令，展開鈑金件的彎折，切換至平坦顯示。<br>*註：在特徵管理員樹狀結構中會自動產生鈑金 1、展平-彎折 1、加工-彎折 1 及平板-型式 1 等 4 個特徵。* | |
| 按一下畫面右上方角落確認角落圖示或按一下展平指令，來結束展平恢復彎折狀態。 | |

## 1.3.4 結合使用不同的鈑金設計方法產生鈑金件

學習目標：能由實體特徵轉換為鈑金件後，加入鈑金特徵，產生一個多本體鈑金件。

繪圖步驟：長實體特徵→作薄殼化特徵→轉換鈑金件→加入鈑金特徵→套用成形工具→作特徵除料→按展平。

鈑金零件產生的方法(四)：

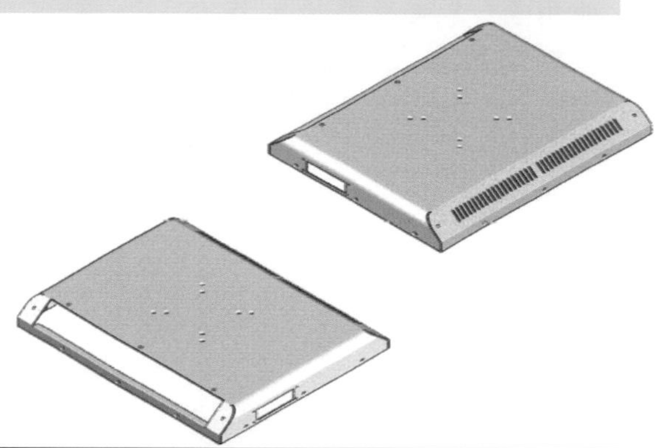

- 一開始即以鈑金產生的零件與之後才轉換為鈑金的零件有不同的特徵。
- 亦可加入特定的鈑金特徵到之後才轉換為鈑金的零件。

| 步驟說明 | 操作步驟圖示 |
| --- | --- |
| 使用伸長填料/基材指令，從草圖所在的平面建立實體伸長特徵。<br>使用圓角指令，實體特徵左右兩側作圓角。<br>使用伸長除料指令，實體特徵前後兩側作除料。<br>使用薄殼指令，掏空所選擇面的部位(藍色)，其他未選的面者留下為薄殼化的特徵。 | 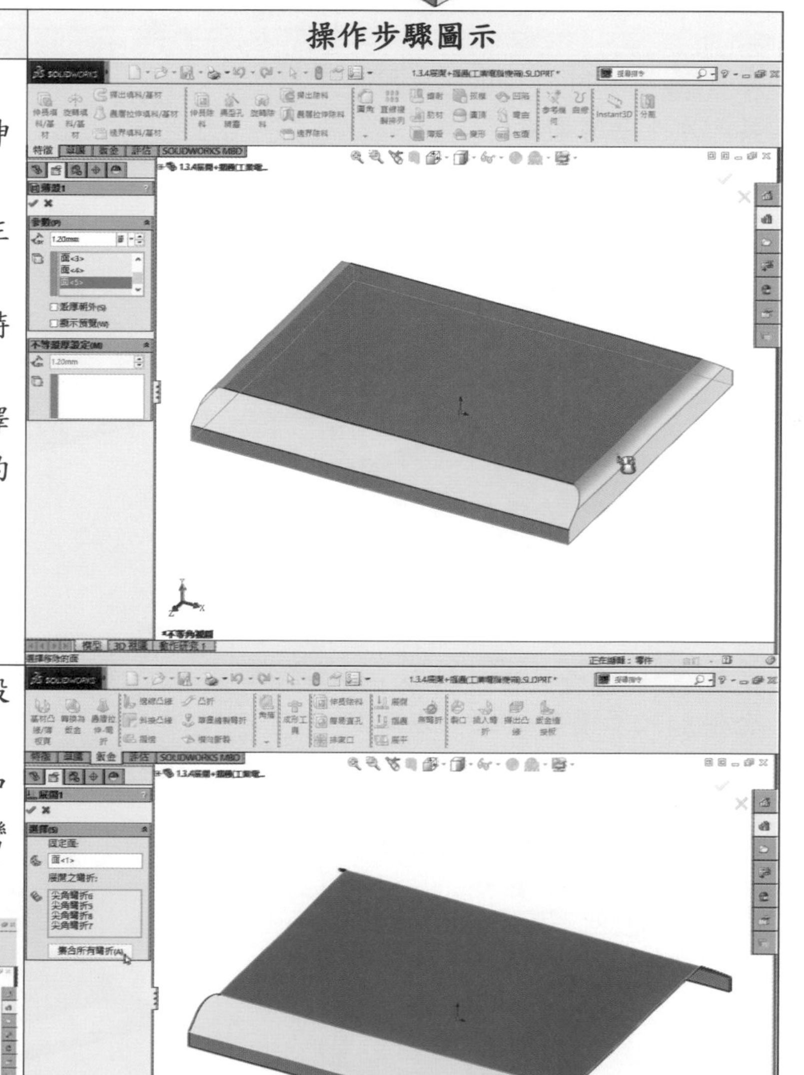 |
| 使用插入彎折指令，將薄殼化零件轉換為鈑金件。<br>使用展開指令，將鈑金件中的彎折單獨、多個或所有的彎折作展開。<br> | |

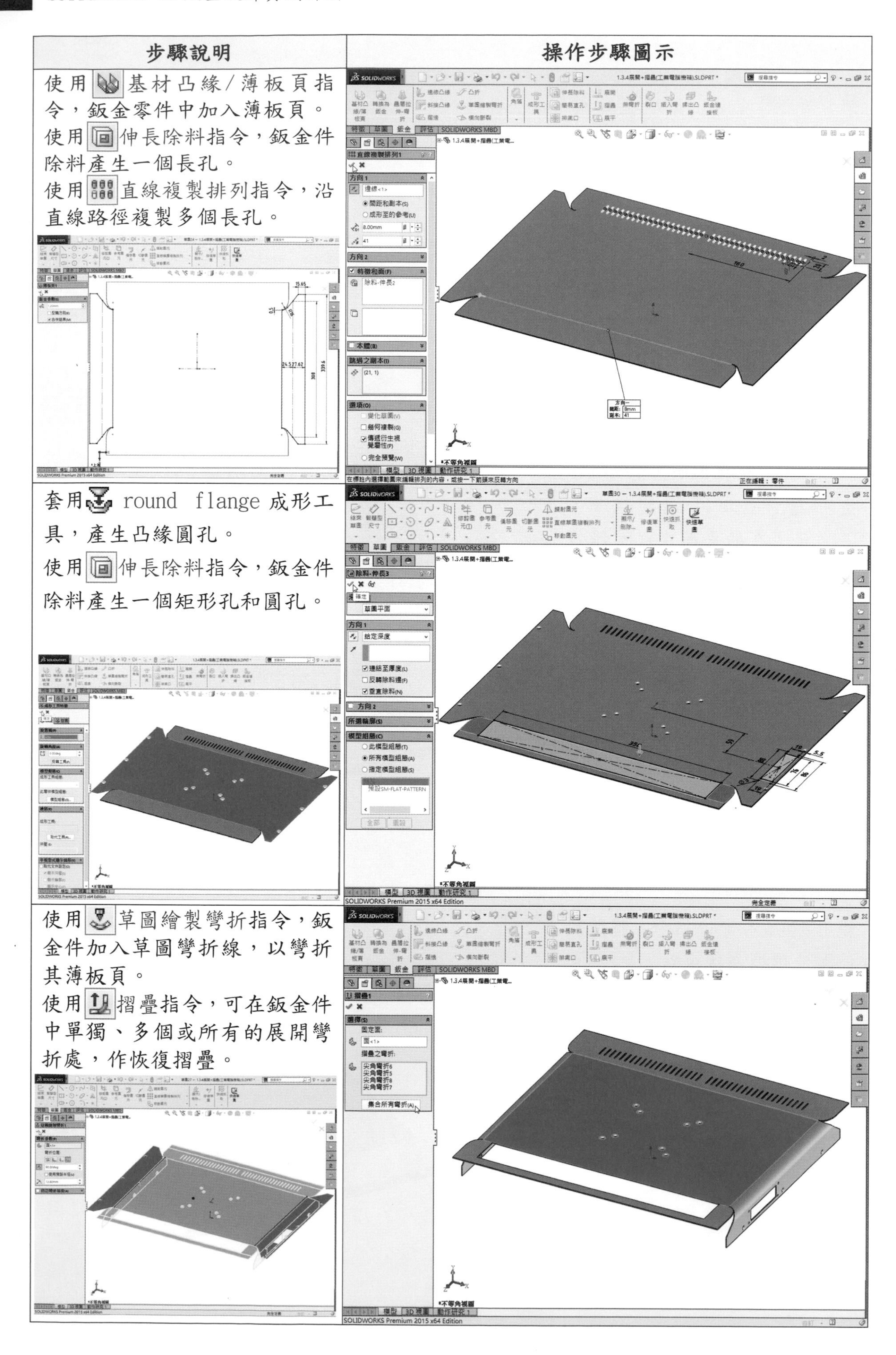

| 步驟說明 | 操作步驟圖示 |
|---|---|
| 使用基材凸緣/薄板頁指令，鈑金零件中加入薄板頁。<br>使用伸長除料指令，鈑金件除料產生一個長孔。<br>使用直線複製排列指令，沿直線路徑複製多個長孔。 | |
| 套用 round flange 成形工具，產生凸緣圓孔。<br>使用伸長除料指令，鈑金件除料產生一個矩形孔和圓孔。 | |
| 使用草圖繪製彎折指令，鈑金件加入草圖彎折線，以彎折其薄板頁。<br>使用摺疊指令，可在鈑金件中單獨、多個或所有的展開彎折處，作恢復摺疊。 | |

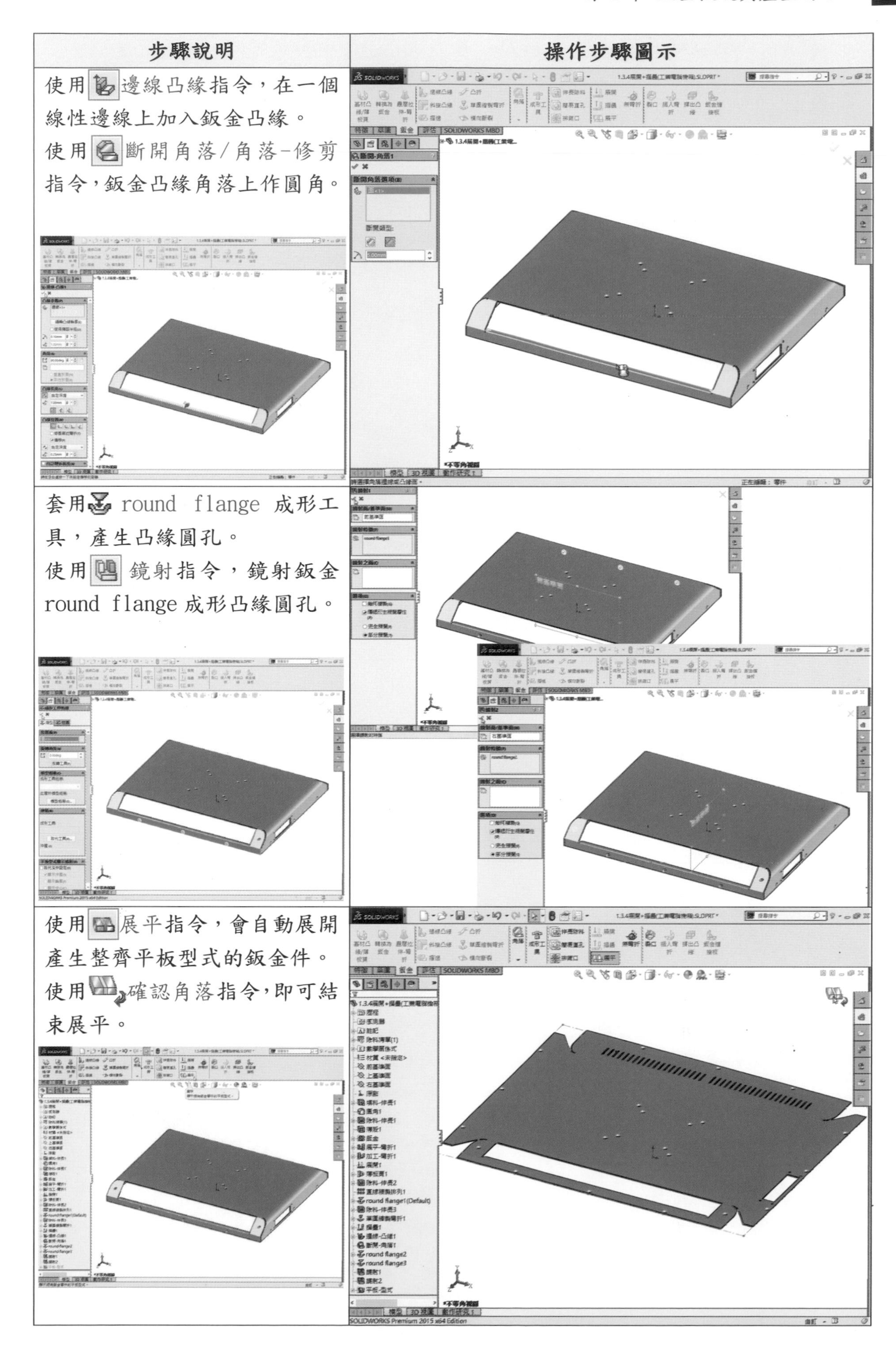

| 步驟說明 | 操作步驟圖示 |
| --- | --- |
| 使用邊線凸緣指令，在一個線性邊線上加入鈑金凸緣。<br>使用斷開角落/角落-修剪指令，鈑金凸緣角落上作圓角。 | |
| 套用 round flange 成形工具，產生凸緣圓孔。<br>使用鏡射指令，鏡射鈑金 round flange 成形凸緣圓孔。 | |
| 使用展平指令，會自動展開產生整齊平板型式的鈑金件。<br>使用確認角落指令，即可結束展平。 | |

# 第 2 章 使用鈑金工具產生鈑金

使用 SolidWorks 提供的鈑金設計工具可讓您快速產生鈑金本體，是一套具效率的鈑金展平的工具。從簡單的薄板建立到各種不同型態的折彎、除料、長薄板頁、倒角、開孔、摺邊等等功能，均可輕鬆完成其鈑金件設計。若某些設計上需要特定的幾何形體時，亦可使用非鈑金特徵，如伸長薄件或薄殼等特徵後再轉換為鈑金等功能。提供製造業全方位的解決方案，使其降低費用、提高品質、縮短開發週期。

鈑金件設計建構的方法，盡量要能考慮到步驟簡單明確、設計變更能具有彈性、建構快捷容易，因此產生鈑金零件時，設計使用上的順序建議如下：

1. 鈑金特徵（例如基材凸緣、邊線凸緣及斜接凸緣）。
2. 插入彎折特徵。
3. 轉換為鈑金特徵。

當使用插入彎折或轉換為鈑金特徵時，建議您在零件設計期間儘早套用，最好就在您產生第一個非鈑金特徵之後。

本書提供下列的實例，說明如何運用 SolidWorks 的鈑金工具產生鈑金零件及展平鈑金零件的詳細步驟分述於後。

| 實例序號 | 實例立體圖 | 立體呈現鈑金展平 | 正視於展平鈑金件 |
|---|---|---|---|
| 2.1.1 基材凸緣(單一開放形)產生塑膠硬質管護管夾鈑金 | | | |
| 2.1.2 基材凸緣(單一開放形)產生扣環鋼片鈑金 | | | |
| 2.1.3 基材凸緣(單一封閉形)產生爐心支持片鈑金 | | | |

| 實例序號 | 實例立體圖 | 立體呈現鈑金展平 | 正視於展平鈑金件 |
| --- | --- | --- | --- |
| 2.1.4 基材凸緣(多個包容封閉形)產生C型扣環孔用鈑金 | | | |
| 2.1.5 薄板頁產生鋼製L型烤漆書架鈑金 | | | |
| 2.2.1 草圖繪製彎折(1條直線)產生25mm鐵扣環鈑金 | | | |
| 2.2.2 草圖繪製彎折(1條直線)產生窗簾吊鉤鈑金 | | | |
| 2.2.3 草圖繪製彎折(2條直線)產生拔毛夾鈑金 | | | |
| 2.2.4 草圖繪製彎折(2條直線)產生門扣固定端鈑金 | | | |

| 實例序號 | 實例立體圖 | 立體呈現鈑金展平 | 正視於展平鈑金件 |
|---|---|---|---|
| 2.3.1 邊線凸緣(邊線迴圈)產生爐心鋼板框架鈑金 |  |  |  |
| 2.3.2 邊線凸緣(2 條相切邊線)產生釘書機底座鈑金 | 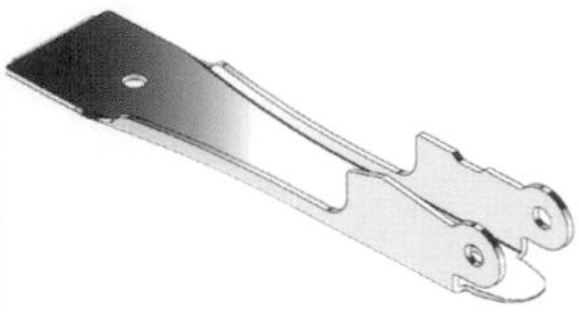 | 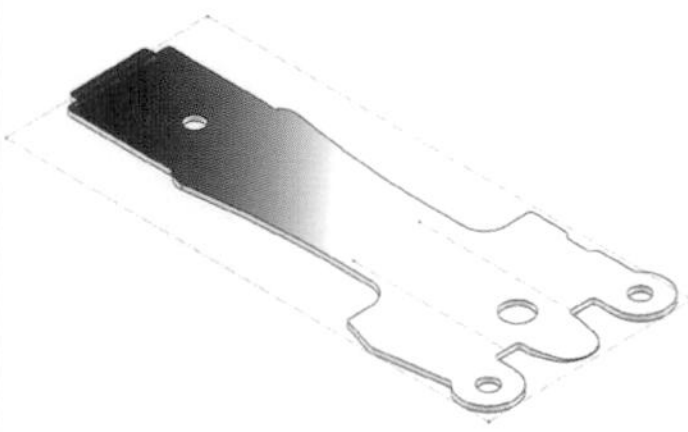 | 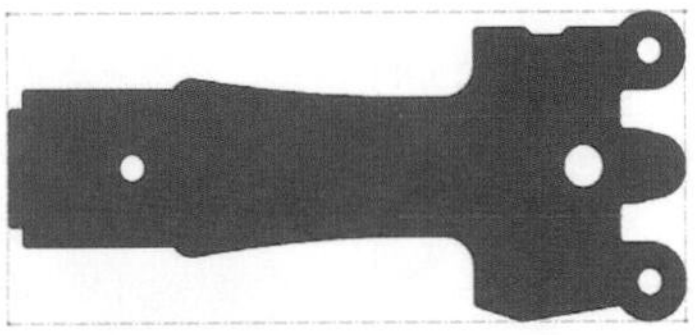 |
| 2.3.3 邊線凸緣(多條相切邊線)產生山形夾子活動側鈑金 | 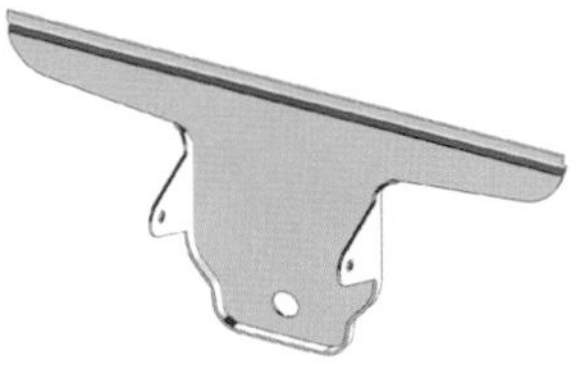 | 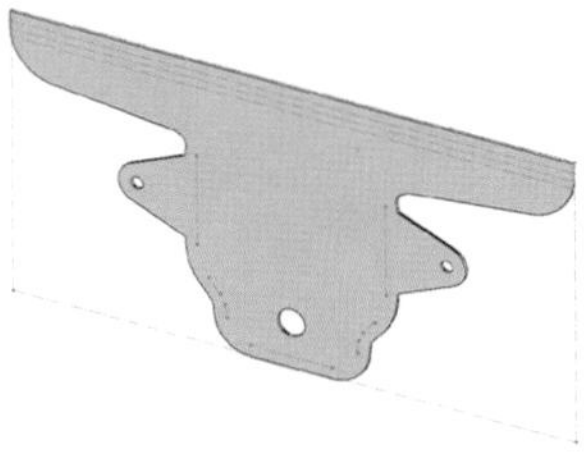 | 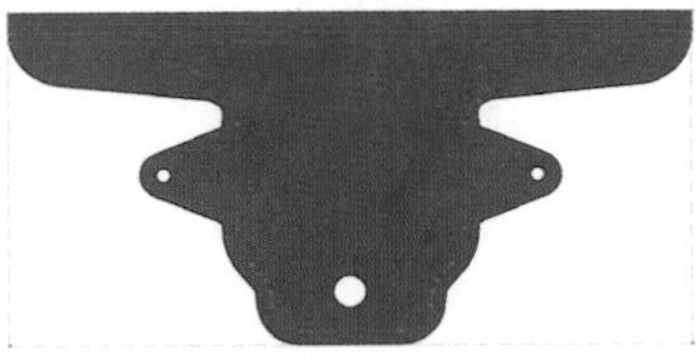 |
| 2.3.3 邊線凸緣(多條相切邊線)產生山形夾子固定側鈑金 | 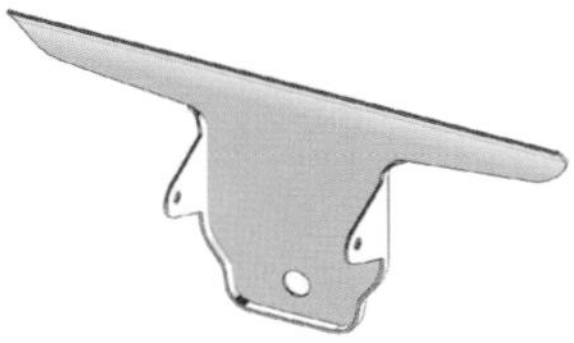 | 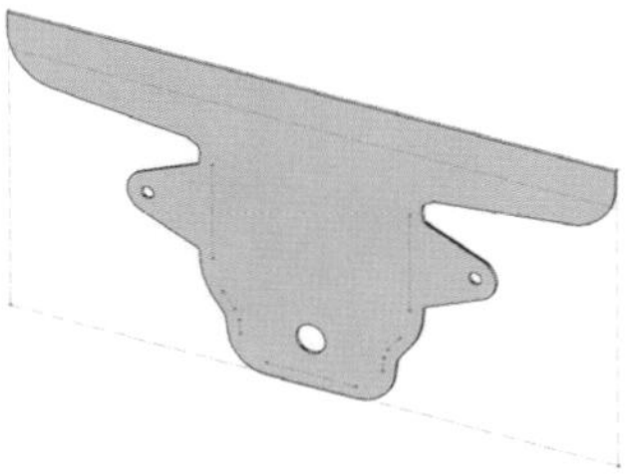 | 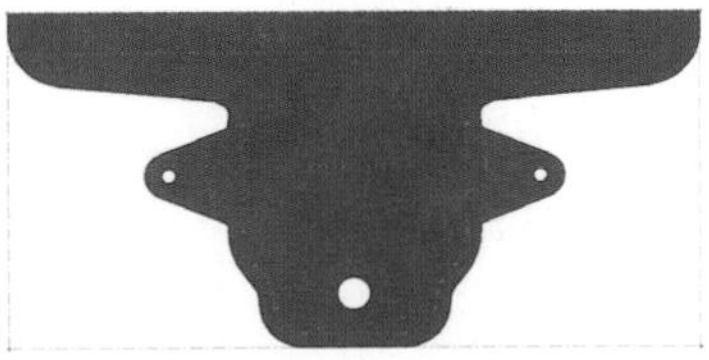 |
| 2.3.4 邊線凸緣(相切邊線迴圈)產生排水孔蓋鈑金 | 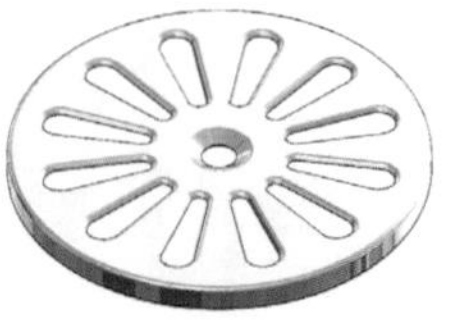 | 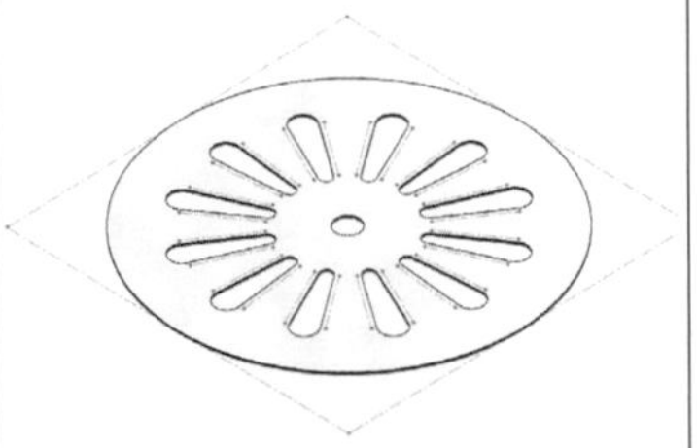 | 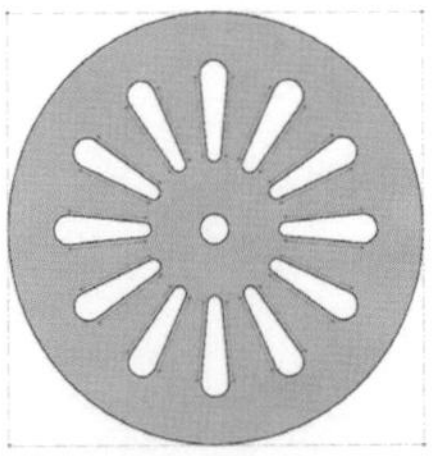 |
| 2.3.5 邊線凸緣(4 條邊線)產生電源箱門鈑金 |  | |  |

| 實例序號 | 實例立體圖 | 立體呈現鈑金展平 | 正視於展平鈑金件 |
| --- | --- | --- | --- |
| 2.3.6 邊線凸緣(1 條邊線)產生固定板鈑金 | 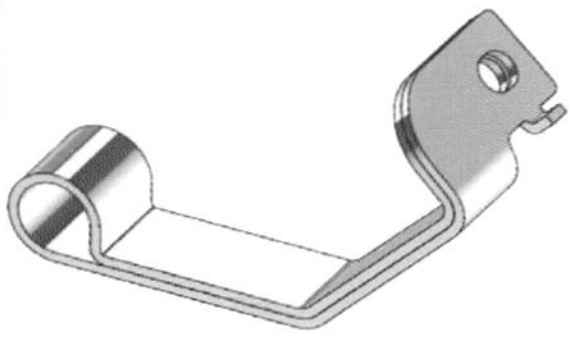 | 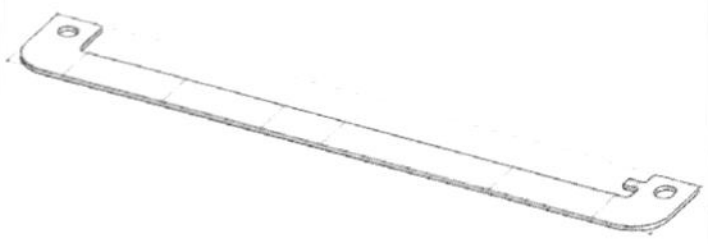 | 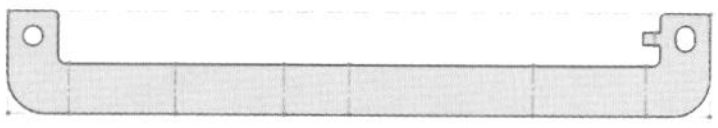 |
| 2.4.1 插入彎折(伸長填料薄件特徵)產生長尾夾本體鈑金 |  |  | |
| 2.4.2 插入彎折(1 條邊線)產生低壓軟管夾鈑金 |  | 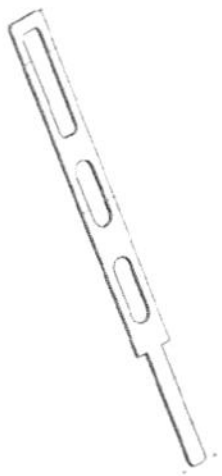 |  |
| 2.5.1 斜接凸緣(草圖含三直線)產生電源箱體鈑金 |  |  |  |
| 2.5.2 斜接凸緣(草圖含直線與圓弧)產生方盒鈑金 | 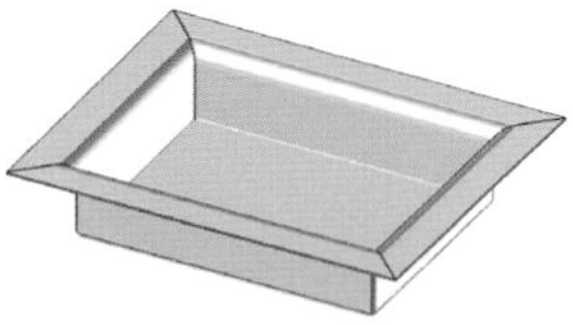 | 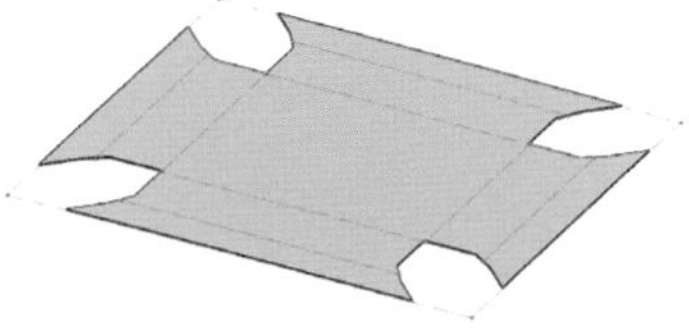 | 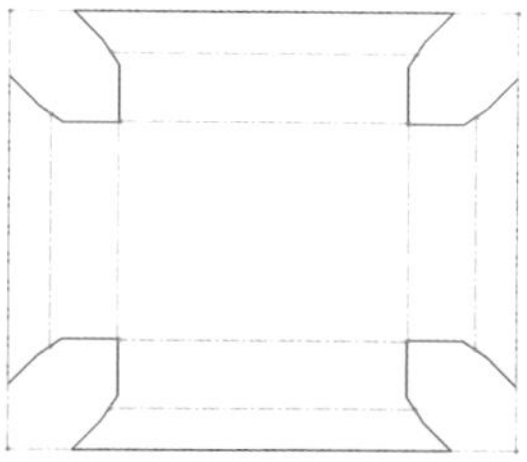 |
| 2.6.1 掃出凸緣(封閉的邊線為路徑)產生八角形金屬盒鈑金 |  | 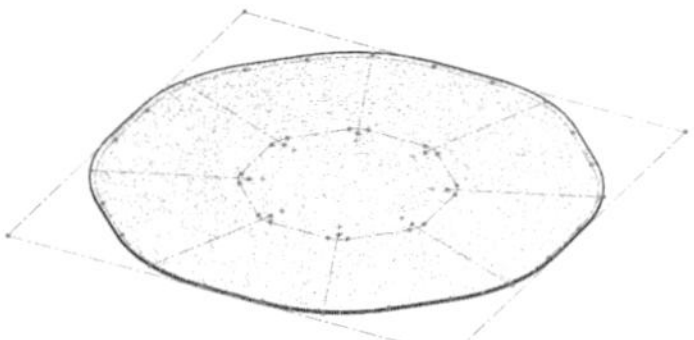 | 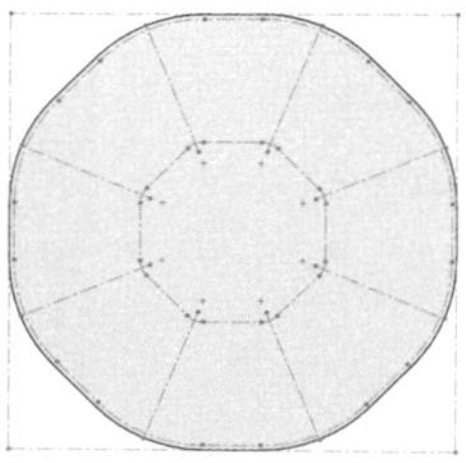 |

| 實例序號 | 實例立體圖 | 立體呈現鈑金展平 | 正視於展平鈑金件 |
|---|---|---|---|
| 2.6.2 掃出凸緣(封閉的邊線為路徑)產生不銹鋼茶盤鈑金 |  |  | |
| 2.6.3 掃出凸緣(開放的草圖輪廓線為路徑)產生圓柱風管鈑金 |  | 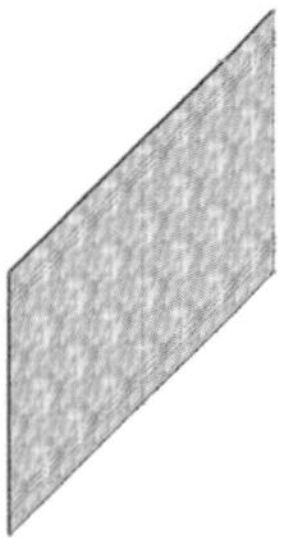 | 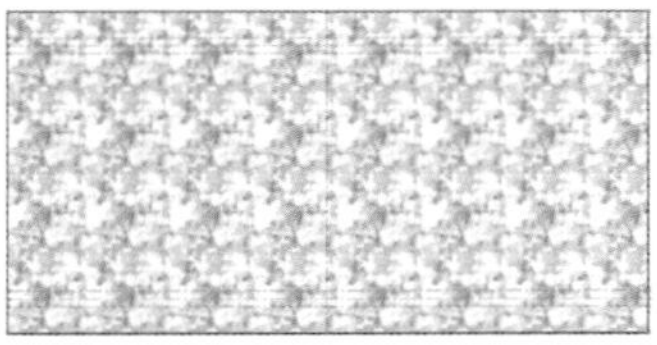 |
| 2.6.4 掃出凸緣(開放的草圖輪廓線為路徑)產生漸縮圓柱風管鈑金 |  | 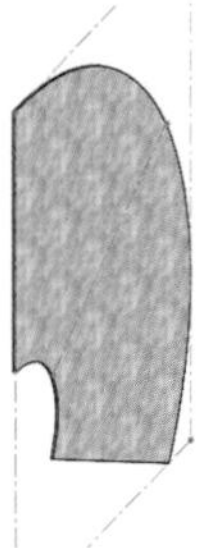 | 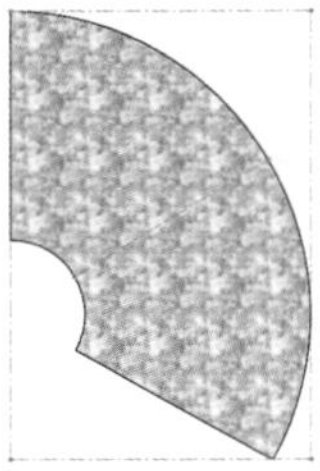 |
| 2.7.1 摺邊(1條直線)產生鎖用花邊搭扣固定端鈑金 | 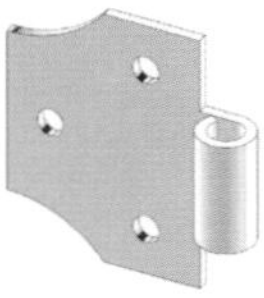 | 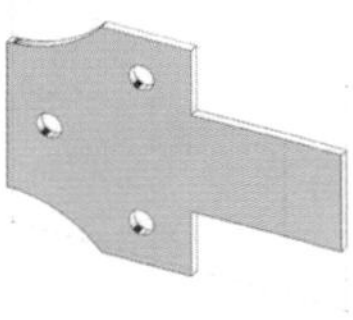 | 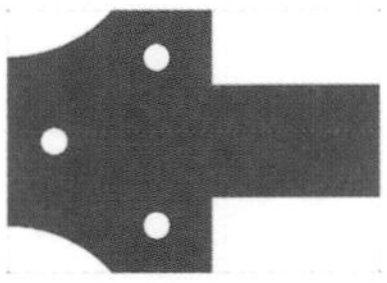 |
| 2.7.1 摺邊(2條直線)產生鎖用花邊搭扣活動端鈑金 | 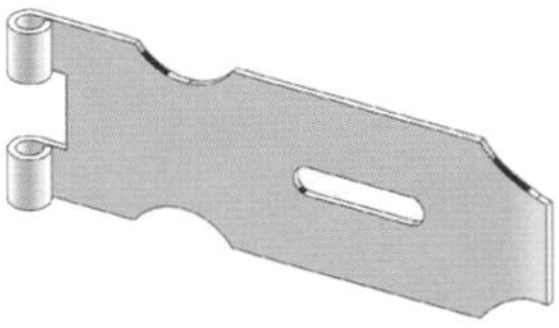 | 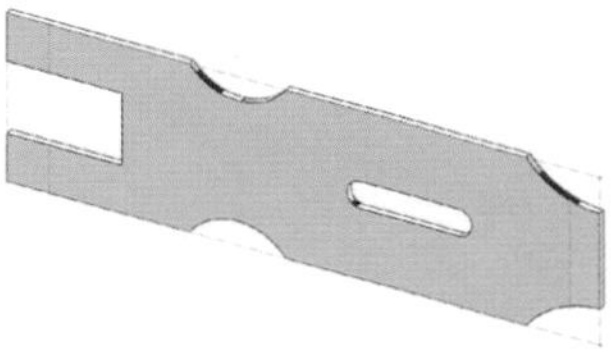 |  |
| 2.7.2 摺邊(2條直線)產生汽車用橫接環眼電線端子鈑金(右電線端子) |  | 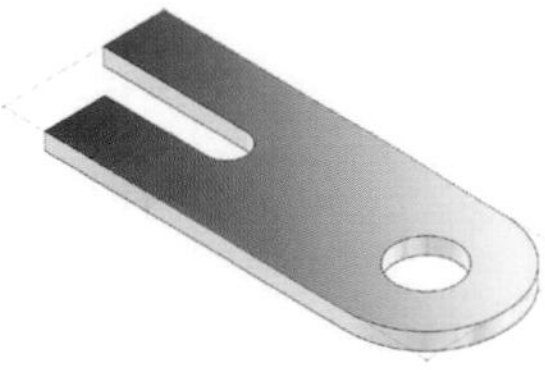 |  |

| 實例序號 | 實例立體圖 | 立體呈現鈑金展平 | 正視於展平鈑金件 |
|---|---|---|---|
| 2.7.2 摺邊(2條直線)產生汽車用橫接環眼電線端子鈑金(左電線端子) | 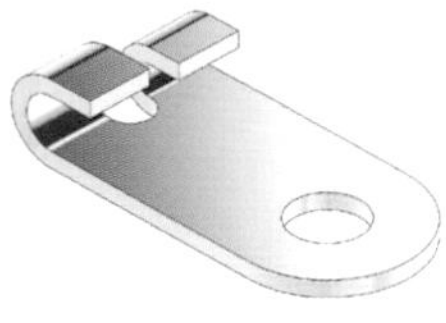 | 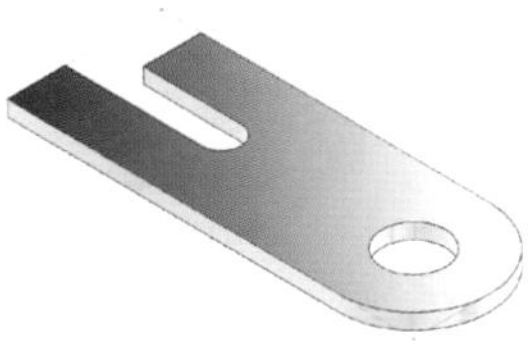 |  |
| 2.7.3 摺邊(3條直線)產生門鉸鏈鈑金(固定端) | 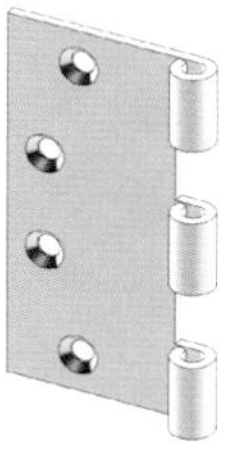 | 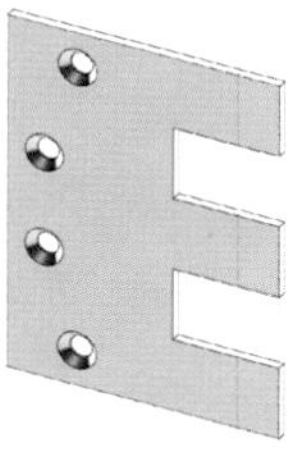 | 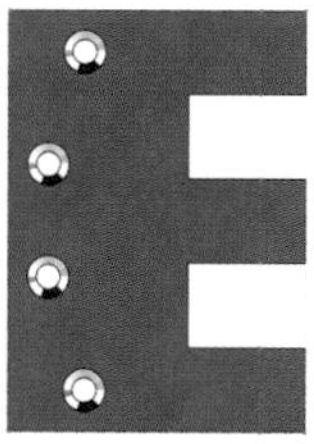 |
| 2.7.3 摺邊(3條直線)產生門鉸鏈鈑金(活動端) | 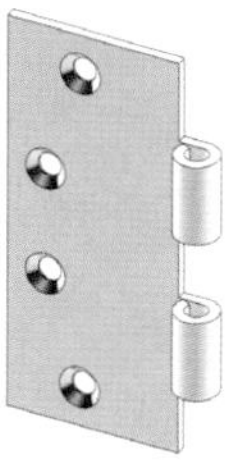 | 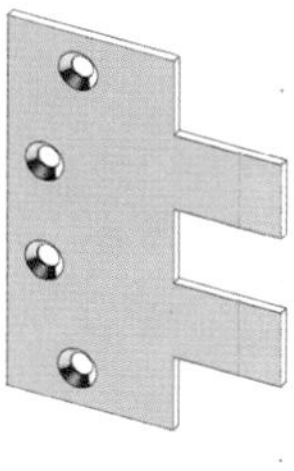 | 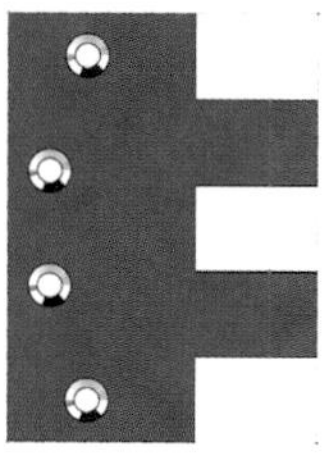 |
| 2.8.1 凸折(從展開狀態折鈑金)產生座板鈑金 | 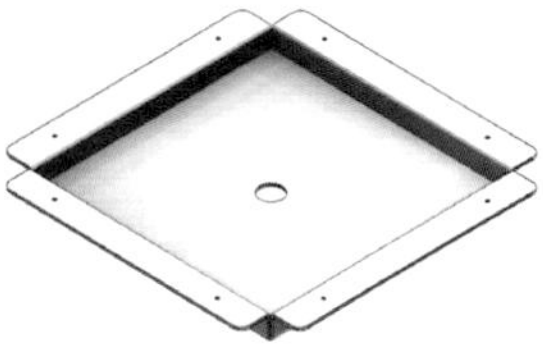 | 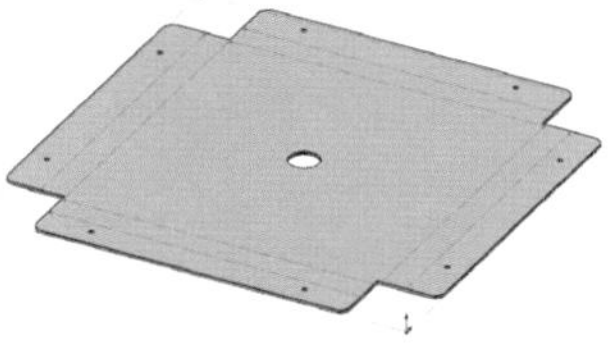 | 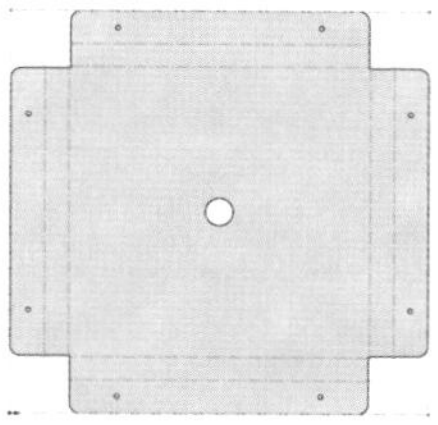 |
| 2.8.2 凸折(1條水平直線)產生電源供應器外殼上蓋鈑金 | 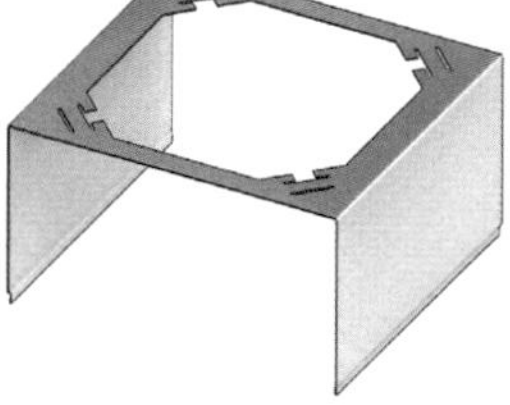 | 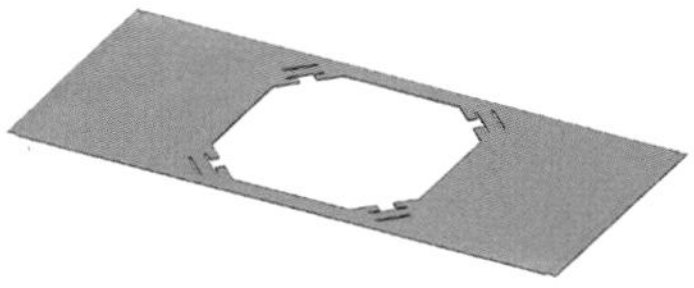 | 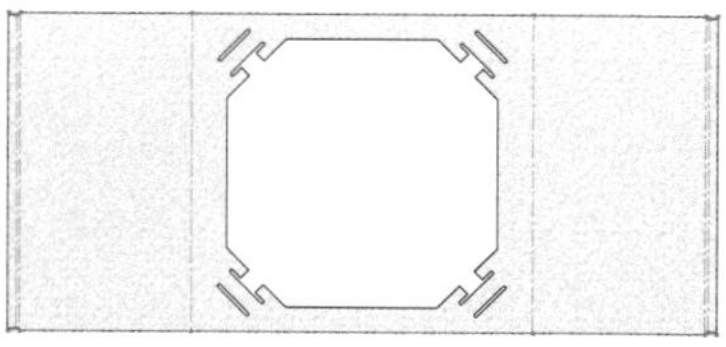 |
| 2.8.3 凸折(1條水平直線)產生電腦擋片鈑金 |  | 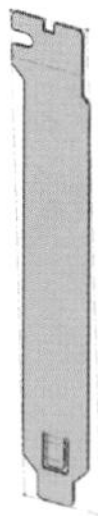 | |

| 實例序號 | 實例立體圖 | 立體呈現鈑金展平 | 正視於展平鈑金件 |
|---|---|---|---|
| 2.9.1 鈑金連接板(3 個連接板)產生 L 型固定片鈑金 | 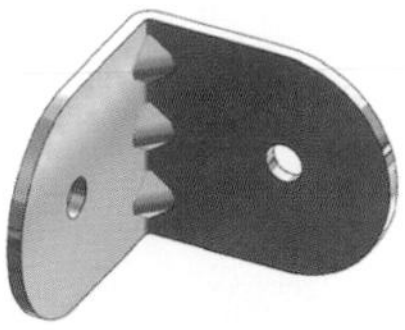 | 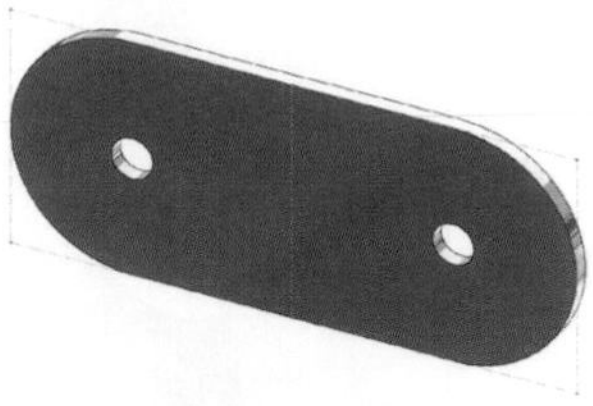 | |
| 2.9.2 鈑金連接板(2 個連接板)產生鋼製 L 型烤漆書架鈑金 | 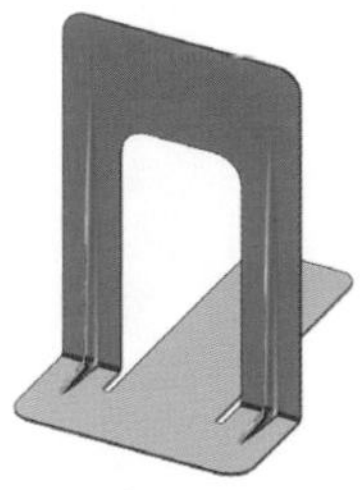 | 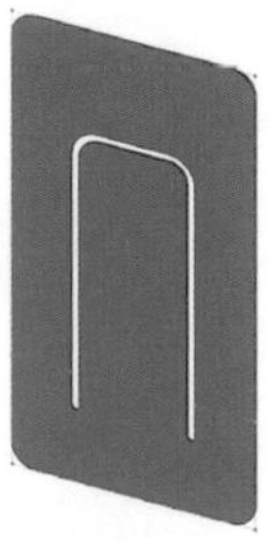 | 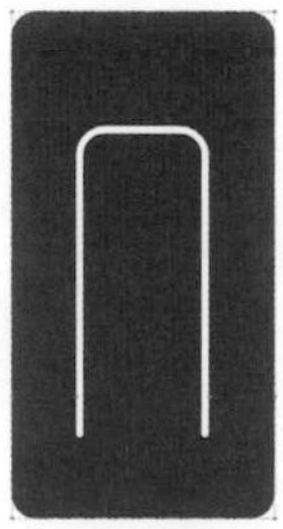 |
| 2.10.1 裂口(選取內部模型邊線)產生矩形固定盒座鈑金 | 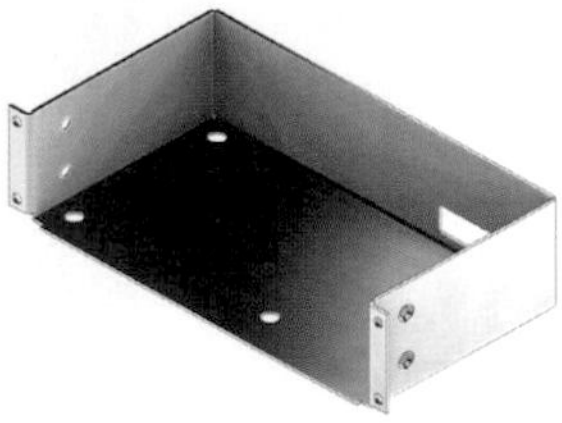 |  | 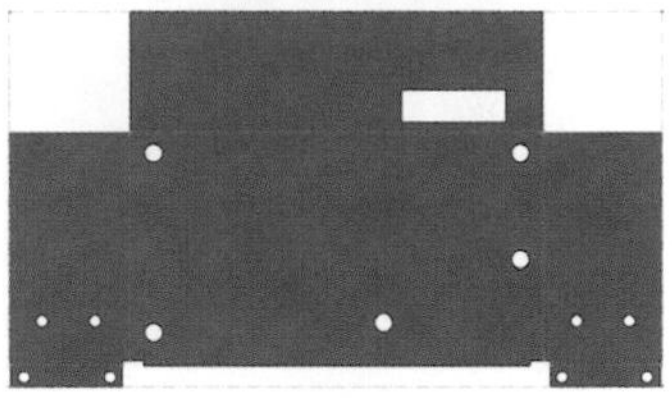 |
| 2.10.2 裂口(選取線性草圖圖元與外部模型邊線)產生縮口矩形盒鈑金 | 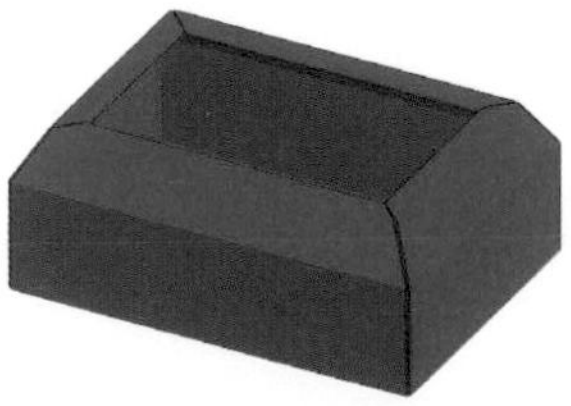 |  | 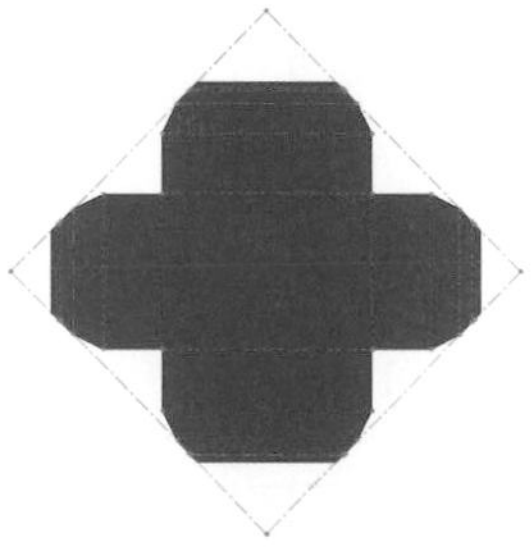 |
| 2.11.1 疊層拉伸彎折(偏心圓)產生偏心異徑管鈑金 |  | 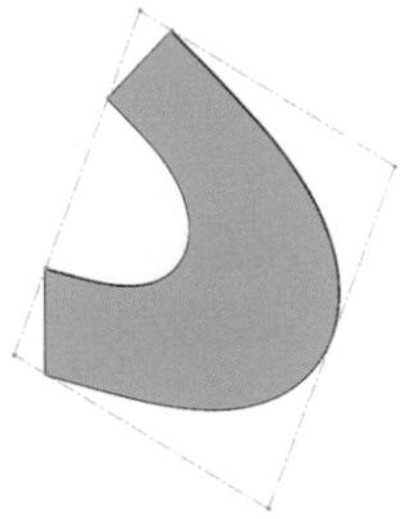 | 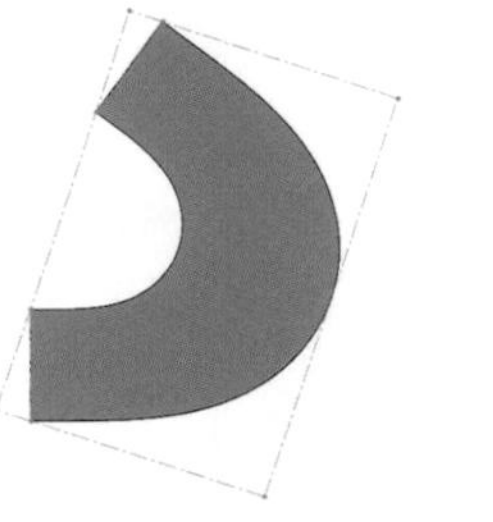 |
| 2.11.2 疊層拉伸彎折(平行輪廓)產生異口形管(彎折)鈑金 | 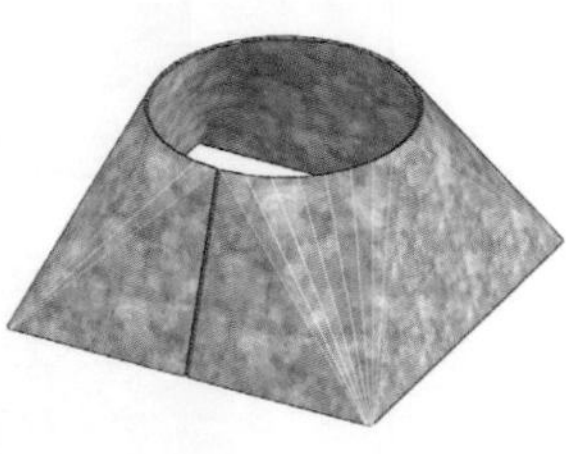 | 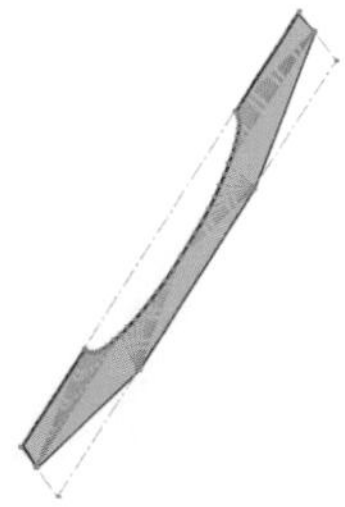 | 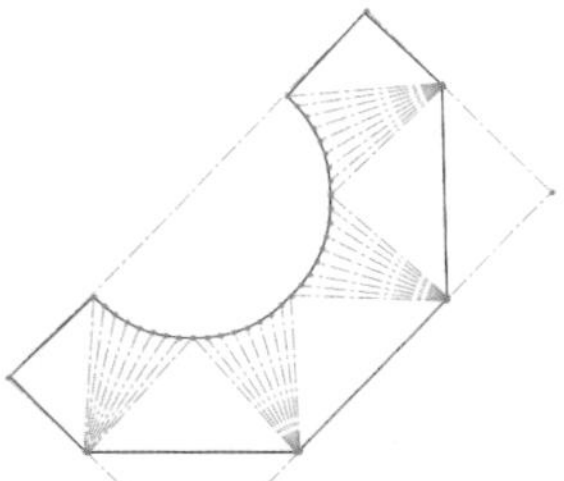 |

| 實例序號 | 實例立體圖 | 立體呈現鈑金展平 | 正視於展平鈑金件 |
| --- | --- | --- | --- |
| 2.11.2 疊層拉伸彎折(平行輪廓)產生異口形管(成形)鈑金 | 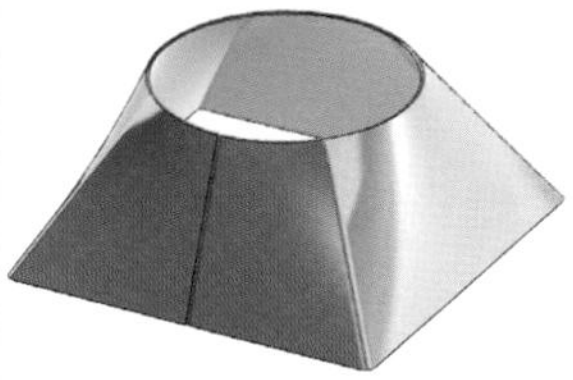 |  | 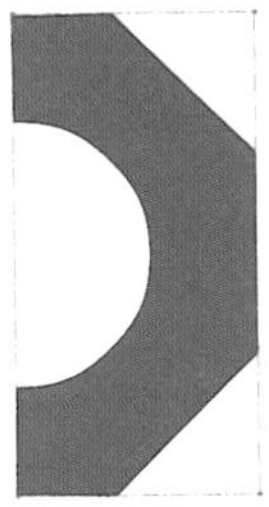 |
| 2.11.3 疊層拉伸彎折(非平行輪廓)產生異口形管鈑金 | 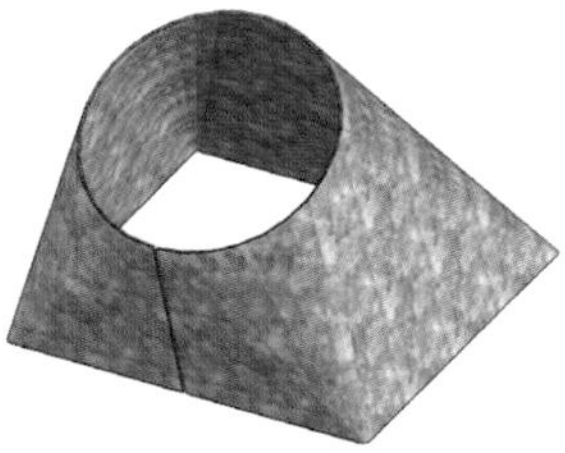 | 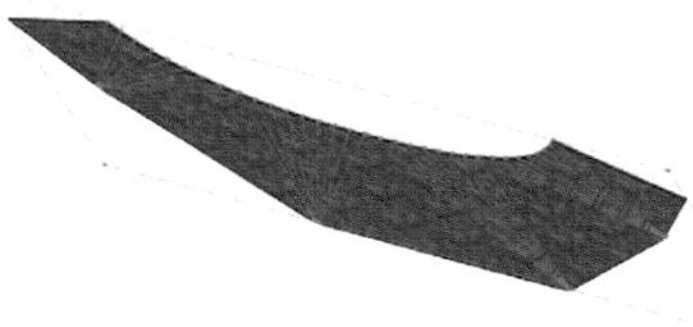 | 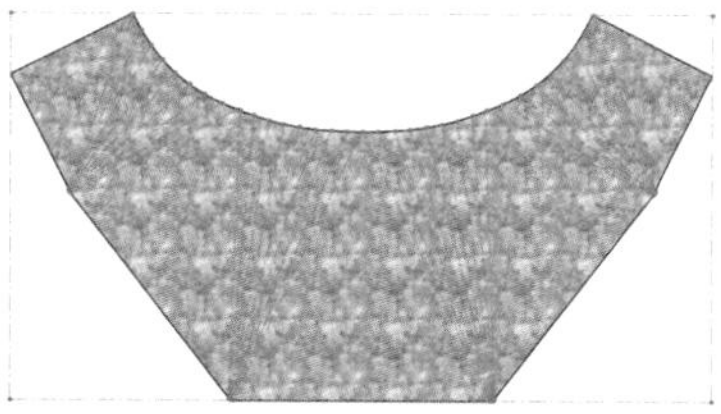 |
| 2.12.1 展開+摺疊(多個彎折)產生新式長尾夾本體鈑金 | 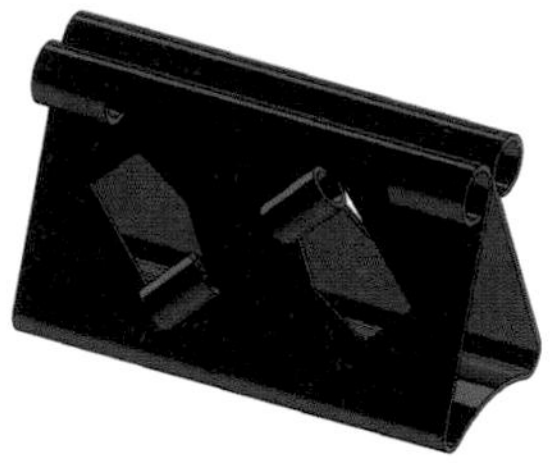 | 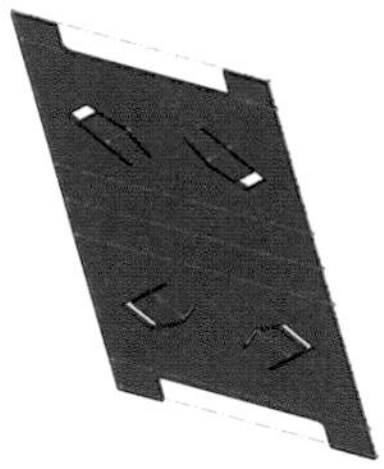 | 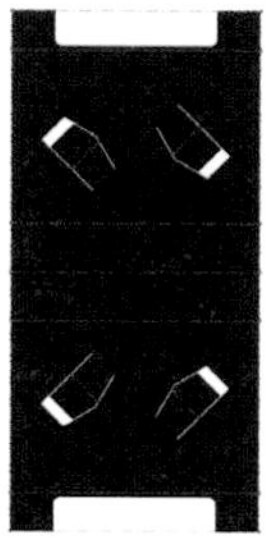 |
| 2.12.2 展開+摺疊(1 個彎折)產生馬達外殼中筒鈑金 | 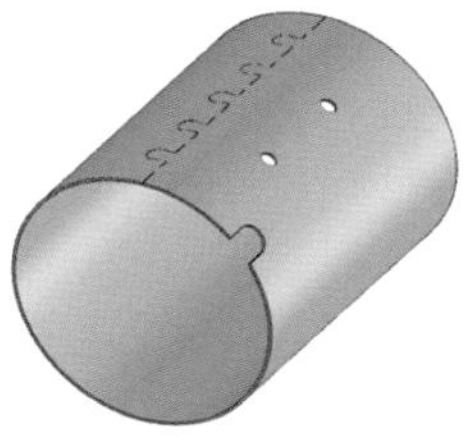 | 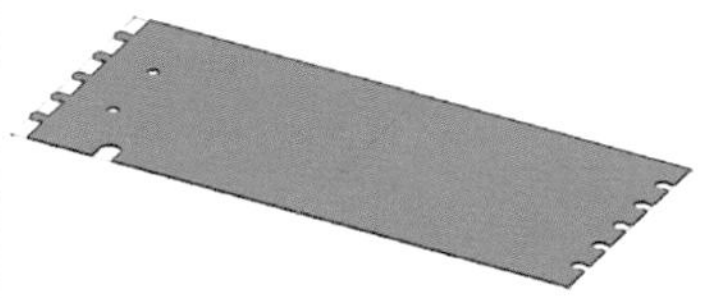 | |
| 2.13.1 轉換實體(本體特徵)產生工地手推車鈑金 |  | 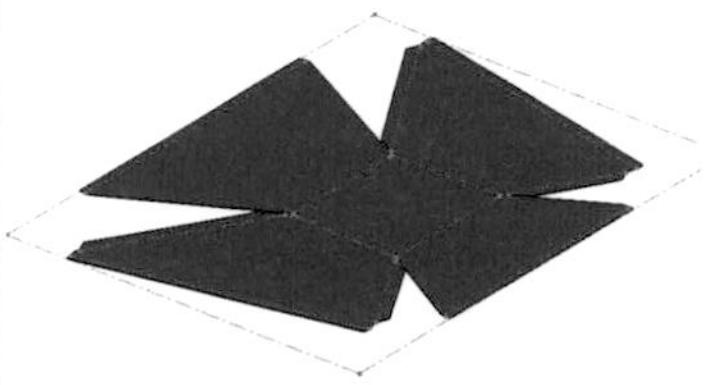 |  |
| 2.13.2 轉換實體(本體特徵)產生滑動護罩鈑金 | 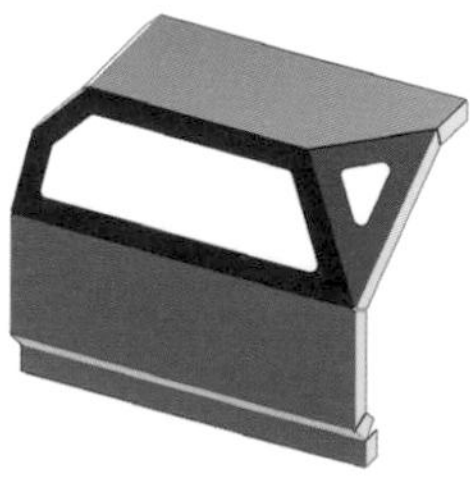 |  | 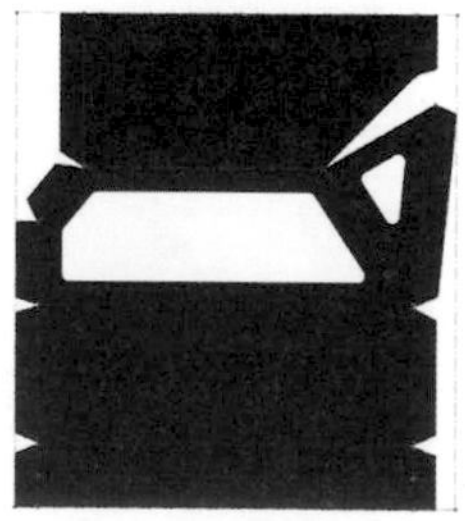 |

## 2.1.1 基材凸緣(單一開放形)產生塑膠硬質管護管夾鈑金

學習目標：能畫單一開放形的輪廓草圖，使用基材凸緣與斷開角落指令產生其鈑金。

繪圖步驟：畫草圖→長基材凸緣/薄板頁→產生鈑金→作斷開角落(圓角)→作伸長除料→按展平。

使用指令：

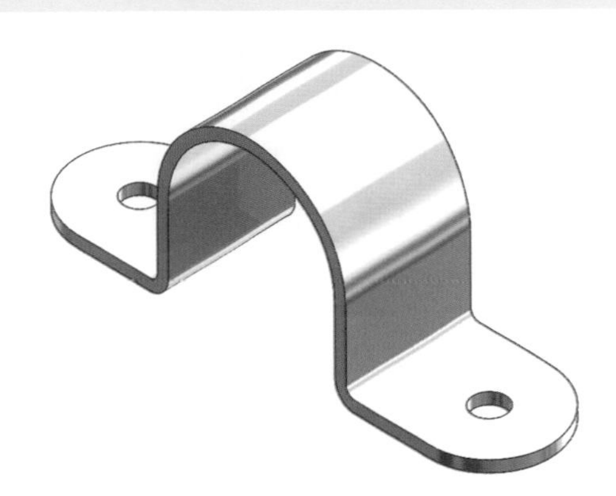

- 草圖指令：圓、幾何建構線、中心線、直線、圓心/起/終點畫弧、鏡射圖元。
- 特徵指令：伸長除料。
- 鈑金指令：基材凸緣/薄板頁、斷開角落/角落-修剪、展平。
- 製品標稱：導電線用聚氯乙烯塑膠硬質管護管夾 CNS6115

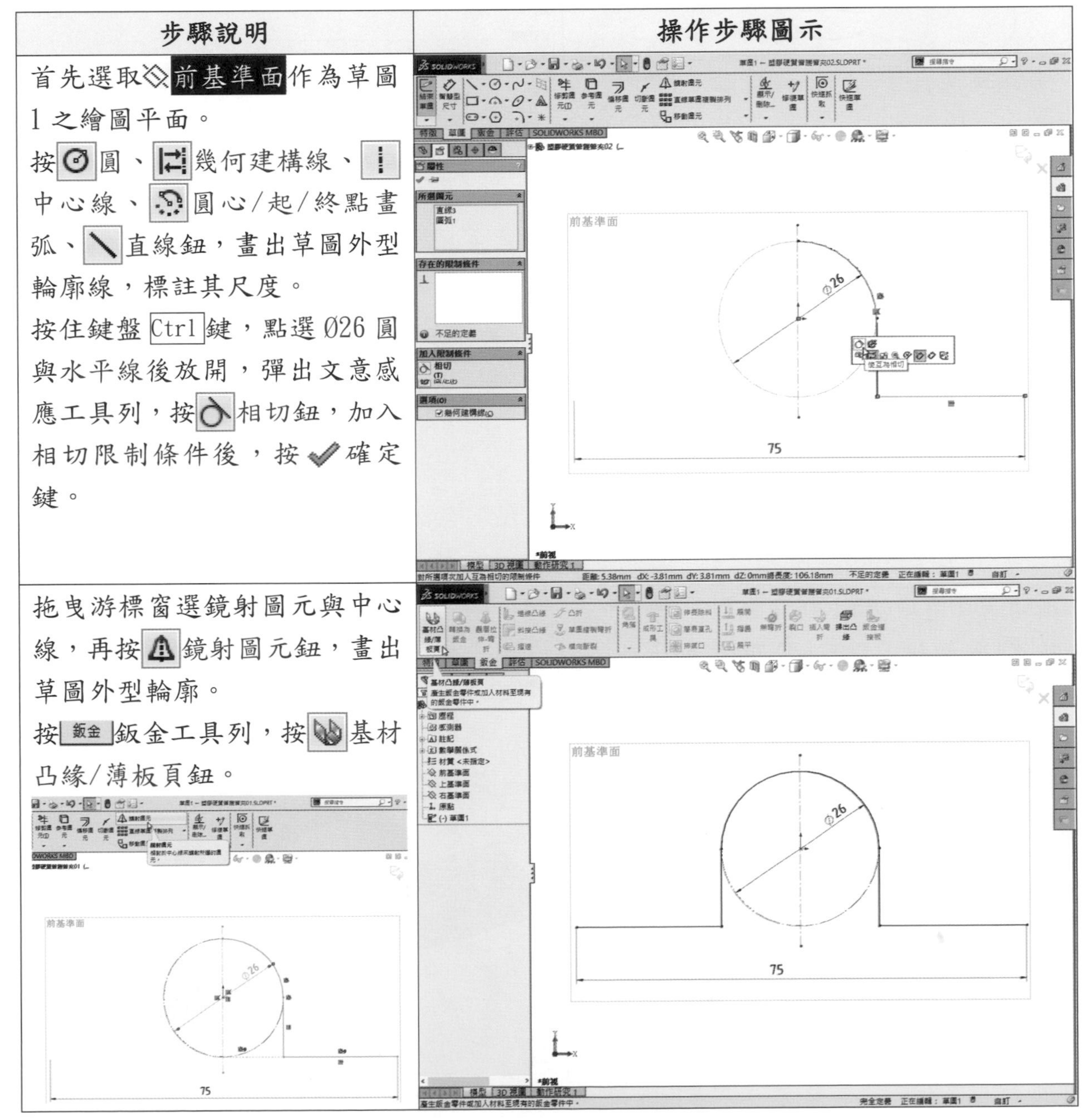

| 步驟說明 | 操作步驟圖示 |
| --- | --- |
| 首先選取前基準面作為草圖1之繪圖平面。<br>按圓、幾何建構線、中心線、圓心/起/終點畫弧、直線鈕，畫出草圖外型輪廓線，標註其尺度。<br>按住鍵盤Ctrl鍵，點選Ø26圓與水平線後放開，彈出文意感應工具列，按相切鈕，加入相切限制條件後，按確定鍵。 | |
| 拖曳游標窗選鏡射圖元與中心線，再按鏡射圖元鈕，畫出草圖外型輪廓。<br>按鈑金鈑金工具列，按基材凸緣/薄板頁鈕。 | |

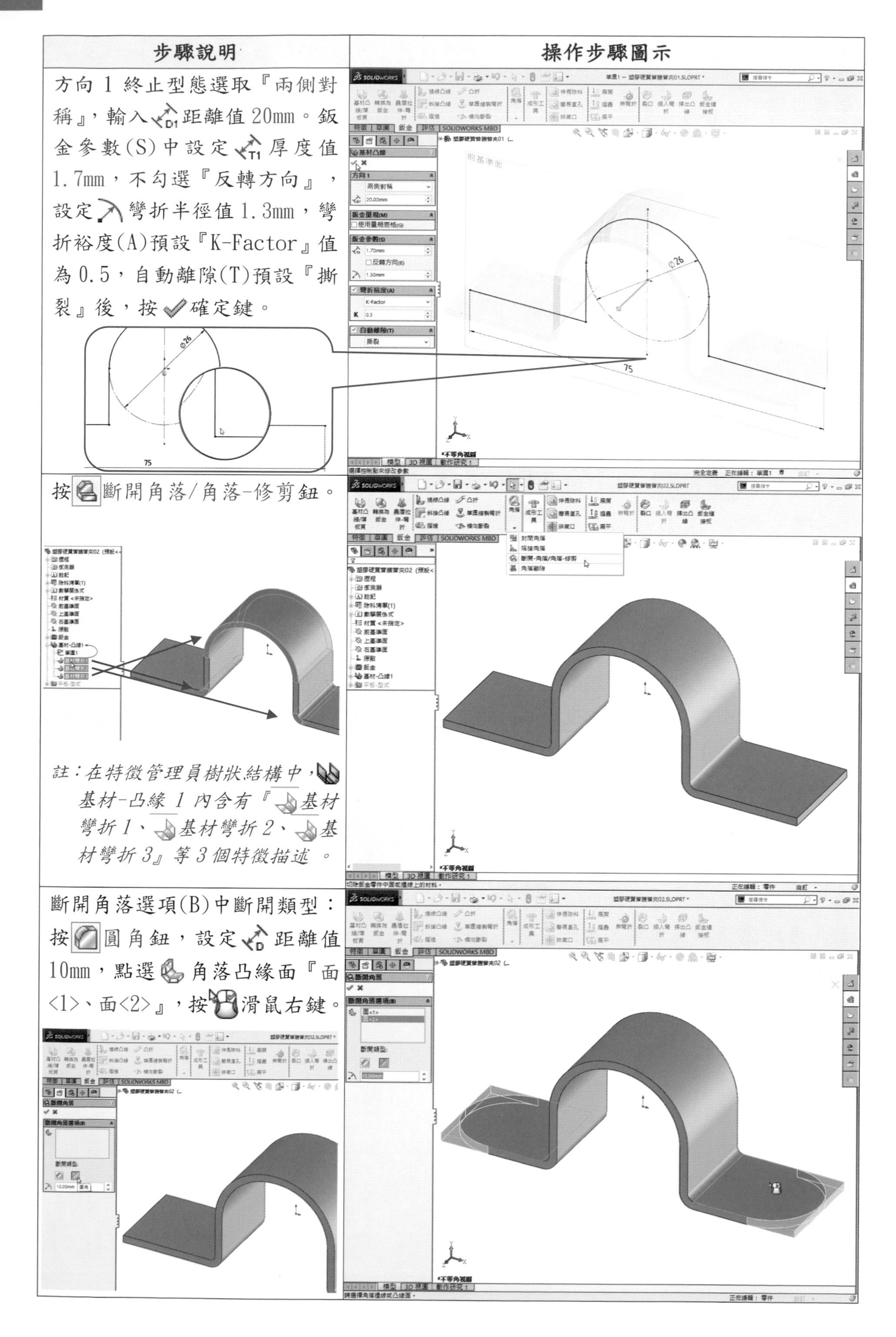

| 步驟說明 | 操作步驟圖示 |
| --- | --- |
| 方向 1 終止型態選取『兩側對稱』，輸入距離值 20mm。鈑金參數(S)中設定厚度值 1.7mm，不勾選『反轉方向』，設定彎折半徑值 1.3mm，彎折裕度(A)預設『K-Factor』值為 0.5，自動離隙(T)預設『撕裂』後，按確定鍵。 | |
| 按斷開角落/角落-修剪鈕。<br>*註：在特徵管理員樹狀結構中，基材-凸緣 1 內含有『基材彎折 1、基材彎折 2、基材彎折 3』等 3 個特徵描述。* | |
| 斷開角落選項(B)中斷開類型：按圓角鈕，設定距離值 10mm，點選角落凸緣面『面<1>、面<2>』，按滑鼠右鍵。 | |

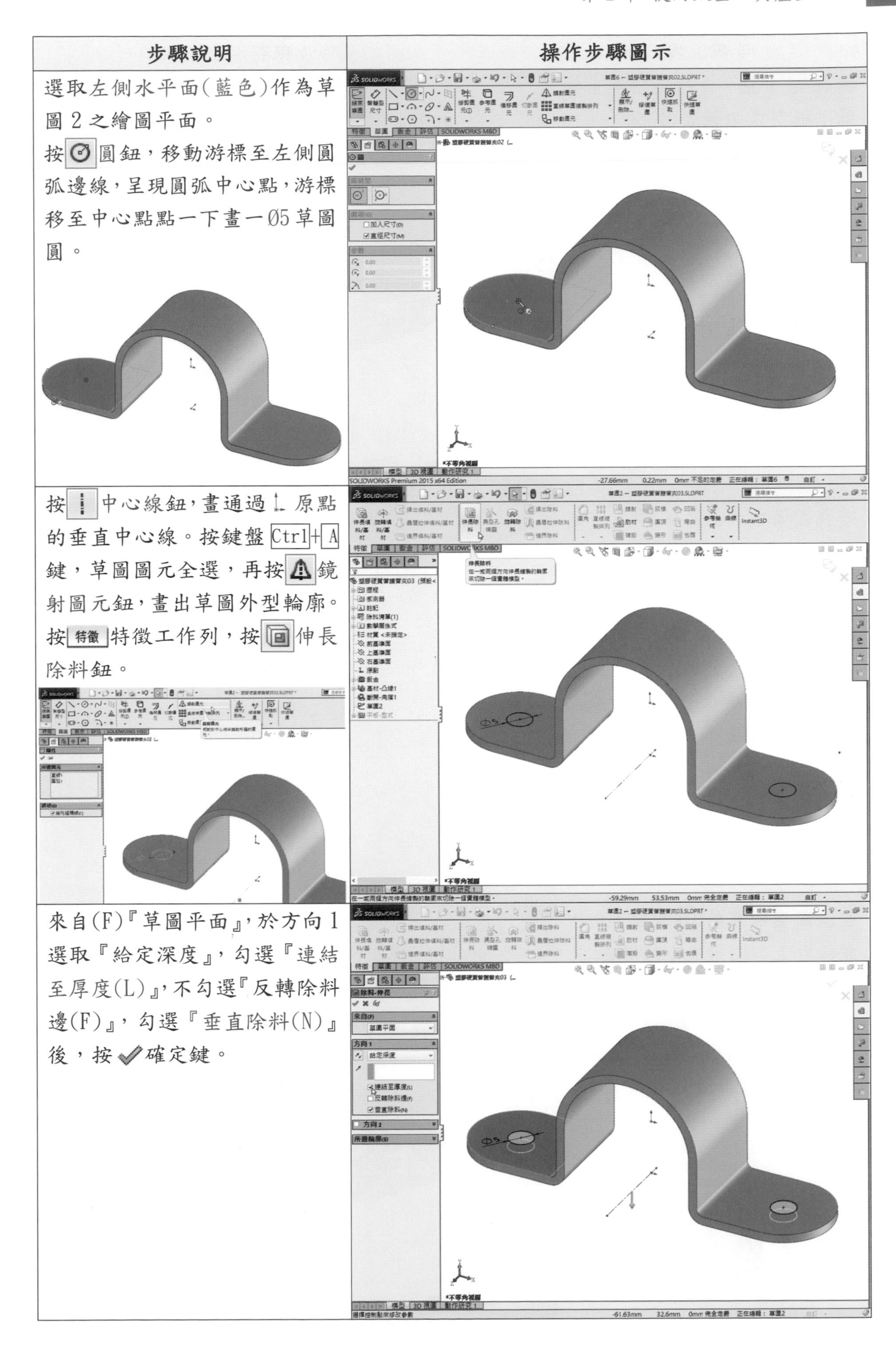

| 步驟說明 | 操作步驟圖示 |
| --- | --- |
| 選取左側水平面(藍色)作為草圖 2 之繪圖平面。<br>按圓鈕，移動游標至左側圓弧邊線，呈現圓弧中心點，游標移至中心點點一下畫一Ø5草圖圓。 | |
| 按中心線鈕，畫通過原點的垂直中心線。按鍵盤 Ctrl + A 鍵，草圖圖元全選，再按鏡射圖元鈕，畫出草圖外型輪廓。按 特徵 特徵工作列，按伸長除料鈕。 | |
| 來自(F)『草圖平面』，於方向 1 選取『給定深度』，勾選『連結至厚度(L)』，不勾選『反轉除料邊(F)』，勾選『垂直除料(N)』後，按✔確定鍵。 | |

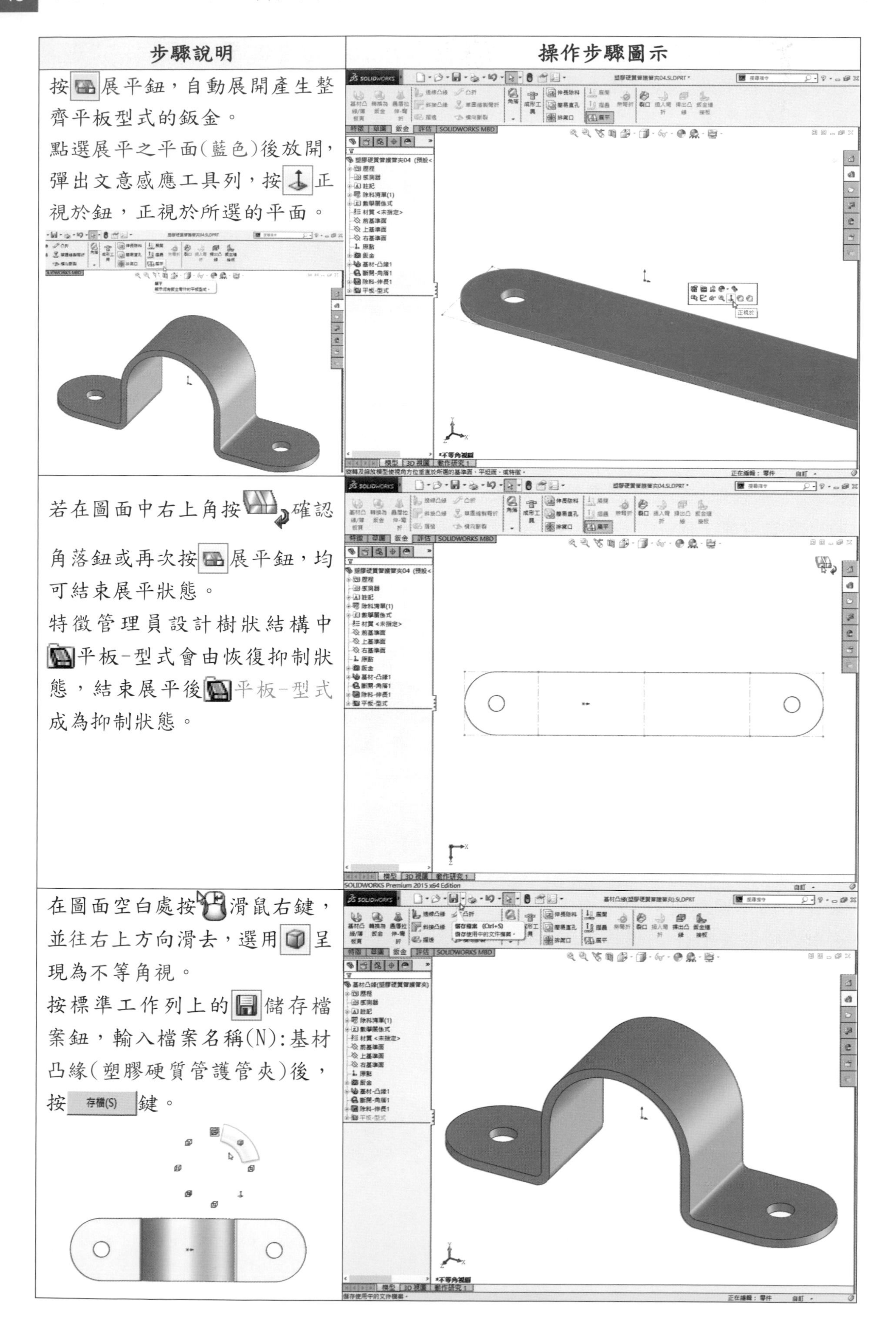

| 步驟說明 | 操作步驟圖示 |
| --- | --- |
| 按展平鈕，自動展開產生整齊平板型式的鈑金。<br>點選展平之平面(藍色)後放開，彈出文意感應工具列，按正視於鈕，正視於所選的平面。 | |
| 若在圖面中右上角按確認角落鈕或再次按展平鈕，均可結束展平狀態。<br>特徵管理員設計樹狀結構中平板-型式會由恢復抑制狀態，結束展平後平板-型式成為抑制狀態。 | |
| 在圖面空白處按滑鼠右鍵，並往右上方向滑去，選用呈現為不等角視。<br>按標準工作列上的儲存檔案鈕，輸入檔案名稱(N):基材凸緣(塑膠硬質管護管夾)後，按存檔(S)鍵。 | |

## 2.1.2 基材凸緣(單一開放形)產生扣環鋼片鈑金

學習目標：能畫單一開放形的輪廓草圖，使用基材凸緣與斷開角落指令建立鈑金件。

繪圖步驟：畫草圖→長基材凸緣→產生鈑金→作斷開角落(導角)→作圓角→按展平。

使用指令：(製品標稱：25mm 鐵扣環 CNS4794)

- 草圖指令：直線。
- 特徵指令：圓角。
- 鈑金指令：基材凸緣/薄板頁、斷開角落/角落-修剪、展平。

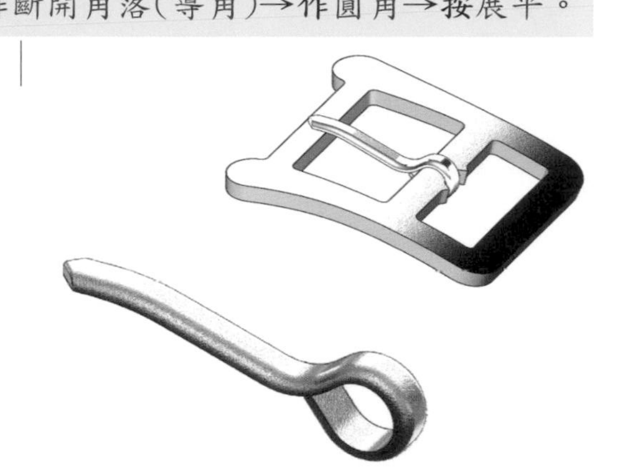

*註：斷開角落/角落修剪工具可在摺疊的鈑金件之邊線或面上作角落剪切材料或角落加入材料的功能。*

*1. 作外部角落：剪切材料。*

*2. 作內部角落：加入材料。*

| 步驟說明 | 操作步驟圖示 |
|---|---|
| 首先選取前基準面作為草圖 1 之繪圖平面。<br>按直線鈕，點一下原點來放置線起點，向右水平畫出草圖之外型輪廓線。<br>按智慧型尺寸鈕，標註其尺度。<br>按快顯工具尺寸工具旁的向下鈕，再按路徑長度尺寸鈕。 | 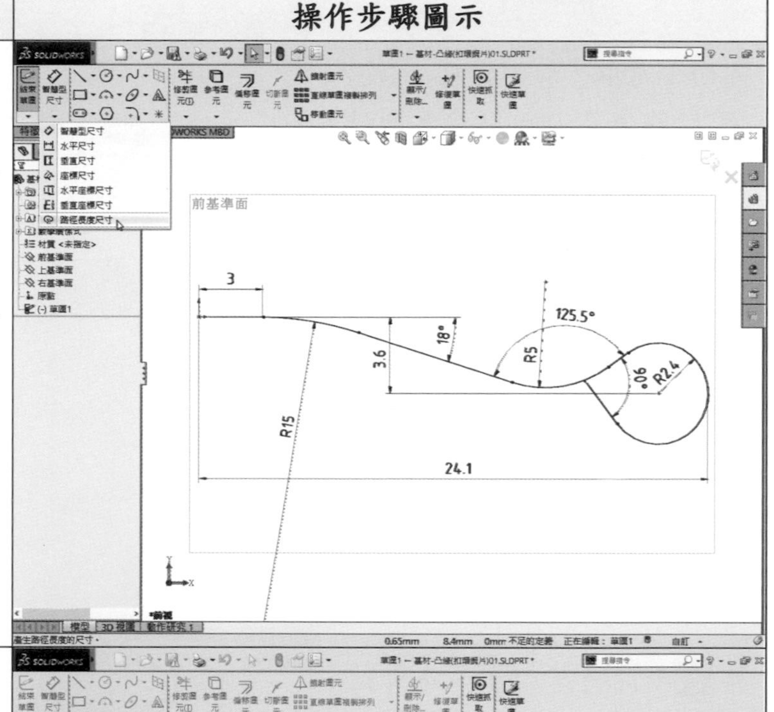 |
| 所選圖元，選取『4 段直線、3 個圓弧』，即單一連續的草圖圖元後，按確定鍵。<br>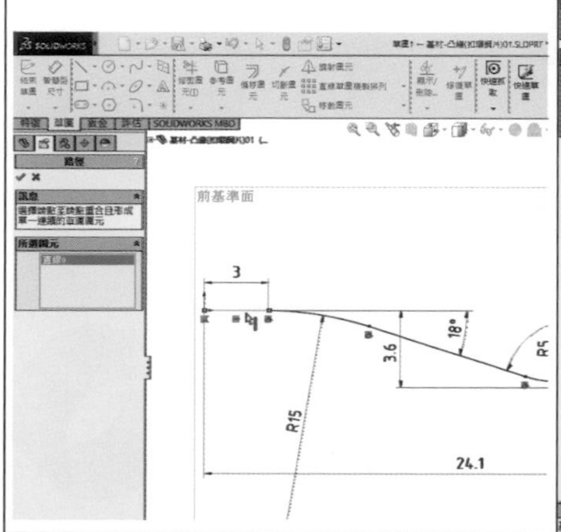 | 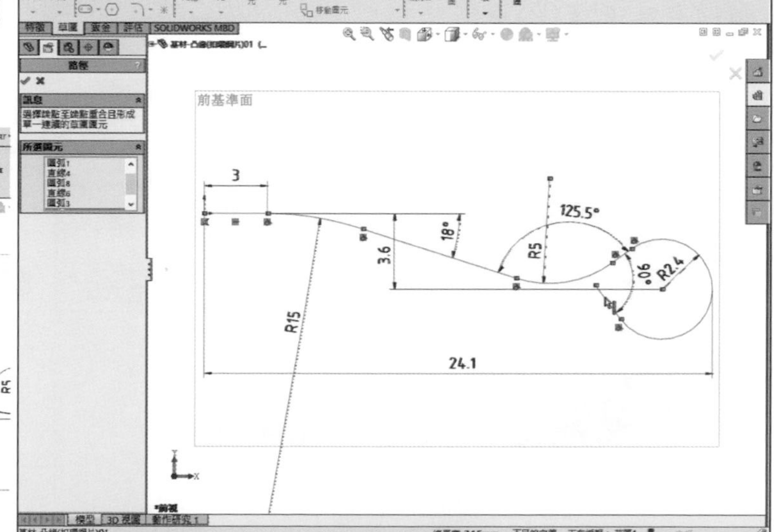 |

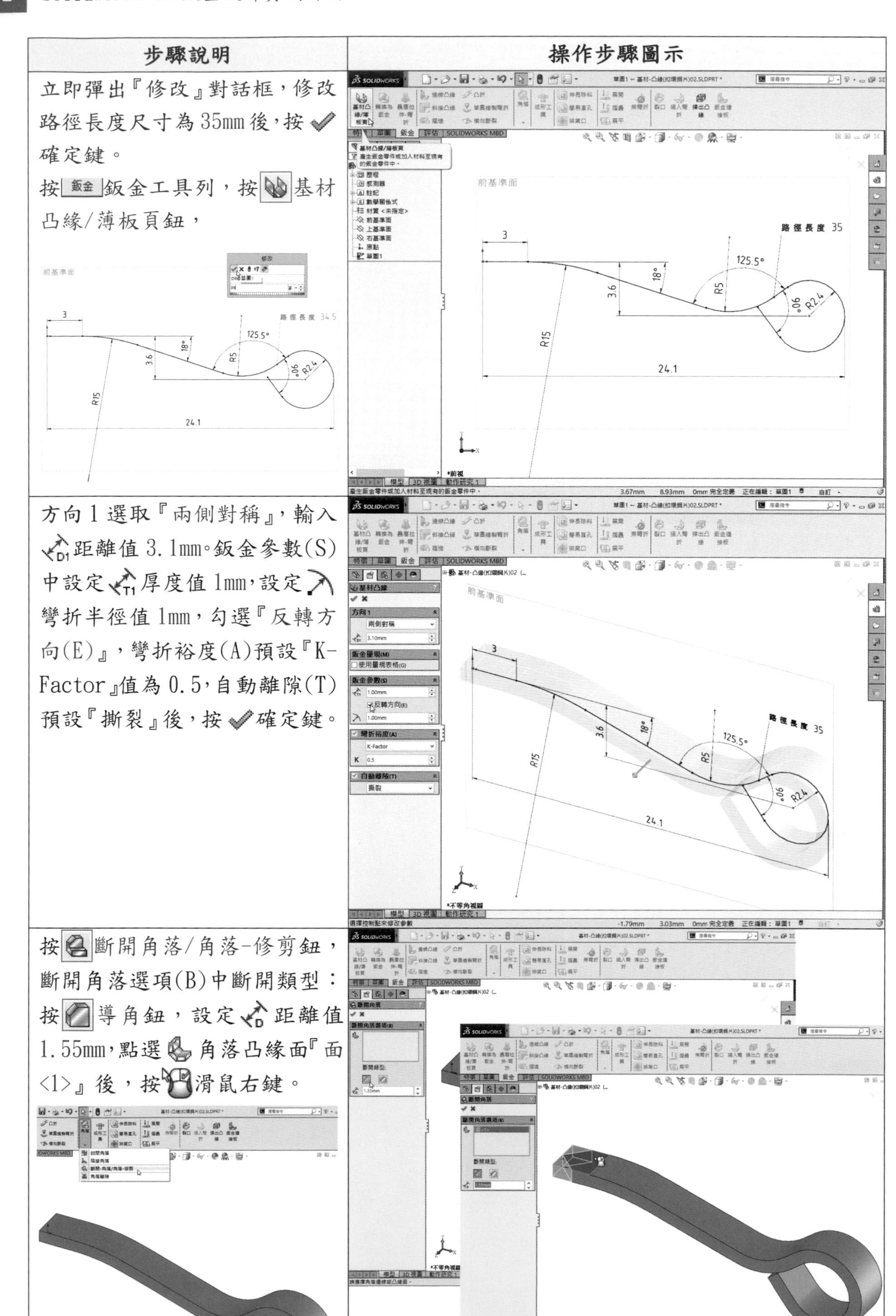

| 步驟說明 | 操作步驟圖示 |
|---|---|
| 立即彈出『修改』對話框，修改路徑長度尺寸為35mm後，按✔確定鍵。<br>按 鈑金 鈑金工具列，按基材凸緣/薄板頁鈕， | |
| 方向1選取『兩側對稱』，輸入距離值3.1mm。鈑金參數(S)中設定厚度值1mm，設定彎折半徑值1mm，勾選『反轉方向(E)』，彎折裕度(A)預設『K-Factor』值為0.5，自動離隙(T)預設『撕裂』後，按✔確定鍵。 | |
| 按斷開角落/角落-修剪鈕，斷開角落選項(B)中斷開類型：按導角鈕，設定距離值1.55mm，點選角落凸緣面『面<1>』後，按滑鼠右鍵。 | |

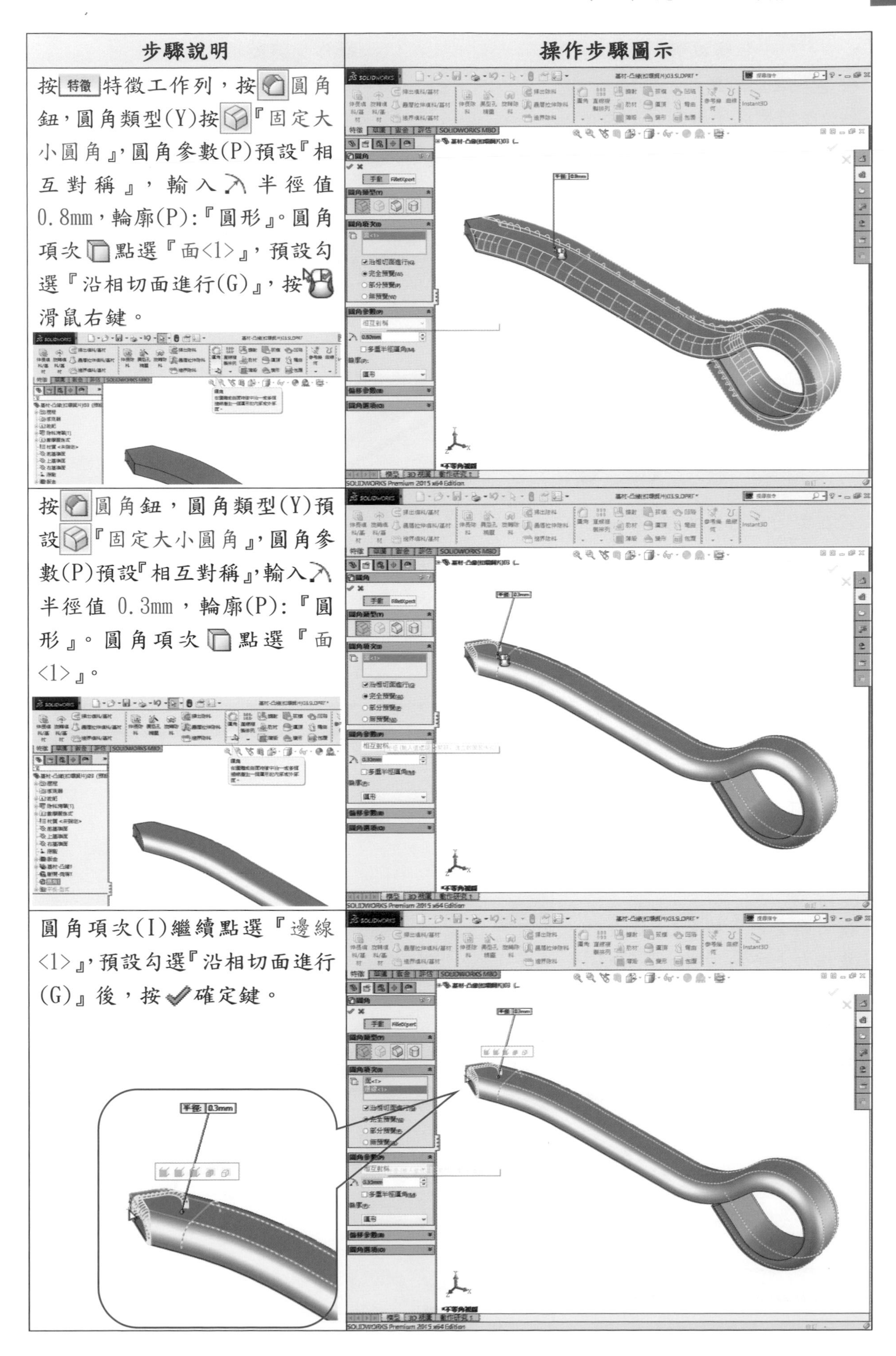

| 步驟說明 | 操作步驟圖示 |
| --- | --- |
| 按特徵特徵工作列，按圓角鈕，圓角類型(Y)按『固定大小圓角』，圓角參數(P)預設『相互對稱』，輸入半徑值 0.8mm，輪廓(P):『圓形』。圓角項次點選『面<1>』，預設勾選『沿相切面進行(G)』，按滑鼠右鍵。 | |
| 按圓角鈕，圓角類型(Y)預設『固定大小圓角』，圓角參數(P)預設『相互對稱』，輸入半徑值 0.3mm，輪廓(P):『圓形』。圓角項次點選『面<1>』。 | |
| 圓角項次(I)繼續點選『邊線<1>』，預設勾選『沿相切面進行(G)』後，按確定鍵。 | |

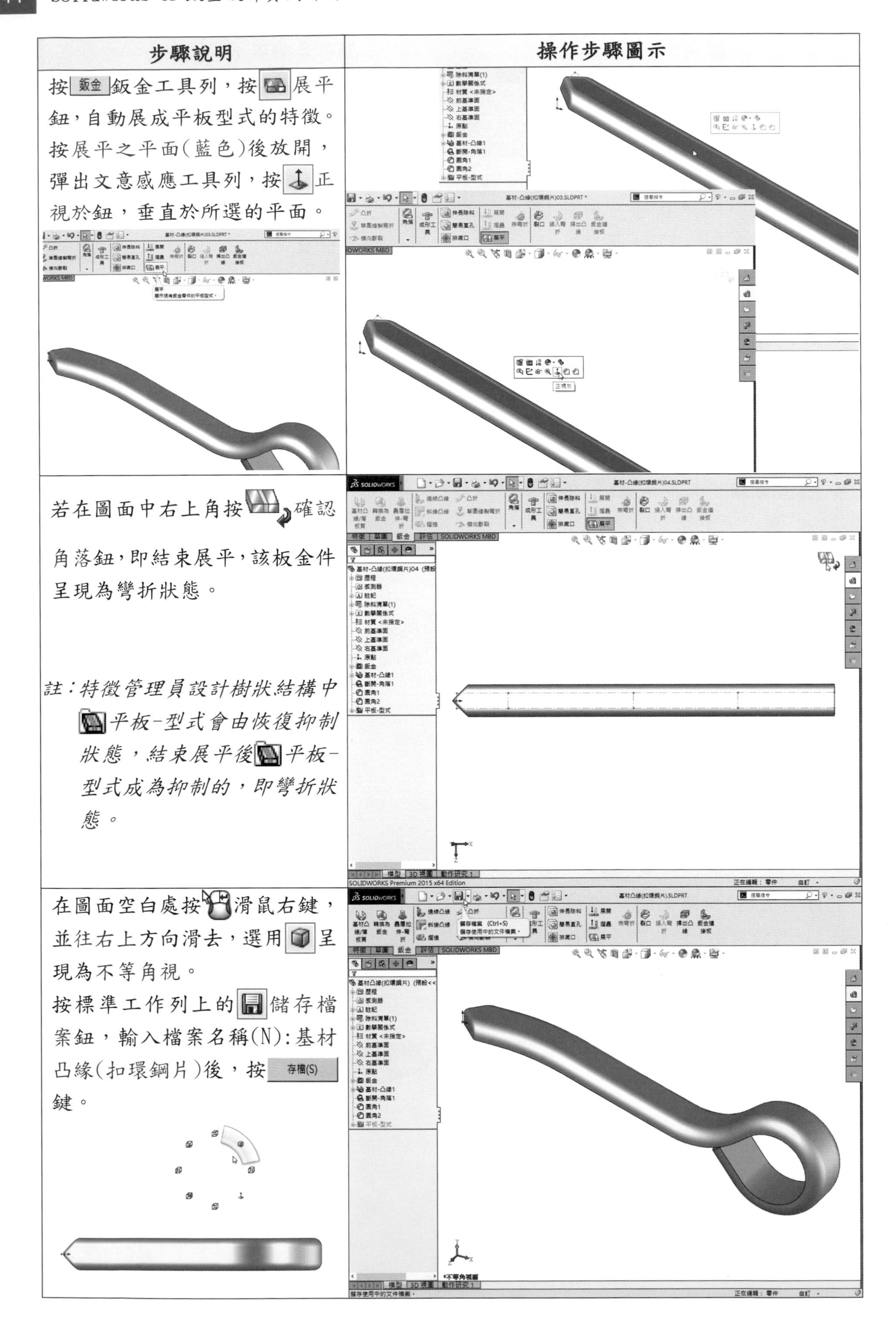

| 步驟說明 | 操作步驟圖示 |
|---|---|
| 按 鈑金 鈑金工具列，按 展平鈕，自動展成平板型式的特徵。按展平之平面(藍色)後放開，彈出文意感應工具列，按 正視於鈕，垂直於所選的平面。 | |
| 若在圖面中右上角按 確認角落鈕，即結束展平，該板金件呈現為彎折狀態。<br><br>*註：特徵管理員設計樹狀結構中 平板-型式會由恢復抑制狀態，結束展平後 平板-型式成為抑制的，即彎折狀態。* | |
| 在圖面空白處按 滑鼠右鍵，並往右上方向滑去，選用 呈現為不等角視。<br>按標準工作列上的 儲存檔案鈕，輸入檔案名稱(N)：基材凸緣(扣環鋼片)後，按 存檔(S) 鍵。 | |

## 2.1.3 基材凸緣(單一封閉形)產生爐心支持片鈑金

學習目標：能畫出單一封閉形的輪廓草圖，使用基材凸緣完成其鈑金件。

繪圖步驟：畫草圖→長基材凸緣→產生鈑金件→作斷開角落/角落-修剪(圓角)。

使用指令：

- 草圖指令：直線、中心線、修剪圖元、鏡射圖元。
- 鈑金指令：基材凸緣、斷開角落/角落-修剪。

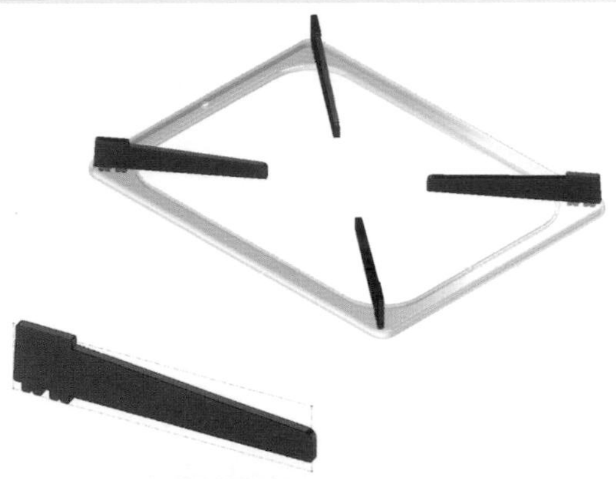

| 步驟說明 | 操作步驟圖示 |
|---|---|
| 首先選取**前基準面**作為草圖1之繪圖平面。按直線、中心線、修剪圖元、鏡射圖元鈕，畫出草圖之外型輪廓線，並標註其尺度。<br>按鈑金鈑金工具列，再按基材凸緣/薄板頁鈕。 | 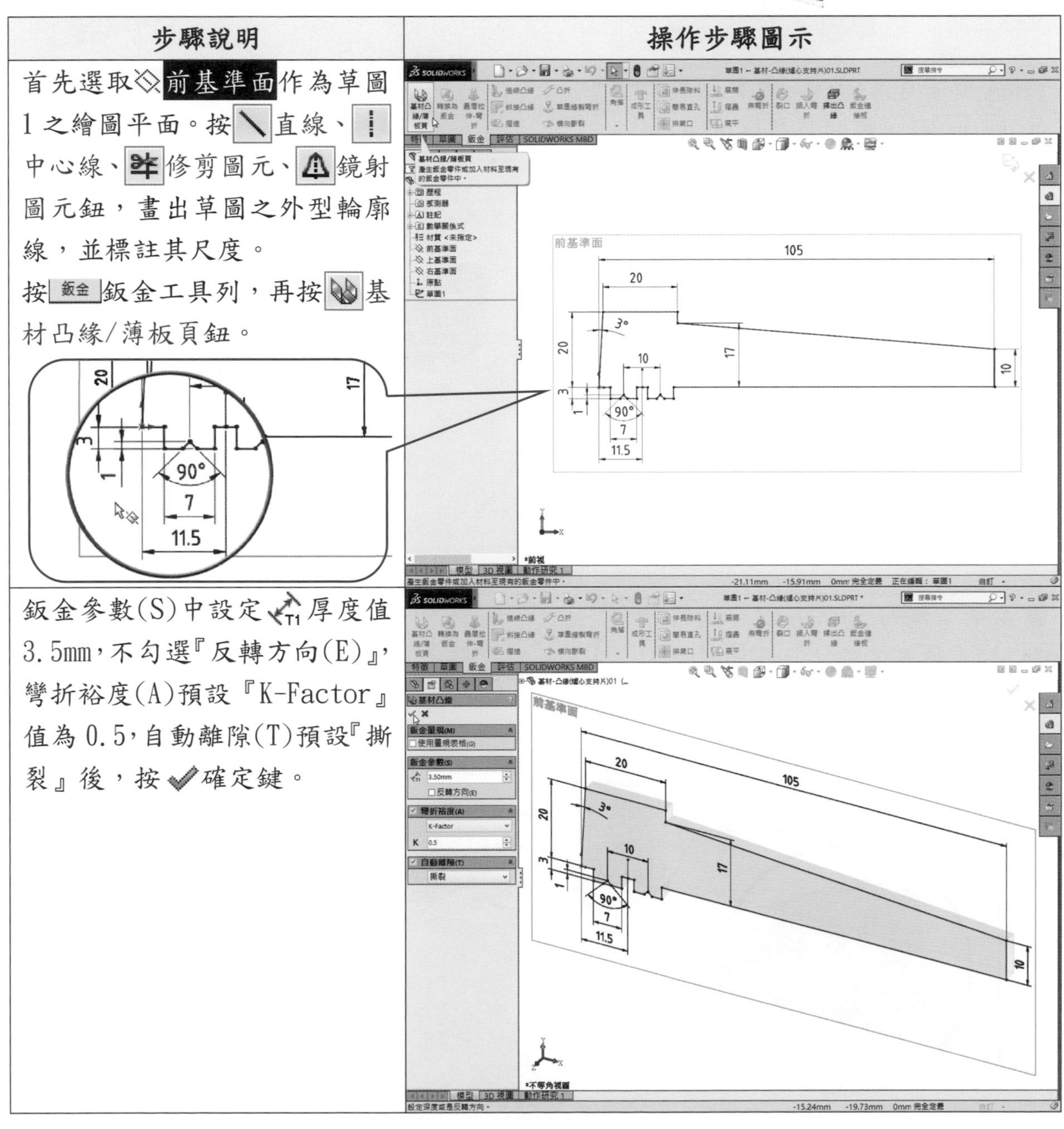 |
| 鈑金參數(S)中設定厚度值3.5mm，不勾選『反轉方向(E)』，彎折裕度(A)預設『K-Factor』值為0.5，自動離隙(T)預設『撕裂』後，按確定鍵。 | |

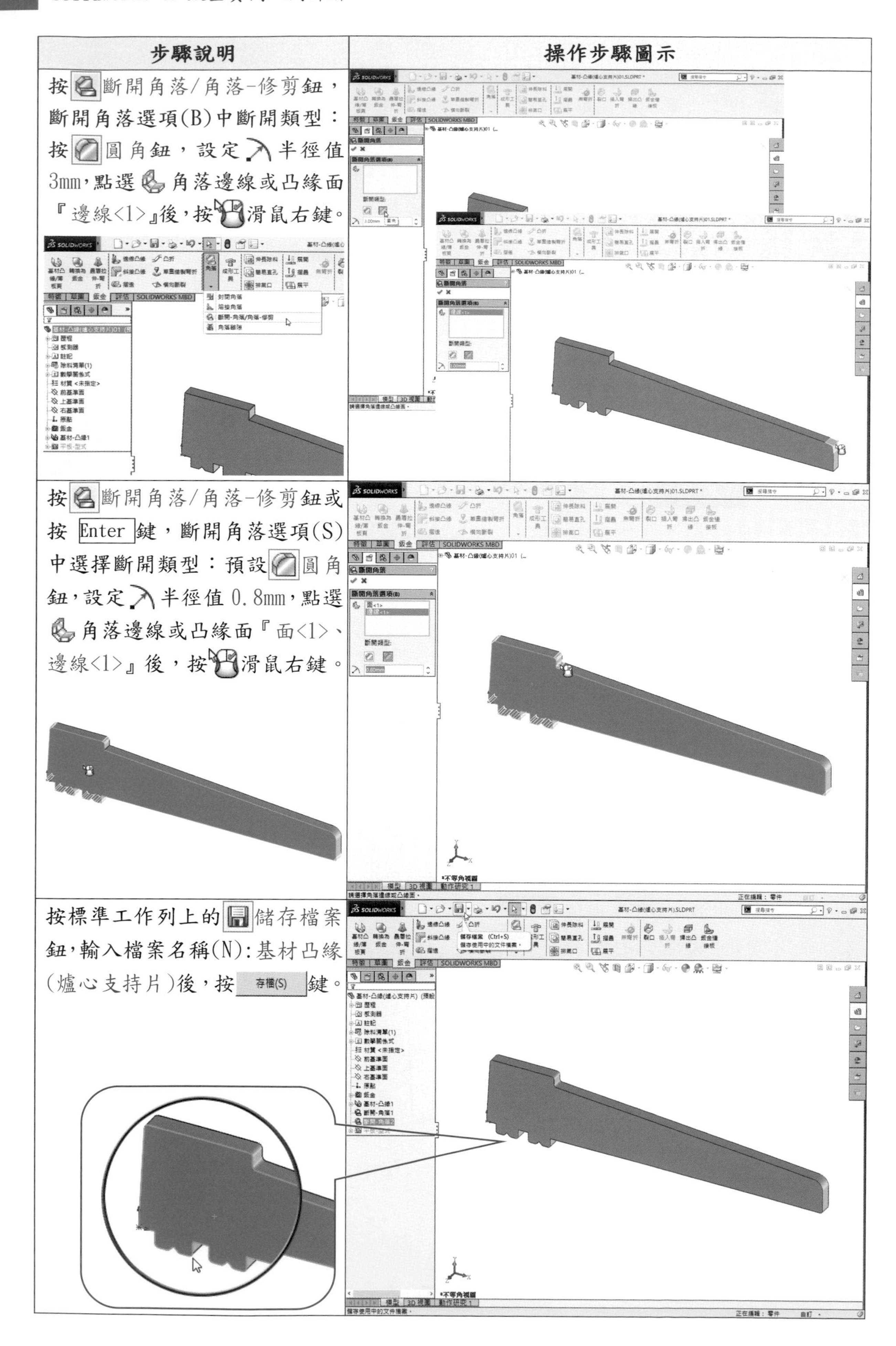

| 步驟說明 | 操作步驟圖示 |
| --- | --- |
| 按斷開角落/角落-修剪鈕，斷開角落選項(B)中斷開類型：按圓角鈕，設定半徑值3mm，點選角落邊線或凸緣面『邊線<1>』後，按滑鼠右鍵。 | |
| 按斷開角落/角落-修剪鈕或按 Enter 鍵，斷開角落選項(S)中選擇斷開類型：預設圓角鈕，設定半徑值 0.8mm，點選角落邊線或凸緣面『面<1>、邊線<1>』後，按滑鼠右鍵。 | |
| 按標準工作列上的儲存檔案鈕，輸入檔案名稱(N)：基材凸緣(爐心支持片)後，按 存檔(S) 鍵。 | |

## 2.1.4 基材凸緣(多個包容封閉形)產生 C 型扣環孔用鈑金

學習目標：能畫多個包容封閉形的輪廓草圖，使用基材凸緣指令完成其鈑金件。

繪圖步驟：畫草圖→長基材凸緣/薄板頁→產生鈑金。

使用指令：

- 草圖指令：中心線、圓、直線、圓心/起/終點畫弧、幾何建構線、草圖圓角、修剪圖元、鏡射圖元。
- 鈑金指令：基材凸緣/薄板頁。

| 步驟說明 | 操作步驟圖示 |
| --- | --- |
| 首先選取前基準面作為草圖 1 之繪圖平面。<br>按中心線、圓鈕，由原點引出 Ø43.5 草圖圓，由中心線引出 Ø37.3 草圖圓，偏心距離為 1mm。<br>按智慧型尺寸鈕，標註其尺度。<br>按圓心/起/終點畫弧、幾何建構線鈕，畫中心弧線。 | 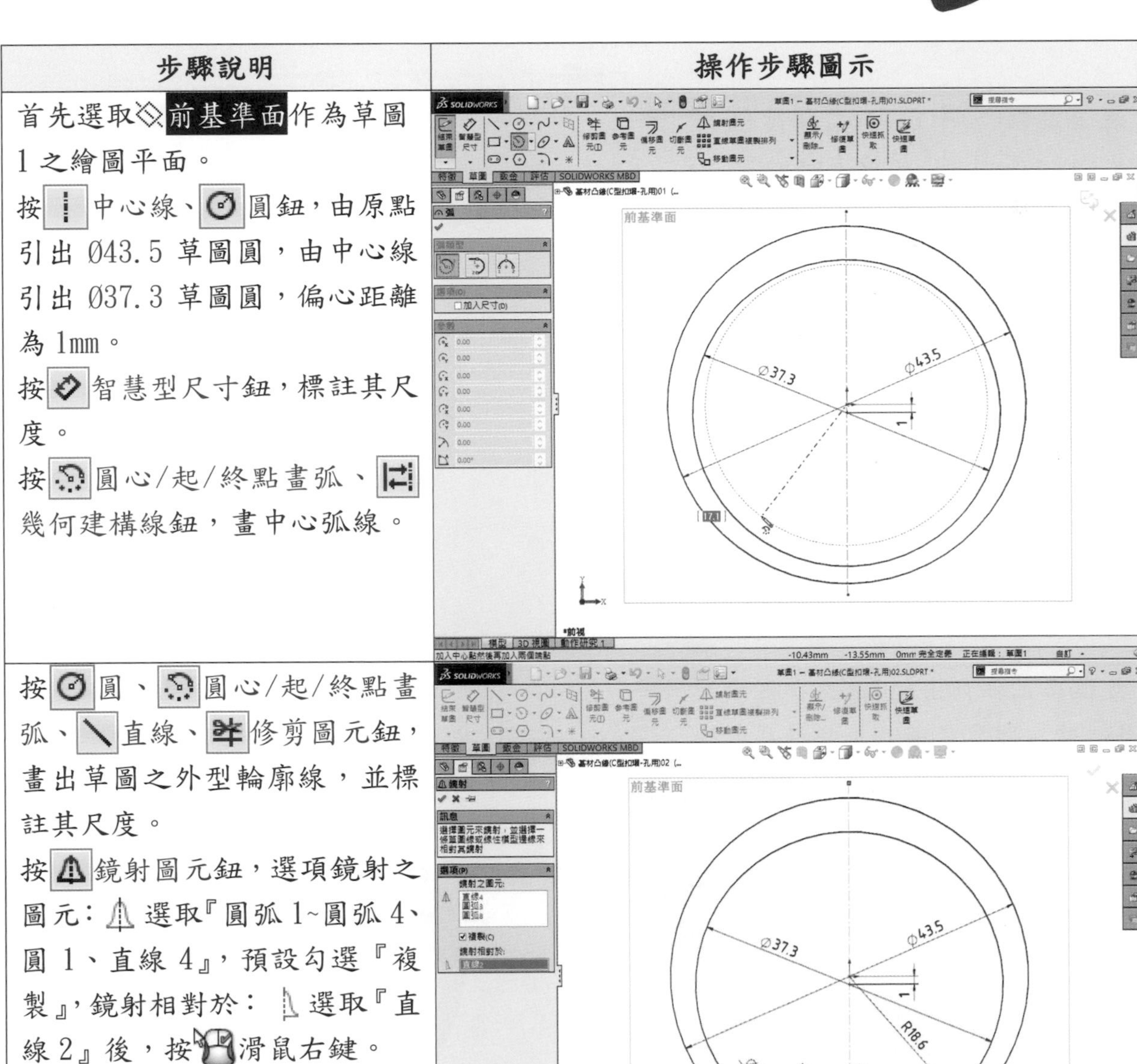 |
| 按圓、圓心/起/終點畫弧、直線、修剪圖元鈕，畫出草圖之外型輪廓線，並標註其尺度。<br>按鏡射圖元鈕，選項鏡射之圖元：選取『圓弧 1~圓弧 4、圓 1、直線 4』，預設勾選『複製』，鏡射相對於：選取『直線 2』後，按滑鼠右鍵。 | |

| 步驟說明 | 操作步驟圖示 |
| --- | --- |
| 按修剪圖元鈕，選取『修剪至最近端』，剪掉多餘線條。按草圖圓角鈕，圓角參數輸入值 1.5mm，點選需 2 處草圖圓角。圓角參數輸入值 1mm，點選 2 處草圖需圓角。按智慧型尺寸鈕，標註 45° 尺度。按鈑金工具列，按基材凸緣/薄板頁鈕。 | 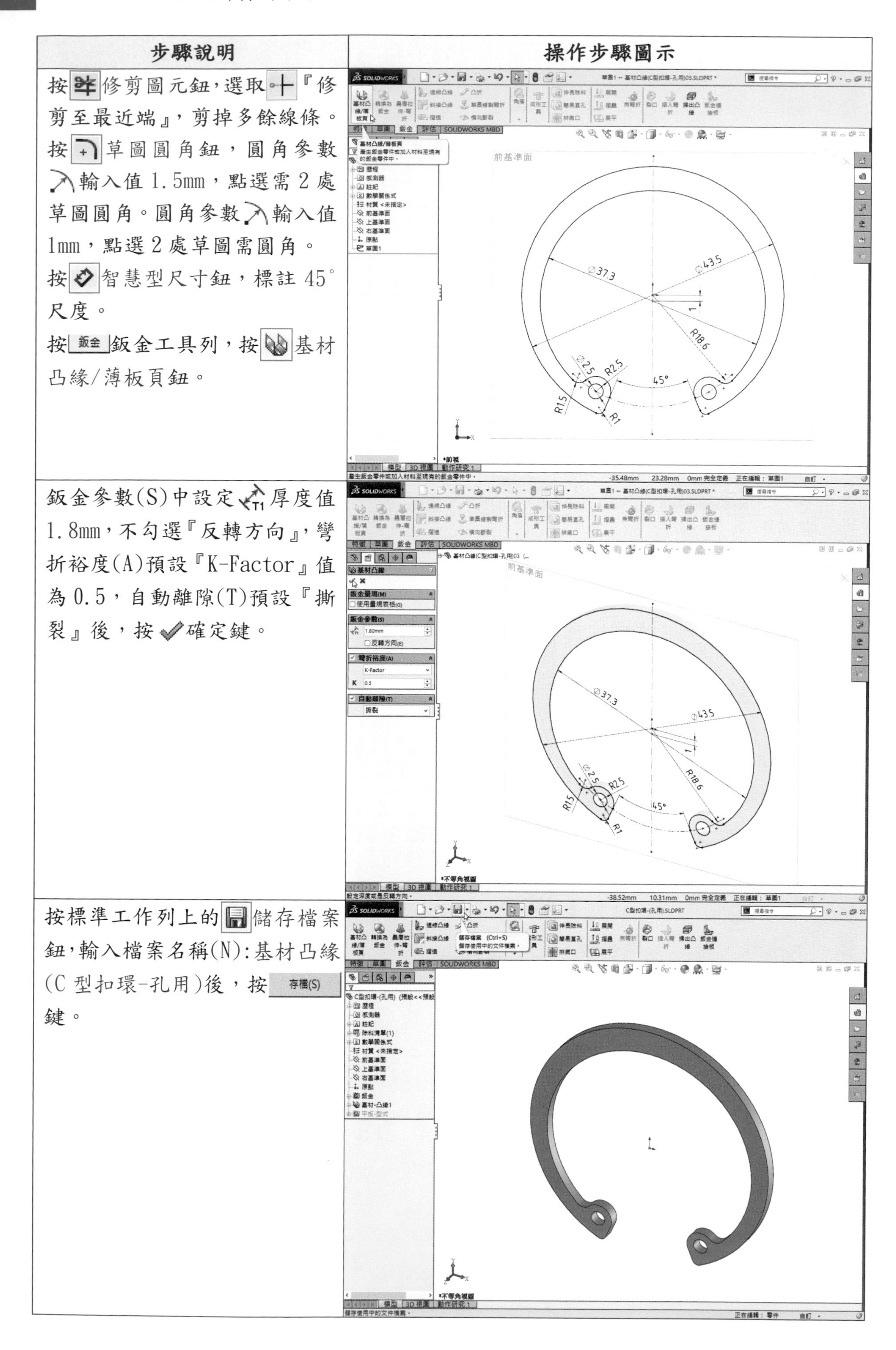 |
| 鈑金參數(S)中設定厚度值 1.8mm，不勾選『反轉方向』，彎折裕度(A)預設『K-Factor』值為 0.5，自動離隙(T)預設『撕裂』後，按確定鍵。 | |
| 按標準工作列上的儲存檔案鈕，輸入檔案名稱(N)：基材凸緣(C 型扣環-孔用)後，按存檔(S)鍵。 | |

## 2.1.5 薄板頁產生鋼製 L 型烤漆書架鈑金

學習目標：能使用薄板頁指令，將鈑金平面填補至所需之造型。

繪圖步驟：畫草圖→長基材凸緣/薄板頁→產生鈑金→作伸長除料→作直線複製排列→加薄板頁→作斷開角落(圓角）→作圓角→按展平。

- 草圖指令：直線、中心矩形、草圖圓角。
- 特徵指令：伸長除料、直線複製排列、圓角。
- 鈑金指令：基材凸緣/薄板頁、斷開角落/角落-修剪、展平。

*註：鈑金零件中加入薄板頁時，薄板頁之深度及方向與基材凸緣特徵的參數相同。*

| 步驟說明 | 操作步驟圖示 |
| --- | --- |
| 首先選取前基準面作為草圖 1 之繪圖平面。<br>按直線鈕，畫出通過原點的 L 形草圖輪廓線。<br>按智慧型尺寸鈕，標註其尺度。<br>按鈑金鈑金工具列，按基材凸緣/薄板頁鈕。 | 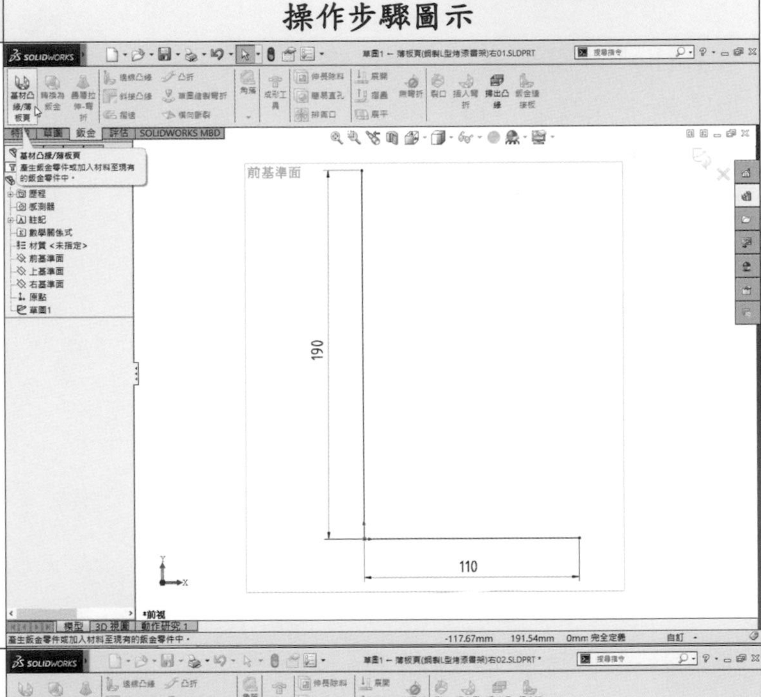 |
| 方向 1 終止型態選取『給定深度』，輸入深度值 135mm。鈑金參數(S)中設定厚度值 1.2mm，設定彎折半徑值 2mm，勾選『反轉方向(E)』，彎折裕度(A)預設『K-Factor』值為 0.5，自動離隙(T)預設『撕裂』後，按確定鍵。 | 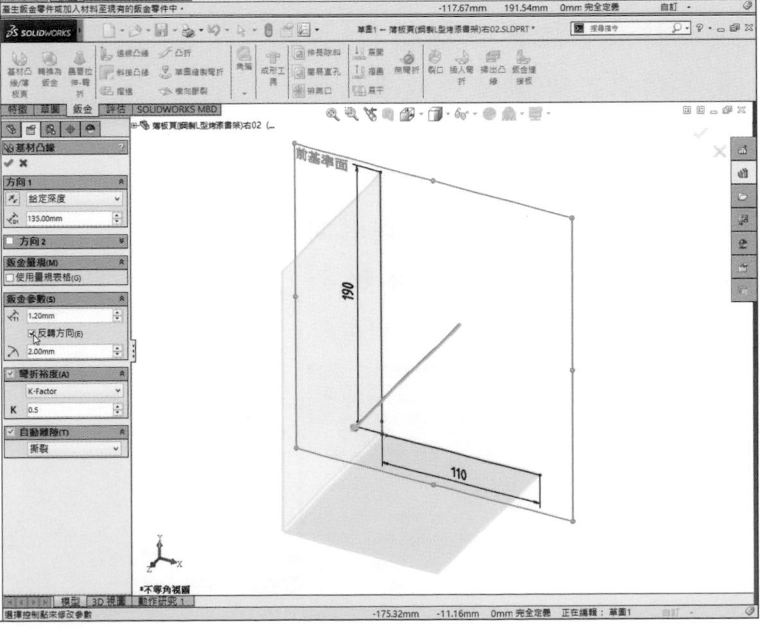 |

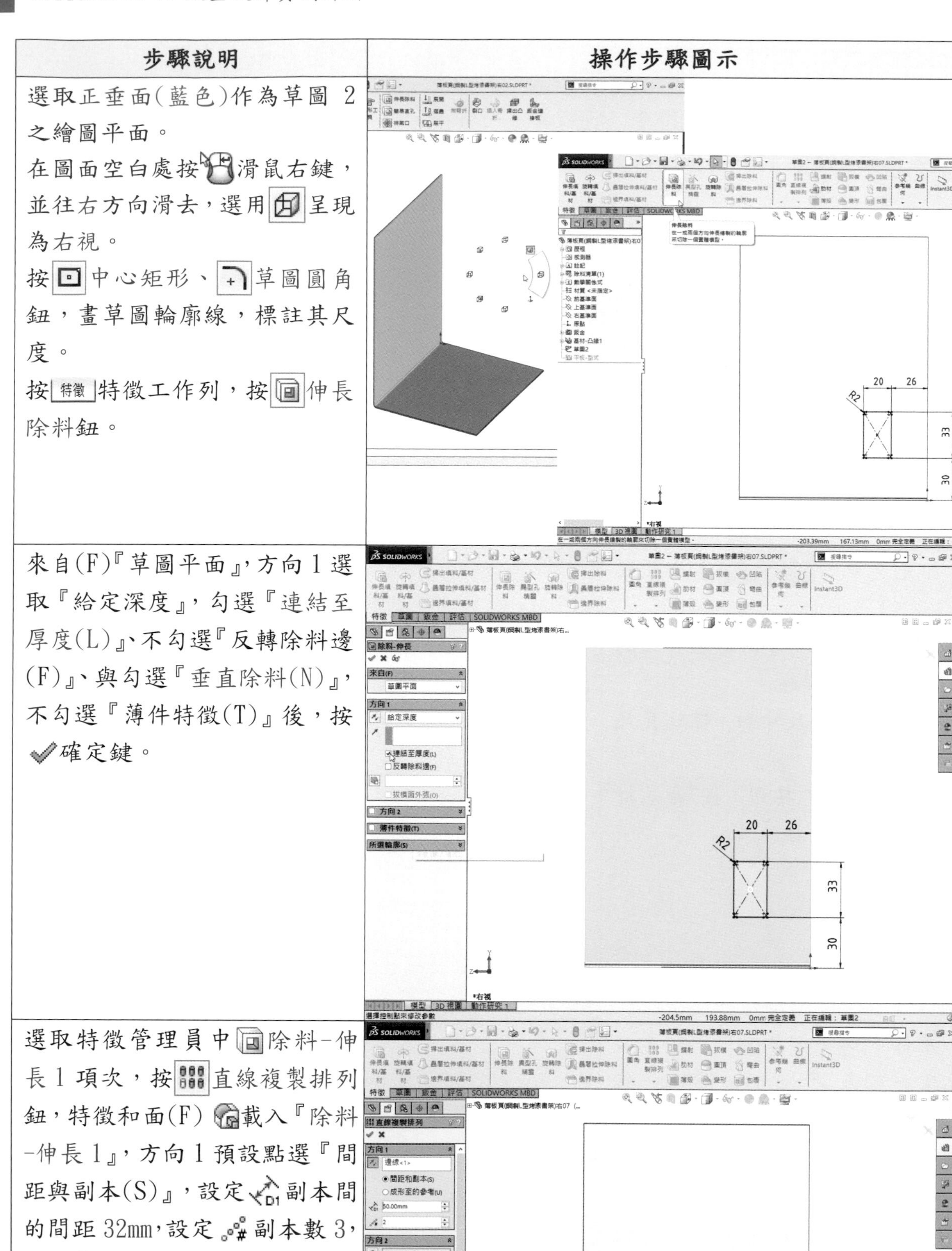

| 步驟說明 | 操作步驟圖示 |
|---|---|
| 選取正垂面(藍色)作為草圖 2 之繪圖平面。<br>在圖面空白處按滑鼠右鍵，並往右方向滑去，選用呈現為右視。<br>按中心矩形、草圖圓角鈕，畫草圖輪廓線，標註其尺度。<br>按特徵特徵工作列，按伸長除料鈕。 | |
| 來自(F)『草圖平面』，方向 1 選取『給定深度』，勾選『連結至厚度(L)』、不勾選『反轉除料邊(F)』、與勾選『垂直除料(N)』，不勾選『薄件特徵(T)』後，按確定鍵。 | |
| 選取特徵管理員中除料-伸長 1 項次，按直線複製排列鈕，特徵和面(F)載入『除料-伸長 1』，方向 1 預設點選『間距與副本(S)』，設定副本間的間距 32mm，設定副本數 3，點選『邊線<1>』(複製方向向左)。 | |

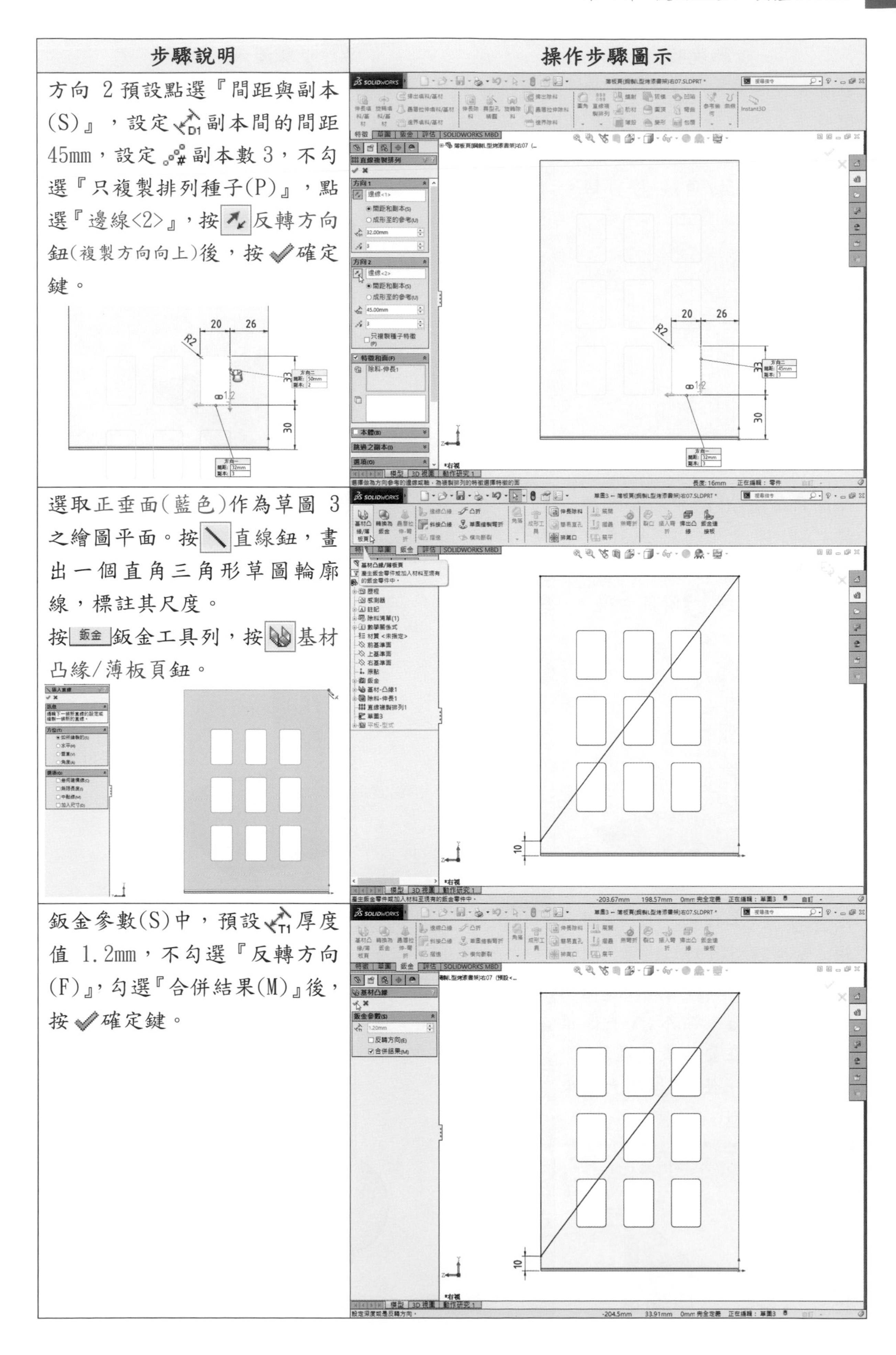

| 步驟說明 | 操作步驟圖示 |
| --- | --- |
| 方向 2 預設點選『間距與副本(S)』，設定副本間的間距 45mm，設定副本數 3，不勾選『只複製排列種子(P)』，點選『邊線<2>』，按反轉方向鈕(複製方向向上)後，按確定鍵。 | |
| 選取正垂面(藍色)作為草圖 3 之繪圖平面。按直線鈕，畫出一個直角三角形草圖輪廓線，標註其尺度。<br>按鈑金鈑金工具列，按基材凸緣/薄板頁鈕。 | |
| 鈑金參數(S)中，預設厚度值 1.2mm，不勾選『反轉方向(F)』，勾選『合併結果(M)』後，按確定鍵。 | |

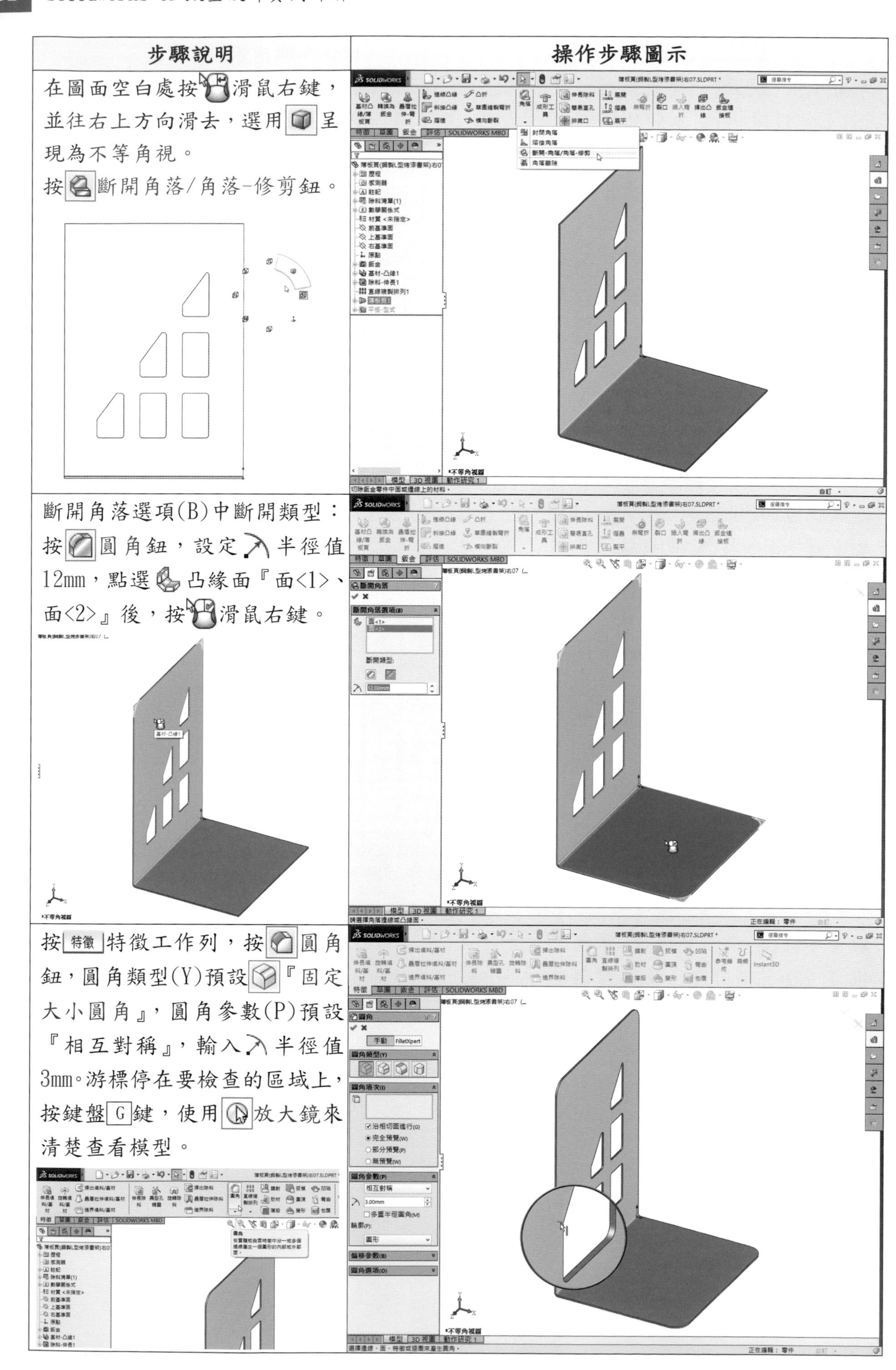

| 步驟說明 | 操作步驟圖示 |
| --- | --- |
| 在圖面空白處按滑鼠右鍵，並往右上方向滑去，選用呈現為不等角視。<br>按斷開角落/角落-修剪鈕。 | |
| 斷開角落選項(B)中斷開類型：按圓角鈕，設定半徑值12mm，點選凸緣面『面<1>、面<2>』後，按滑鼠右鍵。 | |
| 按特徵特徵工作列，按圓角鈕，圓角類型(Y)預設『固定大小圓角』，圓角參數(P)預設『相互對稱』，輸入半徑值3mm。游標停在要檢查的區域上，按鍵盤G鍵，使用放大鏡來清楚查看模型。 | |

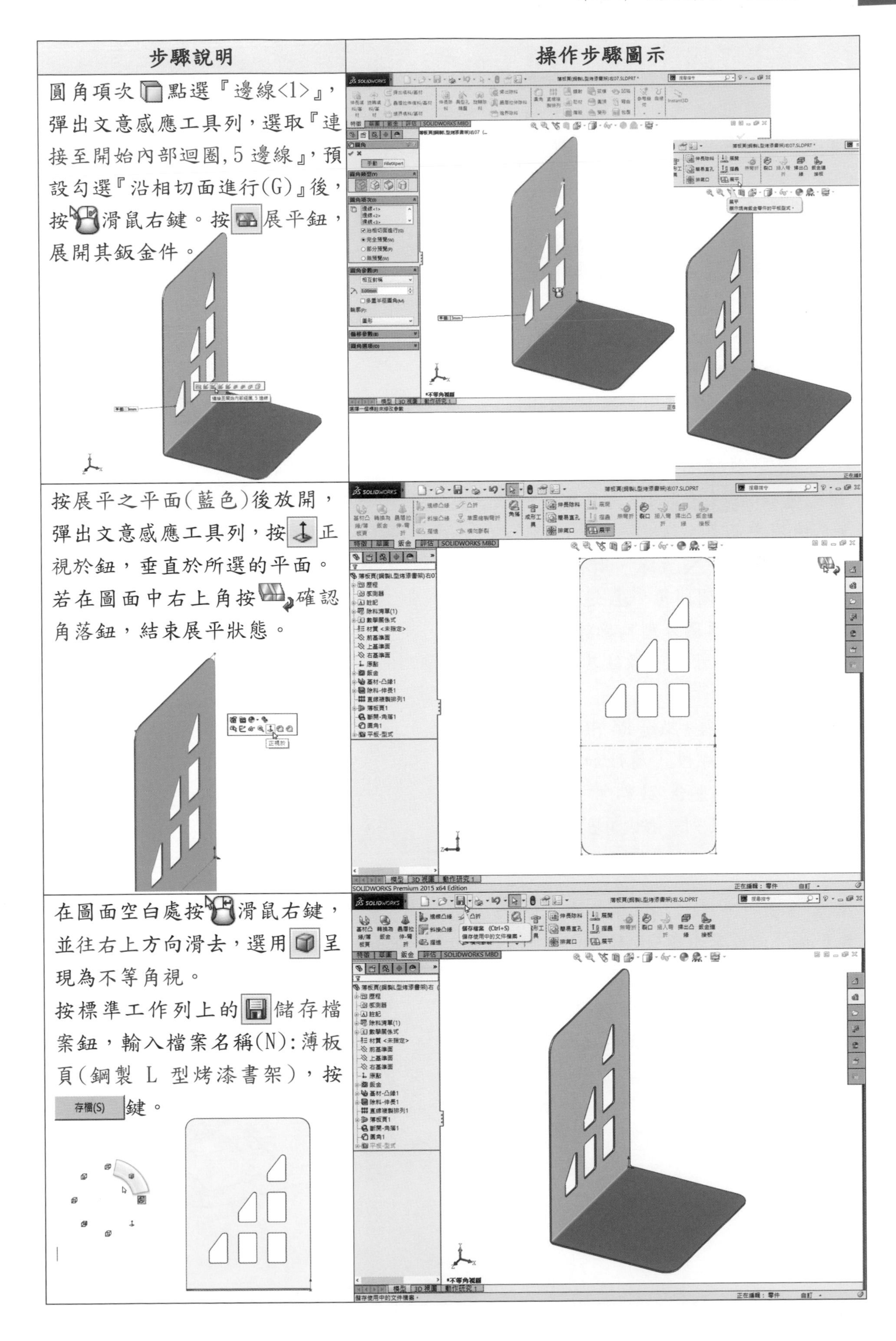

| 步驟說明 | 操作步驟圖示 |
|---|---|
| 圓角項次點選『邊線<1>』，彈出文意感應工具列，選取『連接至開始內部迴圈,5 邊線』，預設勾選『沿相切面進行(G)』後，按滑鼠右鍵。按展平鈕，展開其鈑金件。 | |
| 按展平之平面(藍色)後放開，彈出文意感應工具列，按正視於鈕，垂直於所選的平面。若在圖面中右上角按確認角落鈕，結束展平狀態。 | |
| 在圖面空白處按滑鼠右鍵，並往右上方向滑去，選用呈現為不等角視。<br>按標準工作列上的儲存檔案鈕，輸入檔案名稱(N):薄板頁(鋼製 L 型烤漆書架)，按存檔(S)鍵。 | |

## 2.2.1 草圖繪製彎折(1 條直線)產生 25㎜ 鐵扣環鈑金

學習目標：能使用 1 條直線作彎折，將鈑金片彎折至所需之造型。

繪圖步驟：畫草圖→長基材凸緣/薄板頁→產生鈑金→畫彎折線→作草圖繪製彎折→作圓角→按展平。

使用指令：

- 草圖指令：中心線、直線、草圖圓角、修剪圖元、鏡射圖元。
- 特徵指令：圓角。
- 鈑金指令：基材凸緣/薄板頁、草圖繪製彎折、展平。
- 製品標稱：25㎜ 鐵扣環 CNS4794

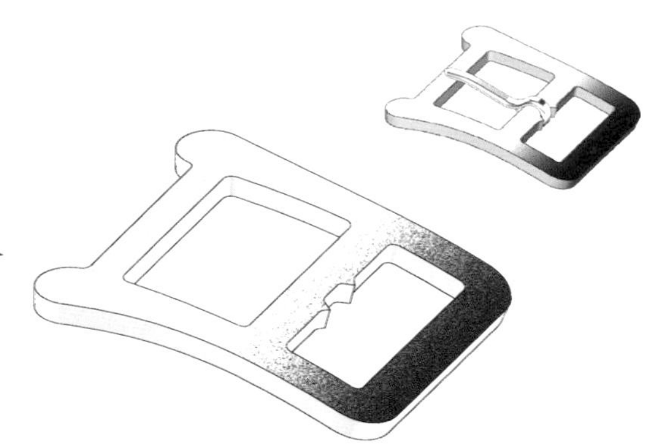

| 步驟說明 | 操作步驟圖示 |
|---|---|
| 首先選取上基準面作為草圖 1 之繪圖平面。<br>按中心線、直線、修剪圖元、草圖圓角、鏡射圖元鈕，畫出草圖外型輪廓線。<br>按智慧型尺寸鈕，標註其尺度。<br>按鍵盤 Ctrl 鍵後，點選 R4 中心點與左側垂直線段，屬性加入限制條件為重合/共點。<br>按鈑金工具列，按基材凸緣/薄板頁鈕。 | 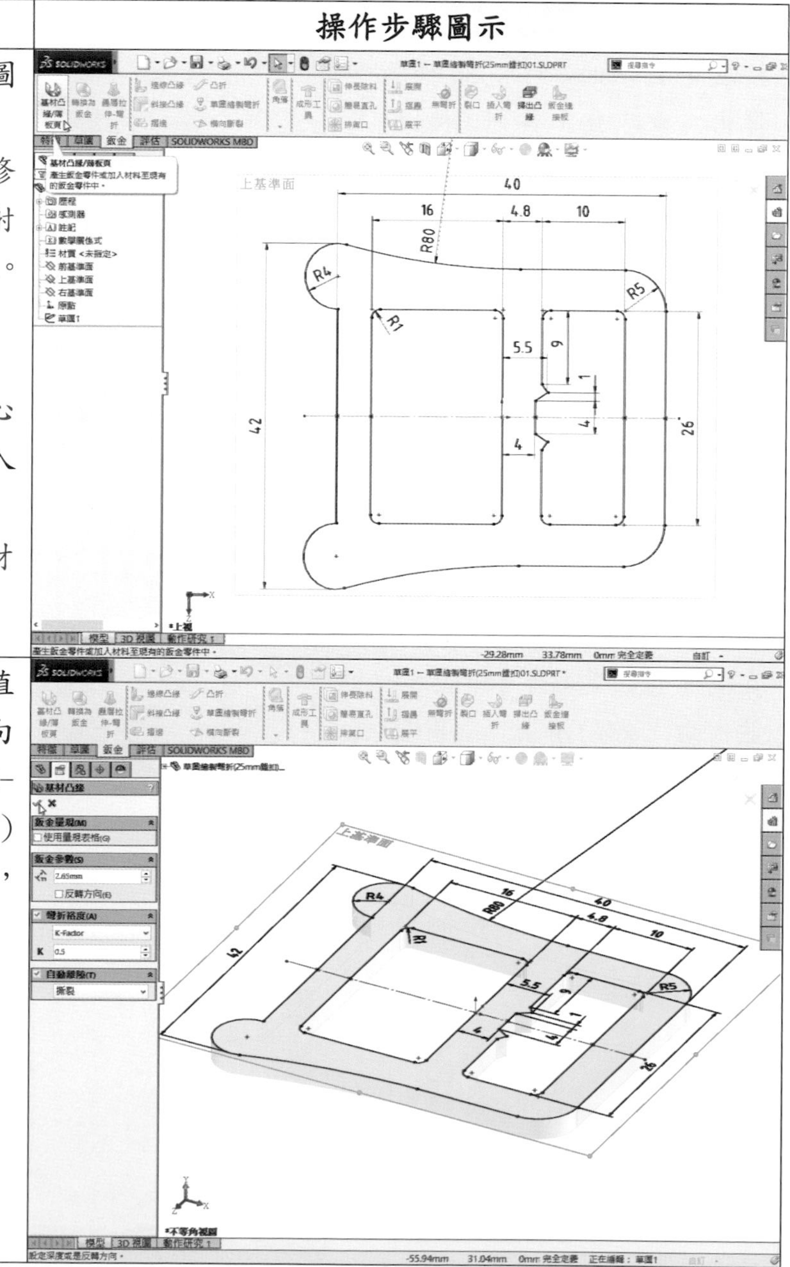 |
| 鈑金參數中，設定厚度值 2.65mm，預設不勾選『反轉方向(E)』，彎折裕度(A)預設『K-Factor』值 0.5，自動離隙預(T)設『撕裂』，產生鈑金薄件後，按確定鍵。 | |

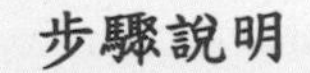

| 步驟說明 | 操作步驟圖示 |
| --- | --- |
| 選取鐵扣頂面(藍色)作為草圖2之繪圖平面。<br>按直線鈕，畫出通過原點之垂直彎折輪廓線。<br>按鈑金鈑金工具列，再按草圖繪製彎折鈕。<br>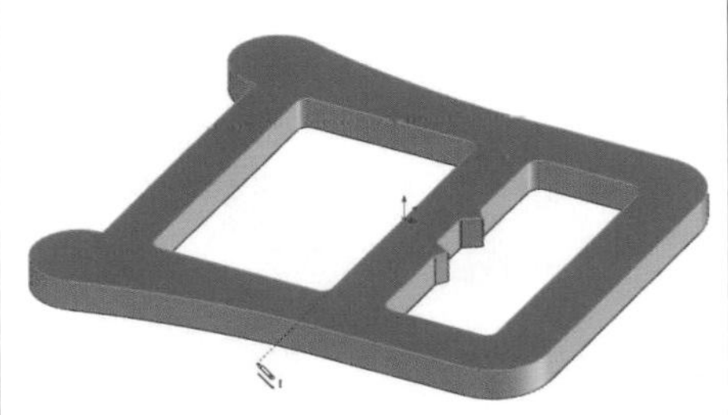 | 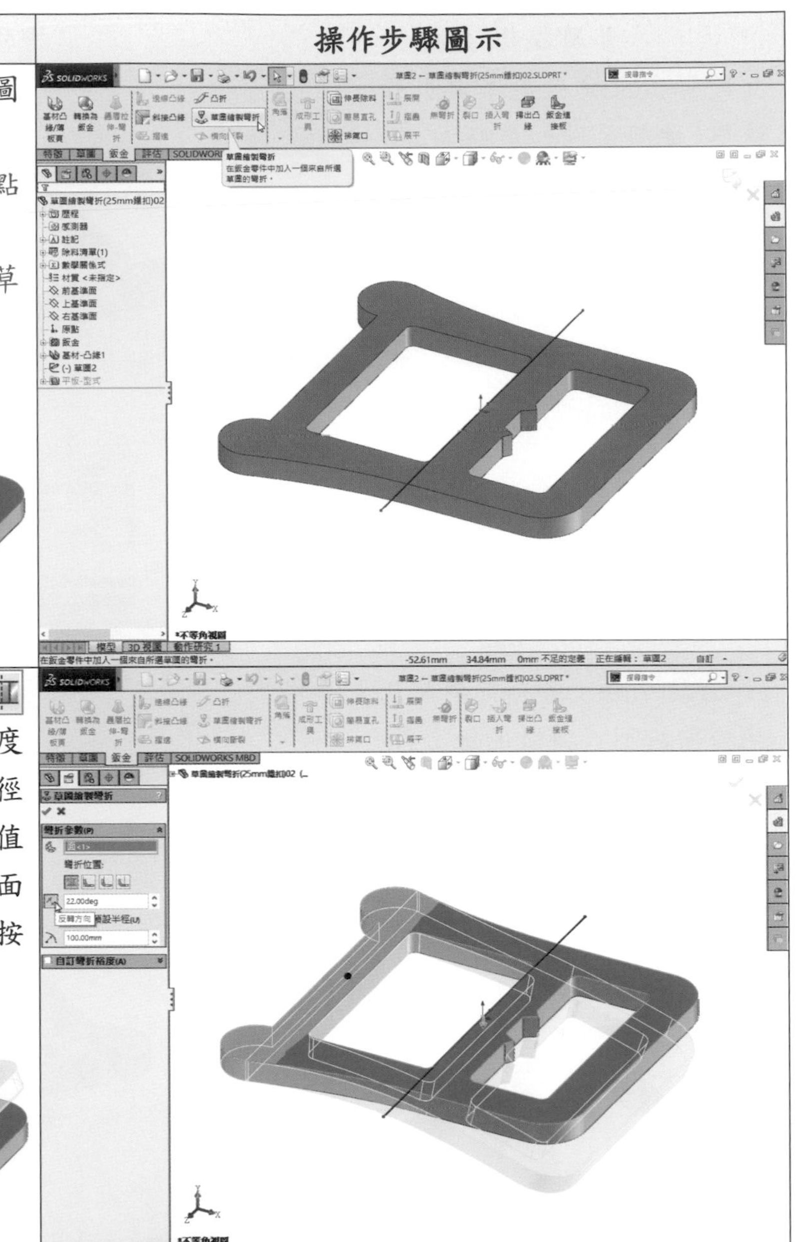 |
| 彎折參數(P)彎折位置：按彎折中心線鈕，輸入彎折角度22°，取消勾選『使用預設半徑(U)』，設定彎折半徑值100mm，點選固定面『面<1>』，按反轉方向鈕後，按確定鍵。<br>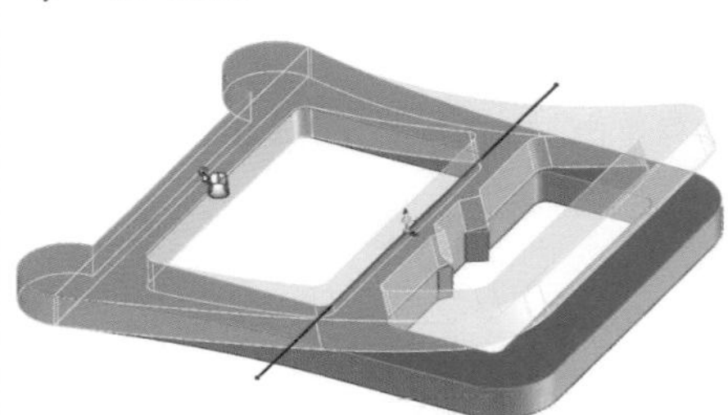 | |
| 按特徵特徵工具列，按圓角鈕，圓角類型(Y)預設『固定大小圓角』，圓角參數(P)預設『相互對稱』，輸入半徑值0.5mm，預設不勾選『多重半徑圓角』，輪廓(P):『圓形』，圓角項次(I)勾選『沿相切面進行』，點選『邊線<1>』。 | 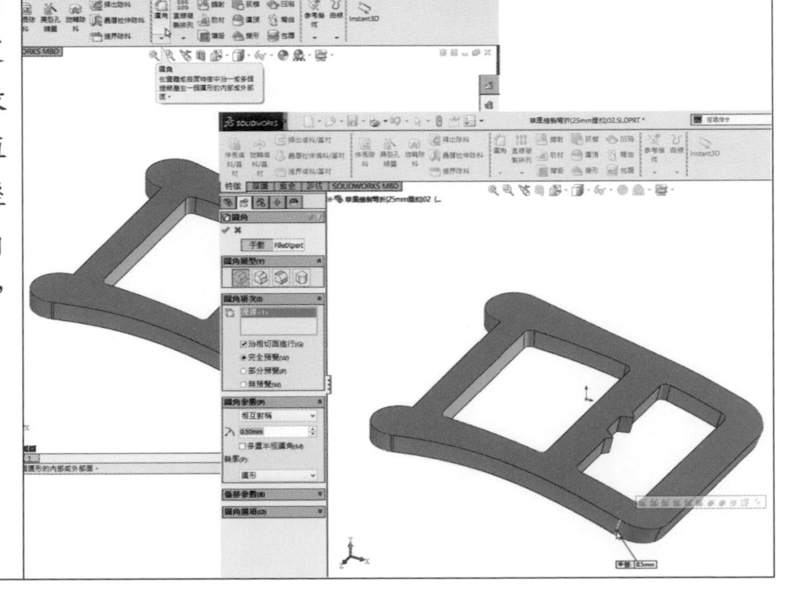 |

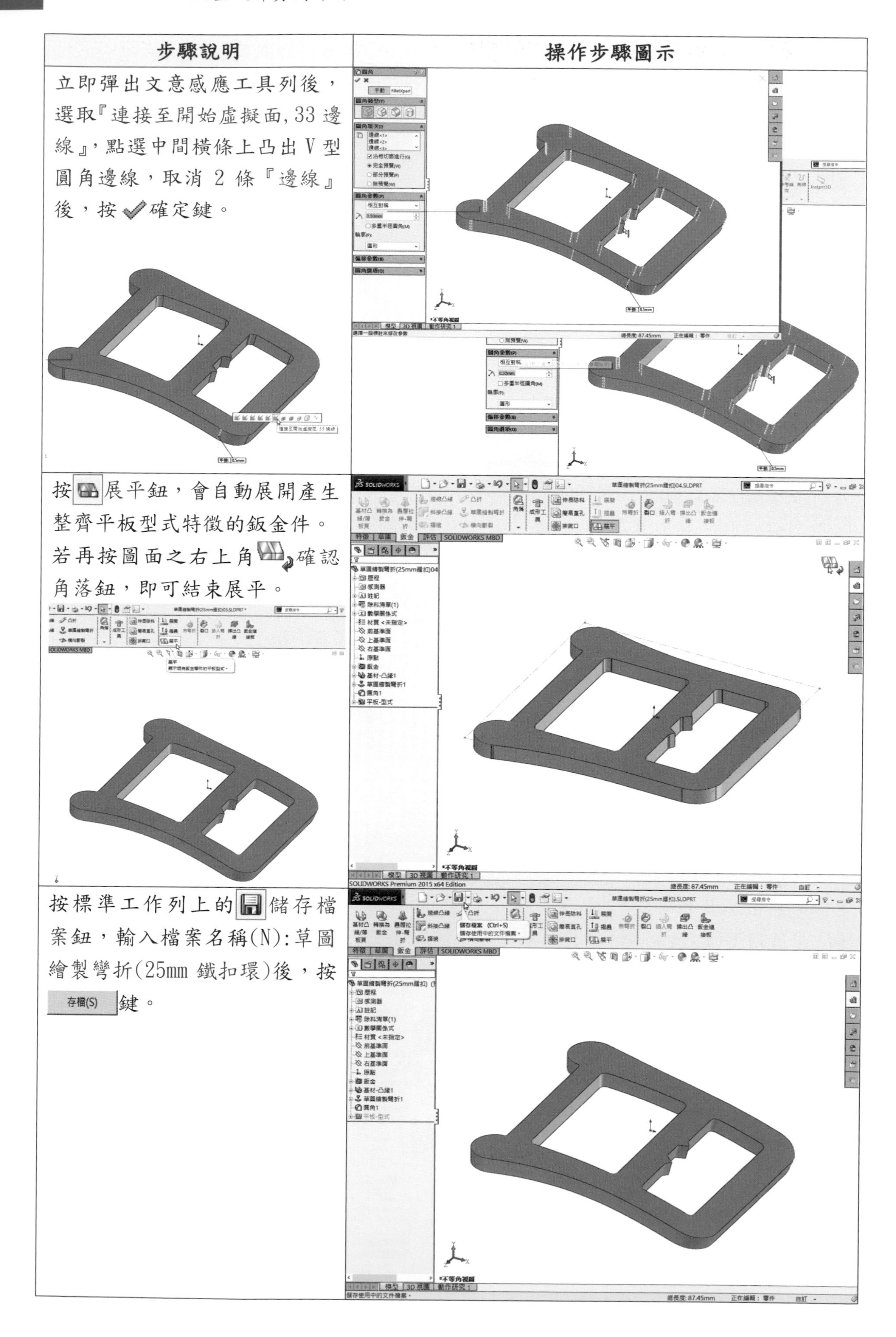

| 步驟說明 | 操作步驟圖示 |
| --- | --- |
| 立即彈出文意感應工具列後，選取『連接至開始虛擬面, 33 邊線』，點選中間橫條上凸出 V 型圓角邊線，取消 2 條『邊線』後，按✔確定鍵。 | |
| 按展平鈕，會自動展開產生整齊平板型式特徵的鈑金件。若再按圖面之右上角確認角落鈕，即可結束展平。 | |
| 按標準工作列上的儲存檔案鈕，輸入檔案名稱(N):草圖繪製彎折(25mm 鐵扣環)後，按 存檔(S) 鍵。 | |

## 2.2.2 草圖繪製彎折(1 條直線)產生窗簾吊鈎鈑金

學習目標：能分別做出不同彎折角度的彎折，將鈑金片彎折至所需之造型。

繪圖步驟：畫草圖→長基材凸緣/薄板頁→產生鈑金→畫彎折線→作草圖繪製彎折→作斷開角落(圓角)→按展平。

使用指令：

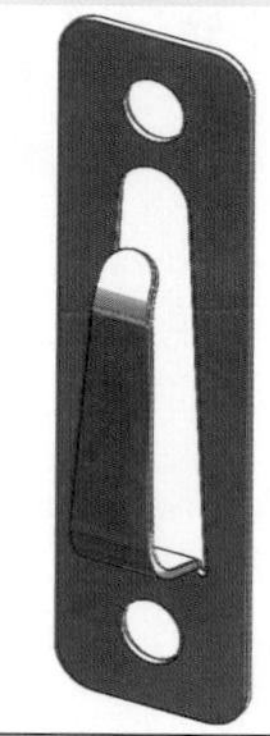

- 草圖指令：中心矩形、圓、中心線、鏡射圖元、直線、幾何建構線、偏移圖元。
- 鈑金指令：基材凸緣/薄板頁、草圖繪製彎折、斷開角落/角落-修剪、展平。

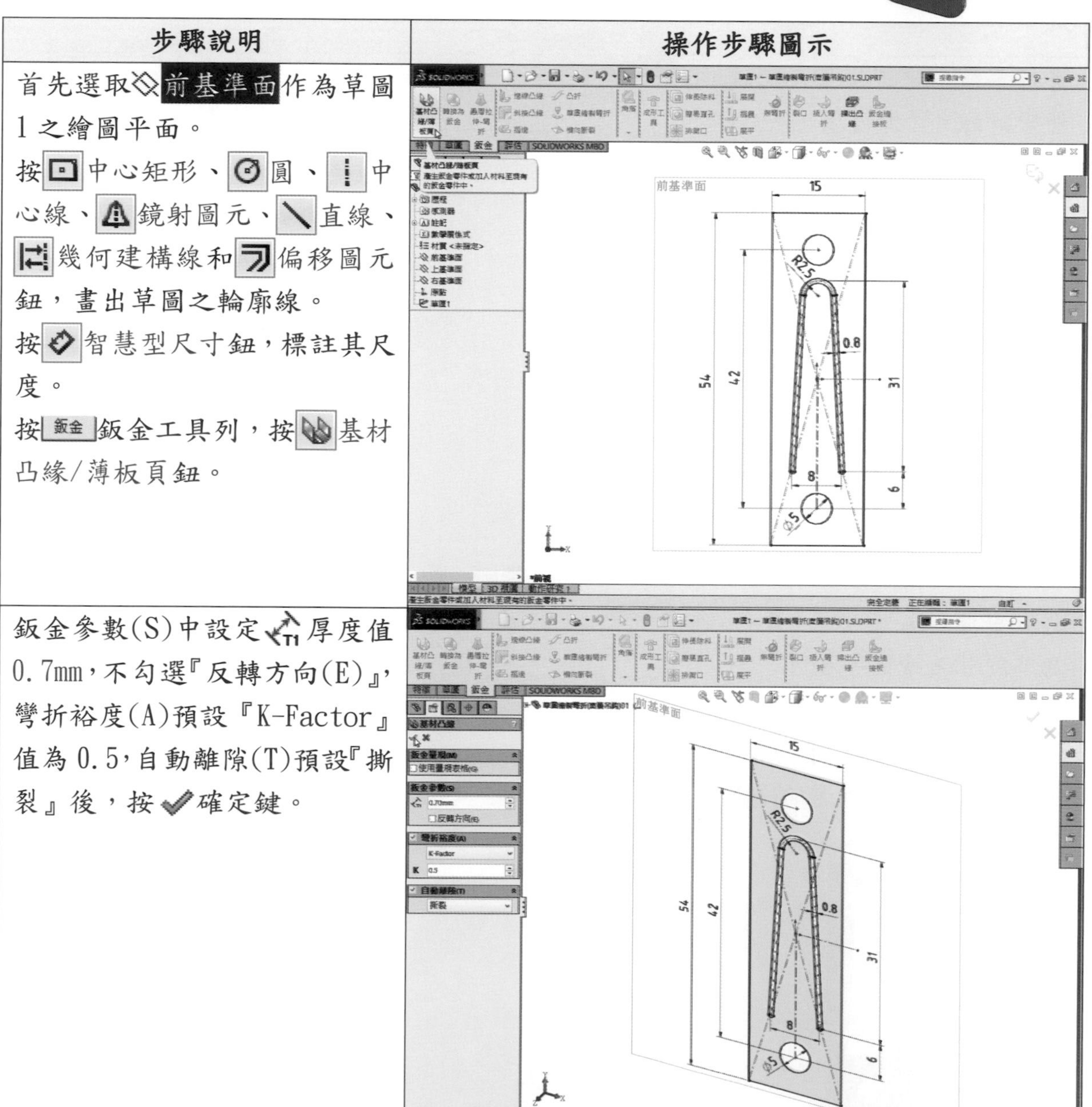

| 步驟說明 | 操作步驟圖示 |
|---|---|
| 首先選取前基準面作為草圖 1 之繪圖平面。<br>按中心矩形、圓、中心線、鏡射圖元、直線、幾何建構線和偏移圖元鈕，畫出草圖之輪廓線。<br>按智慧型尺寸鈕，標註其尺度。<br>按鈑金鈑金工具列，按基材凸緣/薄板頁鈕。 | |
| 鈑金參數(S)中設定厚度值 0.7mm，不勾選『反轉方向(E)』，彎折裕度(A)預設『K-Factor』值為 0.5，自動離隙(T)預設『撕裂』後，按確定鍵。 | |

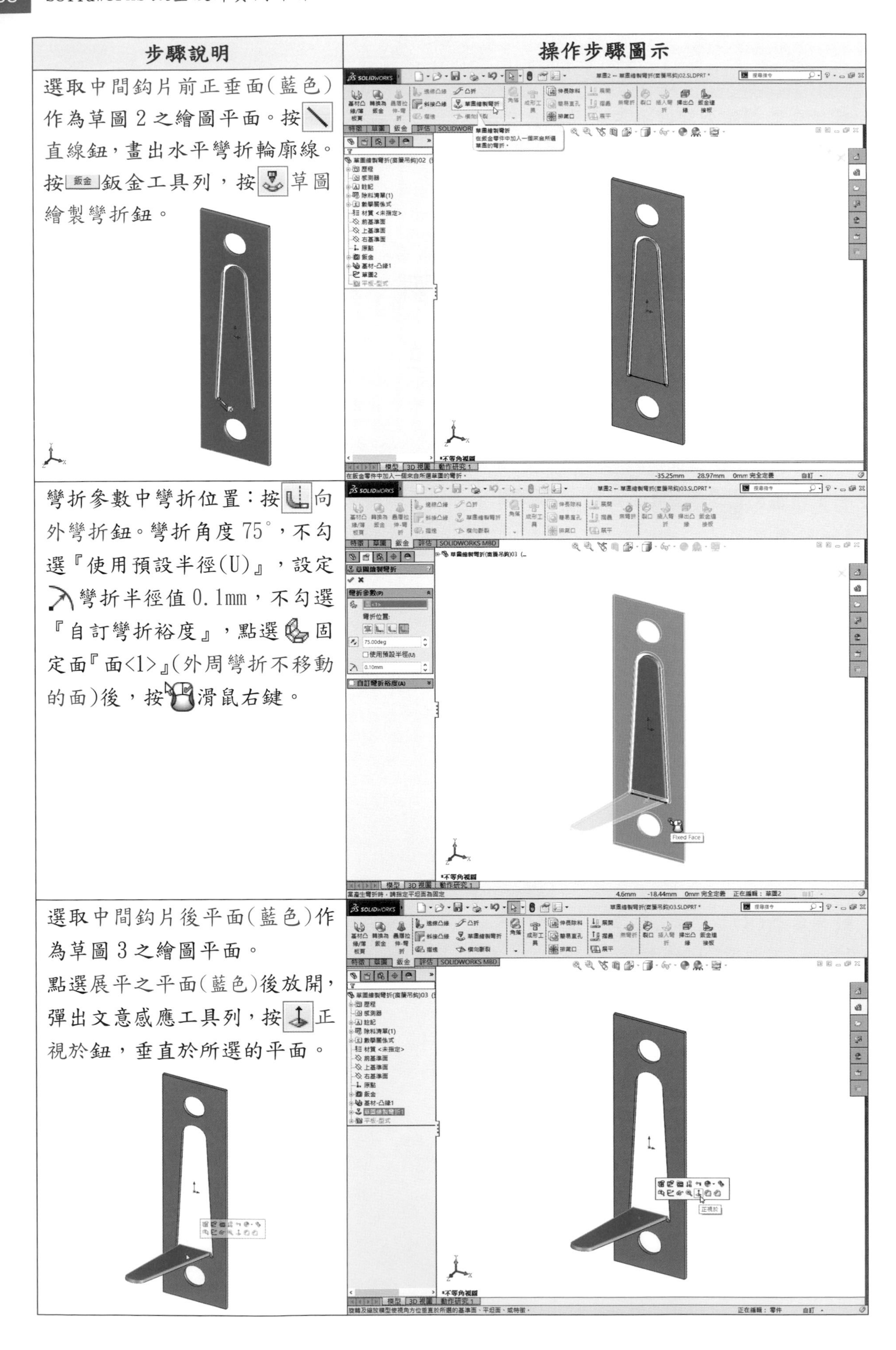

| 步驟說明 | 操作步驟圖示 |
| --- | --- |
| 選取中間鈎片前正垂面(藍色)作為草圖2之繪圖平面。按直線鈕，畫出水平彎折輪廓線。按鈑金鈑金工具列，按草圖繪製彎折鈕。 | |
| 彎折參數中彎折位置：按向外彎折鈕。彎折角度75°，不勾選『使用預設半徑(U)』，設定彎折半徑值0.1mm，不勾選『自訂彎折裕度』，點選固定面『面<1>』(外周彎折不移動的面)後，按滑鼠右鍵。 | |
| 選取中間鈎片後平面(藍色)作為草圖3之繪圖平面。<br>點選展平之平面(藍色)後放開，彈出文意感應工具列，按正視於鈕，垂直於所選的平面。 | |

| 步驟說明 | 操作步驟圖示 |
| --- | --- |
| 按直線鈕，畫出水平彎折線，標註彎折線位置尺度。<br>按鈑金工具列，按草圖繪製彎折鈕。<br>在圖面空白處按滑鼠右鍵，並往右上方向滑去，選用呈現為不等角視。 |  |
| 彎折參數(P)中彎折位置：按向外彎折鈕。彎折角度 80°，取消不勾選『使用預設半徑(U)』，設定彎折半徑值 4mm，預設不勾選『自訂彎折裕度』，點選固定面『面<1>』(中間鉤片根部彎折不移動的面)後，按滑鼠右鍵。 | |
| 點選中間鉤片前平面(藍色)，作為草圖 4 之繪圖平面。<br>按直線鈕，畫出一水平彎折輪廓線，並標註其尺度。<br>按鈑金工具列，按草圖繪製彎折鈕。 | |

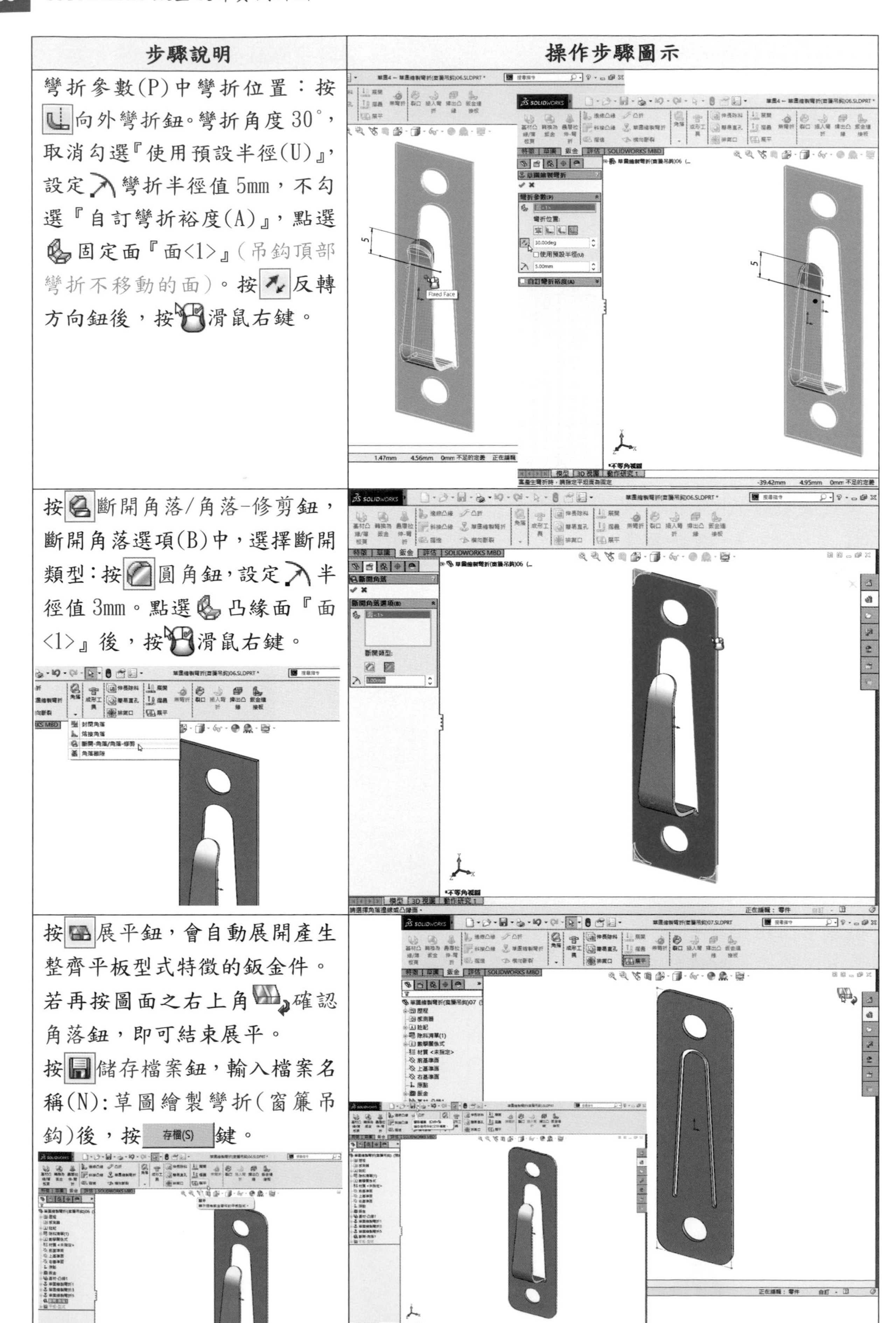

| 步驟說明 | 操作步驟圖示 |
|---|---|
| 彎折參數(P)中彎折位置：按向外彎折鈕。彎折角度30°，取消勾選『使用預設半徑(U)』，設定彎折半徑值5mm，不勾選『自訂彎折裕度(A)』，點選固定面『面<1>』(吊鉤頂部彎折不移動的面)。按反轉方向鈕後，按滑鼠右鍵。 | |
| 按斷開角落/角落-修剪鈕，斷開角落選項(B)中，選擇斷開類型：按圓角鈕，設定半徑值3mm。點選凸緣面『面<1>』後，按滑鼠右鍵。 | |
| 按展平鈕，會自動展開產生整齊平板型式特徵的鈑金件。若再按圖面之右上角確認角落鈕，即可結束展平。按儲存檔案鈕，輸入檔案名稱(N)：草圖繪製彎折(窗簾吊鉤)後，按存檔(S)鍵。 | |

## 2.2.3 草圖繪製彎折(2 條直線)產生拔毛夾鈑金

學習目標：能使用 2 條直線同時作彎折，將鈑金片彎折至所需之造型。

繪圖步驟：畫草圖→長基材凸緣/薄板頁→產生鈑金→伸長除料→作鏡射→畫彎折線→作草圖繪製彎折→按展平。

使用指令：

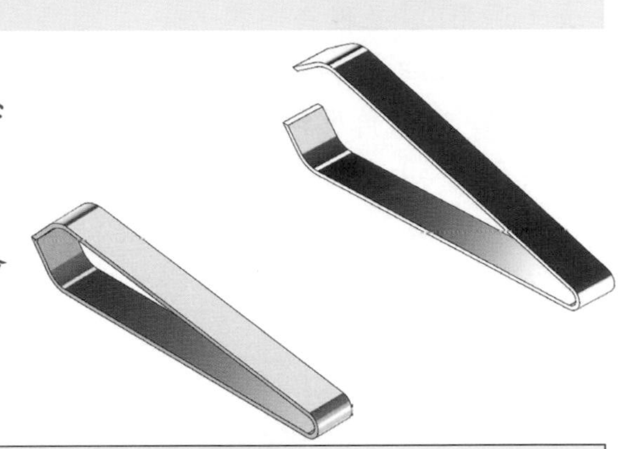

- 草圖指令：中心矩形、直線、中心線、鏡射圖元。
- 特徵指令：伸長除料、鏡射。
- 鈑金指令：基材凸緣/薄板頁、草圖繪製彎折、展平。

| 步驟說明 | 操作步驟圖示 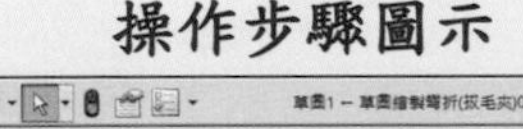 |
|---|---|
| 首先選取上基準面作為草圖 1 之繪圖平面。<br>按中心矩形鈕，畫出草圖之輪廓線。<br>按智慧型尺寸鈕，標註其尺度。<br>按鈑金鈑金工具列，按基材凸緣/薄板頁鈕。 | 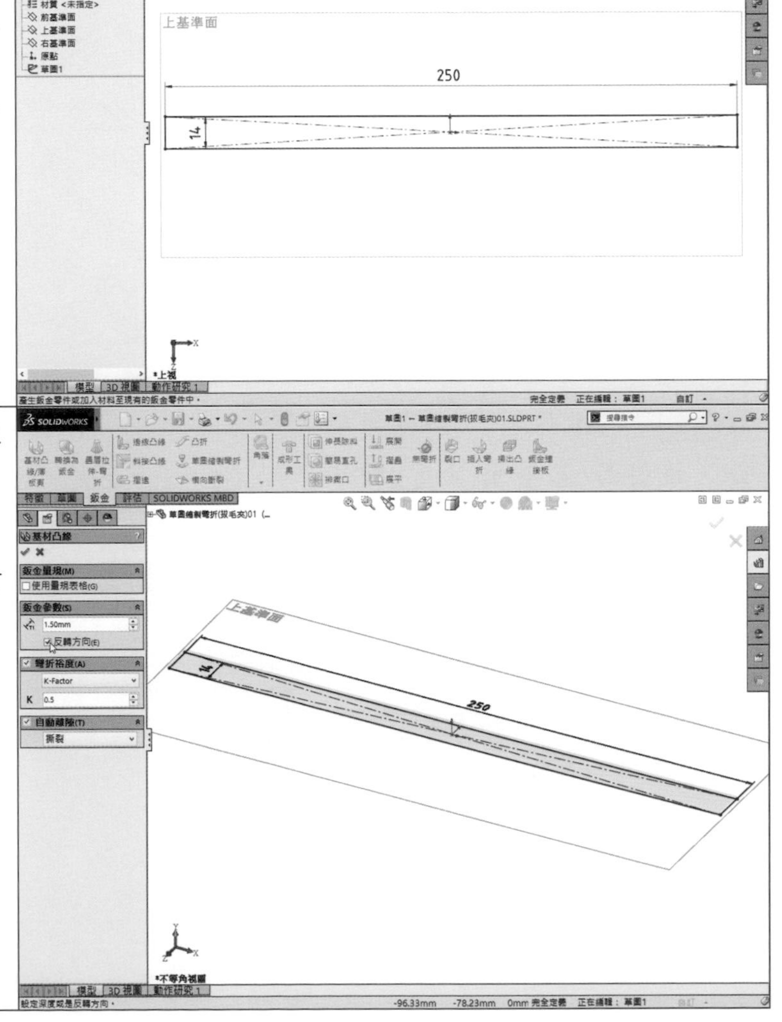 |
| 鈑金參數(S)中設定厚度值 1.5mm，勾選『反轉方向(E)』，彎折裕度(A)預設『K-Factor』值為 0.5，自動離隙(T)預設『撕裂』後，按確定鍵。 | |

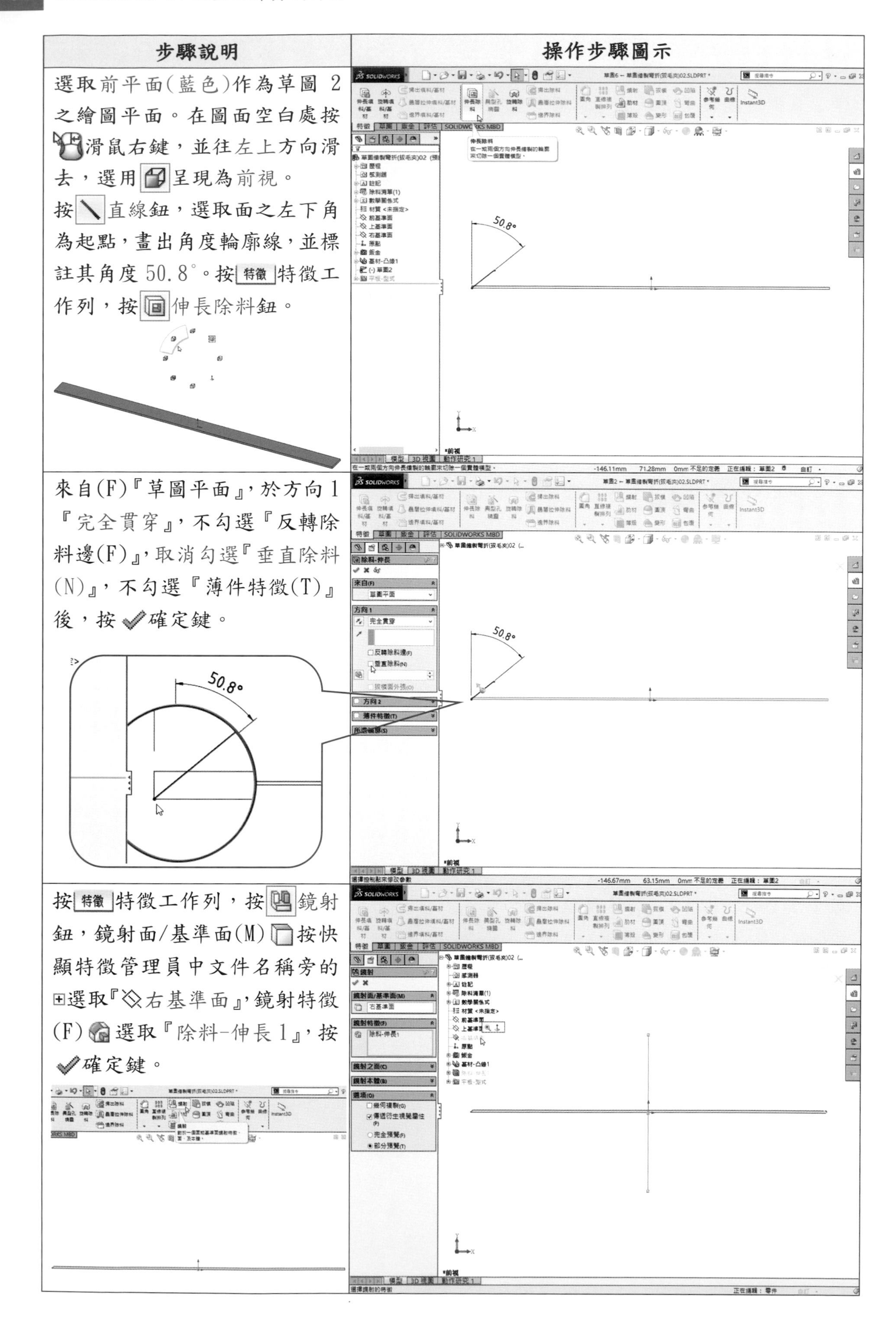

| 步驟說明 | 操作步驟圖示 |
|---|---|
| 選取前平面(藍色)作為草圖 2 之繪圖平面。在圖面空白處按滑鼠右鍵，並往左上方向滑去，選用[前視]呈現為前視。<br>按[直線]直線鈕，選取面之左下角為起點，畫出角度輪廓線，並標註其角度 50.8°。按[特徵]特徵工作列，按[伸長除料]伸長除料鈕。 | |
| 來自(F)『草圖平面』，於方向 1『完全貫穿』，不勾選『反轉除料邊(F)』，取消勾選『垂直除料(N)』，不勾選『薄件特徵(T)』後，按[✔]確定鍵。 | |
| 按[特徵]特徵工作列，按[鏡射]鏡射鈕，鏡射面/基準面(M)[鏡射面]按快顯特徵管理員中文件名稱旁的⊞選取『◇右基準面』，鏡射特徵(F)[特徵]選取『除料-伸長 1』，按[✔]確定鍵。 | |

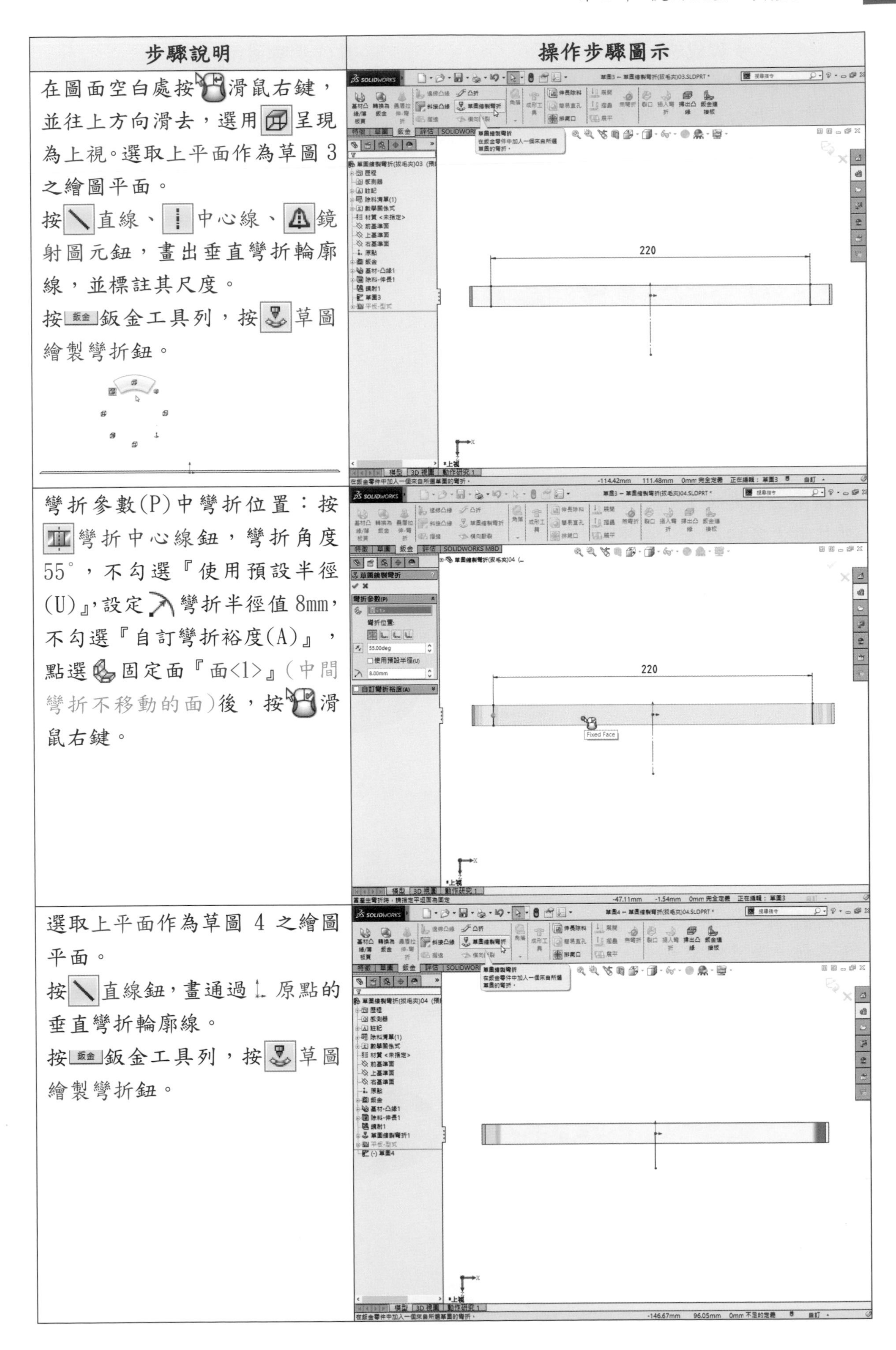

| 步驟說明 | 操作步驟圖示 |
| --- | --- |
| 在圖面空白處按滑鼠右鍵，並往上方向滑去，選用呈現為上視。選取上平面作為草圖 3 之繪圖平面。<br>按直線、中心線、鏡射圖元鈕，畫出垂直彎折輪廓線，並標註其尺度。<br>按鈑金鈑金工具列，按草圖繪製彎折鈕。 | |
| 彎折參數(P)中彎折位置：按彎折中心線鈕，彎折角度 55°，不勾選『使用預設半徑(U)』，設定彎折半徑值 8mm，不勾選『自訂彎折裕度(A)』，點選固定面『面<1>』(中間彎折不移動的面)後，按滑鼠右鍵。 | |
| 選取上平面作為草圖 4 之繪圖平面。<br>按直線鈕，畫通過原點的垂直彎折輪廓線。<br>按鈑金鈑金工具列，按草圖繪製彎折鈕。 | |

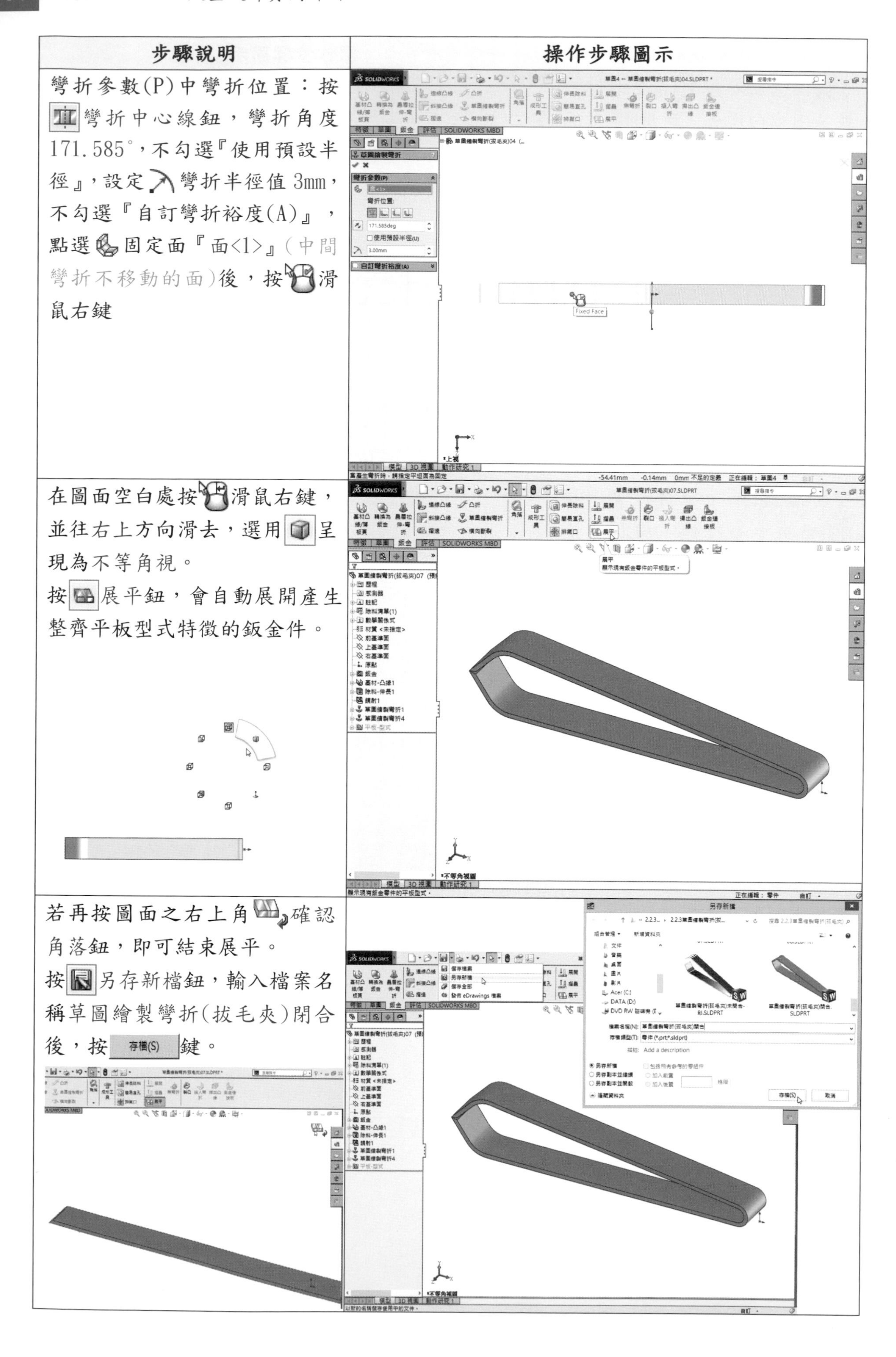

| 步驟說明 | 操作步驟圖示 |
|---|---|
| 彎折參數(P)中彎折位置：按彎折中心線鈕，彎折角度171.585°，不勾選『使用預設半徑』，設定彎折半徑值 3mm，不勾選『自訂彎折裕度(A)』，點選固定面『面<1>』(中間彎折不移動的面)後，按滑鼠右鍵 | |
| 在圖面空白處按滑鼠右鍵，並往右上方向滑去，選用呈現為不等角視。<br>按展平鈕，會自動展開產生整齊平板型式特徵的鈑金件。 | |
| 若再按圖面之右上角確認角落鈕，即可結束展平。<br>按另存新檔鈕，輸入檔案名稱草圖繪製彎折(拔毛夾)閉合後，按存檔(S)鍵。 | |

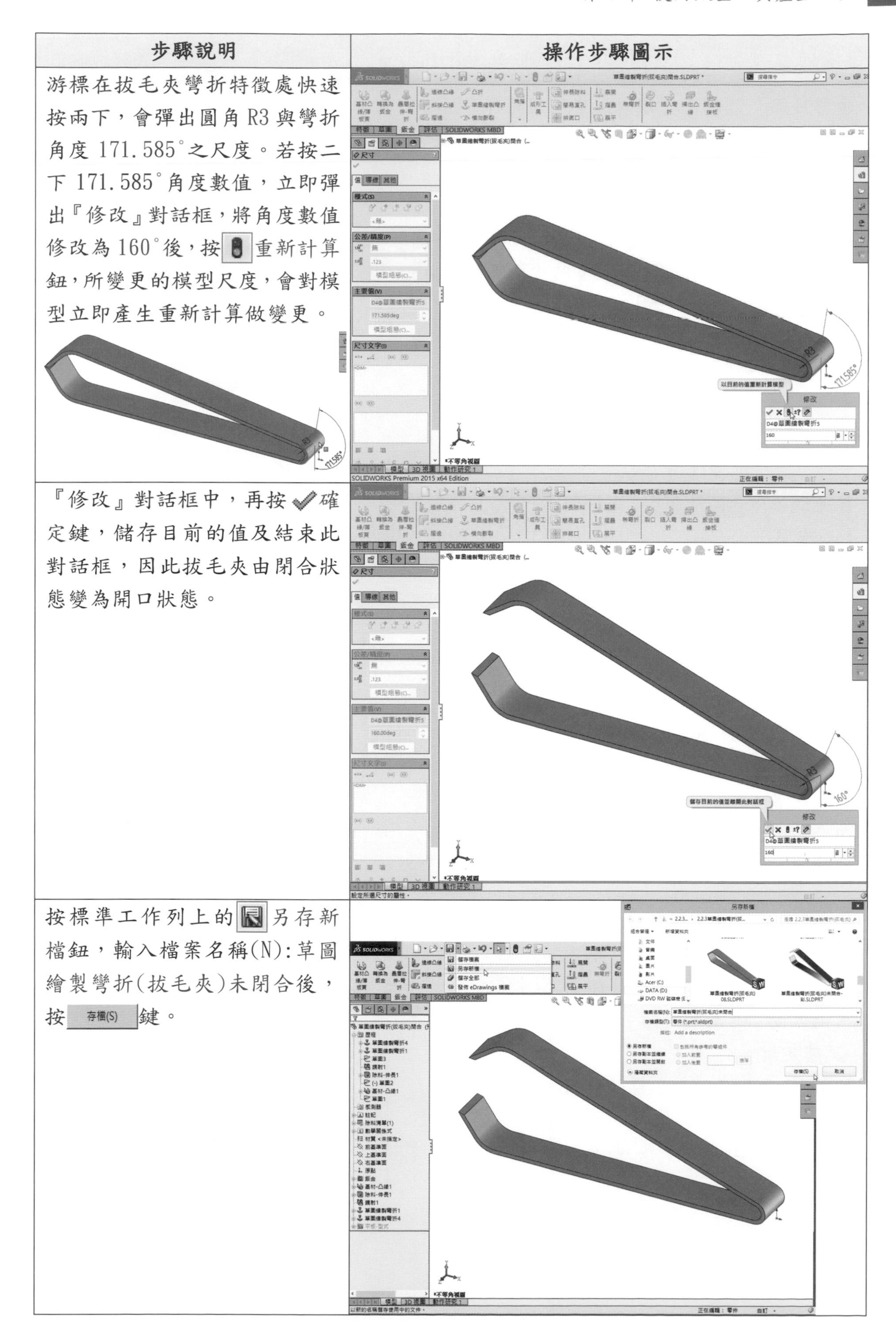

| 步驟說明 | 操作步驟圖示 |
| --- | --- |
| 游標在拔毛夾彎折特徵處快速按兩下，會彈出圓角 R3 與彎折角度 171.585°之尺度。若按二下 171.585°角度數值，立即彈出『修改』對話框，將角度數值修改為 160°後，按[重新計算 icon]重新計算鈕，所變更的模型尺度，會對模型立即產生重新計算做變更。 | |
| 『修改』對話框中，再按[✔ icon]確定鍵，儲存目前的值及結束此對話框，因此拔毛夾由閉合狀態變為開口狀態。 | |
| 按標準工作列上的[另存新檔 icon]另存新檔鈕，輸入檔案名稱(N):草圖繪製彎折(拔毛夾)未閉合後，按 存檔(S) 鍵。 | |

## 2.2.4 草圖繪製彎折(2 條直線)產生門扣固定端鈑金

學習目標：能使用 2 條以上直線同時作彎折，將鈑金片彎折至所需之造型。

繪圖步驟：畫草圖→長基材凸緣/薄板頁→產生鈑金→作斷開角落(圓角)→畫彎折線→作草圖繪製彎折→按展平。

使用指令：

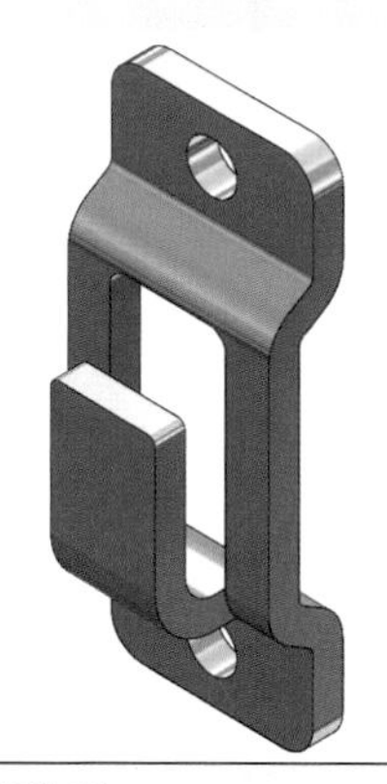

- 草圖指令：中心矩形、中心線、圓和鏡射圖元、角落矩形、草圖圓角、幾何建構線、偏移圖元、直線。
- 鈑金指令：基材凸緣/薄板頁、草圖繪製彎折、展平。

| 步驟說明 | 操作步驟圖示 |
| --- | --- |
| 首先選取前基準面作為草圖 1 之繪圖平面。<br>按中心矩形、中心線、圓和鏡射圖元、角落矩形、草圖圓角、幾何建構線鈕，畫出草圖輪廓線。按智慧型尺寸鈕，標註其尺度。<br>滑鼠在適當的位置處左下角點住，再拖曳到適當的位置，最後回到起畫點附近，點一下放開，即套索窗選(藍色)草圖中部分的圖元。 | 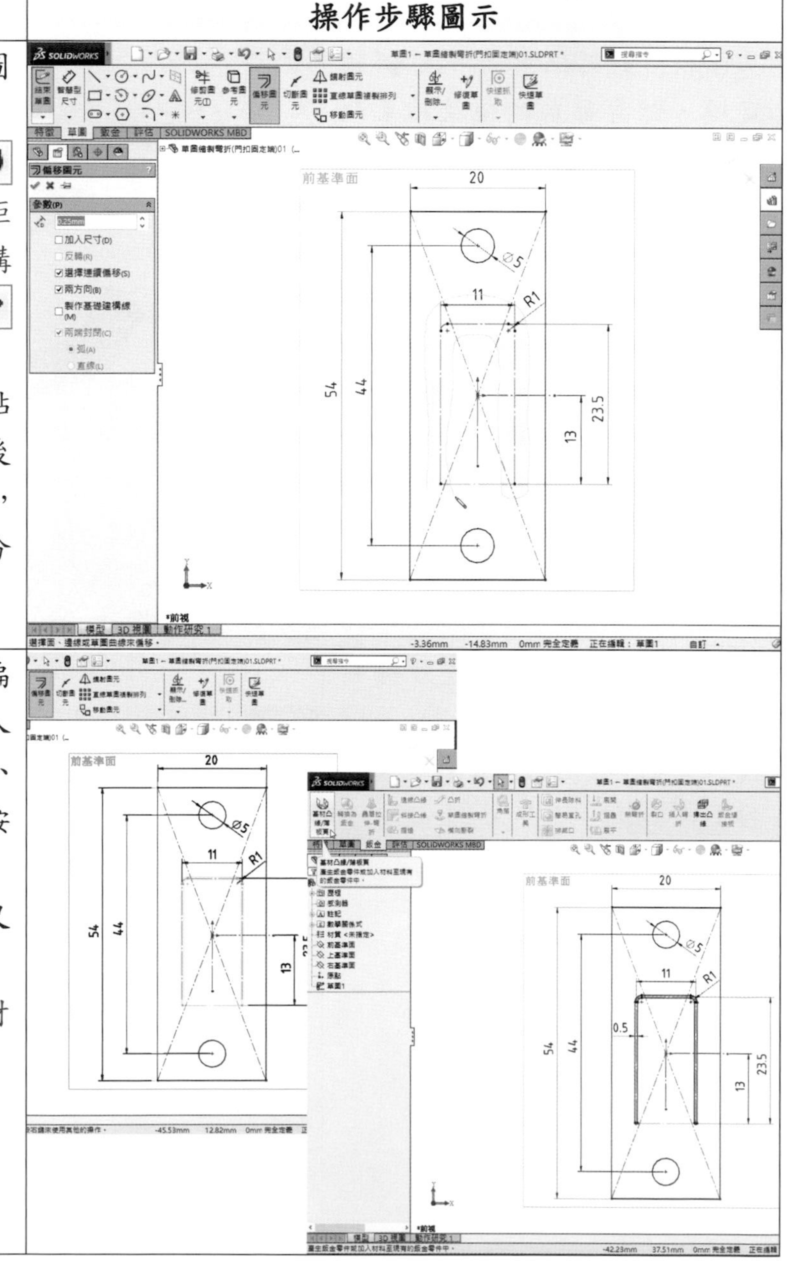 |
| 按偏移圖元鈕，參數偏移距離 0.25mm，不勾選『加入尺寸』、勾選『選擇連續偏移』、『兩方向』、『兩端封閉』後，按確定鍵。<br>按智慧型尺寸鈕，標註其尺度。<br>按鈑金鈑金工具列，按基材凸緣/薄板頁鈕。 | |

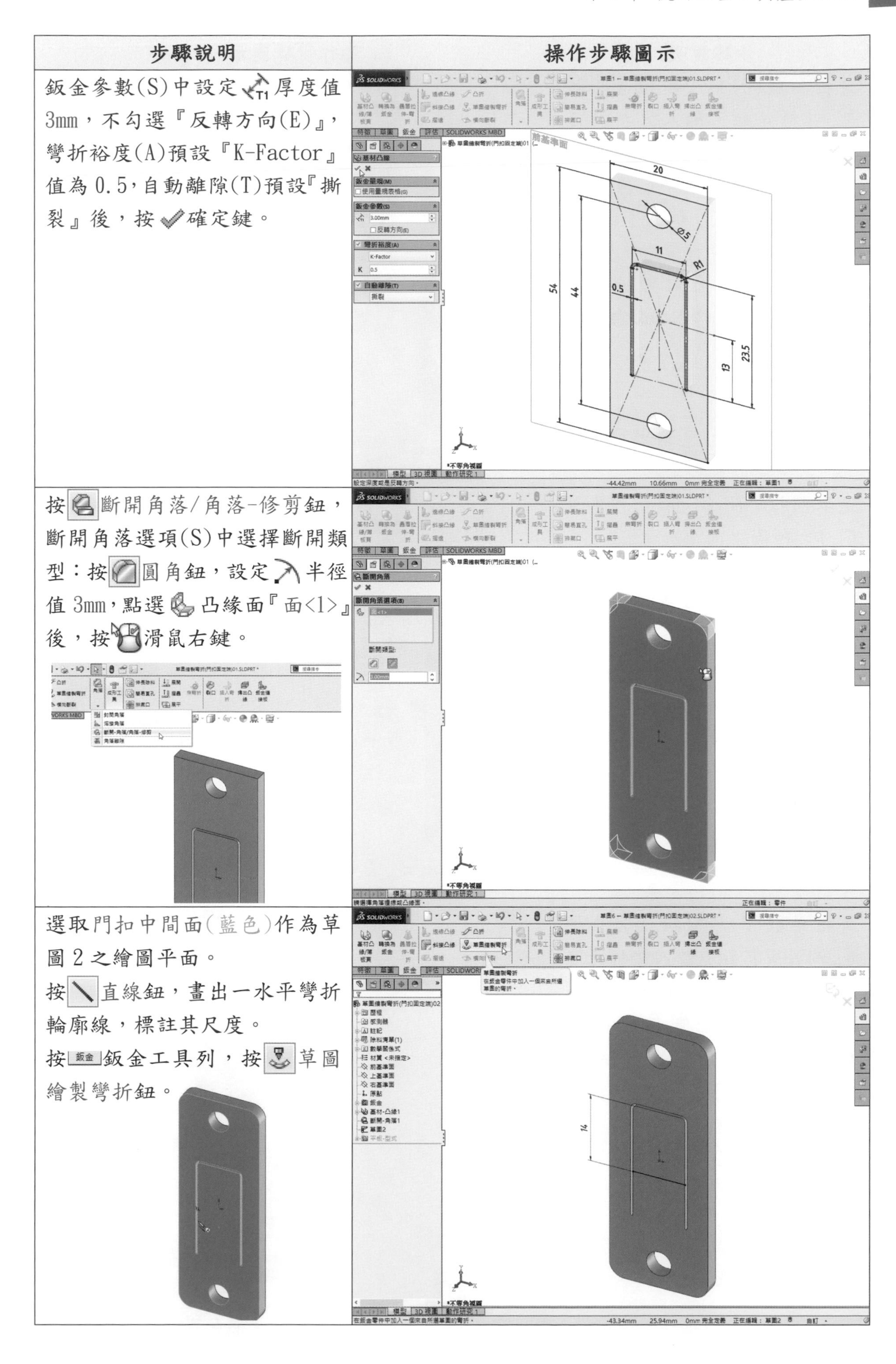

| 步驟說明 | 操作步驟圖示 |
| --- | --- |
| 鈑金參數(S)中設定厚度值3mm，不勾選『反轉方向(E)』，彎折裕度(A)預設『K-Factor』值為0.5，自動離隙(T)預設『撕裂』後，按確定鍵。 | |
| 按斷開角落/角落-修剪鈕，斷開角落選項(S)中選擇斷開類型：按圓角鈕，設定半徑值3mm，點選凸緣面『面<1>』後，按滑鼠右鍵。 | |
| 選取門扣中間面(藍色)作為草圖2之繪圖平面。<br>按直線鈕，畫出一水平彎折輪廓線，標註其尺度。<br>按鈑金鈑金工具列，按草圖繪製彎折鈕。 | |

| 步驟說明 | 操作步驟圖示 |
| --- | --- |
| 彎折參數(P)中彎折位置：按材料內鈕。輸入彎折角度90°，不勾選『使用預設半徑(U)』，設定彎折半徑值3mm，點選固定面『面<1>』(彎折輪廓線下方平面位置點一下)，預設不勾選『自訂彎折裕度(A)』，按反轉方向鈕後，按確定鍵。 | 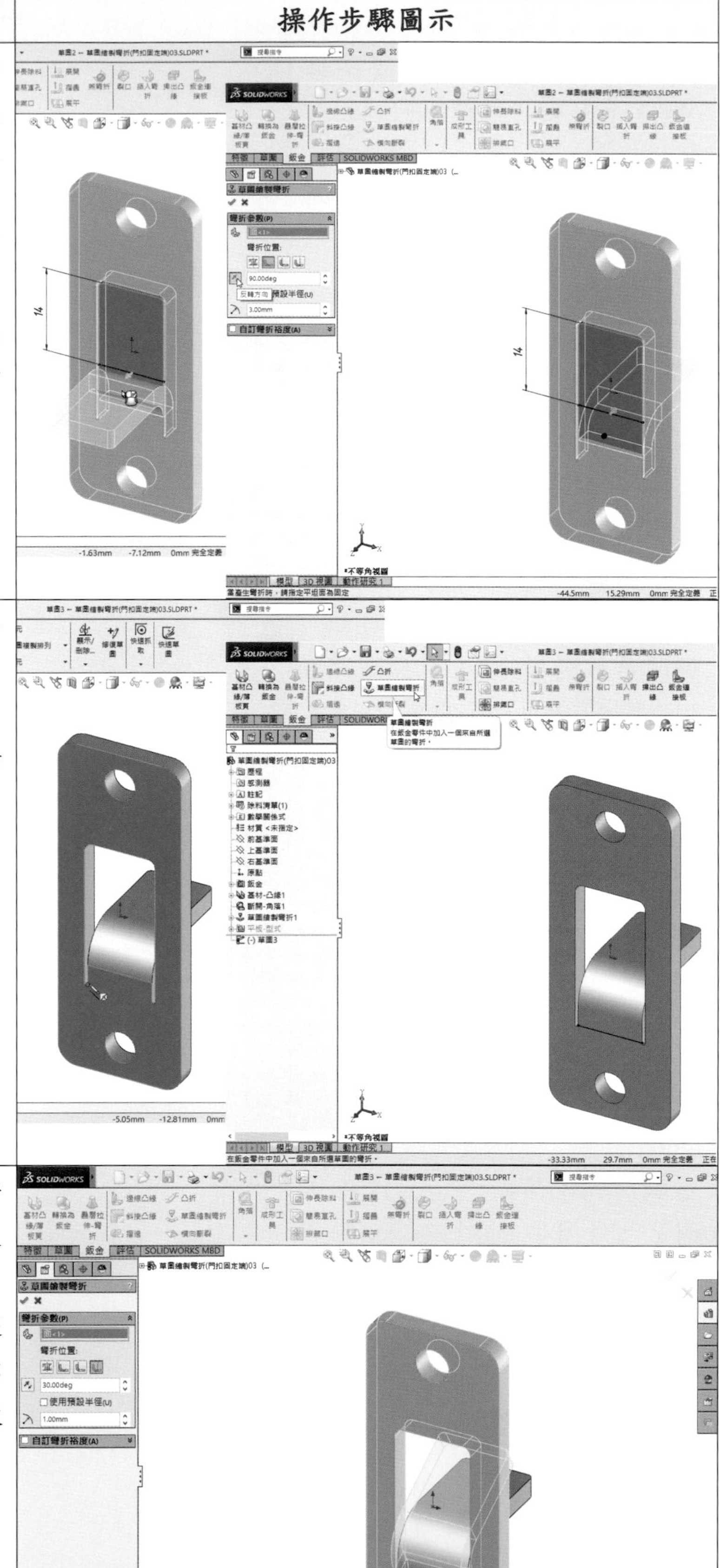 |
| 選取門扣中間面(藍色)作為草圖3之繪圖平面。<br>按直線鈕，左右兩處四分圓點位置，畫出一條水平彎折輪廓線。<br>按 鈑金 鈑金工具列，按草圖繪製彎折鈕。 | |
| 彎折參數(P)中彎折位置：按向外彎折鈕。輸入彎折角度30°，不勾選『使用預設半徑』，設定彎折半徑值1mm，點選固定面『面<1>』(彎折輪廓線下方平面位置點一下)，預設不勾選『自訂彎折裕度(A)』後，按滑鼠右鍵。 | |

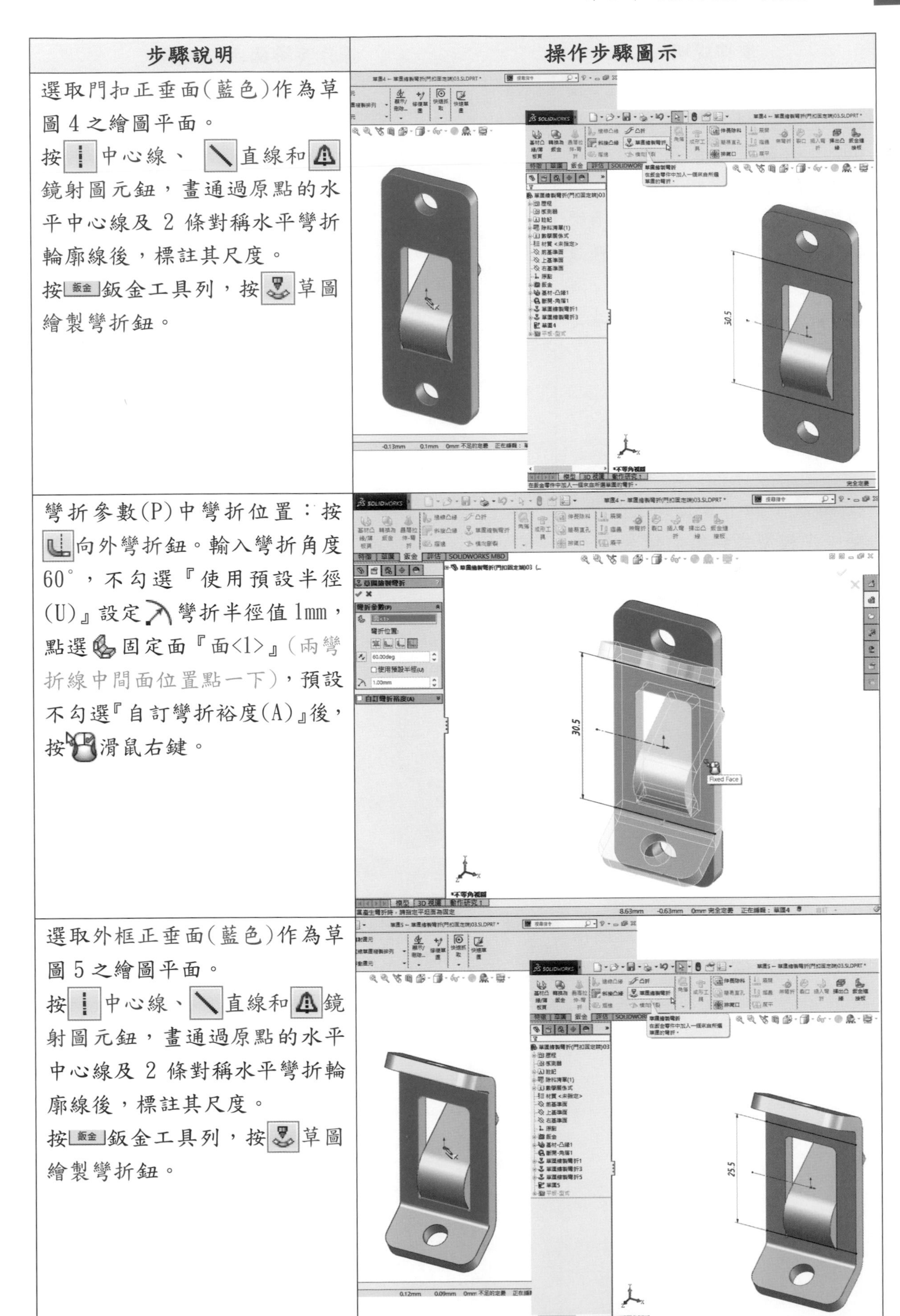

| 步驟說明 | 操作步驟圖示 |
|---|---|
| 選取門扣正垂面(藍色)作為草圖 4 之繪圖平面。<br>按 中心線、 直線和 鏡射圖元鈕，畫通過原點的水平中心線及 2 條對稱水平彎折輪廓線後，標註其尺度。<br>按 鈑金 鈑金工具列，按 草圖繪製彎折鈕。 | |
| 彎折參數(P)中彎折位置：按 向外彎折鈕。輸入彎折角度 60°，不勾選『使用預設半徑(U)』設定 彎折半徑值 1mm，點選 固定面『面<1>』(兩彎折線中間面位置點一下)，預設不勾選『自訂彎折裕度(A)』後，按 滑鼠右鍵。 | |
| 選取外框正垂面(藍色)作為草圖 5 之繪圖平面。<br>按 中心線、 直線和 鏡射圖元鈕，畫通過原點的水平中心線及 2 條對稱水平彎折輪廓線後，標註其尺度。<br>按 鈑金 鈑金工具列，按 草圖繪製彎折鈕。 | |

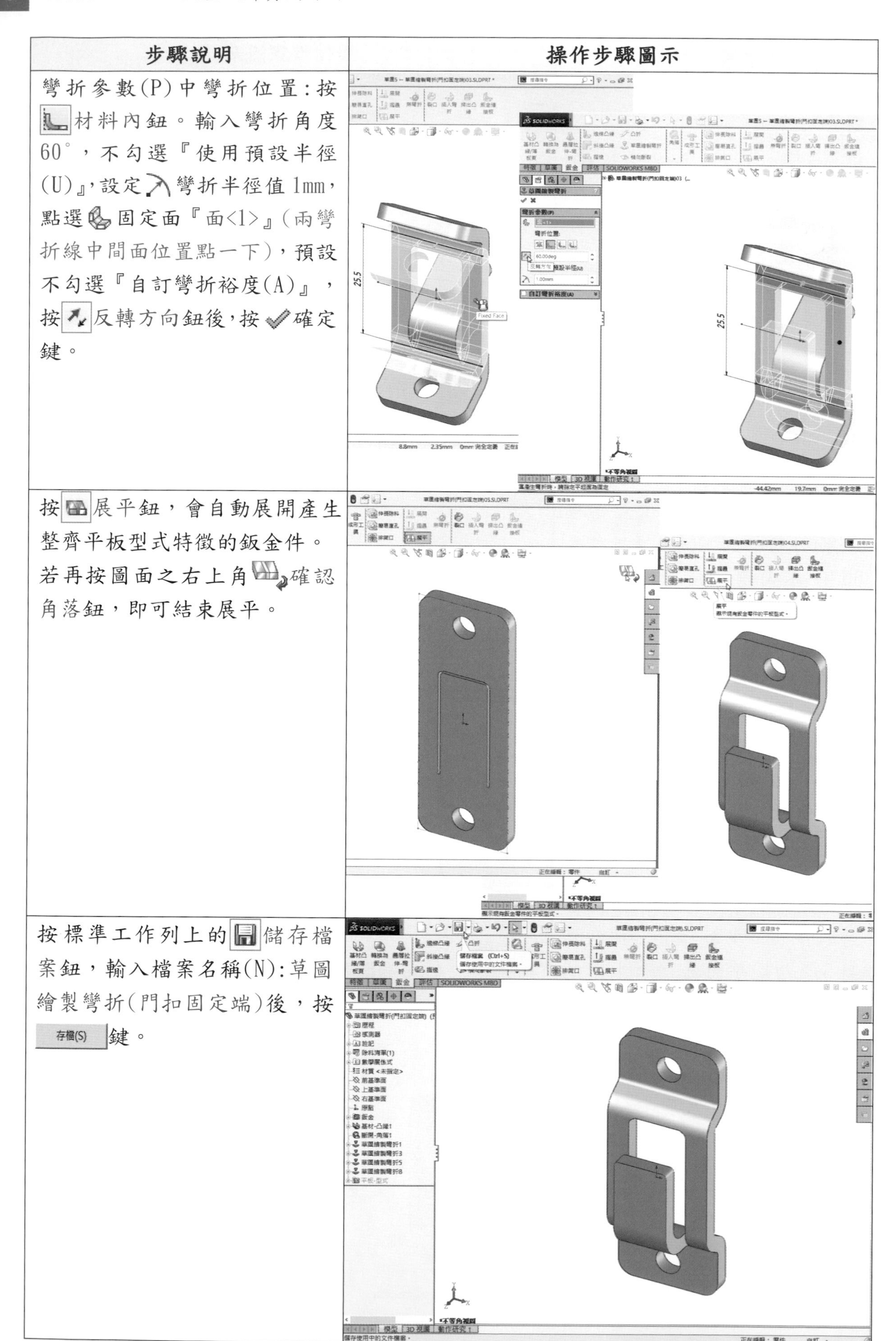

| 步驟說明 | 操作步驟圖示 |
| --- | --- |
| 彎折參數(P)中彎折位置：按材料內鈕。輸入彎折角度60°，不勾選『使用預設半徑(U)』，設定彎折半徑值1mm，點選固定面『面<1>』(兩彎折線中間面位置點一下)，預設不勾選『自訂彎折裕度(A)』，按反轉方向鈕後，按確定鍵。 | |
| 按展平鈕，會自動展開產生整齊平板型式特徵的鈑金件。若再按圖面之右上角確認角落鈕，即可結束展平。 | |
| 按標準工作列上的儲存檔案鈕，輸入檔案名稱(N)：草圖繪製彎折(門扣固定端)後，按存檔(S)鍵。 | |

## 2.3.1 邊線凸緣(邊線迴圈)產生爐心鋼板框架鈑金

學習目標：能使用基材凸緣與以 8 條相切邊線迴圈作邊線凸緣，完成其鈑金件。

繪圖步驟：畫草圖→長基材凸緣/薄板頁→作斷開角落(圓角)→建邊線凸緣→按展平。

使用指令：

- 草圖指令：中心矩形、中心線、圓、草圖圓角、3 點中心矩形。
- 特徵指令：伸長除料、鏡射。
- 鈑金指令：基材凸緣/薄板頁、斷開角落/角落-修剪、邊線凸緣、展平。

| 步驟說明 | 操作步驟圖示 |
| --- | --- |
| 首先選取上基準面作為草圖 1 之繪圖平面。<br>按中心矩形、草圖圓角、圓鈕，畫出框架草圖之外型輪廓線。<br>按智慧型尺寸鈕，並標註其尺度。<br>按鈑金鈑金工具列，按基材凸緣/薄板頁鈕。 | 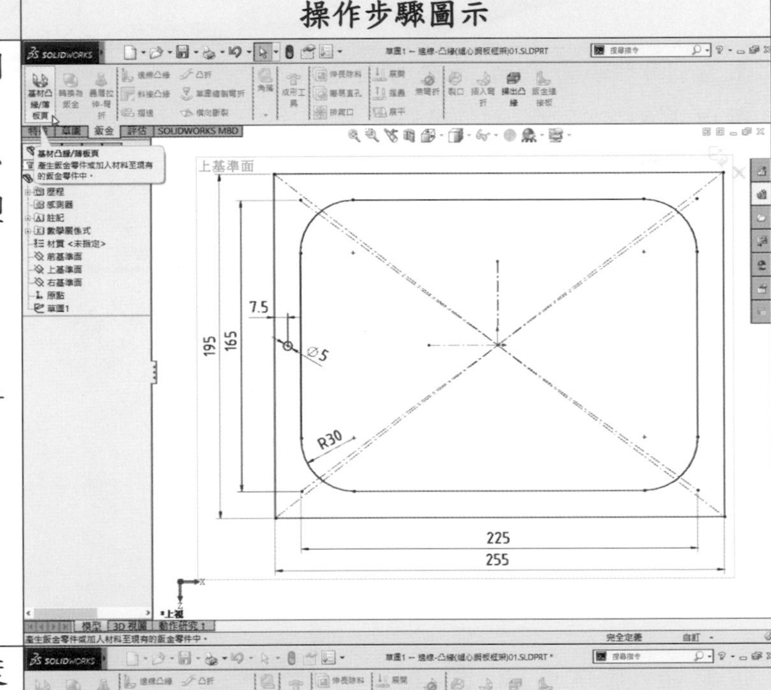 |
| 鈑金參數(S)中，設定厚度值 2mm，預設不勾選『反轉方向(E)』，彎折裕度(A)預設『K-Factor』值 0.5，自動離隙(T)預設『撕裂』後，按確定鍵。 | 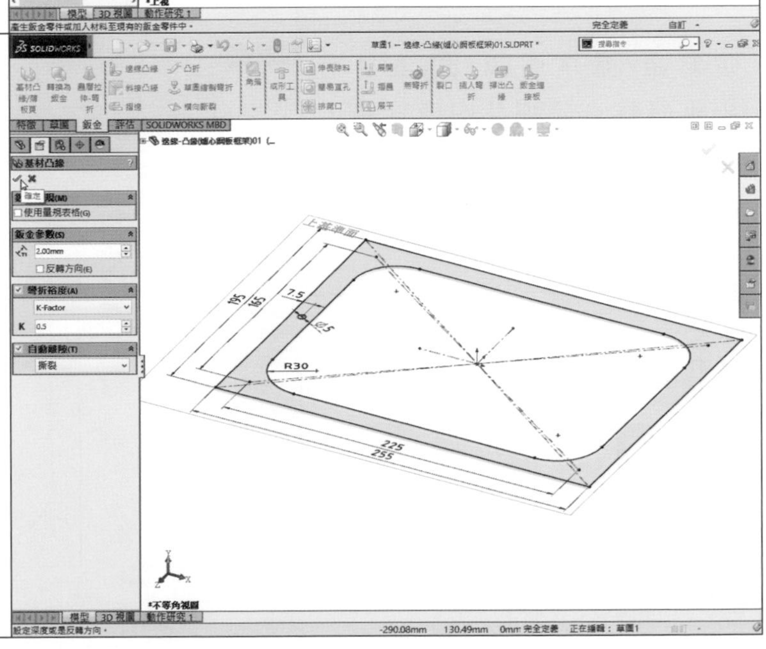 |

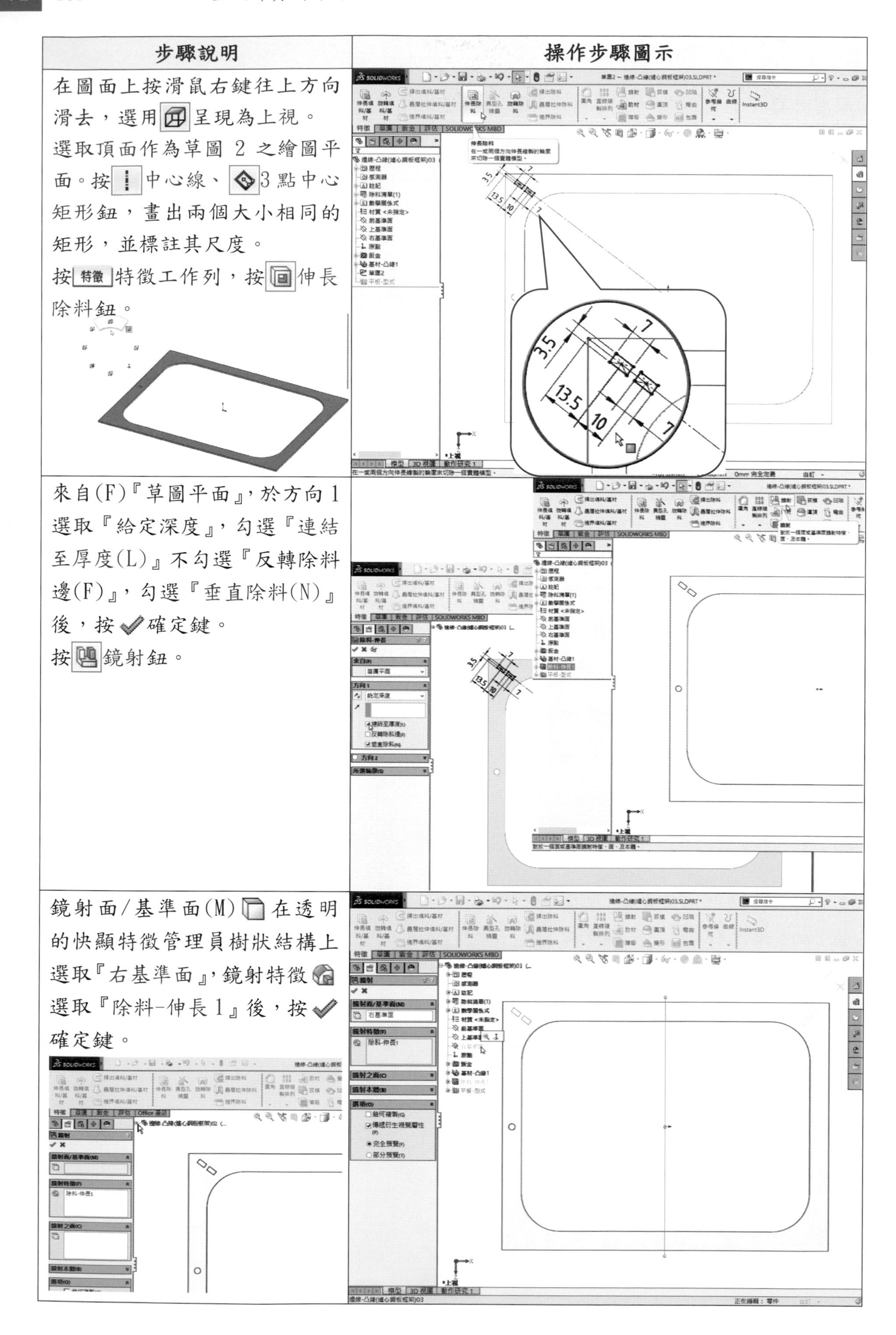

| 步驟說明 | 操作步驟圖示 |
| --- | --- |
| 在圖面上按滑鼠右鍵往上方向滑去，選用[上視圖示]呈現為上視。<br>選取頂面作為草圖 2 之繪圖平面。按[中心線圖示]中心線、[3點中心矩形圖示]3 點中心矩形鈕，畫出兩個大小相同的矩形，並標註其尺度。<br>按[特徵]特徵工作列，按[伸長除料圖示]伸長除料鈕。 | |
| 來自(F)『草圖平面』，於方向 1 選取『給定深度』，勾選『連結至厚度(L)』不勾選『反轉除料邊(F)』，勾選『垂直除料(N)』後，按✔確定鍵。<br>按[鏡射圖示]鏡射鈕。 | |
| 鏡射面/基準面(M)[基準面圖示]在透明的快顯特徵管理員樹狀結構上選取『右基準面』，鏡射特徵[特徵圖示]選取『除料-伸長 1』後，按✔確定鍵。 | |

| 步驟說明 | 操作步驟圖示 |
|---|---|
| 按鏡射鈕，鏡射面/基準面(M)在透明的快顯特徵管理員樹狀結構上選取『前基準面』，鏡射特徵選取『鏡射 1』後，按確定鍵。 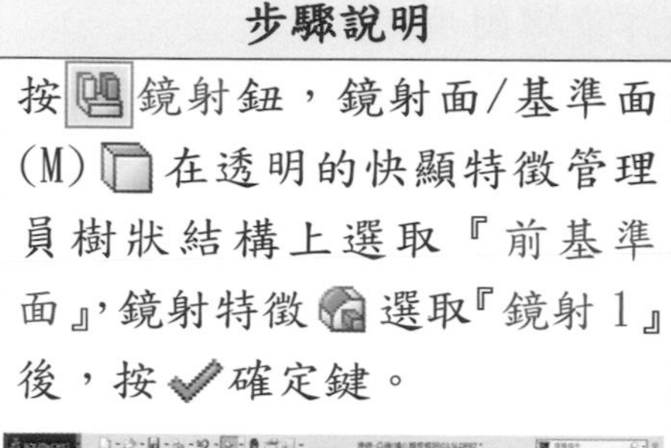 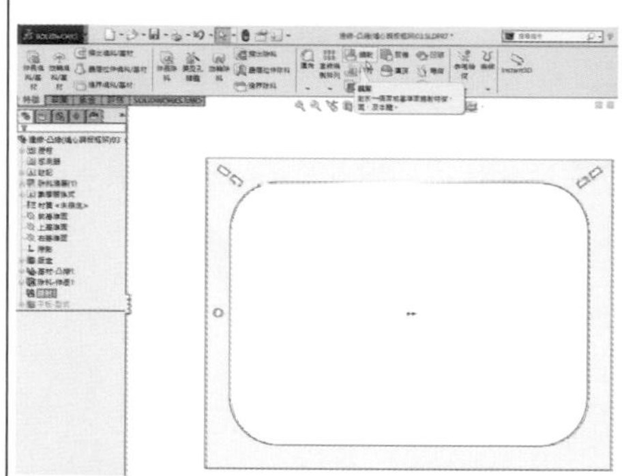 | 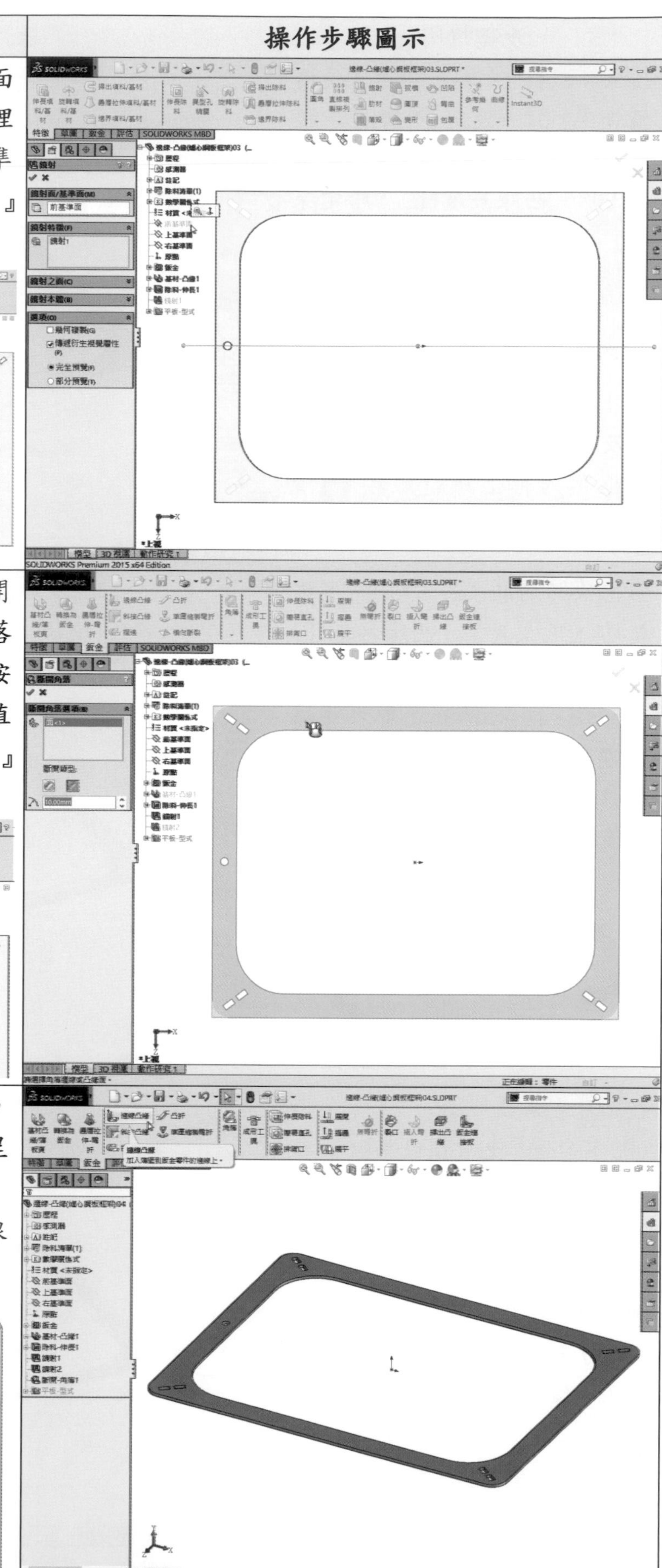 |
| 按鈑金鈑金工具列，按斷開角落/角落-修剪鈕，斷開角落選項(B)中，選擇斷開類型：按圓角鈕，設定半徑值 10mm。點選凸緣面『面<1>』後，按滑鼠右鍵。 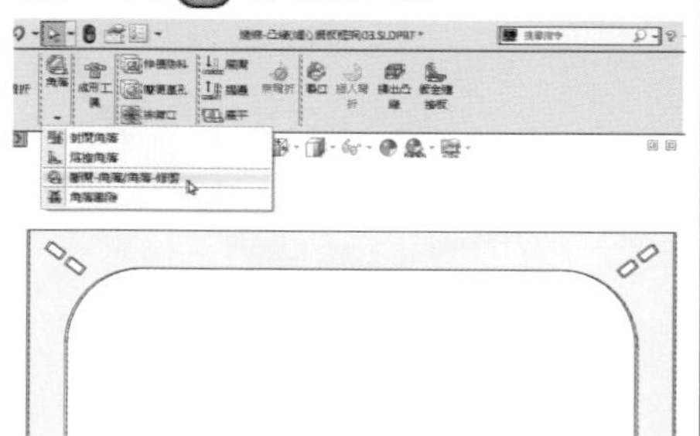 | |
| 在圖面空白處按滑鼠右鍵，並往右上方向滑去，選用呈現為不等角視。<br>按鈑金鈑金工具列，按邊線凸緣鈕。 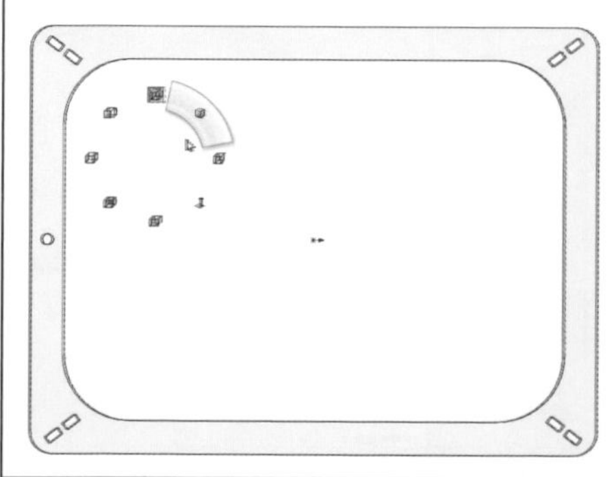 | |

| 步驟說明 | 操作步驟圖示 |
| --- | --- |
| 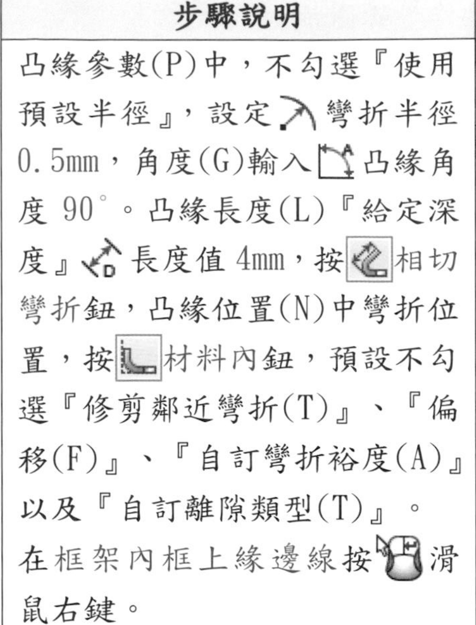凸緣參數(P)中，不勾選『使用預設半徑』，設定彎折半徑0.5mm，角度(G)輸入凸緣角度 90°。凸緣長度(L)『給定深度』長度值 4mm，按相切彎折鈕，凸緣位置(N)中彎折位置，按材料內鈕，預設不勾選『修剪鄰近彎折(T)』、『偏移(F)』、『自訂彎折裕度(A)』以及『自訂離隙類型(T)』。<br>在框架內框上緣邊線按滑鼠右鍵。 |  |
| 彈出快顯功能表後，點選『選擇相切(K)』文字列。凸緣參數(P)中自動載入邊線『邊線<1>~邊線<8>』，游標在選取之邊線下方 4mm 位置點一下，邊線凸緣往下方向長出，預覽確認無誤後，按滑鼠右鍵。<br>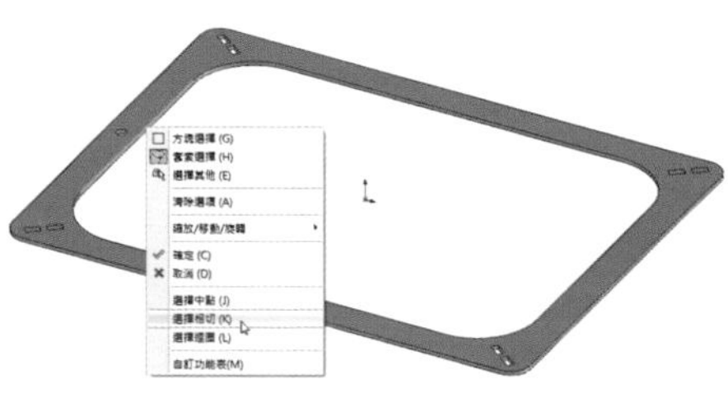 | |
| 按邊線凸緣鈕，凸緣參數(P)不勾選『使用預設半徑』，設定彎折半徑 0.5mm，角度(G)輸入凸緣角度 90°。凸緣長度(L)『給定深度』長度值6mm，按相切彎折鈕。凸緣位置(N)中彎折位置，按材料內鈕，預設不勾選『修剪鄰近彎折(T)』和『偏移(F)』。<br>在框架內框上邊線按滑鼠右鍵，彈出快顯功能表後，點選『選擇相切(K)』文字列。 | |

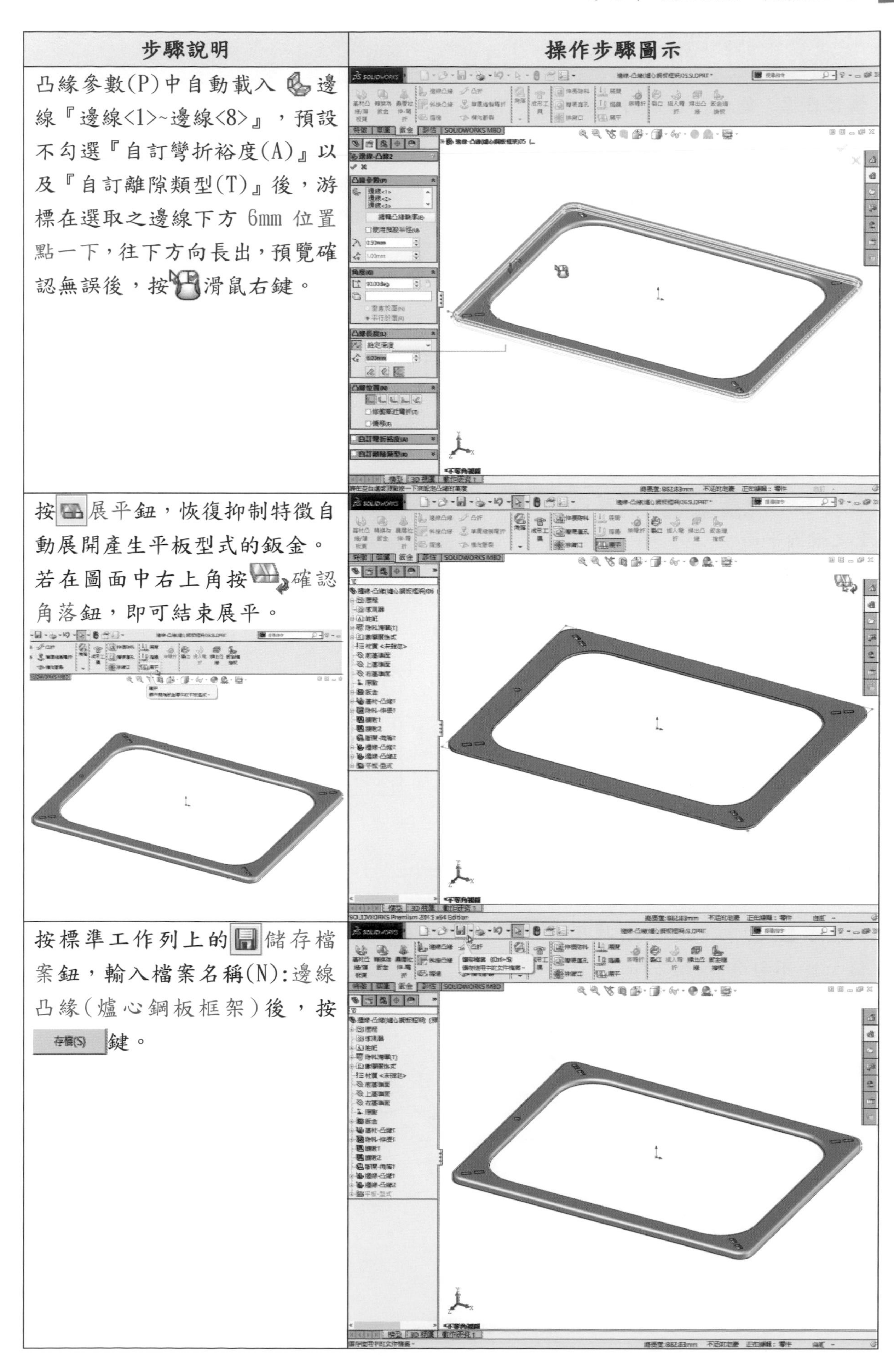

| 步驟說明 | 操作步驟圖示 |
| --- | --- |
| 凸緣參數(P)中自動載入邊線『邊線<1>~邊線<8>』，預設不勾選『自訂彎折裕度(A)』以及『自訂離隙類型(T)』後，游標在選取之邊線下方 6mm 位置點一下，往下方向長出，預覽確認無誤後，按滑鼠右鍵。 | |
| 按展平鈕，恢復抑制特徵自動展開產生平板型式的鈑金。若在圖面中右上角按確認角落鈕，即可結束展平。 | |
| 按標準工作列上的儲存檔案鈕，輸入檔案名稱(N):邊線凸緣(爐心鋼板框架)後，按存檔(S)鍵。 | |

## 2.3.2 邊線凸緣(2條相切邊線)產生釘書機底座鈑金

**學習目標：** 能以2條相切邊線草圖，使用基材凸緣邊線凸緣與薄板頁完成其鈑金。

**繪圖步驟：** 長基材凸緣→建邊線凸緣→加薄板頁→作斷開角落(圓角)→作彎折→按展平。

使用指令：

- 草圖指令：中心線、直線、圓、鏡射圖元、草圖圓角、參考圖元、圓心/起/終點畫弧、。
- 特徵指令：伸長除料。
- 鈑金指令：基材凸緣/薄板頁、邊線凸緣、斷開角落/角落-修剪、草圖繪製彎折、展平。

| 步驟說明 | 操作步驟圖示 |
| --- | --- |
| 首先選取**上基準面**作為草圖1之繪圖平面。<br>按中心線、直線、圓、鏡射圖元鈕，畫出草圖外型輪廓線。<br>按智慧型尺寸鈕，標註其尺度。<br>按鈑金鈑金工具列，按基材凸緣/薄板頁鈕。 | 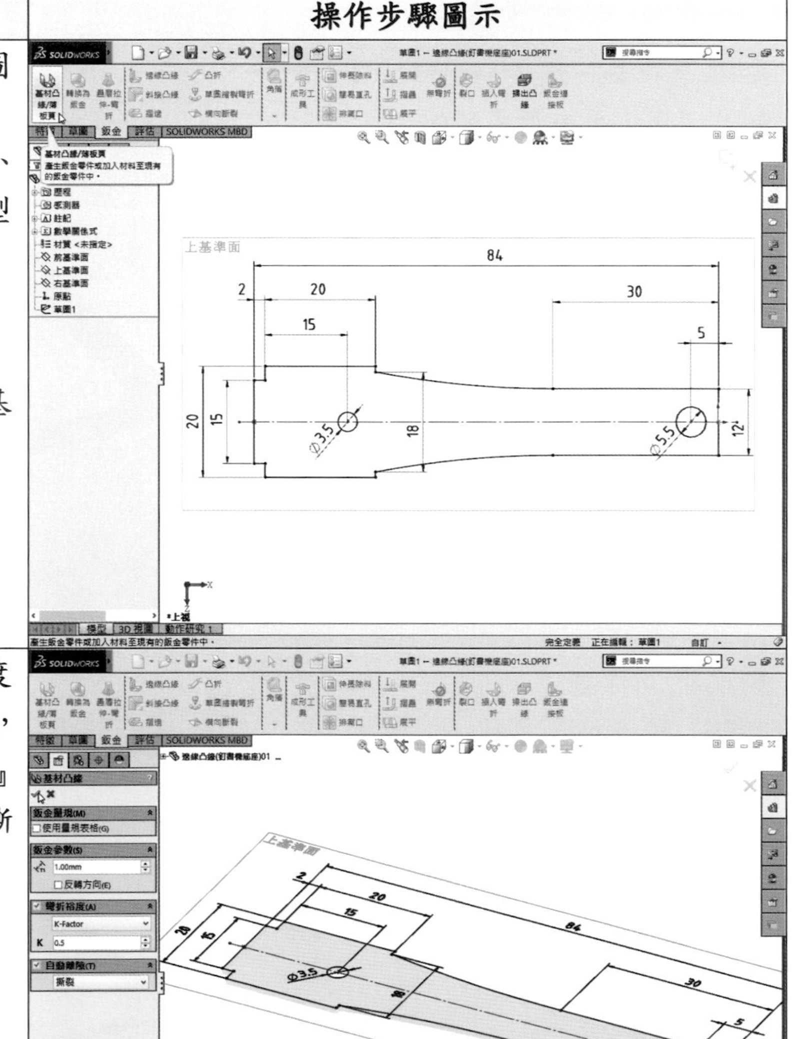 |
| 鈑金參數(S)中，設定厚度值1mm，不勾選『反轉方向(E)』，彎折裕度(A)預設『K-Factor』值0.5，自動離隙(T)預設『撕裂』後，按確定鍵。 | |

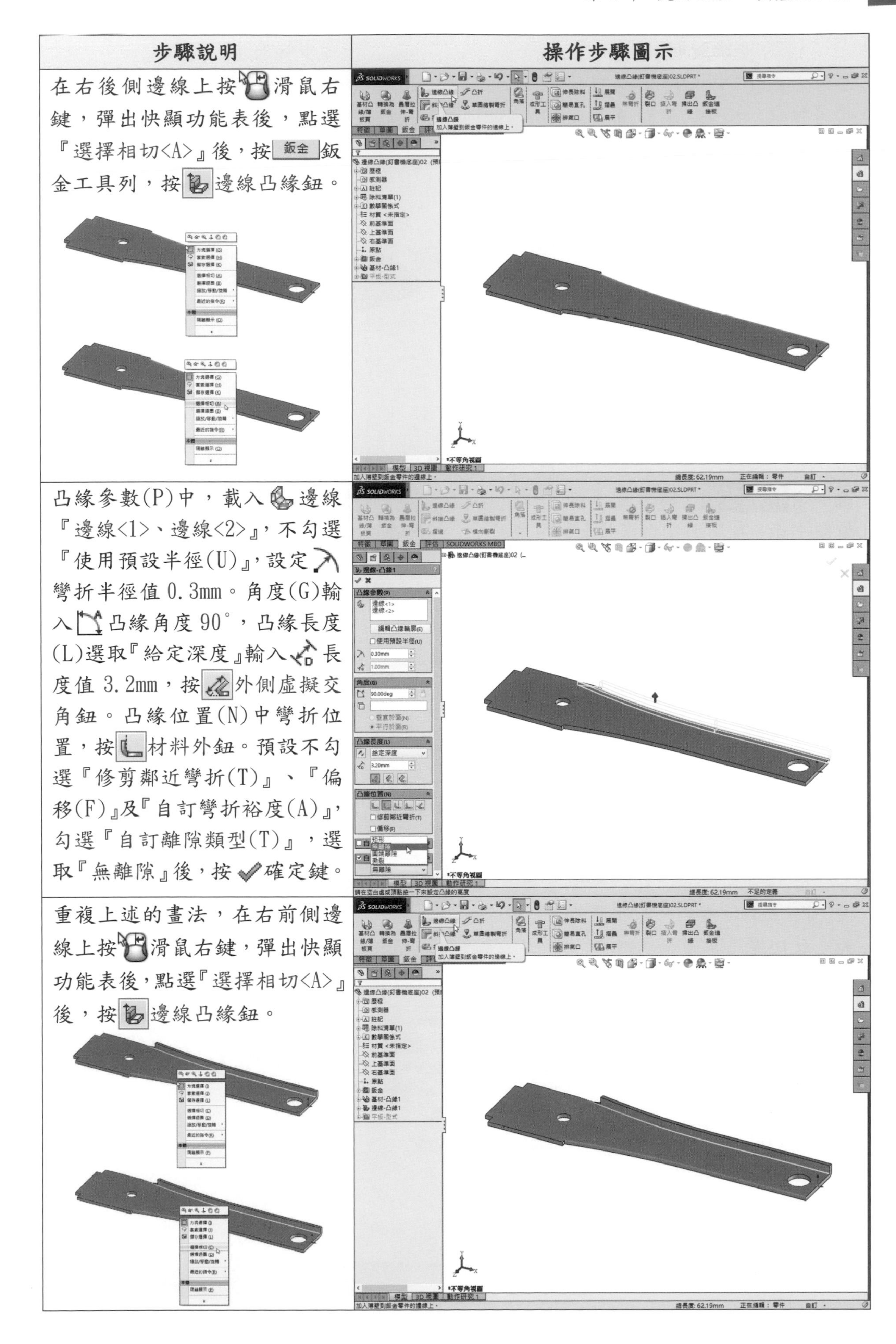

| 步驟說明 | 操作步驟圖示 |
|---|---|
| 在右後側邊線上按滑鼠右鍵，彈出快顯功能表後，點選『選擇相切<A>』後，按鈑金鈑金工具列，按邊線凸緣鈕。 | |
| 凸緣參數(P)中，載入邊線『邊線<1>、邊線<2>』，不勾選『使用預設半徑(U)』，設定彎折半徑值 0.3mm。角度(G)輸入凸緣角度 90°，凸緣長度(L)選取『給定深度』輸入長度值 3.2mm，按外側虛擬交角鈕。凸緣位置(N)中彎折位置，按材料外鈕。預設不勾選『修剪鄰近彎折(T)』、『偏移(F)』及『自訂彎折裕度(A)』，勾選『自訂離隙類型(T)』，選取『無離隙』後，按確定鍵。 | |
| 重複上述的畫法，在右前側邊線上按滑鼠右鍵，彈出快顯功能表後，點選『選擇相切<A>』後，按邊線凸緣鈕。 | |

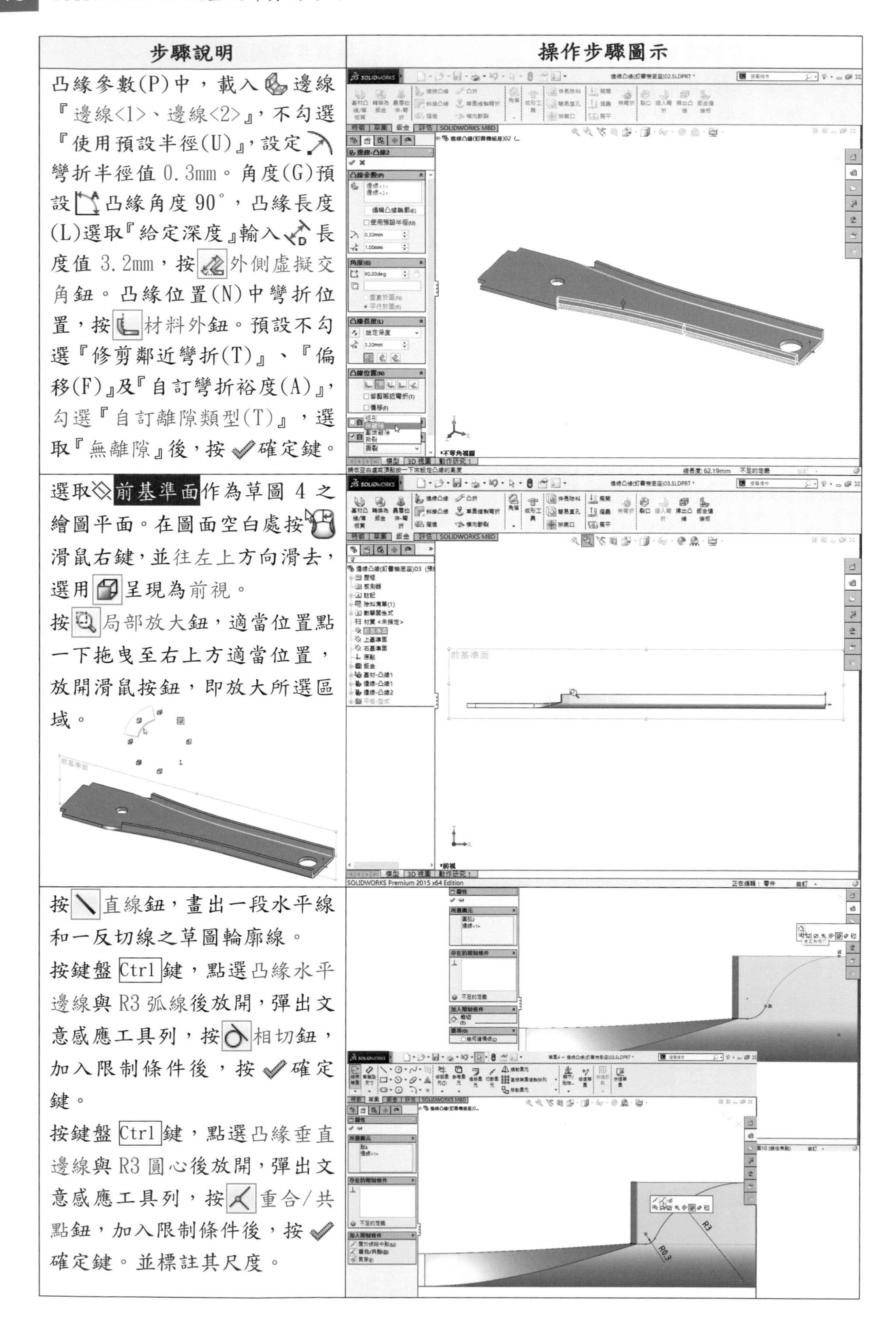

| 步驟說明 | 操作步驟圖示 |
| --- | --- |
| 凸緣參數(P)中，載入邊線『邊線<1>、邊線<2>』，不勾選『使用預設半徑(U)』，設定彎折半徑值 0.3mm。角度(G)預設凸緣角度 90°，凸緣長度(L)選取『給定深度』輸入長度值 3.2mm，按外側虛擬交角鈕。凸緣位置(N)中彎折位置，按材料外鈕。預設不勾選『修剪鄰近彎折(T)』、『偏移(F)』及『自訂彎折裕度(A)』，勾選『自訂離隙類型(T)』，選取『無離隙』後，按確定鍵。 | |
| 選取前基準面作為草圖 4 之繪圖平面。在圖面空白處按滑鼠右鍵，並往左上方向滑去，選用呈現為前視。<br>按局部放大鈕，適當位置點一下拖曳至右上方適當位置，放開滑鼠按鈕，即放大所選區域。 | |
| 按直線鈕，畫出一段水平線和一反切線之草圖輪廓線。<br>按鍵盤 Ctrl 鍵，點選凸緣水平邊線與 R3 弧線後放開，彈出文意感應工具列，按相切鈕，加入限制條件後，按確定鍵。<br>按鍵盤 Ctrl 鍵，點選凸緣垂直邊線與 R3 圓心後放開，彈出文意感應工具列，按重合/共點鈕，加入限制條件後，按確定鍵。並標註其尺度。 | |

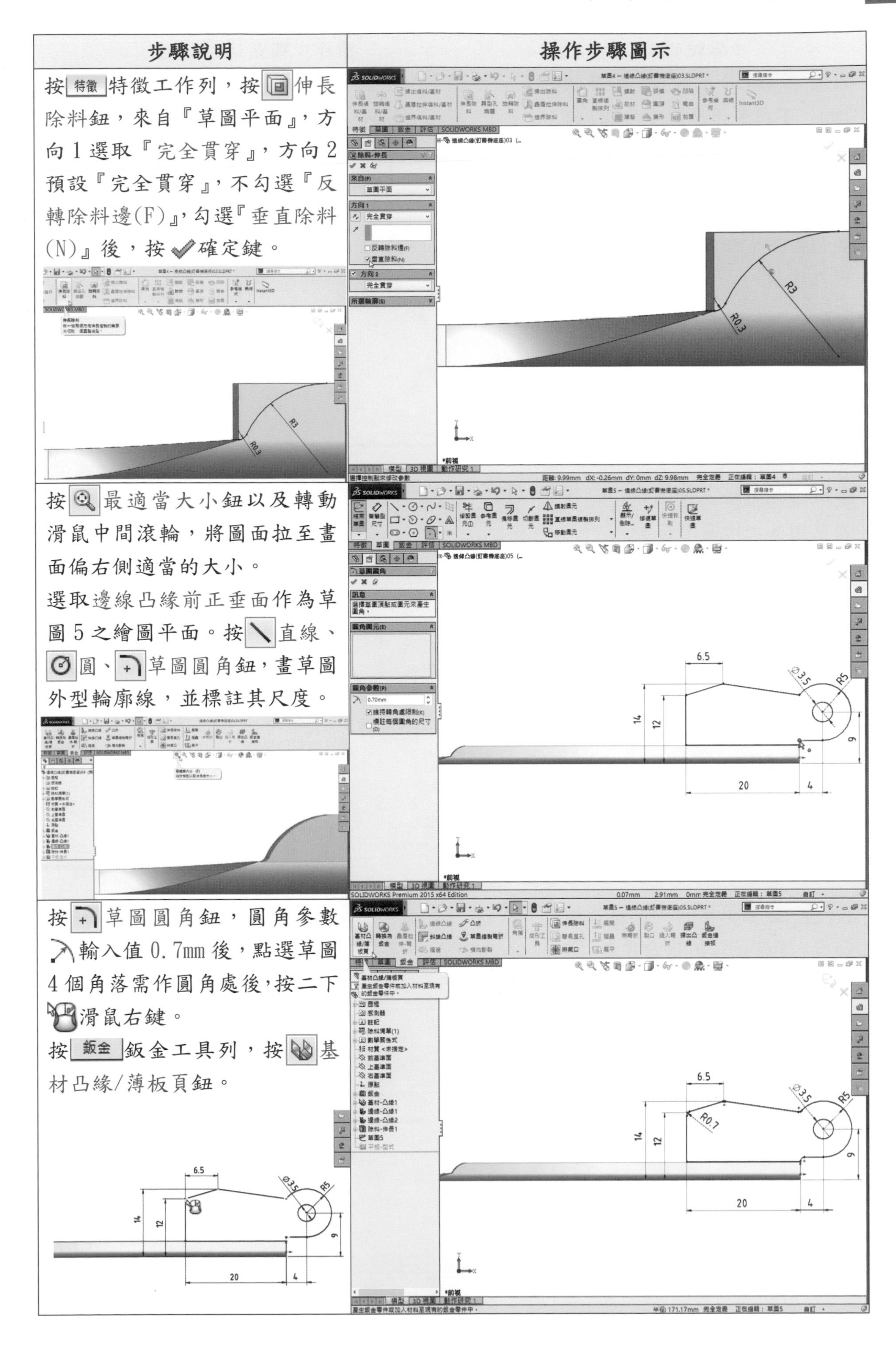

| 步驟說明 | 操作步驟圖示 |
|---|---|
| 按 特徵 特徵工作列，按伸長除料鈕，來自『草圖平面』，方向 1 選取『完全貫穿』，方向 2 預設『完全貫穿』，不勾選『反轉除料邊(F)』，勾選『垂直除料(N)』後，按確定鍵。 | |
| 按最適當大小鈕以及轉動滑鼠中間滾輪，將圖面拉至畫面偏右側適當的大小。<br>選取邊線凸緣前正垂面作為草圖 5 之繪圖平面。按直線、圓、草圖圓角鈕，畫草圖外型輪廓線，並標註其尺度。 | |
| 按草圖圓角鈕，圓角參數輸入值 0.7mm 後，點選草圖 4 個角落需作圓角處後，按二下滑鼠右鍵。<br>按 鈑金 鈑金工具列，按基材凸緣/薄板頁鈕。 | |

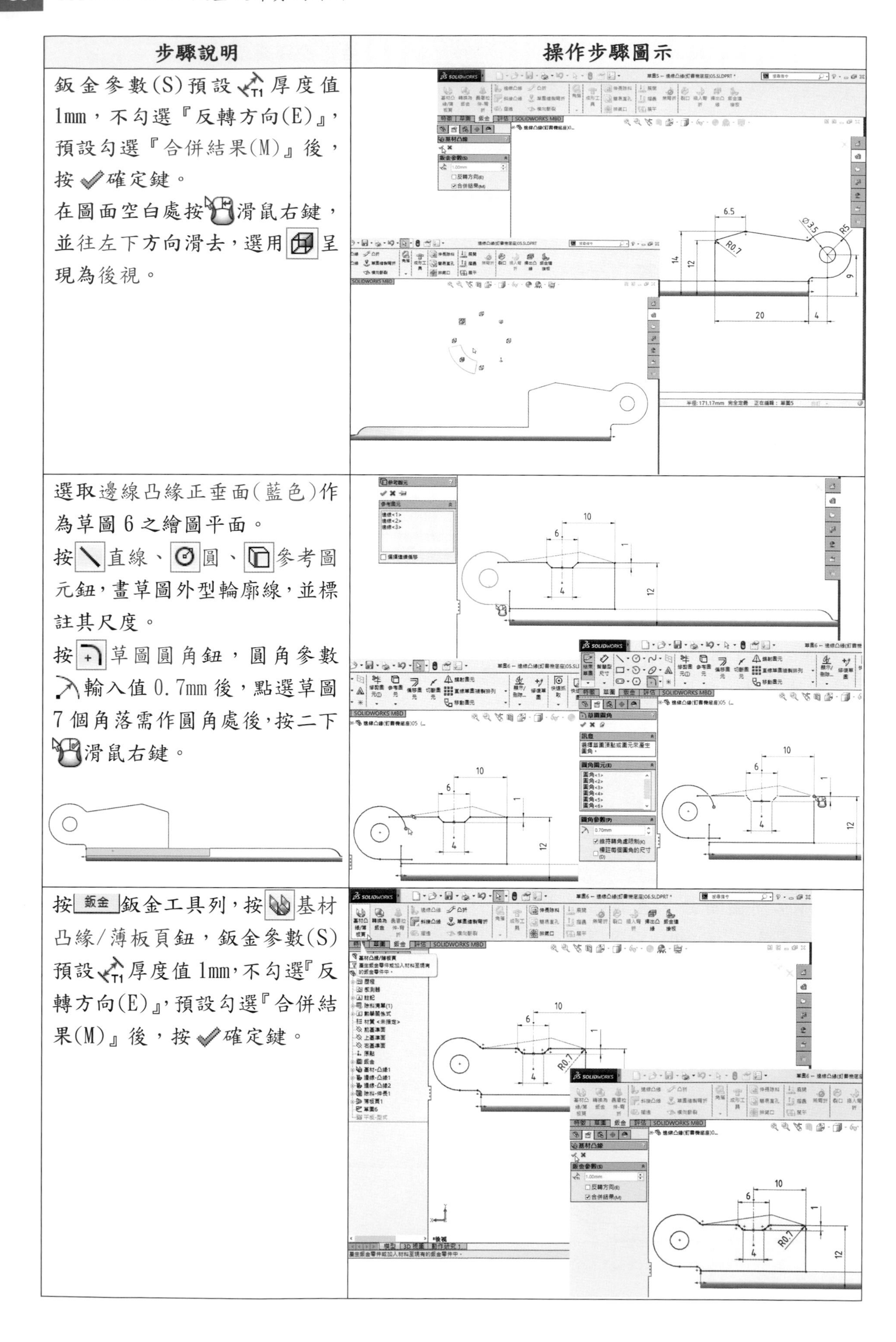

| 步驟說明 | 操作步驟圖示 |
| --- | --- |
| 鈑金參數(S)預設厚度值1mm，不勾選『反轉方向(E)』，預設勾選『合併結果(M)』後，按確定鍵。<br>在圖面空白處按滑鼠右鍵，並往左下方向滑去，選用呈現為後視。 | |
| 選取邊線凸緣正垂面(藍色)作為草圖6之繪圖平面。<br>按直線、圓、參考圖元鈕，畫草圖外型輪廓線，並標註其尺度。<br>按草圖圓角鈕，圓角參數輸入值0.7mm後，點選草圖7個角落需作圓角處後，按二下滑鼠右鍵。 | |
| 按鈑金鈑金工具列，按基材凸緣/薄板頁鈕，鈑金參數(S)預設厚度值1mm，不勾選『反轉方向(E)』，預設勾選『合併結果(M)』後，按確定鍵。 | |

| 步驟說明 | 操作步驟圖示 |
|---|---|
| 在圖面空白處按滑鼠右鍵，並往上方向滑去，選用呈現為上視。選取基材凸緣頂面作為草圖 7 之繪圖平面。按中心線、圓心/起/終點畫弧、直線、鏡射圖元鈕，畫出草圖輪廓線後，標註其尺度。按 鈑金 鈑金工具列，按基材凸緣/薄板頁鈕。 | 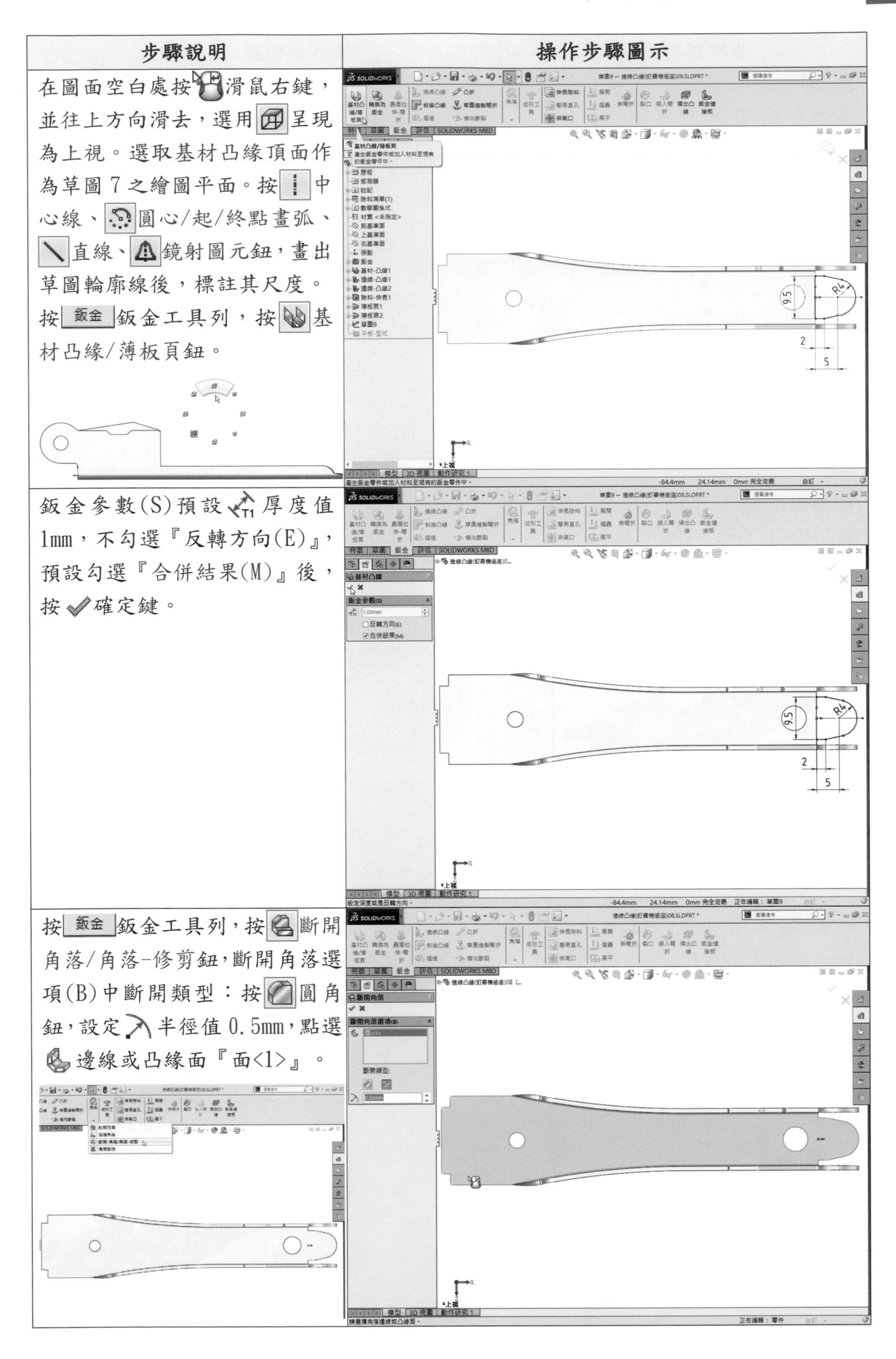 |
| 鈑金參數(S)預設厚度值 1mm，不勾選『反轉方向(E)』，預設勾選『合併結果(M)』後，按確定鍵。 | |
| 按 鈑金 鈑金工具列，按斷開角落/角落-修剪鈕，斷開角落選項(B)中斷開類型：按圓角鈕，設定半徑值 0.5mm，點選邊線或凸緣面『面<1>』。 | |

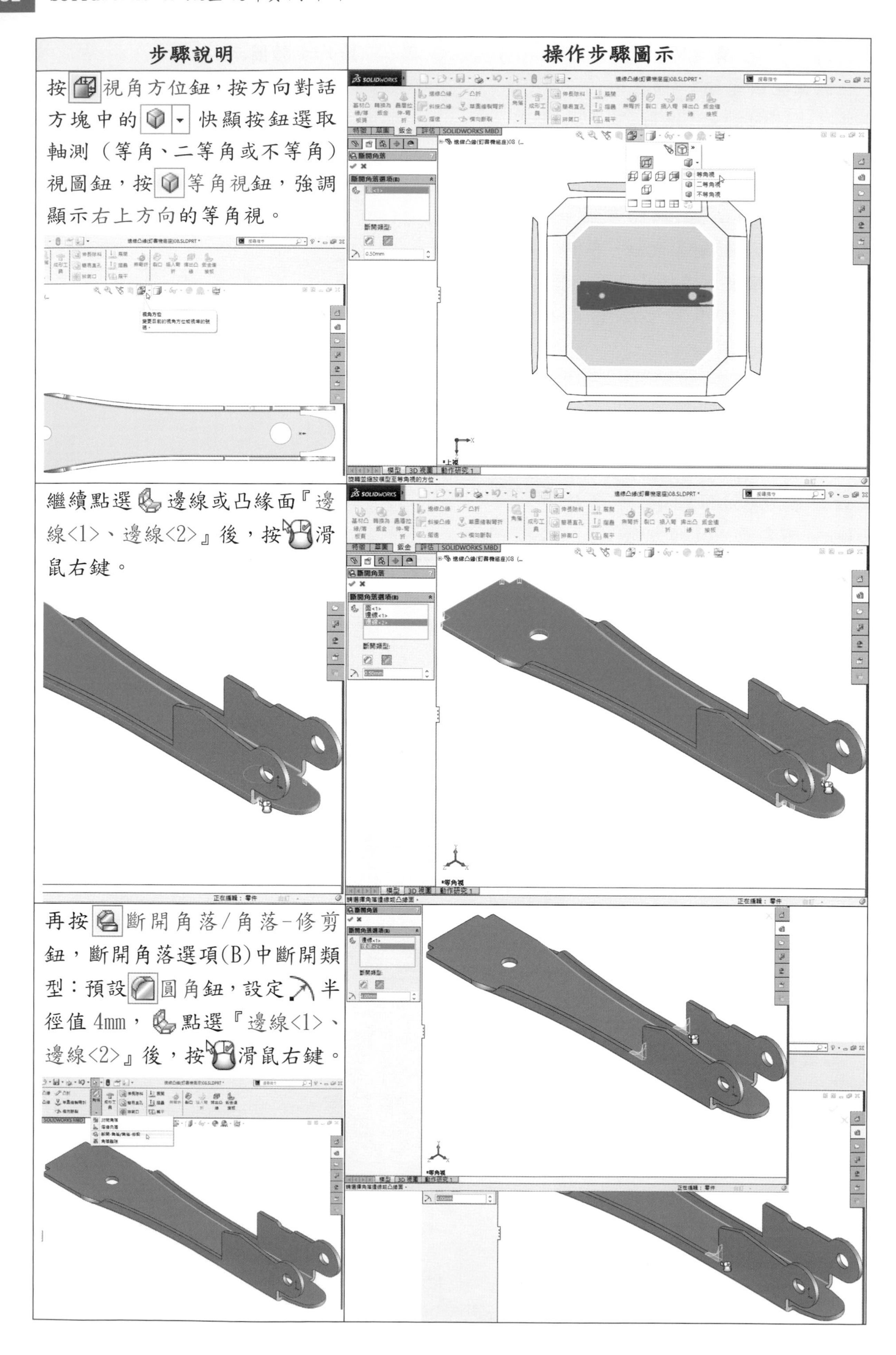

| 步驟說明 | 操作步驟圖示 |
|---|---|
| 按視角方位鈕，按方向對話方塊中的快顯按鈕選取軸測（等角、二等角或不等角）視圖鈕，按等角視鈕，強調顯示右上方向的等角視。 | |
| 繼續點選邊線或凸緣面『邊線<1>、邊線<2>』後，按滑鼠右鍵。 | |
| 再按斷開角落/角落-修剪鈕，斷開角落選項(B)中斷開類型：預設圓角鈕，設定半徑值 4mm，點選『邊線<1>、邊線<2>』後，按滑鼠右鍵。 | |

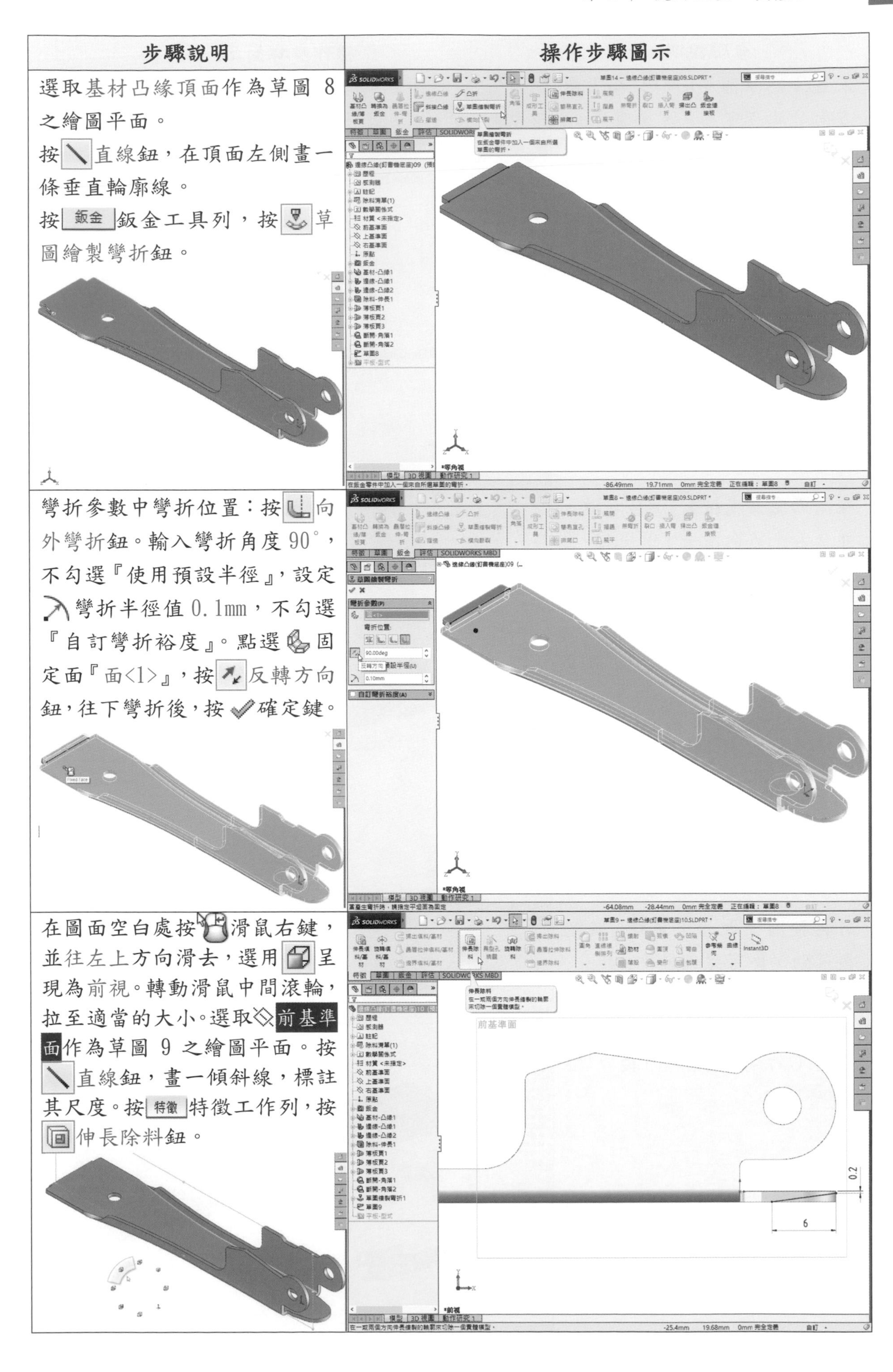

| 步驟說明 | 操作步驟圖示 |
|---|---|
| 選取基材凸緣頂面作為草圖 8 之繪圖平面。按直線鈕，在頂面左側畫一條垂直輪廓線。按 鈑金 鈑金工具列，按草圖繪製彎折鈕。 | |
| 彎折參數中彎折位置：按向外彎折鈕。輸入彎折角度 90°，不勾選『使用預設半徑』，設定彎折半徑值 0.1mm，不勾選『自訂彎折裕度』。點選固定面『面<1>』，按反轉方向鈕，往下彎折後，按確定鍵。 | |
| 在圖面空白處按滑鼠右鍵，並往左上方向滑去，選用呈現為前視。轉動滑鼠中間滾輪，拉至適當的大小。選取前基準面作為草圖 9 之繪圖平面。按直線鈕，畫一傾斜線，標註其尺度。按 特徵 特徵工作列，按伸長除料鈕。 | |

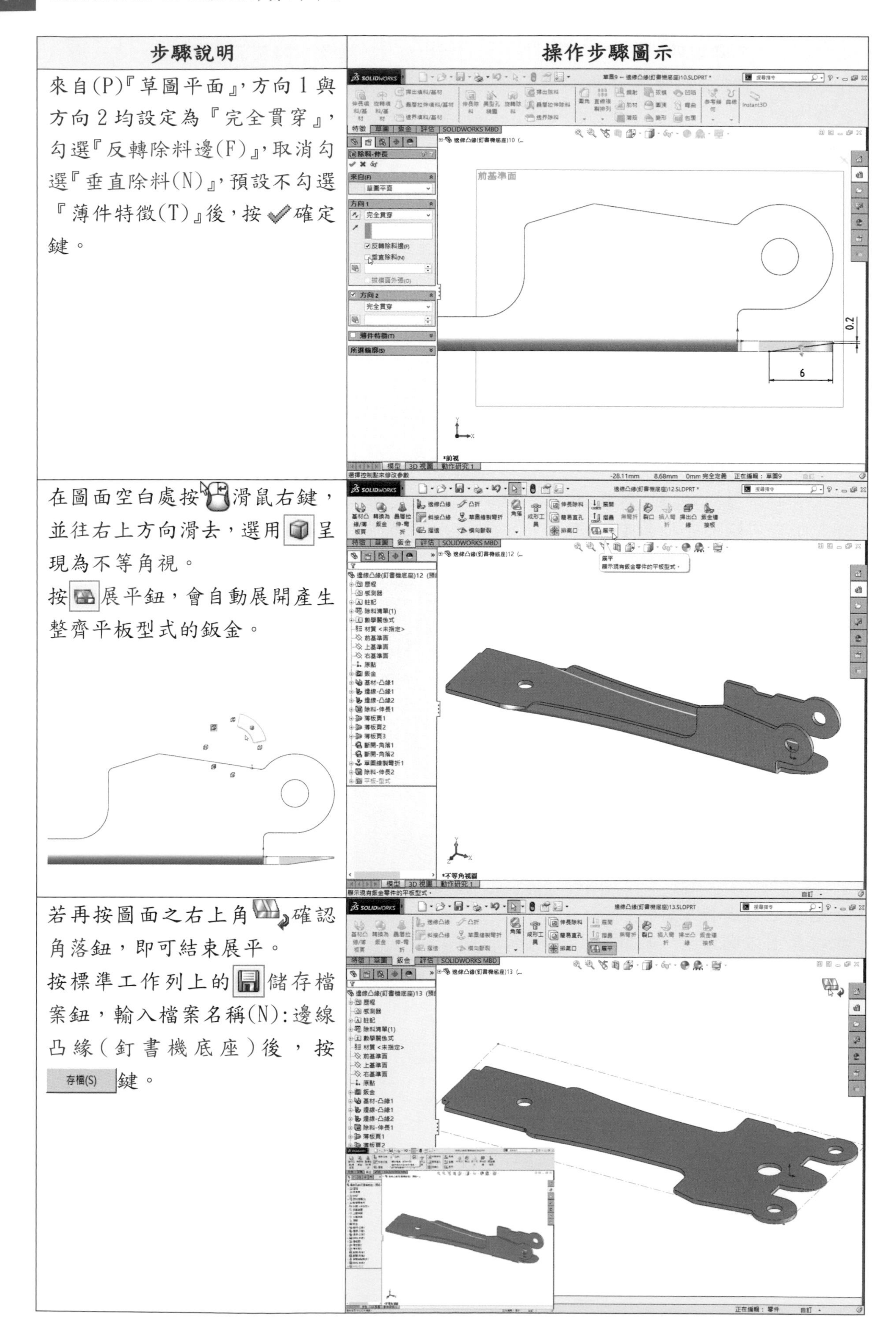

| 步驟說明 | 操作步驟圖示 |
| --- | --- |
| 來自(P)『草圖平面』，方向 1 與方向 2 均設定為『完全貫穿』，勾選『反轉除料邊(F)』，取消勾選『垂直除料(N)』，預設不勾選『薄件特徵(T)』後，按 ✔ 確定鍵。 | |
| 在圖面空白處按滑鼠右鍵，並往右上方向滑去，選用 呈現為不等角視。<br>按 展平鈕，會自動展開產生整齊平板型式的鈑金。 | |
| 若再按圖面之右上角 確認角落鈕，即可結束展平。<br>按標準工作列上的 儲存檔案鈕，輸入檔案名稱(N):邊線凸緣(釘書機底座)後，按 存檔(S) 鍵。 | |

## 2.3.3 邊線凸緣(多條相切邊線)產生山形夾子活動側鈑金

學習目標：能以 15 條相切邊線草圖，使用邊線凸緣與薄板頁完成其鈑金件。

繪圖步驟：畫草圖→長基材凸緣→產生鈑金→建邊線凸緣→加薄板頁→作彎折→按展平。

使用指令：

- 草圖指令：中心線、直線、圓、草圖圓角、鏡射圖元、修剪圖元、三點定弧。
- 特徵指令：伸長除料、鏡射。
- 鈑金指令：基材凸緣/薄板頁、邊線凸緣、草圖繪製彎折、展平。

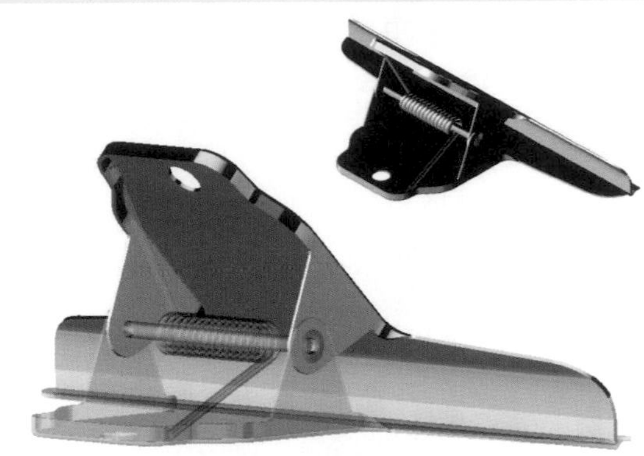

| 步驟說明 | 操作步驟圖示 |
| --- | --- |
| 首先選取前基準面作為草圖 1 之繪圖平面。<br>按中心線、直線、圓、草圖圓角、鏡射圖元鈕，畫出草圖外型輪廓線。<br>按智慧型尺寸鈕，標註其尺度。<br>按 鈑金 鈑金工具列，按基材凸緣/薄板頁鈕。 | 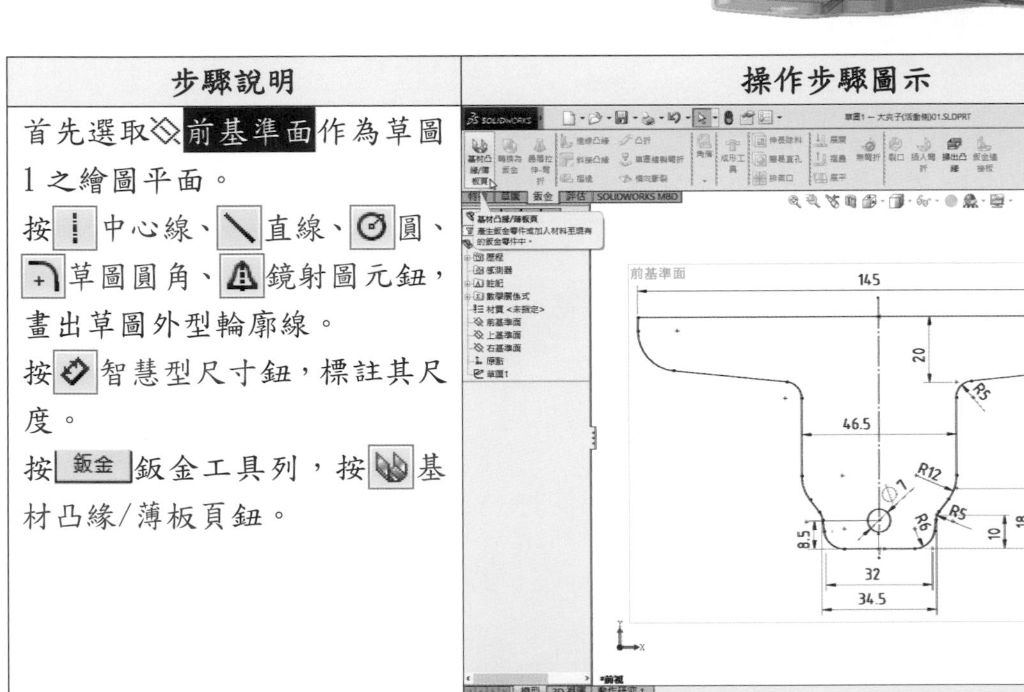 |
| 鈑金參數(S)中，設定厚度值 0.75mm，不勾選『反轉方向(E)』，彎折裕度(A)預設『K-Factor』值 0.5，預設自動離隙(T)『撕裂』後，按確定鍵。 | 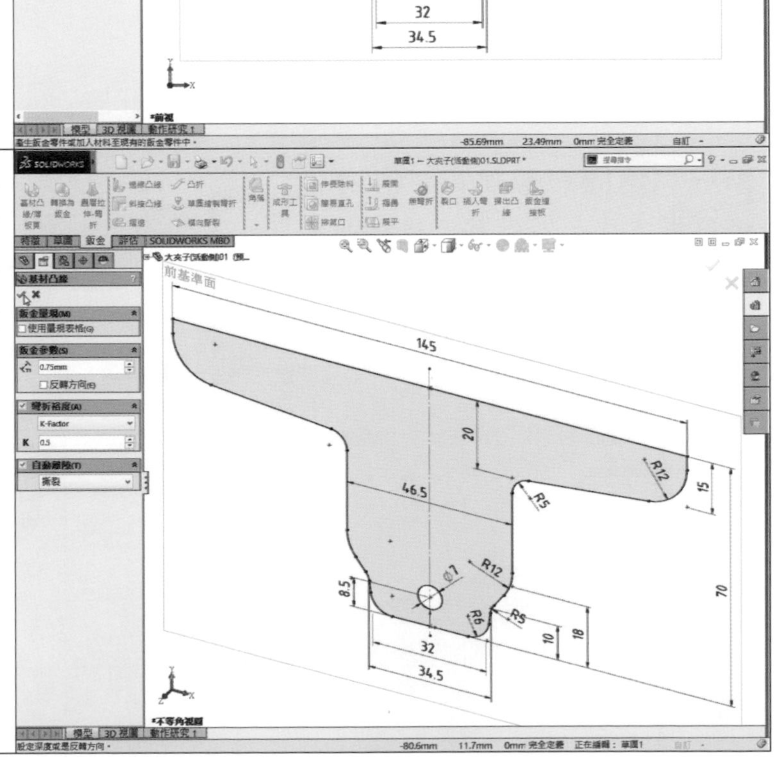 |

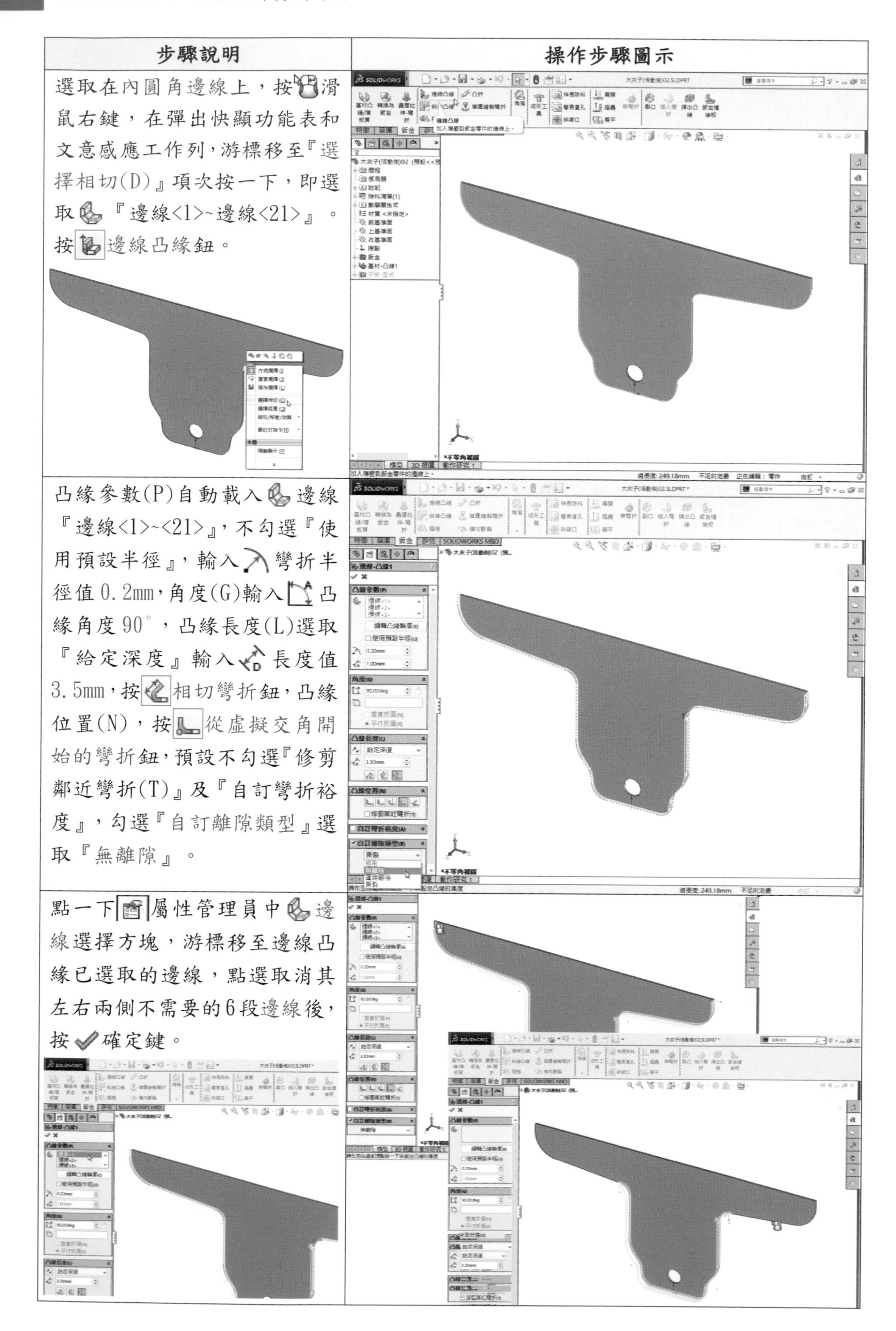

| 步驟說明 | 操作步驟圖示 |
| --- | --- |
| 選取在內圓角邊線上，按滑鼠右鍵，在彈出快顯功能表和文意感應工作列，游標移至『選擇相切(D)』項次按一下，即選取『邊線<1>~邊線<21>』。按邊線凸緣鈕。 | |
| 凸緣參數(P)自動載入邊線『邊線<1>~<21>』，不勾選『使用預設半徑』，輸入彎折半徑值0.2mm，角度(G)輸入凸緣角度90°，凸緣長度(L)選取『給定深度』輸入長度值3.5mm，按相切彎折鈕，凸緣位置(N)，按從虛擬交角開始的彎折鈕，預設不勾選『修剪鄰近彎折(T)』及『自訂彎折裕度』，勾選『自訂離隙類型』選取『無離隙』。 | |
| 點一下屬性管理員中邊線選擇方塊，游標移至邊線凸緣已選取的邊線，點選取消其左右兩側不需要的6段邊線後，按確定鍵。 | |

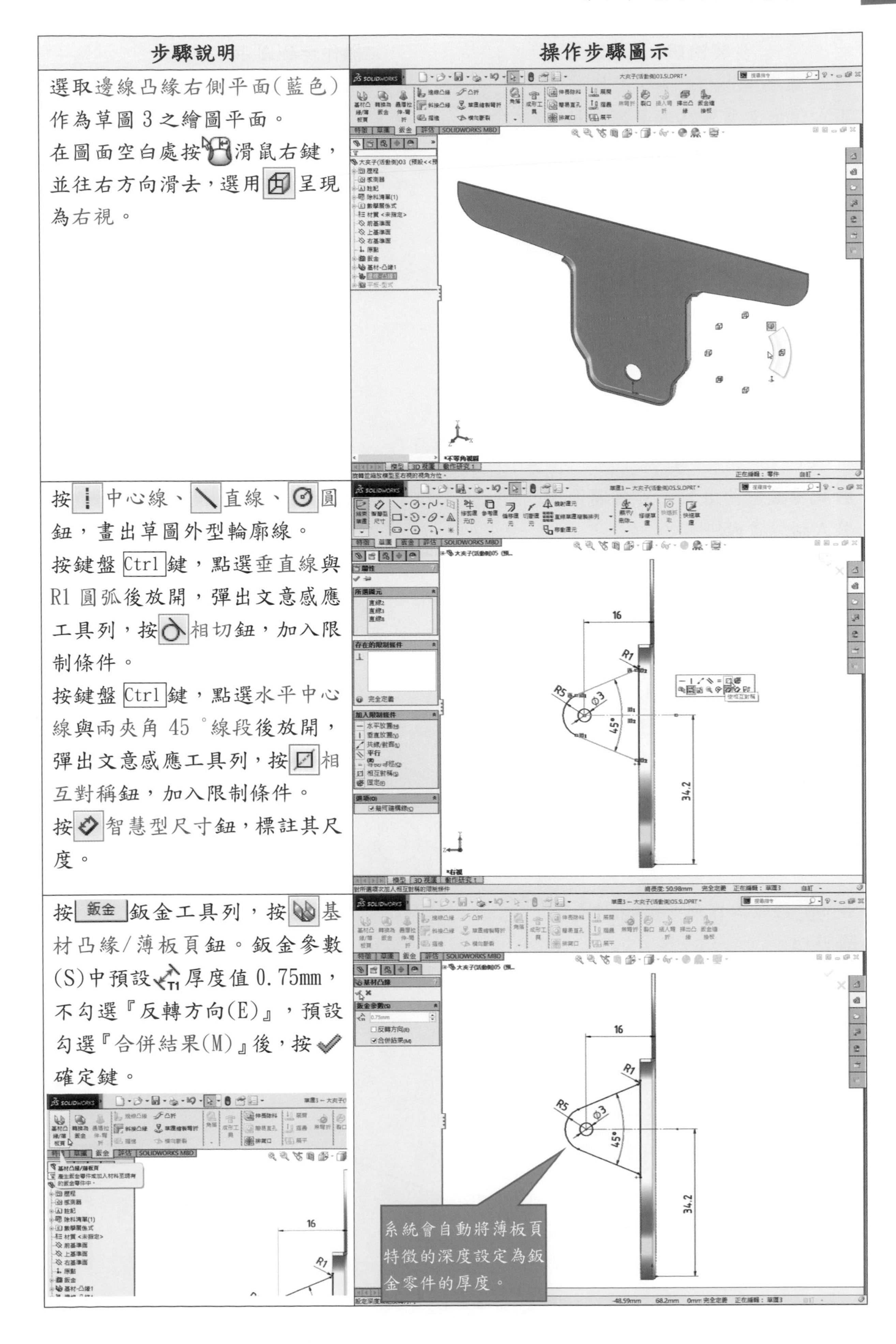


| 步驟說明 | 操作步驟圖示 |
| --- | --- |
| 選取邊線凸緣右側平面(藍色)作為草圖 3 之繪圖平面。<br>在圖面空白處按滑鼠右鍵，並往右方向滑去，選用呈現為右視。 | |
| 按中心線、直線、圓鈕，畫出草圖外型輪廓線。<br>按鍵盤 Ctrl 鍵，點選垂直線與 R1 圓弧後放開，彈出文意感應工具列，按相切鈕，加入限制條件。<br>按鍵盤 Ctrl 鍵，點選水平中心線與兩夾角 45 °線段後放開，彈出文意感應工具列，按相互對稱鈕，加入限制條件。<br>按智慧型尺寸鈕，標註其尺度。 | |
| 按 鈑金 鈑金工具列，按基材凸緣/薄板頁鈕。鈑金參數(S)中預設厚度值 0.75mm，不勾選『反轉方向(E)』，預設勾選『合併結果(M)』後，按確定鍵。 | |

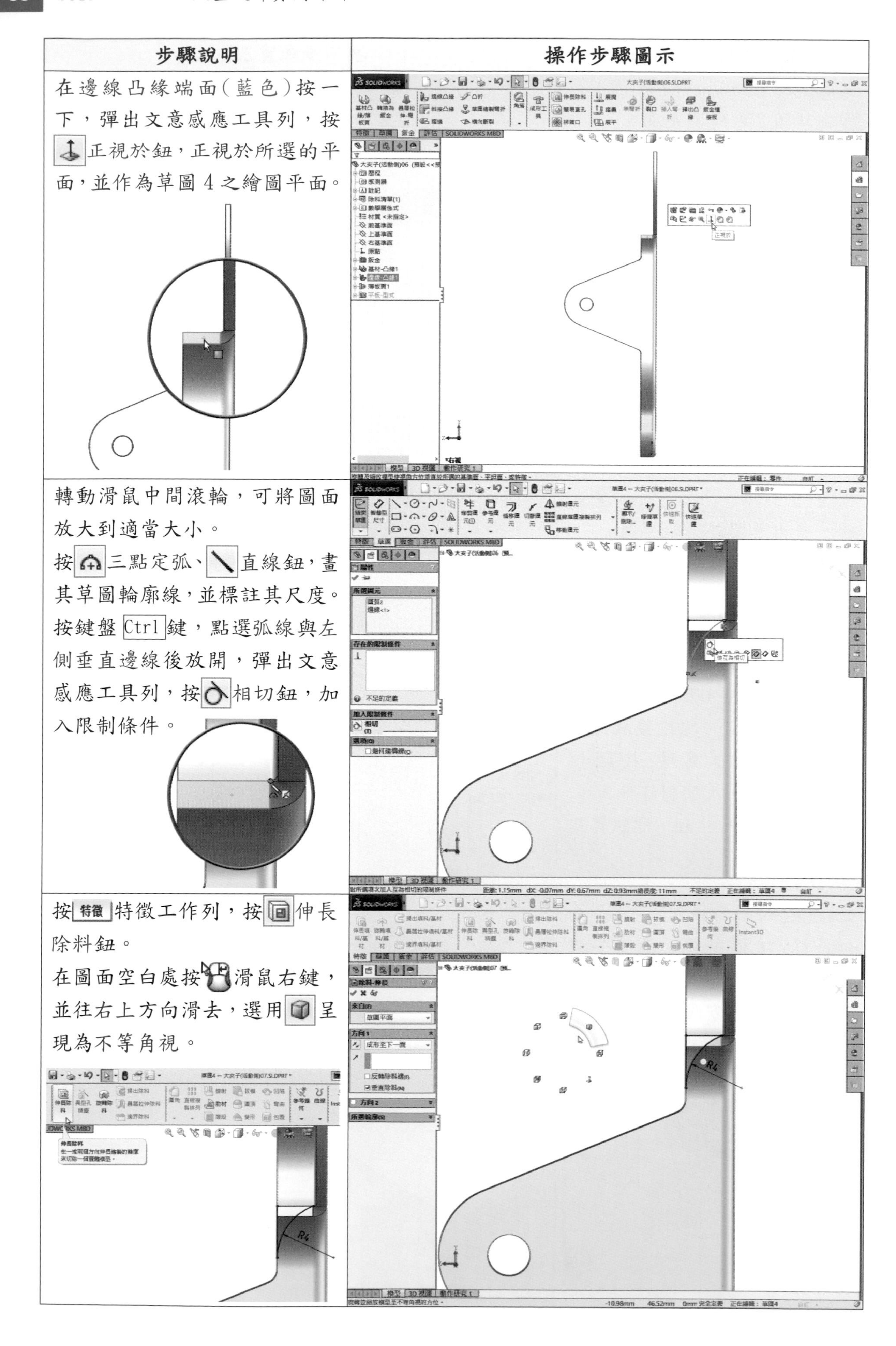

| 步驟說明 | 操作步驟圖示 |
| --- | --- |
| 在邊線凸緣端面（藍色）按一下，彈出文意感應工具列，按正視於鈕，正視於所選的平面，並作為草圖4之繪圖平面。 | |
| 轉動滑鼠中間滾輪，可將圖面放大到適當大小。<br>按三點定弧、直線鈕，畫其草圖輪廓線，並標註其尺度。<br>按鍵盤Ctrl鍵，點選弧線與左側垂直邊線後放開，彈出文意感應工具列，按相切鈕，加入限制條件。 | |
| 按特徵特徵工作列，按伸長除料鈕。<br>在圖面空白處按滑鼠右鍵，並往右上方向滑去，選用呈現為不等角視。 | |

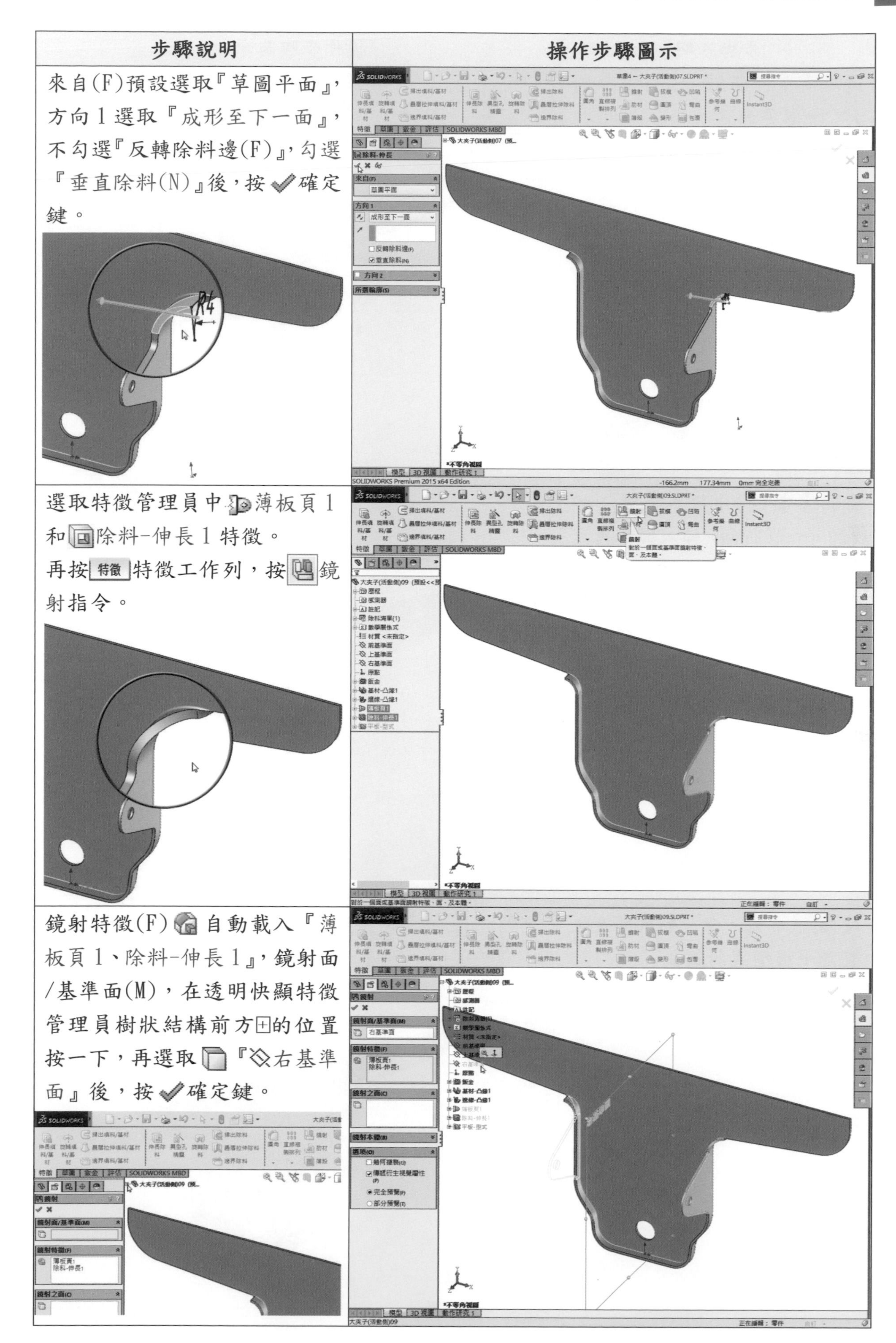

| 步驟說明 | 操作步驟圖示 |
| --- | --- |
| 來自(F)預設選取『草圖平面』，方向 1 選取『成形至下一面』，不勾選『反轉除料邊(F)』，勾選『垂直除料(N)』後，按 ✔ 確定鍵。 | |
| 選取特徵管理員中 薄板頁 1 和 除料-伸長 1 特徵。再按 特徵 特徵工作列，按 鏡射指令。 | |
| 鏡射特徵(F) 自動載入『薄板頁 1、除料-伸長 1』，鏡射面/基準面(M)，在透明快顯特徵管理員樹狀結構前方⊞的位置按一下，再選取 『右基準面』後，按 ✔ 確定鍵。 | |

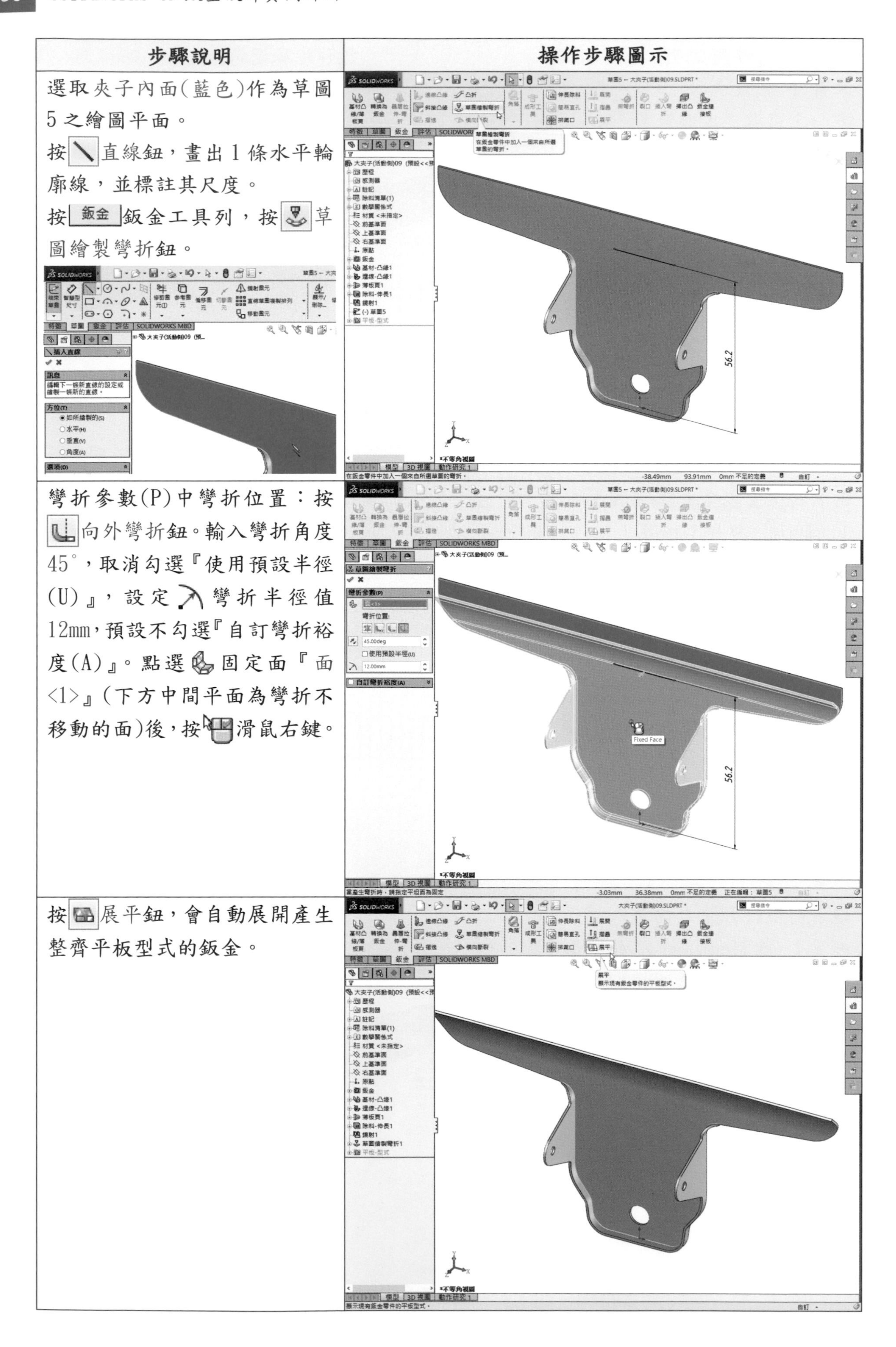

| 步驟說明 | 操作步驟圖示 |
|---|---|
| 選取夾子內面(藍色)作為草圖5之繪圖平面。<br>按直線鈕，畫出1條水平輪廓線，並標註其尺度。<br>按 鈑金 鈑金工具列，按草圖繪製彎折鈕。 | |
| 彎折參數(P)中彎折位置：按向外彎折鈕。輸入彎折角度45°，取消勾選『使用預設半徑(U)』，設定彎折半徑值12mm，預設不勾選『自訂彎折裕度(A)』。點選固定面『面<1>』(下方中間平面為彎折不移動的面)後，按滑鼠右鍵。 | |
| 按展平鈕，會自動展開產生整齊平板型式的鈑金。 | |

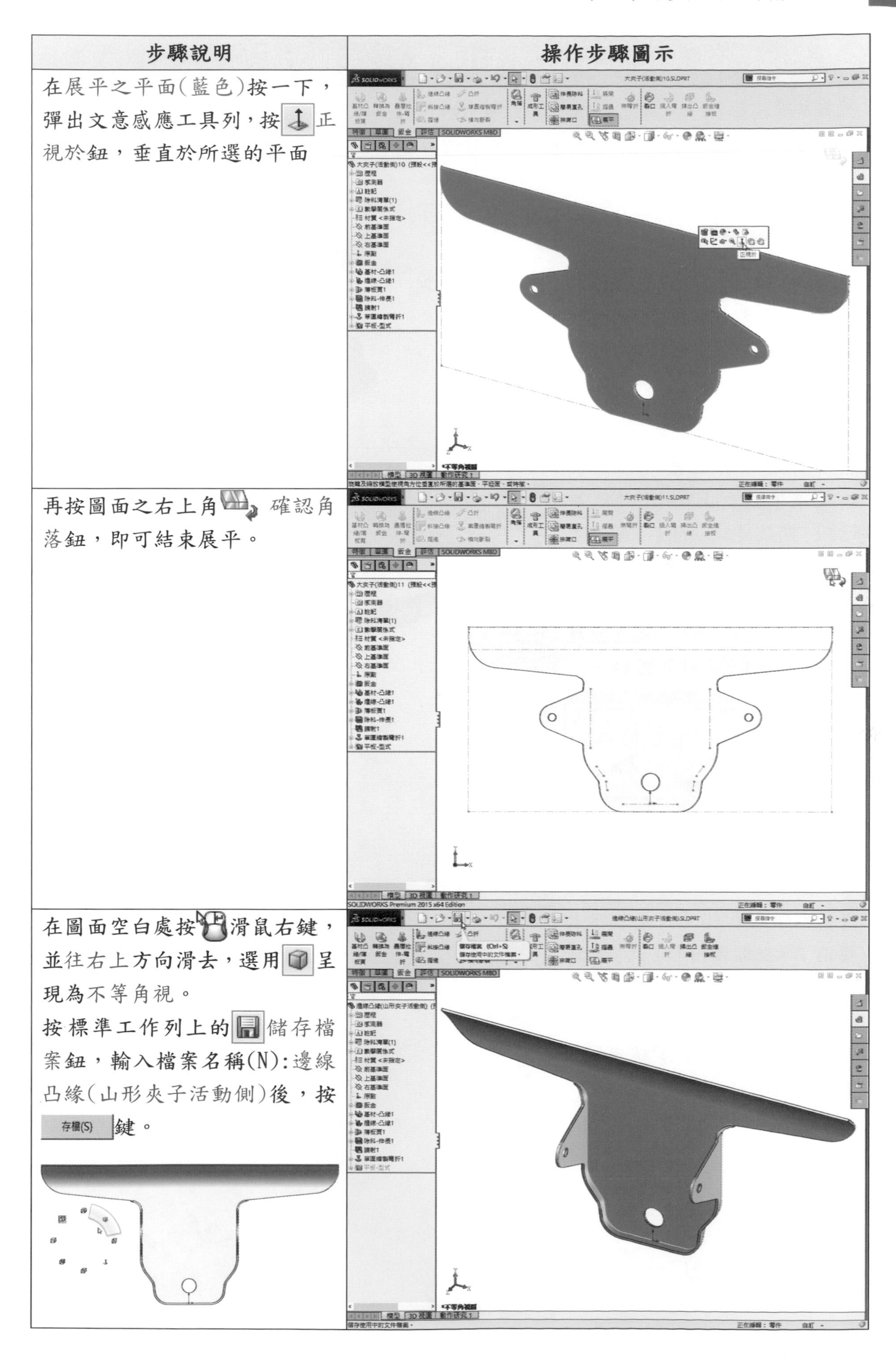

| 步驟說明 | 操作步驟圖示 |
| --- | --- |
| 在展平之平面(藍色)按一下，彈出文意感應工具列，按正視於鈕，垂直於所選的平面 | |
| 再按圖面之右上角確認角落鈕，即可結束展平。 | |
| 在圖面空白處按滑鼠右鍵，並往右上方向滑去，選用呈現為不等角視。<br>按標準工作列上的儲存檔案鈕，輸入檔案名稱(N):邊線凸緣(山形夾子活動側)後，按存檔(S)鍵。 | |

## 2.3.3 邊線凸緣(多條相切邊線)產生山形夾子固定側鈑金

學習目標：能另存新檔、編輯草圖、刪除與新建草圖繪製彎折以完成其鈑金件。

繪圖步驟：開啟舊檔→另存新檔→編輯草圖→刪除草圖繪製彎折→作彎折→按展平。

使用指令：

- 草圖指令：幾何建構線、偏移圖元、中心線、直線。
- 標準指令：開啟舊檔、另存新檔、刪除、重新計算。
- 鈑金指令：草圖繪製彎折、展平。

| 步驟說明 | 操作步驟圖示 |
|---|---|
| 按標準工作列上的開啟舊檔鈕，開啟邊線凸緣(山形夾子活動側).sldprt 圖檔。<br>在特徵管理員中基材凸緣 1 特徵上按一下，彈出文意感應工具列，按編輯草圖鈕。<br>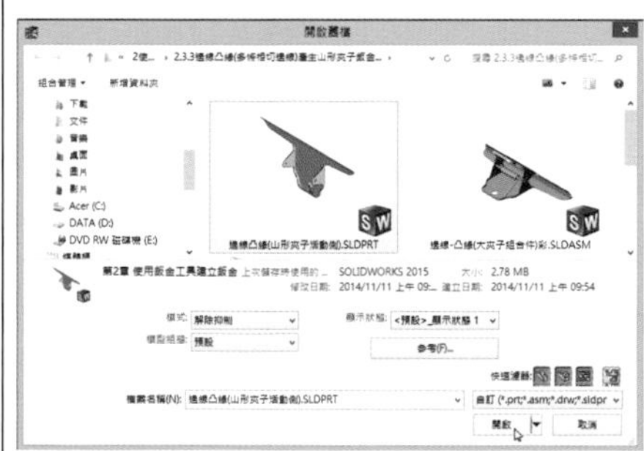 | 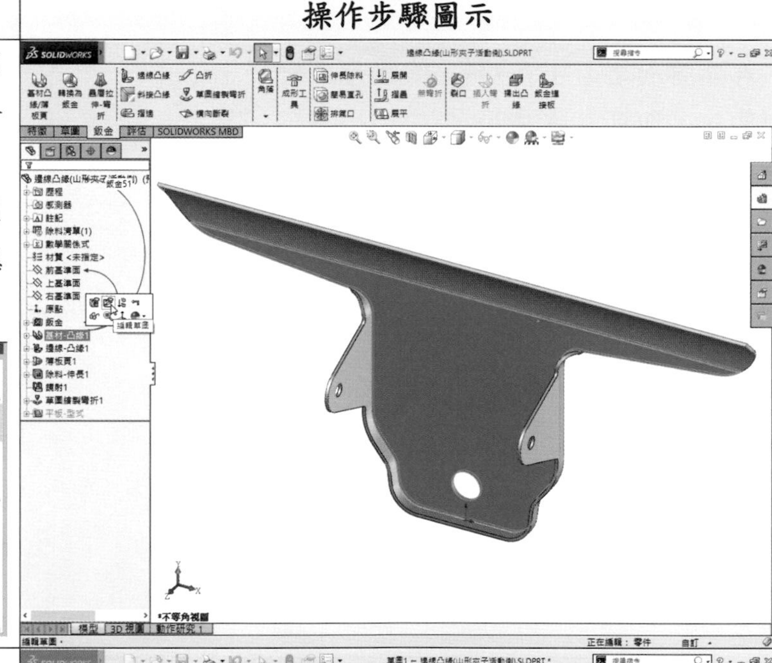 |
| 滑鼠在草圖中46.5尺度數字上按兩下，立即彈出『修改』對話框，輸入尺度數值為 48mm 後，按重新計算鈕，以目前的值重新計算模型。按確定鍵，儲存目前的值，離開此對話框。<br>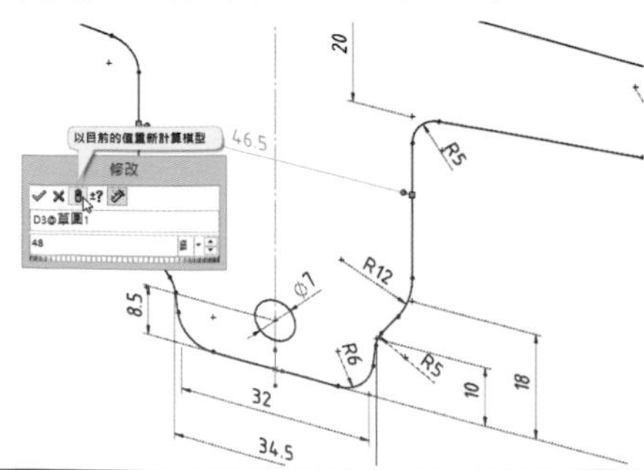 | 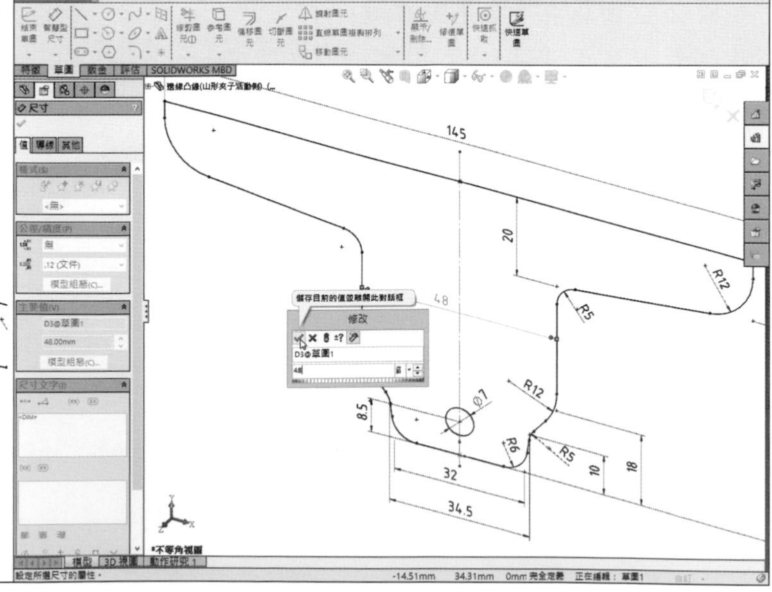 |

| 步驟說明 | 操作步驟圖示 |
| --- | --- |
| 按圖面右上方確認角落中結束草圖鈕。點選特徵管理員中草圖繪製彎折 1 項次上，按滑鼠右鍵，立即彈出快顯特徵功能表 | |
| 按刪除鈕，立即彈出『確認刪除』對話框，刪除草圖繪製彎折 1(特徵)項次，按 是(Y) 鍵。 | |
| 在特徵管理員中草圖 5 項次上按一下，立即彈出文意感應工具列，按編輯草圖鈕。 | |

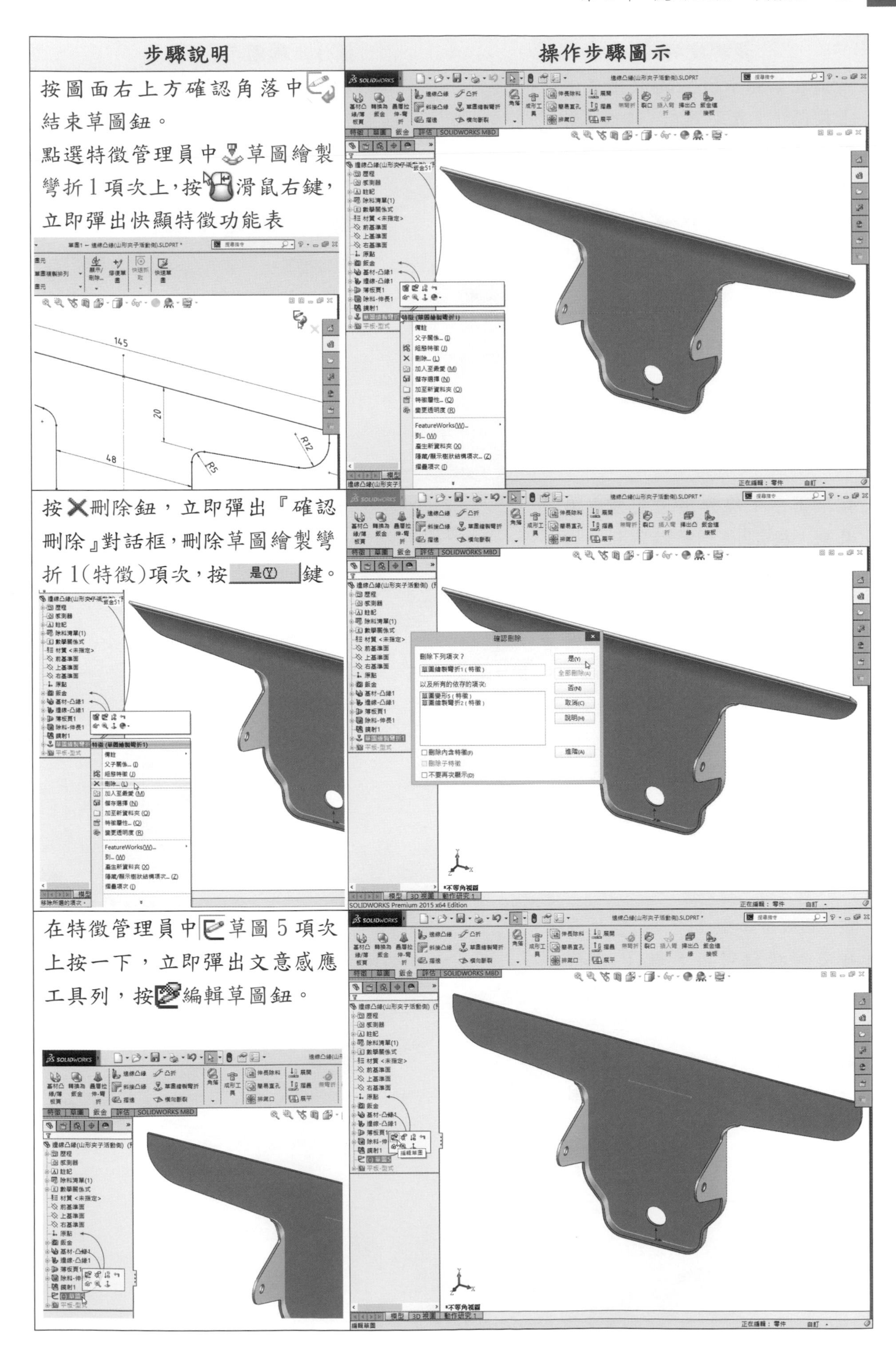

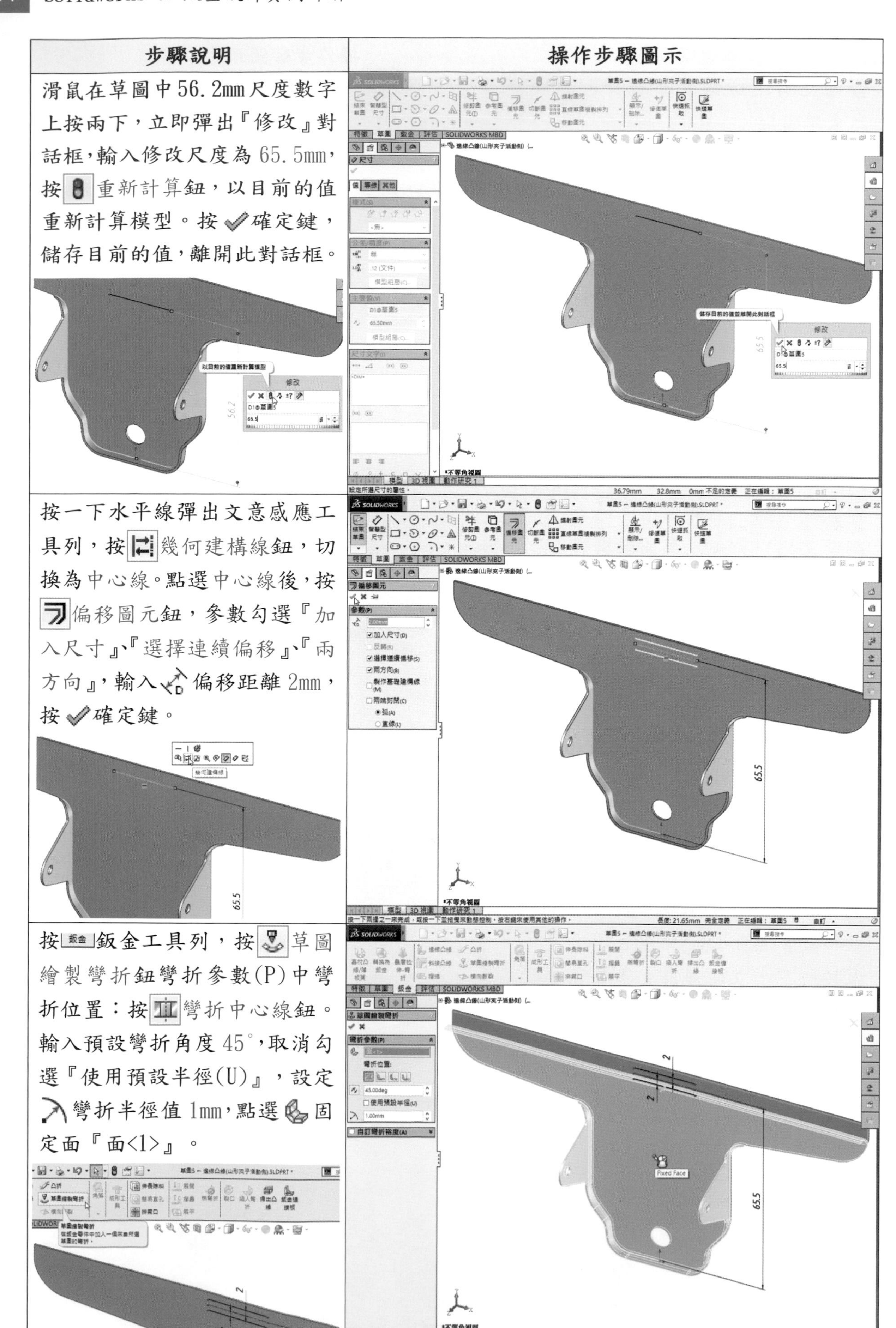

| 步驟說明 | 操作步驟圖示 |
| --- | --- |
| 滑鼠在草圖中56.2mm尺度數字上按兩下，立即彈出『修改』對話框，輸入修改尺度為65.5mm，按重新計算鈕，以目前的值重新計算模型。按確定鍵，儲存目前的值，離開此對話框。 | |
| 按一下水平線彈出文意感應工具列，按幾何建構線鈕，切換為中心線。點選中心線後，按偏移圖元鈕，參數勾選『加入尺寸』、『選擇連續偏移』、『兩方向』，輸入偏移距離2mm，按確定鍵。 | |
| 按鈑金鈑金工具列，按草圖繪製彎折鈕彎折參數(P)中彎折位置：按彎折中心線鈕。輸入預設彎折角度45°，取消勾選『使用預設半徑(U)』，設定彎折半徑值1mm，點選固定面『面<1>』。 | |

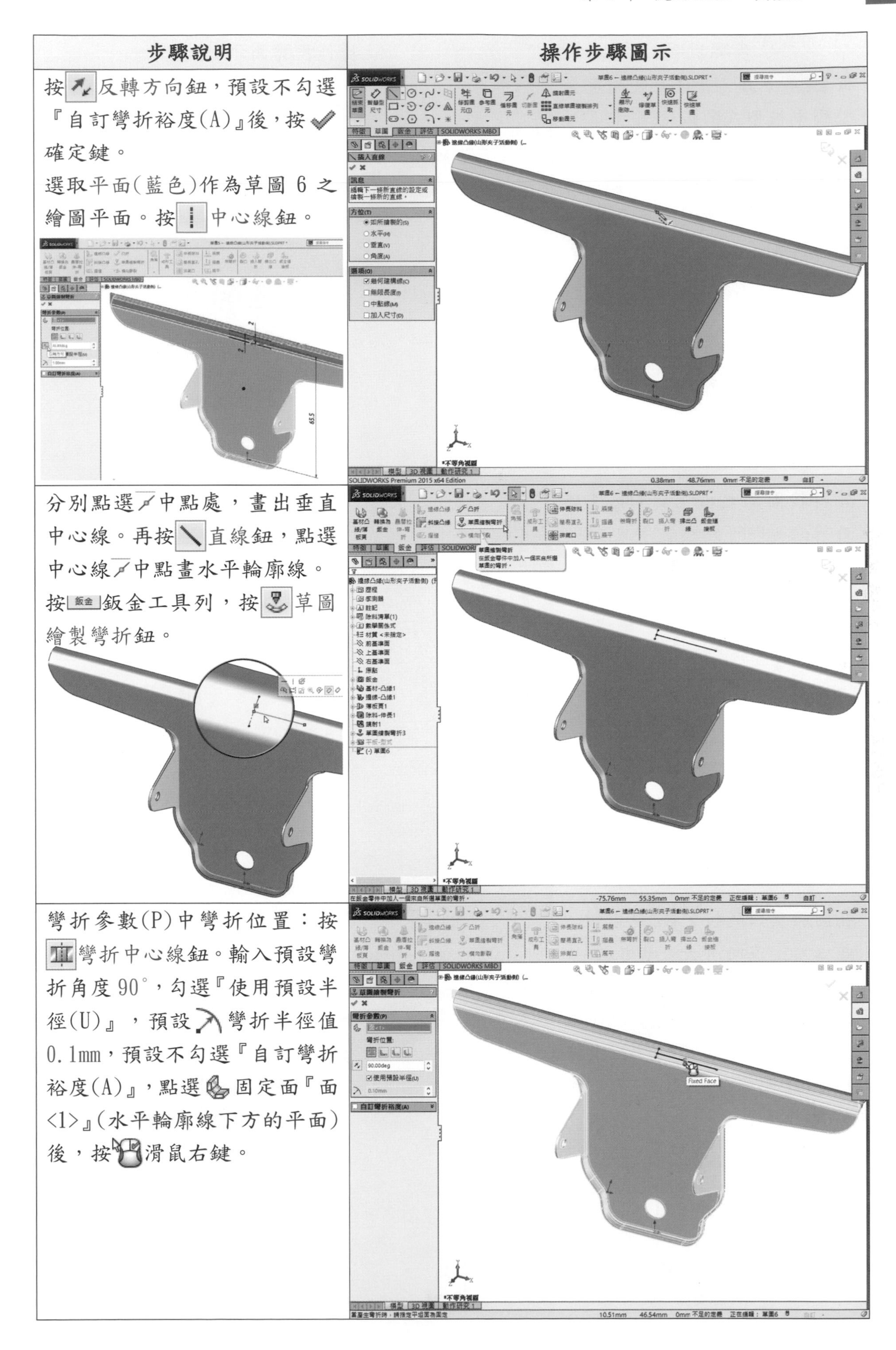

| 步驟說明 | 操作步驟圖示 |
| --- | --- |
| 按反轉方向鈕，預設不勾選『自訂彎折裕度(A)』後，按確定鍵。選取平面(藍色)作為草圖 6 之繪圖平面。按中心線鈕。 | |
| 分別點選中點處，畫出垂直中心線。再按直線鈕，點選中心線中點畫水平輪廓線。按鈑金工具列，按草圖繪製彎折鈕。 | |
| 彎折參數(P)中彎折位置：按彎折中心線鈕。輸入預設彎折角度 90°，勾選『使用預設半徑(U)』，預設彎折半徑值 0.1mm，預設不勾選『自訂彎折裕度(A)』，點選固定面『面<1>』(水平輪廓線下方的平面)後，按滑鼠右鍵。 | |

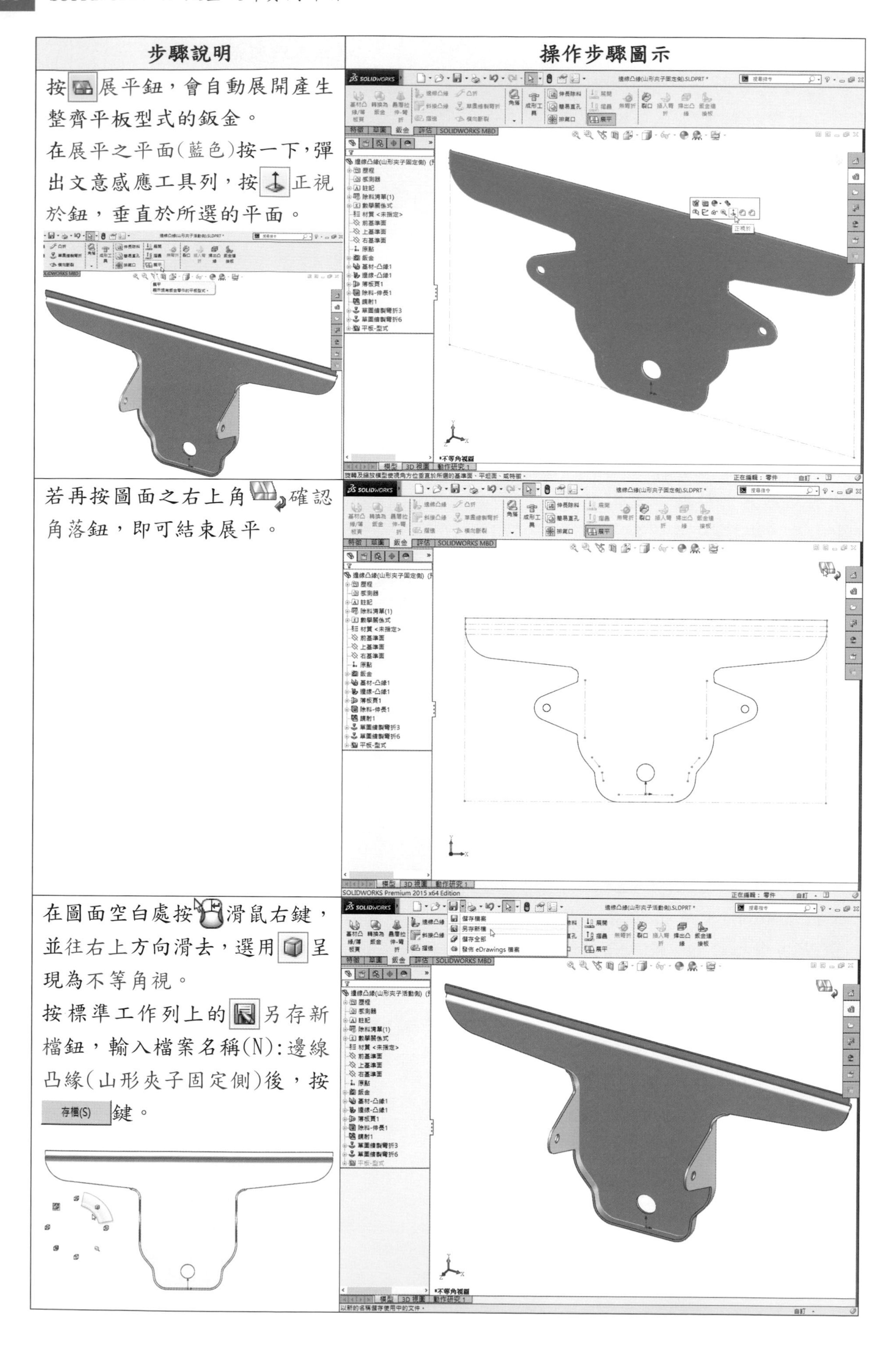

| 步驟說明 | 操作步驟圖示 |
| --- | --- |
| 按展平鈕，會自動展開產生整齊平板型式的鈑金。<br>在展平之平面(藍色)按一下，彈出文意感應工具列，按正視於鈕，垂直於所選的平面。 | |
| 若再按圖面之右上角確認角落鈕，即可結束展平。 | |
| 在圖面空白處按滑鼠右鍵，並往右上方向滑去，選用呈現為不等角視。<br>按標準工作列上的另存新檔鈕，輸入檔案名稱(N)：邊線凸緣(山形夾子固定側)後，按存檔(S)鍵。 | |

## 2.3.4 邊線凸緣(相切邊線迴圈)產生排水孔蓋鈑金

學習目標：能以 4 條相切邊線為一迴圈，使用邊線凸緣完成其排水孔凸緣鈑金。

繪圖步驟：畫草圖→長基材凸緣/薄板頁→產生鈑金→作邊線凸緣→作伸長除料→作環狀複製排列→作邊線凸緣→按展平。

使用指令：

- 草圖指令：圓、中心線、直線、幾何建構線。
- 特徵指令：伸長除料、環狀複製排列。
- 鈑金指令：基材凸緣/薄板頁、邊線凸緣、展平。

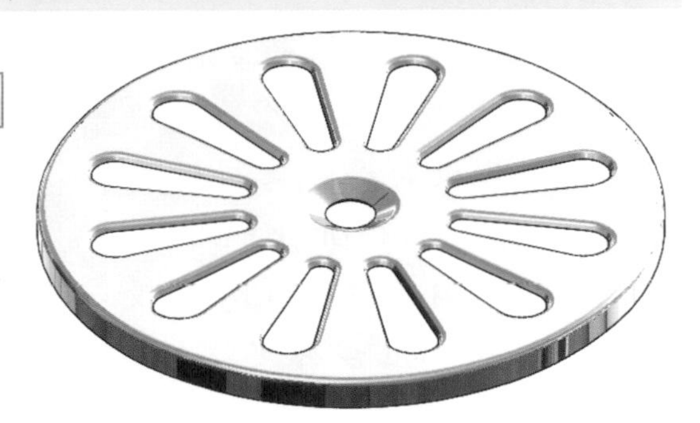

| 步驟說明 | 操作步驟圖示 |
|---|---|
| 首先選取上基準面作為草圖 1 之繪圖平面。<br>按圓鈕，以原點為圓心，畫出一同心圓草圖之外型輪廓線，並標註其尺度。<br>按鈑金鈑金工具列，按基材凸緣/薄板頁鈕。 | 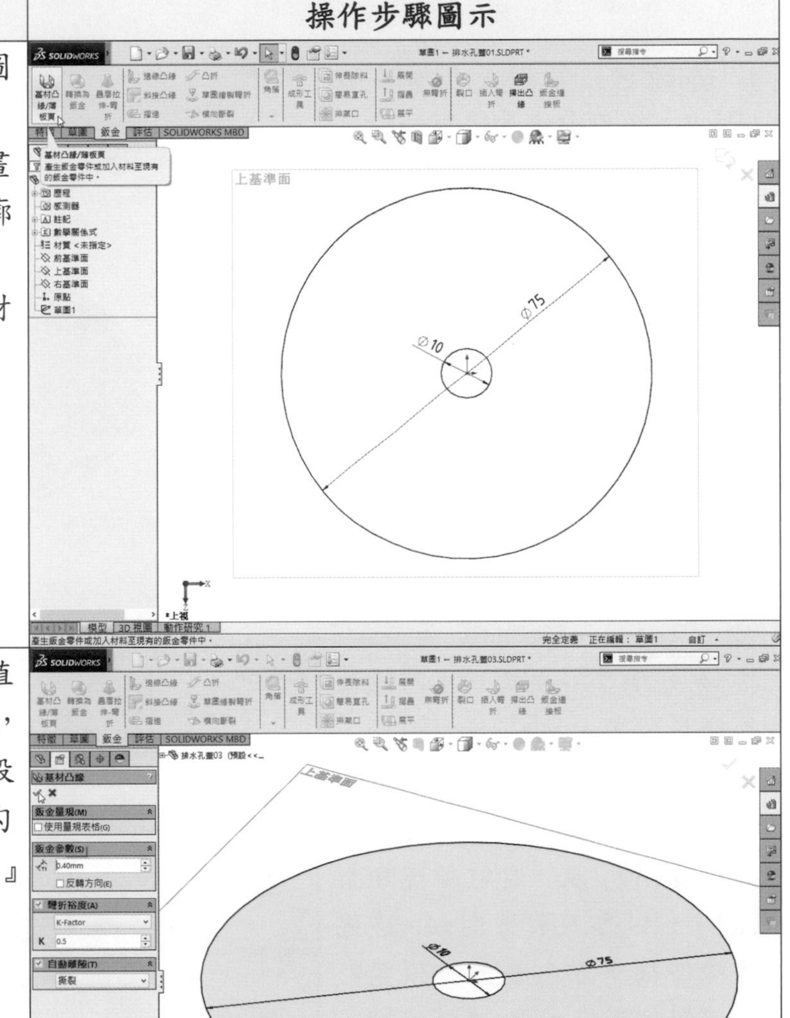 |
| 鈑金參數(S)中設定厚度值 0.4mm，不勾選『反轉方向(E)』，預設勾選『彎折裕度(A)』預設『K-Factor』K 值 0.5，預設勾選『自動離隙(T)』預設『撕裂』後，按確定鍵。 | |

| 步驟說明 | 操作步驟圖示 |
| --- | --- |
| 在特徵管理員中設計樹狀結構中鈑金特徵圖示按滑鼠右鍵，彈出文意感應工具列，按編輯特徵鈕。<br>鈑金中彎折參數(S)，設定彎折半徑為 0.5mm，厚度值 0.4mm，預設勾選『彎折裕度(A)』預設『K-Factor』K 值 0.5，預設勾選『自動離隙(T)』預設『撕裂』後，按確定鍵。 | |
| 按邊線凸緣鈕，凸緣參數(P)中，預設勾選『使用預設半徑』，彎折半徑 0.5mm，角度(G)輸入凸緣角度 90°，凸緣長度(L)『給定深度』長度值 4mm，點選邊線『邊線<1>』。<br>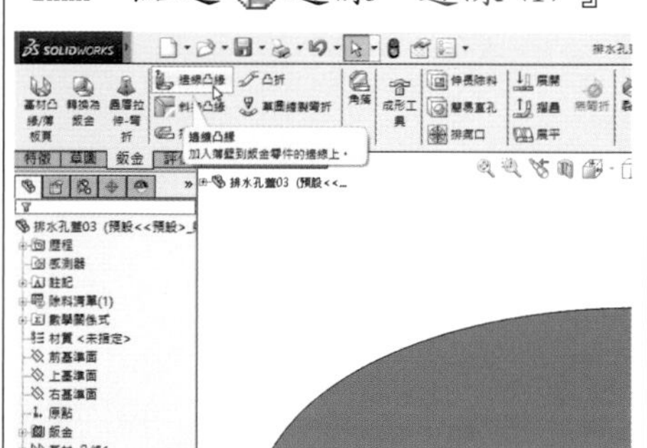 | 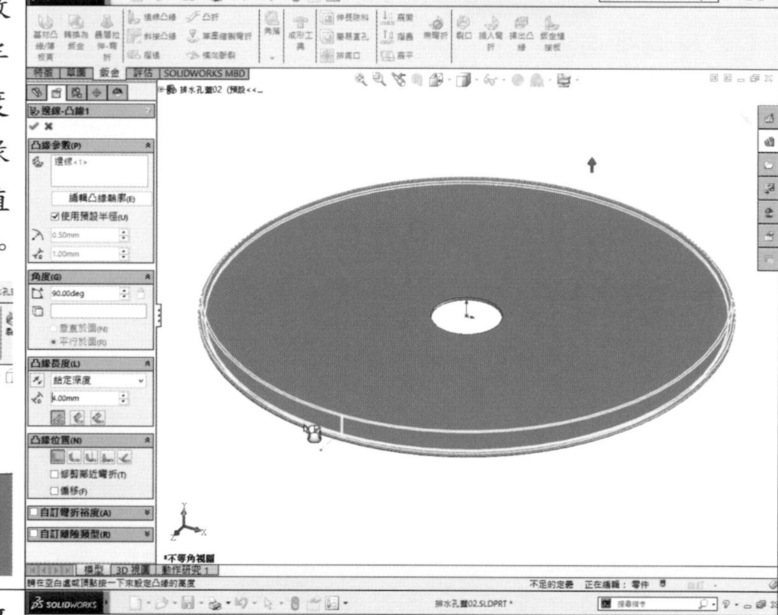 |
| 按外側虛擬交角鈕，凸緣位置彎折位置，按材料內鈕，預設不勾選『修剪鄰近彎折(T)』、『偏移(F)』、『自訂彎折裕度(A)』及『自訂離隙類型(R)』，按反轉方向鈕，邊線凸緣即往下方向長出，預覽特徵確認無誤後，按確定鍵。<br><br>*註：邊線凸緣圓柱形，彎曲的邊線必須圍住平坦面。* | 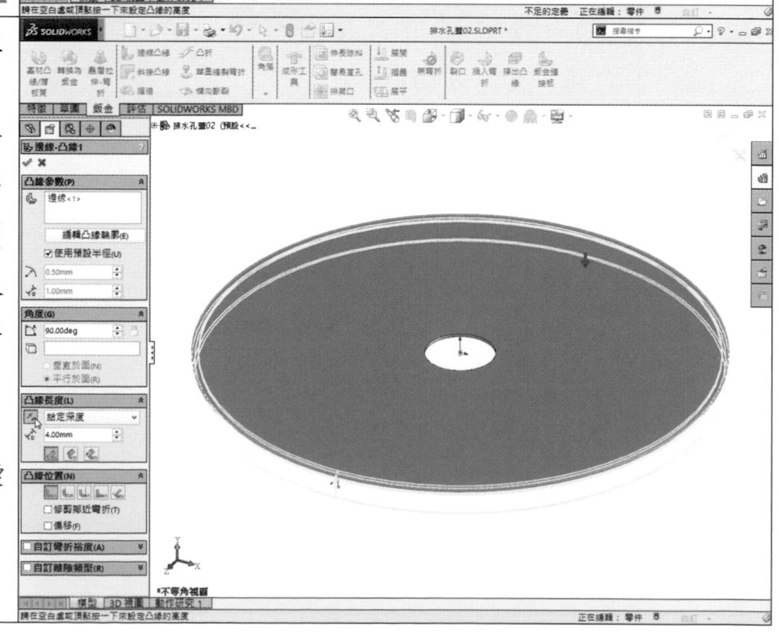 |

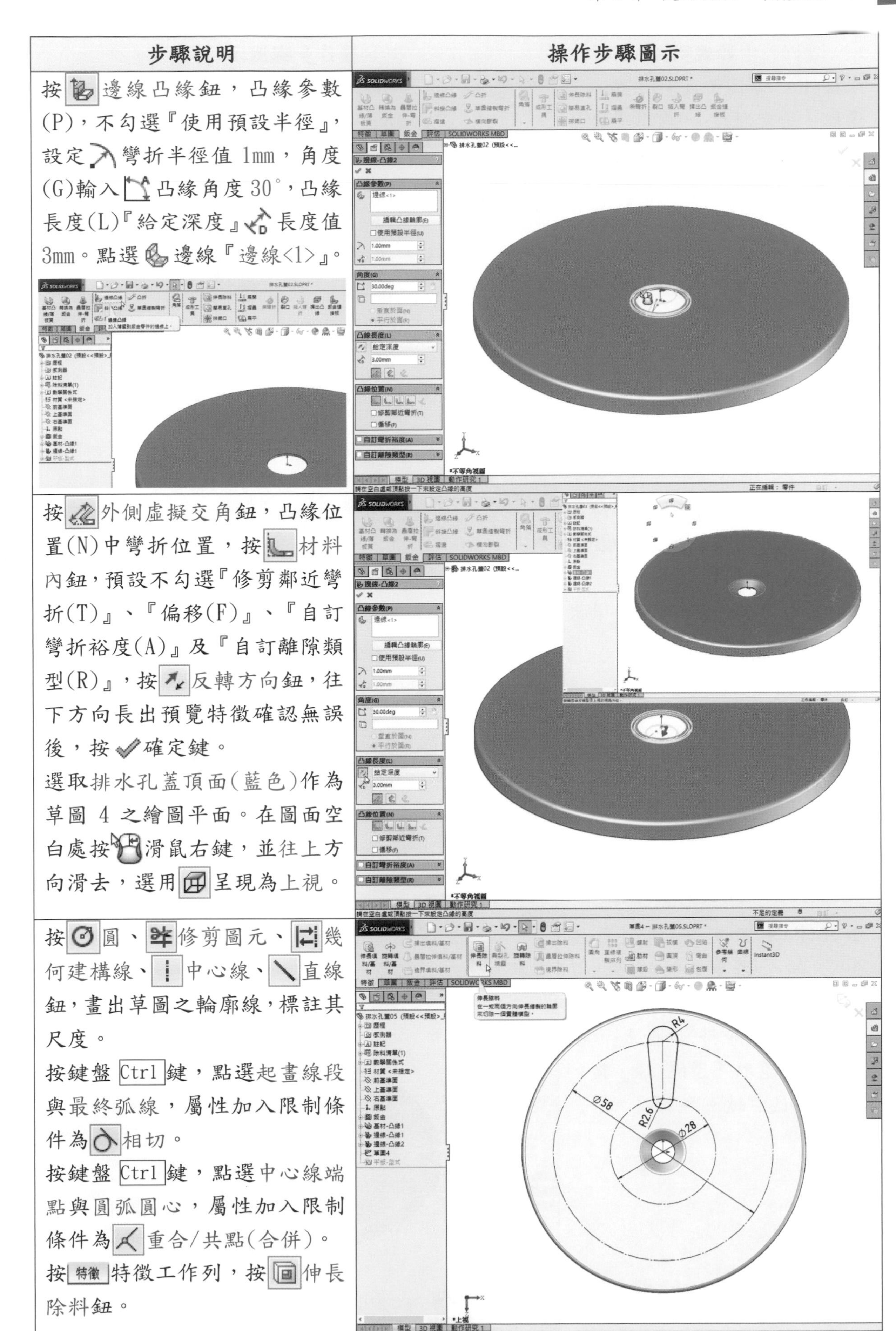

| 步驟說明 | 操作步驟圖示 |
| --- | --- |
| 按邊線凸緣鈕，凸緣參數(P)，不勾選『使用預設半徑』，設定彎折半徑值 1mm，角度(G)輸入凸緣角度 30°，凸緣長度(L)『給定深度』長度值 3mm。點選邊線『邊線<1>』。 | |
| 按外側虛擬交角鈕，凸緣位置(N)中彎折位置，按材料內鈕，預設不勾選『修剪鄰近彎折(T)』、『偏移(F)』、『自訂彎折裕度(A)』及『自訂離隙類型(R)』，按反轉方向鈕，往下方向長出預覽特徵確認無誤後，按確定鍵。<br>選取排水孔蓋頂面(藍色)作為草圖 4 之繪圖平面。在圖面空白處按滑鼠右鍵，並往上方向滑去，選用呈現為上視。 | |
| 按圓、修剪圖元、幾何建構線、中心線、直線鈕，畫出草圖之輪廓線，標註其尺度。<br>按鍵盤 Ctrl 鍵，點選起畫線段與最終弧線，屬性加入限制條件為相切。<br>按鍵盤 Ctrl 鍵，點選中心線端點與圓弧圓心，屬性加入限制條件為重合/共點(合併)。<br>按特徵特徵工作列，按伸長除料鈕。 | |

| 步驟說明 | 操作步驟圖示 |
| --- | --- |
| 來自(F)『草圖平面』，於方向1選取『給定深度』，勾選『連結至厚度(L)』，不勾選『反轉除料邊(F)』，勾選『垂直除料(N)』後，按✔確定鍵。 | 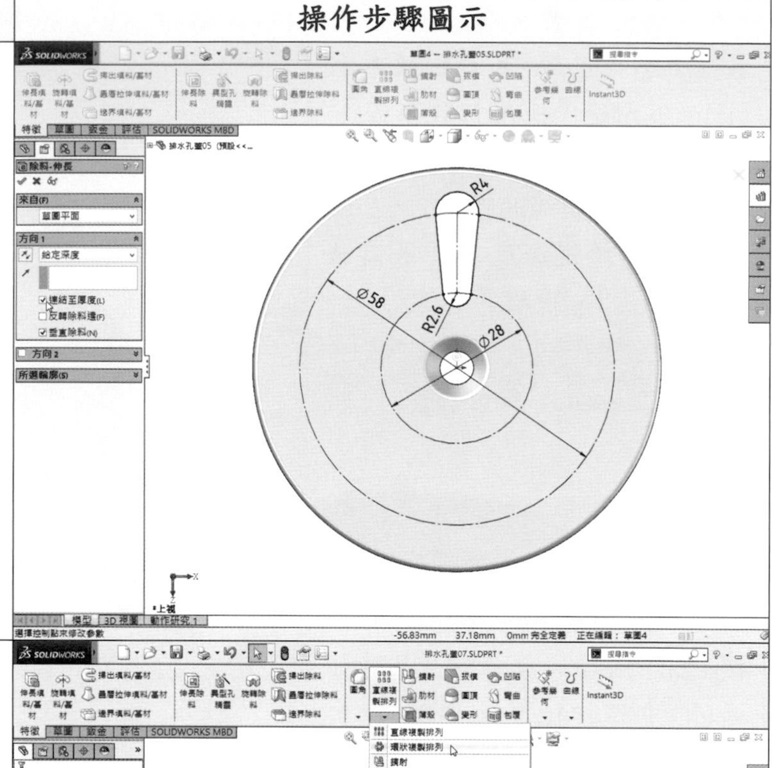  |
| 在圖面空白處按滑鼠右鍵，並往右上方向滑去，選用呈現為不等角視。<br>按特徵特徵工作列，按環狀複製排列鈕。<br>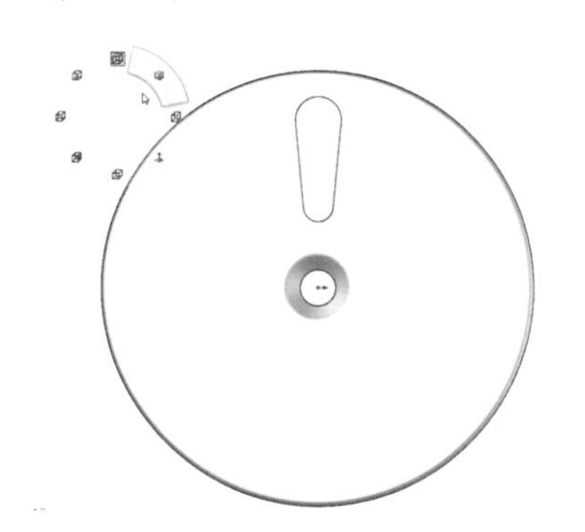 | 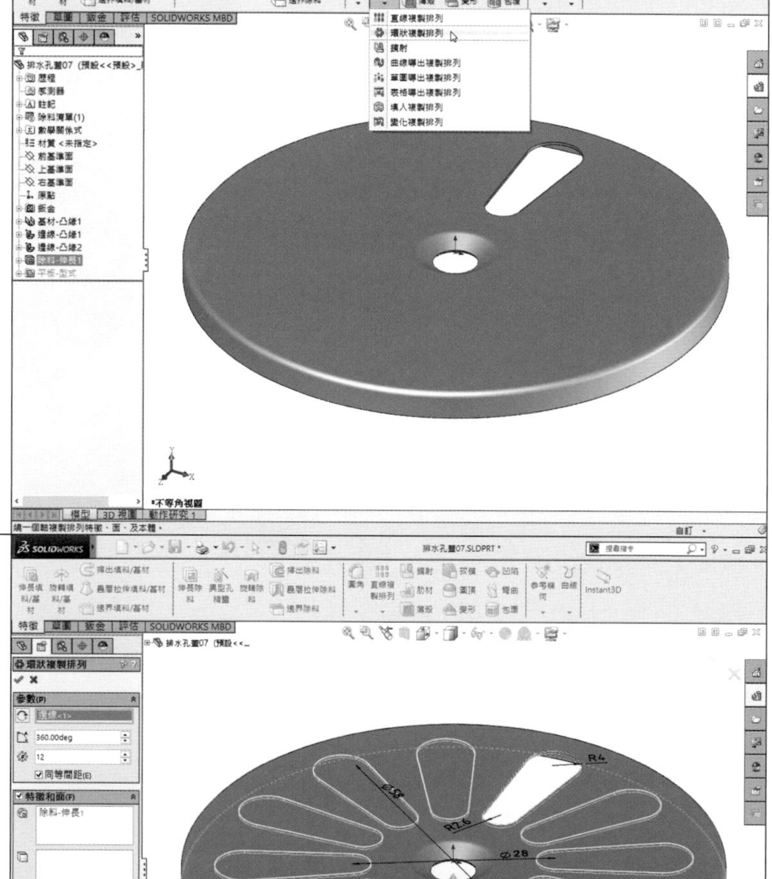 |
| 參數(P)中設定陣列角度360°，輸入副本數12個，勾選『同等間距(E)』。特徵和面(F)選取『除料-伸長1』，複製排列軸選取『邊線<1>』後，按滑鼠右鍵。 | |

| 步驟說明 | 操作步驟圖示 |
| --- | --- |
| 在排水孔上緣邊線按 滑鼠右鍵，彈出快顯功能表和文意感應工作列，游標移至『選擇相切(D)』項次按一下，即選取 『邊線<1>~邊線<4>』。<br>按 鈑金 鈑金工具列，按 邊線凸緣鈕。<br> | 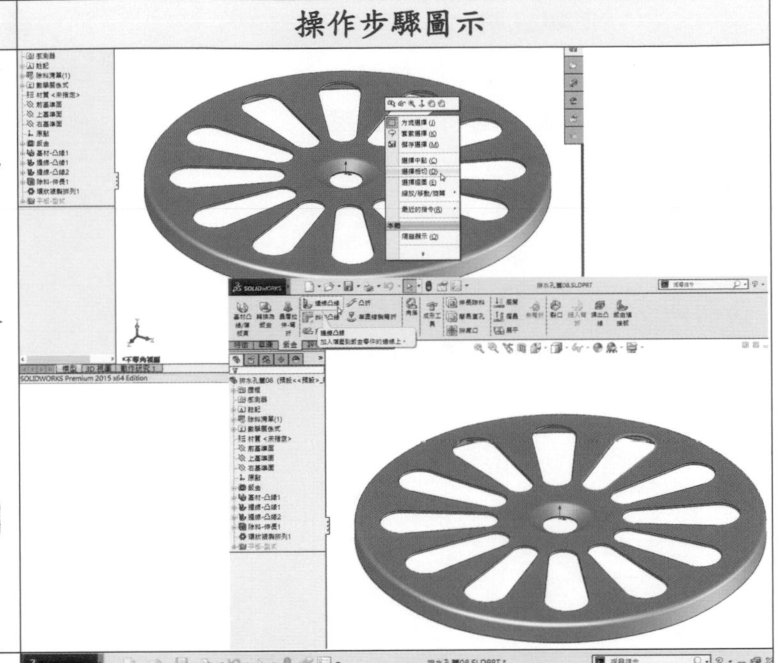 |
| 凸緣參數(P)自動載入 『邊線<1>~邊線<4>』，預設勾選『使用預設半徑』， 彎折半徑值 0.5mm。角度(G)輸入 凸緣角度 60°。凸緣長度(L)『給定深度』 長度值 0.8mm，按 外側虛擬交角鈕，凸緣位置(N)中彎折位置，按 向外彎折鈕，預設不勾選『修剪鄰近彎折(T)』、『偏移(F)』、『自訂彎折裕度』及『自訂離隙類型』，按 反轉方向鈕，往下方向長出預覽特徵確認無誤後，按 確定鍵。 | 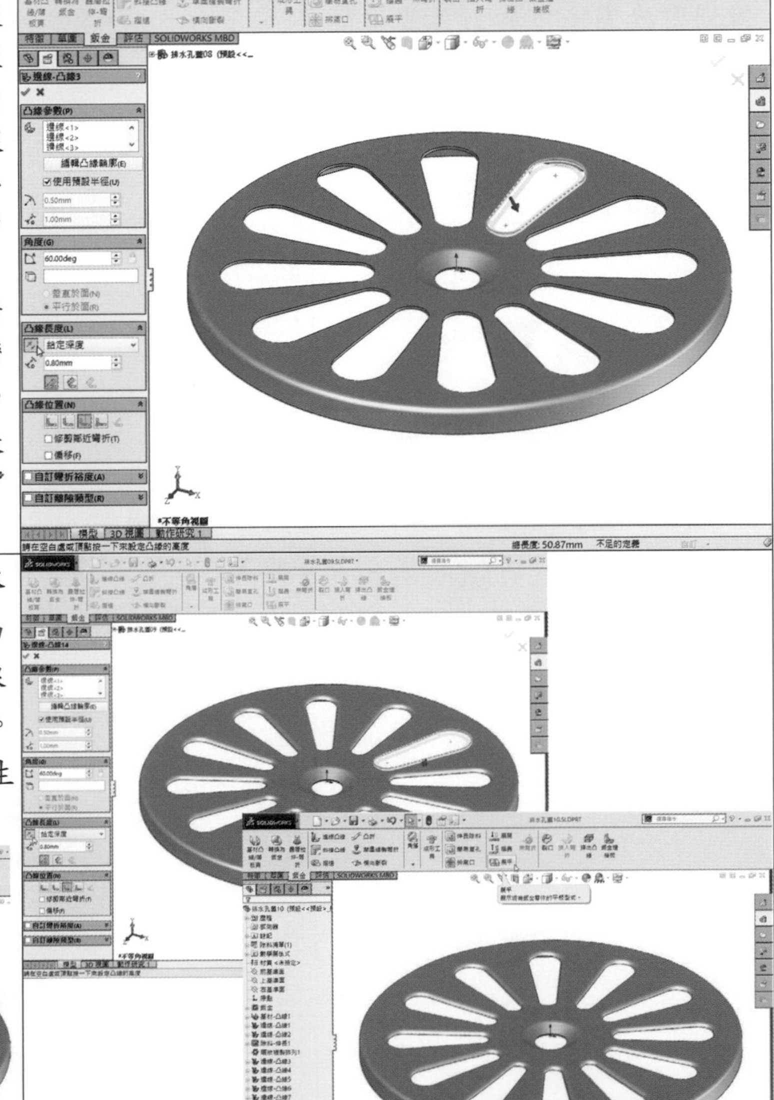 |
| 重複上述在排水孔邊線選取『選擇相切(D)』及設定邊線凸緣參數。直到 12 個排水孔邊線相切迴圈，均加入 邊線凸緣。按 展平鈕，會自動展開產生整齊平板型式特徵的鈑金件。<br>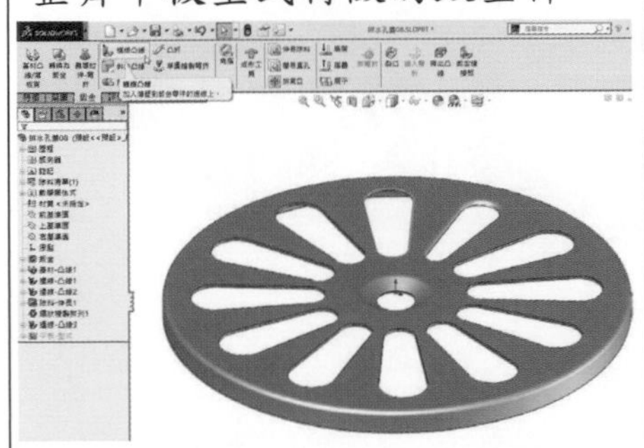 | |

| 步驟說明 | 操作步驟圖示 |
|---|---|
| 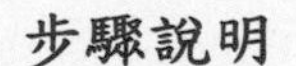<br>在圖面空白處按滑鼠右鍵，並往上方向滑去，選用呈現為上視。<br>若再按圖面之右上角確認角落鈕，即可結束展平狀態。<br>在圖面空白處按滑鼠右鍵，並往右上方向滑去，選用呈現為不等角視。<br>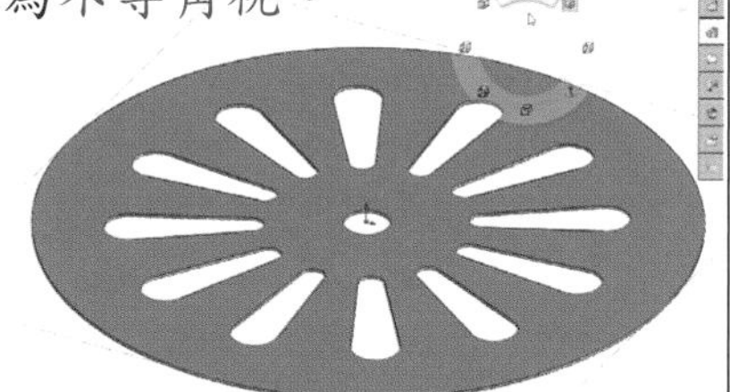 | 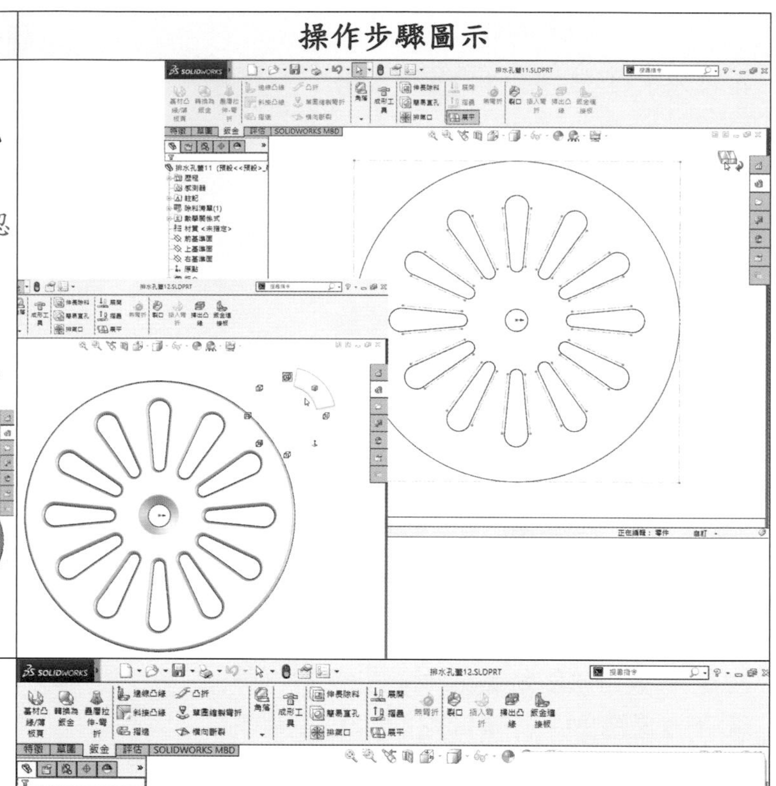 |
| 按視角方位鈕，再點選『視圖選擇器』方向對話方塊的右下角位置的面，強調顯示右側底部方向的不等角視。<br>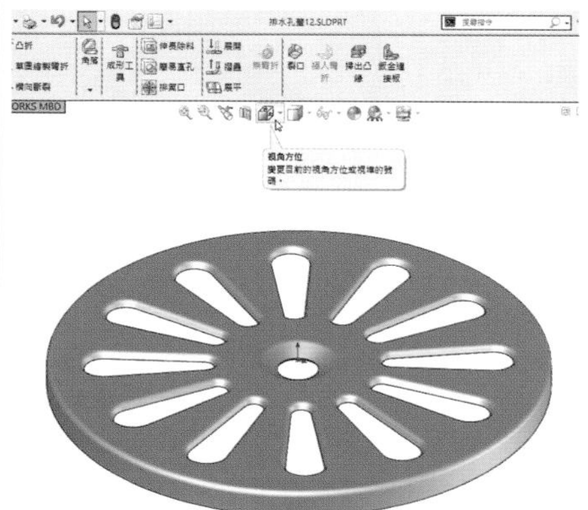 | 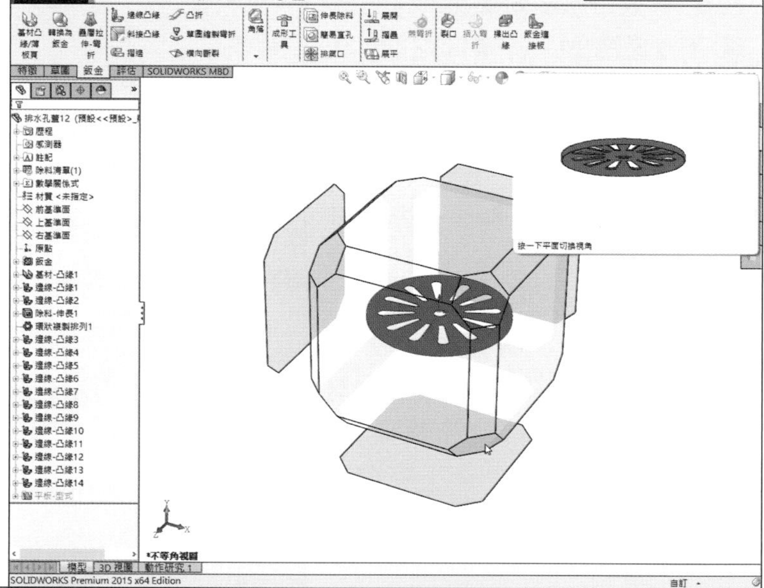 |
| 按標準工作列上的儲存檔案鈕，輸入檔案名稱(N):邊線凸緣(排水孔蓋)後，按 存檔(S) 鍵。 | 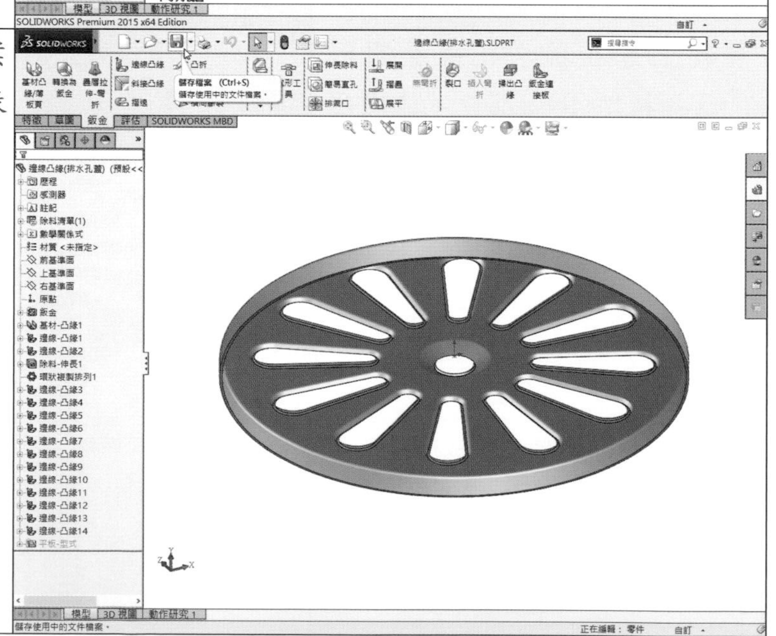 |

## 2.3.5 邊線凸緣(4 條邊線)產生電源箱門鈑金

學習目標：能一次選取 4 條邊線長邊線凸緣，重複使用三次完成其電源箱門鈑金。

繪圖步驟：畫草圖→長基材凸緣/薄板頁→產生鈑金→長邊線凸緣→按展平。

使用指令：

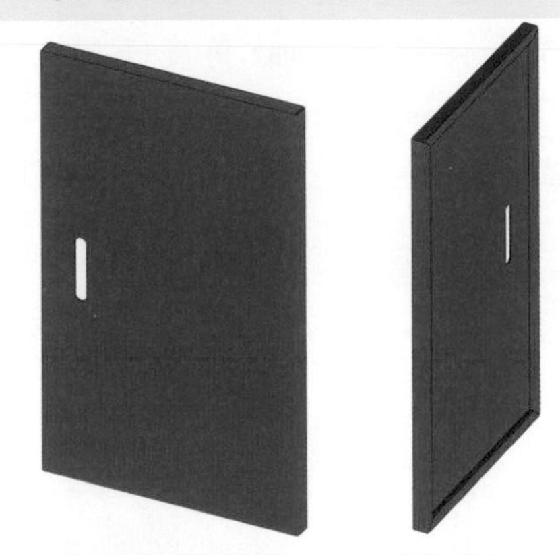

- 草圖指令：中心矩形、直狹槽、中心線。
- 鈑金指令：基材凸緣/薄板頁、邊線凸緣、展平。

| 步驟說明 | 操作步驟圖示 |
|---|---|
| 首先選取前基準面作為草圖 1 之繪圖平面。<br>按中心矩形、直狹槽和中心線 鈕，畫出草圖之外型輪廓線。<br>按智慧型尺寸鈕，標註其尺度。<br>按鈑金鈑金工具列，按基材凸緣/薄板頁鈕。 | 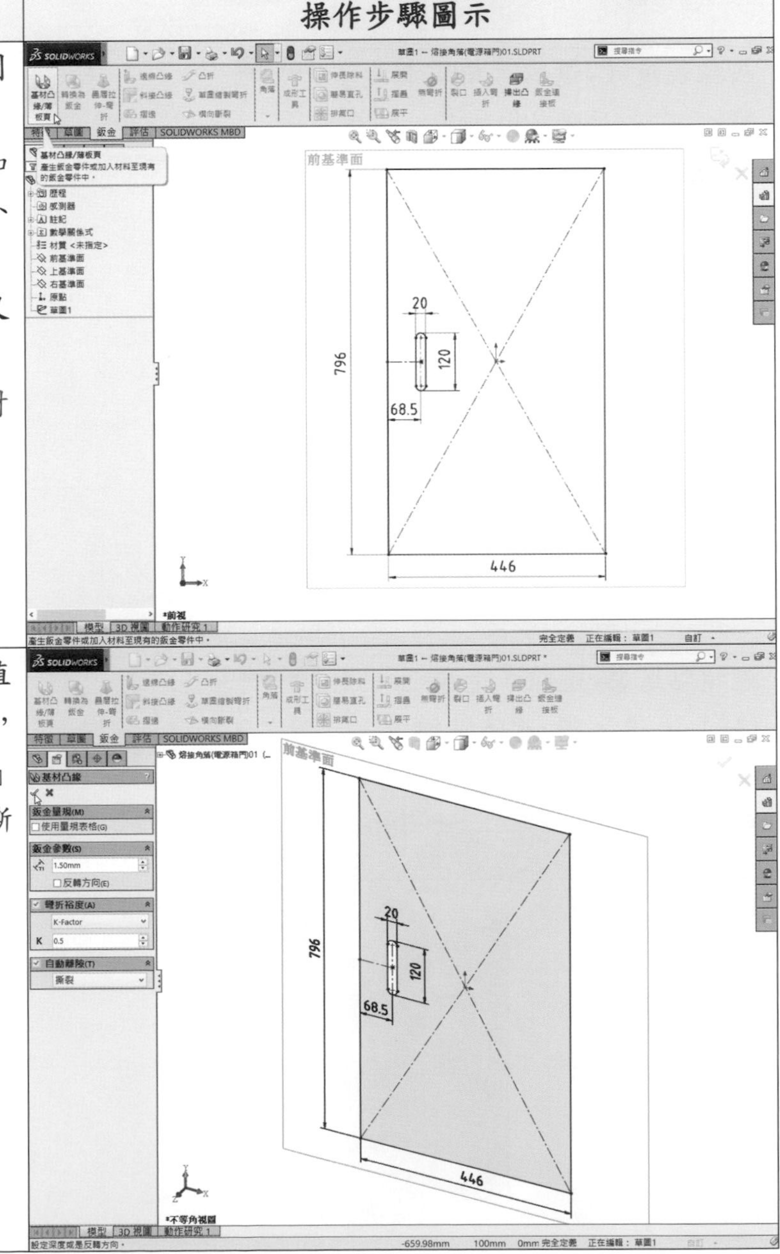<br> |
| 鈑金參數(S)中設定厚度值 1.5mm，不勾選『反轉方向(E)』，彎折裕度(A)預設『K-Factor』值為 0.5，自動離隙(T)預設『撕裂』後，按確定鍵。 | 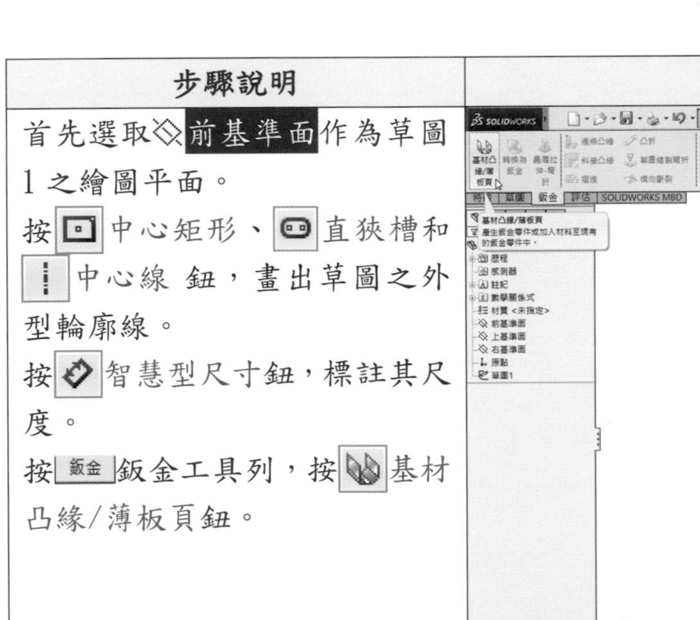 |

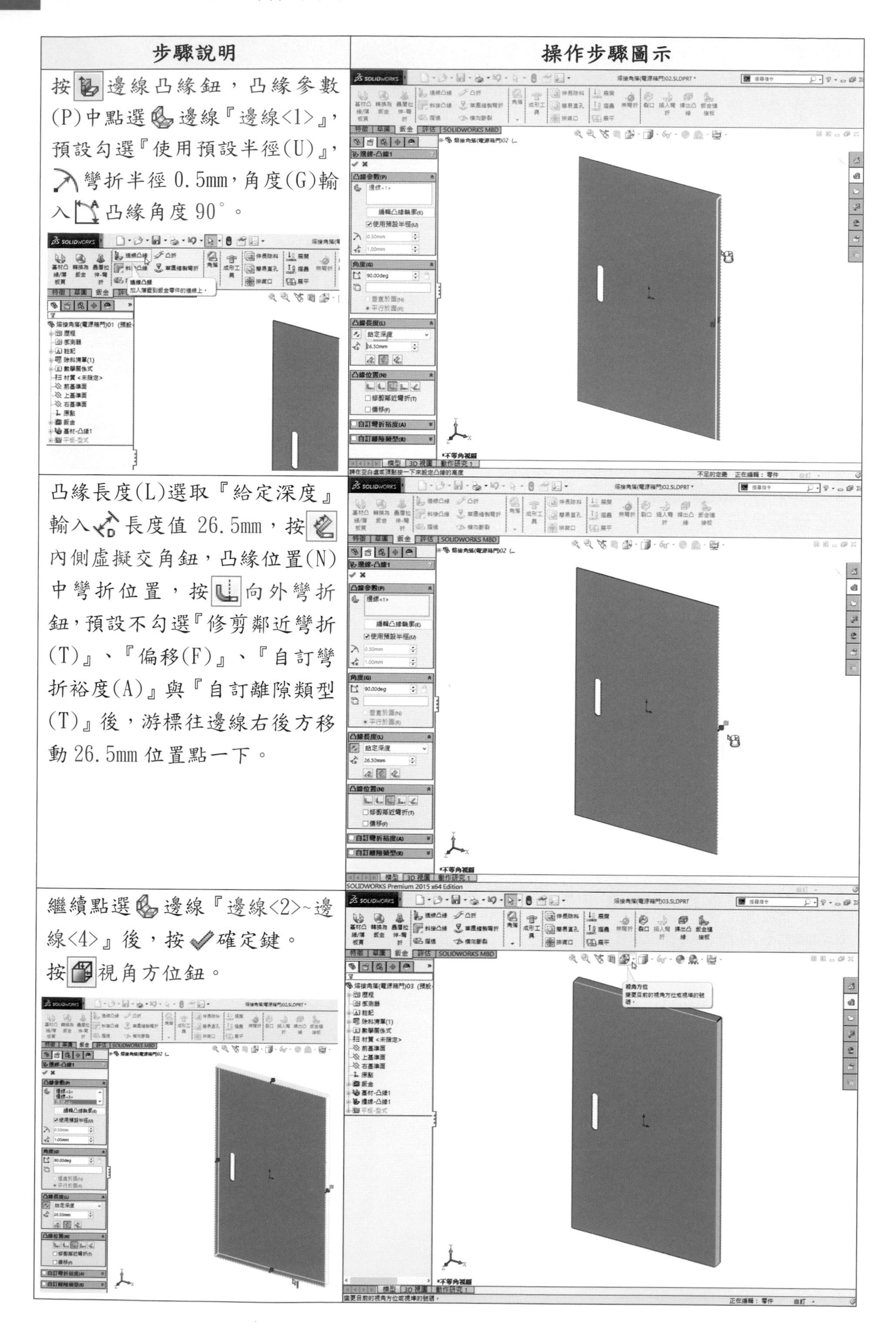

| 步驟說明 | 操作步驟圖示 |
| --- | --- |
| 按邊線凸緣鈕，凸緣參數(P)中點選邊線『邊線<1>』，預設勾選『使用預設半徑(U)』，彎折半徑 0.5mm，角度(G)輸入凸緣角度 90°。 | |
| 凸緣長度(L)選取『給定深度』輸入長度值 26.5mm，按內側虛擬交角鈕，凸緣位置(N)中彎折位置，按向外彎折鈕，預設不勾選『修剪鄰近彎折(T)』、『偏移(F)』、『自訂彎折裕度(A)』與『自訂離隙類型(T)』後，游標往邊線右後方移動 26.5mm 位置點一下。 | |
| 繼續點選邊線『邊線<2>~邊線<4>』後，按確定鍵。<br>按視角方位鈕。 | |

| 步驟說明 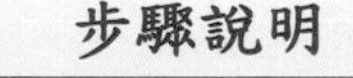 | 操作步驟圖示 |
| --- | --- |
| 使用方向對話方塊中的軸測視鈕旁的向下鈕一下，按等角視標籤列，呈現等角視。<br>再按視角方位鈕，點選『視圖選擇器』方向對話方塊中的右上角位置，強調顯示右後方向的等角視。 | 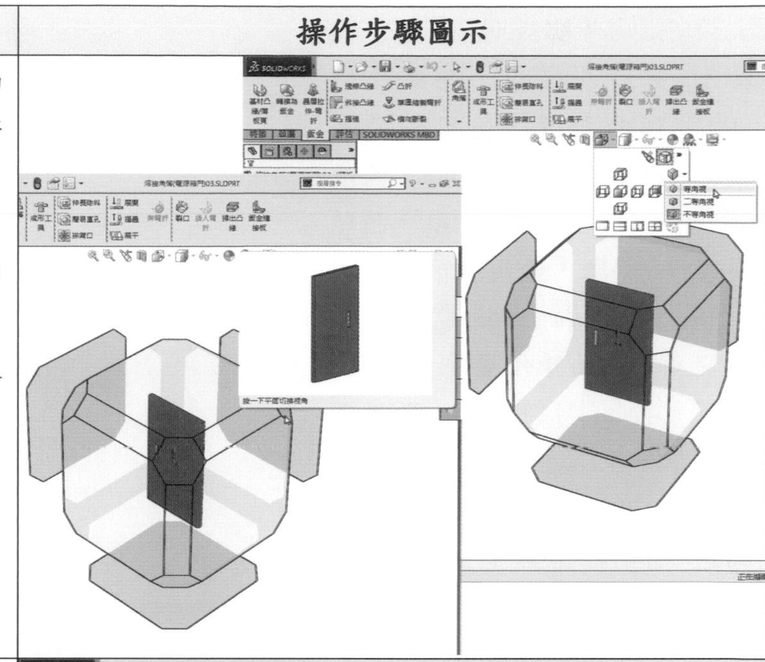 |
| 按邊線凸緣鈕，凸緣參數(P)中點選邊線『邊線<1>』，預設勾選『使用預設半徑(U)』，彎折半徑 0.5mm，角度(G)輸入凸緣角度 90°，凸緣長度(L)選取『給定深度』輸入長度值 16mm。<br> | 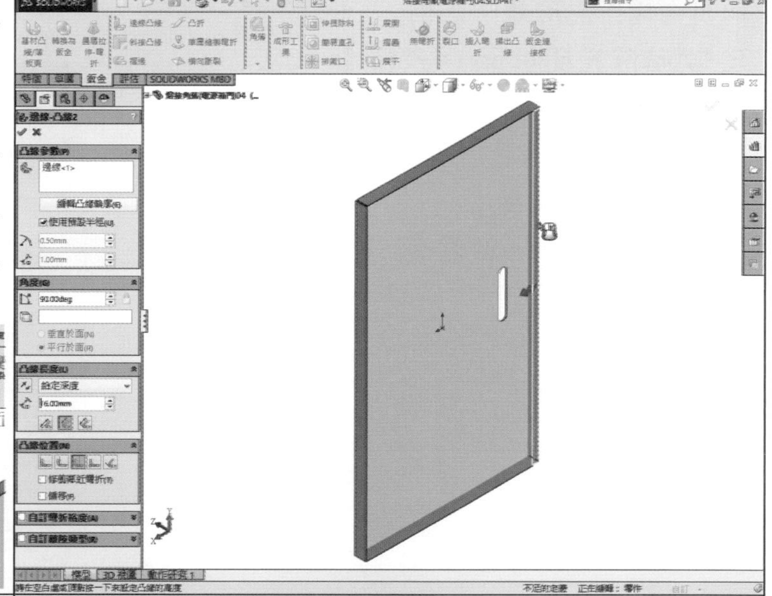 |
| 按內側虛擬交角鈕，凸緣位置(N)中彎折位置，按向外彎折鈕，預設不勾選『修剪鄰近彎折(T)』、『偏移(F)』、『自訂彎折裕度(A)』和『自訂離隙類型(T)』後，游標往邊線左前方移動 16mm 位置點一下。<br>繼續點選邊線『邊線<2>~邊線<4>』後，按確定鍵。 | 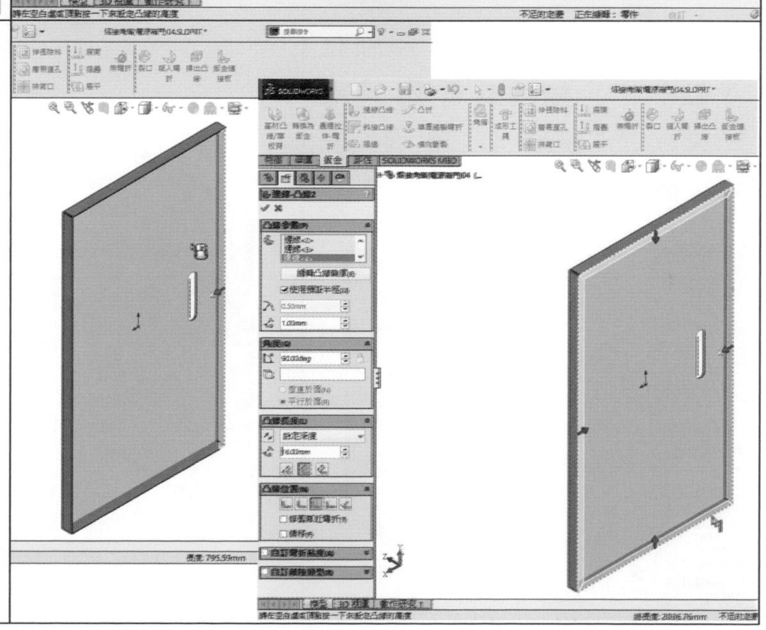 |

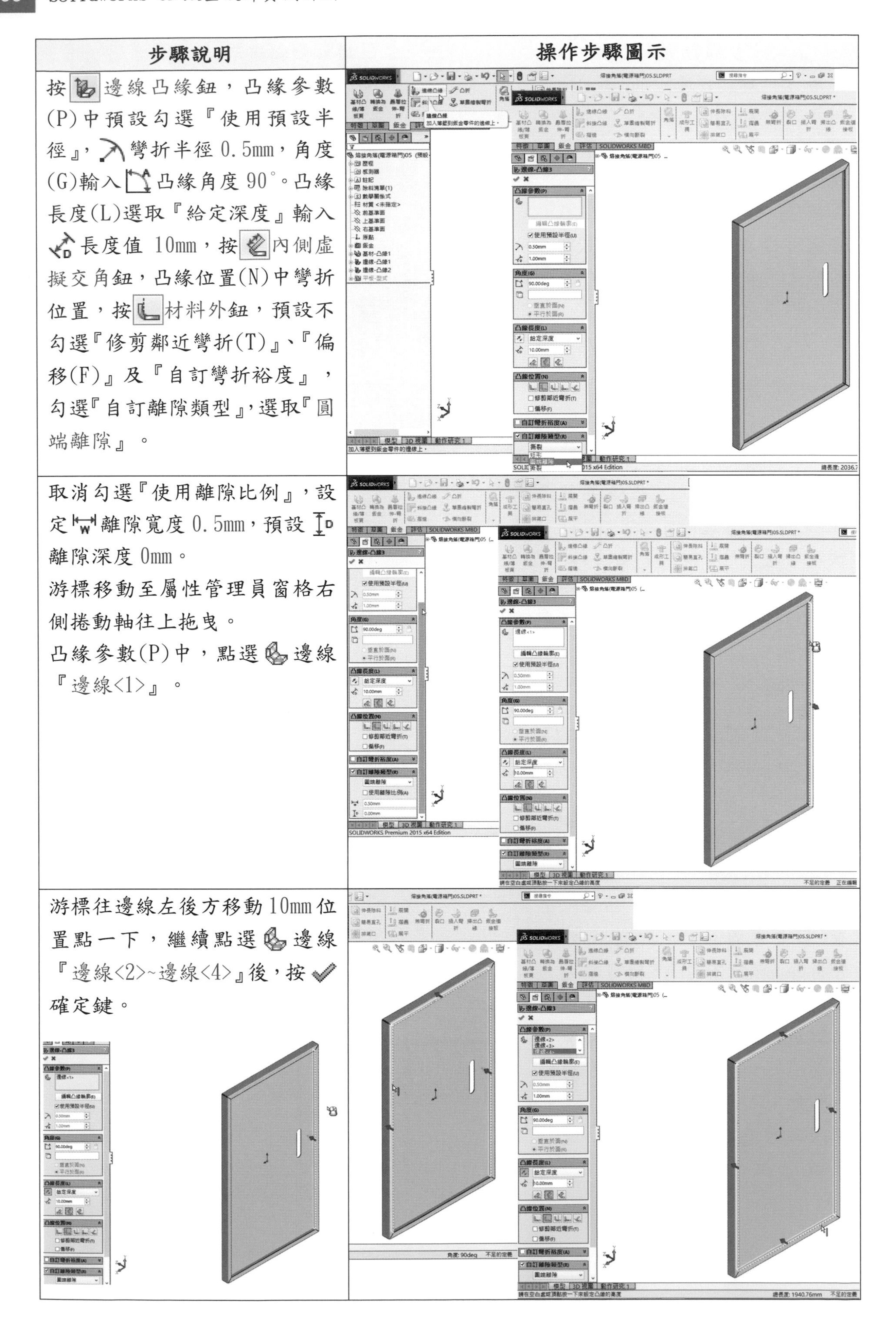

| 步驟說明 | 操作步驟圖示 |
|---|---|
| 按邊線凸緣鈕，凸緣參數(P)中預設勾選『使用預設半徑』，彎折半徑 0.5mm，角度(G)輸入凸緣角度 90°。凸緣長度(L)選取『給定深度』輸入長度值 10mm，按內側虛擬交角鈕，凸緣位置(N)中彎折位置，按材料外鈕，預設不勾選『修剪鄰近彎折(T)』、『偏移(F)』及『自訂彎折裕度』，勾選『自訂離隙類型』，選取『圓端離隙』。 | |
| 取消勾選『使用離隙比例』，設定離隙寬度 0.5mm，預設離隙深度 0mm。<br>游標移動至屬性管理員窗格右側捲動軸往上拖曳。<br>凸緣參數(P)中，點選邊線『邊線<1>』。 | |
| 游標往邊線左後方移動 10mm 位置點一下，繼續點選邊線『邊線<2>~邊線<4>』後，按確定鍵。 | |

| 步驟說明 | 操作步驟圖示 |
| --- | --- |
| 按展平鈕，會自動展開產生整齊平板型式特徵的鈑金件。 | 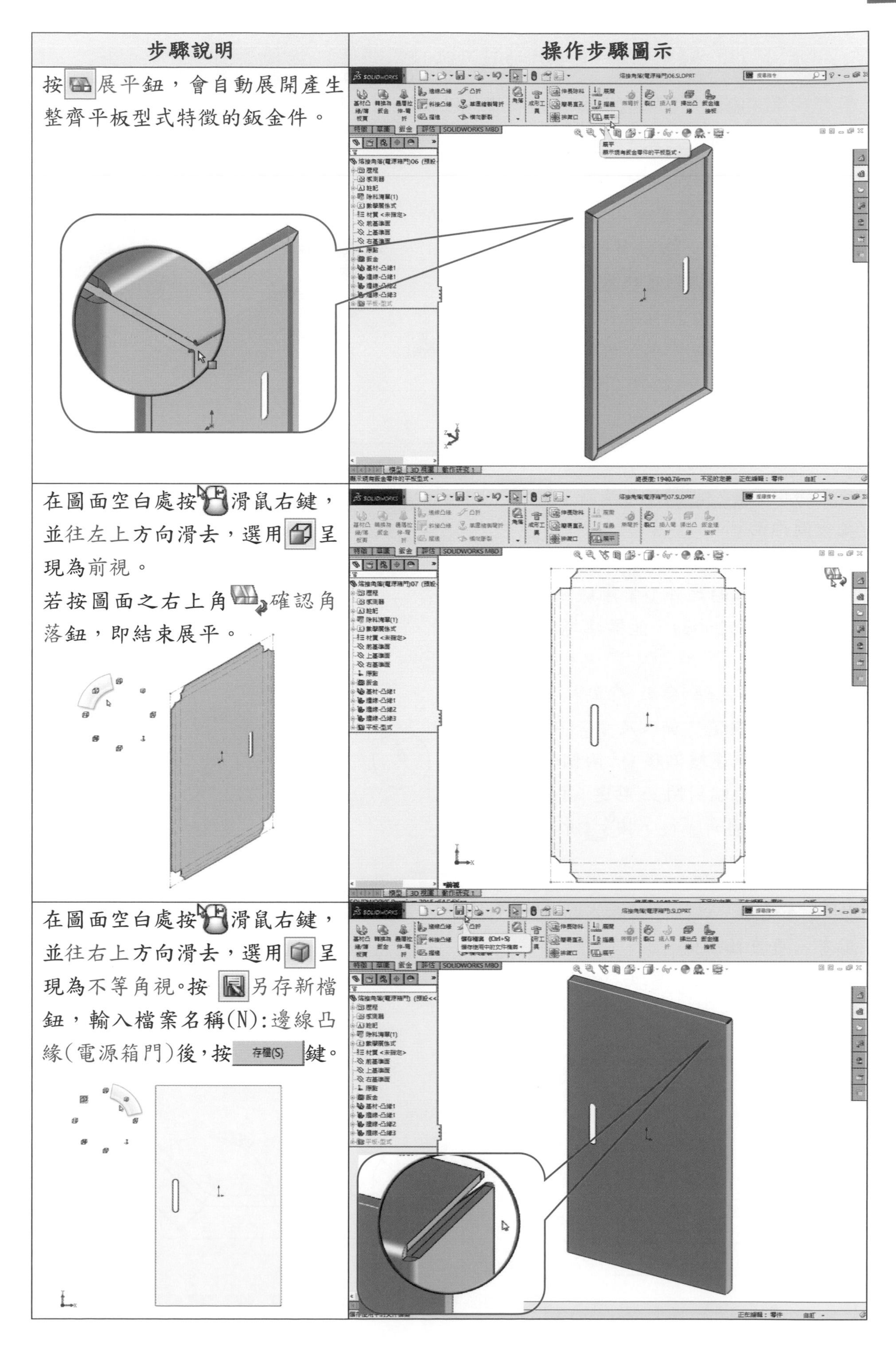 |
| 在圖面空白處按滑鼠右鍵，並往左上方向滑去，選用呈現為前視。若按圖面之右上角確認角落鈕，即結束展平。 | |
| 在圖面空白處按滑鼠右鍵，並往右上方向滑去，選用呈現為不等角視。按另存新檔鈕，輸入檔案名稱(N)：邊線凸緣(電源箱門)後，按存檔(S)鍵。 | |

## 2.3.6 邊線凸緣(1 條邊線)產生固定板鈑金

學習目標：能使用插入彎折以及編輯邊線凸緣，完成其鈑金件彎折與尺度之所需。

繪圖步驟：畫草圖→長薄件特徵→插入彎折→作邊線凸緣→作斷開角落(圓角)→按展平。

使用指令：

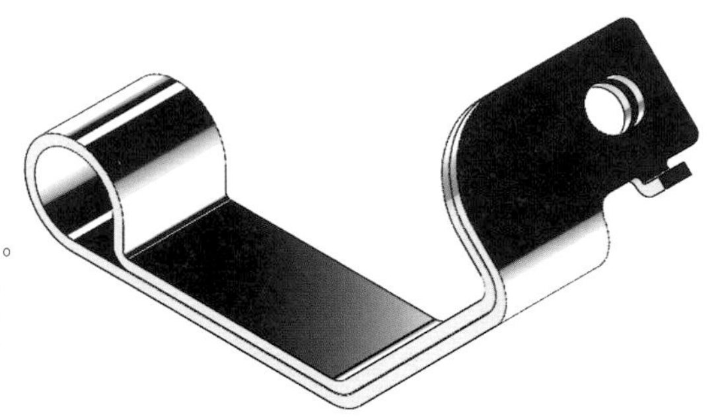

- 草圖指令：直線、圓、草圖圓角、偏移圖元、修剪圖元、角落矩形、圓心/起/終點直狹槽、中心線。
- 特徵指令：伸長填料/基材、伸長除料。
- 鈑金指令：插入彎折、邊線凸緣、斷開角落/角落-修剪、展平。

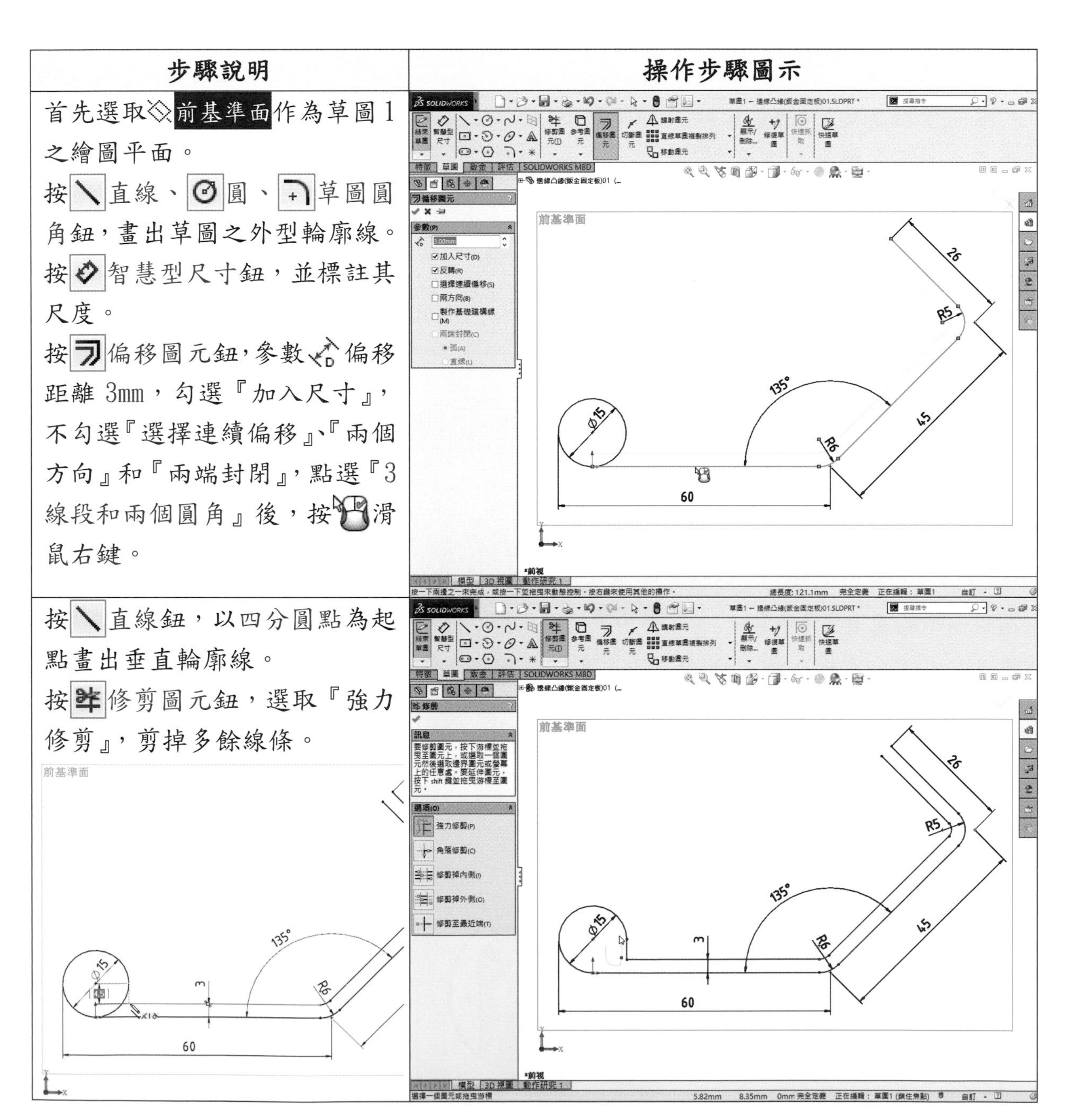

| 步驟說明 | 操作步驟圖示 |
| --- | --- |
| 首先選取前基準面作為草圖 1 之繪圖平面。<br>按直線、圓、草圖圓角鈕，畫出草圖之外型輪廓線。<br>按智慧型尺寸鈕，並標註其尺度。<br>按偏移圖元鈕，參數偏移距離 3mm，勾選『加入尺寸』，不勾選『選擇連續偏移』、『兩個方向』和『兩端封閉』，點選『3 線段和兩個圓角』後，按滑鼠右鍵。 | |
| 按直線鈕，以四分圓點為起點畫出垂直輪廓線。<br>按修剪圖元鈕，選取『強力修剪』，剪掉多餘線條。 | |

| 步驟說明 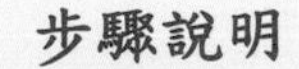 | 操作步驟圖示 |
| --- | --- |
| 在偏移尺度 3mm 上點二下，修改其尺度值。彈出修改尺度對話框，將尺度值修改為 0.1mm 後，按確定鍵。<br>按特徵特徵工作列，按伸長填料/基材鈕。<br>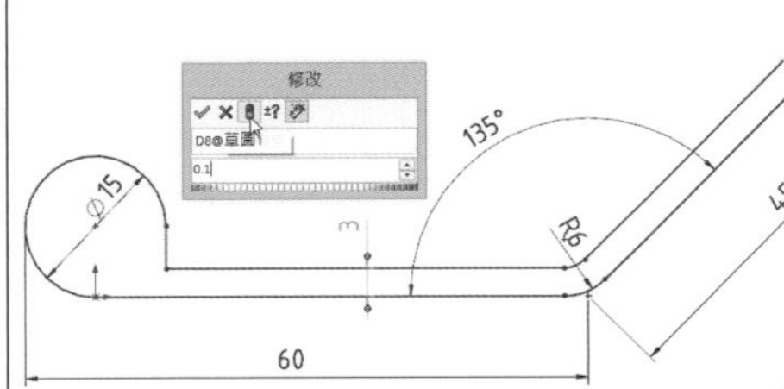 | 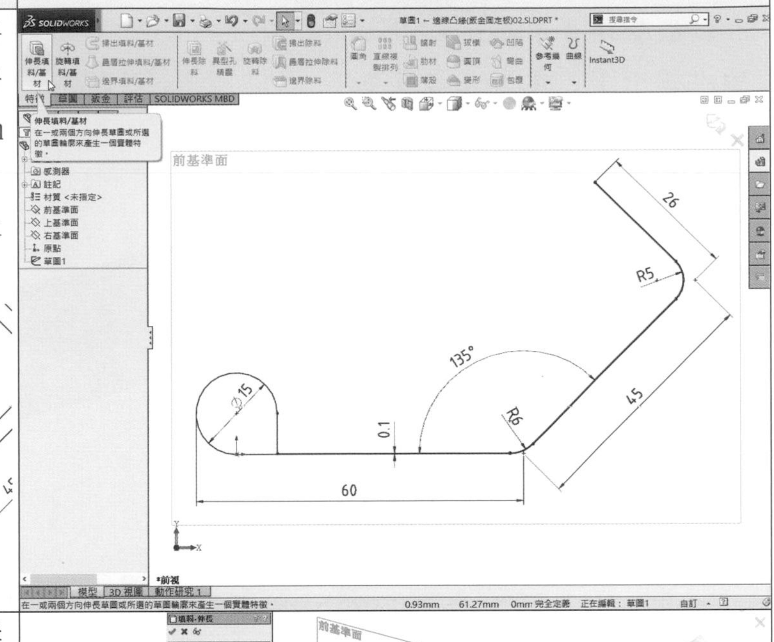 |
| 來自(F)『草圖平面』，方向 1 選取『給定深度』，輸入深度值 41mm，勾選『薄件特徵』，選取『單一方向』，伸長厚度 2mm，往外側長厚度，不勾選『自動圓化邊角(A)』。方向 1 按反轉方向鈕，往後方伸長填料後，按確定鍵。 | 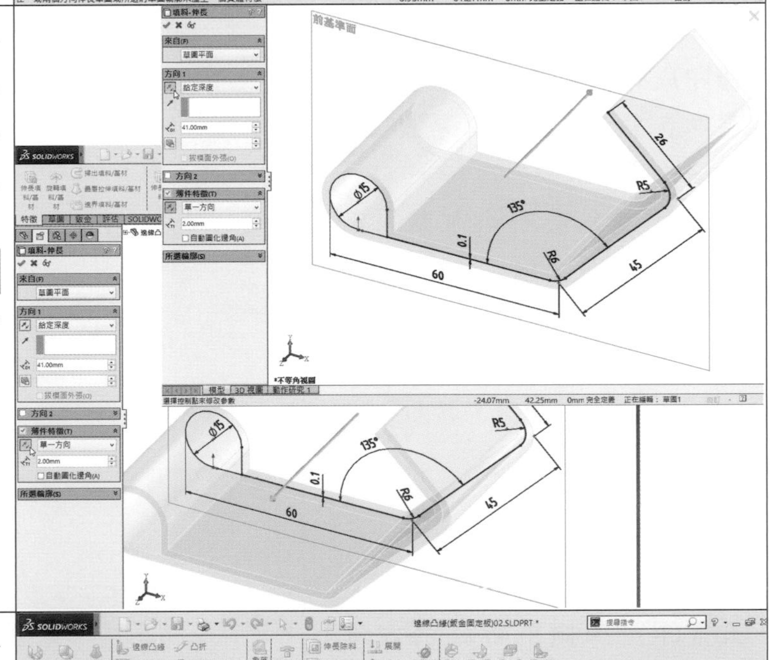 |
| 按鈑金鈑金工具列，按插入彎折鈕，彎折參數：預設彎折半徑 1mm，預設勾選『自動離隙(T)』，選取『撕裂』。點選固定面『面<1>』(藍色)後，按確定鍵。<br>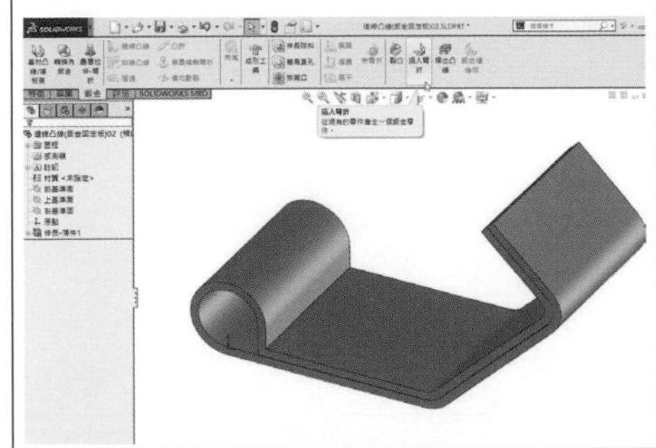 | 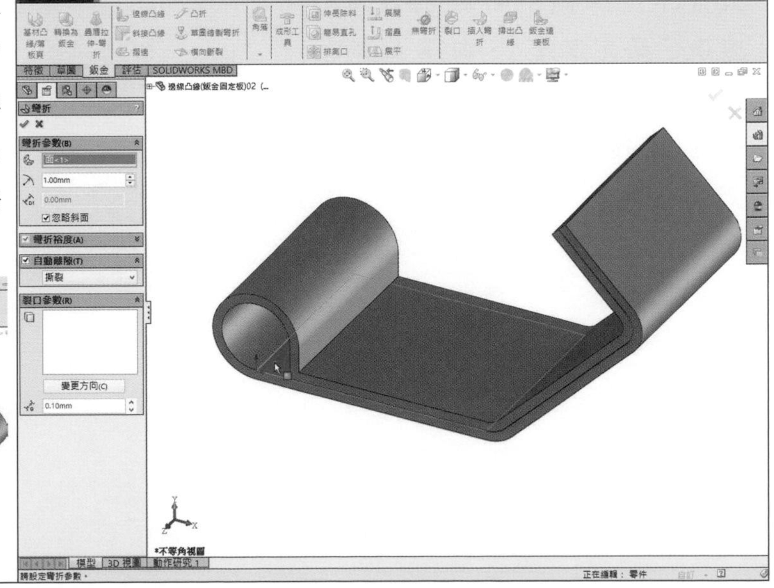 |

| 步驟說明 | 操作步驟圖示 |
| --- | --- |
| 在特徵管理員中加工-彎折1項次按一下，彈出文意感應工具列，按回溯鈕。回溯控制棒移至加工-彎折1項次之上。按展平之平面(藍色)後放開，彈出文意感應工具列，按正視於鈕，垂直於所選的平面。<br>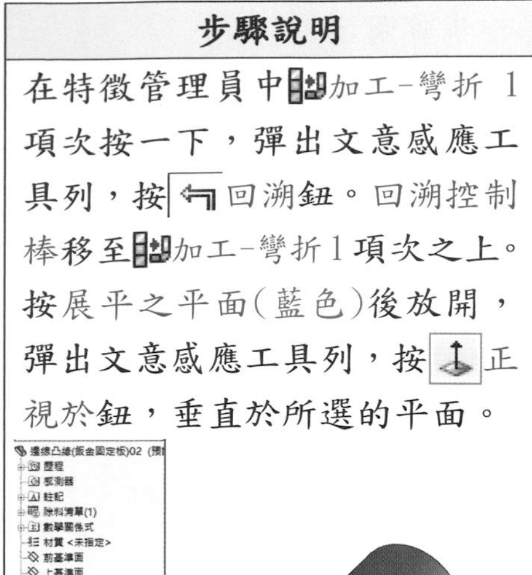 | 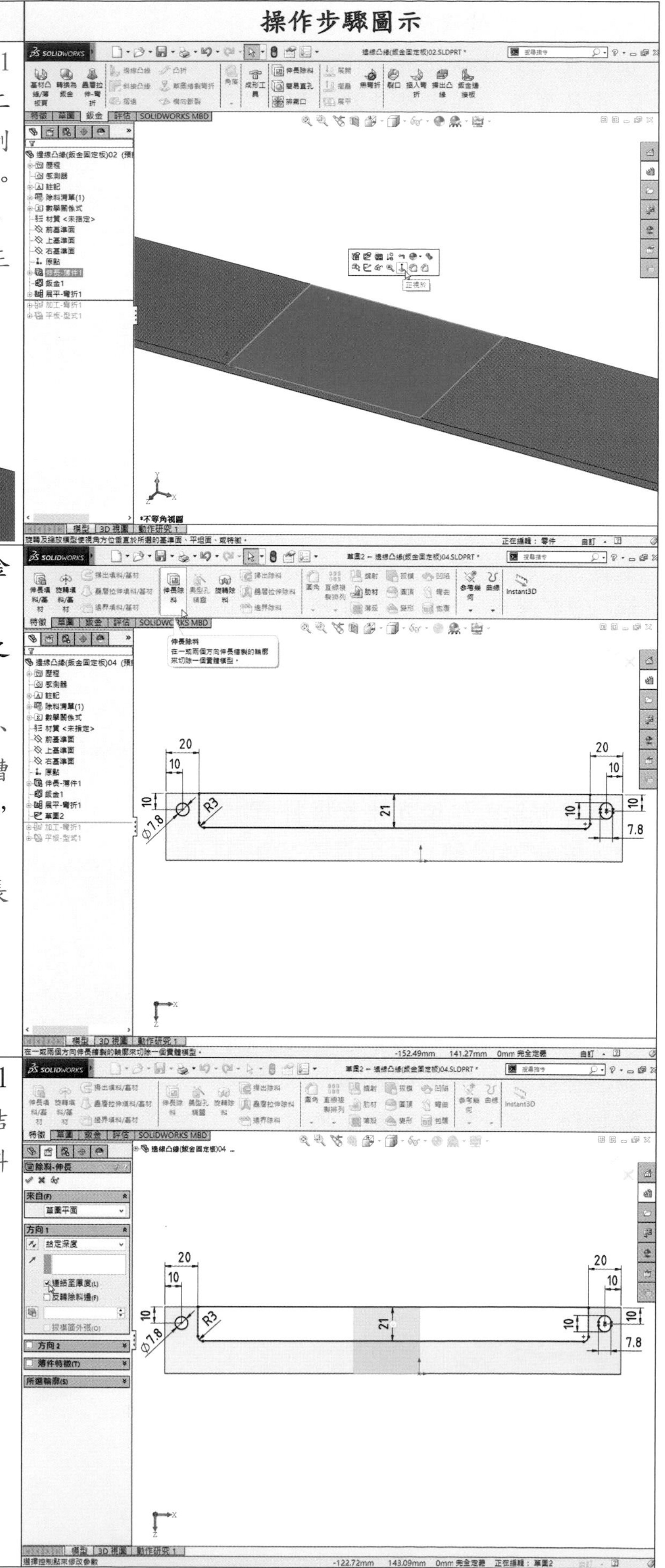 |
| 加工-彎折1將被抑制，鈑金件即成展平狀態。<br>選取展平之平面作為草圖2之繪圖平面。<br>按角落矩形、草圖圓角、圓、圓心/起/終點直狹槽鈕，畫出草圖之外型按輪廓線，並標註其尺度。<br>按特徵特徵工作列，按伸長除料鈕。 | |
| 來自(F)『草圖平面』，於方向1選取『給定深度』，勾選『連結至厚度(L)』，不勾選『反轉除料邊(F)』後，按確定鍵。 | |

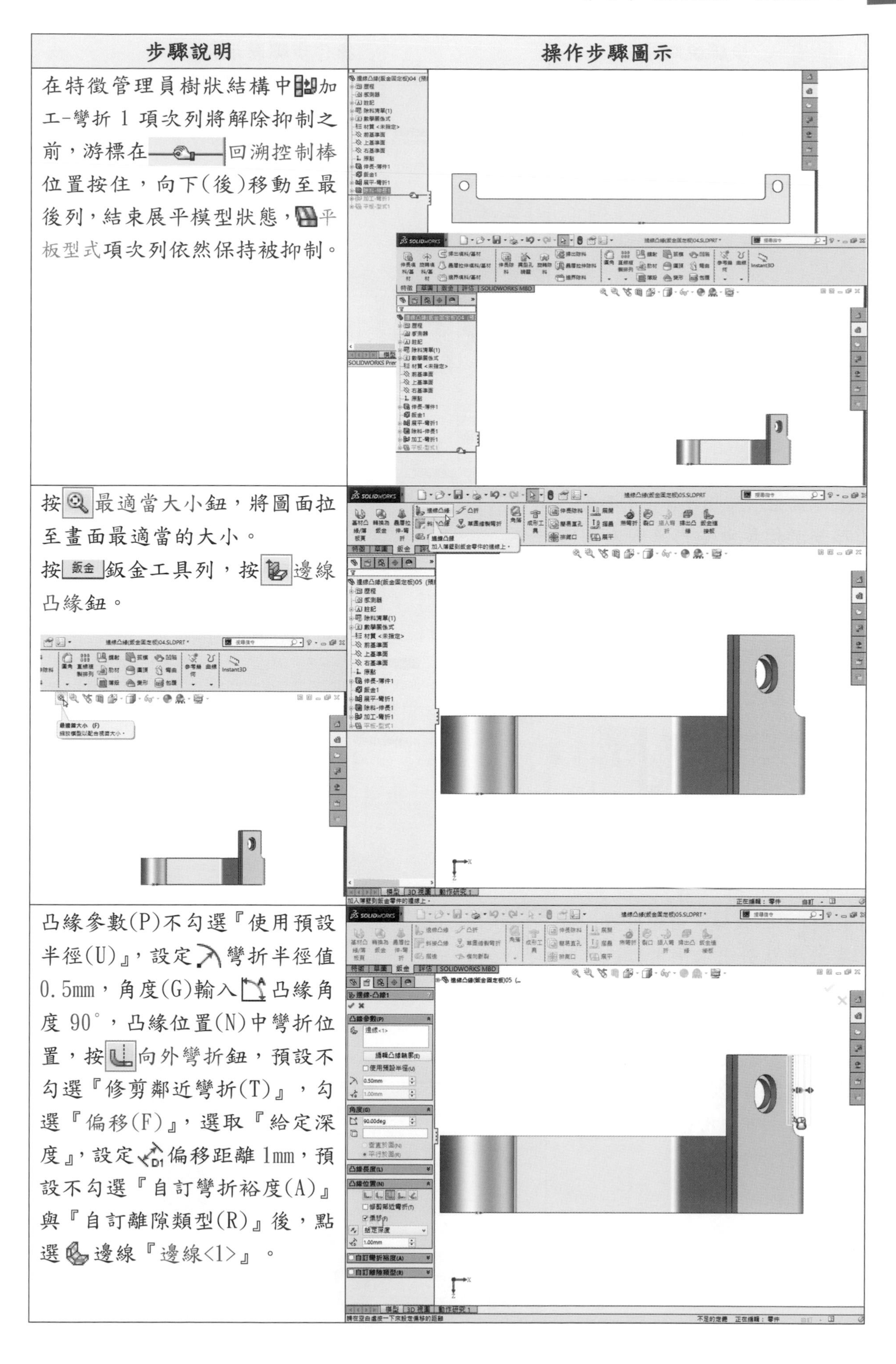

| 步驟說明 | 操作步驟圖示 |
| --- | --- |
| 在特徵管理員樹狀結構中加工-彎折 1 項次列將解除抑制之前，游標在回溯控制棒位置按住，向下(後)移動至最後列，結束展平模型狀態，平板型式項次列依然保持被抑制。 | |
| 按最適當大小鈕，將圖面拉至畫面最適當的大小。<br>按鈑金鈑金工具列，按邊線凸緣鈕。 | |
| 凸緣參數(P)不勾選『使用預設半徑(U)』，設定彎折半徑值 0.5mm，角度(G)輸入凸緣角度 90°，凸緣位置(N)中彎折位置，按向外彎折鈕，預設不勾選『修剪鄰近彎折(T)』，勾選『偏移(F)』，選取『給定深度』，設定偏移距離 1mm，預設不勾選『自訂彎折裕度(A)』與『自訂離隙類型(R)』後，點選邊線『邊線<1>』。 | |

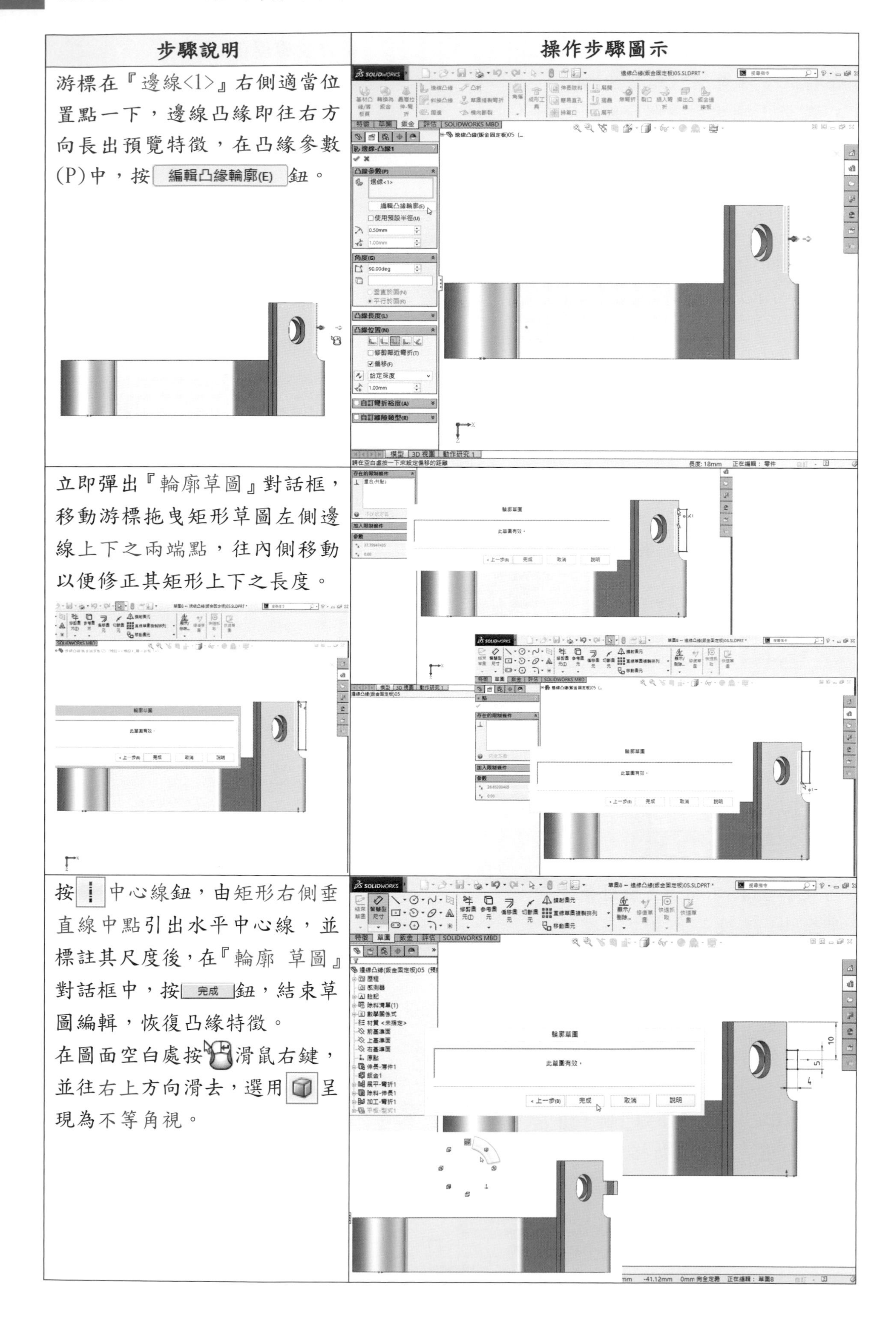

| 步驟說明 | 操作步驟圖示 |
| --- | --- |
| 游標在『邊線<1>』右側適當位置點一下，邊線凸緣即往右方向長出預覽特徵，在凸緣參數(P)中，按 編輯凸緣輪廓(E) 鈕。 | |
| 立即彈出『輪廓草圖』對話框，移動游標拖曳矩形草圖左側邊線上下之兩端點，往內側移動以便修正其矩形上下之長度。 | |
| 按 中心線鈕，由矩形右側垂直線中點引出水平中心線，並標註其尺度後，在『輪廓 草圖』對話框中，按 完成 鈕，結束草圖編輯，恢復凸緣特徵。<br>在圖面空白處按滑鼠右鍵，並往右上方向滑去，選用 呈現為不等角視。 | |

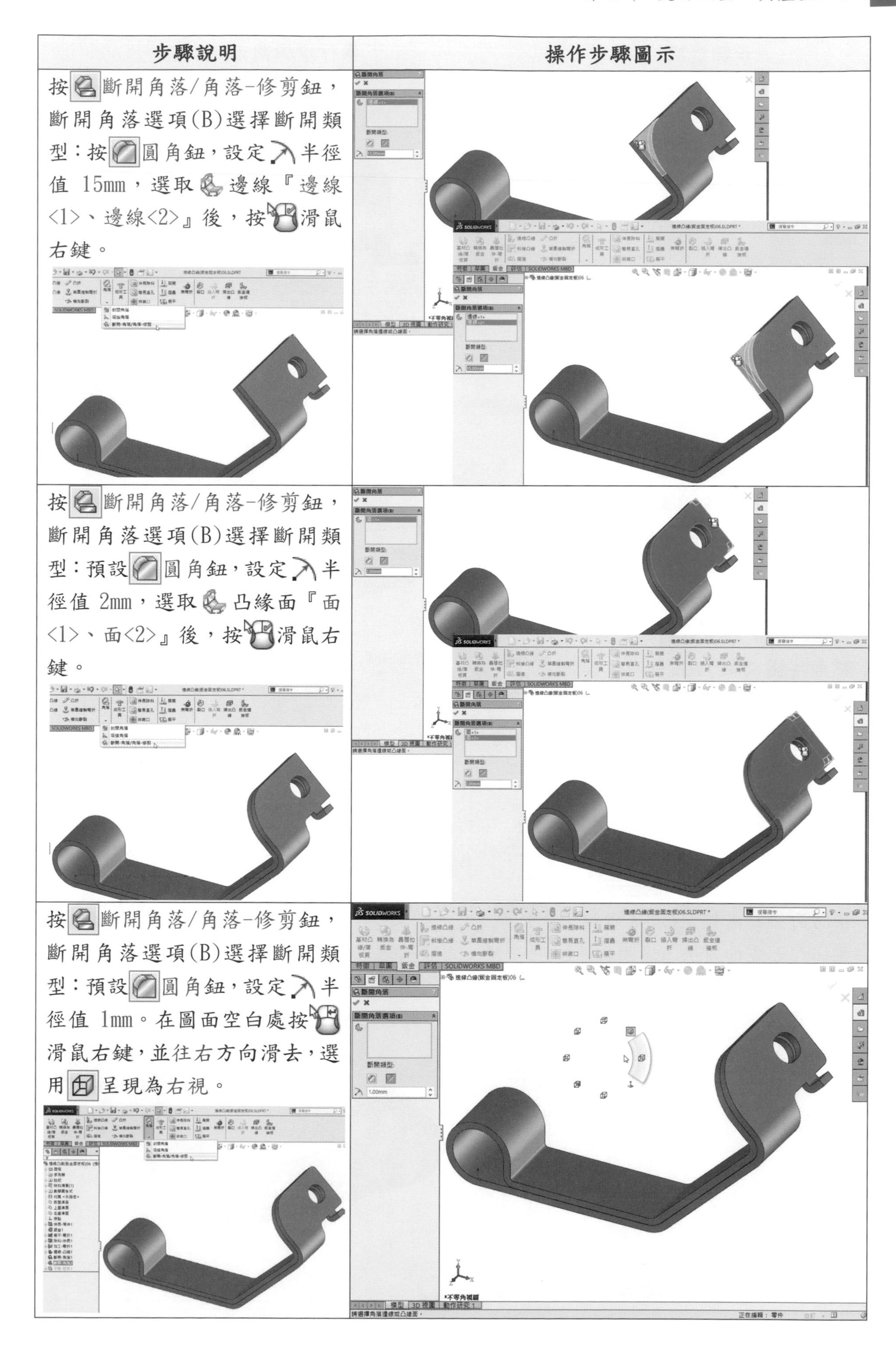

| 步驟說明 | 操作步驟圖示 |
| --- | --- |
| 按斷開角落/角落-修剪鈕，斷開角落選項(B)選擇斷開類型：按圓角鈕，設定半徑值 15mm，選取邊線『邊線<1>、邊線<2>』後，按滑鼠右鍵。 | |
| 按斷開角落/角落-修剪鈕，斷開角落選項(B)選擇斷開類型：預設圓角鈕，設定半徑值 2mm，選取凸緣面『面<1>、面<2>』後，按滑鼠右鍵。 | |
| 按斷開角落/角落-修剪鈕，斷開角落選項(B)選擇斷開類型：預設圓角鈕，設定半徑值 1mm。在圖面空白處按滑鼠右鍵，並往右方向滑去，選用呈現為右視。 | |

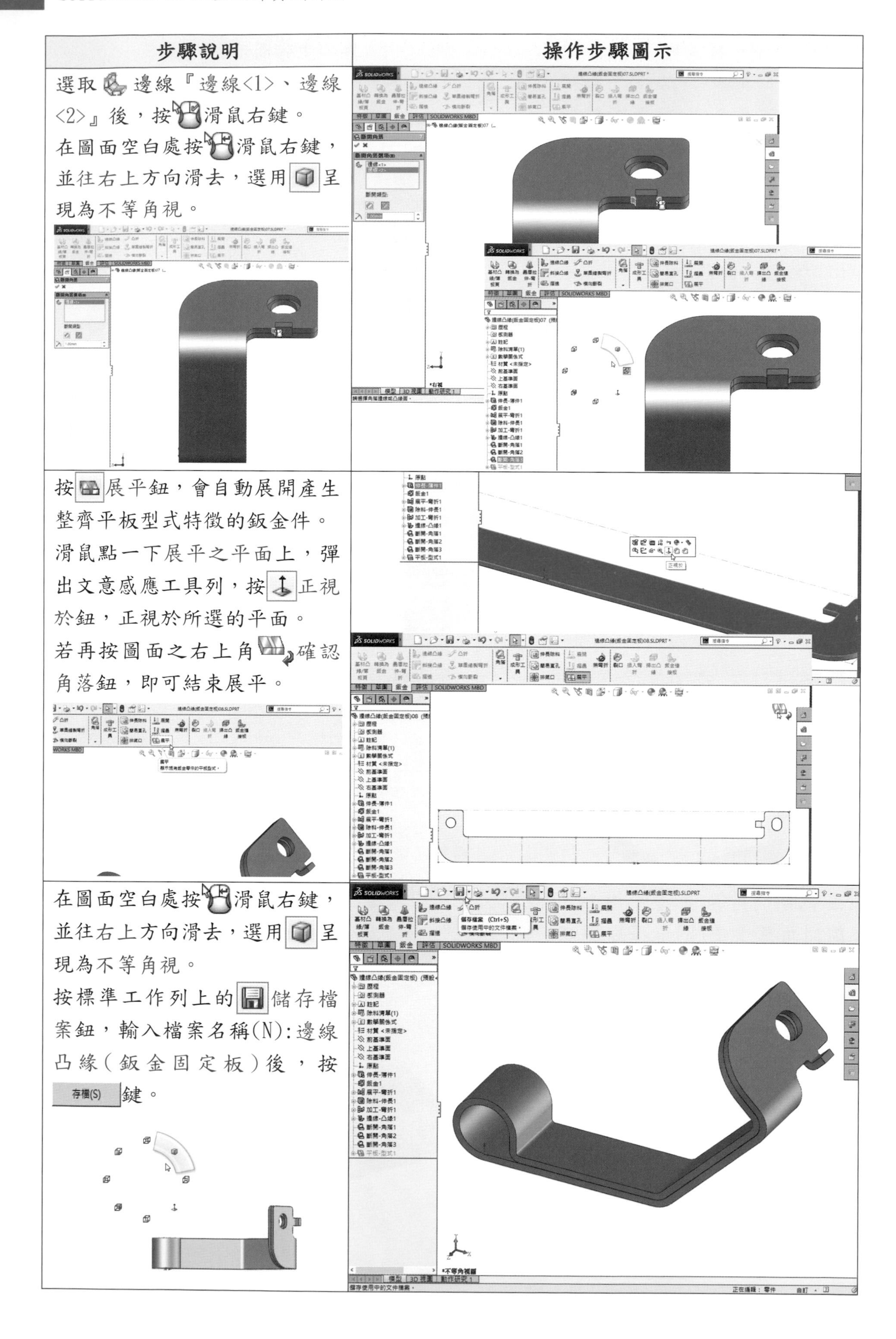

| 步驟說明 | 操作步驟圖示 |
| --- | --- |
| 選取 邊線『邊線<1>、邊線<2>』後，按 滑鼠右鍵。<br>在圖面空白處按 滑鼠右鍵，並往右上方向滑去，選用 呈現為不等角視。 | |
| 按 展平鈕，會自動展開產生整齊平板型式特徵的鈑金件。<br>滑鼠點一下展平之平面上，彈出文意感應工具列，按 正視於鈕，正視於所選的平面。<br>若再按圖面之右上角 確認角落鈕，即可結束展平。 | |
| 在圖面空白處按 滑鼠右鍵，並往右上方向滑去，選用 呈現為不等角視。<br>按標準工作列上的 儲存檔案鈕，輸入檔案名稱(N):邊線凸緣(鈑金固定板)後，按 存檔(S) 鍵。 | |

## 2.4.1 插入彎折(伸長填料薄件特徵)產生長尾夾本體鈑金

學習目標：能建立一個實體伸長填料薄件特徵，使用插入彎折轉換為鈑金零件。

繪圖步驟：長薄件特徵→插入彎折→產生鈑金→回溯控制→作伸長除料→回溯控制。

使用指令：

- 草圖指令：中心線、圓心/起/終點畫弧、直線、草圖圓角、鏡射圖元、直狹槽。
- 特徵指令：伸長填料/基材、伸長除料。
- 鈑金指令：插入彎折。

*註：插入彎折需符合實體、厚度一致、薄件特徵等條件後，將薄件特徵轉換為鈑金零件。*

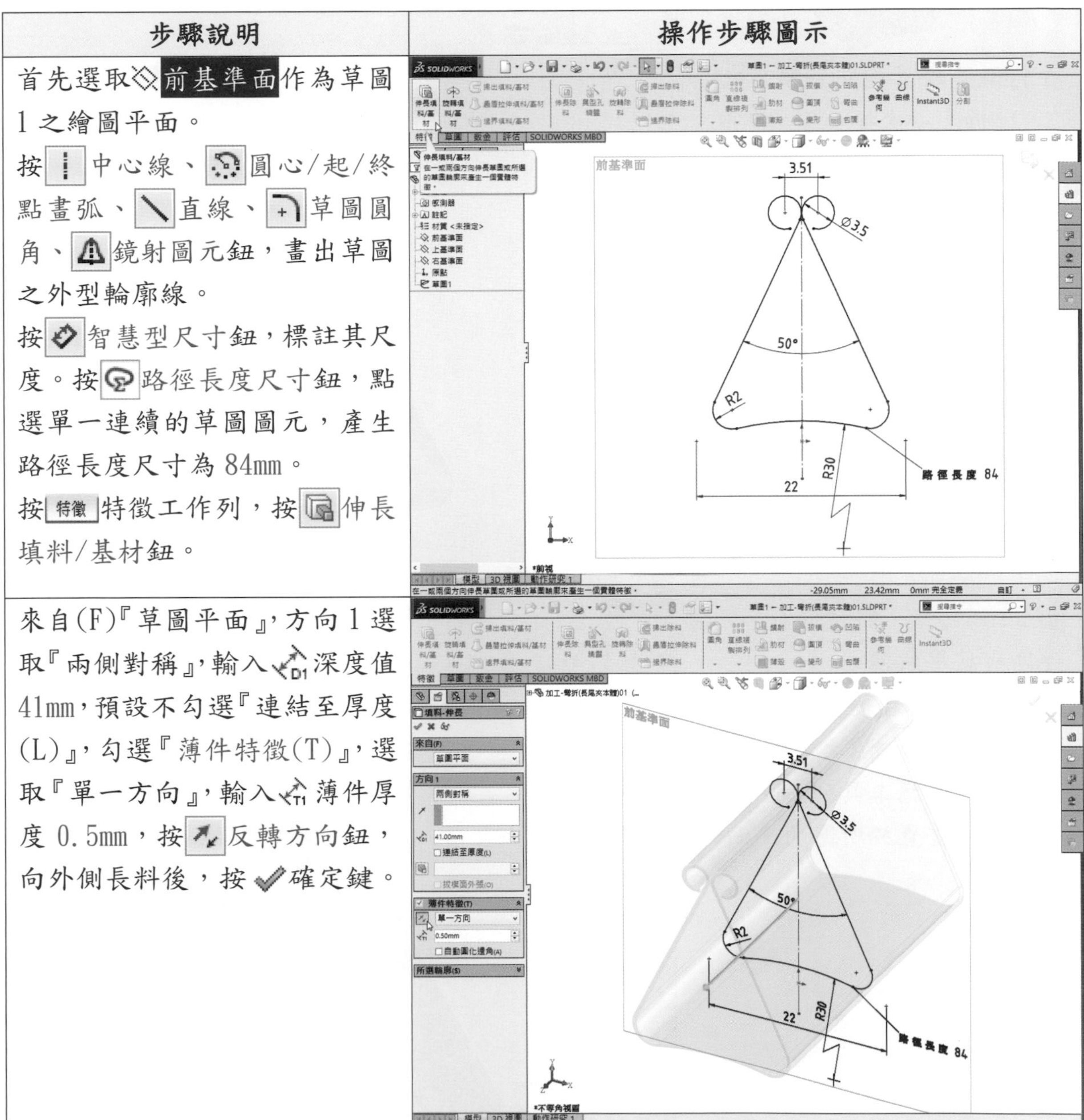


| 步驟說明 | 操作步驟圖示 |
|---|---|
| 首先選取前基準面作為草圖1之繪圖平面。<br>按中心線、圓心/起/終點畫弧、直線、草圖圓角、鏡射圖元鈕，畫出草圖之外型輪廓線。<br>按智慧型尺寸鈕，標註其尺度。按路徑長度尺寸鈕，點選單一連續的草圖圖元，產生路徑長度尺寸為84mm。<br>按特徵特徵工作列，按伸長填料/基材鈕。 | |
| 來自(F)『草圖平面』，方向1選取『兩側對稱』，輸入深度值41mm，預設不勾選『連結至厚度(L)』，勾選『薄件特徵(T)』，選取『單一方向』，輸入薄件厚度0.5mm，按反轉方向鈕，向外側長料後，按確定鍵。 | |

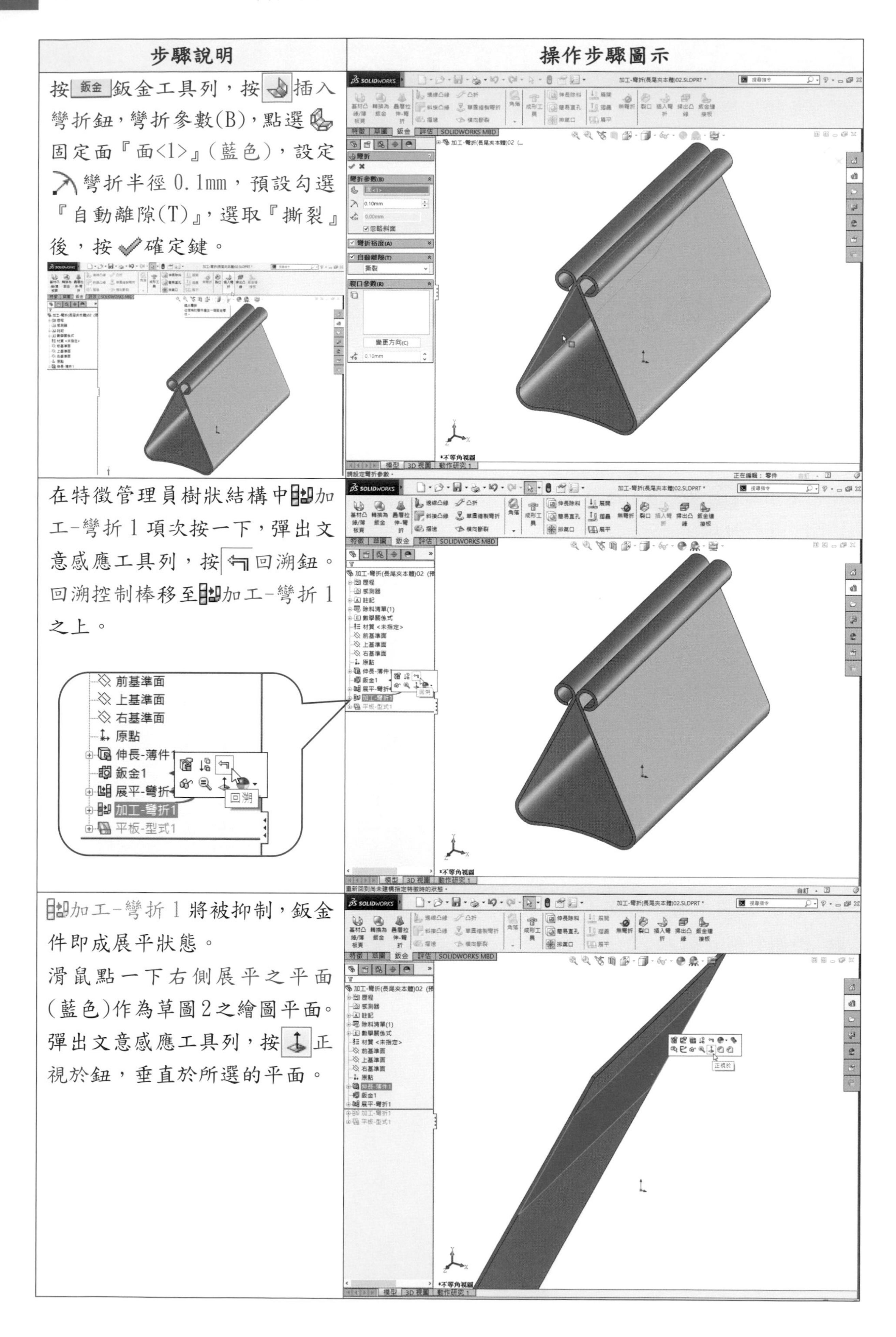


| 步驟說明 | 操作步驟圖示 |
| --- | --- |
| 按「鈑金」鈑金工具列，按插入彎折鈕，彎折參數(B)，點選固定面『面<1>』(藍色)，設定彎折半徑 0.1mm，預設勾選『自動離隙(T)』，選取『撕裂』後，按確定鍵。 | |
| 在特徵管理員樹狀結構中加工-彎折 1 項次按一下，彈出文意感應工具列，按回溯鈕。回溯控制棒移至加工-彎折 1 之上。 | |
| 加工-彎折 1 將被抑制，鈑金件即成展平狀態。<br>滑鼠點一下右側展平之平面(藍色)作為草圖 2 之繪圖平面。彈出文意感應工具列，按正視於鈕，垂直於所選的平面。 | |

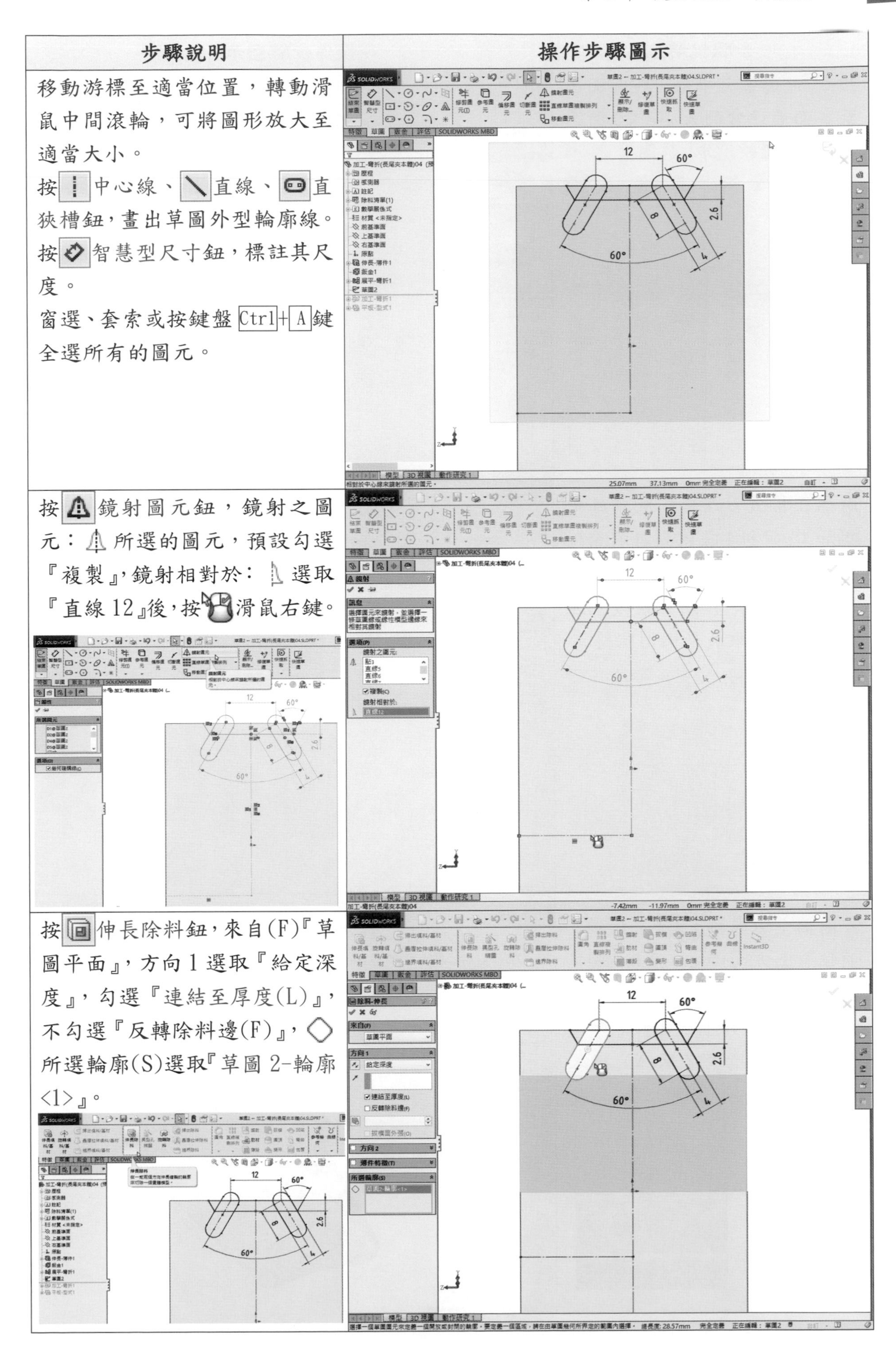

| 步驟說明 | 操作步驟圖示 |
| --- | --- |
| 移動游標至適當位置，轉動滑鼠中間滾輪，可將圖形放大至適當大小。<br>按 中心線、 直線、 直狹槽鈕，畫出草圖外型輪廓線。<br>按 智慧型尺寸鈕，標註其尺度。<br>窗選、套索或按鍵盤 Ctrl + A 鍵全選所有的圖元。 | |
| 按 鏡射圖元鈕，鏡射之圖元： 所選的圖元，預設勾選『複製』，鏡射相對於： 選取『直線 12』後，按 滑鼠右鍵。 | |
| 按 伸長除料鈕，來自(F)『草圖平面』，方向 1 選取『給定深度』，勾選『連結至厚度(L)』，不勾選『反轉除料邊(F)』， 所選輪廓(S)選取『草圖 2-輪廓<1>』。 | |

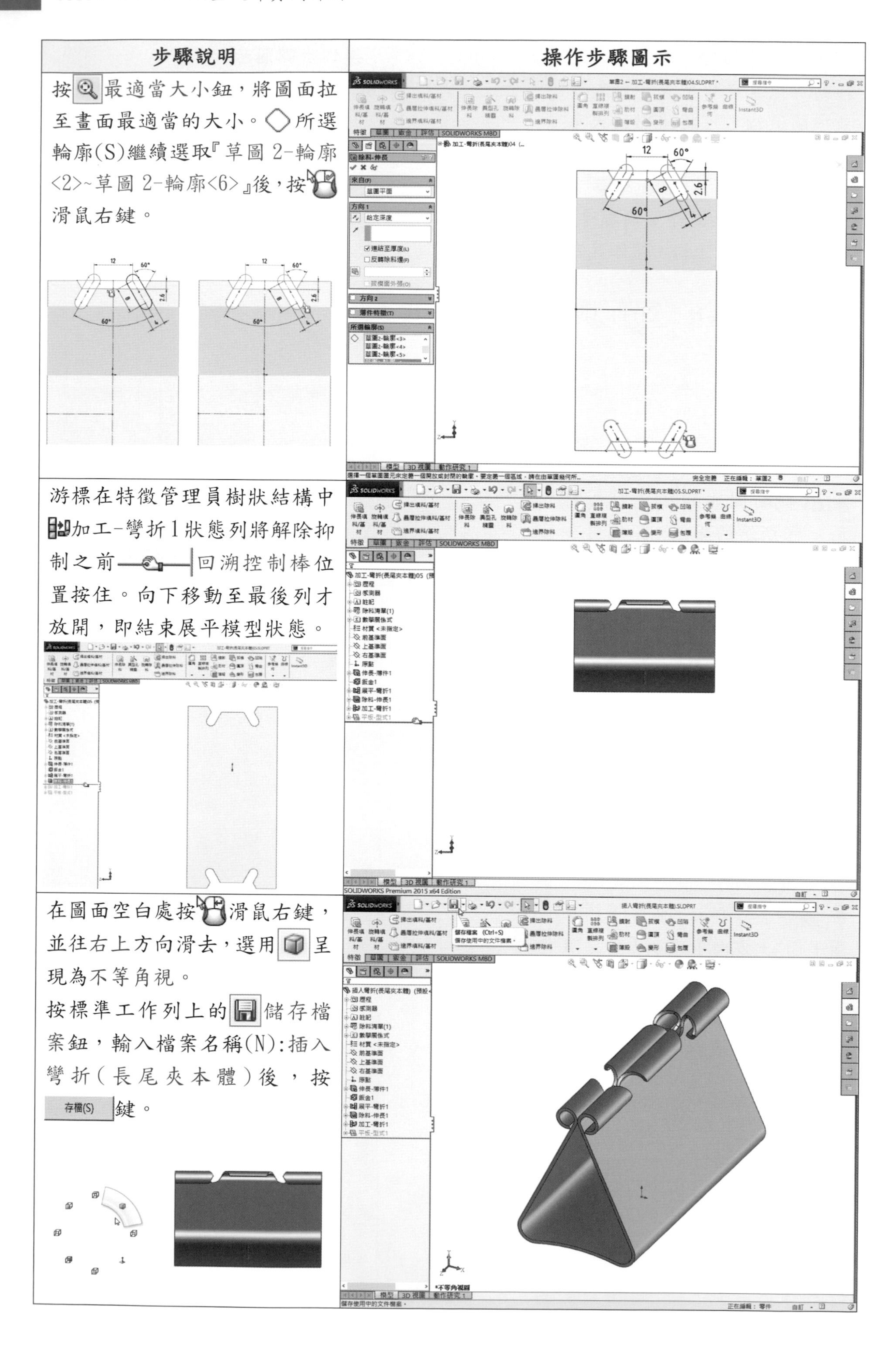

| 步驟說明 | 操作步驟圖示 |
|---|---|
| 按最適當大小鈕，將圖面拉至畫面最適當的大小。所選輪廓(S)繼續選取『草圖 2-輪廓<2>~草圖 2-輪廓<6>』後，按滑鼠右鍵。 | |
| 游標在特徵管理員樹狀結構中加工-彎折1狀態列將解除抑制之前回溯控制棒位置按住。向下移動至最後列才放開，即結束展平模型狀態。 | |
| 在圖面空白處按滑鼠右鍵，並往右上方向滑去，選用呈現為不等角視。<br>按標準工作列上的儲存檔案鈕，輸入檔案名稱(N):插入彎折(長尾夾本體)後，按存檔(S)鍵。 | |

## 2.4.2 插入彎折(1 條邊線)產生低壓軟管夾鈑金

學習目標：能使用插入彎折和邊線凸緣指令，將薄殼化零件轉換為鈑金零件。

繪圖步驟：長伸長填料→插入彎折→產生鈑金→作伸長除料→作邊線凸緣→按展平。

使用指令：(製品標稱：低壓軟管夾 CNS 5298)

- 草圖指令：中心線、圓、直線、切斷圖元、幾何建構線、草圖圓角、直狹槽、中心矩形。
- 特徵指令：伸長填料/基材、伸長除料。
- 鈑金指令：插入彎折、邊線凸緣、展平。

| 步驟說明 | 操作步驟圖示 |
| --- | --- |
| 首先選取前基準面作為草圖 1 之繪圖平面。<br>按中心線、圓、直線、切斷圖元、幾何建構線和草圖圓角鈕，畫出草圖之外型輪廓線。<br>按智慧型尺寸鈕，標註其尺度。<br>按特徵特徵工作列，按伸長填料/基材鈕。 | 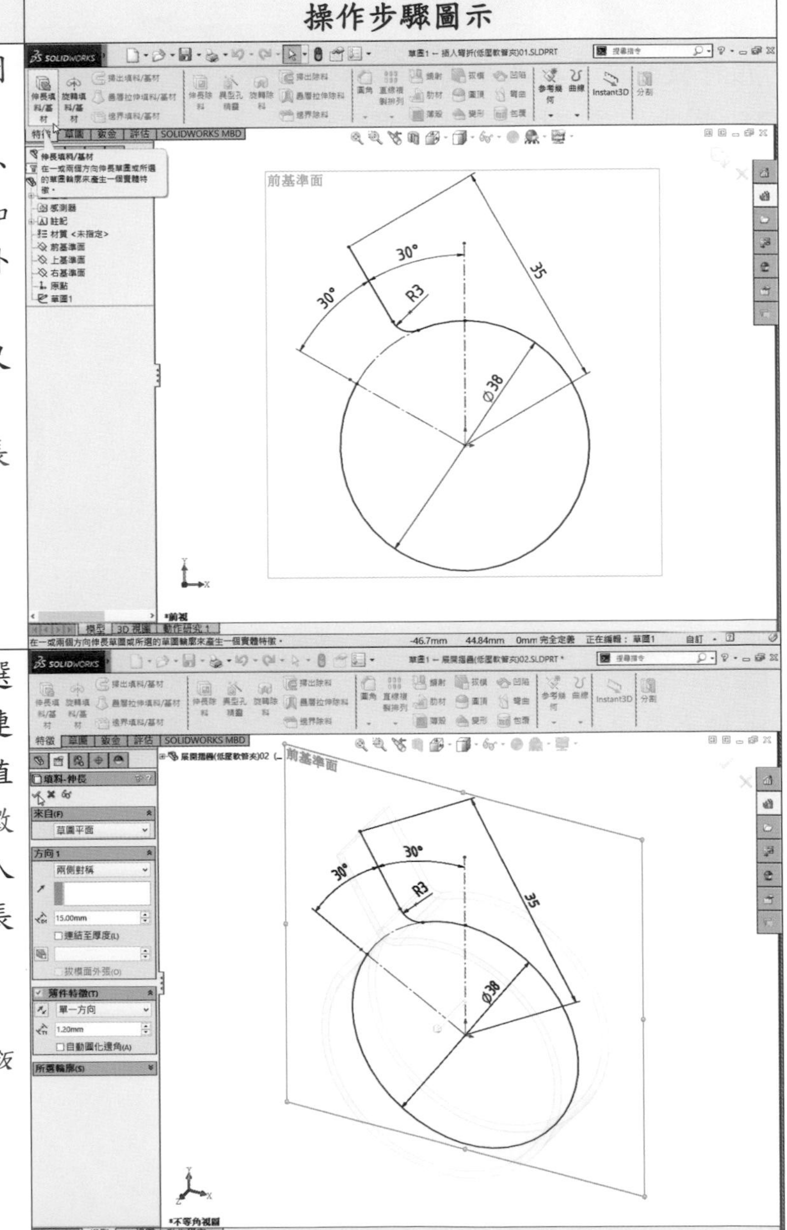 |
| 來自(F)『草圖平面』，方向 1 選取『兩側對稱』，預設不勾選『連結至厚度(L)』，輸入深度值 15mm，預設勾選『薄件特徵(T)』，選取『單一方向』，輸入薄件厚度 1.2mm，朝外側長料後，按確定鍵。<br><br>*註：插入彎折後將薄件特徵轉換為鈑金零件。* | |

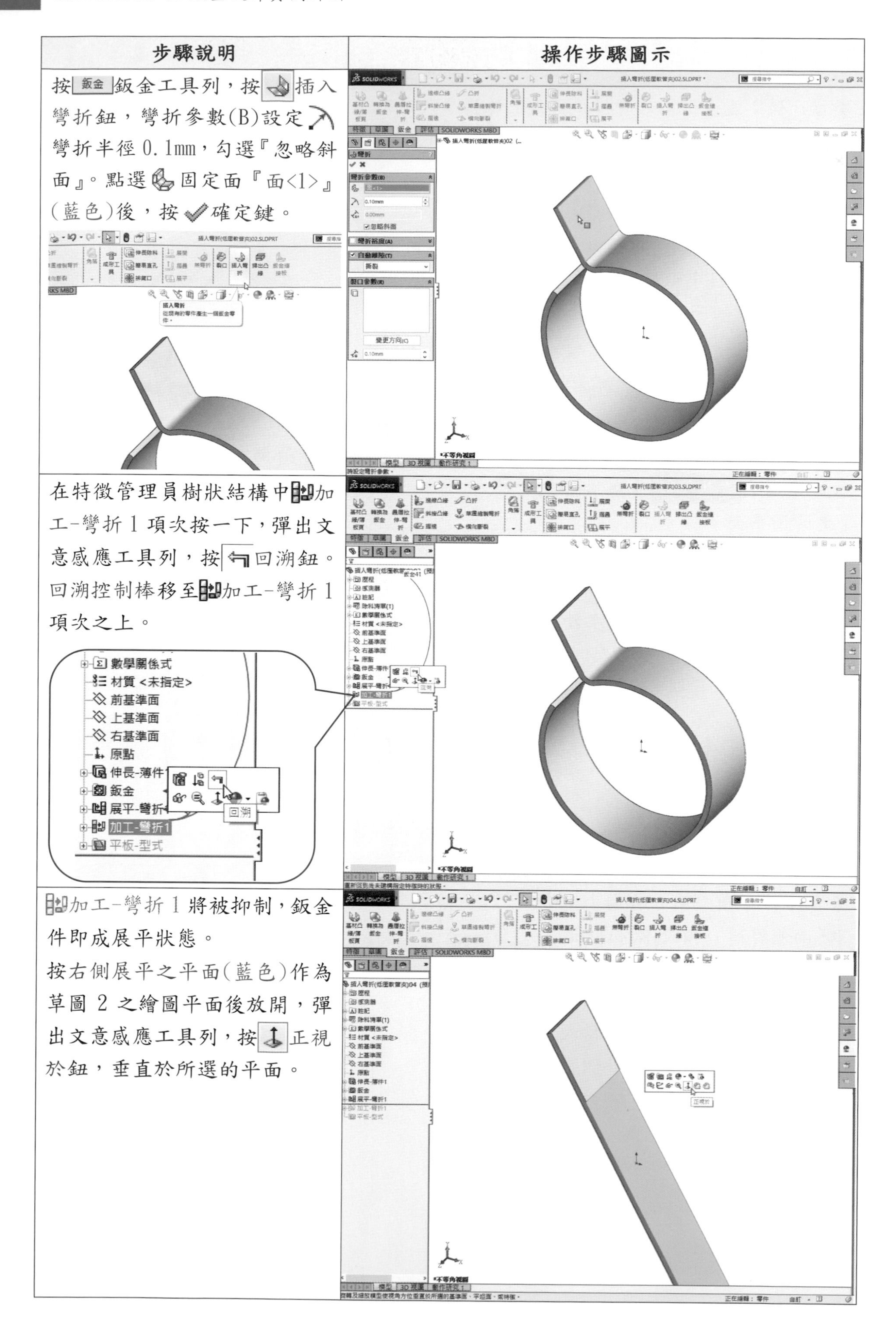

| 步驟說明 | 操作步驟圖示 |
| --- | --- |
| 按 鈑金 鈑金工具列，按 插入彎折鈕，彎折參數(B)設定 彎折半徑 0.1mm，勾選『忽略斜面』。點選 固定面『面<1>』(藍色)後，按 確定鍵。 | |
| 在特徵管理員樹狀結構中 加工-彎折 1 項次按一下，彈出文意感應工具列，按 回溯鈕。回溯控制棒移至 加工-彎折 1 項次之上。 | |
| 加工-彎折 1 將被抑制，鈑金件即成展平狀態。<br>按右側展平之平面(藍色)作為草圖 2 之繪圖平面後放開，彈出文意感應工具列，按 正視於鈕，垂直於所選的平面。 | |

| 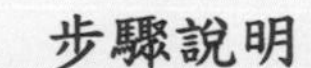步驟說明 | 操作步驟圖示 |
| --- | --- |
| 按中心線、中心矩形、直狹槽和草圖圓角鈕，畫出草圖外型輪廓線。<br>按智慧型尺寸鈕，標註其尺度。<br>按鍵盤 Ctrl 鍵，點選中心矩形中點、原點與兩個直狹槽中點後放開，彈出文意感應工具列，按垂直放置鈕，加入限制條件。 | 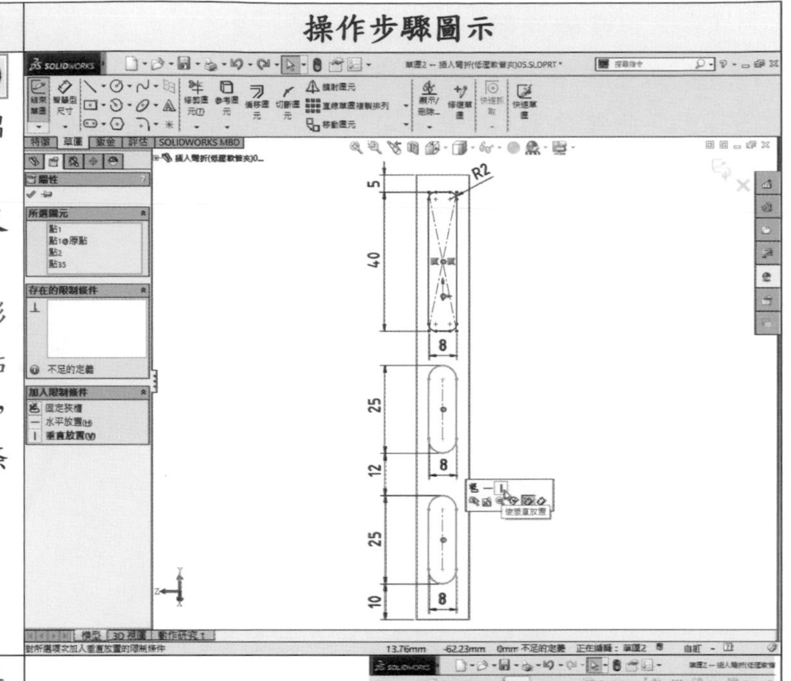 |
| 按特徵特徵工作列，按伸長除料鈕，來自(F)『草圖平面』，方向 1 選取『給定深度』，勾選『連結至厚度(L)』，不勾選『反轉除料邊(F)』，按確定鍵。 | 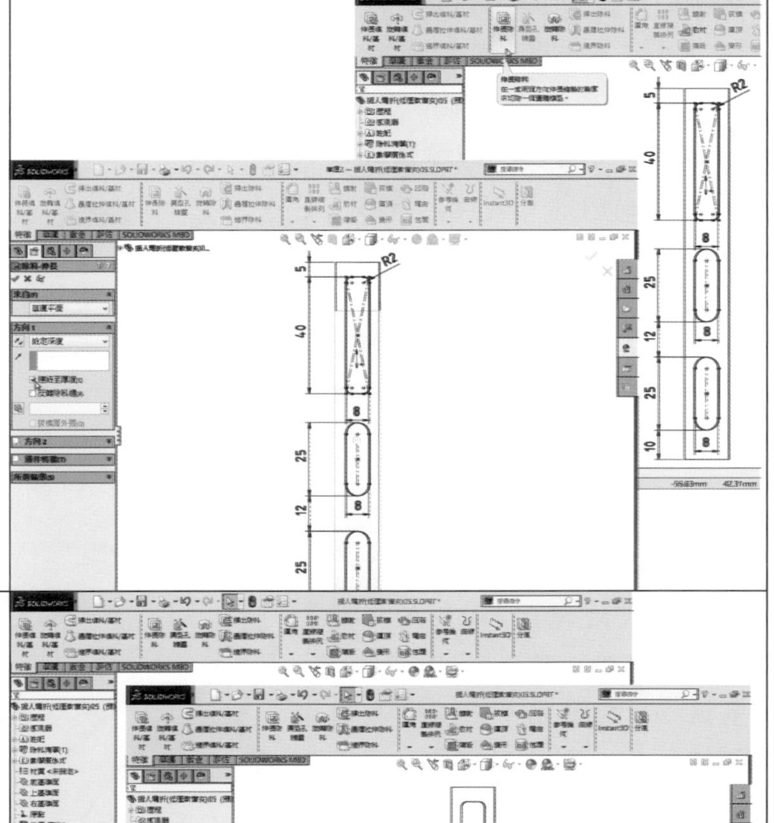 |
| 游標在特徵管理員樹狀結構中加工-彎折 1 項次列將解除抑制之前回溯控制棒位置，按滑鼠右鍵，點選功能表列中移至最後(E)項次列。回溯控制棒向下移至最後，即結束展平模型狀態。<br>在圖面空白處按滑鼠右鍵，並往右上方向滑去，選用呈現為右上方向不等角視。 | |

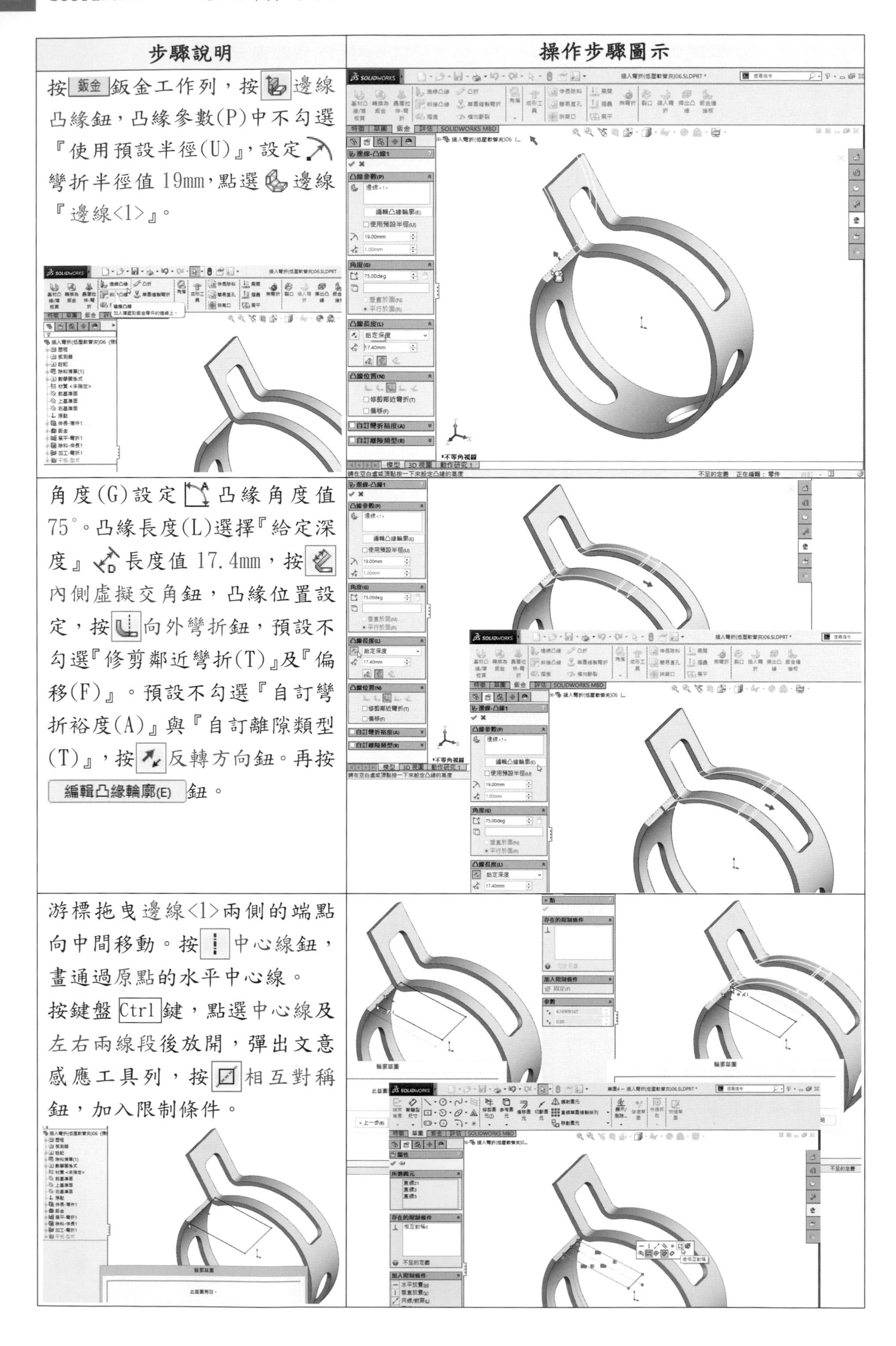

| 步驟說明 | 操作步驟圖示 |
| --- | --- |
| 按 鈑金 鈑金工作列，按 邊線凸緣鈕，凸緣參數(P)中不勾選『使用預設半徑(U)』，設定 彎折半徑值 19mm，點選 邊線『邊線<1>』。 | |
| 角度(G)設定 凸緣角度值 75°。凸緣長度(L)選擇『給定深度』 長度值 17.4mm，按 內側虛擬交角鈕，凸緣位置設定，按 向外彎折鈕，預設不勾選『修剪鄰近彎折(T)』及『偏移(F)』。預設不勾選『自訂彎折裕度(A)』與『自訂離隙類型(T)』，按 反轉方向鈕。再按 編輯凸緣輪廓(E) 鈕。 | |
| 游標拖曳邊線<1>兩側的端點向中間移動。按 中心線鈕，畫通過原點的水平中心線。按鍵盤 Ctrl 鍵，點選中心線及左右兩線段後放開，彈出文意感應工具列，按 相互對稱鈕，加入限制條件。 | |

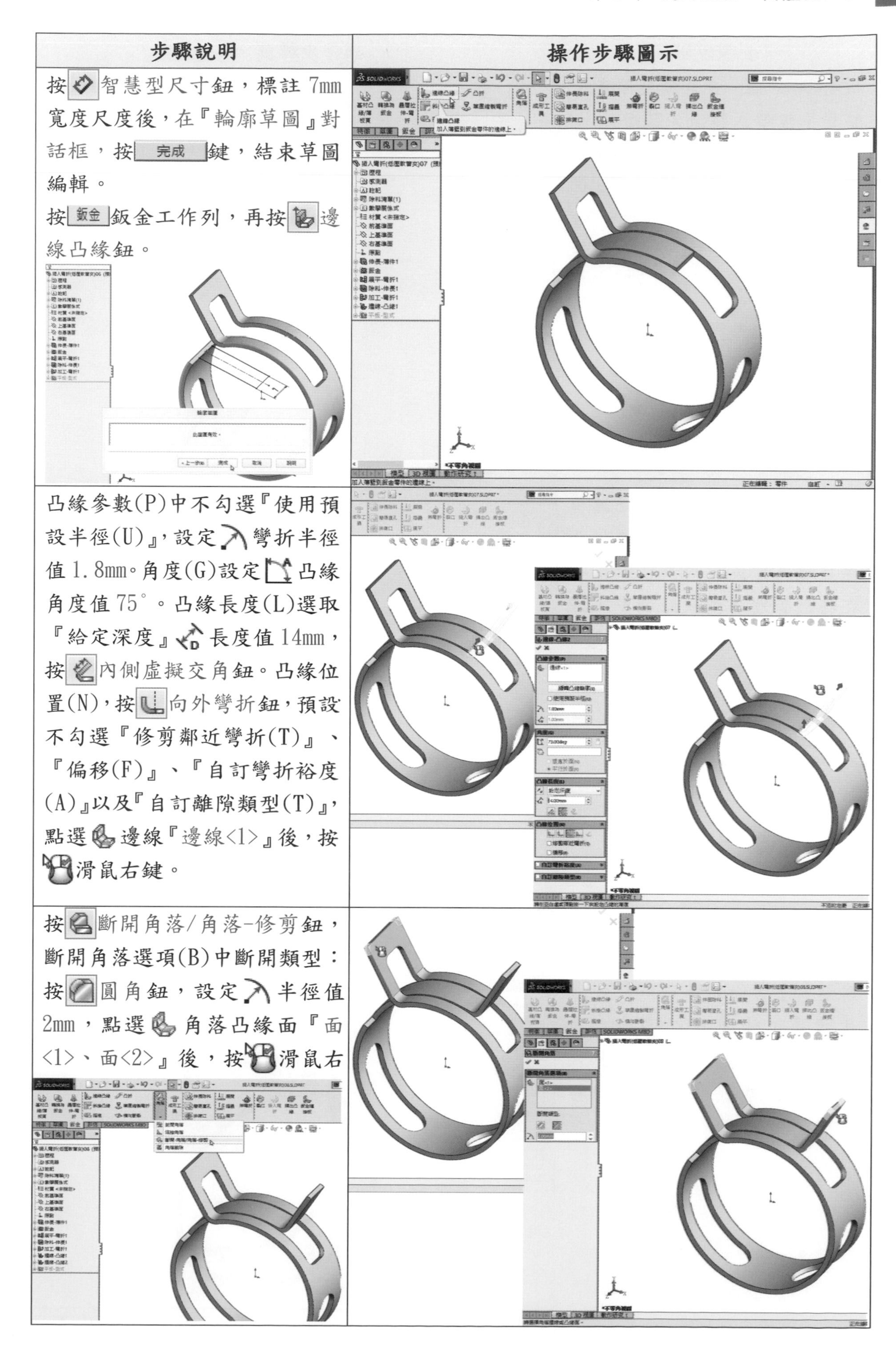

| 步驟說明 | 操作步驟圖示 |
| --- | --- |
| 按智慧型尺寸鈕，標註 7mm 寬度尺度後，在『輪廓草圖』對話框，按 完成 鍵，結束草圖編輯。<br>按 鈑金 鈑金工作列，再按邊線凸緣鈕。 | |
| 凸緣參數(P)中不勾選『使用預設半徑(U)』，設定彎折半徑值 1.8mm。角度(G)設定凸緣角度值 75°。凸緣長度(L)選取『給定深度』長度值 14mm，按內側虛擬交角鈕。凸緣位置(N)，按向外彎折鈕，預設不勾選『修剪鄰近彎折(T)』、『偏移(F)』、『自訂彎折裕度(A)』以及『自訂離隙類型(T)』，點選邊線『邊線<1>』後，按滑鼠右鍵。 | |
| 按斷開角落/角落-修剪鈕，斷開角落選項(B)中斷開類型：按圓角鈕，設定半徑值 2mm，點選角落凸緣面『面<1>、面<2>』後，按滑鼠右 | |

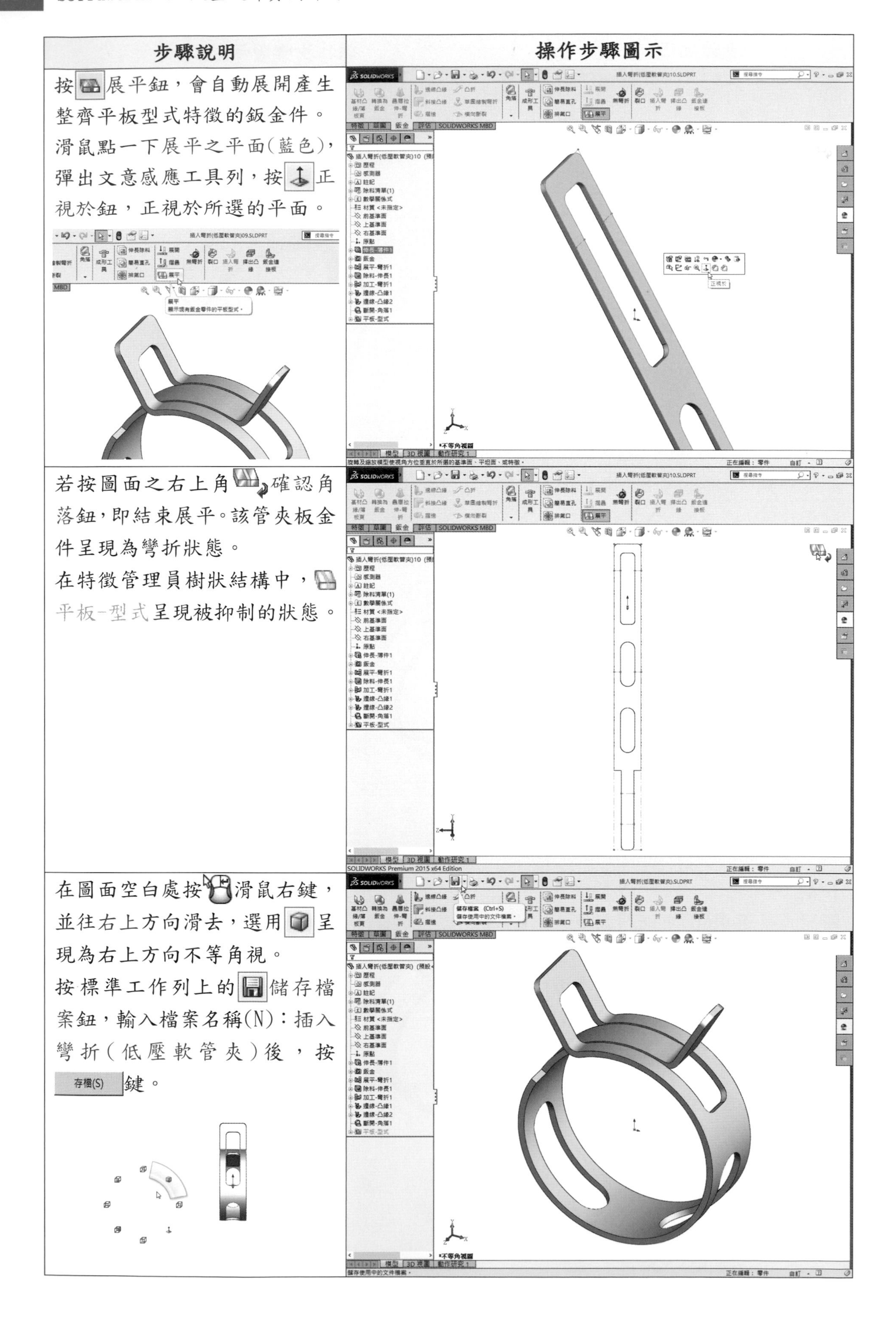

| 步驟說明 | 操作步驟圖示 |
| --- | --- |
| 按展平鈕，會自動展開產生整齊平板型式特徵的鈑金件。滑鼠點一下展平之平面(藍色)，彈出文意感應工具列，按正視於鈕，正視於所選的平面。 | |
| 若按圖面之右上角確認角落鈕，即結束展平。該管夾板金件呈現為彎折狀態。在特徵管理員樹狀結構中，平板-型式呈現被抑制的狀態。 | |
| 在圖面空白處按滑鼠右鍵，並往右上方向滑去，選用呈現為右上方向不等角視。按標準工作列上的儲存檔案鈕，輸入檔案名稱(N)：插入彎折(低壓軟管夾)後，按存檔(S)鍵。 | |

## 2.5.1 斜接凸緣(草圖含三直線)產生電源箱體鈑金

學習目標：能使用斜接凸緣特徵加到鈑金零件的一條或多條連續邊線上。

繪圖步驟：長基材凸緣/薄板頁→產生鈑金→畫草圖→長斜接凸緣→作伸長除料→按展平。

使用指令：

- 草圖指令：中心矩形、直線、中心線、圓、鏡射圖元。
- 特徵指令：伸長除料。
- 鈑金指令：基材凸緣/薄板頁、斜接凸緣、展平。

| 步驟說明 | 操作步驟圖示 |
|---|---|
| 首先選取前基準面作為草圖 1 之繪圖平面。<br>按中心矩形鈕，由原點引出畫矩形草圖輪廓線。<br>按智慧型尺寸鈕，標註其尺度。<br>按鈑金鈑金工作列，再按基材-凸緣/薄板頁鈕。 | 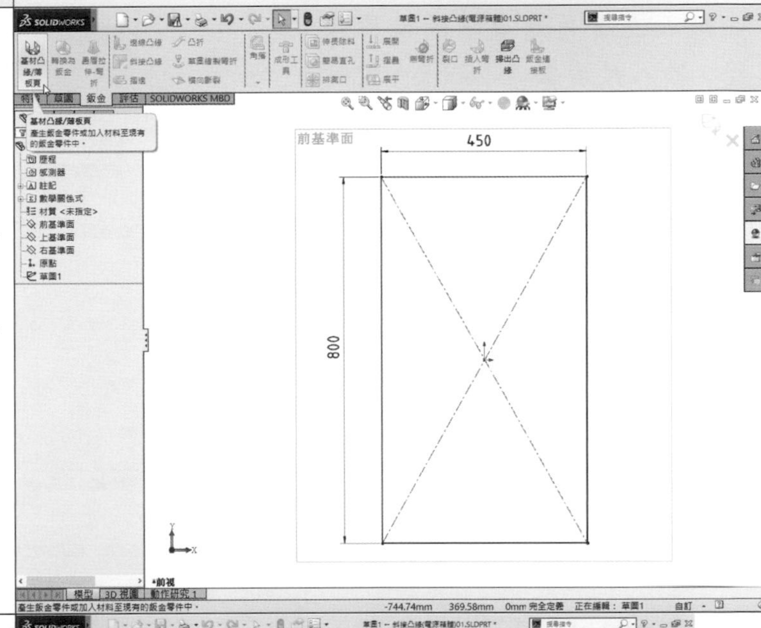 |
| 鈑金參數(S)中設定厚度值 1.5mm，不勾選『反轉方向(E)』，彎折裕度(A)預設『K-Factor』為 0.5，自動離隙(T)預設『撕裂』後，按確定鍵。<br>在圖面空白處按滑鼠右鍵，並往下方向滑去，選用呈現為下視。 | 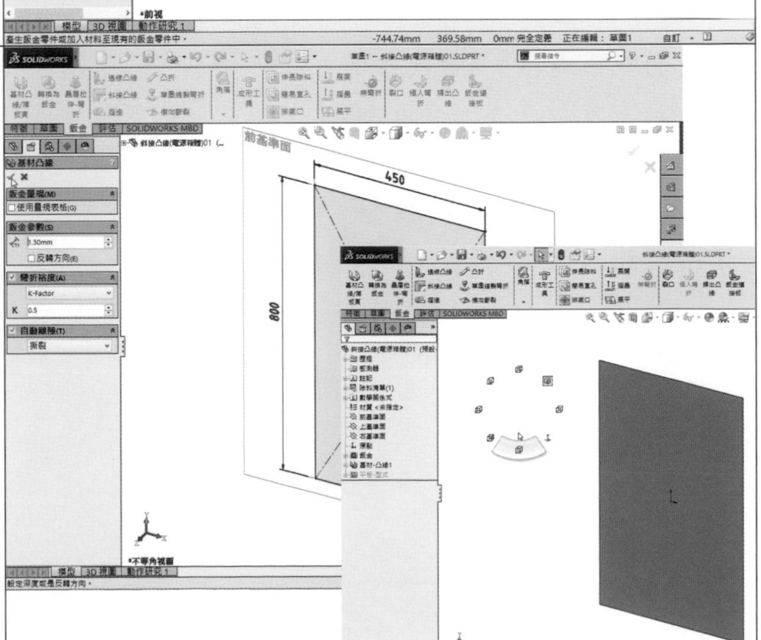 |

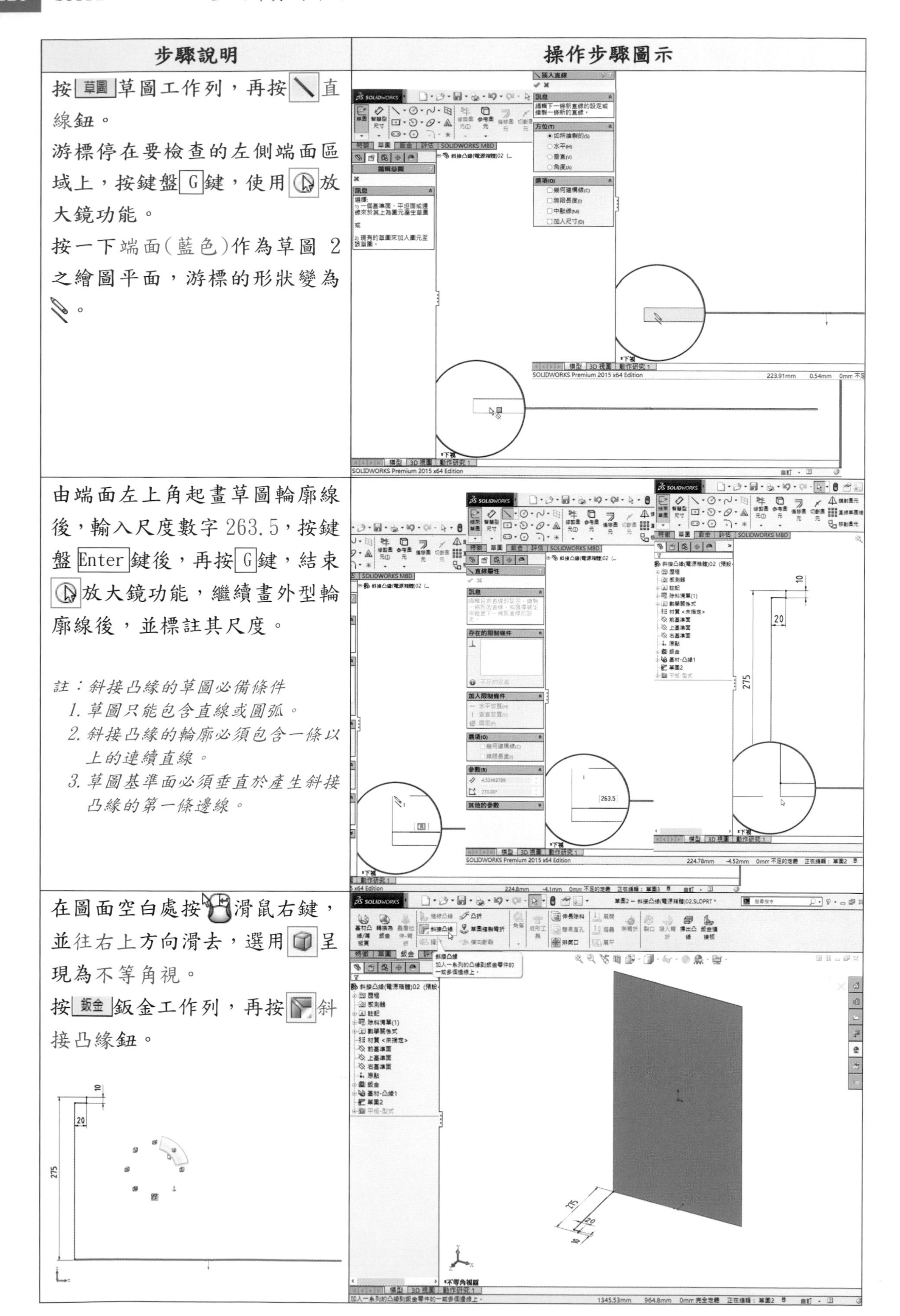

| 步驟說明 | 操作步驟圖示 |
| --- | --- |
| 按 草圖 草圖工作列，再按直線鈕。<br>游標停在要檢查的左側端面區域上，按鍵盤 G 鍵，使用放大鏡功能。<br>按一下端面(藍色)作為草圖 2 之繪圖平面，游標的形狀變為。 | |
| 由端面左上角起畫草圖輪廓線後，輸入尺度數字 263.5，按鍵盤 Enter 鍵後，再按 G 鍵，結束放大鏡功能，繼續畫外型輪廓線後，並標註其尺度。<br>*註：斜接凸緣的草圖必備條件*<br>*1. 草圖只能包含直線或圓弧。*<br>*2. 斜接凸緣的輪廓必須包含一條以上的連續直線。*<br>*3. 草圖基準面必須垂直於產生斜接凸緣的第一條邊線。* | |
| 在圖面空白處按滑鼠右鍵，並往右上方向滑去，選用呈現為不等角視。<br>按 鈑金 鈑金工作列，再按斜接凸緣鈕。 | |

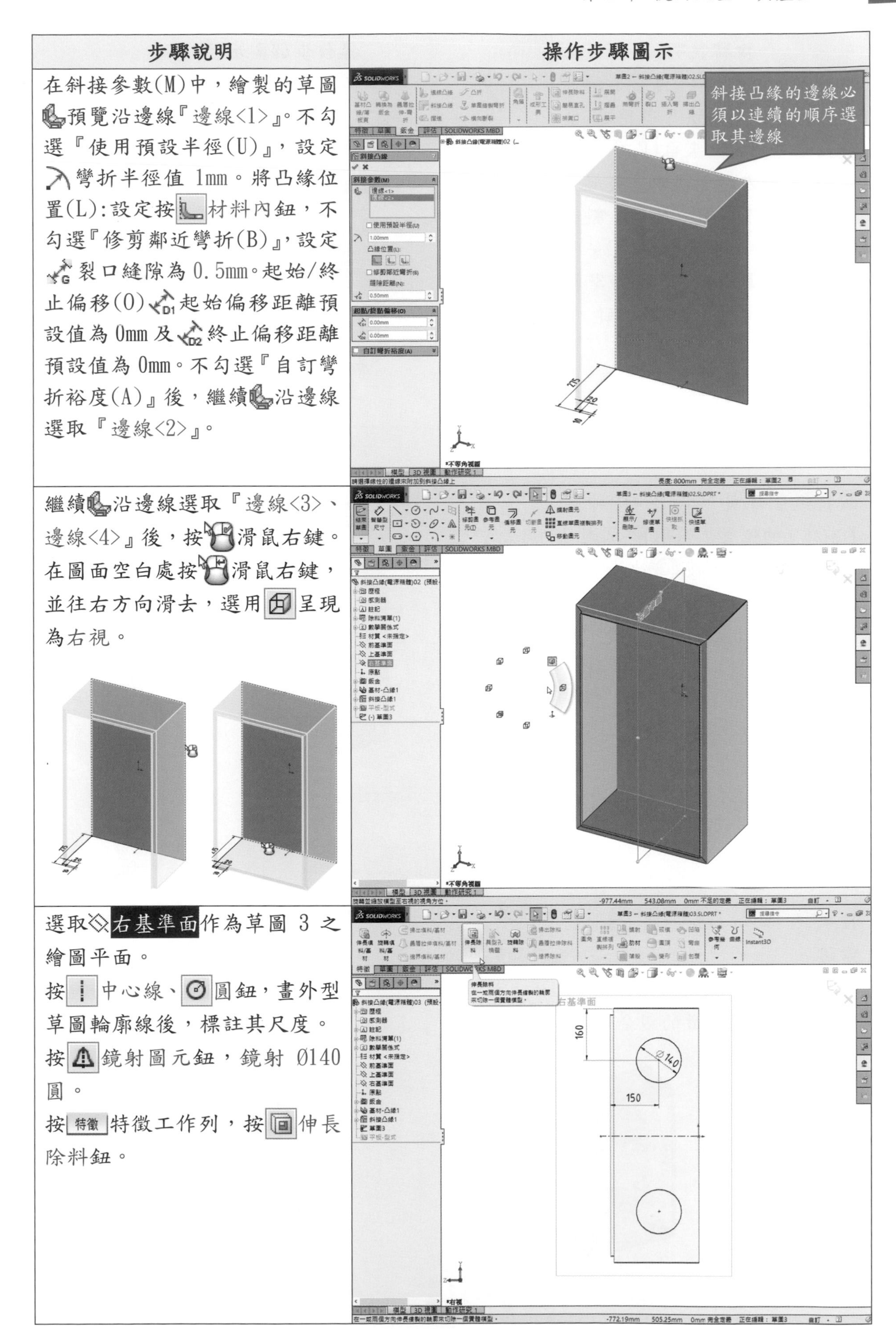


| 步驟說明 | 操作步驟圖示 |
| --- | --- |
| 在斜接參數(M)中，繪製的草圖預覽沿邊線『邊線<1>』。不勾選『使用預設半徑(U)』，設定彎折半徑值 1mm。將凸緣位置(L):設定按材料內鈕，不勾選『修剪鄰近彎折(B)』，設定裂口縫隙為 0.5mm。起始/終止偏移(O)起始偏移距離預設值為 0mm 及終止偏移距離預設值為 0mm。不勾選『自訂彎折裕度(A)』後，繼續沿邊線選取『邊線<2>』。 | |
| 繼續沿邊線選取『邊線<3>、邊線<4>』後，按滑鼠右鍵。在圖面空白處按滑鼠右鍵，並往右方向滑去，選用呈現為右視。 | |
| 選取右基準面作為草圖 3 之繪圖平面。<br>按中心線、圓鈕，畫外型草圖輪廓線後，標註其尺度。<br>按鏡射圖元鈕，鏡射 Ø140 圓。<br>按特徵特徵工作列，按伸長除料鈕。 | |

| 步驟說明 | 操作步驟圖示 |
| --- | --- |
| 在圖面空白處按滑鼠右鍵，並往右上方向滑去，選用呈現為不等角視。來自(F)『草圖平面』，於方向1選取『成形至下一面』，不勾選『反轉除料邊(F)』，勾選『垂直除料(N)』所選輪廓(S)選取『草圖3-輪廓<1>』後，按滑鼠右鍵。 | 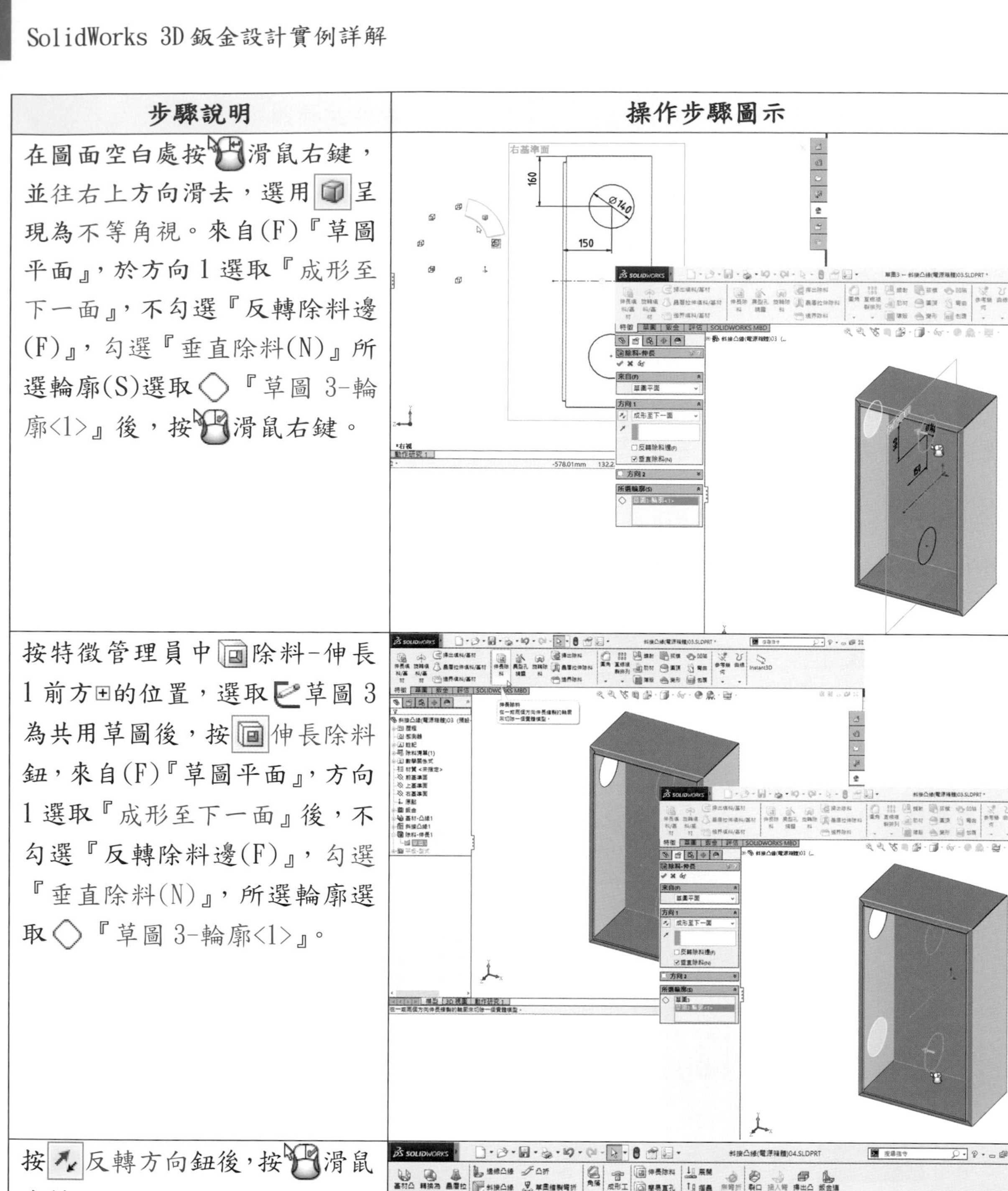 |
| 按特徵管理員中除料-伸長1前方⊞的位置，選取草圖3為共用草圖後，按伸長除料鈕，來自(F)『草圖平面』，方向1選取『成形至下一面』後，不勾選『反轉除料邊(F)』，勾選『垂直除料(N)』，所選輪廓選取『草圖3-輪廓<1>』。 | |
| 按反轉方向鈕後，按滑鼠右鍵。<br>按展平鈕，會自動展開產生整齊平板型式特徵的鈑金件。<br>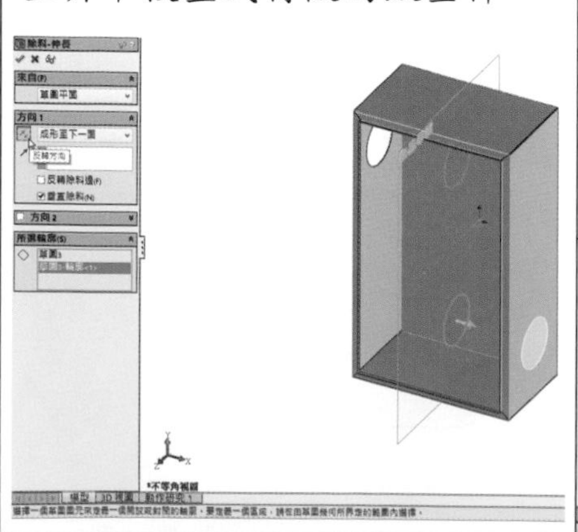 | 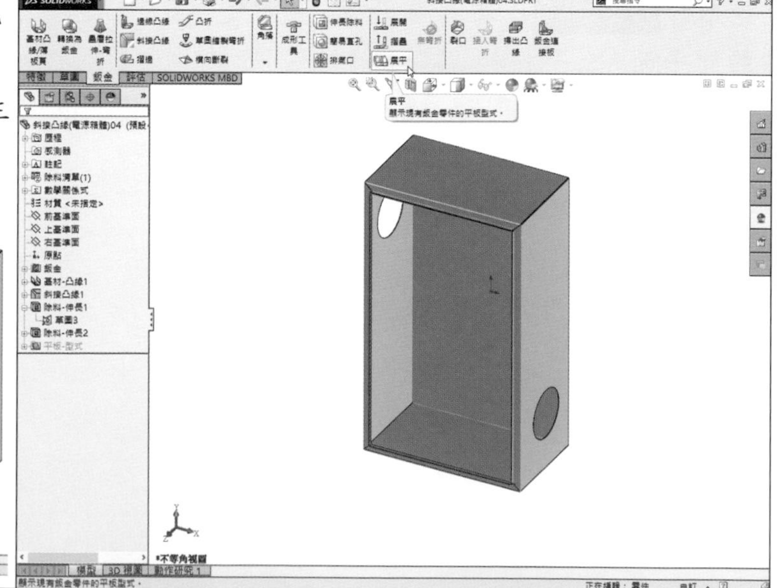 |

| 步驟說明 | 操作步驟圖示 |
|---|---|
| 若再按圖面之右上角確認角落鈕，即可結束展平。<br>按標準工作列上的儲存檔案鈕，輸入檔案名稱(N)：斜接凸緣(電源箱體)後，按 存檔(S) 鍵。 | 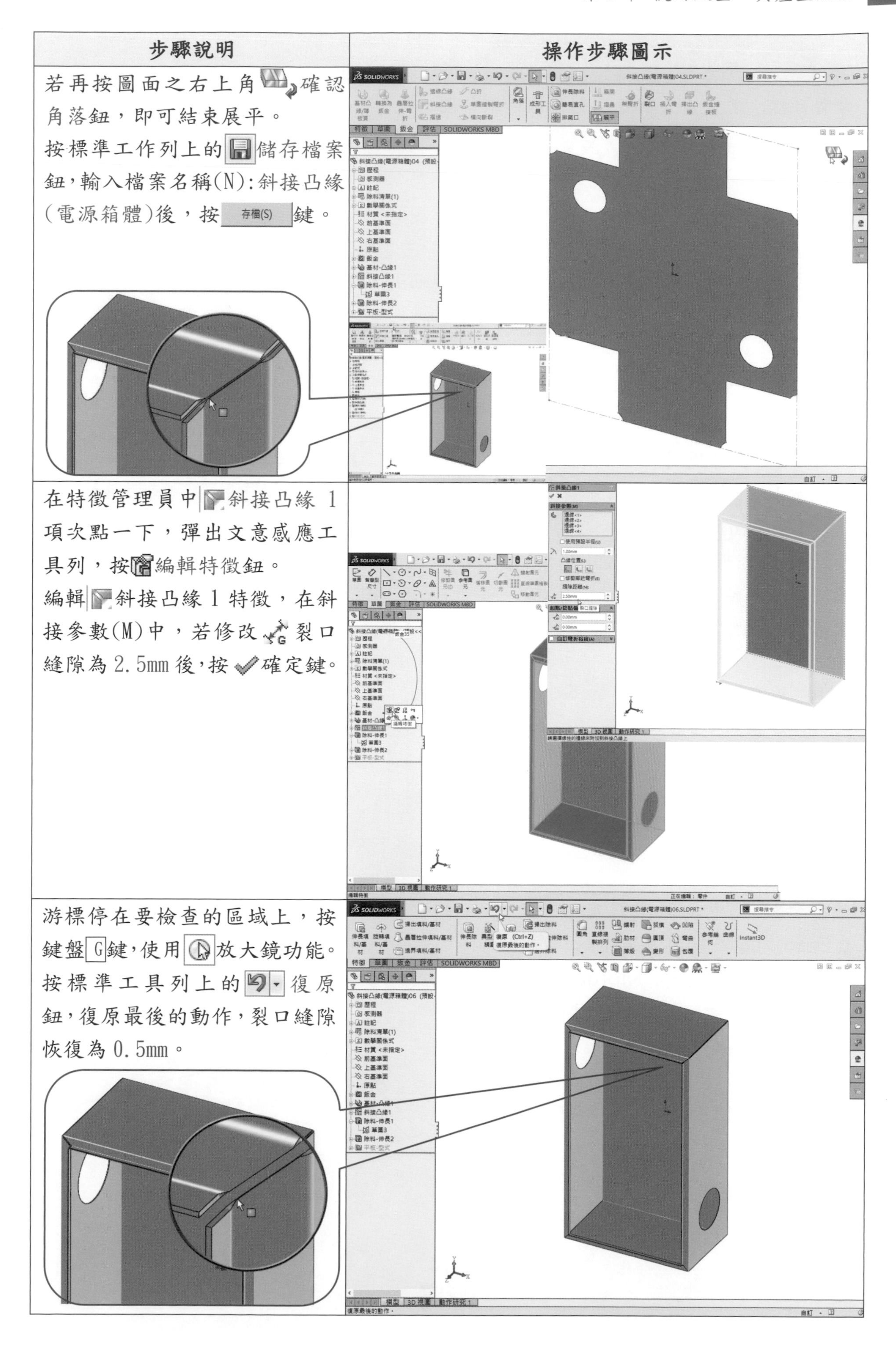 |
| 在特徵管理員中斜接凸緣 1 項次點一下，彈出文意感應工具列，按編輯特徵鈕。<br>編輯斜接凸緣 1 特徵，在斜接參數(M)中，若修改裂口縫隙為 2.5mm 後，按確定鍵。 | |
| 游標停在要檢查的區域上，按鍵盤 G 鍵，使用放大鏡功能。<br>按標準工具列上的復原鈕，復原最後的動作，裂口縫隙恢復為 0.5mm。 | |

## 2.5.2 斜接凸緣(草圖含直線與圓弧)產生方盒鈑金

**學習目標：能畫出含直線與圓弧的邊線草圖，使用斜接凸緣完成其鈑金件。**

**繪圖步驟：用基材凸緣/薄板頁→產生鈑金→畫草圖→長斜接凸緣→按展平。**

使用指令：

- 草圖指令：中心矩形、直線、草圖圓角。
- 鈑金指令：基材凸緣/薄板頁、斜接凸緣、展平。

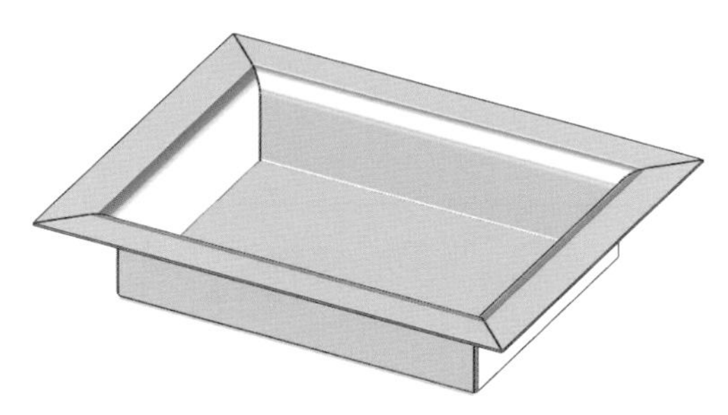

*註：斜接凸緣的邊線必須以連續的順序選取其邊線。*

| 步驟說明 | 操作步驟圖示 |
| --- | --- |
| 首先選取上基準面作為草圖1之繪圖平面。<br>按中心矩形鈕，由原點引出畫矩形草圖輪廓線。<br>按智慧型尺寸鈕，標註其尺度。<br>按鈑金鈑金工作列，再按基材-凸緣/薄板頁鈕。 | SOLIDWORKS 草圖1 – 斜接凸緣(方盒鈑金件)01.SLDPRT *<br>基材凸緣/薄板頁 轉換為鈑金 疊層拉伸-彎折 邊線凸緣 斜接凸緣 摺邊 凸折 草圖繪製彎折 橫向斷裂 角落 成形工具 伸長除料 簡易直孔 排氣口 展開 摺疊 展平 無彎折 裂口 插入彎折 擠出凸緣 鈑金續接板<br>特徵 草圖 鈑金 評估 SOLIDWORKS MBD<br>基材凸緣/薄板頁 產生鈑金零件或加入材料至現有的鈑金零件中。<br>歷程 感測器 註記 數學關係式 材質 <未指定> 前基準面 上基準面 右基準面 原點 草圖1<br>上基準面<br>150<br>200<br>*上視<br>模型 3D 視圖 動作研究 1<br>產生鈑金零件或加入材料至現有的鈑金零件中。 -18.66mm 100.31mm 0mm 完全定義 正在編輯：草圖1 MMGS |
| 鈑金參數(S)中設定厚度值1.2mm，勾選『反轉方向(E)』，彎折裕度(A)預設『K-Factor』為0.5，自動離隙(T)預設『撕裂』後，按確定鍵。 | 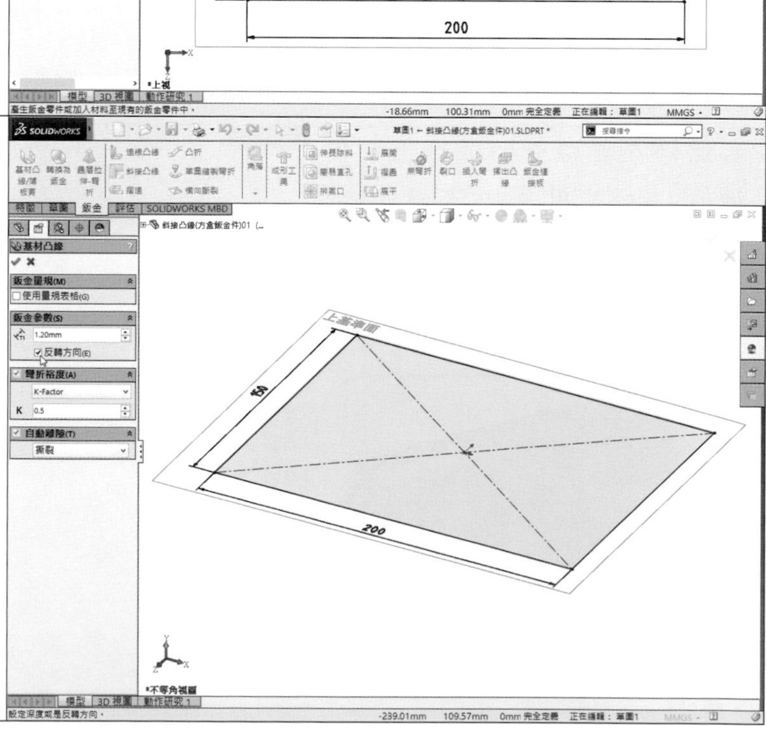<br> |

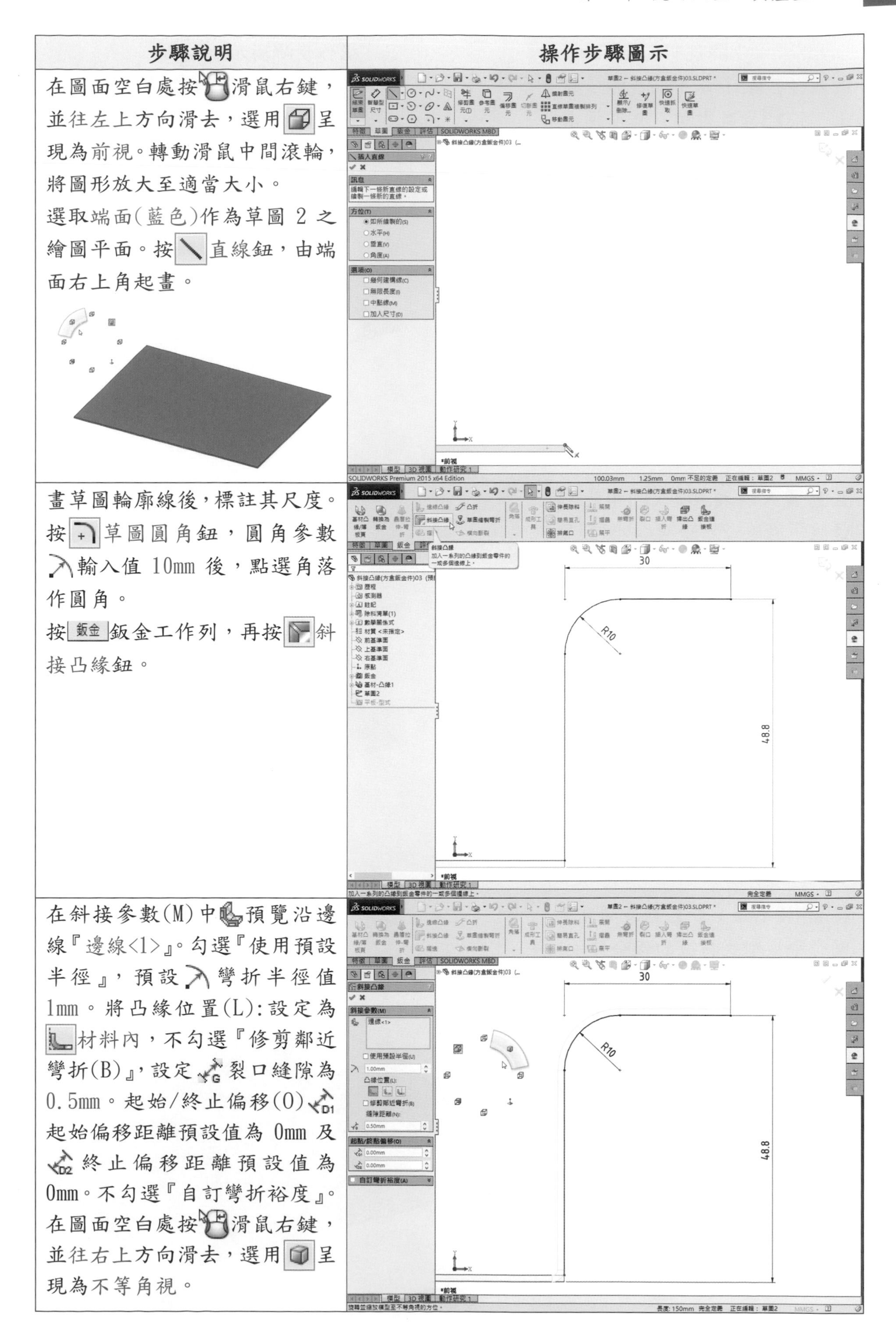

| 步驟說明 | 操作步驟圖示 |
| --- | --- |
| 在圖面空白處按滑鼠右鍵，並往左上方向滑去，選用呈現為前視。轉動滑鼠中間滾輪，將圖形放大至適當大小。<br>選取端面(藍色)作為草圖 2 之繪圖平面。按直線鈕，由端面右上角起畫。 | |
| 畫草圖輪廓線後，標註其尺度。按草圖圓角鈕，圓角參數輸入值 10mm 後，點選角落作圓角。<br>按 鈑金 鈑金工作列，再按斜接凸緣鈕。 | |
| 在斜接參數(M)中預覽沿邊線『邊線<1>』。勾選『使用預設半徑』，預設彎折半徑值 1mm。將凸緣位置(L):設定為材料內，不勾選『修剪鄰近彎折(B)』，設定裂口縫隙為 0.5mm。起始/終止偏移(O)起始偏移距離預設值為 0mm 及終止偏移距離預設值為 0mm。不勾選『自訂彎折裕度』。在圖面空白處按滑鼠右鍵，並往右上方向滑去，選用呈現為不等角視。 | |

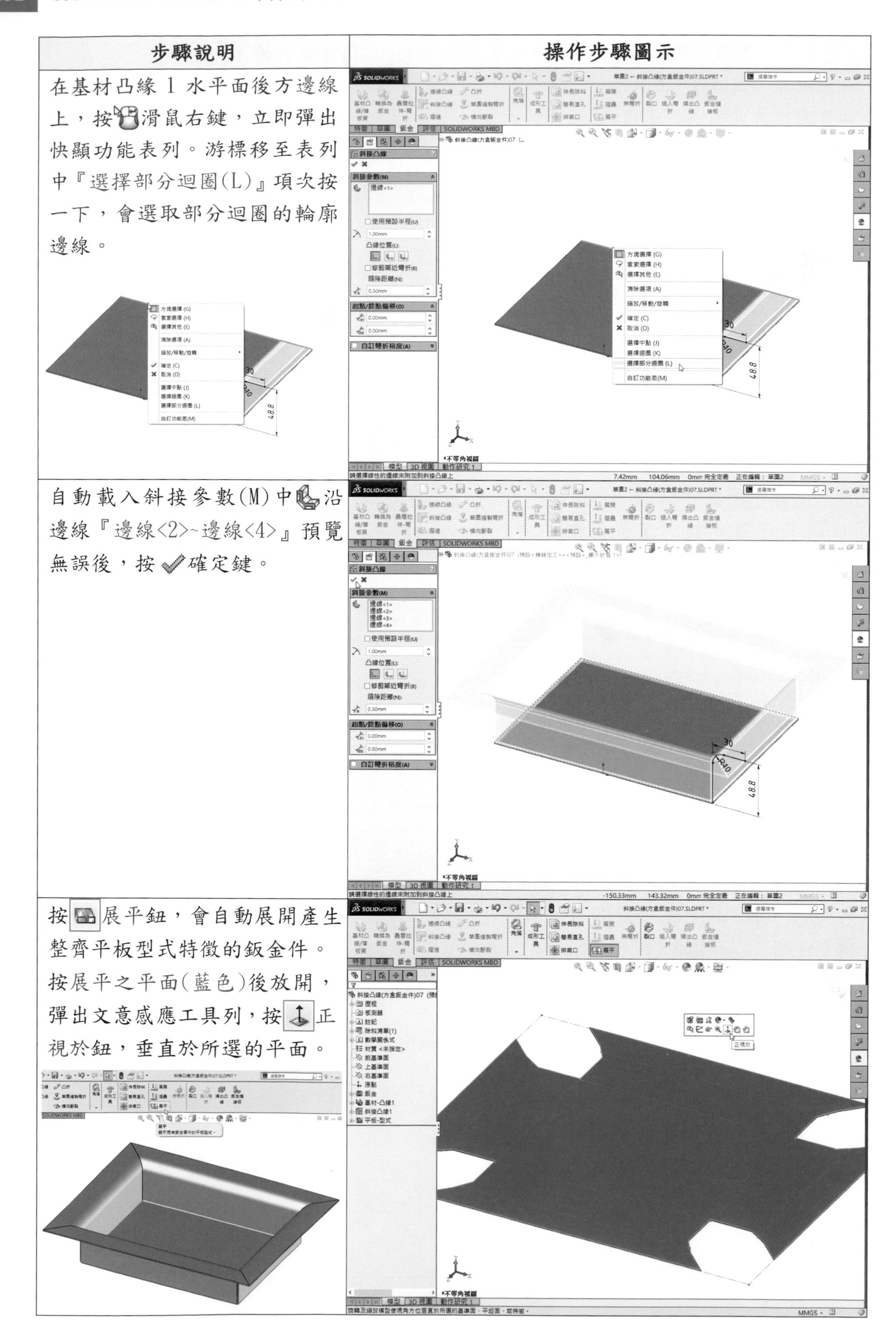

| 步驟說明 | 操作步驟圖示 |
| --- | --- |
| 在基材凸緣 1 水平面後方邊線上，按滑鼠右鍵，立即彈出快顯功能表列。游標移至表列中『選擇部分迴圈(L)』項次按一下，會選取部分迴圈的輪廓邊線。 | |
| 自動載入斜接參數(M)中沿邊線『邊線<2>~邊線<4>』預覽無誤後，按確定鍵。 | |
| 按展平鈕，會自動展開產生整齊平板型式特徵的鈑金件。按展平之平面(藍色)後放開，彈出文意感應工具列，按正視於鈕，垂直於所選的平面。 | |

| 步驟說明 | 操作步驟圖示 |
| --- | --- |
| 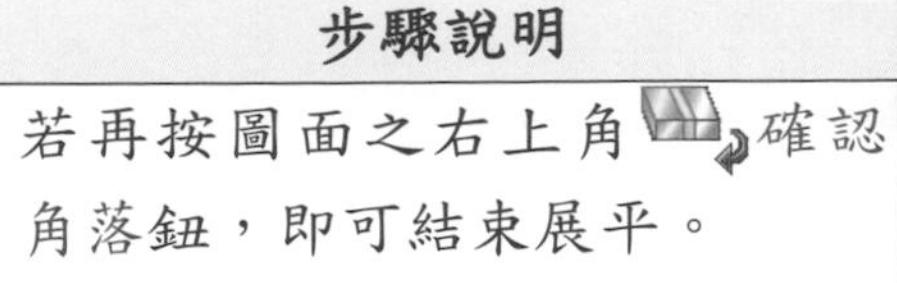 若再按圖面之右上角確認角落鈕，即可結束展平。 | 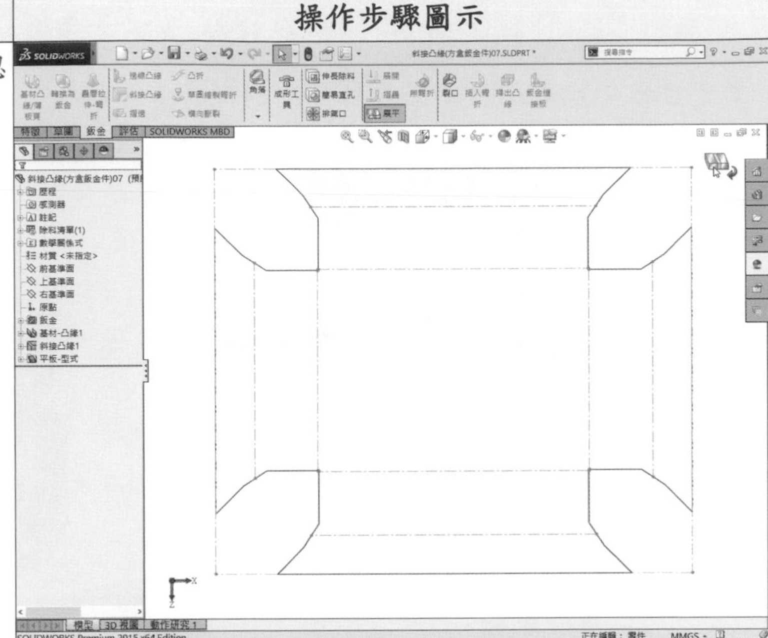 |
| 在圖面空白處按滑鼠右鍵，並往右上方向滑去，選用呈現為不等角視。<br>按視角方位鈕，點選『視圖選擇器』方向對話方塊中右下角位置的面，強調顯示右側底部方向的不等角視。<br>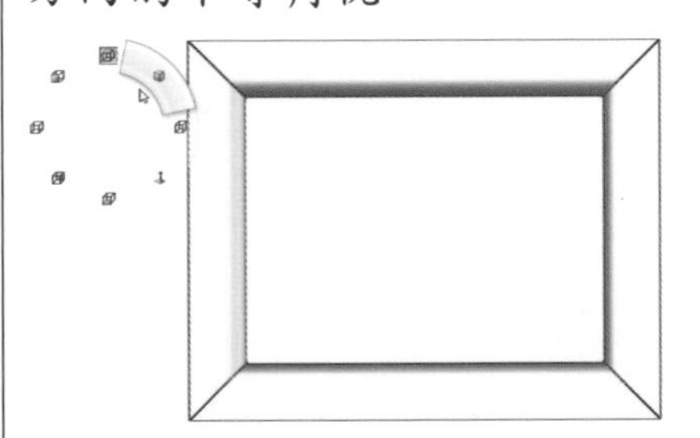 | 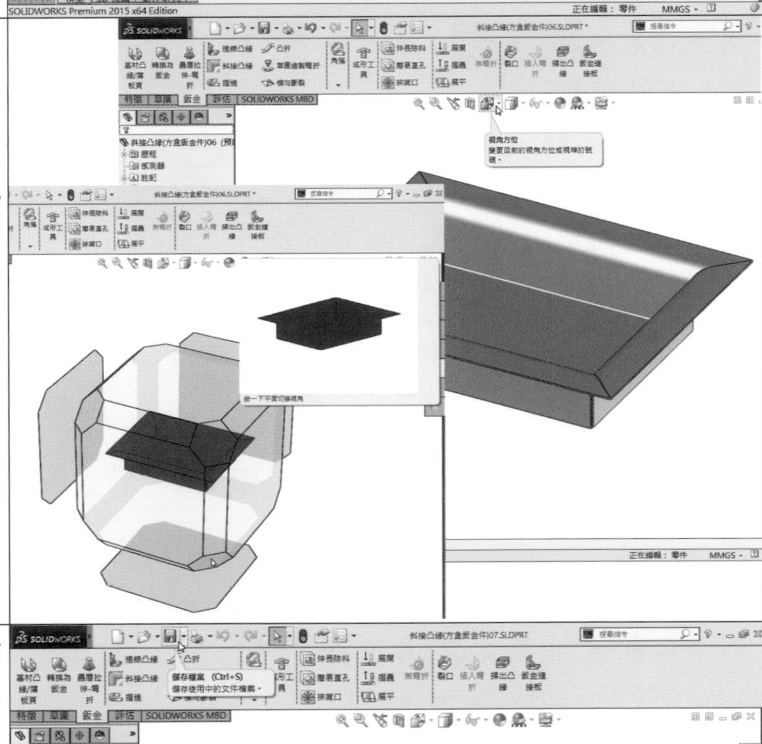 |
| 按標準工作列上的儲存檔案鈕，輸入檔案名稱(N):斜接凸緣(方盒)後，按 存檔(S) 鍵。 | 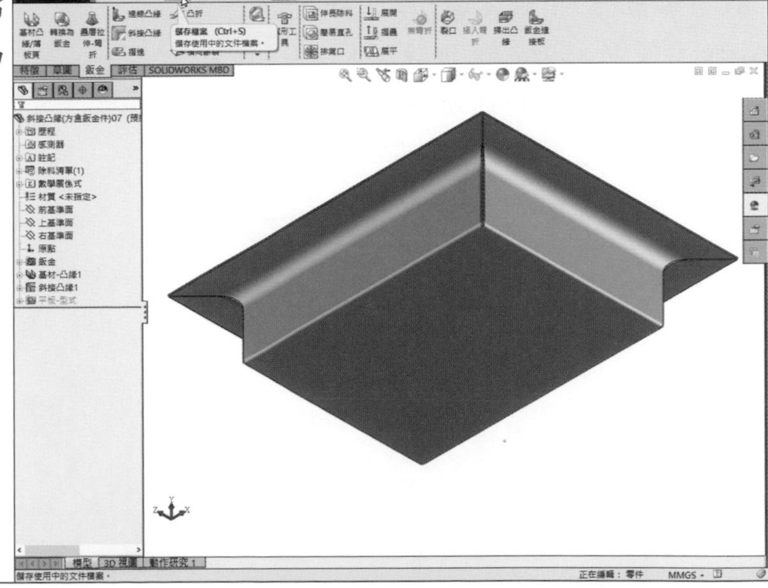 |

## 2.6.1 掃出凸緣(封閉的邊線為路徑)產生八角形金屬盒鈑金

學習目標：能以開放草圖為輪廓，封閉邊線為路徑，掃出凸緣產生複合彎折鈑金。

繪圖步驟：畫草圖→長基材凸緣→產生鈑金→畫草圖(輪廓)→作掃出凸緣→另存新檔→編輯特徵→按展平→另存新檔。

- 草圖指令：多邊形、直線、中心線。
- 特徵指令：編輯特徵。
- 鈑金指令：基材凸緣/薄板頁、掃出凸緣、展平。

*註：路徑可以是開放或封閉的，若路徑選擇是相鄰邊線時，路徑可以是一個封閉的輪廓邊線，但路徑的起點必須位於輪廓的基準面上。*

| 步驟說明 | 操作步驟圖示 |
| --- | --- |
| 首先選取上基準面作為草圖1之繪圖平面。<br>按多邊形鈕，點一下原點放置多邊形的中心，並拖曳畫出等邊八邊形之輪廓線。<br>按智慧型尺寸鈕，標註其尺度。<br>按鈑金鈑金工具列，按基材凸緣/薄板頁鈕。 | 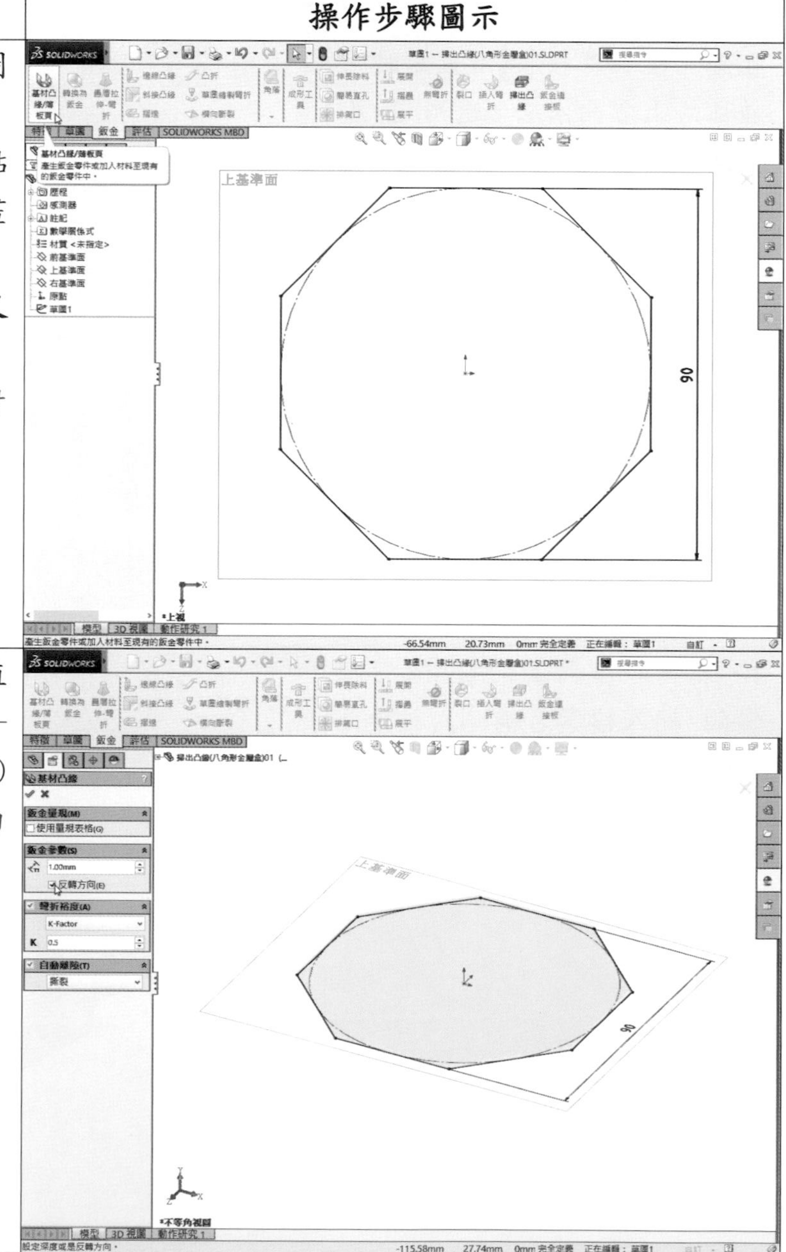 |
| 鈑金參數(S)中設定厚度值1mm，彎折裕度(A)預設『K-Factor』值為0.5，自動離隙(T)預設『撕裂』，勾選『反轉方向(E)』後，按確定鍵。 | |

| 步驟說明 | 操作步驟圖示 |
| --- | --- |
| 按參考幾何快顯工具按鈕，再按基準面鈕，第一參考平面選取『前基準面』，預設平行，第二參考點選『頂點<1>』，預設重合，產生『平面 1』後，按滑鼠右鍵。 | 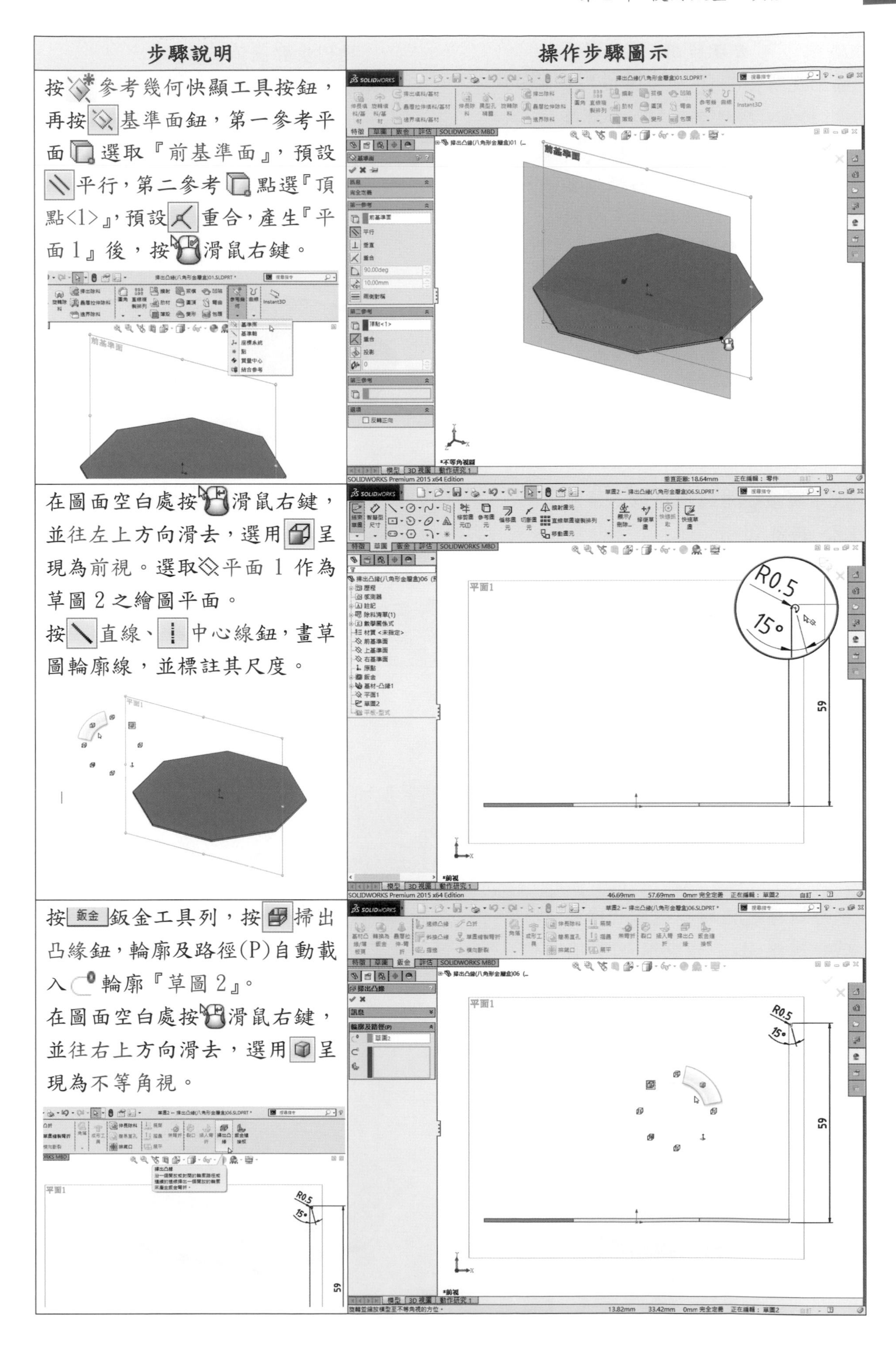 |
| 在圖面空白處按滑鼠右鍵，並往左上方向滑去，選用呈現為前視。選取平面 1 作為草圖 2 之繪圖平面。<br>按直線、中心線鈕，畫草圖輪廓線，並標註其尺度。 | |
| 按 鈑金 鈑金工具列，按掃出凸緣鈕，輪廓及路徑(P)自動載入輪廓『草圖 2』。<br>在圖面空白處按滑鼠右鍵，並往右上方向滑去，選用呈現為不等角視。 | |

| 步驟說明 | 操作步驟圖示 |
|---|---|
| 輪廓及路徑(P)路徑選取『邊線<1>』。凸緣參數(F)不勾選『使用預設半徑(U)』，設定彎折半徑值為 5mm，凸緣位置(L)：按材料內鈕，不勾選『修剪鄰近彎折(B)』。<br>*註：若相鄰邊線為路徑時，可以是一個封閉的輪廓。*<br>*註：若有尖銳角落會自動變成圓角。若無法為圓滑化角落建立圓角或半徑過小，圓滑化將會失敗，掃出凸緣將會失敗。* | 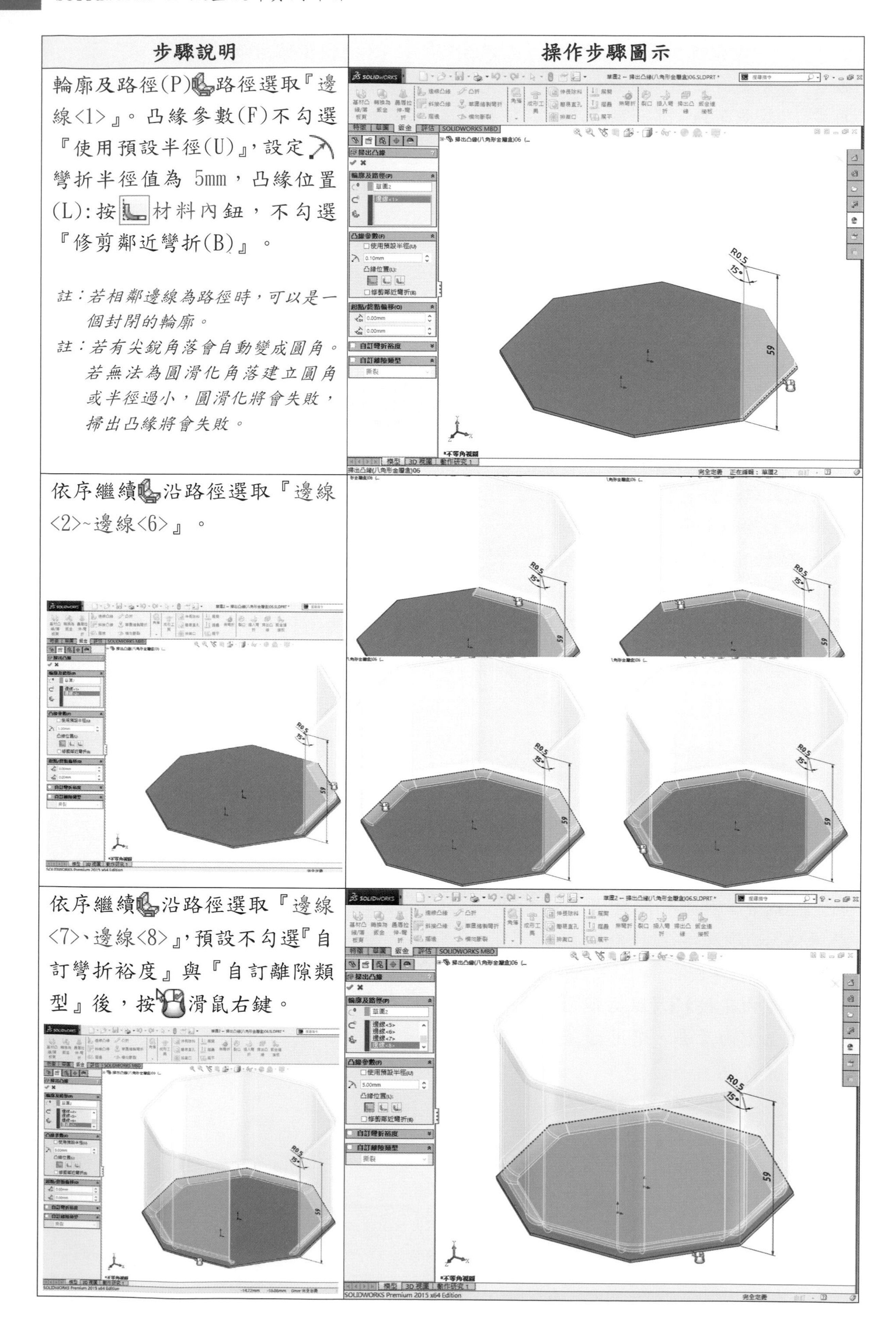 |
| 依序繼續沿路徑選取『邊線<2>~邊線<6>』。 | |
| 依序繼續沿路徑選取『邊線<7>、邊線<8>』，預設不勾選『自訂彎折裕度』與『自訂離隙類型』後，按滑鼠右鍵。 | |

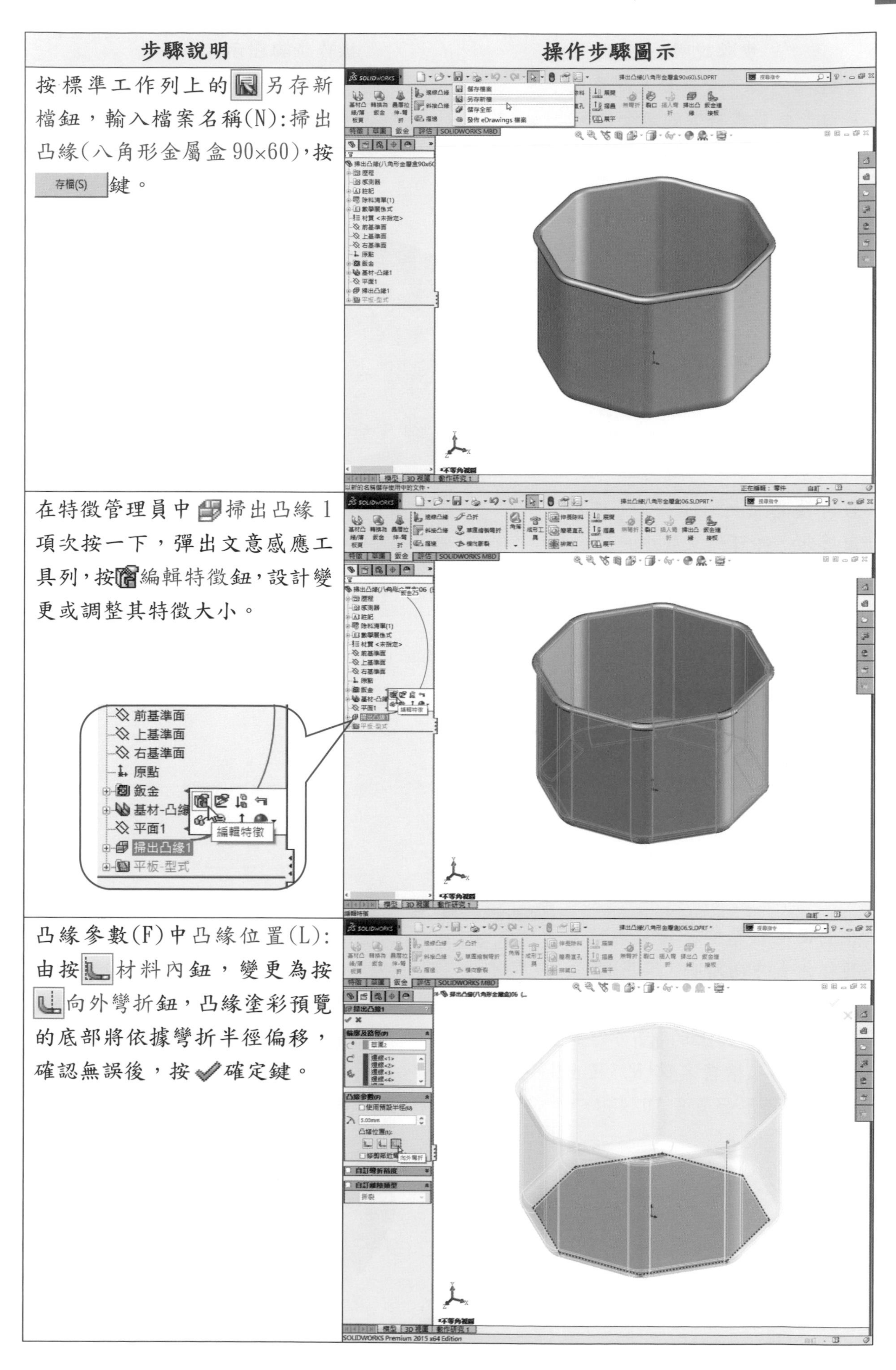

| 步驟說明 | 操作步驟圖示 |
| --- | --- |
| 按標準工作列上的另存新檔鈕，輸入檔案名稱(N):掃出凸緣(八角形金屬盒 90×60)，按 存檔(S) 鍵。 | |
| 在特徵管理員中掃出凸緣 1 項次按一下，彈出文意感應工具列，按編輯特徵鈕，設計變更或調整其特徵大小。 | |
| 凸緣參數(F)中凸緣位置(L)：由按材料內鈕，變更為按向外彎折鈕，凸緣塗彩預覽的底部將依據彎折半徑偏移，確認無誤後，按確定鍵。 | |

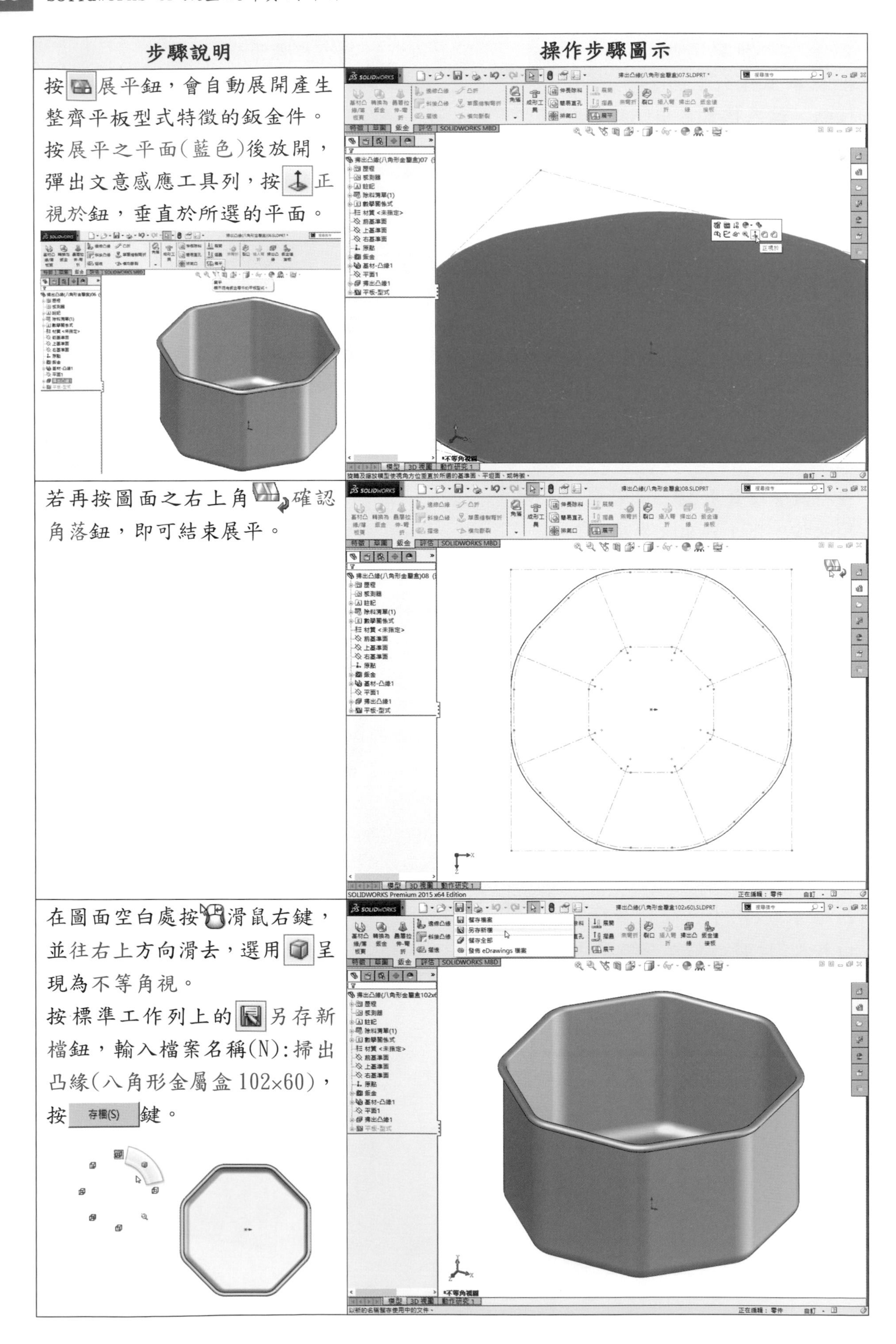

| 步驟說明 | 操作步驟圖示 |
| --- | --- |
| 按展平鈕，會自動展開產生整齊平板型式特徵的鈑金件。按展平之平面(藍色)後放開，彈出文意感應工具列，按正視於鈕，垂直於所選的平面。 | |
| 若再按圖面之右上角確認角落鈕，即可結束展平。 | |
| 在圖面空白處按滑鼠右鍵，並往右上方向滑去，選用呈現為不等角視。按標準工作列上的另存新檔鈕，輸入檔案名稱(N):掃出凸緣(八角形金屬盒 102×60)，按 存檔(S) 鍵。 | |

## 2.6.2 掃出凸緣(封閉的邊線為路徑)產生不銹鋼茶盤鈑金

**學習目標：能以開放草圖為輪廓，封閉邊線為路徑，掃出凸緣產生複合彎折鈑金。**

**繪圖步驟：→畫**草圖**→長**基材凸緣**→產生**鈑金**→畫**草圖(輪廓)**→作**掃出凸緣**→按**展平。

使用指令：

- 草圖指令：中心矩形、草圖圓角、直線、中心線。
- 鈑金指令：基材凸緣/薄板頁、掃出凸緣、展平。

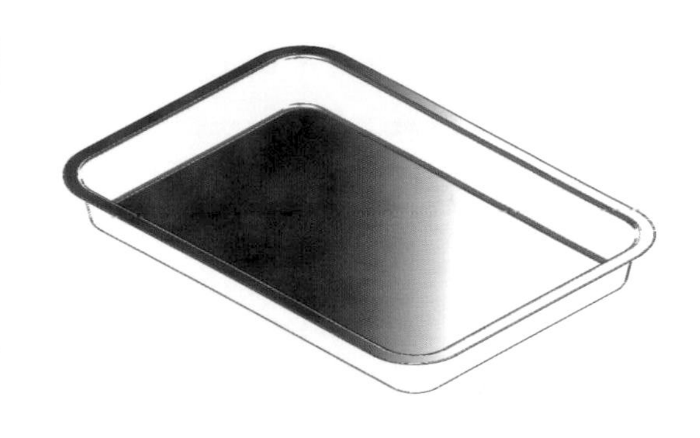

*註：路徑可以是開放或封閉的，若路徑選擇是相鄰邊線時，路徑可以是一個封閉的輪廓邊線，但路徑的起點必須位於輪廓的基準面上。*

| 步驟說明 | 操作步驟圖示 |
| --- | --- |
| 首先選取上基準面作為草圖1之繪圖平面。<br>按中心矩形鈕，由原點引出中心矩形草圖之輪廓線。<br>按智慧型尺寸鈕，標註其尺度。<br>按草圖圓角鈕，畫矩形四周作 R20 之外圓角。<br>按鈑金鈑金工具列，按基材凸緣/薄板頁鈕。 | 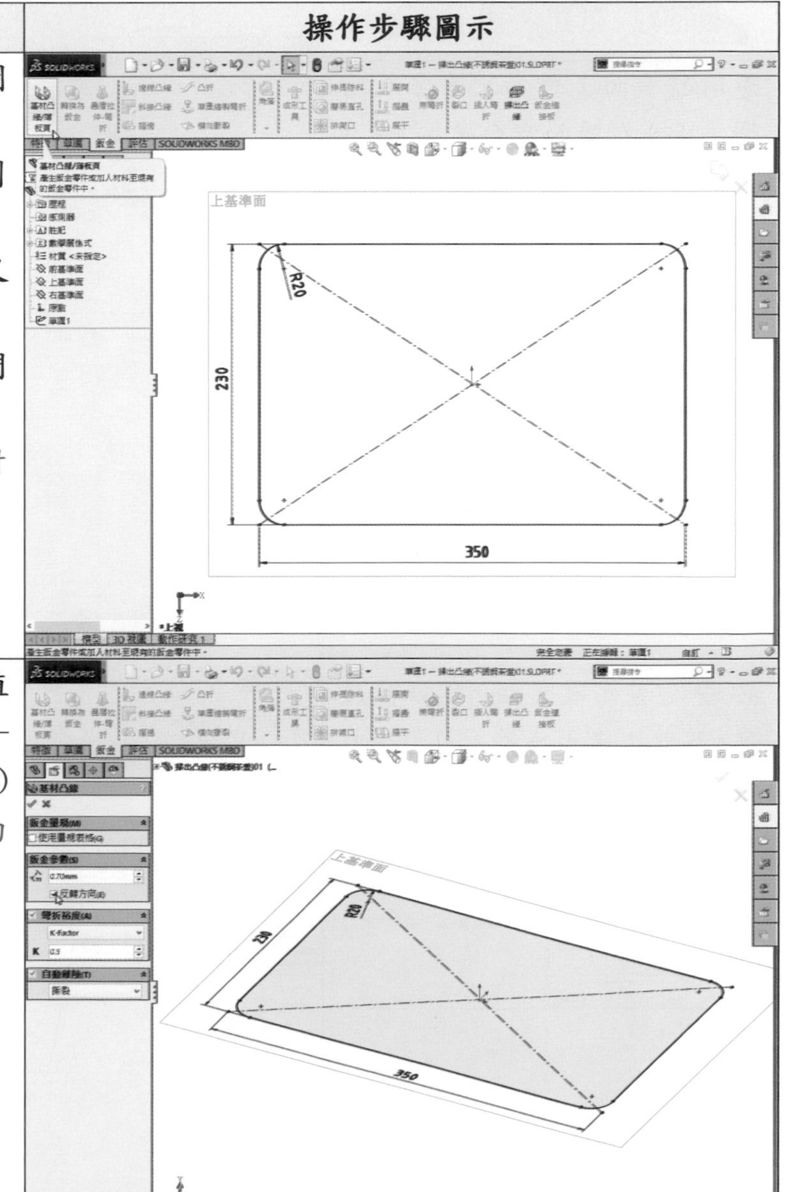 |
| 鈑金參數(S)中設定厚度值 0.7mm，彎折裕度預設『K-Factor』值為 0.5，自動離隙(T)預設『撕裂』，勾選『反轉方向(E)』後，按確定鍵。 | |

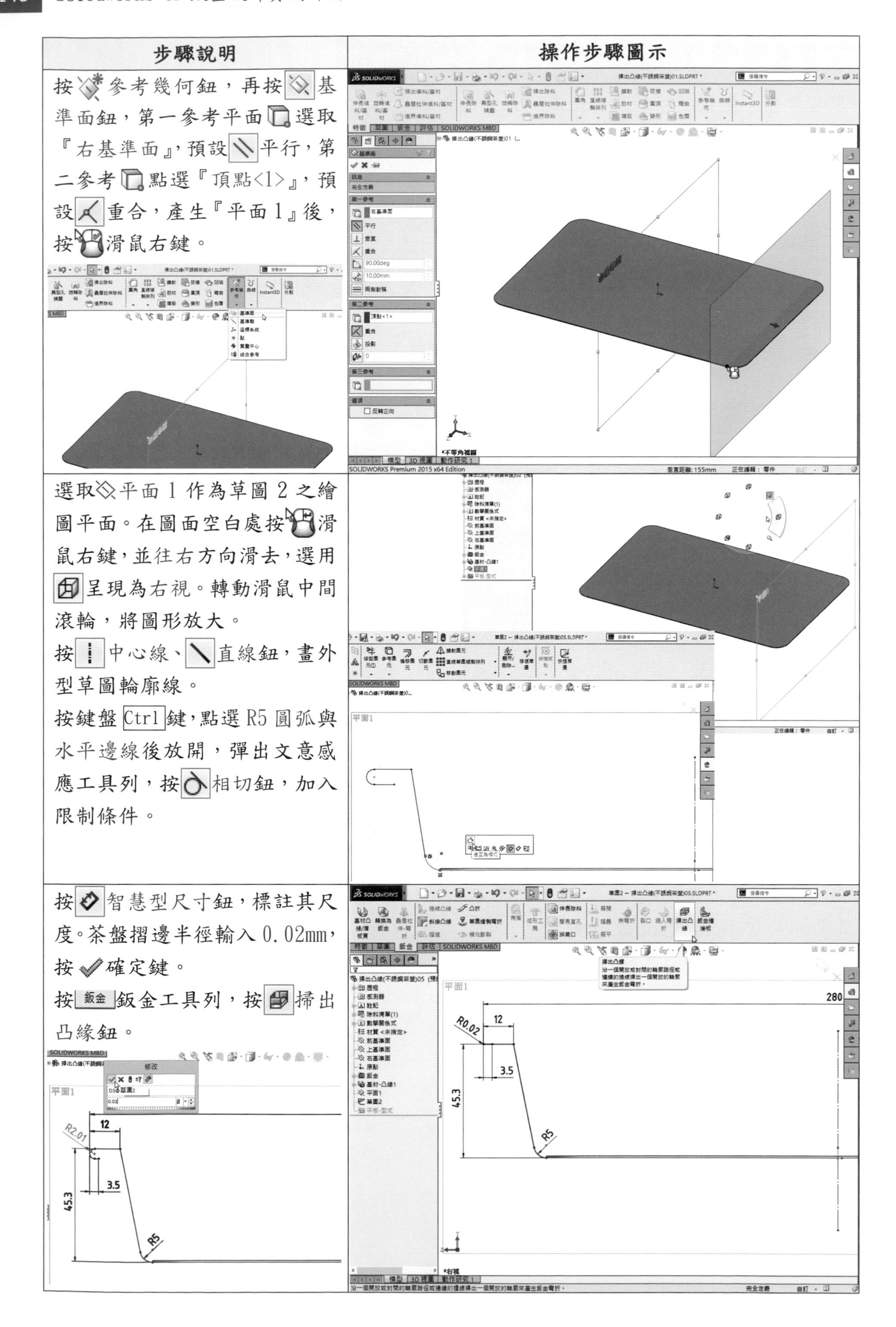

| 步驟說明 | 操作步驟圖示 |
| --- | --- |
| 按參考幾何鈕，再按基準面鈕，第一參考平面選取『右基準面』，預設平行，第二參考點選『頂點<1>』，預設重合，產生『平面1』後，按滑鼠右鍵。 | |
| 選取平面 1 作為草圖 2 之繪圖平面。在圖面空白處按滑鼠右鍵，並往右方向滑去，選用呈現為右視。轉動滑鼠中間滾輪，將圖形放大。<br>按中心線、直線鈕，畫外型草圖輪廓線。<br>按鍵盤 Ctrl 鍵，點選 R5 圓弧與水平邊線後放開，彈出文意感應工具列，按相切鈕，加入限制條件。 | |
| 按智慧型尺寸鈕，標註其尺度。茶盤摺邊半徑輸入 0.02mm，按確定鍵。<br>按鈑金鈑金工具列，按掃出凸緣鈕。 | |

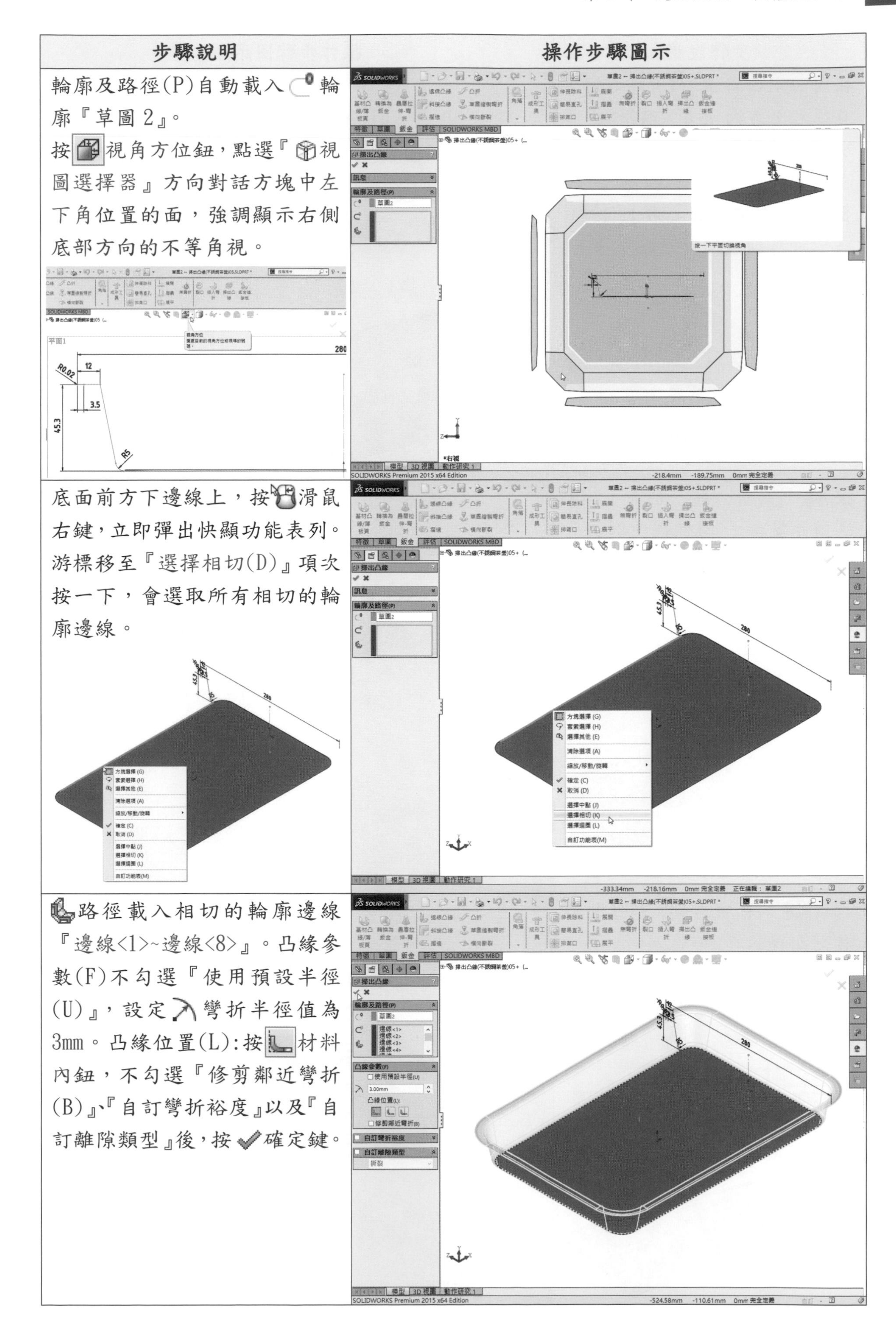

| 步驟說明 | 操作步驟圖示 |
| --- | --- |
| 輪廓及路徑(P)自動載入輪廓『草圖 2』。按視角方位鈕，點選『視圖選擇器』方向對話方塊中左下角位置的面，強調顯示右側底部方向的不等角視。 | |
| 底面前方下邊線上，按滑鼠右鍵，立即彈出快顯功能表列。游標移至『選擇相切(D)』項次按一下，會選取所有相切的輪廓邊線。 | |
| 路徑載入相切的輪廓邊線『邊線<1>~邊線<8>』。凸緣參數(F)不勾選『使用預設半徑(U)』，設定彎折半徑值為 3mm。凸緣位置(L)：按材料內鈕，不勾選『修剪鄰近彎折(B)』、『自訂彎折裕度』以及『自訂離隙類型』後，按確定鍵。 | |

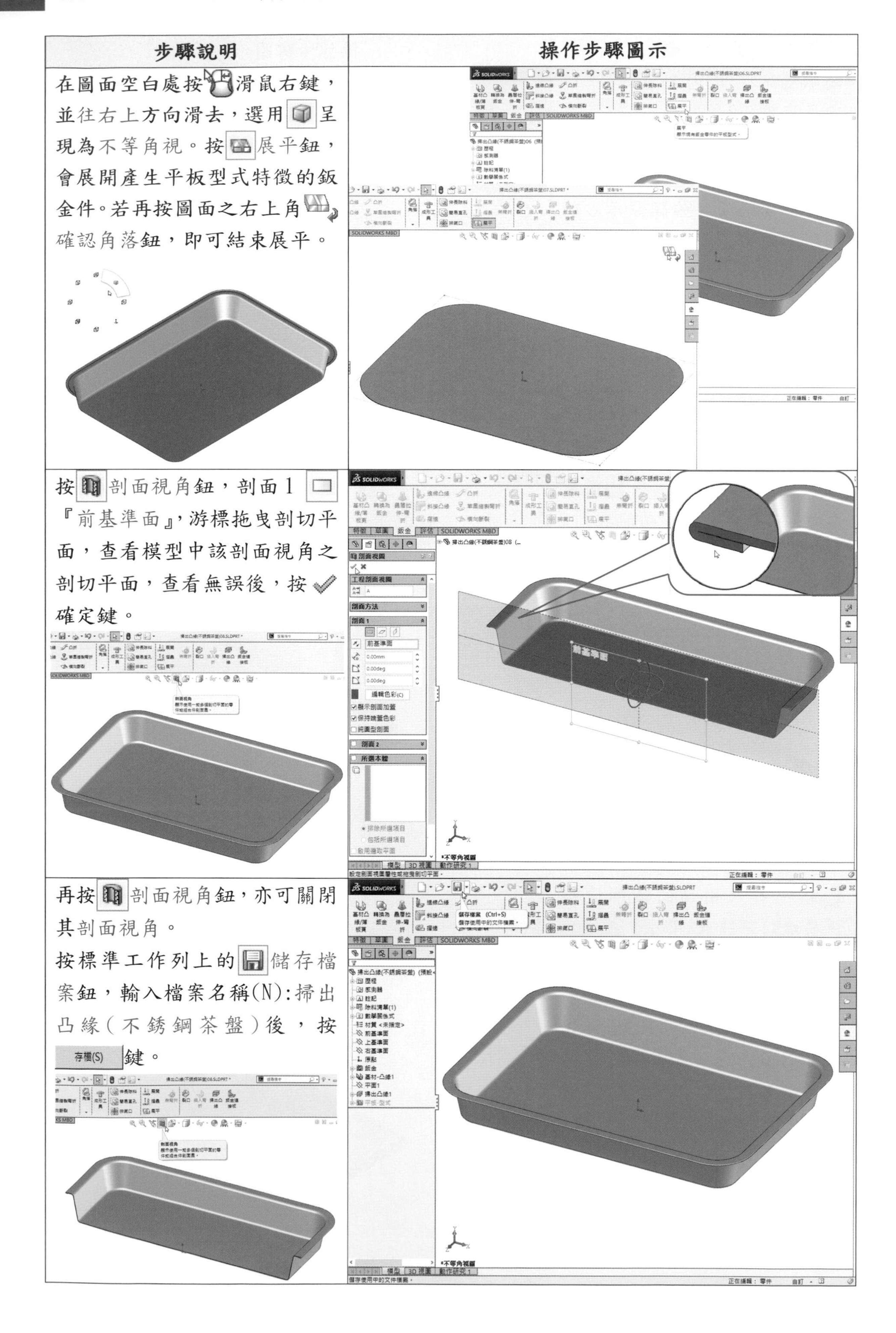

| 步驟說明 | 操作步驟圖示 |
| --- | --- |
| 在圖面空白處按滑鼠右鍵，並往右上方向滑去，選用呈現為不等角視。按展平鈕，會展開產生平板型式特徵的鈑金件。若再按圖面之右上角確認角落鈕，即可結束展平。 | |
| 按剖面視角鈕，剖面1『前基準面』，游標拖曳剖切平面，查看模型中該剖面視角之剖切平面，查看無誤後，按確定鍵。 | |
| 再按剖面視角鈕，亦可關閉其剖面視角。<br>按標準工作列上的儲存檔案鈕，輸入檔案名稱(N):掃出凸緣(不銹鋼茶盤)後，按 存檔(S) 鍵。 | |

## 2.6.3 掃出凸緣(開放的草圖輪廓線為路徑)產生圓柱風管鈑金

學習目標：能以開放非相交的草圖輪廓線為輪廓，以開放的草圖輪廓線為路徑，使用掃出凸緣產生其鈑金。

繪圖步驟：畫草圖(輪廓)→畫草圖(路徑)→作掃出凸緣→產生鈑金→按展平。

使用指令：

- 草圖指令：中心線、直線、圓、切斷圖元、幾何建構線。
- 鈑金指令：掃出凸緣、展平。

*註：若一個草圖為路徑時，它必須是個開放的草圖輪廓線。*

*註：若草圖為一組繪製的曲線(直線和弧)時，曲線必須是連續的。*

| 步驟說明 | 操作步驟圖示 |
| --- | --- |
| 首先選取前基準面作為草圖 1 之繪圖平面。<br>按中心線鈕，畫通過原點的垂直中心線。<br>按直線鈕，畫風管草圖之輪廓線。<br>按智慧型尺寸鈕，標註其尺度。<br>按鍵盤 Ctrl 鍵，點選線段交點與原點後放開，彈出文意感應工具列，按水平放置鈕，加入限制條件。 | 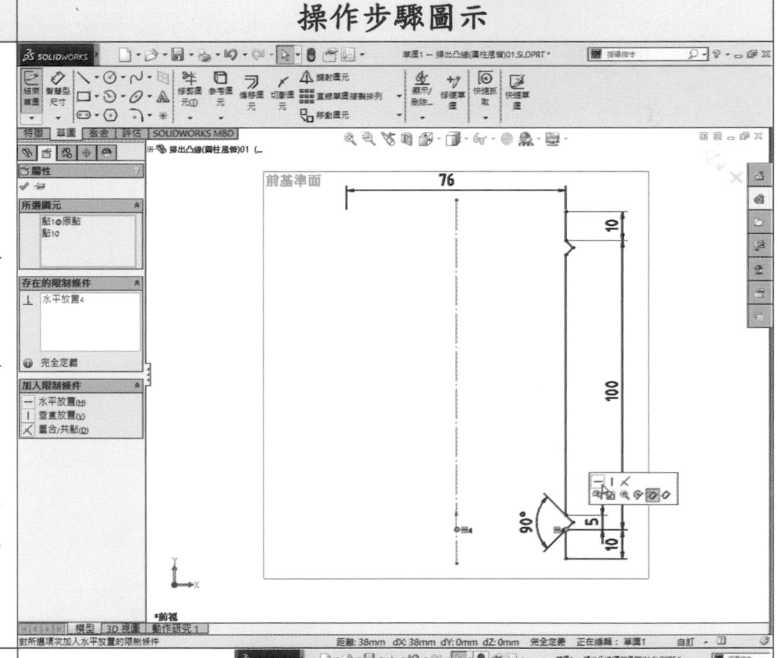 |
| 按重新計算鈕，結束草圖編輯。<br>選取上基準面作為草圖 2 之繪圖平面。<br>在圖面空白處按滑鼠右鍵，並往右上方向滑去，選用呈現為不等角視。 | 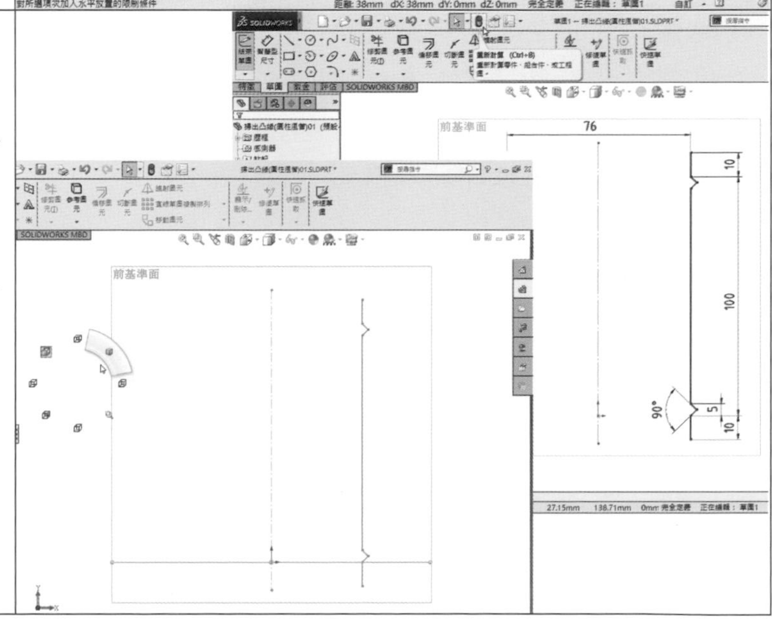 |

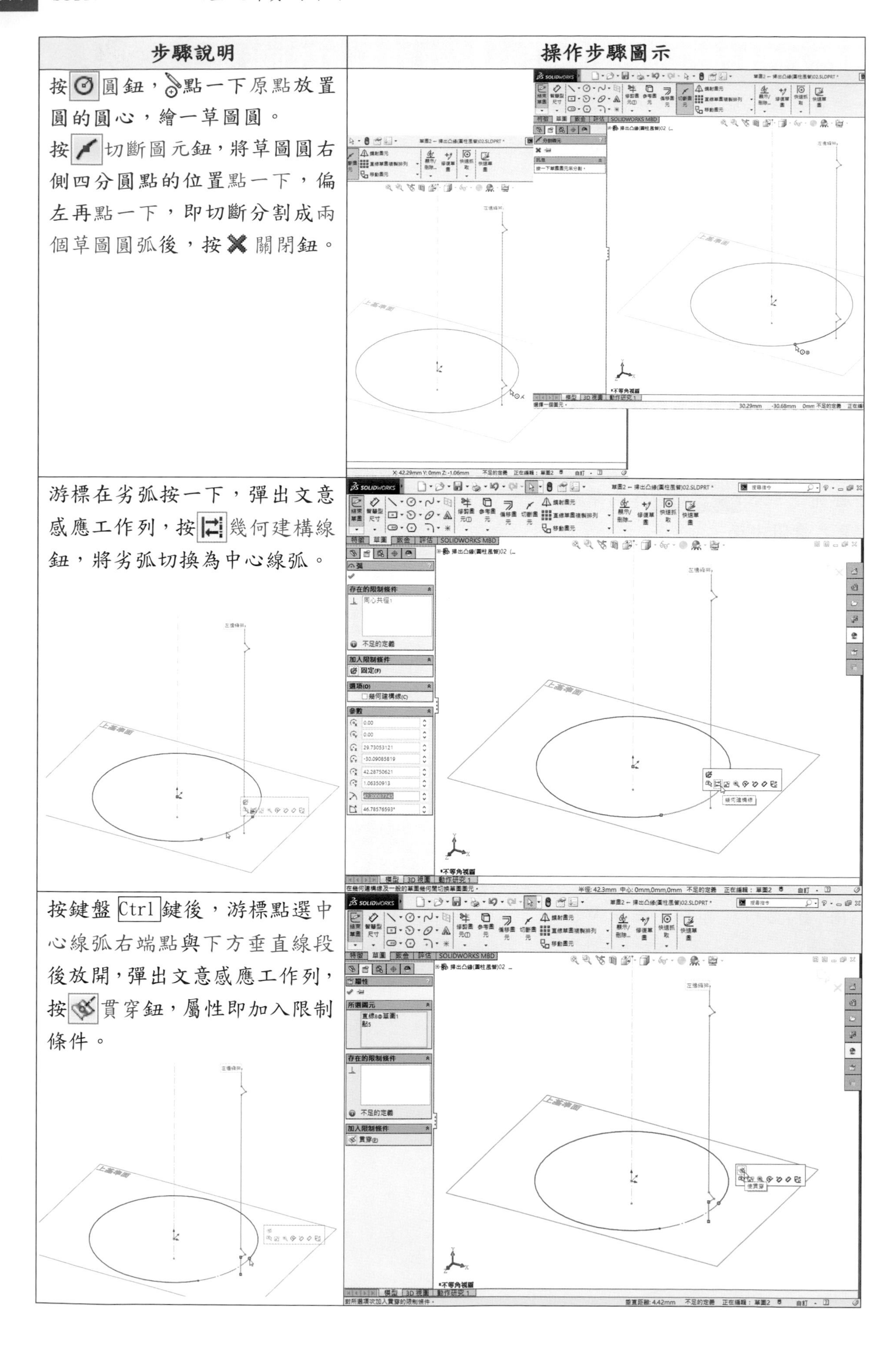

| 步驟說明 | 操作步驟圖示 |
| --- | --- |
| 按圓鈕，點一下原點放置圓的圓心，繪一草圖圓。<br>按切斷圖元鈕，將草圖圓右側四分圓點的位置點一下，偏左再點一下，即切斷分割成兩個草圖圓弧後，按✖關閉鈕。 | |
| 游標在劣弧按一下，彈出文意感應工作列，按幾何建構線鈕，將劣弧切換為中心線弧。 | |
| 按鍵盤Ctrl鍵後，游標點選中心線弧右端點與下方垂直線段後放開，彈出文意感應工作列，按貫穿鈕，屬性即加入限制條件。 | |

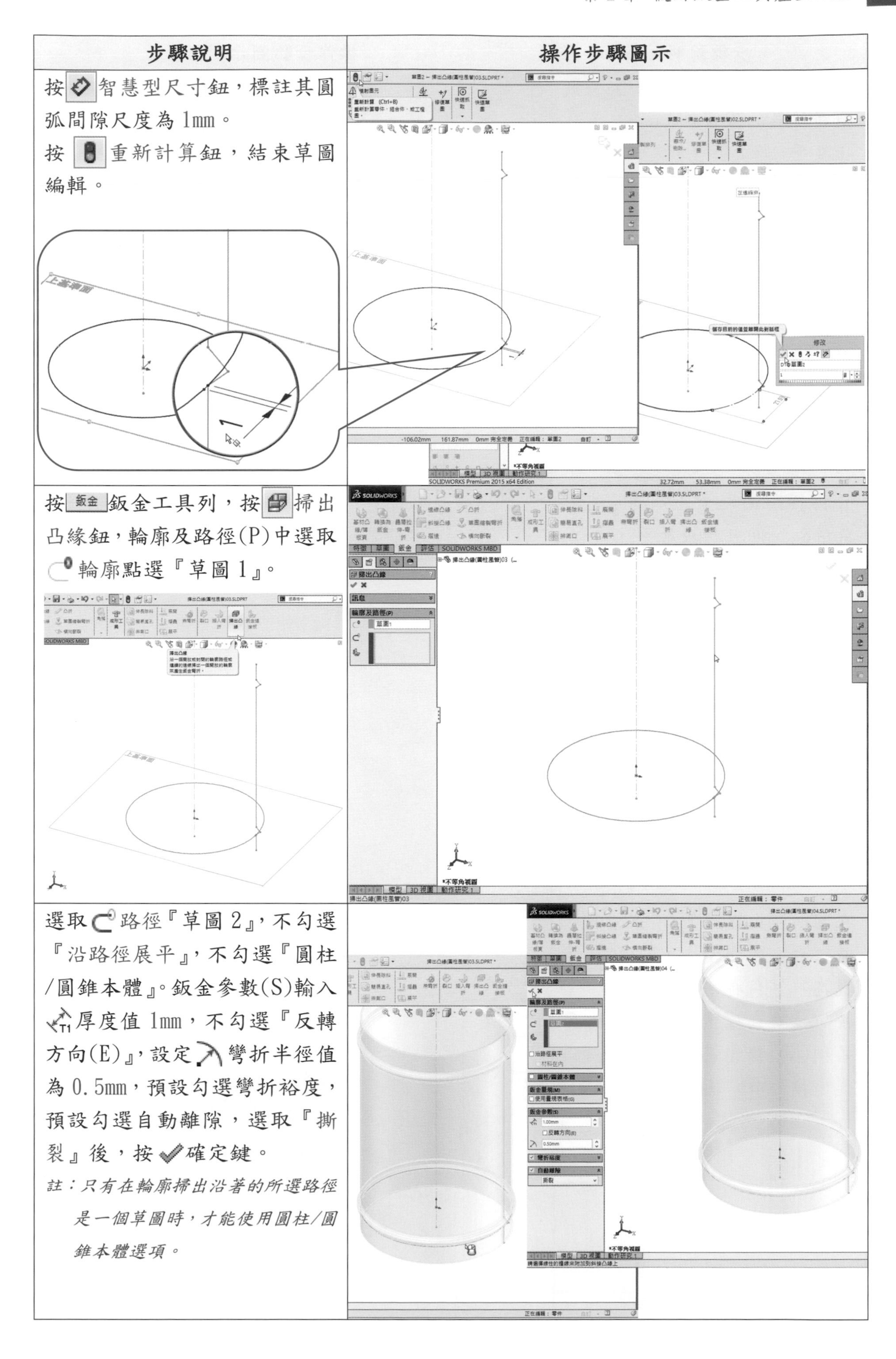

| 步驟說明 | 操作步驟圖示 |
| --- | --- |
| 按智慧型尺寸鈕，標註其圓弧間隙尺度為 1mm。<br>按重新計算鈕，結束草圖編輯。 | |
| 按鈑金鈑金工具列，按掃出凸緣鈕，輪廓及路徑(P)中選取輪廓點選『草圖 1』。 | |
| 選取路徑『草圖 2』，不勾選『沿路徑展平』，不勾選『圓柱/圓錐本體』。鈑金參數(S)輸入厚度值 1mm，不勾選『反轉方向(E)』，設定彎折半徑值為 0.5mm，預設勾選彎折裕度，預設勾選自動離隙，選取『撕裂』後，按確定鍵。<br>*註：只有在輪廓掃出沿著的所選路徑是一個草圖時，才能使用圓柱/圓錐本體選項。* | |

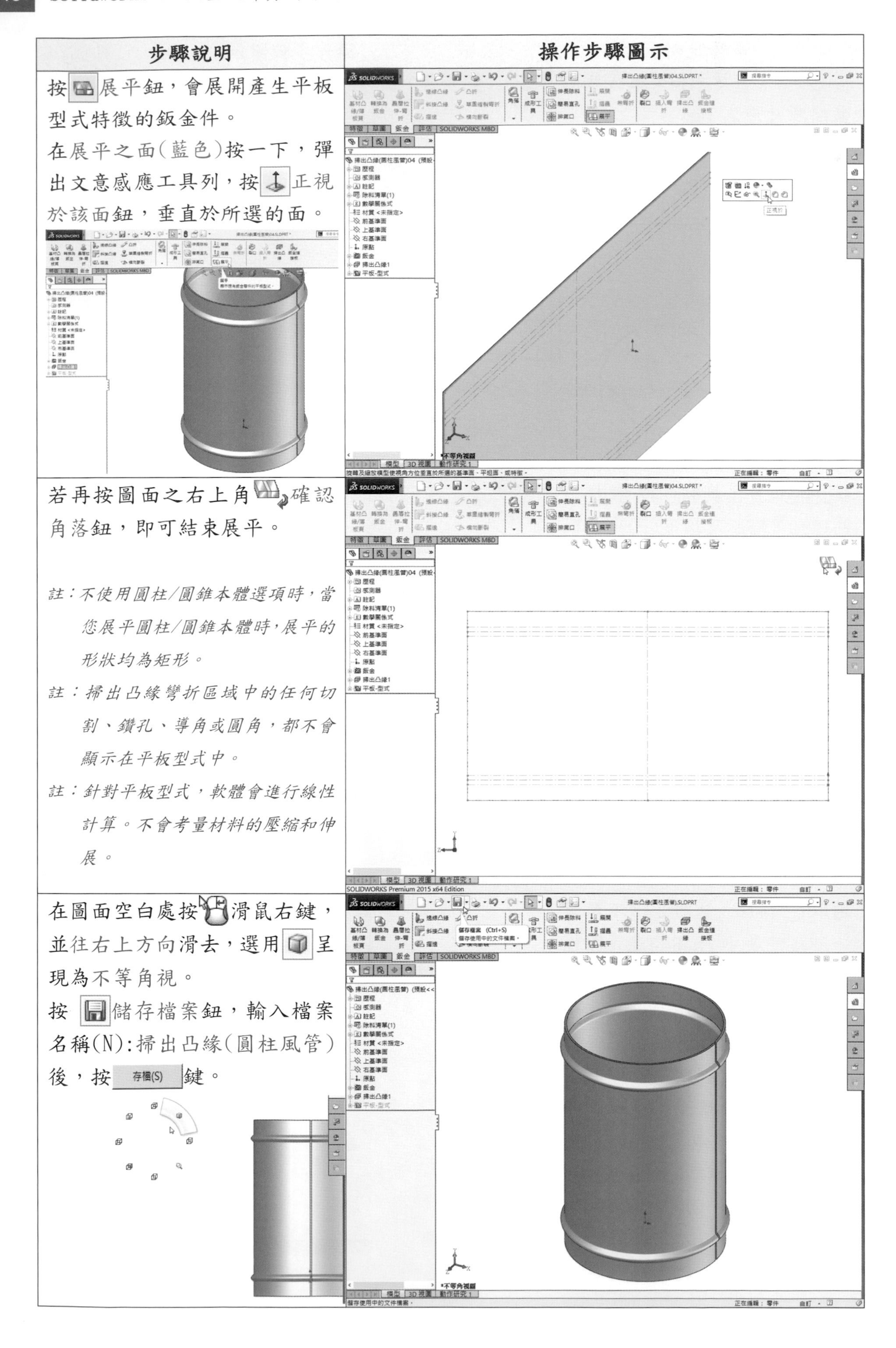

| 步驟說明 | 操作步驟圖示 |
| --- | --- |
| 按展平鈕，會展開產生平板型式特徵的鈑金件。<br>在展平之面(藍色)按一下，彈出文意感應工具列，按正視於該面鈕，垂直於所選的面。 | |
| 若再按圖面之右上角確認角落鈕，即可結束展平。<br><br>*註：不使用圓柱/圓錐本體選項時，當您展平圓柱/圓錐本體時，展平的形狀均為矩形。*<br>*註：掃出凸緣彎折區域中的任何切割、鑽孔、導角或圓角，都不會顯示在平板型式中。*<br>*註：針對平板型式，軟體會進行線性計算。不會考量材料的壓縮和伸展。* | |
| 在圖面空白處按滑鼠右鍵，並往右上方向滑去，選用呈現為不等角視。<br>按儲存檔案鈕，輸入檔案名稱(N):掃出凸緣(圓柱風管)後，按存檔(S)鍵。 | |

## 2.6.4 掃出凸緣(開放的草圖輪廓線為路徑)產生漸縮圓柱風管鈑金

學習目標：能以開放非相交草圖為輪廓，以開放的輪廓線草圖為路徑，產生其鈑金。

繪圖步驟：畫草圖(輪廓)→畫草圖(路徑)→作掃出凸緣(沿圓柱/圓錐本體展平)→產生鈑金→按展平。

使用指令：

- 草圖指令：中心線、直線、圓、切斷圖元、幾何建構線。
- 鈑金指令：掃出凸緣、展平。

*註：若一個草圖為路徑時，它必須是個開放的草圖輪廓線。*

*註：若草圖為一組繪製的曲線(直線和弧)時，曲線必須是連續的。*

| 步驟說明 | 操作步驟圖示 |
| --- | --- |
| 首先選取前基準面作為草圖 1 之繪圖平面。<br>按中心線鈕，畫通過原點的垂直中心線。<br>按直線鈕，畫風管草圖之外型輪廓線。<br>按智慧型尺寸鈕，標註其尺度。<br>按鍵盤 Ctrl 鍵，點選線段交點與原點後放開，彈出文意感應工具列，按水平放置鈕，加入限制條件。 | 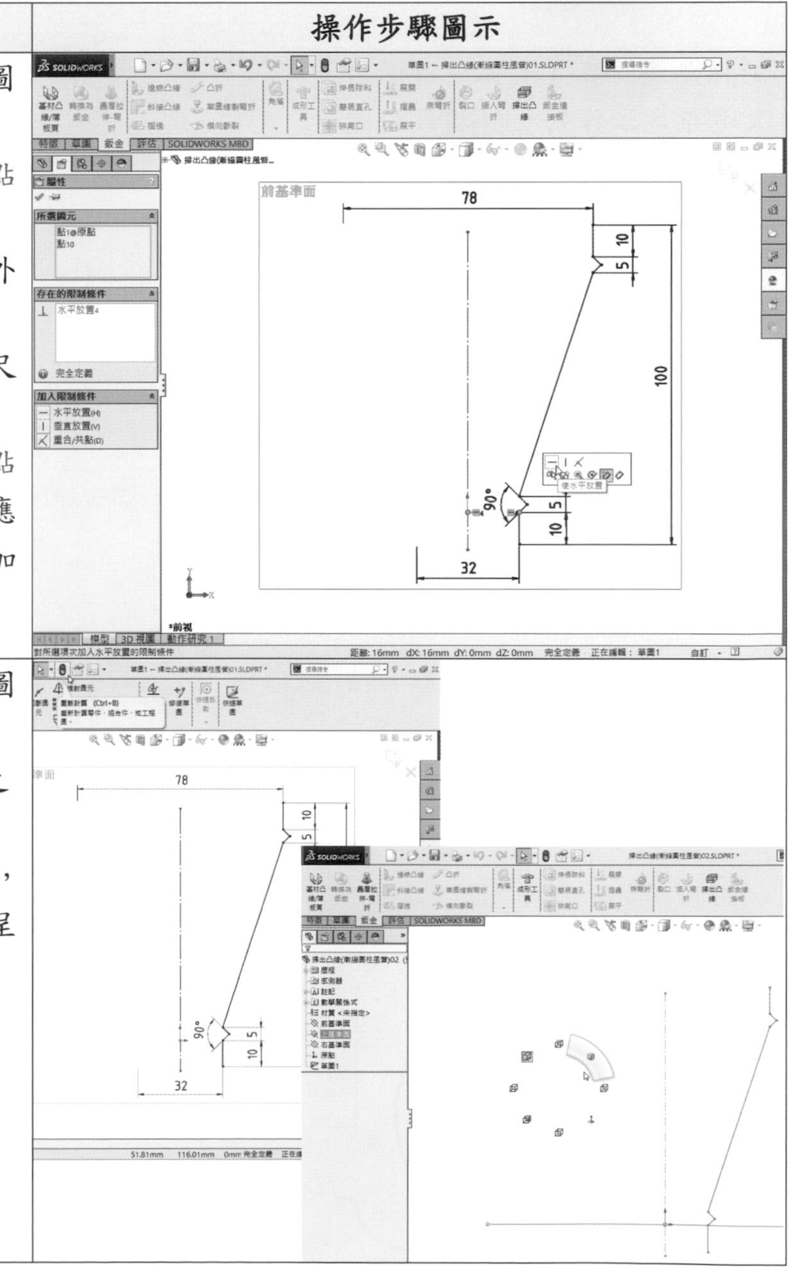 |
| 按重新計算鈕，結束草圖編輯。<br>選取上基準面作為草圖 2 之繪圖平面。<br>在圖面空白處按滑鼠右鍵，並往右上方向滑去，選用呈現為不等角視。 | |

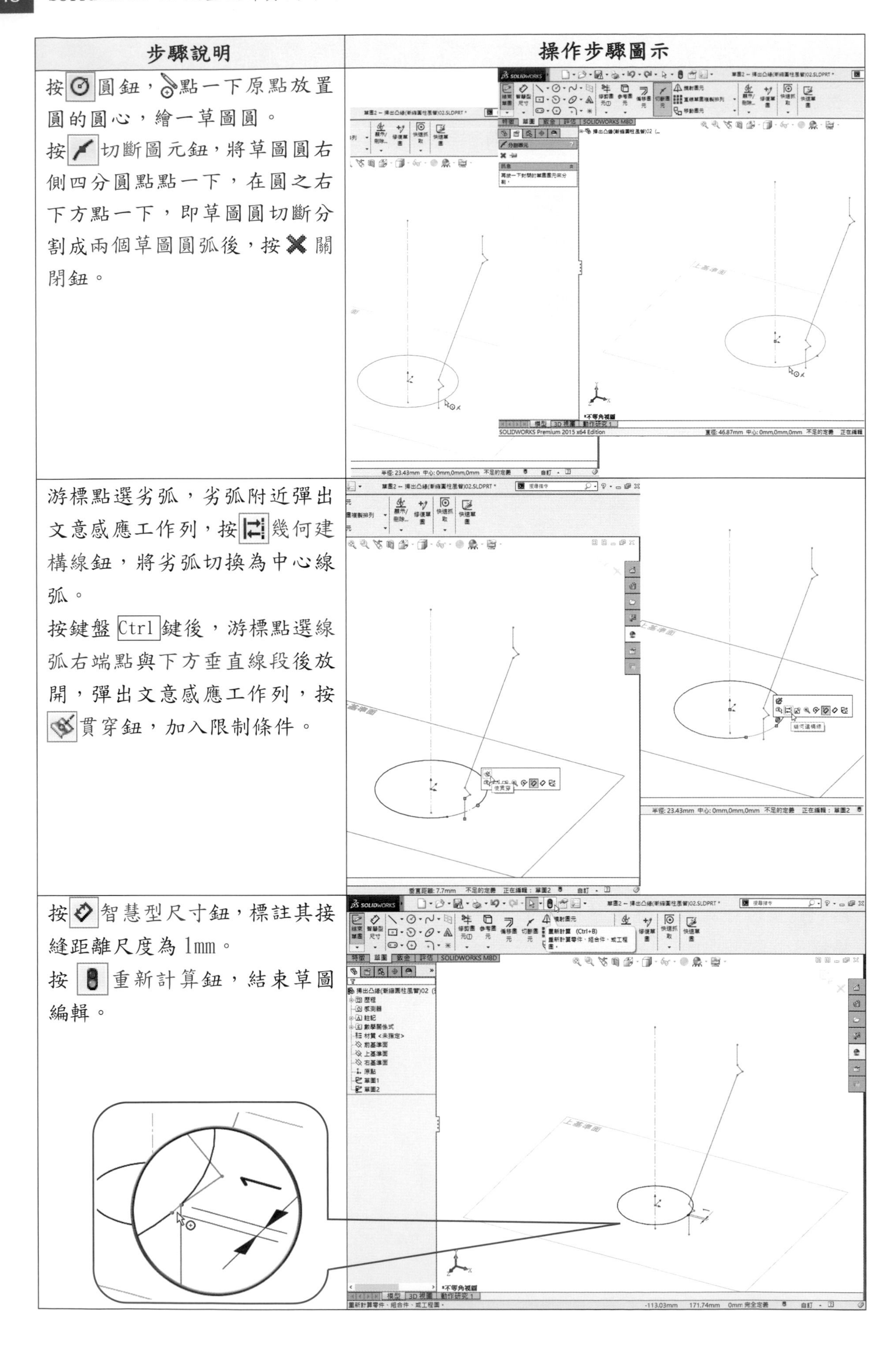

| 步驟說明 | 操作步驟圖示 |
| --- | --- |
| 按圓鈕，點一下原點放置圓的圓心，繪一草圖圓。<br>按切斷圖元鈕，將草圖圓右側四分圓點點一下，在圓之右下方點一下，即草圖圓切斷分割成兩個草圖圓弧後，按關閉鈕。 | |
| 游標點選劣弧，劣弧附近彈出文意感應工作列，按幾何建構線鈕，將劣弧切換為中心線弧。<br>按鍵盤 Ctrl 鍵後，游標點選線弧右端點與下方垂直線段後放開，彈出文意感應工作列，按貫穿鈕，加入限制條件。 | |
| 按智慧型尺寸鈕，標註其接縫距離尺度為 1mm。<br>按重新計算鈕，結束草圖編輯。 | |

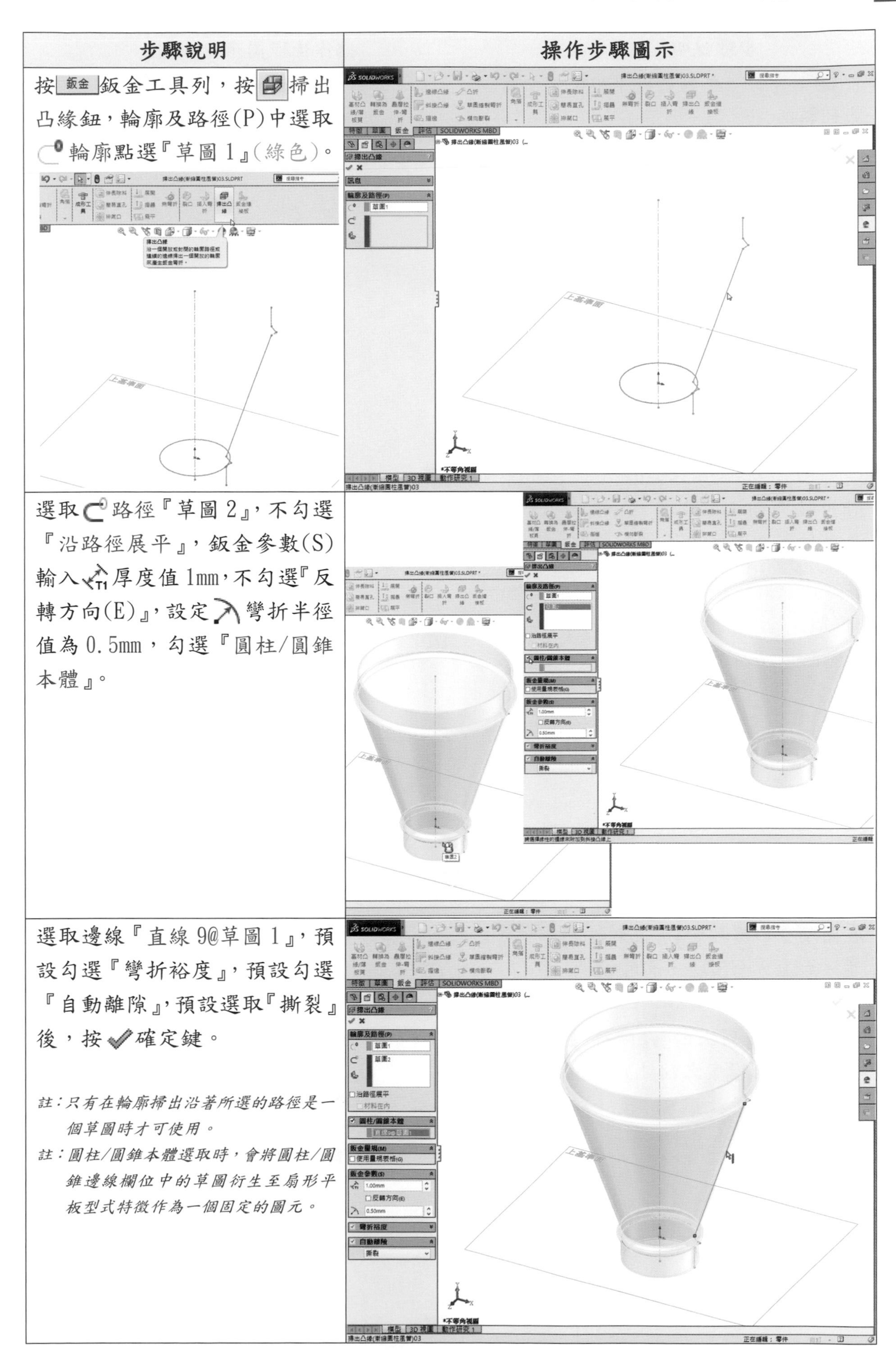

| 步驟說明 | 操作步驟圖示 |
| --- | --- |
| 按 鈑金 鈑金工具列，按 掃出凸緣鈕，輪廓及路徑(P)中選取 輪廓點選『草圖 1』(綠色)。 | |
| 選取 路徑『草圖 2』，不勾選『沿路徑展平』，鈑金參數(S)輸入 厚度值 1mm，不勾選『反轉方向(E)』，設定 彎折半徑值為 0.5mm，勾選『圓柱/圓錐本體』。 | |
| 選取邊線『直線 9@草圖 1』，預設勾選『彎折裕度』，預設勾選『自動離隙』，預設選取『撕裂』後，按 確定鍵。<br>*註：只有在輪廓掃出沿著所選的路徑是一個草圖時才可使用。*<br>*註：圓柱/圓錐本體選取時，會將圓柱/圓錐邊線欄位中的草圖衍生至扇形平板型式特徵作為一個固定的圖元。* | |

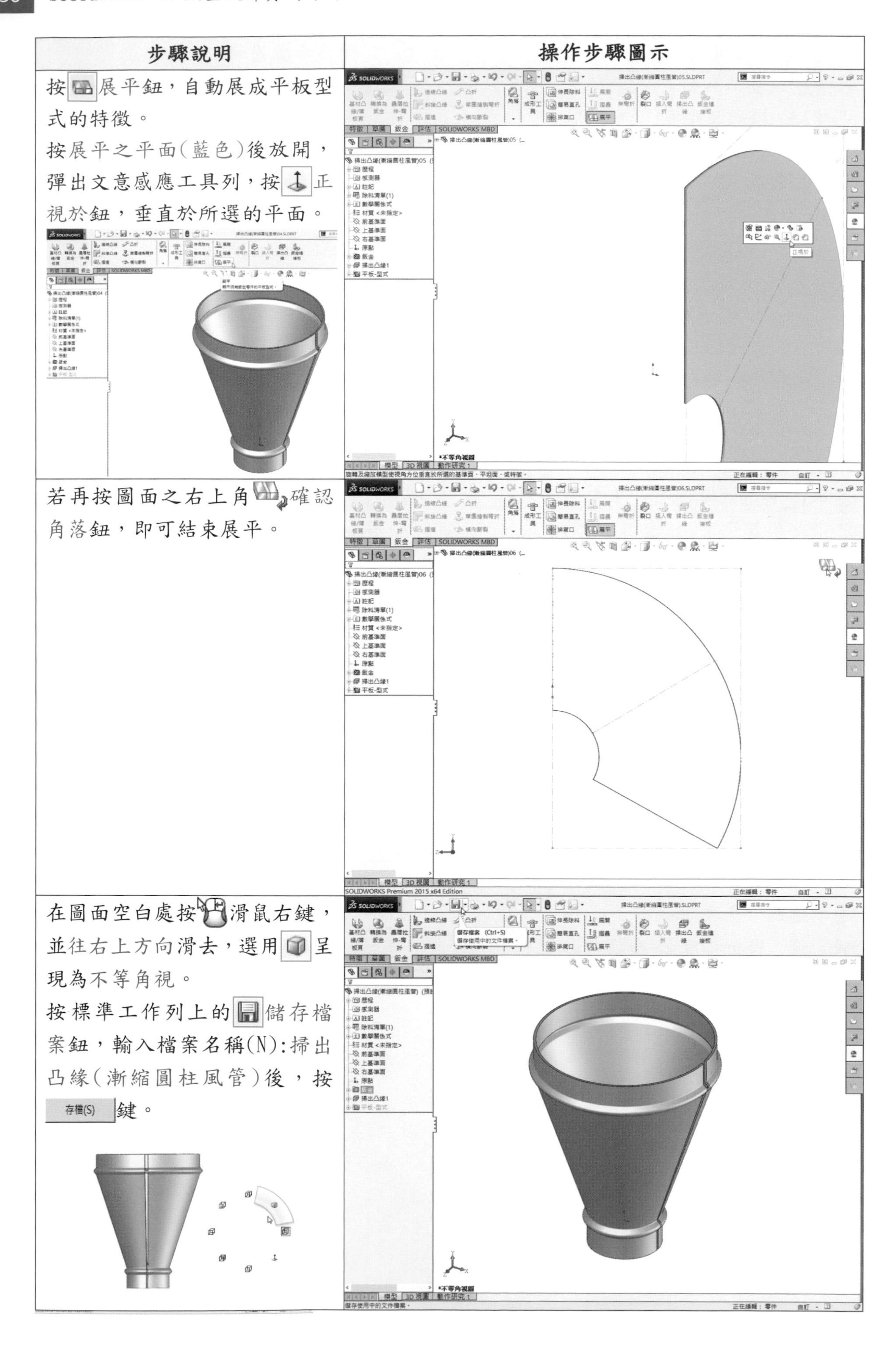

| 步驟說明 | 操作步驟圖示 |
| --- | --- |
| 按展平鈕，自動展成平板型式的特徵。<br>按展平之平面(藍色)後放開，彈出文意感應工具列，按正視於鈕，垂直於所選的平面。 | |
| 若再按圖面之右上角確認角落鈕，即可結束展平。 | |
| 在圖面空白處按滑鼠右鍵，並往右上方向滑去，選用呈現為不等角視。<br>按標準工作列上的儲存檔案鈕，輸入檔案名稱(N):掃出凸緣(漸縮圓柱風管)後，按存檔(S)鍵。 | |

## 2.7.1 摺邊(1 條直線)產生鎖用花邊搭扣固定端鈑金

**學習目標**：能將摺邊加入基材凸緣鈑金所選邊線上，以完成其鈑金件。

**繪圖步驟**：畫草圖→長基材凸緣/薄板頁→產生鈑金→加捲形摺邊→按展平。

使用指令：(製品標稱：花邊搭扣 86 CNS871)

- 草圖指令：中心線、直線、圓、修剪圖元、鏡射圖元。
- 鈑金指令：基材凸緣/薄板頁、摺邊、展平。

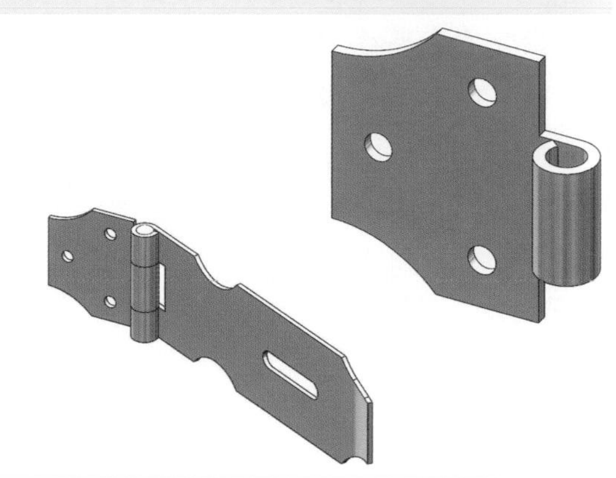

*註：摺邊工具會將摺邊加入鈑金零件的所選邊線上。*

- *所選取的邊線必須為直線。*
- *斜接角落被自動加入相交摺邊上。*

| 步驟說明 | 操作步驟圖示 |
| --- | --- |
| 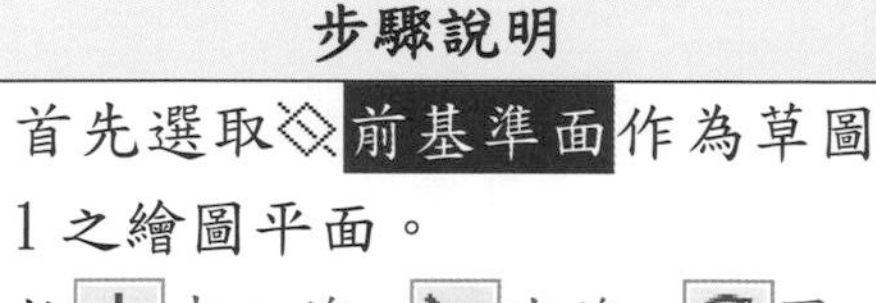首先選取前基準面作為草圖 1 之繪圖平面。<br>按中心線、直線、圓、修剪圖元和鏡射圖元鈕，畫出草圖之外型輪廓線。<br>按鍵盤 Ctrl 鍵後，點選 R8 圓心與左側垂直線段，屬性加入限制條件為重合/共點。<br>按智慧型尺寸鈕，標註其尺度。<br>按鈑金鈑金工具列，按基材凸緣/薄板頁鈕。 | 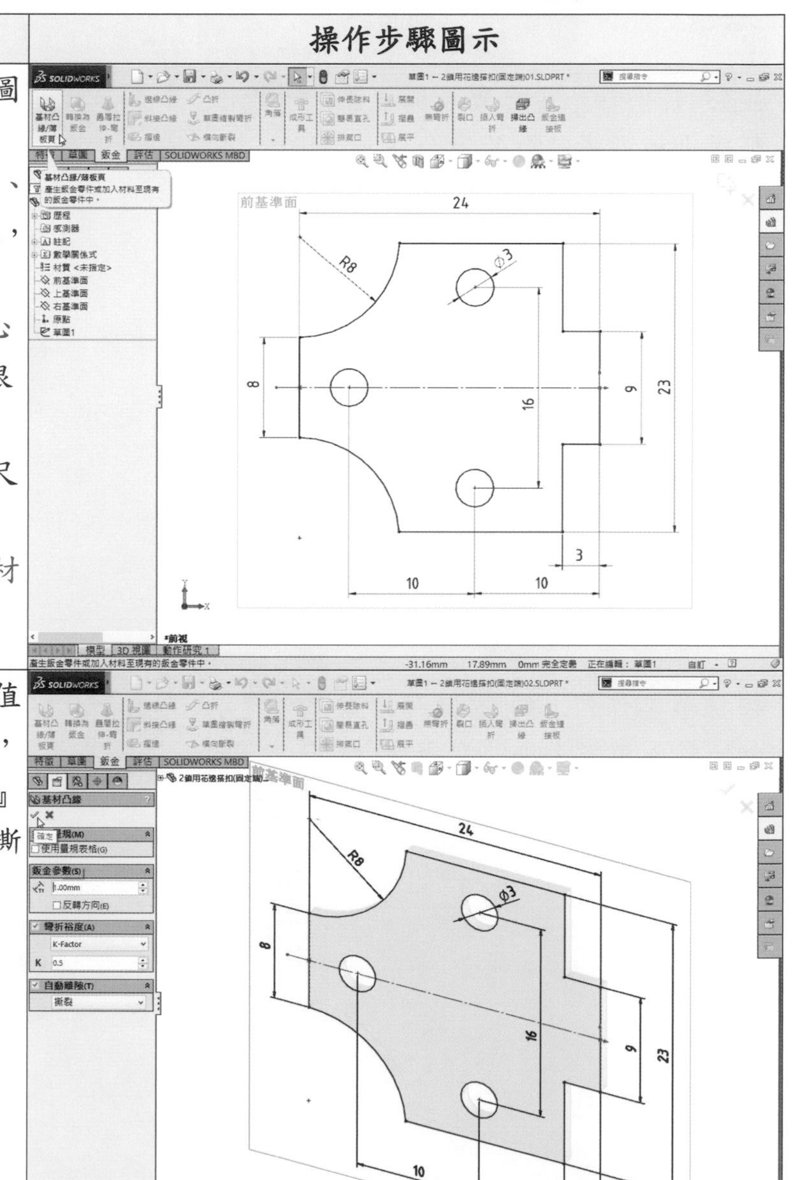 |
| 鈑金參數(S)中設定厚度值 1mm，不勾選『反轉方向(E)』，彎折裕度(A)預設『K-Factor』值為 0.5，自動離隙(T)預設『撕裂』後，按確定鍵。 | |

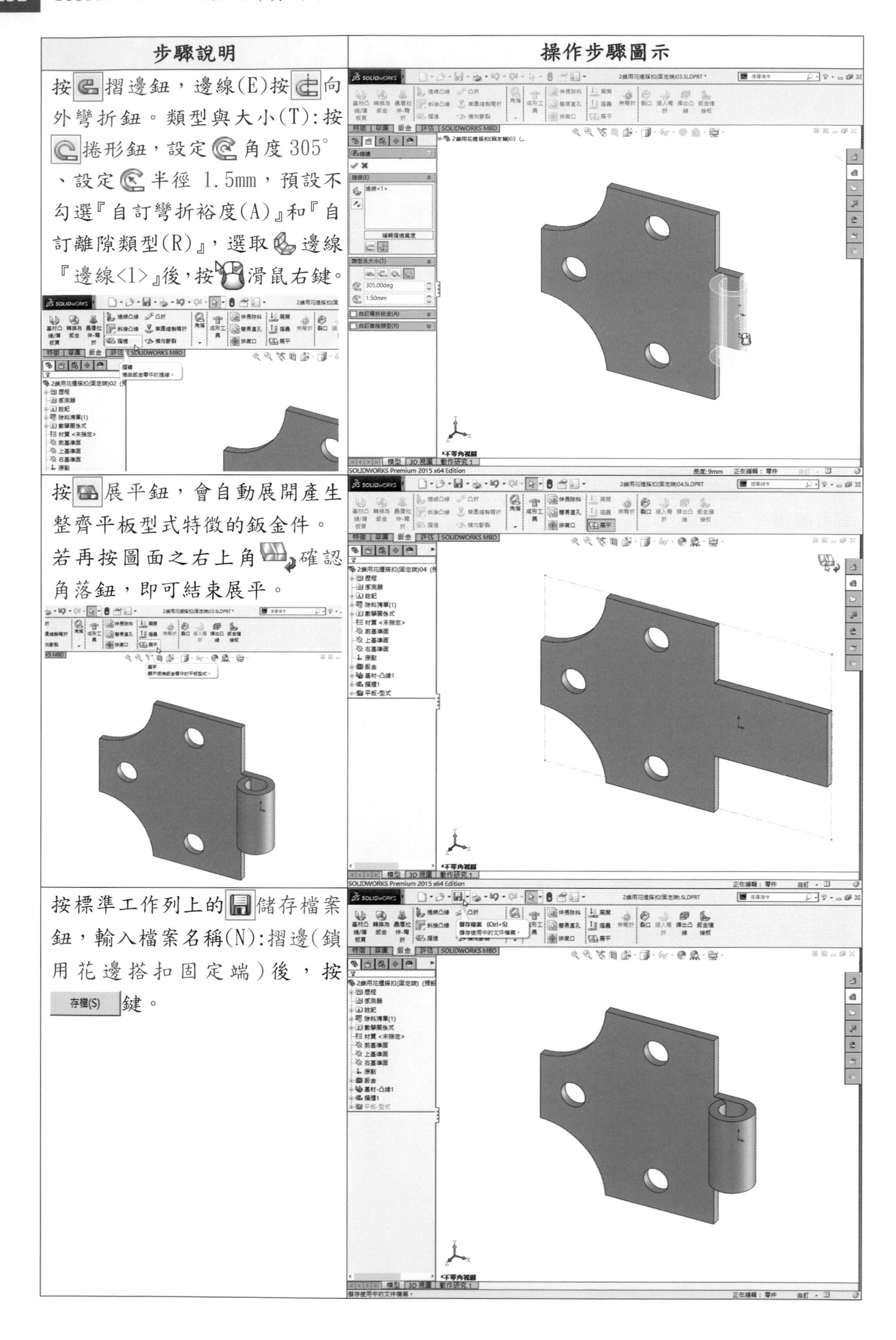

| 步驟說明 | 操作步驟圖示 |
| --- | --- |
| 按摺邊鈕，邊線(E)按向外彎折鈕。類型與大小(T):按捲形鈕，設定角度 305°、設定半徑 1.5mm，預設不勾選『自訂彎折裕度(A)』和『自訂離隙類型(R)』，選取邊線『邊線<1>』後，按滑鼠右鍵。 | |
| 按展平鈕，會自動展開產生整齊平板型式特徵的鈑金件。若再按圖面之右上角確認角落鈕，即可結束展平。 | |
| 按標準工作列上的儲存檔案鈕，輸入檔案名稱(N):摺邊(鎖用花邊搭扣固定端)後，按存檔(S)鍵。 | |

## 2.7.1 摺邊(2 條直線)產生鎖用花邊搭扣活動端鈑金

學習目標：能在基材凸緣鈑金件邊線上，使用摺邊和草圖繪製彎折完成其鈑金件。

繪圖步驟：畫草圖→長基材凸緣/薄板頁→作捲形摺邊→作草圖繪製彎折→按展平。

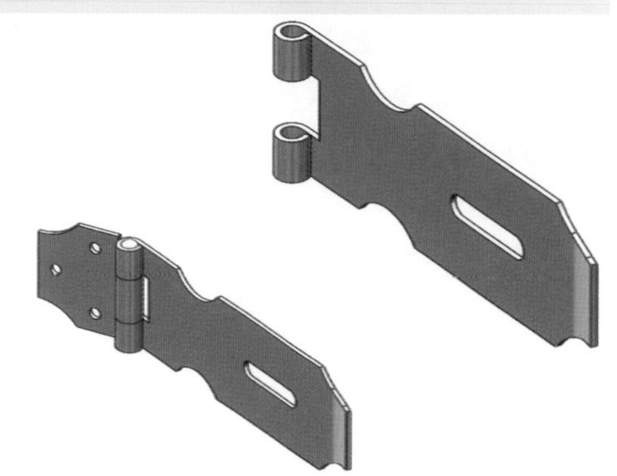

- 製品標稱：花邊搭扣 86 CNS871
- 草圖指令：中心線、直線、圓、修剪圖元、直狹槽、鏡射圖元。
- 鈑金指令：基材凸緣/薄板頁、摺邊、草圖繪製彎折、展平。

*註：摺邊工具會將摺邊加入鈑金零件的所選邊線上。*

- *所選取的邊線必須為直線。*
- *斜接角落被自動加入相交摺邊上。*

| 步驟說明 | 操作步驟圖示 |
|---|---|
| 首先選取前基準面作為草圖 1 之繪圖平面。按中心線、直線、圓、修剪圖元、直狹槽和鏡射圖元鈕，畫草圖之外型輪廓，標註其尺度。<br>按鍵盤 Ctrl 鍵後，點選 R7.5 圓心與右側垂直線段，屬性加入限制條件為重合/共點。<br>按鈑金鈑金工具列，按基材凸緣/薄板頁鈕。 | 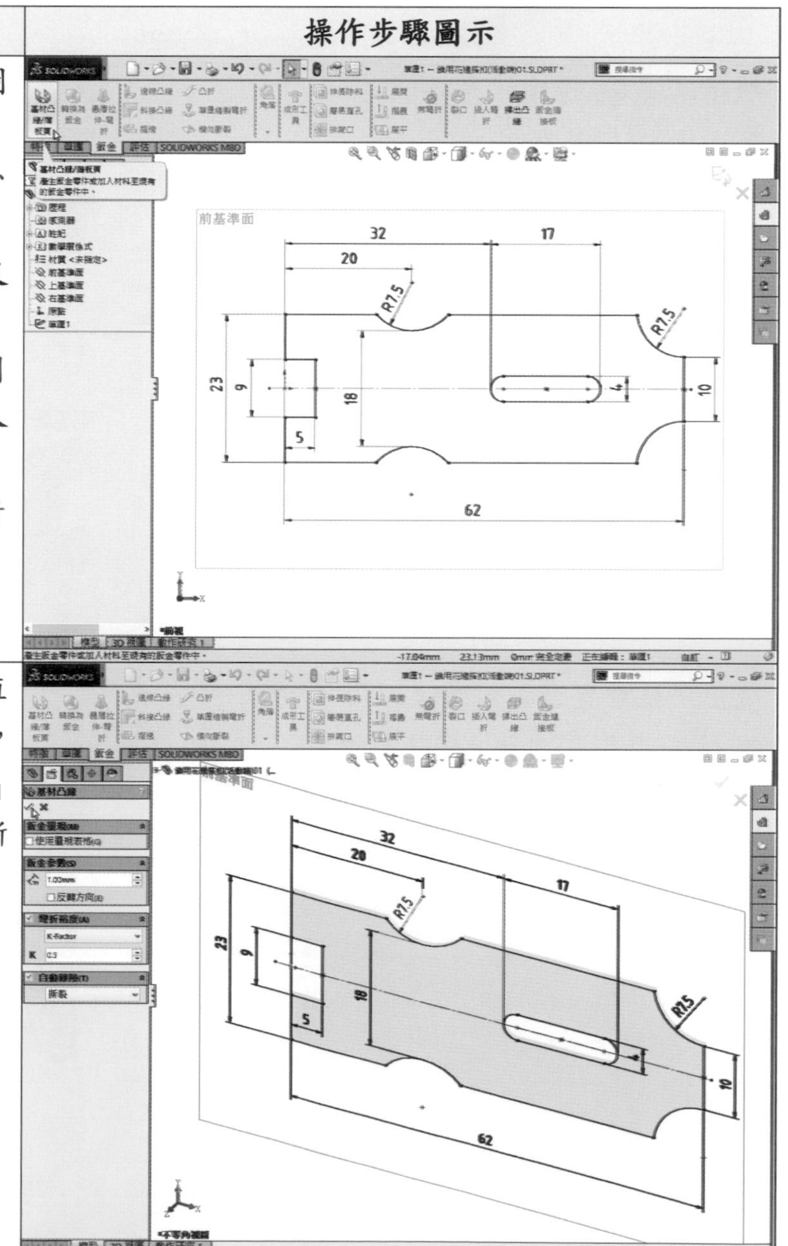 |
| 鈑金參數(S)中設定厚度值 1mm，不勾選『反轉方向(E)』，彎折裕度(A)預設『K-Factor』值為 0.5，自動離隙(T)預設『撕裂』後，按確定鍵。 | |

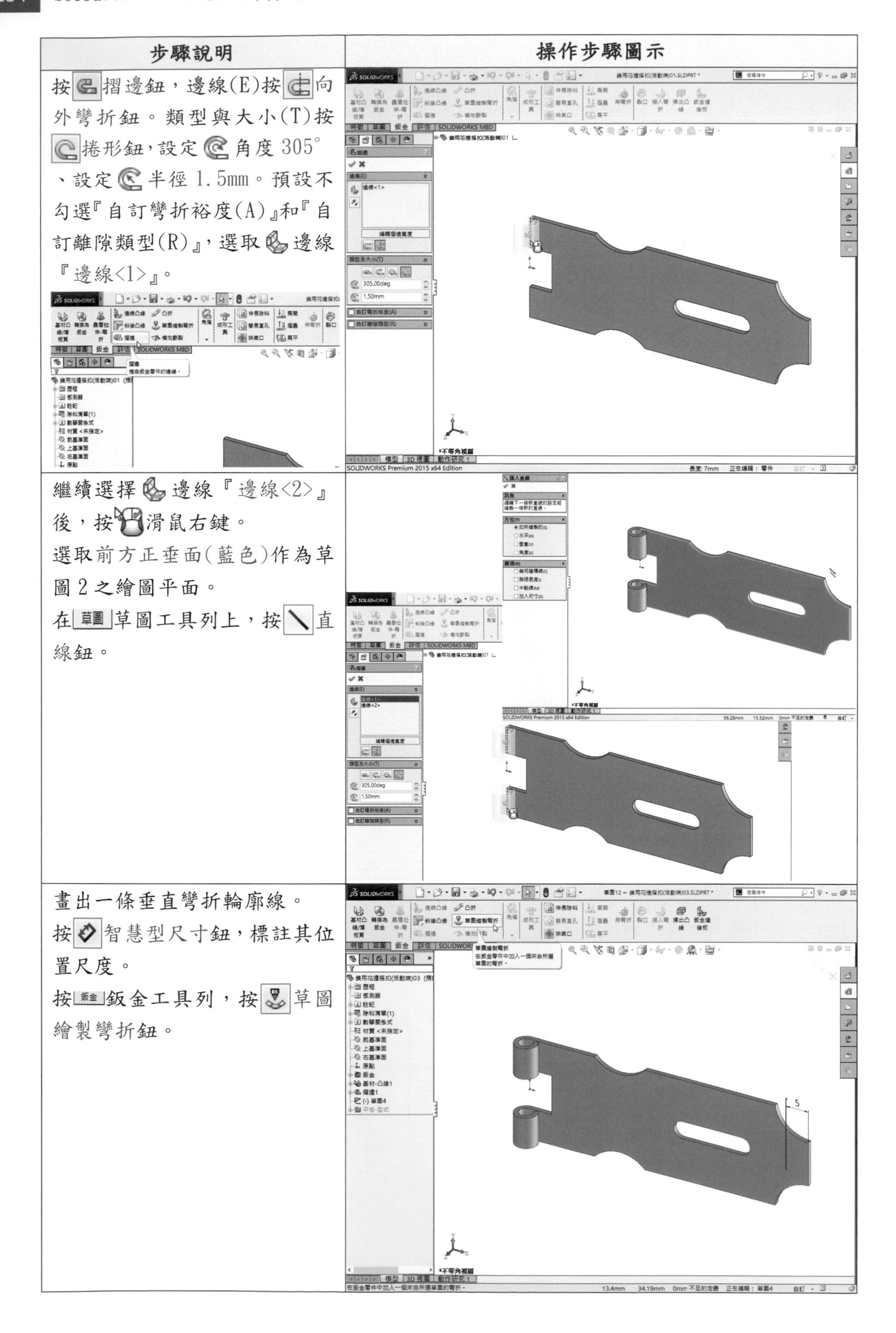

| 步驟說明 | 操作步驟圖示 |
|---|---|
| 按摺邊鈕，邊線(E)按向外彎折鈕。類型與大小(T)按捲形鈕，設定角度305°、設定半徑1.5mm。預設不勾選『自訂彎折裕度(A)』和『自訂離隙類型(R)』，選取邊線『邊線<1>』。 | |
| 繼續選擇邊線『邊線<2>』後，按滑鼠右鍵。<br>選取前方正垂面(藍色)作為草圖2之繪圖平面。<br>在草圖草圖工具列上，按直線鈕。 | |
| 畫出一條垂直彎折輪廓線。<br>按智慧型尺寸鈕，標註其位置尺度。<br>按鈑金鈑金工具列，按草圖繪製彎折鈕。 | |

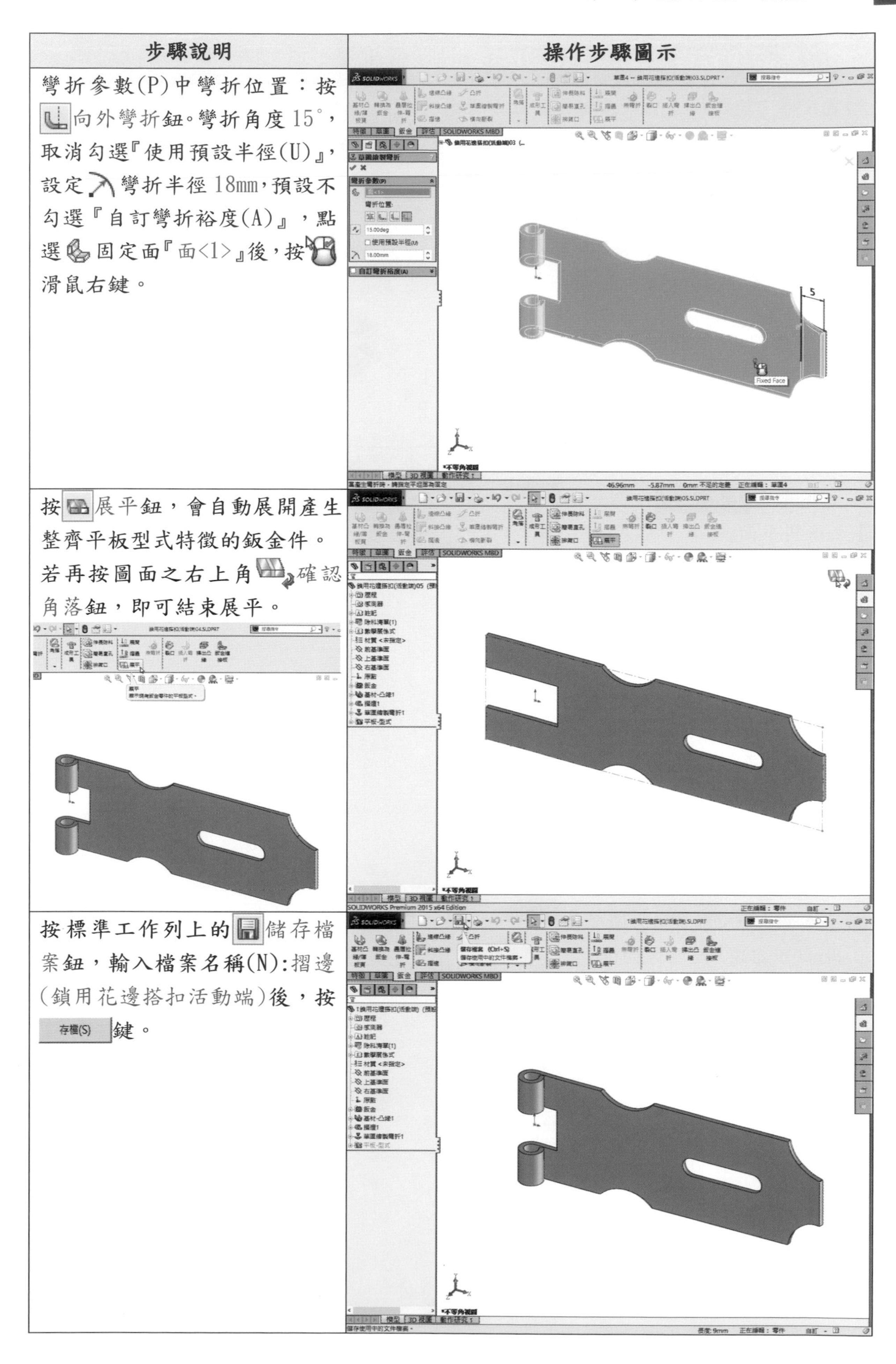

| 步驟說明 | 操作步驟圖示 |
| --- | --- |
| 彎折參數(P)中彎折位置：按向外彎折鈕。彎折角度 15°，取消勾選『使用預設半徑(U)』，設定彎折半徑 18mm，預設不勾選『自訂彎折裕度(A)』，點選固定面『面<1>』後，按滑鼠右鍵。 | |
| 按展平鈕，會自動展開產生整齊平板型式特徵的鈑金件。若再按圖面之右上角確認角落鈕，即可結束展平。 | |
| 按標準工作列上的儲存檔案鈕，輸入檔案名稱(N):摺邊(鎖用花邊搭扣活動端)後，按 存檔(S) 鍵。 | |

## 2.7.2 摺邊(2條直線)產生汽車用橫接環眼電線端子鈑金

學習目標：能將摺邊加入基材凸緣鈑金所選邊線上，以完成其鈑金件。

繪圖步驟：畫草圖→長基材凸緣/薄板頁→產生鈑金→加入開放摺邊→按展平→編輯特徵→按展平。

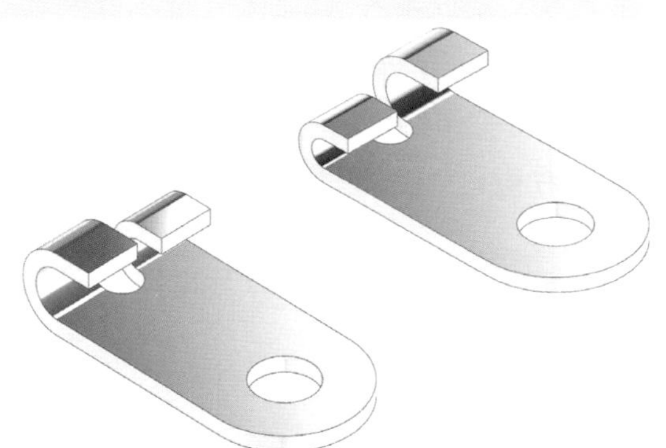

- 草圖指令：中心線、偏移圖元、圓、直線、修剪圖元、幾何建構線。
- 鈑金指令：基材凸緣/薄板頁、摺邊、展平。
- 製品標稱：CNS6903-LB 203
  汽車用橫接環眼電線端子 203 L
  汽車用橫接環眼電線端子 203 R

| 步驟說明 | 操作步驟圖示 |
| --- | --- |
| 首先選取上基準面作為草圖1之繪圖平面。<br>按中心線、偏移圖元、圓、直線、修剪圖元、幾何建構線鈕，畫出草圖之外型輪廓線。<br>按智慧型尺寸鈕，標註其尺度。<br>按鈑金工具列，按基材凸緣/薄板頁鈕。 | 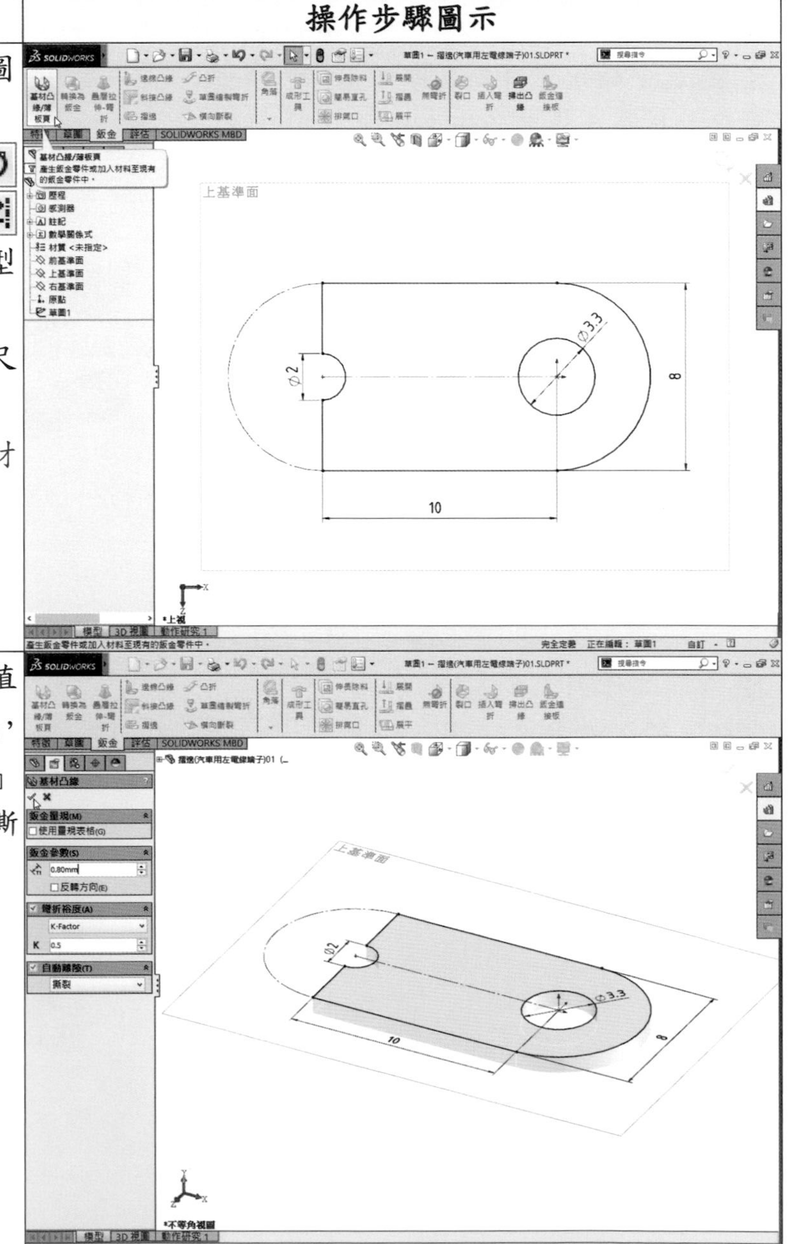 |
| 鈑金參數(S)中設定厚度值0.8mm，不勾選『反轉方向(E)』，彎折裕度(A)預設『K-Factor』值為0.5，自動離隙(T)預設『撕裂』後，按確定鍵。 | |

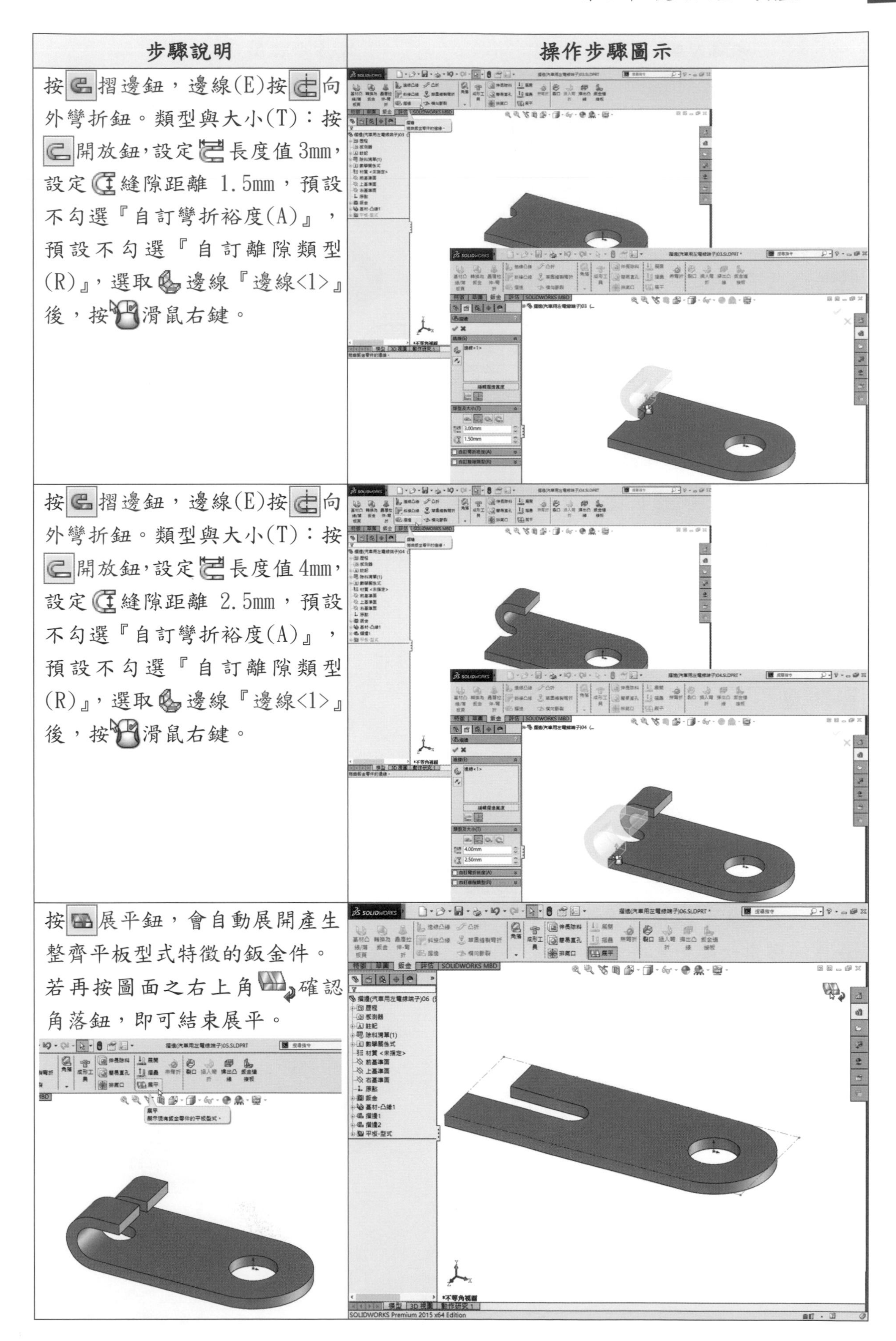

| 步驟說明 | 操作步驟圖示 |
| --- | --- |
| 按摺邊鈕，邊線(E)按向外彎折鈕。類型與大小(T)：按開放鈕，設定長度值 3mm，設定縫隙距離 1.5mm，預設不勾選『自訂彎折裕度(A)』，預設不勾選『自訂離隙類型(R)』，選取邊線『邊線<1>』後，按滑鼠右鍵。 | |
| 按摺邊鈕，邊線(E)按向外彎折鈕。類型與大小(T)：按開放鈕，設定長度值 4mm，設定縫隙距離 2.5mm，預設不勾選『自訂彎折裕度(A)』，預設不勾選『自訂離隙類型(R)』，選取邊線『邊線<1>』後，按滑鼠右鍵。 | |
| 按展平鈕，會自動展開產生整齊平板型式特徵的鈑金件。若再按圖面之右上角確認角落鈕，即可結束展平。 | |

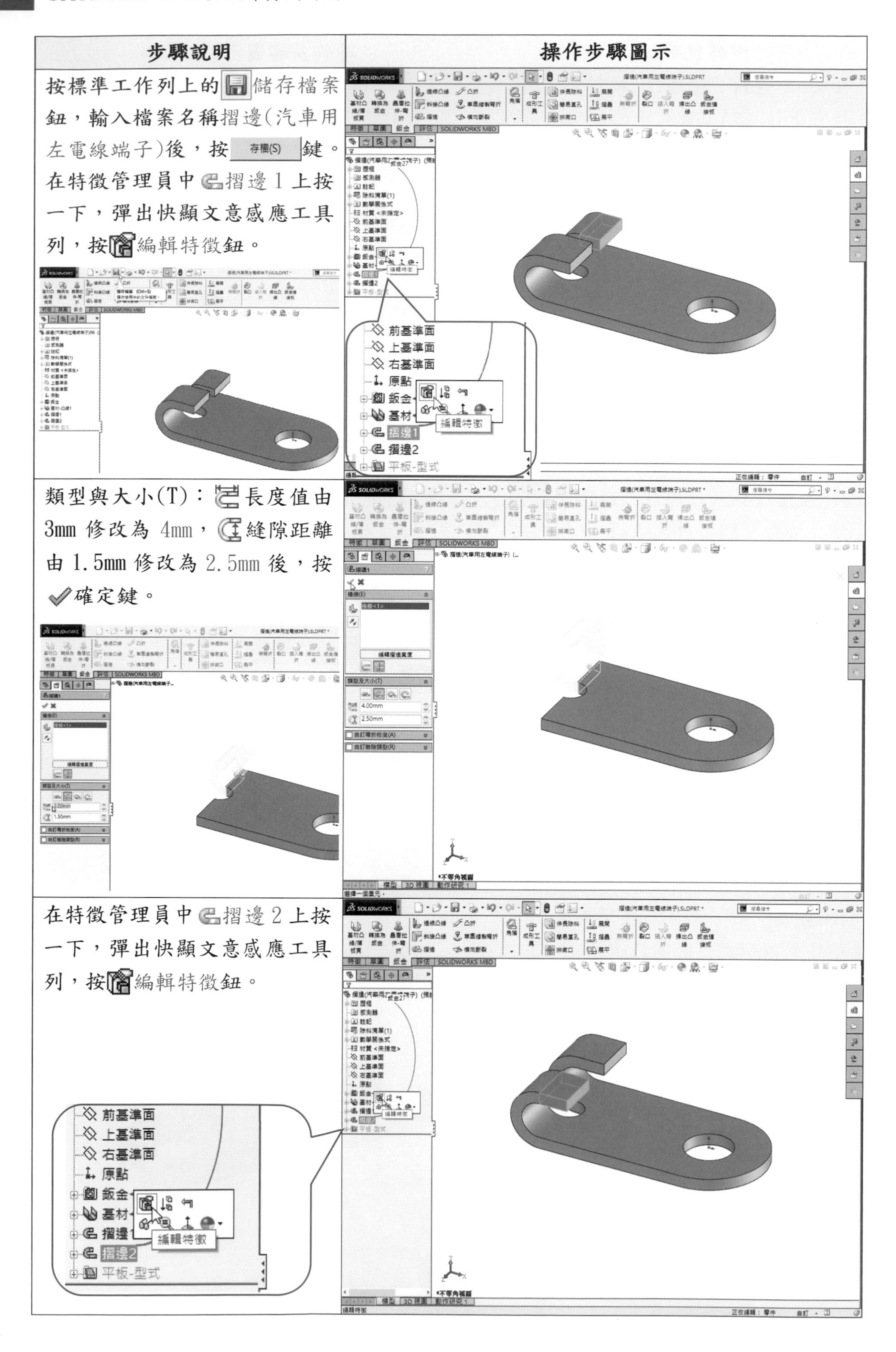

| 步驟說明 | 操作步驟圖示 |
| --- | --- |
| 按標準工作列上的儲存檔案鈕，輸入檔案名稱摺邊(汽車用左電線端子)後，按 存檔(S) 鍵。在特徵管理員中摺邊 1 上按一下，彈出快顯文意感應工具列，按編輯特徵鈕。 | |
| 類型與大小(T)：長度值由 3mm 修改為 4mm，縫隙距離由 1.5mm 修改為 2.5mm 後，按確定鍵。 | |
| 在特徵管理員中摺邊 2 上按一下，彈出快顯文意感應工具列，按編輯特徵鈕。 | |

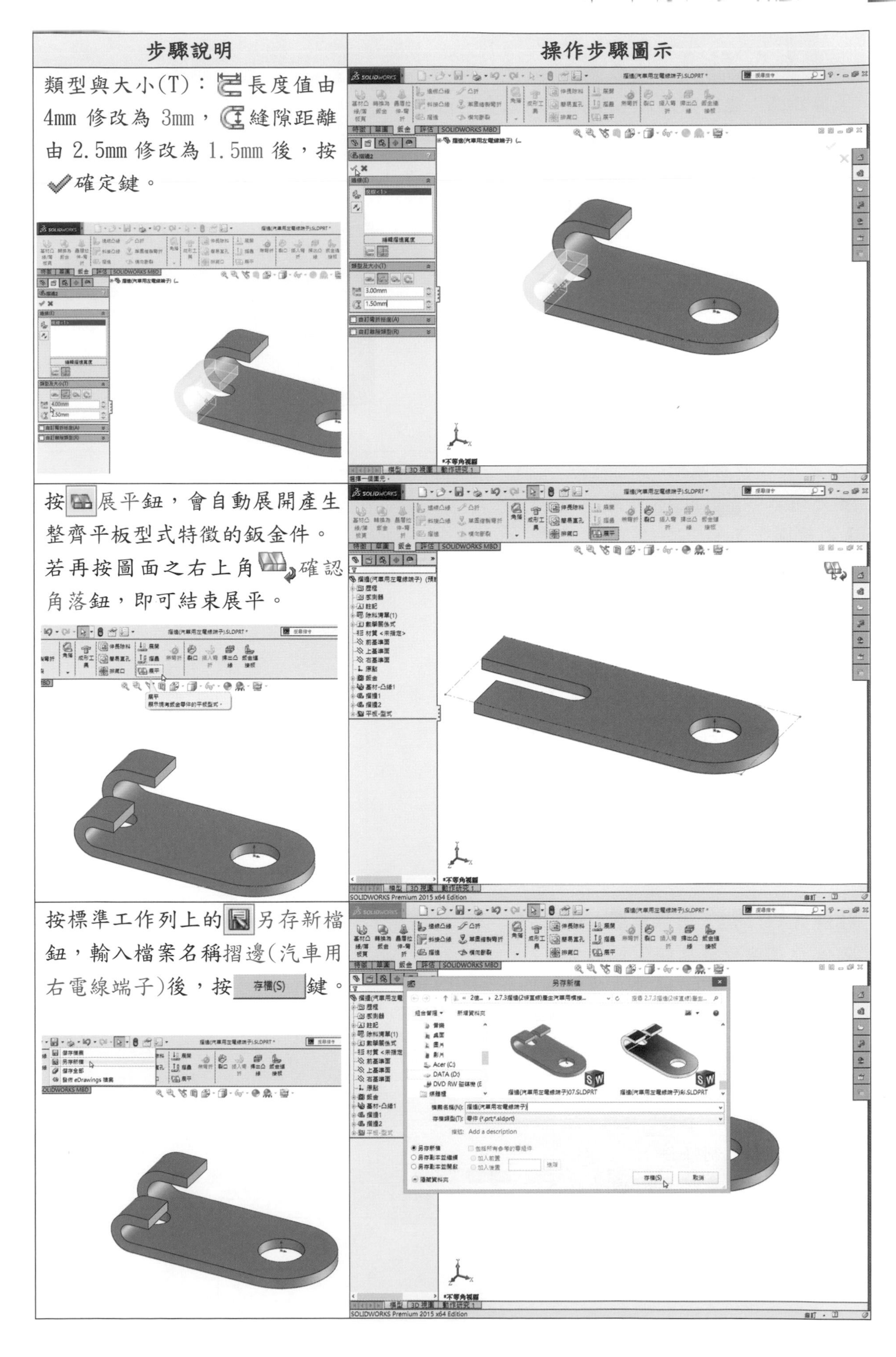

| 步驟說明 | 操作步驟圖示 |
| --- | --- |
| 類型與大小(T)：長度值由 4mm 修改為 3mm，縫隙距離由 2.5mm 修改為 1.5mm 後，按✔確定鍵。 | |
| 按展平鈕，會自動展開產生整齊平板型式特徵的鈑金件。若再按圖面之右上角確認角落鈕，即可結束展平。 | |
| 按標準工作列上的另存新檔鈕，輸入檔案名稱摺邊(汽車用右電線端子)後，按 存檔(S) 鍵。 | |

## 2.7.3 摺邊(3 條直線)產生門鉸鏈鈑金

學習目標：能將摺邊加入基材凸緣鈑金所選邊線上，以完成其鈑金件。

繪圖步驟：畫草圖→長基材凸緣→產生鈑金→作捲形摺邊→加入錐孔→按展平→儲存檔案→編輯草圖→編輯特徵→按展平。

- 草圖指令：角落矩形、修剪圖元、中心線、鏡射圖元。
- 特徵指令：異形孔精靈。
- 鈑金指令：基材凸緣/薄板頁、摺邊、展平。
- 製品標稱：門鉸鏈 CNS871

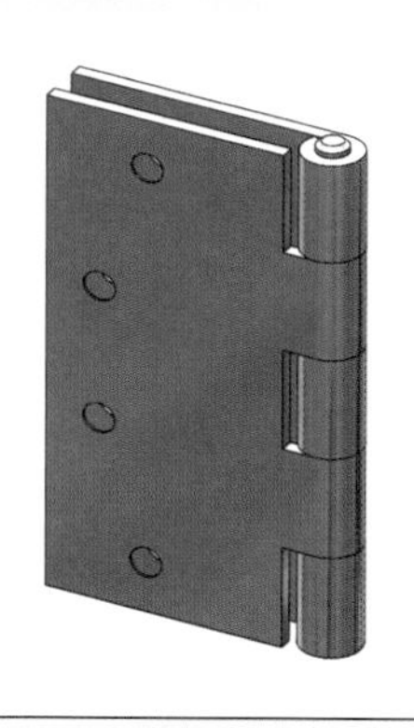

| 步驟說明 | 操作步驟圖示 |
| --- | --- |
| 首先選取前基準面作為草圖 1 之繪圖平面。<br>按角落矩形、修剪圖元鈕，畫出草圖之外型輪廓線，並標註其尺度。<br>按鍵盤 Ctrl 鍵，游標點選垂直線段與原點後放開，彈出文意感應工具列，按置於線段中點鈕，加入限制條件。 | |
| 按鍵盤 Ctrl 鍵，游標點選右側五條垂直線段後放開，彈出文意感應工具列，按等長等徑鈕，加入限制條件。<br>按鍵盤 Ctrl 鍵，游標點選中間二條垂直線段後放開，彈出文意感應工具列，按共線/對齊鈕，加入限制條件。<br>按 鈑金 鈑金工具列，按基材凸緣/薄板頁鈕。 | 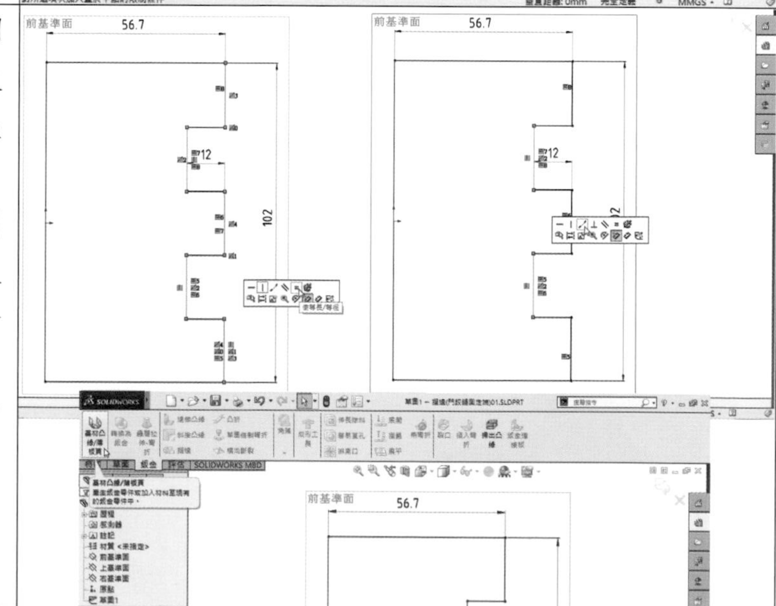 |

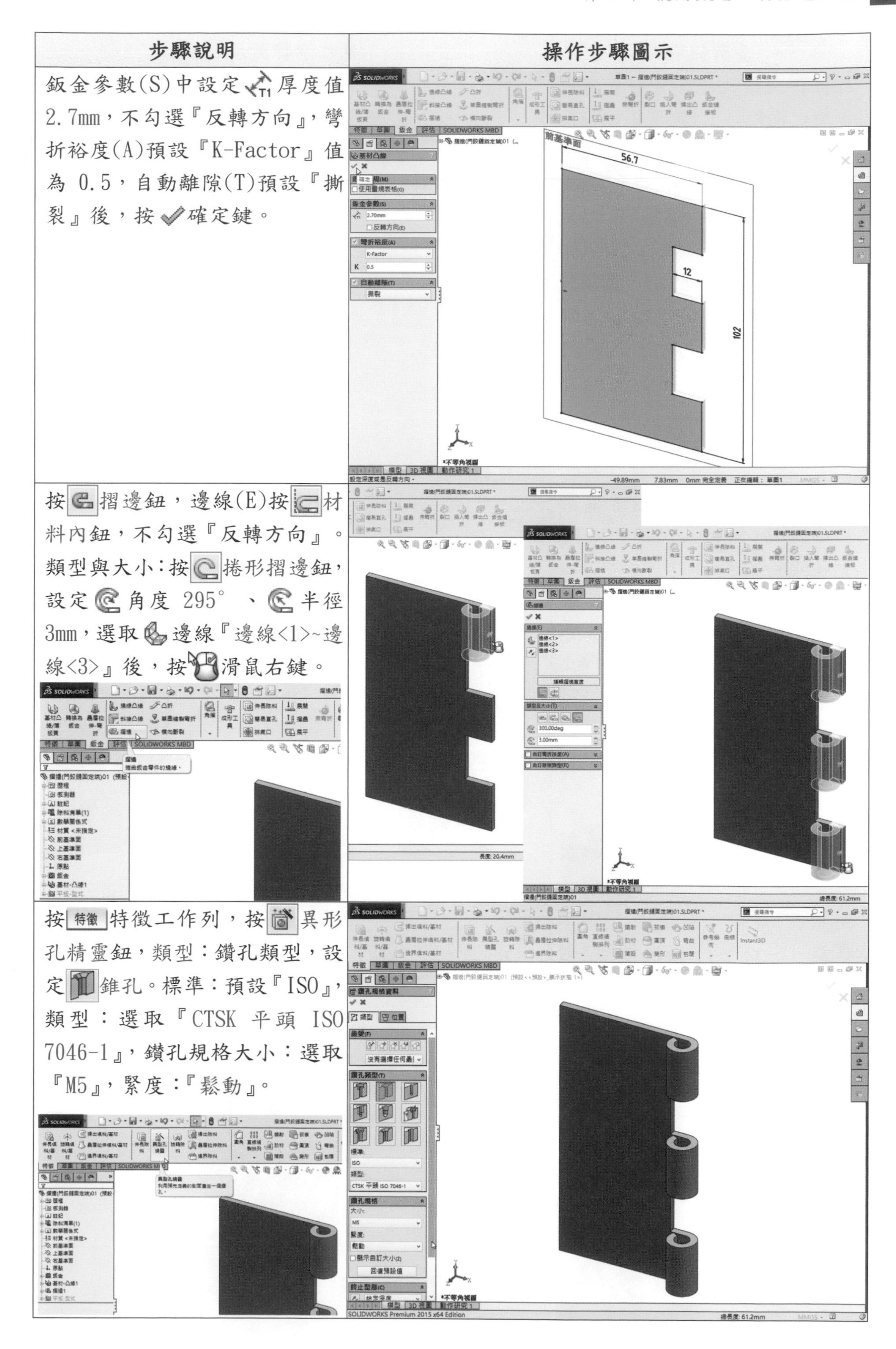

| 步驟說明 | 操作步驟圖示 |
| --- | --- |
| 鈑金參數(S)中設定厚度值2.7mm，不勾選『反轉方向』，彎折裕度(A)預設『K-Factor』值為 0.5，自動離隙(T)預設『撕裂』後，按確定鍵。 | |
| 按摺邊鈕，邊線(E)按材料內鈕，不勾選『反轉方向』。類型與大小：按捲形摺邊鈕，設定角度 295°、半徑3mm，選取邊線『邊線<1>~邊線<3>』後，按滑鼠右鍵。 | |
| 按 特徵 特徵工作列，按異形孔精靈鈕，類型：鑽孔類型，設定錐孔。標準：預設『ISO』，類型：選取『CTSK 平頭 ISO 7046-1』，鑽孔規格大小：選取『M5』，緊度：『鬆動』。 | |

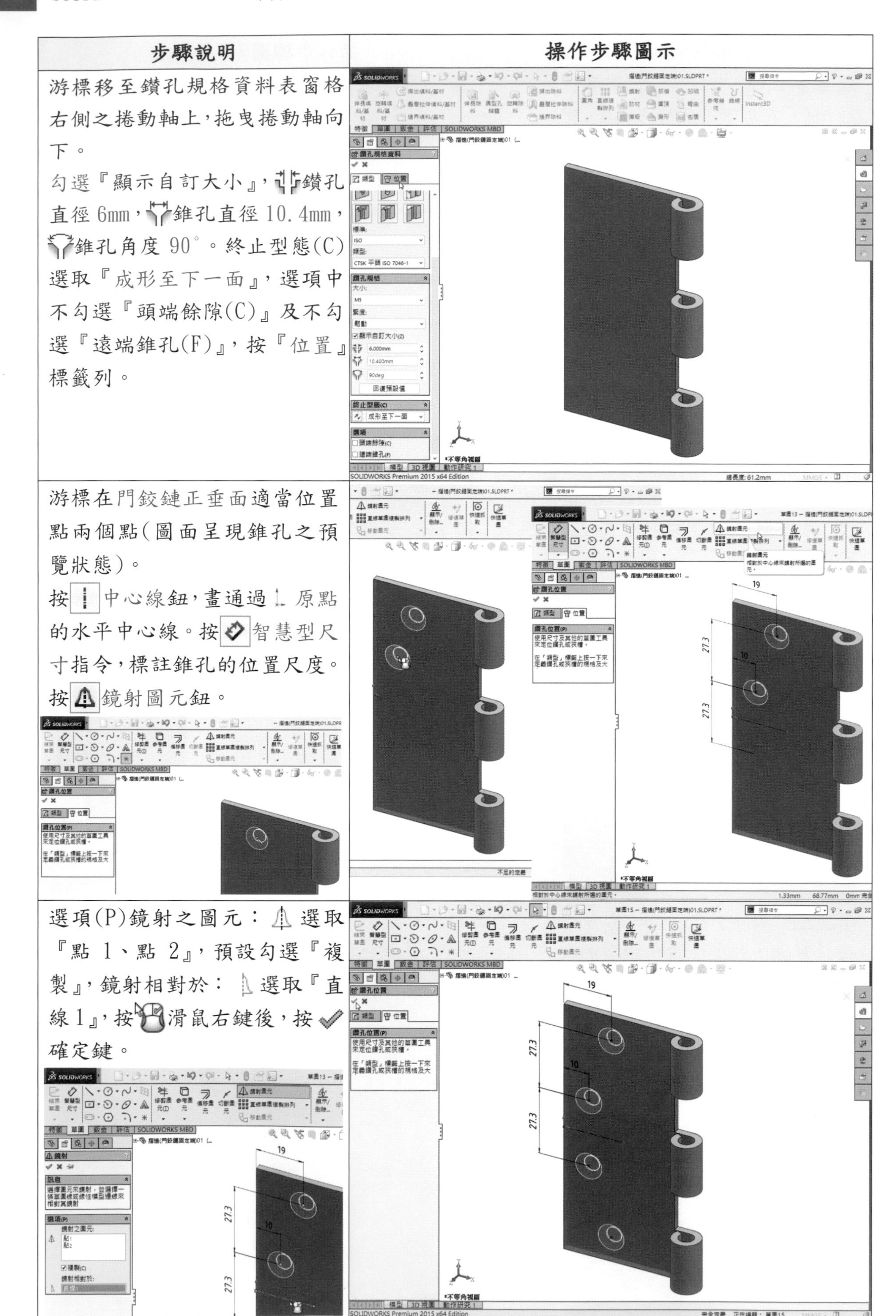

| 步驟說明 | 操作步驟圖示 |
| --- | --- |
| 游標移至鑽孔規格資料表窗格右側之捲動軸上，拖曳捲動軸向下。<br>勾選『顯示自訂大小』，鑽孔直徑 6mm，錐孔直徑 10.4mm，錐孔角度 90°。終止型態(C)選取『成形至下一面』，選項中不勾選『頭端餘隙(C)』及不勾選『遠端錐孔(F)』，按『位置』標籤列。 | |
| 游標在門鉸鏈正垂面適當位置點兩個點(圖面呈現錐孔之預覽狀態)。<br>按 中心線鈕，畫通過 原點的水平中心線。按 智慧型尺寸指令，標註錐孔的位置尺度。按 鏡射圖元鈕。 | |
| 選項(P)鏡射之圖元： 選取『點 1、點 2』，預設勾選『複製』，鏡射相對於： 選取『直線 1』，按 滑鼠右鍵後，按 確定鍵。 | |

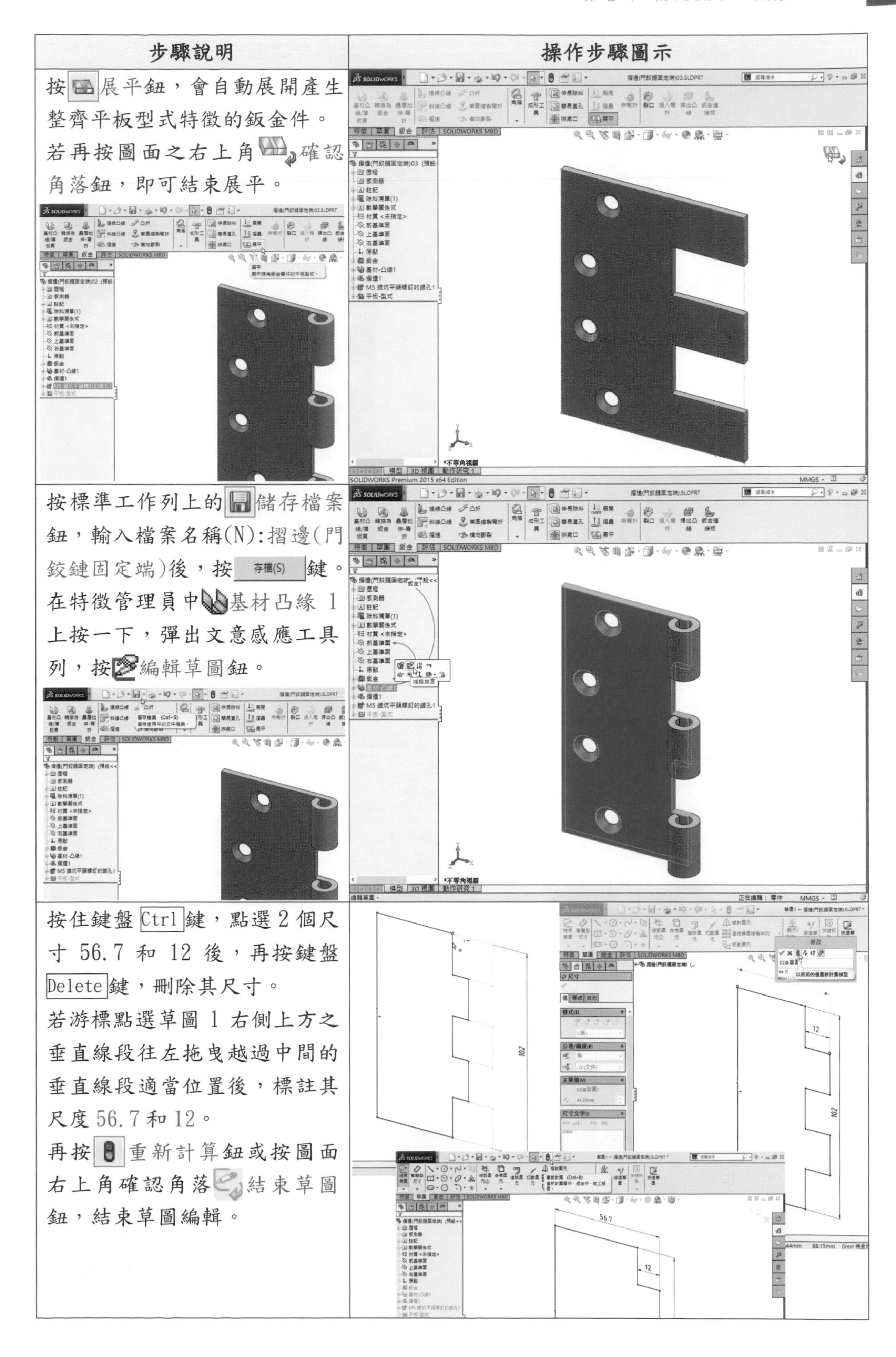

| 步驟説明 | 操作步驟圖示 |
| --- | --- |
| 按展平鈕，會自動展開產生整齊平板型式特徵的鈑金件。若再按圖面之右上角確認角落鈕，即可結束展平。 | |
| 按標準工作列上的儲存檔案鈕，輸入檔案名稱(N):摺邊(門鉸鏈固定端)後，按 存檔(S) 鍵。在特徵管理員中基材凸緣 1 上按一下，彈出文意感應工具列，按編輯草圖鈕。 | |
| 按住鍵盤 Ctrl 鍵，點選 2 個尺寸 56.7 和 12 後，再按鍵盤 Delete 鍵，刪除其尺寸。若游標點選草圖 1 右側上方之垂直線段往左拖曳越過中間的垂直線段適當位置後，標註其尺度 56.7 和 12。再按重新計算鈕或按圖面右上角確認角落結束草圖鈕，結束草圖編輯。 | |

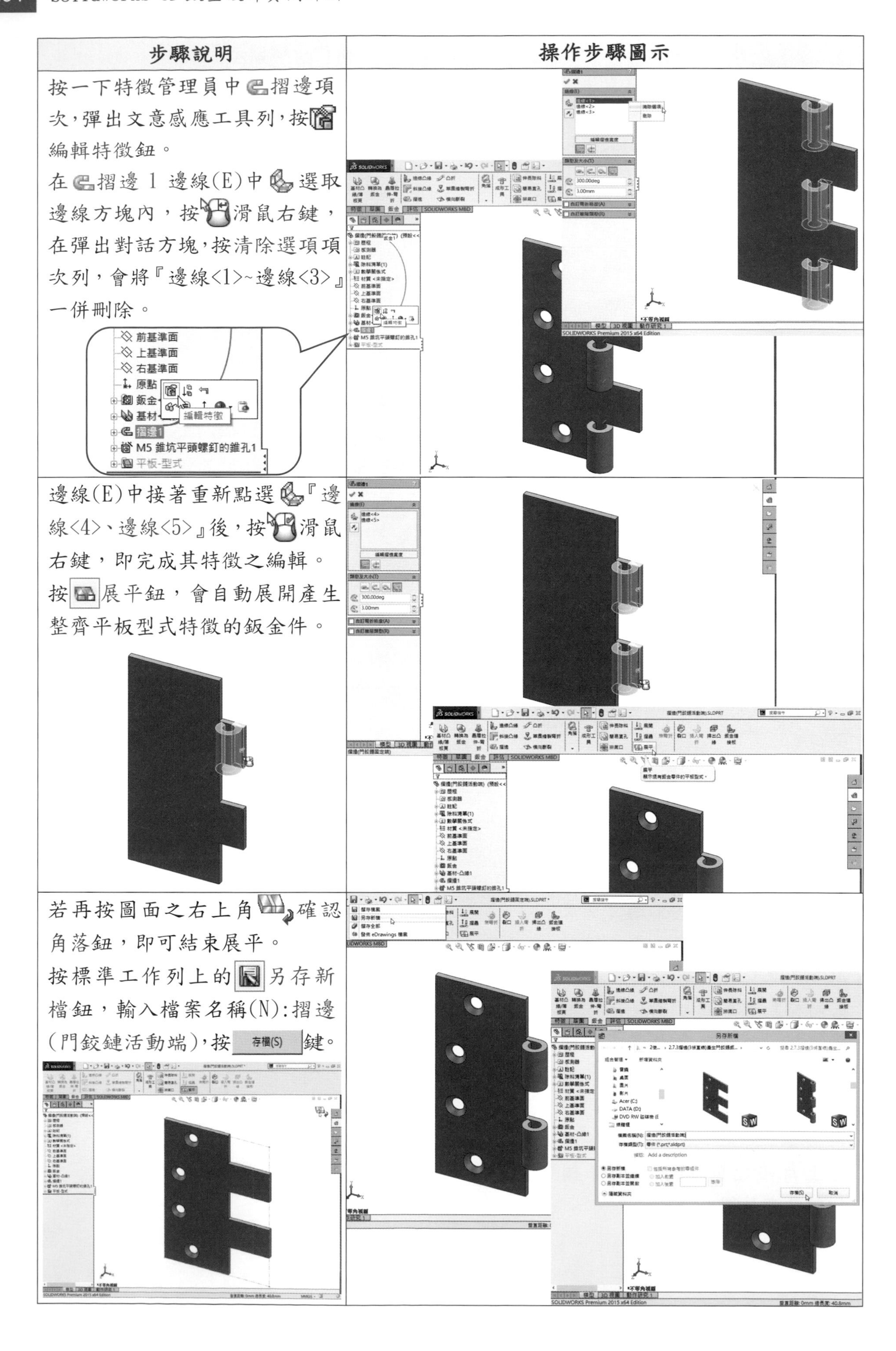


| 步驟說明 | 操作步驟圖示 |
| --- | --- |
| 按一下特徵管理員中摺邊項次，彈出文意感應工具列，按編輯特徵鈕。<br>在摺邊 1 邊線(E)中選取邊線方塊內，按滑鼠右鍵，在彈出對話方塊，按清除選項項次列，會將『邊線<1>~邊線<3>』一併刪除。 | |
| 邊線(E)中接著重新點選『邊線<4>、邊線<5>』後，按滑鼠右鍵，即完成其特徵之編輯。<br>按展平鈕，會自動展開產生整齊平板型式特徵的鈑金件。 | |
| 若再按圖面之右上角確認角落鈕，即可結束展平。<br>按標準工作列上的另存新檔鈕，輸入檔案名稱(N)：摺邊(門鉸鏈活動端)，按 存檔(S) 鍵。 | |

## 2.8.1 凸折(從展開狀態折鈑金)產生座板鈑金

學習目標：能分別畫 4 條直線草圖，分別作 4 次凸折產生 8 個彎折造型之鈑金。

繪圖步驟：長基材凸緣→產生鈑金→作斷開角落→畫彎折線→作凸折→按展平。

使用指令：

- 草圖指令：直線、圓。
- 尺寸指令：垂直座標尺寸、水平座標尺寸、智慧型尺寸。
- 鈑金指令：基材凸緣/薄板頁、斷開角落/角落-修剪、凸折、展平。

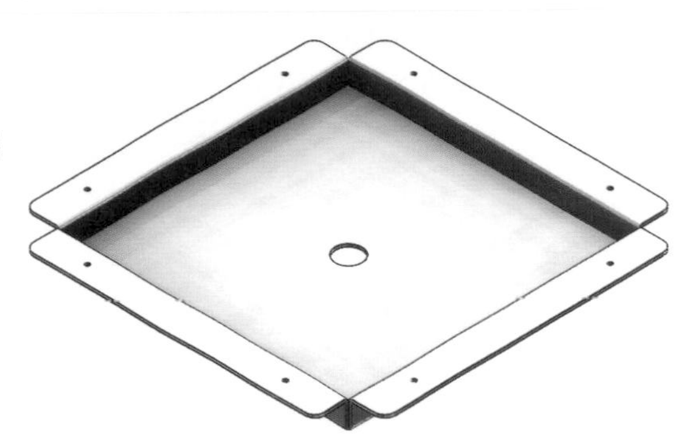

| 步驟說明 | 操作步驟圖示 |
| --- | --- |
| 首先選取上基準面作為草圖 1 之繪圖平面。按直線和圓鈕，畫出草圖輪廓線。<br>按垂直座標尺寸和水平座標尺寸鈕，由原點引出開始量測的項次，出現 0 為基準點，再按一下來放置尺寸。再按下一個項次標註尺寸。重複此步驟直到所有項次均標註尺寸。<br>按智慧型尺寸鈕，標註其直徑尺度。<br>按鈑金鈑金工具列，按基材凸緣/薄板頁鈕。 | 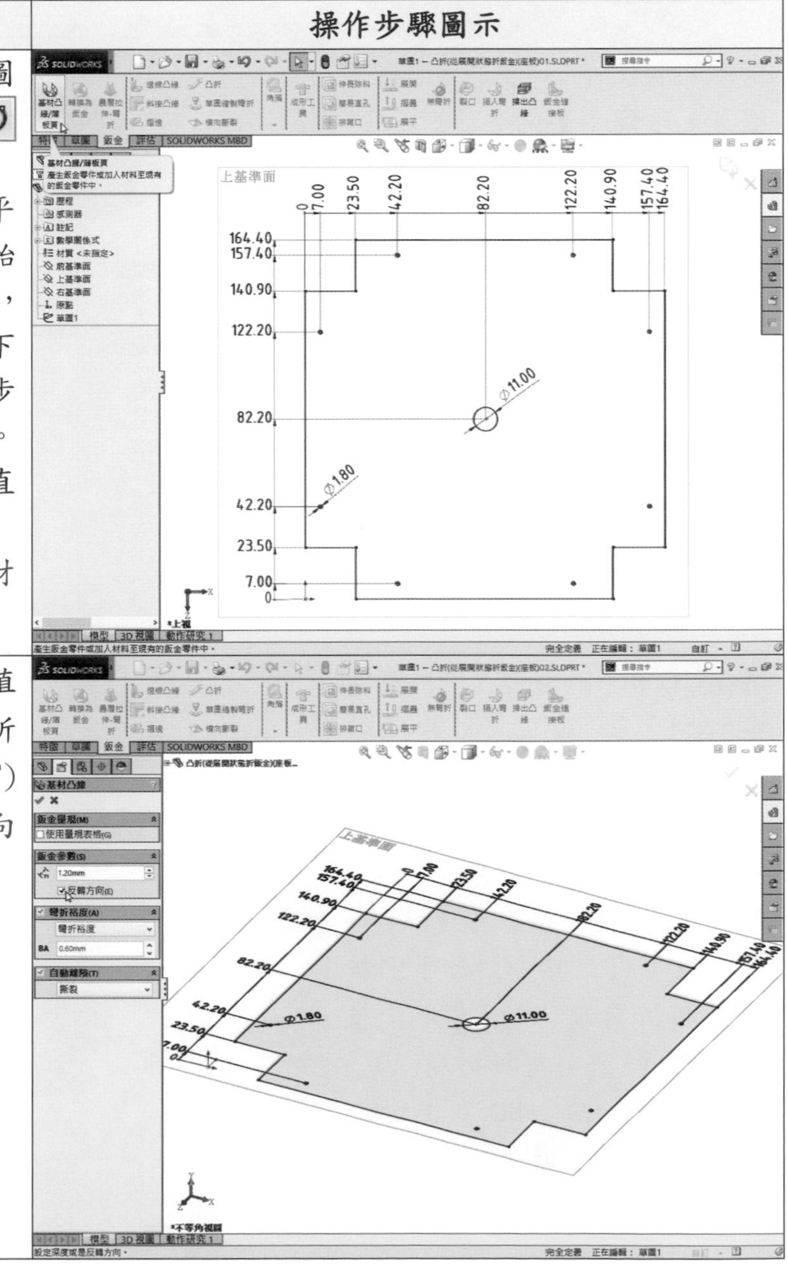 |
| 鈑金參數(S)中設定厚度值 1.2mm，彎折裕度(A)選取『彎折裕度』為 0.6mm，自動離隙(T)預設『撕裂』，勾選『反轉方向(E)』後，按確定鍵。 | |

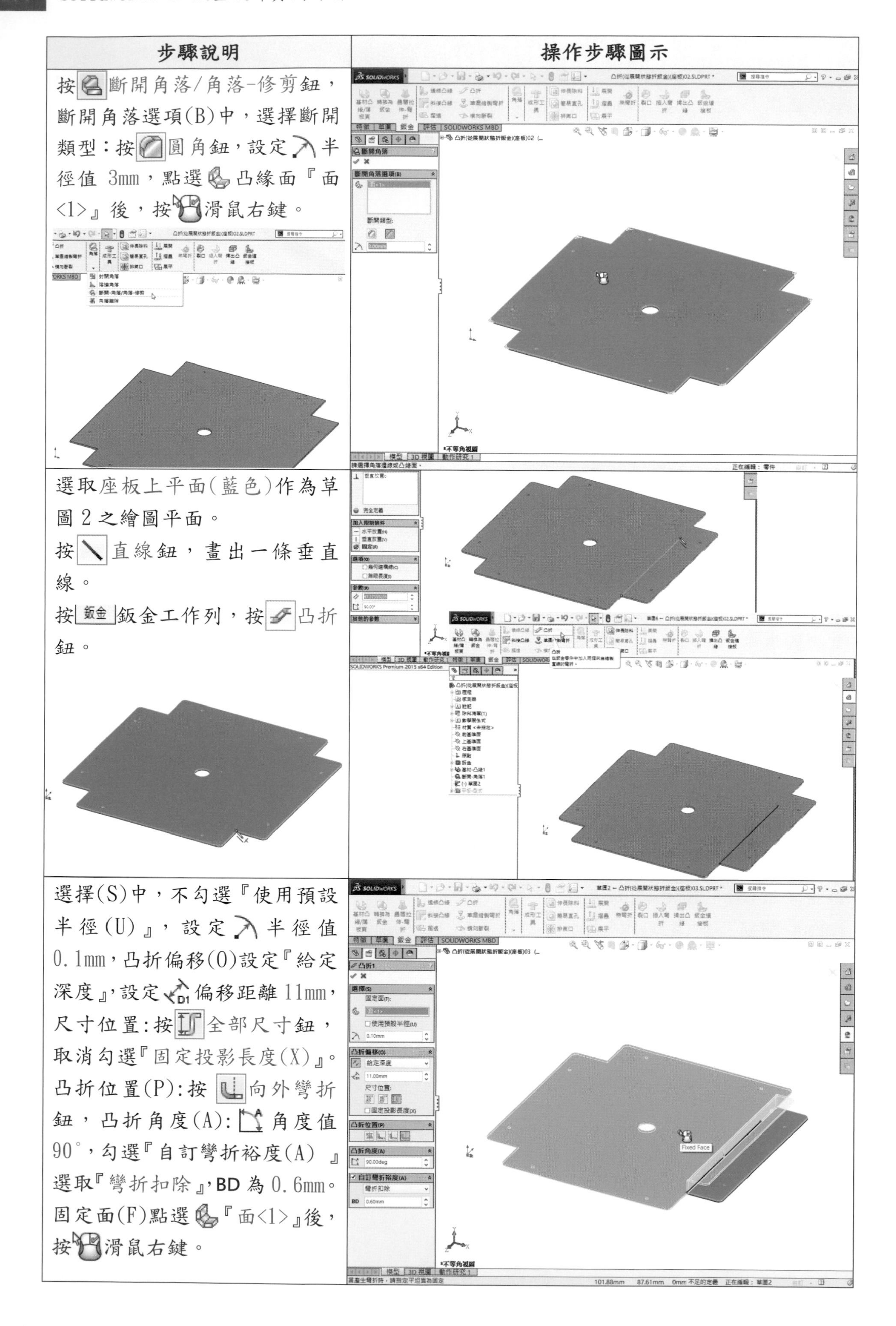

| 步驟說明 | 操作步驟圖示 |
|---|---|
| 按斷開角落/角落-修剪鈕，斷開角落選項(B)中，選擇斷開類型：按圓角鈕，設定半徑值 3mm，點選凸緣面『面<1>』後，按滑鼠右鍵。 | |
| 選取座板上平面(藍色)作為草圖 2 之繪圖平面。<br>按直線鈕，畫出一條垂直線。<br>按 鈑金 鈑金工作列，按凸折鈕。 | |
| 選擇(S)中，不勾選『使用預設半徑(U)』，設定半徑值 0.1mm，凸折偏移(O)設定『給定深度』，設定偏移距離 11mm，尺寸位置：按全部尺寸鈕，取消勾選『固定投影長度(X)』。凸折位置(P)：按向外彎折鈕，凸折角度(A)：角度值 90°，勾選『自訂彎折裕度(A)』選取『彎折扣除』，BD 為 0.6mm。固定面(F)點選『面<1>』後，按滑鼠右鍵。 | |

| 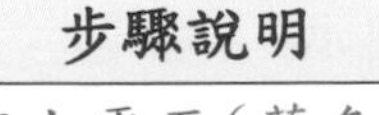 步驟說明 | 操作步驟圖示 |
| --- | --- |
| 選取座板上平面(藍色)作為草圖 3 之繪圖平面。<br>按 直線鈕，畫出一小段水平輪廓線。<br>按 鈑金 鈑金工作列，按 凸折鈕。<br>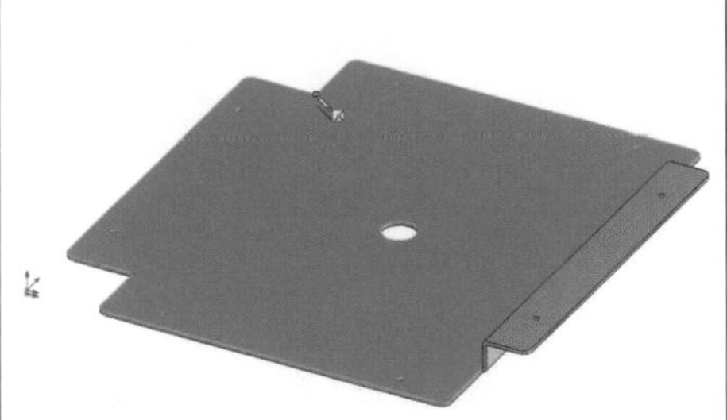 | 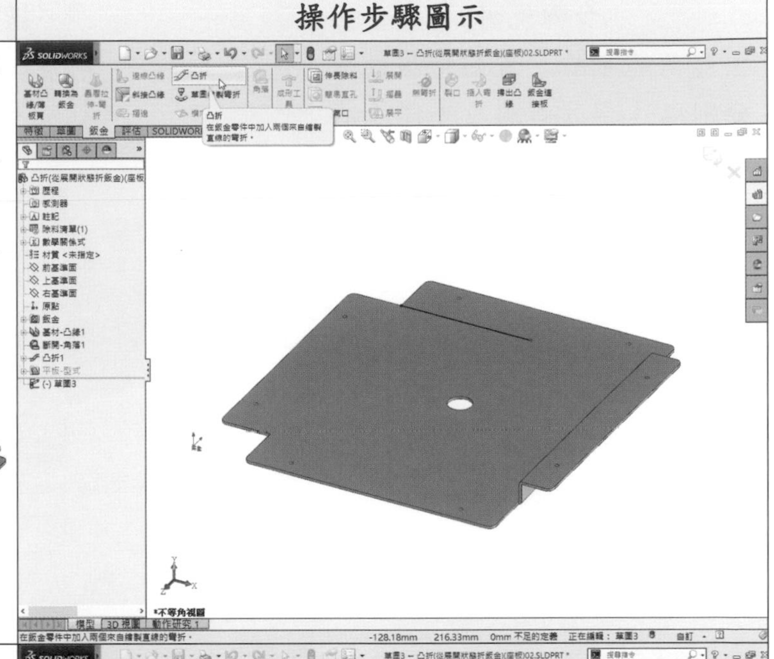 |
| 選擇(S)中，不勾選『使用預設半徑(U)』，設定 半徑值 0.1mm，凸折偏移(O)設定『給定深度』，設定 偏移距離 11mm，尺寸位置：按 全部尺寸鈕，取消勾選『固定投影長度(X)』。凸折位置(P)：按 向外彎折鈕，凸折角度(A)： 角度值 90°，勾選『自訂彎折裕度(A)』選取『彎折扣除』，BD 為 0.6mm。固定面(F)點選 『面<1>』後，按 滑鼠右鍵。 | 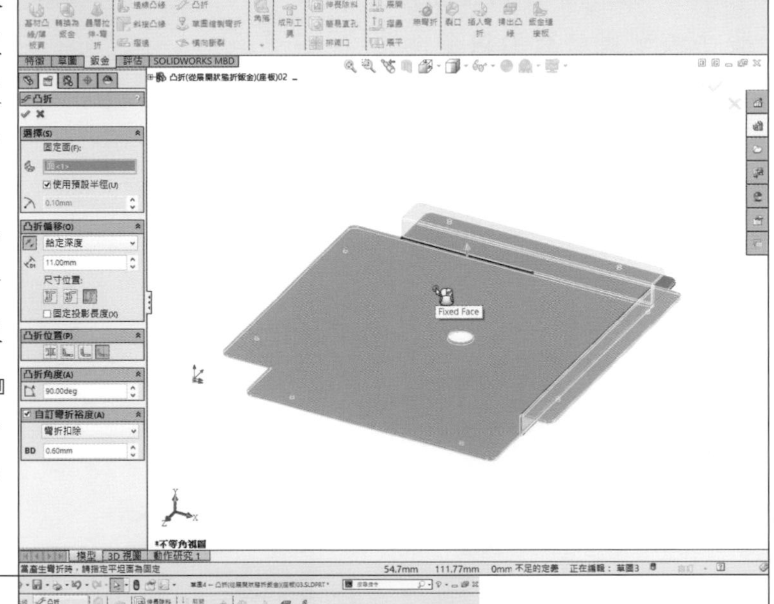 |
| 選取座板上平面作為草圖 4 之繪圖平面。<br>按 直線鈕，畫出一小段垂直輪廓線。<br>按 鈑金 鈑金工作列，按 凸折鈕，重複前述的設定。<br> | 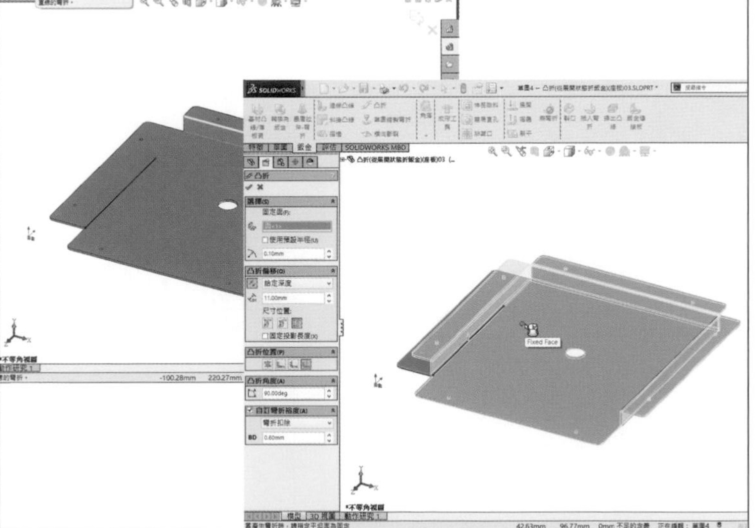 |

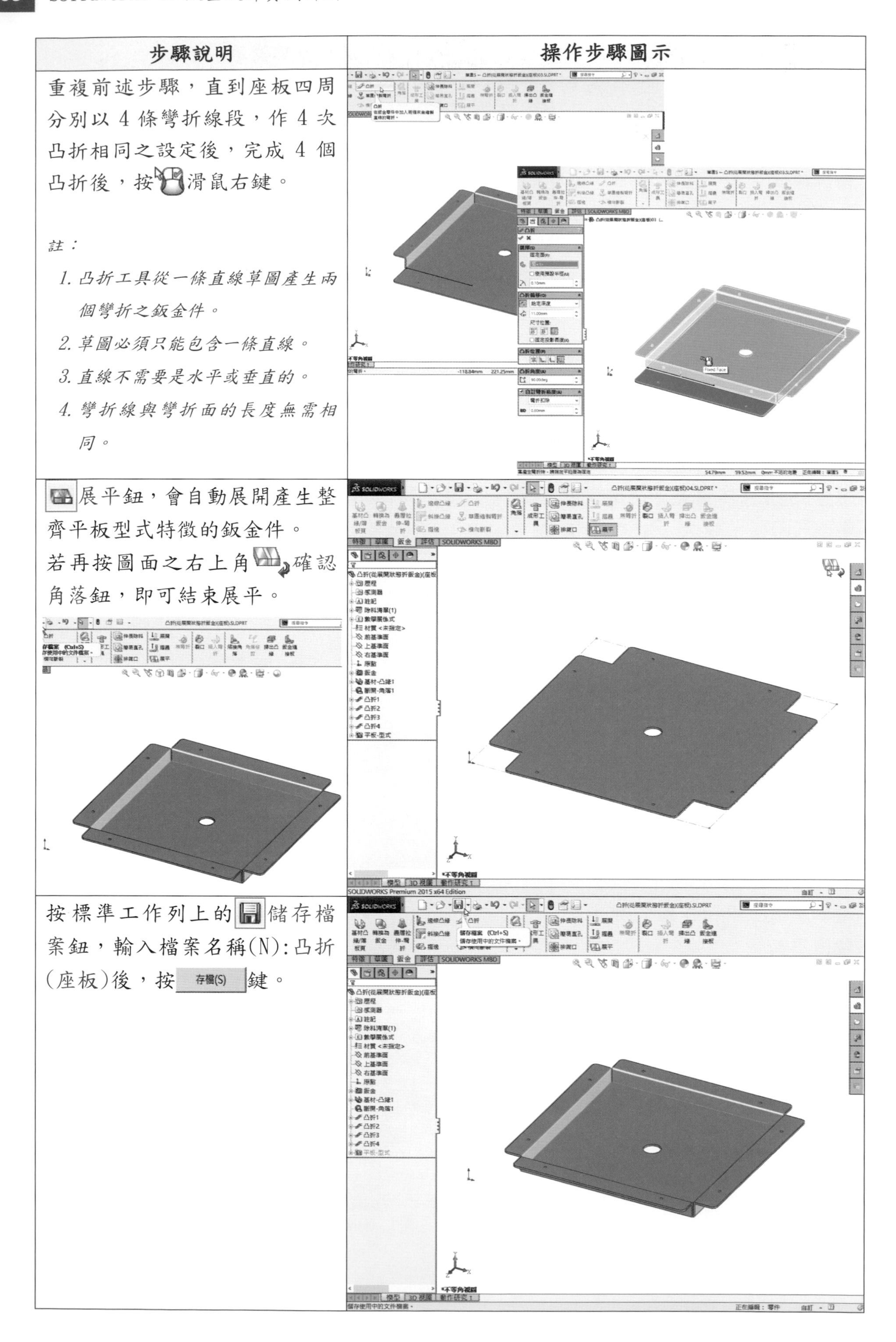

| 步驟說明 | 操作步驟圖示 |
| --- | --- |
| 重複前述步驟，直到座板四周分別以 4 條彎折線段，作 4 次凸折相同之設定後，完成 4 個凸折後，按滑鼠右鍵。<br><br>*註：*<br>*1. 凸折工具從一條直線草圖產生兩個彎折之鈑金件。*<br>*2. 草圖必須只能包含一條直線。*<br>*3. 直線不需要是水平或垂直的。*<br>*4. 彎折線與彎折面的長度無需相同。* | |
| 展平鈕，會自動展開產生整齊平板型式特徵的鈑金件。<br>若再按圖面之右上角確認角落鈕，即可結束展平。 | |
| 按標準工作列上的儲存檔案鈕，輸入檔案名稱(N):凸折(座板)後，按 存檔(S) 鍵。 | |

## 2.8.2 凸折(1 條水平直線)產生電源供應器外殼上蓋鈑金

學習目標：能畫 1 條水平直線草圖，使用凸折產生兩個彎折造型之鈑金。

繪圖步驟：長基材凸緣→作鏡射→長邊線凸緣→畫彎折線→作凸折→作鏡射(本體)→作伸長除料→按展平。

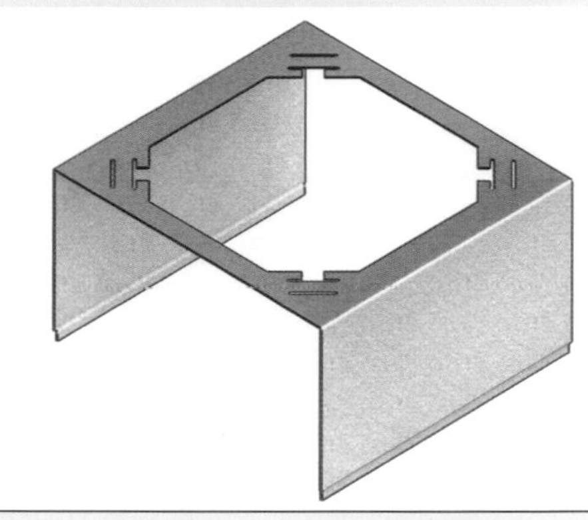

- 草圖指令：中心矩形、幾何建構線、角落矩形、直線、直狹槽、中心線、偏移圖元、修剪圖元和鏡射圖元。
- 特徵指令：鏡射、伸長除料。
- 鈑金指令：基材凸緣/薄板頁、邊線凸緣、凸折、展平。

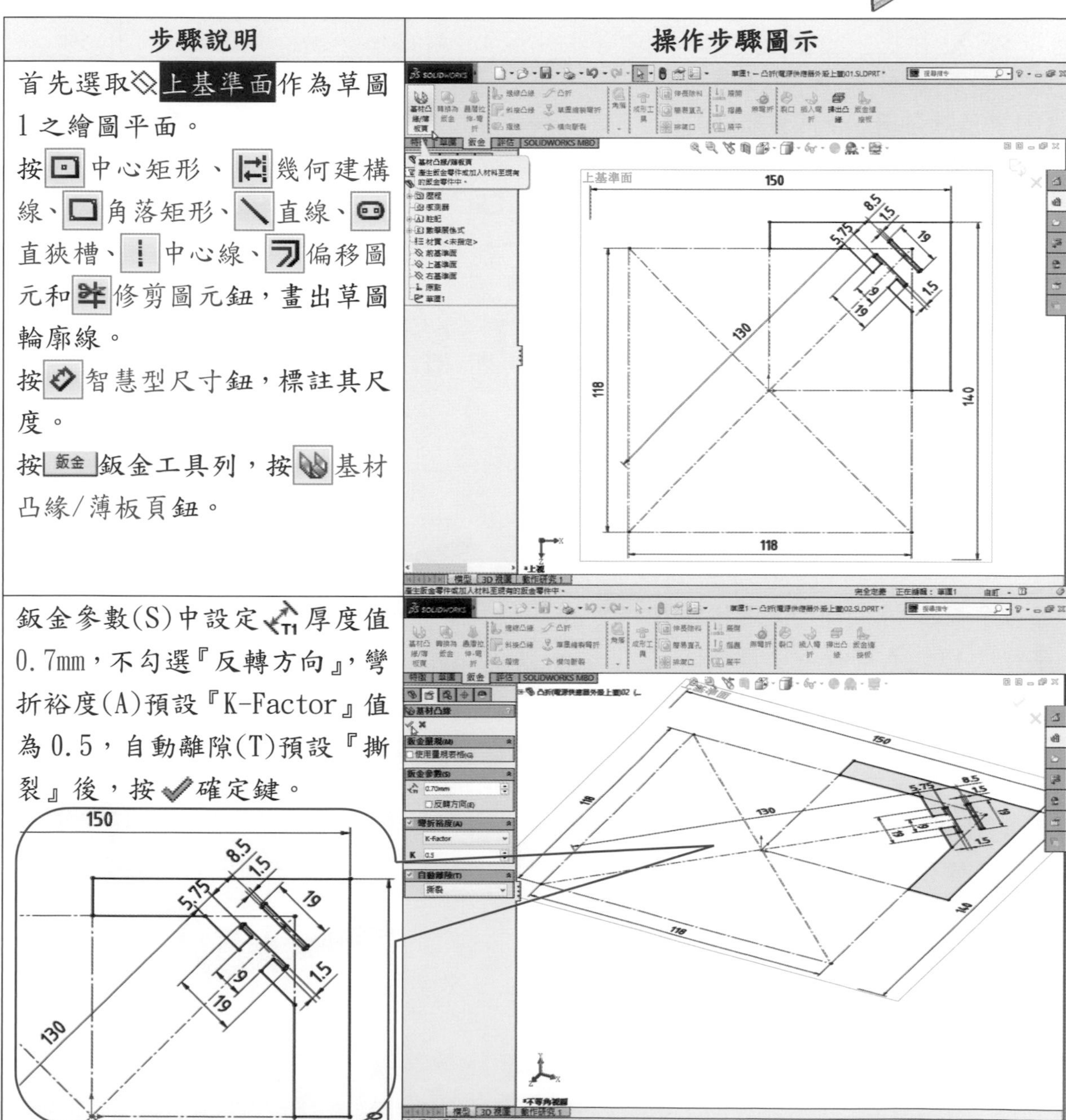

| 步驟說明 | 操作步驟圖示 |
|---|---|
| 首先選取上基準面作為草圖 1 之繪圖平面。<br>按中心矩形、幾何建構線、角落矩形、直線、直狹槽、中心線、偏移圖元和修剪圖元鈕，畫出草圖輪廓線。<br>按智慧型尺寸鈕，標註其尺度。<br>按鈑金鈑金工具列，按基材凸緣/薄板頁鈕。 | |
| 鈑金參數(S)中設定厚度值 0.7mm，不勾選『反轉方向』，彎折裕度(A)預設『K-Factor』值為 0.5，自動離隙(T)預設『撕裂』後，按確定鍵。 | |

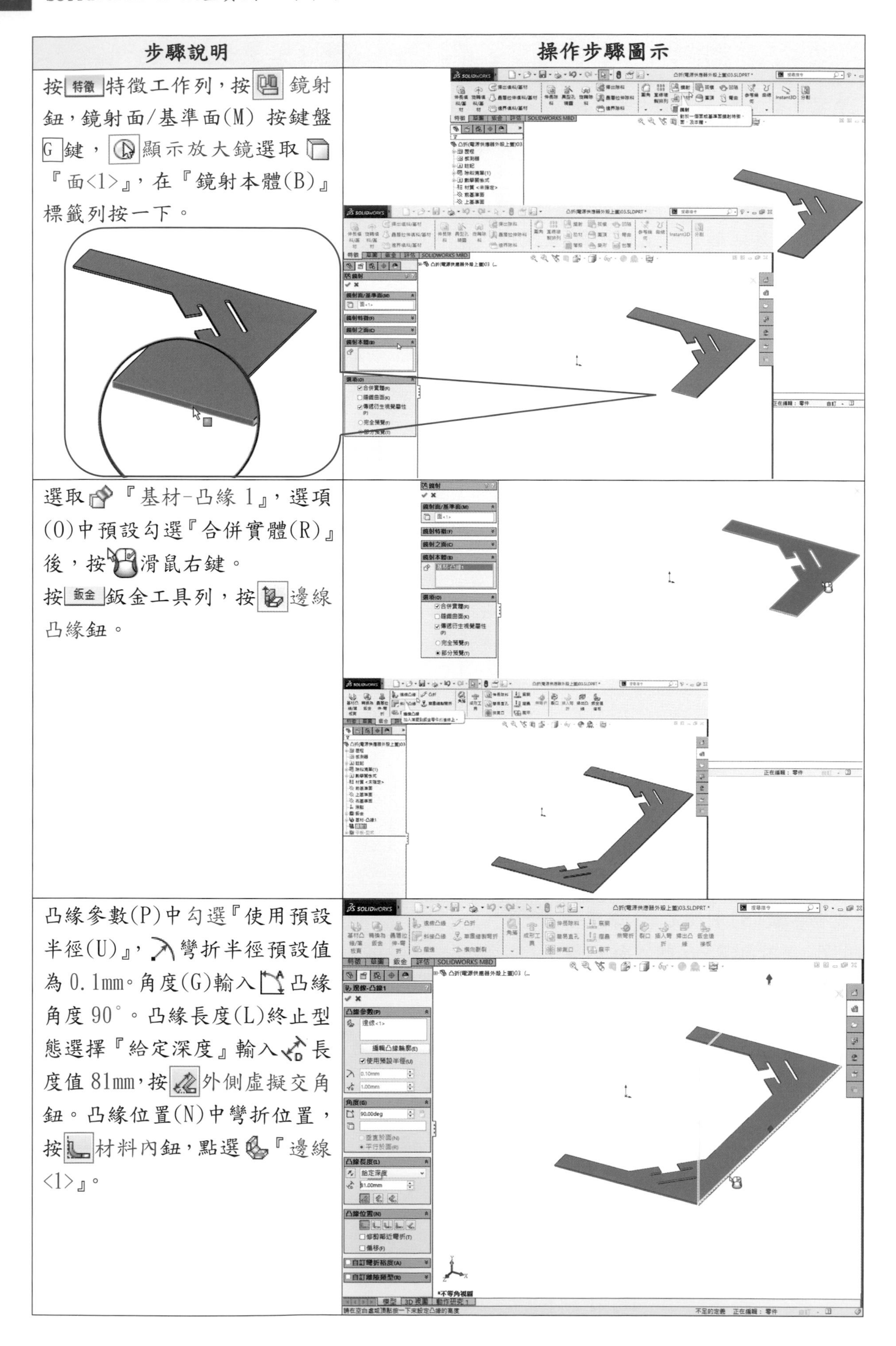

| 步驟說明 | 操作步驟圖示 |
| --- | --- |
| 按 特徵 特徵工作列，按 鏡射鈕，鏡射面/基準面(M) 按鍵盤 G 鍵，顯示放大鏡選取『面<1>』，在『鏡射本體(B)』標籤列按一下。 | |
| 選取『基材-凸緣1』，選項(O)中預設勾選『合併實體(R)』後，按滑鼠右鍵。<br>按 鈑金 鈑金工具列，按 邊線凸緣鈕。 | |
| 凸緣參數(P)中勾選『使用預設半徑(U)』，彎折半徑預設值為0.1mm。角度(G)輸入凸緣角度90°。凸緣長度(L)終止型態選擇『給定深度』輸入長度值81mm，按外側虛擬交角鈕。凸緣位置(N)中彎折位置，按材料內鈕，點選『邊線<1>』。 | |

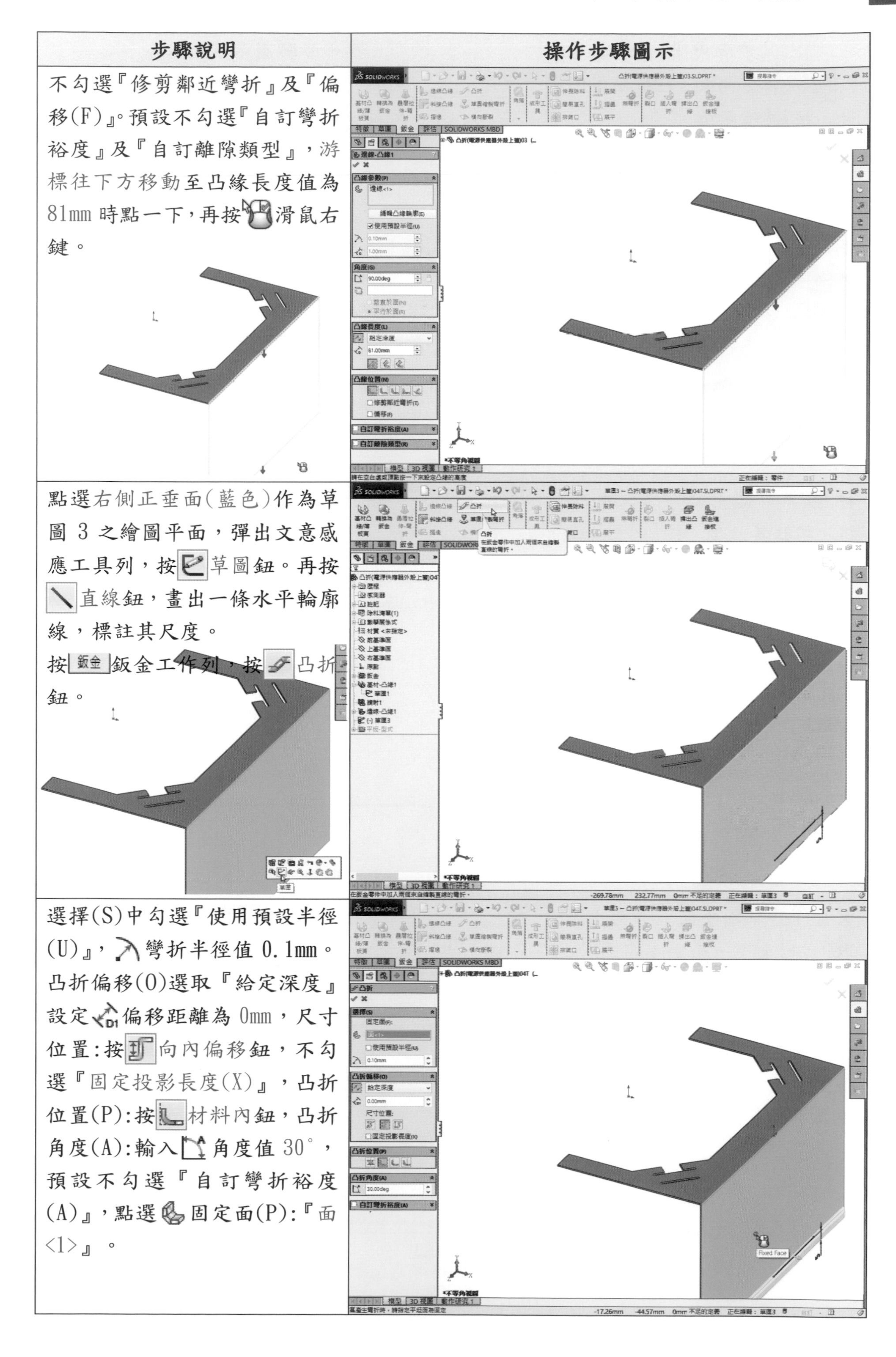

| 步驟說明 | 操作步驟圖示 |
|---|---|
| 不勾選『修剪鄰近彎折』及『偏移(F)』。預設不勾選『自訂彎折裕度』及『自訂離隙類型』，游標往下方移動至凸緣長度值為 81mm 時點一下，再按滑鼠右鍵。 | |
| 點選右側正垂面(藍色)作為草圖 3 之繪圖平面，彈出文意感應工具列，按草圖鈕。再按直線鈕，畫出一條水平輪廓線，標註其尺度。<br>按鈑金鈑金工作列，按凸折鈕。 | |
| 選擇(S)中勾選『使用預設半徑(U)』，彎折半徑值 0.1mm。凸折偏移(O)選取『給定深度』設定偏移距離為 0mm，尺寸位置：按向內偏移鈕，不勾選『固定投影長度(X)』，凸折位置(P)：按材料內鈕，凸折角度(A)：輸入角度值 30°，預設不勾選『自訂彎折裕度(A)』，點選固定面(P)：『面<1>』。 | |

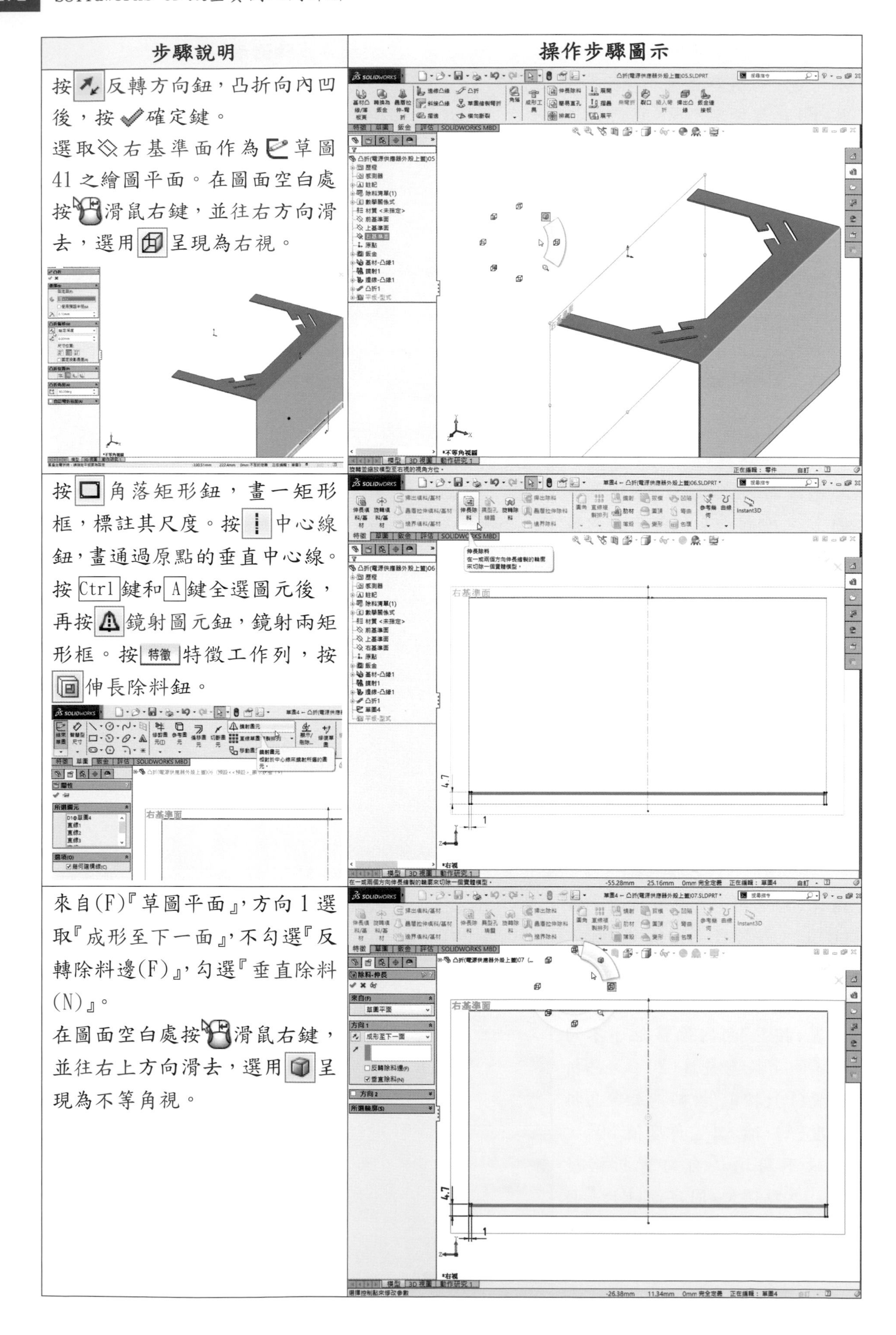

| 步驟說明 | 操作步驟圖示 |
|---|---|
| 按反轉方向鈕，凸折向內凹後，按確定鍵。<br>選取右基準面作為草圖41之繪圖平面。在圖面空白處按滑鼠右鍵，並往右方向滑去，選用呈現為右視。 | |
| 按角落矩形鈕，畫一矩形框，標註其尺度。按中心線鈕，畫通過原點的垂直中心線。按Ctrl鍵和A鍵全選圖元後，再按鏡射圖元鈕，鏡射兩矩形框。按特徵特徵工作列，按伸長除料鈕。 | |
| 來自(F)『草圖平面』，方向1選取『成形至下一面』，不勾選『反轉除料邊(F)』，勾選『垂直除料(N)』。<br>在圖面空白處按滑鼠右鍵，並往右上方向滑去，選用呈現為不等角視。 | |

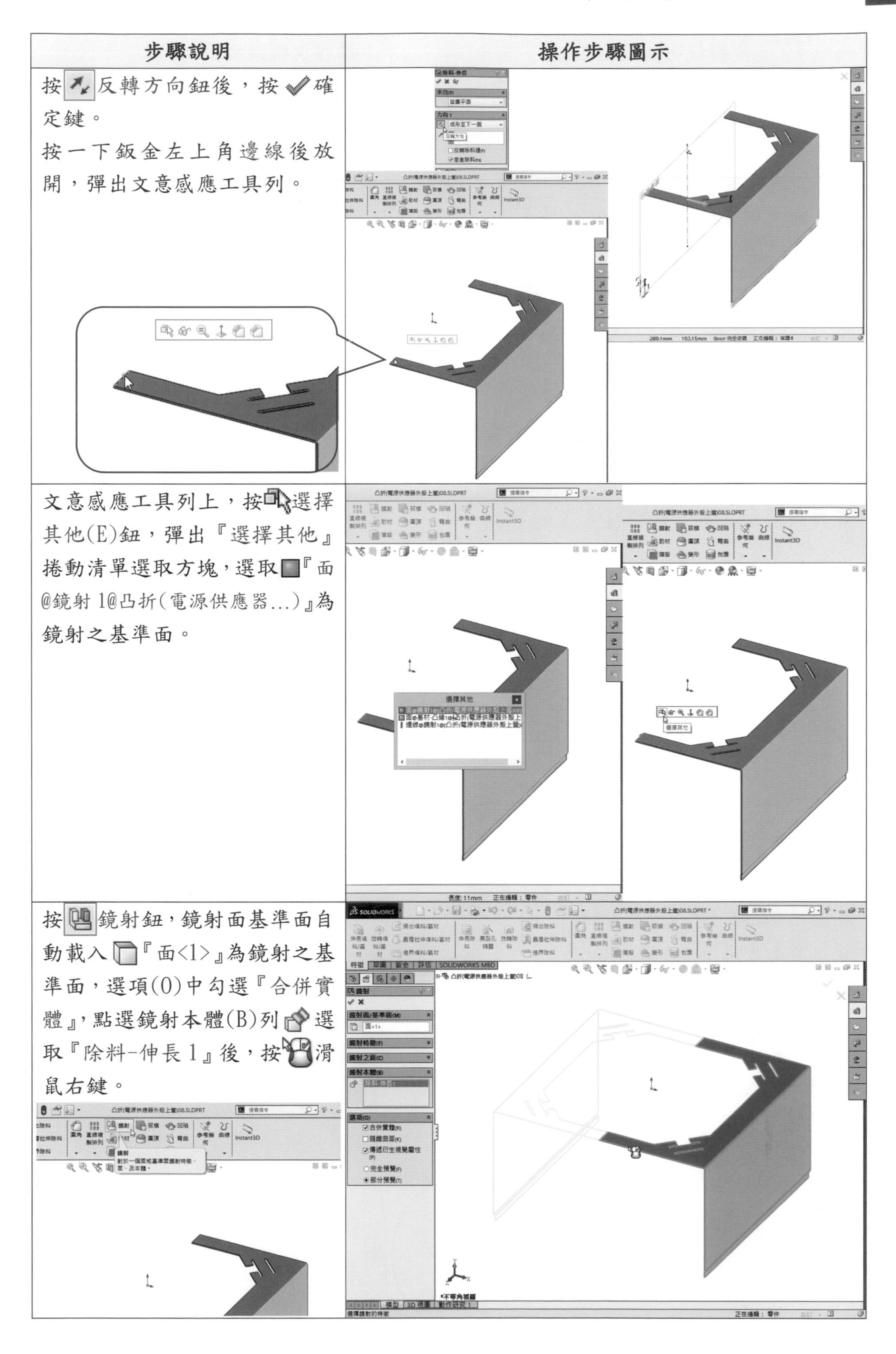

| 步驟說明 | 操作步驟圖示 |
| --- | --- |
| 按反轉方向鈕後，按確定鍵。<br>按一下鈑金左上角邊線後放開，彈出文意感應工具列。 | |
| 文意感應工具列上，按選擇其他(E)鈕，彈出『選擇其他』捲動清單選取方塊，選取『面@鏡射 1@凸折(電源供應器...)』為鏡射之基準面。 | |
| 按鏡射鈕，鏡射面基準面自動載入『面<1>』為鏡射之基準面，選項(O)中勾選『合併實體』，點選鏡射本體(B)列選取『除料-伸長 1』後，按滑鼠右鍵。 | |

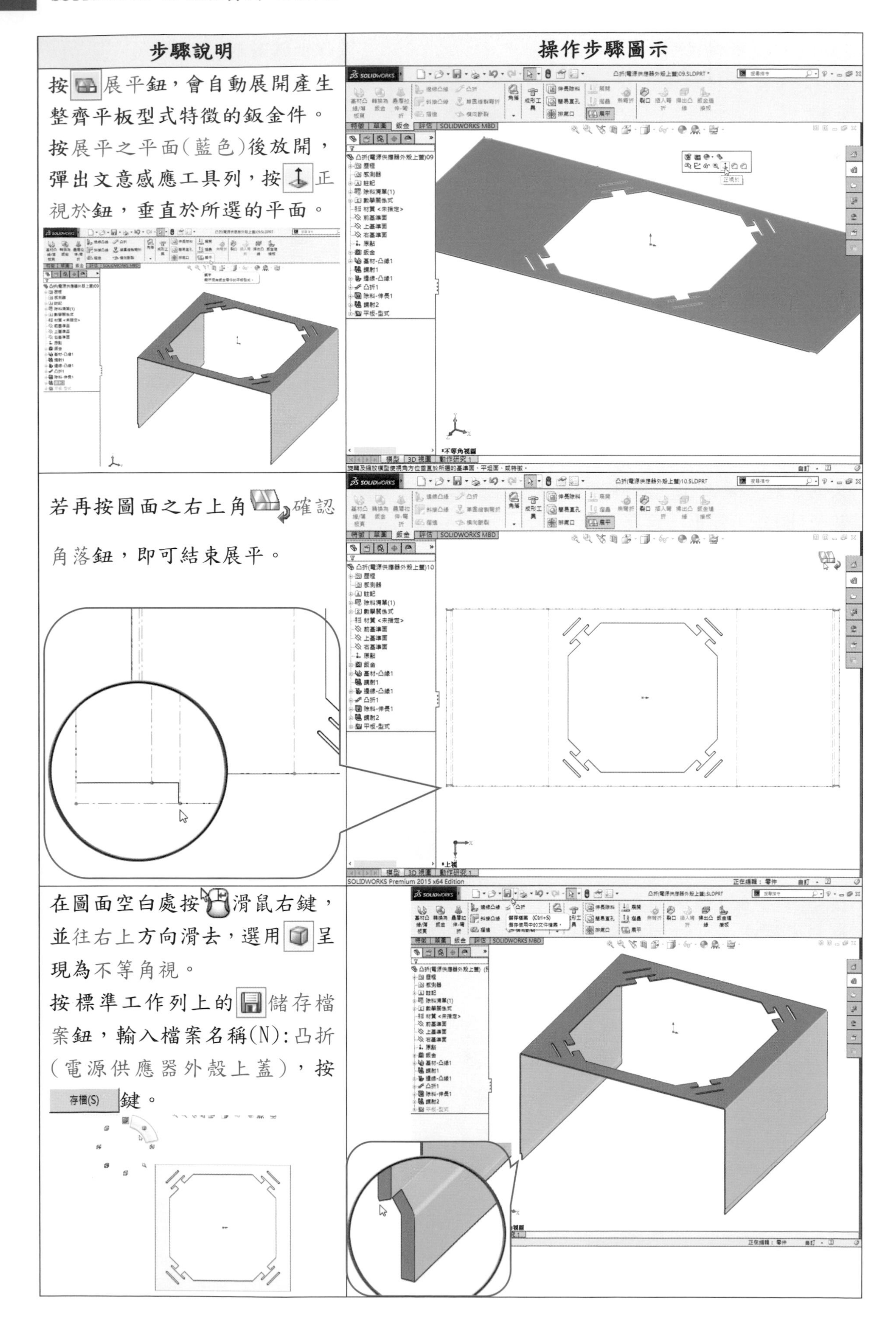

| 步驟說明 | 操作步驟圖示 |
| --- | --- |
| 按展平鈕，會自動展開產生整齊平板型式特徵的鈑金件。按展平之平面(藍色)後放開，彈出文意感應工具列，按正視於鈕，垂直於所選的平面。 | |
| 若再按圖面之右上角確認角落鈕，即可結束展平。 | |
| 在圖面空白處按滑鼠右鍵，並往右上方向滑去，選用呈現為不等角視。<br>按標準工作列上的儲存檔案鈕，輸入檔案名稱(N):凸折(電源供應器外殼上蓋)，按存檔(S)鍵。 | |

## 2.8.3 凸折(1 條水平直線)產生電腦擋片鈑金

學習目標：能畫 1 條水平直線草圖，使用凸折產生兩個彎折造型之鈑金。

繪圖步驟：長基材凸緣→產生鈑金→畫彎折線→作草圖繪製彎折→作斷開角落→畫彎折線→作凸折→按展平。

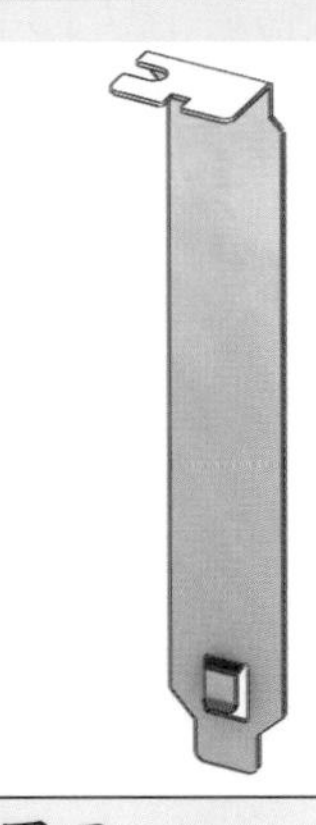

- 草圖指令：中心線、直線、中心矩形、幾何建構線和偏移圖元、草圖圓角。
- 特徵指令：伸長除料、鏡射。
- 鈑金指令：基材凸緣/薄板頁、草圖繪製彎折、斷開角落/角落-修剪、凸折、展平。

| 步驟說明 | 操作步驟圖示 |
| --- | --- |
| 首先選取前基準面作為草圖 1 之繪圖平面。<br>按中心線、直線、中心矩形、幾何建構線、修剪圖元和偏移圖元鈕，畫出草圖輪廓線。按智慧型尺寸鈕，標註其尺度。<br>按局部放大鈕，游標形狀變為，適當位置點一下對角拖曳矩形適當的位置後，放開滑鼠按鈕，即為放大所選區域。 | 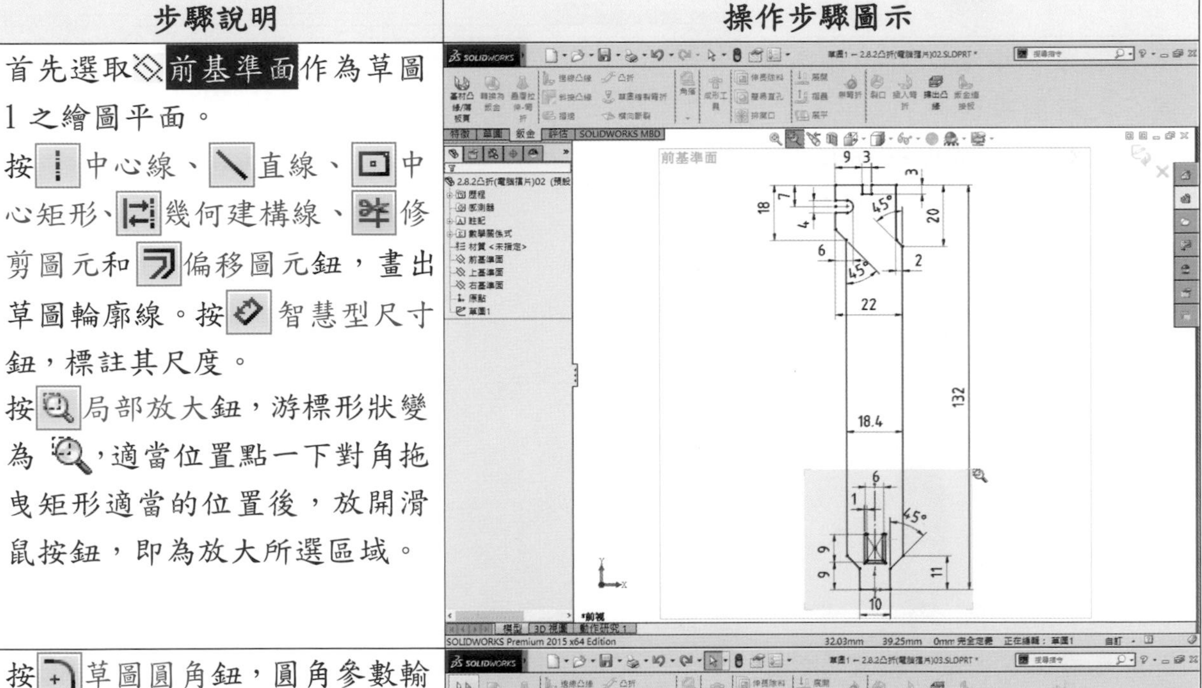 |
| 按草圖圓角鈕，圓角參數輸入半徑值 1.5mm 後，點選 U 形槽 2 角落內圓角作圓角。<br>接著在圓角參數輸入半徑值 0.5mm，再點選 U 形槽內側 2 外圓角作圓角。<br>按鈑金鈑金工具列，按基材凸緣/薄板頁鈕。 | 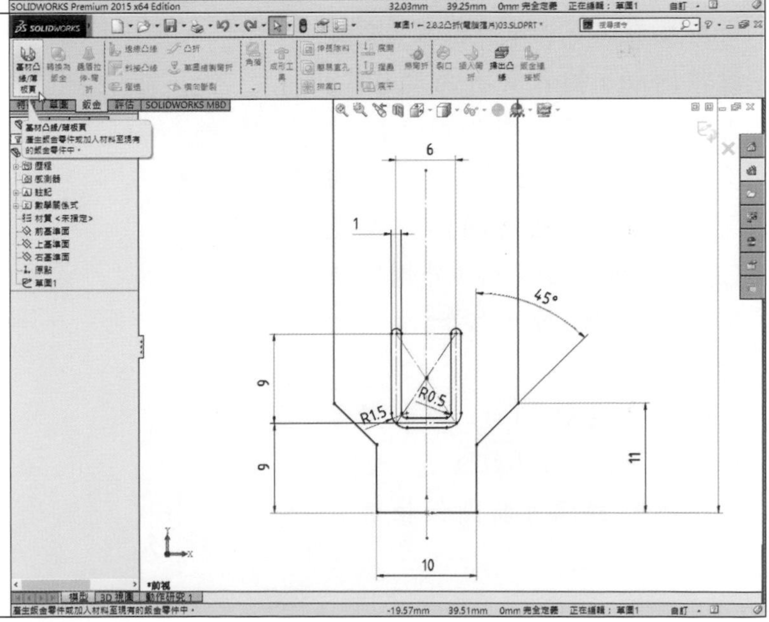 |

| 步驟說明 | 操作步驟圖示 |
| --- | --- |
| 鈑金參數(S)中設定厚度值0.7mm，不勾選『反轉方向(E)』，彎折裕度(A)預設『K-Factor』值為0.5，自動離隙(T)預設『撕裂』後，按確定鍵。 | 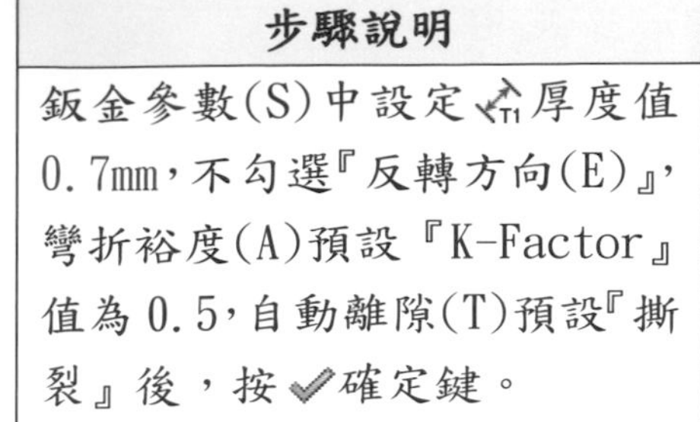 |
| 選取前方正垂面(藍色)作為草圖2之繪圖平面。<br>按直線鈕，畫出一條水平草圖輪廓線，並標註其位置尺度。<br>按鈑金工具列，按草圖繪製彎折鈕。 | 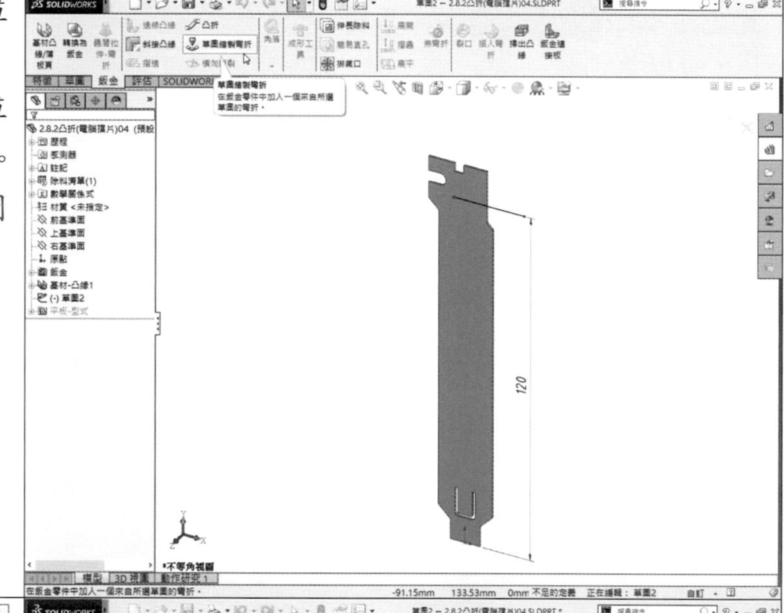 |
| 彎折參數(P)中彎折位置：按材料內鈕，輸入彎折角度90°，不勾選『使用預設半徑(U)』，輸入彎折半徑0.2mm，不勾選『自訂彎折裕度(A)』，點選固定面『面<1>』(外周彎折不移動的面)後，按滑鼠右鍵。<br>同時按住鍵盤 Shift 鍵和滑鼠中間滾輪或按拉近/縮小鈕，移動游標可將圖面拉近放大。 | 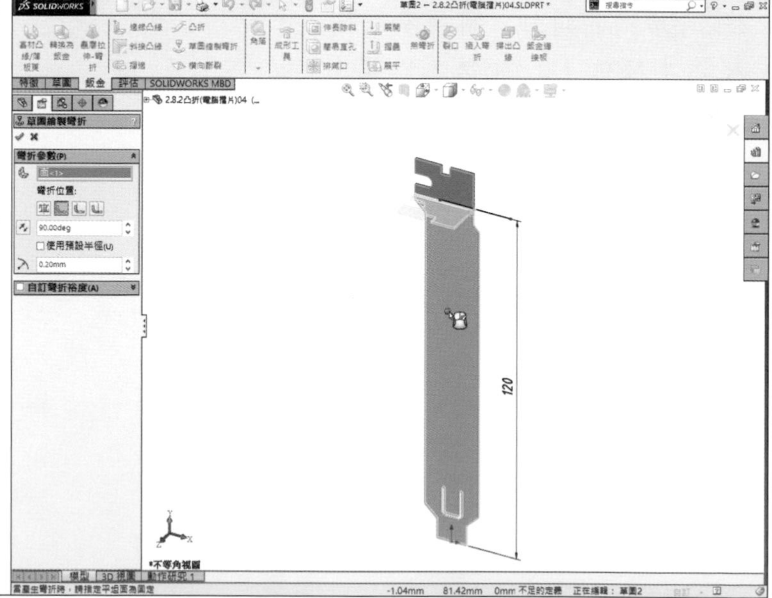 |

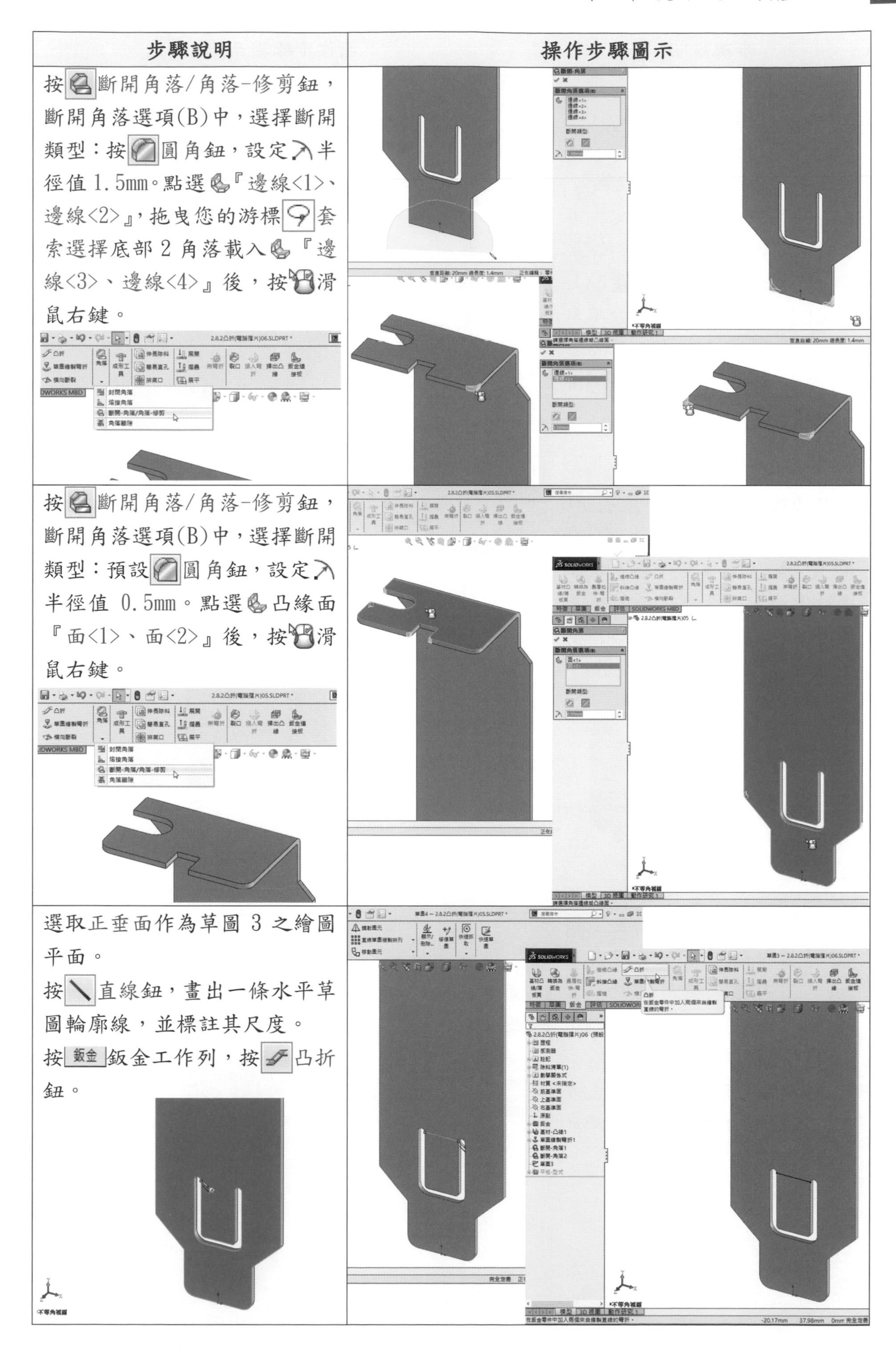

| 步驟說明 | 操作步驟圖示 |
| --- | --- |
| 按斷開角落/角落-修剪鈕，斷開角落選項(B)中，選擇斷開類型：按圓角鈕，設定半徑值 1.5mm。點選『邊線<1>、邊線<2>』，拖曳您的游標套索選擇底部 2 角落載入『邊線<3>、邊線<4>』後，按滑鼠右鍵。 | |
| 按斷開角落/角落-修剪鈕，斷開角落選項(B)中，選擇斷開類型：預設圓角鈕，設定半徑值 0.5mm。點選凸緣面『面<1>、面<2>』後，按滑鼠右鍵。 | |
| 選取正垂面作為草圖 3 之繪圖平面。<br>按直線鈕，畫出一條水平草圖輪廓線，並標註其尺度。<br>按鈑金鈑金工作列，按凸折鈕。 | |

| 步驟說明 | 操作步驟圖示 |
| --- | --- |
| 選擇(S)中不勾選『使用預設半徑(U)』，預設值為 0.3mm。凸折偏移(D)設定『給定深度』偏移距離2mm，尺寸位置：按外側偏移鈕，不勾選『固定投影長度(X)』。凸折位置(P)：按彎折中心線鈕。凸折角度(A)：設定角度值 75°。預設不勾選『自訂彎折裕度(A)』，點選固定面『面<1>』後，按滑鼠右鍵。 | 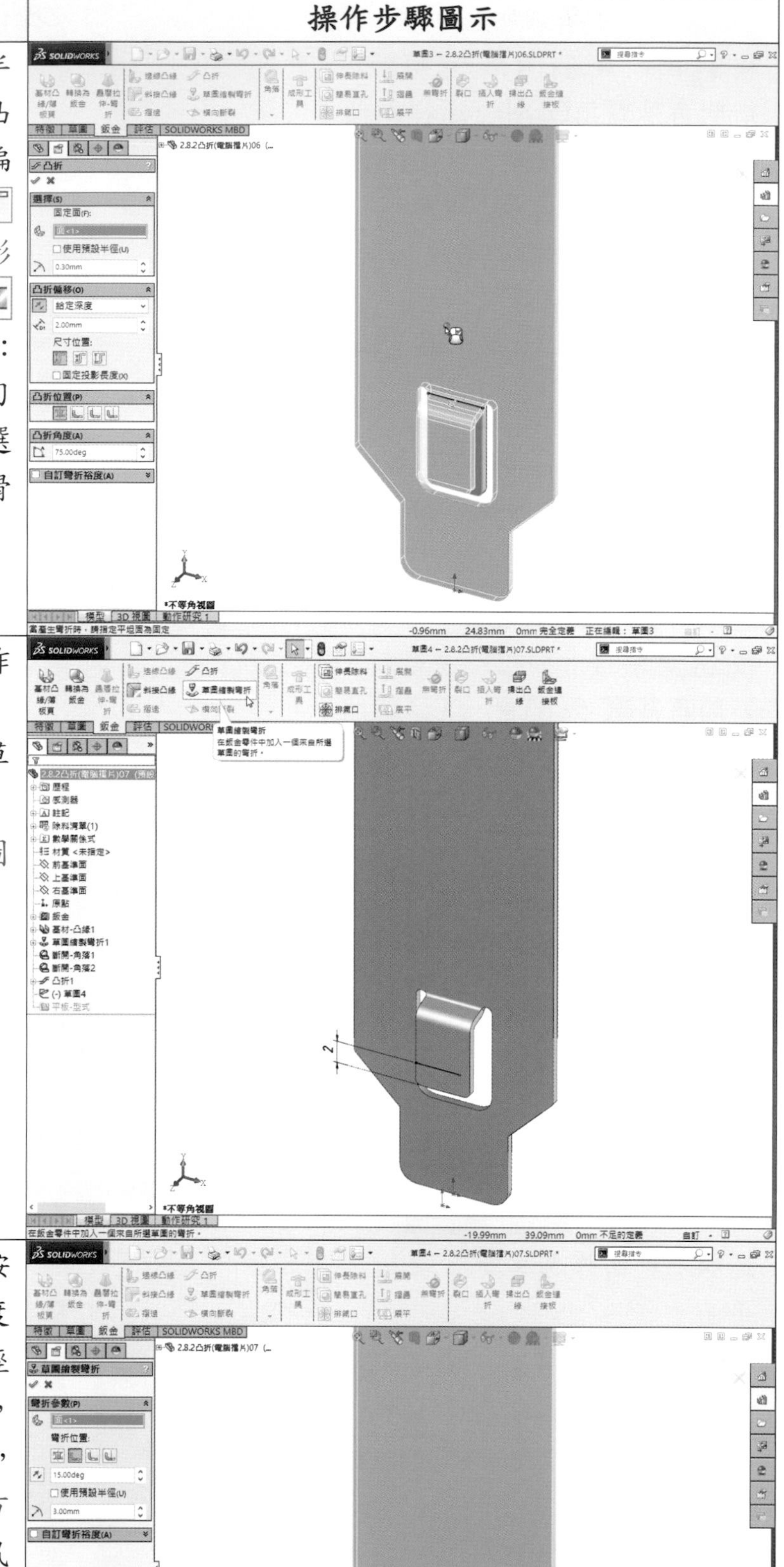 |
| 選取凸折前方正垂面(藍色)作為草圖 4 之繪圖平面。<br>按直線鈕，畫出一條水平草圖輪廓線，並標註其尺度。<br>按鈑金工具列，按草圖繪製彎折鈕。<br>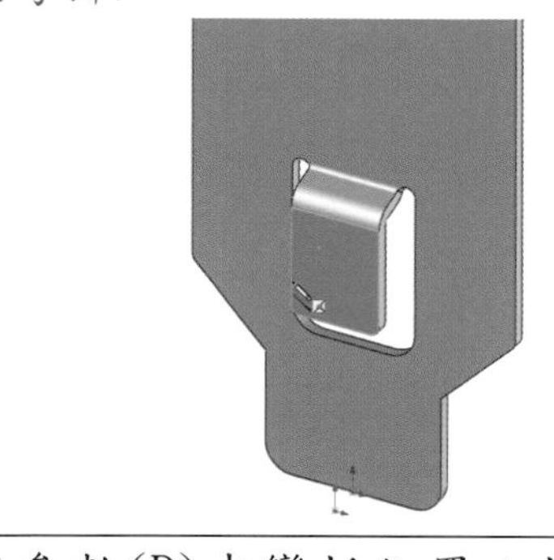 | |
| 彎折參數(P)中彎折位置：按材料內鈕，輸入彎折角度 15°，不勾選『使用預設半徑(U)』，輸入彎折半徑 3mm，不勾選『自訂彎折裕度(A)』，點選固定面『面<1>』(上方彎折不移動的面)後，按滑鼠右鍵。 | |

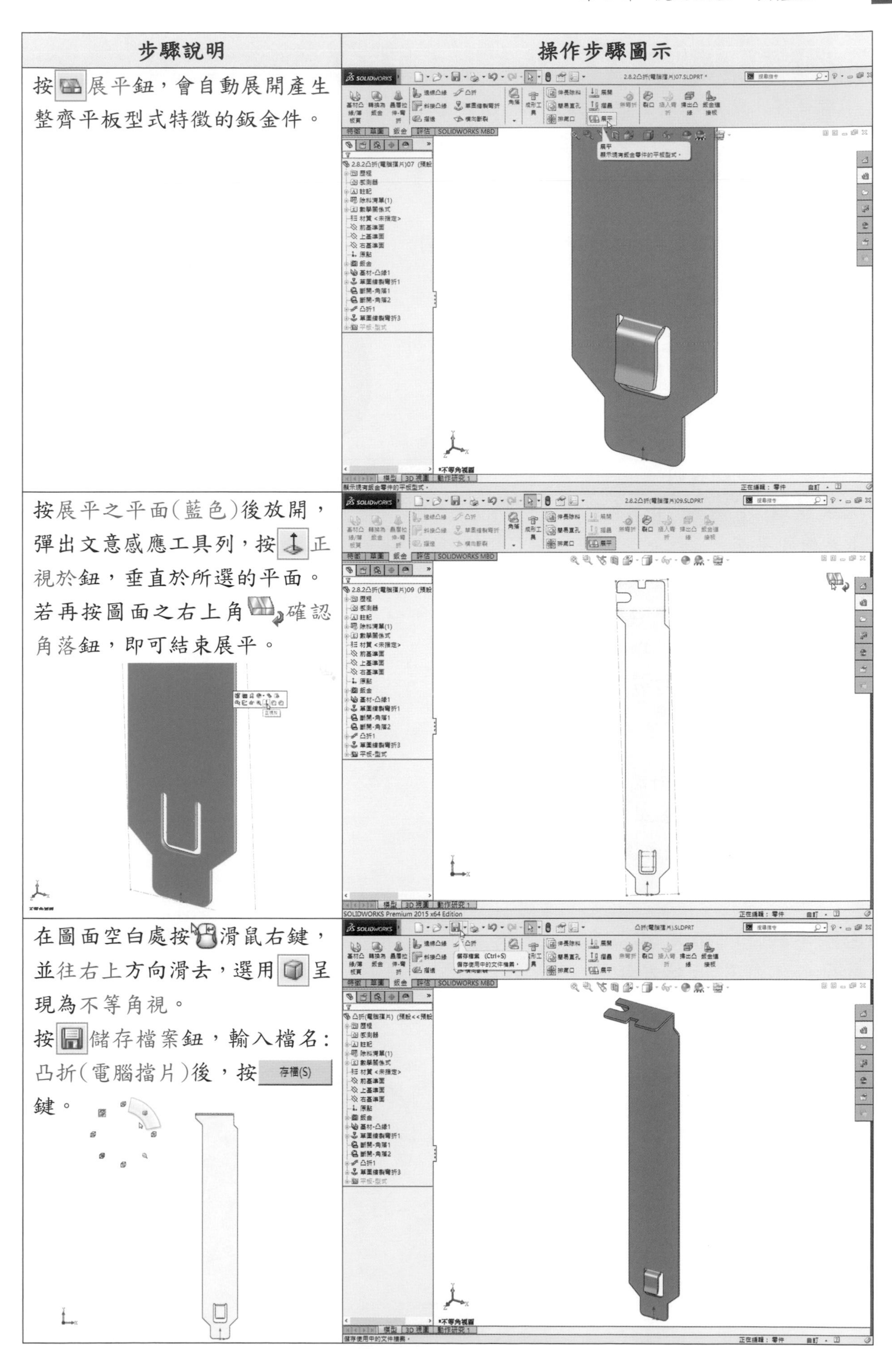

| 步驟說明 | 操作步驟圖示 |
| --- | --- |
| 按展平鈕，會自動展開產生整齊平板型式特徵的鈑金件。 | |
| 按展平之平面(藍色)後放開，彈出文意感應工具列，按正視於鈕，垂直於所選的平面。若再按圖面之右上角確認角落鈕，即可結束展平。 | |
| 在圖面空白處按滑鼠右鍵，並往右上方向滑去，選用呈現為不等角視。<br>按儲存檔案鈕，輸入檔名：凸折(電腦擋片)後，按存檔(S)鍵。 | |

## 2.9.1 鈑金連接板(3 個連接板)產生 L 型固定片鈑金

學習目標：能加入鈑金連接板支撐，內含穿過彎折的特定凹陷產生鈑金支撐。

繪圖步驟：長基材凸緣→產生鈑金→畫彎折線→作草圖繪製彎折→加鈑金連接板→作直線複製排列→按展平。

使用指令：

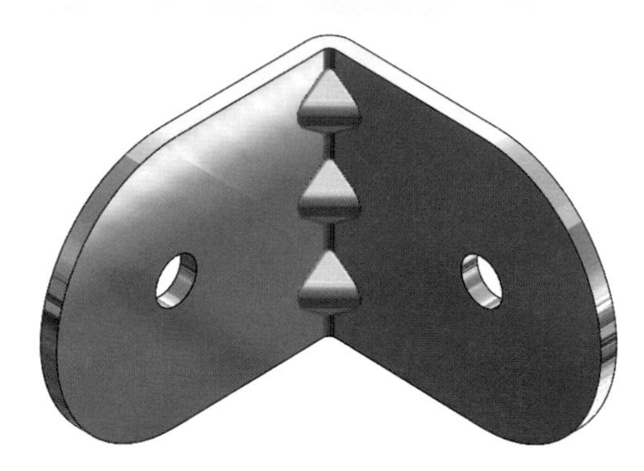

- 草圖指令：圓心/起/終點直狹槽、圓、直線。
- 特徵指令：直線複製排列。
- 鈑金指令：基材凸緣、草圖繪製彎折、鈑金連接板、展平。

| 步驟說明 | 操作步驟圖示 |
| --- | --- |
| 首先選取前基準面作為草圖 1 之繪圖平面。<br>按圓心/起/終點直狹槽鈕，點一下原點定狹槽中心點。水平移動游標再點一下以指定狹槽的長度。垂直移動游標然後點一下指定狹槽寬度，畫出草圖之外型輪廓線。<br>按圓鈕，中心線兩端點各畫Ø6.5 草圖圓，並標註其尺度。<br>按鈑金鈑金工具列，按基材凸緣/薄板頁鈕。 | 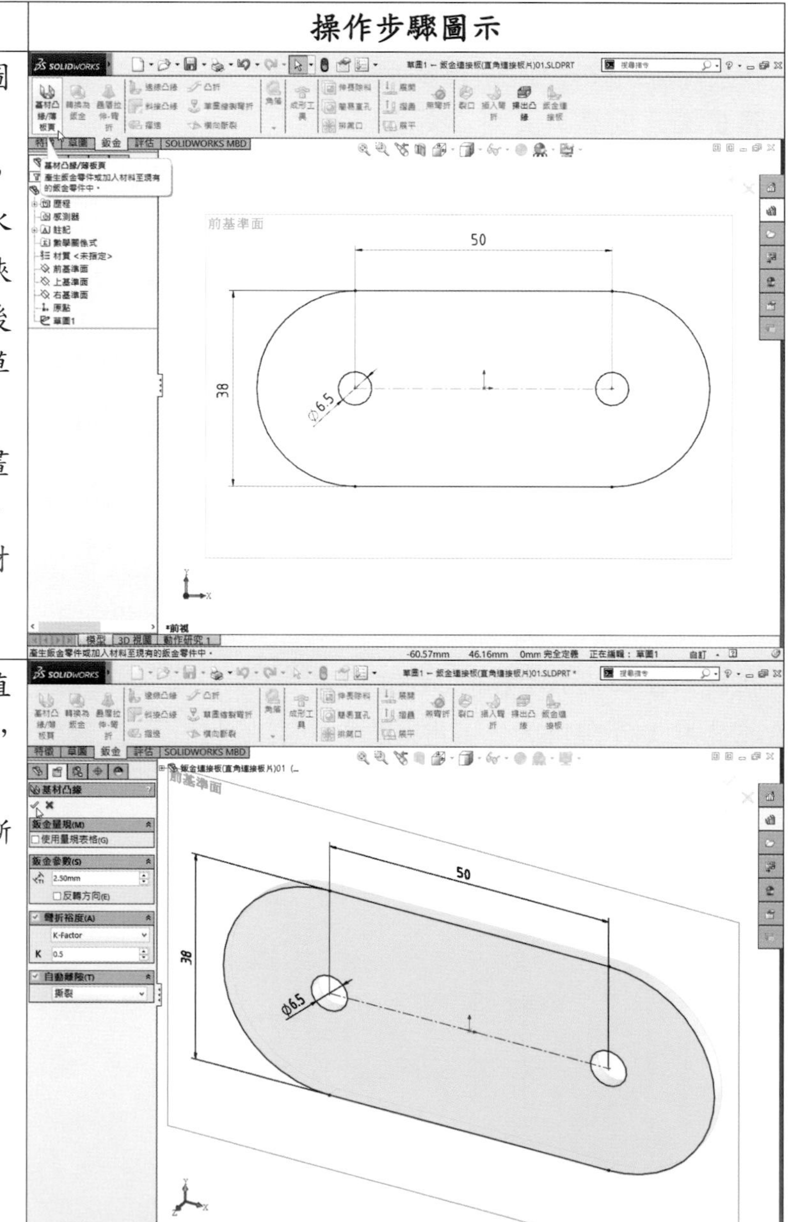 |
| 鈑金參數(S)中設定厚度值 2.5mm，不勾選『反轉方向(E)』，彎折裕度(A)預設『K-Factor』值為 0.5，自動離隙(T)預設『撕裂』後，按確定鍵。 | |

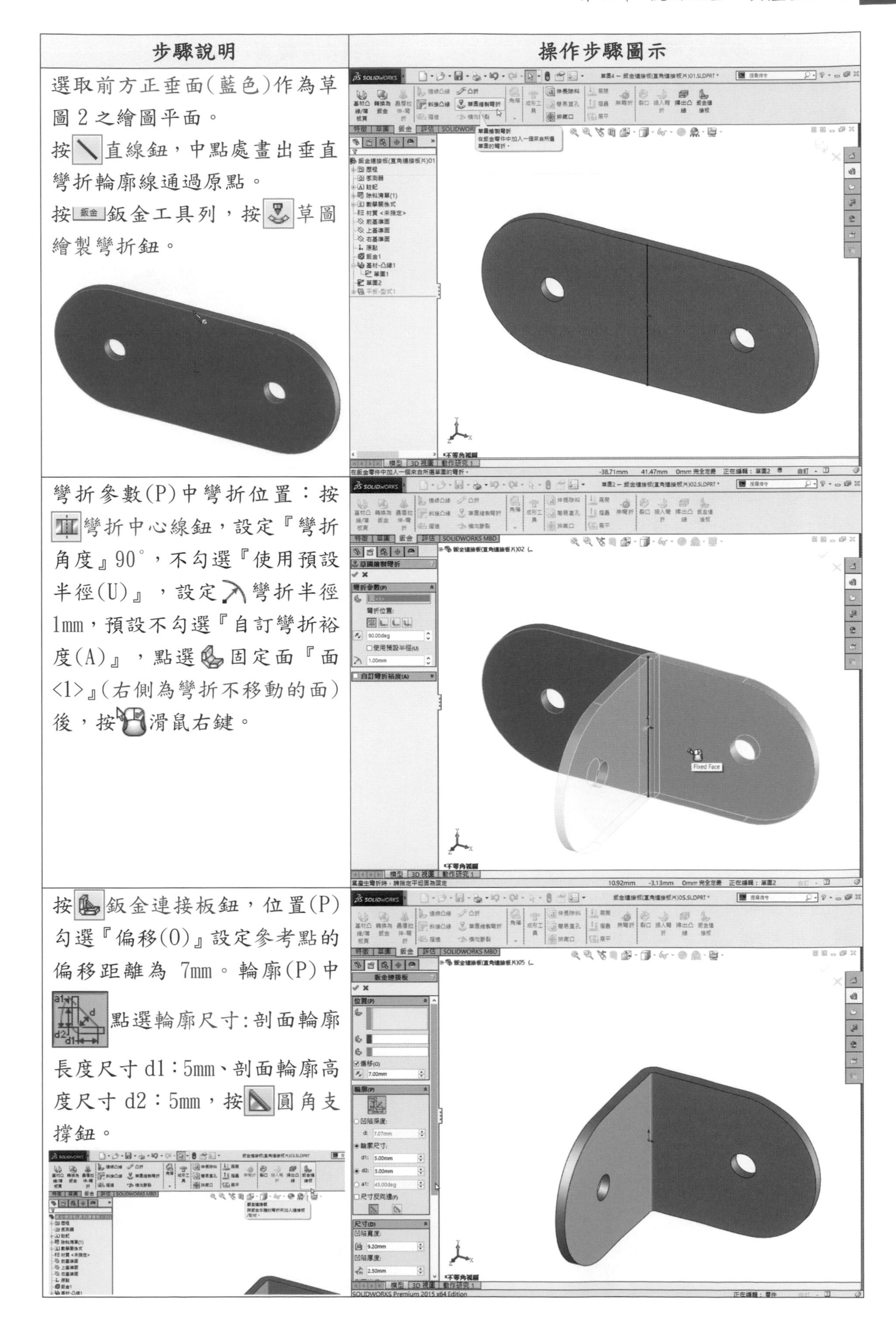

| 步驟說明 | 操作步驟圖示 |
| --- | --- |
| 選取前方正垂面(藍色)作為草圖 2 之繪圖平面。<br>按直線鈕,中點處畫出垂直彎折輪廓線通過原點。<br>按鈑金工具列,按草圖繪製彎折鈕。 | |
| 彎折參數(P)中彎折位置:按彎折中心線鈕,設定『彎折角度』90°,不勾選『使用預設半徑(U)』,設定彎折半徑 1mm,預設不勾選『自訂彎折裕度(A)』,點選固定面『面<1>』(右側為彎折不移動的面)後,按滑鼠右鍵。 | |
| 按鈑金連接板鈕,位置(P)勾選『偏移(O)』設定參考點的偏移距離為 7mm。輪廓(P)中點選輪廓尺寸:剖面輪廓長度尺寸 d1:5mm、剖面輪廓高度尺寸 d2:5mm,按圓角支撐鈕。 | |

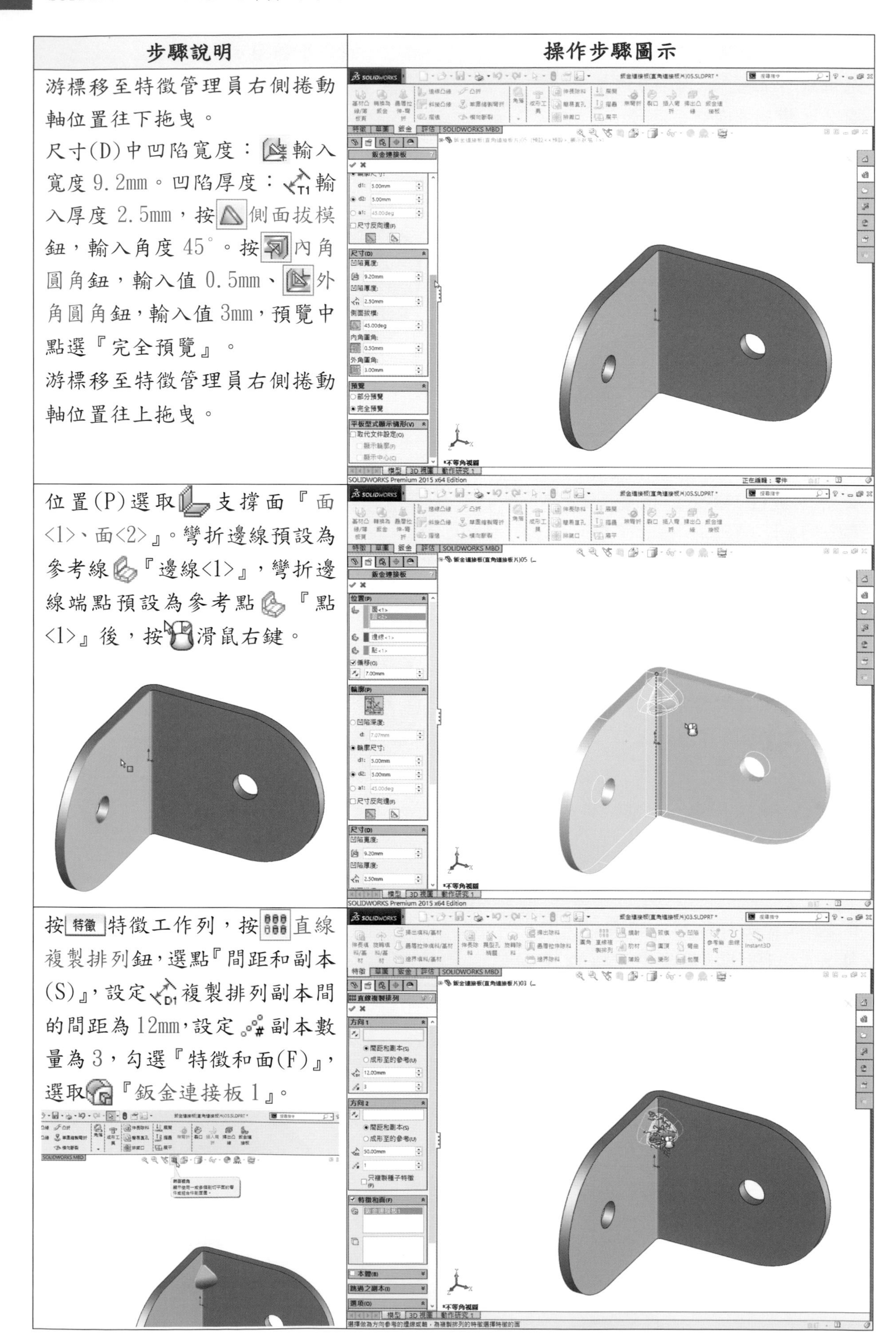

| 步驟說明 | 操作步驟圖示 |
| --- | --- |
| 游標移至特徵管理員右側捲動軸位置往下拖曳。<br>尺寸(D)中凹陷寬度：輸入寬度 9.2mm。凹陷厚度：輸入厚度 2.5mm，按側面拔模鈕，輸入角度 45°。按內角圓角鈕，輸入值 0.5mm、外角圓角鈕，輸入值 3mm，預覽中點選『完全預覽』。<br>游標移至特徵管理員右側捲動軸位置往上拖曳。 | |
| 位置(P)選取支撐面『面<1>、面<2>』。彎折邊線預設為參考線『邊線<1>』，彎折邊線端點預設為參考點『點<1>』後，按滑鼠右鍵。 | |
| 按特徵特徵工作列，按直線複製排列鈕，選點『間距和副本(S)』，設定複製排列副本間的間距為 12mm，設定副本數量為 3，勾選『特徵和面(F)』，選取『鈑金連接板 1』。 | |

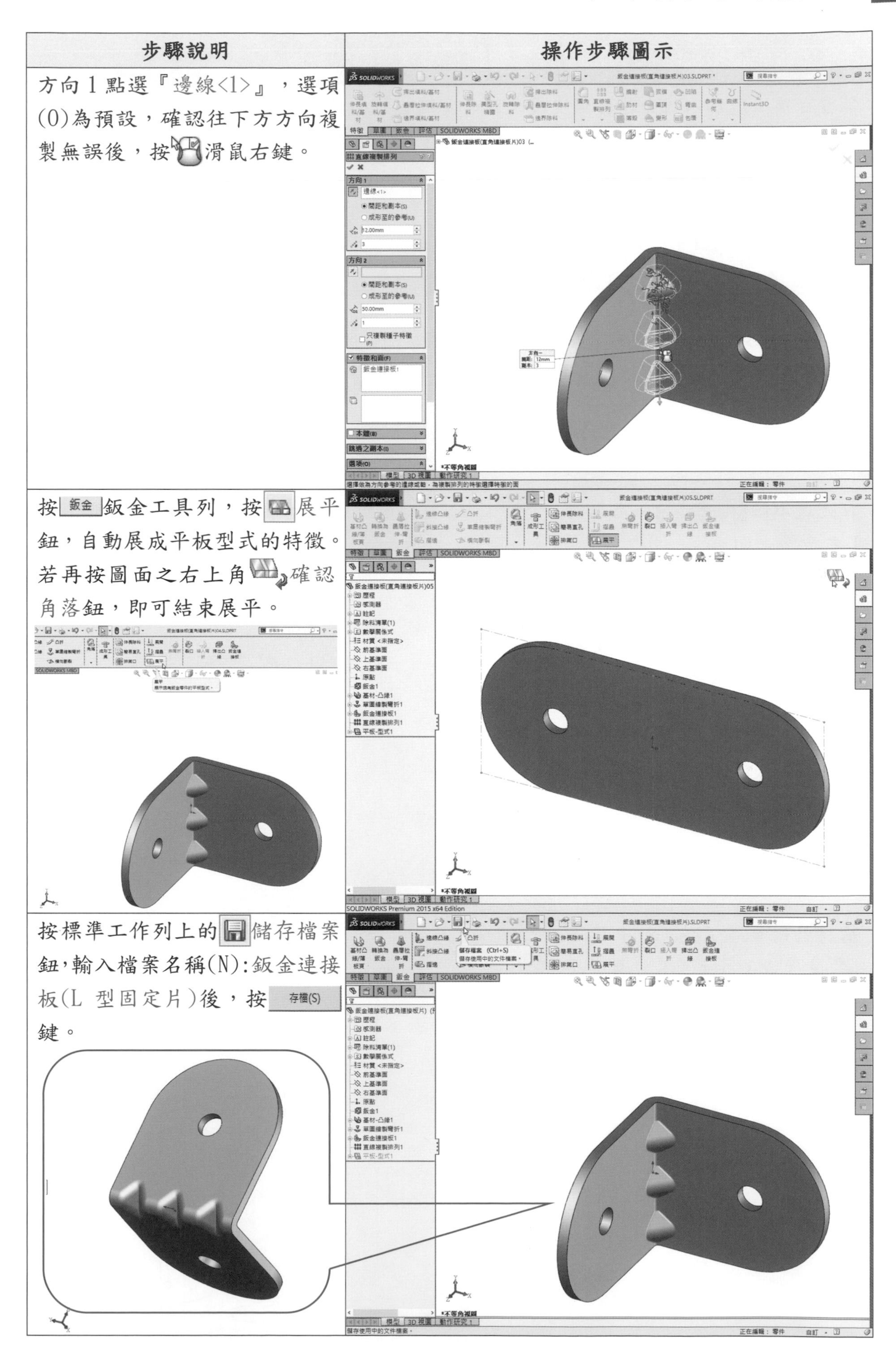

| 步驟說明 | 操作步驟圖示 |
| --- | --- |
| 方向1點選『邊線<1>』，選項(0)為預設，確認往下方方向複製無誤後，按滑鼠右鍵。 | |
| 按 鈑金 鈑金工具列，按展平鈕，自動展成平板型式的特徵。若再按圖面之右上角確認角落鈕，即可結束展平。 | |
| 按標準工作列上的儲存檔案鈕，輸入檔案名稱(N):鈑金連接板(L 型固定片)後，按 存檔(S) 鍵。 | |

## 2.9.2 鈑金連接板(2 個連接板)產生鋼製 L 型烤漆書架鈑金

學習目標：能加入鈑金連接板支撐，內含穿過彎折的特定凹陷產生鈑金支撐。

繪圖步驟：長基材凸緣→產生鈑金→作斷開角落→畫彎折線→作草圖繪製彎折→加鈑金連接板→作鏡射→按展平。

使用指令：

- 草圖指令：中心矩形、直線、幾何建構線、鏡射圖元、偏移圖元。
- 特徵指令：鏡射鈕。
- 鈑金指令：基材凸緣/薄板頁、斷開角落/角落-修剪、草圖繪製彎折、鈑金連接板、展平。

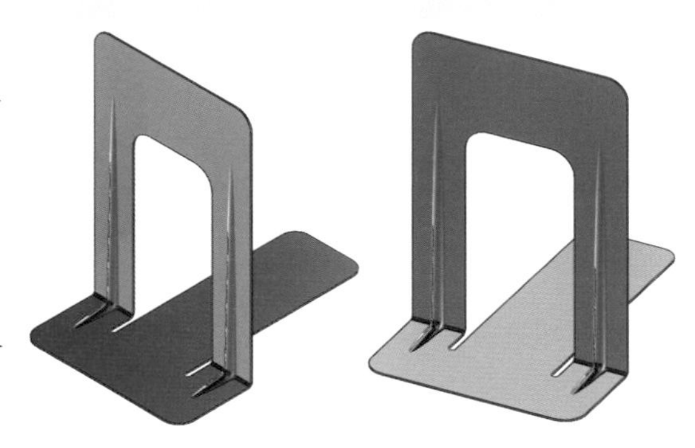

| 步驟說明 | 操作步驟圖示 |
| --- | --- |
| 首先選取前基準面作為草圖 1 之繪圖平面。<br>按中心矩形、直線、幾何建構線、鏡射圖元、偏移圖元鈕，畫出草圖外型輪廓線，標註其尺度。<br>按智慧型尺寸鈕，標註其尺度。<br>按鈑金鈑金工具列，按基材凸緣/薄板頁鈕。 | 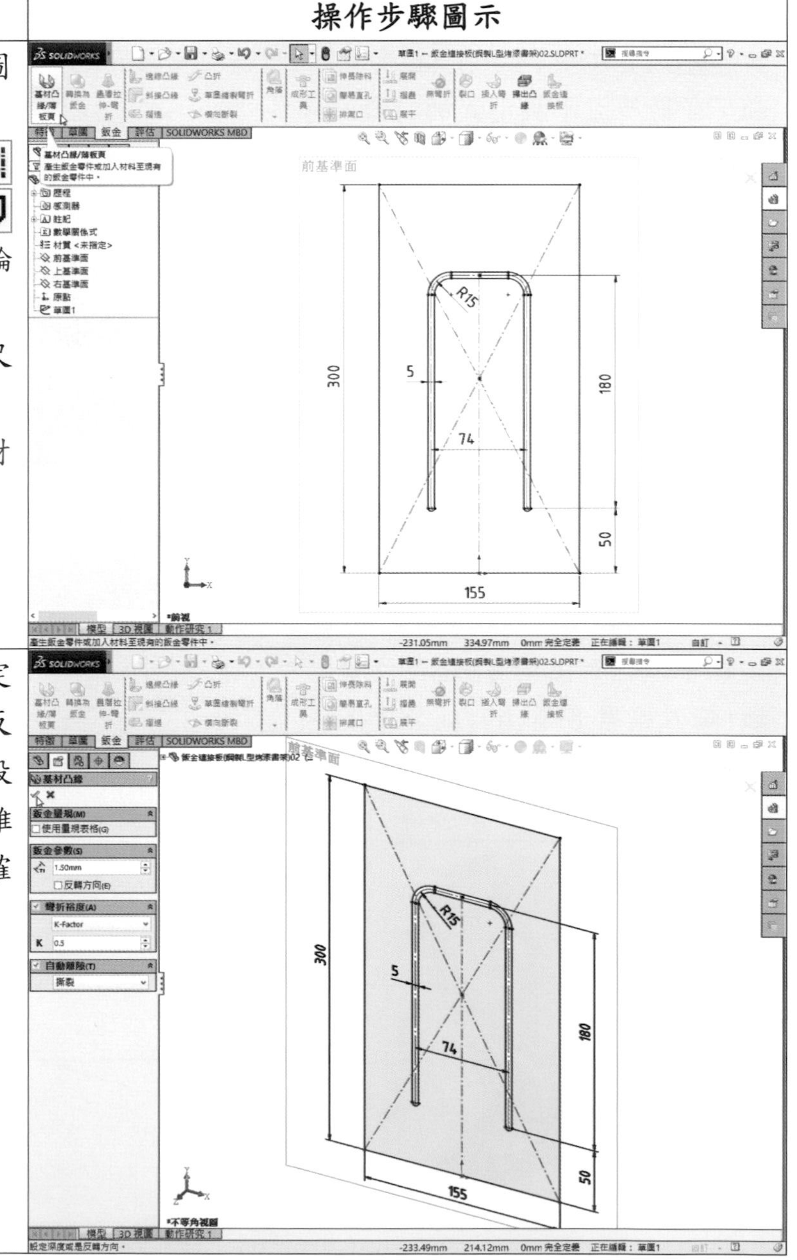 |
| 基材凸緣鈑金參數(S)中設定厚度值 1.5mm，不勾選『反轉方向(E)』，彎折裕度(A)預設『K-Factor』值為 0.5，自動離隙(T)預設『撕裂』後，按確定鍵。 | |

| 步驟說明 | 操作步驟圖示 |
| --- | --- |
| 按斷開角落/角落-修剪鈕，斷開角落選項(B)中，選擇斷開類型：按圓角鈕，設定半徑值 15mm，點選凸緣面『面<1>』後，按滑鼠右鍵。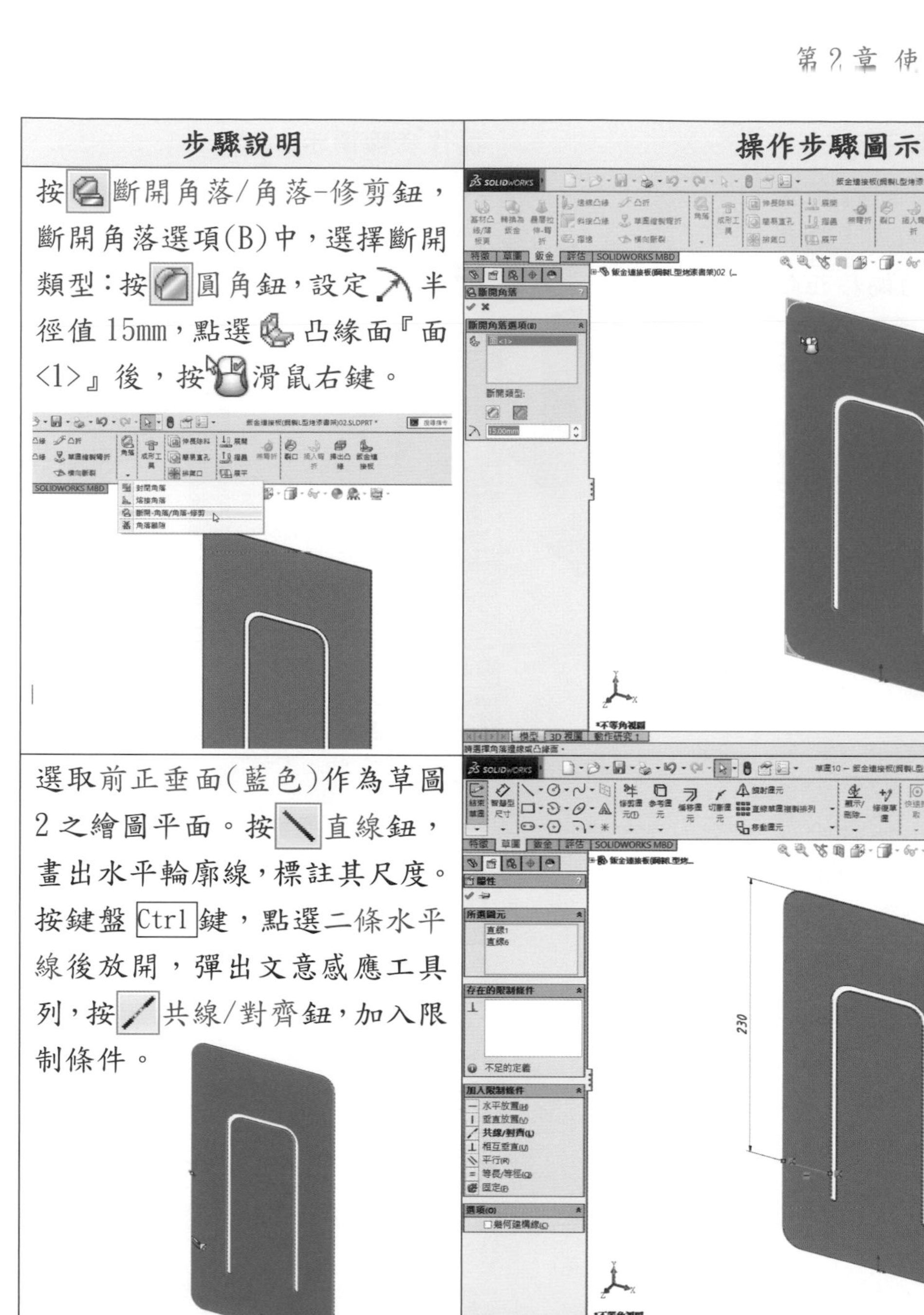 | 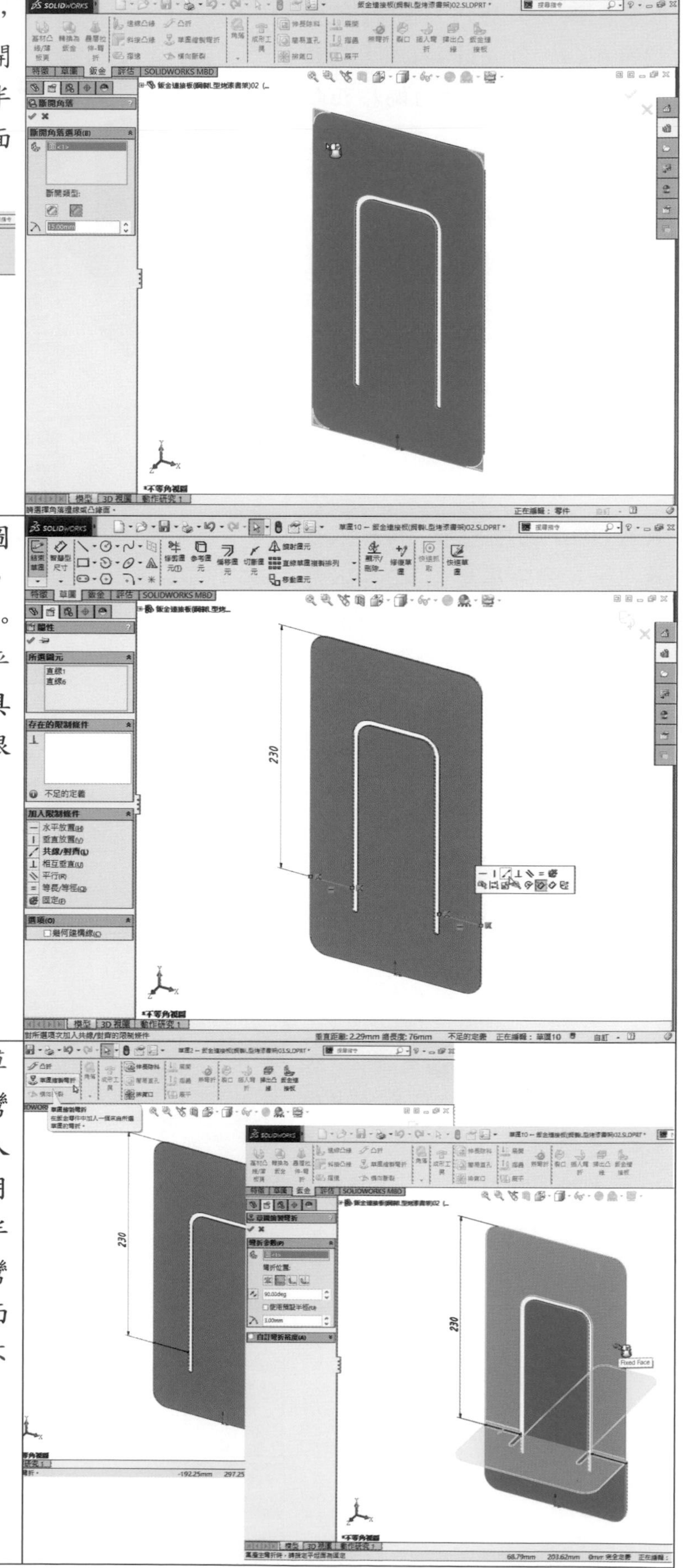 |
| 選取前正垂面(藍色)作為草圖2之繪圖平面。按直線鈕，畫出水平輪廓線，標註其尺度。按鍵盤 Ctrl 鍵，點選二條水平線後放開，彈出文意感應工具列，按共線/對齊鈕，加入限制條件。 | |
| 按鈑金鈑金工具列，再按草圖繪製彎折鈕，彎折參數中彎折位置：按材料內鈕。輸入彎折角度 90°，取消勾選『使用預設半徑(U)』，設定彎折半徑值 3mm，預設不勾選『自訂彎折裕度(A)』，點選固定面『面<1>』(上方外側為彎折不移動的面)後，按確定鍵。 | |

| 步驟說明 | 操作步驟圖示 |
| --- | --- |
| 按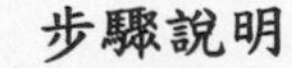鈑金工具列，按鈑金連接板鈕，位置(P)勾選『偏移(0)』，輸入參考點的偏移距離為 19mm。輪廓(P)中點選輪廓尺寸:剖面輪廓長度尺寸 d1：40mm、剖面輪廓高度尺寸 d2：180mm，按圓角支撐鈕。游標移至鑽孔規格資料表窗格右側之捲動軸位置向下拖曳。 | |
| 尺寸(D)中凹陷寬度:輸入寬度 8mm。凹陷厚度：輸入厚度 1.5mm。按內角圓角鈕，輸入值 2mm、外角圓角鈕，輸入值 3.5mm，預覽中點選『完全預覽』。位置(P)選取支撐面『面<1>』。<br><br>游標移至特徵管理員右側捲動軸位置往上拖曳。 | 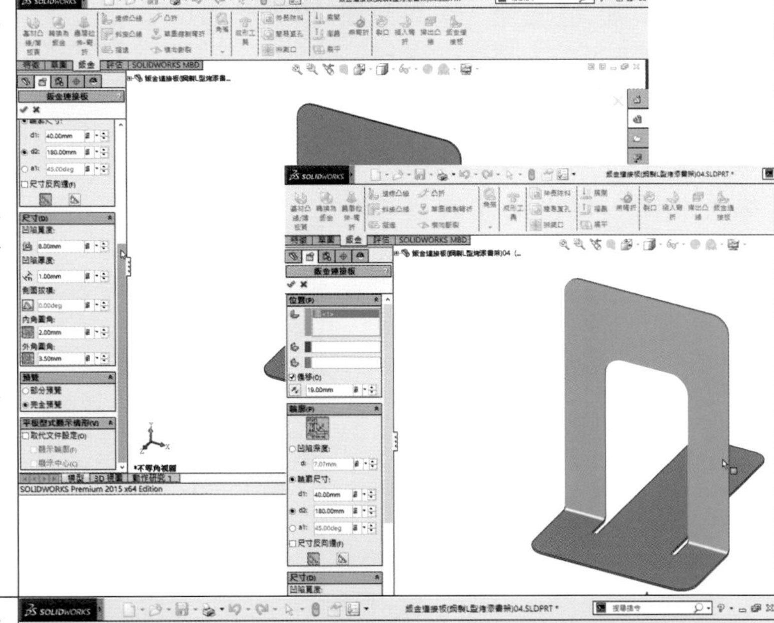 |
| 位置(P)繼續選取支撐面『面<2>』，彎折邊線預設為參考線『邊線<1>』，預設彎折邊線參考點『點<1>』後，按滑鼠右鍵。 | 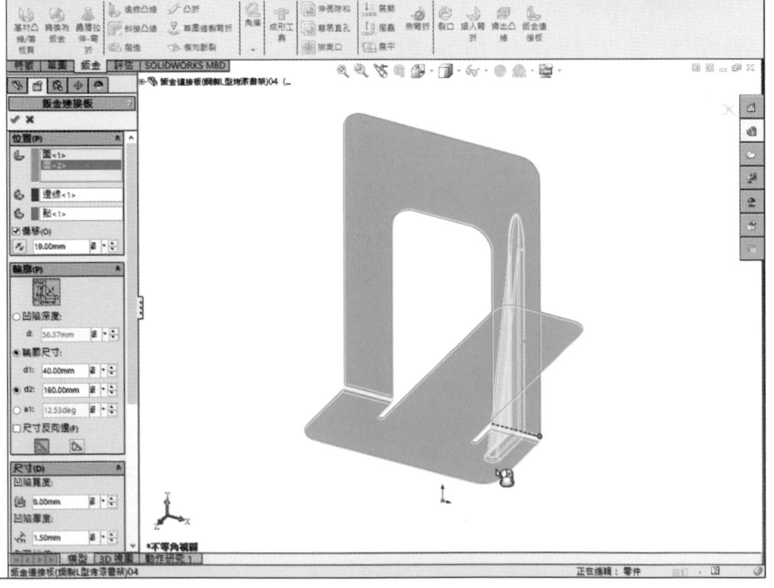 |

| 步驟說明 | 操作步驟圖示 |
| --- | --- |
| 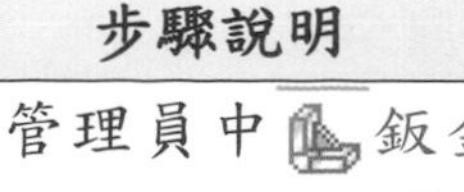 按特徵管理員中鈑金連接板 1 前方⊞的位置，在草圖 3 上按滑鼠右鍵，彈出快顯文意感應工具列上，按編輯草圖鈕。<br>在圖面空白處按滑鼠右鍵，並往右方向滑去，選用呈現為右視。 | 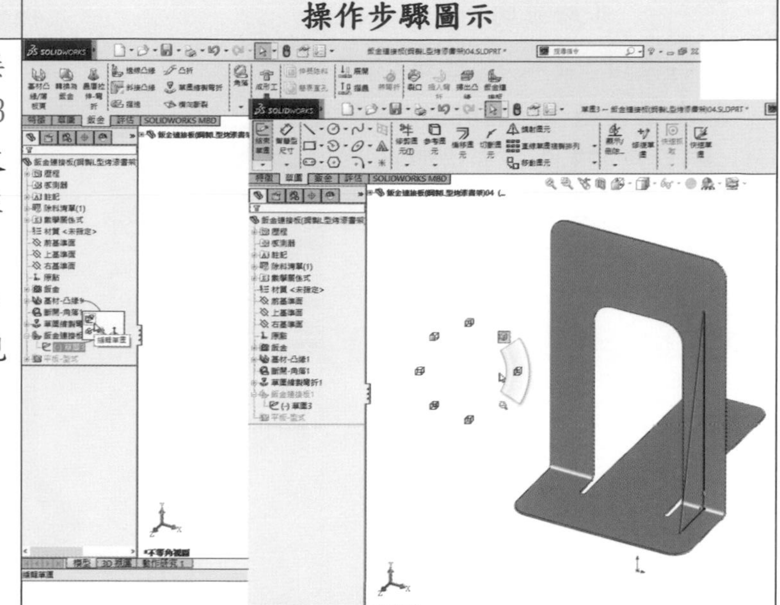 |
| 按幾何建構線鈕，將三角形斜邊切換為幾何建構線。<br>按直線鈕，畫出草圖之 V 形輪廓線。<br>按智慧型尺寸指令，標註折角點位置尺度。<br>按草圖圓角鈕，圓角參數輸入值 5mm 後，點選草圖 V 形折角處。<br>按重新計算鈕或在圖面右上角確認角落按結束草圖鈕，結束草圖編輯。。 | |
| 在圖面空白處按滑鼠右鍵，並往右上方向滑去，選用呈現為不等角視。<br>選取特徵管理員中鈑金連接板 1，按 特徵 特徵工作列，按鏡射鈕。 | 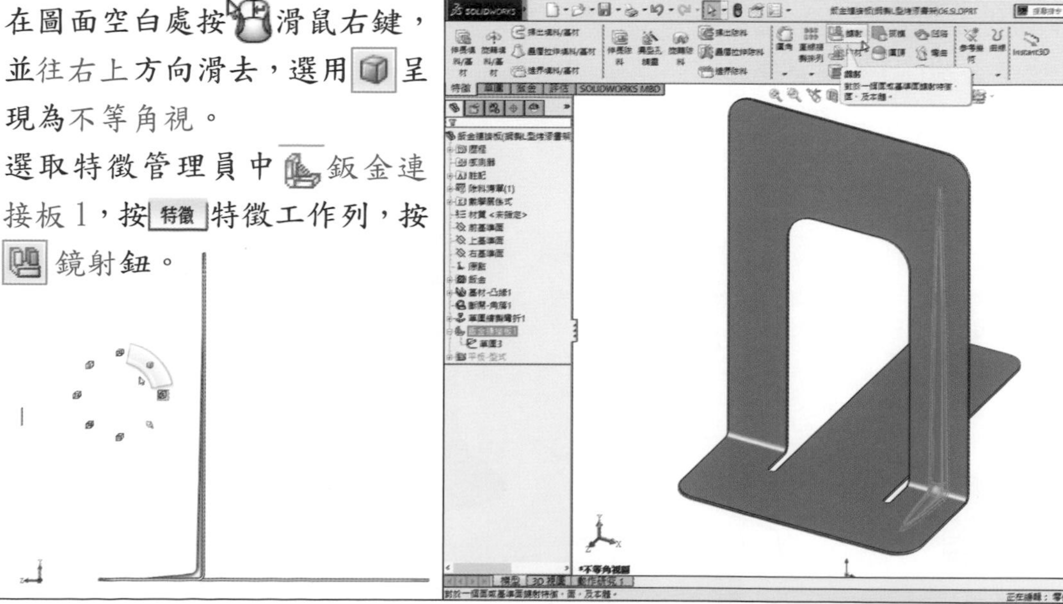 |

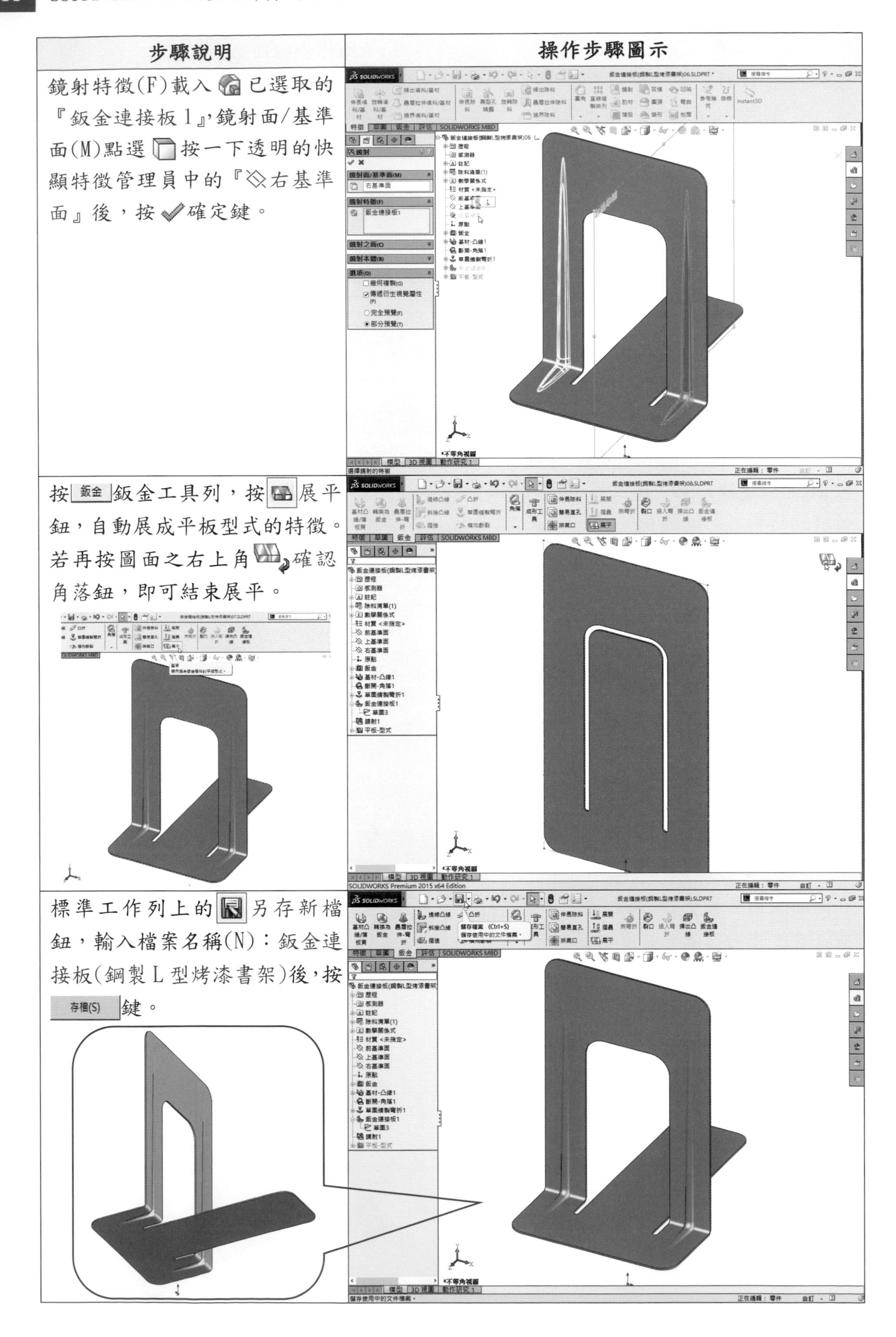

| 步驟說明 | 操作步驟圖示 |
| --- | --- |
| 鏡射特徵(F)載入已選取的『鈑金連接板1』,鏡射面/基準面(M)點選按一下透明的快顯特徵管理員中的『右基準面』後，按確定鍵。 | |
| 按 鈑金 鈑金工具列，按展平鈕，自動展成平板型式的特徵。若再按圖面之右上角確認角落鈕，即可結束展平。 | |
| 標準工作列上的另存新檔鈕，輸入檔案名稱(N)：鈑金連接板(鋼製L型烤漆書架)後，按 存檔(S) 鍵。 | |

## 2.10.1 裂口(選取內部模型邊線)產生矩形固定盒座鈑金

學習目標：能用外部模型邊線作裂口特徵，作插入彎折使薄殼零件轉換為鈑金零件。

繪圖步驟：長伸長填料→作薄殼→作裂口→作插入彎折→產生鈑金→作邊線凸緣→作伸長除料→作環狀複製排列→作邊線凸緣→按展平。

使用指令：

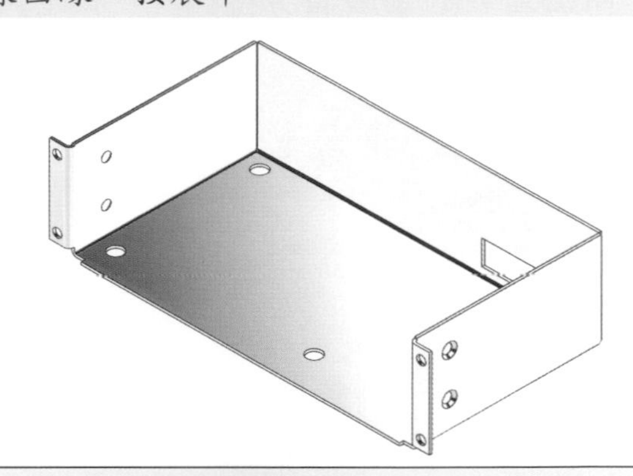

- 草圖指令：中心矩形、直線、幾何建構線、角落矩形。
- 特徵指令：伸長填料/基材、薄殼、伸長除料、異形孔精靈、鏡射。
- 鈑金指令：裂口、插入彎折、邊線凸緣、展平。

| 步驟說明 | 操作步驟圖示 |
| --- | --- |
| 首先選取上基準面作為草圖 1 之繪圖平面。<br>按中心矩形、幾何建構線、修剪圖元、直線鈕，畫出草圖之外型輪廓線。<br>按智慧型尺寸鈕，標註其尺度。<br>按特徵特徵工作列，按伸長填料/基材鈕。 | 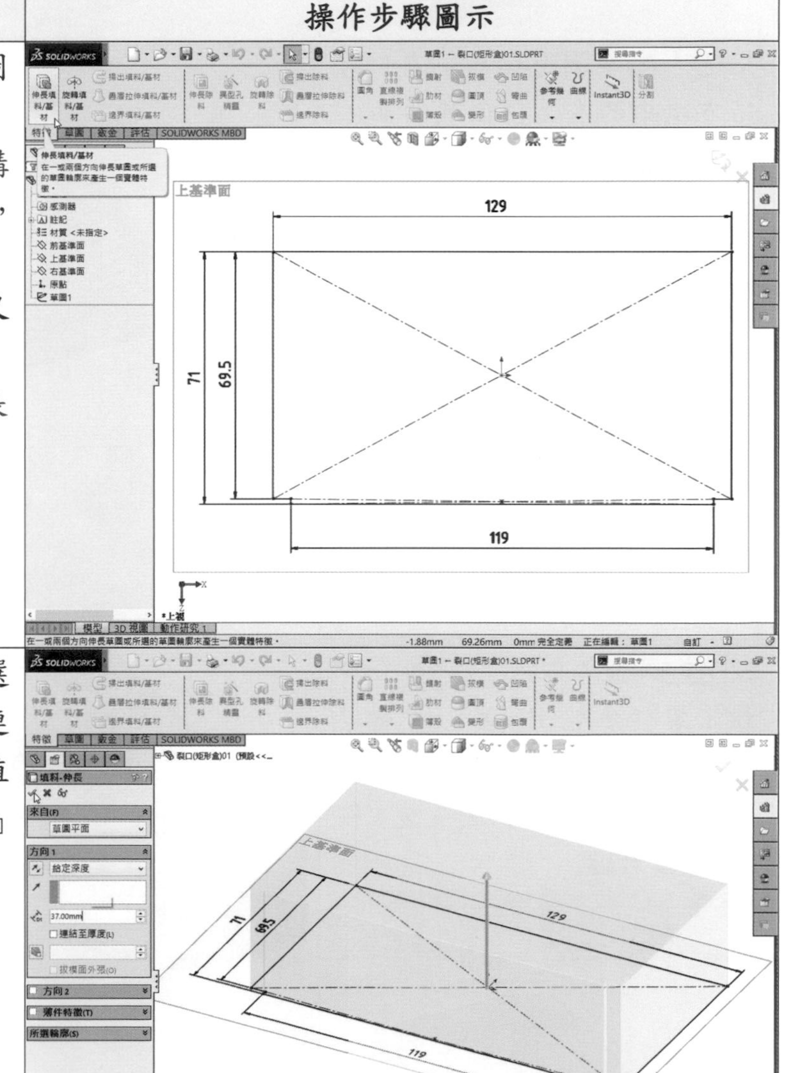 |
| 來自(F)『草圖平面』，方向 1 選取『給定深度』，預設不勾選『連結至厚度(L)』，輸入深度值 37mm，不勾選『薄件特徵(T)』後，按確定鍵。 | |

| 步驟說明 | 操作步驟圖示 |
| --- | --- |
| 按薄殼鈕，參數(P)輸入厚度值1mm，點選移除矩形盒頂面與前方正垂面『面<1>~面<4>』。按視角方位鈕。 | 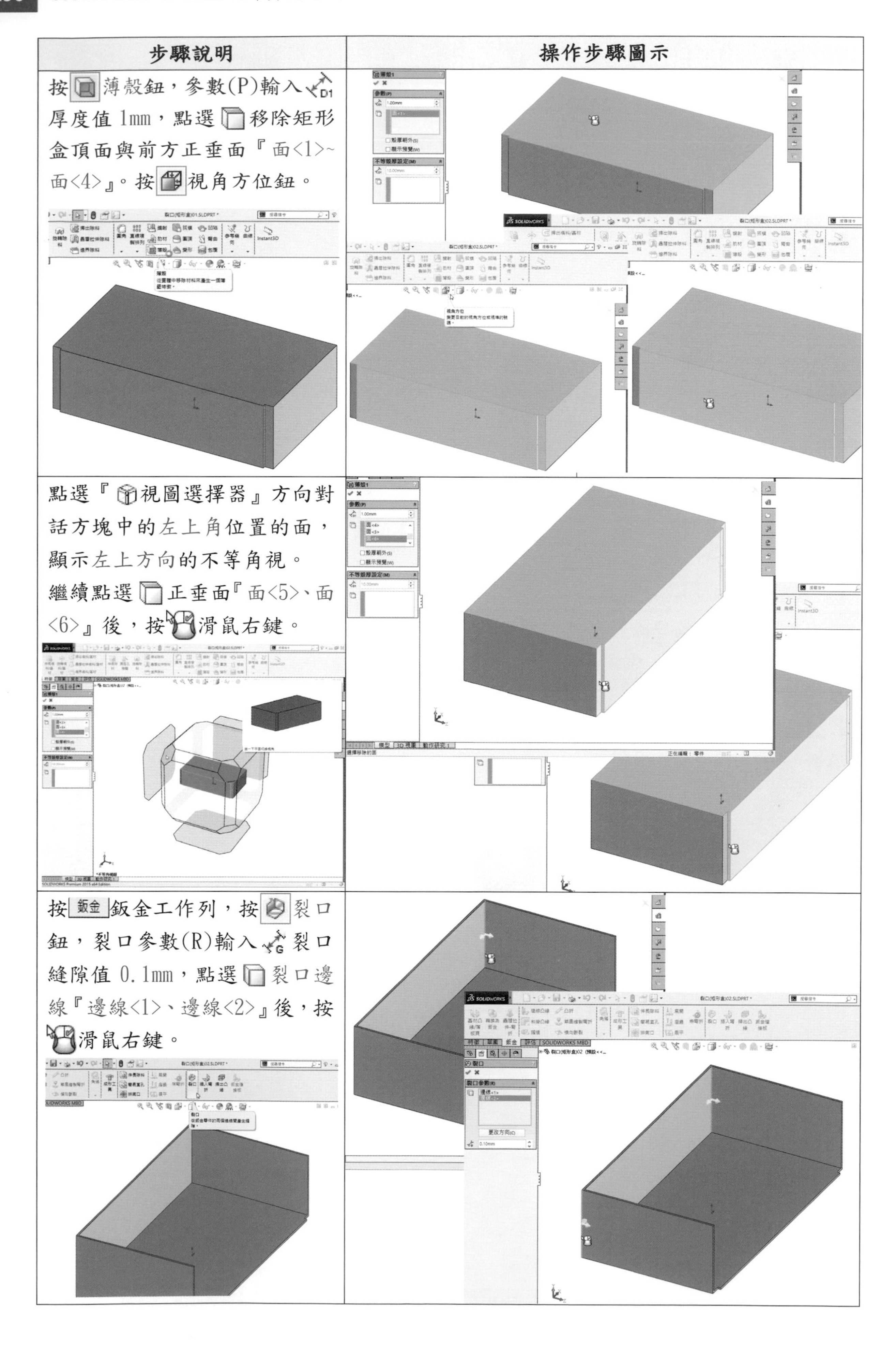 |
| 點選『視圖選擇器』方向對話方塊中的左上角位置的面，顯示左上方向的不等角視。繼續點選正垂面『面<5>、面<6>』後，按滑鼠右鍵。 | |
| 按 鈑金 鈑金工作列，按裂口鈕，裂口參數(R)輸入裂口縫隙值0.1mm，點選裂口邊線『邊線<1>、邊線<2>』後，按滑鼠右鍵。 | |

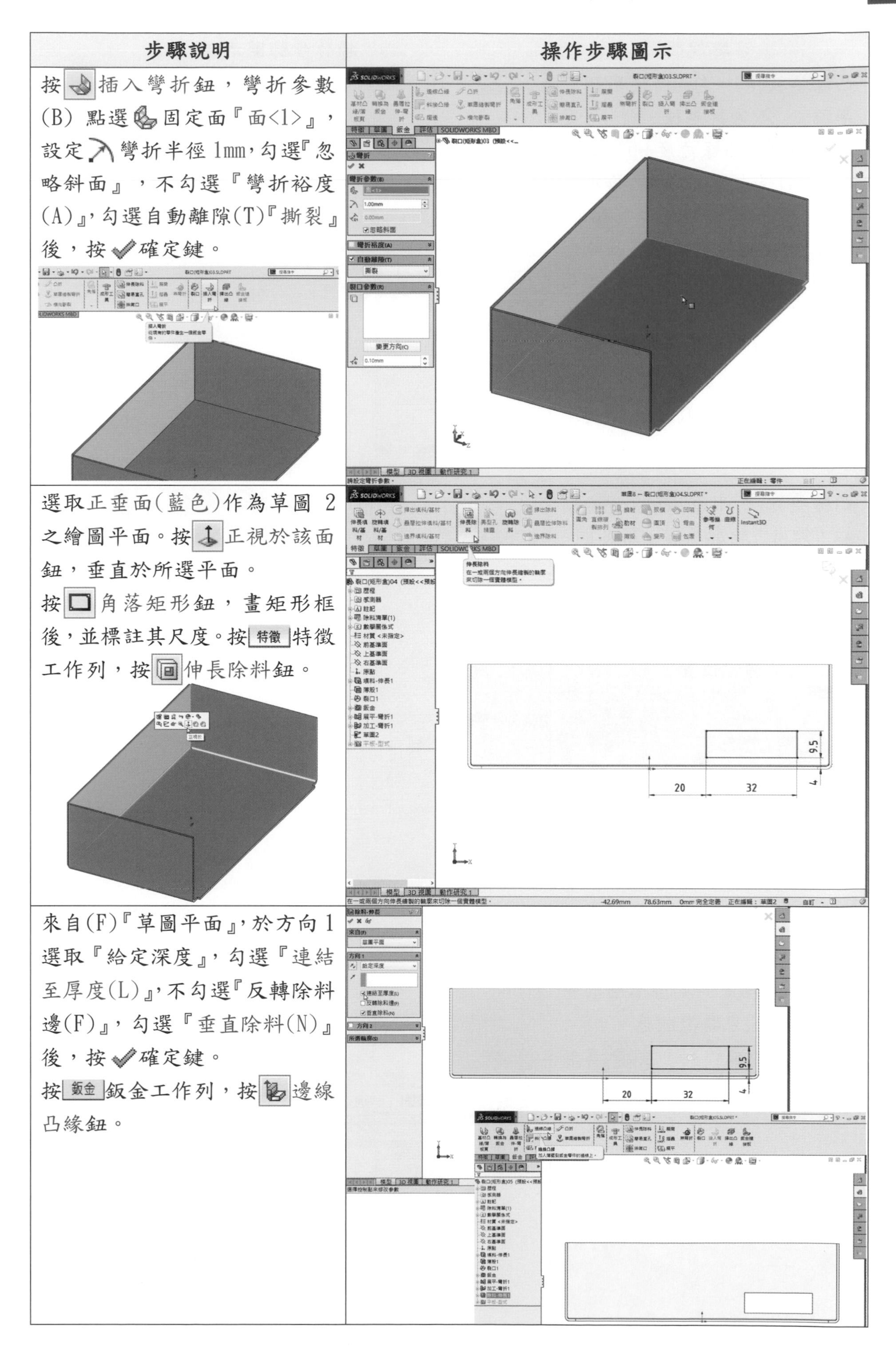

| 步驟說明 | 操作步驟圖示 |
| --- | --- |
| 按插入彎折鈕，彎折參數(B)點選固定面『面<1>』，設定彎折半徑 1mm，勾選『忽略斜面』，不勾選『彎折裕度(A)』，勾選自動離隙(T)『撕裂』後，按確定鍵。 | |
| 選取正垂面(藍色)作為草圖 2 之繪圖平面。按正視於該面鈕，垂直於所選平面。<br>按角落矩形鈕，畫矩形框後，並標註其尺度。按 特徵 特徵工作列，按伸長除料鈕。 | |
| 來自(F)『草圖平面』，於方向 1 選取『給定深度』，勾選『連結至厚度(L)』，不勾選『反轉除料邊(F)』，勾選『垂直除料(N)』後，按確定鍵。<br>按 鈑金 鈑金工作列，按邊線凸緣鈕。 | |

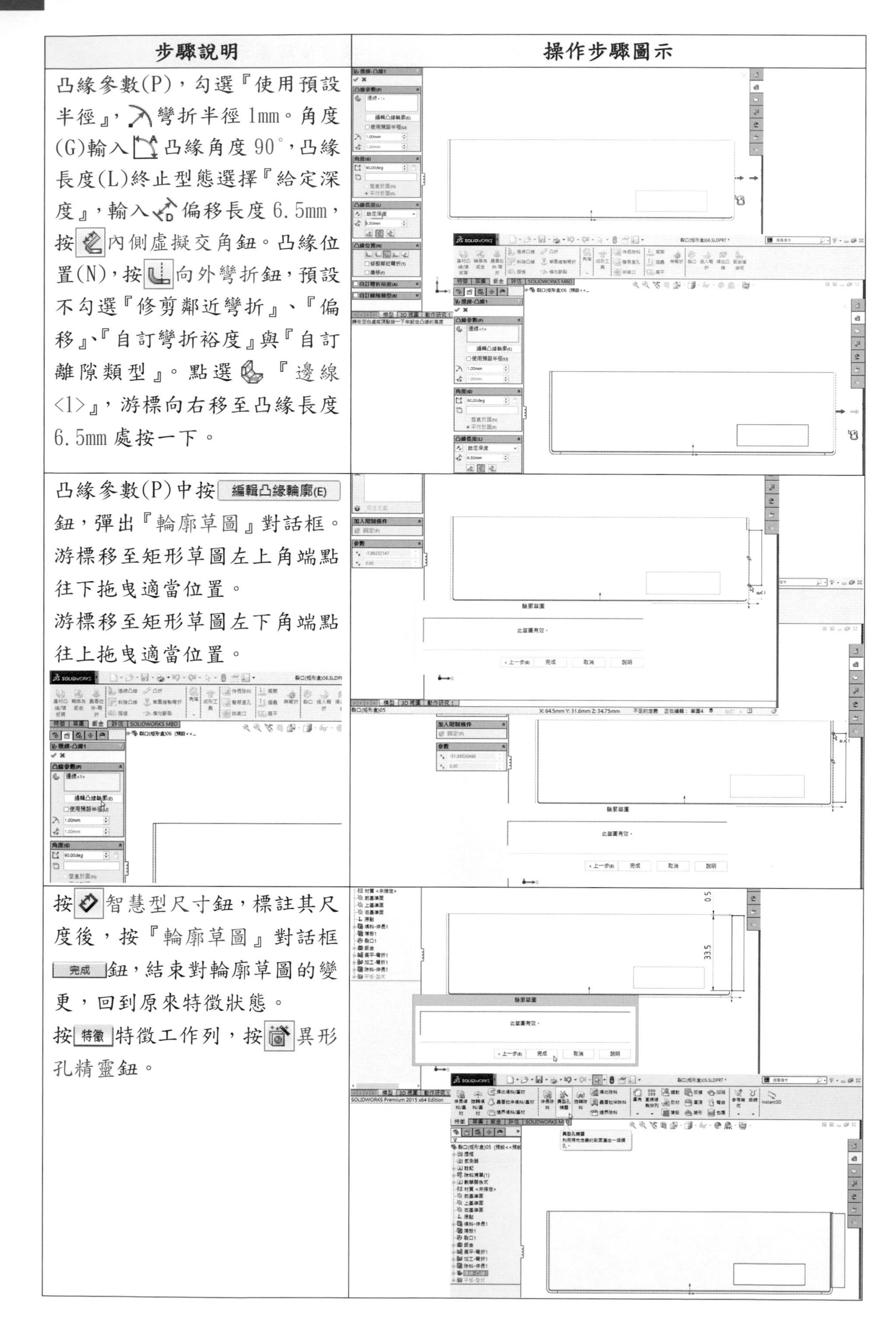

| 步驟說明 | 操作步驟圖示 |
| --- | --- |
| 凸緣參數(P)，勾選『使用預設半徑』，彎折半徑 1mm。角度(G)輸入凸緣角度 90°，凸緣長度(L)終止型態選擇『給定深度』，輸入偏移長度 6.5mm，按內側虛擬交角鈕。凸緣位置(N)，按向外彎折鈕，預設不勾選『修剪鄰近彎折』、『偏移』、『自訂彎折裕度』與『自訂離隙類型』。點選『邊線<1>』，游標向右移至凸緣長度 6.5mm 處按一下。 | |
| 凸緣參數(P)中按 編輯凸緣輪廓(E) 鈕，彈出『輪廓草圖』對話框。游標移至矩形草圖左上角端點往下拖曳適當位置。<br>游標移至矩形草圖左下角端點往上拖曳適當位置。 | |
| 按智慧型尺寸鈕，標註其尺度後，按『輪廓草圖』對話框 完成 鈕，結束對輪廓草圖的變更，回到原來特徵狀態。<br>按 特徵 特徵工作列，按異形孔精靈鈕。 | |

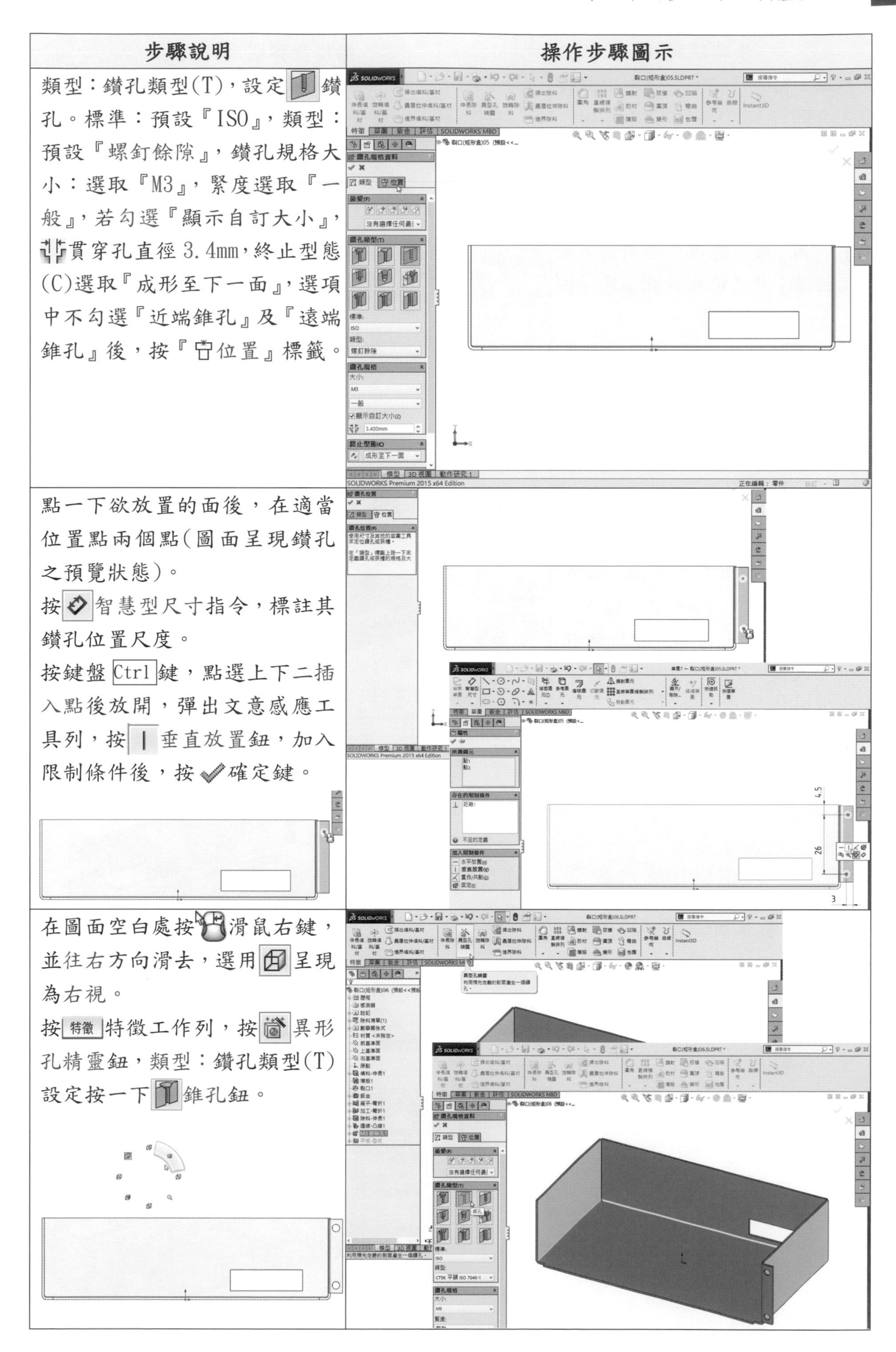

| 步驟說明 | 操作步驟圖示 |
| --- | --- |
| 類型：鑽孔類型(T)，設定鑽孔。標準：預設『ISO』，類型：預設『螺釘餘隙』，鑽孔規格大小：選取『M3』，緊度選取『一般』，若勾選『顯示自訂大小』，貫穿孔直徑 3.4mm，終止型態(C)選取『成形至下一面』，選項中不勾選『近端錐孔』及『遠端錐孔』後，按『位置』標籤。 | |
| 點一下欲放置的面後，在適當位置點兩個點(圖面呈現鑽孔之預覽狀態)。<br>按智慧型尺寸指令，標註其鑽孔位置尺度。<br>按鍵盤Ctrl鍵，點選上下二插入點後放開，彈出文意感應工具列，按垂直放置鈕，加入限制條件後，按確定鍵。 | |
| 在圖面空白處按滑鼠右鍵，並往右方向滑去，選用呈現為右視。<br>按特徵特徵工作列，按異形孔精靈鈕，類型：鑽孔類型(T)設定按一下錐孔鈕。 | |

| 步驟說明 | 操作步驟圖示 |
|---|---|
| 標準：預設『ISO』，類型：預設『CTSK 平頭 ISO 7046-1』，鑽孔規格大小：選取『M2.5』，緊度：『鬆動』，不勾選『顯示自訂大小』，終止型態(C)選取『成形至下一面』後，選項中不勾選『頭端餘隙』及『遠端錐孔』後，按『位置』標籤。<br>點一下欲放置的面後，在適當位置點兩個點(圖面呈現錐孔之預覽狀態)。 | 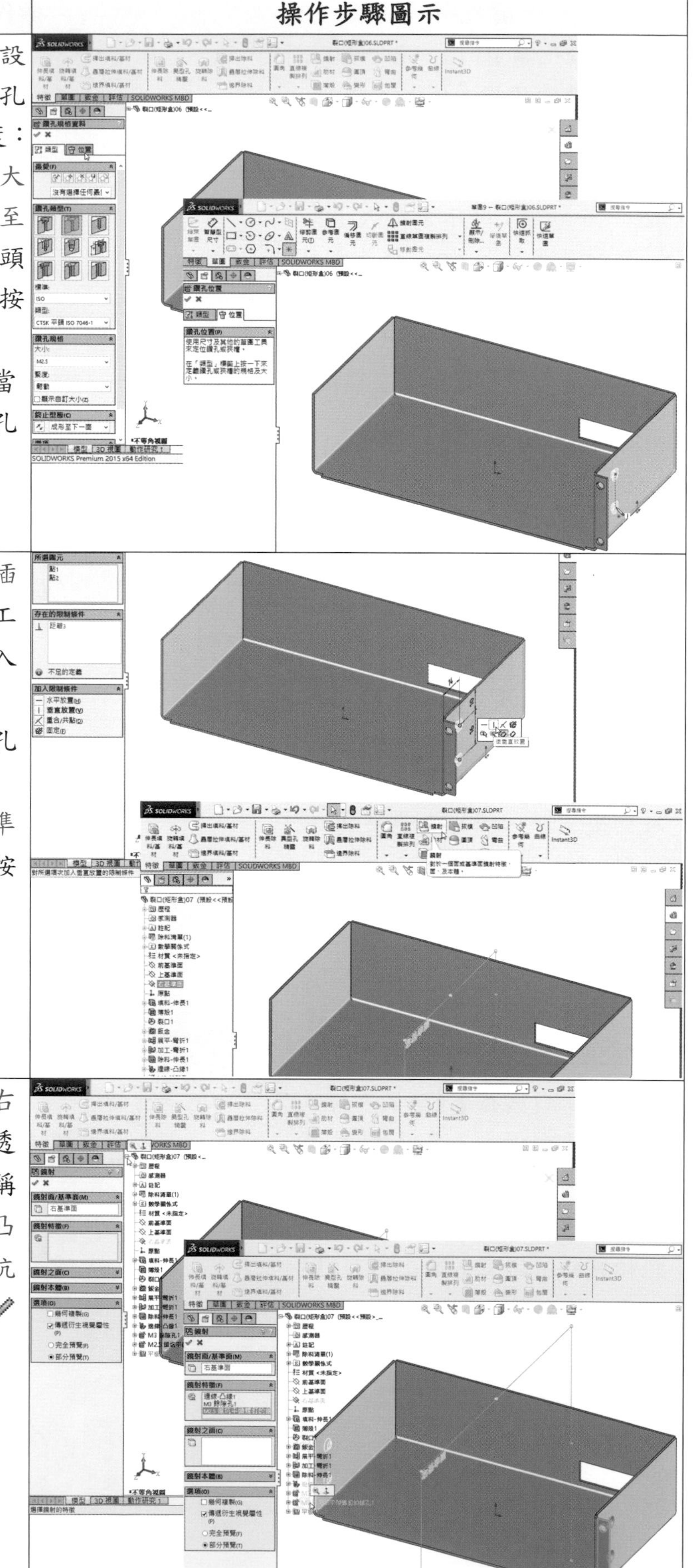 |
| 按鍵盤 Ctrl 鍵，點選上下二插入點後放開，彈出文意感應工具列，按 垂直放置鈕，加入限制條件後，按 確定鍵。<br>按 智慧型尺寸鈕，標註錐孔位置尺度。<br>選取特徵管理員中『右基準面』後，按 特徵 特徵工作列，按 鏡射鈕。 | |
| 鏡射面/基準面(M)載入『右基準面』後，鏡射特徵(F)透明的快顯特徵管理員文件名稱旁的⊞按一下，選取『邊線-凸緣 1、M3 餘隙孔 1、M2.5 錐坑平頭螺釘的錐孔 1』後，按 確定鍵。 | |

| 步驟說明 | 操作步驟圖示 |
| --- | --- |
| 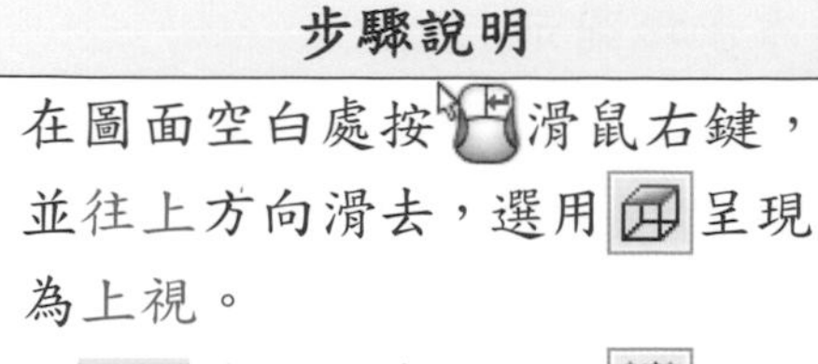 在圖面空白處按滑鼠右鍵，並往上方向滑去，選用呈現為上視。<br>按特徵特徵工作列，按異形孔精靈鈕。<br>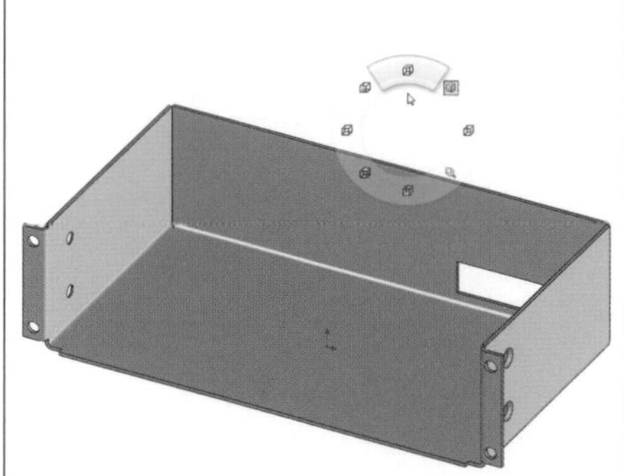 | 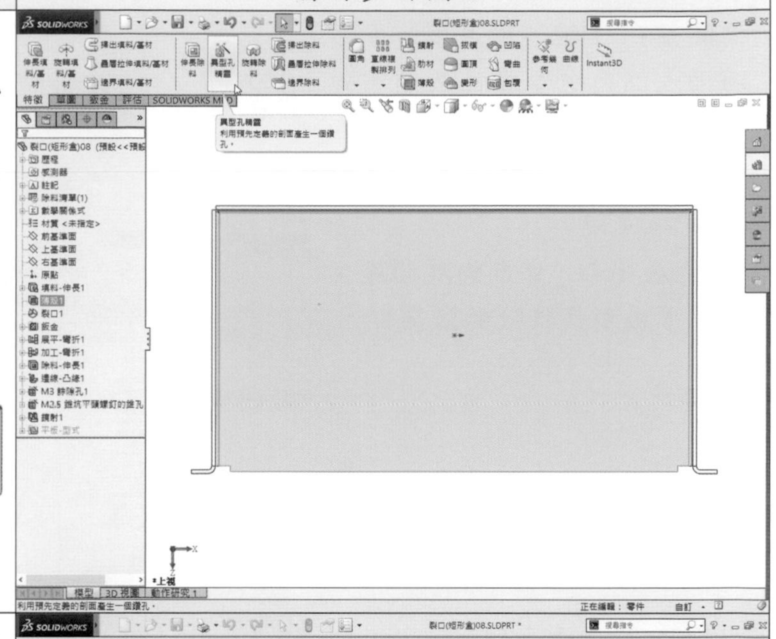 |
| 類型：鑽孔類型(T)，設定按一下鑽孔鈕。標準：預設『ISO』，類型：選取『鑽孔尺寸』，鑽孔規格大小：選取『Ø5.4』，不勾選『顯示自訂大小』，終止型態(C)選取『成形至下一面』，選項中不勾選『近端錐孔』及『遠端錐孔』後，按『位置』標籤。 | 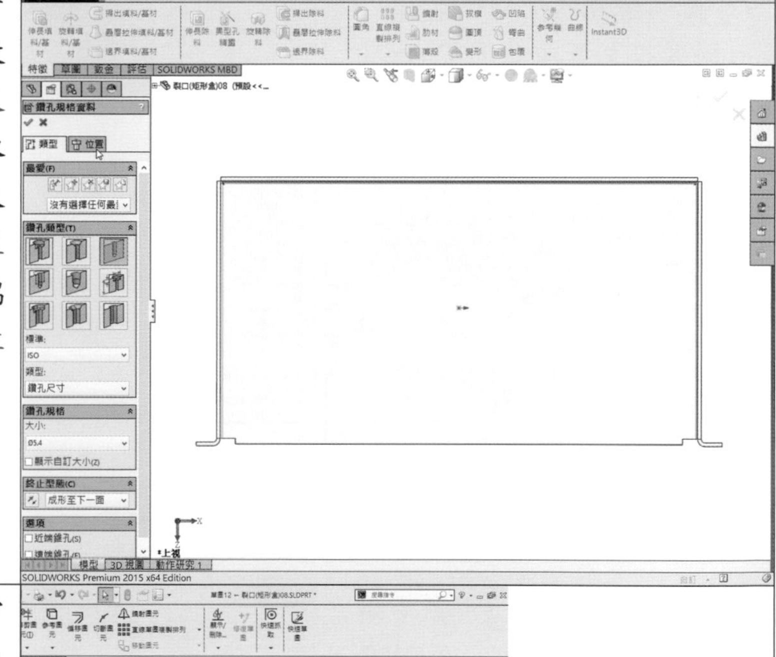 |
| 點一下欲放置的面後，在適當位置點五個點(呈現鑽孔預覽)。<br>按中心線鈕，畫由原點引出之垂直中心線，標註其尺度。<br>按鍵盤 Ctrl 鍵，分別點選兩側上下二插入點後放開，彈出文意感應工具列，按垂直放置鈕，加入限制條件。<br>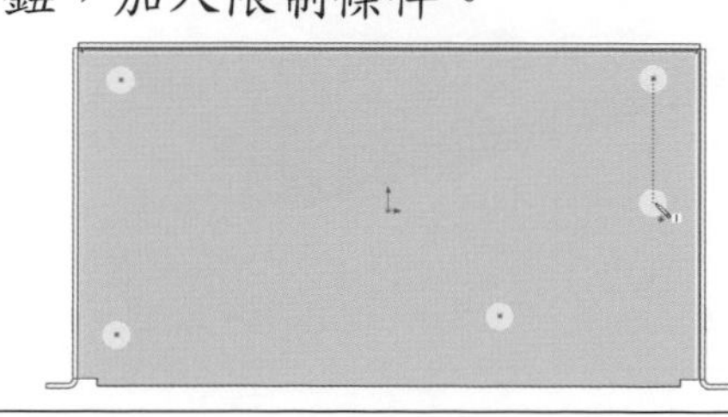 | 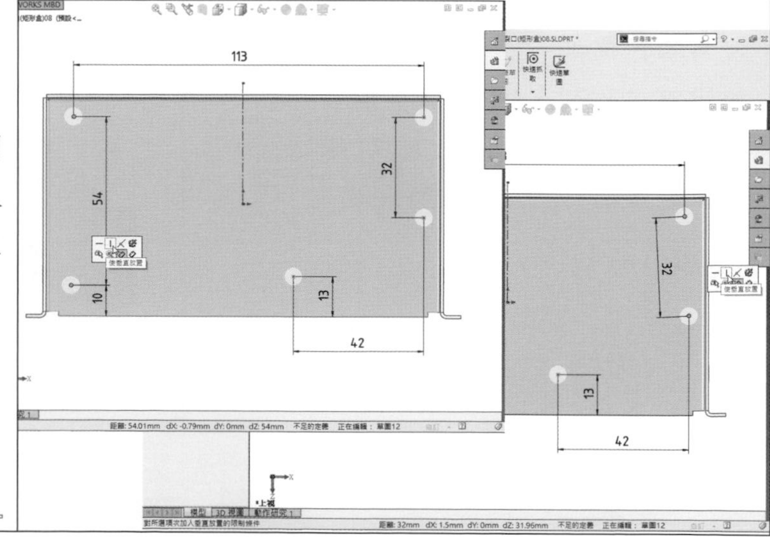<br> |

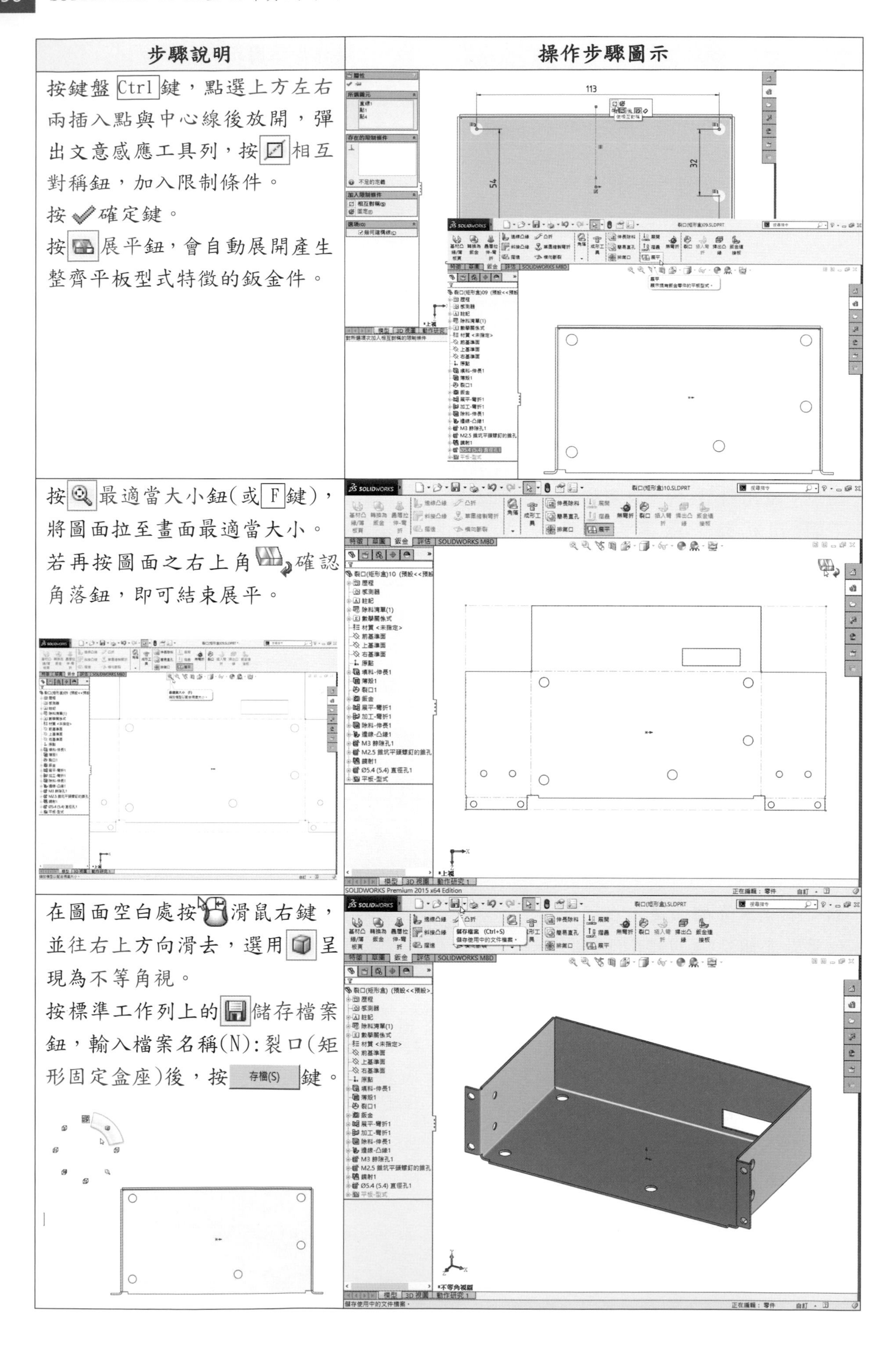

| 步驟說明 | 操作步驟圖示 |
| --- | --- |
| 按鍵盤 Ctrl 鍵，點選上方左右兩插入點與中心線後放開，彈出文意感應工具列，按相互對稱鈕，加入限制條件。<br>按確定鍵。<br>按展平鈕，會自動展開產生整齊平板型式特徵的鈑金件。 | |
| 按最適當大小鈕(或 F 鍵)，將圖面拉至畫面最適當大小。若再按圖面之右上角確認角落鈕，即可結束展平。 | |
| 在圖面空白處按滑鼠右鍵，並往右上方向滑去，選用呈現為不等角視。<br>按標準工作列上的儲存檔案鈕，輸入檔案名稱(N):裂口(矩形固定盒座)後，按 存檔(S) 鍵。 | |

## 2.10.2 裂口(選取線性草圖圖元與外部模型邊線)產生縮口矩形盒鈑金

學習目標：能用線性草圖圖元與外部模型邊線作裂口特徵，作插入彎折轉換為鈑金件。

繪圖步驟：長伸長填料→畫分割線→作薄殼→畫線性草圖圖元→作裂口→作插入彎折→產生鈑金→按編輯草圖→畫彎折線→按結束編輯草圖→按展平。

使用指令：

- 草圖指令：中心矩形、草圖、偏移圖元、分割線、直線、環狀草圖複製排列、編輯草圖。
- 特徵指令：伸長填料/基材、薄殼。
- 鈑金指令：裂口、插入彎折、展平。

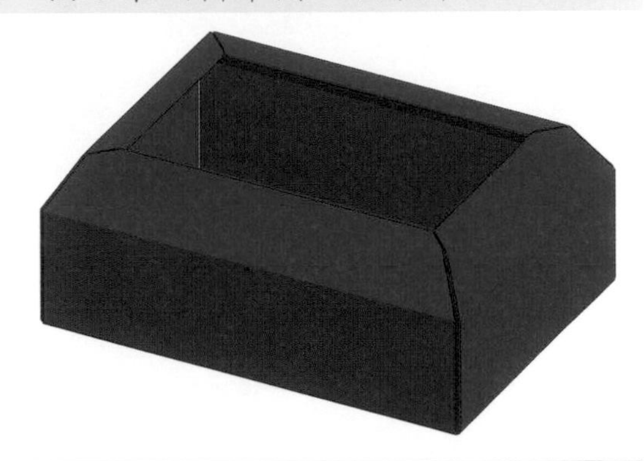

| 步驟說明 | 操作步驟圖示 |
| --- | --- |
| 首先選取上基準面作為草圖 1 之繪圖平面。<br>按中心矩形鈕，畫出草圖之外型輪廓線。<br>按智慧型尺寸鈕，標註其尺度。<br>按特徵特徵工作列，按伸長填料/基材鈕。 | 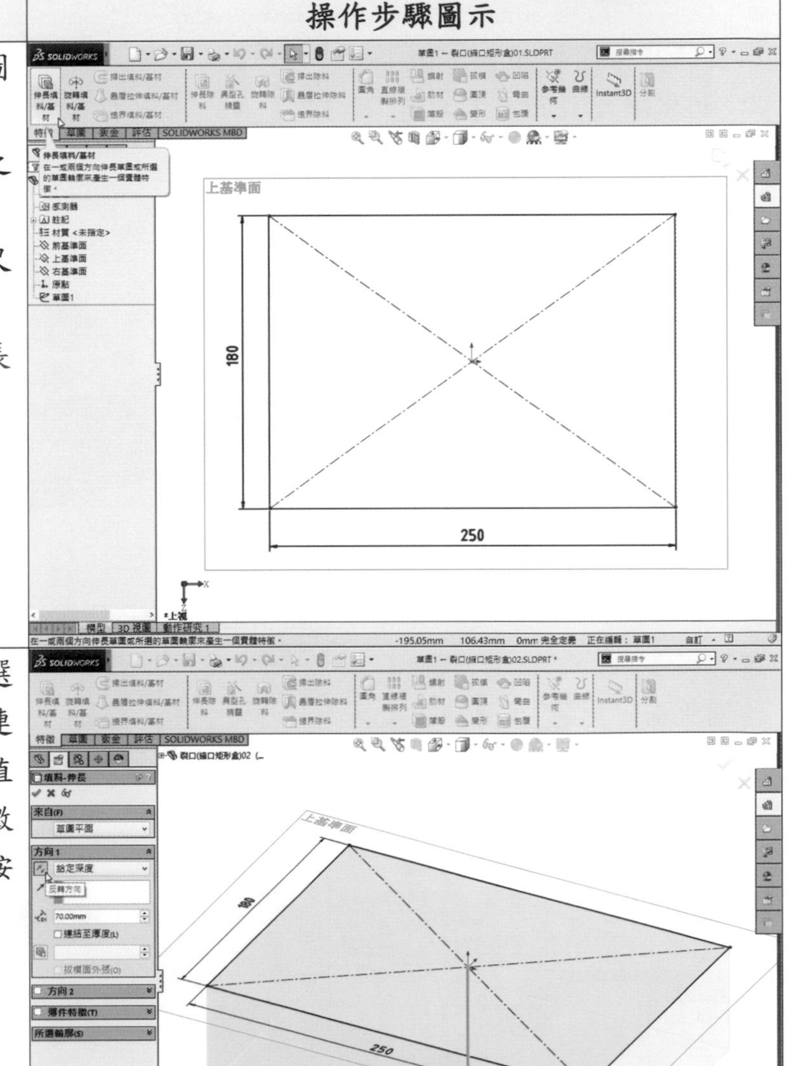 |
| 來自(F)『草圖平面』，方向 1 選取『給定深度』，預設不勾選『連結至厚度(L)』，輸入深度值 70mm，預設不勾選『薄件特徵(T)』，按反轉方向鈕後，按確定鍵。 | |

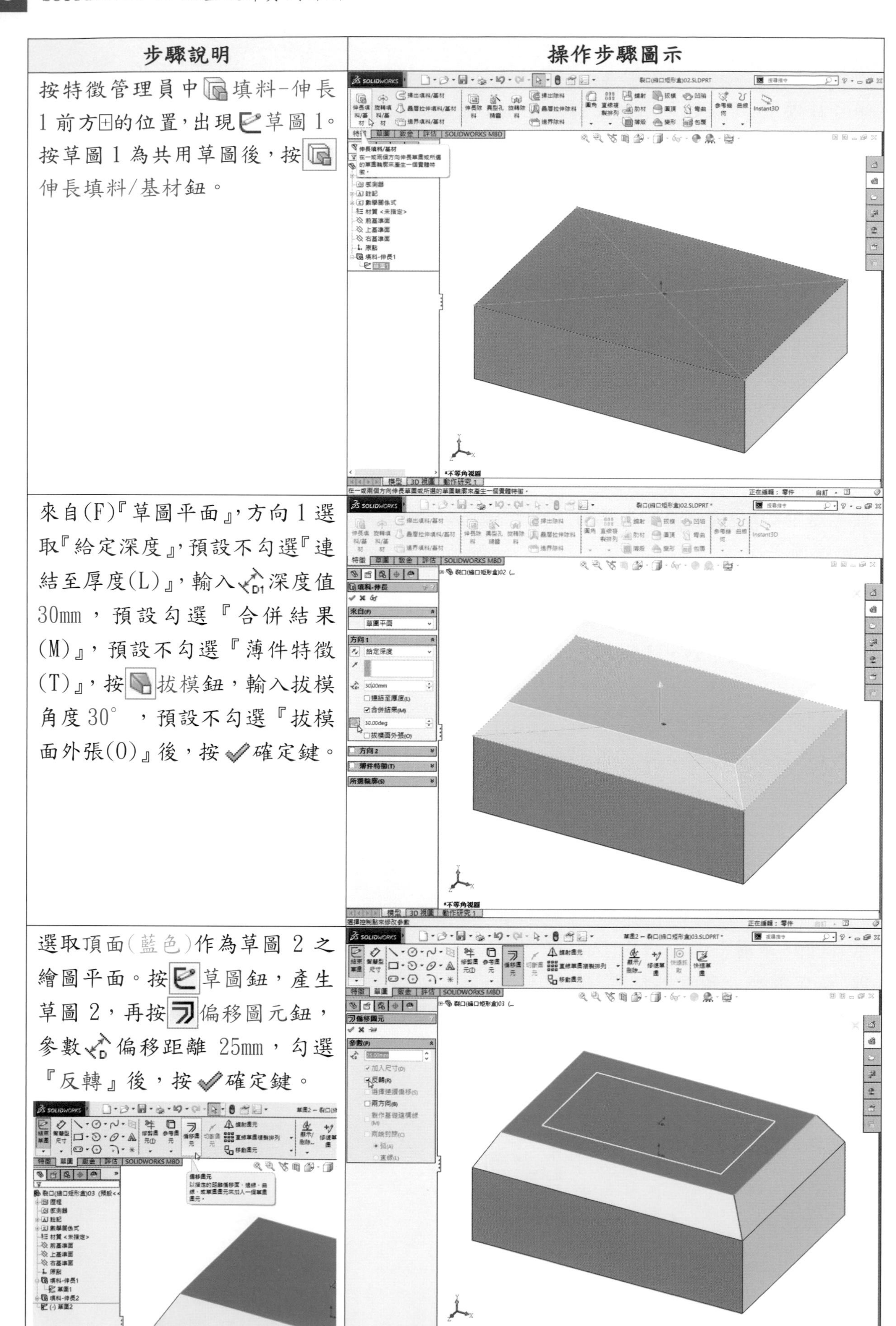

| 步驟說明 | 操作步驟圖示 |
| --- | --- |
| 按特徵管理員中填料-伸長1前方⊞的位置，出現草圖1。按草圖1為共用草圖後，按伸長填料/基材鈕。 | |
| 來自(F)『草圖平面』，方向1選取『給定深度』，預設不勾選『連結至厚度(L)』，輸入深度值30mm，預設勾選『合併結果(M)』，預設不勾選『薄件特徵(T)』，按拔模鈕，輸入拔模角度30°，預設不勾選『拔模面外張(O)』後，按確定鍵。 | |
| 選取頂面(藍色)作為草圖2之繪圖平面。按草圖鈕，產生草圖2，再按偏移圖元鈕，參數偏移距離25mm，勾選『反轉』後，按確定鍵。 | |

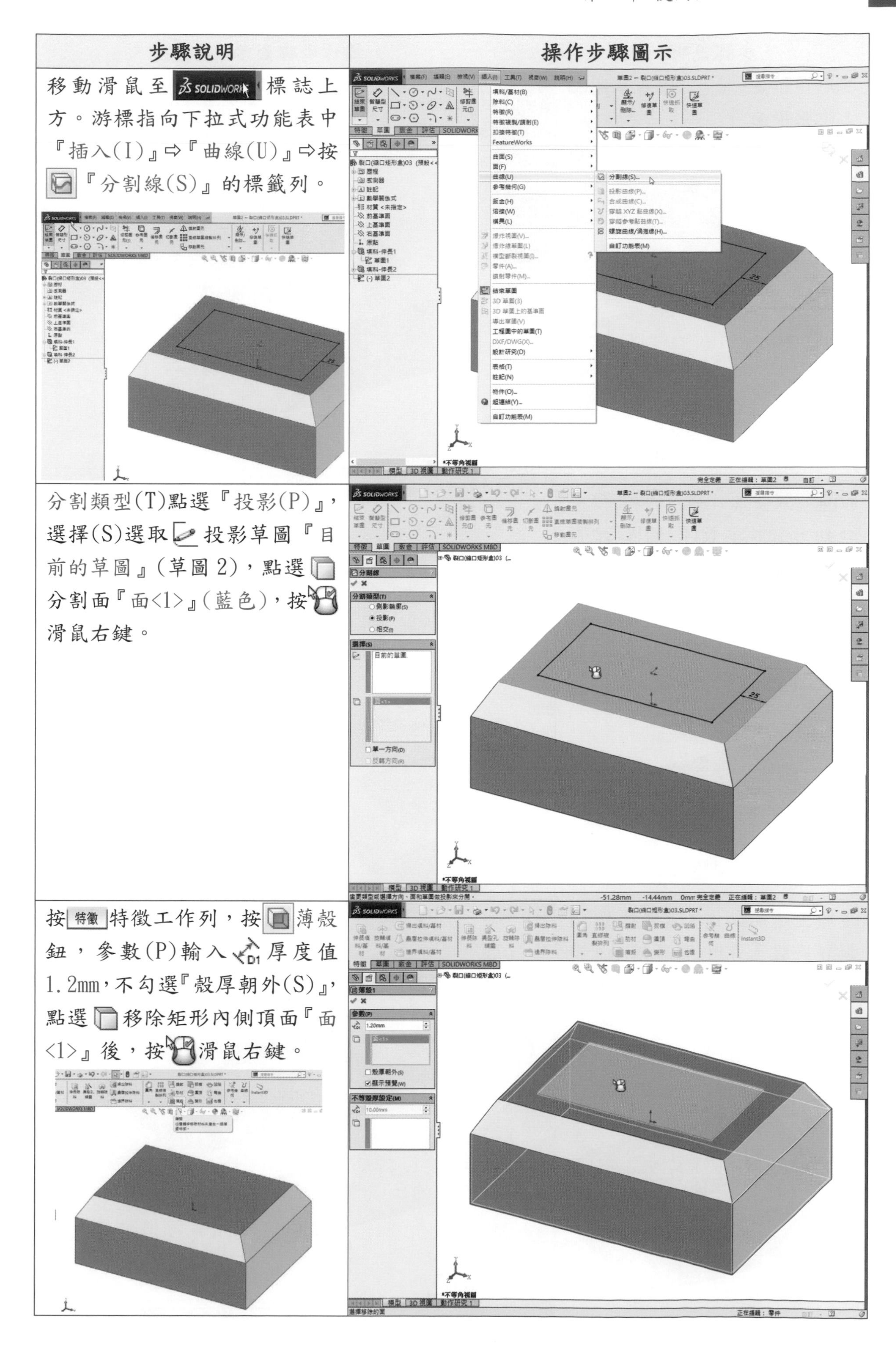

| 步驟說明 | 操作步驟圖示 |
| --- | --- |
| 移動滑鼠至 SOLIDWORKS 標誌上方。游標指向下拉式功能表中『插入(I)』⇨『曲線(U)』⇨按『分割線(S)』的標籤列。 | |
| 分割類型(T)點選『投影(P)』，選擇(S)選取投影草圖『目前的草圖』(草圖 2)，點選分割面『面<1>』(藍色)，按滑鼠右鍵。 | |
| 按 特徵 特徵工作列，按薄殼鈕，參數(P)輸入 D1 厚度值 1.2mm，不勾選『殼厚朝外(S)』，點選移除矩形內側頂面『面<1>』後，按滑鼠右鍵。 | |

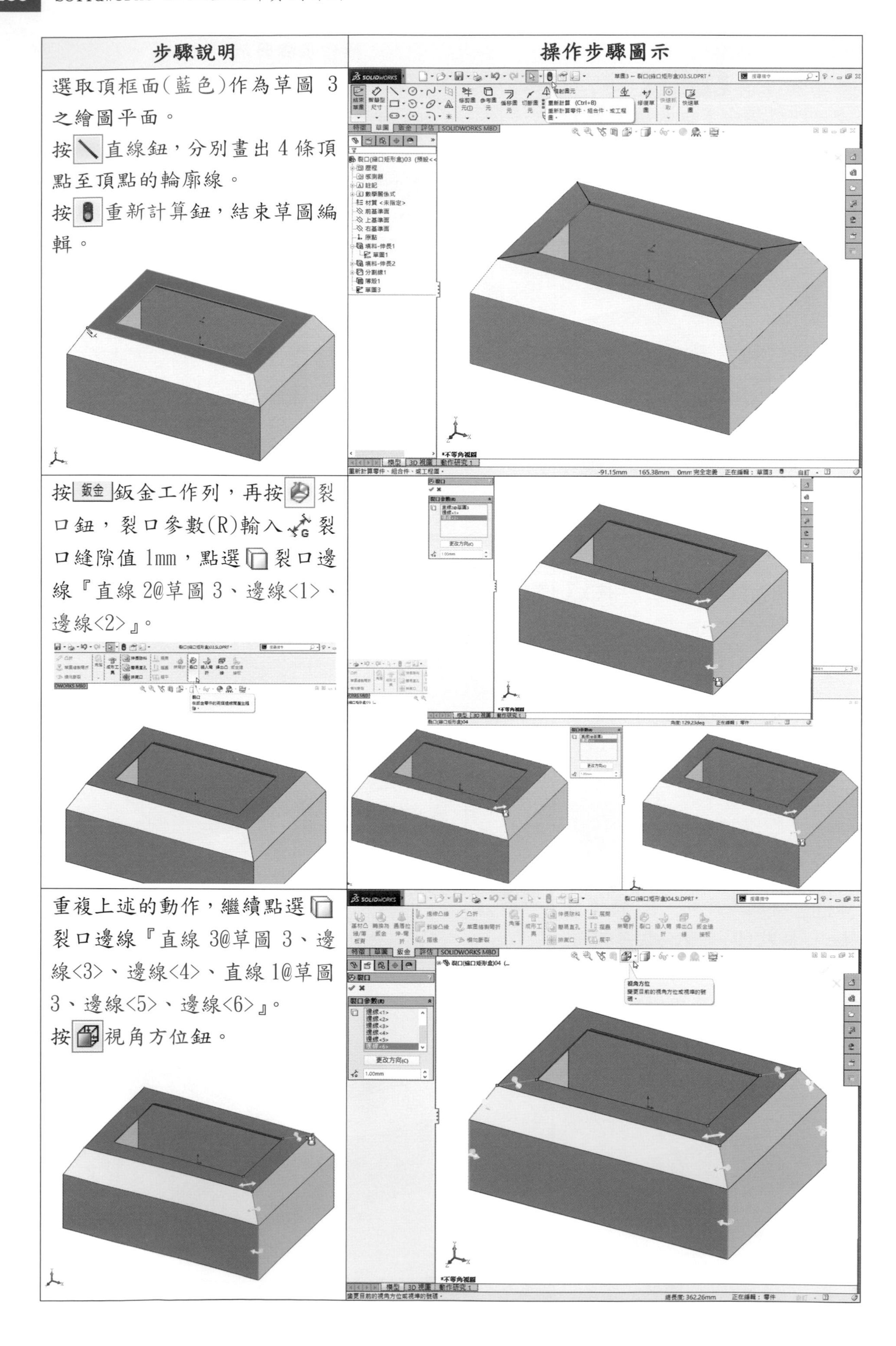

| 步驟說明 | 操作步驟圖示 |
| --- | --- |
| 選取頂框面(藍色)作為草圖 3 之繪圖平面。<br>按直線鈕，分別畫出 4 條頂點至頂點的輪廓線。<br>按重新計算鈕，結束草圖編輯。 | |
| 按鈑金鈑金工作列，再按裂口鈕，裂口參數(R)輸入裂口縫隙值 1mm，點選裂口邊線『直線 2@草圖 3、邊線<1>、邊線<2>』。 | |
| 重複上述的動作，繼續點選裂口邊線『直線 3@草圖 3、邊線<3>、邊線<4>、直線 1@草圖 3、邊線<5>、邊線<6>』。<br>按視角方位鈕。 | |

| 步驟說明 | 操作步驟圖示 |
| --- | --- |
| 點選『視圖選擇器』方向對話方塊中左上角位置的面，強調顯示左上方向的不等角視。繼續點選裂口邊線『直線 4@草圖 3、邊線<7>、邊線<8>』後，按滑鼠右鍵。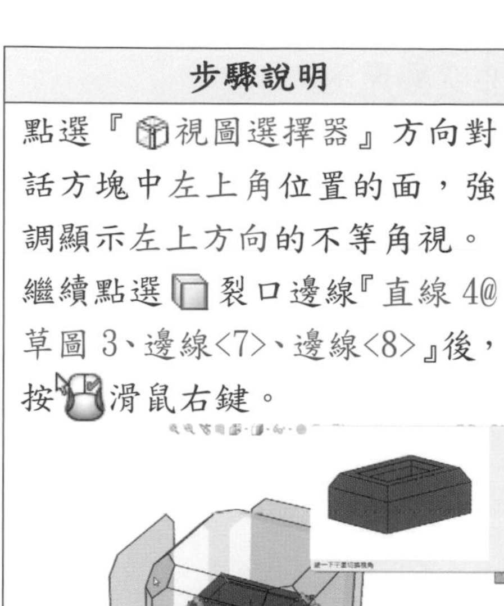 | 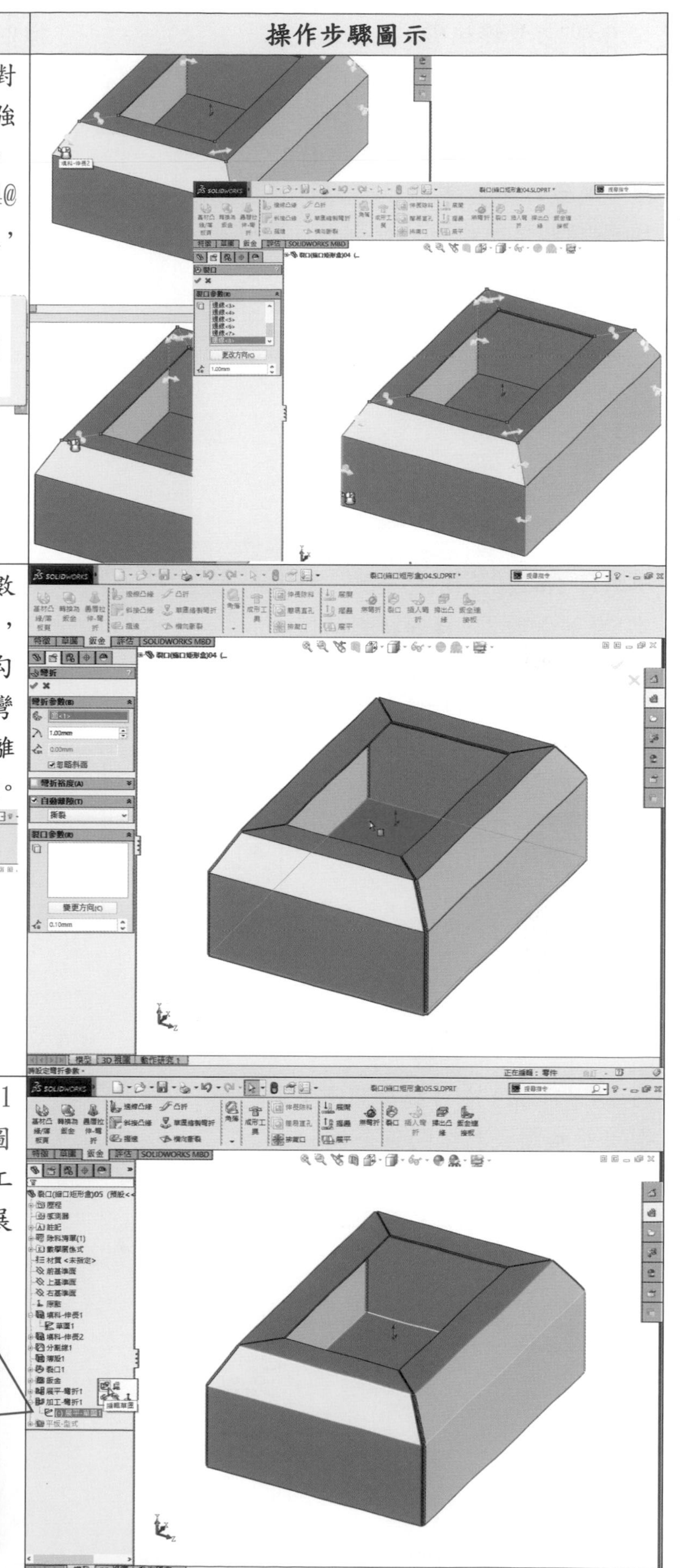 |
| 按插入彎折鈕，彎折參數(B) 點選固定面『面<1>』，設定彎折半徑 1mm，預設勾選『忽略斜面』，預設不勾選『彎折裕度(A)』，預設勾選自動離隙(T)『撕裂』後，按✔確定鍵。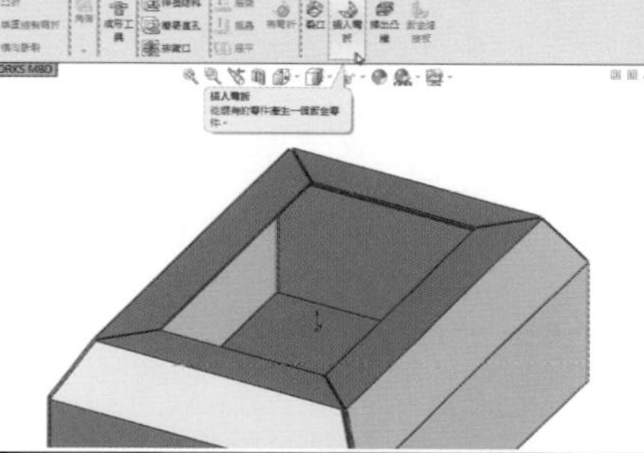 | |
| 按特徵管理員中加工-彎折 1 前方⊞的位置，在展平-草圖 1 項次按一下，彈出文意感應工具列，再按編輯草圖鈕，展平草圖 1。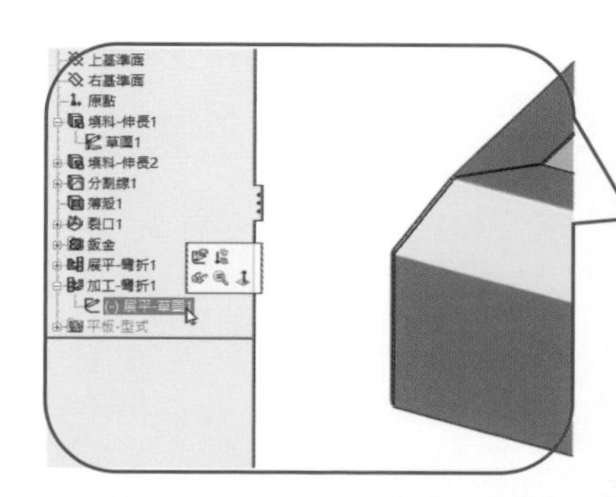 | |

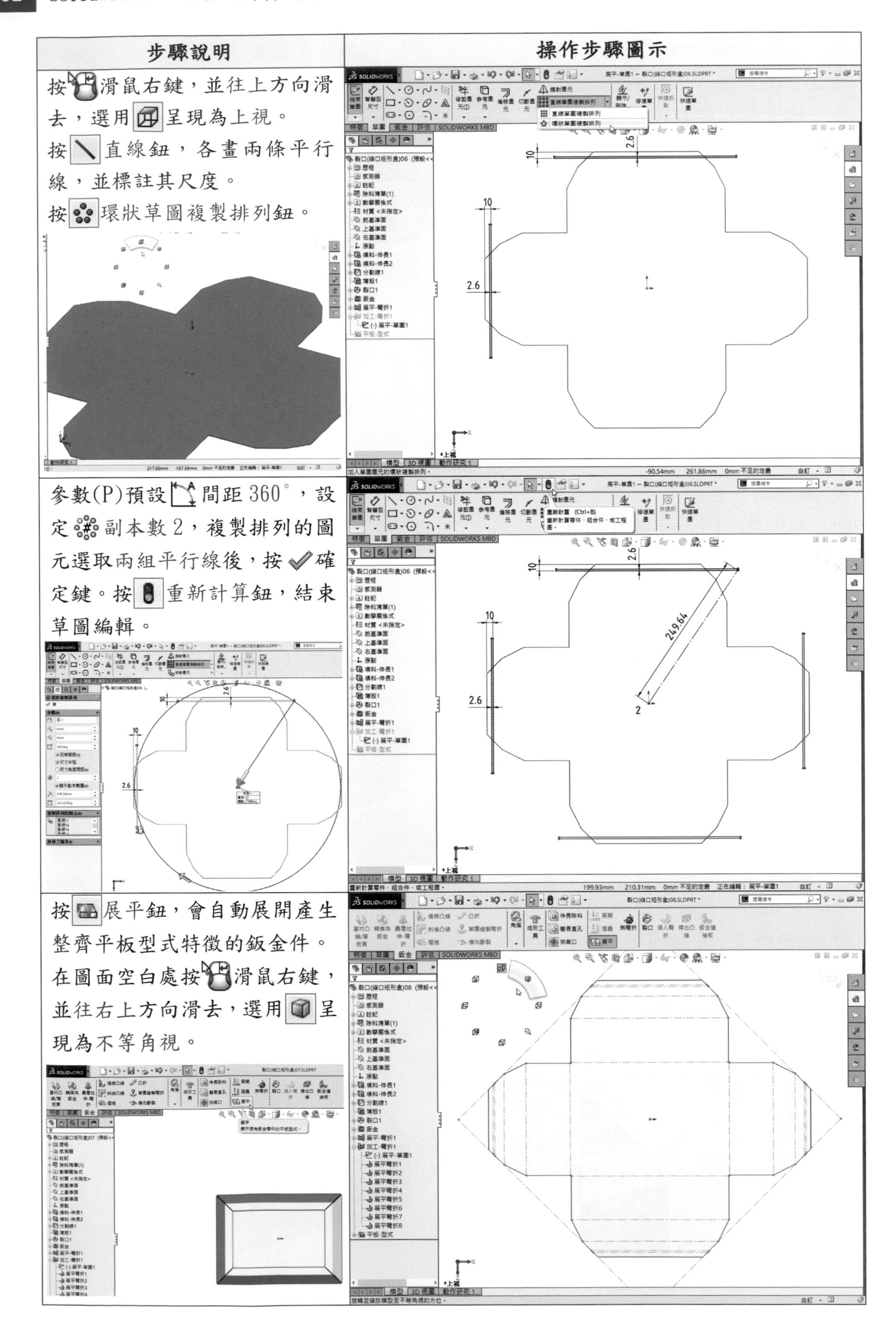

| 步驟說明 | 操作步驟圖示 |
| --- | --- |
| 按滑鼠右鍵，並往上方向滑去，選用呈現為上視。按直線鈕，各畫兩條平行線，並標註其尺度。按環狀草圖複製排列鈕。 | |
| 參數(P)預設間距 360°，設定副本數 2，複製排列的圖元選取兩組平行線後，按確定鍵。按重新計算鈕，結束草圖編輯。 | |
| 按展平鈕，會自動展開產生整齊平板型式特徵的鈑金件。在圖面空白處按滑鼠右鍵，並往右上方向滑去，選用呈現為不等角視。 | |

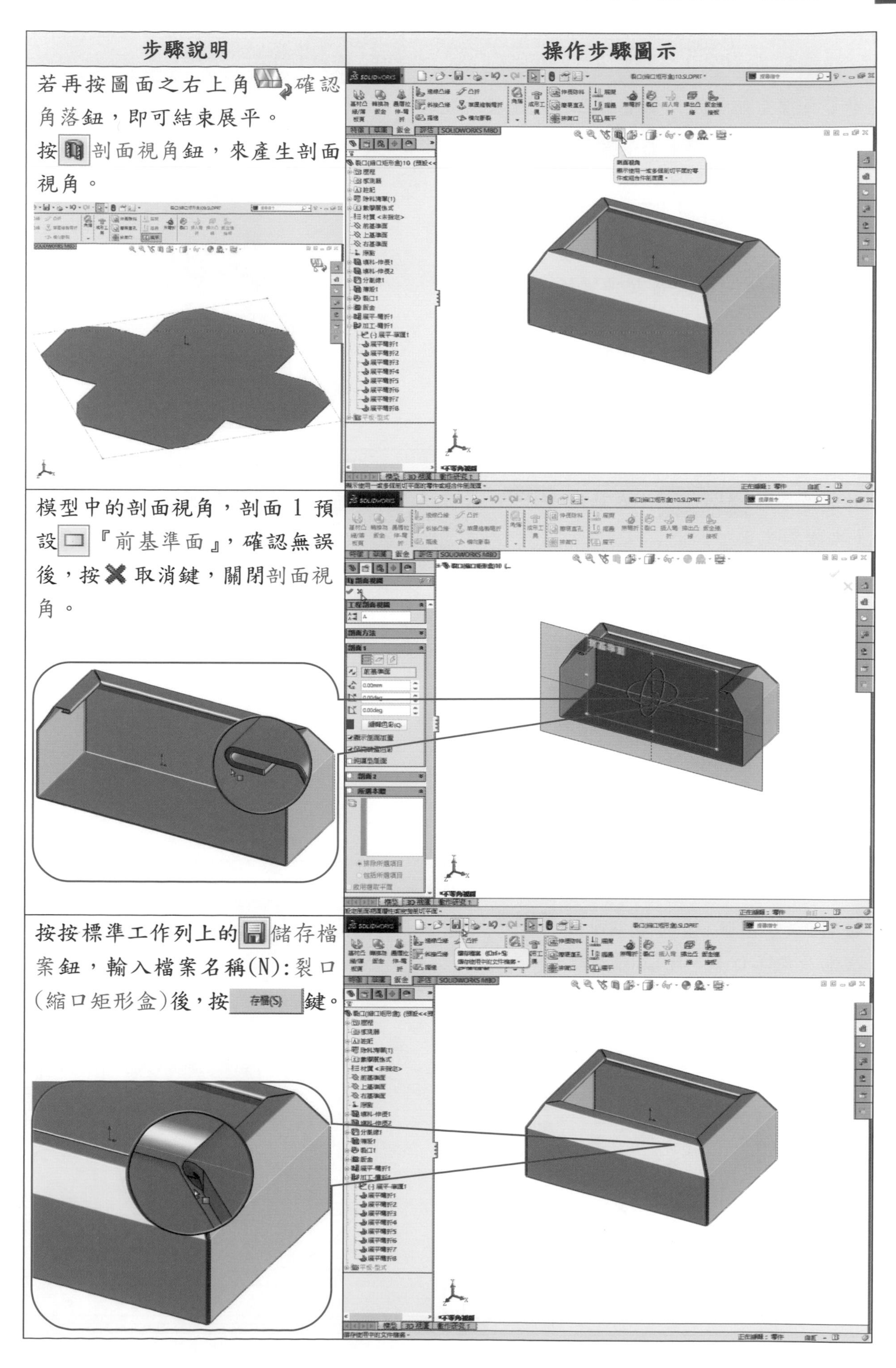

| 步驟說明 | 操作步驟圖示 |
| --- | --- |
| 若再按圖面之右上角確認角落鈕，即可結束展平。按剖面視角鈕，來產生剖面視角。 | |
| 模型中的剖面視角，剖面 1 預設『前基準面』，確認無誤後，按取消鍵，關閉剖面視角。 | |
| 按按標準工作列上的儲存檔案鈕，輸入檔案名稱(N)：裂口(縮口矩形盒)後，按 存檔(S) 鍵。 | |

## 2.11.1 疊層拉伸彎折(偏心圓)產生偏心異徑管鈑金

學習目標：能使用一個疊層拉伸來連接兩開放形的輪廓草圖，完成其鈑金件。

繪圖步驟：畫不同平面兩草圖→作疊層拉伸彎折(成形)→產生鈑金→按展平。

使用指令：

- 草圖指令：圓、中心線、切斷圖元、幾何建構線。
- 鈑金指令：疊層拉伸彎折、展平。

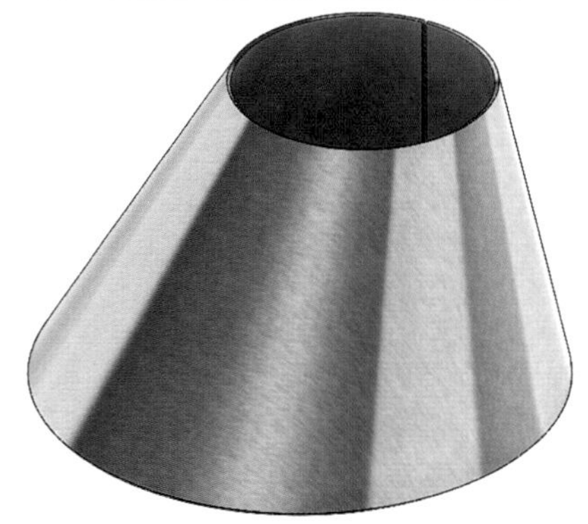

*註：疊層拉伸彎折特徵不能與基材凸緣特徵一起使用。*

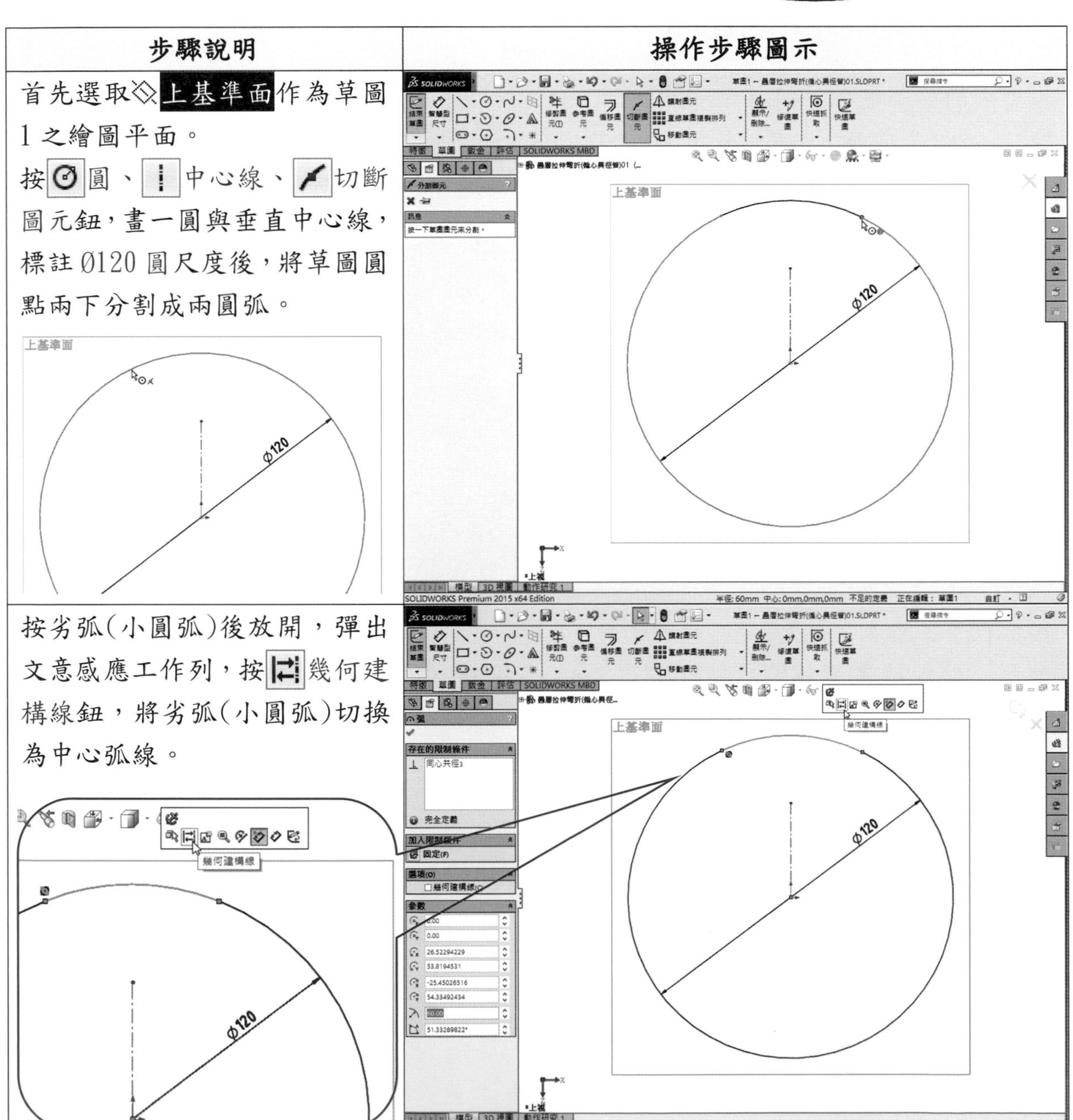

| 步驟說明 | 操作步驟圖示 |
| --- | --- |
| 首先選取上基準面作為草圖1之繪圖平面。<br>按圓、中心線、切斷圖元鈕，畫一圓與垂直中心線，標註Ø120圓尺度後，將草圖圓點兩下分割成兩圓弧。 | |
| 按劣弧(小圓弧)後放開，彈出文意感應工作列，按幾何建構線鈕，將劣弧(小圓弧)切換為中心弧線。 | |

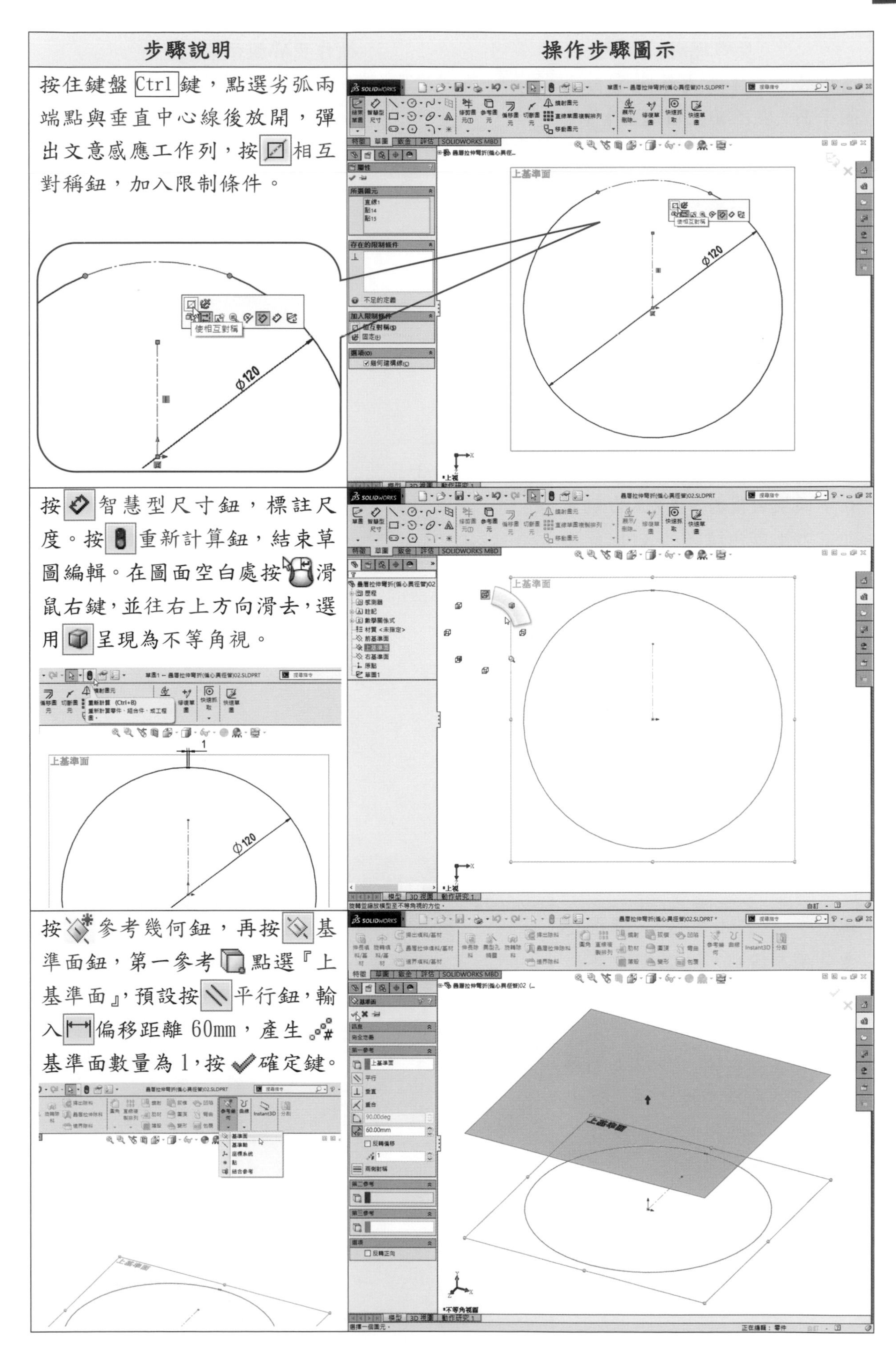

| 步驟說明 | 操作步驟圖示 |
| --- | --- |
| 按住鍵盤 Ctrl 鍵，點選劣弧兩端點與垂直中心線後放開，彈出文意感應工作列，按相互對稱鈕，加入限制條件。 | |
| 按智慧型尺寸鈕，標註尺度。按重新計算鈕，結束草圖編輯。在圖面空白處按滑鼠右鍵，並往右上方向滑去，選用呈現為不等角視。 | |
| 按參考幾何鈕，再按基準面鈕，第一參考點選『上基準面』，預設按平行鈕，輸入偏移距離 60mm，產生基準面數量為 1，按確定鍵。 | |

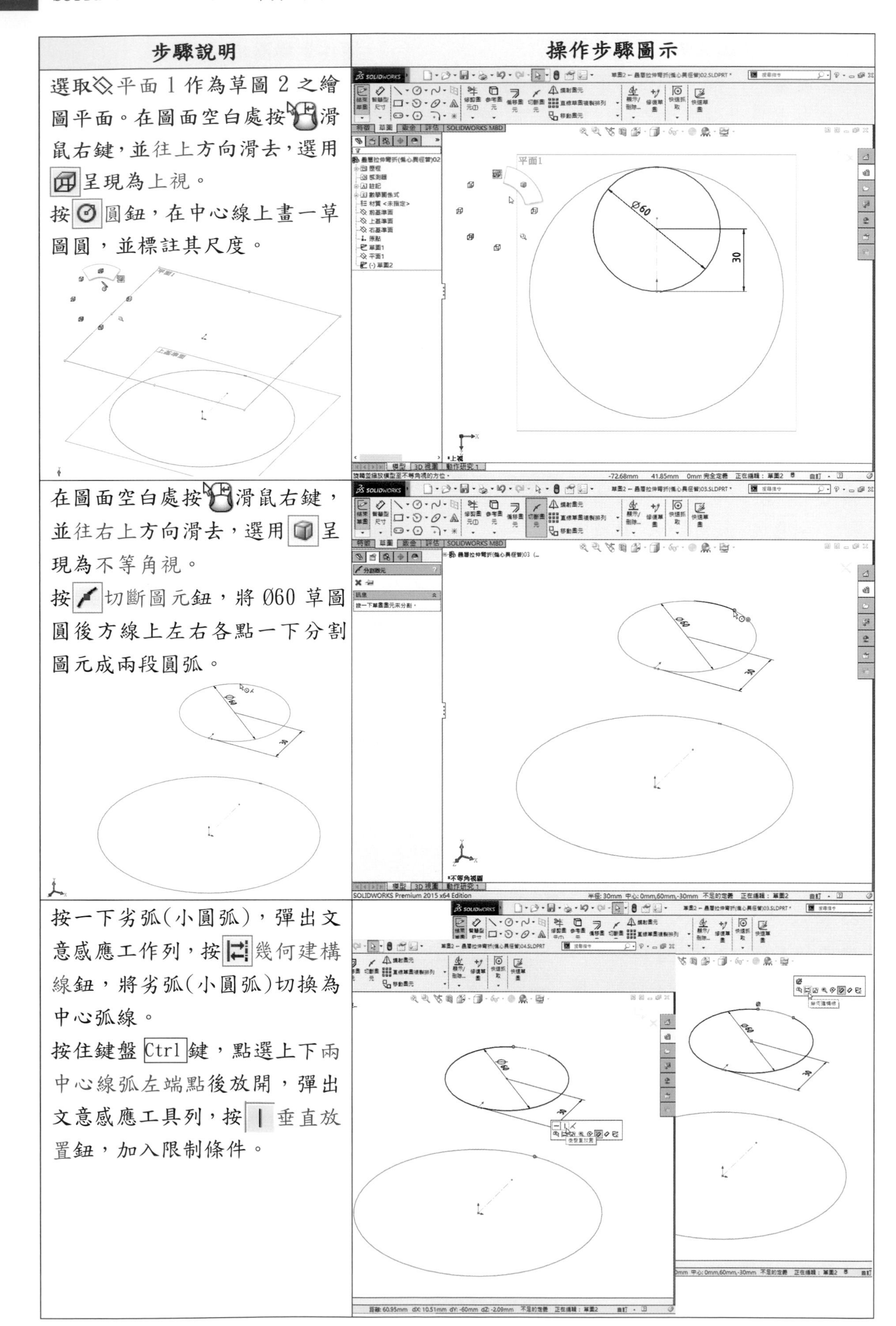

| 步驟說明 | 操作步驟圖示 |
| --- | --- |
| 選取平面1作為草圖2之繪圖平面。在圖面空白處按滑鼠右鍵，並往上方向滑去，選用呈現為上視。<br>按圓鈕，在中心線上畫一草圖圓，並標註其尺度。 | |
| 在圖面空白處按滑鼠右鍵，並往右上方向滑去，選用呈現為不等角視。<br>按切斷圖元鈕，將Ø60草圖圓後方線上左右各點一下分割圖元成兩段圓弧。 | |
| 按一下劣弧(小圓弧)，彈出文意感應工作列，按幾何建構線鈕，將劣弧(小圓弧)切換為中心弧線。<br>按住鍵盤Ctrl鍵，點選上下兩中心線弧左端點後放開，彈出文意感應工具列，按垂直放置鈕，加入限制條件。 | |

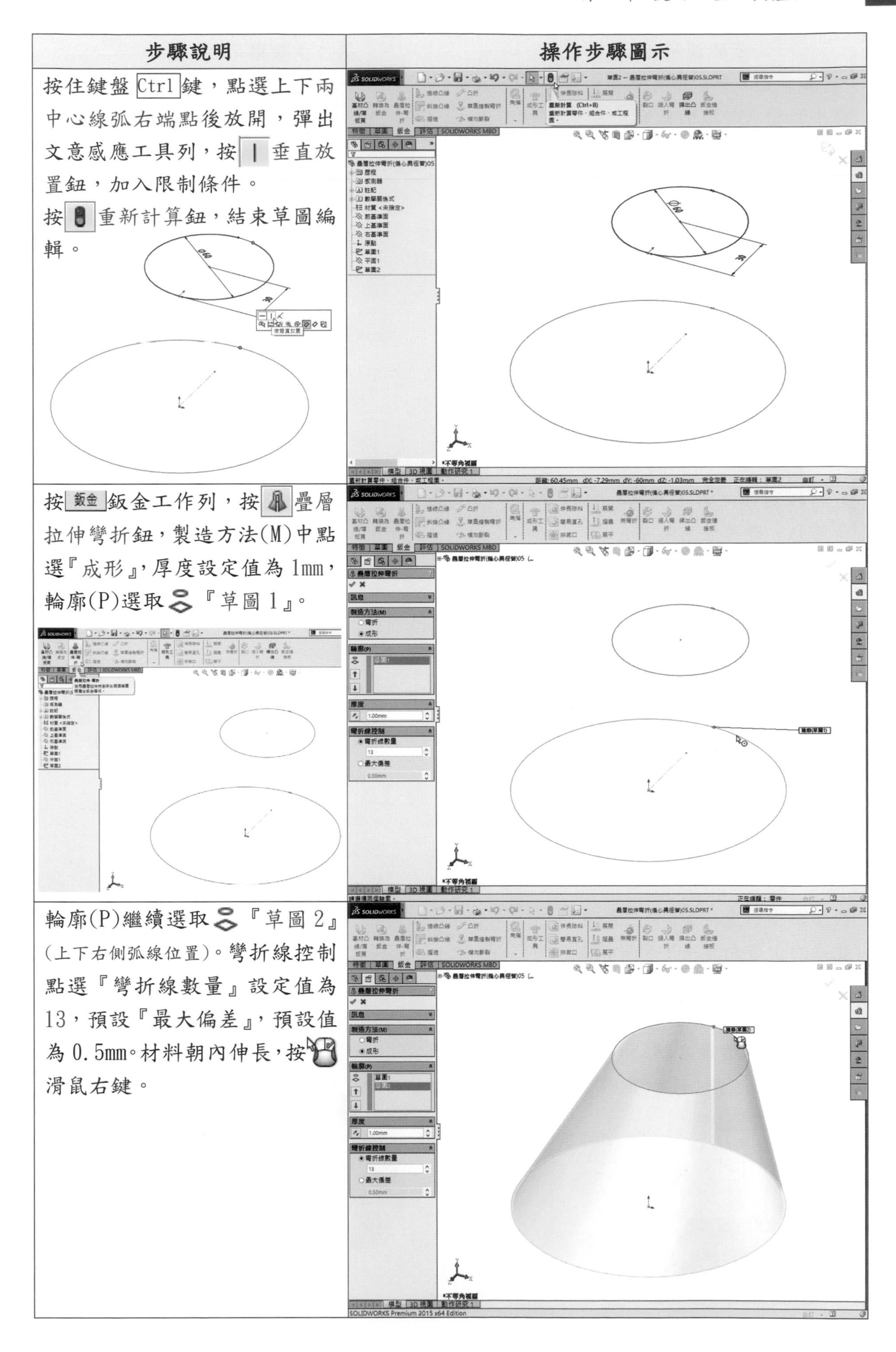

| 步驟說明 | 操作步驟圖示 |
|---|---|
| 按住鍵盤 Ctrl 鍵，點選上下兩中心線弧右端點後放開，彈出文意感應工具列，按 \| 垂直放置鈕，加入限制條件。<br>按 重新計算鈕，結束草圖編輯。 | |
| 按 鈑金 鈑金工作列，按 疊層拉伸彎折鈕，製造方法(M)中點選『成形』，厚度設定值為 1mm，輪廓(P)選取 『草圖 1』。 | |
| 輪廓(P)繼續選取 『草圖 2』(上下右側弧線位置)。彎折線控制點選『彎折線數量』設定值為 13，預設『最大偏差』，預設值為 0.5mm。材料朝內伸長，按 滑鼠右鍵。 | |

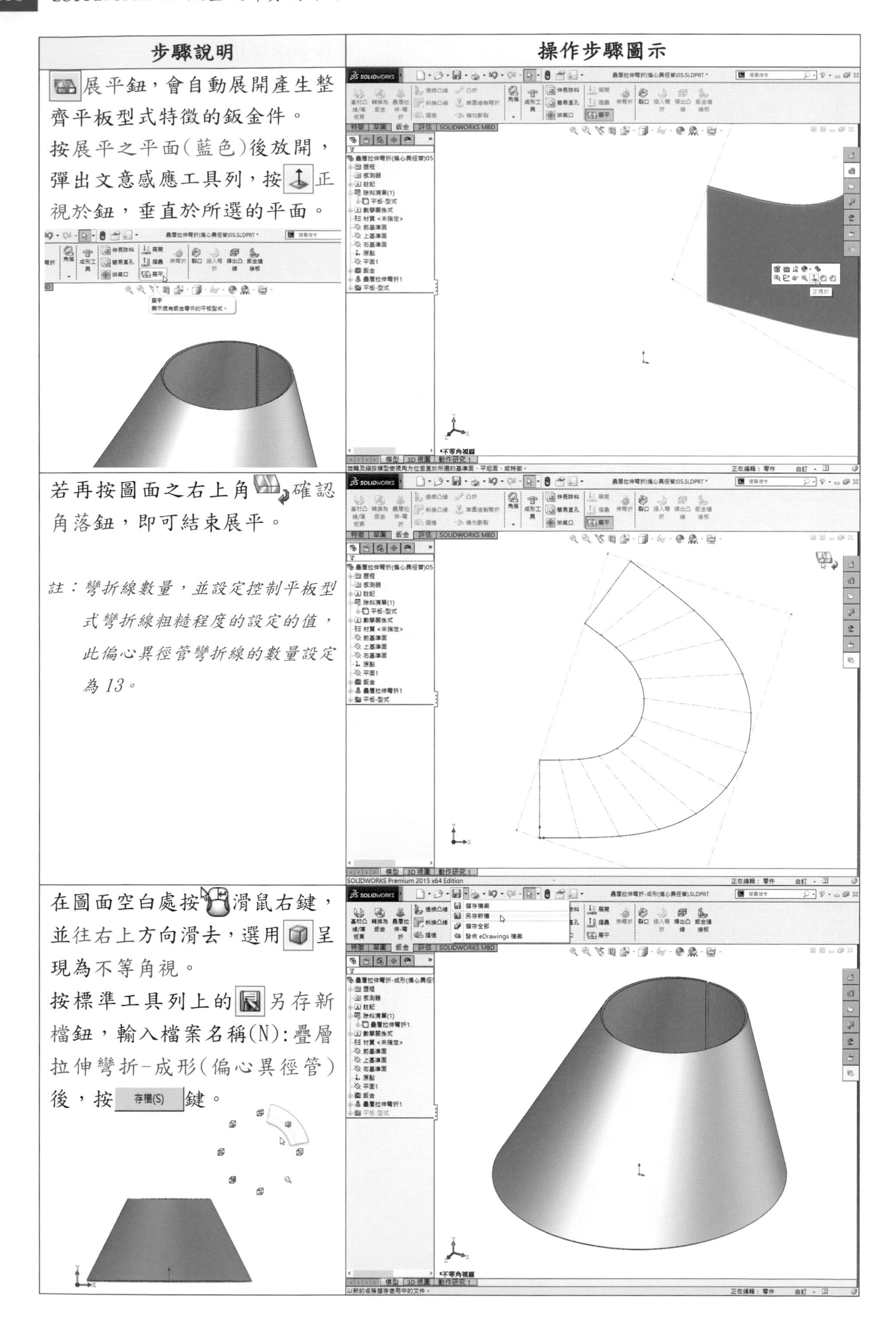

| 步驟說明 | 操作步驟圖示 |
|---|---|
| 展平鈕，會自動展開產生整齊平板型式特徵的鈑金件。<br>按展平之平面(藍色)後放開，彈出文意感應工具列，按正視於鈕，垂直於所選的平面。 | |
| 若再按圖面之右上角確認角落鈕，即可結束展平。<br>*註：彎折線數量，並設定控制平板型式彎折線粗糙程度的設定的值，此偏心異徑管彎折線的數量設定為13。* | |
| 在圖面空白處按滑鼠右鍵，並往右上方向滑去，選用呈現為不等角視。<br>按標準工具列上的另存新檔鈕，輸入檔案名稱(N):疊層拉伸彎折-成形(偏心異徑管)後，按存檔(S)鍵。 | |

## 2.11.2 疊層拉伸彎折(平行輪廓)產生異口形管鈑金

學習目標：能使用疊層拉伸彎折來連接兩開放平行輪廓的草圖，以完成其鈑金件。

繪圖步驟：畫草圖(平行面)→作疊層拉伸彎折(彎折或成形)→產生鈑金→按展平。

- 草圖指令：中心矩形、草圖圓角、中心線、切斷圖元、幾何建構線、圓。
- 鈑金指令：疊層拉伸彎折、展平。

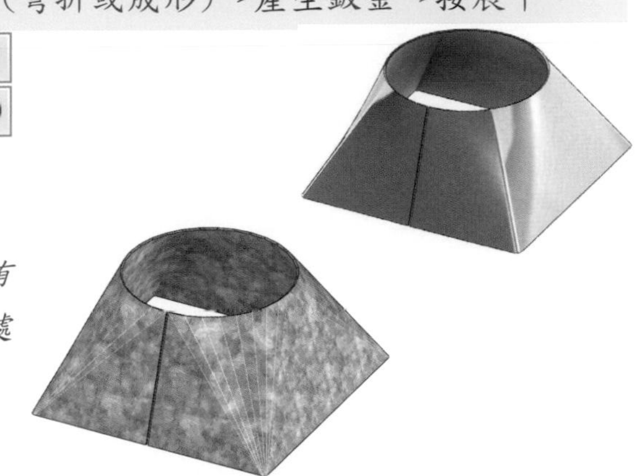

*註：疊層拉伸彎折中製造方法(M)點選『成形』時，所有的草圖圖元必須平滑相連，因此矩形草圖的頂點處必須加入圓角。*

*註：疊層拉伸彎折特徵與基材凸緣特徵不能一起使用。*

| 步驟說明 | 操作步驟圖示 |
| --- | --- |
| 首先選取上基準面作為草圖 1 之繪圖平面。按中心矩形、草圖圓角、中心線、切斷圖元鈕，將中心矩形前端邊線點二下分割成兩線段。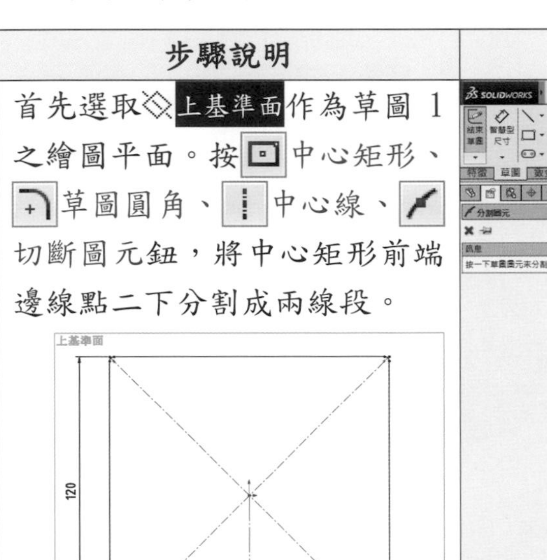 | 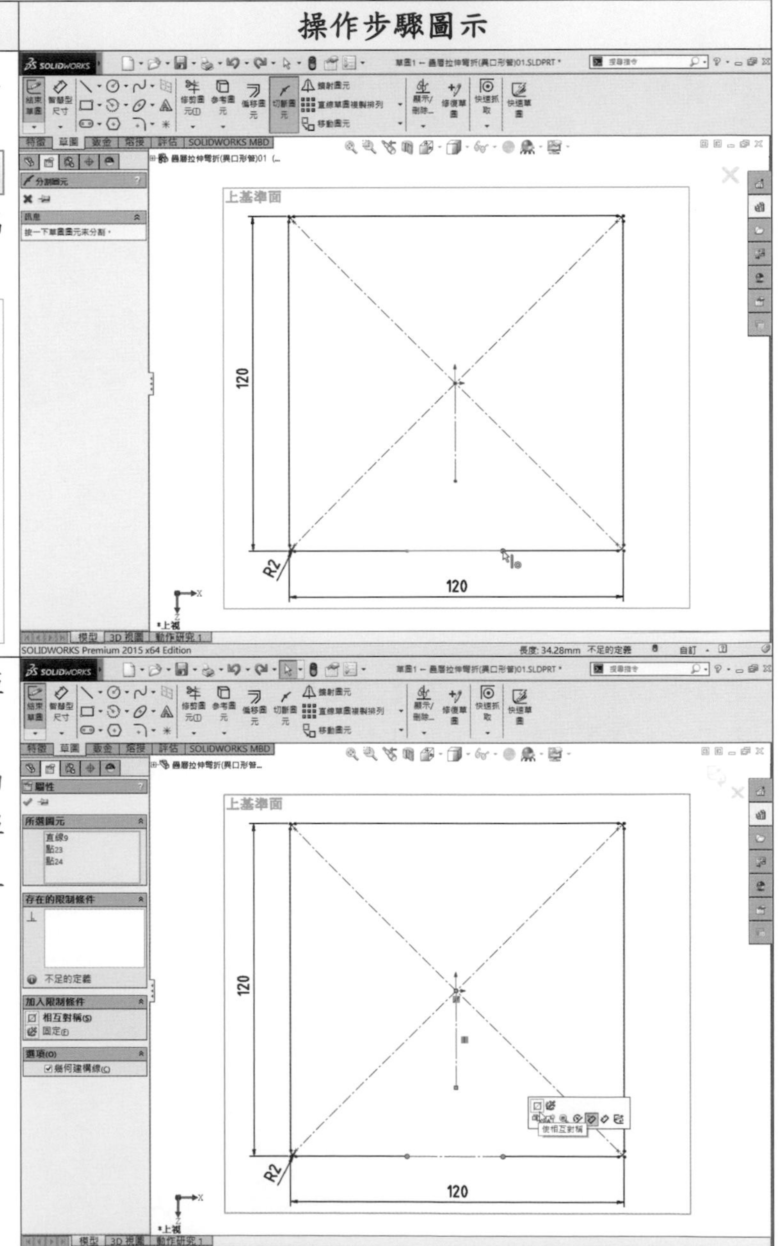 |
| 按幾何建構線鈕，將中心矩形前端邊線切換為中心線。按鍵盤 Ctrl 鍵，點選中心線兩端點與垂直中心線後放開，彈出文意感應工具列，按相互對稱鈕，加入限制條件。 | |

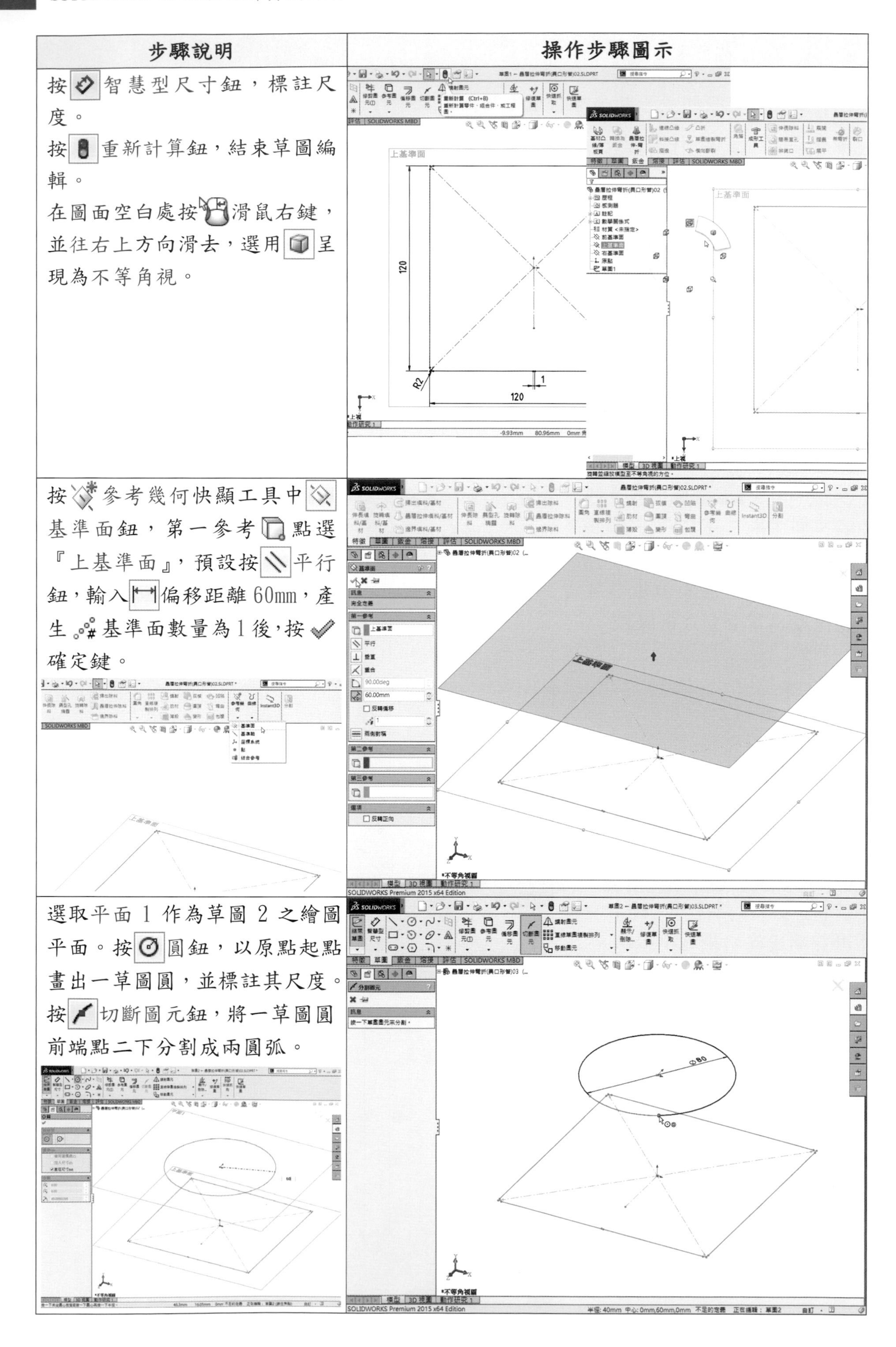

| 步驟說明 | 操作步驟圖示 |
| --- | --- |
| 按智慧型尺寸鈕，標註尺度。<br>按重新計算鈕，結束草圖編輯。<br>在圖面空白處按滑鼠右鍵，並往右上方向滑去，選用呈現為不等角視。 | |
| 按參考幾何快顯工具中基準面鈕，第一參考點選『上基準面』，預設按平行鈕，輸入偏移距離 60mm，產生基準面數量為 1 後，按確定鍵。 | |
| 選取平面 1 作為草圖 2 之繪圖平面。按圓鈕，以原點起點畫出一草圖圓，並標註其尺度。按切斷圖元鈕，將一草圖圓前端點二下分割成兩圓弧。 | |

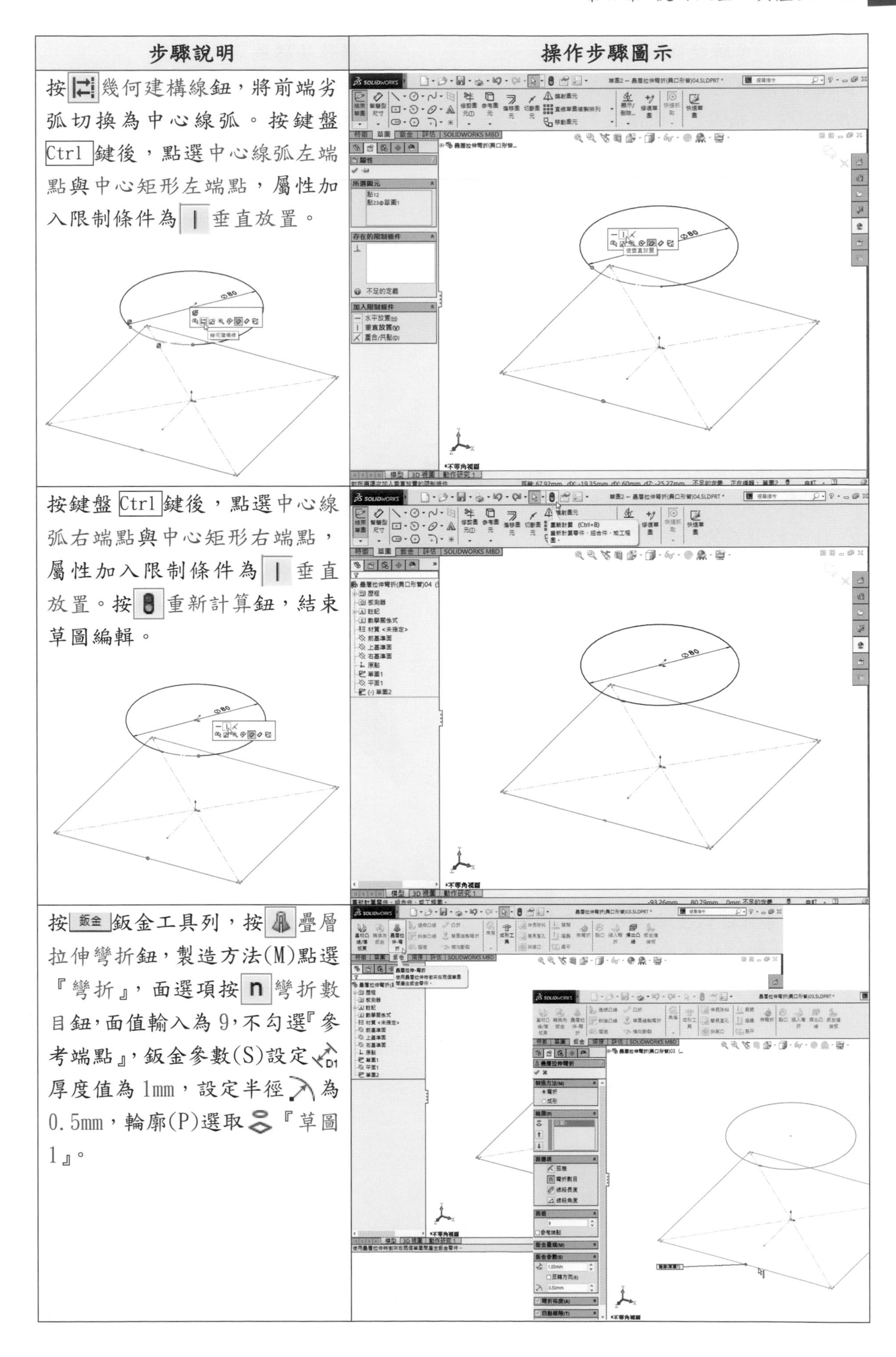

| 步驟說明 | 操作步驟圖示 |
| --- | --- |
| 按幾何建構線鈕，將前端劣弧切換為中心線弧。按鍵盤Ctrl鍵後，點選中心線弧左端點與中心矩形左端點，屬性加入限制條件為垂直放置。 | |
| 按鍵盤Ctrl鍵後，點選中心線弧右端點與中心矩形右端點，屬性加入限制條件為垂直放置。按重新計算鈕，結束草圖編輯。 | |
| 按鈑金鈑金工具列，按疊層拉伸彎折鈕，製造方法(M)點選『彎折』，面選項按n彎折數目鈕，面值輸入為9，不勾選『參考端點』，鈑金參數(S)設定厚度值為1mm，設定半徑為0.5mm，輪廓(P)選取『草圖1』。 | |

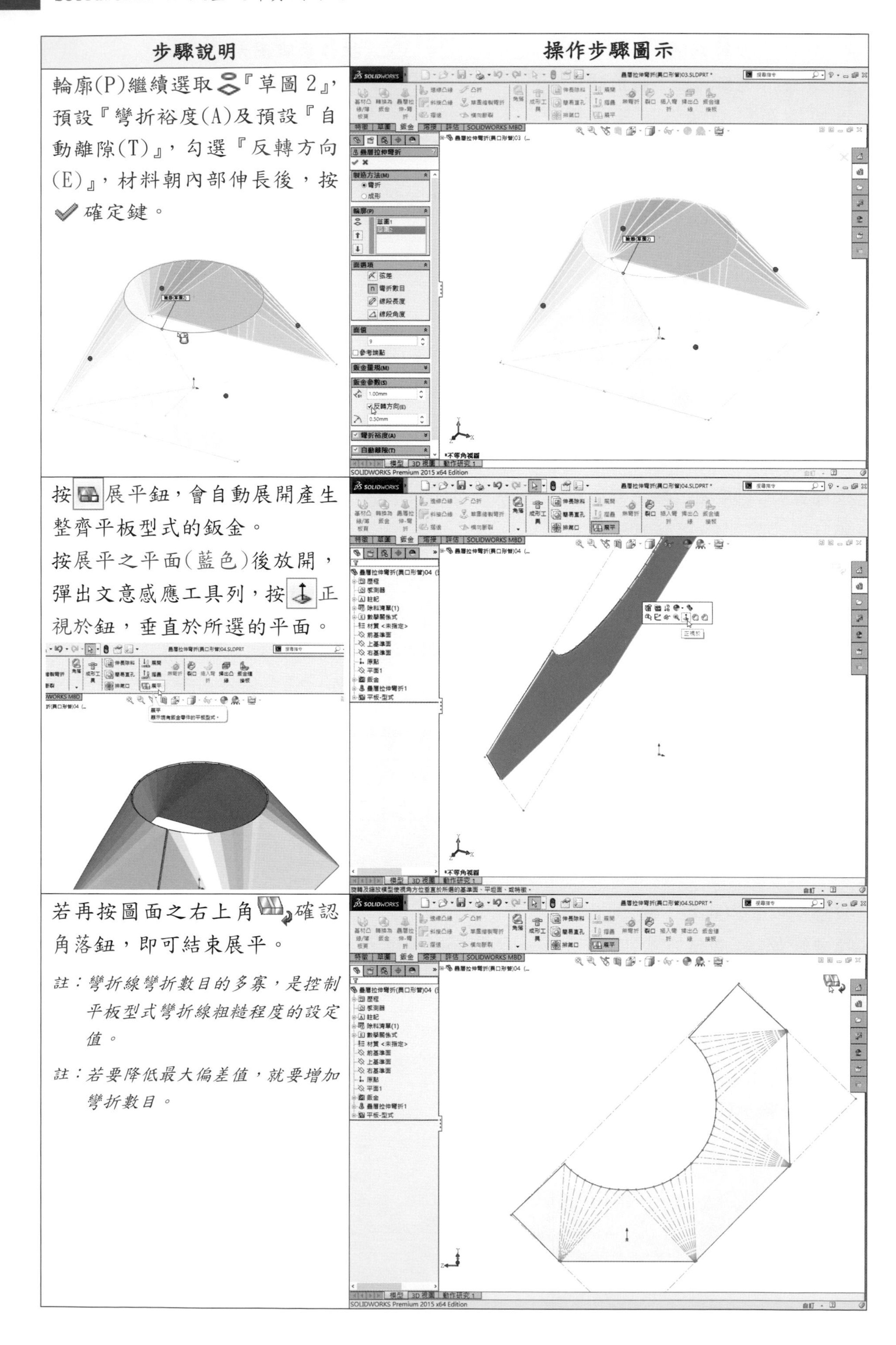

| 步驟說明 | 操作步驟圖示 |
|---|---|
| 輪廓(P)繼續選取『草圖 2』，預設『彎折裕度(A)及預設『自動離隙(T)』，勾選『反轉方向(E)』，材料朝內部伸長後，按確定鍵。 | |
| 按展平鈕，會自動展開產生整齊平板型式的鈑金。<br>按展平之平面(藍色)後放開，彈出文意感應工具列，按正視於鈕，垂直於所選的平面。 | |
| 若再按圖面之右上角確認角落鈕，即可結束展平。<br>*註：彎折線彎折數目的多寡，是控制平板型式彎折線粗糙程度的設定值。*<br>*註：若要降低最大偏差值，就要增加彎折數目。* | |

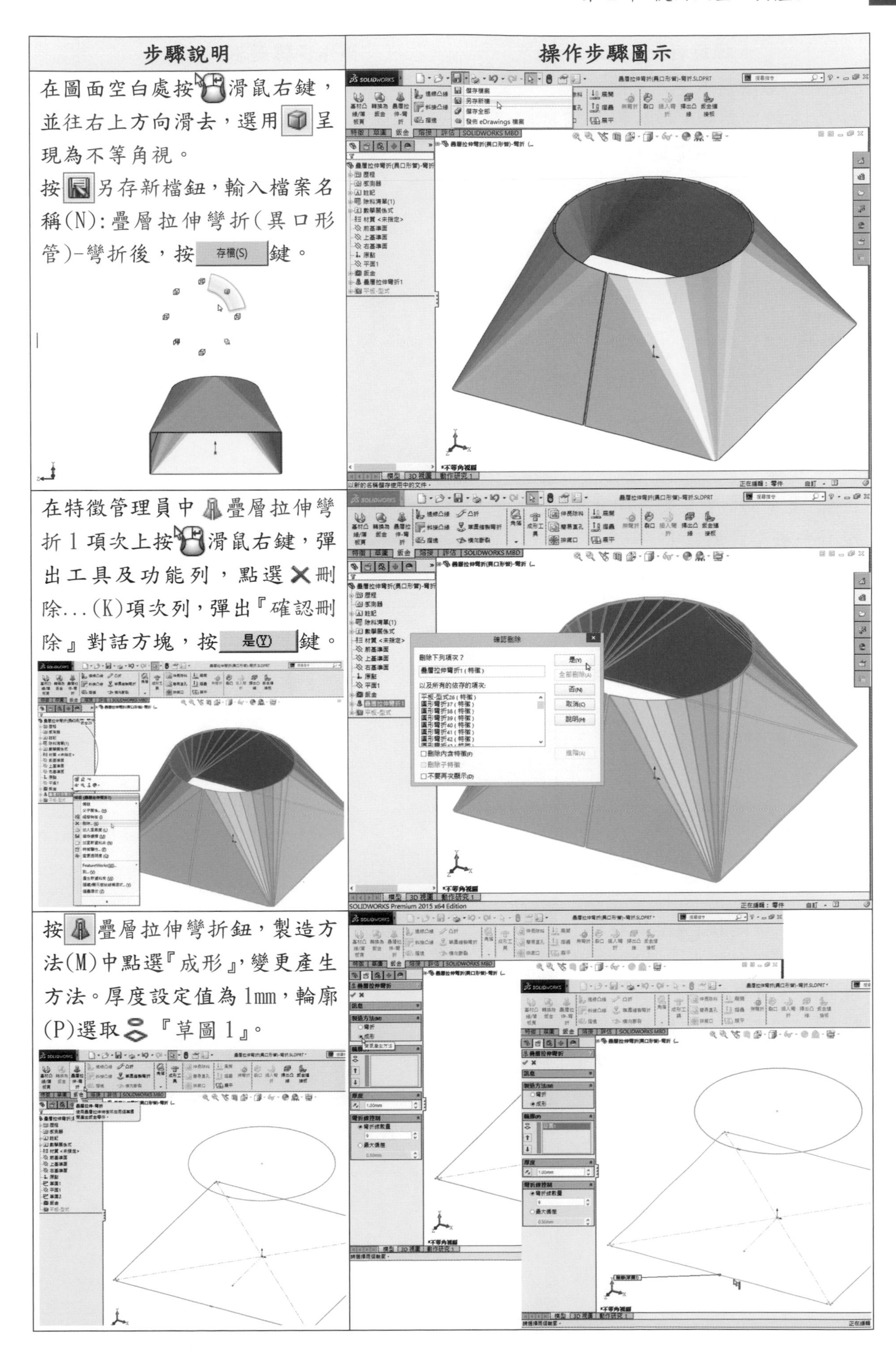

| 步驟說明 | 操作步驟圖示 |
| --- | --- |
| 在圖面空白處按滑鼠右鍵，並往右上方向滑去，選用呈現為不等角視。<br>按另存新檔鈕，輸入檔案名稱(N)：疊層拉伸彎折(異口形管)-彎折後，按 存檔(S) 鍵。 | |
| 在特徵管理員中疊層拉伸彎折1項次上按滑鼠右鍵，彈出工具及功能列，點選刪除...(K)項次列，彈出『確認刪除』對話方塊，按 是(Y) 鍵。 | |
| 按疊層拉伸彎折鈕，製造方法(M)中點選『成形』，變更產生方法。厚度設定值為1mm，輪廓(P)選取『草圖1』。 | |

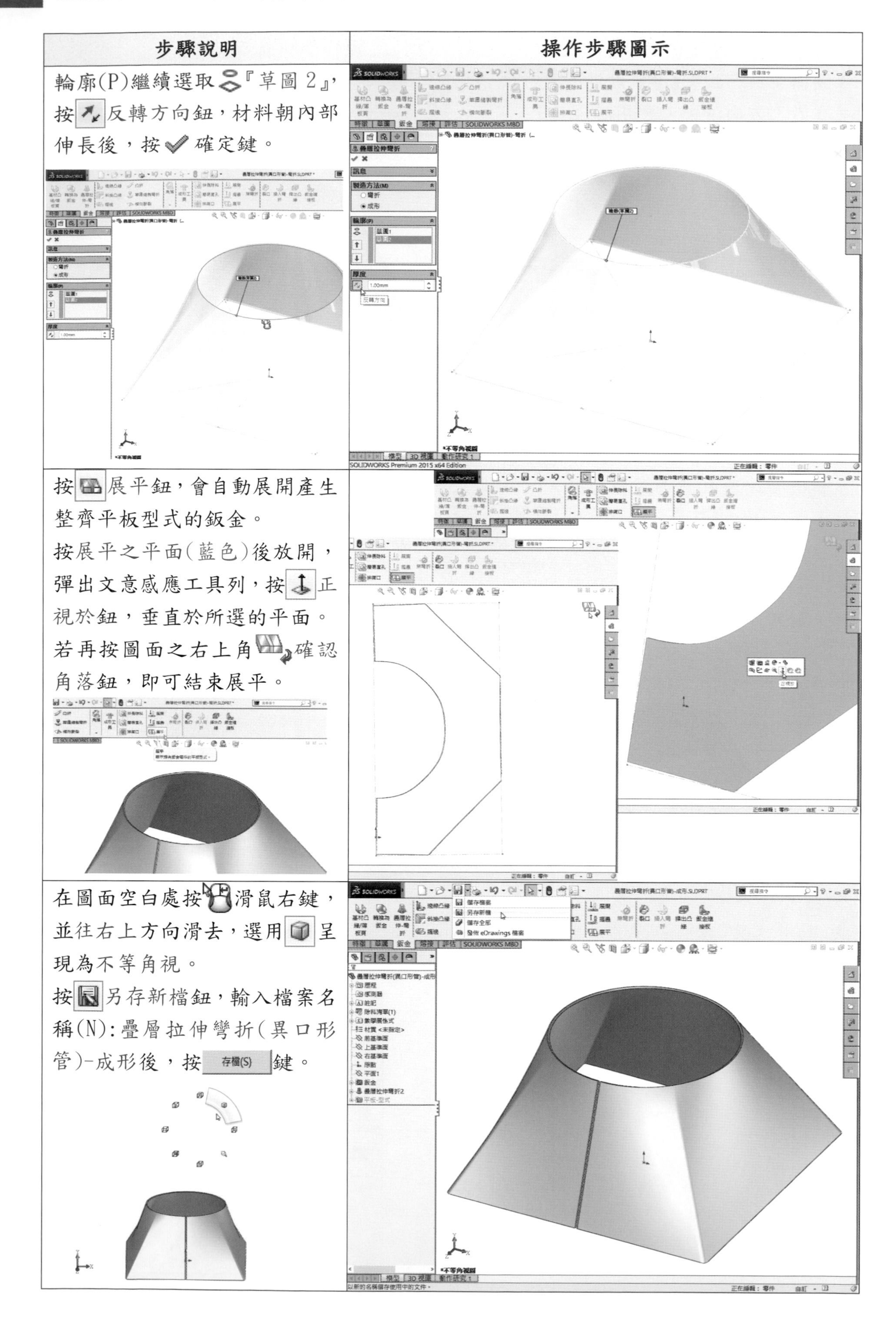

| 步驟說明 | 操作步驟圖示 |
| --- | --- |
| 輪廓(P)繼續選取『草圖 2』，按反轉方向鈕，材料朝內部伸長後，按確定鍵。 | |
| 按展平鈕，會自動展開產生整齊平板型式的鈑金。<br>按展平之平面(藍色)後放開，彈出文意感應工具列，按正視於鈕，垂直於所選的平面。<br>若再按圖面之右上角確認角落鈕，即可結束展平。 | |
| 在圖面空白處按滑鼠右鍵，並往右上方向滑去，選用呈現為不等角視。<br>按另存新檔鈕，輸入檔案名稱(N):疊層拉伸彎折(異口形管)-成形後，按存檔(S)鍵。 | |

## 2.11.3 疊層拉伸彎折(非平行輪廓)產生異口形管鈑金

學習目標：能使用疊層拉伸彎折來連接兩開放非平行輪廓的草圖，以完成其鈑金件。

繪圖步驟：刪除疊層拉伸彎折→畫草圖(60°中心線)→編輯特徵(平面 1)→作疊層拉伸彎折(彎折)→產生鈑金→按展平。

使用指令：

- 草圖指令：中心線。
- 特徵指令：編輯特徵。
- 鈑金指令：疊層拉伸彎折、展平。

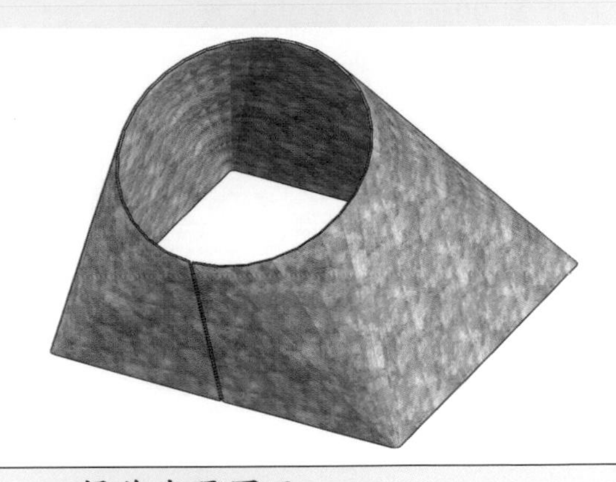

| 步驟說明 | 操作步驟圖示 |
|---|---|
| 按標準工具列上的開啟舊檔鈕，開啟疊層拉伸彎折(異口形管)-彎折.SLDPRT 檔案。<br>在特徵管理員中疊層拉伸彎折 1 項次列上按滑鼠右鍵，立即彈出工具及功能列，點選✕刪除...(K)項次列。<br>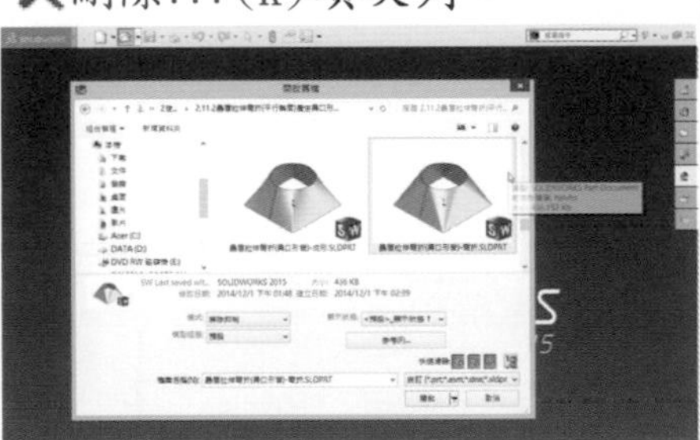 | 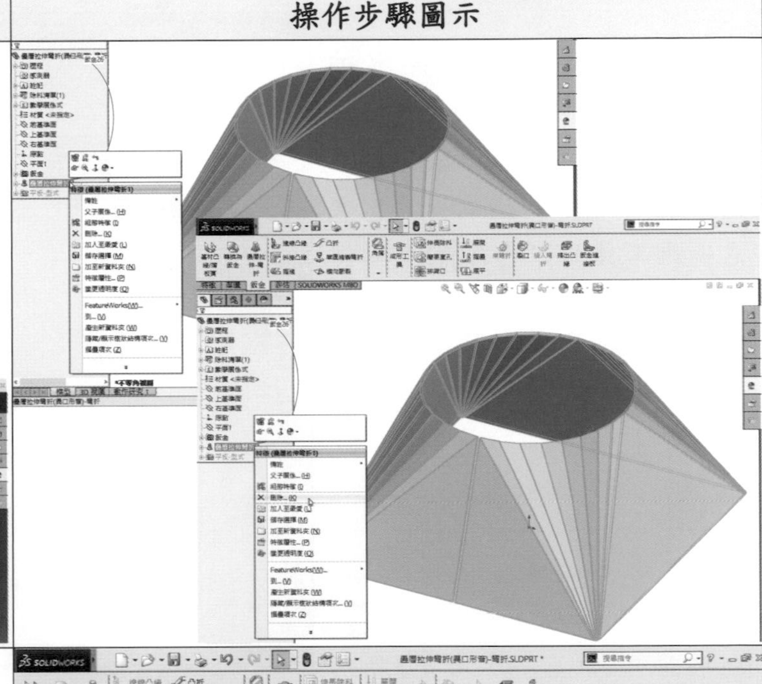 |
| 立即彈出『確認刪除』對話方塊，按 是(Y) 鍵。<br>在特徵管理員中平面 1 項次按一下，彈出文意感應工具列，按回溯鈕。回溯控制棒立即移至平面1項次上方的位置。<br>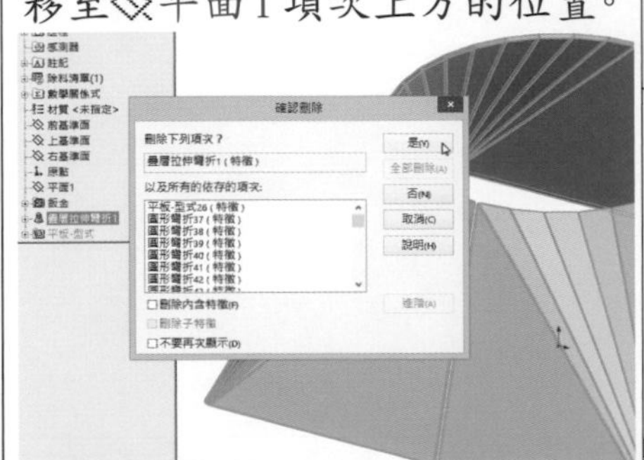 | 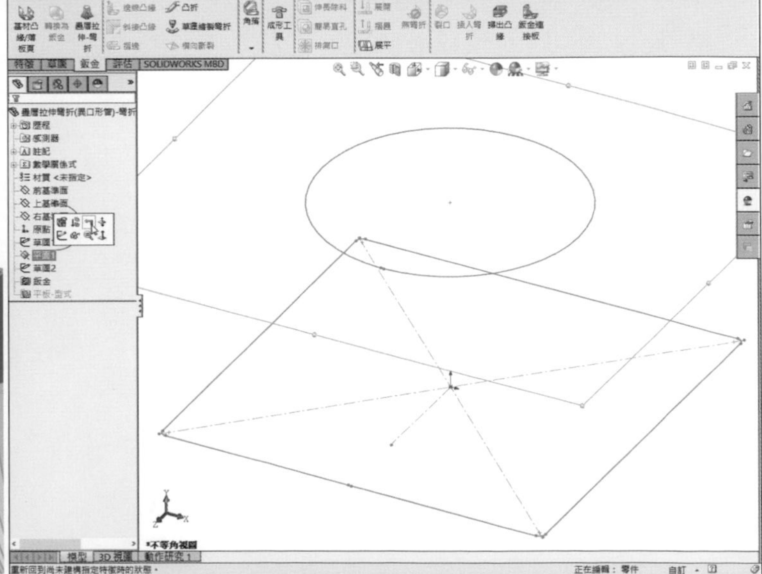 |

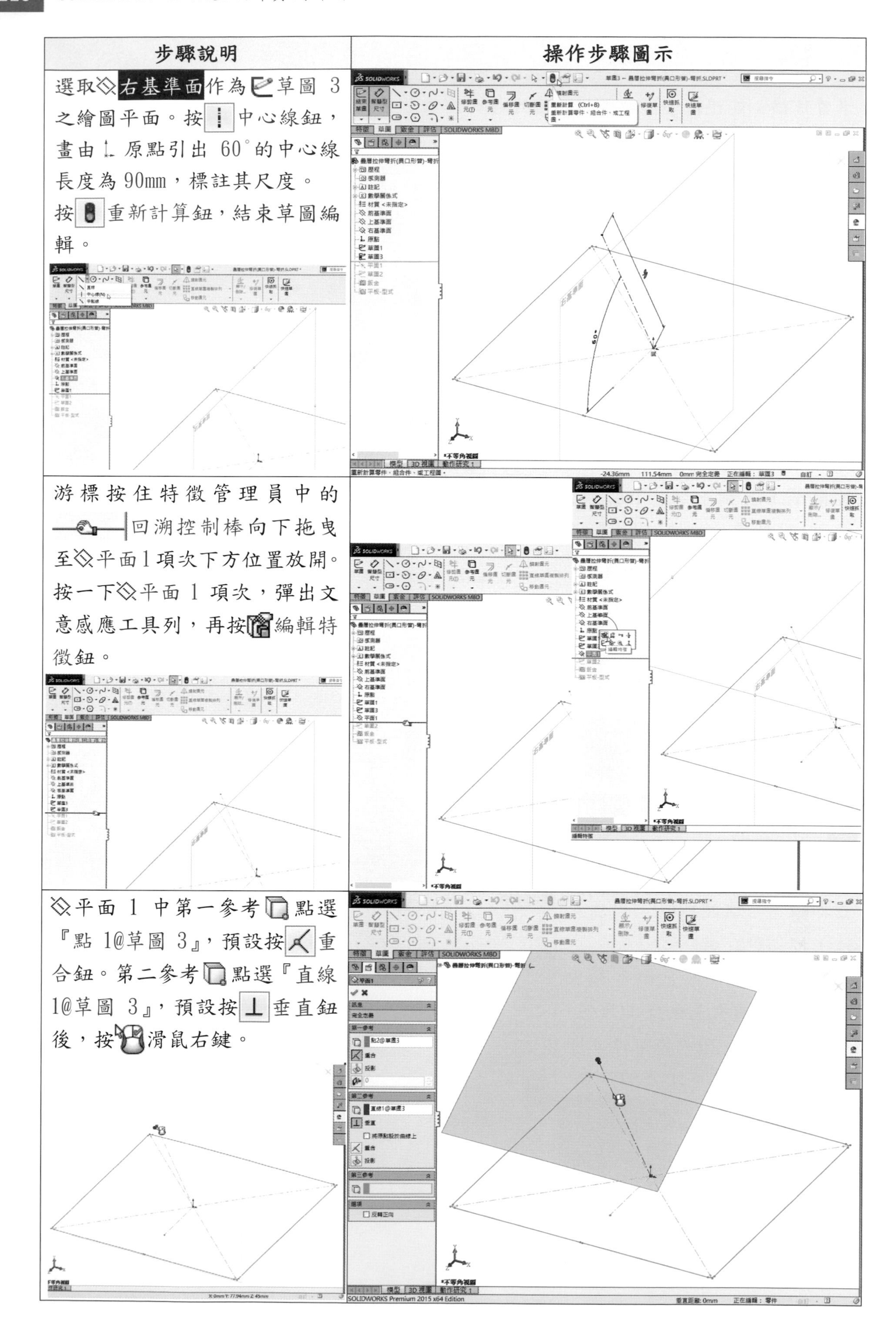

| 步驟說明 | 操作步驟圖示 |
| --- | --- |
| 選取◇右基準面作為草圖 3 之繪圖平面。按中心線鈕，畫由原點引出 60°的中心線長度為 90mm，標註其尺度。按重新計算鈕，結束草圖編輯。 | |
| 游標按住特徵管理員中的回溯控制棒向下拖曳至◇平面1項次下方位置放開。按一下◇平面 1 項次，彈出文意感應工具列，再按編輯特徵鈕。 | |
| ◇平面 1 中第一參考點選『點 1@草圖 3』，預設按重合鈕。第二參考點選『直線 1@草圖 3』，預設按垂直鈕後，按滑鼠右鍵。 | |

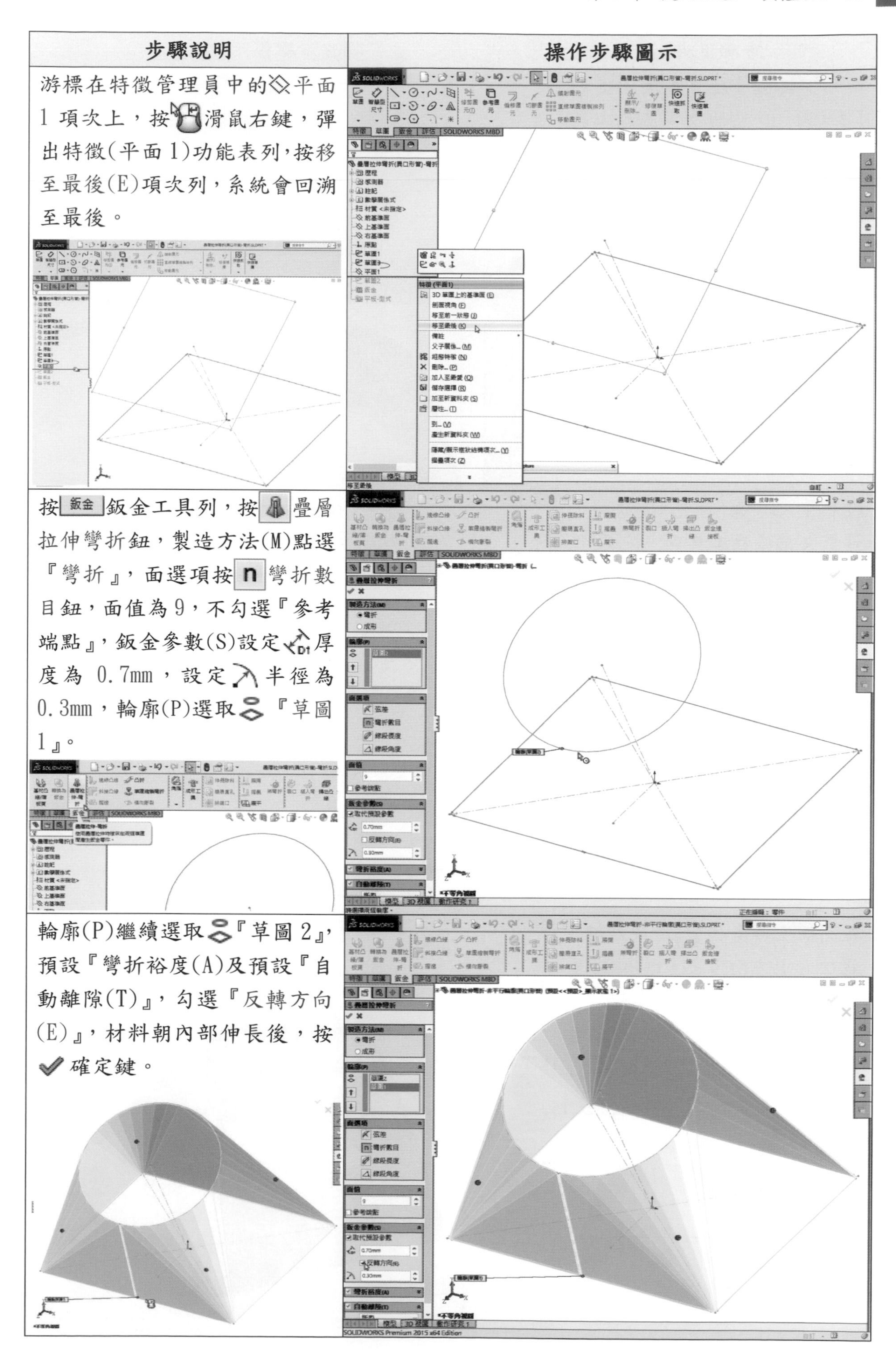

| 步驟說明 | 操作步驟圖示 |
| --- | --- |
| 游標在特徵管理員中的平面 1 項次上，按滑鼠右鍵，彈出特徵(平面 1)功能表列，按移至最後(E)項次列，系統會回溯至最後。 | |
| 按鈑金鈑金工具列，按疊層拉伸彎折鈕，製造方法(M)點選『彎折』，面選項按n彎折數目鈕，面值為 9，不勾選『參考端點』，鈑金參數(S)設定厚度為 0.7mm，設定半徑為 0.3mm，輪廓(P)選取『草圖 1』。 | |
| 輪廓(P)繼續選取『草圖 2』，預設『彎折裕度(A)及預設『自動離隙(T)』，勾選『反轉方向(E)』，材料朝內部伸長後，按確定鍵。 | |

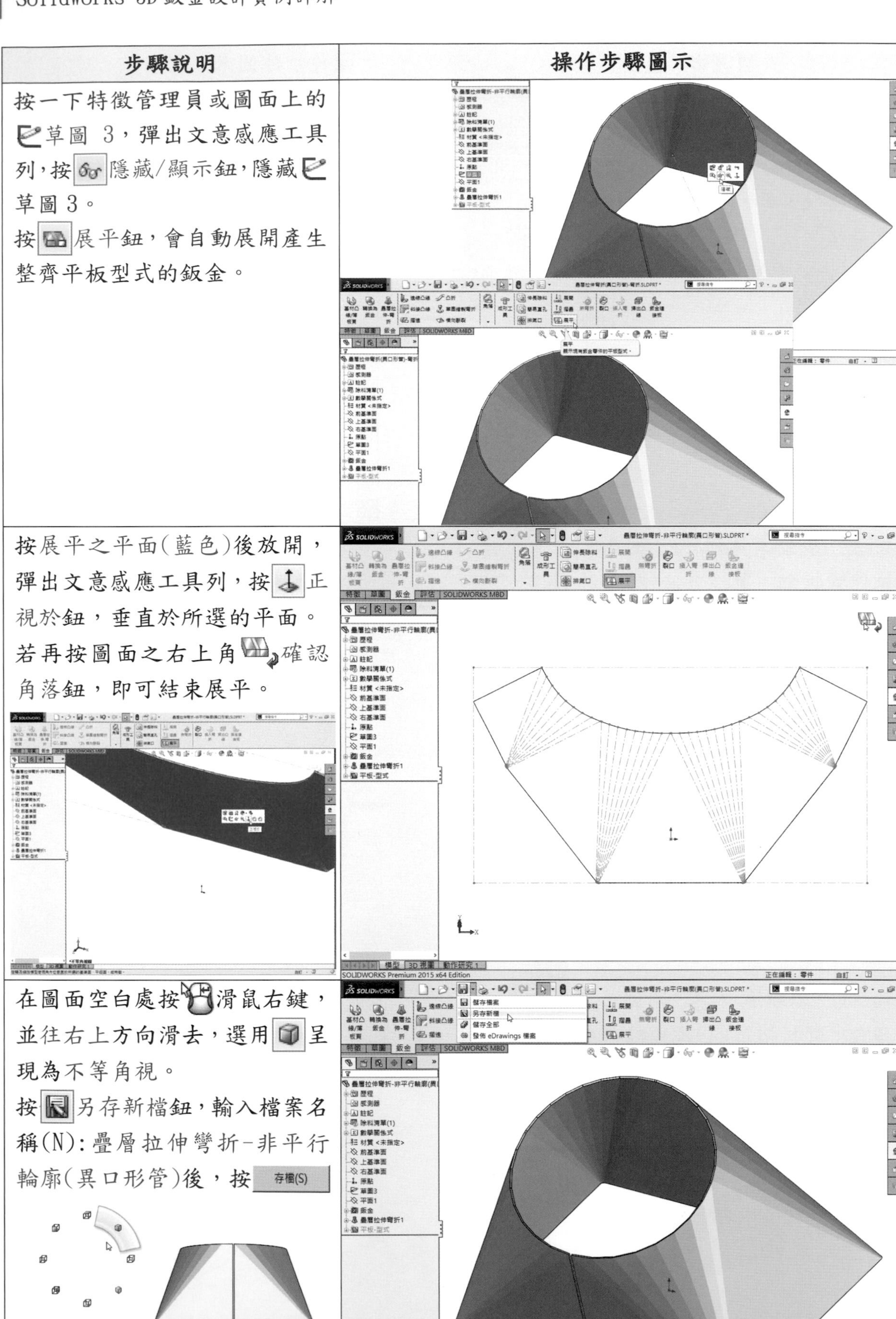

| 步驟說明 | 操作步驟圖示 |
| --- | --- |
| 按一下特徵管理員或圖面上的草圖 3，彈出文意感應工具列，按隱藏/顯示鈕，隱藏草圖 3。<br>按展平鈕，會自動展開產生整齊平板型式的鈑金。 | |
| 按展平之平面(藍色)後放開，彈出文意感應工具列，按正視於鈕，垂直於所選的平面。若再按圖面之右上角確認角落鈕，即可結束展平。 | |
| 在圖面空白處按滑鼠右鍵，並往右上方向滑去，選用呈現為不等角視。<br>按另存新檔鈕，輸入檔案名稱(N)：疊層拉伸彎折-非平行輪廓(異口形管)後，按 存檔(S) | |

## 2.12.1 展開+摺疊(多個彎折)產生新式長尾夾本體鈑金

學習目標：能用展開工具展平鈑金後作草圖繪製彎折，再用摺疊工具將鈑金摺回。

繪圖步驟：長基材凸緣→產生鈑金→按展開→作伸長除料→畫彎折線→作草圖繪製彎折→按摺疊→按展平。

- 草圖指令：中心線、圓心/起/終點畫弧、直線、鏡射圖元、3 點中心矩形、幾何建構線、草圖圓角、偏移圖元、修剪圖元。
- 特徵指令：伸長除料。
- 鈑金指令：基材凸緣/薄板頁、展開、草圖繪製彎折、摺疊、展平。

| 步驟說明 | 操作步驟圖示 |
| --- | --- |
| 首先選取右基準面作為草圖 1 之繪圖平面。<br>按中心線、圓心/起/終點畫弧、直線、鏡射圖元鈕，畫出草圖輪廓線後，標註其尺度。<br>按鈑金鈑金工具列，按基材凸緣/薄板頁鈕。 | 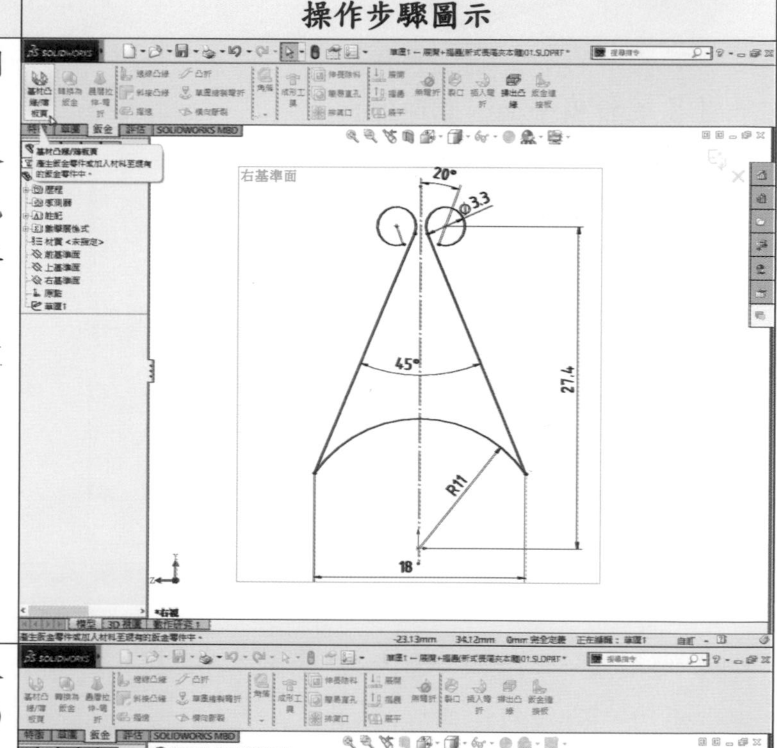 |
| 方向 1 選取『兩側對稱』，輸入距離值 32mm。鈑金參數(S)中設定厚度值 0.4mm，不勾選『反轉方向(E)』，設定彎折半徑值 1.6mm，彎折裕度(A)預設『K-Factor』值為 0.5，自動離隙(T)預設『撕裂』後，按確定鍵。 | 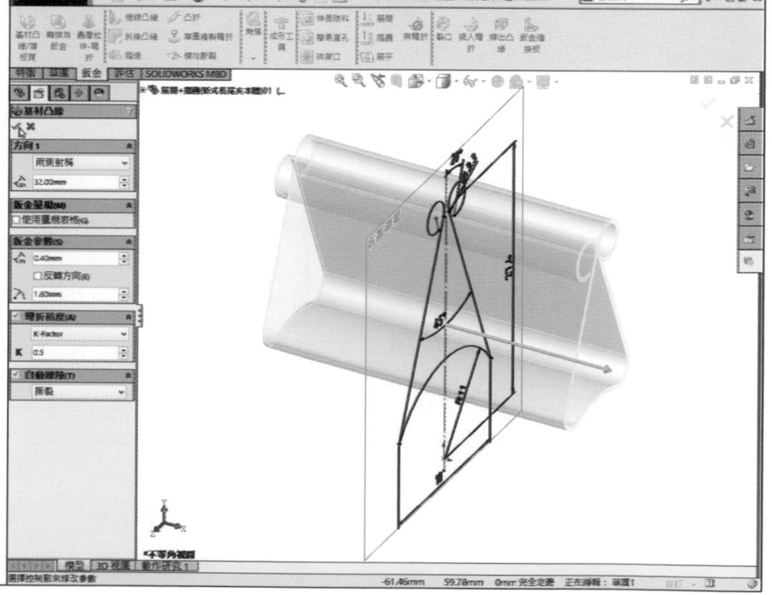 |

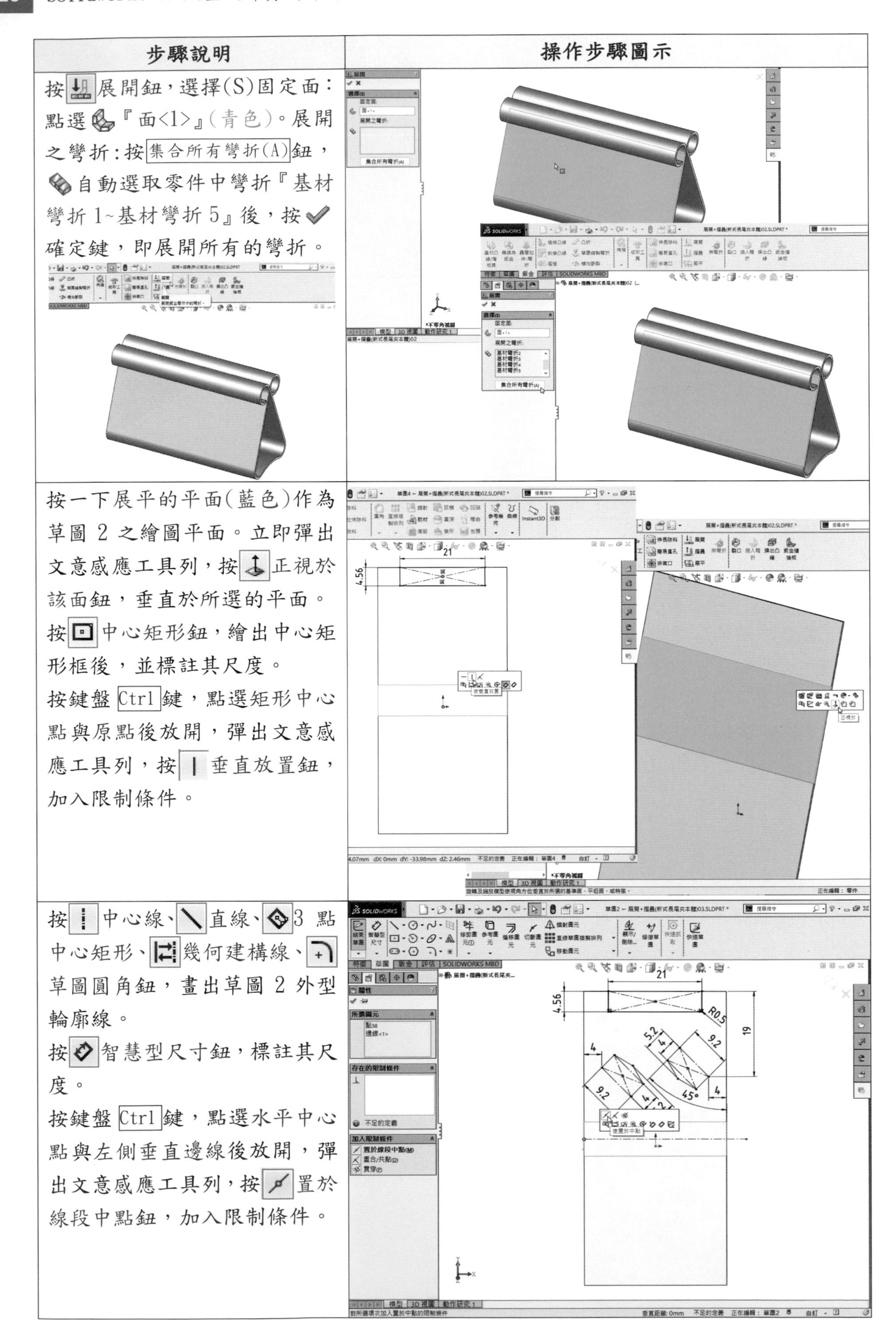

| 步驟說明 | 操作步驟圖示 |
| --- | --- |
| 按展開鈕，選擇(S)固定面：點選『面<1>』(青色)。展開之彎折：按集合所有彎折(A)鈕，自動選取零件中彎折『基材彎折 1~基材彎折 5』後，按確定鍵，即展開所有的彎折。 | |
| 按一下展平的平面(藍色)作為草圖 2 之繪圖平面。立即彈出文意感應工具列，按正視於該面鈕，垂直於所選的平面。<br>按中心矩形鈕，繪出中心矩形框後，並標註其尺度。<br>按鍵盤 Ctrl 鍵，點選矩形中心點與原點後放開，彈出文意感應工具列，按垂直放置鈕，加入限制條件。 | |
| 按中心線、直線、3 點中心矩形、幾何建構線、草圖圓角鈕，畫出草圖 2 外型輪廓線。<br>按智慧型尺寸鈕，標註其尺度。<br>按鍵盤 Ctrl 鍵，點選水平中心點與左側垂直邊線後放開，彈出文意感應工具列，按置於線段中點鈕，加入限制條件。 | |

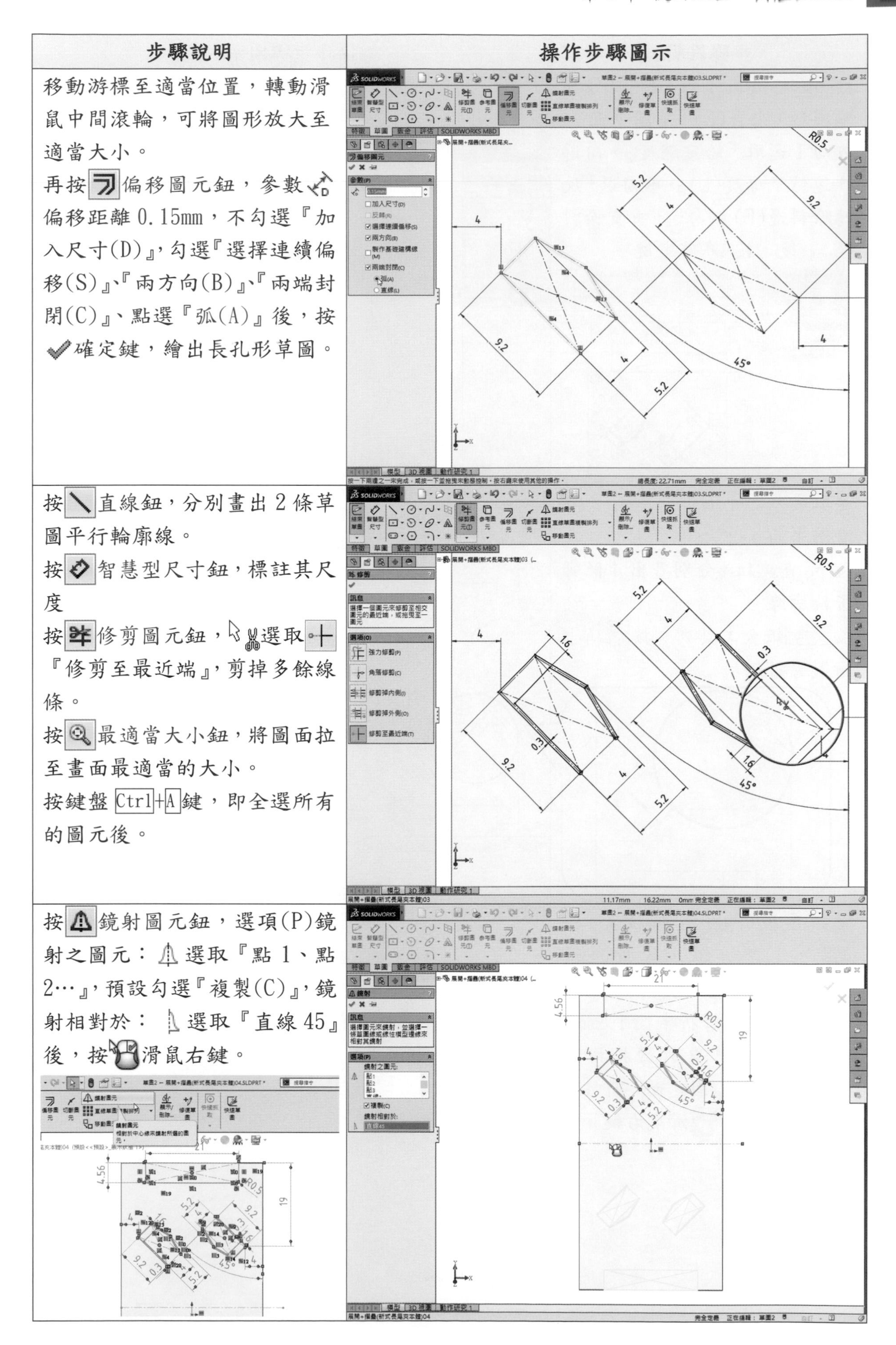

| 步驟說明 | 操作步驟圖示 |
| --- | --- |
| 移動游標至適當位置，轉動滑鼠中間滾輪，可將圖形放大至適當大小。<br>再按偏移圖元鈕，參數偏移距離 0.15mm，不勾選『加入尺寸(D)』，勾選『選擇連續偏移(S)』、『兩方向(B)』、『兩端封閉(C)』、點選『弧(A)』後，按確定鍵，繪出長孔形草圖。 | |
| 按直線鈕，分別畫出 2 條草圖平行輪廓線。<br>按智慧型尺寸鈕，標註其尺度<br>按修剪圖元鈕，選取『修剪至最近端』，剪掉多餘線條。<br>按最適當大小鈕，將圖面拉至畫面最適當的大小。<br>按鍵盤 Ctrl+A 鍵，即全選所有的圖元後。 | |
| 按鏡射圖元鈕，選項(P)鏡射之圖元：選取『點 1、點 2…』，預設勾選『複製(C)』，鏡射相對於：選取『直線 45』後，按滑鼠右鍵。 | |

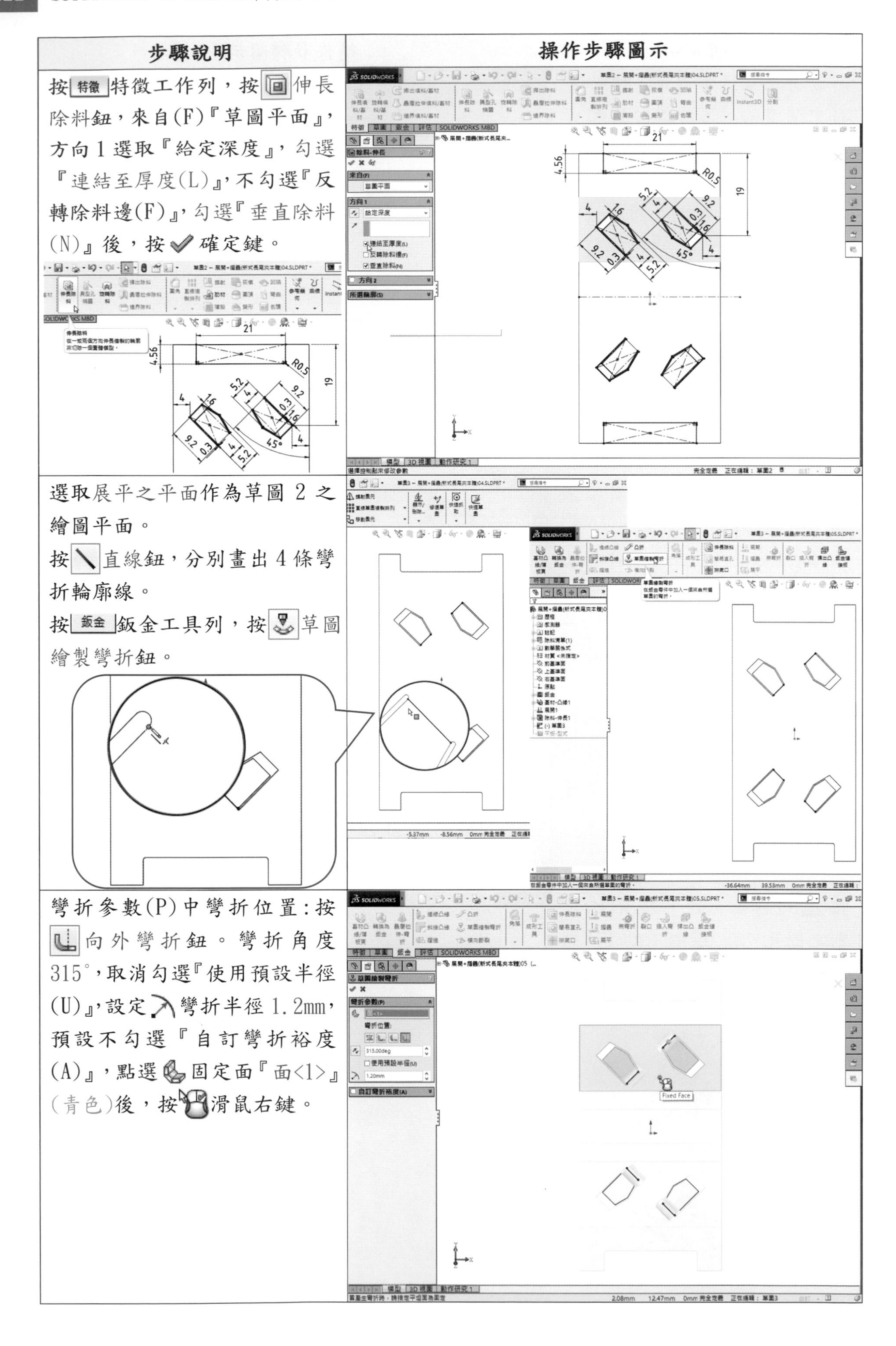

| 步驟說明 | 操作步驟圖示 |
| --- | --- |
| 按 特徵 特徵工作列，按伸長除料鈕，來自(F)『草圖平面』，方向1選取『給定深度』，勾選『連結至厚度(L)』，不勾選『反轉除料邊(F)』，勾選『垂直除料(N)』後，按確定鍵。 | |
| 選取展平之平面作為草圖2之繪圖平面。<br>按直線鈕，分別畫出4條彎折輪廓線。<br>按 鈑金 鈑金工具列，按草圖繪製彎折鈕。 | |
| 彎折參數(P)中彎折位置：按向外彎折鈕。彎折角度315°，取消勾選『使用預設半徑(U)』，設定彎折半徑1.2mm，預設不勾選『自訂彎折裕度(A)』，點選固定面『面<1>』(青色)後，按滑鼠右鍵。 | |

| 步驟說明 | 操作步驟圖示 |
| --- | --- |
| 按摺疊鈕，選擇(S)預設固定面『面<1>』，按集合所有彎折(A)鈕，自動選取零件中所有的彎折『基材彎折 1~基材彎折 5』後，按✓確定鍵，即摺疊所有的彎折。 |  |
| 按展平鈕，會自動展開產生整齊平板型式特徵的鈑金件。若再按圖面之右上角確認角落鈕，即結束展平。 | |
| 在圖面空白處按滑鼠右鍵，並往右上方向滑去，選用呈現為不等角視。<br>按標準工作列上的儲存檔案鈕，輸入檔名：展開+摺疊(新式長尾夾本體)後，按存檔(S) | |

## 2.12.2 展開+摺疊(1 個彎折)產生馬達外殼中筒鈑金

**學習目標**：能用展開工具展平鈑金後作薄板頁和除料，再用摺疊工具將鈑金摺回。

**繪圖步驟**：長基材凸緣→產生鈑金→作伸長除料→按展開→作薄板頁→作伸長除料→按摺疊→作異形孔精靈(螺紋孔)→按展平。

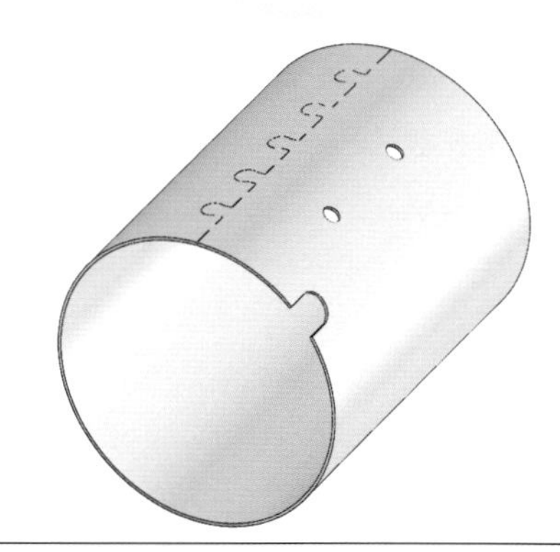

- 草圖指令：中心線、圓、切斷圖元、幾何建構線、直線、修剪圖元、草圖圓角、鏡射圖元。
- 特徵指令：伸長除料、直線複製排列、異形孔精靈。
- 鈑金指令：基材凸緣/薄板頁、展開、摺疊、展平。

| 步驟說明 | 操作步驟圖示 |
|---|---|
| 首先選取前基準面作為草圖 1 之繪圖平面。<br>按圓、切斷圖元、幾何建構線鈕，畫出草圖圓，切斷成為兩圓弧後，標註其尺度。<br>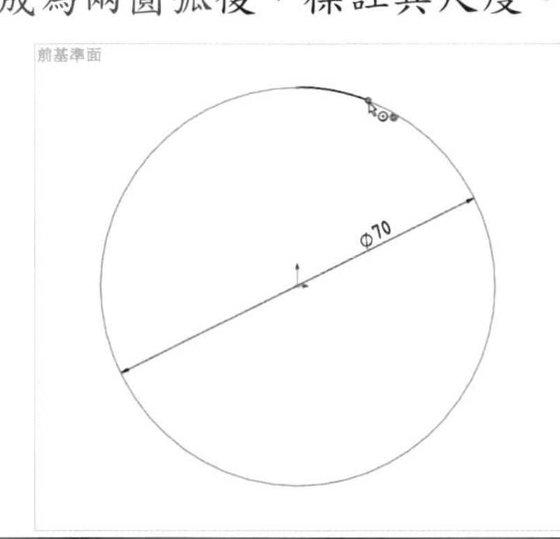 | 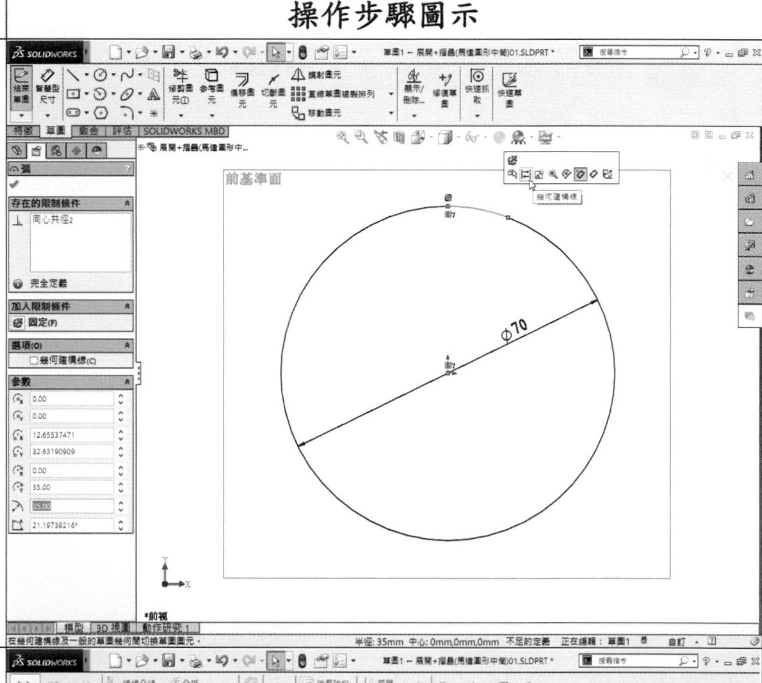 |
| 按中心線鈕，畫通過四分圓點與原點的垂直中心線與夾角 0.2° 中心線後，標註其尺度。<br>按鈑金鈑金工具列，按基材凸緣/薄板頁鈕。<br>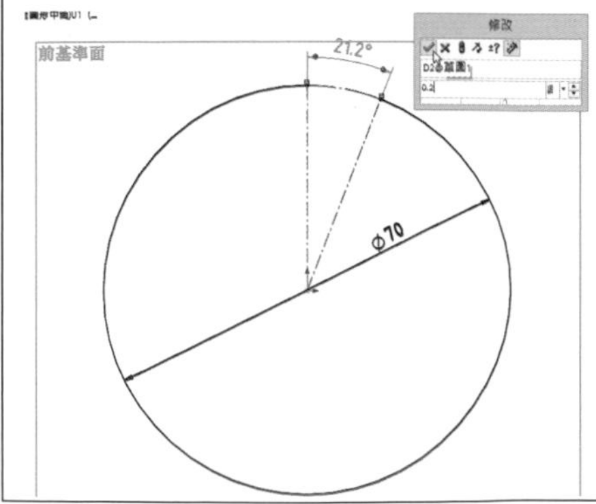 | 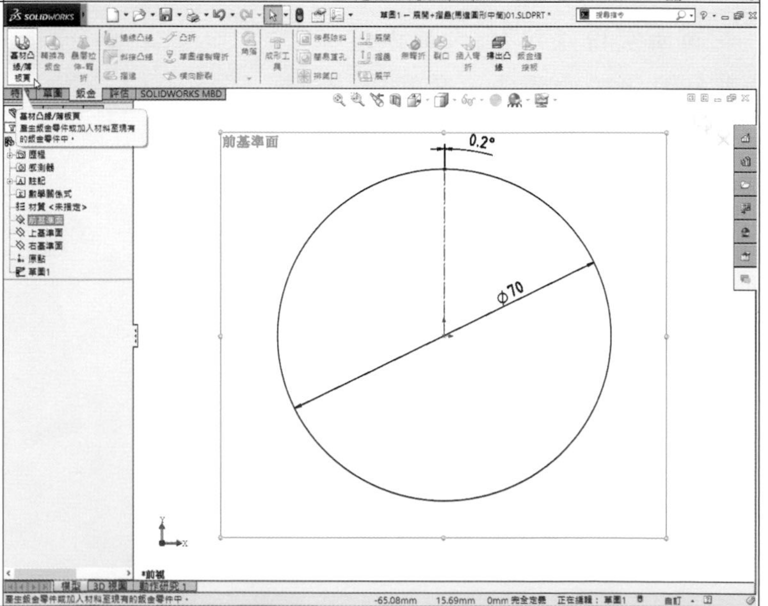 |

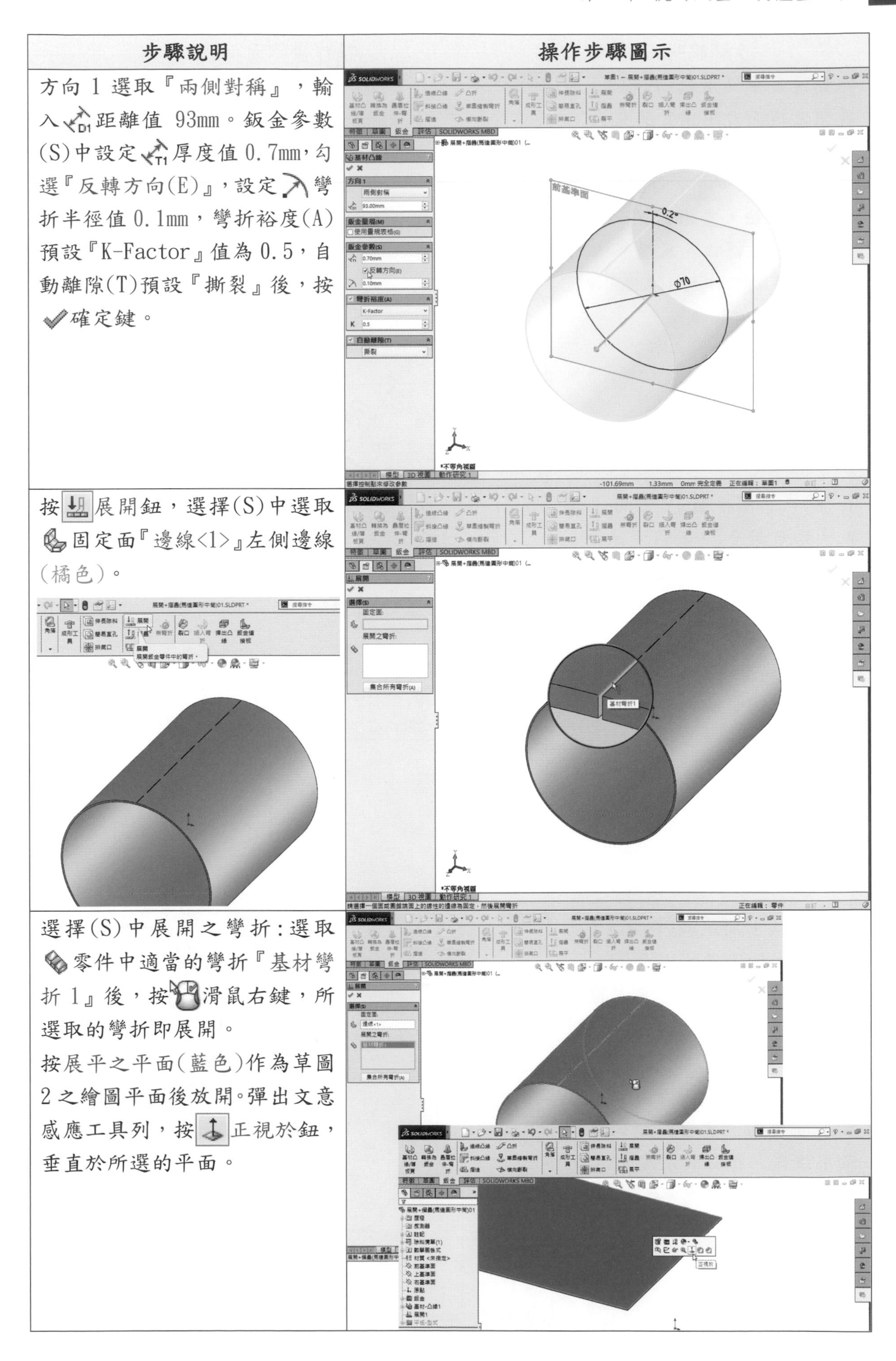

| 步驟說明 | 操作步驟圖示 |
| --- | --- |
| 方向 1 選取『兩側對稱』，輸入距離值 93mm。鈑金參數(S)中設定厚度值 0.7mm，勾選『反轉方向(E)』，設定彎折半徑值 0.1mm，彎折裕度(A)預設『K-Factor』值為 0.5，自動離隙(T)預設『撕裂』後，按確定鍵。 | |
| 按展開鈕，選擇(S)中選取固定面『邊線<1>』左側邊線(橘色)。 | |
| 選擇(S)中展開之彎折：選取零件中適當的彎折『基材彎折 1』後，按滑鼠右鍵，所選取的彎折即展開。<br>按展平之平面(藍色)作為草圖 2 之繪圖平面後放開。彈出文意感應工具列，按正視於鈕，垂直於所選的平面。 | |

| 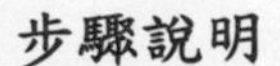步驟說明 | 操作步驟圖示 |
| --- | --- |
| 轉動滑鼠中間滾輪(內捲)，將展開之頂面右側適當的放大。<br>按 中心線、 圓、 直線、 修剪圖元、 草圖圓角、 鏡射圖元鈕，畫出封閉的草圖輪廓線，並標註其尺度。<br>按 特徵 特徵工作列，按 伸長除料鈕。 | |
| 自(F)『草圖平面』，方向 1 選取『給定深度』，勾選『連結至厚度(L)』，不勾選『反轉除料邊(F)』，勾選『垂直除料(N)』後，按 確定鍵。<br>按 最適當大小鈕，將圖面拉至畫面最適當的大小。 | 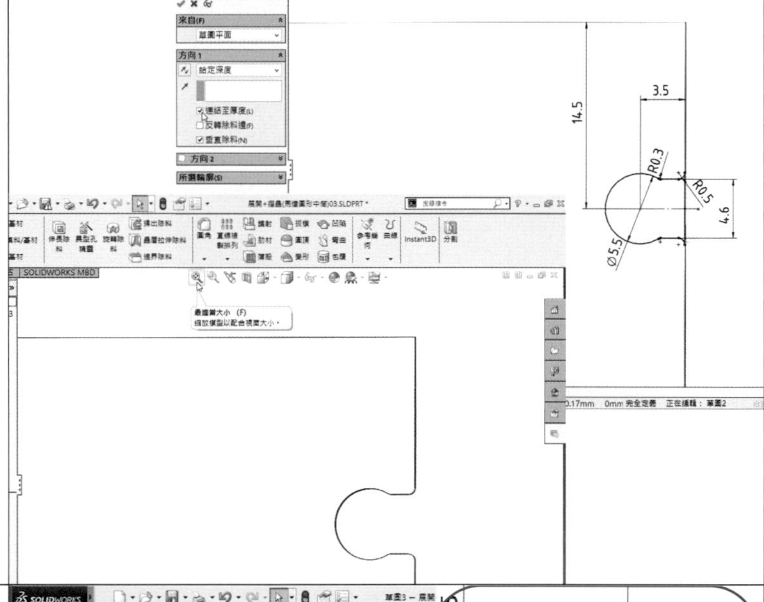 |
| 轉動滑鼠中間滾輪(內捲)，將展開圖左側適當的放大。<br>再點選展平之頂面作為草圖 3 之繪圖平面。<br>按 中心線、 圓、 直線、 修剪圖元、 草圖圓角、 鏡射圖元鈕，畫出封閉的草圖輪廓線後，標註其尺度。<br>按 鈑金 鈑金工具列，按 基材凸緣/薄板頁鈕。 | 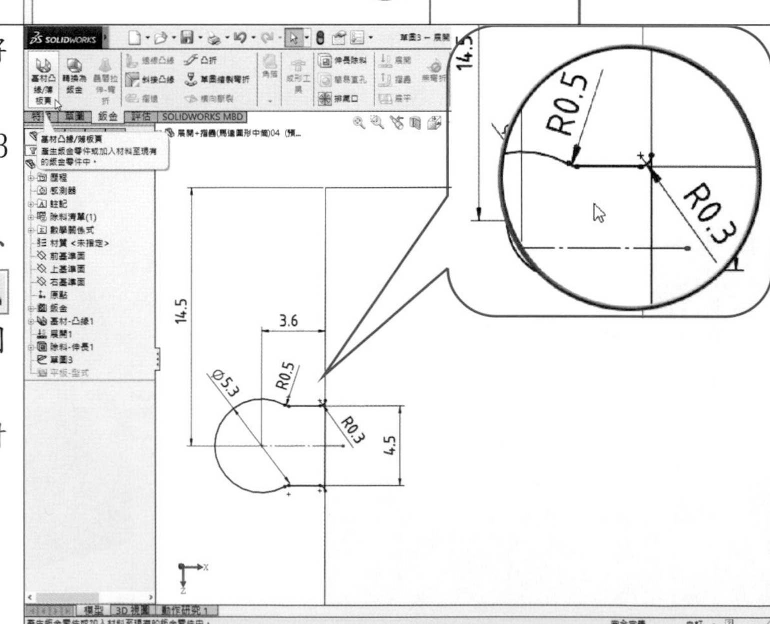 |

| 步驟說明 | 操作步驟圖示 |
| --- | --- |
| 鈑金參數(S)中預設厚度值0.7mm，不勾選『反轉方向(E)』，勾選『合併結果(M)』後，按確定鍵。<br>選取特徵管理員中的除料-伸長1及薄板頁1項次。<br>再按 特徵 特徵工作列，按直線複製排列鈕。 | 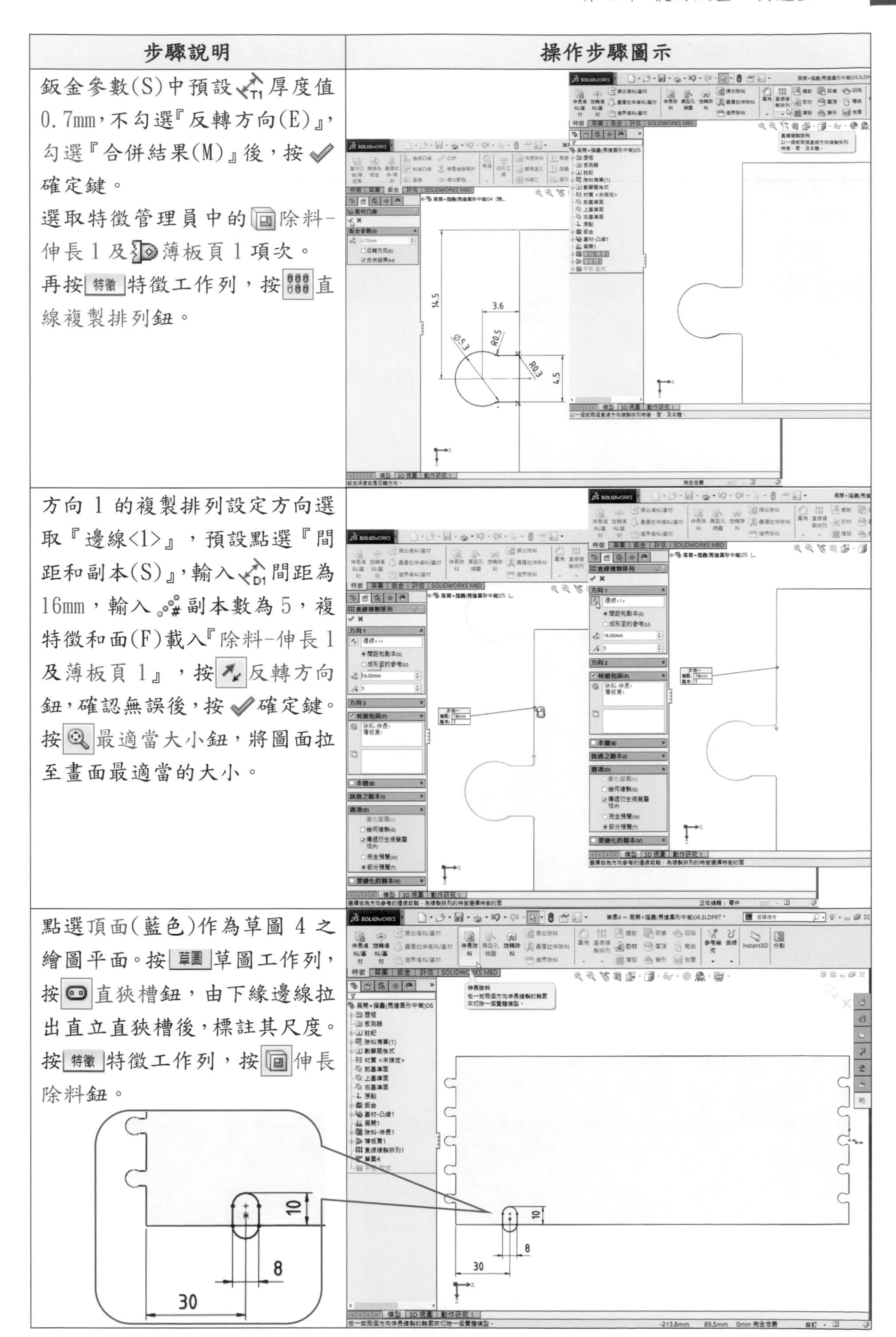 |
| 方向1的複製排列設定方向選取『邊線<1>』，預設點選『間距和副本(S)』，輸入間距為16mm，輸入副本數為5，複特徵和面(F)載入『除料-伸長1及薄板頁1』，按反轉方向鈕，確認無誤後，按確定鍵。<br>按最適當大小鈕，將圖面拉至畫面最適當的大小。 | |
| 點選頂面(藍色)作為草圖4之繪圖平面。按 草圖 草圖工作列，按直狹槽鈕，由下緣邊線拉出直立直狹槽後，標註其尺度。<br>按 特徵 特徵工作列，按伸長除料鈕。 | |

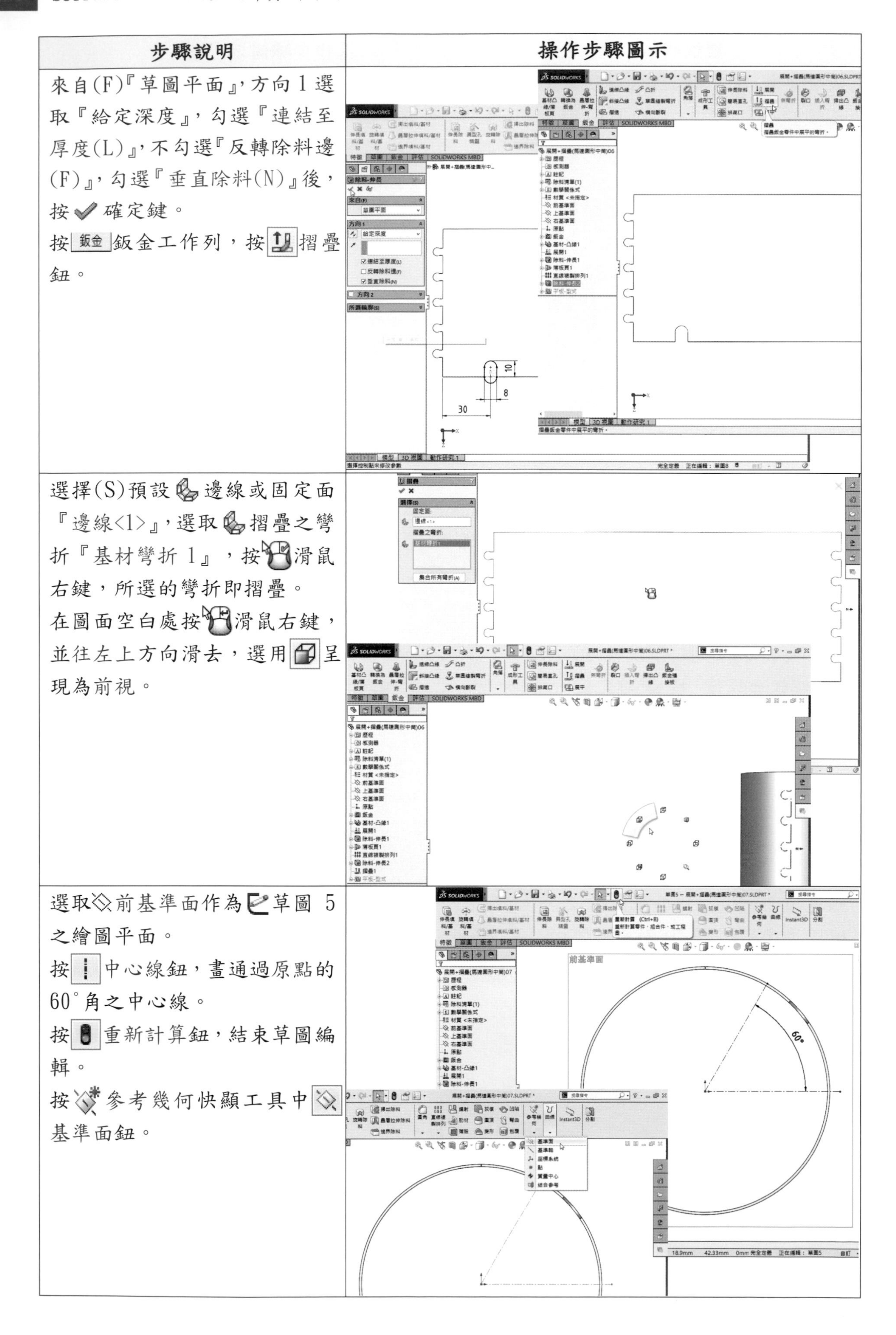

| 步驟說明 | 操作步驟圖示 |
|---|---|
| 來自(F)『草圖平面』，方向1選取『給定深度』，勾選『連結至厚度(L)』，不勾選『反轉除料邊(F)』，勾選『垂直除料(N)』後，按✔確定鍵。<br>按 鈑金 鈑金工作列，按摺疊鈕。 | |
| 選擇(S)預設邊線或固定面『邊線<1>』，選取摺疊之彎折『基材彎折1』，按滑鼠右鍵，所選的彎折即摺疊。<br>在圖面空白處按滑鼠右鍵，並往左上方向滑去，選用呈現為前視。 | |
| 選取前基準面作為草圖5之繪圖平面。<br>按中心線鈕，畫通過原點的60°角之中心線。<br>按重新計算鈕，結束草圖編輯。<br>按參考幾何快顯工具中基準面鈕。 | |

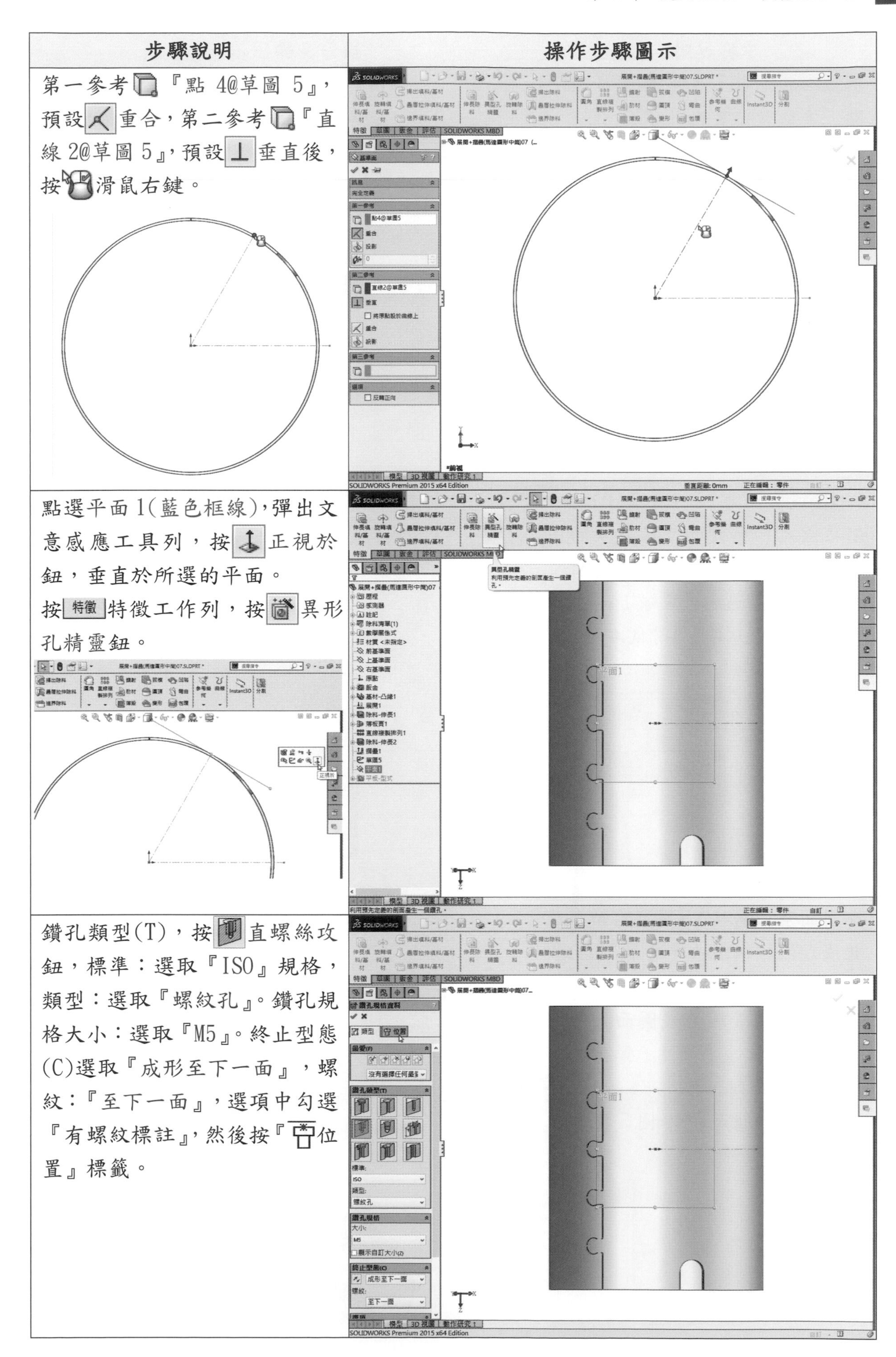

| 步驟說明 | 操作步驟圖示 |
|---|---|
| 第一參考『點 4@草圖 5』，預設重合，第二參考『直線 2@草圖 5』，預設垂直後，按滑鼠右鍵。 | |
| 點選平面 1(藍色框線)，彈出文意感應工具列，按正視於鈕，垂直於所選的平面。<br>按特徵特徵工作列，按異形孔精靈鈕。 | |
| 鑽孔類型(T)，按直螺絲攻鈕，標準：選取『ISO』規格，類型：選取『螺紋孔』。鑽孔規格大小：選取『M5』。終止型態(C)選取『成形至下一面』，螺紋：『至下一面』，選項中勾選『有螺紋標註』，然後按『位置』標籤。 | |

| 步驟說明 | 操作步驟圖示 |
|---|---|
| 游標形狀為，在平面1的原點上方適當位置點一下。<br>按中心線鈕，畫通過原點的水平中心線。<br>按智慧型尺寸鈕，標註兩螺紋孔位置尺度。<br>按鍵盤Ctrl鍵，點選插入點與原點後放開，彈出文意感應工具列，按垂直放置鈕，加入限制條件。 | |
| 按鏡射圖元鈕，選項(P)鏡射之圖元：選取『點1』(插入點)，預設勾選『複製』，鏡射相對於：選取『直線1』(水平中心線)後，按滑鼠右鍵。再按確定鍵。<br>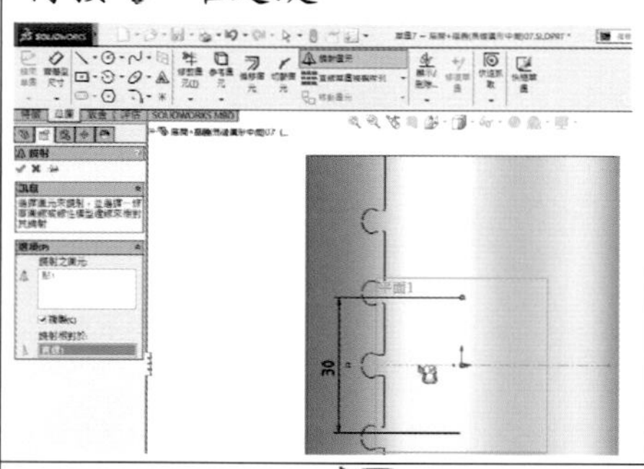 | |
| 在圖面空白處按滑鼠右鍵，並往右上方向滑去，選用呈現為不等角視。<br>分別按特徵管理員或圖面上的草圖5及平面1，彈出文意感應工具列，按隱藏/顯示鈕，分別隱藏草圖5及平面1。<br>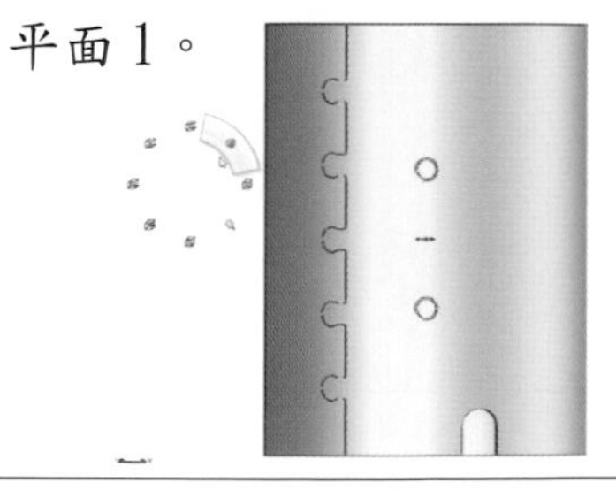 | 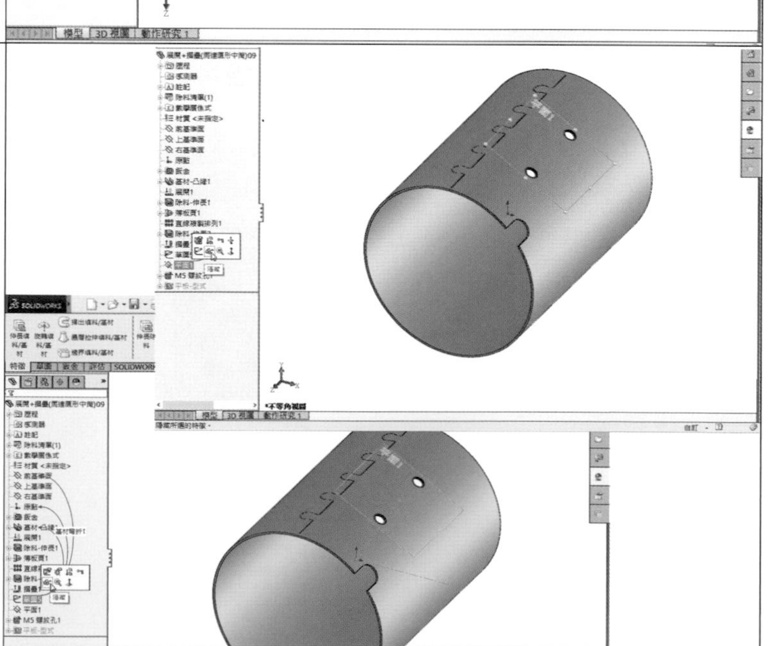 |

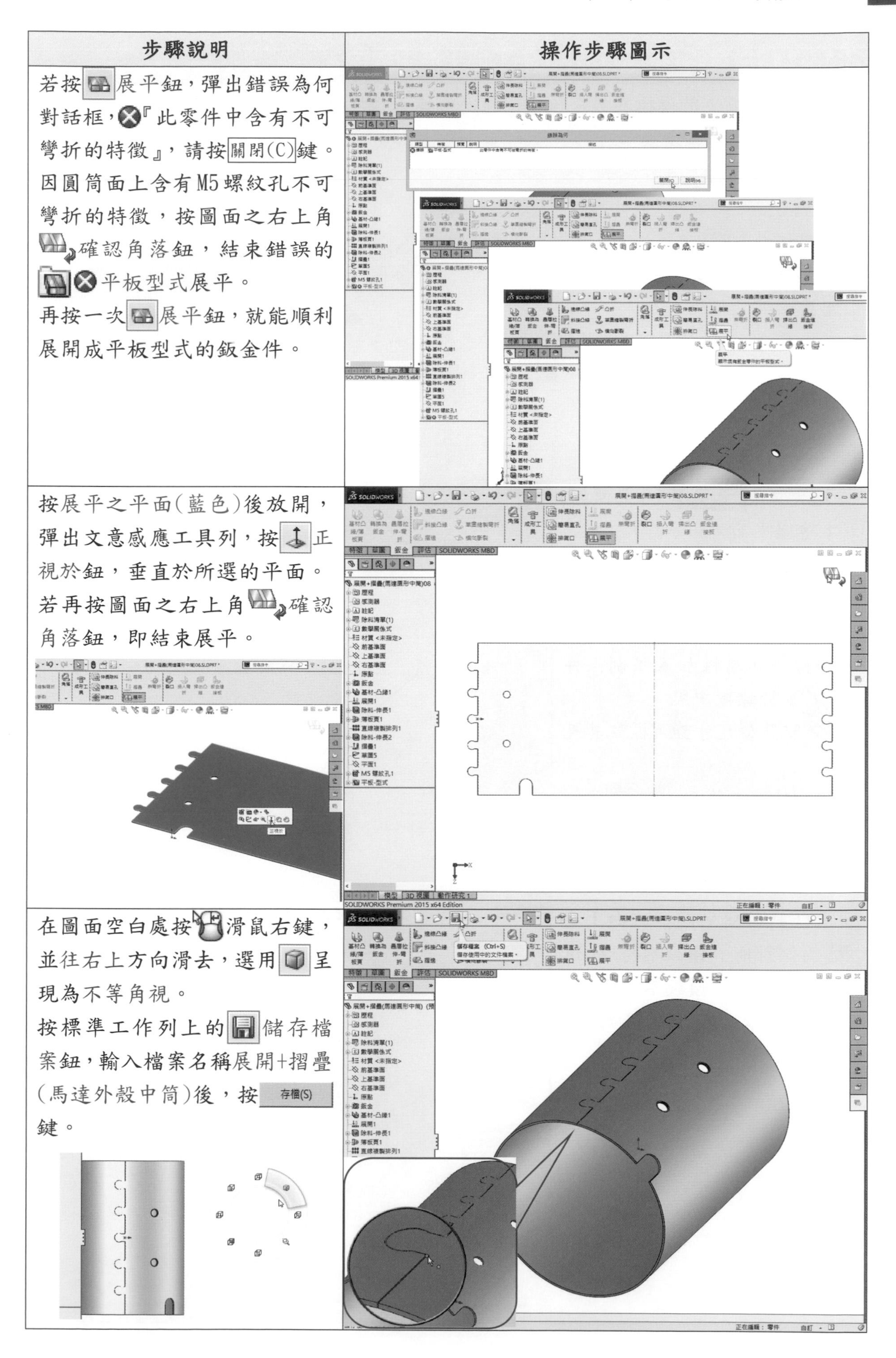

| 步驟說明 | 操作步驟圖示 |
| --- | --- |
| 若按展平鈕，彈出錯誤為何對話框，『此零件中含有不可彎折的特徵』，請按關閉(C)鍵。因圓筒面上含有M5螺紋孔不可彎折的特徵，按圖面之右上角確認角落鈕，結束錯誤的平板型式展平。<br>再按一次展平鈕，就能順利展開成平板型式的鈑金件。 | |
| 按展平之平面(藍色)後放開，彈出文意感應工具列，按正視於鈕，垂直於所選的平面。<br>若再按圖面之右上角確認角落鈕，即結束展平。 | |
| 在圖面空白處按滑鼠右鍵，並往右上方向滑去，選用呈現為不等角視。<br>按標準工作列上的儲存檔案鈕，輸入檔案名稱展開+摺疊(馬達外殼中筒)後，按存檔(S)鍵。 | |

## 2.13.1 轉換實體(本體特徵)產生工地手推車鈑金

學習目標：能使用轉換為鈑金指令，透過轉換本體特徵的方式產生鈑金零件。

繪圖步驟：長伸長填料→作伸長除料→作轉換為鈑金→作摺邊→作邊線凸緣→作鏡射→按展平。

使用指令：

- 草圖指令：角落矩形、幾何建構線、直線、點、偏移圖元、修剪圖元、草圖圓角。
- 特徵指令：伸長填料/基材、伸長除料、。
- 鈑金指令：轉換為鈑金、摺邊、邊線凸緣、展平。

| 步驟說明 | 操作步驟圖示 |
|---|---|
| 首先選取前基準面作為草圖1之繪圖平面。<br>按直線鈕，畫出草圖之外型輪廓線。<br>按鍵盤Ctrl鍵後，點選原點與水平線段，屬性加入限制條件為置於線段中點。<br>按智慧型尺寸鈕，標註其尺度。<br>按特徵特徵工作列，按伸長填料/基材鈕。 | 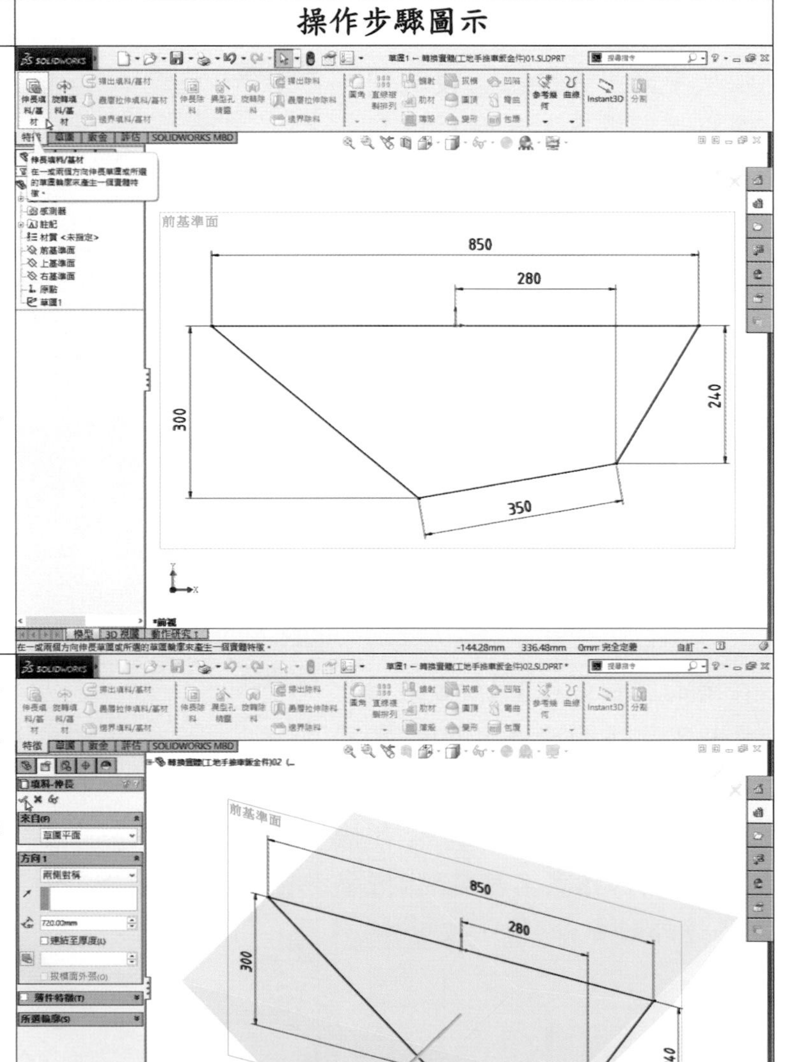 |
| 來自(F)『草圖平面』，方向1選取『兩側對稱』，預設不勾選『連結至厚度(L)』，預設不勾選『薄件特徵』，輸入D1深度值720mm後，按確定鍵。 | |

| 步驟說明 | 操作步驟圖示 |
| --- | --- |
| 選取頂面(藍色)作為草圖 2 之繪圖平面。按 直線、 中心線、 鏡射圖元鈕，畫出梯形草圖之輪廓線，標註其尺度。按 特徵 特徵工作列，按 伸長除料鈕。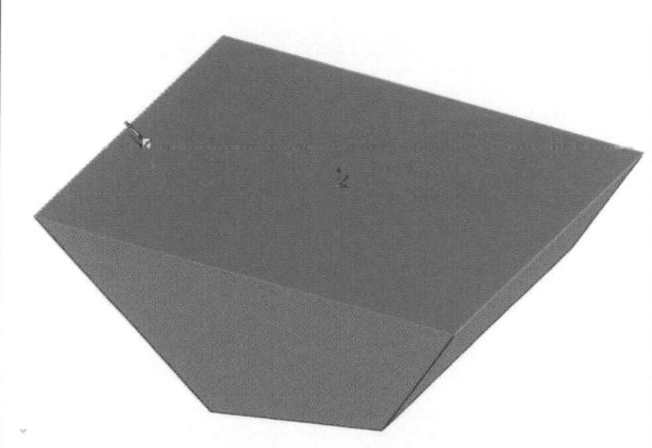 | 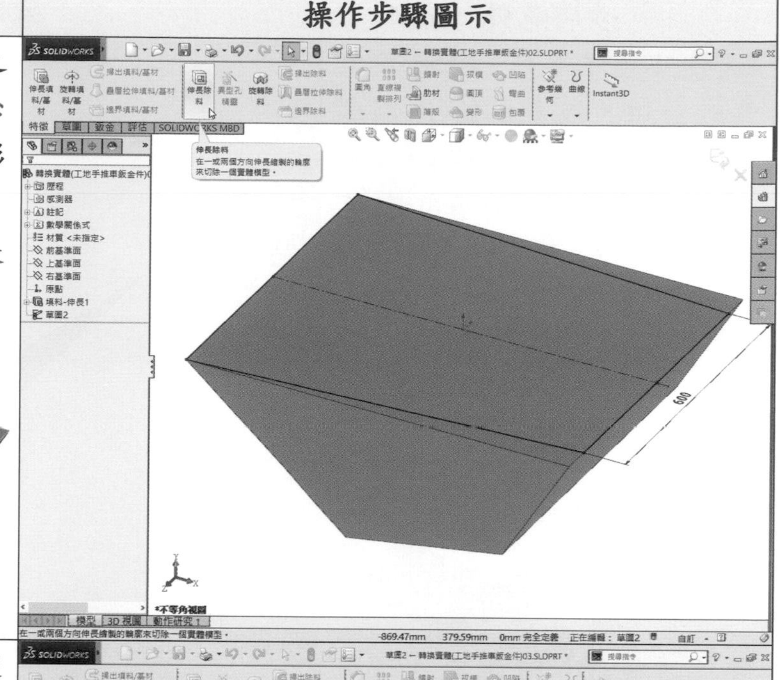 |
| 來自(F)『草圖平面』，方向 1 選取『成形至下一面』，按 拔模鈕，輸入拔模角度 30°，不勾選『拔模面外張(O)』，勾選『反轉除料邊(F)』，預設不勾選『薄件特徵』後，按 確定鍵。 | 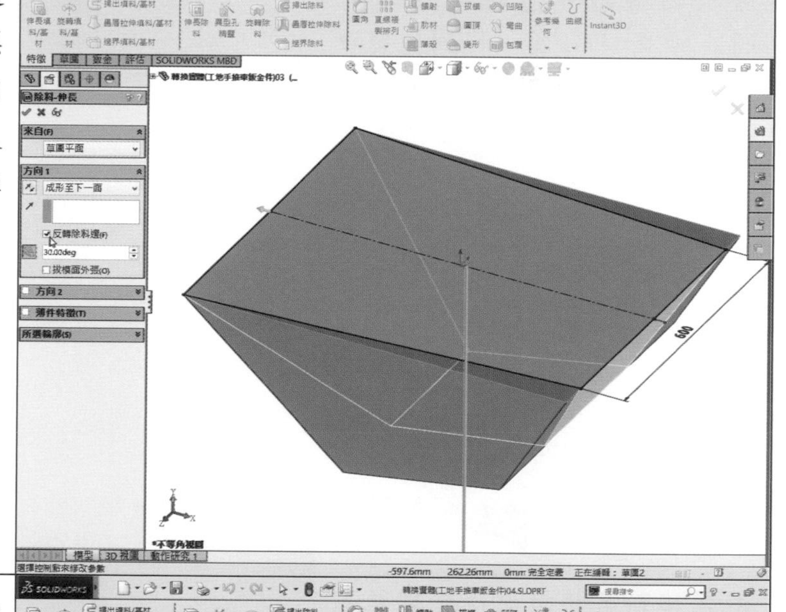 |
| 按 視角方位鈕，點選『 視圖選擇器』方向對話方塊中的中間下方位置，強調顯示底部方向的不等角視。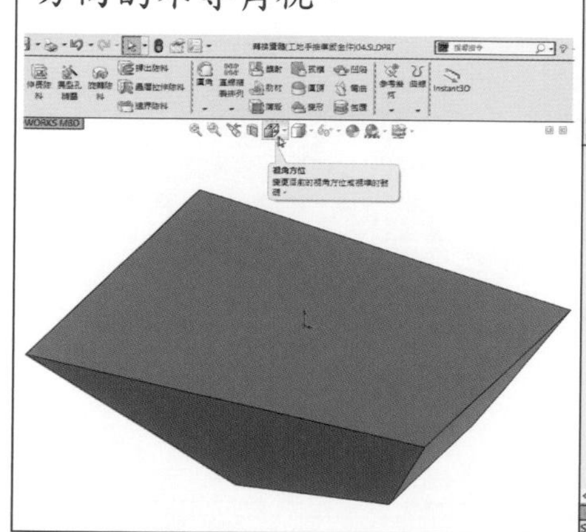 | 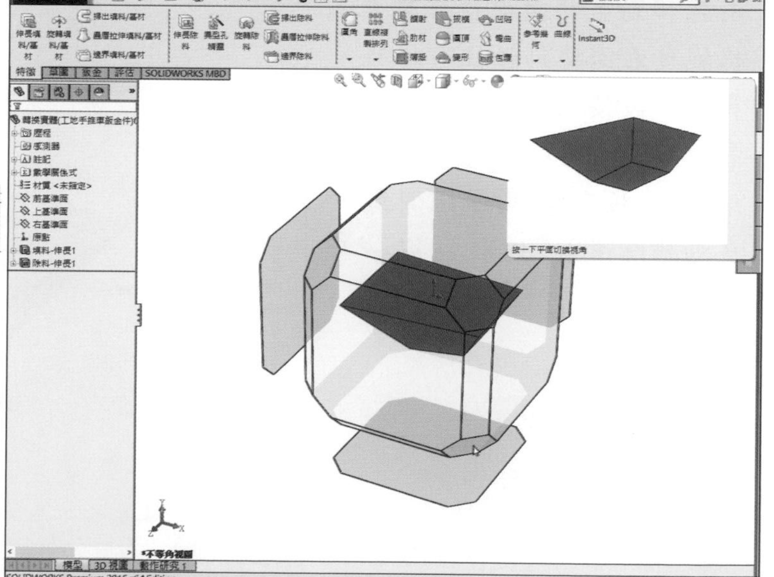 |

| 步驟說明 | 操作步驟圖示 |
|---|---|
| 按 鈑金 鈑金工具列，按轉換為鈑金鈕，鈑金參數(P)點選一個固定面『面<1>』，輸入鈑金厚度 2.5mm，不勾選『反轉厚度(R)』，不勾選『保持本體』，設定彎折半徑 20mm。 | |
| 彎折邊線(B)選取『邊線<1>~邊線<4>』後，找到的裂口邊線(F)(唯讀)『智慧型選擇<1>~智慧型選擇<4>』。 | |
| 游標移動至特徵屬性管理員窗格拖曳右側捲動軸往下移動。角落預設按不重疊鈕，定義裂口類型，設定裂口縫隙寬度 2mm，設定重疊比例為 0。自動離隙選取『矩形』，按確定鍵。 | |

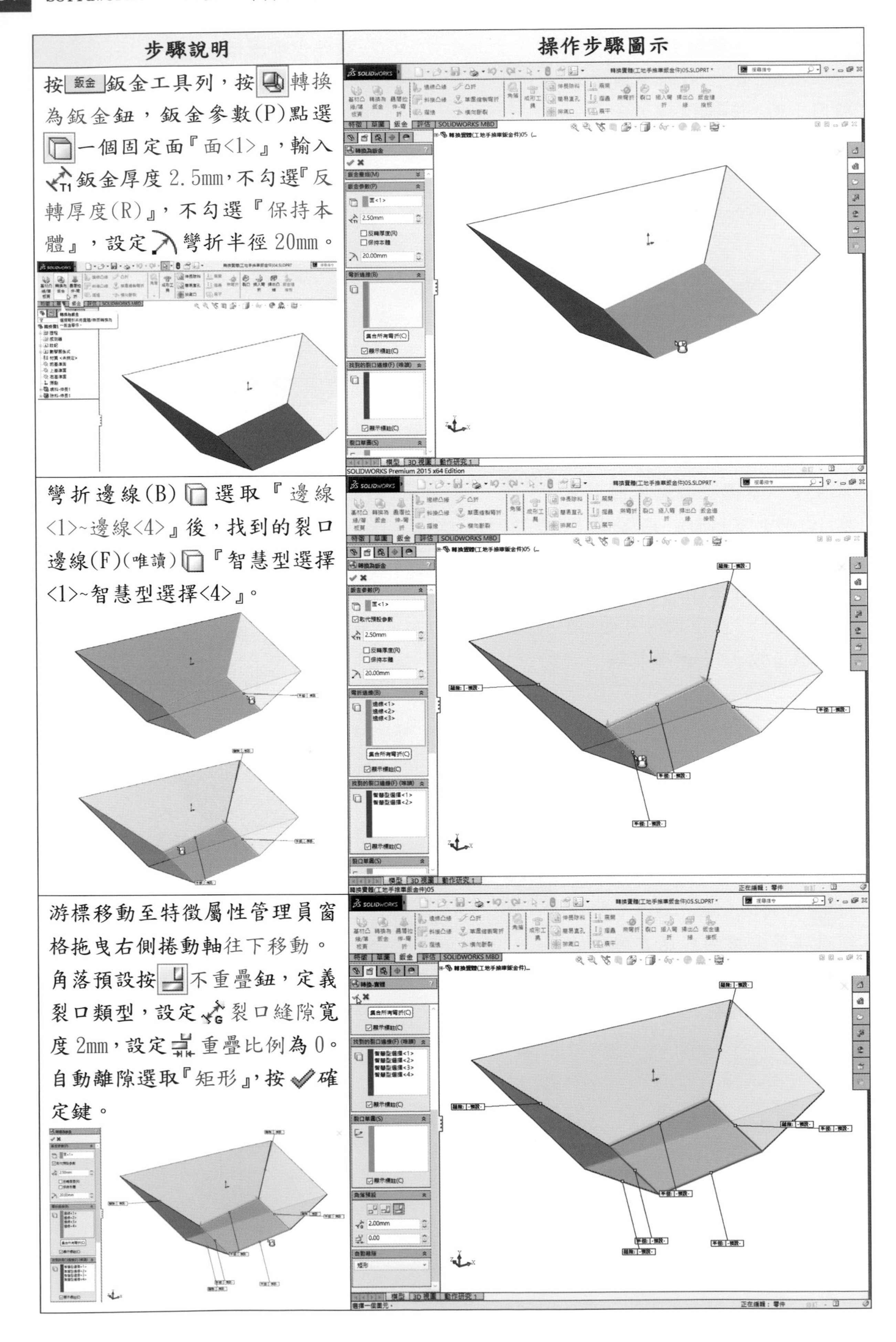

| 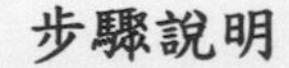步驟說明 | 操作步驟圖示 |
| --- | --- |
| 按邊線凸緣鈕，不勾選『使用預設半徑(U)』，設定彎折半徑值 2mm，角度(G)輸入凸緣角度 72°，凸緣長度(L)終止型態選取『給定深度』，設定長度值 30mm。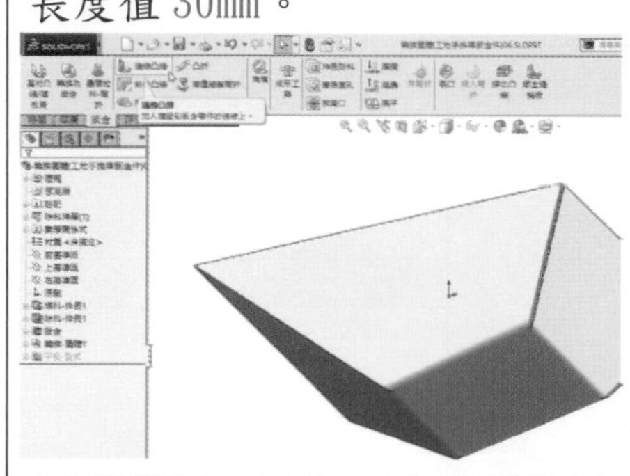 | 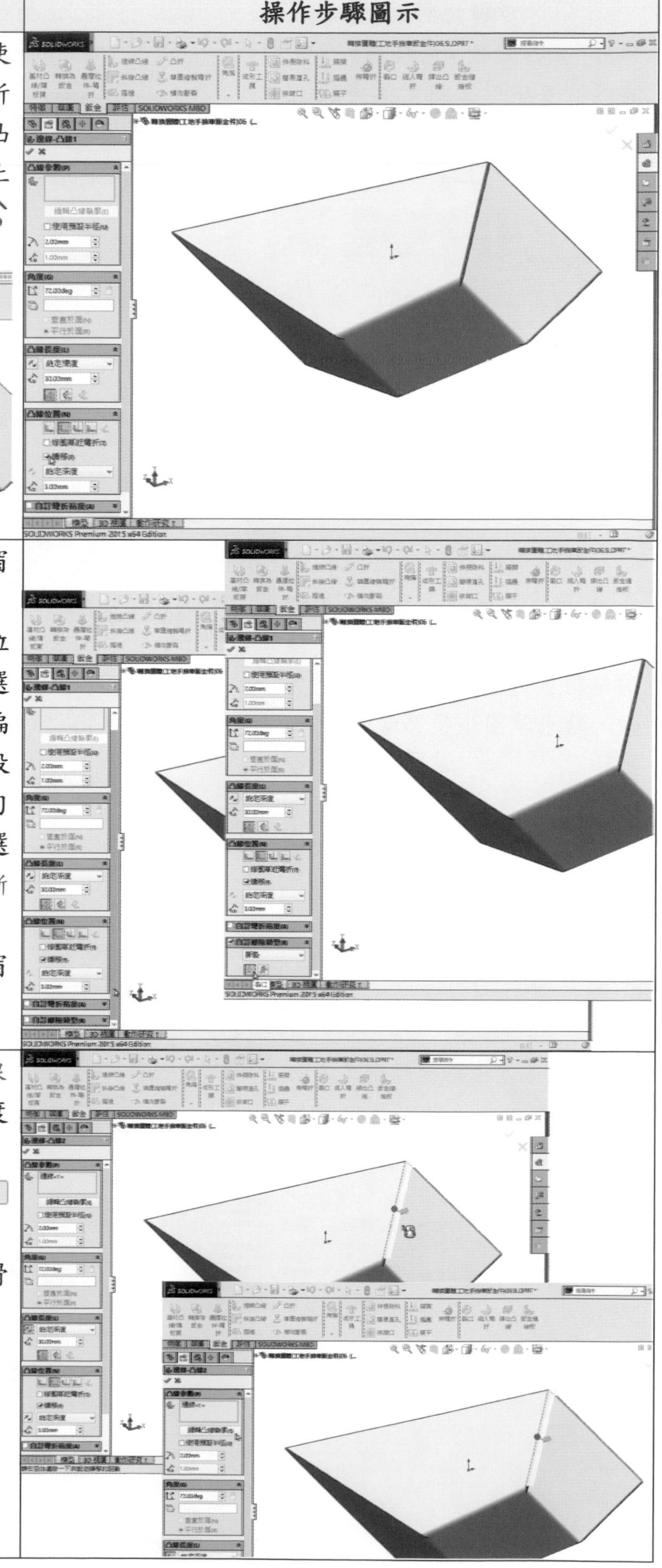 |
| 游標移動至特徵屬性管理員窗格拖曳右側捲動軸往下移動。<br>按外側虛擬交角鈕，凸緣位置(N)按材料外鈕，不勾選『修剪鄰近彎折(T)』，勾選『偏移(F)』，選取『給定深度』，設定偏移距離 3mm，預設不勾選『自訂彎折裕度(A)』，勾選『自訂離隙類型(R)』，選取『撕裂』，按裂口鈕。<br>游標移動至特徵屬性管理員窗格拖曳右側捲動軸往上移動。 | |
| 凸緣參數(P)點選『邊線<1>』游標往右移至凸緣長度 30mm 處按一下。<br>在凸緣參數(P)按 編輯凸緣輪廓(E) 鈕。<br>移動游標至適當位置，轉動滑鼠中間滾輪，可將圖形放大。 | |

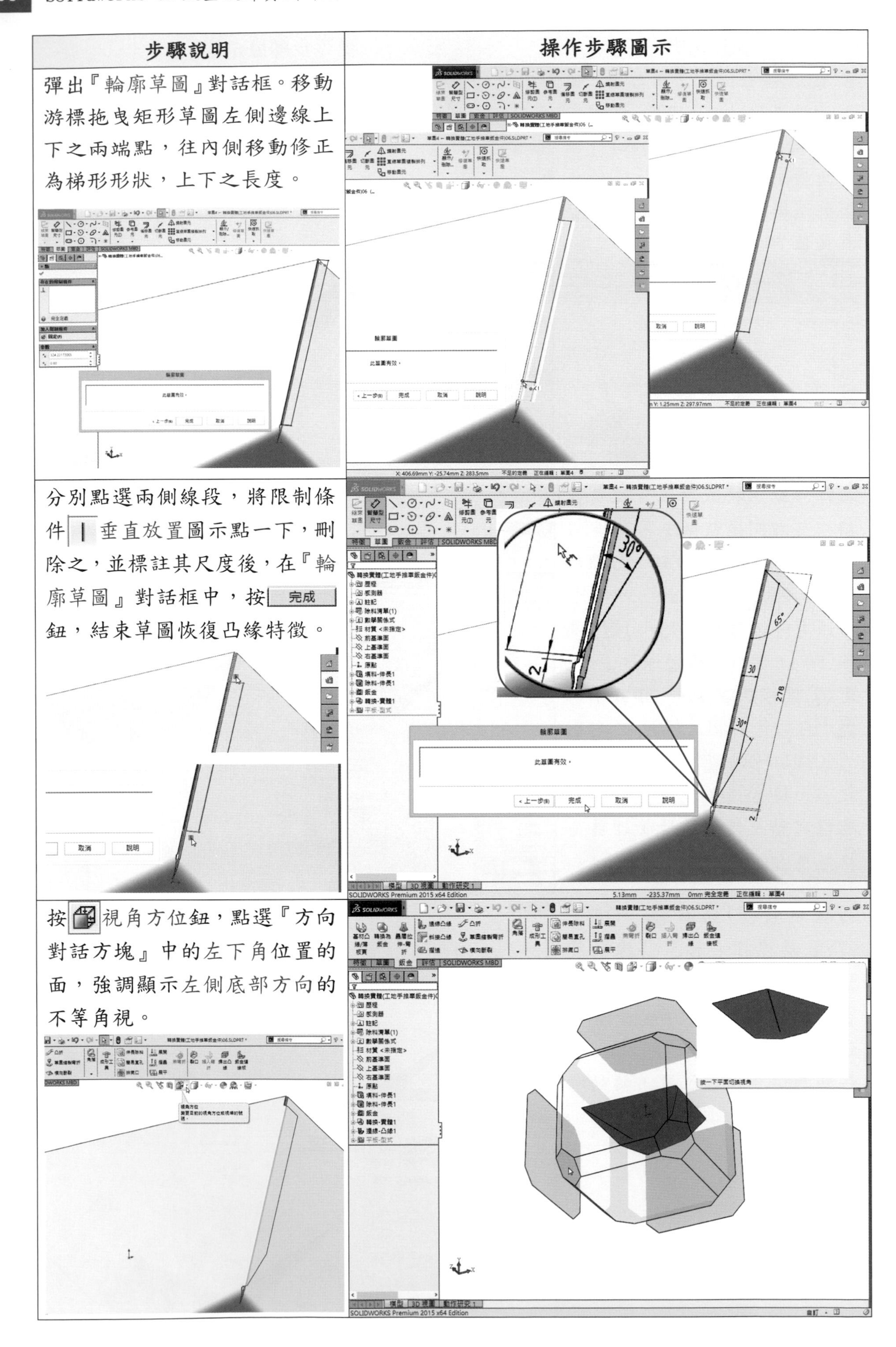

| 步驟說明 | 操作步驟圖示 |
| --- | --- |
| 彈出『輪廓草圖』對話框。移動游標拖曳矩形草圖左側邊線上下之兩端點，往內側移動修正為梯形形狀，上下之長度。 | |
| 分別點選兩側線段，將限制條件 垂直放置圖示點一下，刪除之，並標註其尺度後，在『輪廓草圖』對話框中，按 完成 鈕，結束草圖恢復凸緣特徵。 | |
| 按 視角方位鈕，點選『方向對話方塊』中的左下角位置的面，強調顯示左側底部方向的不等角視。 | |

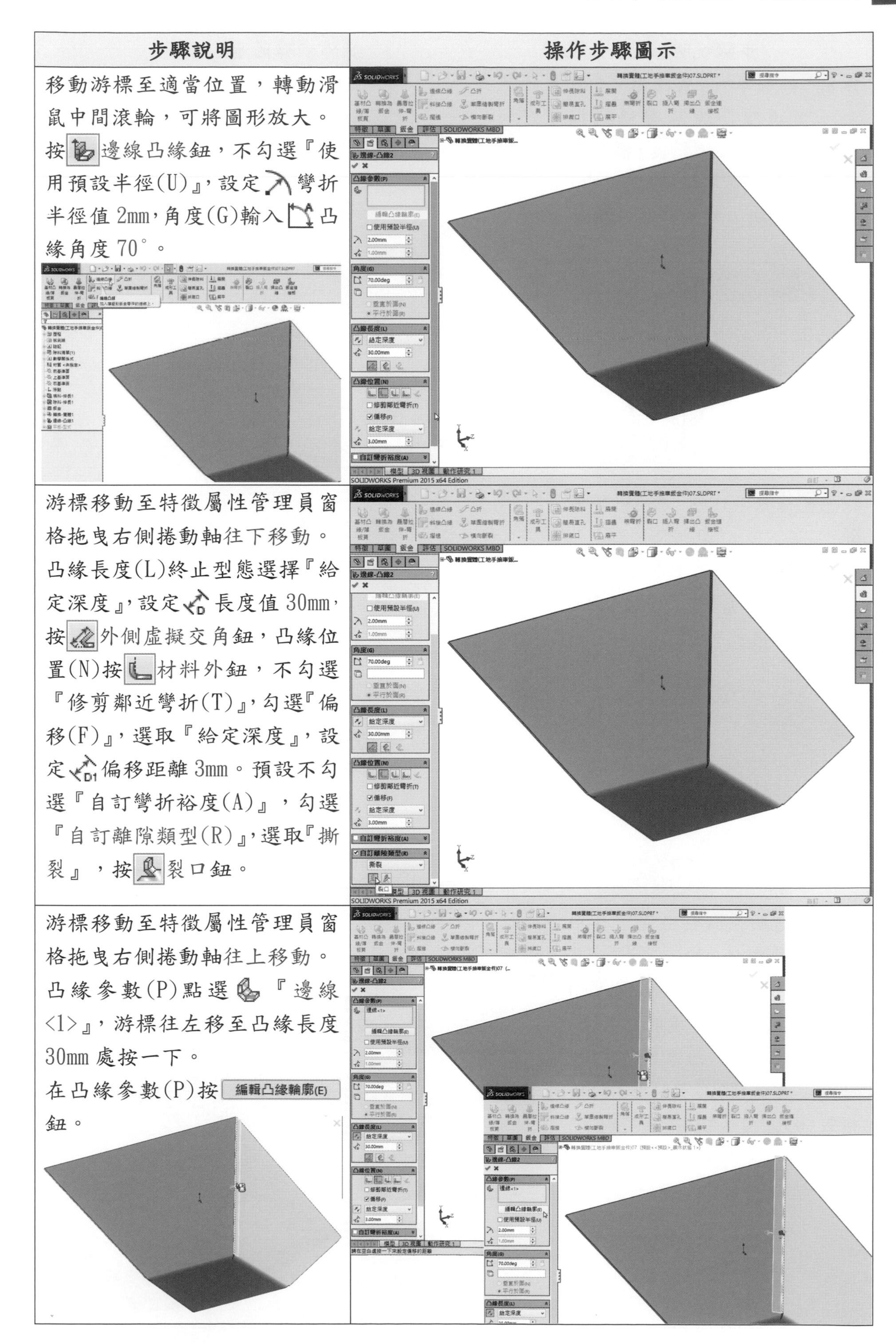

| 步驟說明 | 操作步驟圖示 |
| --- | --- |
| 移動游標至適當位置，轉動滑鼠中間滾輪，可將圖形放大。按邊線凸緣鈕，不勾選『使用預設半徑(U)』，設定彎折半徑值 2mm，角度(G)輸入凸緣角度 70°。 | |
| 游標移動至特徵屬性管理員窗格拖曳右側捲動軸往下移動。凸緣長度(L)終止型態選擇『給定深度』，設定長度值 30mm，按外側虛擬交角鈕，凸緣位置(N)按材料外鈕，不勾選『修剪鄰近彎折(T)』，勾選『偏移(F)』，選取『給定深度』，設定偏移距離 3mm。預設不勾選『自訂彎折裕度(A)』，勾選『自訂離隙類型(R)』，選取『撕裂』，按裂口鈕。 | |
| 游標移動至特徵屬性管理員窗格拖曳右側捲動軸往上移動。凸緣參數(P)點選『邊線<1>』，游標往左移至凸緣長度 30mm 處按一下。<br>在凸緣參數(P)按 編輯凸緣輪廓(E) 鈕。 | |

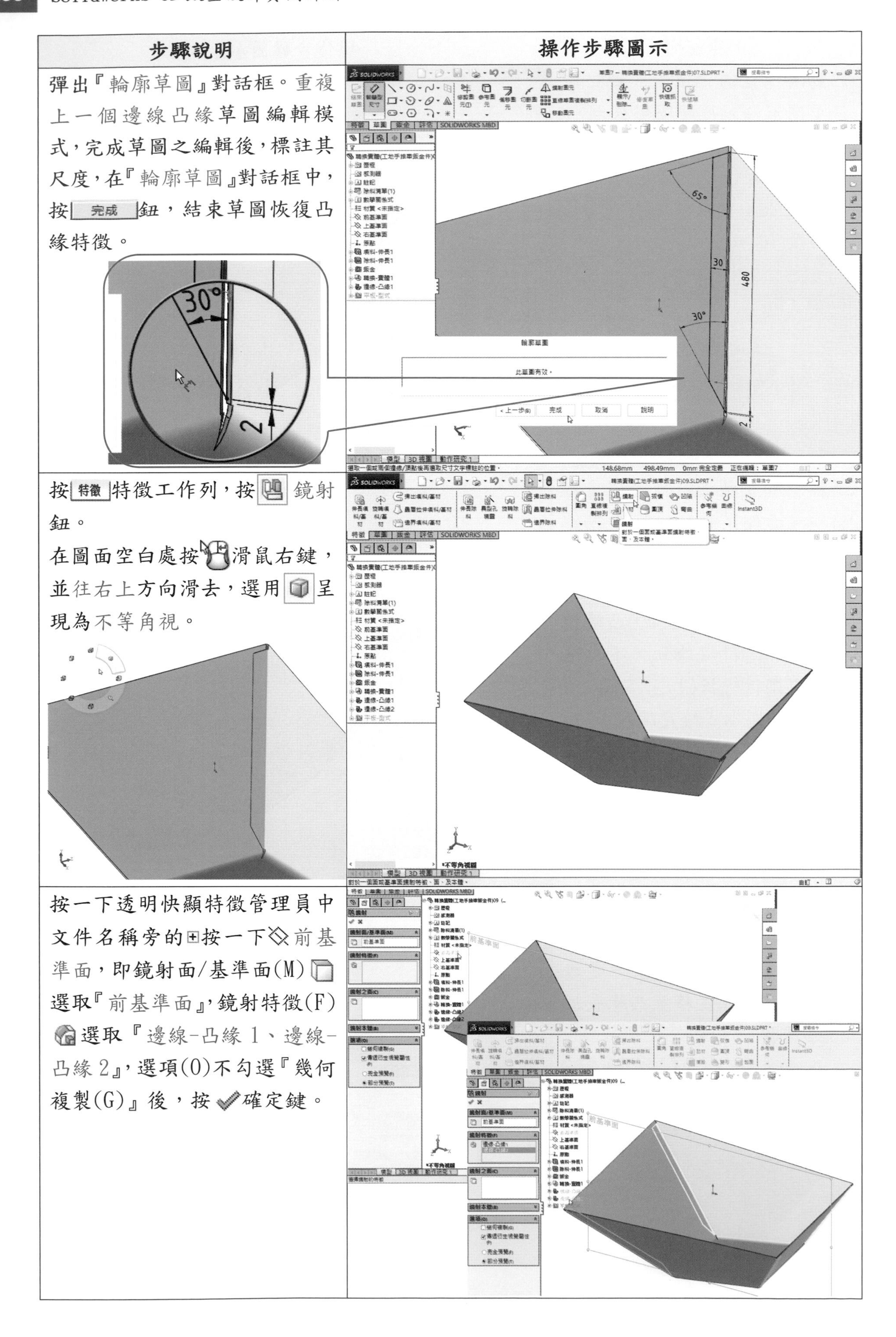

| 步驟說明 | 操作步驟圖示 |
| --- | --- |
| 彈出『輪廓草圖』對話框。重複上一個邊線凸緣草圖編輯模式，完成草圖之編輯後，標註其尺度，在『輪廓草圖』對話框中，按 完成 鈕，結束草圖恢復凸緣特徵。 | |
| 按 特徵 特徵工作列，按 鏡射鈕。<br>在圖面空白處按滑鼠右鍵，並往右上方向滑去，選用呈現為不等角視。 | |
| 按一下透明快顯特徵管理員中文件名稱旁的⊞按一下前基準面，即鏡射面/基準面(M)選取『前基準面』，鏡射特徵(F)選取『邊線-凸緣1、邊線-凸緣2』，選項(O)不勾選『幾何複製(G)』後，按確定鍵。 | |

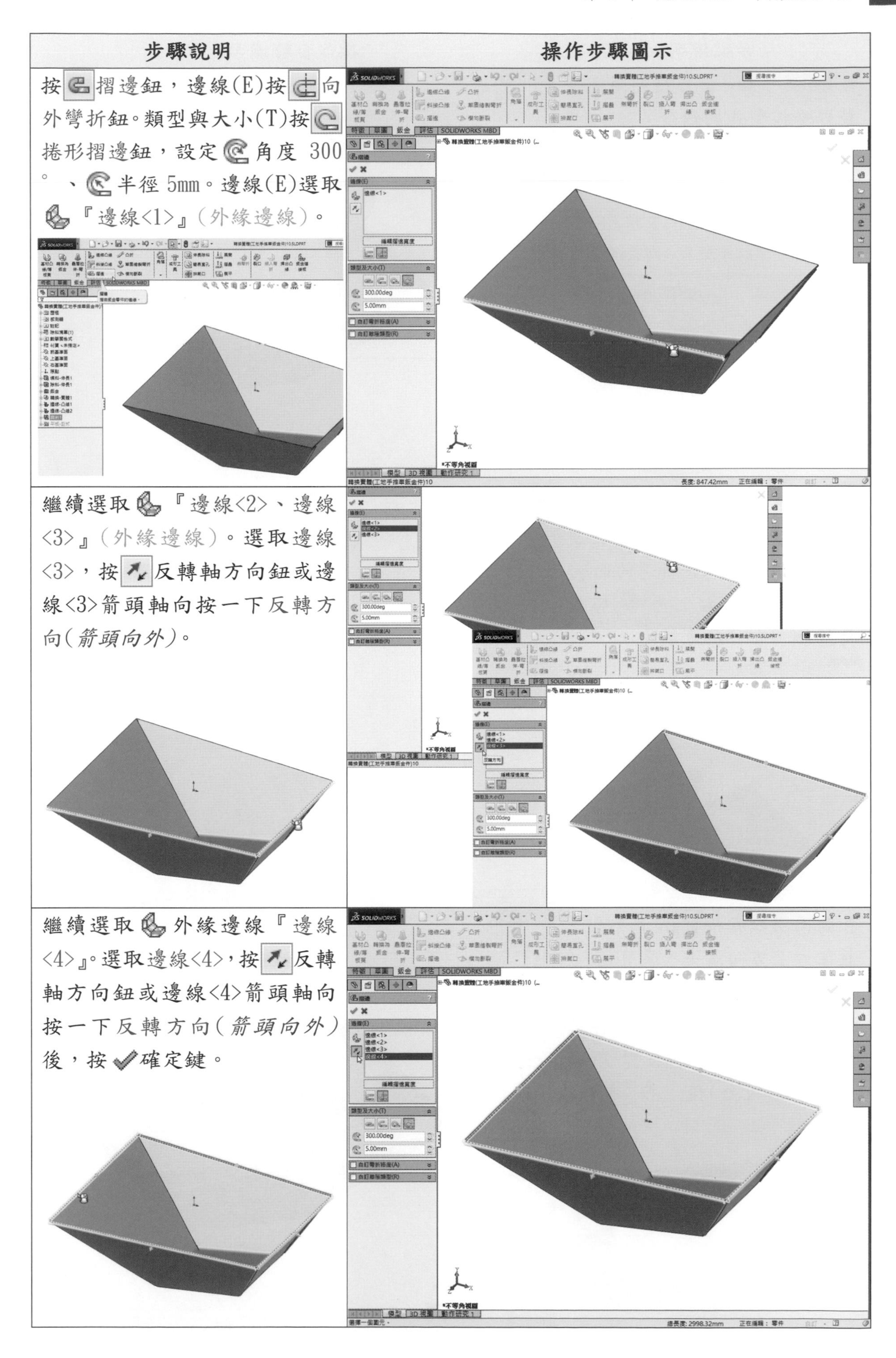

| 步驟說明 | 操作步驟圖示 |
|---|---|
| 按摺邊鈕，邊線(E)按向外彎折鈕。類型與大小(T)按捲形摺邊鈕，設定角度 300°、半徑 5mm。邊線(E)選取『邊線<1>』(外緣邊線)。 | |
| 繼續選取『邊線<2>、邊線<3>』(外緣邊線)。選取邊線<3>，按反轉軸方向鈕或邊線<3>箭頭軸向按一下反轉方向(*箭頭向外*)。 | |
| 繼續選取外緣邊線『邊線<4>』。選取邊線<4>，按反轉軸方向鈕或邊線<4>箭頭軸向按一下反轉方向(*箭頭向外*)後，按確定鍵。 | |

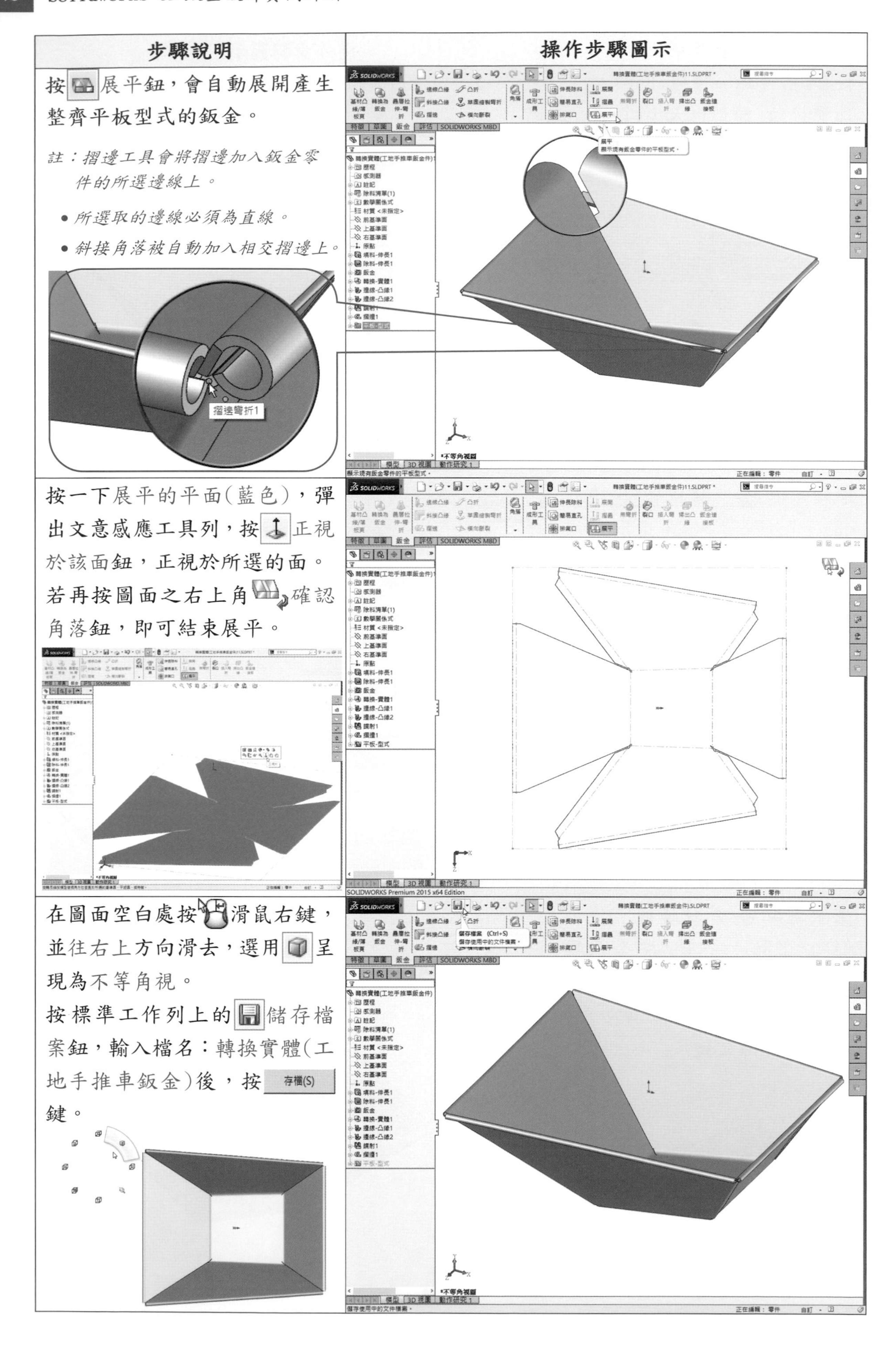

| 步驟說明 | 操作步驟圖示 |
| --- | --- |
| 按展平鈕，會自動展開產生整齊平板型式的鈑金。<br>*註：摺邊工具會將摺邊加入鈑金零件的所選邊線上。*<br>• *所選取的邊線必須為直線。*<br>• *斜接角落被自動加入相交摺邊上。* | |
| 按一下展平的平面(藍色)，彈出文意感應工具列，按正視於該面鈕，正視於所選的面。若再按圖面之右上角確認角落鈕，即可結束展平。 | |
| 在圖面空白處按滑鼠右鍵，並往右上方向滑去，選用呈現為不等角視。<br>按標準工作列上的儲存檔案鈕，輸入檔名：轉換實體(工地手推車鈑金)後，按存檔(S)鍵。 | |

## 2.13.2 轉換實體(本體特徵)產生滑動護罩鈑金

學習目標：能使用轉換為鈑金指令，透過轉換伸長填料實體的方式產生鈑金零件。

繪圖步驟：長伸長填料→作伸長除料→作導角→作分割線→作轉換為鈑金→按展平→作伸長除料→按展平。

- 草圖指令：角落矩形、幾何建構線、直線、點、草圖、偏移圖元、修剪圖元、草圖圓角。
- 特徵指令：伸長填料/基材、伸長除料、導角、分割線。
- 鈑金指令：轉換為鈑金、展平。

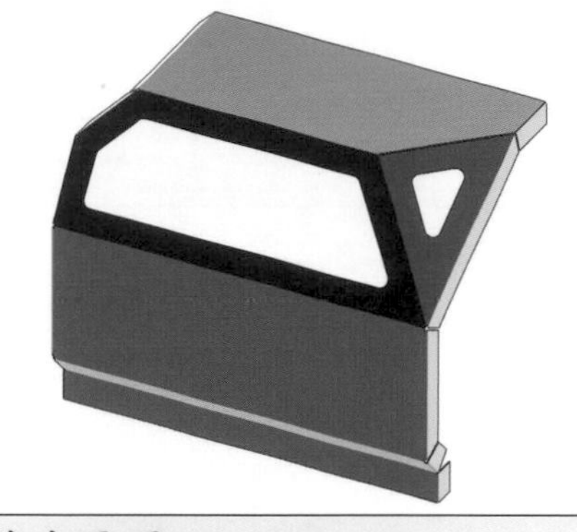

| 步驟說明 | 操作步驟圖示 |
| --- | --- |
| 首先選取右基準面作為草圖1之繪圖平面。<br>按角落矩形、幾何建構線、直線鈕，畫出草圖之外型輪廓線。<br>按智慧型尺寸鈕，標註其尺度。<br>按特徵特徵工作列，按伸長填料/基材鈕。 | 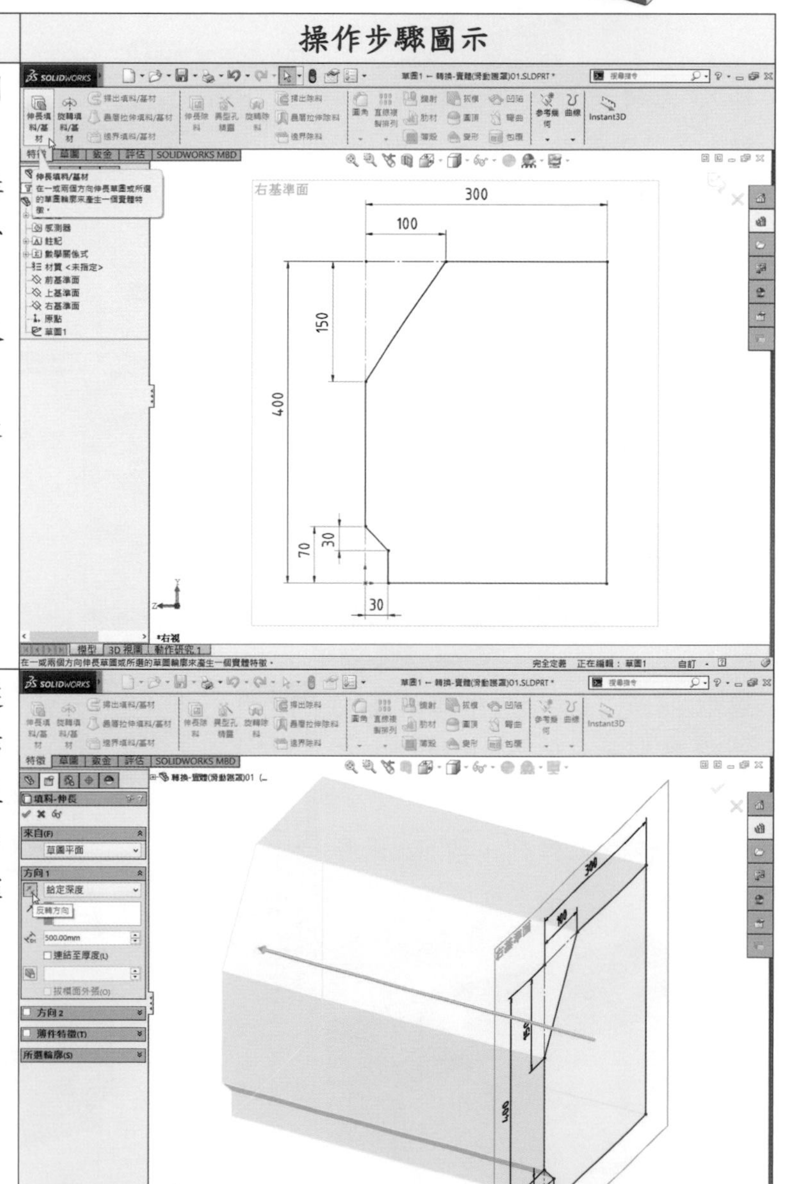 |
| 來自(F)『草圖平面』，方向1選取『給定深度』，不勾選『連結至厚度(L)』，輸入深度值500mm，不勾選『薄件特徵(T)』，按反轉方向鈕後，按確定鍵。 | |

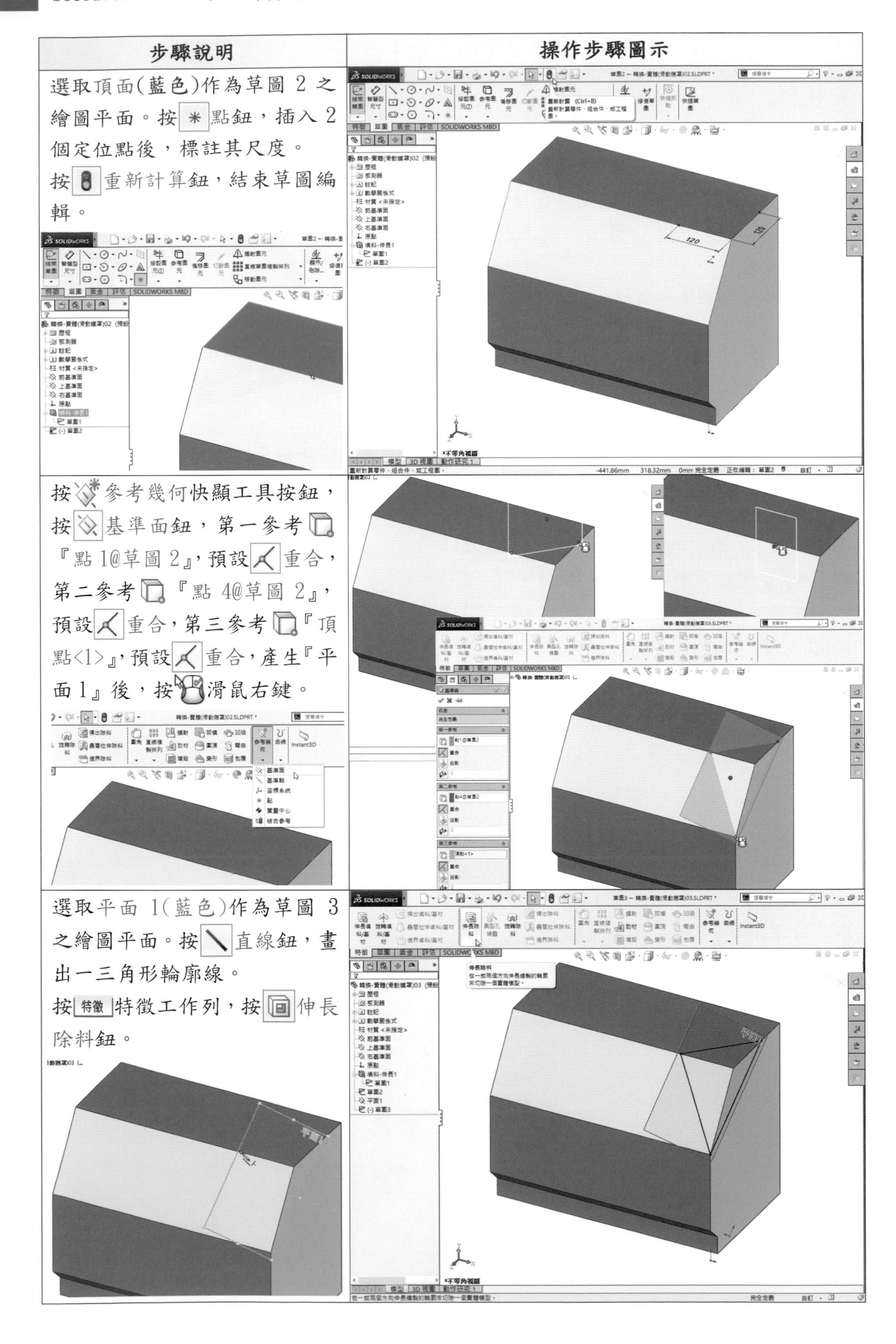

| 步驟說明 | 操作步驟圖示 |
| --- | --- |
| 選取頂面(藍色)作為草圖 2 之繪圖平面。按 點鈕，插入 2 個定位點後，標註其尺度。<br>按 重新計算鈕，結束草圖編輯。 | |
| 按 參考幾何快顯工具按鈕，按 基準面鈕，第一參考 『點 1@草圖 2』，預設 重合，第二參考 『點 4@草圖 2』，預設 重合，第三參考 『頂點<1>』，預設 重合，產生『平面 1』後，按 滑鼠右鍵。 | |
| 選取平面 1(藍色)作為草圖 3 之繪圖平面。按 直線鈕，畫出一三角形輪廓線。<br>按 特徵 特徵工作列，按 伸長除料鈕。 | |

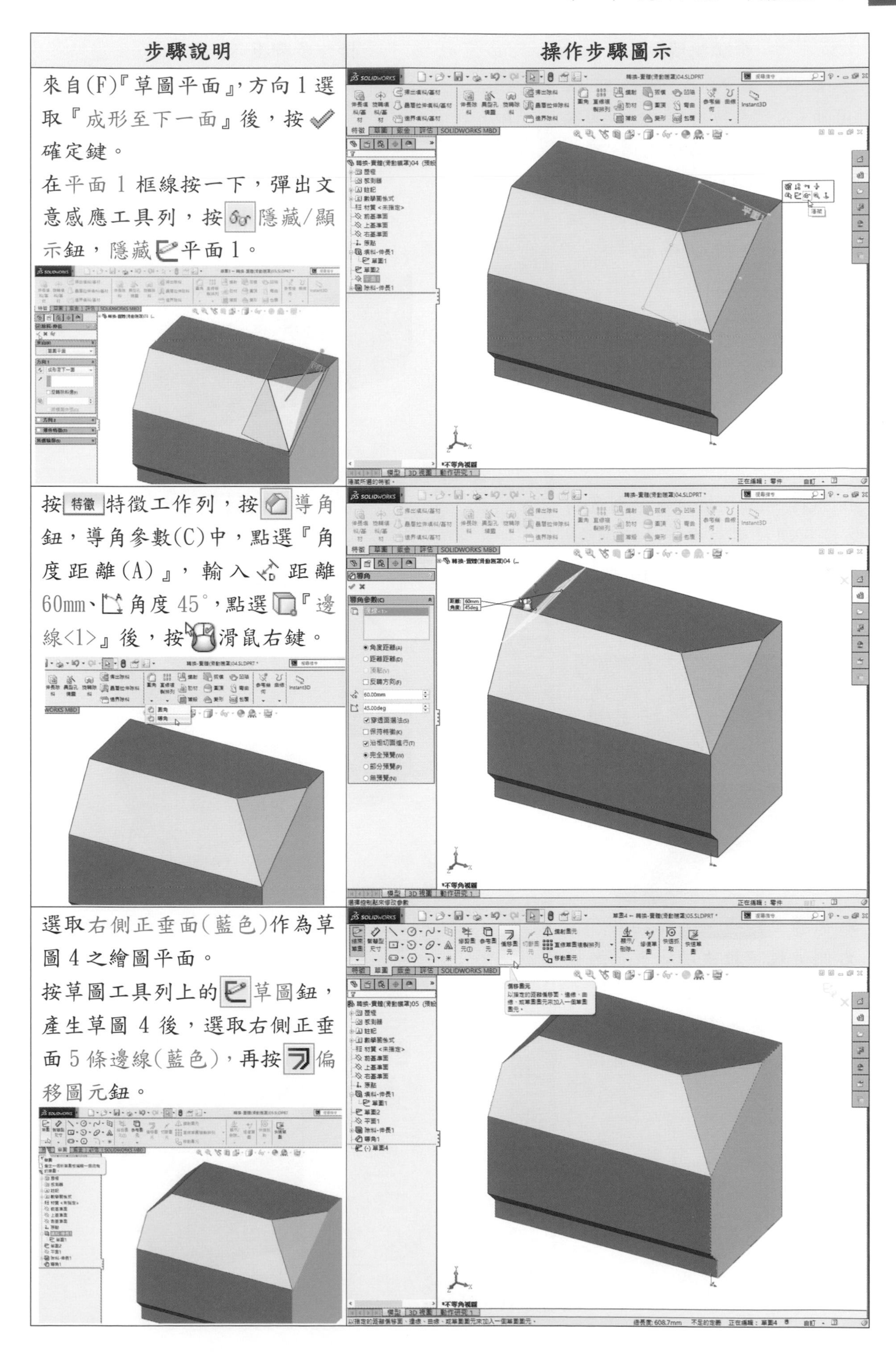

| 步驟說明 | 操作步驟圖示 |
| --- | --- |
| 來自(F)『草圖平面』，方向 1 選取『成形至下一面』後，按 [icon] 確定鍵。<br>在平面 1 框線按一下，彈出文意感應工具列，按 [icon] 隱藏/顯示鈕，隱藏 [icon] 平面 1。 | |
| 按 [特徵] 特徵工作列，按 [icon] 導角鈕，導角參數(C)中，點選『角度距離(A)』，輸入 [icon] 距離 60mm、[icon] 角度 45°，點選 [icon]『邊線<1>』後，按 [icon] 滑鼠右鍵。 | |
| 選取右側正垂面(藍色)作為草圖 4 之繪圖平面。<br>按草圖工具列上的 [icon] 草圖鈕，產生草圖 4 後，選取右側正垂面 5 條邊線(藍色)，再按 [icon] 偏移圖元鈕。 | |

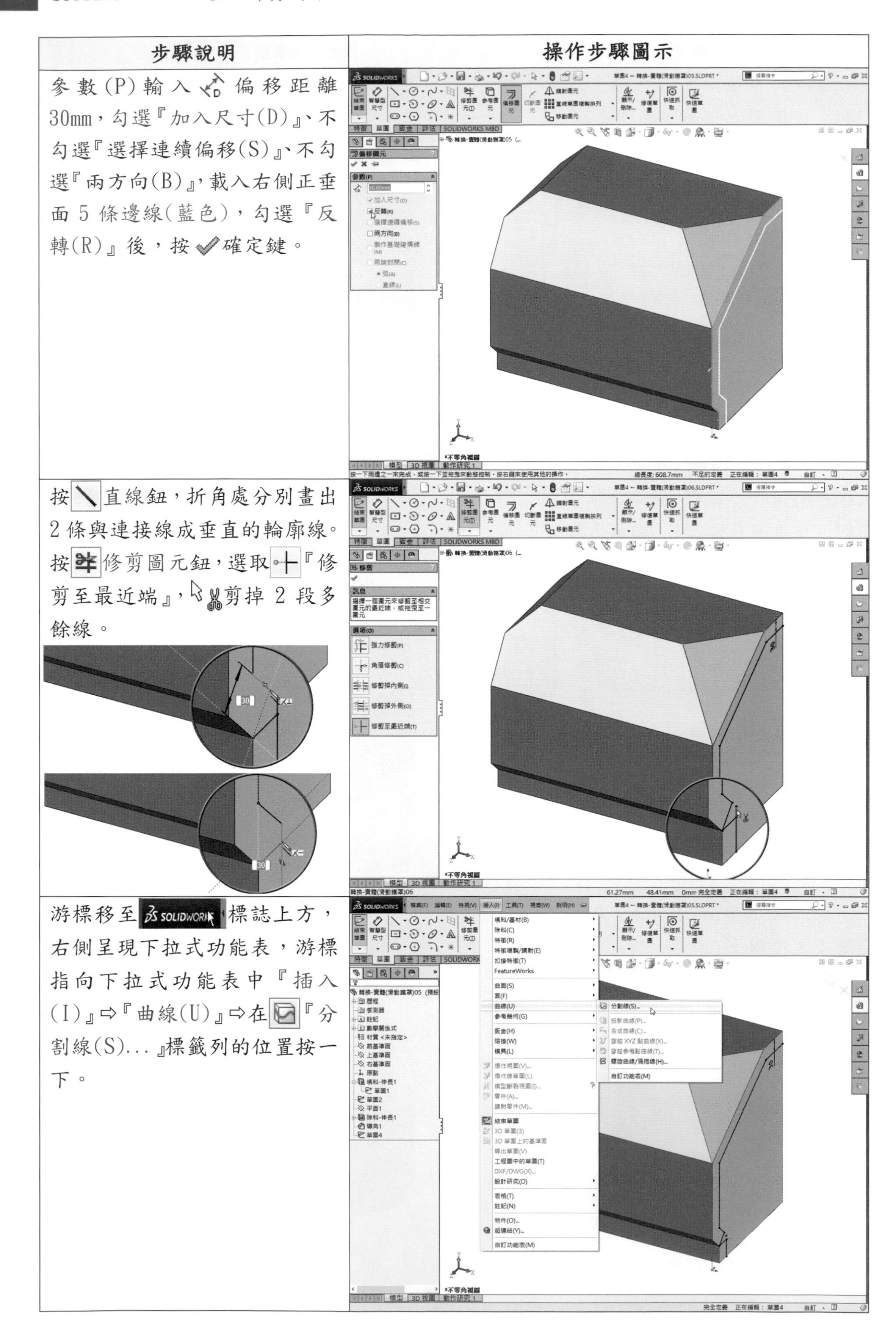

| 步驟說明 | 操作步驟圖示 |
|---|---|
| 參數(P)輸入 偏移距離30mm，勾選『加入尺寸(D)』、不勾選『選擇連續偏移(S)』、不勾選『兩方向(B)』，載入右側正垂面 5 條邊線(藍色)，勾選『反轉(R)』後，按 確定鍵。 | |
| 按 直線鈕，折角處分別畫出 2 條與連接線成垂直的輪廓線。按 修剪圖元鈕，選取 『修剪至最近端』， 剪掉 2 段多餘線。 | |
| 游標移至 標誌上方，右側呈現下拉式功能表，游標指向下拉式功能表中『插入(I)』⇨『曲線(U)』⇨在 『分割線(S)...』標籤列的位置按一下。 | |

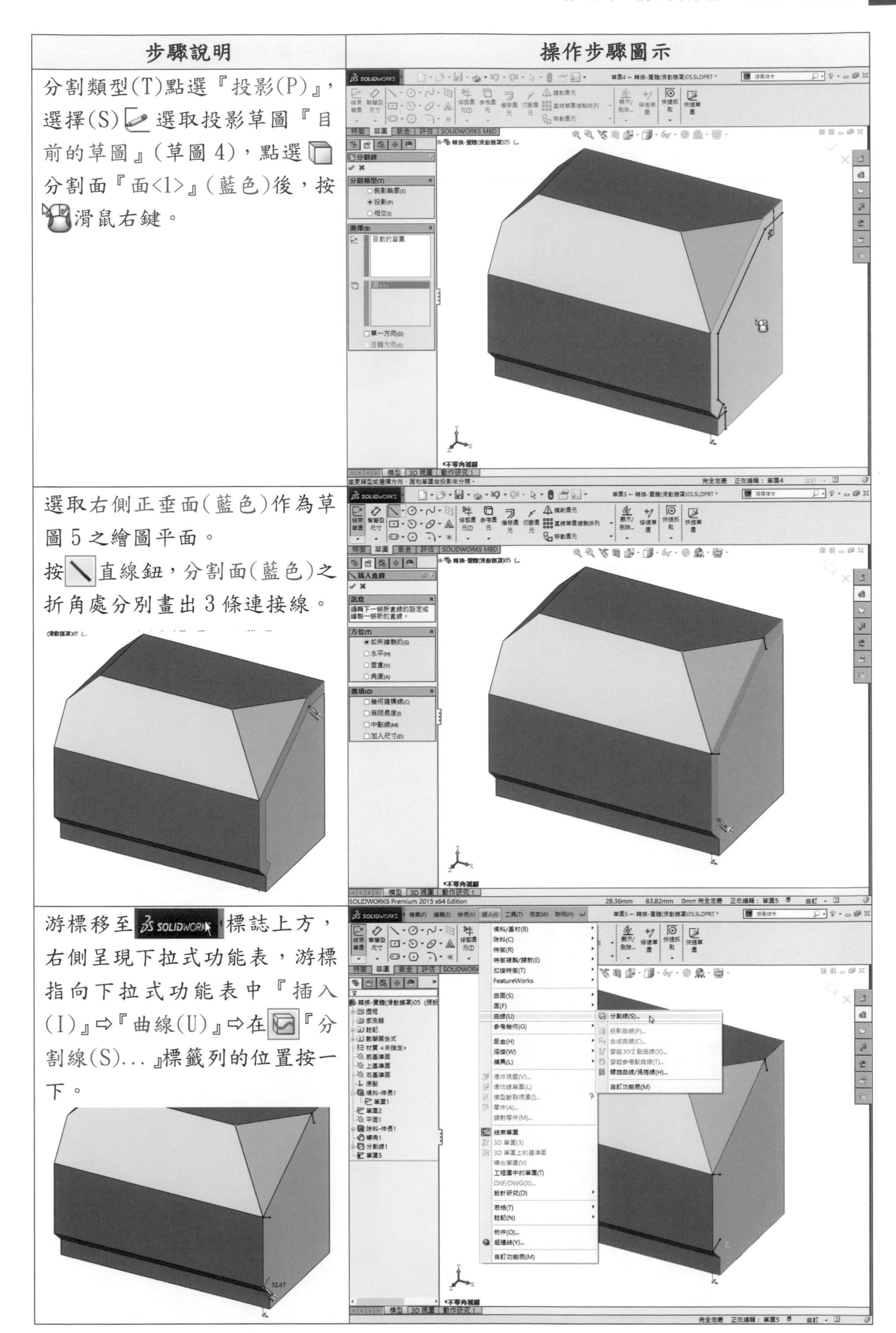

| 步驟說明 | 操作步驟圖示 |
| --- | --- |
| 分割類型(T)點選『投影(P)』，選擇(S) 選取投影草圖『目前的草圖』(草圖 4)，點選 分割面『面<1>』(藍色)後，按 滑鼠右鍵。 | |
| 選取右側正垂面(藍色)作為草圖 5 之繪圖平面。<br>按 直線鈕，分割面(藍色)之折角處分別畫出 3 條連接線。 | |
| 游標移至 SOLIDWORKS 標誌上方，右側呈現下拉式功能表，游標指向下拉式功能表中『插入(I)』⇨『曲線(U)』⇨在 『分割線(S)...』標籤列的位置按一下。 | |

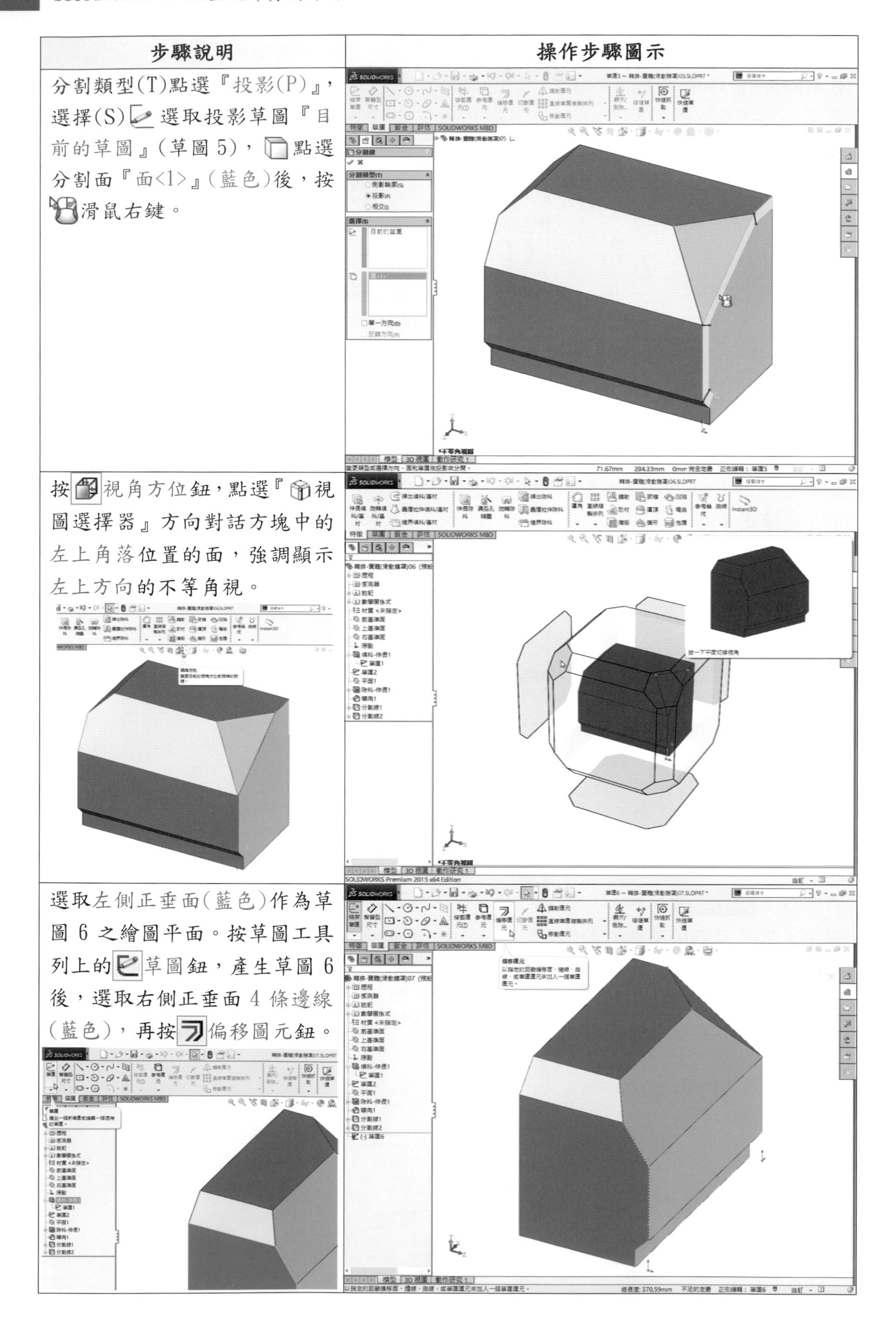

| 步驟說明 | 操作步驟圖示 |
| --- | --- |
| 分割類型(T)點選『投影(P)』，選擇(S)選取投影草圖『目前的草圖』(草圖 5)，點選分割面『面<1>』(藍色)後，按滑鼠右鍵。 | |
| 按視角方位鈕，點選『視圖選擇器』方向對話方塊中的左上角落位置的面，強調顯示左上方向的不等角視。 | |
| 選取左側正垂面(藍色)作為草圖 6 之繪圖平面。按草圖工具列上的草圖鈕，產生草圖 6 後，選取右側正垂面 4 條邊線(藍色)，再按偏移圖元鈕。 | |

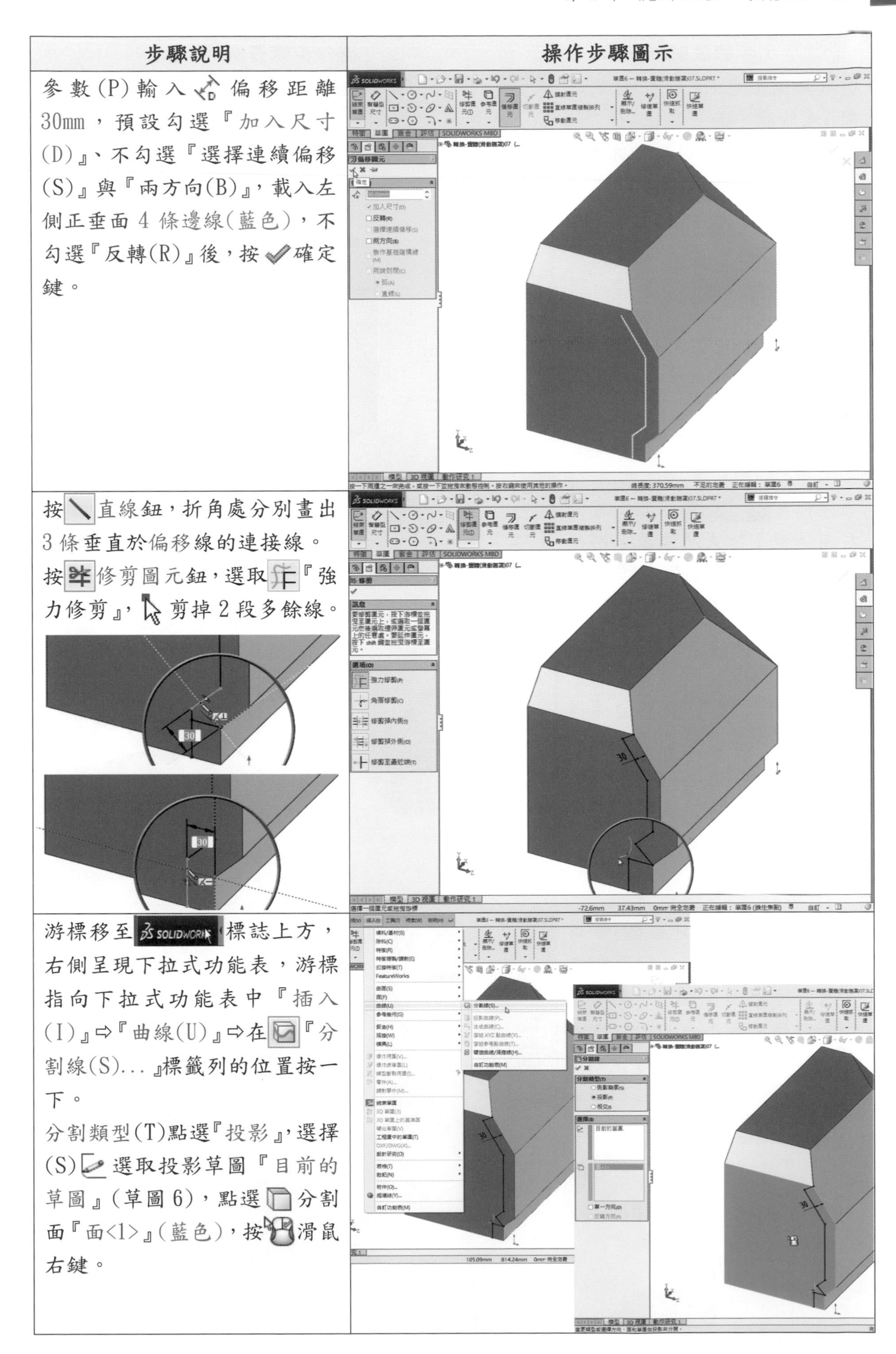

| 步驟說明 | 操作步驟圖示 |
| --- | --- |
| 參數(P)輸入偏移距離 30mm，預設勾選『加入尺寸(D)』、不勾選『選擇連續偏移(S)』與『兩方向(B)』，載入左側正垂面 4 條邊線(藍色)，不勾選『反轉(R)』後，按確定鍵。 | |
| 按直線鈕，折角處分別畫出 3 條垂直於偏移線的連接線。按修剪圖元鈕，選取『強力修剪』，剪掉 2 段多餘線。 | |
| 游標移至 SOLIDWORKS 標誌上方，右側呈現下拉式功能表，游標指向下拉式功能表中『插入(I)』⇨『曲線(U)』⇨在『分割線(S)...』標籤列的位置按一下。<br>分割類型(T)點選『投影』，選擇(S)選取投影草圖『目前的草圖』(草圖 6)，點選分割面『面<1>』(藍色)，按滑鼠右鍵。 | |

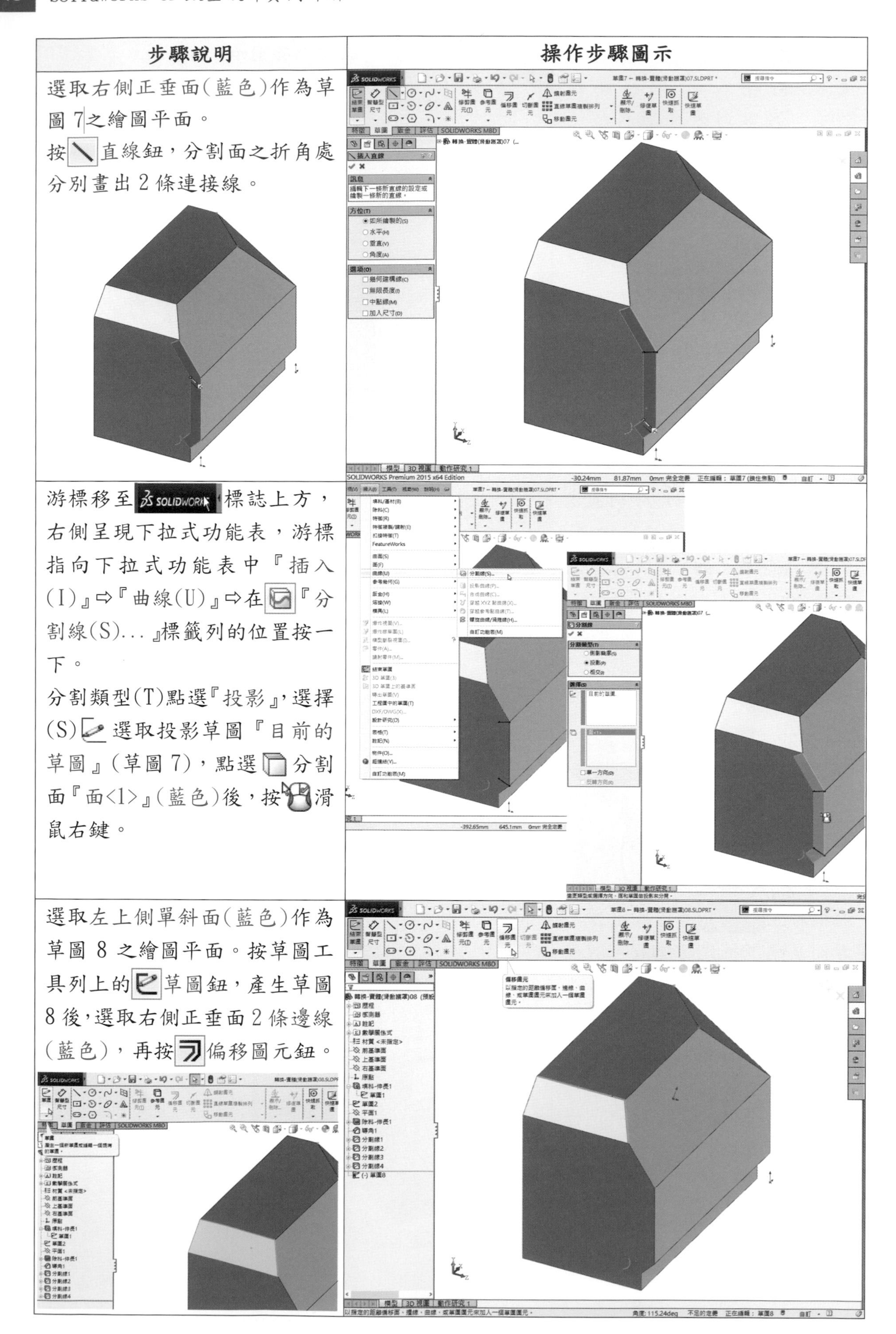

| 步驟說明 | 操作步驟圖示 |
| --- | --- |
| 選取右側正垂面(藍色)作為草圖 7之繪圖平面。<br>按 直線鈕，分割面之折角處分別畫出 2 條連接線。 | |
| 游標移至 SOLIDWORKS 標誌上方，右側呈現下拉式功能表，游標指向下拉式功能表中『插入(I)』⇨『曲線(U)』⇨在 『分割線(S)...』標籤列的位置按一下。<br>分割類型(T)點選『投影』，選擇(S) 選取投影草圖『目前的草圖』(草圖 7)，點選 分割面『面<1>』(藍色)後，按 滑鼠右鍵。 | |
| 選取左上側單斜面(藍色)作為草圖 8 之繪圖平面。按草圖工具列上的 草圖鈕，產生草圖 8 後，選取右側正垂面 2 條邊線(藍色)，再按 偏移圖元鈕。 | |

| 步驟說明 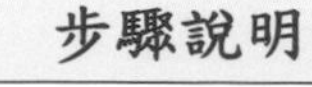 | 操作步驟圖示 |
|---|---|
| 參數(P)輸入 偏移距離 30mm，預設勾選『加入尺寸(D)』、不勾選『選擇連續偏移(S)』、不勾選『兩方向(B)』，載入左側 2 條邊線(藍色)，不勾選『反轉(R)』後，按 確定鍵。 | 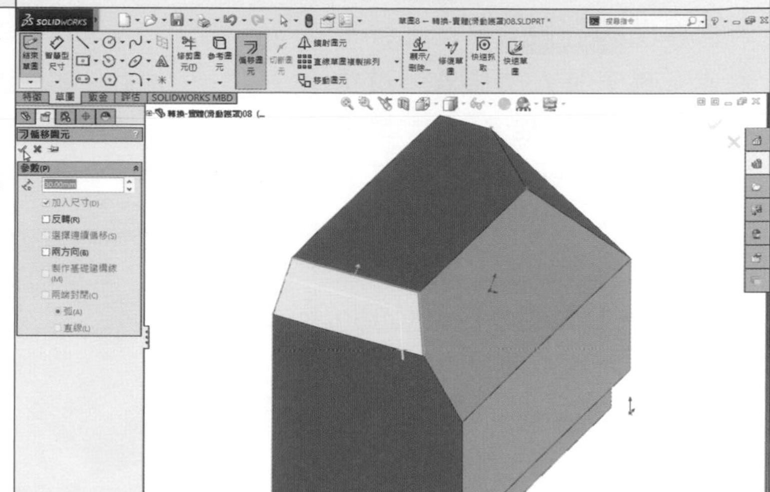 |
| 游標移至 SOLIDWORKS 標誌上方，右側呈現下拉式功能表，游標指向下拉式功能表中『插入(I)』⇨『曲線(U)』⇨在『分割線(S)...』標籤列的位置按一下。<br>分割類型(T)點選『投影(P)』，選擇(S) 選取投影草圖『目前的草圖』(草圖 8)，點選 分割面『面<1>』(藍色)後，按 滑鼠右鍵。 | |
| 選取左上側單斜面(藍色)作為草圖 9 之繪圖平面。按 直線鈕，由折角處分別畫出 1 條連接線。<br>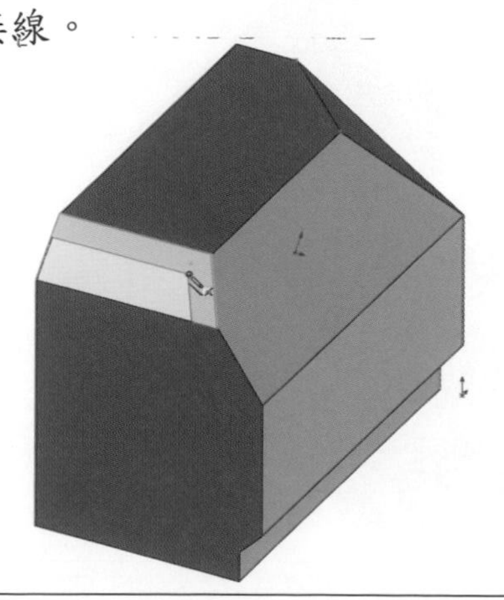 | 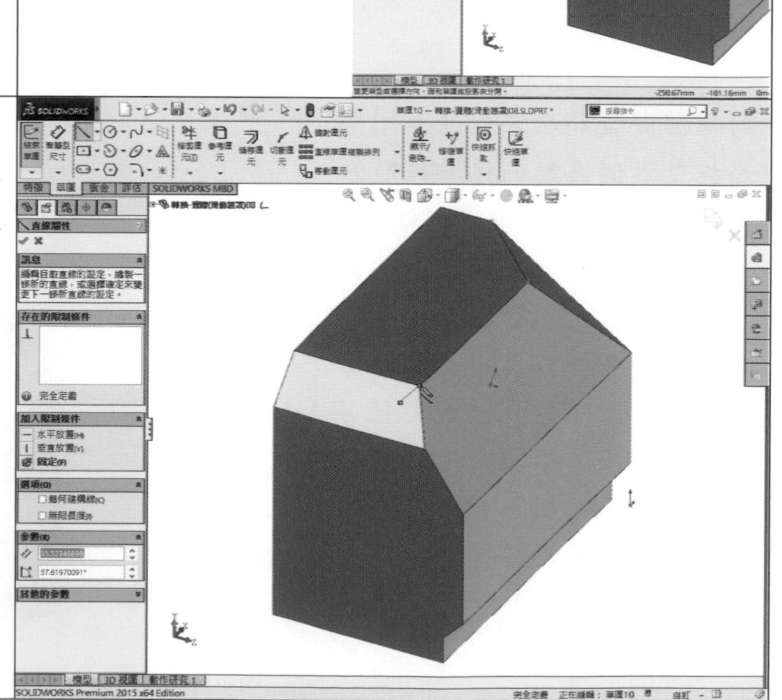 |

| 步驟說明 | 操作步驟圖示 |
| --- | --- |
| 游標移至 SOLIDWORKS 標誌上方，右側呈現下拉式功能表，游標指向下拉式功能表中『插入(I)』⇨『曲線(U)』⇨在『分割線(S)...』標籤列的位置按一下。<br>分割類型(T)點選『投影(P)』，選擇(S)選取投影草圖『目前的草圖』(草圖9)，點選分割面『面<1>』(藍色)後，按滑鼠右鍵。 | 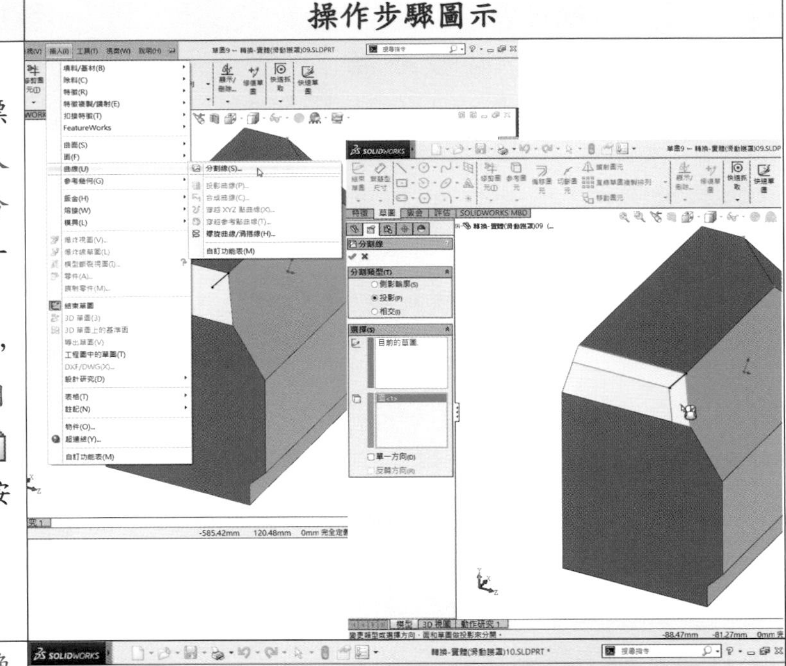 |
| 按 鈑金 鈑金工具列，按轉換為鈑金鈕，鈑金參數(P)點選固定面『面<1>』，輸入鈑金厚度 2.5mm，不勾選『反轉厚度(R)』，不勾選『保持本體』彎折的預設半徑 1mm。<br>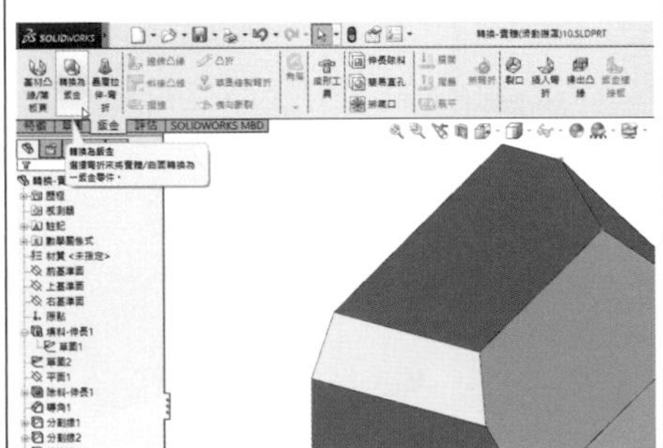 | 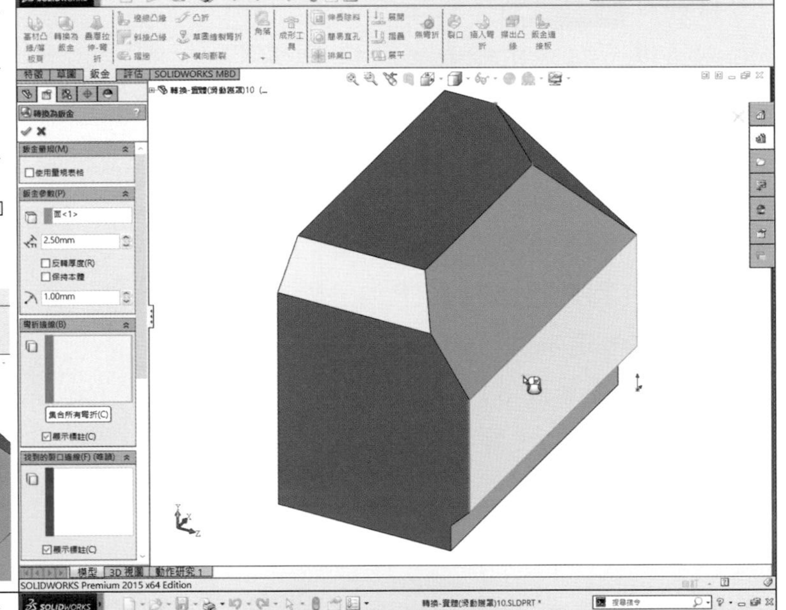 |
| 游標移動至特徵屬性管理員窗格拖曳右側捲動軸往下移動。<br>角落預設按開口對接鈕，定義裂口的類型，設定裂口縫隙寬度 1mm，設定重疊比例 0.5。自定彎折裕度(A)預設『K-Factor』值為 0.5，自動離隙類型『圓端』，離隙比例 0.1。<br>游標移動至特徵屬性管理員窗格拖曳右側捲動軸往上移動。<br>*註：離隙比例值必須介於 0.05 和 2 之間。數值愈高，插入彎折的離隙切除愈大。* | 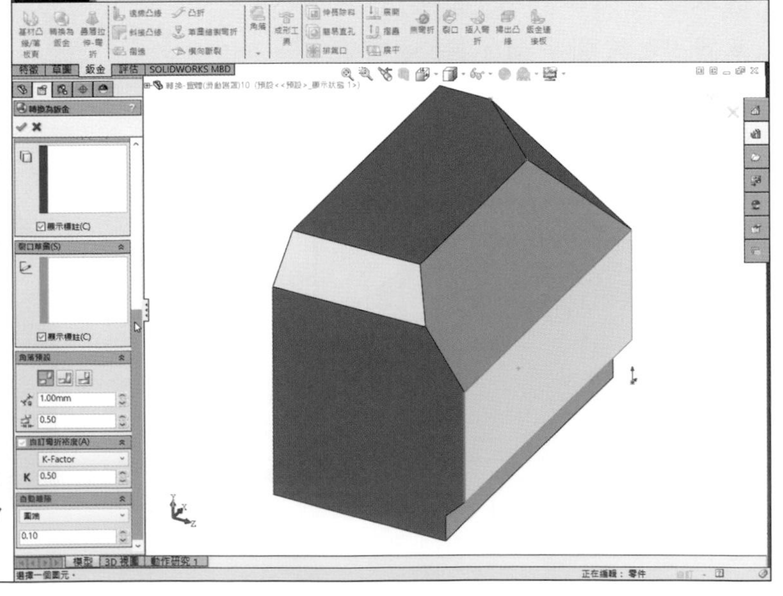 |

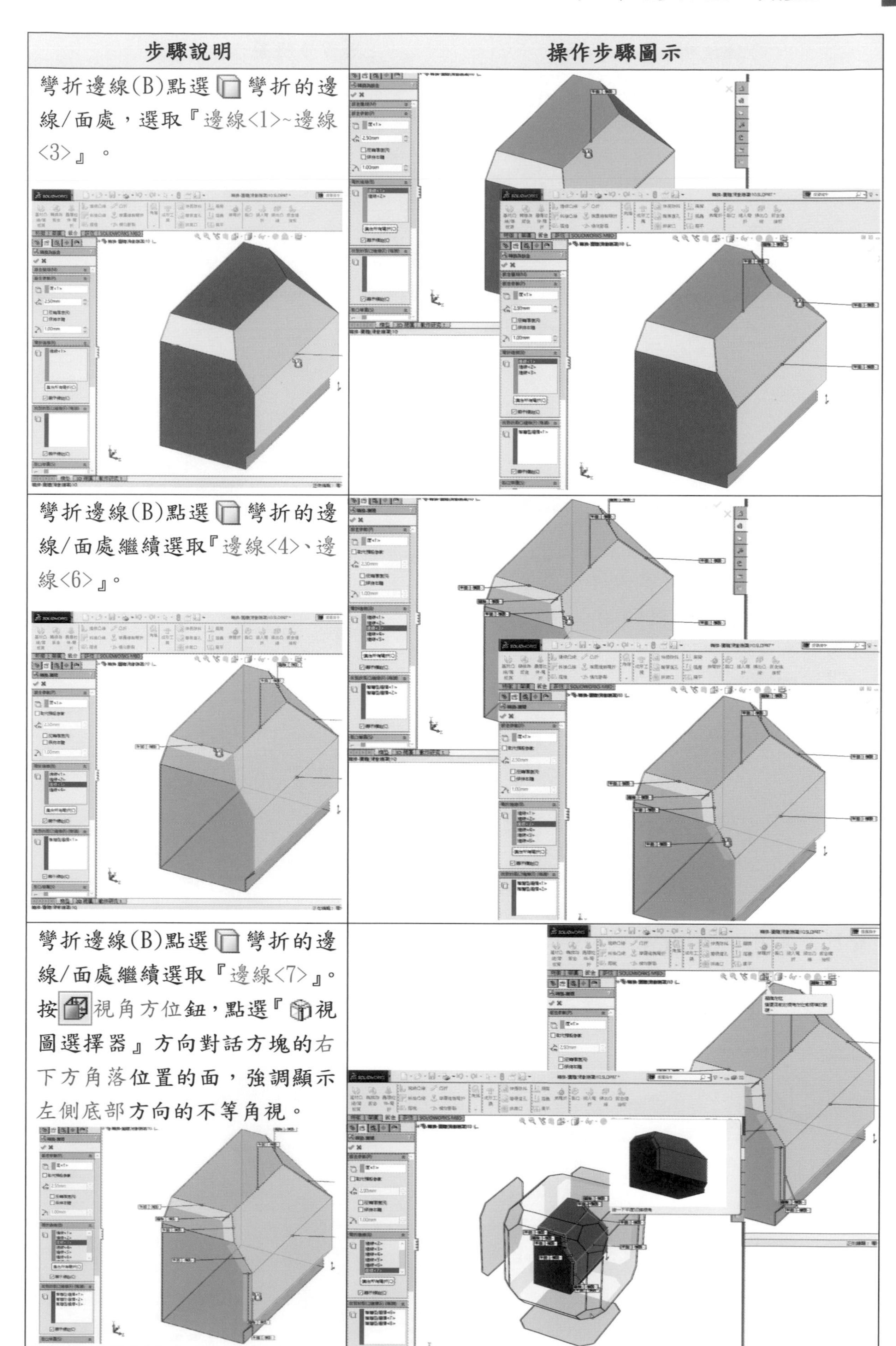

| 步驟說明 | 操作步驟圖示 |
| --- | --- |
| 彎折邊線(B)點選 彎折的邊線/面處，選取『邊線<1>~邊線<3>』。 | |
| 彎折邊線(B)點選 彎折的邊線/面處繼續選取『邊線<4>、邊線<6>』。 | |
| 彎折邊線(B)點選 彎折的邊線/面處繼續選取『邊線<7>』。按 視角方位鈕，點選『 視圖選擇器』方向對話方塊的右下方角落位置的面，強調顯示左側底部方向的不等角視。 | |

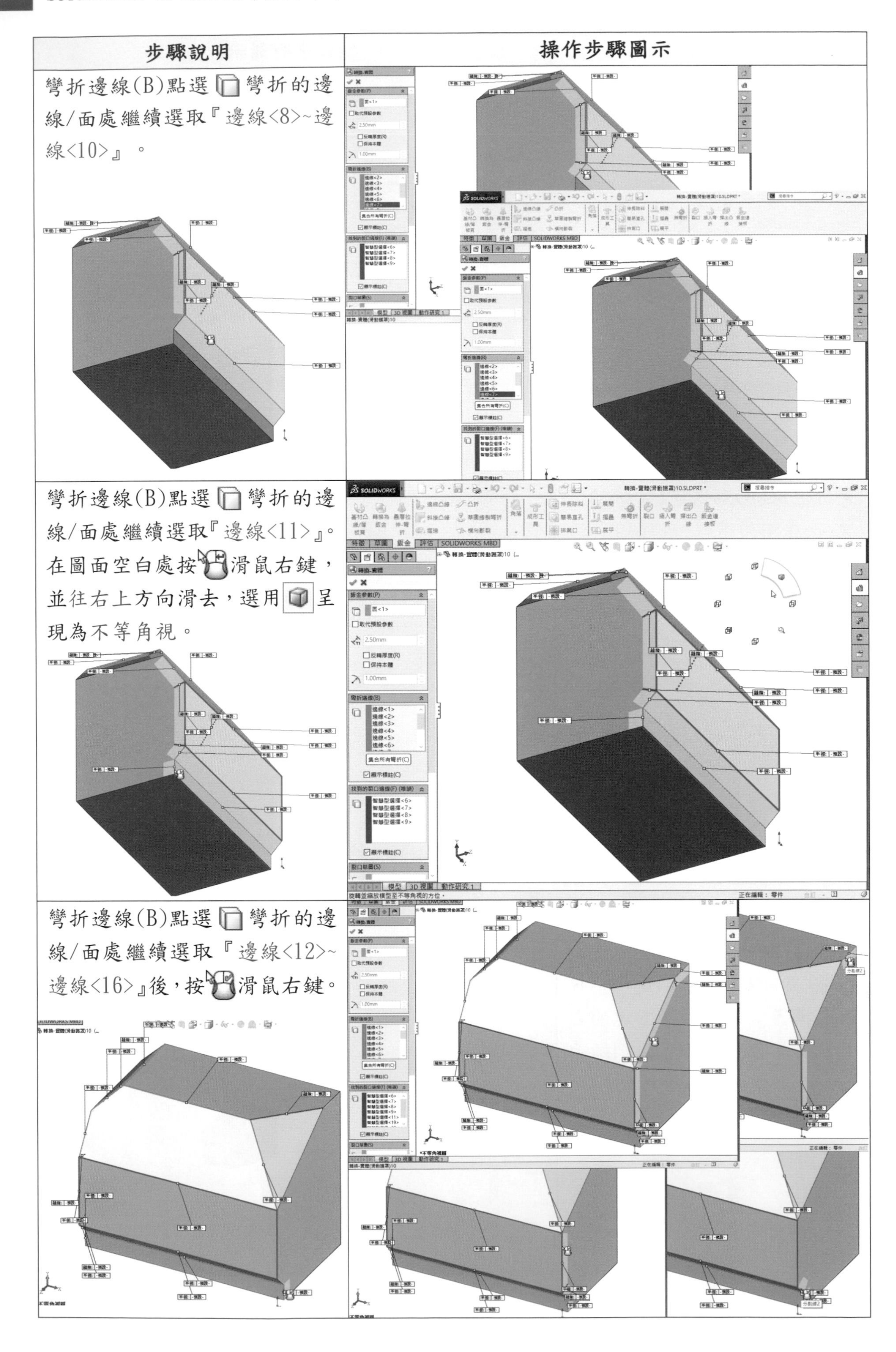

| 步驟說明 | 操作步驟圖示 |
|---|---|
| 彎折邊線(B)點選 彎折的邊線/面處繼續選取『邊線<8>~邊線<10>』。 | |
| 彎折邊線(B)點選 彎折的邊線/面處繼續選取『邊線<11>』。在圖面空白處按 滑鼠右鍵，並往右上方向滑去，選用 呈現為不等角視。 | |
| 彎折邊線(B)點選 彎折的邊線/面處繼續選取『邊線<12>~邊線<16>』後，按 滑鼠右鍵。 | |

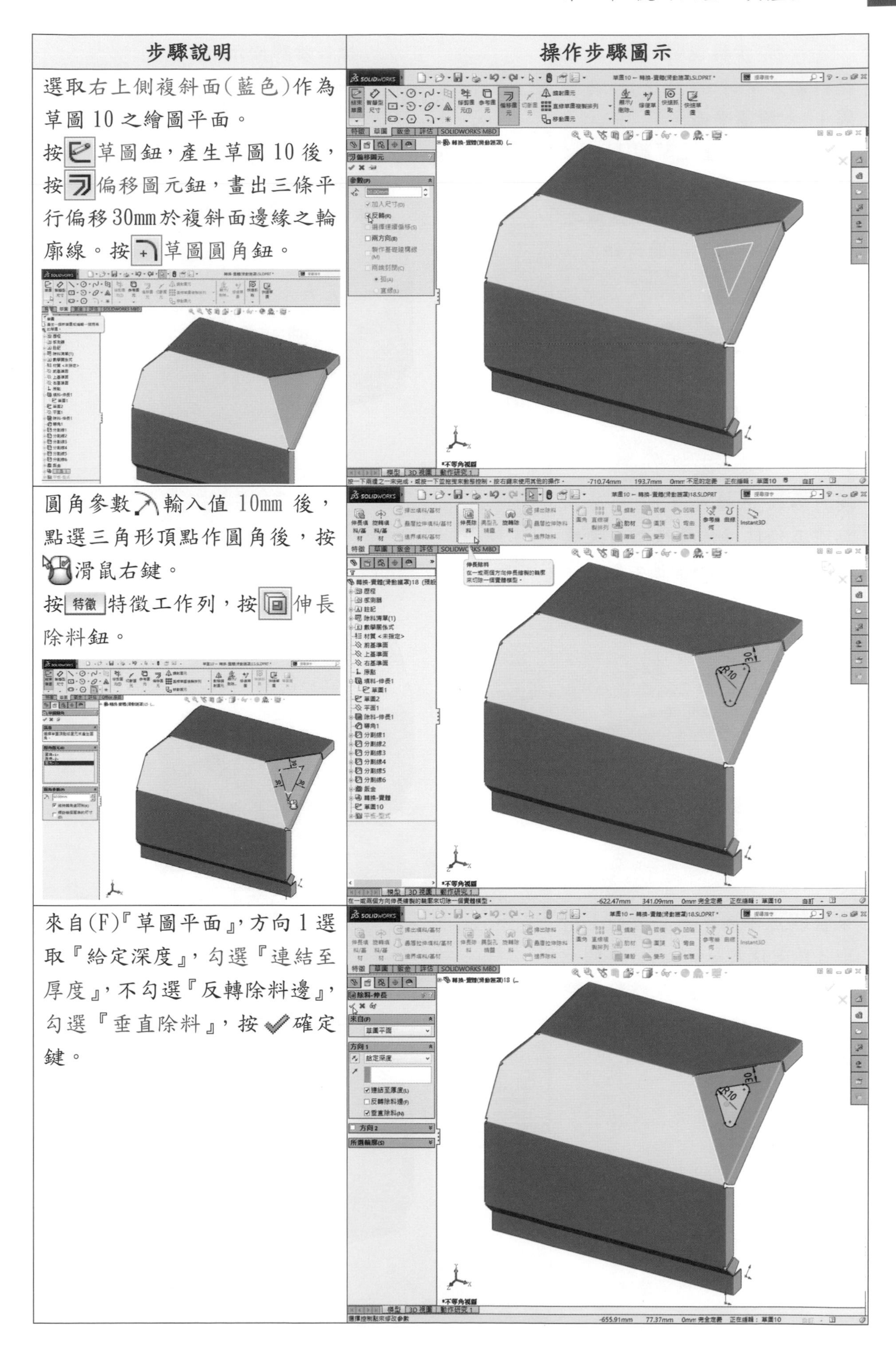

| 步驟說明 | 操作步驟圖示 |
| --- | --- |
| 選取右上側複斜面(藍色)作為草圖 10 之繪圖平面。按草圖鈕，產生草圖 10 後，按偏移圖元鈕，畫出三條平行偏移 30mm 於複斜面邊緣之輪廓線。按草圖圓角鈕。 | |
| 圓角參數輸入值 10mm 後，點選三角形頂點作圓角後，按滑鼠右鍵。按特徵特徵工作列，按伸長除料鈕。 | |
| 來自(F)『草圖平面』，方向 1 選取『給定深度』，勾選『連結至厚度』，不勾選『反轉除料邊』，勾選『垂直除料』，按確定鍵。 | |

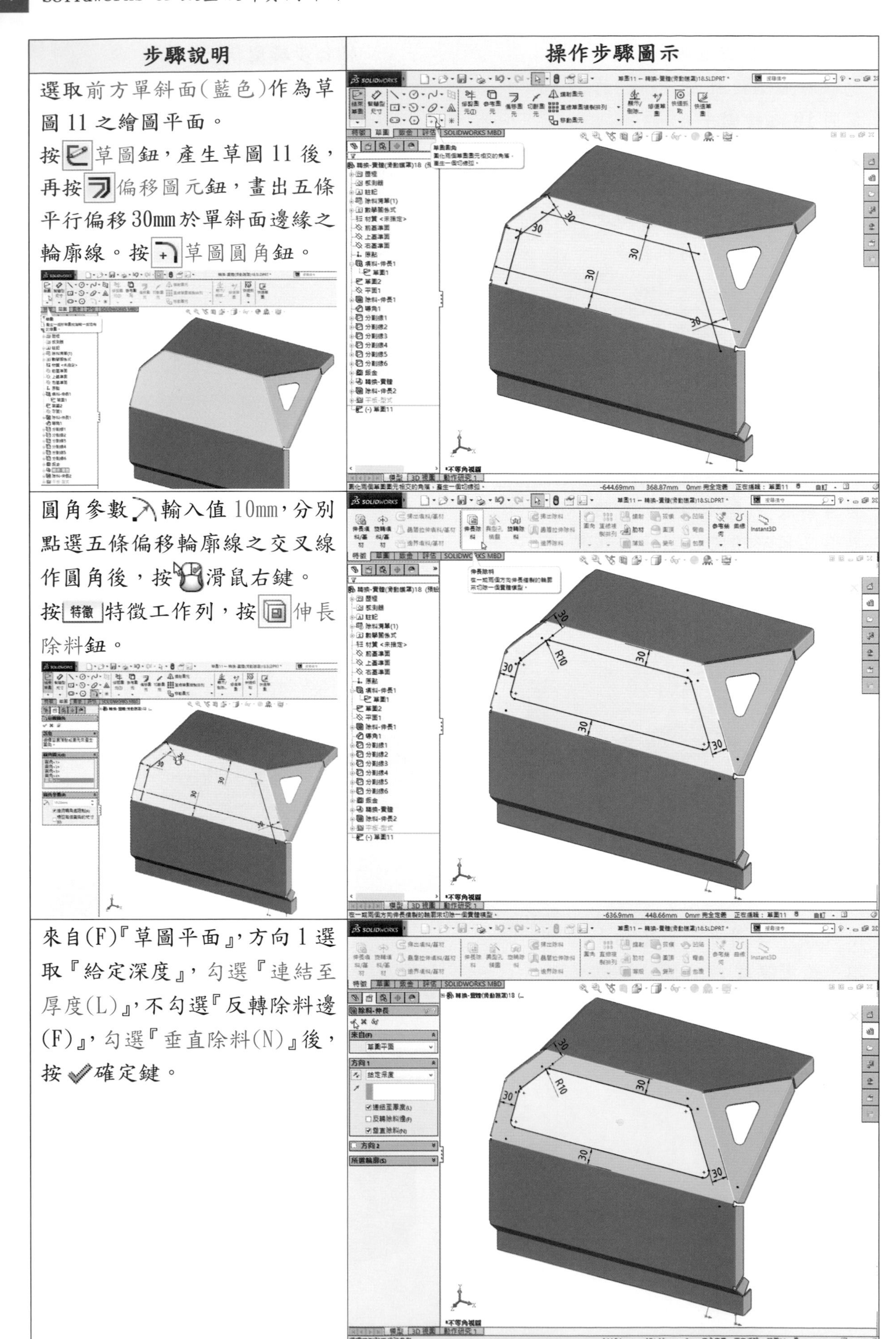

| 步驟說明 | 操作步驟圖示 |
|---|---|
| 選取前方單斜面(藍色)作為草圖11之繪圖平面。<br>按草圖鈕，產生草圖11後，再按偏移圖元鈕，畫出五條平行偏移30mm於單斜面邊緣之輪廓線。按草圖圓角鈕。 | |
| 圓角參數輸入值10mm，分別點選五條偏移輪廓線之交叉線作圓角後，按滑鼠右鍵。<br>按特徵特徵工作列，按伸長除料鈕。 | |
| 來自(F)『草圖平面』，方向1選取『給定深度』，勾選『連結至厚度(L)』，不勾選『反轉除料邊(F)』，勾選『垂直除料(N)』後，按確定鍵。 | |

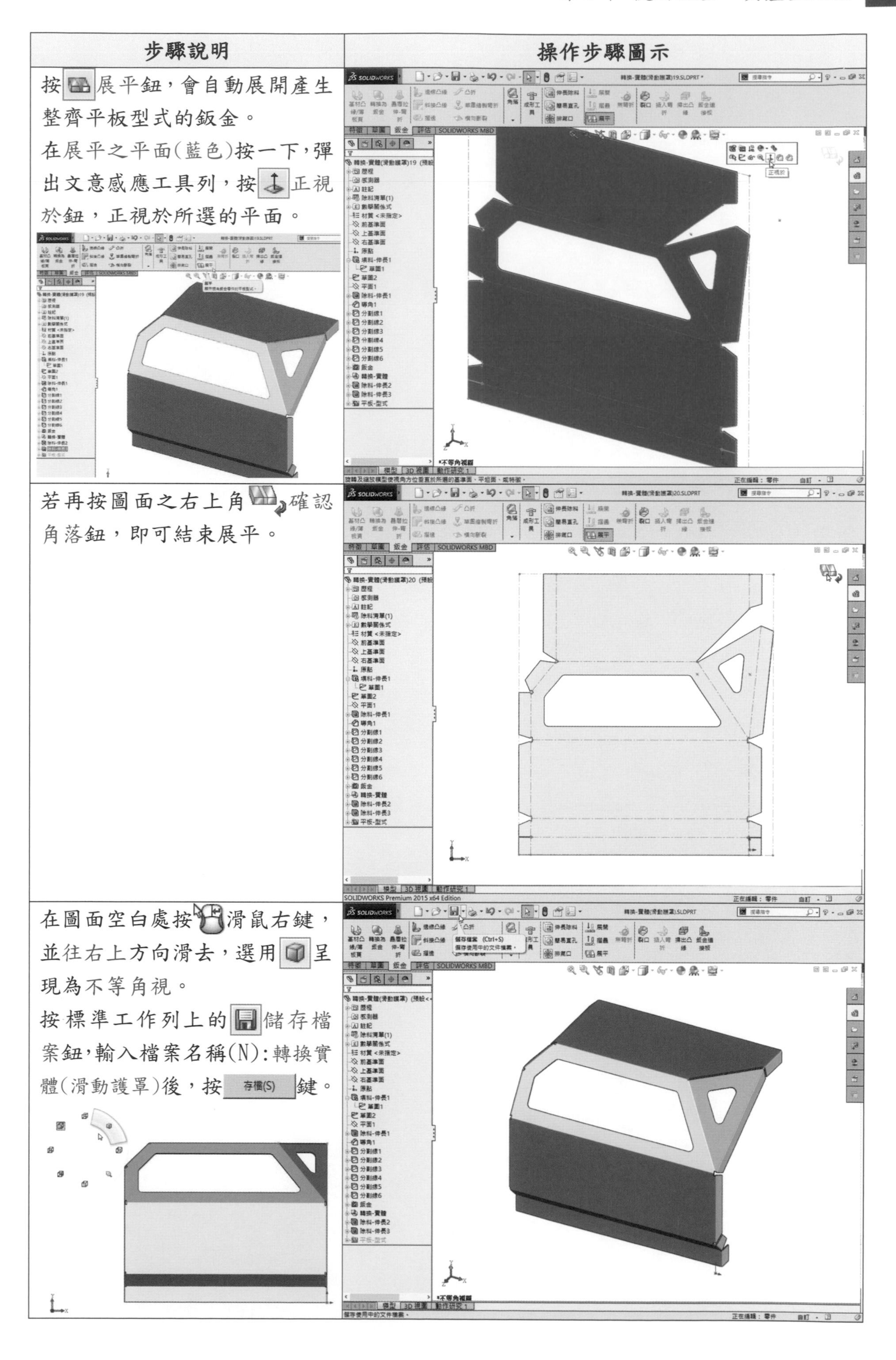

| 步驟說明 | 操作步驟圖示 |
| --- | --- |
| 按展平鈕，會自動展開產生整齊平板型式的鈑金。<br>在展平之平面(藍色)按一下，彈出文意感應工具列，按正視於鈕，正視於所選的平面。 | |
| 若再按圖面之右上角確認角落鈕，即可結束展平。 | |
| 在圖面空白處按滑鼠右鍵，並往右上方向滑去，選用呈現為不等角視。<br>按標準工作列上的儲存檔案鈕，輸入檔案名稱(N)：轉換實體(滑動護罩)後，按 存檔(S) 鍵。 | |

# 第 3 章 套用成形工具於鈑金件

成形工具如同沖頭零件，可以產生如百葉窗、矛狀器具、凸緣、或肋材等成形特徵。SOLIDWORKS 軟體包含一些成形工具零件範例，您可以先使用這些成形工具學習如何運用於鈑金件上。

SOLIDWORKS 之成形工具儲存於 C:\Documents and Settings\All Users\Application Data\SOLIDWORKS\SOLIDWORKS <version>\design library\forming tools。您可以將此資料夾加入至 *Design Library* 中，方法是在檔案位置中設定此資料夾。

您能從 *Design Library* 中插入成形工具，而且只能將成形工具套用到鈑金零件上。鈑金零件在 FeatureManager(特徵管理員)設計樹狀結構中有鈑金的特徵。您插入成形工具的零件稱為目標零件。

不過套用成形工具至鈑金零件之前，您必須在 Design Library 中包含成形工具資料夾上按滑鼠右鍵，勾選成形工具資料夾來將其內容指定為成形工具。此適用於為零件檔案(*.sldprt)而非成形工具(*.sldftp)檔案的成形工具。

您可以產生自己的成形工具，插入在鈑金零件中使用。或將已插入鈑金零件中的成形工具，使用其他成形工具來加以取代之。

至於如何套用、產生或取代成形工具的操作方法，本章下列實例分別詳細說明之。

| 實例序號 | 實例立體圖 | 立體呈現鈑金展平 | 正視於展平鈑金件 |
|---|---|---|---|
| 3.1.1 套用 round flange 用於門鎖鎖片鈑金件 | | | |
| 3.1.2 套用 single rib 與 dimple 用於電腦檔片鈑金件 | | | |

| 實例序號 | 實例立體圖 | 立體呈現鈑金展平 | 正視於展平鈑金件 |
| --- | --- | --- | --- |
| 3.1.3 套用 single rib 與 counter sink emboss 用於烤盤鈑金件 | 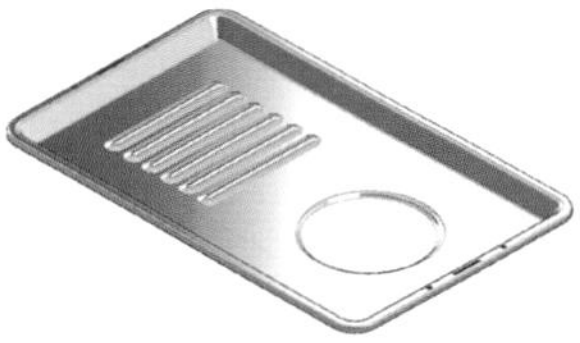 |  | 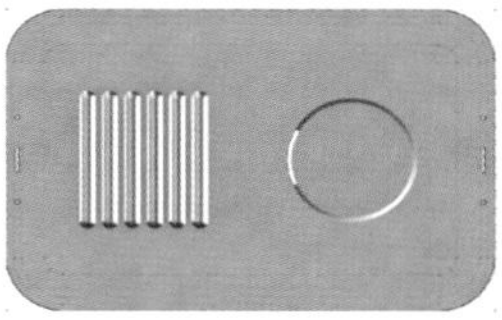 |
| 3.2.1 產生成形工具(冰塊夾沖頭)用於冰塊夾鈑金件 |  | 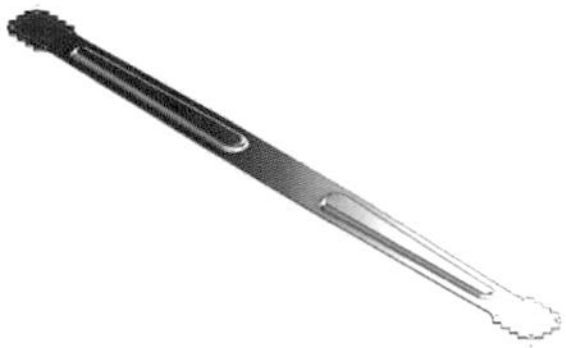 | |
| 3.2.2 產生成形工具(麵包夾沖頭)用於麵包夾鈑金件 | 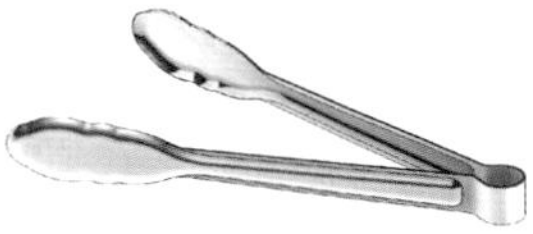 |  |  |
| 3.2.3 產生成形工具(門栓沖頭)用於門栓鈑金件 | 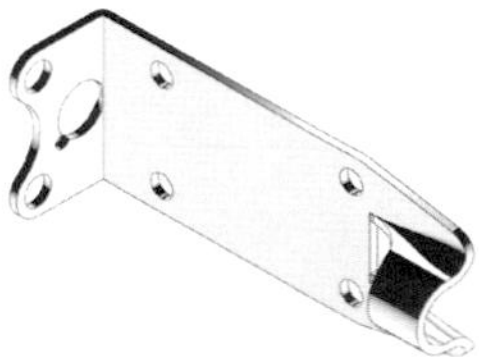 | 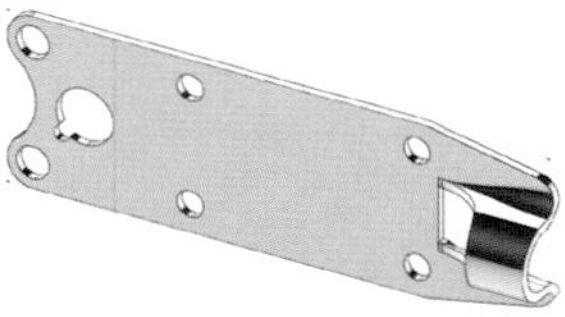 |  |
| 3.2.4 產生&套用成形工具用於不銹鋼茶盤外層鈑金件 |  | 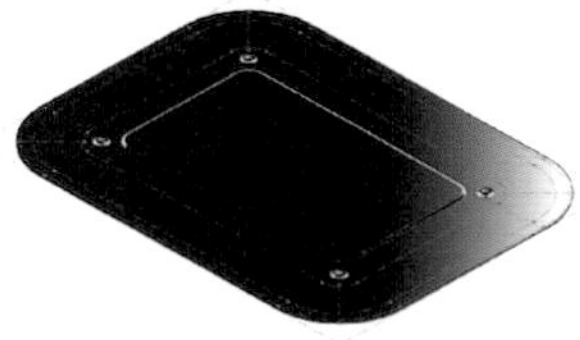 | 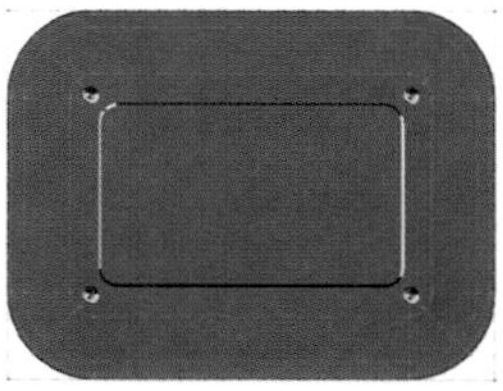 |
| 3.2.5 產生成形工具(釘書機針座沖頭)用於釘書機底座鈑金件 |  | 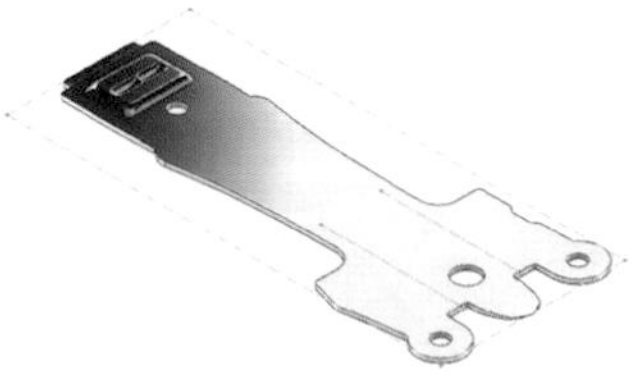 | 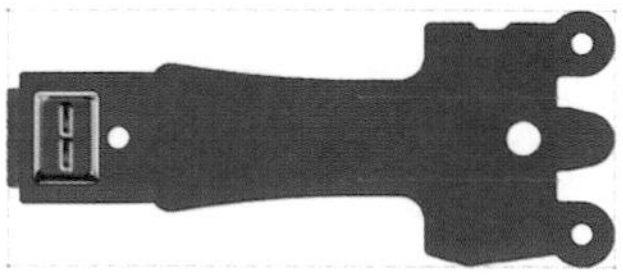 |

| 實例序號 | 實例立體圖 | 立體呈現鈑金展平 | 正視於展平鈑金件 |
|---|---|---|---|
| 3.2.6 產生成形工具(電源箱體沖頭)用於電源箱體鈑金件 |  | 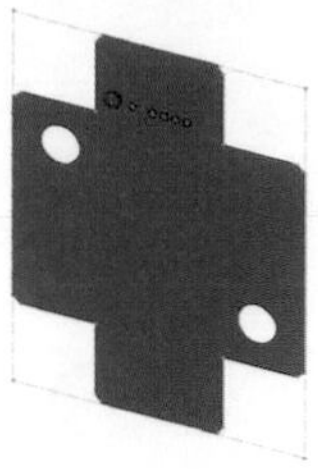 | 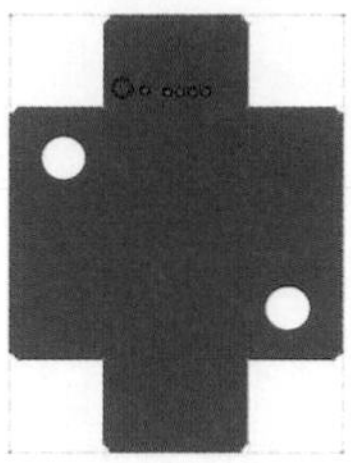 |
| 3.3.1 取代成形工具用於電源供應器外殼上蓋鈑金設計變更 | 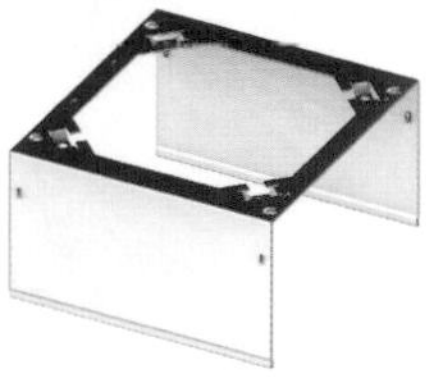 |  | 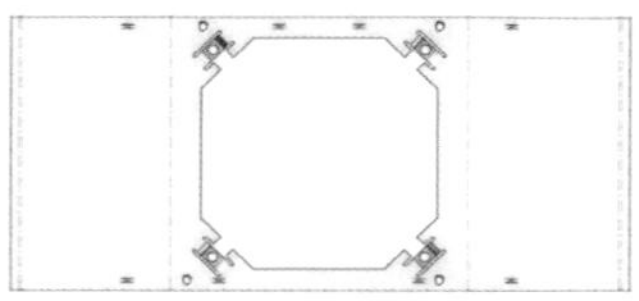 |
| 成形工具 | 冰塊夾成形工具 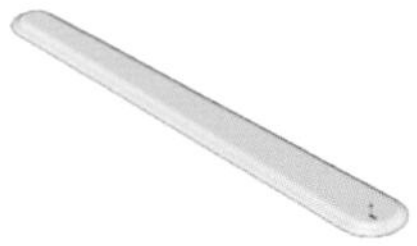 | 麵包夾成形工具 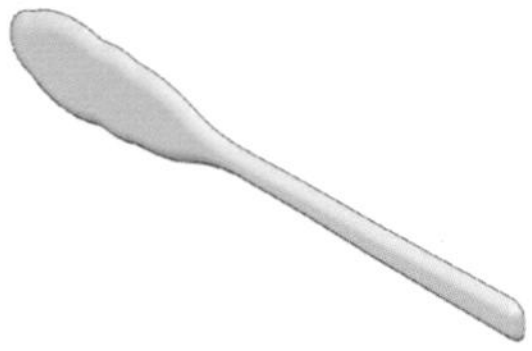 | 門栓成形工具  |
| 成形工具 | 不銹鋼茶盤成形工具 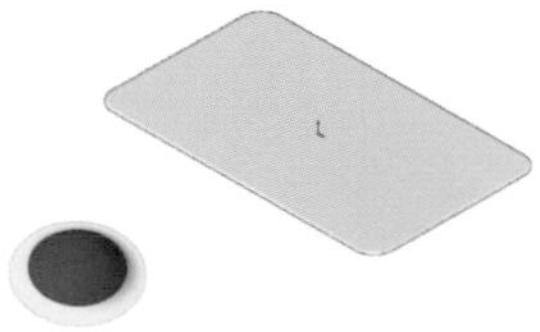 | 釘書機成形工具 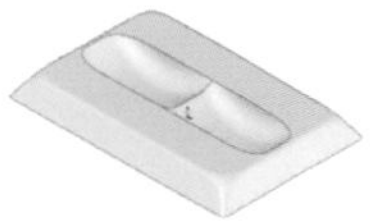 | 電源箱體成形工具 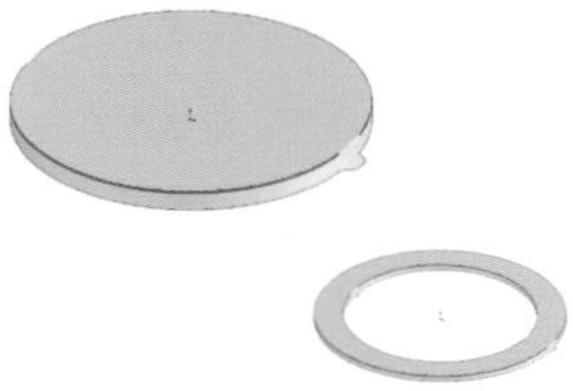 |
| 成形工具 | 外殼上蓋成形工具  | | |

## 3.1.1 套用round flange用於門鎖鎖片鈑金件

學習目標：能套用solidworks軟體中的成形工具round flange至鈑金零件上。

繪圖步驟：建沖頭特徵→作基材凸緣→長鈑金→畫彎折線→作草圖繪製彎折→套成形工具→作鏡射→按展平。

使用指令：

- 草圖指令：中心線、直線、草圖圓角、鏡射圖元。
- 成形工具：round flang。
- 鈑金指令：基材-凸緣/薄板頁、草圖繪製彎折、展平。

| 步驟說明 | 操作步驟圖示 |
| --- | --- |
| 首先選取前基準面作為草圖1之繪圖平面。<br>按中心線、直線、草圖圓角、鏡射圖元鈕，畫出草圖之外型輪廓線。<br>按智慧型尺寸鈕，標註其尺度。<br>按鈑金鈑金工作列，再按基材-凸緣/薄板頁鈕。 | 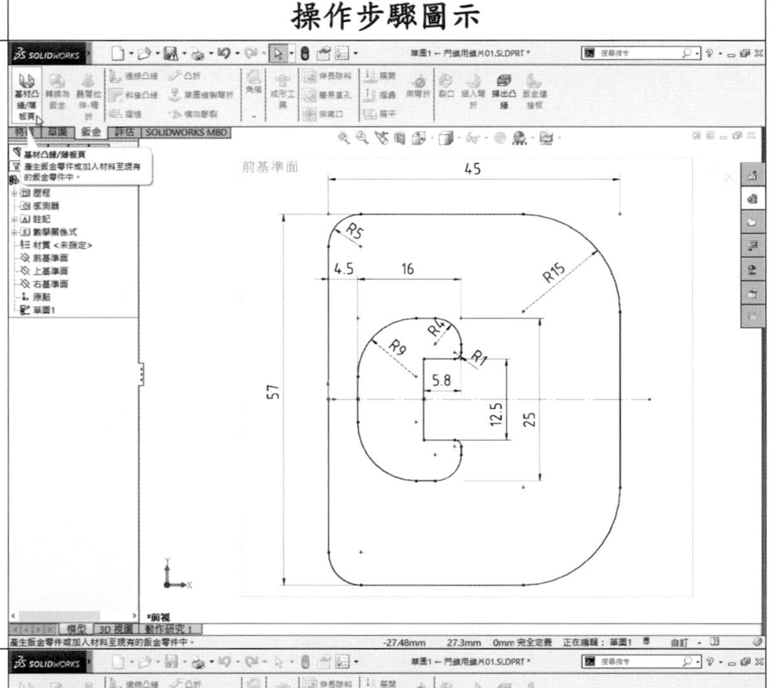 |
| 鈑金參數(S)中設定厚度值1.2mm，不勾選『反轉方向(E)』，彎折裕度(A)預設『K-Factor』為0.5，自動離隙(T)預設『撕裂』後，按確定鍵。 | 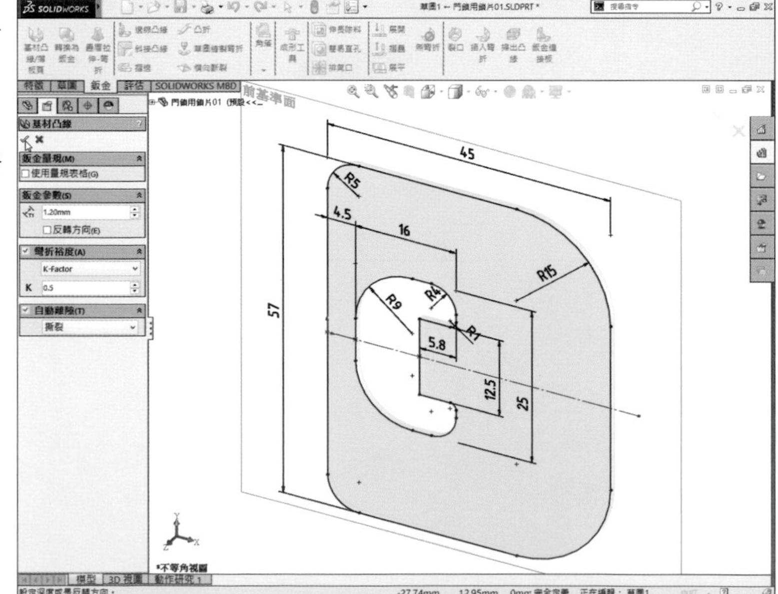 |

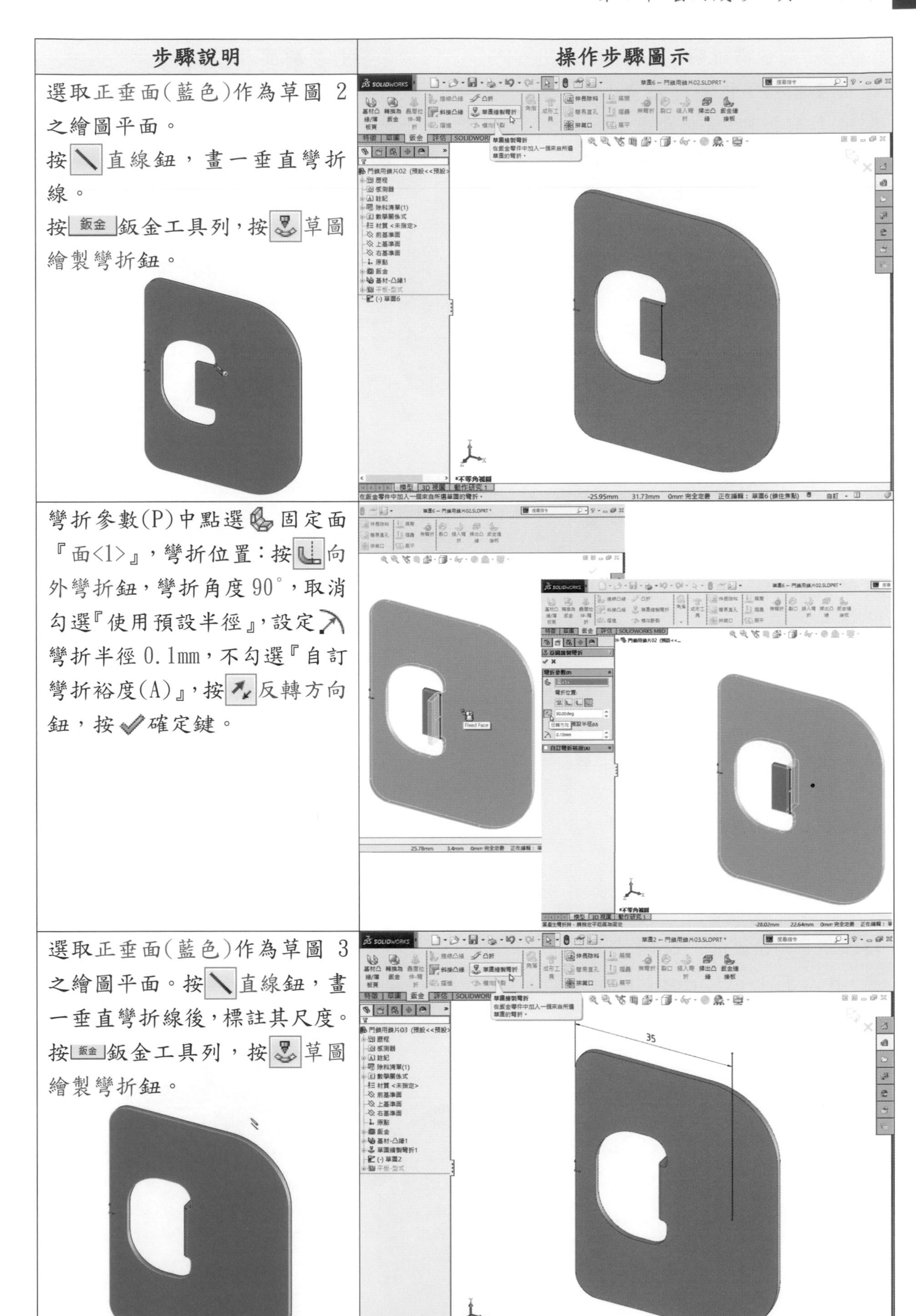

| 步驟說明 | 操作步驟圖示 |
| --- | --- |
| 選取正垂面(藍色)作為草圖 2 之繪圖平面。<br>按直線鈕，畫一垂直彎折線。<br>按 鈑金 鈑金工具列，按草圖繪製彎折鈕。 | |
| 彎折參數(P)中點選固定面『面<1>』，彎折位置：按向外彎折鈕，彎折角度 90°，取消勾選『使用預設半徑』，設定彎折半徑 0.1mm，不勾選『自訂彎折裕度(A)』，按反轉方向鈕，按確定鍵。 | |
| 選取正垂面(藍色)作為草圖 3 之繪圖平面。按直線鈕，畫一垂直彎折線後，標註其尺度。按 鈑金 鈑金工具列，按草圖繪製彎折鈕。 | |

| 步驟說明 | 操作步驟圖示 |
| --- | --- |
| 彎折參數(P)中彎折位置：按向外彎折鈕，彎折角度 70°，取消勾選『使用預設半徑』，設定彎折半徑 7.5mm，不勾選『自訂彎折裕度(A)』，點選固定面『面<1>』，按反轉方向鈕，按確定鍵。<br>*design library 控制了包括下列的所有特徵庫功能：*<br>● *顯示特徵庫及特徵庫的子資料夾。*<br>● *特徵庫零件的預覽。*<br>● *特徵庫插入零件的面或圖面中的基準面。* | 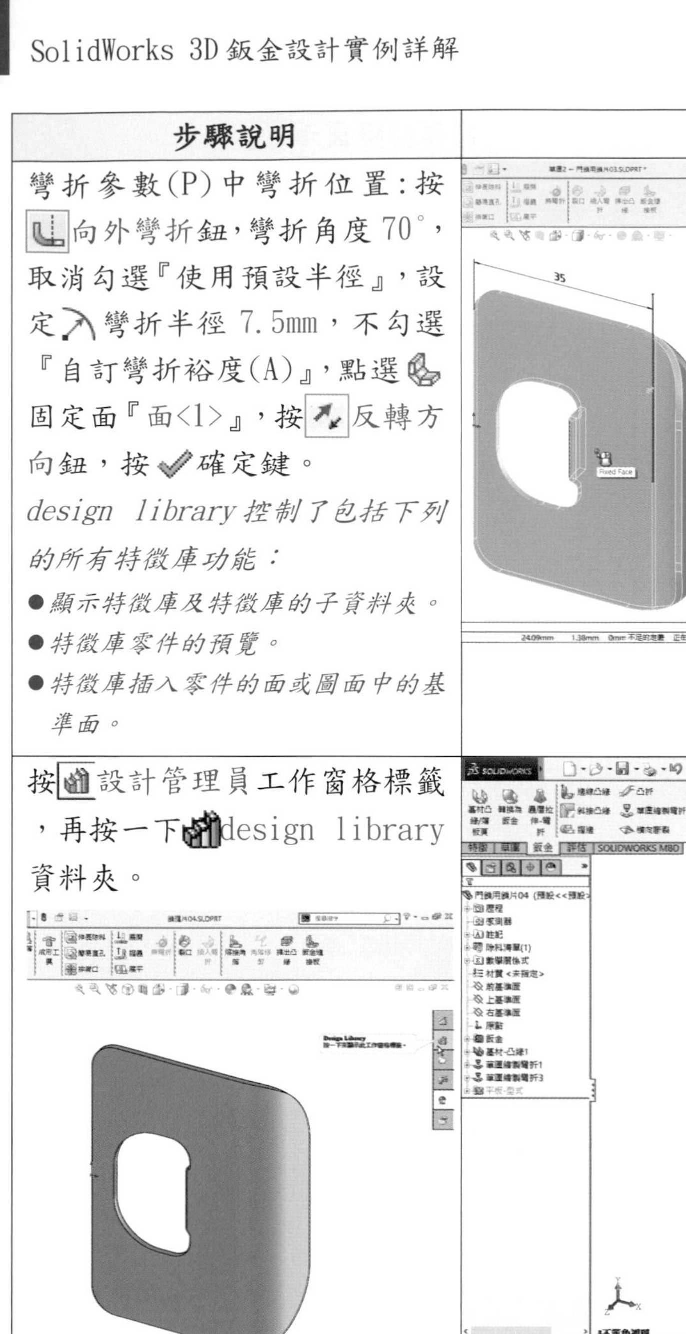 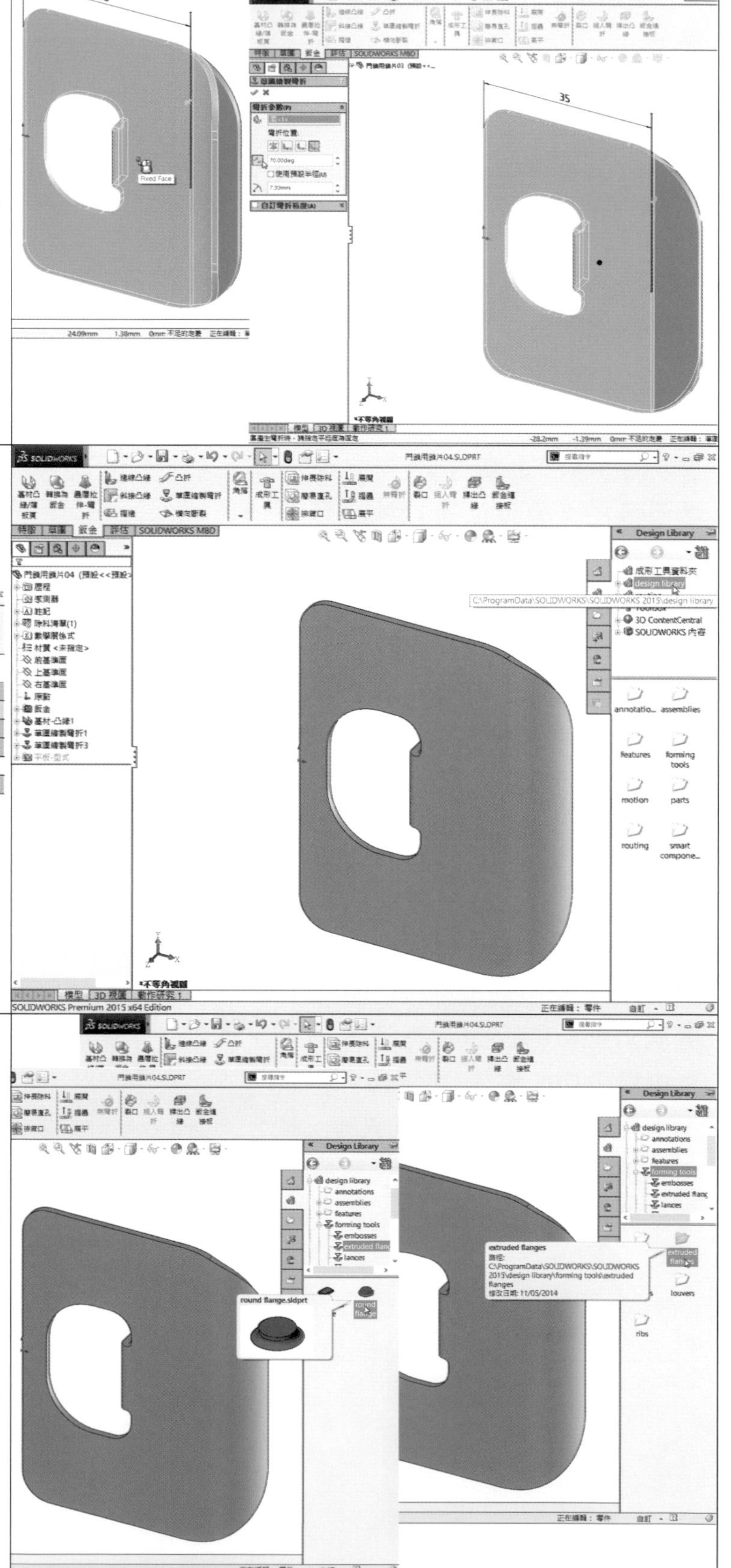 |
| 按設計管理員工作窗格標籤，再按一下design library 資料夾。 | |
| 按二下 forming tools 資料夾，按二下 extruded flanges 資料夾，按 round flange 圖示標籤，會放大顯示其圖示。<br>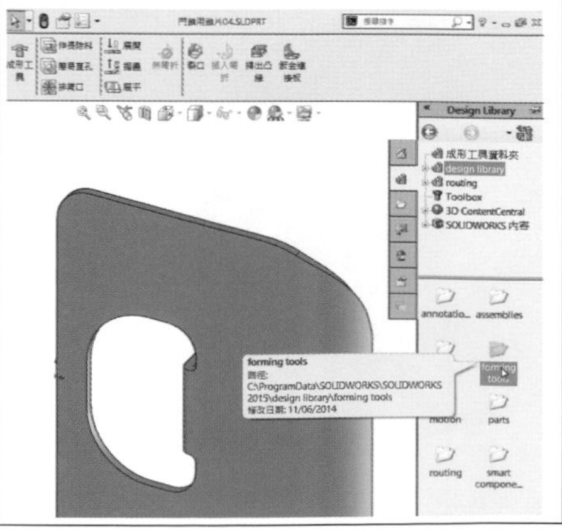 | |

| 步驟說明 | 操作步驟圖示 |
| --- | --- |
| 游標按住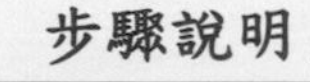round flange 圖示標籤拖曳至鎖片的正垂面左上方適當位置後放開。類型：放置面(P)『面<1>』，旋轉角度(A)預設角度值 0°，連結(K)不勾選『連結至成形工具(L)』後，按位置標籤。<br>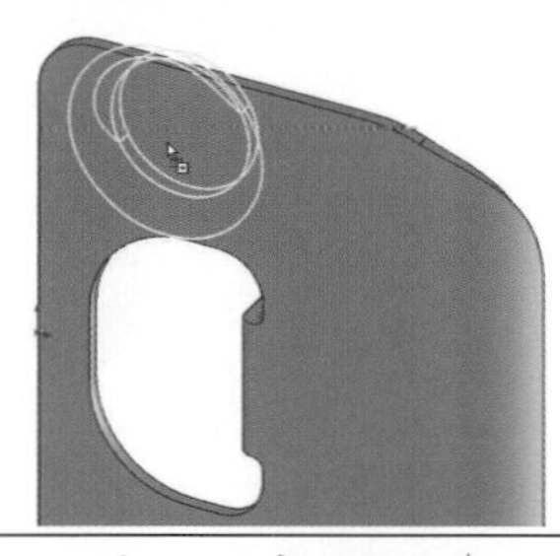 | |
| 按中心線鈕，畫通過原點的水平中心線。<br>按智慧型尺寸鈕，標註插入點的位置尺度。<br>按鏡射圖元鈕，選項鏡射之圖元：選取『點 3』，預設勾選『複製』，鏡射相對於：選取『直線 2』後，按滑鼠右鍵，按確定鍵。 | 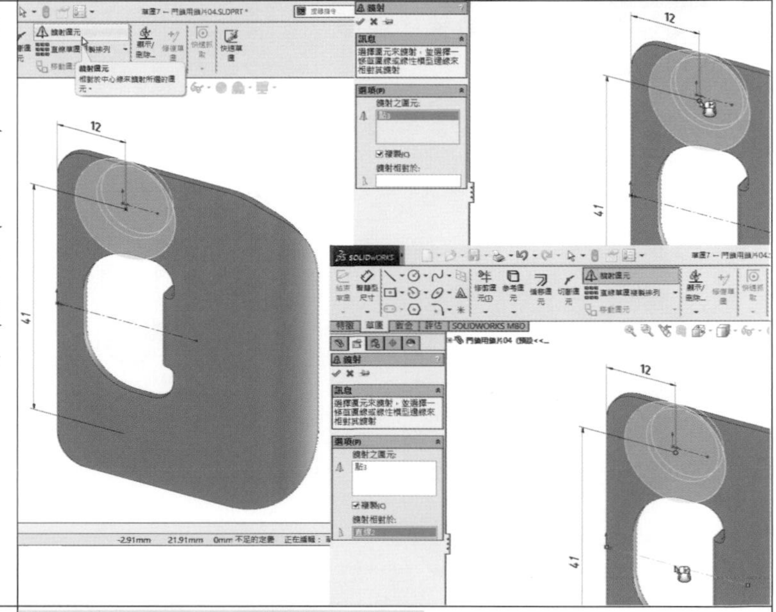 |
| 在 round flange1 的特徵按一下，彈出文意感應工具列，按編輯特徵鈕，按確定鍵後，再按二下 round flange1 的特徵，彈出圓孔凸緣之尺度。<br> | 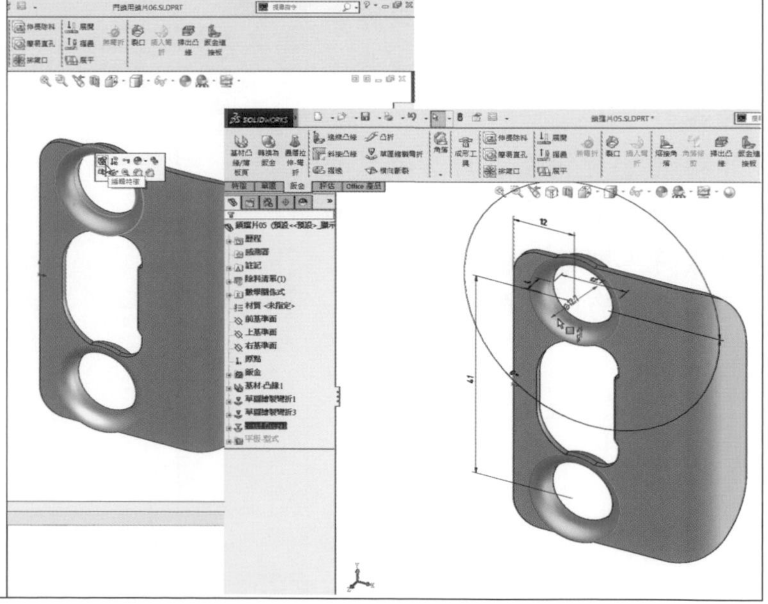 |

| 步驟說明 | 操作步驟圖示 |
| --- | --- |
| 游標按二下凸緣深度 4 的尺度數字，彈出修改對話框，修改深度尺度為 2mm 後，按✔鍵儲存目前的值，並離開此對話框。<br>圖面中圓角預設半徑為 R2.5。<br>游標按二下凸緣孔徑 Ø12.7 的尺度數字，彈出修改對話方塊，修改孔徑尺度為 Ø6 後，按重新計算鈕，以目前的值重新計算模型。 | |
| 再按✔鍵儲存目前的值，並離開此對話框。<br>按視角方位鈕，查看及選擇顯示方向的模型視角。<br>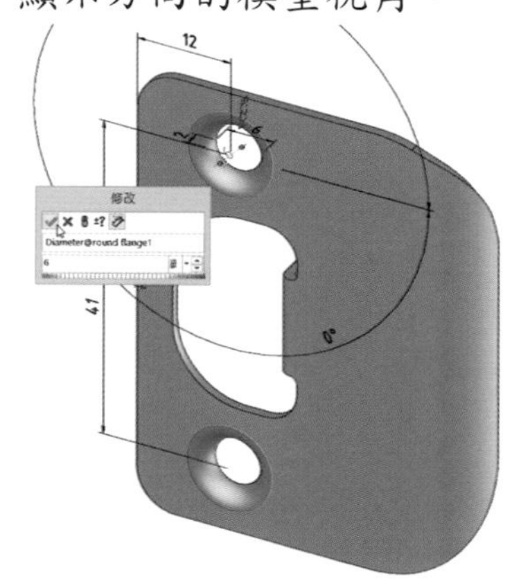 | 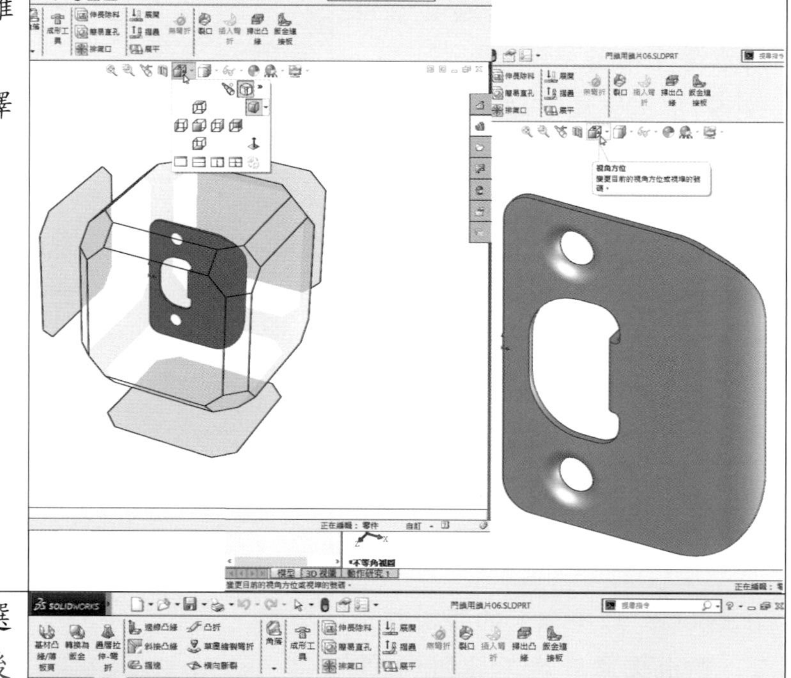 |
| 按住鍵盤 Alt 鍵，游標可以點選到『視圖選擇器』方塊背後的各面。<br>若點選背後左上角落位置的面，如右上角圖面預覽顯示的位置時，則強調顯示目前左上後側方向的不等角視。 | |

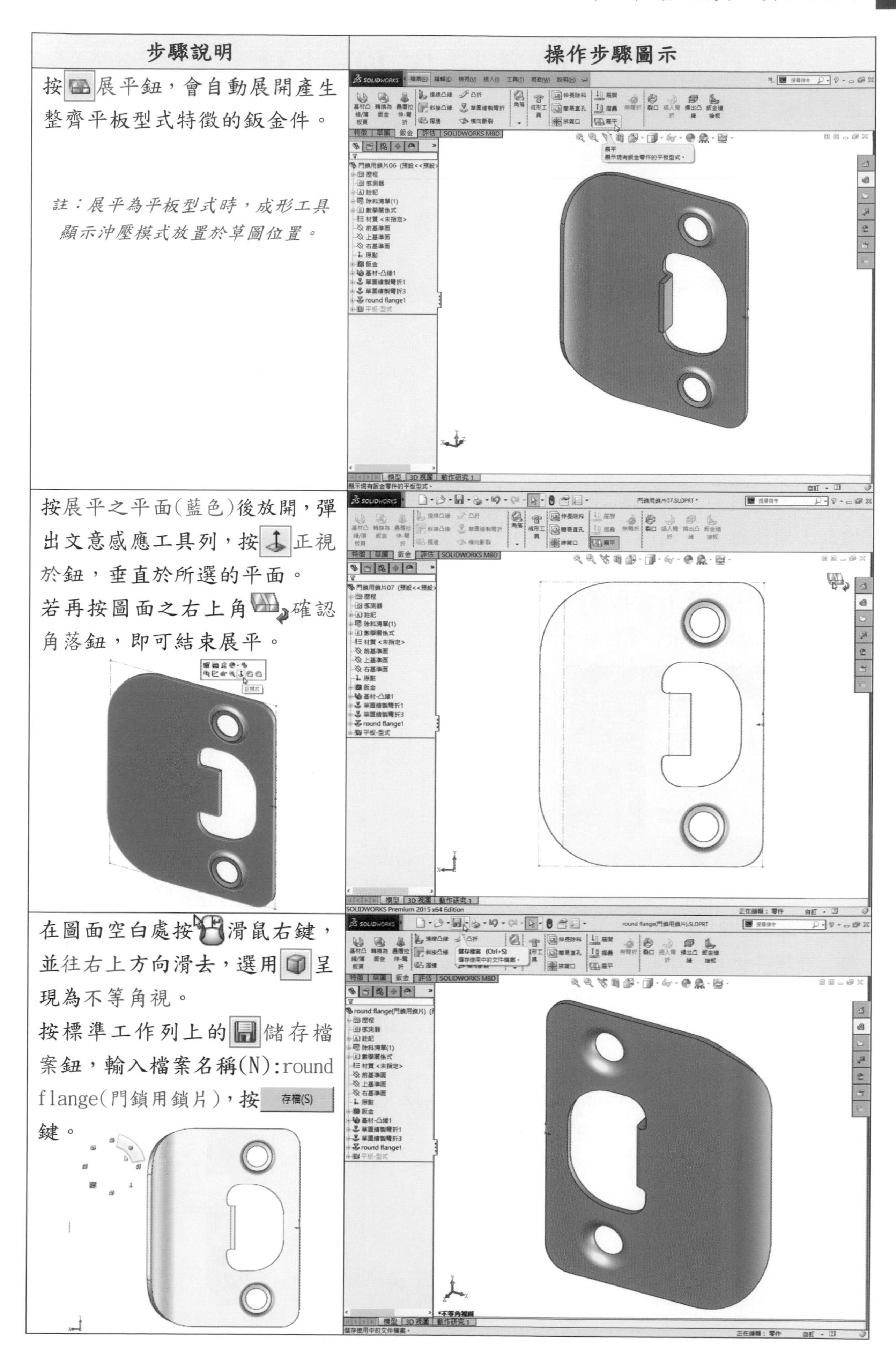

| 步驟說明 | 操作步驟圖示 |
|---|---|
| 按展平鈕，會自動展開產生整齊平板型式特徵的鈑金件。<br>*註：展平為平板型式時，成形工具顯示沖壓模式放置於草圖位置。* | |
| 按展平之平面(藍色)後放開，彈出文意感應工具列，按正視於鈕，垂直於所選的平面。<br>若再按圖面之右上角確認角落鈕，即可結束展平。 | |
| 在圖面空白處按滑鼠右鍵，並往右上方向滑去，選用呈現為不等角視。<br>按標準工作列上的儲存檔案鈕，輸入檔案名稱(N):round flange(門鎖用鎖片)，按存檔(S)鍵。 | |

## 3.1.2 套用single rib與dimple用於電腦擋片鈑金件

學習目標：能套用軟體中的成形工具single rib與dimple至鈑金零件上。

繪圖步驟：開啟舊檔→套用single rib→作鏡射→套用dimple→按展平。

使用指令：

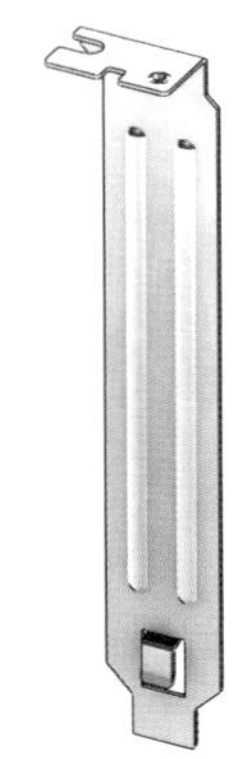

- 草圖指令：中心線、直線、草圖圓角、鏡射圖元。
- 特徵指令：鏡射。
- 成形工具：single rib、dimple。
- 鈑金指令：展平。

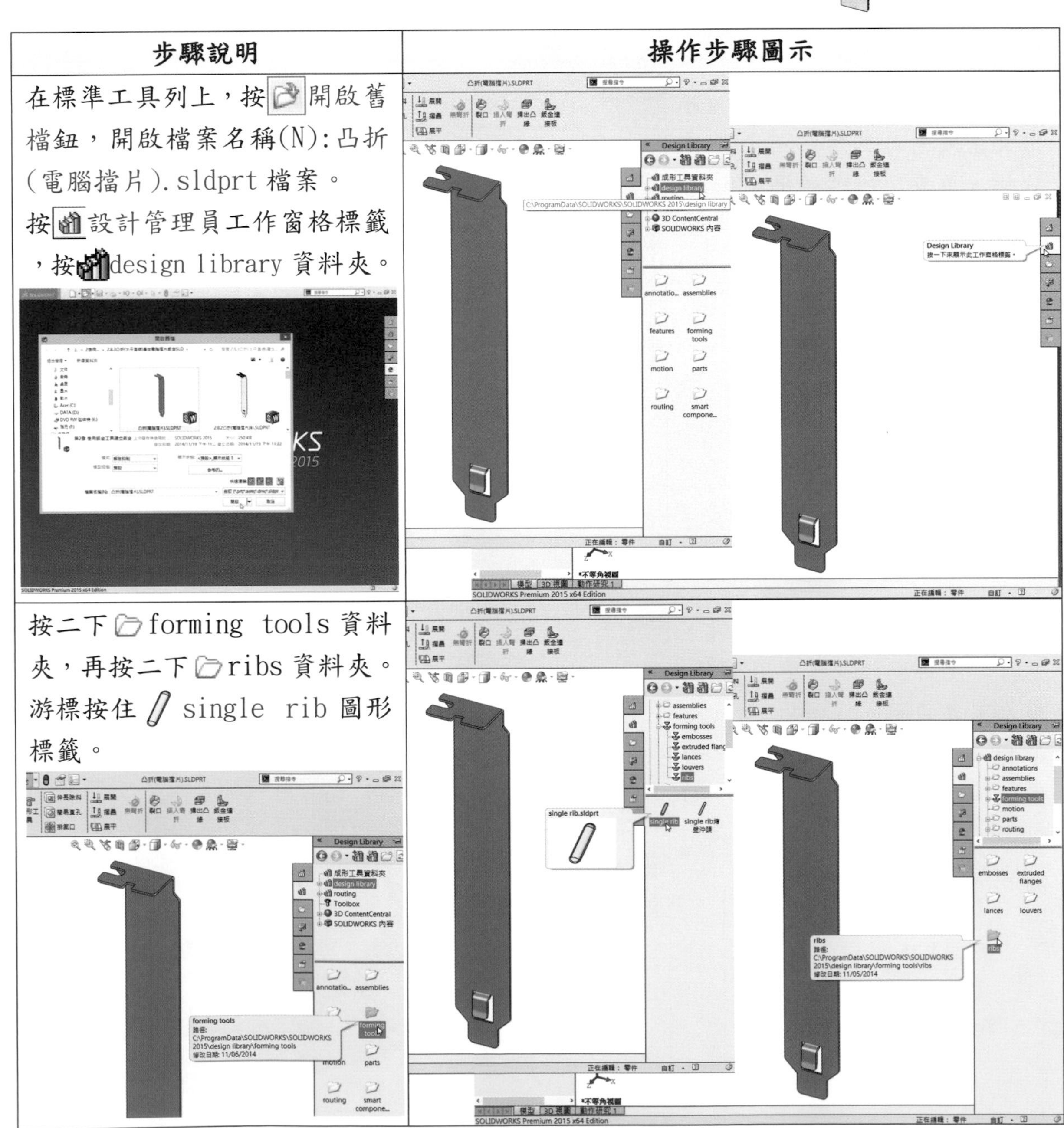

| 步驟說明 | 操作步驟圖示 |
| --- | --- |
| 在標準工具列上，按開啟舊檔鈕，開啟檔案名稱(N):凸折(電腦擋片).sldprt檔案。<br>按設計管理員工作窗格標籤，按design library資料夾。 | |
| 按二下forming tools資料夾，再按二下ribs資料夾。<br>游標按住single rib圖形標籤。 | |

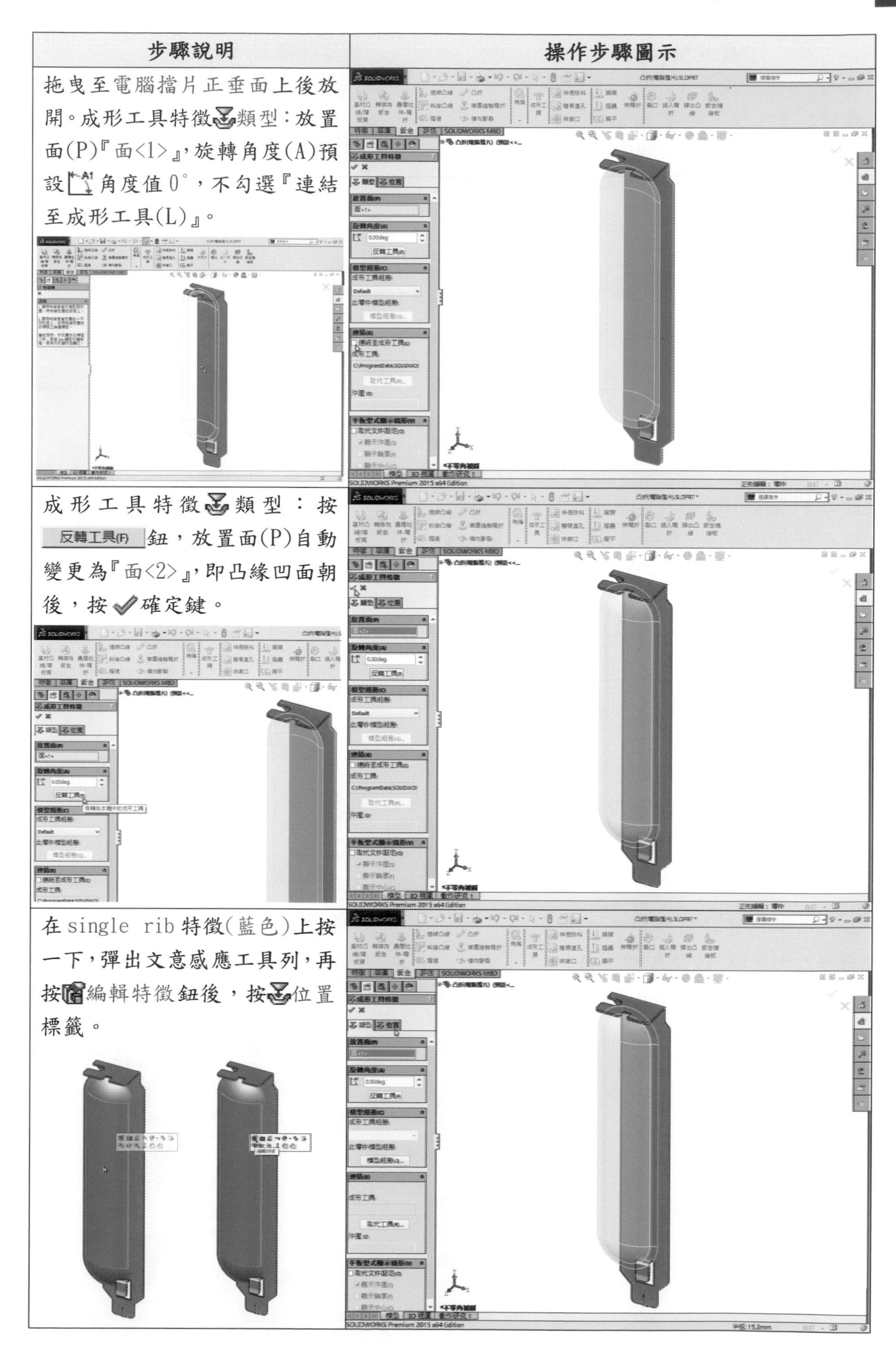

| 步驟說明 | 操作步驟圖示 |
| --- | --- |
| 拖曳至電腦擋片正垂面上後放開。成形工具特徵 類型：放置面(P)『面<1>』，旋轉角度(A)預設 角度值 0°，不勾選『連結至成形工具(L)』。 | |
| 成形工具特徵 類型：按 反轉工具(F) 鈕，放置面(P)自動變更為『面<2>』，即凸緣凹面朝後，按 確定鍵。 | |
| 在 single rib 特徵(藍色)上按一下，彈出文意感應工具列，再按 編輯特徵鈕後，按 位置標籤。 | |

| 步驟說明 | 操作步驟圖示 |
| --- | --- |
| 按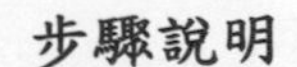智慧型尺寸鈕，標註插入點的位置尺度，按✔確定鍵。在 single rib1 特徵按二下，立即顯示單肋條之尺度。<br>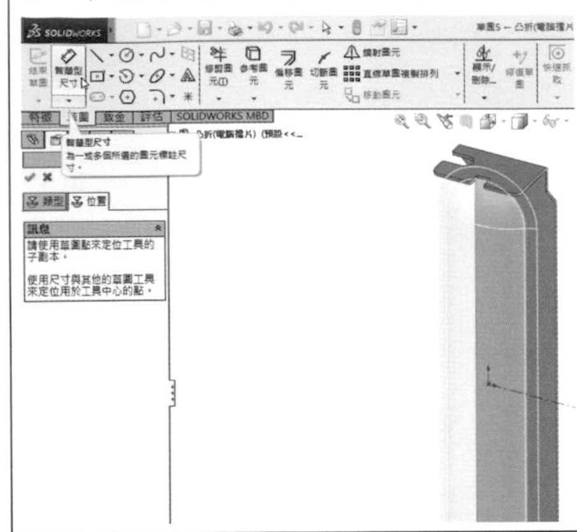 | 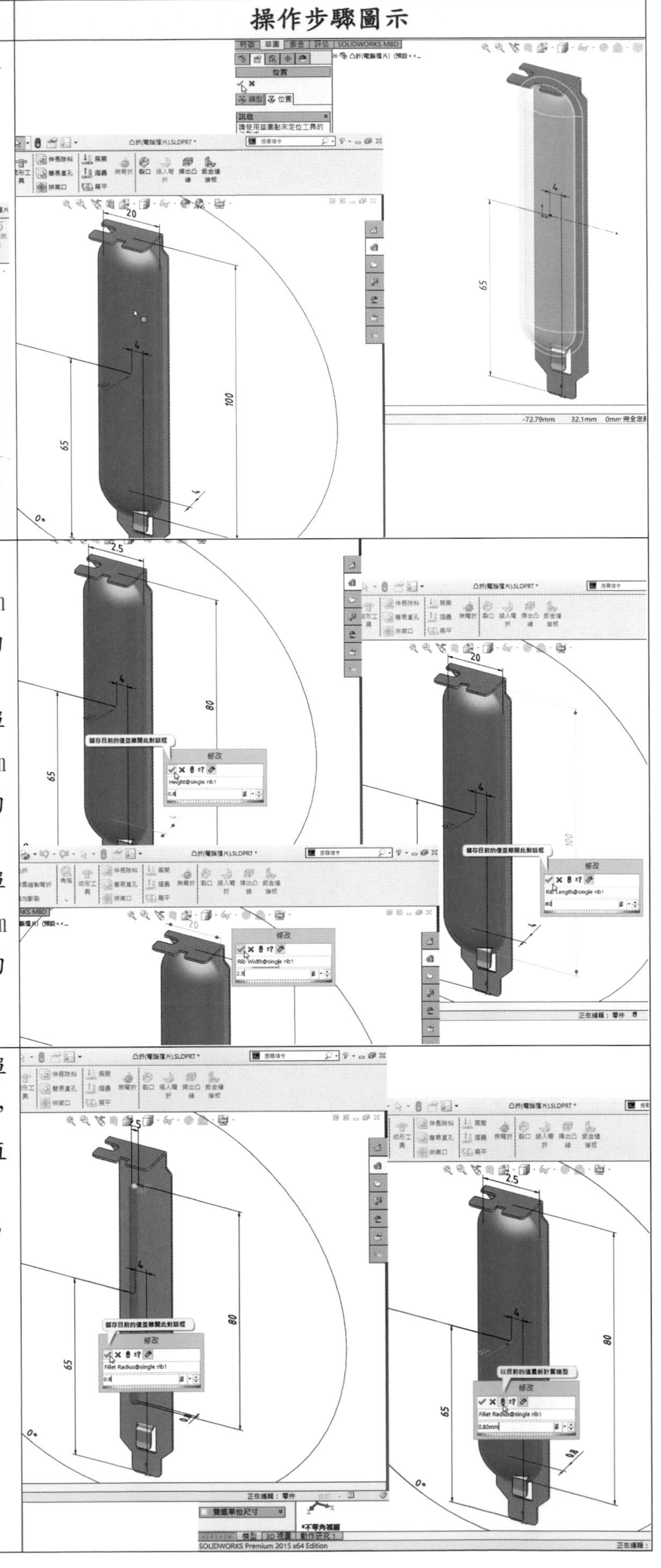 |
| 按二下高度 100 的尺度數字，彈出修改對話框，修改為 80mm 後，按✔確定鍵，儲存目前的值，離開此對話框。<br>按二下寬度 20 的尺度數字，彈出修改對話框，修改為 2.5mm 後，按✔確定鍵，儲存目前的值，離開此對話框。<br>按二下深度 4 的尺度數字，彈出修改對話框，修改為 0.8mm 後，按✔確定鍵，儲存目前的值，離開此對話框。 | |
| 按二下半徑 4 的尺度數字，彈出修改對話框，修改為R0.8後，按 重新計算鈕，以目前的值重新計算模型。<br>按✔確定鍵，儲存目前的值，離開此對話框。 | |

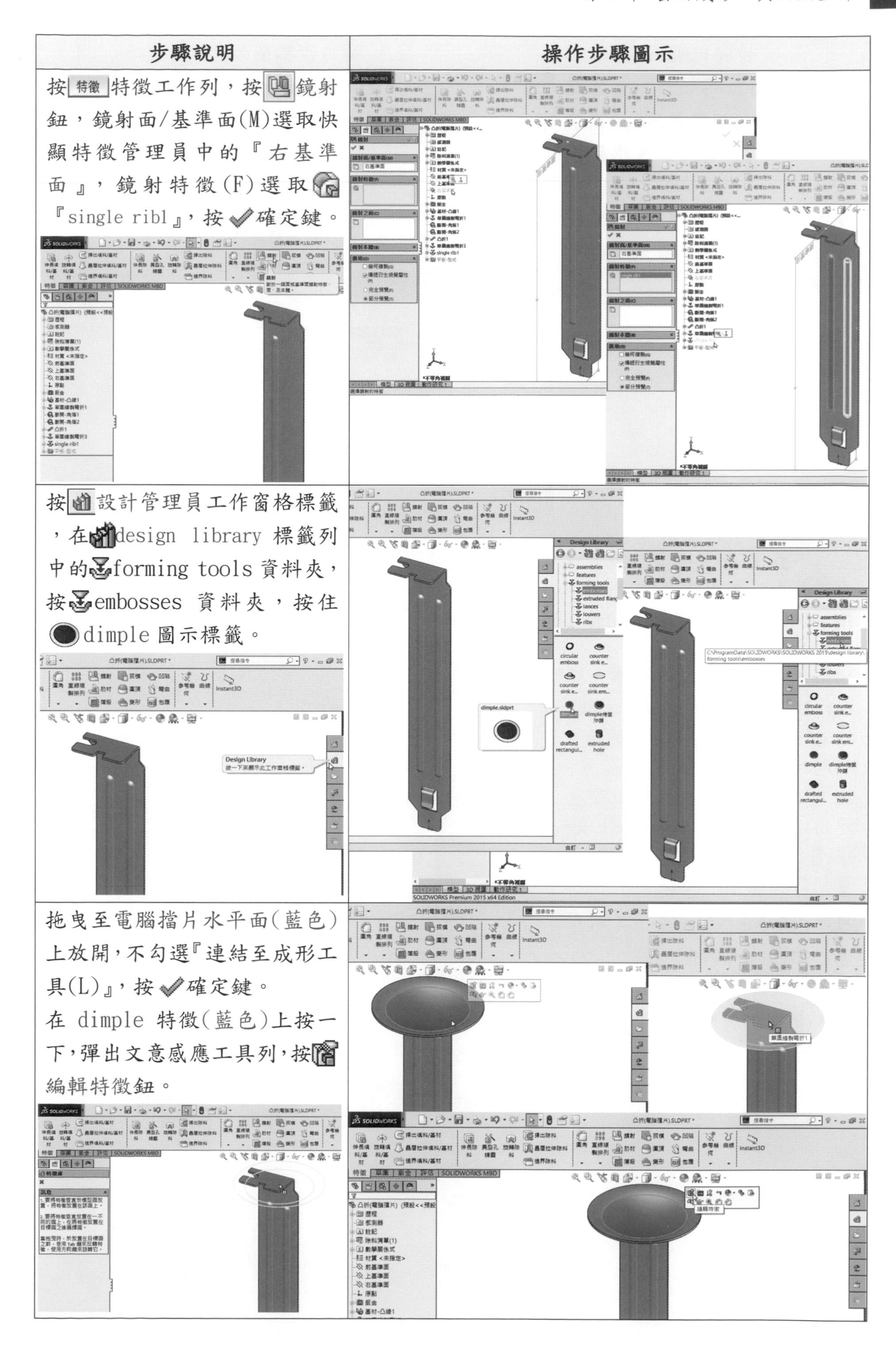

| 步驟說明 | 操作步驟圖示 |
| --- | --- |
| 按 特徵 特徵工作列，按 鏡射鈕，鏡射面/基準面(M)選取快顯特徵管理員中的『右基準面』，鏡射特徵(F)選取『single rib1』，按 確定鍵。 | |
| 按 設計管理員工作窗格標籤，在 design library 標籤列中的 forming tools 資料夾，按 embosses 資料夾，按住 dimple 圖示標籤。 | |
| 拖曳至電腦擋片水平面(藍色)上放開，不勾選『連結至成形工具(L)』，按 確定鍵。<br>在 dimple 特徵(藍色)上按一下，彈出文意感應工具列，按 編輯特徵鈕。 | |

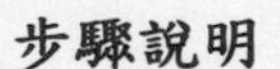

| 步驟說明 | 操作步驟圖示 |
| --- | --- |
| 成形工具特徵類型：放置面(P)『面<1>』，旋轉角度(A)預設角度值0°，在位置標籤按一下。<br>再按智慧型尺寸鈕，標註dimple插入點的位置尺度後，按確定鍵。 | 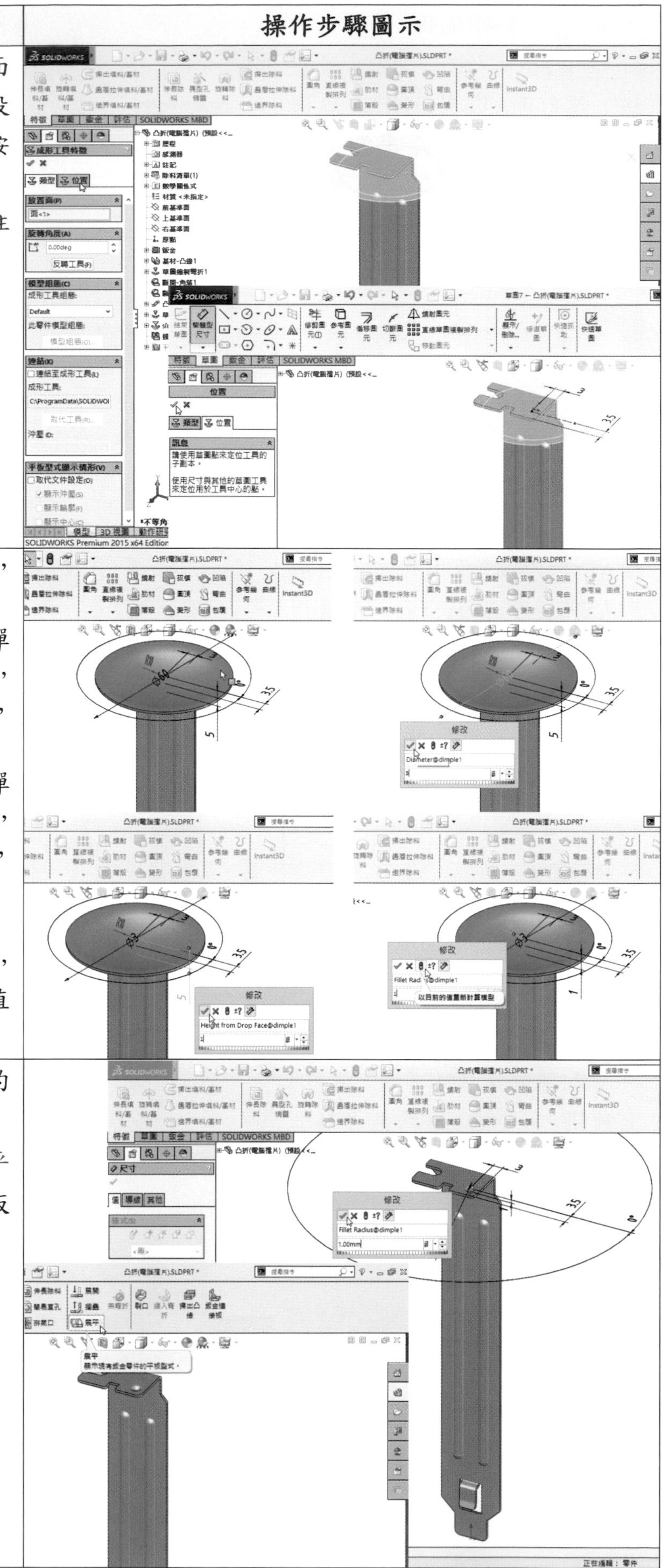 |
| 在dimple特徵(藍色)按一下，立即顯示圓凹窩之尺度。<br>按二下直徑Ø60尺度數字，彈出修改對話框中修改為Ø3後，按確定鍵，儲存目前的值，離開此對話框。<br>按二下深度5的尺度數字，彈出修改對話框中修改為1mm後，按確定鍵，儲存目前的值，離開此對話框。<br>按二下半徑R10的尺度數字，彈出修改對話框，修改為R1後，按重新計算鈕，以目前的值重新計算模型。 | |
| 再按確定鍵，儲存目前的值，離開此對話框。<br>按鈑金鈑金工作列，按展平鈕，會自動展開產生整齊平板型式特徵的鈑金件。 | |

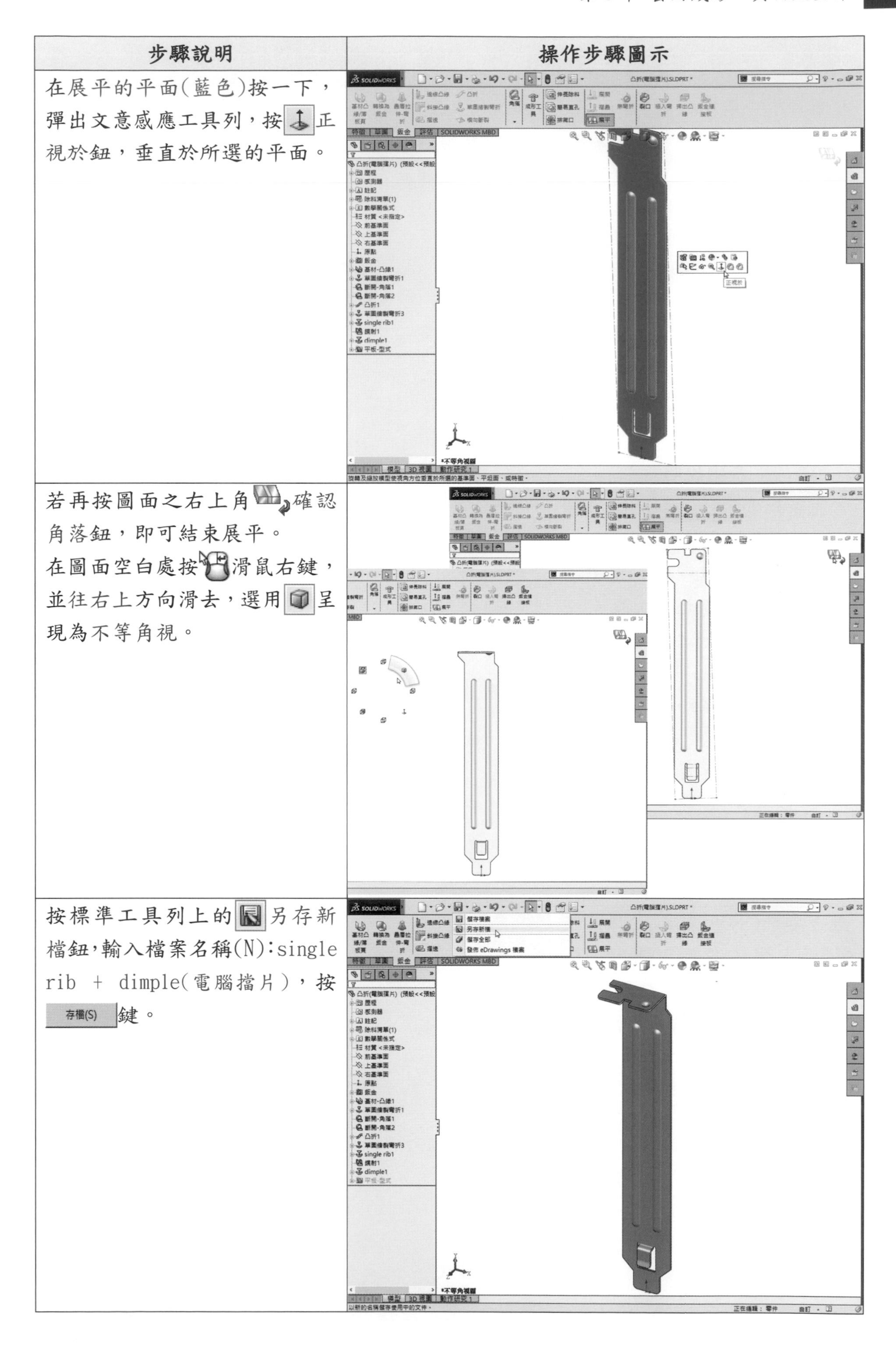

| 步驟說明 | 操作步驟圖示 |
| --- | --- |
| 在展平的平面(藍色)按一下，彈出文意感應工具列，按正視於鈕，垂直於所選的平面。 | |
| 若再按圖面之右上角確認角落鈕，即可結束展平。<br>在圖面空白處按滑鼠右鍵，並往右上方向滑去，選用呈現為不等角視。 | |
| 按標準工具列上的另存新檔鈕，輸入檔案名稱(N):single rib + dimple(電腦擋片)，按存檔(S)鍵。 | |

## 3.1.3 套用 single rib 與 counter sink emboss 用於烤盤鈑金件

**學習目標：**能開啟 FormingTools 修改尺度後存檔，並將其成形工具套用在鈑金上。

**繪圖步驟：**長基材凸緣→產生鈑金→畫草圖(輪廓)→作掃出凸緣→開啟成形工具→修改成形工具尺度→另存新檔→套用成形工具→按展平。

- 草圖指令：中心矩形、直線、中心線、草圖圓角和圓。
- 特徵指令：圓角、直線複製排列。
- 成形工具：counter sink emboss、counter sink emboss 烤盤沖頭、single rib、single rib 烤盤沖頭。
- 鈑金指令：基材凸緣/薄板頁、掃出凸緣、展平。

| 步驟說明 | 操作步驟圖示 |
| --- | --- |
| 首先選取上基準面作為草圖1之繪圖平面。<br>按中心矩形鈕，由原點引出中心矩形草圖之輪廓線。<br>按智慧型尺寸鈕，標註其尺度。<br>按草圖圓角鈕，矩形四周作草圖圓角。<br>按鈑金鈑金工具列，按基材凸緣/薄板頁鈕。 | 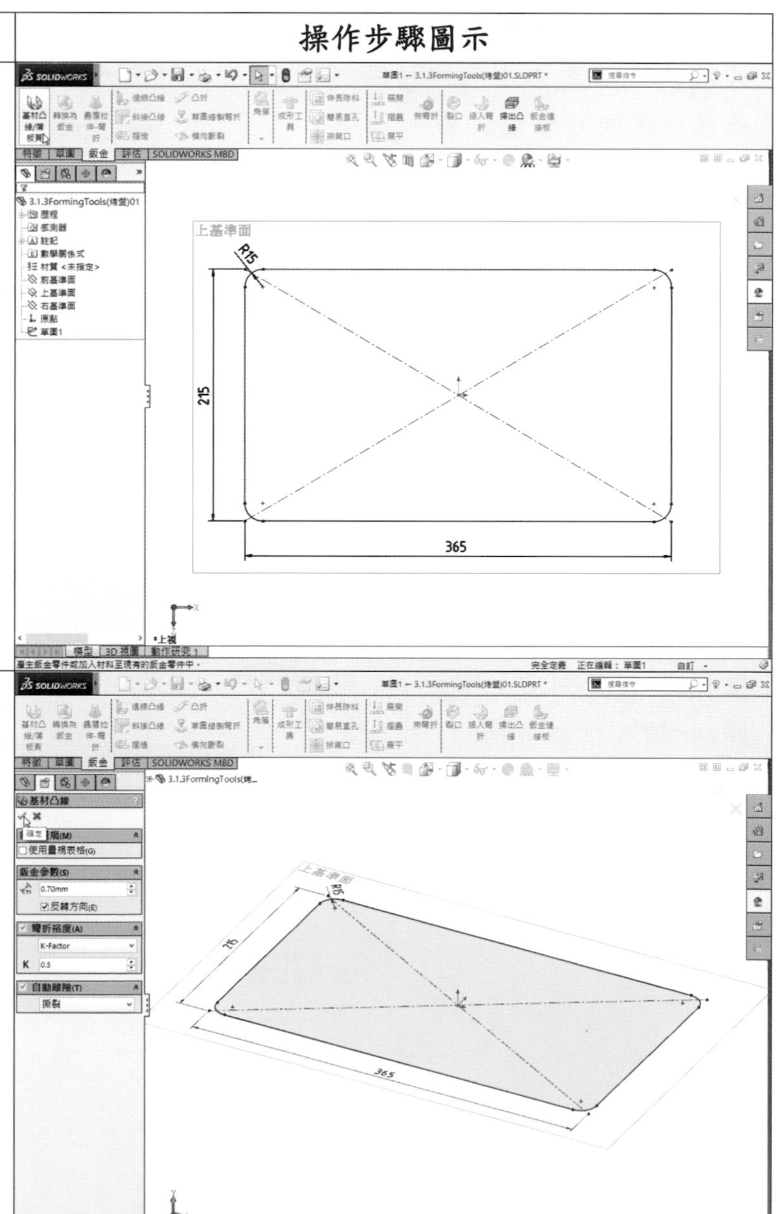 |
| 鈑金參數(S)中設定厚度值0.7mm，彎折裕度(A)預設『K-Factor』值為0.5，自動離隙(T)預設『撕裂』，勾選『反轉方向(E)』後，按確定鍵。 | |

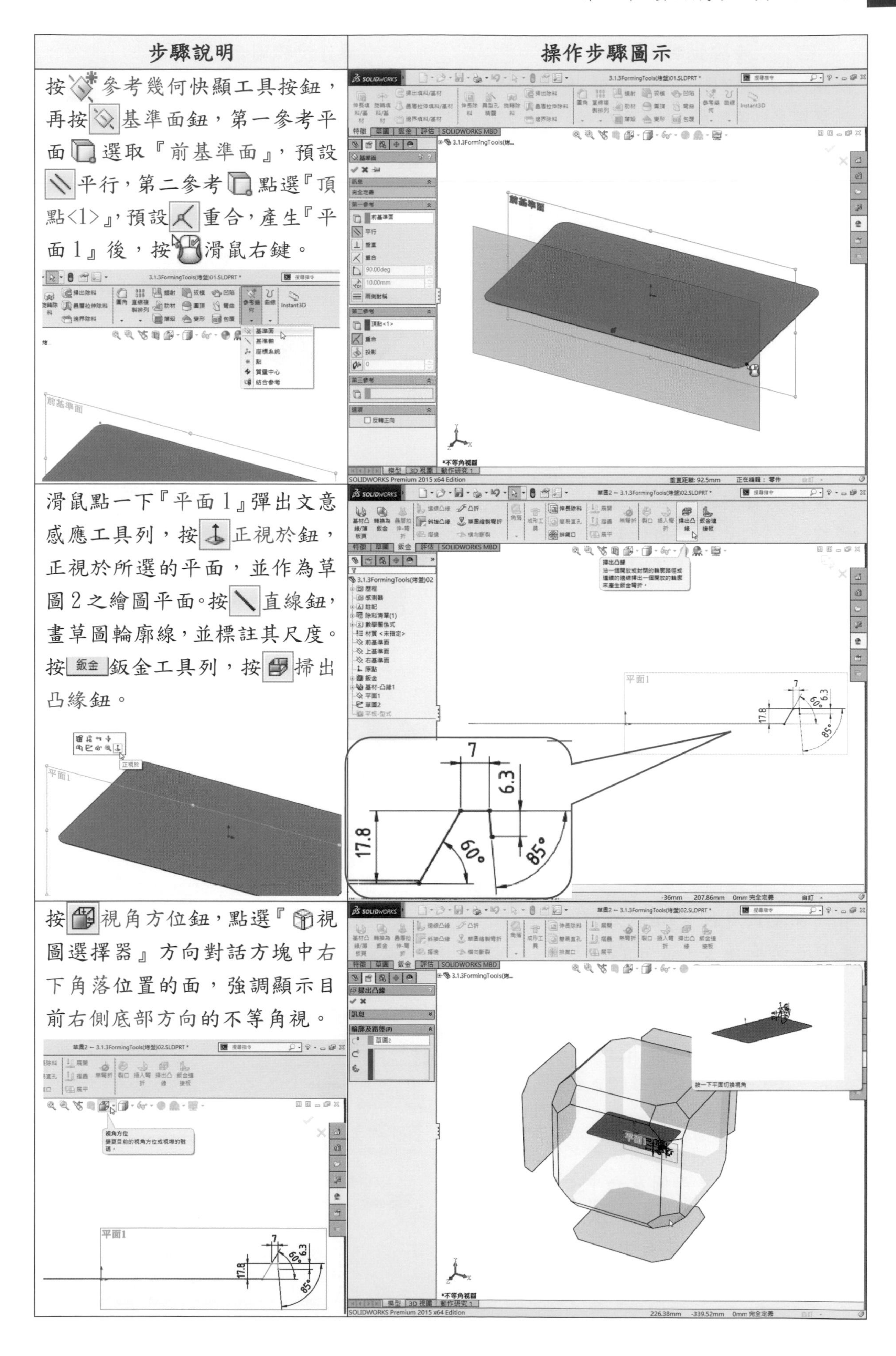

| 步驟說明 | 操作步驟圖示 |
| --- | --- |
| 按參考幾何快顯工具按鈕，再按基準面鈕，第一參考平面選取『前基準面』，預設平行，第二參考點選『頂點<1>』，預設重合，產生『平面 1』後，按滑鼠右鍵。 | |
| 滑鼠點一下『平面 1』彈出文意感應工具列，按正視於鈕，正視於所選的平面，並作為草圖 2 之繪圖平面。按直線鈕，畫草圖輪廓線，並標註其尺度。按 鈑金 鈑金工具列，按掃出凸緣鈕。 | |
| 按視角方位鈕，點選『視圖選擇器』方向對話方塊中右下角落位置的面，強調顯示目前右側底部方向的不等角視。 | |

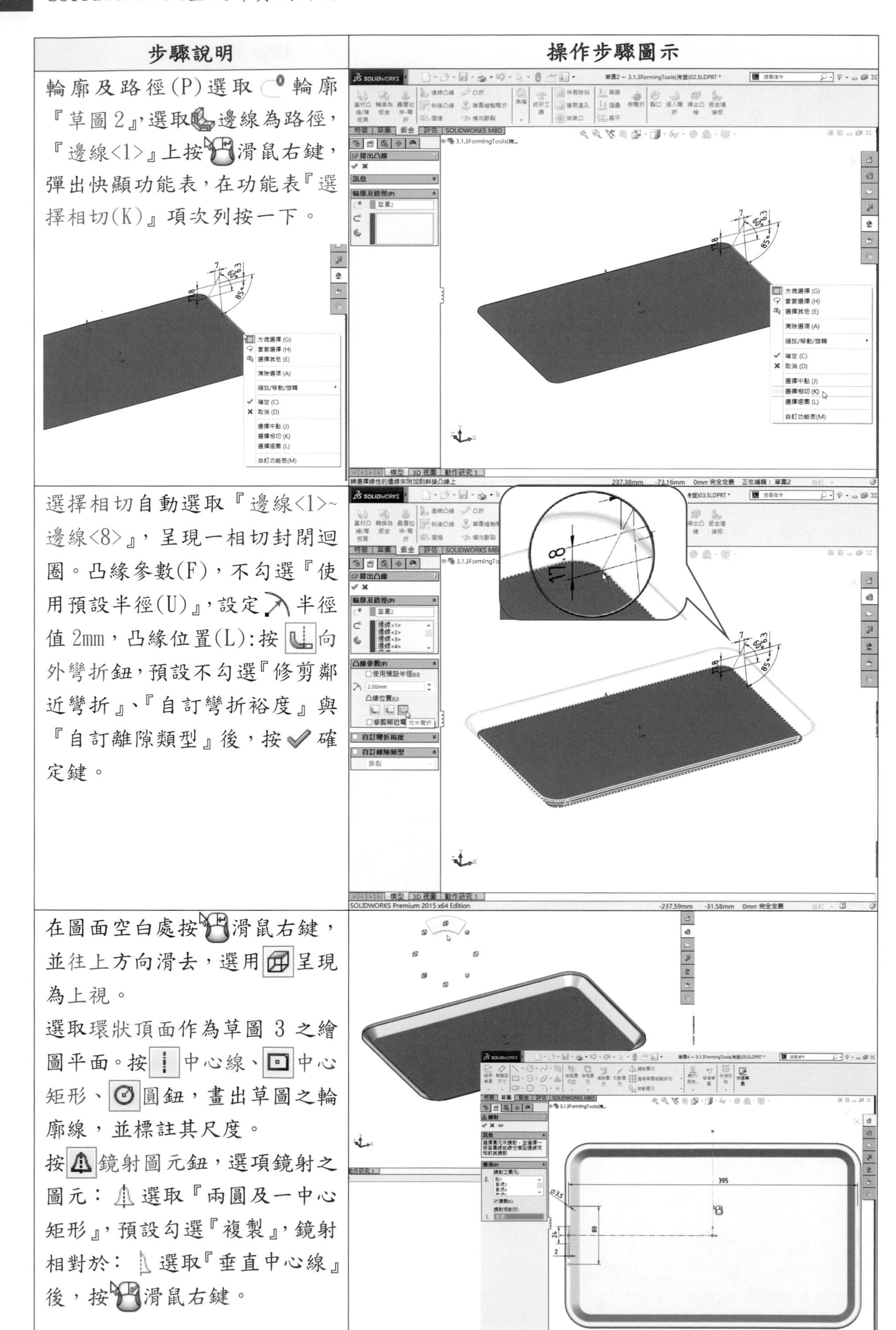

| 步驟說明 | 操作步驟圖示 |
|---|---|
| 輪廓及路徑(P)選取輪廓『草圖 2』，選取邊線為路徑，『邊線<1>』上按滑鼠右鍵，彈出快顯功能表，在功能表『選擇相切(K)』項次列按一下。 | |
| 選擇相切自動選取『邊線<1>~邊線<8>』，呈現一相切封閉迴圈。凸緣參數(F)，不勾選『使用預設半徑(U)』，設定半徑值 2mm，凸緣位置(L)：按向外彎折鈕，預設不勾選『修剪鄰近彎折』、『自訂彎折裕度』與『自訂離隙類型』後，按確定鍵。 | |
| 在圖面空白處按滑鼠右鍵，並往上方向滑去，選用呈現為上視。<br>選取環狀頂面作為草圖 3 之繪圖平面。按中心線、中心矩形、圓鈕，畫出草圖之輪廓線，並標註其尺度。<br>按鏡射圖元鈕，選項鏡射之圖元：選取『兩圓及一中心矩形』，預設勾選『複製』，鏡射相對於：選取『垂直中心線』後，按滑鼠右鍵。 | |

| 步驟說明 | 操作步驟圖示 |
| --- | --- |
| 按 特徵 特徵工作列，按 伸長除料鈕，來自『草圖平面』，方向 1 選取『給定深度』，勾選『連結至厚度(L)』，不勾選『反轉除料邊(F)』，勾選『垂直除料(N)』後，按 確定鍵。 | |
| 按 設計管理員工作窗格標籤，按 design library 資料夾，按二下 forming tools 資料夾，再按二下 embosses 資料夾。 | |
| 按二下開啟 counter sink emboss2.sldprt 圖檔。<br>在按特徵管理員中 Annotation 特徵按 滑鼠右鍵，立即彈出快顯功能表列，按『顯示特徵尺寸(d)』標籤列，呈現勾選之。立即顯示其模型尺度。 | |

| 步驟說明 | 操作步驟圖示 |
| --- | --- |
| 按二下底板寬度 50 的尺度數字，彈出修改對話框，修改為 150mm 後，按確定鍵，儲存目前的值，離開此對話框。<br>在特徵管理員中 Base-Extrude 特徵上按滑鼠右鍵，彈出文意感應工具列，按編輯特徵鈕。 | |
| Base-Extrude 特徵來自(F)『草圖平面』，方向 1 選取『兩側對稱』，輸入深度值 50 變更為 150mm 後，按確定鍵。<br>按二下直徑 12 的尺度數字，彈出修改對話框，修改為 116mm 後，按確定鍵，儲存目前的值，離開此對話框。 | 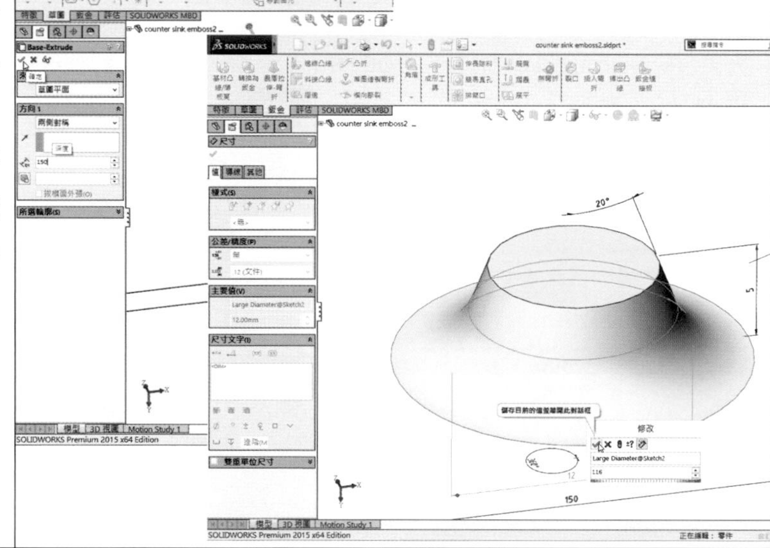 |
| 按二下角度 20°的尺度數字，彈出修改對話框，修改為 75°後，按確定鍵，儲存目前的值，離開此對話框。<br>按二下高度 5 的尺度數字，彈出修改對話框，修改為 1mm 後，按確定鍵，儲存目前的值，離開此對話框。<br>按 特徵 特徵工作列，按圓角鈕。 | 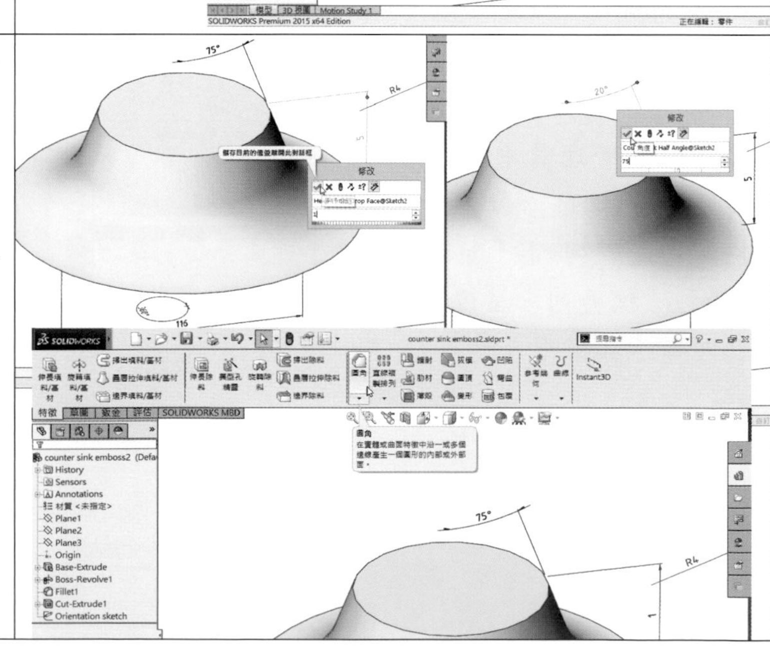 |

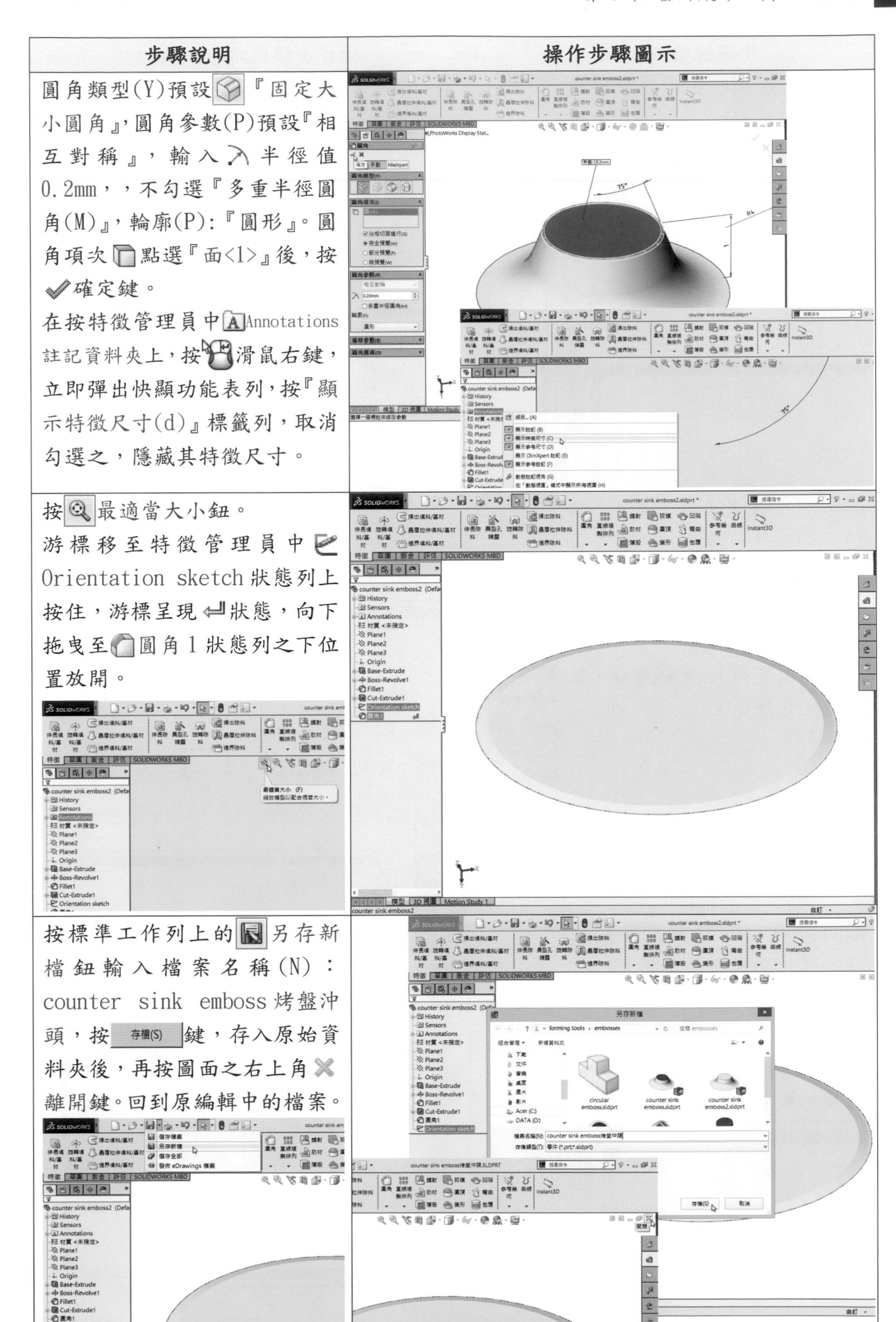

| 步驟說明 | 操作步驟圖示 |
| --- | --- |
| 圓角類型(Y)預設『固定大小圓角』,圓角參數(P)預設『相互對稱』，輸入半徑值0.2mm，，不勾選『多重半徑圓角(M)』,輪廓(P):『圓形』。圓角項次點選『面<1>』後，按確定鍵。<br>在按特徵管理員中Annotations註記資料夾上，按滑鼠右鍵，立即彈出快顯功能表列，按『顯示特徵尺寸(d)』標籤列，取消勾選之，隱藏其特徵尺寸。 | |
| 按最適當大小鈕。<br>游標移至特徵管理員中Orientation sketch狀態列上按住，游標呈現狀態，向下拖曳至圓角1狀態列之下位置放開。 | |
| 按標準工作列上的另存新檔鈕輸入檔案名稱(N)：counter sink emboss烤盤沖頭，按存檔(S)鍵，存入原始資料夾後，再按圖面之右上角離開鍵。回到原編輯中的檔案。 | |

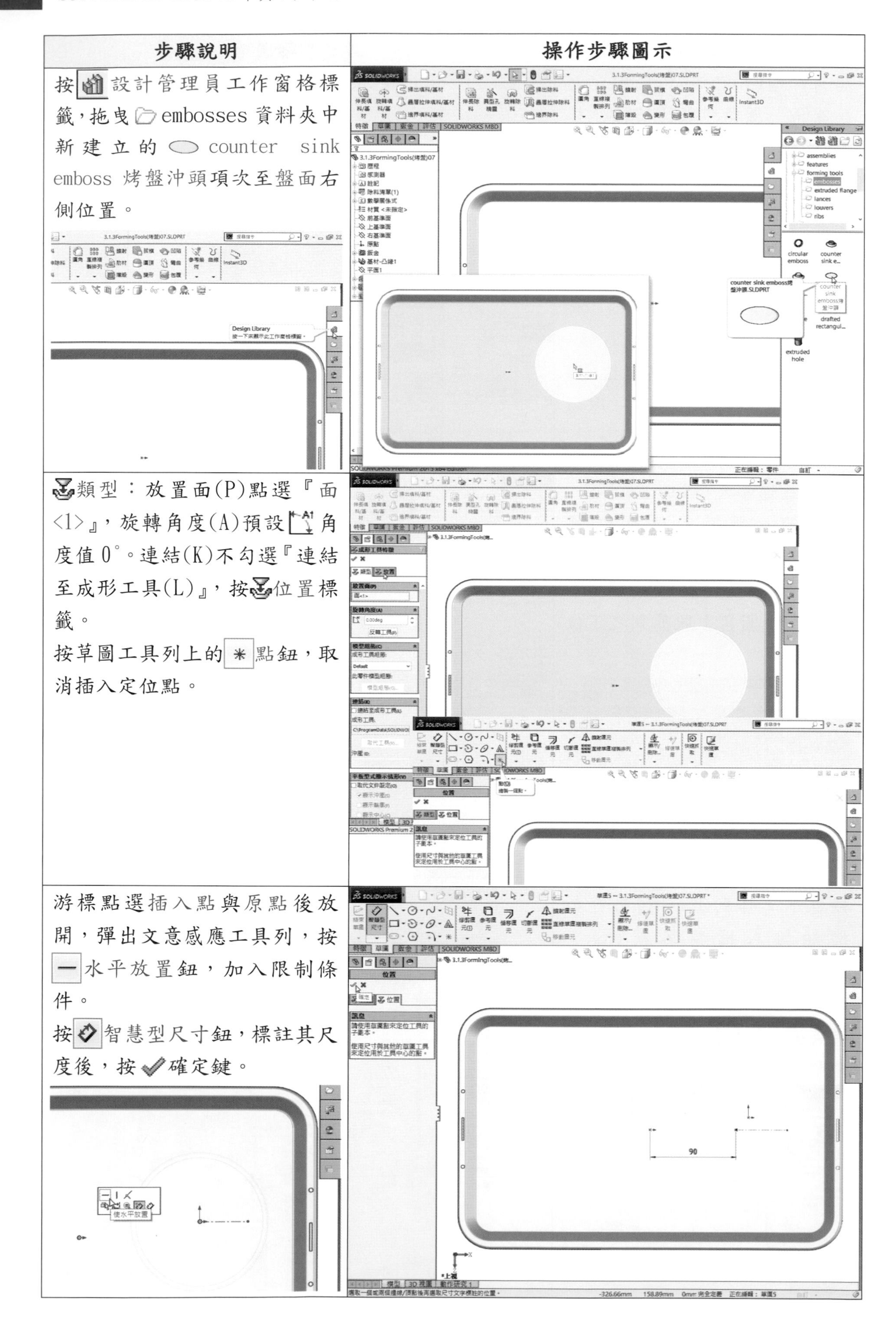

| 步驟說明 | 操作步驟圖示 |
| --- | --- |
| 按設計管理員工作窗格標籤，拖曳 embosses 資料夾中新建立的 counter sink emboss 烤盤沖頭項次至盤面右側位置。 | |
| 類型：放置面(P)點選『面<1>』，旋轉角度(A)預設角度值 0°。連結(K)不勾選『連結至成形工具(L)』，按位置標籤。<br>按草圖工具列上的點鈕，取消插入定位點。 | |
| 游標點選插入點與原點後放開，彈出文意感應工具列，按水平放置鈕，加入限制條件。<br>按智慧型尺寸鈕，標註其尺度後，按確定鍵。 | |

| 步驟說明 | 操作步驟圖示 |
| --- | --- |
| 按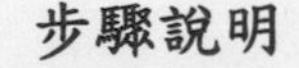設計管理員工作窗格標籤。在 ribs 資料夾中點選 single rib 項次上快速按二下，開啟single rib.SLDPRT成形工具圖檔。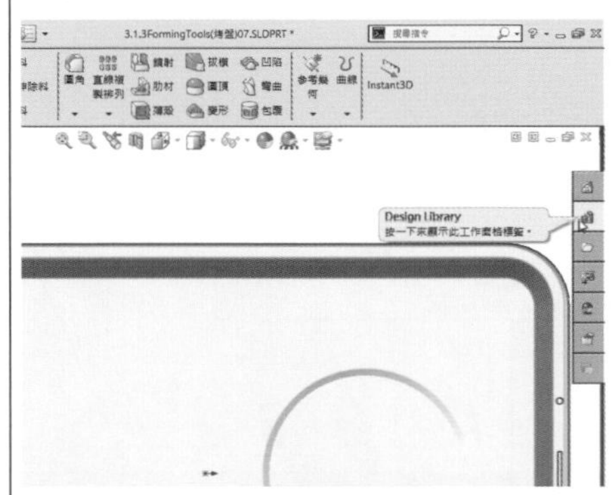 |  |
| 在特徵管理員中 Annotations 註記資料夾上，按滑鼠右鍵，立即彈出快顯功能表列，按『顯示特徵尺寸(d)』標籤列，呈現勾選之。立即顯示其模型尺度。按二下寬度 100 的尺度數字，彈出修改對話框，修改為 130mm 後，按確定鍵，並儲存目前的值，離開此對話框。 | 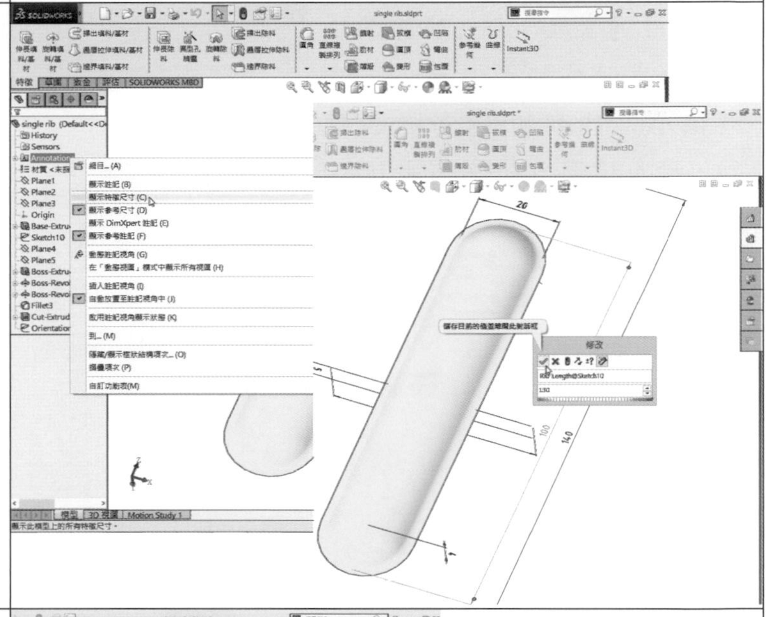 |
| 按二下深度 20 的尺度數字，彈出修改對話框，修改為 14mm 後，按確定鍵，並儲存目前的值，離開此對話框。按二下高度 4 的尺度數字，彈出修改對話框，修改為 2.2mm 後，按重新計算鈕，重新計算之修改後所改變的特徵。。 | 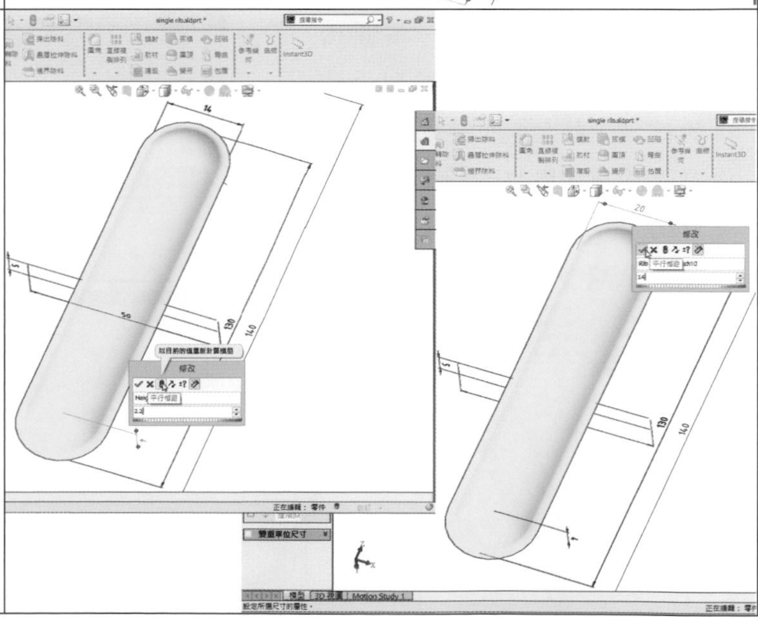 |

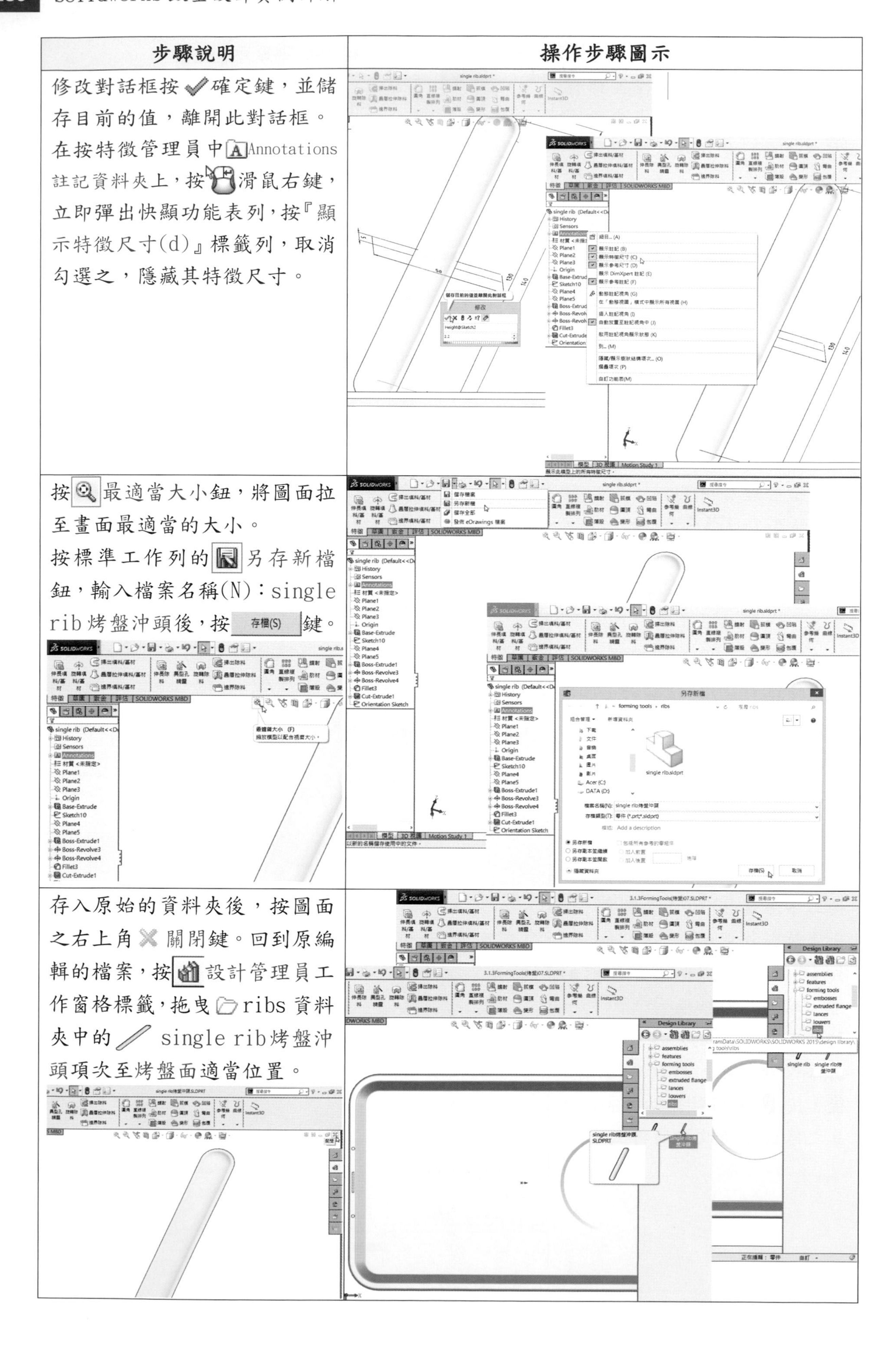

| 步驟說明 | 操作步驟圖示 |
| --- | --- |
| 修改對話框按 ✔ 確定鍵，並儲存目前的值，離開此對話框。在按特徵管理員中 A Annotations 註記資料夾上，按滑鼠右鍵，立即彈出快顯功能表列，按『顯示特徵尺寸(d)』標籤列，取消勾選之，隱藏其特徵尺寸。 | |
| 按最適當大小鈕，將圖面拉至畫面最適當的大小。按標準工作列的另存新檔鈕，輸入檔案名稱(N)：single rib烤盤沖頭後，按 存檔(S) 鍵。 | |
| 存入原始的資料夾後，按圖面之右上角 ✖ 關閉鍵。回到原編輯的檔案，按設計管理員工作窗格標籤，拖曳 ribs 資料夾中的 single rib烤盤沖頭項次至烤盤面適當位置。 | |

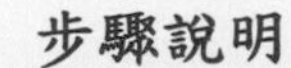

| 步驟說明 | 操作步驟圖示 |
| --- | --- |
| 拖曳至盤面左側位置，類型：放置面(P)『面<1>』，旋轉角度(A)設定角度值 0°。連結(K)不勾選『連結至成形工具(L)』，按 反轉工具(F) 鈕，放置面(P)變為『面<2>』凸緣直立朝前方向凸出。 | 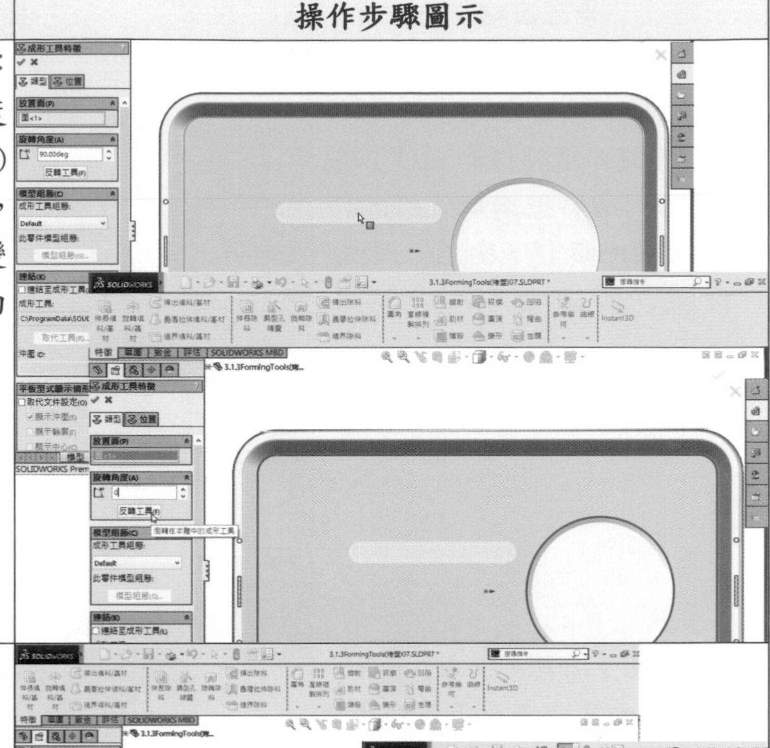 |
| 按位置標籤。按點鈕，取消插入定位點。<br>游標點選插入點與原點後放開，彈出文意感應工具列，按水平放置鈕，加入限制條件。<br>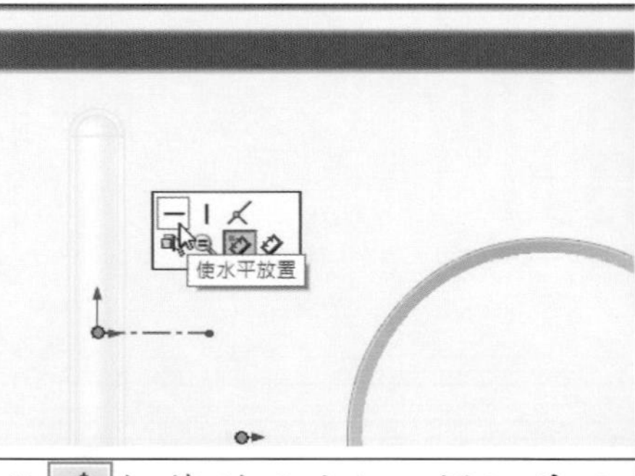<br> | |
| 按智慧型尺寸鈕，標註其尺度後，按確定鍵。<br>按 特徵 特徵工作列，按直線複製排列鈕，方向 1 設定方向選取『邊線<1>』。<br>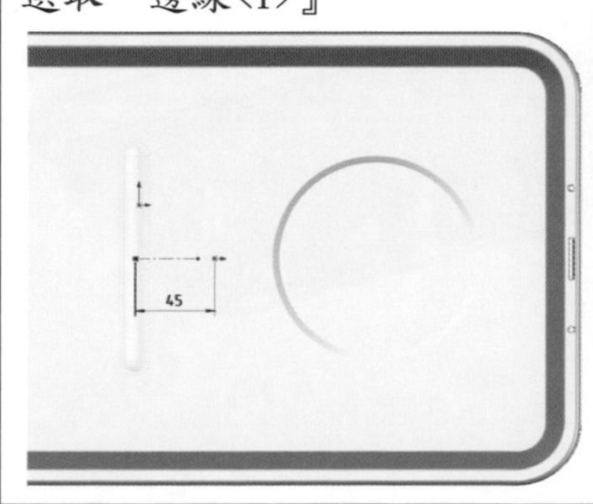<br> | 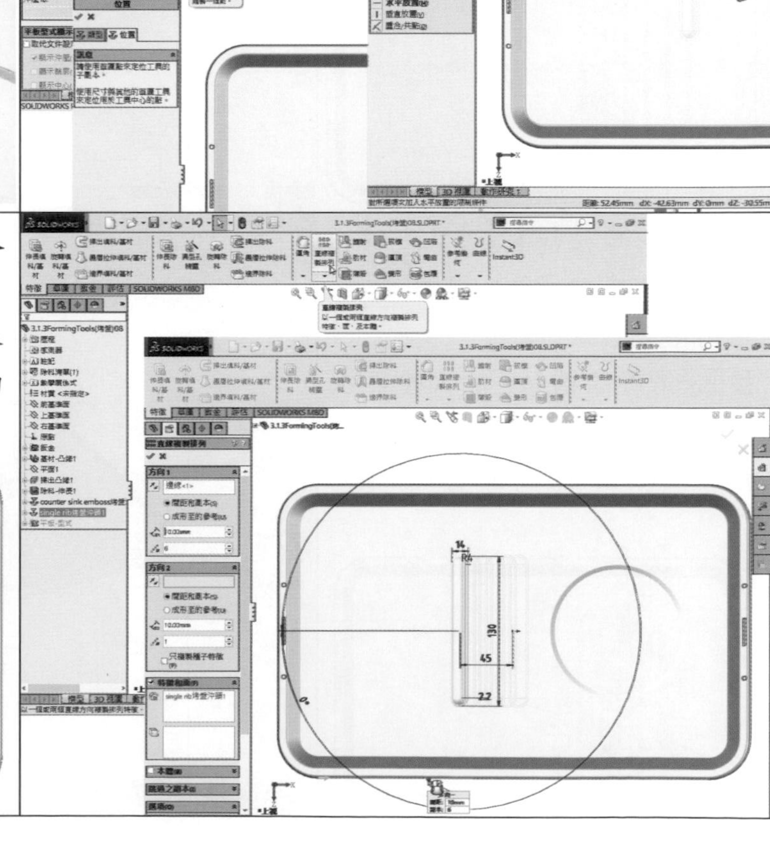 |

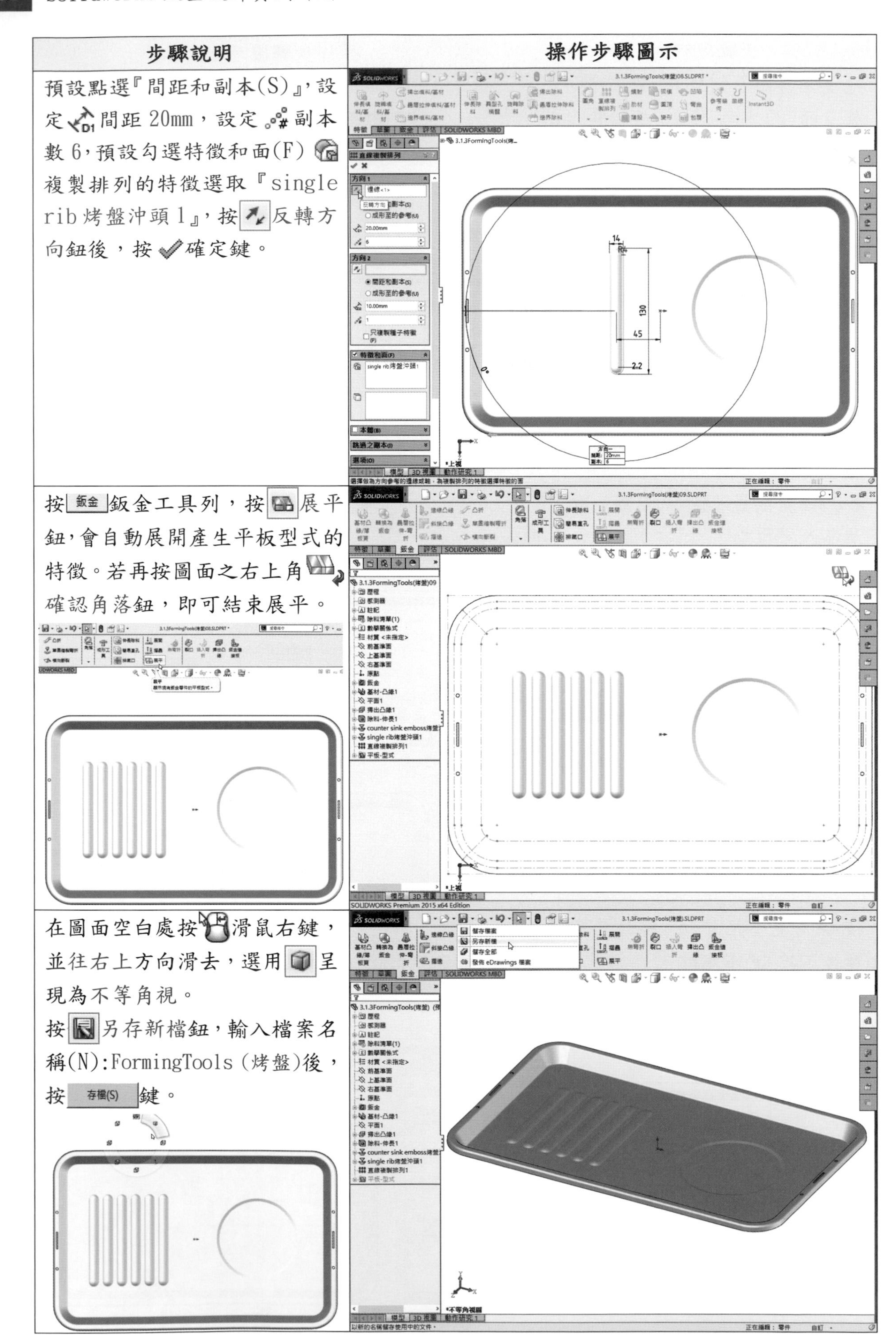

| 步驟說明 | 操作步驟圖示 |
| --- | --- |
| 預設點選『間距和副本(S)』，設定間距 20mm，設定副本數 6，預設勾選特徵和面(F)複製排列的特徵選取『single rib 烤盤沖頭1』，按反轉方向鈕後，按確定鍵。 | |
| 按 鈑金 鈑金工具列，按展平鈕，會自動展開產生平板型式的特徵。若再按圖面之右上角確認角落鈕，即可結束展平。 | |
| 在圖面空白處按滑鼠右鍵，並往右上方向滑去，選用呈現為不等角視。<br>按另存新檔鈕，輸入檔案名稱(N):FormingTools (烤盤)後，按 存檔(S) 鍵。 | |

## 3.2.1 產生成形工具(冰塊夾沖頭)用於冰塊夾鈑金件

**學習目標：能建立一個沖頭產生成形工具，插入成形工具至鈑金零件上。**

**繪圖步驟：建沖頭→產生成形工具→長鈑金→向上回溯→插入成形工具→向下回溯。**

- 草圖指令：中心線、圓心/起/終點畫弧、直線、草圖圓角、鏡射圖元、偏移圖元、點。
- 特徵指令：伸長填料/基材、圓角、伸長除料、鏡射、直線複製排列。
- 鈑金指令：成形工具、基材-凸緣/薄板頁、邊線凸緣、草圖繪製彎折、斷開角落/角落-修剪、展平。

| 步驟說明 | 操作步驟圖示 |
| --- | --- |
| 首先選取上基準面作為草圖 1 之繪圖平面。<br>按中心線、圓心/起/終點畫弧、直線、鏡射圖元鈕，畫出草圖之外型輪廓線，標註其尺度。<br>按偏移圖元鈕，參數偏移距離 10mm，勾選『加入尺寸』和『選擇連續偏移』，按滑鼠右鍵。<br>按特徵特徵工作列，按伸長填料/基材鈕。 | 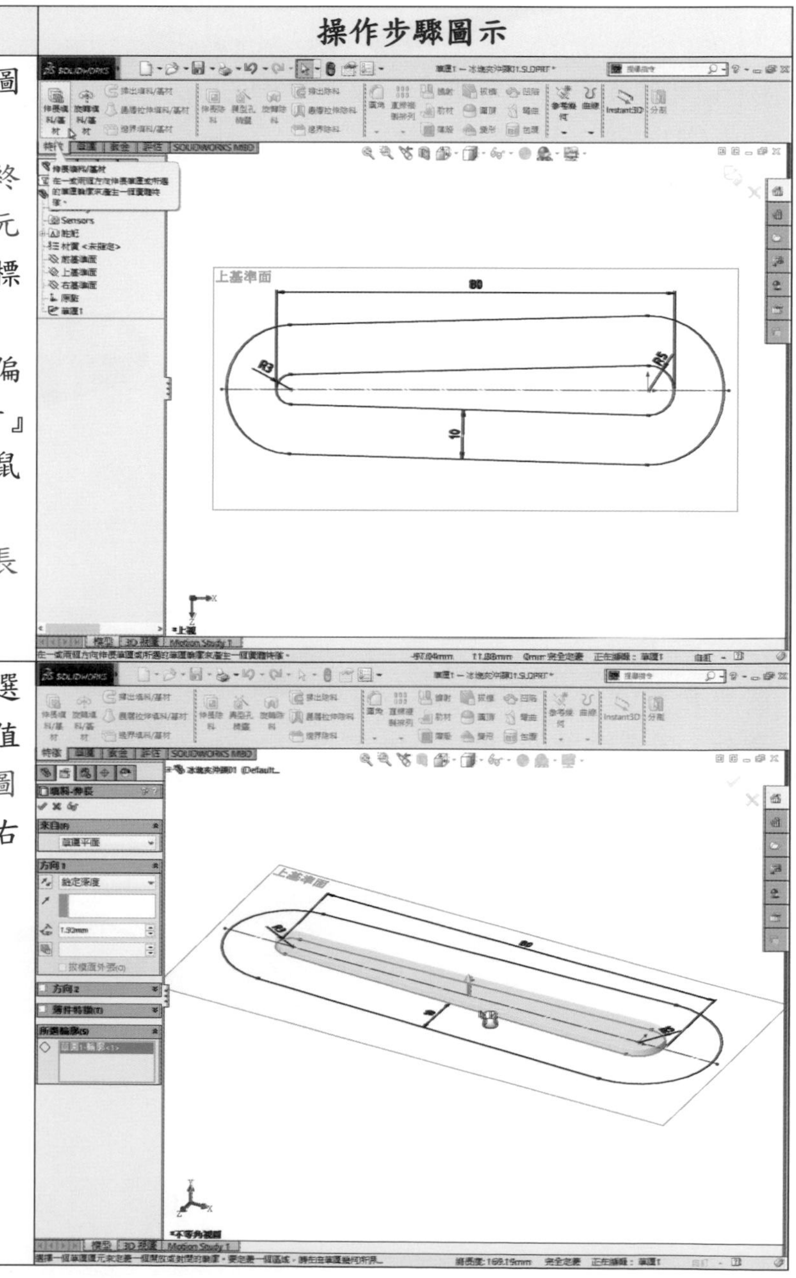 |
| 來自(F)『草圖平面』，方向 1 選取『給定深度』，輸入深度值 1.5mm，所選輪廓選取『草圖 1-輪廓<1>』後，按滑鼠右鍵。 | |

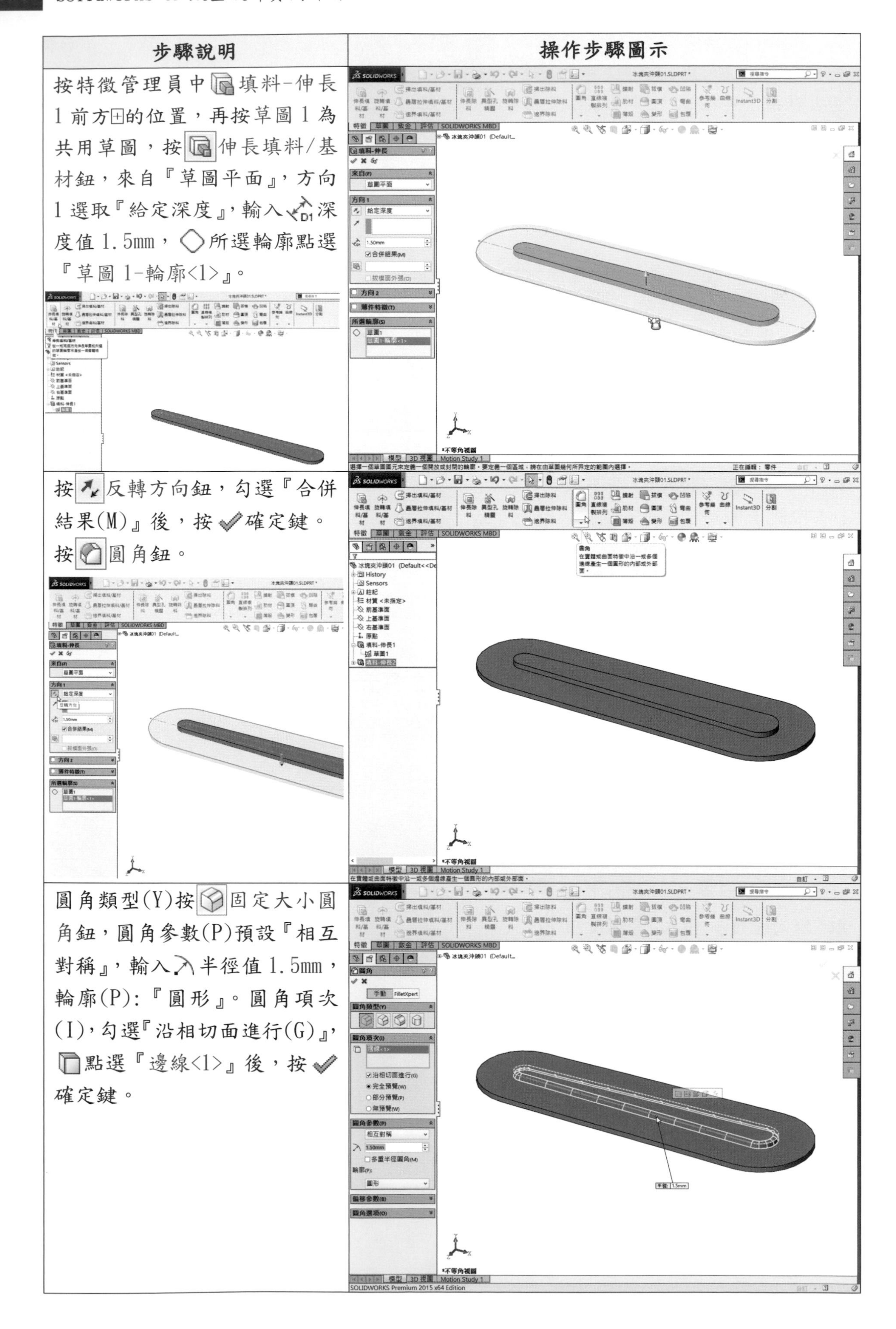

| 步驟說明 | 操作步驟圖示 |
| --- | --- |
| 按特徵管理員中填料-伸長1前方⊞的位置，再按草圖1為共用草圖，按伸長填料/基材鈕，來自『草圖平面』，方向1選取『給定深度』，輸入深度值1.5mm，所選輪廓點選『草圖1-輪廓<1>』。 | |
| 按反轉方向鈕，勾選『合併結果(M)』後，按確定鍵。按圓角鈕。 | |
| 圓角類型(Y)按固定大小圓角鈕，圓角參數(P)預設『相互對稱』，輸入半徑值1.5mm，輪廓(P):『圓形』。圓角項次(I)，勾選『沿相切面進行(G)』，點選『邊線<1>』後，按確定鍵。 | |

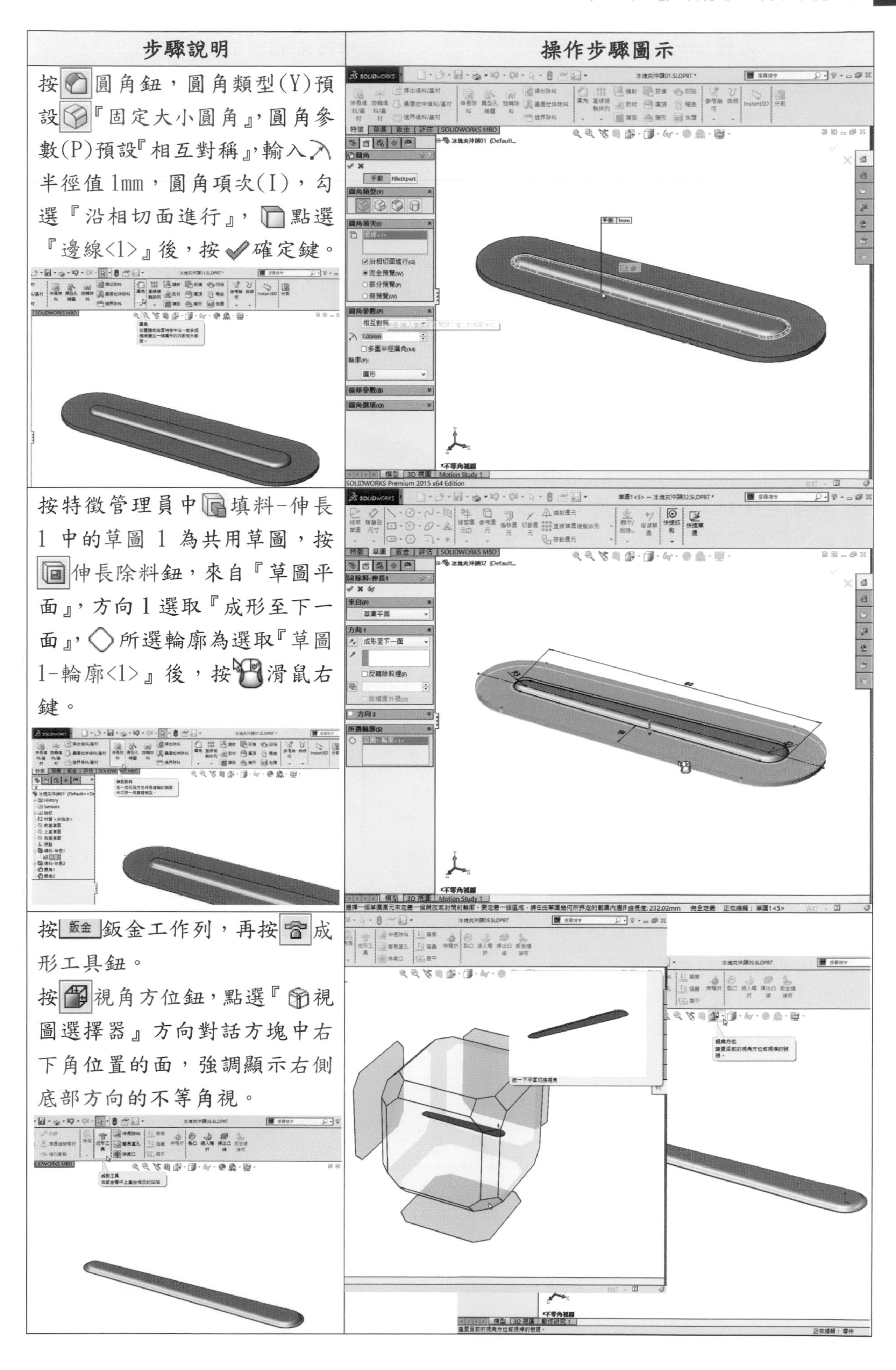

| 步驟說明 | 操作步驟圖示 |
| --- | --- |
| 按圓角鈕，圓角類型(Y)預設『固定大小圓角』，圓角參數(P)預設『相互對稱』，輸入半徑值 1mm，圓角項次(I)，勾選『沿相切面進行』，點選『邊線<1>』後，按確定鍵。 | |
| 按特徵管理員中填料-伸長 1 中的草圖 1 為共用草圖，按伸長除料鈕，來自『草圖平面』，方向 1 選取『成形至下一面』，所選輪廓為選取『草圖 1-輪廓<1>』後，按滑鼠右鍵。 | |
| 按 鈑金 鈑金工作列，再按成形工具鈕。<br>按視角方位鈕，點選『視圖選擇器』方向對話方塊中右下角位置的面，強調顯示右側底部方向的不等角視。 | |

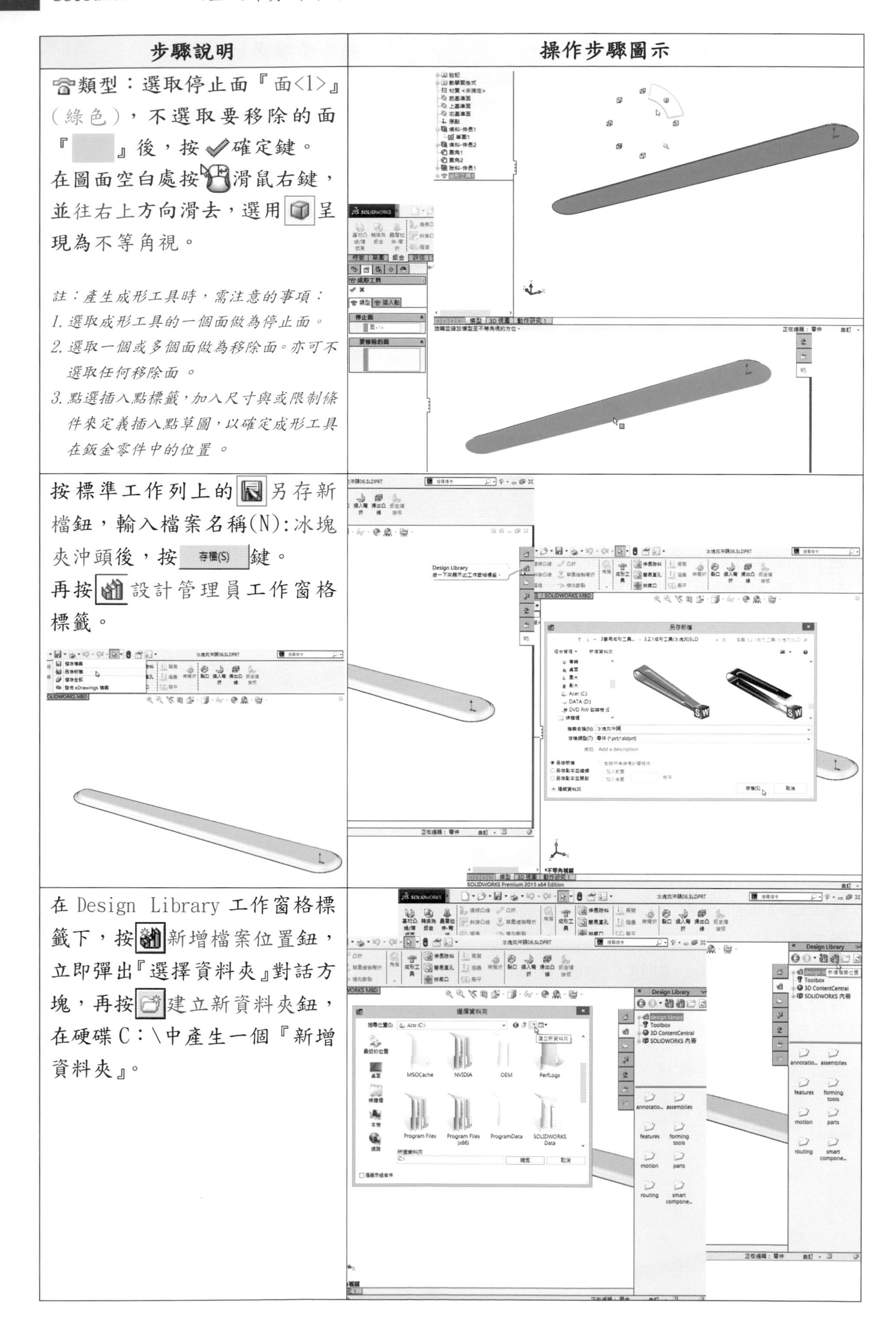

| 步驟說明 | 操作步驟圖示 |
|---|---|
| 類型：選取停止面『面<1>』(綠色)，不選取要移除的面『　』後，按確定鍵。<br>在圖面空白處按滑鼠右鍵，並往右上方向滑去，選用呈現為不等角視。<br><br>*註：產生成形工具時，需注意的事項：*<br>*1. 選取成形工具的一個面做為停止面。*<br>*2. 選取一個或多個面做為移除面。亦可不選取任何移除面。*<br>*3. 點選插入點標籤，加入尺寸與或限制條件來定義插入點草圖，以確定成形工具在鈑金零件中的位置。* | |
| 按標準工作列上的另存新檔鈕，輸入檔案名稱(N):冰塊夾沖頭後，按 存檔(S) 鍵。<br>再按設計管理員工作窗格標籤。 | |
| 在 Design Library 工作窗格標籤下，按新增檔案位置鈕，立即彈出『選擇資料夾』對話方塊，再按建立新資料夾鈕，在硬碟 C：\中產生一個『新增資料夾』。 | |

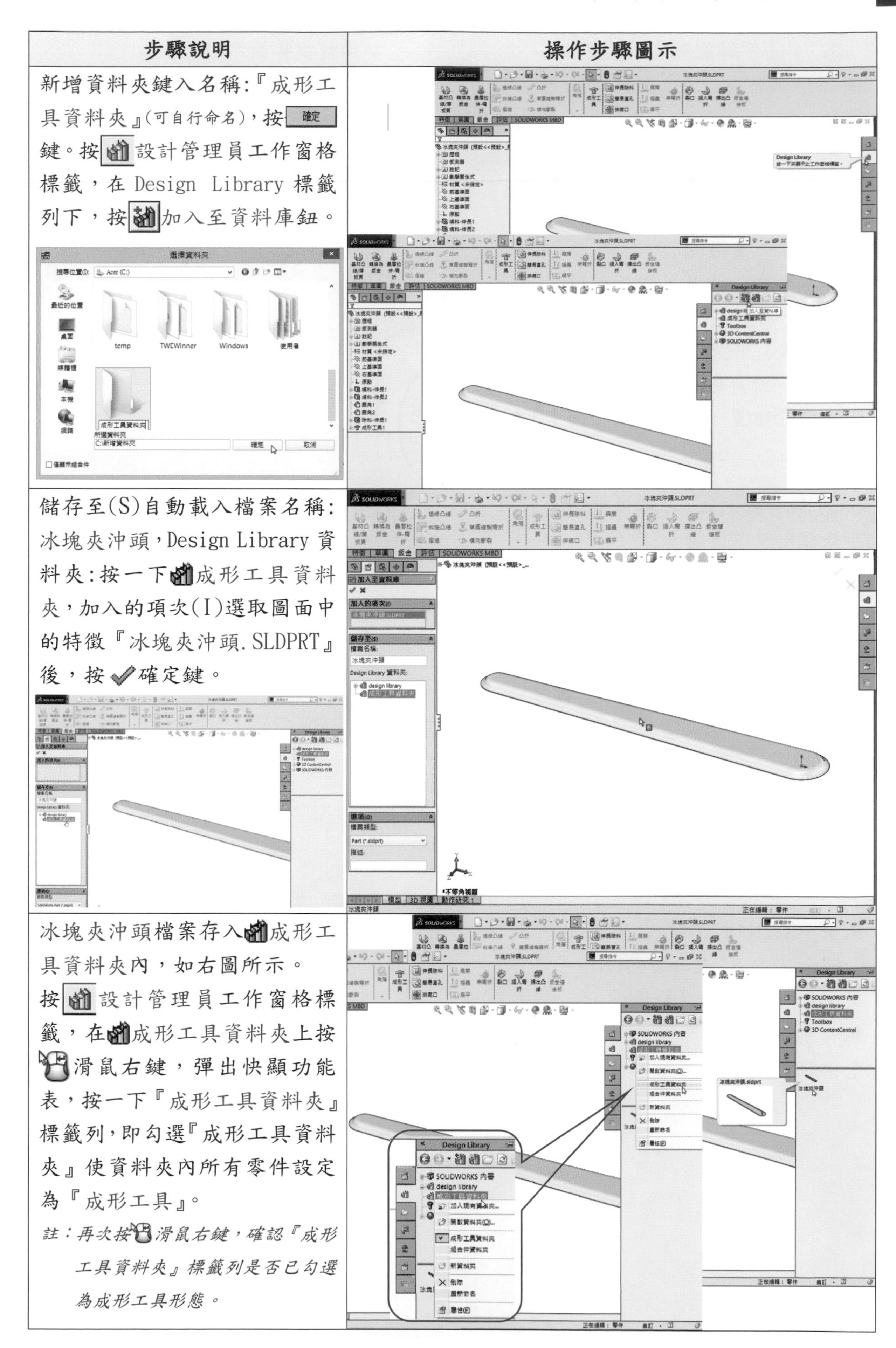

| 步驟說明 | 操作步驟圖示 |
|---|---|
| 新增資料夾鍵入名稱:『成形工具資料夾』(可自行命名),按確定鍵。按設計管理員工作窗格標籤,在 Design Library 標籤列下,按加入至資料庫鈕。 | |
| 儲存至(S)自動載入檔案名稱:冰塊夾沖頭,Design Library 資料夾:按一下成形工具資料夾,加入的項次(I)選取圖面中的特徵『冰塊夾沖頭.SLDPRT』後,按確定鍵。 | |
| 冰塊夾沖頭檔案存入成形工具資料夾內,如右圖所示。<br>按設計管理員工作窗格標籤,在成形工具資料夾上按滑鼠右鍵,彈出快顯功能表,按一下『成形工具資料夾』標籤列,即勾選『成形工具資料夾』使資料夾內所有零件設定為『成形工具』。<br>*註:再次按滑鼠右鍵,確認『成形工具資料夾』標籤列是否已勾選為成形工具形態。* | |

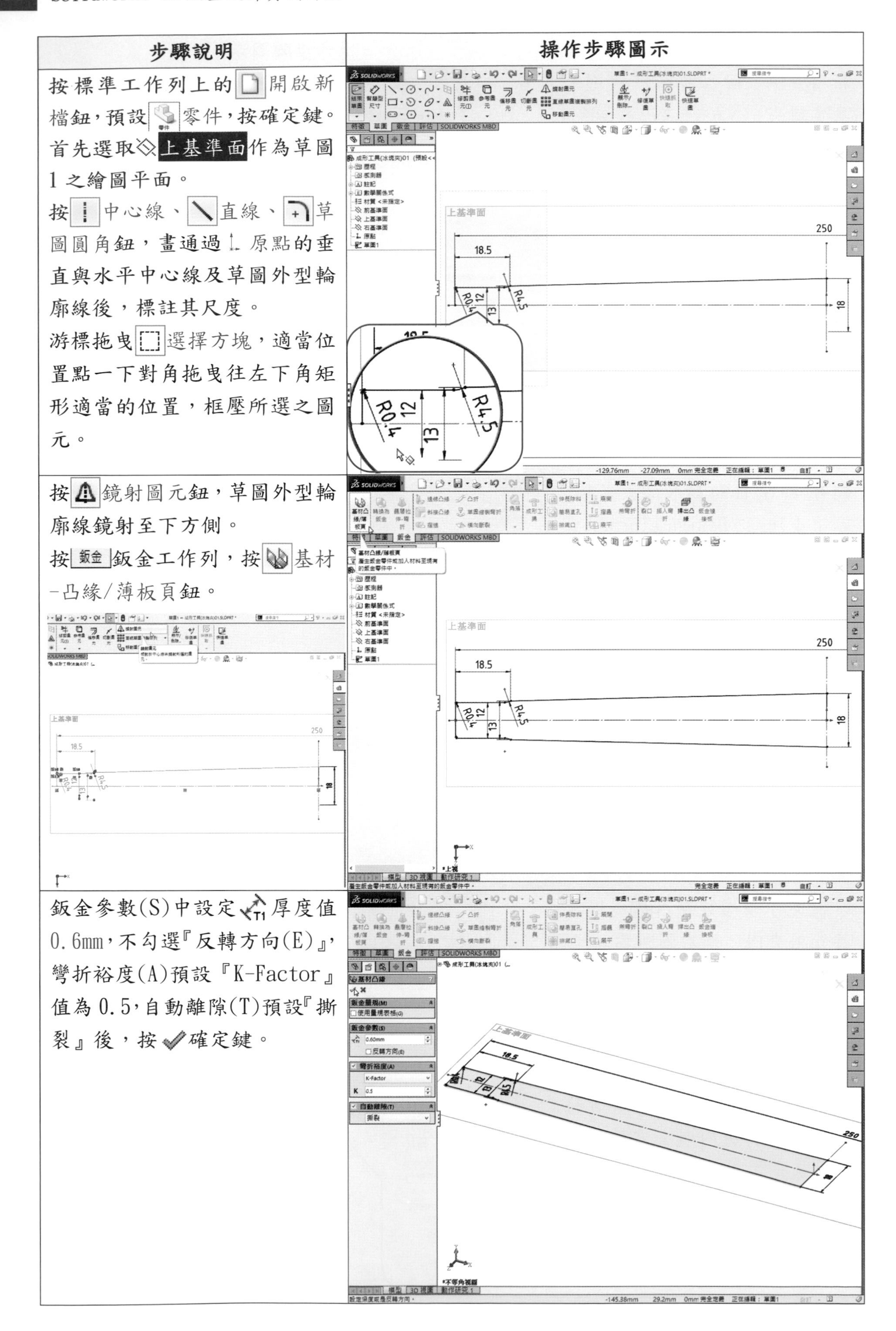

| 步驟說明 | 操作步驟圖示 |
| --- | --- |
| 按標準工作列上的開啟新檔鈕，預設零件，按確定鍵。首先選取上基準面作為草圖1之繪圖平面。<br>按中心線、直線、草圖圓角鈕，畫通過原點的垂直與水平中心線及草圖外型輪廓線後，標註其尺度。<br>游標拖曳選擇方塊，適當位置點一下對角拖曳往左下角矩形適當的位置，框壓所選之圖元。 | |
| 按鏡射圖元鈕，草圖外型輪廓線鏡射至下方側。<br>按鈑金鈑金工作列，按基材-凸緣/薄板頁鈕。 | |
| 鈑金參數(S)中設定厚度值0.6mm，不勾選『反轉方向(E)』，彎折裕度(A)預設『K-Factor』值為0.5，自動離隙(T)預設『撕裂』後，按確定鍵。 | |

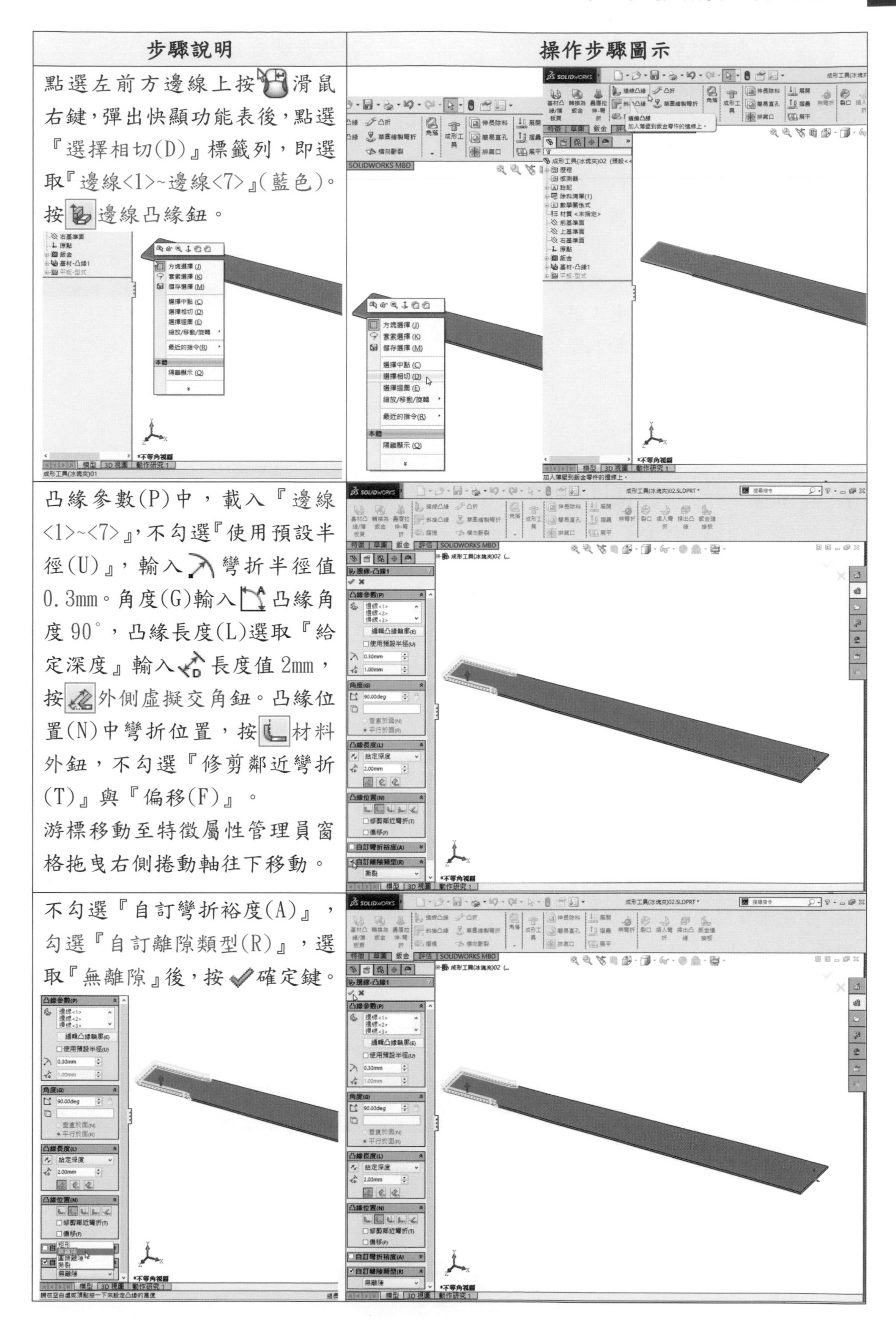

| 步驟說明 | 操作步驟圖示 |
| --- | --- |
| 點選左前方邊線上按滑鼠右鍵，彈出快顯功能表後，點選『選擇相切(D)』標籤列，即選取『邊線<1>~邊線<7>』(藍色)。按邊線凸緣鈕。 | |
| 凸緣參數(P)中，載入『邊線<1>~<7>』，不勾選『使用預設半徑(U)』，輸入彎折半徑值0.3mm。角度(G)輸入凸緣角度 90°，凸緣長度(L)選取『給定深度』輸入長度值 2mm，按外側虛擬交角鈕。凸緣位置(N)中彎折位置，按材料外鈕，不勾選『修剪鄰近彎折(T)』與『偏移(F)』。<br>游標移動至特徵屬性管理員窗格拖曳右側捲動軸往下移動。 | |
| 不勾選『自訂彎折裕度(A)』，勾選『自訂離隙類型(R)』，選取『無離隙』後，按確定鍵。 | |

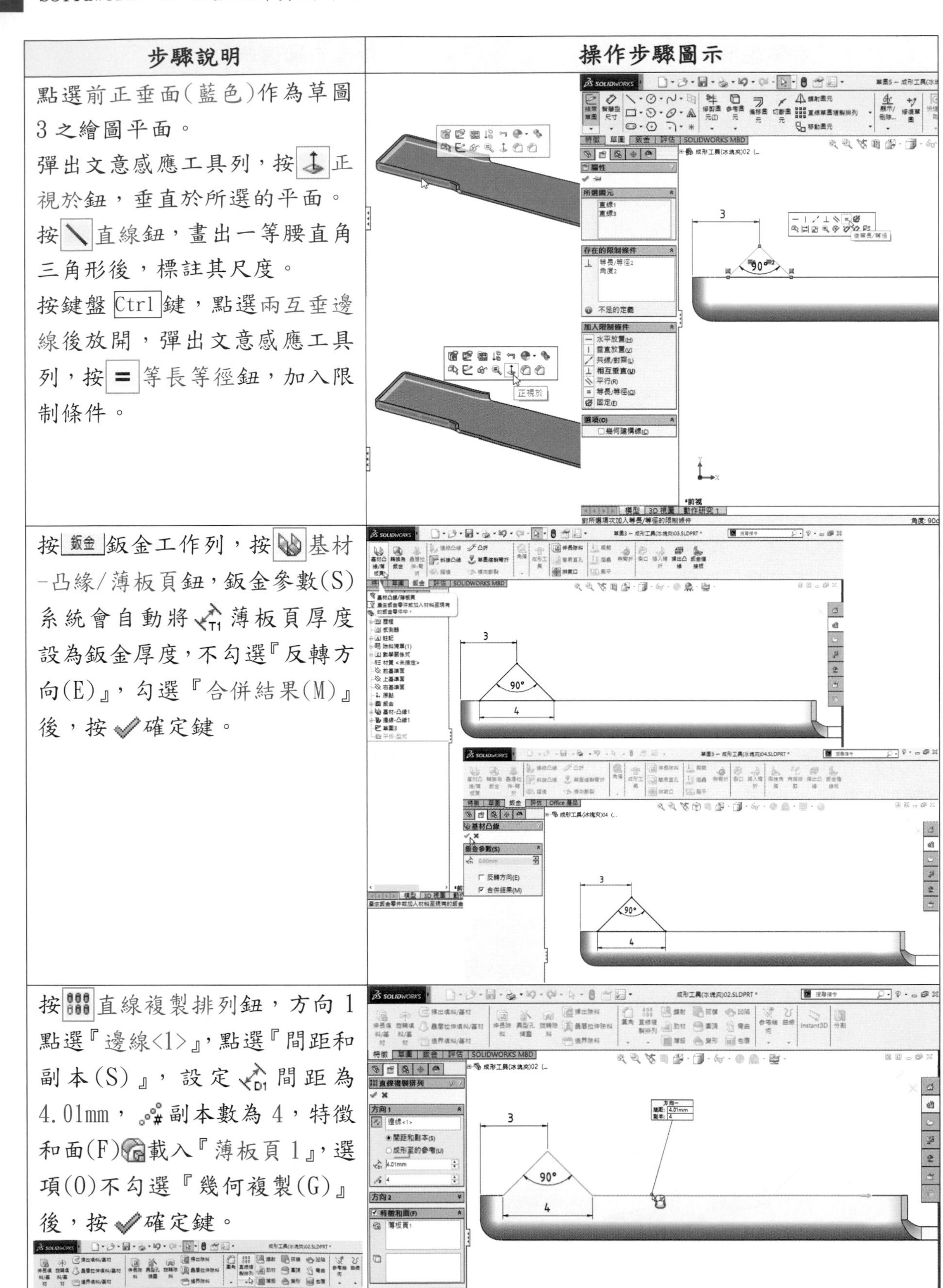

| 步驟說明 | 操作步驟圖示 |
| --- | --- |
| 點選前正垂面(藍色)作為草圖3之繪圖平面。<br>彈出文意感應工具列，按正視於鈕，垂直於所選的平面。<br>按直線鈕，畫出一等腰直角三角形後，標註其尺度。<br>按鍵盤Ctrl鍵，點選兩互垂邊線後放開，彈出文意感應工具列，按等長等徑鈕，加入限制條件。 | |
| 按鈑金鈑金工作列，按基材-凸緣/薄板頁鈕，鈑金參數(S)系統會自動將薄板頁厚度設為鈑金厚度，不勾選『反轉方向(E)』，勾選『合併結果(M)』後，按確定鍵。 | |
| 按直線複製排列鈕，方向1點選『邊線<1>』，點選『間距和副本(S)』，設定間距為4.01mm，副本數為4，特徵和面(F)載入『薄板頁1』，選項(O)不勾選『幾何複製(G)』後，按確定鍵。 | |

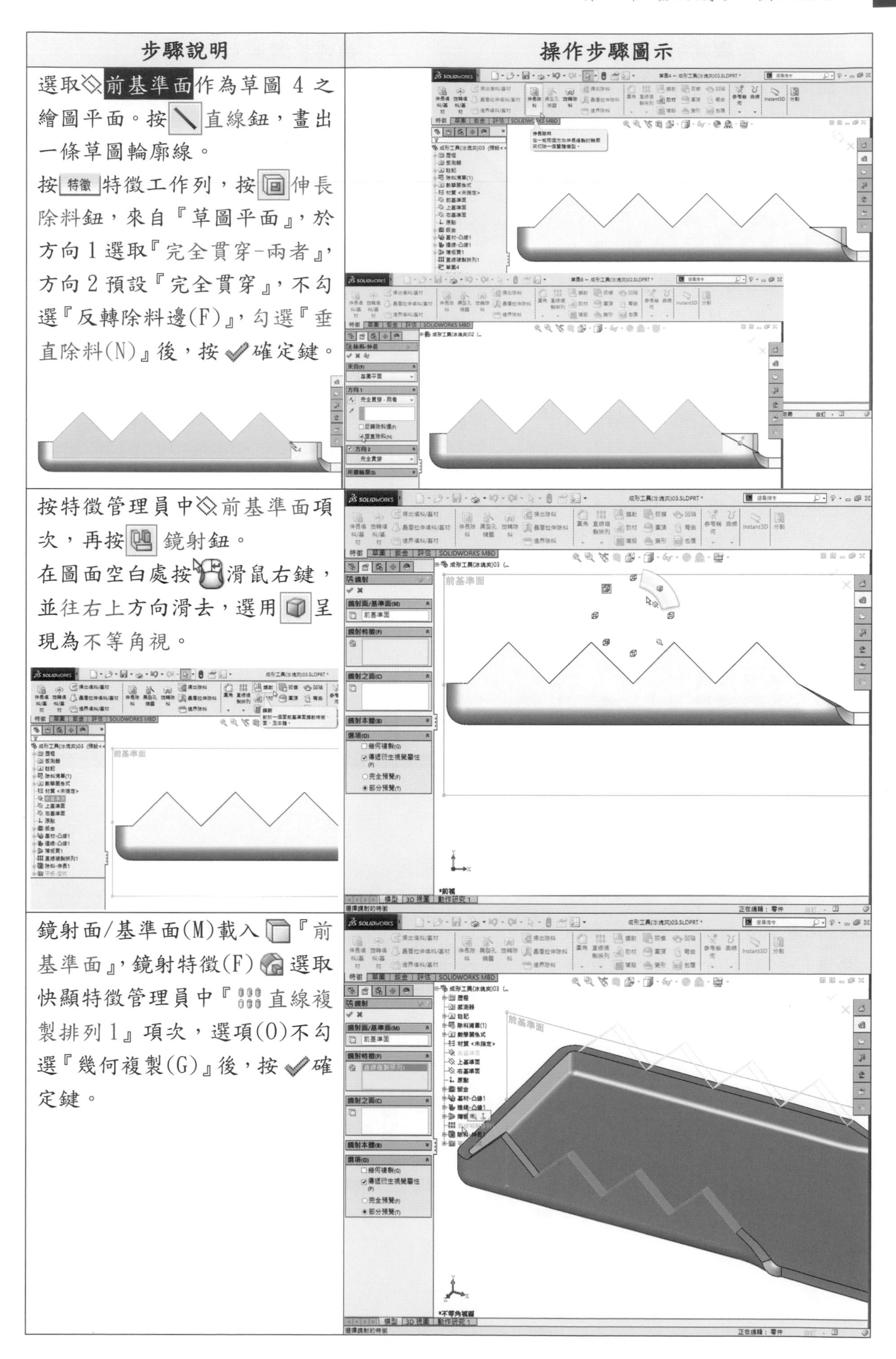

| 步驟說明 | 操作步驟圖示 |
| --- | --- |
| 選取前基準面作為草圖 4 之繪圖平面。按直線鈕，畫出一條草圖輪廓線。<br>按特徵特徵工作列，按伸長除料鈕，來自『草圖平面』，於方向 1 選取『完全貫穿-兩者』，方向 2 預設『完全貫穿』，不勾選『反轉除料邊(F)』，勾選『垂直除料(N)』後，按確定鍵。 | |
| 按特徵管理員中前基準面項次，再按鏡射鈕。<br>在圖面空白處按滑鼠右鍵，並往右上方向滑去，選用呈現為不等角視。 | |
| 鏡射面/基準面(M)載入『前基準面』，鏡射特徵(F)選取快顯特徵管理員中『直線複製排列 1』項次，選項(O)不勾選『幾何複製(G)』後，按確定鍵。 | |

| 步驟說明 | 操作步驟圖示 |
|---|---|
| 在圖面空白處按滑鼠右鍵，並往左方向滑去，選用呈現為左視。<br>選取左側視正垂面(藍色)作為草圖5之繪圖平面。<br>按直線、中心線鈕，畫出等腰直角三角形與垂直中心線後，標註其尺度。<br>按鍵盤Ctrl鍵，點選兩互垂線與中心線後放開，彈出文意感應工具列，按相互對稱鈕，加入限制條件。 | 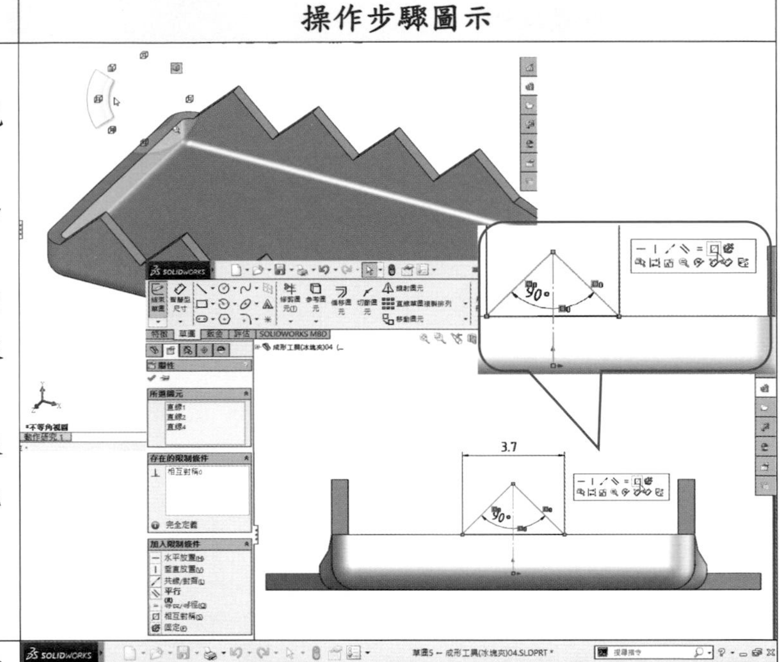 |
| 按鈑金鈑金工作列，按基材-凸緣/薄板頁鈕，鈑金參數(S)系統會自動將薄板頁厚度設為鈑金厚度，不勾選『反轉方向(E)』，勾選『合併結果(M)』後，按確定鍵。<br>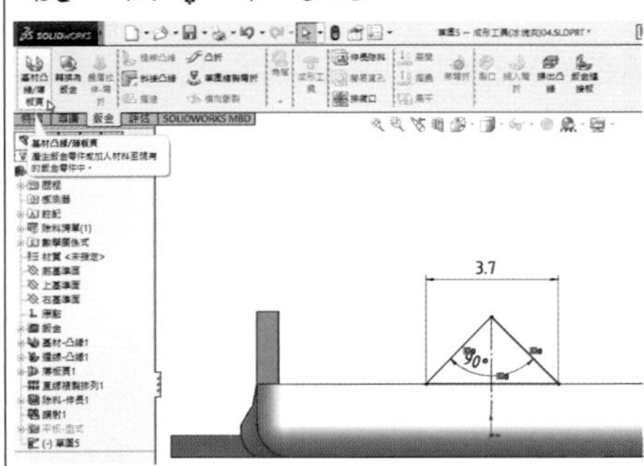 | 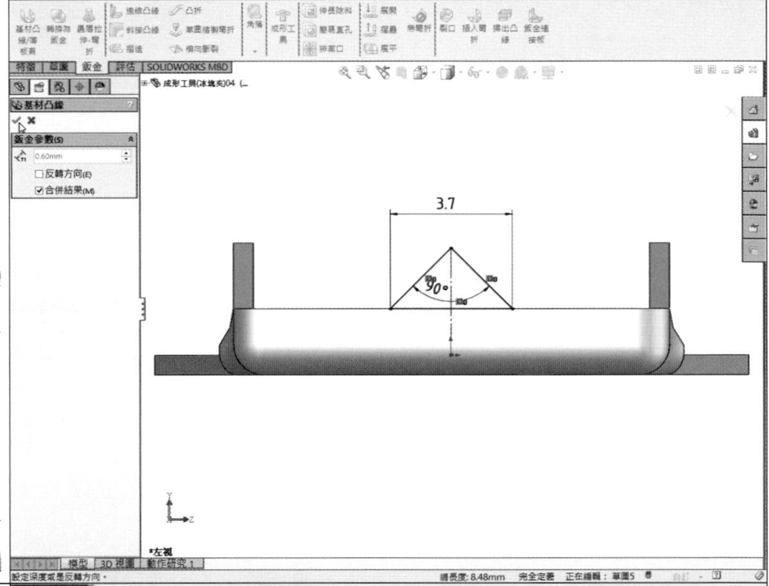 |
| 按直線複製排列鈕，方向1點選『邊線<1>』，點選『間距和副本(S)』，設定間距為3.75mm，副本數為2，特徵和面(F)載入『薄板頁2』。<br>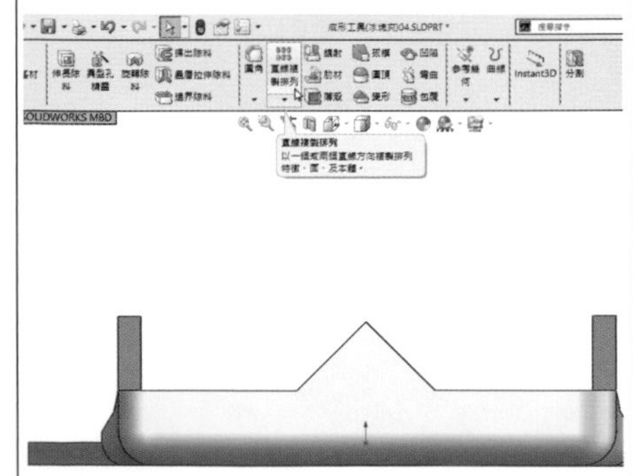 | 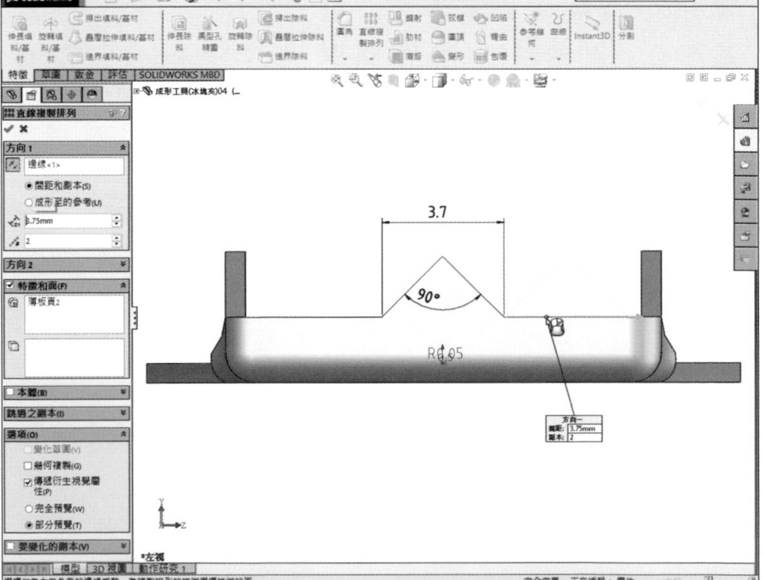 |

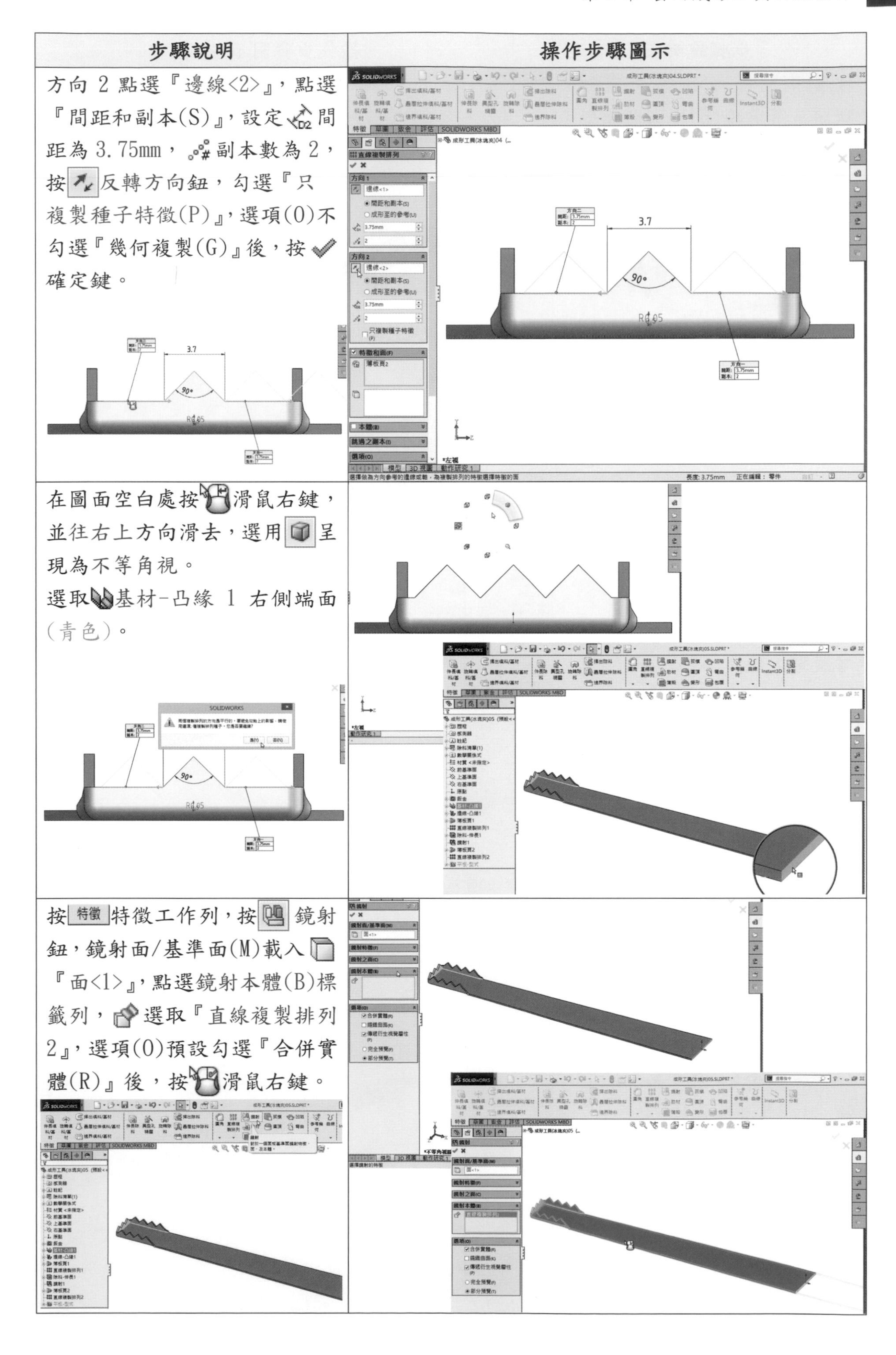

| 步驟說明 | 操作步驟圖示 |
| --- | --- |
| 方向 2 點選『邊線<2>』，點選『間距和副本(S)』，設定間距為 3.75mm，副本數為 2，按反轉方向鈕，勾選『只複製種子特徵(P)』，選項(O)不勾選『幾何複製(G)』後，按確定鍵。 | |
| 在圖面空白處按滑鼠右鍵，並往右上方向滑去，選用呈現為不等角視。<br>選取基材-凸緣 1 右側端面(青色)。 | |
| 按 特徵 特徵工作列，按鏡射鈕，鏡射面/基準面(M)載入『面<1>』，點選鏡射本體(B)標籤列，選取『直線複製排列2』，選項(O)預設勾選『合併實體(R)』後，按滑鼠右鍵。 | |

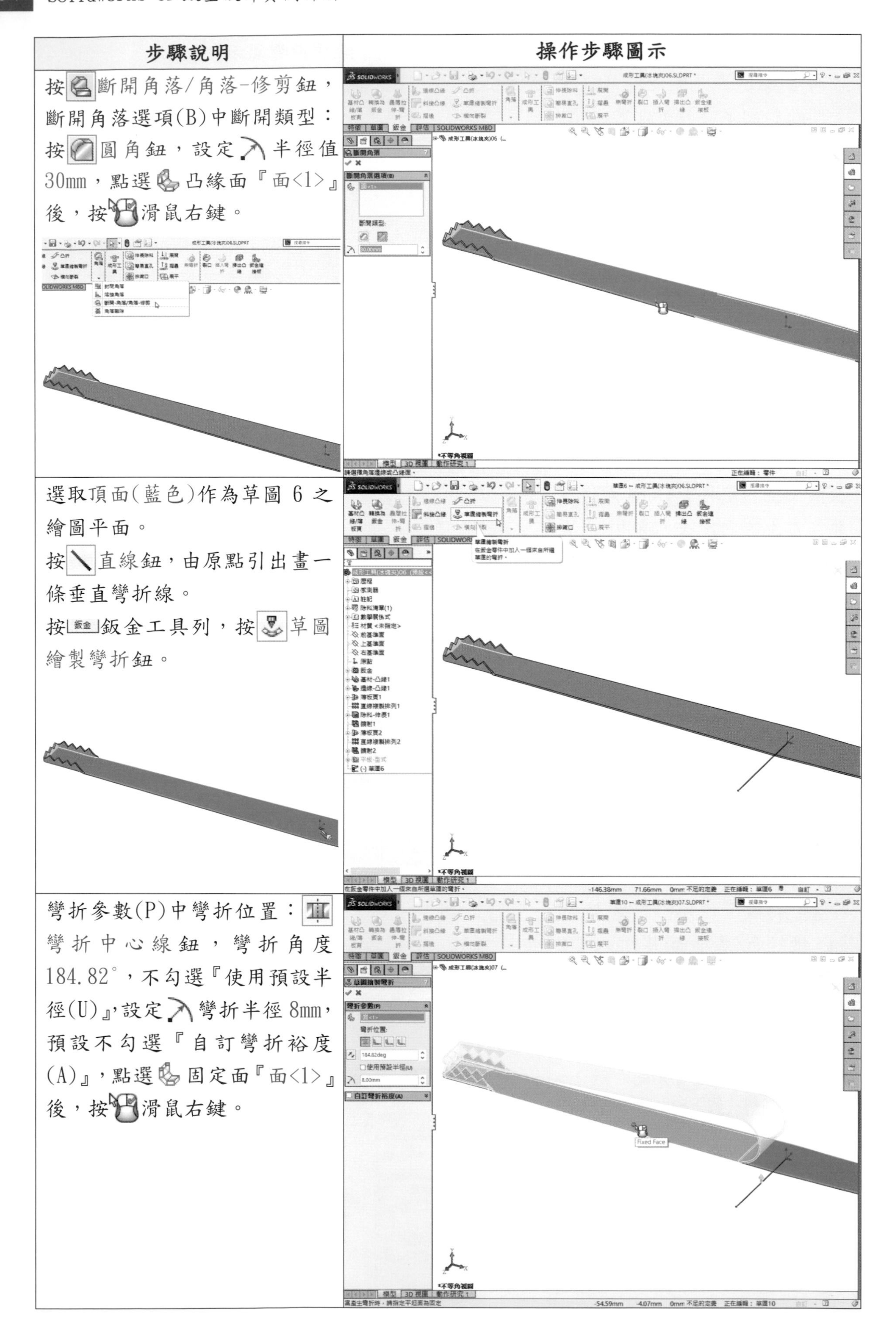

| 步驟說明 | 操作步驟圖示 |
| --- | --- |
| 按斷開角落/角落-修剪鈕，斷開角落選項(B)中斷開類型：按圓角鈕，設定半徑值30mm，點選凸緣面『面<1>』後，按滑鼠右鍵。 | |
| 選取頂面(藍色)作為草圖 6 之繪圖平面。按直線鈕，由原點引出畫一條垂直彎折線。按鈑金工具列，按草圖繪製彎折鈕。 | |
| 彎折參數(P)中彎折位置：彎折中心線鈕，彎折角度184.82°，不勾選『使用預設半徑(U)』，設定彎折半徑 8mm，預設不勾選『自訂彎折裕度(A)』，點選固定面『面<1>』後，按滑鼠右鍵。 | |

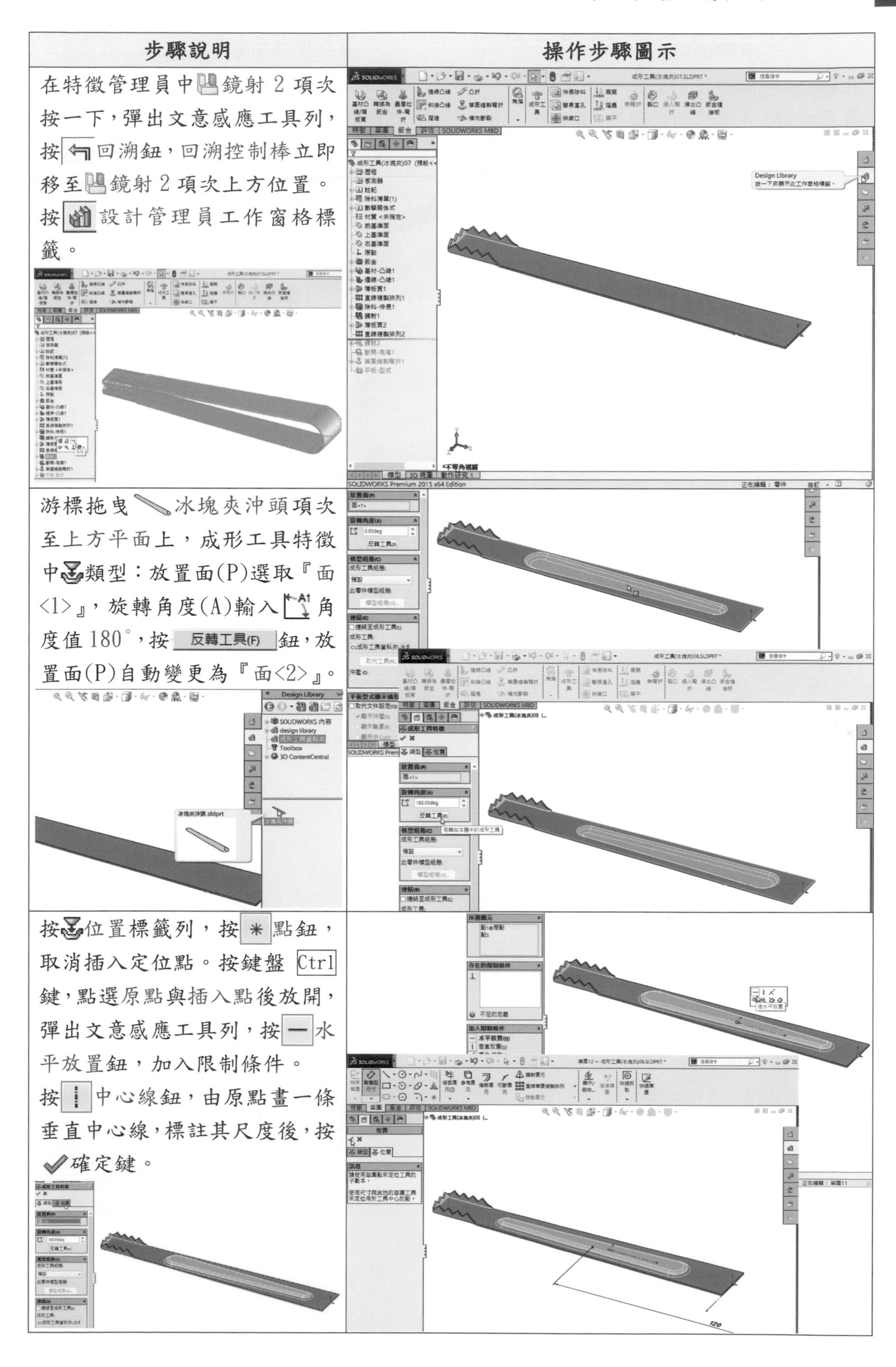

| 步驟說明 | 操作步驟圖示 |
| --- | --- |
| 在特徵管理員中鏡射 2 項次按一下，彈出文意感應工具列，按回溯鈕，回溯控制棒立即移至鏡射 2 項次上方位置。按設計管理員工作窗格標籤。 | |
| 游標拖曳冰塊夾沖頭項次至上方平面上，成形工具特徵中類型：放置面(P)選取『面<1>』，旋轉角度(A)輸入角度值 180°，按 反轉工具(F) 鈕，放置面(P)自動變更為『面<2>』。 | |
| 按位置標籤列，按點鈕，取消插入定位點。按鍵盤 Ctrl 鍵，點選原點與插入點後放開，彈出文意感應工具列，按水平放置鈕，加入限制條件。<br>按中心線鈕，由原點畫一條垂直中心線，標註其尺度後，按確定鍵。 | |

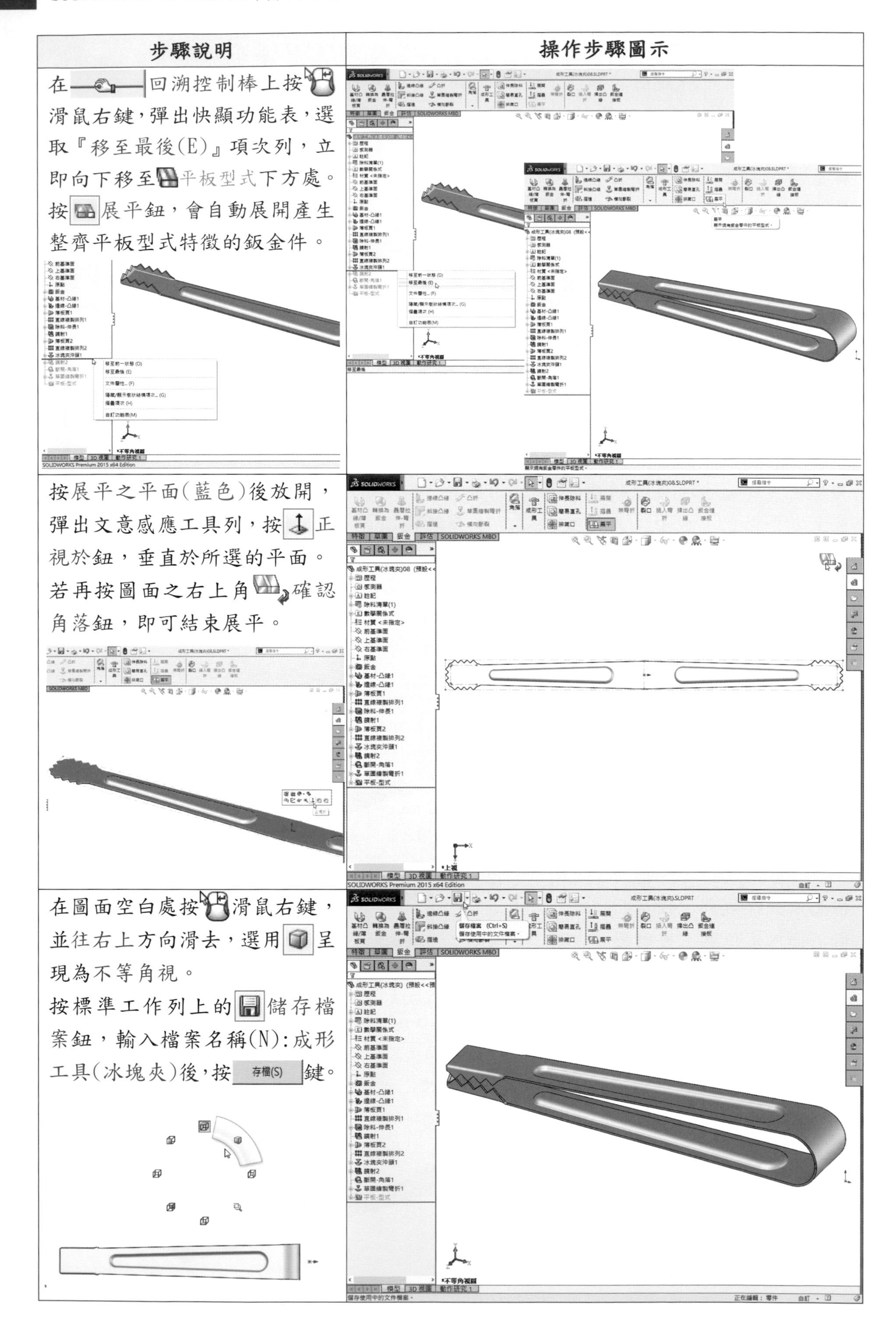

| 步驟說明 | 操作步驟圖示 |
| --- | --- |
| 在回溯控制棒上按滑鼠右鍵，彈出快顯功能表，選取『移至最後(E)』項次列，立即向下移至平板型式下方處。按展平鈕，會自動展開產生整齊平板型式特徵的鈑金件。 | |
| 按展平之平面(藍色)後放開，彈出文意感應工具列，按正視於鈕，垂直於所選的平面。若再按圖面之右上角確認角落鈕，即可結束展平。 | |
| 在圖面空白處按滑鼠右鍵，並往右上方向滑去，選用呈現為不等角視。<br>按標準工作列上的儲存檔案鈕，輸入檔案名稱(N):成形工具(冰塊夾)後，按存檔(S)鍵。 | |

## 3.2.2 產生成形工具(麵包夾沖頭)用於麵包夾鈑金件

**學習目標：能建立一個沖頭產生成形工具，插入成形工具至鈑金零件上。**

**繪圖步驟：建沖頭→產生成形工具→產生鈑金→插入成形工具→作鏡射→按展平。**

使用指令：

- 草圖指令：中心線、圓心/起/終點畫弧、直線、草圖圓角、鏡射圖元、修剪圖元、幾何建構線。
- 特徵指令：伸長填料/基材、伸長除料、圓角、鏡射。
- 鈑金指令：成形工具、基材-凸緣/薄板頁、草圖繪製彎折、展平。

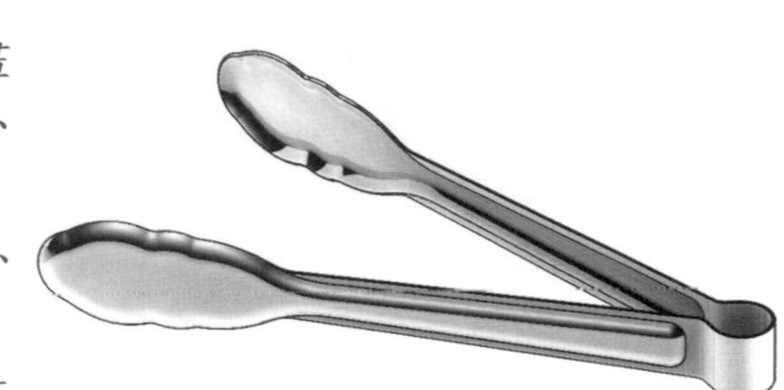

| 步驟說明 | 操作步驟圖示 |
| --- | --- |
| 首先選取前基準面作為草圖 1 之繪圖平面。<br>按中心線、圓心/起/終點畫弧、三點定弧、直線、草圖圓角、鏡射圖元鈕，畫出草圖之外型輪廓線，並標註其尺度。<br>按另存新檔鈕，輸入檔案名稱(N)：沖頭(麵包夾)01.sldprt 後，按 存檔(S) 鍵。 | 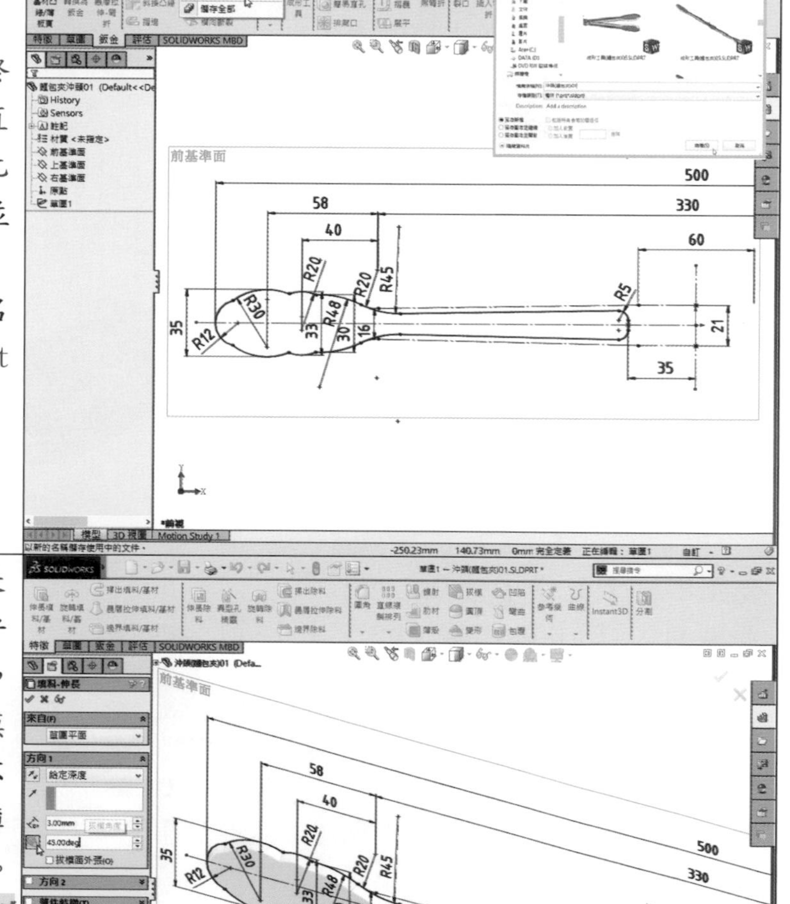 |
| 按 特徵 特徵工作列，按伸長填料/基材鈕，來自(F)『草圖平面』，方向 1 選取『給定深度』，輸入深度值 3mm，按拔模鈕，輸入拔模角度為 45° ，不勾選『拔模面外張(O)』與『薄件特徵(T)』後，按確定鍵。<br>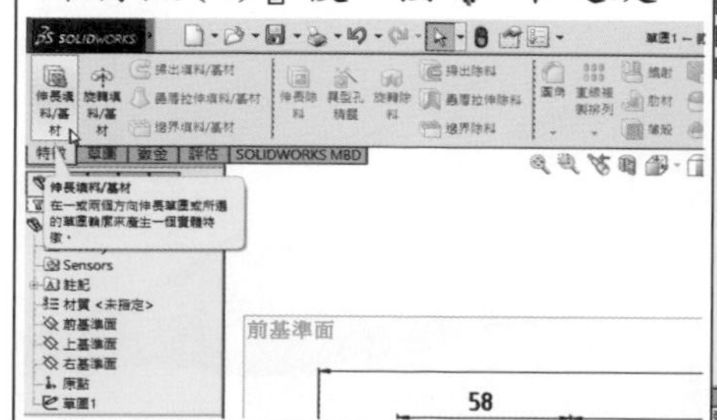 | |

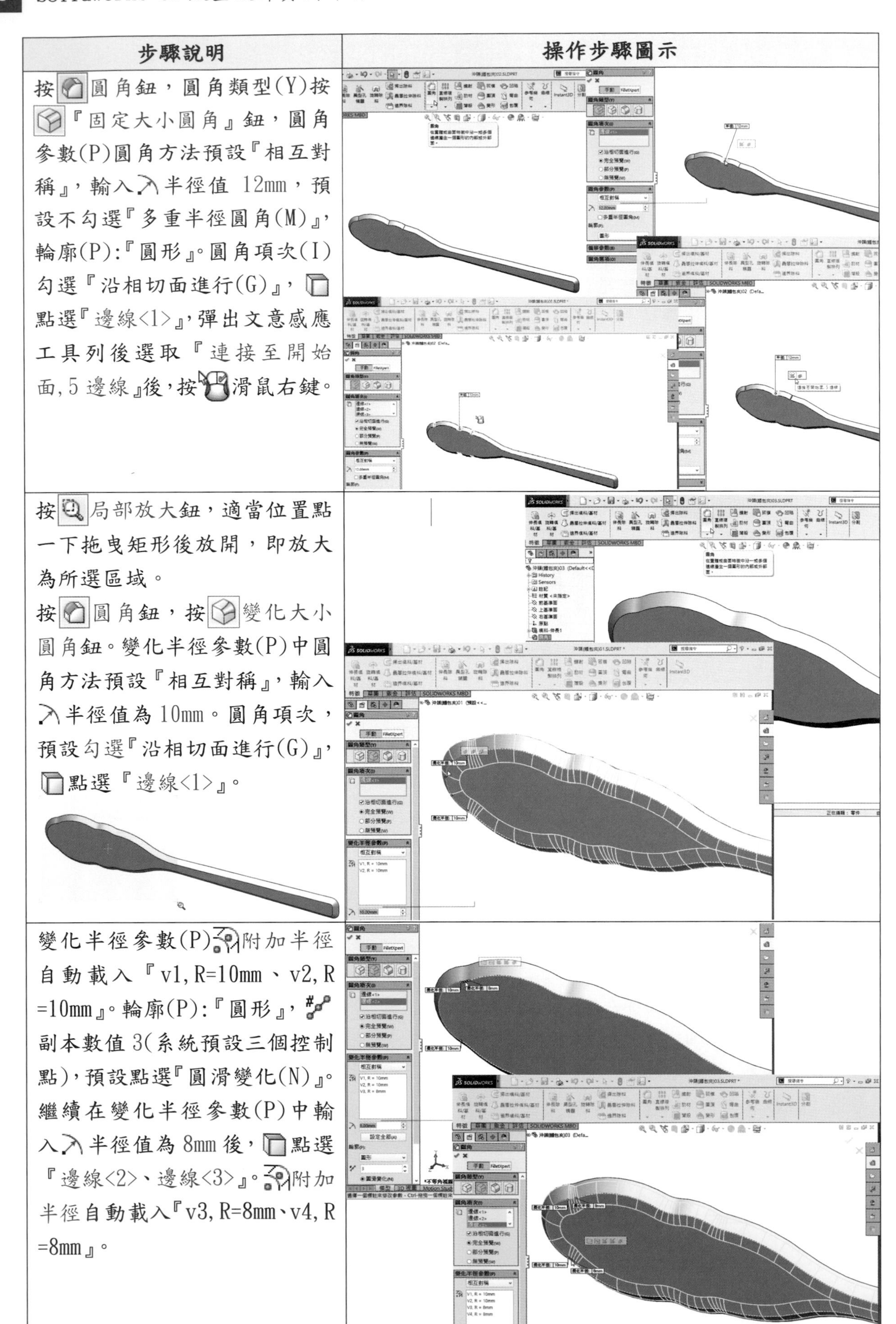

| 步驟說明 | 操作步驟圖示 |
| --- | --- |
| 按圓角鈕，圓角類型(Y)按『固定大小圓角』鈕，圓角參數(P)圓角方法預設『相互對稱』，輸入半徑值 12mm，預設不勾選『多重半徑圓角(M)』，輪廓(P):『圓形』。圓角項次(I)勾選『沿相切面進行(G)』，點選『邊線<1>』，彈出文意感應工具列後選取『連接至開始面，5 邊線』後，按滑鼠右鍵。 | |
| 按局部放大鈕，適當位置點一下拖曳矩形後放開，即放大為所選區域。<br>按圓角鈕，按變化大小圓角鈕。變化半徑參數(P)中圓角方法預設『相互對稱』，輸入半徑值為 10mm。圓角項次，預設勾選『沿相切面進行(G)』，點選『邊線<1>』。 | |
| 變化半徑參數(P)附加半徑自動載入『v1, R=10mm、v2, R=10mm』。輪廓(P):『圓形』，副本數值 3(系統預設三個控制點)，預設點選『圓滑變化(N)』。繼續在變化半徑參數(P)中輸入半徑值為 8mm 後，點選『邊線<2>、邊線<3>』。附加半徑自動載入『v3, R=8mm、v4, R=8mm』。 | |

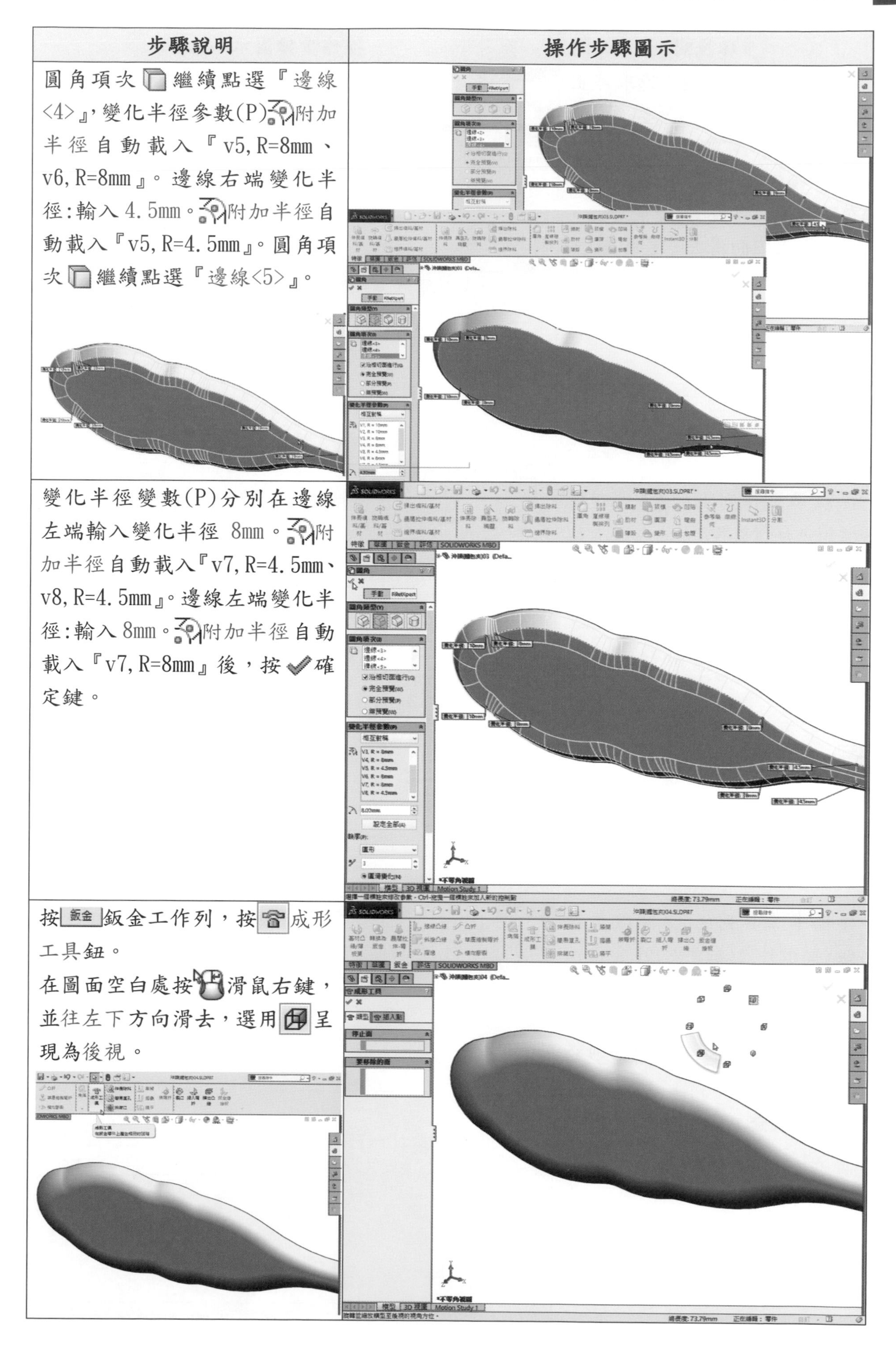

| 步驟說明 | 操作步驟圖示 |
| --- | --- |
| 圓角項次繼續點選『邊線<4>』，變化半徑參數(P)附加半徑自動載入『v5,R=8mm、v6,R=8mm』。邊線右端變化半徑：輸入 4.5mm。附加半徑自動載入『v5,R=4.5mm』。圓角項次繼續點選『邊線<5>』。 | |
| 變化半徑變數(P)分別在邊線左端輸入變化半徑 8mm。附加半徑自動載入『v7,R=4.5mm、v8,R=4.5mm』。邊線左端變化半徑：輸入 8mm。附加半徑自動載入『v7,R=8mm』後，按確定鍵。 | |
| 按 鈑金 鈑金工作列，按成形工具鈕。<br>在圖面空白處按滑鼠右鍵，並往左下方向滑去，選用呈現為後視。 | |

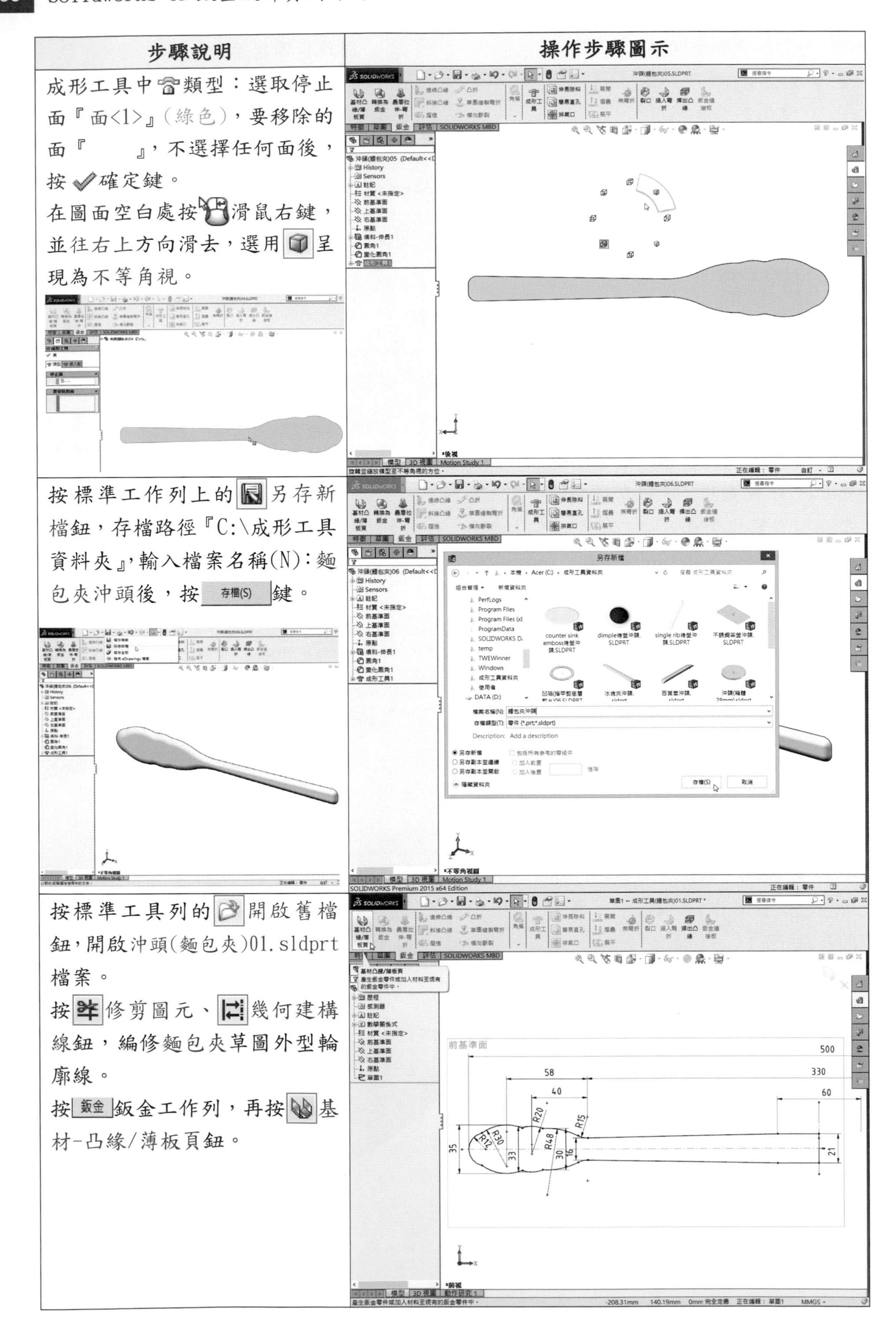

| 步驟說明 | 操作步驟圖示 |
| --- | --- |
| 成形工具中類型：選取停止面『面<1>』(綠色)，要移除的面『　』，不選擇任何面後，按✔確定鍵。在圖面空白處按滑鼠右鍵，並往右上方向滑去，選用呈現為不等角視。 | |
| 按標準工作列上的另存新檔鈕，存檔路徑『C:\成形工具資料夾』，輸入檔案名稱(N)：麵包夾沖頭後，按 存檔(S) 鍵。 | |
| 按標準工具列的開啟舊檔鈕，開啟沖頭(麵包夾)01.sldprt檔案。按修剪圖元、幾何建構線鈕，編修麵包夾草圖外型輪廓線。按 鈑金 鈑金工作列，再按基材-凸緣/薄板頁鈕。 | |

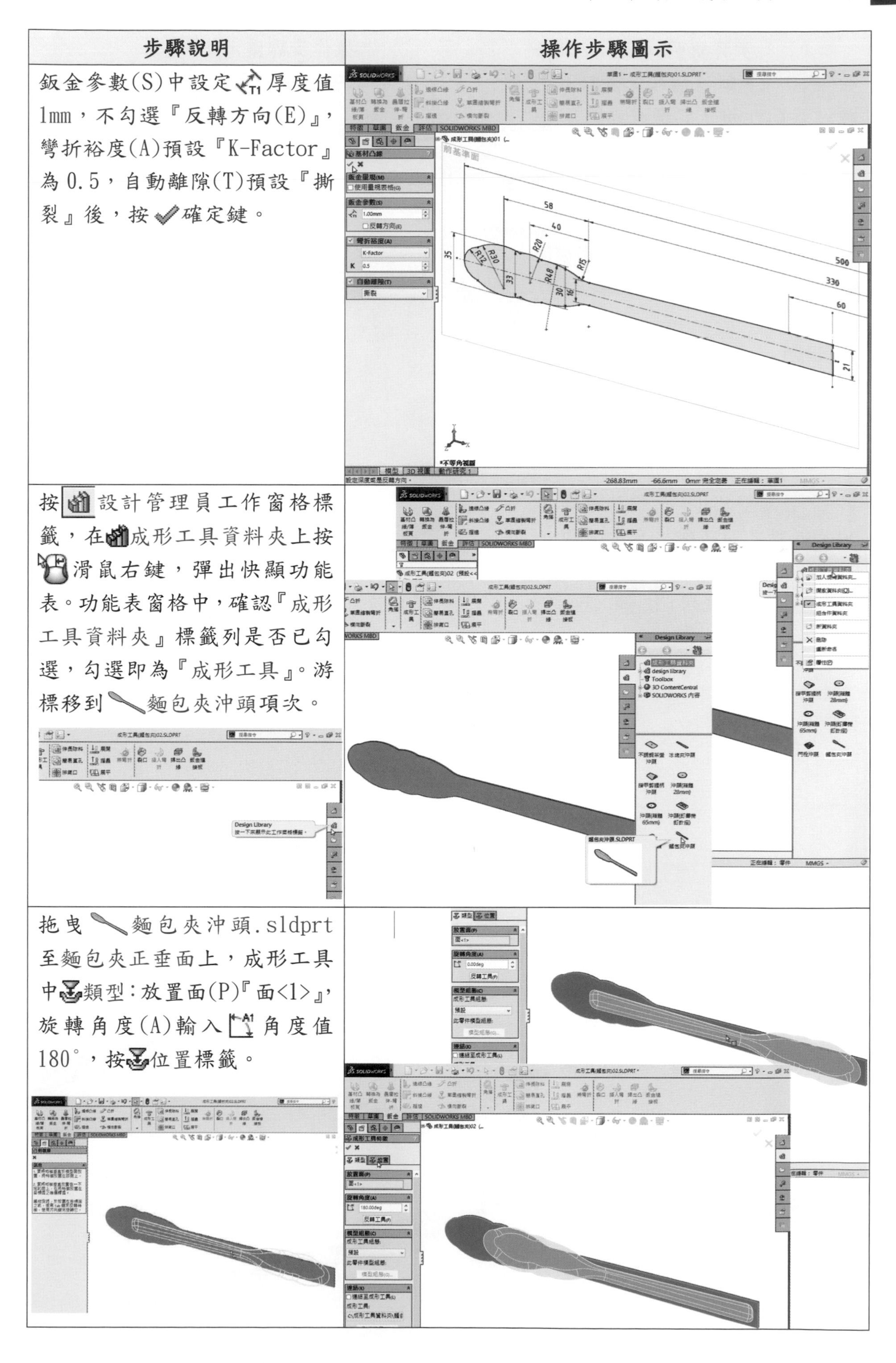

| 步驟說明 | 操作步驟圖示 |
| --- | --- |
| 鈑金參數(S)中設定厚度值1mm，不勾選『反轉方向(E)』，彎折裕度(A)預設『K-Factor』為0.5，自動離隙(T)預設『撕裂』後，按確定鍵。 | |
| 按設計管理員工作窗格標籤，在成形工具資料夾上按滑鼠右鍵，彈出快顯功能表。功能表窗格中，確認『成形工具資料夾』標籤列是否已勾選，勾選即為『成形工具』。游標移到麵包夾沖頭項次。 | |
| 拖曳麵包夾沖頭.sldprt至麵包夾正垂面上，成形工具中類型：放置面(P)『面<1>』，旋轉角度(A)輸入角度值180°，按位置標籤。 | |

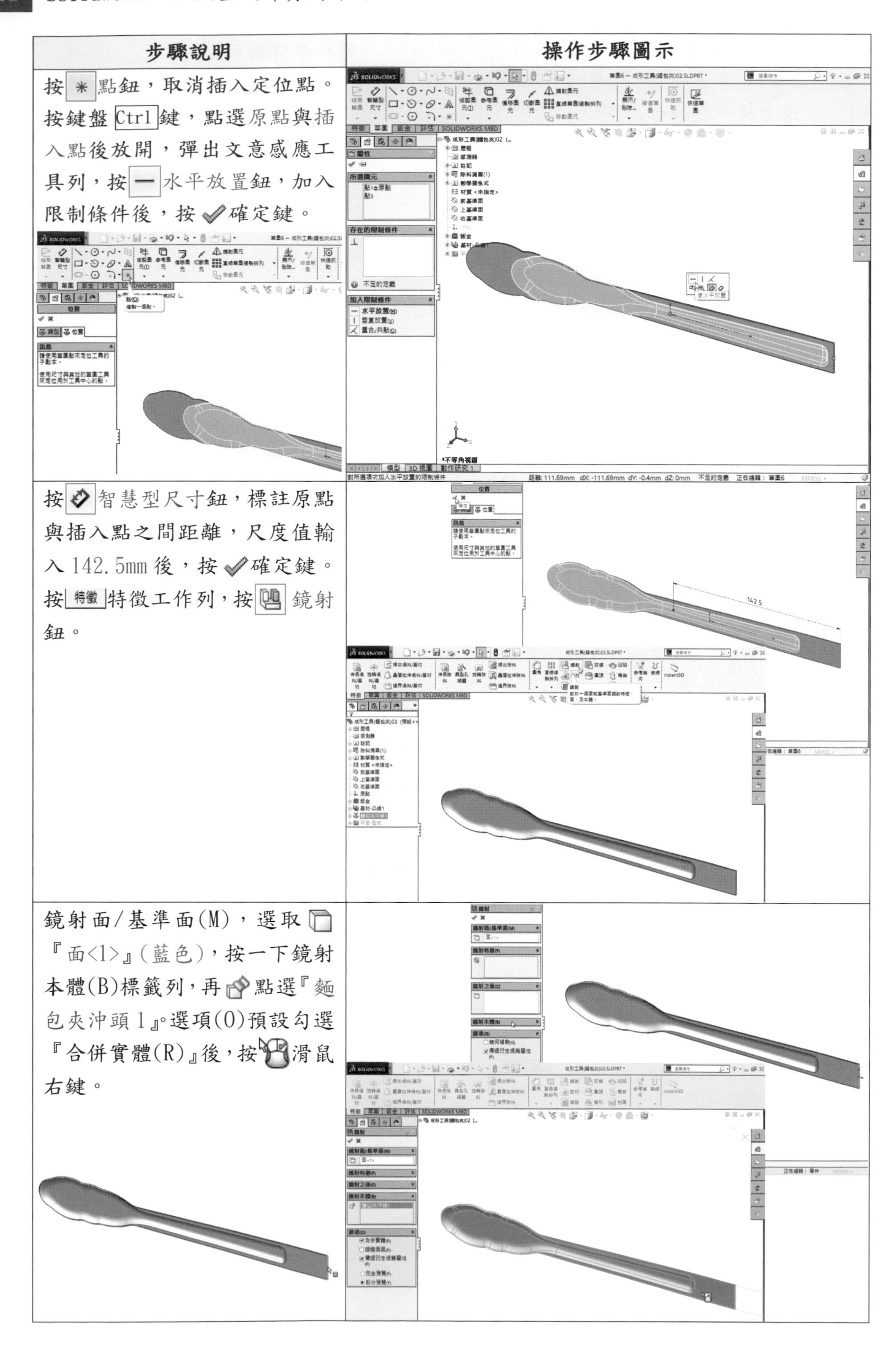

| 步驟說明 | 操作步驟圖示 |
| --- | --- |
| 按 ✳ 點鈕，取消插入定位點。按鍵盤 Ctrl 鍵，點選原點與插入點後放開，彈出文意感應工具列，按 ─ 水平放置鈕，加入限制條件後，按 ✔ 確定鍵。 | |
| 按 智慧型尺寸鈕，標註原點與插入點之間距離，尺度值輸入 142.5mm 後，按 ✔ 確定鍵。按 特徵 特徵工作列，按 鏡射鈕。 | |
| 鏡射面/基準面(M)，選取 『面<1>』(藍色)，按一下鏡射本體(B)標籤列，再 點選『麵包夾沖頭 1』。選項(O)預設勾選『合併實體(R)』後，按 滑鼠右鍵。 | |

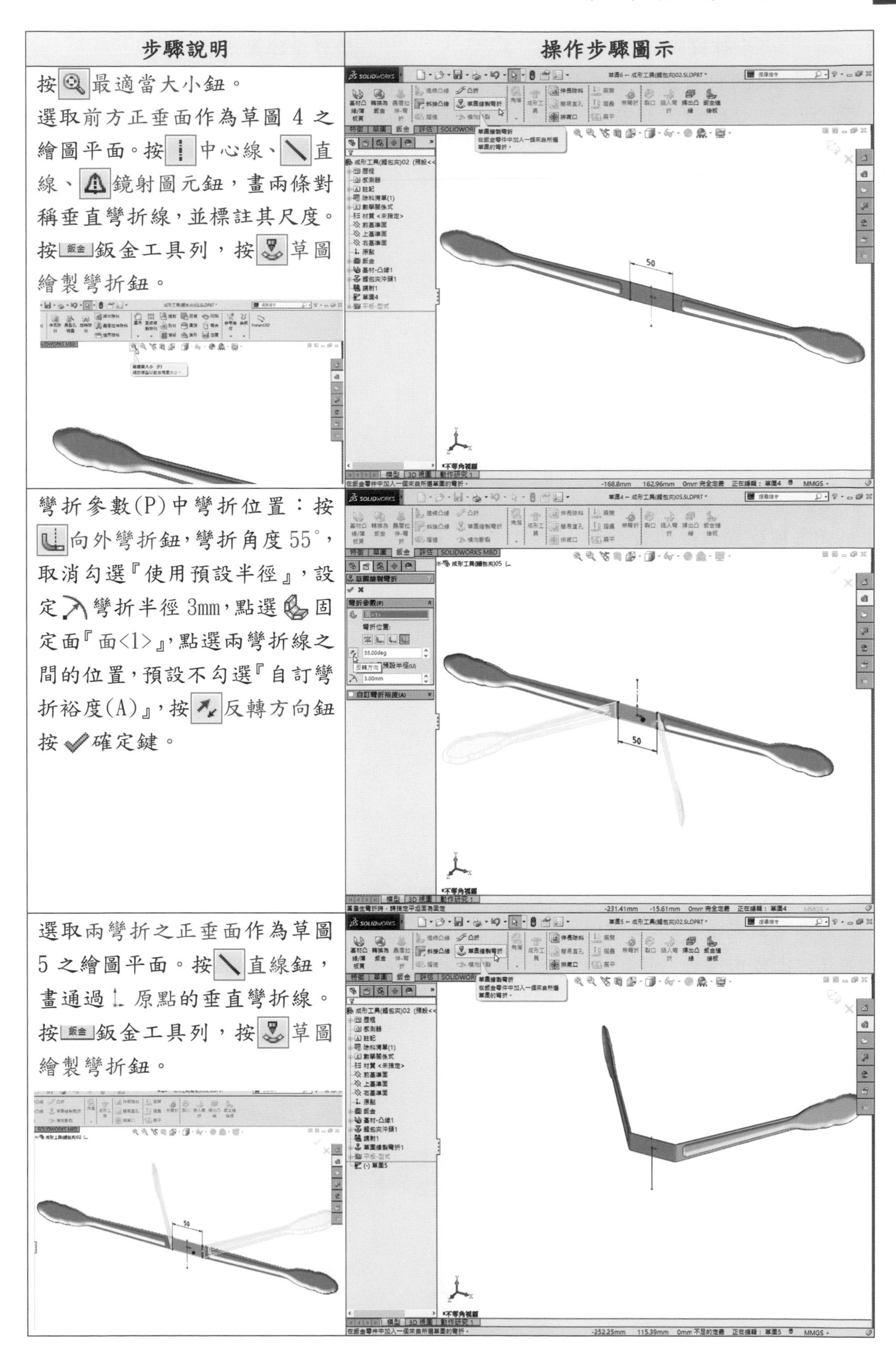

| 步驟說明 | 操作步驟圖示 |
| --- | --- |
| 按最適當大小鈕。選取前方正垂面作為草圖 4 之繪圖平面。按中心線、直線、鏡射圖元鈕，畫兩條對稱垂直彎折線，並標註其尺度。按鈑金工具列，按草圖繪製彎折鈕。 | |
| 彎折參數(P)中彎折位置：按向外彎折鈕，彎折角度 55°，取消勾選『使用預設半徑』，設定彎折半徑 3mm，點選固定面『面<1>』，點選兩彎折線之間的位置，預設不勾選『自訂彎折裕度(A)』，按反轉方向鈕按確定鍵。 | |
| 選取兩彎折之正垂面作為草圖 5 之繪圖平面。按直線鈕，畫通過原點的垂直彎折線。按鈑金工具列，按草圖繪製彎折鈕。 | |

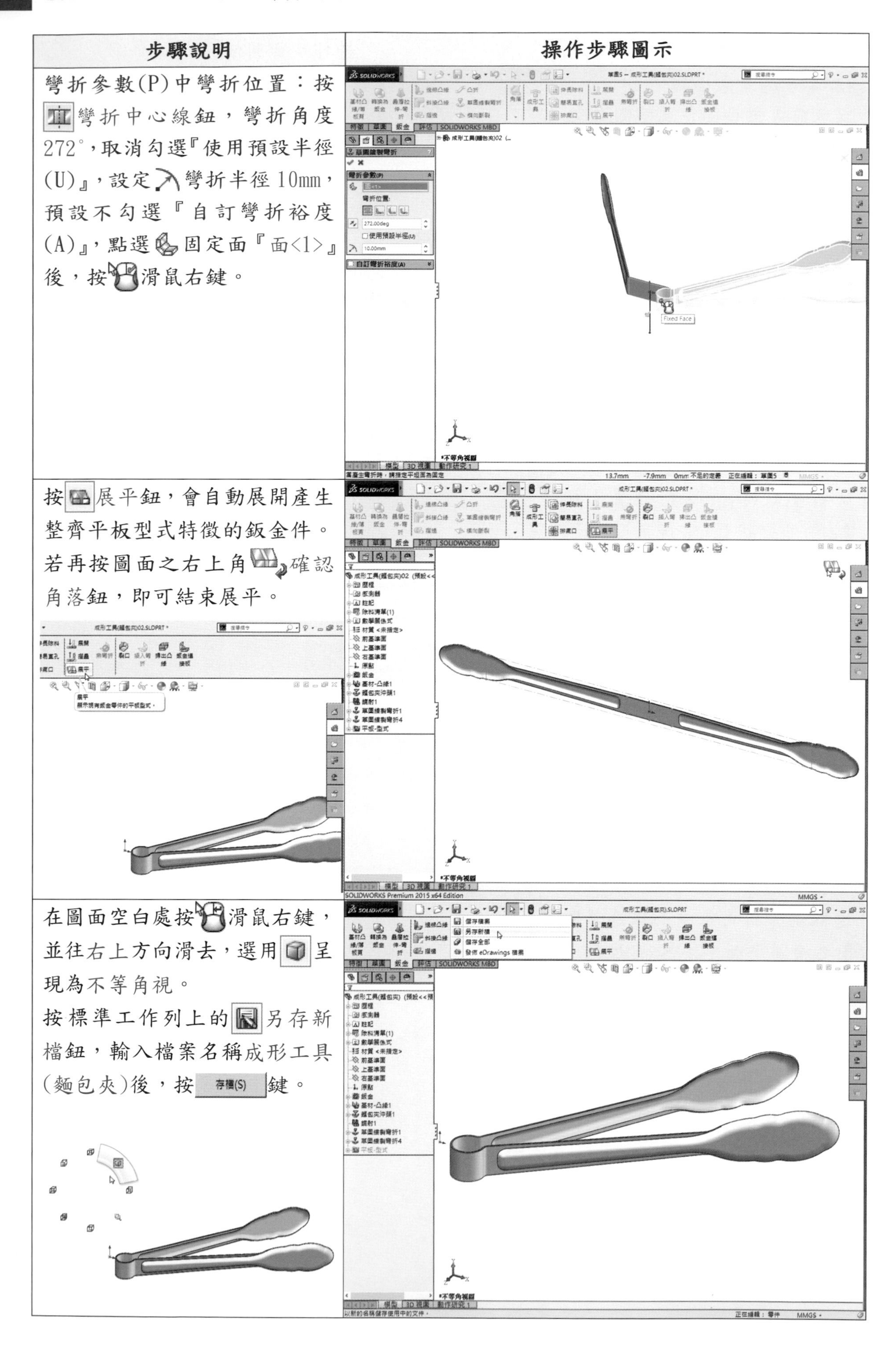

| 步驟說明 | 操作步驟圖示 |
| --- | --- |
| 彎折參數(P)中彎折位置：按彎折中心線鈕，彎折角度272°，取消勾選『使用預設半徑(U)』，設定彎折半徑10mm，預設不勾選『自訂彎折裕度(A)』，點選固定面『面<1>』後，按滑鼠右鍵。 | |
| 按展平鈕，會自動展開產生整齊平板型式特徵的鈑金件。若再按圖面之右上角確認角落鈕，即可結束展平。 | |
| 在圖面空白處按滑鼠右鍵，並往右上方向滑去，選用呈現為不等角視。<br>按標準工作列上的另存新檔鈕，輸入檔案名稱成形工具(麵包夾)後，按存檔(S)鍵。 | |

## 3.2.3 產生成形工具(門栓沖頭)用於門栓鈑金件

學習目標：能建立一個沖頭產生成形工具，插入成形工具至鈑金零件上。

繪圖步驟：建沖頭→產生成形工具→產生鈑金→彎折鈑金→套用成形工具→按展平。

- 草圖指令：直狹槽、角落矩形、中心線、圓、鏡射圖元、直線、偏移圖元、修剪圖元、點。
- 特徵指令：伸長填料/基材、圓角、伸長除料、直線複製排列。
- 成形工具：門栓沖頭。
- 鈑金指令：成形工具、基材-凸緣/薄板頁、草圖繪製彎折、斷開角落、展平。

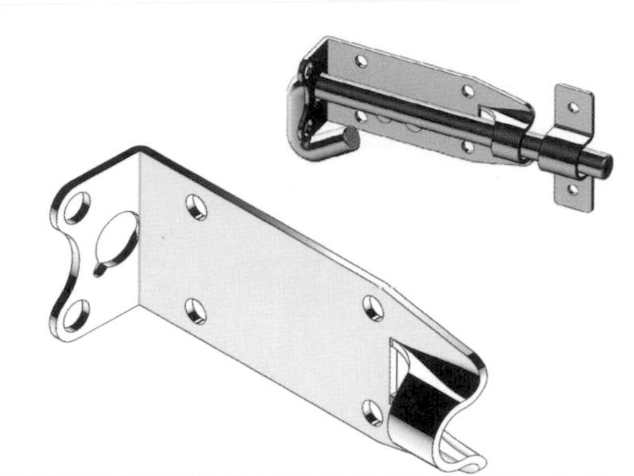

| 步驟說明 | 操作步驟圖示 |
|---|---|
| 首先選取右基準面作為草圖 1 之繪圖平面。<br>按直狹槽、角落矩形鈕，畫出草圖之外型輪廓線。<br>按鍵盤 Ctrl 鍵後，點選垂直中心線端點與矩形上邊線，屬性加入限制條件為置於線段中點。<br>按智慧型尺寸鈕，標註其尺度。<br>按特徵特徵工作列，按伸長填料/基材鈕。 | 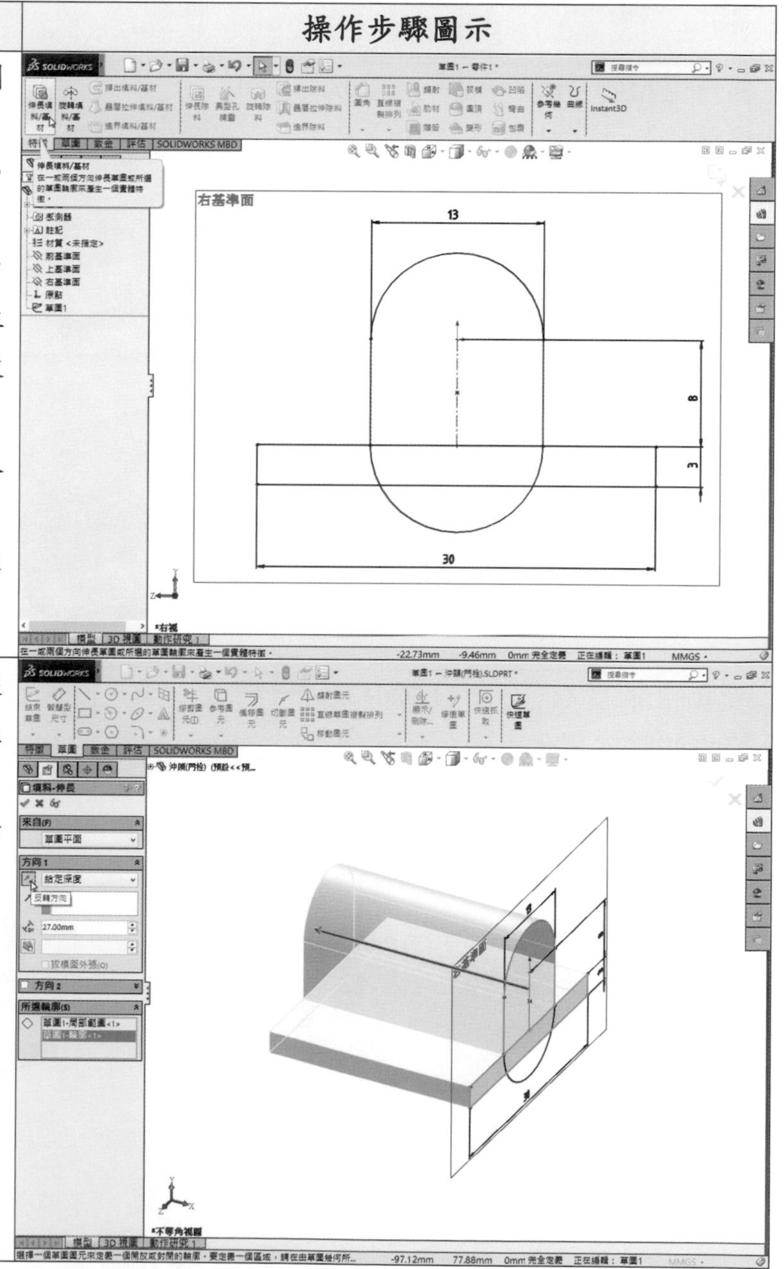 |
| 來自(F)『草圖平面』，方向 1 選取『給定深度』，輸入深度值 27mm，所選輪廓(S)點選『草圖 1-局部範圍<1>、草圖 1-輪廓<1>』，按反轉方向鈕後，按確定鍵。<br>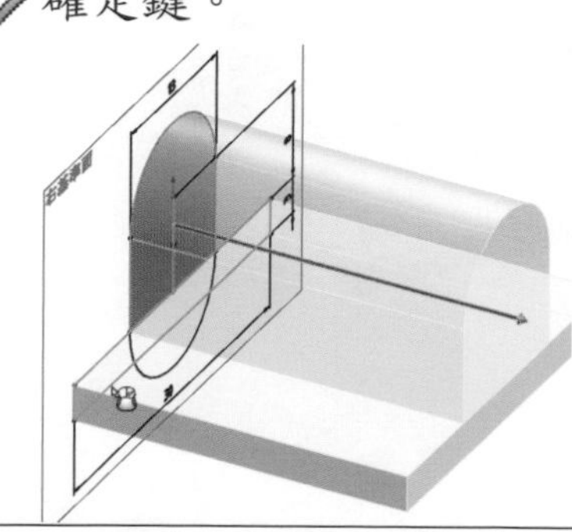 | |

<table>
<tr><th>步驟說明</th><th>操作步驟圖示</th></tr>
<tr><td>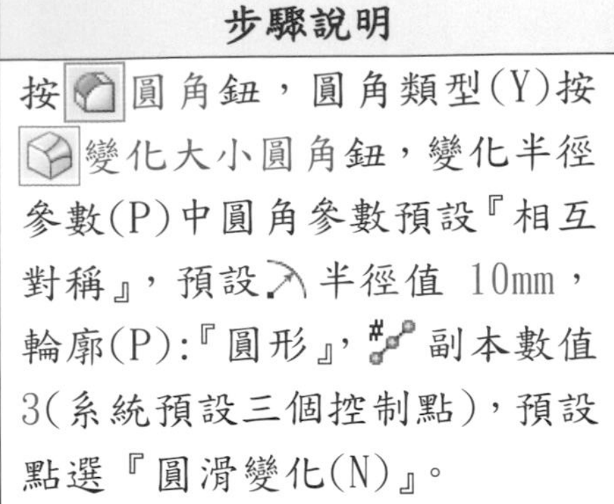<br>按圓角鈕，圓角類型(Y)按變化大小圓角鈕，變化半徑參數(P)中圓角參數預設『相互對稱』，預設半徑值 10mm，輪廓(P):『圓形』，副本數值3(系統預設三個控制點)，預設點選『圓滑變化(N)』。<br>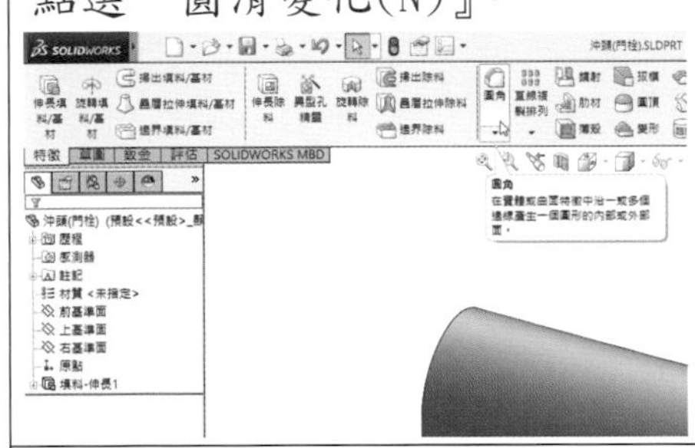</td><td>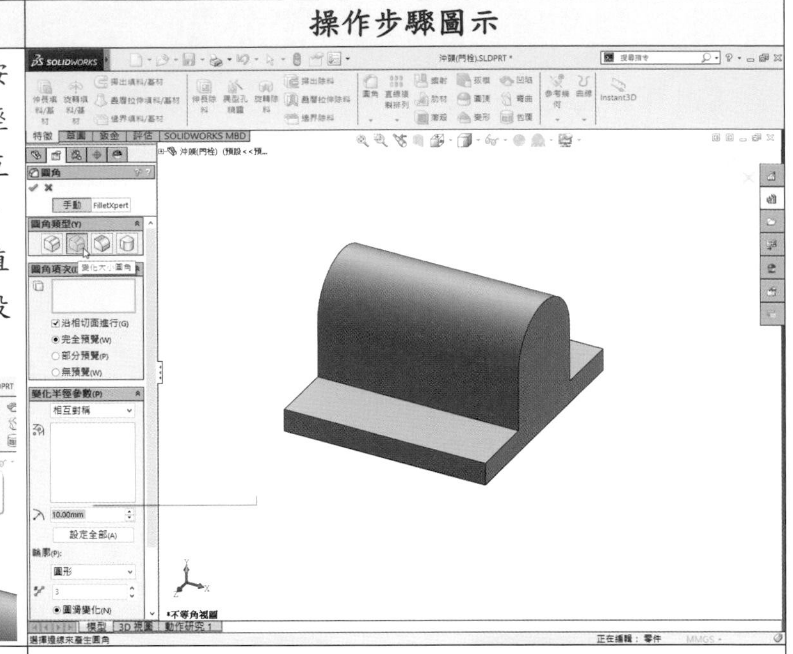</td></tr>
<tr><td>圓角選項(O)預設勾選『穿透面選法(S)』，溢出處理方式(Y):『預設(D)』，圓角項次(I)點選『邊線<1>』立即彈出文意感應工具列，選取『所有的凹陷,1 邊線』，即選取『邊線<2>』。預設勾選『沿相切面進行(G)』。變化半徑變數(P)分別在兩邊線左端輸入變化半徑:2.03mm。附加半徑載入『V1,R=2.03mm，V3,R=2.03mm』。</td><td>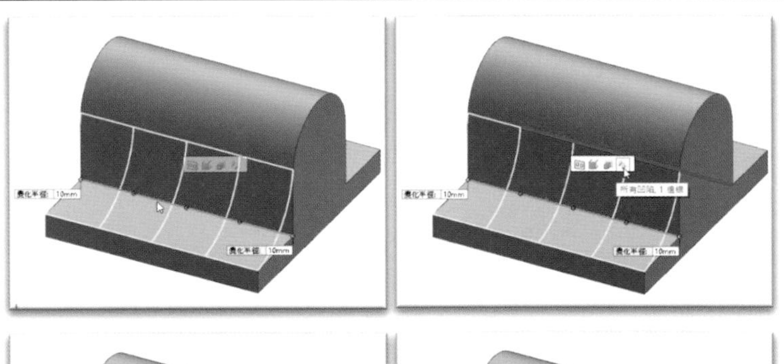<br>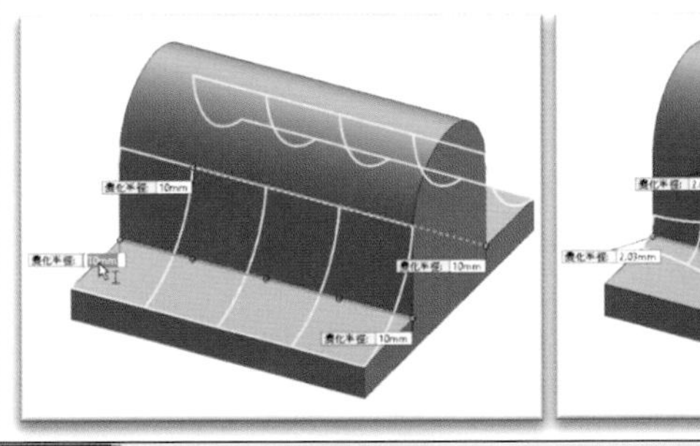</td></tr>
<tr><td>變化半徑變數(P)分別在兩邊線右端輸入變化半徑:7mm。附加半徑載入『V2,R=7mm，V4,R=7mm』後，按確定鍵。<br><br>註：變化半徑變數選取了單一草圖邊線，輸入前後端點變化半徑及三個未指定控制點的模型。<br>註：成形工具之半徑必須大於鈑金之板厚 t2。</td><td>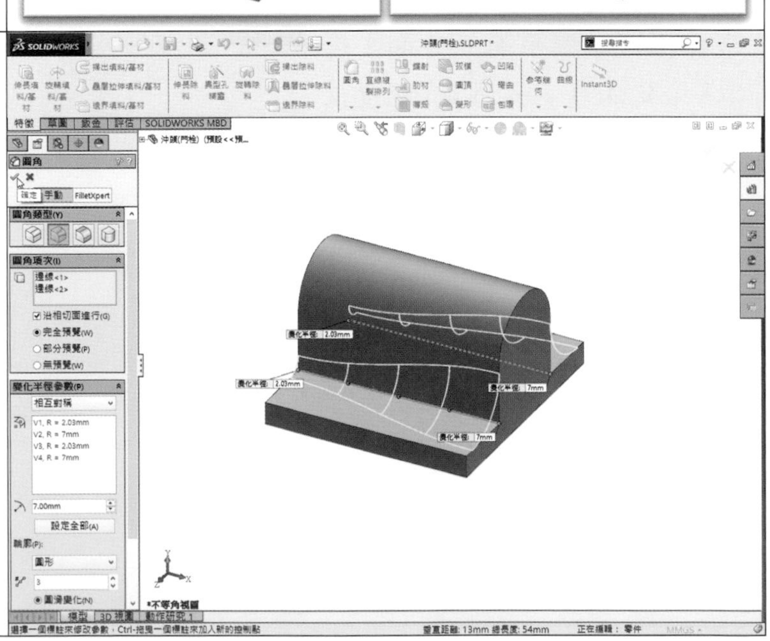</td></tr>
</table>

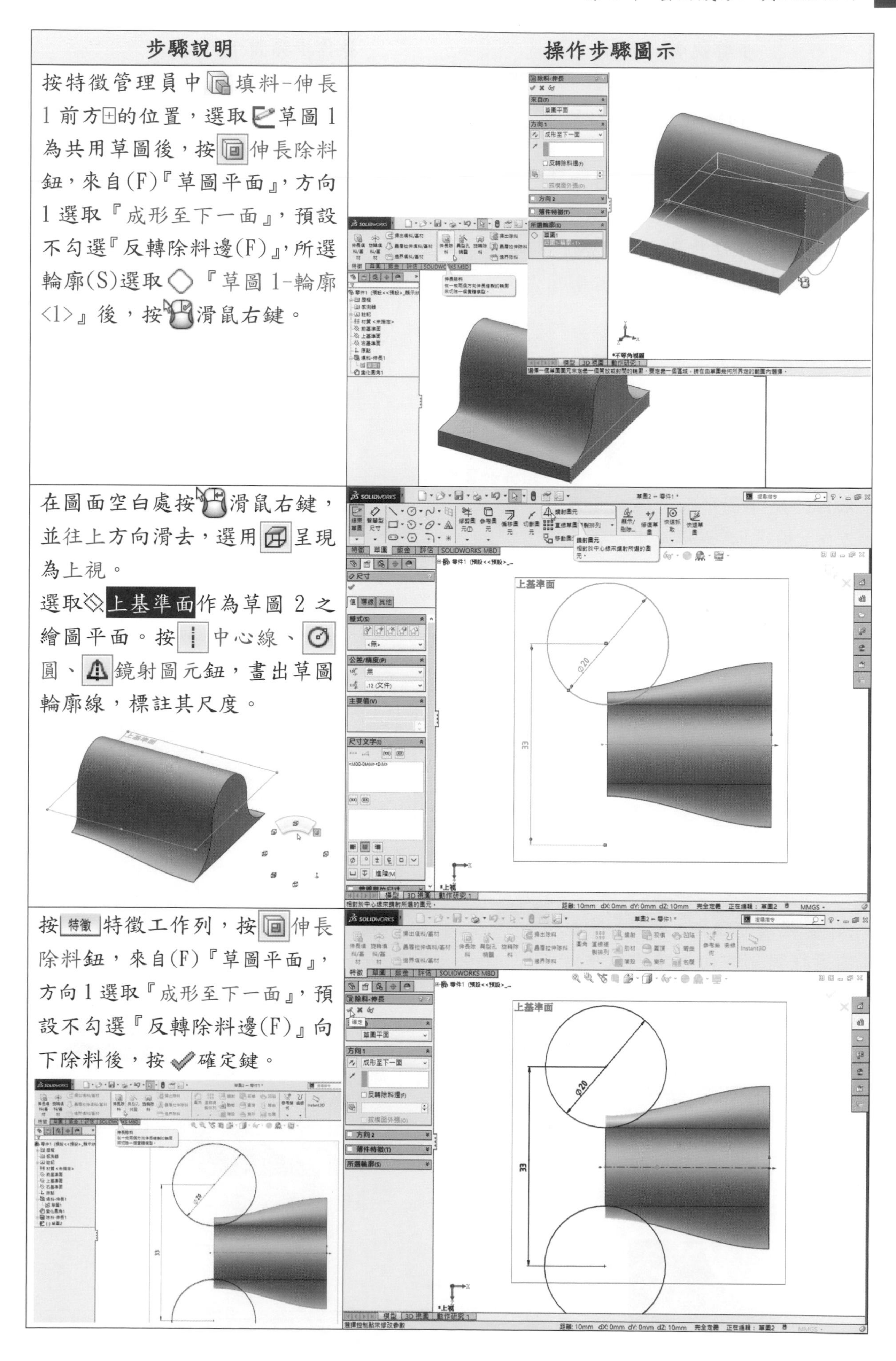

| 步驟說明 | 操作步驟圖示 |
| --- | --- |
| 按特徵管理員中填料-伸長1前方⊞的位置，選取草圖1為共用草圖後，按伸長除料鈕，來自(F)『草圖平面』，方向1選取『成形至下一面』，預設不勾選『反轉除料邊(F)』，所選輪廓(S)選取『草圖1-輪廓<1>』後，按滑鼠右鍵。 | |
| 在圖面空白處按滑鼠右鍵，並往上方向滑去，選用呈現為上視。<br>選取上基準面作為草圖2之繪圖平面。按中心線、圓、鏡射圖元鈕，畫出草圖輪廓線，標註其尺度。 | |
| 按特徵特徵工作列，按伸長除料鈕，來自(F)『草圖平面』，方向1選取『成形至下一面』，預設不勾選『反轉除料邊(F)』向下除料後，按確定鍵。 | |

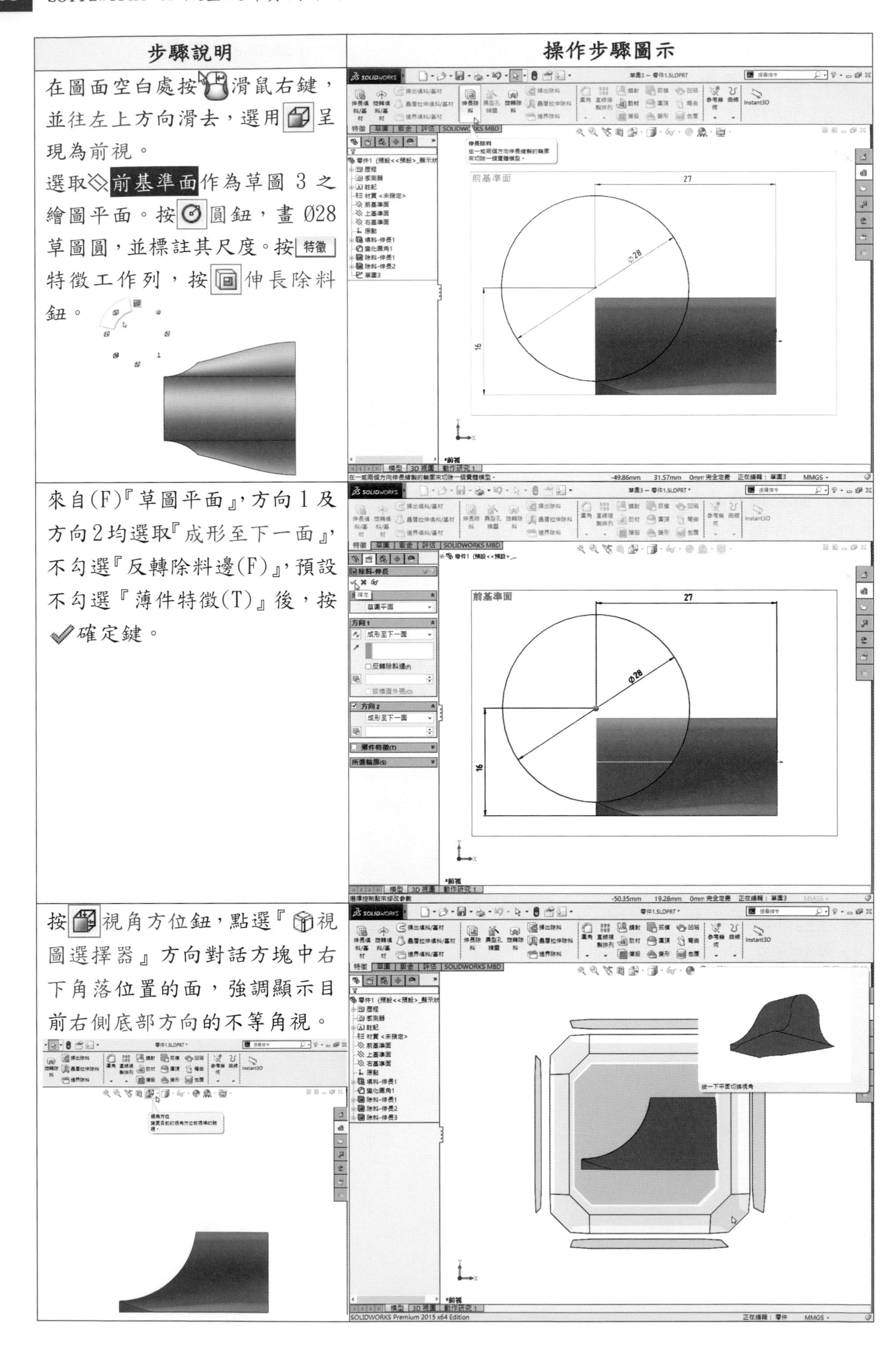

| 步驟說明 | 操作步驟圖示 |
|---|---|
| 在圖面空白處按滑鼠右鍵，並往左上方向滑去，選用呈現為前視。<br>選取前基準面作為草圖 3 之繪圖平面。按圓鈕，畫 Ø28 草圖圓，並標註其尺度。按特徵特徵工作列，按伸長除料鈕。 | |
| 來自(F)『草圖平面』，方向 1 及方向 2 均選取『成形至下一面』，不勾選『反轉除料邊(F)』，預設不勾選『薄件特徵(T)』後，按確定鍵。 | |
| 按視角方位鈕，點選『視圖選擇器』方向對話方塊中右下角落位置的面，強調顯示目前右側底部方向的不等角視。 | |

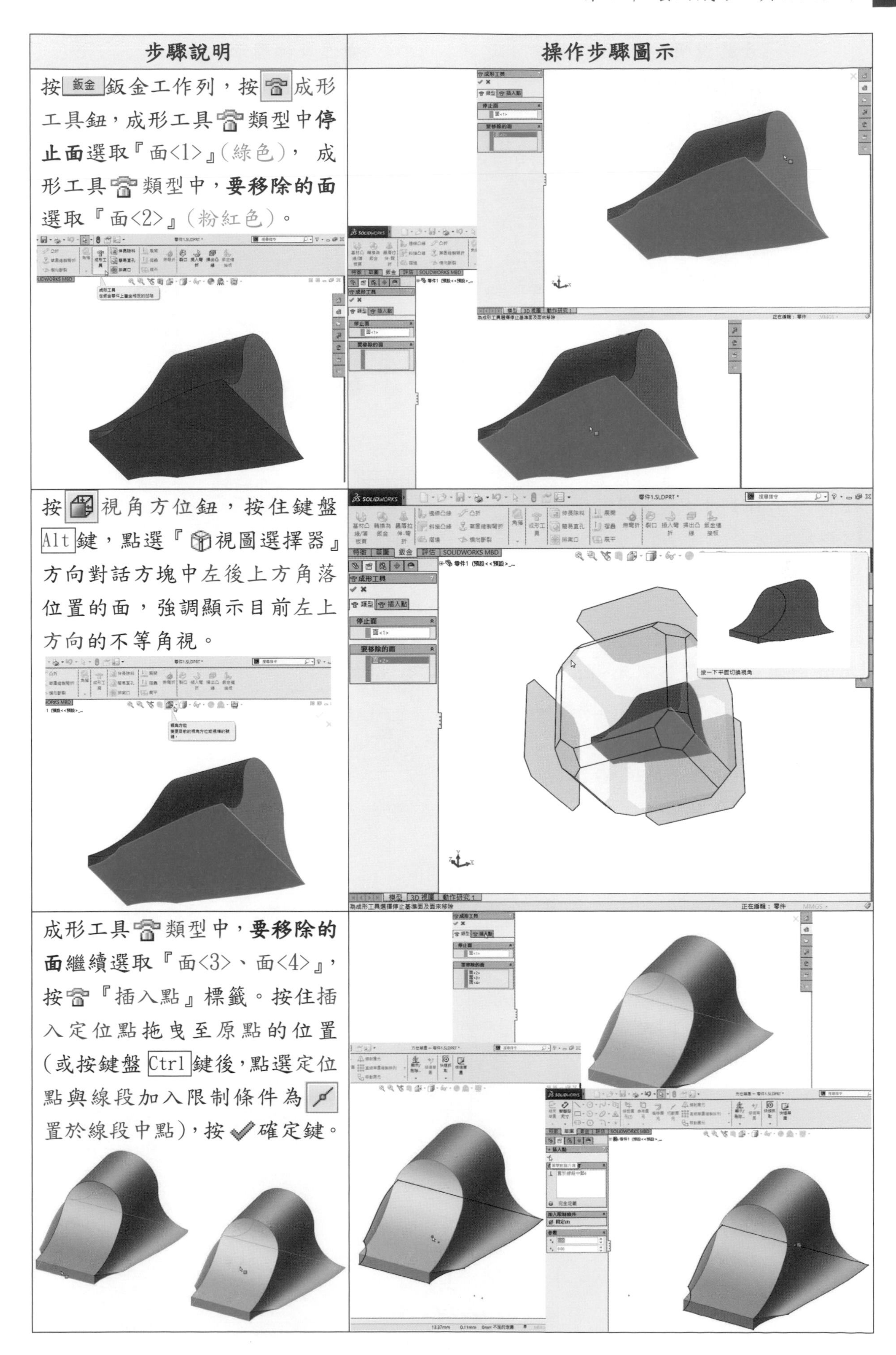

| 步驟說明 | 操作步驟圖示 |
|---|---|
| 按 鈑金 鈑金工作列，按成形工具鈕，成形工具類型中**停止面**選取『面<1>』(綠色)，成形工具類型中，**要移除的面**選取『面<2>』(粉紅色)。 | |
| 按視角方位鈕，按住鍵盤 Alt 鍵，點選『視圖選擇器』方向對話方塊中左後上方角落位置的面，強調顯示目前左上方向的不等角視。 | |
| 成形工具類型中，**要移除的面**繼續選取『面<3>、面<4>』，按『插入點』標籤。按住插入定位點拖曳至原點的位置(或按鍵盤 Ctrl 鍵後，點選定位點與線段加入限制條件為置於線段中點)，按確定鍵。 | |

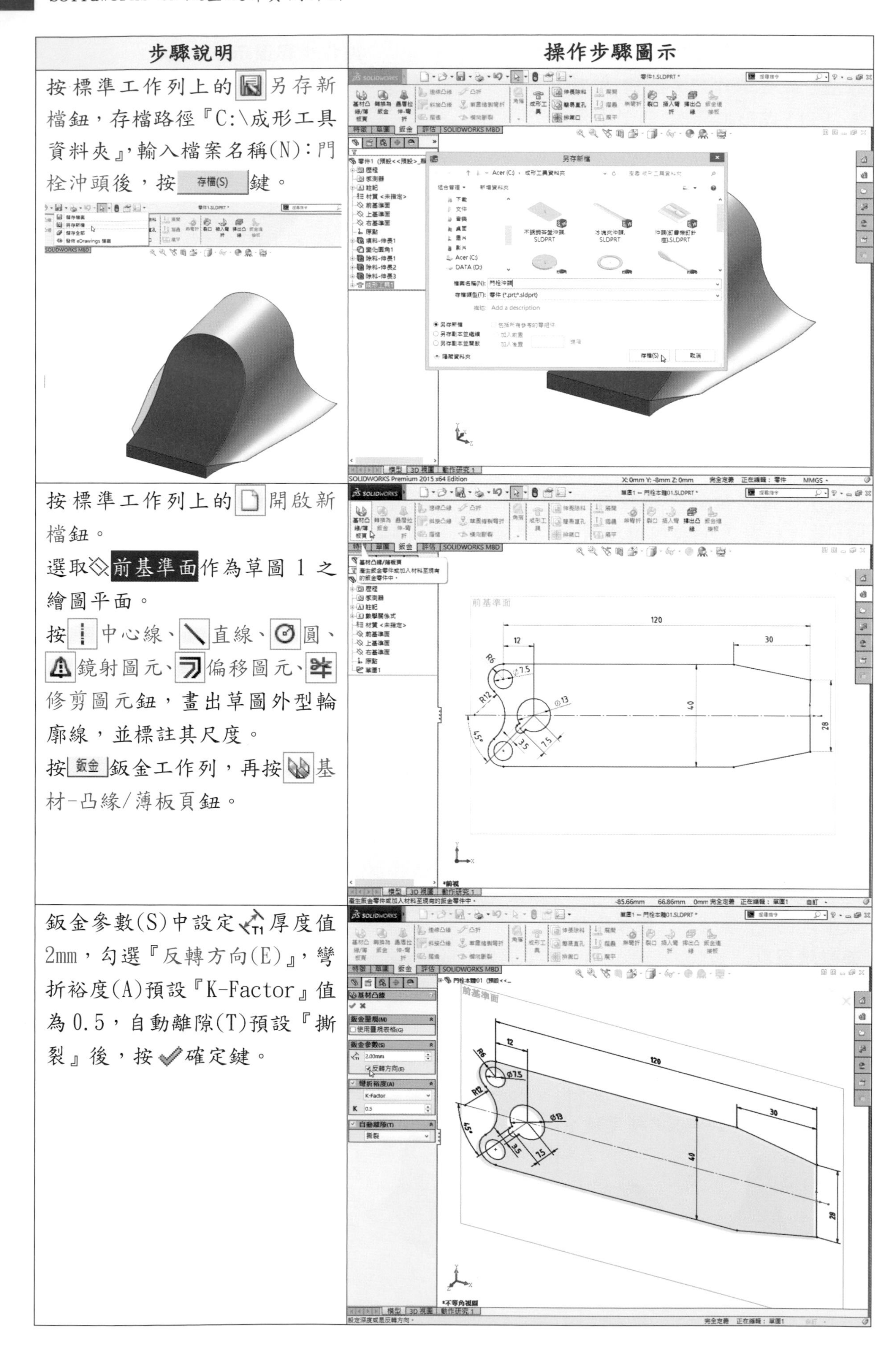

| 步驟說明 | 操作步驟圖示 |
| --- | --- |
| 按標準工作列上的另存新檔鈕，存檔路徑『C:\成形工具資料夾』，輸入檔案名稱(N)：門栓沖頭後，按 存檔(S) 鍵。 | |
| 按標準工作列上的開啟新檔鈕。<br>選取前基準面作為草圖 1 之繪圖平面。<br>按中心線、直線、圓、鏡射圖元、偏移圖元、修剪圖元鈕，畫出草圖外型輪廓線，並標註其尺度。<br>按 鈑金 鈑金工作列，再按基材-凸緣/薄板頁鈕。 | |
| 鈑金參數(S)中設定厚度值 2mm，勾選『反轉方向(E)』，彎折裕度(A)預設『K-Factor』值為 0.5，自動離隙(T)預設『撕裂』後，按確定鍵。 | |

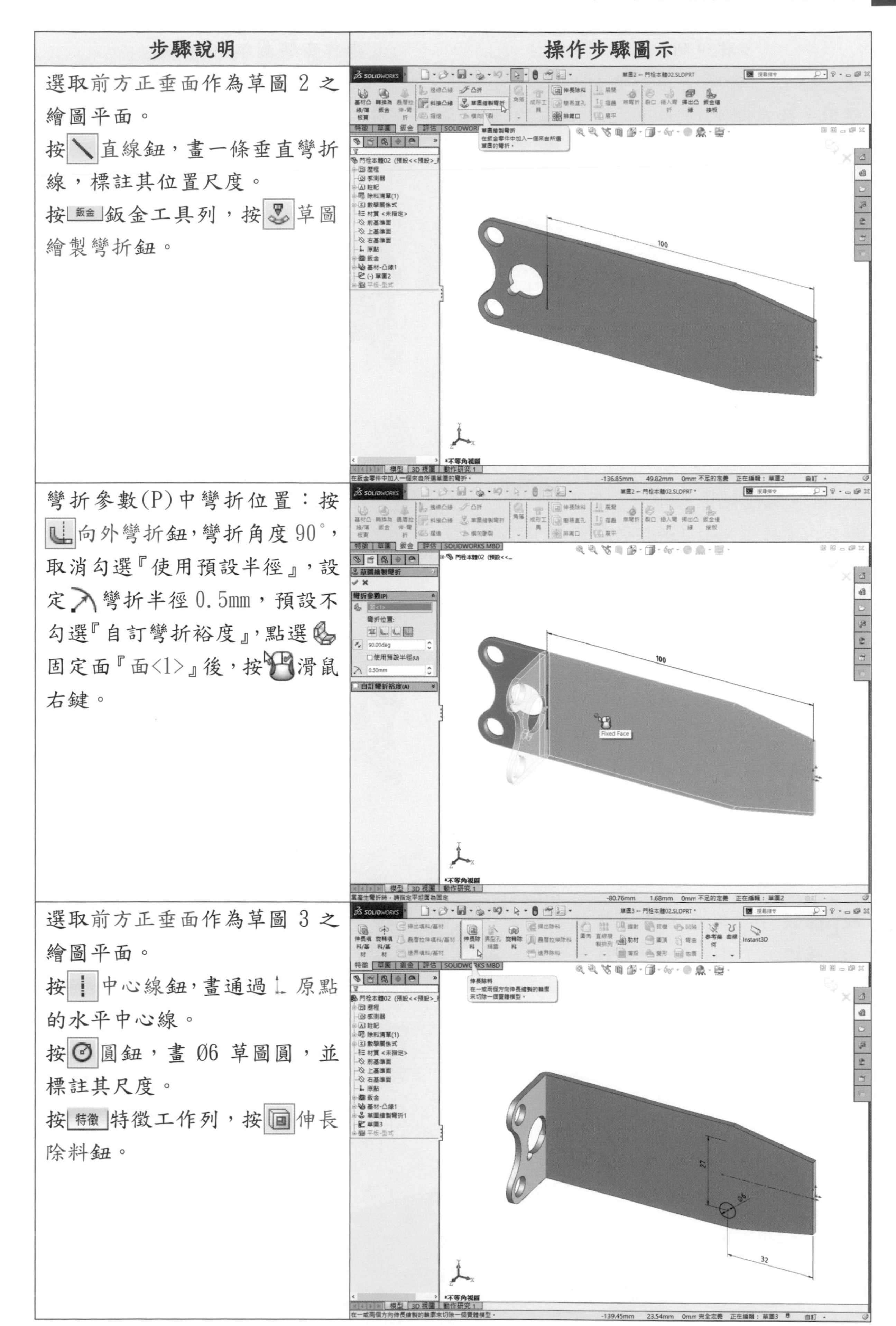

| 步驟說明 | 操作步驟圖示 |
| --- | --- |
| 選取前方正垂面作為草圖 2 之繪圖平面。<br>按直線鈕，畫一條垂直彎折線，標註其位置尺度。<br>按鈑金鈑金工具列，按草圖繪製彎折鈕。 | |
| 彎折參數(P)中彎折位置：按向外彎折鈕，彎折角度 90°，取消勾選『使用預設半徑』，設定彎折半徑 0.5mm，預設不勾選『自訂彎折裕度』，點選固定面『面<1>』後，按滑鼠右鍵。 | |
| 選取前方正垂面作為草圖 3 之繪圖平面。<br>按中心線鈕，畫通過原點的水平中心線。<br>按圓鈕，畫 Ø6 草圖圓，並標註其尺度。<br>按特徵特徵工作列，按伸長除料鈕。 | |

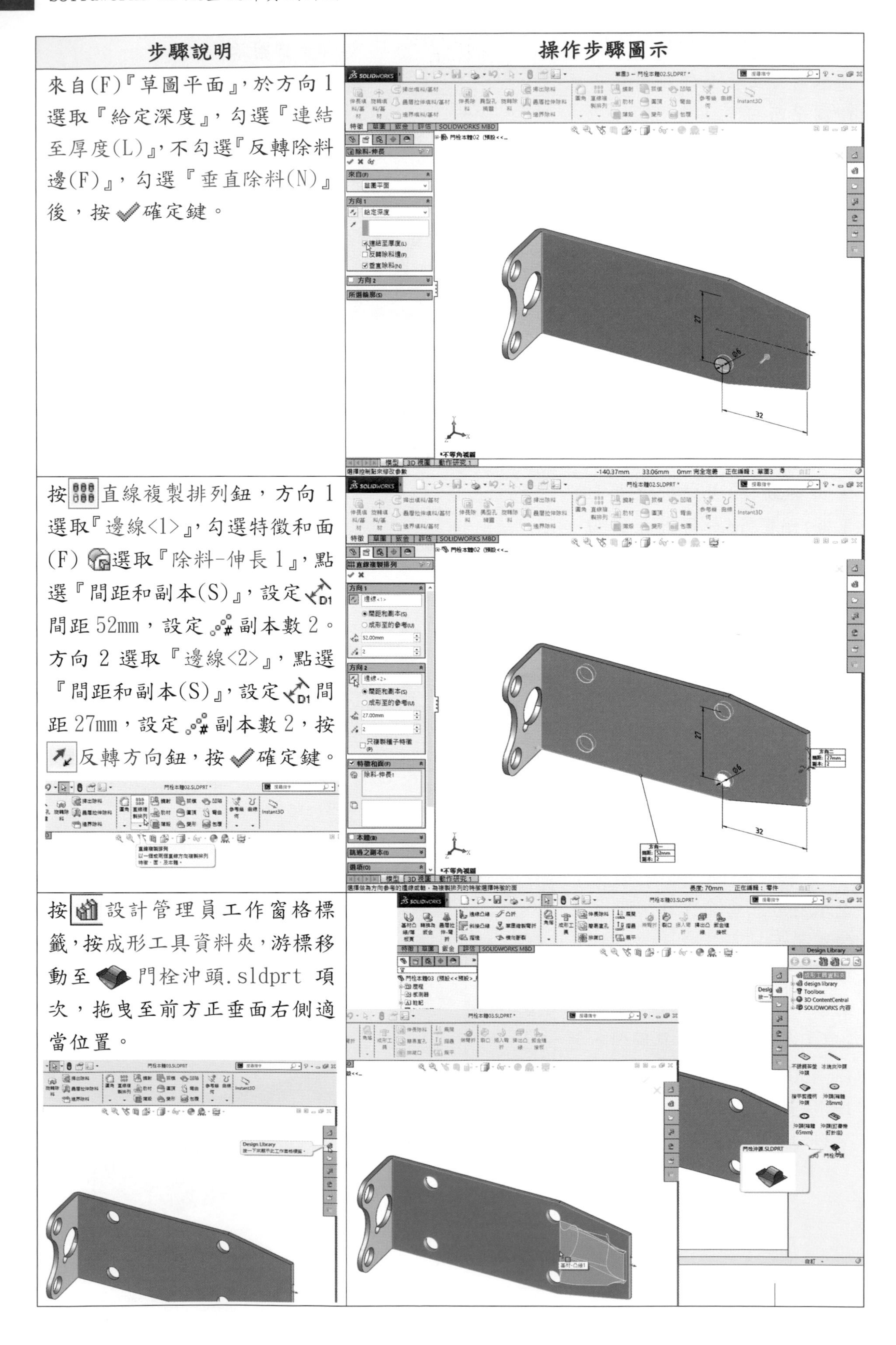

| 步驟說明 | 操作步驟圖示 |
|---|---|
| 來自(F)『草圖平面』，於方向 1 選取『給定深度』，勾選『連結至厚度(L)』，不勾選『反轉除料邊(F)』，勾選『垂直除料(N)』後，按 ✔ 確定鍵。 | |
| 按 直線複製排列鈕，方向 1 選取『邊線<1>』，勾選特徵和面(F) 選取『除料-伸長 1』，點選『間距和副本(S)』，設定 間距 52mm，設定 副本數 2。方向 2 選取『邊線<2>』，點選『間距和副本(S)』，設定 間距 27mm，設定 副本數 2，按 反轉方向鈕，按 ✔ 確定鍵。 | |
| 按 設計管理員工作窗格標籤，按成形工具資料夾，游標移動至 門栓沖頭.sldprt 項次，拖曳至前方正垂面右側適當位置。 | |

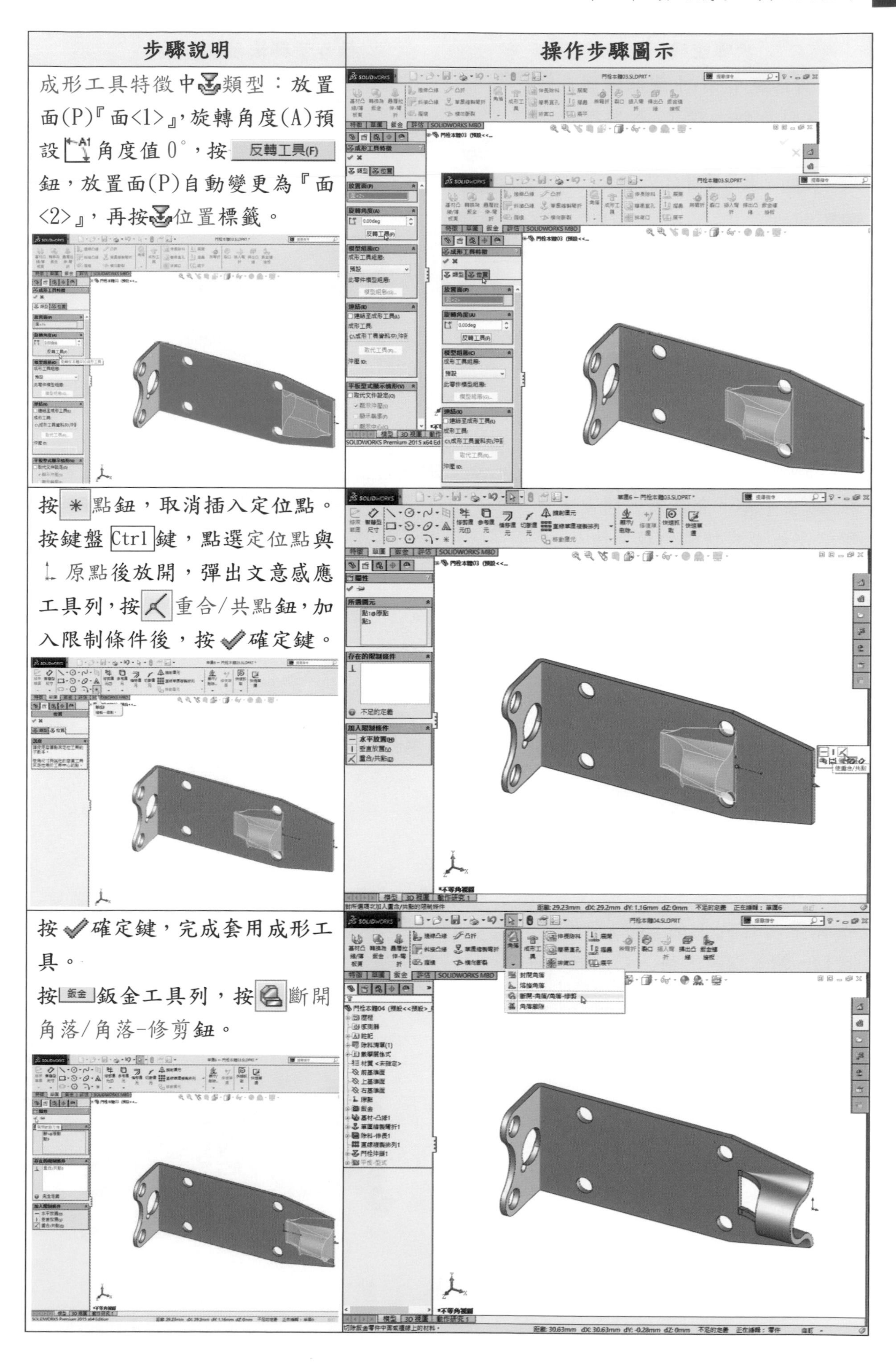

| 步驟說明 | 操作步驟圖示 |
| --- | --- |
| 成形工具特徵中類型：放置面(P)『面<1>』，旋轉角度(A)預設角度值 0°，按 反轉工具(F) 鈕，放置面(P)自動變更為『面<2>』，再按位置標籤。 | |
| 按 ＊ 點鈕，取消插入定位點。按鍵盤 Ctrl 鍵，點選定位點與原點後放開，彈出文意感應工具列，按重合/共點鈕，加入限制條件後，按確定鍵。 | |
| 按確定鍵，完成套用成形工具。<br>按 鈑金 鈑金工具列，按斷開角落/角落-修剪鈕。 | |

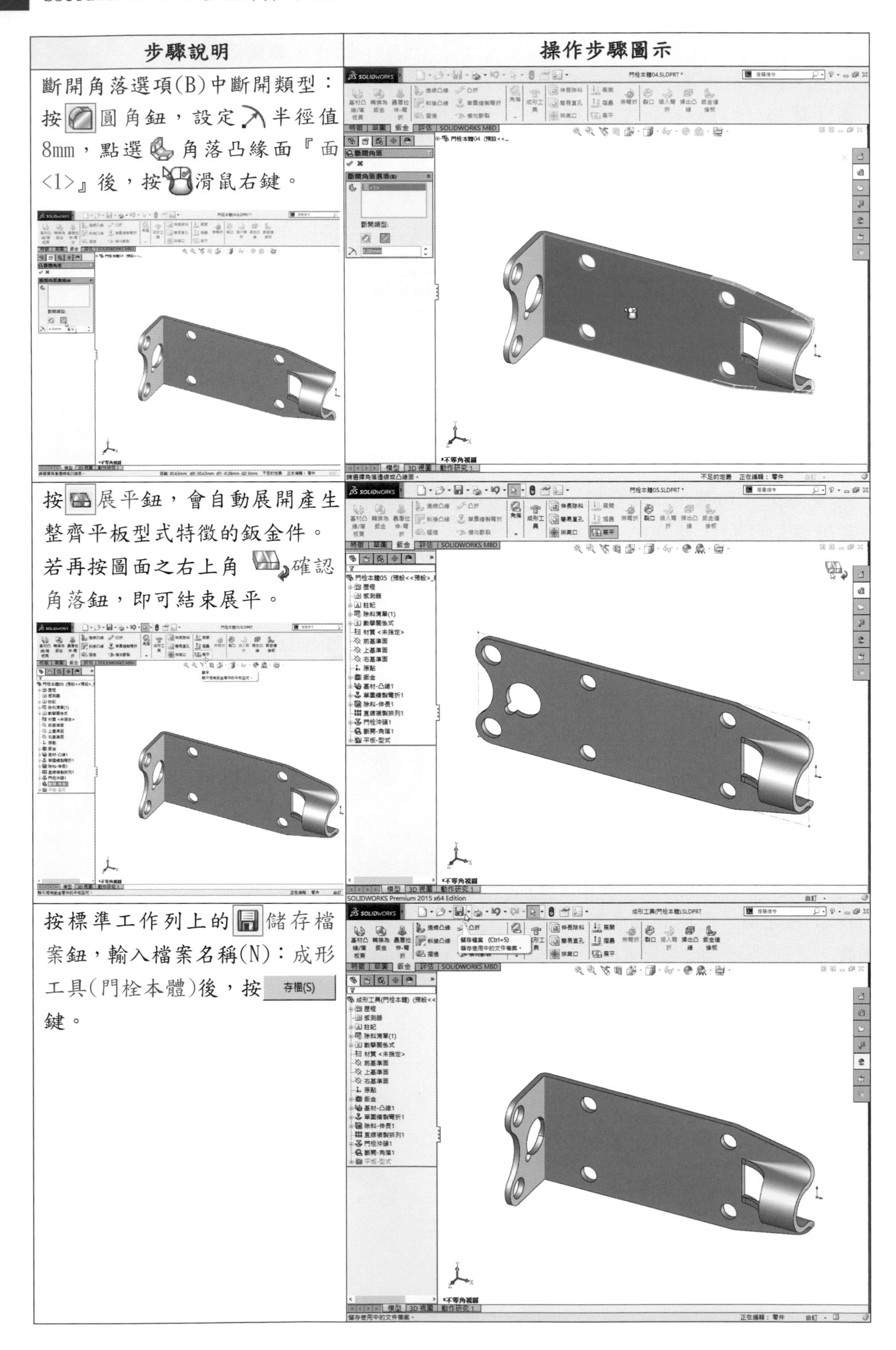

| 步驟說明 | 操作步驟圖示 |
| --- | --- |
| 斷開角落選項(B)中斷開類型：按圓角鈕，設定半徑值8mm，點選角落凸緣面『面<1>』後，按滑鼠右鍵。 | |
| 按展平鈕，會自動展開產生整齊平板型式特徵的鈑金件。若再按圖面之右上角確認角落鈕，即可結束展平。 | |
| 按標準工作列上的儲存檔案鈕，輸入檔案名稱(N)：成形工具(門栓本體)後，按存檔(S)鍵。 | |

## 3.2.4 產生&套用成形工具用於不銹鋼茶盤外層鈑金件

**學習目標：能建立沖頭產生成形工具，插入和套用成形工具至不銹鋼茶盤鈑金。**

**繪圖步驟：建沖頭→產生成形工具→開啟成形工具→修改成形工具尺度→另存新檔→套用成形工具→按展平。**

- 草圖指令：中心矩形、草圖圓角、偏移圖元、中心線、直線草圖複製排列。
- 特徵指令：伸長填料/基材、圓角。
- 成形工具：不銹鋼茶盤沖頭、dimple.sldprt、dimple 烤盤沖頭.sldprt。
- 鈑金指令：成形工具、基材凸緣/薄板頁、掃出凸緣、展平。

| 步驟說明 | 操作步驟圖示 |
| --- | --- |
| 首先選取上基準面作為草圖1之繪圖平面。<br>按中心矩形鈕，由原點引出中心矩形草圖之輪廓線，並標註其尺度。<br>按草圖圓角鈕，矩形四周作草圖圓角。按偏移圖元鈕，參數偏移距離 10mm，向外側連續偏移邊線。<br>按特徵特徵工作列，按伸長填料/基材鈕。 | 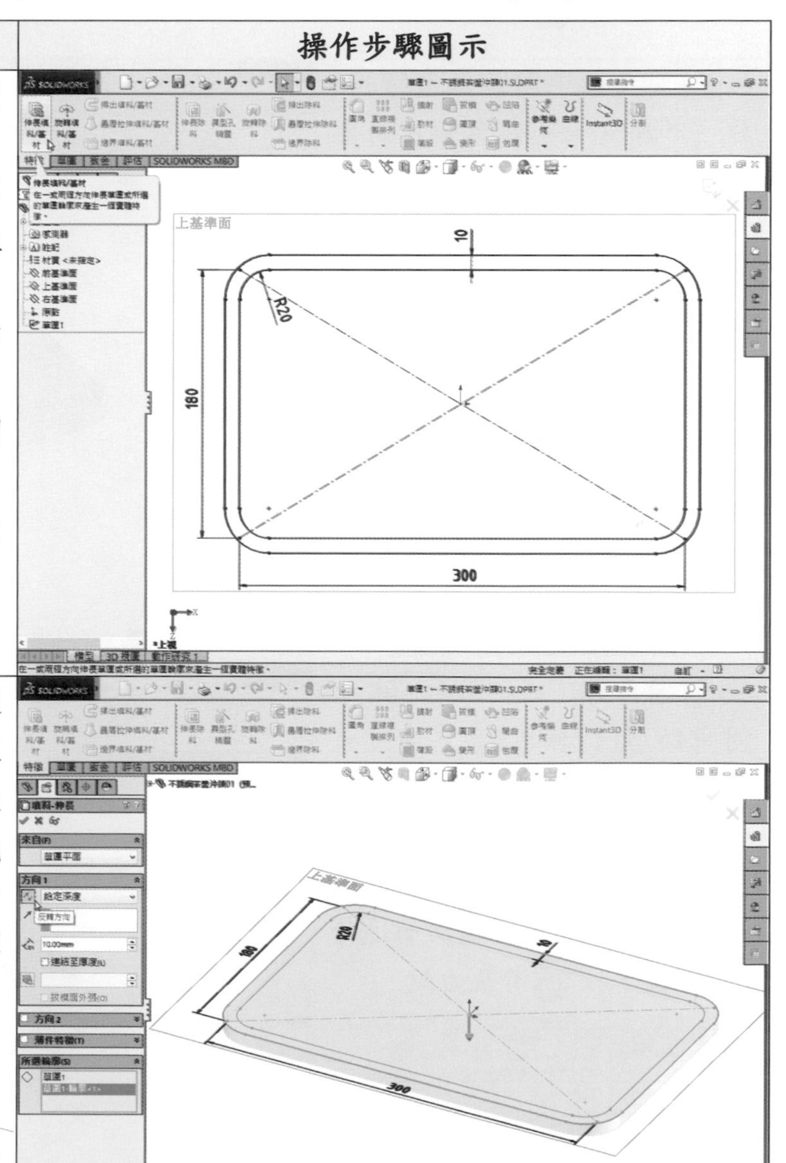 |
| 來自(F)『草圖平面』，方向 1 選取『給定深度』，輸入深度值 10mm，預設不勾選『連結至厚度(L)』，按一下所選輪廓(S)標籤列，選取『草圖 1-輪廓<1>』，按反轉方向鈕後，按確定鍵。<br>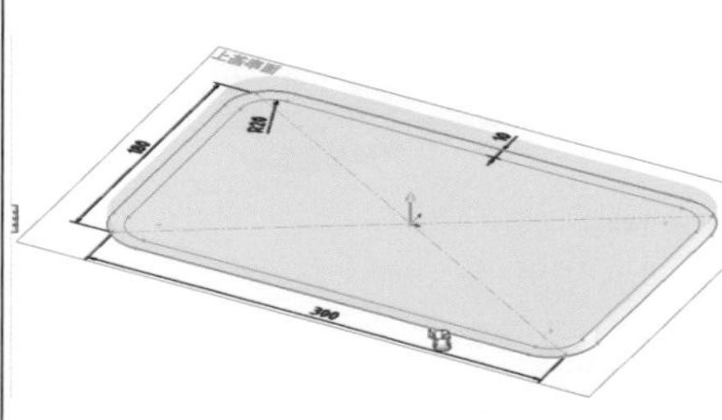 | |

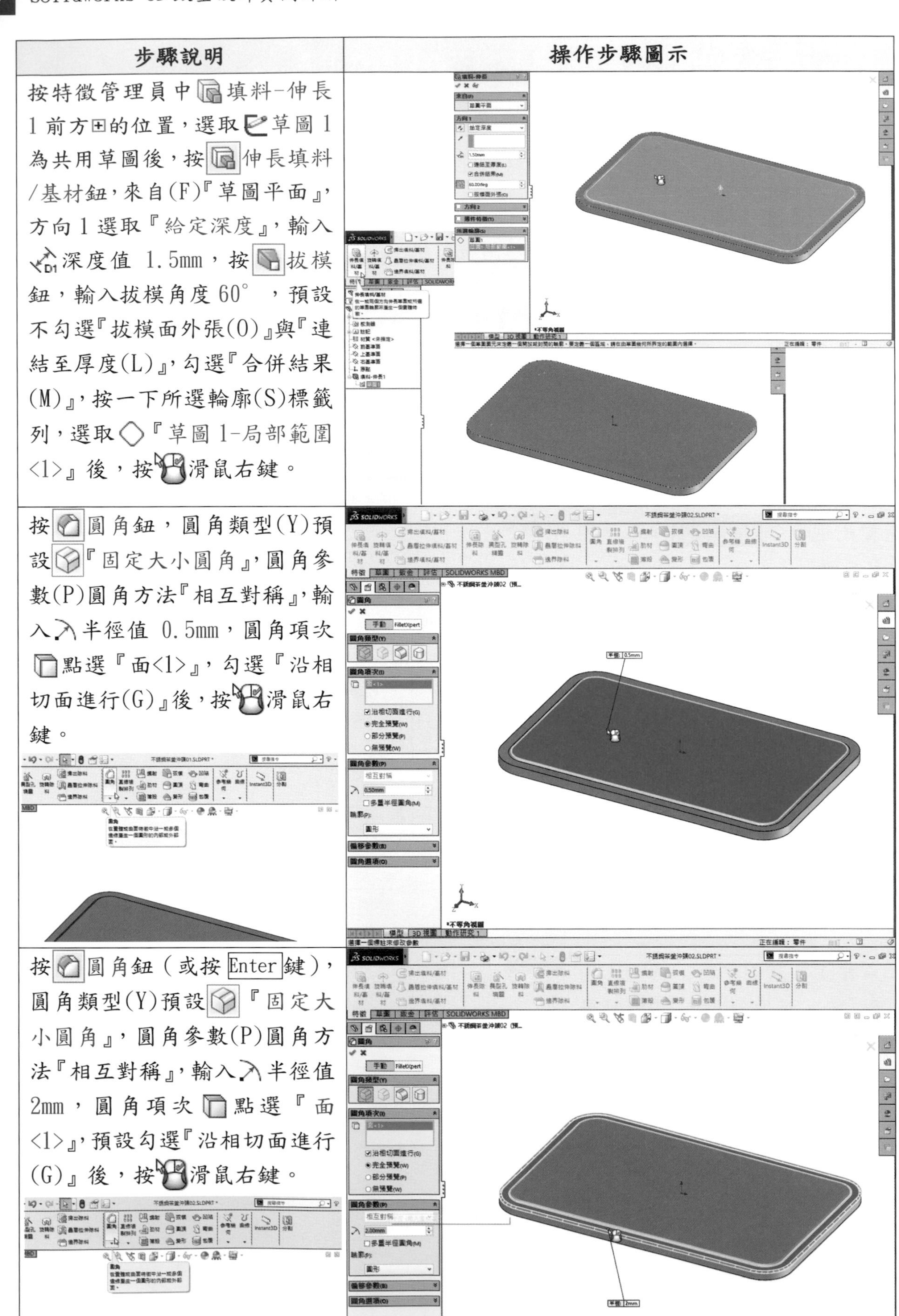

| 步驟說明 | 操作步驟圖示 |
| --- | --- |
| 按特徵管理員中填料-伸長1前方⊞的位置，選取草圖1為共用草圖後，按伸長填料/基材鈕，來自(F)『草圖平面』，方向1選取『給定深度』，輸入深度值1.5mm，按拔模鈕，輸入拔模角度60°，預設不勾選『拔模面外張(O)』與『連結至厚度(L)』，勾選『合併結果(M)』，按一下所選輪廓(S)標籤列，選取『草圖1-局部範圍<1>』後，按滑鼠右鍵。 | |
| 按圓角鈕，圓角類型(Y)預設『固定大小圓角』，圓角參數(P)圓角方法『相互對稱』，輸入半徑值0.5mm，圓角項次點選『面<1>』，勾選『沿相切面進行(G)』後，按滑鼠右鍵。 | |
| 按圓角鈕(或按Enter鍵)，圓角類型(Y)預設『固定大小圓角』，圓角參數(P)圓角方法『相互對稱』，輸入半徑值2mm，圓角項次點選『面<1>』，預設勾選『沿相切面進行(G)』後，按滑鼠右鍵。 | |

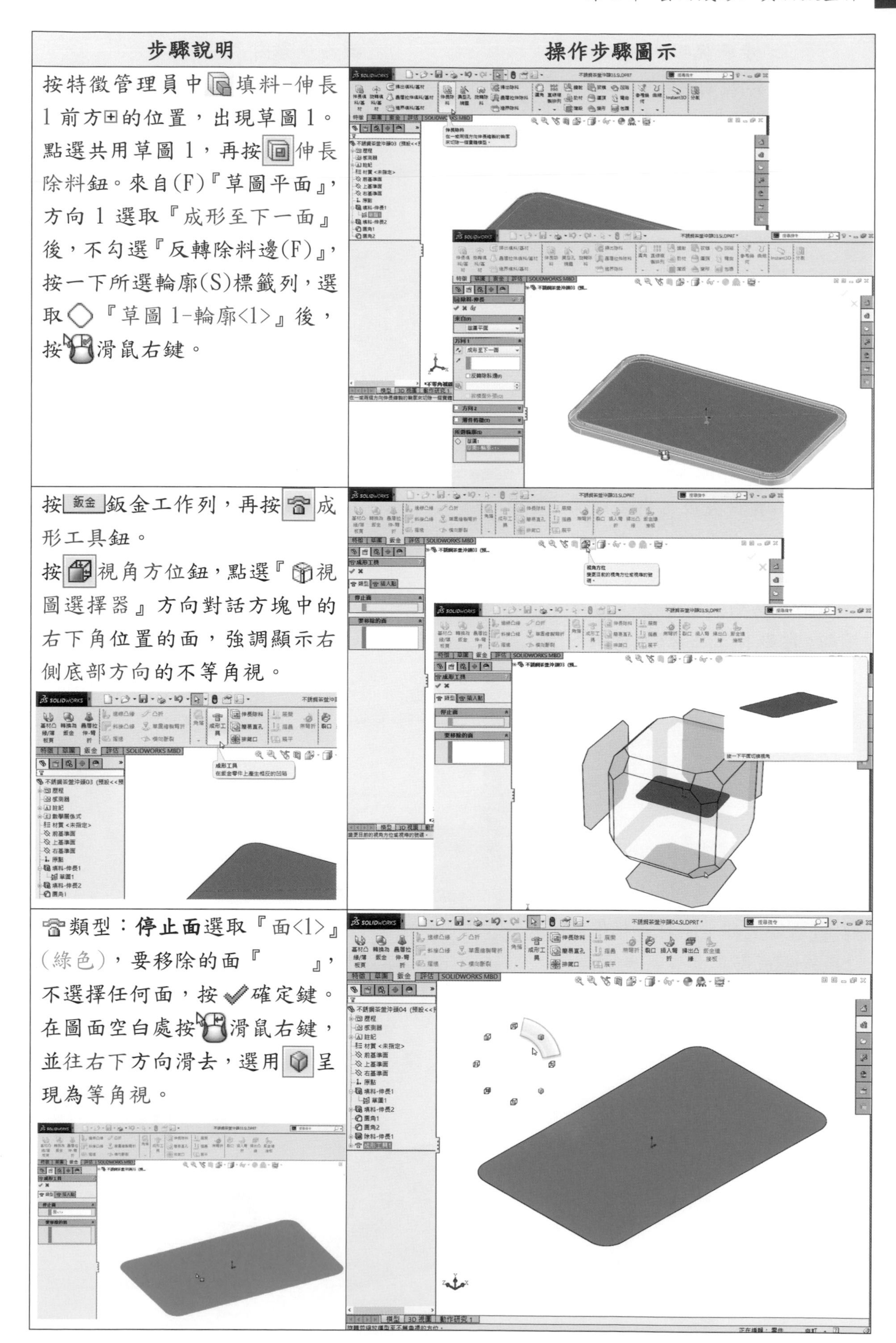

| 步驟說明 | 操作步驟圖示 |
| --- | --- |
| 按特徵管理員中填料-伸長1前方⊞的位置，出現草圖1。點選共用草圖1，再按伸長除料鈕。來自(F)『草圖平面』，方向1選取『成形至下一面』後，不勾選『反轉除料邊(F)』，按一下所選輪廓(S)標籤列，選取◇『草圖1-輪廓<1>』後，按滑鼠右鍵。 | |
| 按 鈑金 鈑金工作列，再按成形工具鈕。<br>按視角方位鈕，點選『視圖選擇器』方向對話方塊中的右下角位置的面，強調顯示右側底部方向的不等角視。 | |
| 類型：**停止面**選取『面<1>』(綠色)，要移除的面『　』，不選擇任何面，按確定鍵。在圖面空白處按滑鼠右鍵，並往右下方向滑去，選用呈現為等角視。 | |

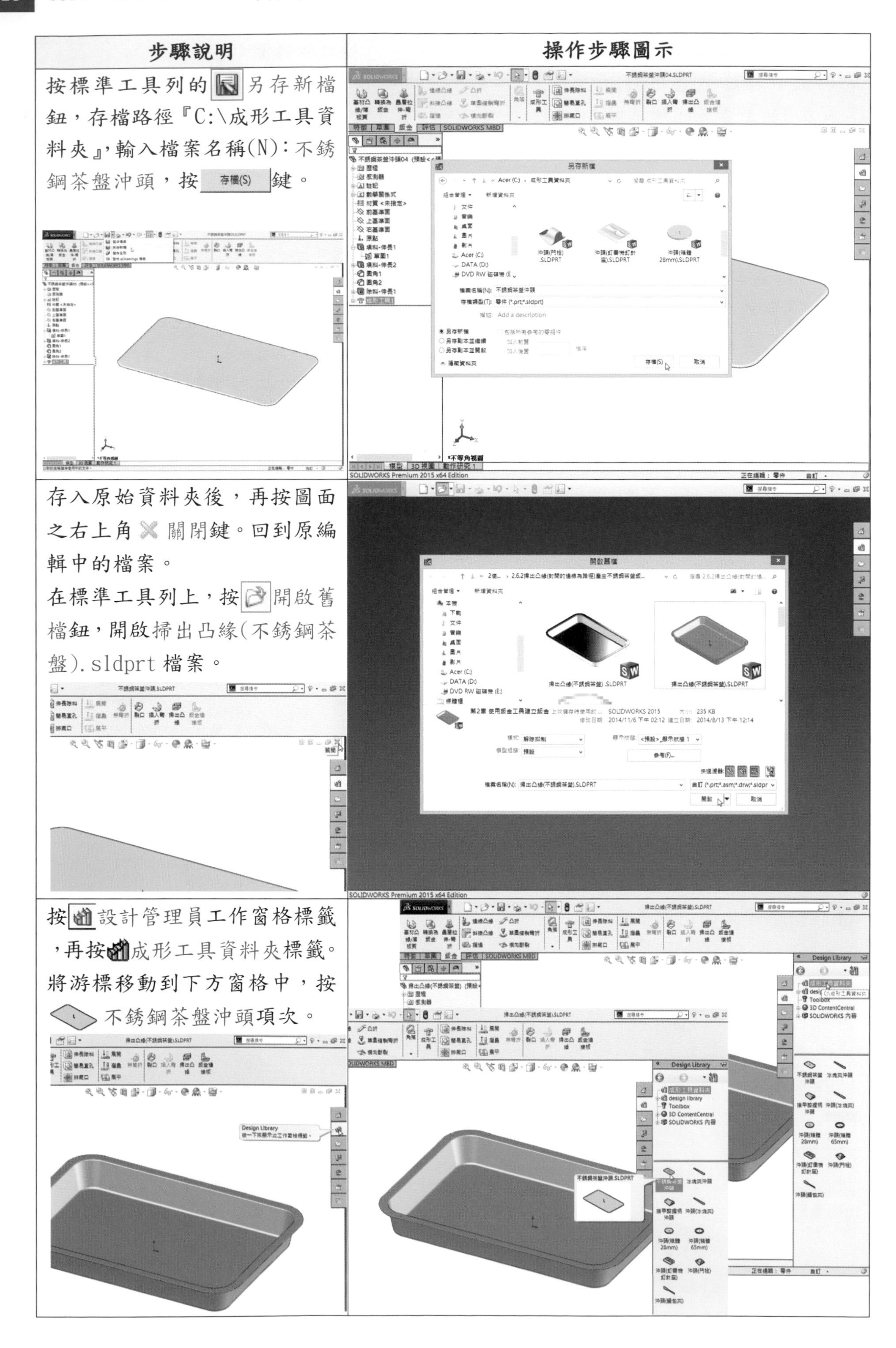

| 步驟說明 | 操作步驟圖示 |
| --- | --- |
| 按標準工具列的另存新檔鈕，存檔路徑『C:\成形工具資料夾』，輸入檔案名稱(N)：不銹鋼茶盤沖頭，按 存檔(S) 鍵。 | |
| 存入原始資料夾後，再按圖面之右上角關閉鍵。回到原編輯中的檔案。<br>在標準工具列上，按開啟舊檔鈕，開啟掃出凸緣(不銹鋼茶盤).sldprt 檔案。 | |
| 按設計管理員工作窗格標籤，再按成形工具資料夾標籤。將游標移動到下方窗格中，按不銹鋼茶盤沖頭項次。 | |

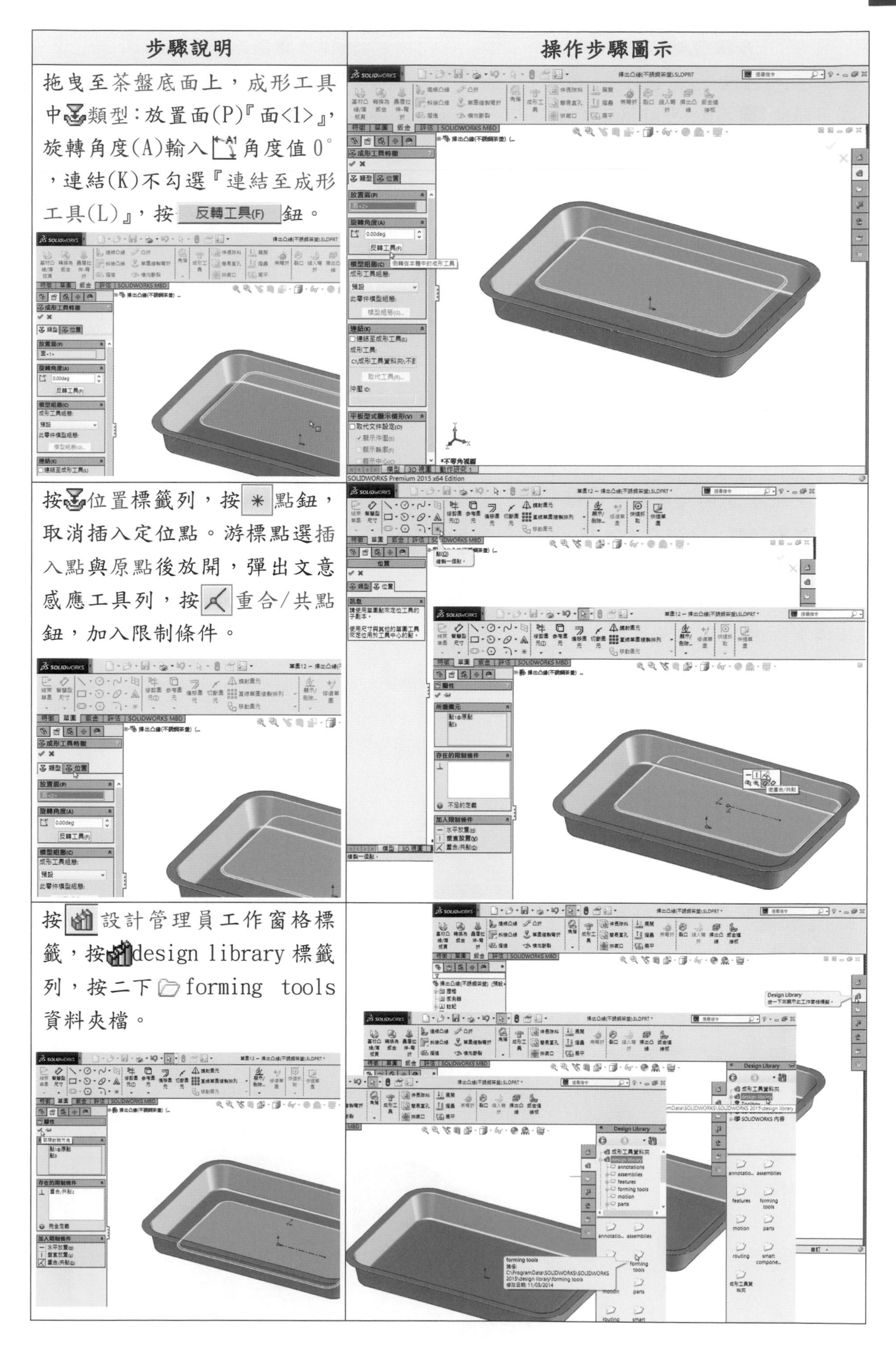

| 步驟說明 | 操作步驟圖示 |
| --- | --- |
| 拖曳至茶盤底面上，成形工具中類型：放置面(P)『面<1>』，旋轉角度(A)輸入角度值 0°，連結(K)不勾選『連結至成形工具(L)』，按 反轉工具(F) 鈕。 | |
| 按位置標籤列，按 * 點鈕，取消插入定位點。游標點選插入點與原點後放開，彈出文意感應工具列，按重合/共點鈕，加入限制條件。 | |
| 按設計管理員工作窗格標籤，按design library 標籤列，按二下 forming tools 資料夾檔。 | |

| 步驟說明 | 操作步驟圖示 |
| --- | --- |
| 按二下 embosses 資料夾。按二下開啟 dimple.sldprt。<br>按二下直徑 Ø60 的尺度數字，彈出修改對話框，修改為 Ø16 後，按 確定鍵，儲存目前的值，離開此對話框。<br>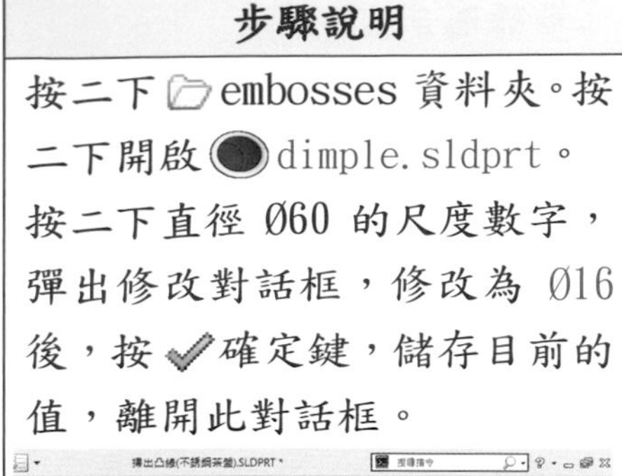<br> | 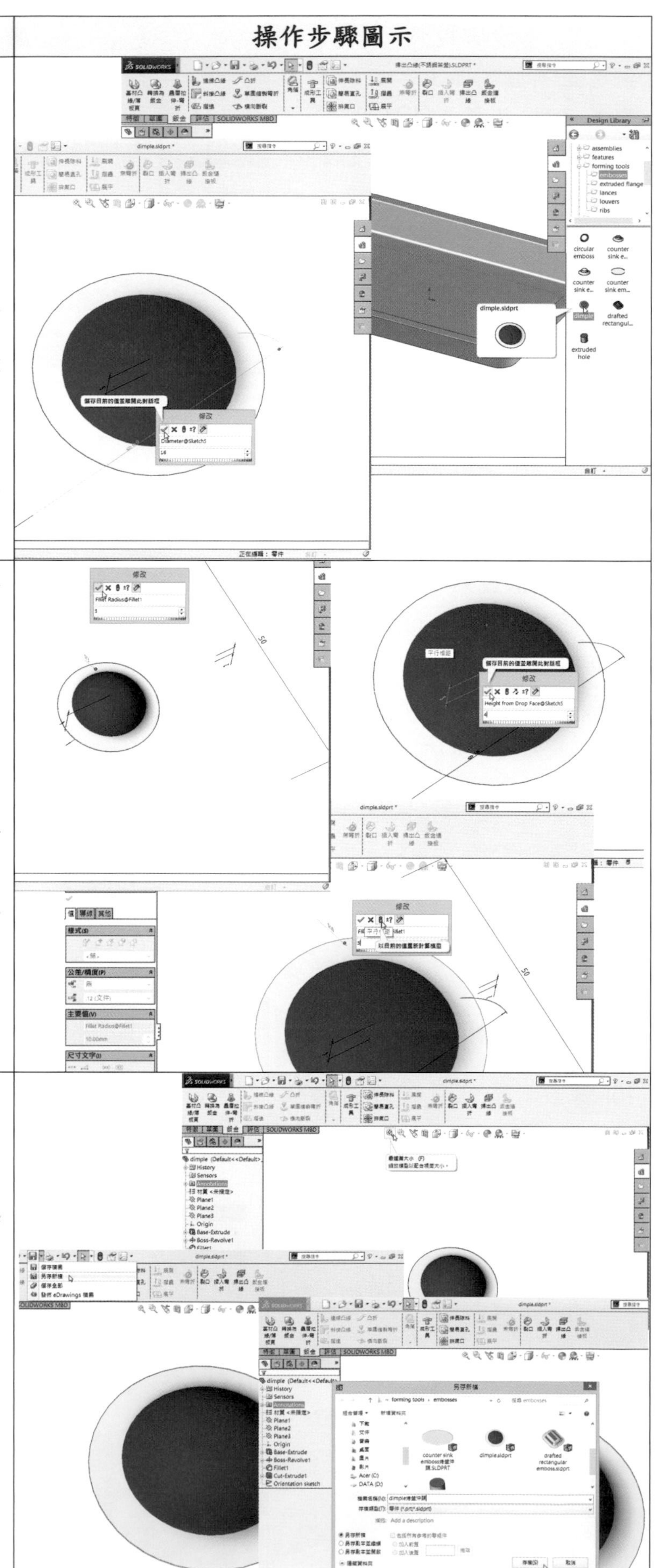 |
| 按二下深度 5 的尺度數字，彈出修改對話框，修改為 4mm 後，按 確定鍵，儲存目前的值，離開此對話框。<br>按二下半徑 R10 的尺度數字，彈出修改對話框，修改為R3後，按 重新計算鈕，重新計算之修改後所改變的特徵，再按 確定鍵，儲存目前的值，離開此對話框。 | |
| 按 最適當大小鈕，將圖面拉至畫面最適當的大小。<br>在標準工具列上，按 另存新檔鈕，輸入檔案名稱(N):dimple烤盤沖頭後，按 存檔(S) 鍵，存入原始的資料夾中。<br>按圖面之右上角 關閉鈕，關閉且不要儲存檔案，回到原編輯中的檔案。 | |

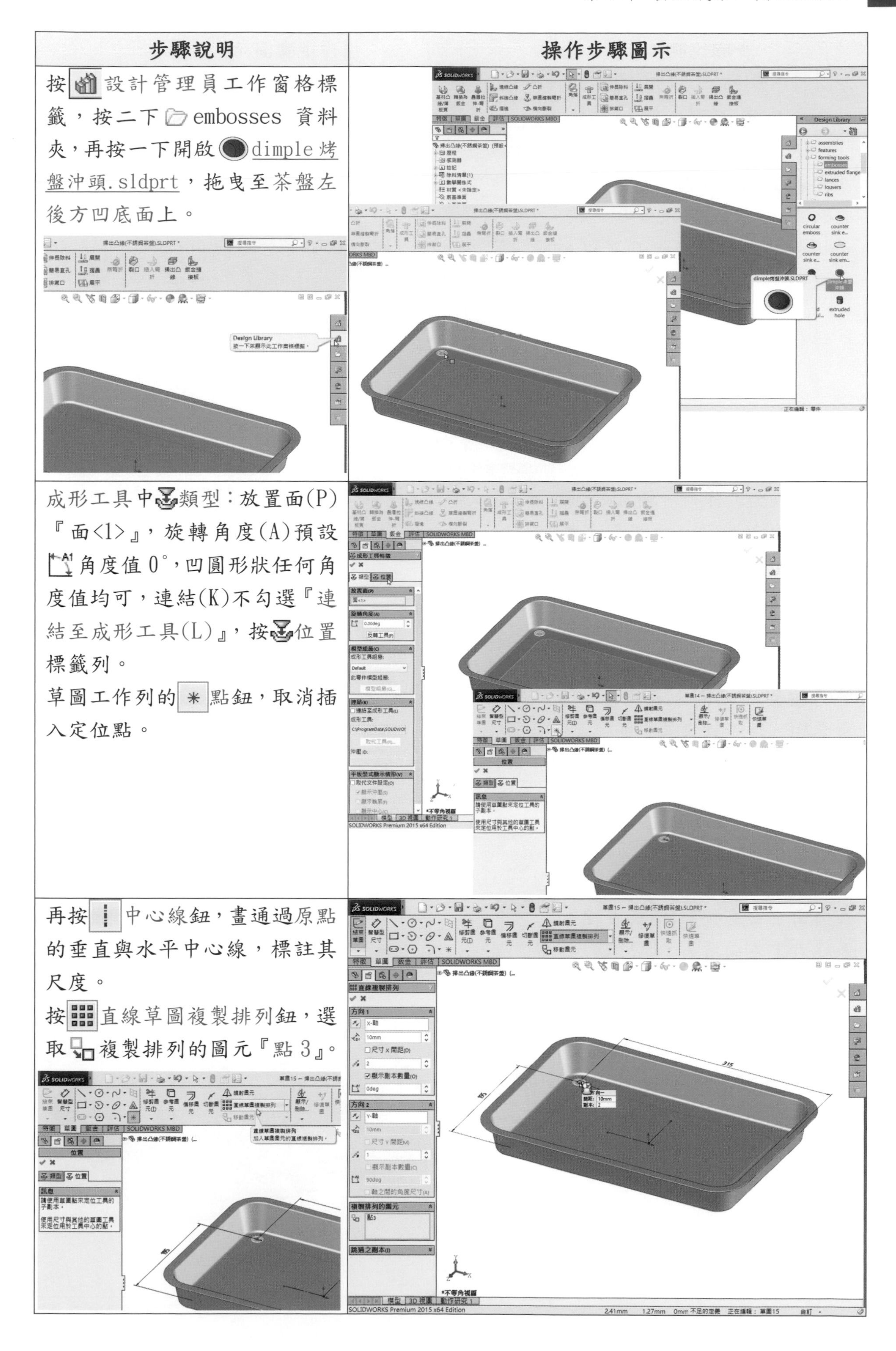

| 步驟說明 | 操作步驟圖示 |
| --- | --- |
| 按設計管理員工作窗格標籤，按二下embosses 資料夾，再按一下開啟dimple烤盤沖頭.sldprt，拖曳至茶盤左後方凹底面上。 | |
| 成形工具中類型：放置面(P)『面<1>』，旋轉角度(A)預設角度值0°，凹圓形狀任何角度值均可，連結(K)不勾選『連結至成形工具(L)』，按位置標籤列。<br>草圖工作列的點鈕，取消插入定位點。 | |
| 再按中心線鈕，畫通過原點的垂直與水平中心線，標註其尺度。<br>按直線草圖複製排列鈕，選取複製排列的圖元『點3』。 | |

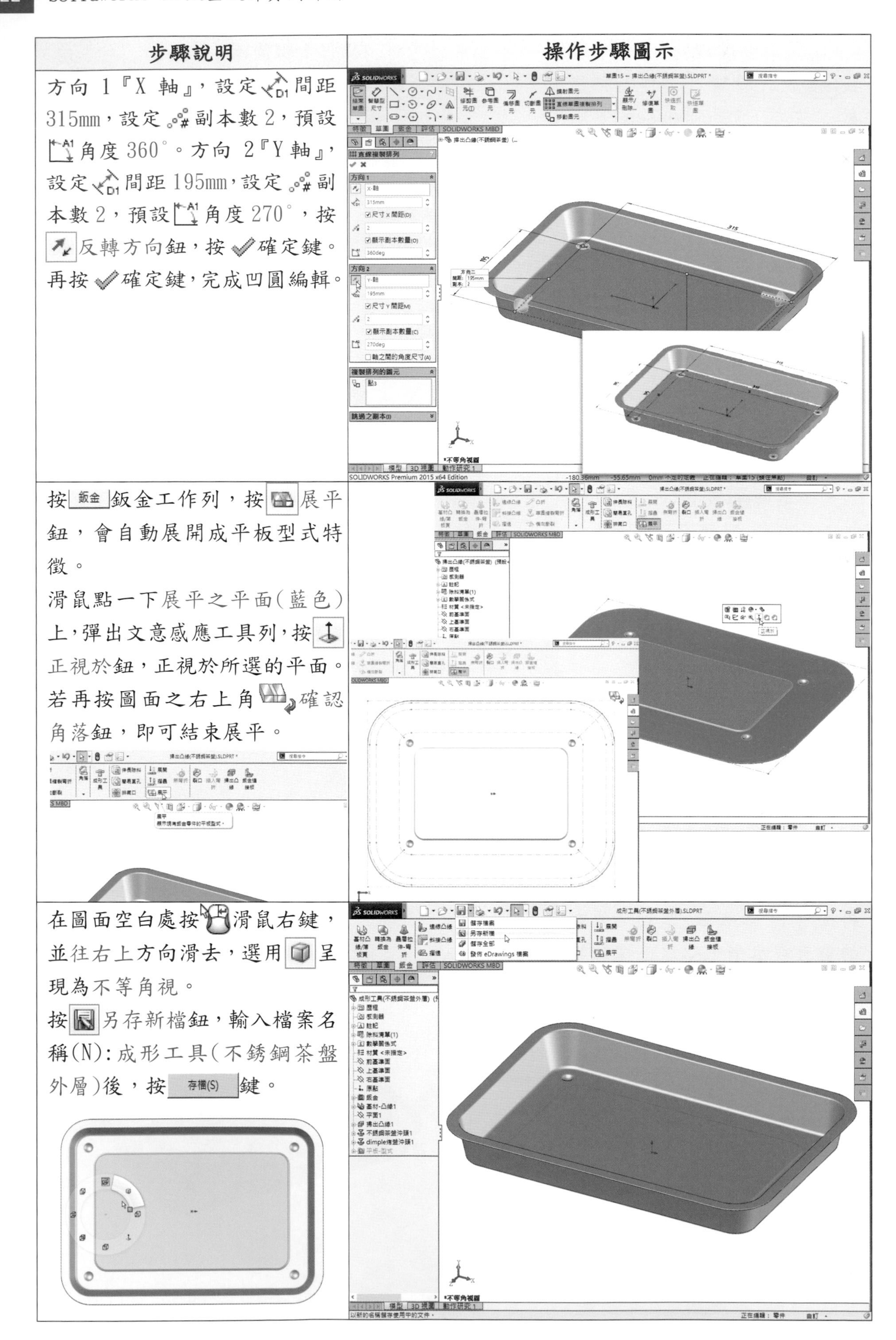

| 步驟說明 | 操作步驟圖示 |
| --- | --- |
| 方向 1『X 軸』，設定間距 315mm，設定副本數 2，預設角度 360°。方向 2『Y 軸』，設定間距 195mm，設定副本數 2，預設角度 270°，按反轉方向鈕，按確定鍵。再按確定鍵，完成凹圓編輯。 | |
| 按 鈑金 鈑金工作列，按展平鈕，會自動展開成平板型式特徵。<br>滑鼠點一下展平之平面(藍色)上，彈出文意感應工具列，按正視於鈕，正視於所選的平面。若再按圖面之右上角確認角落鈕，即可結束展平。 | |
| 在圖面空白處按滑鼠右鍵，並往右上方向滑去，選用呈現為不等角視。<br>按另存新檔鈕，輸入檔案名稱(N):成形工具(不銹鋼茶盤外層)後，按 存檔(S) 鍵。 | |

## 3.2.5 產生成形工具(釘書機針座沖頭)用於釘書機底座鈑金件

學習目標：能建立一個沖頭產生成型工具，插入成形工具至釘書機底座鈑金件上。

繪圖步驟：建沖頭→產生成形工具→開啟舊檔→插入成形工具→作圓角→按展平。

使用指令：

- 草圖指令：中心矩形、中心線、圓。
- 特徵指令：伸長填料/基材、圓角(偏移頂點；變化圓角)、伸長除料、鏡射。
- 成形工具：沖頭(釘書機釘針座)。
- 鈑金指令：成形工具、展平。

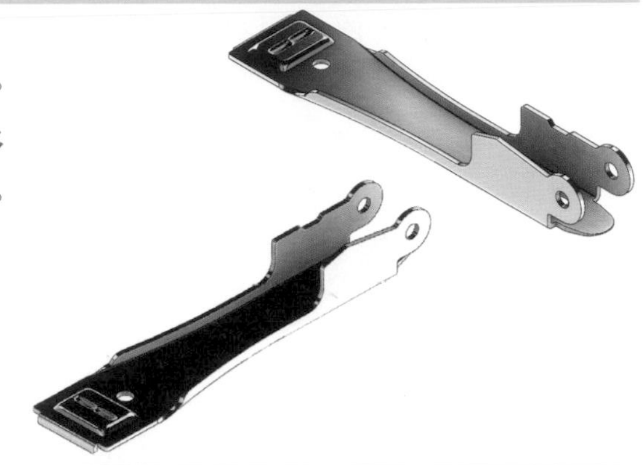

| 步驟說明 | 操作步驟圖示 |
| --- | --- |
| 首先選取上基準面作為草圖1之繪圖平面。<br>按中心矩形鈕，點選原點為中心，拖曳中心線至適當位置點一下繪製中心矩形框後，並標註其尺度。<br>按特徵特徵工作列，按伸長填料/基材鈕。 | 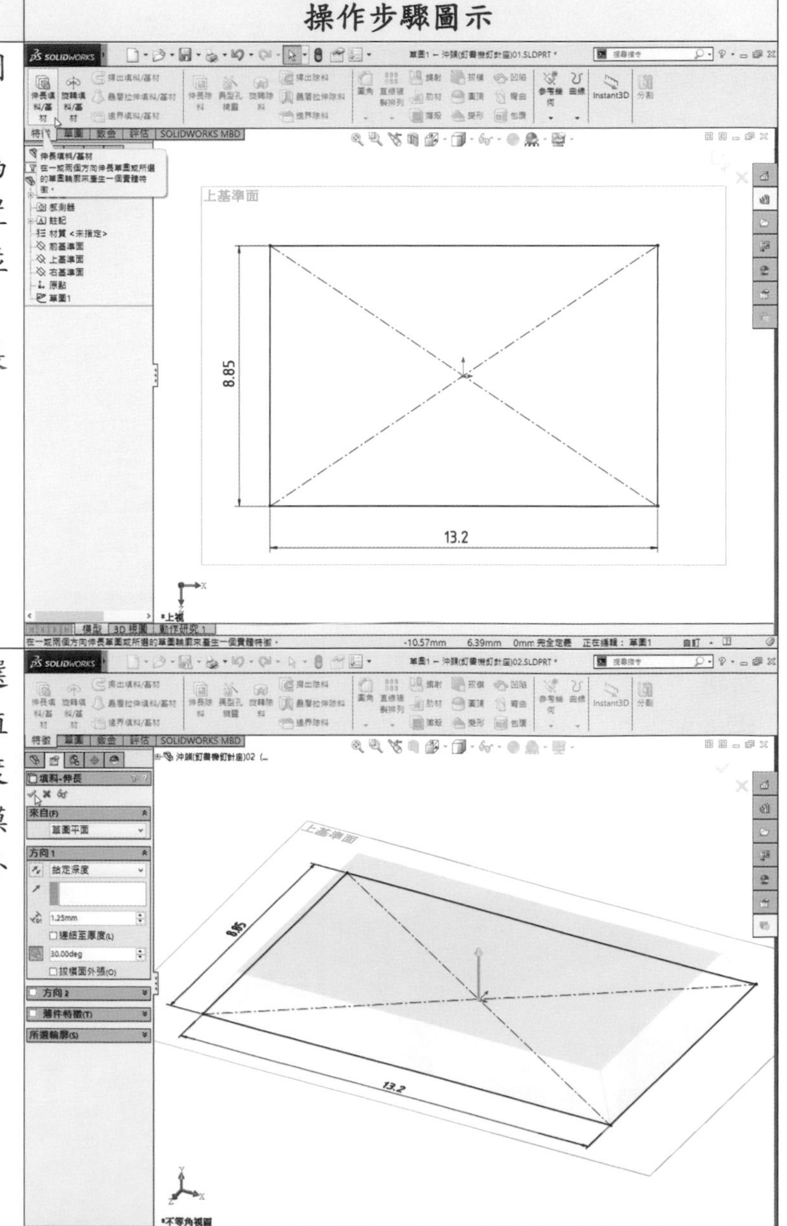 |
| 來自(F)『草圖平面』，方向1選取『給定深度』，輸入深度值1.25mm，不勾選『連結至厚度(L)』。按拔模鈕，輸入拔模角度30° ，不勾選『拔模面外張(O)』後，按確定鍵。 | |

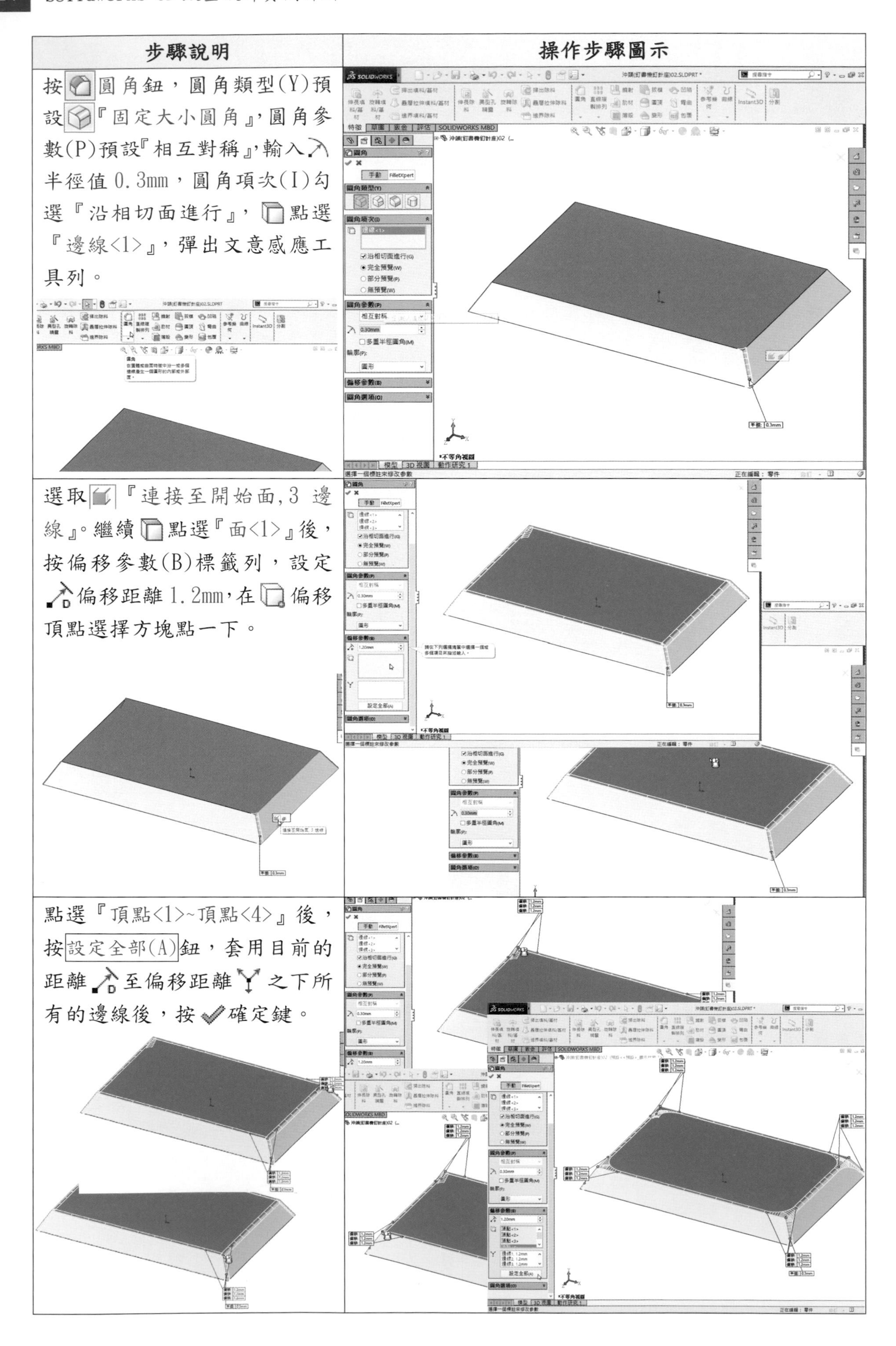

| 步驟說明 | 操作步驟圖示 |
| --- | --- |
| 按圓角鈕，圓角類型(Y)預設『固定大小圓角』，圓角參數(P)預設『相互對稱』，輸入半徑值 0.3mm，圓角項次(I)勾選『沿相切面進行』，點選『邊線<1>』，彈出文意感應工具列。 | |
| 選取『連接至開始面，3 邊線』。繼續點選『面<1>』後，按偏移參數(B)標籤列，設定偏移距離 1.2mm，在偏移頂點選擇方塊點一下。 | |
| 點選『頂點<1>~頂點<4>』後，按設定全部(A)鈕，套用目前的距離至偏移距離之下所有的邊線後，按確定鍵。 | |

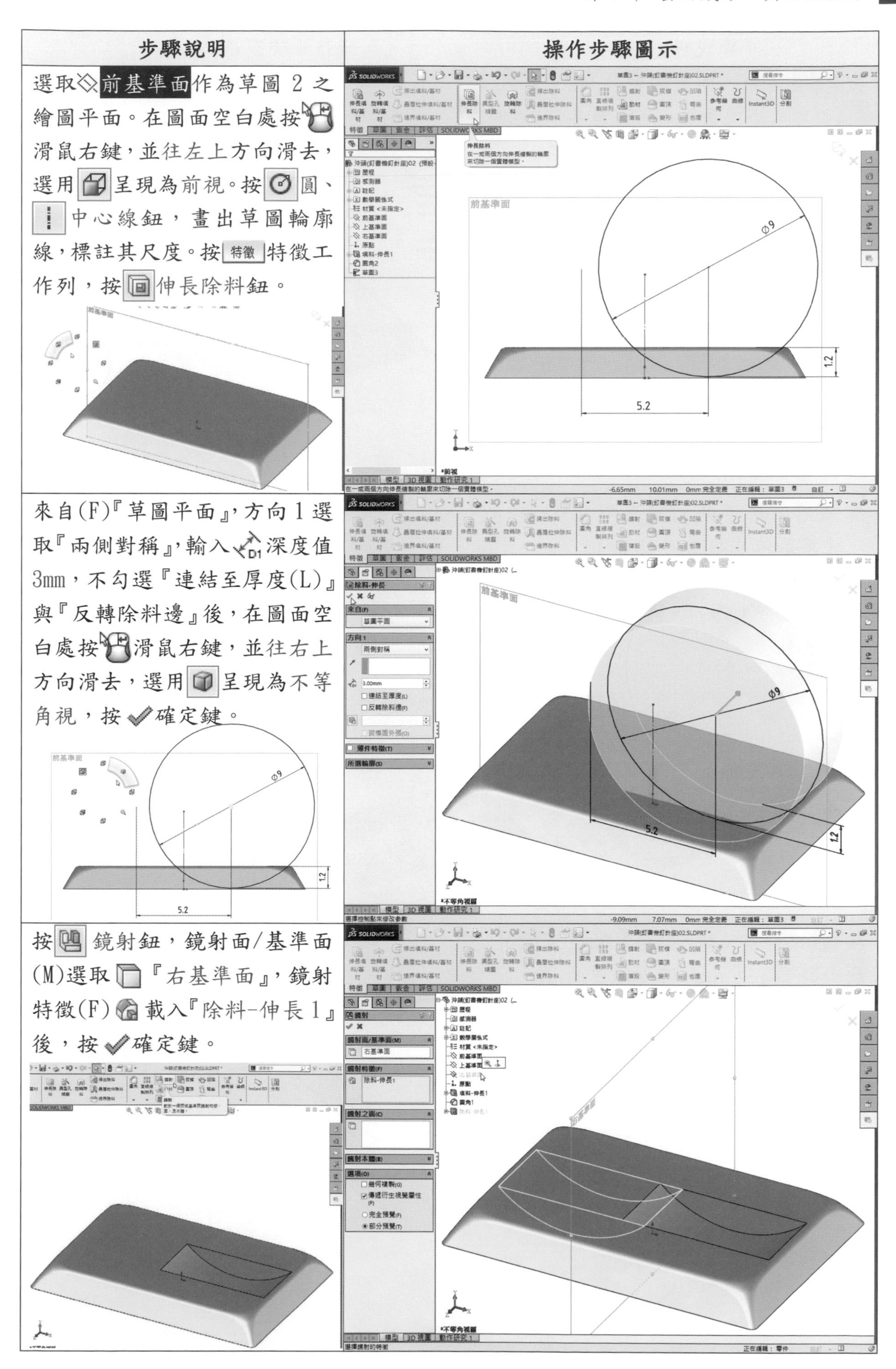

| 步驟說明 | 操作步驟圖示 |
| --- | --- |
| 選取前基準面作為草圖 2 之繪圖平面。在圖面空白處按滑鼠右鍵，並往左上方向滑去，選用呈現為前視。按圓、中心線鈕，畫出草圖輪廓線，標註其尺度。按特徵特徵工作列，按伸長除料鈕。 | |
| 來自(F)『草圖平面』，方向 1 選取『兩側對稱』，輸入深度值 3mm，不勾選『連結至厚度(L)』與『反轉除料邊』後，在圖面空白處按滑鼠右鍵，並往右上方向滑去，選用呈現為不等角視，按確定鍵。 | |
| 按鏡射鈕，鏡射面/基準面(M)選取『右基準面』，鏡射特徵(F)載入『除料-伸長 1』後，按確定鍵。 | |

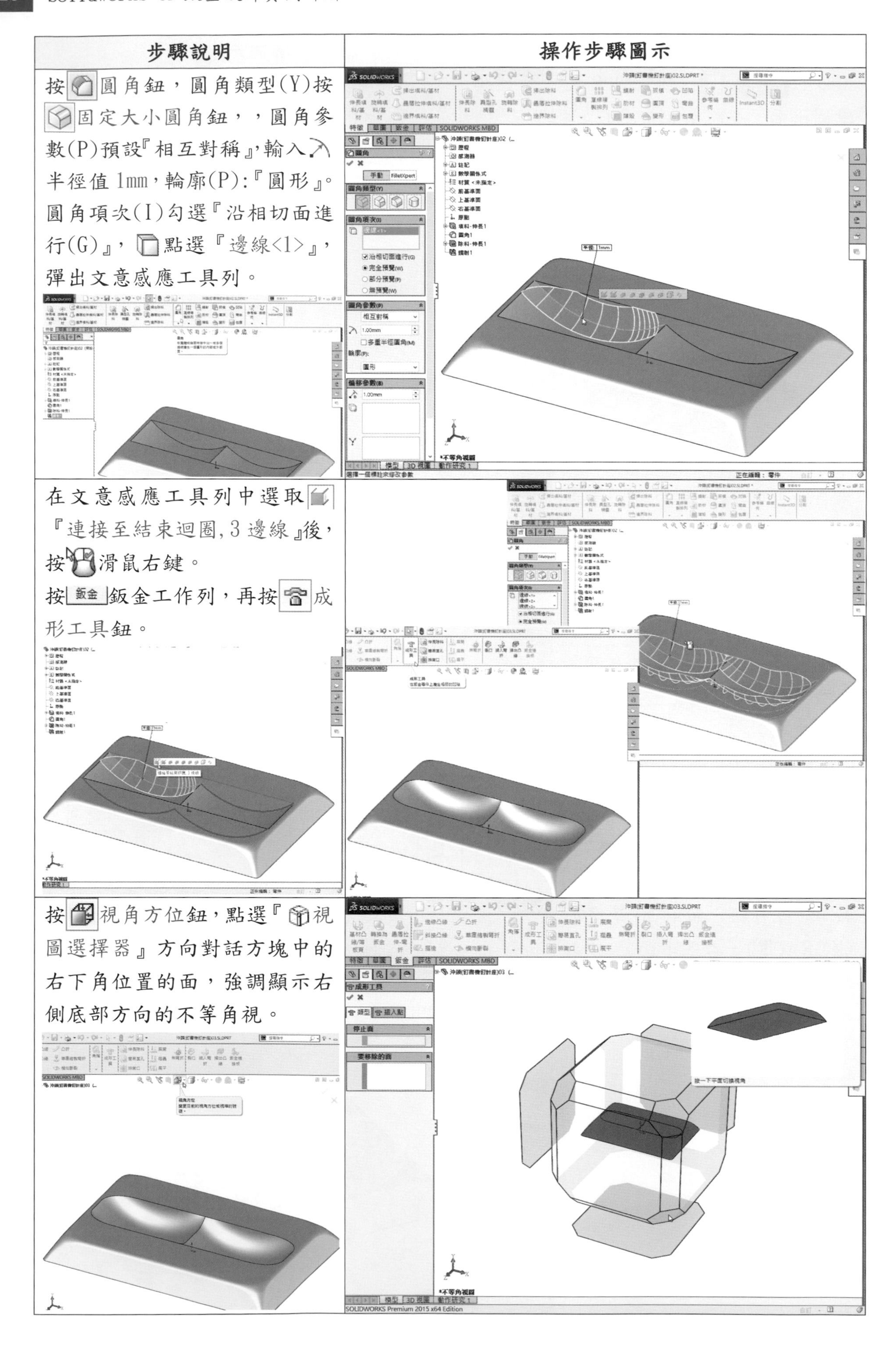

| 步驟說明 | 操作步驟圖示 |
| --- | --- |
| 按圓角鈕，圓角類型(Y)按固定大小圓角鈕，，圓角參數(P)預設『相互對稱』，輸入半徑值 1mm，輪廓(P):『圓形』。圓角項次(I)勾選『沿相切面進行(G)』，點選『邊線<1>』，彈出文意感應工具列。 | |
| 在文意感應工具列中選取『連接至結束迴圈, 3 邊線』後，按滑鼠右鍵。<br>按 鈑金 鈑金工作列，再按成形工具鈕。 | |
| 按視角方位鈕，點選『視圖選擇器』方向對話方塊中的右下角位置的面，強調顯示右側底部方向的不等角視。 | |

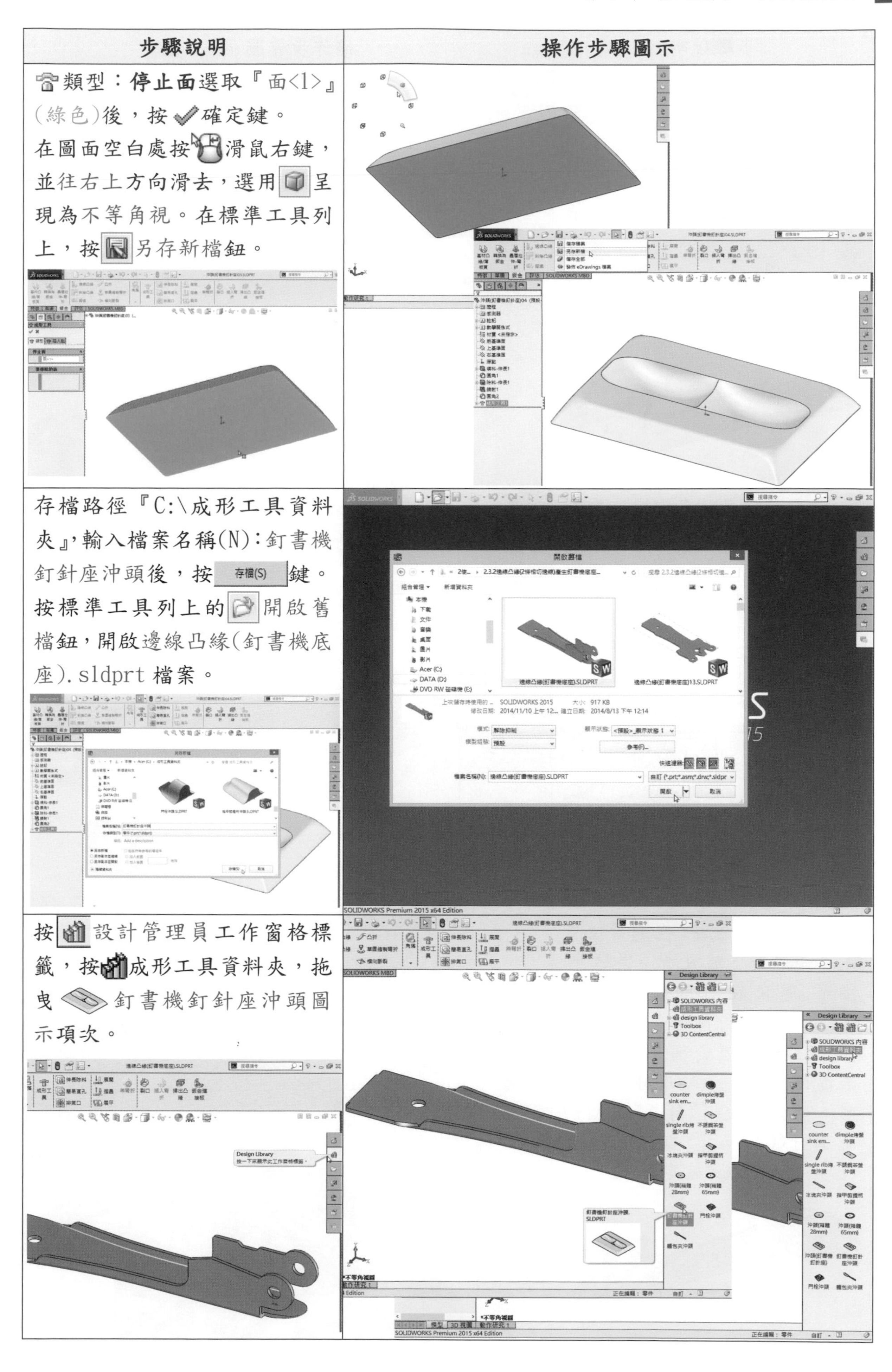

| 步驟說明 | 操作步驟圖示 |
| --- | --- |
| 類型：**停止面**選取『面<1>』(綠色)後，按確定鍵。在圖面空白處按滑鼠右鍵，並往右上方向滑去，選用呈現為不等角視。在標準工具列上，按另存新檔鈕。 | |
| 存檔路徑『C:\成形工具資料夾』，輸入檔案名稱(N)：釘書機釘針座沖頭後，按 存檔(S) 鍵。按標準工具列上的開啟舊檔鈕，開啟邊線凸緣(釘書機底座).sldprt 檔案。 | |
| 按設計管理員工作窗格標籤，按成形工具資料夾，拖曳釘書機釘針座沖頭圖示項次。 | |

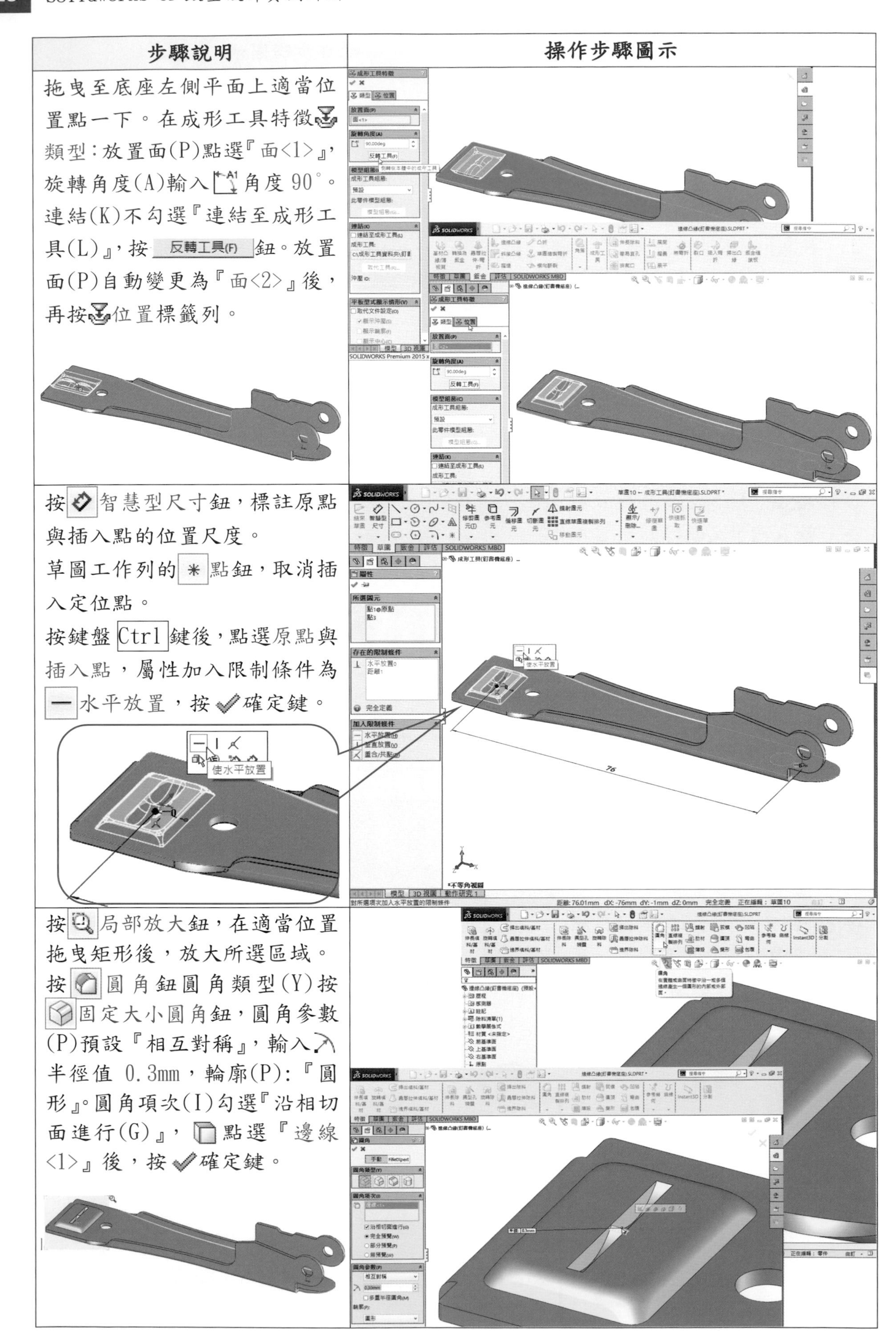

| 步驟說明 | 操作步驟圖示 |
| --- | --- |
| 拖曳至底座左側平面上適當位置點一下。在成形工具特徵類型：放置面(P)點選『面<1>』，旋轉角度(A)輸入角度 90°。連結(K)不勾選『連結至成形工具(L)』，按 反轉工具(F) 鈕。放置面(P)自動變更為『面<2>』後，再按位置標籤列。 | |
| 按智慧型尺寸鈕，標註原點與插入點的位置尺度。草圖工作列的 ＊ 點鈕，取消插入定位點。按鍵盤 Ctrl 鍵後，點選原點與插入點，屬性加入限制條件為 — 水平放置，按確定鍵。 | |
| 按局部放大鈕，在適當位置拖曳矩形後，放大所選區域。按圓角鈕圓角類型(Y)按固定大小圓角鈕，圓角參數(P)預設『相互對稱』，輸入半徑值 0.3mm，輪廓(P)：『圓形』。圓角項次(I)勾選『沿相切面進行(G)』，點選『邊線<1>』後，按確定鍵。 | |

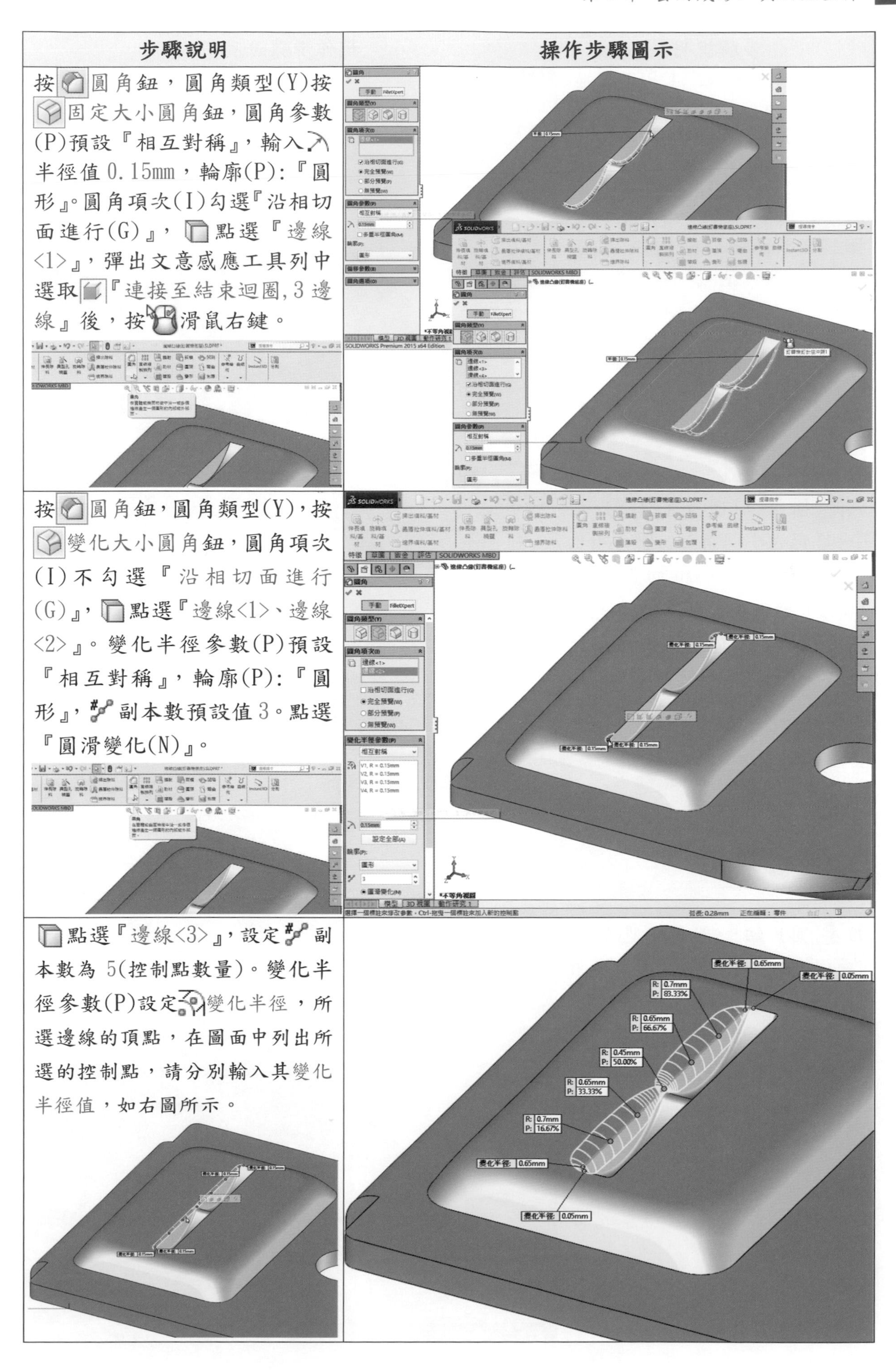

| 步驟說明 | 操作步驟圖示 |
| --- | --- |
| 按圓角鈕，圓角類型(Y)按固定大小圓角鈕，圓角參數(P)預設『相互對稱』，輸入半徑值 0.15mm，輪廓(P)：『圓形』。圓角項次(I)勾選『沿相切面進行(G)』，點選『邊線<1>』，彈出文意感應工具列中選取『連接至結束迴圈, 3 邊線』後，按滑鼠右鍵。 | |
| 按圓角鈕，圓角類型(Y)，按變化大小圓角鈕，圓角項次(I)不勾選『沿相切面進行(G)』，點選『邊線<1>、邊線<2>』。變化半徑參數(P)預設『相互對稱』，輪廓(P)：『圓形』，副本數預設值 3。點選『圓滑變化(N)』。 | |
| 點選『邊線<3>』，設定副本數為 5(控制點數量)。變化半徑參數(P)設定變化半徑，所選邊線的頂點，在圖面中列出所選的控制點，請分別輸入其變化半徑值，如右圖所示。 | |

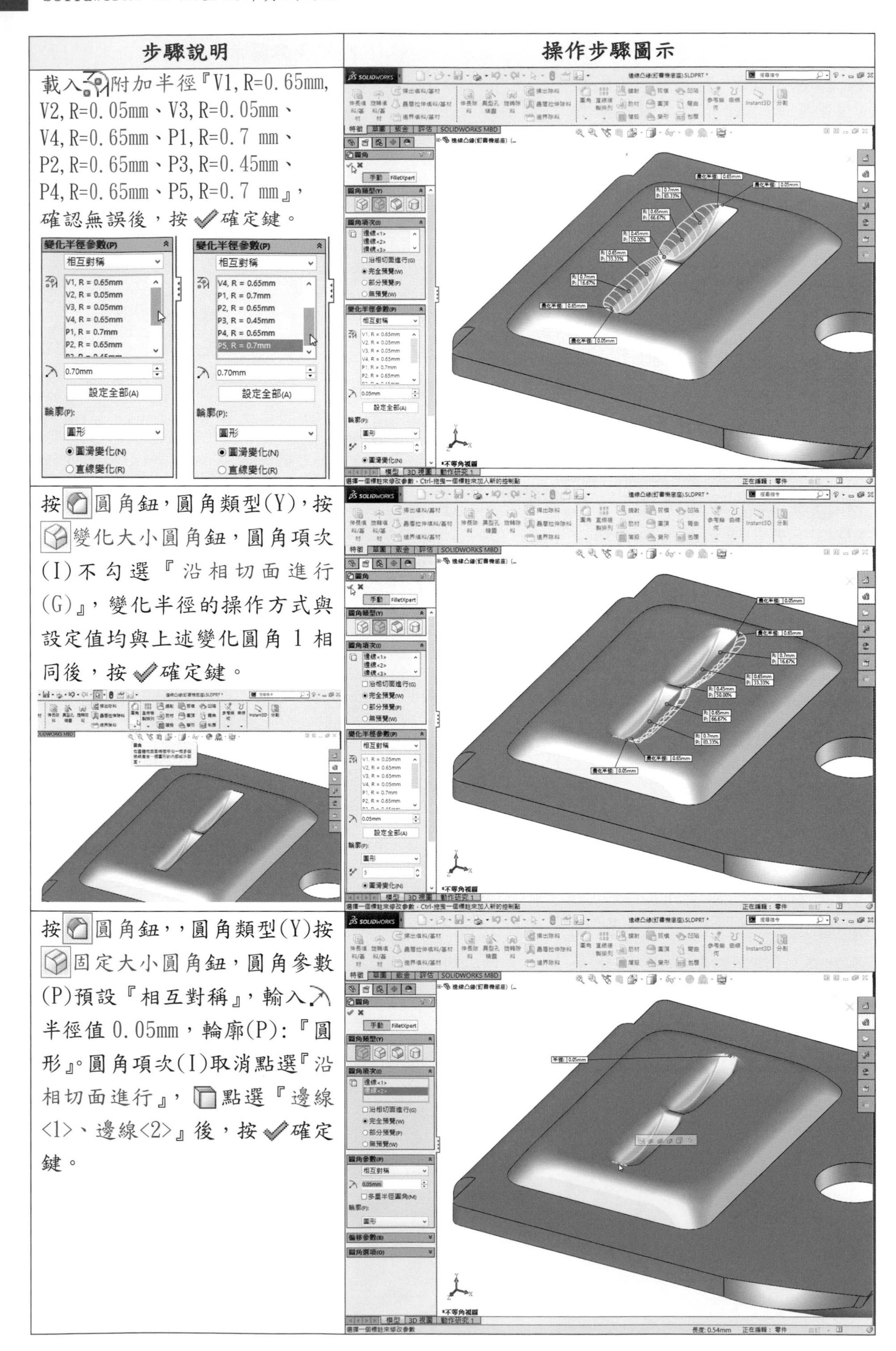

| 步驟說明 | 操作步驟圖示 |
| --- | --- |
| 載入附加半徑『V1,R=0.65mm, V2,R=0.05mm、V3,R=0.05mm、V4,R=0.65mm、P1,R=0.7 mm、P2,R=0.65mm、P3,R=0.45mm、P4,R=0.65mm、P5,R=0.7 mm』，確認無誤後，按確定鍵。 | |
| 按圓角鈕，圓角類型(Y)，按變化大小圓角鈕，圓角項次(I)不勾選『沿相切面進行(G)』，變化半徑的操作方式與設定值均與上述變化圓角 1 相同後，按確定鍵。 | |
| 按圓角鈕，，圓角類型(Y)按固定大小圓角鈕，圓角參數(P)預設『相互對稱』，輸入半徑值 0.05mm，輪廓(P)：『圓形』。圓角項次(I)取消點選『沿相切面進行』，點選『邊線<1>、邊線<2>』後，按確定鍵。 | |

| 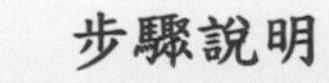 步驟說明 | 操作步驟圖示 |
| --- | --- |
| 按最適當大小鈕，將圖面拉至畫面最適當的大小。<br>按展平鈕，會自動展開產生整齊平板型式的鈑金。 | 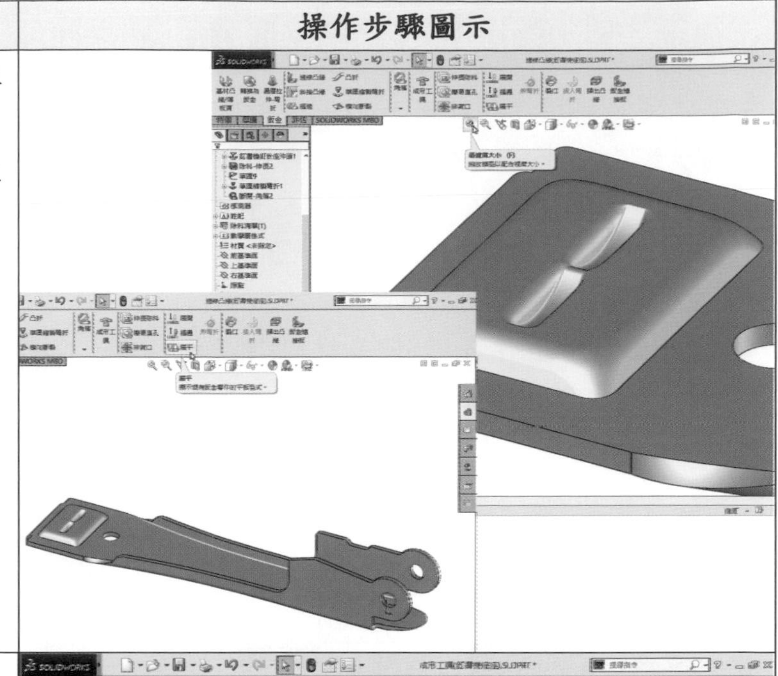 |
| 按展平之平面(藍色)後放開，彈出文意感應工具列，按正視於鈕，垂直於所選的平面。<br>若再按圖面之右上角確認角落鈕，即可結束展平。<br>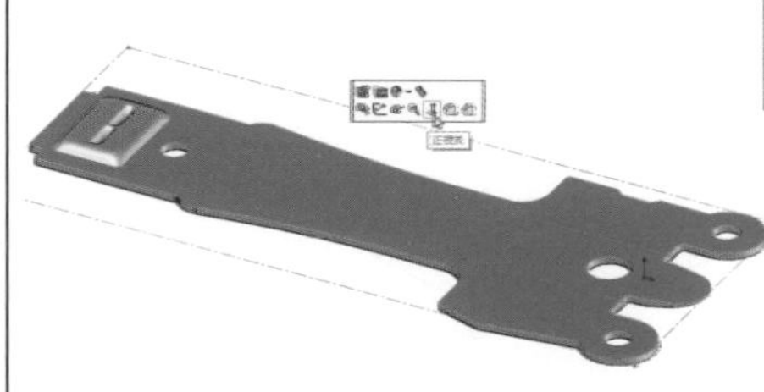 | 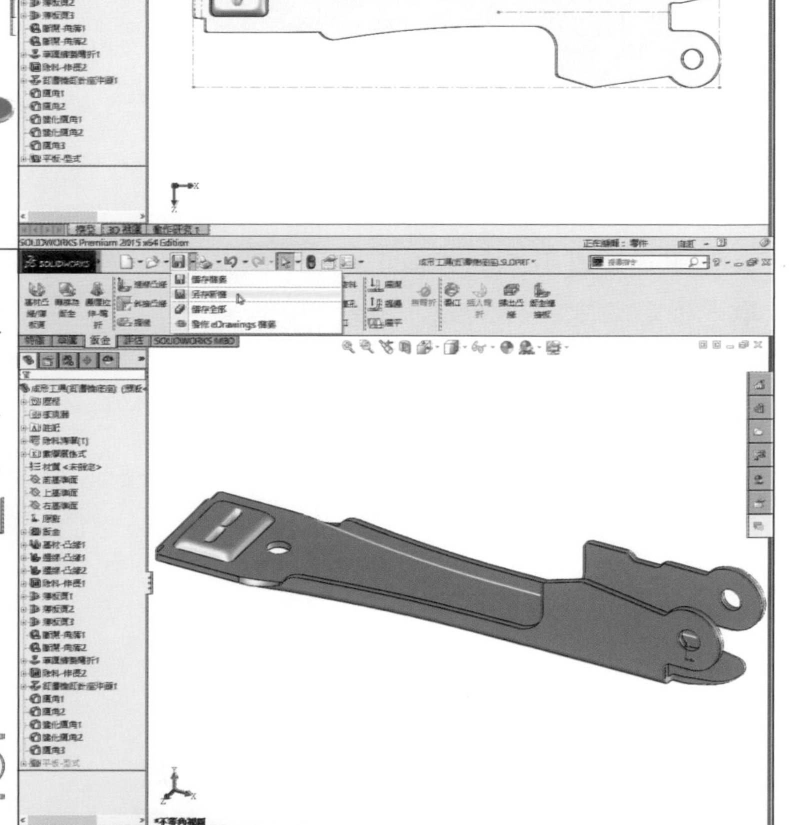 |
| 在圖面空白處按滑鼠右鍵，並往右上方向滑去，選用呈現為不等角視。<br>按標準工作列上的另存新檔鈕，輸入檔案名稱(N)：成形工具(釘書機底座)，按存檔(S)鍵。<br>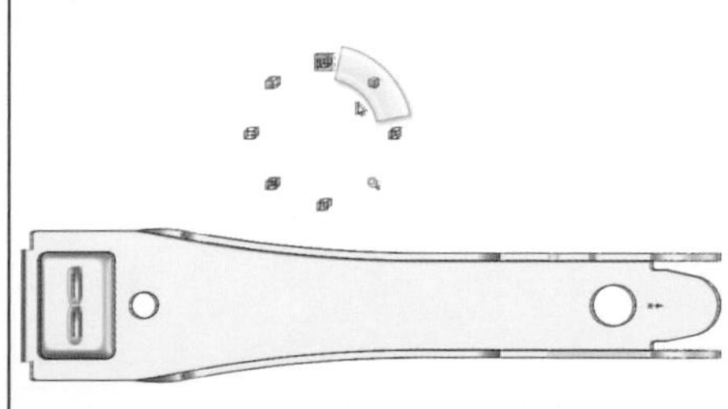 | |

## 3.2.6 產生成形工具(電源箱體沖頭)用於電源箱體鈑金件

學習目標：能建沖頭產生成形工具，使用草圖導出複製排列插入成形工具至鈑金。

繪圖步驟：建沖頭→產生成形工具→儲存成形工具→開啟舊檔(箱體)→插入沖頭(箱體 65mm)→插入沖頭(箱體 28mm)→作草圖導出複製排列→按展平。

- 草圖指令：圓、直線、中心矩形、點。
- 特徵指令：伸長填料/基材、圓角、鏡射、草圖導出複製排列。
- 成形工具：沖頭(箱體 28mm)、沖頭(箱體 65mm)。
- 鈑金指令：成形工具、展平。

| 步驟說明 | 操作步驟圖示 |
|---|---|
| 首先選取上基準面作為草圖 1 之繪圖平面。按圓鈕，原點為圓心，畫一Ø28 草圖圓，並標註其尺度。按特徵特徵工作列，按伸長填料/基材鈕。 |  |
| 來自(F)『草圖平面』，方向 1 選取『給定深度』，不勾選『連結至厚度(L)』，輸入深度值 1.7mm，不勾選『薄件特徵(T)』後，按確定鍵。 | 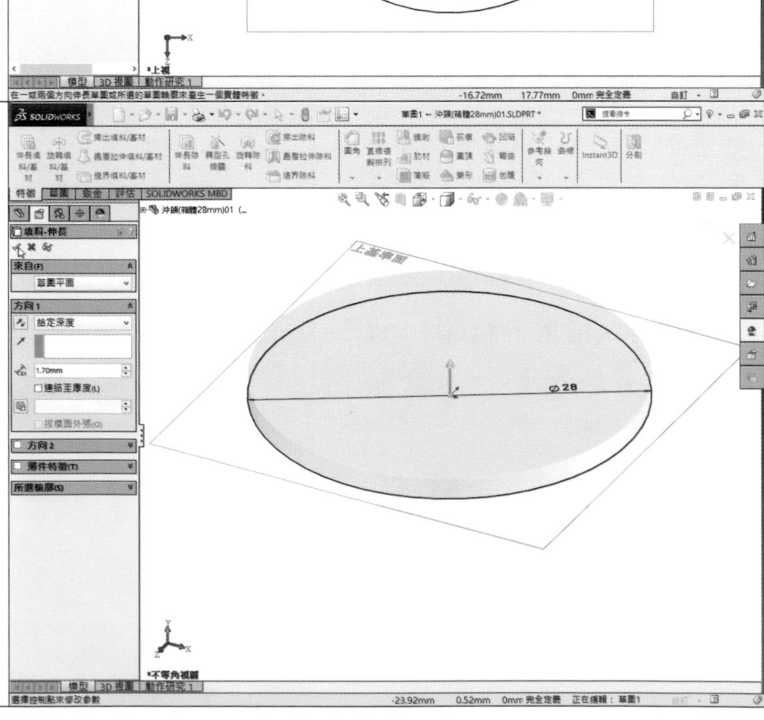 |

| 步驟說明 | 操作步驟圖示 |
| --- | --- |
| 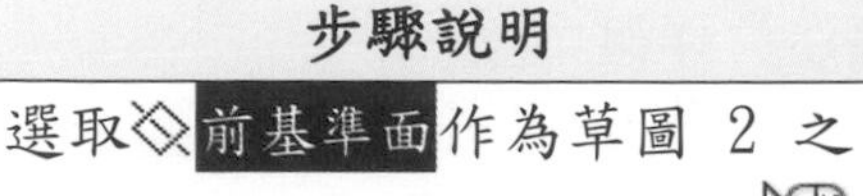<br>選取前基準面作為草圖 2 之繪圖平面。在圖面空白處按滑鼠右鍵，並往左上方向滑去，選用呈現為前視。<br>按直線鈕，畫一直角三角形後，標註其尺度。<br>按特徵特徵工作列，按伸長填料/基材鈕。<br>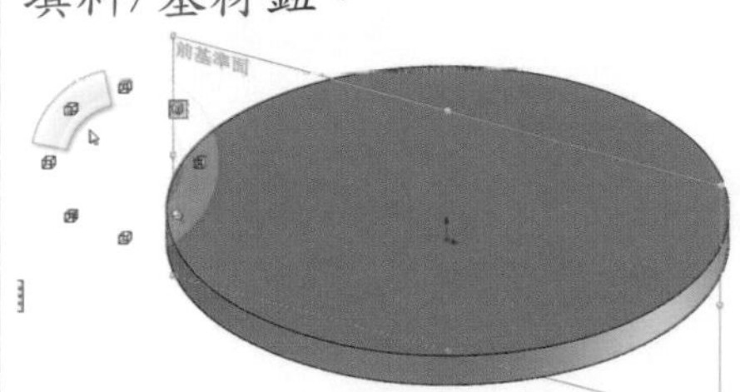 | 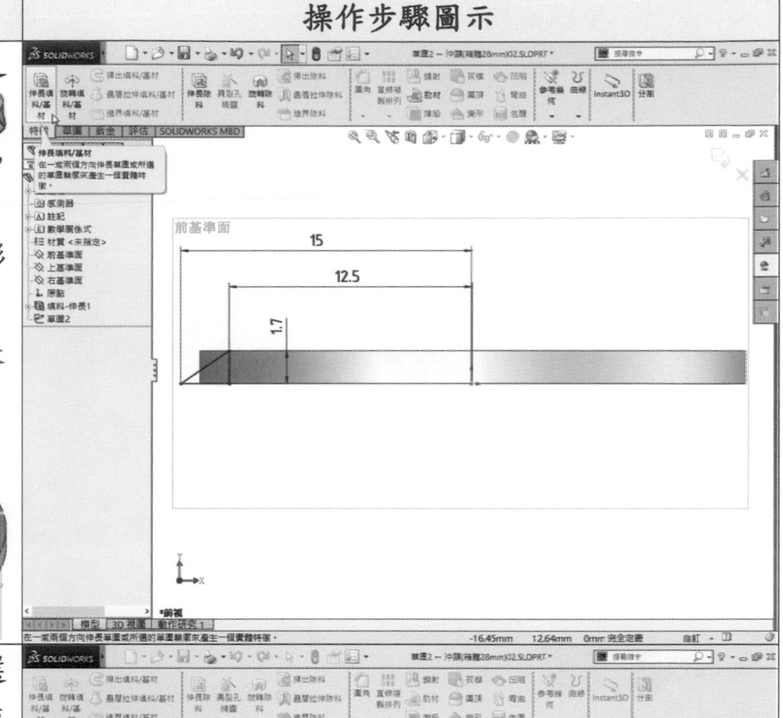 |
| 來自(F)『草圖平面』，方向 1 選取『兩側對稱』，輸入深度值 3mm，勾選『合併結果』。按視角方位鈕，點選『視圖選擇器』方向對話方塊中左上角位置的面，強調顯示左上方向的不等角視。<br>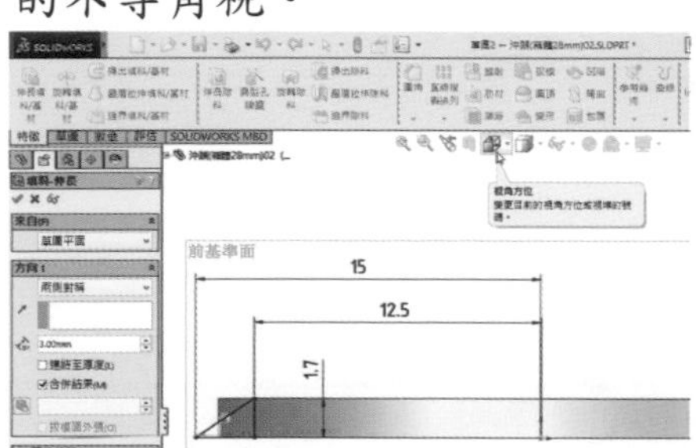 | 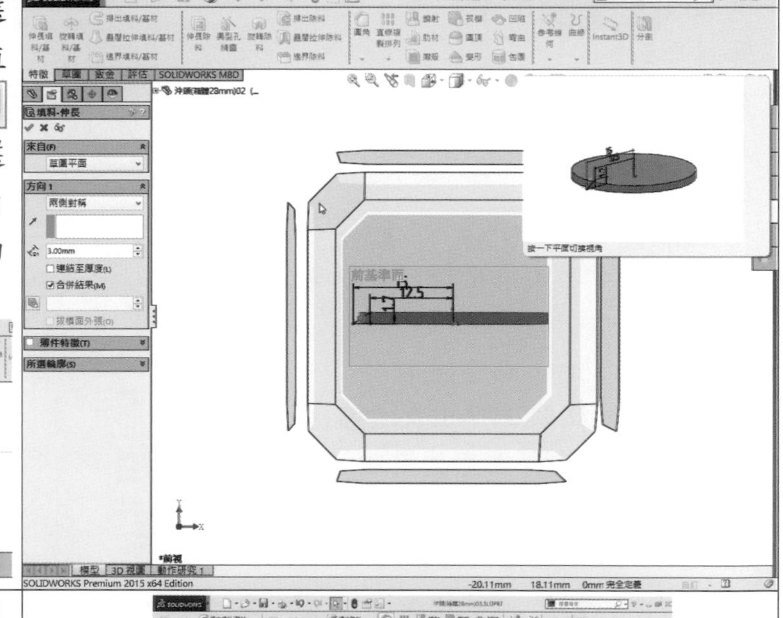 |
| 游標移至適當位置，轉動滑鼠中間滾輪，將圖形放大至適當大小後，按確定鍵。<br>按圓角鈕，圓角類型(Y)按『固定大小圓角』鈕，圓角參數(P)預設『相互對稱』，輸入半徑值 1.2mm，輪廓(P):『圓形』，圓角項次(I)勾選『沿相切面進行』，點選『邊線<1>、邊線<2>』後，按確定鍵。 | 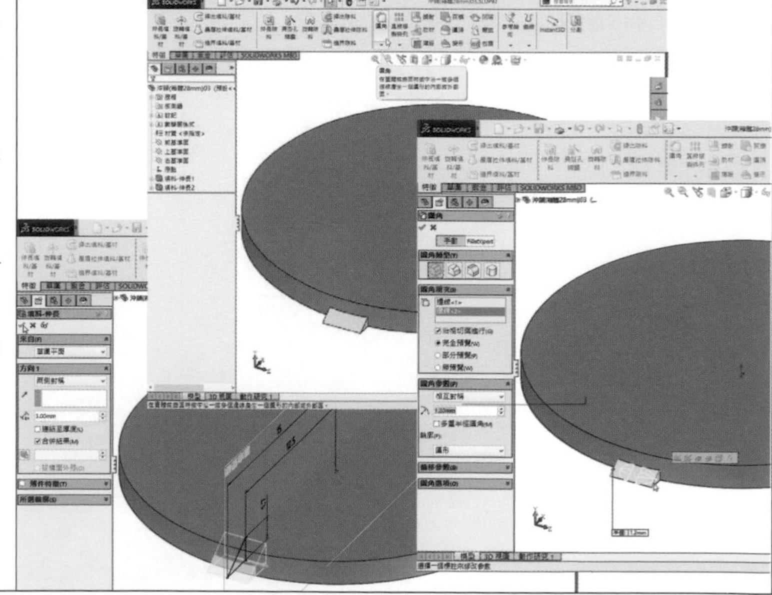 |

| 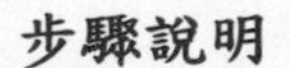 步驟說明 | 操作步驟圖示 |
|---|---|
| 按圓角鈕，圓角類型(Y)預設『固定大小圓角』，圓角參數(P)預設『相互對稱』，輸入半徑值 0.5mm，輪廓(P)：『圓形』，圓角項次(I)勾選『沿相切面進行』，點選『邊線<1>』(中間水平位置之邊線)後，按確定鍵。 | 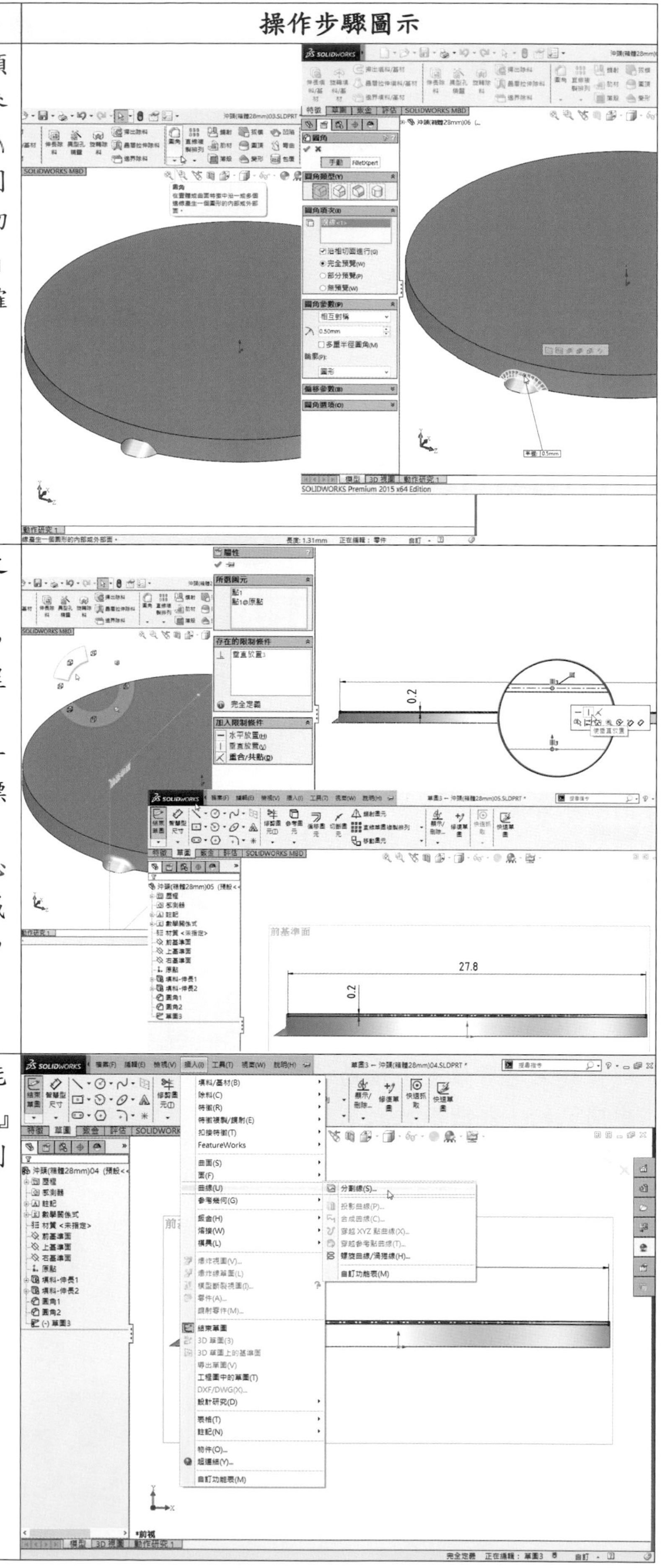  |
| 選取前基準面作為草圖 3 之繪圖平面。<br>在圖面空白處按滑鼠右鍵，並往左上方向滑去，選用呈現為前視。<br>按中心矩形鈕，畫一 27.8×0.2 中心矩形輪廓線，標註其尺度。<br>按鍵盤 Ctrl 鍵，點選矩形中心點與原點後放開，彈出文意感應工具列，按垂直放置鈕，加入限制條件。<br>滑鼠移至標誌上。 | |
| 移動游標指向右側下拉式功能表中『插入(I)』⇨『曲線(U)』⇨在『分割線(S)...』項次列的位置按一下。 | |

| 步驟說明 | 操作步驟圖示 |
| --- | --- |
| 分割類型(T)點選『投影』，選擇(S) 選取投影草圖『目前的草圖』(草圖 3)， 點選分割面『面<1>』(藍色)，按 滑鼠右鍵。 | 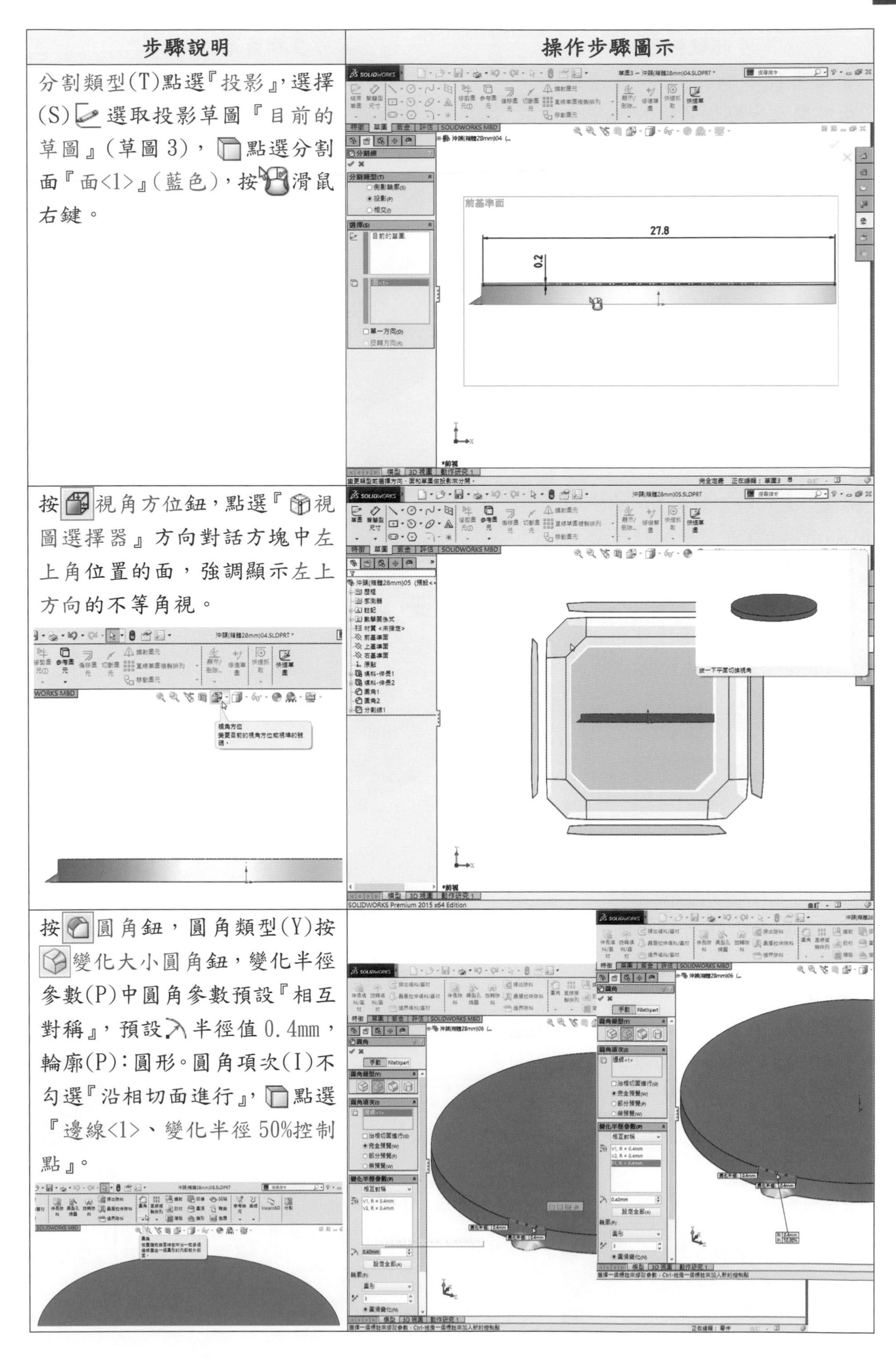 |
| 按 視角方位鈕，點選『 視圖選擇器』方向對話方塊中左上角位置的面，強調顯示左上方向的不等角視。 | |
| 按 圓角鈕，圓角類型(Y)按 變化大小圓角鈕，變化半徑參數(P)中圓角參數預設『相互對稱』，預設 半徑值 0.4mm，輪廓(P)：圓形。圓角項次(I)不勾選『沿相切面進行』， 點選『邊線<1>、變化半徑 50%控制點』。 | |

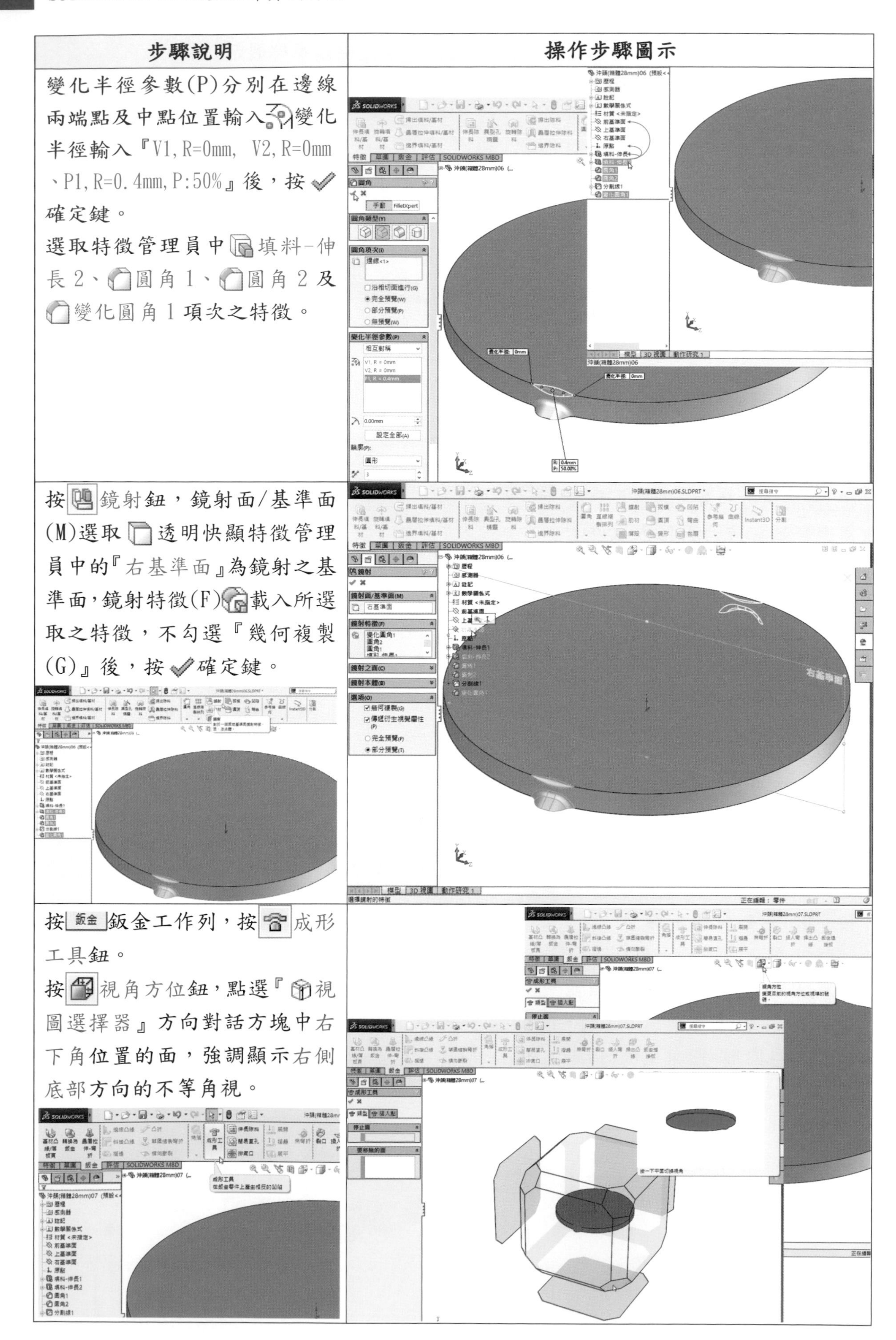

| 步驟說明 | 操作步驟圖示 |
|---|---|
| 變化半徑參數(P)分別在邊線兩端點及中點位置輸入變化半徑輸入『V1,R=0mm, V2,R=0mm、P1,R=0.4mm,P:50%』後，按確定鍵。<br>選取特徵管理員中填料-伸長2、圓角1、圓角2及變化圓角1項次之特徵。 | |
| 按鏡射鈕，鏡射面/基準面(M)選取透明快顯特徵管理員中的『右基準面』為鏡射之基準面，鏡射特徵(F)載入所選取之特徵，不勾選『幾何複製(G)』後，按確定鍵。 | |
| 按鈑金鈑金工作列，按成形工具鈕。<br>按視角方位鈕，點選『視圖選擇器』方向對話方塊中右下角位置的面，強調顯示右側底部方向的不等角視。 | |

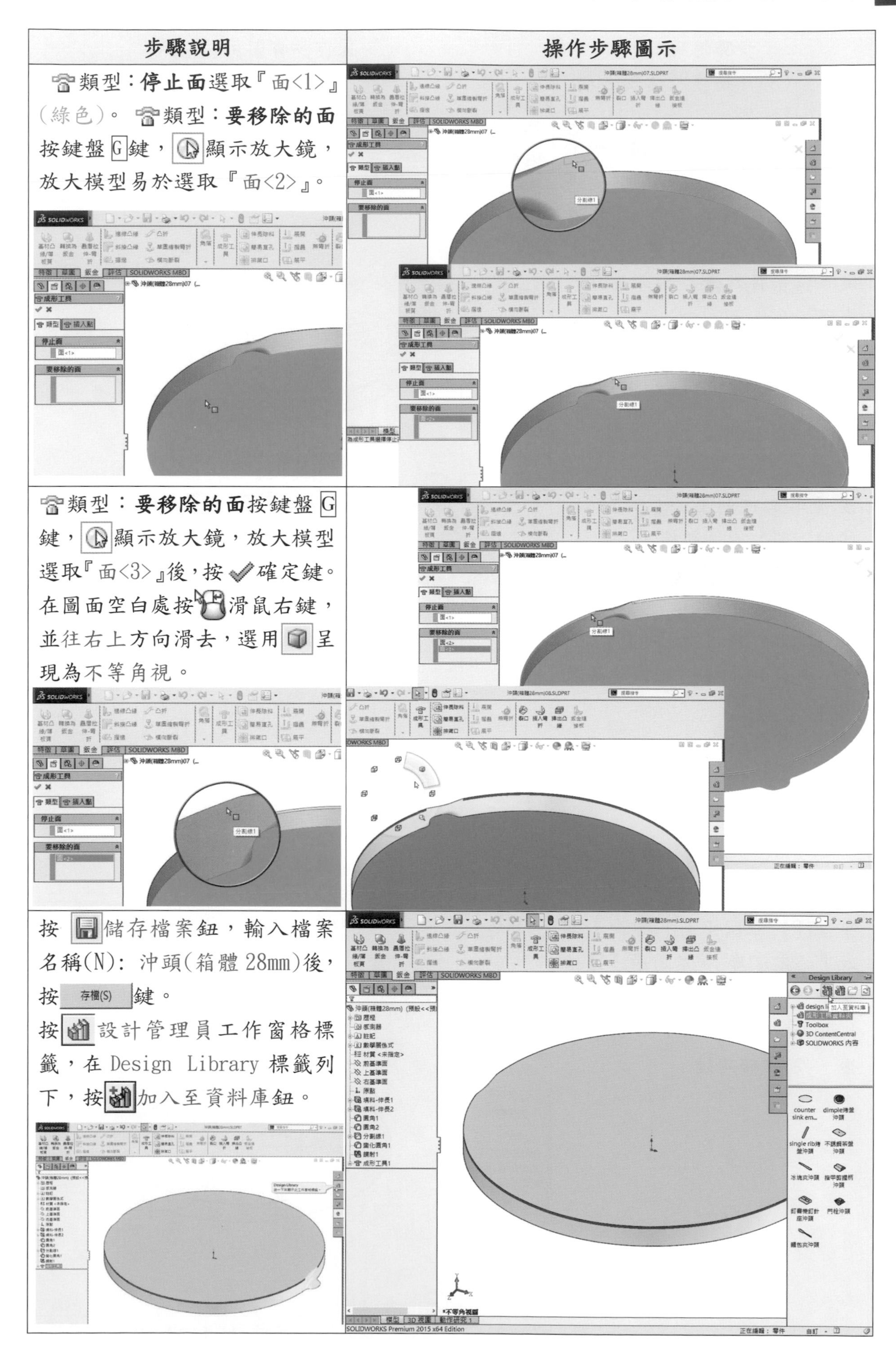

| 步驟說明 | 操作步驟圖示 |
| --- | --- |
| 類型：**停止面**選取『面<1>』（綠色）。類型：**要移除的面**按鍵盤G鍵，顯示放大鏡，放大模型易於選取『面<2>』。 | |
| 類型：**要移除的面**按鍵盤G鍵，顯示放大鏡，放大模型選取『面<3>』後，按確定鍵。在圖面空白處按滑鼠右鍵，並往右上方向滑去，選用呈現為不等角視。 | |
| 按儲存檔案鈕，輸入檔案名稱(N)：沖頭(箱體 28mm)後，按 存檔(S) 鍵。<br>按設計管理員工作窗格標籤，在 Design Library 標籤列下，按加入至資料庫鈕。 | |

| 步驟說明 | 操作步驟圖示 |
|---|---|
| 儲存至(S)自動載入檔案名稱:沖頭(箱體 28mm)。Design Library 資料夾:按一下選取『成形工具資料夾』。加入的項次(I)選取圖面中的特徵『沖頭(箱體 28mm).SLDPRT』後，按確定鍵，檔案存入成形工具資料夾內。<br>按圖面之右上角關閉鈕，關閉沖頭(箱體 28mm).sldprt 檔案編輯。 | 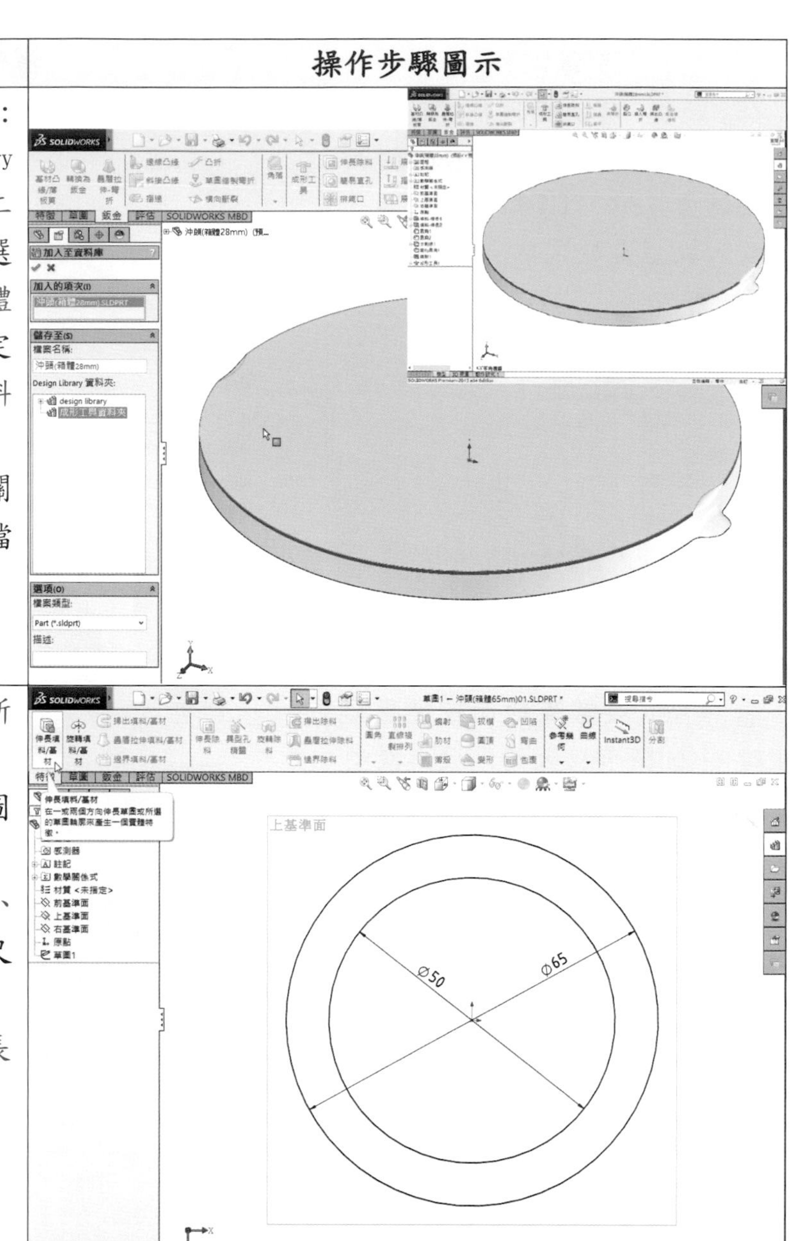 |
| 按標準工作列上的開啟新檔鈕，開啟一個新檔。<br>首先選取上基準面作為草圖 1 之繪圖平面。<br>按圓鈕,畫出兩同心圓 Ø50、Ø65 草圖輪廓線，並標註其尺度。<br>按特徵特徵工作列，按伸長填料/基材鈕。 | |
| 來自(F)『草圖平面』,方向 1 選取『給定深度』，不勾選『連結至厚度(L)』輸入深度值 1.7mm,，不勾選『薄件特徵(T)』後，按確定鍵。 | 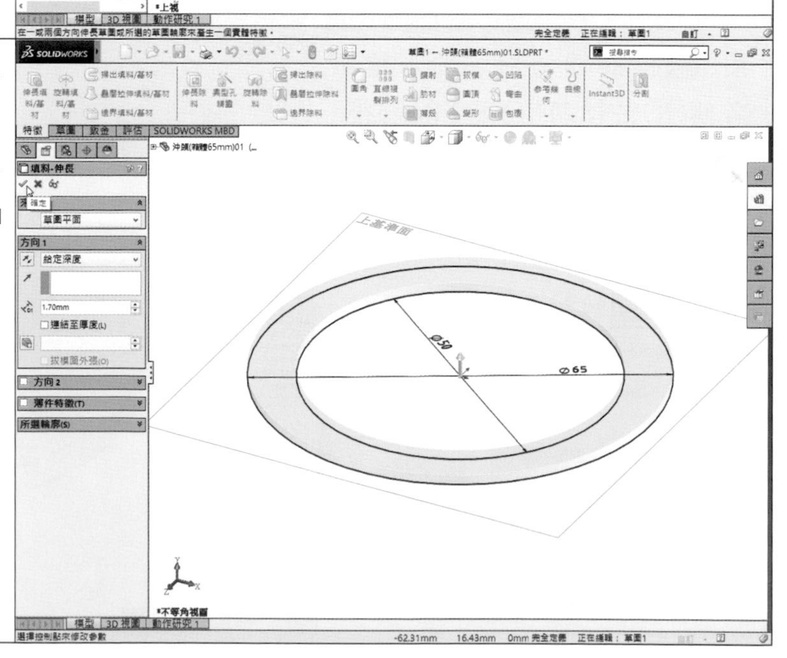 |

| 步驟說明 | 操作步驟圖示 |
| --- | --- |
| 在圖面空白處按滑鼠右鍵，並往左上方向滑去，選用呈現為前視。<br>選取前基準面作為草圖 2 之繪圖平面。按直線鈕，畫出兩三角形輪廓線，標註其尺度。按特徵特徵工作列，按伸長填料/基材鈕。<br>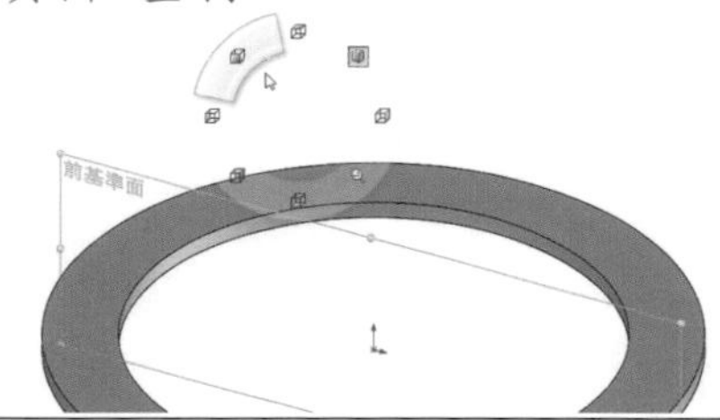 | 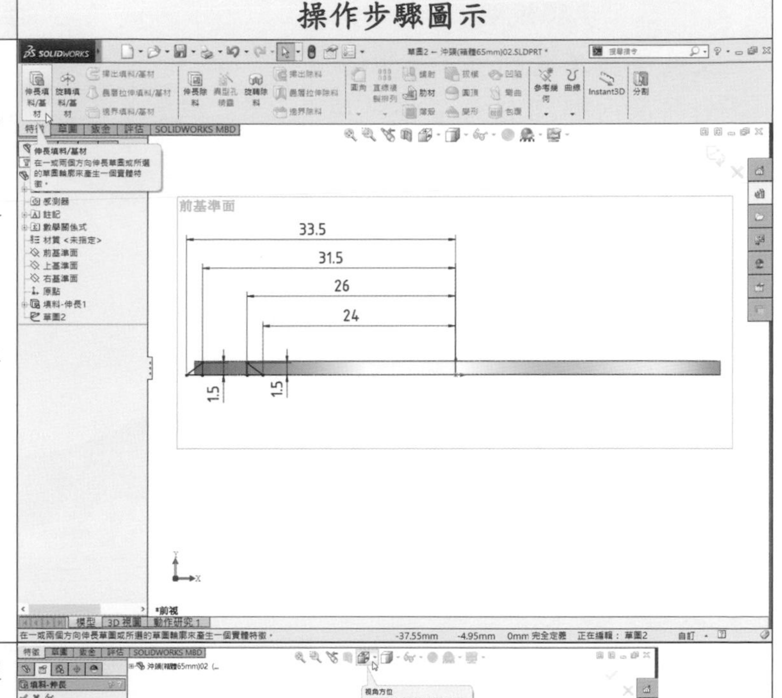 |
| 來自(F)『草圖平面』，方向 1 選取『兩側對稱』，輸入深度值 3.3mm，勾選『合併結果(M)』，不勾選『薄件特徵(T)』。<br>按視角方位鈕，點選『視圖選擇器』方向對話方塊中左上角位置的面，強調顯示左上方向的不等角視。 | 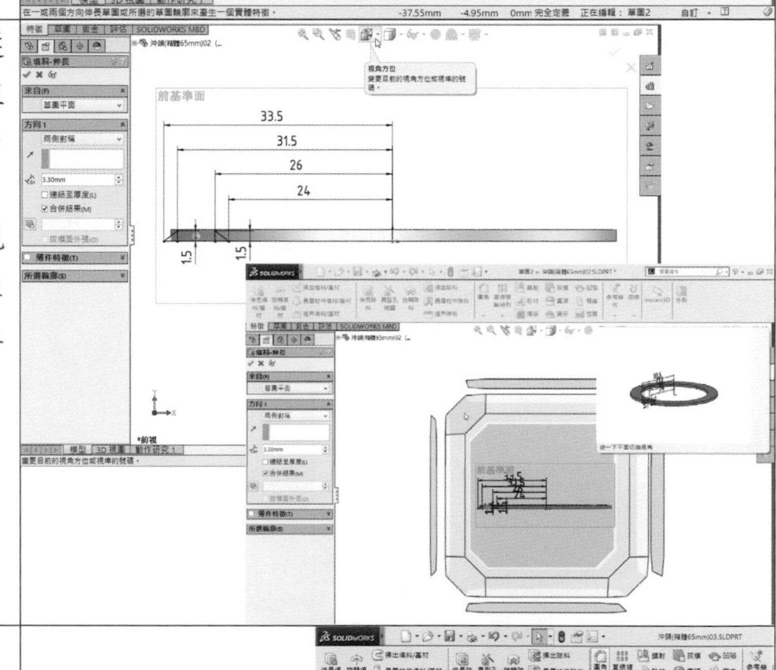 |
| 確認無誤後，按確定鍵。<br>按圓角鈕，圓角類型(Y)按固定大小圓角鈕，圓角參數(P)預設『相互對稱』，預設不勾選『多重半徑圓角(M)』，輪廓(P)：『圓形』。輸入半徑值 1.2mm，圓角項次(I)勾選『沿相切面進行』，點選『邊線<1>』，彈出文意感應工具列。 | 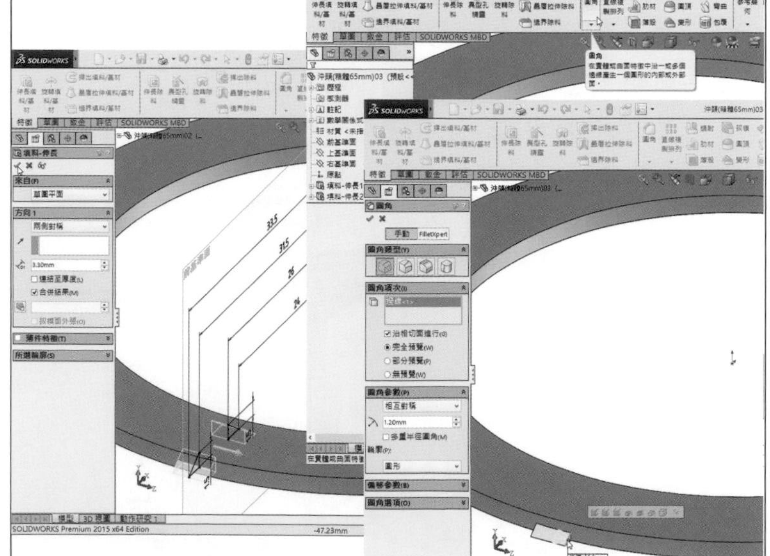 |

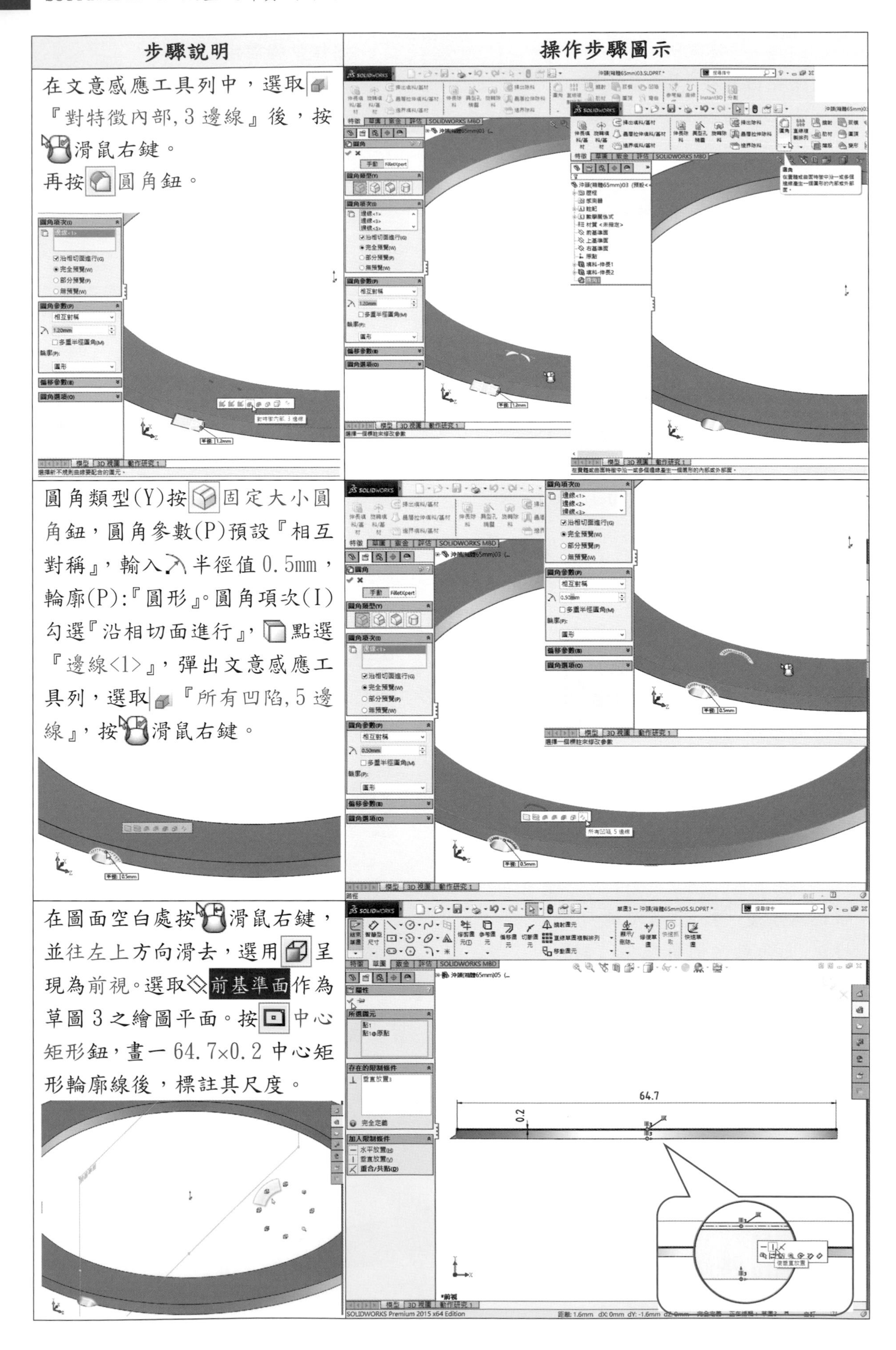

| 步驟說明 | 操作步驟圖示 |
| --- | --- |
| 在文意感應工具列中，選取『對特徵內部,3 邊線』後，按滑鼠右鍵。<br>再按圓角鈕。 | |
| 圓角類型(Y)按固定大小圓角鈕，圓角參數(P)預設『相互對稱』，輸入半徑值 0.5mm，輪廓(P):『圓形』。圓角項次(I)勾選『沿相切面進行』，點選『邊線<1>』，彈出文意感應工具列，選取『所有凹陷,5 邊線』，按滑鼠右鍵。 | |
| 在圖面空白處按滑鼠右鍵，並往左上方向滑去，選用呈現為前視。選取前基準面作為草圖 3 之繪圖平面。按中心矩形鈕，畫一 64.7×0.2 中心矩形輪廓線後，標註其尺度。 | |

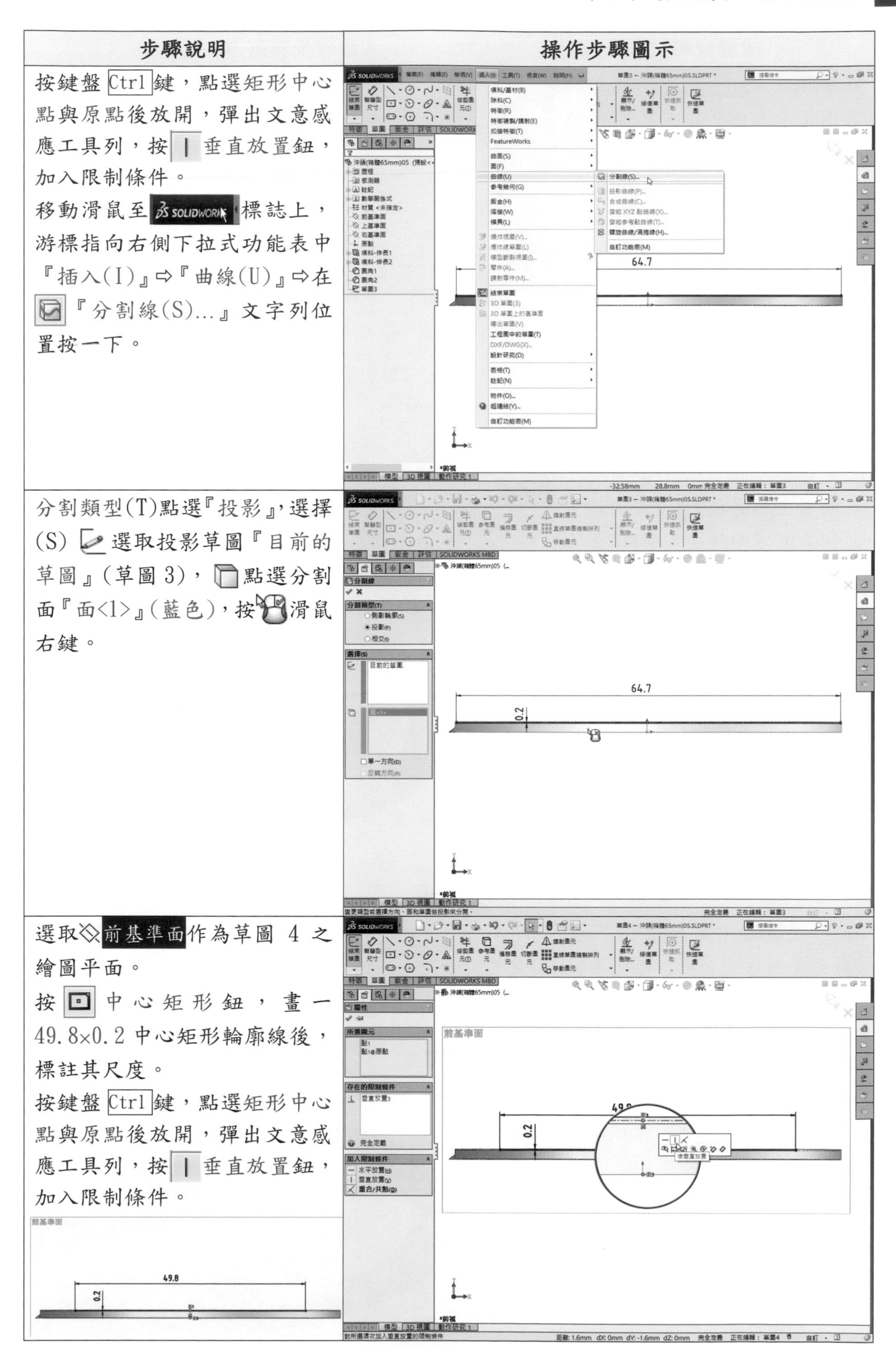

| 步驟說明 | 操作步驟圖示 |
| --- | --- |
| 按鍵盤 Ctrl 鍵，點選矩形中心點與原點後放開，彈出文意感應工具列，按 \| 垂直放置鈕，加入限制條件。<br>移動滑鼠至 SOLIDWORKS 標誌上，游標指向右側下拉式功能表中『插入(I)』⇨『曲線(U)』⇨在『分割線(S)...』文字列位置按一下。 | |
| 分割類型(T)點選『投影』，選擇(S) 選取投影草圖『目前的草圖』(草圖 3)，點選分割面『面<1>』(藍色)，按滑鼠右鍵。 | |
| 選取前基準面作為草圖 4 之繪圖平面。<br>按中心矩形鈕，畫一 49.8×0.2 中心矩形輪廓線後，標註其尺度。<br>按鍵盤 Ctrl 鍵，點選矩形中心點與原點後放開，彈出文意感應工具列，按 \| 垂直放置鈕，加入限制條件。 | |

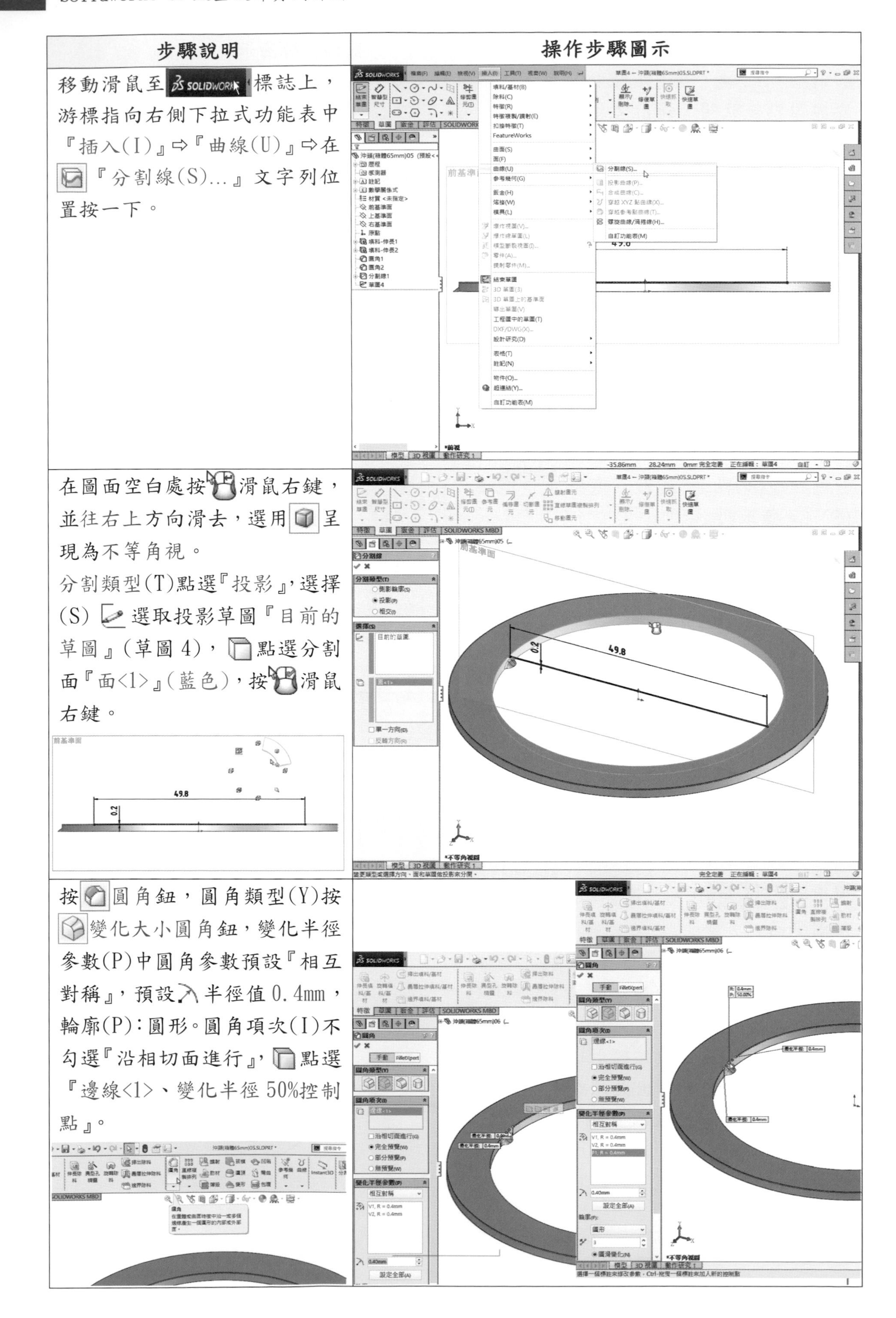

| 步驟說明 | 操作步驟圖示 |
|---|---|
| 移動滑鼠至 SOLIDWORKS 標誌上，游標指向右側下拉式功能表中『插入(I)』⇨『曲線(U)』⇨在『分割線(S)...』文字列位置按一下。 | |
| 在圖面空白處按滑鼠右鍵，並往右上方向滑去，選用呈現為不等角視。<br>分割類型(T)點選『投影』，選擇(S)選取投影草圖『目前的草圖』(草圖 4)，點選分割面『面<1>』(藍色)，按滑鼠右鍵。 | |
| 按圓角鈕，圓角類型(Y)按變化大小圓角鈕，變化半徑參數(P)中圓角參數預設『相互對稱』，預設半徑值 0.4mm，輪廓(P)：圓形。圓角項次(I)不勾選『沿相切面進行』，點選『邊線<1>、變化半徑 50%控制點』。 | |

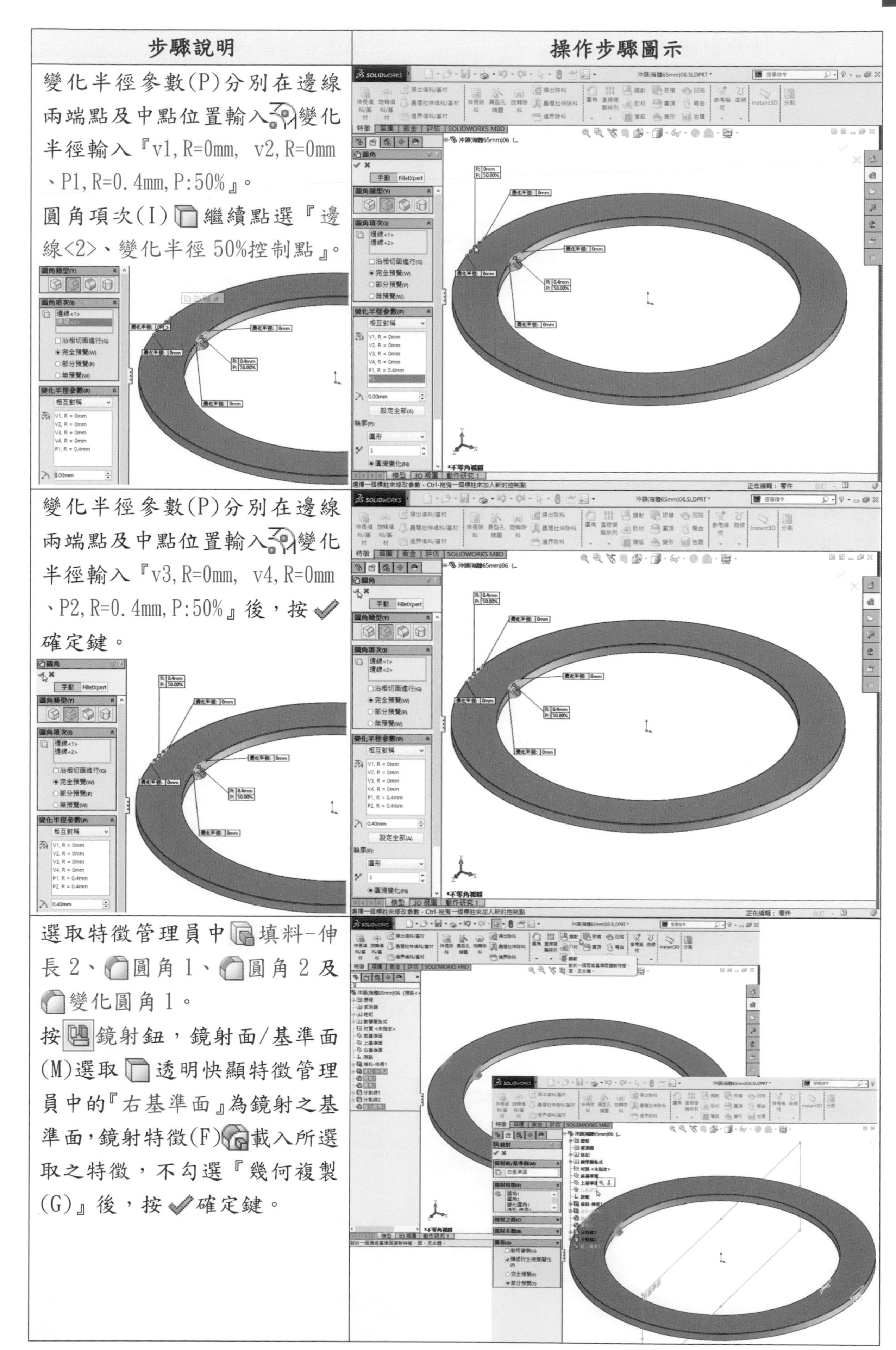

| 步驟說明 | 操作步驟圖示 |
| --- | --- |
| 變化半徑參數(P)分別在邊線兩端點及中點位置輸入變化半徑輸入『v1,R=0mm, v2,R=0mm、P1,R=0.4mm,P:50%』。<br>圓角項次(I)繼續點選『邊線<2>、變化半徑 50%控制點』。 | |
| 變化半徑參數(P)分別在邊線兩端點及中點位置輸入變化半徑輸入『v3,R=0mm, v4,R=0mm、P2,R=0.4mm,P:50%』後，按確定鍵。 | |
| 選取特徵管理員中填料-伸長 2、圓角 1、圓角 2 及變化圓角 1。<br>按鏡射鈕，鏡射面/基準面(M)選取透明快顯特徵管理員中的『右基準面』為鏡射之基準面，鏡射特徵(F)載入所選取之特徵，不勾選『幾何複製(G)』後，按確定鍵。 | |

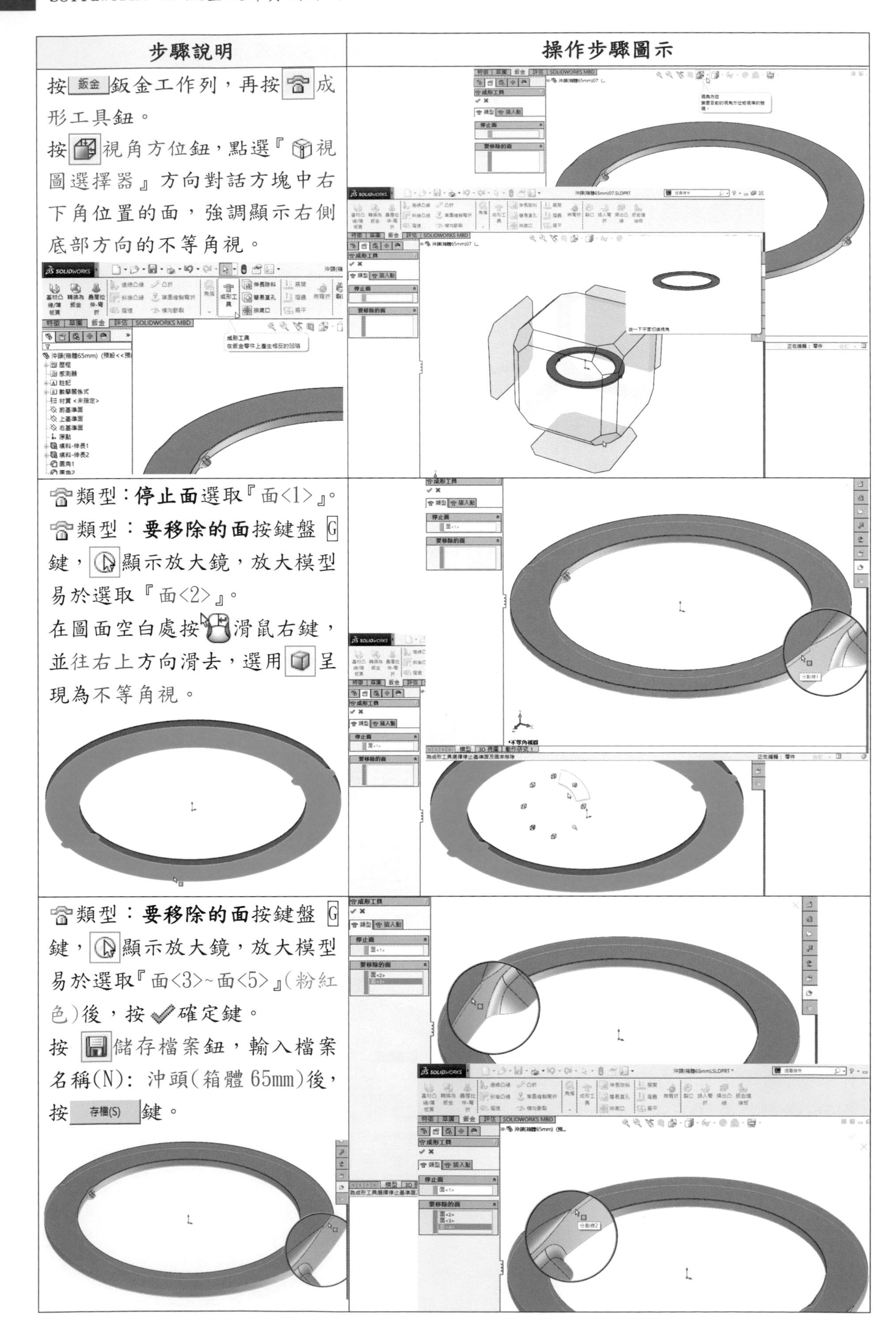

| 步驟說明 | 操作步驟圖示 |
| --- | --- |
| 按 鈑金 鈑金工作列，再按成形工具鈕。<br>按視角方位鈕，點選『視圖選擇器』方向對話方塊中右下角位置的面，強調顯示右側底部方向的不等角視。 | |
| 類型：**停止面**選取『面<1>』。<br>類型：**要移除的面**按鍵盤 G 鍵，顯示放大鏡，放大模型易於選取『面<2>』。<br>在圖面空白處按滑鼠右鍵，並往右上方向滑去，選用呈現為不等角視。 | |
| 類型：**要移除的面**按鍵盤 G 鍵，顯示放大鏡，放大模型易於選取『面<3>~面<5>』(粉紅色)後，按確定鍵。<br>按儲存檔案鈕，輸入檔案名稱(N)：沖頭(箱體 65mm)後，按 存檔(S) 鍵。 | |

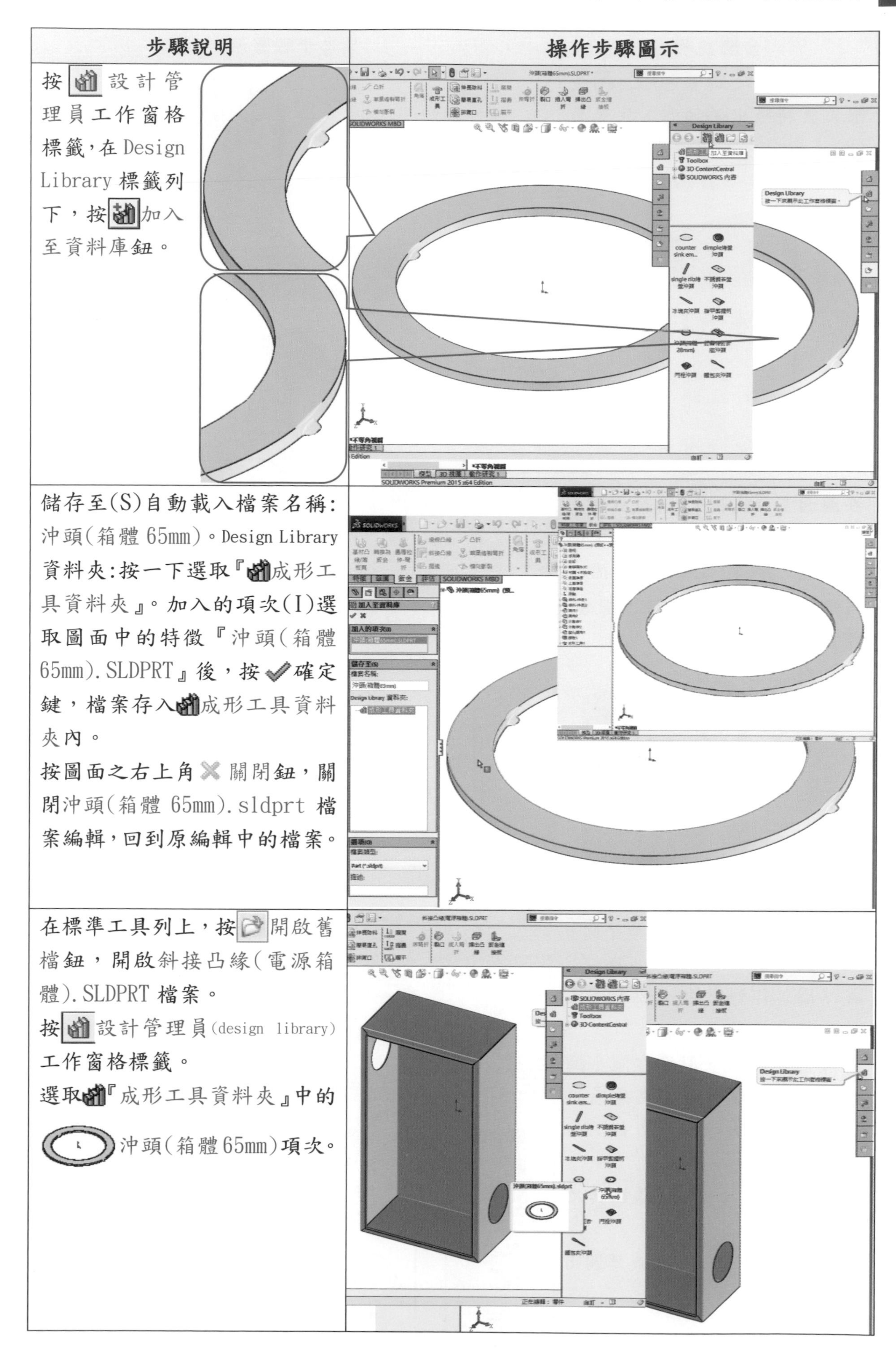

| 步驟說明 | 操作步驟圖示 |
| --- | --- |
| 按設計管理員工作窗格標籤，在 Design Library 標籤列下，按加入至資料庫鈕。 | |
| 儲存至(S)自動載入檔案名稱：沖頭(箱體 65mm)。Design Library 資料夾：按一下選取『成形工具資料夾』。加入的項次(I)選取圖面中的特徵『沖頭(箱體 65mm).SLDPRT』後，按確定鍵，檔案存入成形工具資料夾內。<br>按圖面之右上角關閉鈕，關閉沖頭(箱體 65mm).sldprt 檔案編輯，回到原編輯中的檔案。 | |
| 在標準工具列上，按開啟舊檔鈕，開啟斜接凸緣(電源箱體).SLDPRT 檔案。<br>按設計管理員(design library)工作窗格標籤。<br>選取『成形工具資料夾』中的沖頭(箱體 65mm)項次。 | |

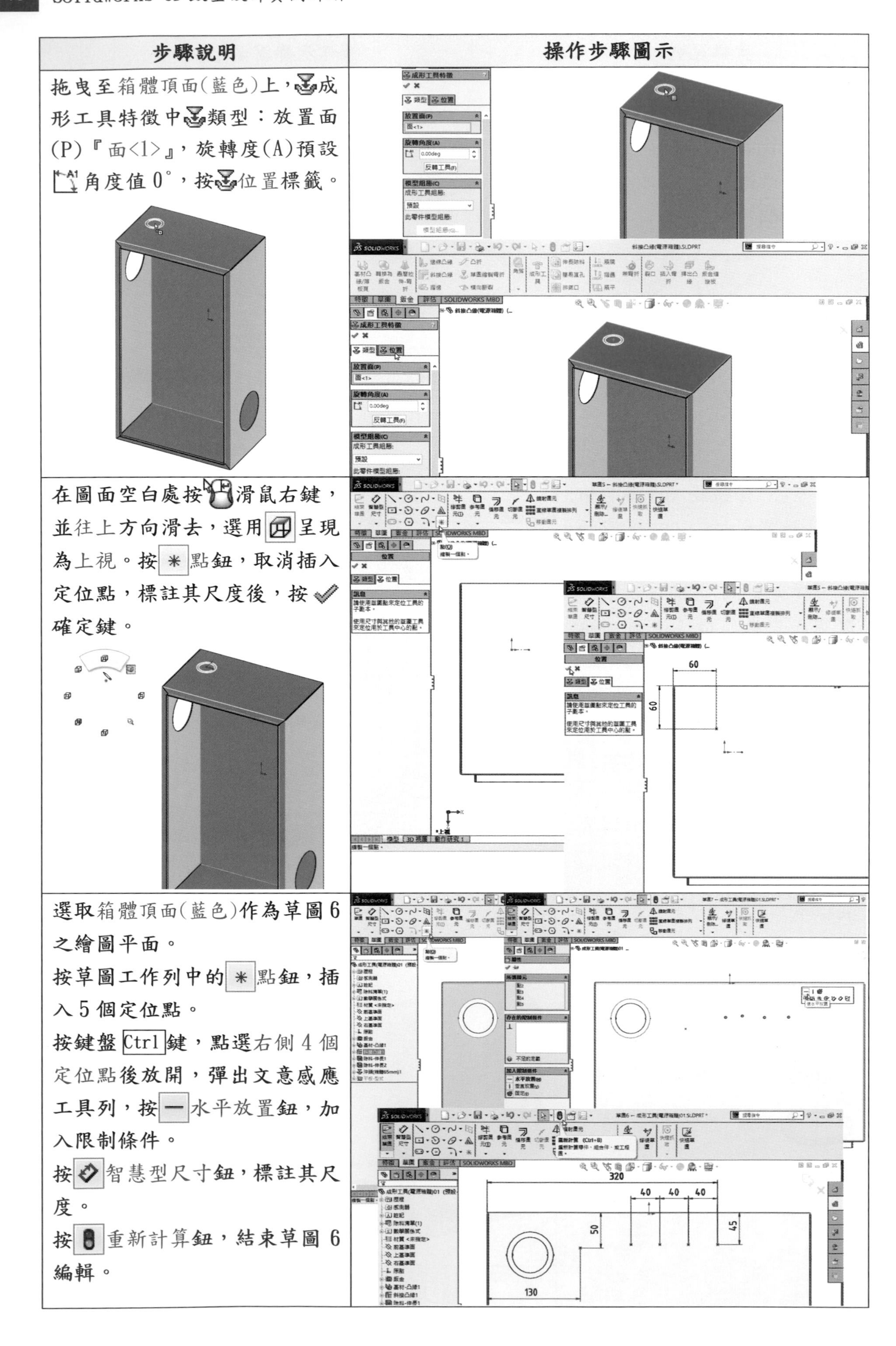

| 步驟說明 | 操作步驟圖示 |
|---|---|
| 拖曳至箱體頂面(藍色)上，成形工具特徵中類型：放置面(P)『面<1>』，旋轉度(A)預設角度值 0°，按位置標籤。 | |
| 在圖面空白處按滑鼠右鍵，並往上方向滑去，選用呈現為上視。按點鈕，取消插入定位點，標註其尺度後，按確定鍵。 | |
| 選取箱體頂面(藍色)作為草圖 6 之繪圖平面。<br>按草圖工作列中的點鈕，插入 5 個定位點。<br>按鍵盤 Ctrl 鍵，點選右側 4 個定位點後放開，彈出文意感應工具列，按水平放置鈕，加入限制條件。<br>按智慧型尺寸鈕，標註其尺度。<br>按重新計算鈕，結束草圖 6 編輯。 | |

| 步驟說明 | 操作步驟圖示 |
| --- | --- |
| 按設計管理員(design library)工作窗格標籤。選取『成形工具資料夾』中的沖頭(箱體28mm)項次。拖曳至箱體頂面上，成形工具特徵中類型：放置面(P)『面<1>』，旋轉角度(A)輸入角度值 0°。 | |
| 按位置標籤。按點鈕，取消插入定位點。將原定位點拖曳至草圖 6 任一定位點上，加入限制條件為重合/共點後，按二下確定鍵。<br>在圖面空白處按滑鼠右鍵，並往右上方向滑去，選用呈現為不等角視。 | |
| 按特徵特徵工作列中的直線複製排列旁向下鈕，按草圖導出複製排列鈕，選擇(S)複製排列的參考草圖點選透明快顯特徵管理員中的草圖 6 項次。特徵和面(F)選取複製排列特徵『沖頭(箱體28mm)』。 | |

| 步驟說明 | 操作步驟圖示 |
| --- | --- |
| 點選『選擇點(P)』，選取參考頂點『點 5@草圖 6』，後，按確定鍵。<br>在特徵管理員中草圖 6 按一下，彈出文意感應工具列，按隱藏/顯示鈕，隱藏草圖 6。按展平鈕，會自動展開產生整齊平板型式特徵的鈑金件。 | 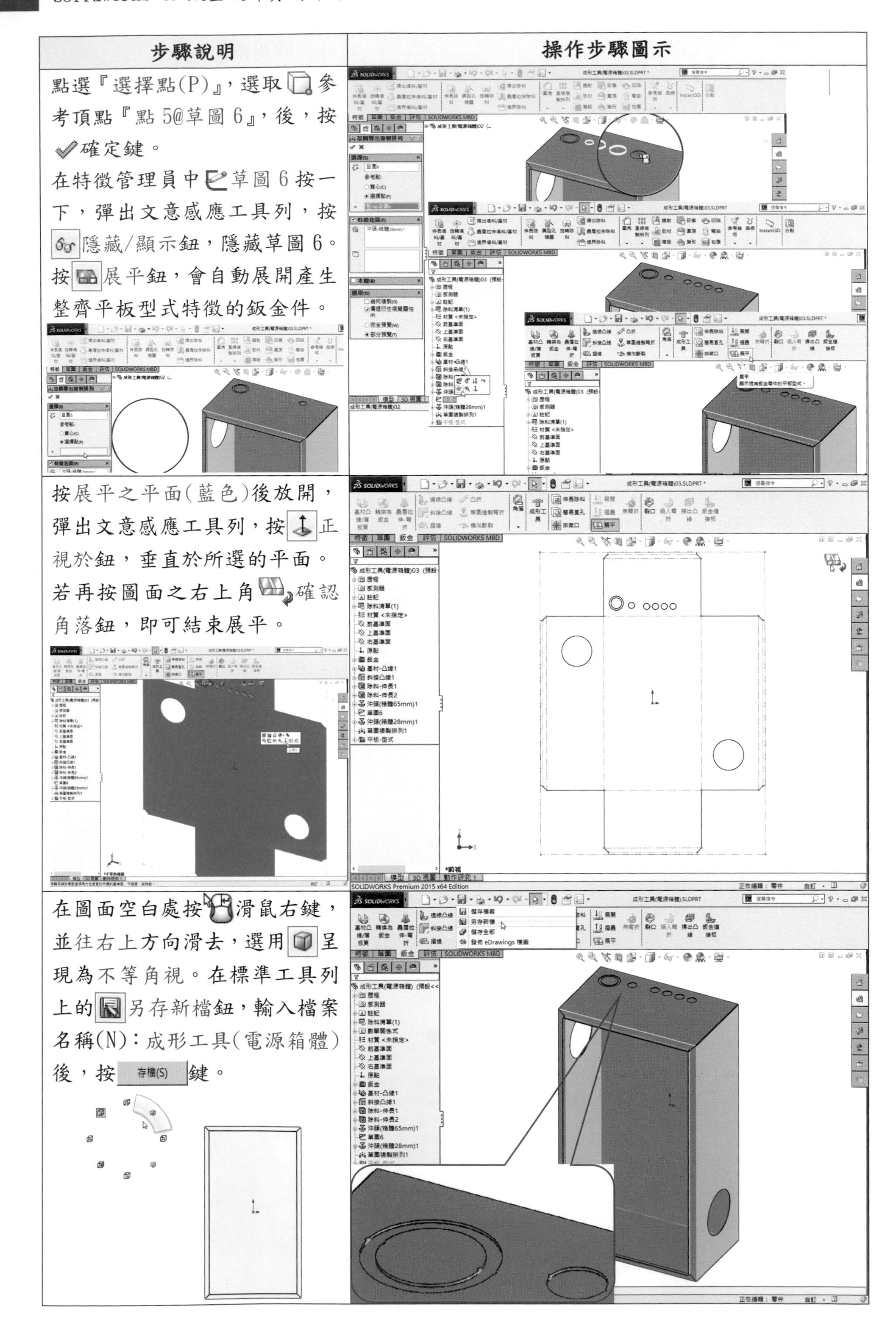 |
| 按展平之平面(藍色)後放開，彈出文意感應工具列，按正視於鈕，垂直於所選的平面。若再按圖面之右上角確認角落鈕，即可結束展平。 | |
| 在圖面空白處按滑鼠右鍵，並往右上方向滑去，選用呈現為不等角視。在標準工具列上的另存新檔鈕，輸入檔案名稱(N)：成形工具(電源箱體)後，按 存檔(S) 鍵。 | |

## 3.3.1 取代成形工具用於電源供應器外殼上蓋鈑金設計變更

學習目標：能修改套用成形工具尺度或形狀，以及取代鈑金件上原有的成形工具。

繪圖步驟：開啟舊檔→修改成形工具→套用成形工具→取代成形工具→按展平。

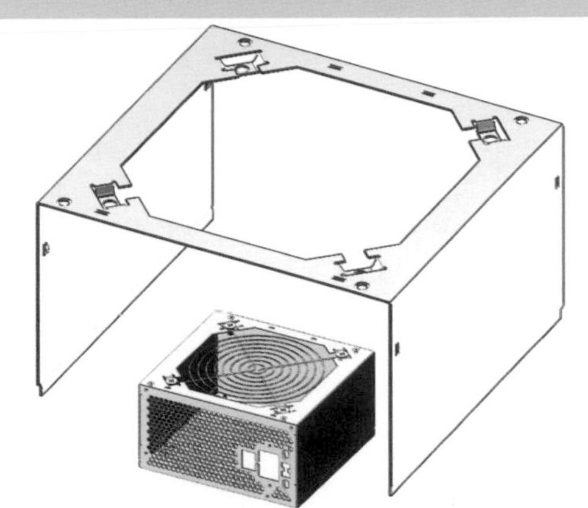

- 草圖指令：中心線、直線、圓、角落矩形、鏡射圖元、點。
- 特徵指令：分割線、伸長除料。
- 成形工具：bridge lance、bridge lance(ST4.8)、bridge lance(4×1.2×1.8)、counter sink emboss、counter sink emboss(M3)、bridge lance(ST4.8)修正。
- 鈑金指令：展平。

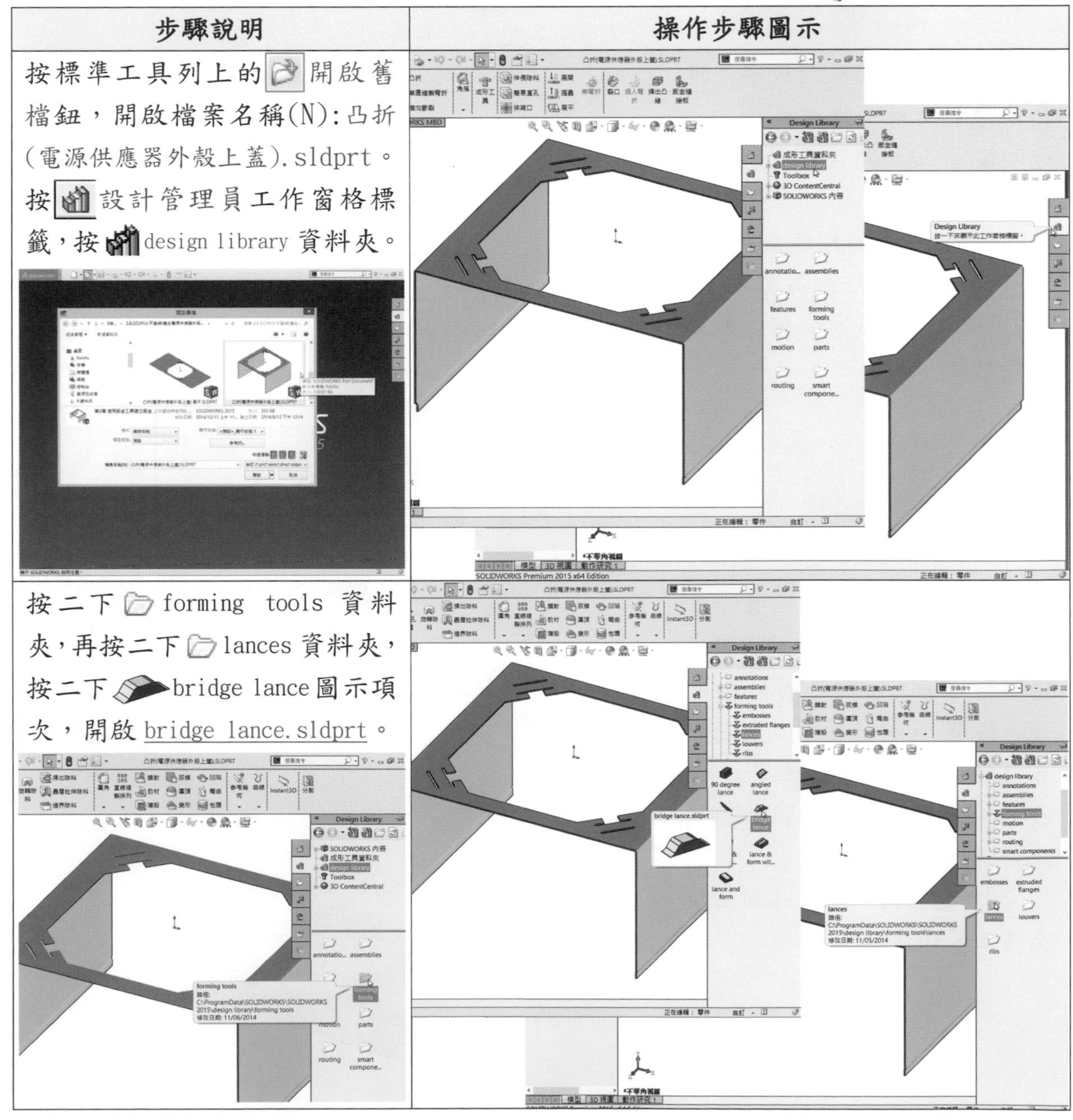

| 步驟說明 | 操作步驟圖示 |
|---|---|
| 按標準工具列上的開啟舊檔鈕，開啟檔案名稱(N):凸折(電源供應器外殼上蓋).sldprt。按設計管理員工作窗格標籤，按 design library 資料夾。 | |
| 按二下 forming tools 資料夾，再按二下 lances 資料夾，按二下 bridge lance 圖示項次，開啟 bridge lance.sldprt。 | |

| 步驟說明 | 操作步驟圖示 |
| --- | --- |
| 按住鍵盤 Ctrl 鍵，再分別按二下特徵管理員中的 Boss-Extrude1、Fillet1 以及 Fillet2 項次，可顯示搭橋沖頭特徵尺度。<br>按二下 Boss-Extrude1 項次上的寬度 20 的尺度數字，彈出修改對話框，修改為 15mm 後，按 ✔ 鍵，儲存目前的值並離開此對話框。 | 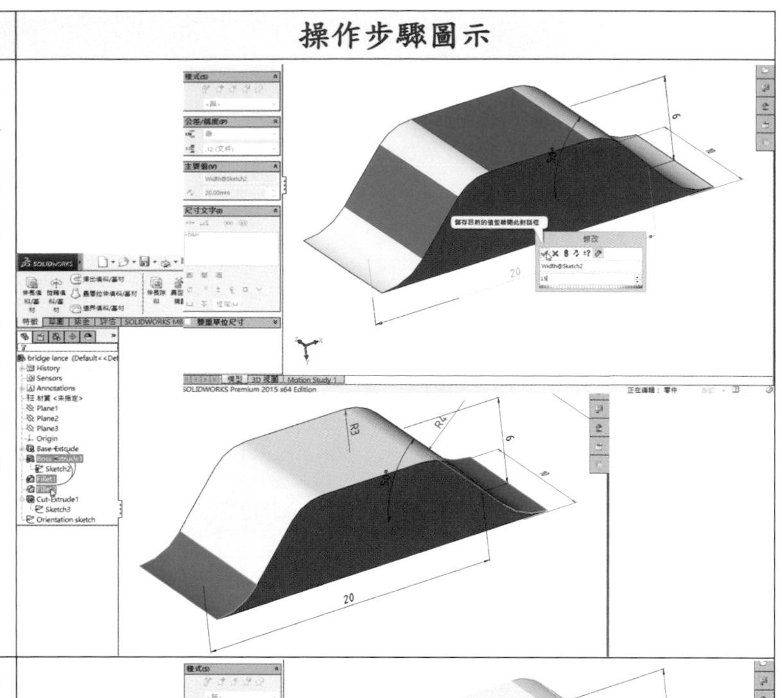 |
| 按二下高度 6 的尺度數字，彈出修改對話框，修改為 3.5mm 後，按 ✔ 鍵，儲存目前的值並離開此對話框。<br>按二下深度 10 的尺度數字，彈出修改對話框，修改為 7mm 後，按 ✔ 鍵，儲存目前的值並離開此對話框。 | 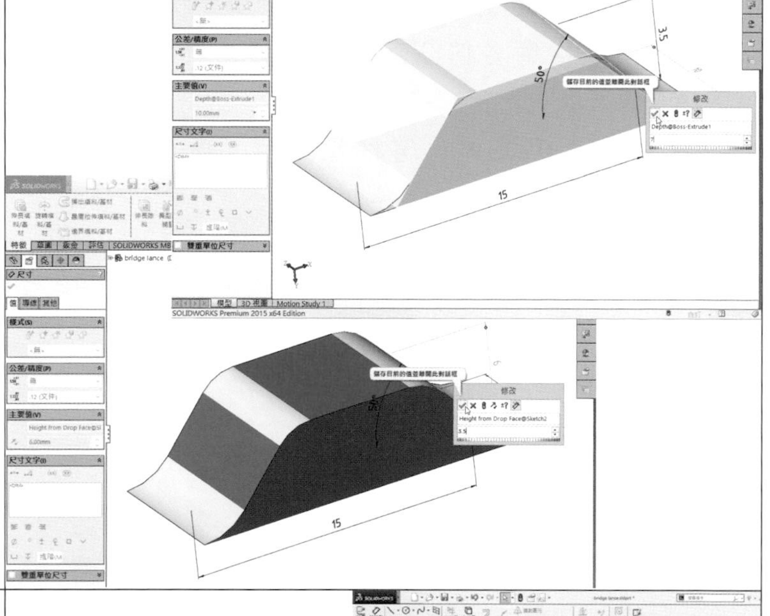 |
| 游標按二下 Fillet1 項次上的外圓角 R3 的尺度數字，彈出修改對話框，修改外圓角為 R2 後，按 重新計算鈕，重新計算之修改後所改變的特徵。再按 ✔ 鍵，儲存目前的值並離開此對話框。<br>按 最適當大小鈕，將圖面拉至畫面最適當的大小。 | 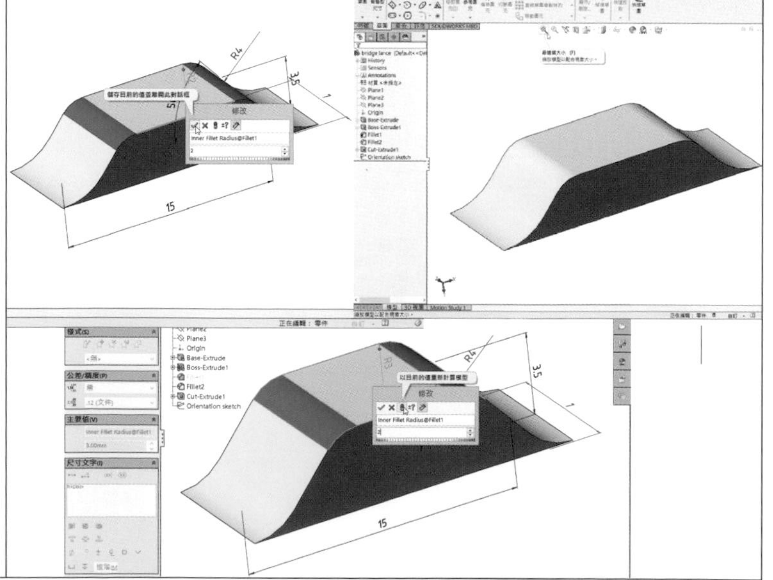 |

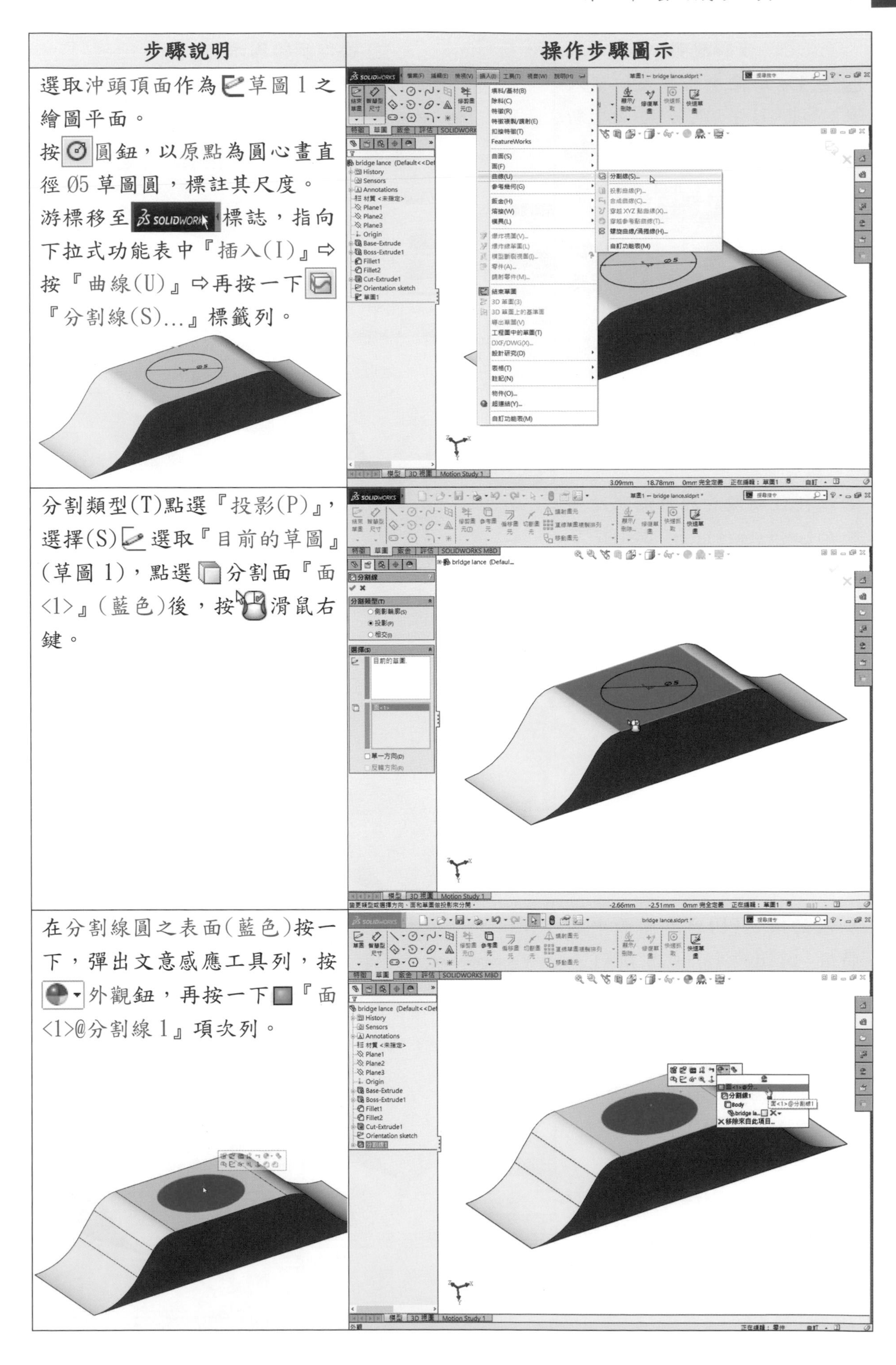

| 步驟說明 | 操作步驟圖示 |
| --- | --- |
| 選取沖頭頂面作為草圖 1 之繪圖平面。<br>按圓鈕，以原點為圓心畫直徑 Ø5 草圖圓，標註其尺度。<br>游標移至 SOLIDWORKS 標誌，指向下拉式功能表中『插入(I)』⇨按『曲線(U)』⇨再按一下『分割線(S)...』標籤列。 | |
| 分割類型(T)點選『投影(P)』，選擇(S)選取『目前的草圖』(草圖 1)，點選分割面『面<1>』(藍色)後，按滑鼠右鍵。 | |
| 在分割線圓之表面(藍色)按一下，彈出文意感應工具列，按外觀鈕，再按一下『面<1>@分割線 1』項次列。 | |

| 步驟說明 | 操作步驟圖示 |
|---|---|
| 色彩/影像中所選幾何載入『面<1>』，色彩產生新色樣，按選取方塊選取『標準』項次，按一下標準色彩調色盤中的『』紅色色樣塊，色彩中立即顯示目前所選色彩為『紅色』。<br>RGB 預設紅色數值為 255、綠色數值為 0、藍色數值為 0 後，按確定鍵。 | |
| 游標按住特徵管理員樹狀結構中的Orientation sketch 草圖項次，向下拖曳至分割線 1 特徵項次與回溯控制棒之間的位置放開。<br>按設計管理員工作窗格標籤。在 Design Library 標籤列下，按加入至資料庫鈕。 | |
| 加入的項次(I)選取圖面中的特徵『bridge lance.SLDPRT』，儲存至(S)輸入檔案名稱: Bridge lance(ST4.8)後，按確定鍵，檔案存入資料夾 C:\ProgramData\SolidWorks\SolidWorks 2015\design library\forming tools \lances 內。<br>*註:檔案若有隱藏,請先開啟(O)⇨ 檢視⇨選項⇨資料夾選項⇨檢視⇨進階設定⇨點選『顯示隱藏的檔案、資料夾及磁碟機』。* | 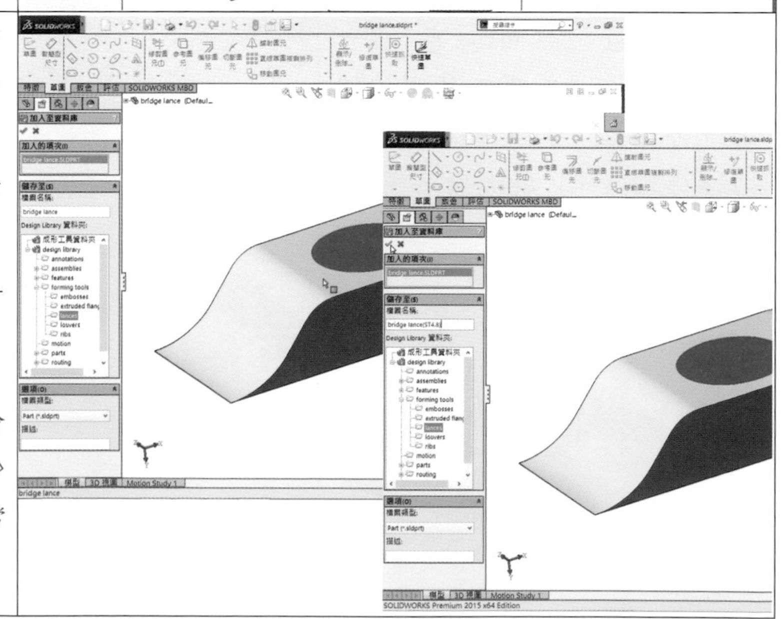 |

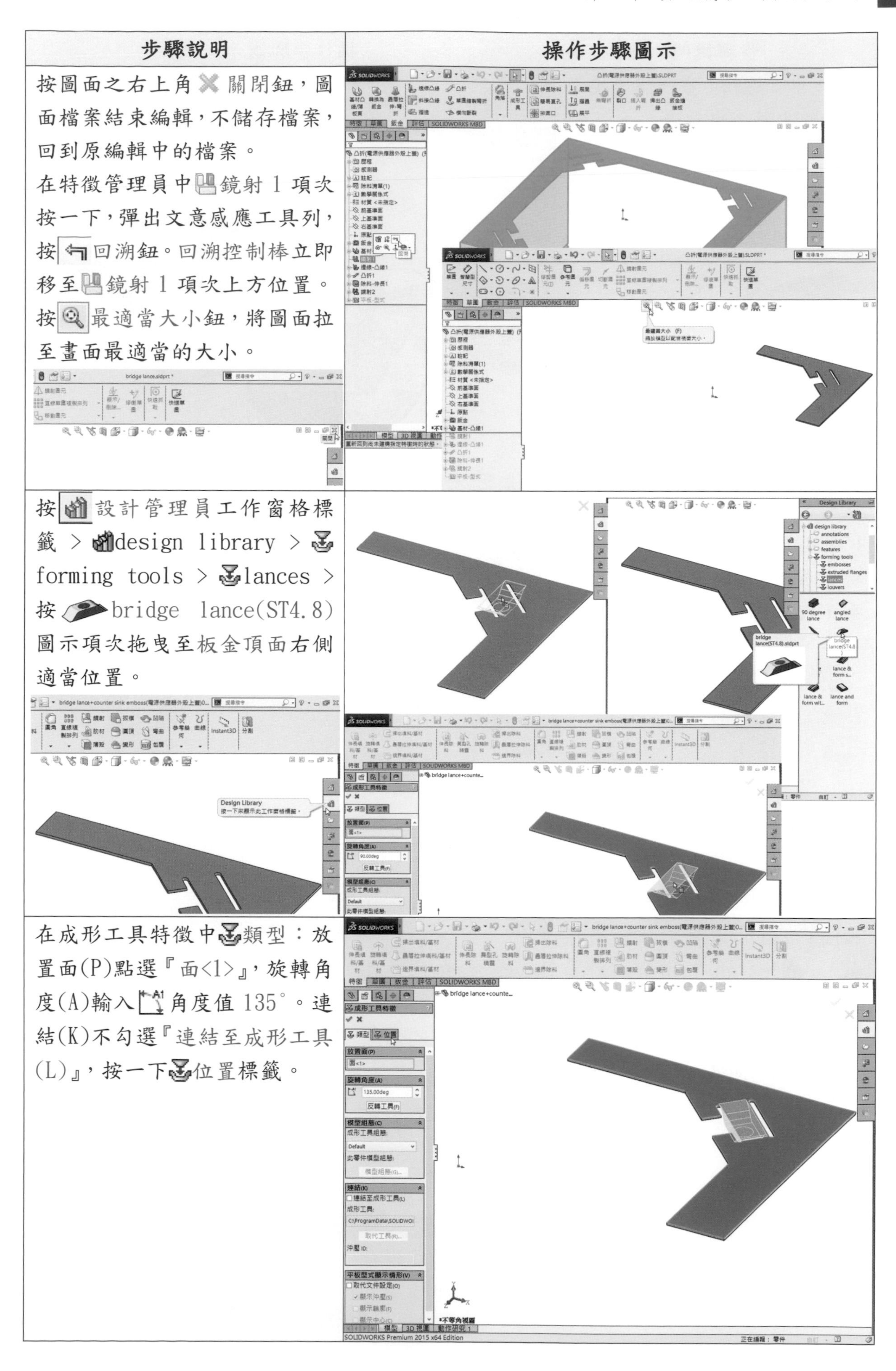

| 步驟說明 | 操作步驟圖示 |
|---|---|
| 按圖面之右上角關閉鈕，圖面檔案結束編輯，不儲存檔案，回到原編輯中的檔案。在特徵管理員中鏡射 1 項次按一下，彈出文意感應工具列，按回溯鈕。回溯控制棒立即移至鏡射 1 項次上方位置。按最適當大小鈕，將圖面拉至畫面最適當的大小。 | |
| 按設計管理員工作窗格標籤 > design library > forming tools > lances > 按 bridge lance(ST4.8) 圖示項次拖曳至板金項面右側適當位置。 | |
| 在成形工具特徵中類型：放置面(P)點選『面<1>』，旋轉角度(A)輸入角度值 135°。連結(K)不勾選『連結至成形工具(L)』，按一下位置標籤。 | |

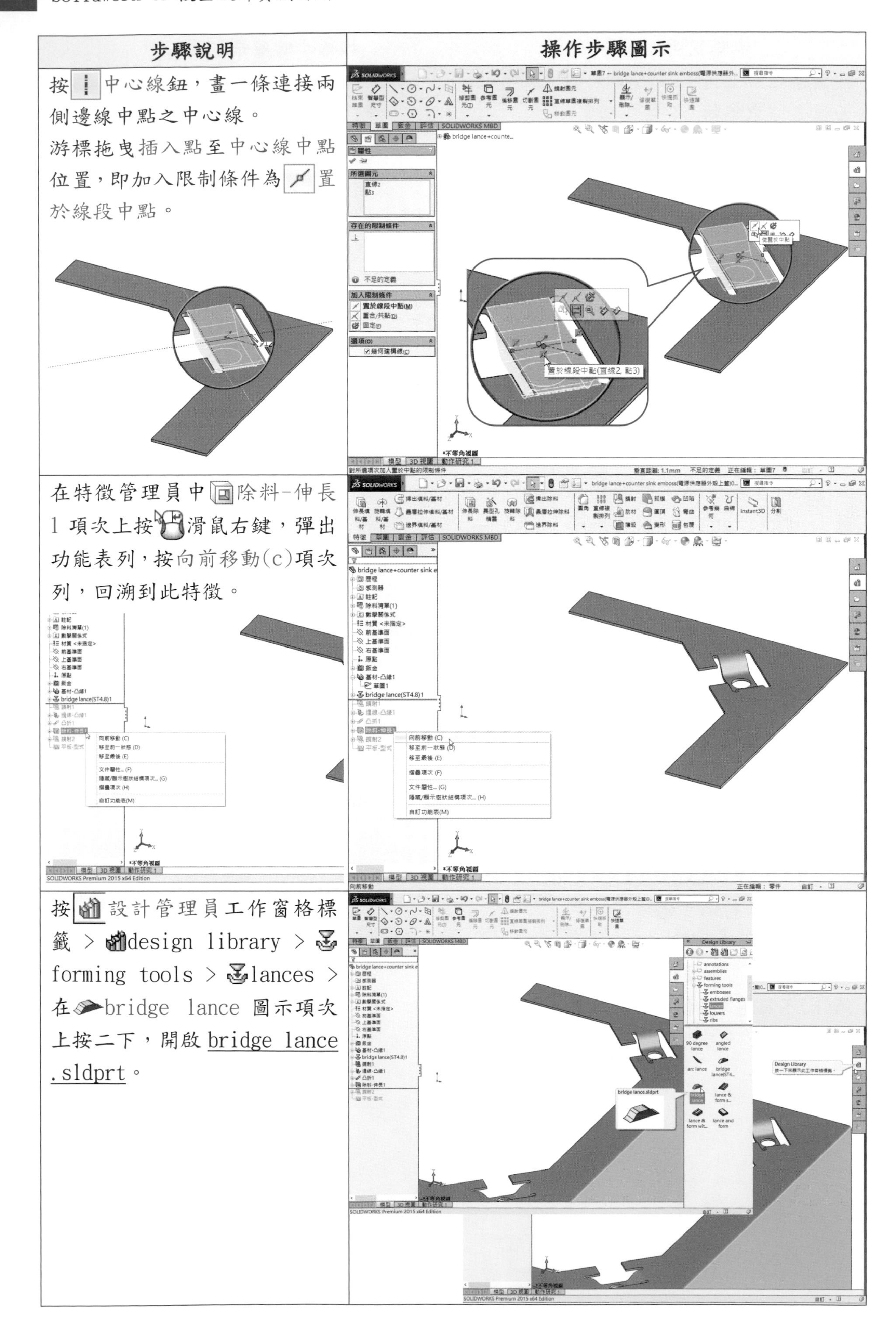

| 步驟說明 | 操作步驟圖示 |
| --- | --- |
| 按 中心線鈕，畫一條連接兩側邊線中點之中心線。<br>游標拖曳插入點至中心線中點位置，即加入限制條件為 置於線段中點。 | |
| 在特徵管理員中 除料-伸長1 項次上按 滑鼠右鍵，彈出功能表列，按向前移動(c)項次列，回溯到此特徵。 | |
| 按 設計管理員工作窗格標籤 > design library > forming tools > lances > 在 bridge lance 圖示項次上按二下，開啟 bridge lance .sldprt。 | |

| 步驟說明 | 操作步驟圖示 |
|---|---|
| 按住鍵盤 Ctrl 鍵，再分別按二下特徵管理員中的 Boss-Extrude1、Fillet1 以及 Fillet2 項次，可顯示搭橋沖頭特徵尺度。<br>按二下特徵管理員中的 Boss-Extrude1 項次，再按二下寬度 20 的尺度數字，彈出修改對話框，修改為 4mm 後，按 ✔ 確定鍵，儲存目前的值，離開此對話框。 | 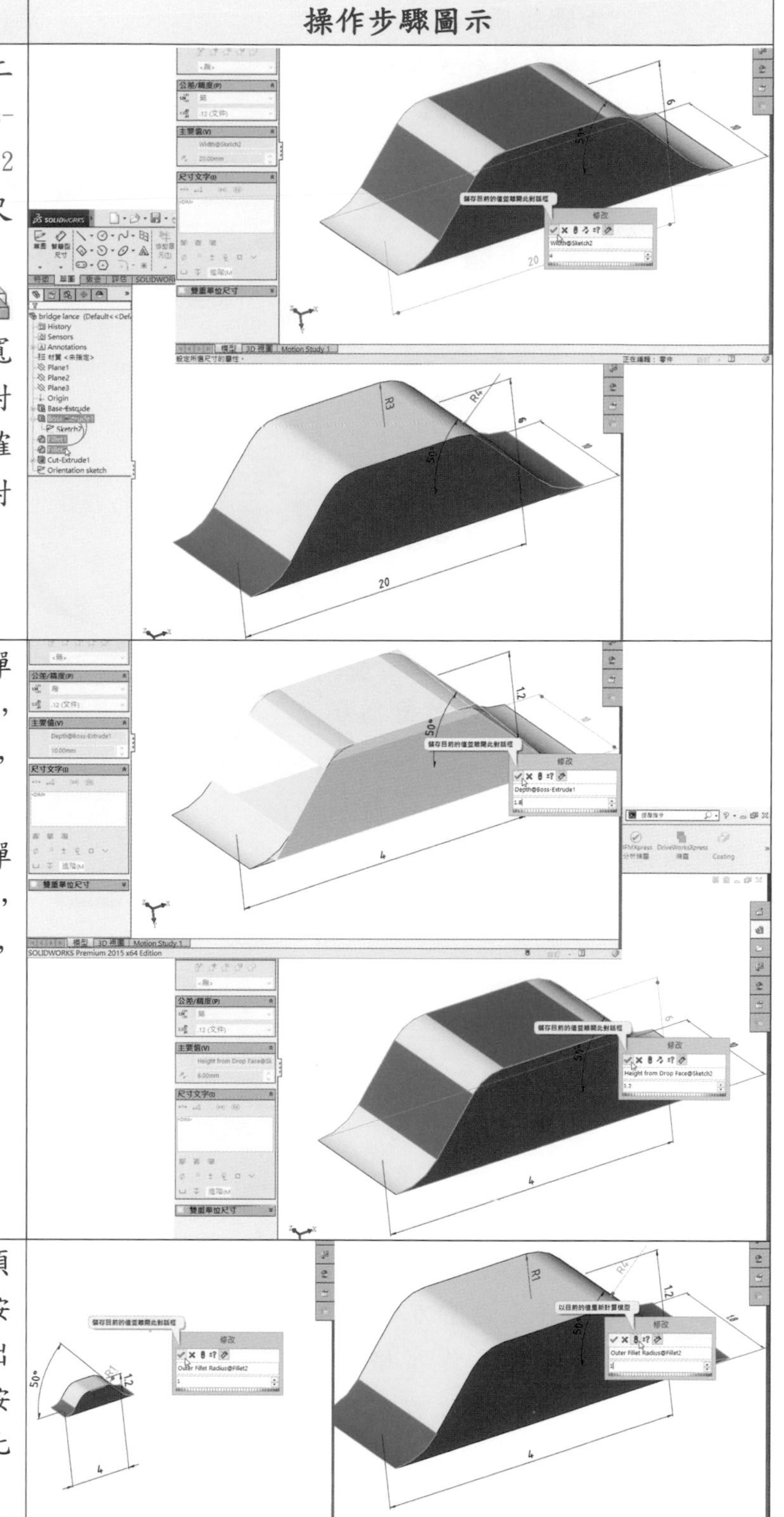 |
| 按二下高度 6 的尺度數字，彈出修改對話框，修改為 1.2mm，按 ✔ 確定鍵，儲存目前的值，離開此對話框。<br>按二下深度 10 的尺度數字，彈出修改對話框，修改為 1.8mm，按 ✔ 確定鍵，儲存目前的值，離開此對話框。 | |
| 在特徵管理員中 Fillet1 項次按二下，顯示圓角尺度。再按二下半徑 R3 的尺度數字，彈出修改對話框，修改為 R1 後，按 ✔ 鍵，儲存目前的值，離開此對話框。<br>在特徵管理員中 Fillet2 項次按二下，顯示圓角尺度。再按二下半徑 R4 的尺度數字，彈出修改對話框，修改為 R1 後，按 重新計算鈕，重新計算修改後所改變的特徵。再按 ✔ 鍵，儲存目前的值，離開此對話框。 | 兩側紅色面，若插入板金無法貫通時，請再重做一次上色。設定為標準色彩調色盤中的『■』紅色數值為 255 後存檔。 |

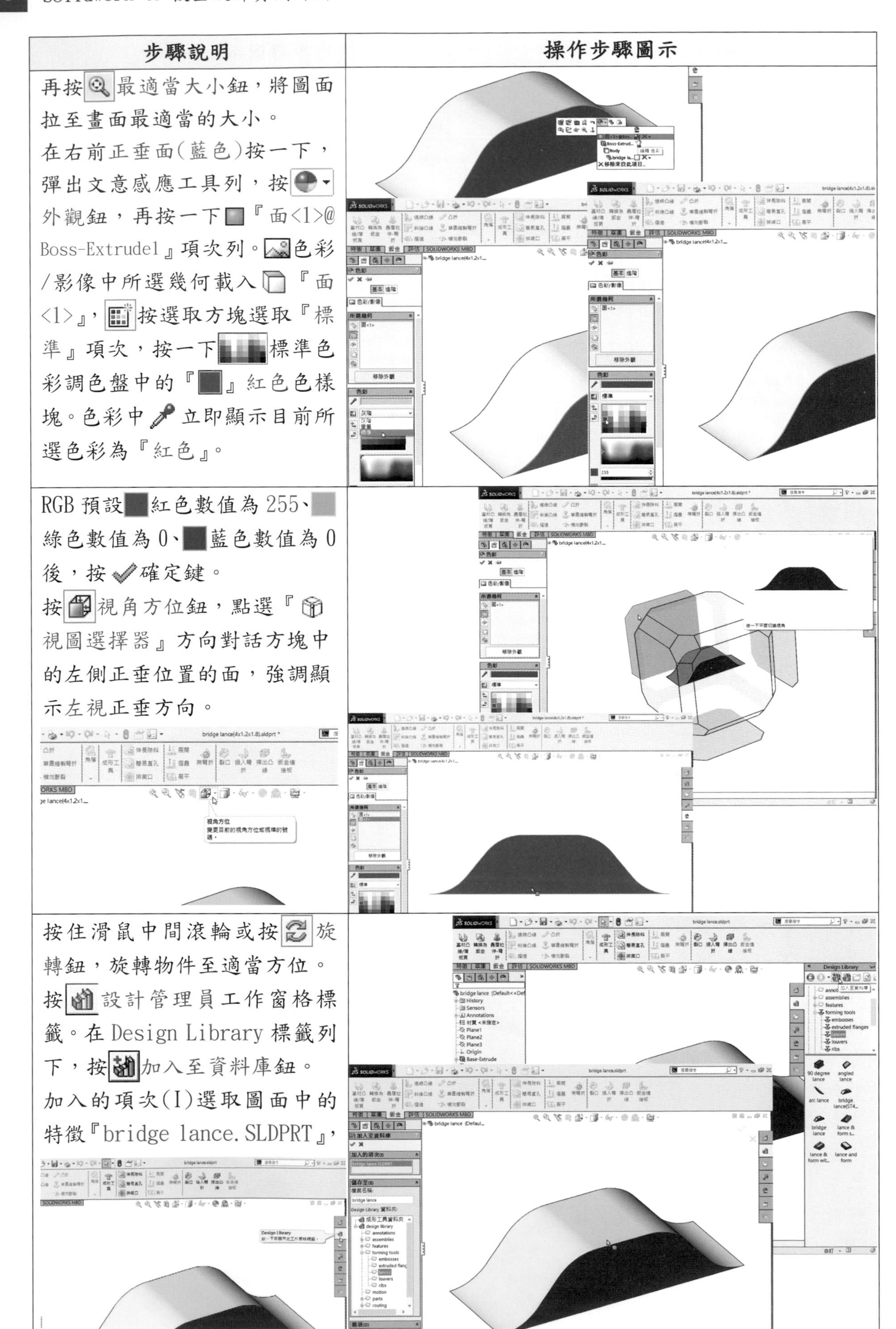

| 步驟說明 | 操作步驟圖示 |
| --- | --- |
| 再按最適當大小鈕，將圖面拉至畫面最適當的大小。在右前正垂面(藍色)按一下，彈出文意感應工具列，按外觀鈕，再按一下『面<1>@Boss-Extrude1』項次列。色彩/影像中所選幾何載入『面<1>』，按選取方塊選取『標準』項次，按一下標準色彩調色盤中的『』紅色色樣塊。色彩中立即顯示目前所選色彩為『紅色』。 | |
| RGB 預設紅色數值為 255、綠色數值為 0、藍色數值為 0 後，按確定鍵。按視角方位鈕，點選『視圖選擇器』方向對話方塊中的左側正垂位置的面，強調顯示左視正垂方向。 | |
| 按住滑鼠中間滾輪或按旋轉鈕，旋轉物件至適當方位。按設計管理員工作窗格標籤。在 Design Library 標籤列下，按加入至資料庫鈕。加入的項次(I)選取圖面中的特徵『bridge lance.SLDPRT』， | |

| 步驟說明 | 操作步驟圖示 |
| --- | --- |
| 儲存至(S)輸入檔案名稱：bridge lance(4×1.2×1.8)後，按確定鍵，檔案存入資料夾C:\ProgramData\SolidWorks\SolidWorks 2015\design library\forming tools \lances 內。<br>按 bridge lance(4×1.2×1.8)圖面之右上角關閉鈕，圖面檔案結束編輯，不儲存檔案。回到原編輯中的檔案。 | |
| 按設計管理員工作窗格標籤> design library > forming tools > lances > 按bridge lance(4×1.2×1.8)圖示項次拖曳至板金頂面右後方適當位置。<br>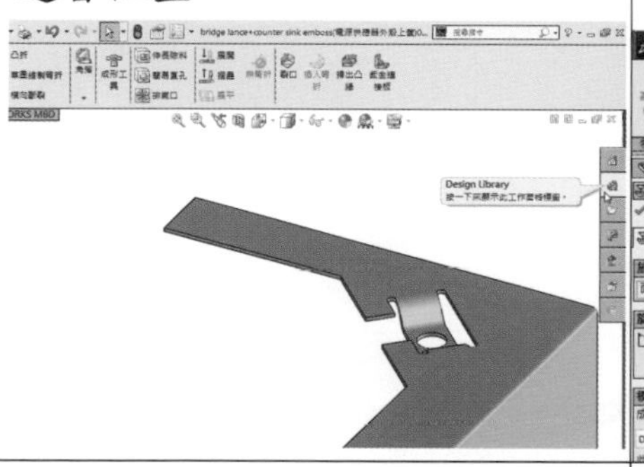 | 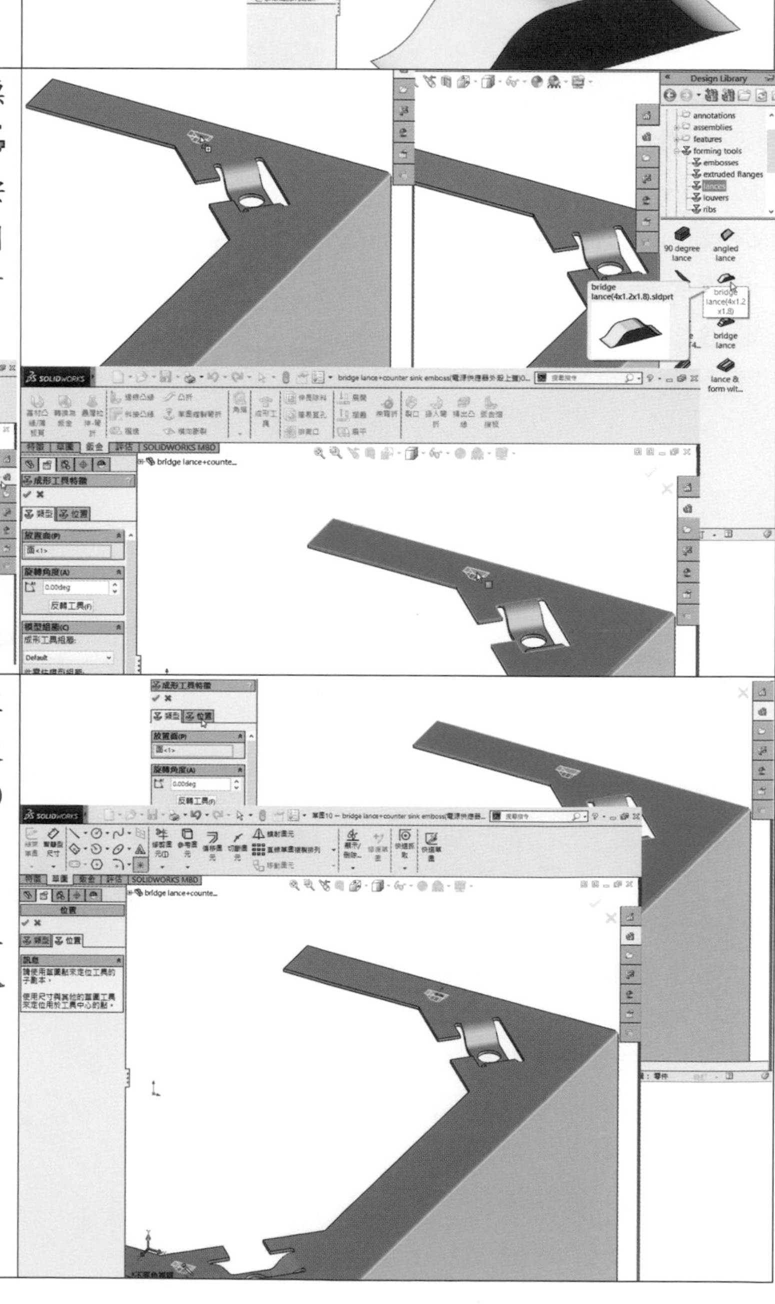 |
| 成形工具特徵中類型：放置面(P)點選『面<1>』，旋轉角度(A)預設角度值 0°，連結(K)不勾選『連結至成形工具(L)』，按一下位置標籤列。<br>在板金頂面右前方適當位置再點一下，插入另一個bridge lance(4×1.2×1.8)。 | |

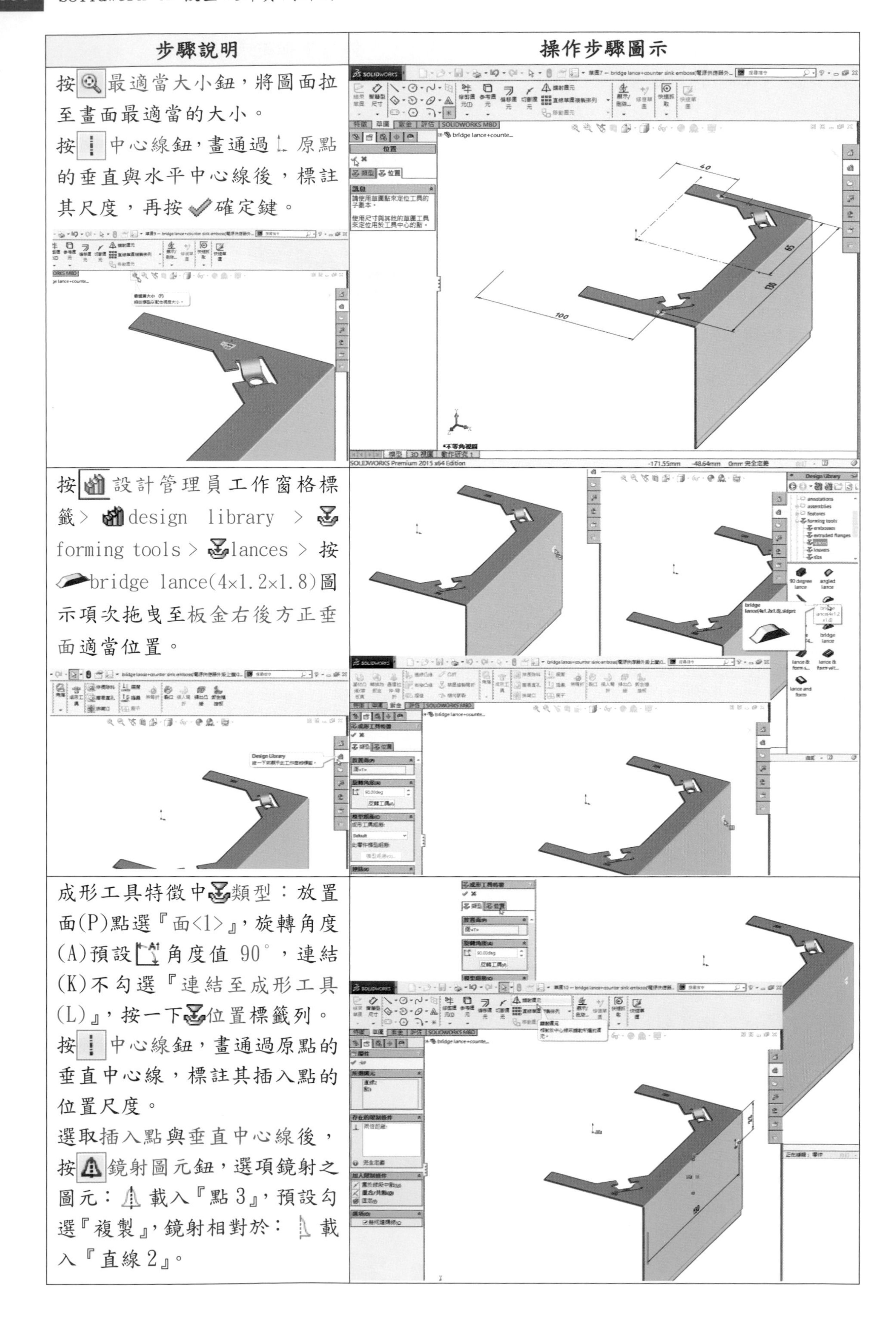

| 步驟說明 | 操作步驟圖示 |
| --- | --- |
| 按最適當大小鈕，將圖面拉至畫面最適當的大小。<br>按中心線鈕，畫通過原點的垂直與水平中心線後，標註其尺度，再按確定鍵。 | |
| 按設計管理員工作窗格標籤> design library > forming tools > lances > 按 bridge lance(4×1.2×1.8)圖示項次拖曳至板金右後方正垂面適當位置。 | |
| 成形工具特徵中類型：放置面(P)點選『面<1>』，旋轉角度(A)預設角度值 90°，連結(K)不勾選『連結至成形工具(L)』，按一下位置標籤列。<br>按中心線鈕，畫通過原點的垂直中心線，標註其插入點的位置尺度。<br>選取插入點與垂直中心線後，按鏡射圖元鈕，選項鏡射之圖元：載入『點 3』，預設勾選『複製』，鏡射相對於：載入『直線 2』。 | |

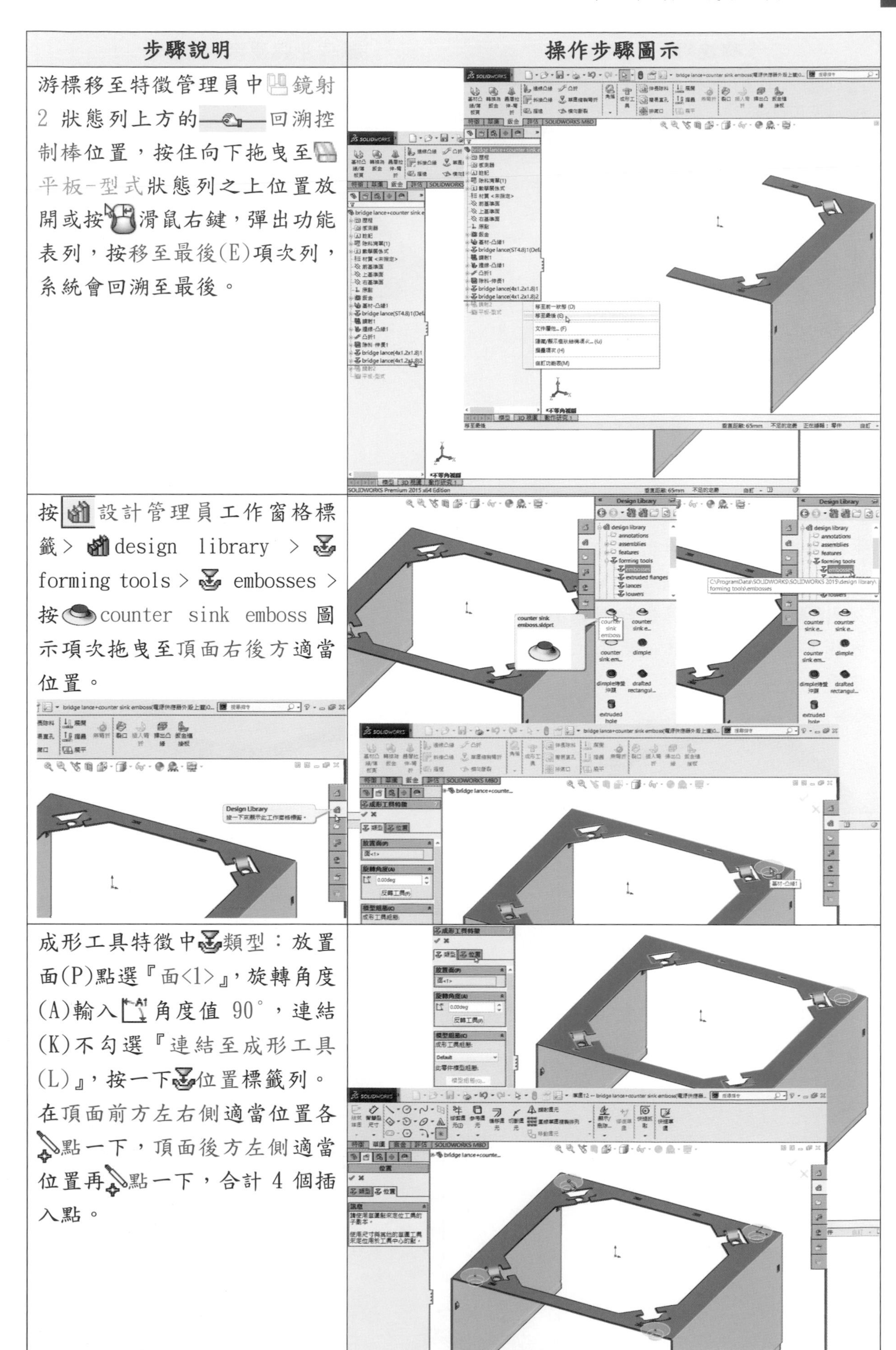

| 步驟說明 | 操作步驟圖示 |
| --- | --- |
| 游標移至特徵管理員中鏡射 2 狀態列上方的回溯控制棒位置，按住向下拖曳至平板-型式狀態列之上位置放開或按滑鼠右鍵，彈出功能表列，按移至最後(E)項次列，系統會回溯至最後。 | |
| 按設計管理員工作窗格標籤＞ design library ＞ forming tools ＞ embosses ＞ 按 counter sink emboss 圖示項次拖曳至頂面右後方適當位置。 | |
| 成形工具特徵中類型：放置面(P)點選『面<1>』，旋轉角度(A)輸入角度值 90°，連結(K)不勾選『連結至成形工具(L)』，按一下位置標籤列。在頂面前方左右側適當位置各點一下，頂面後方左側適當位置再點一下，合計 4 個插入點。 | |

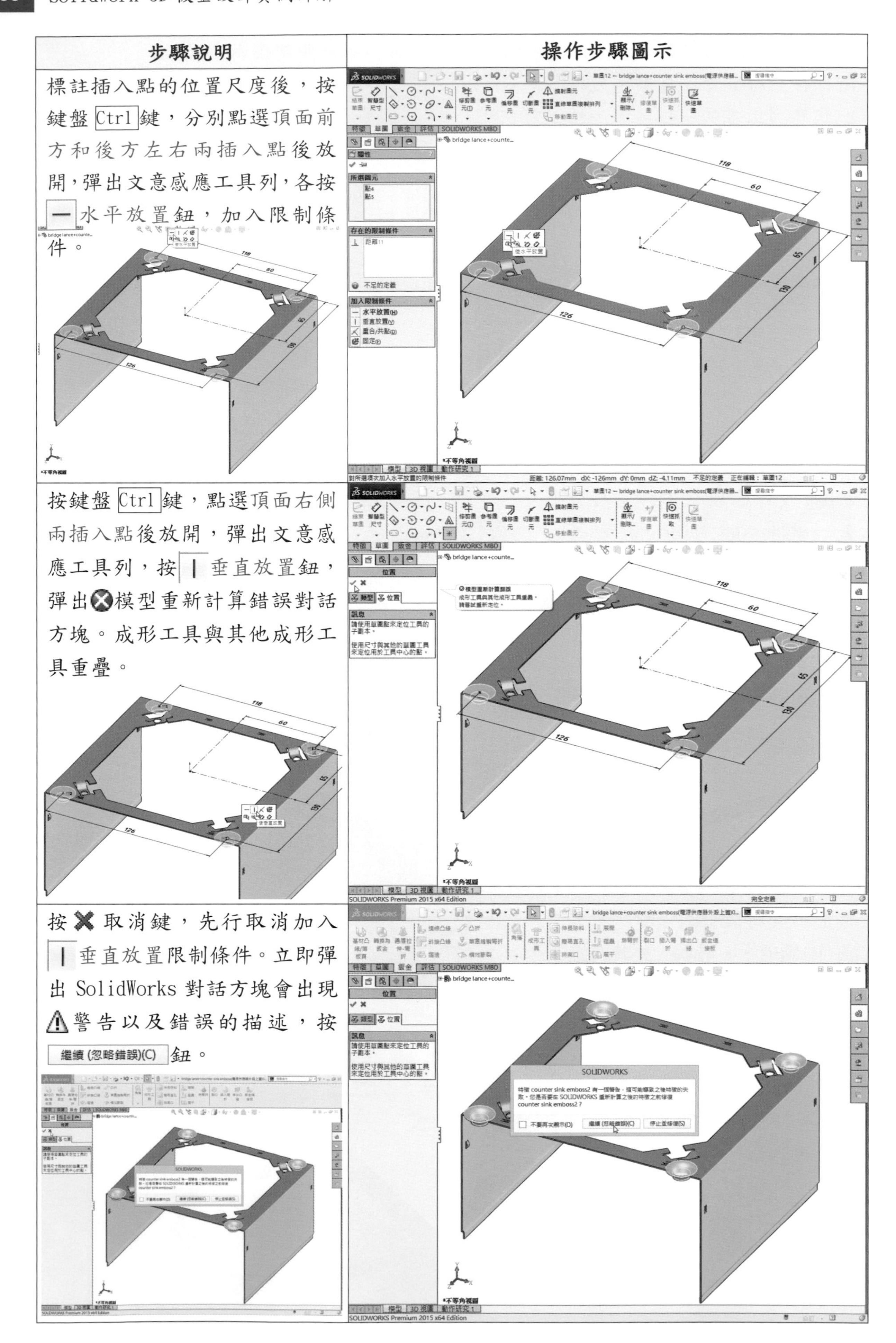

| 步驟說明 | 操作步驟圖示 |
| --- | --- |
| 標註插入點的位置尺度後，按鍵盤 Ctrl 鍵，分別點選頂面前方和後方左右兩插入點後放開，彈出文意感應工具列，各按 — 水平放置鈕，加入限制條件。 | |
| 按鍵盤 Ctrl 鍵，點選頂面右側兩插入點後放開，彈出文意感應工具列，按 \| 垂直放置鈕，彈出 ⊗ 模型重新計算錯誤對話方塊。成形工具與其他成形工具重疊。 | |
| 按 ✖ 取消鍵，先行取消加入 \| 垂直放置限制條件。立即彈出 SolidWorks 對話方塊會出現 ⚠ 警告以及錯誤的描述，按 繼續 (忽略錯誤)(C) 鈕。 | |

| 步驟說明 | 操作步驟圖示 |
| --- | --- |
| 按設計管理員工作窗格標籤 > design library > forming tools >在embosses資料夾中的 counter sink emboss 圖示項次按二下，開啟 counter sink emboss.SLDPRT。 | 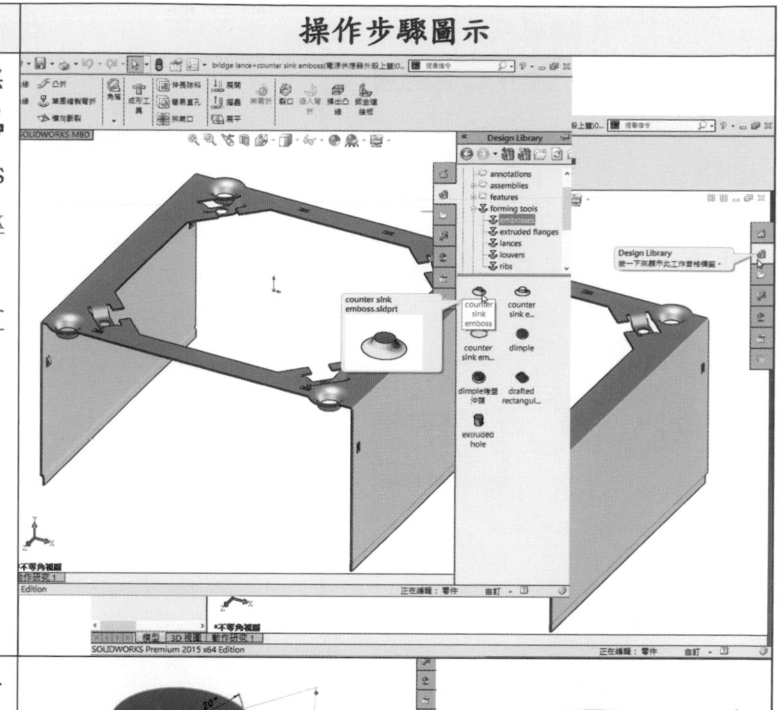 |
| 按住鍵盤 Ctrl 鍵，再分別按二下特徵管理員中的 Boss-Revolve1 及 Fillet1 項次，可顯示壓凹沖頭特徵尺度。<br>在特徵管理員中 Boss-Revolve1 項次按二下，再按二下直徑 12 的尺度數字，彈出修改對話框，修改為 5mm 後，按確定鍵，儲存目前的值，離開此對話框。<br>按二下高度 5 的尺度數字，彈出修改對話框，修改為 0.7 後，按確定鍵，儲存目前的值，離開此對話框。 | 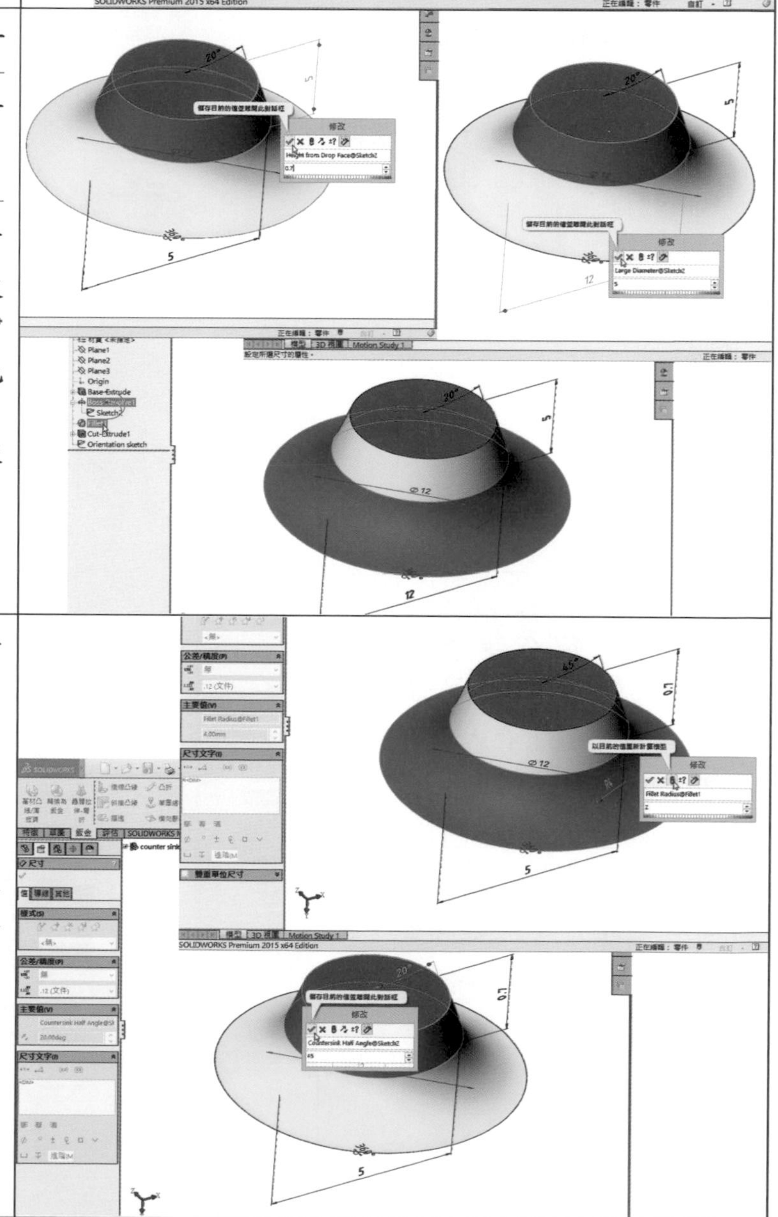 |
| 按二下角度 20° 的尺度數字，彈出修改對話框，修改為 45° 後，按確定鍵，儲存目前的值，離開此對話框。<br>在特徵管理員中 Fillet1 項次按二下，再按二下圓角半徑 R4 的尺度數字，彈出修改對話框，修改為 R2 後，按重新計算鈕，重新計算修改後的值，立即改變其模型。 | |

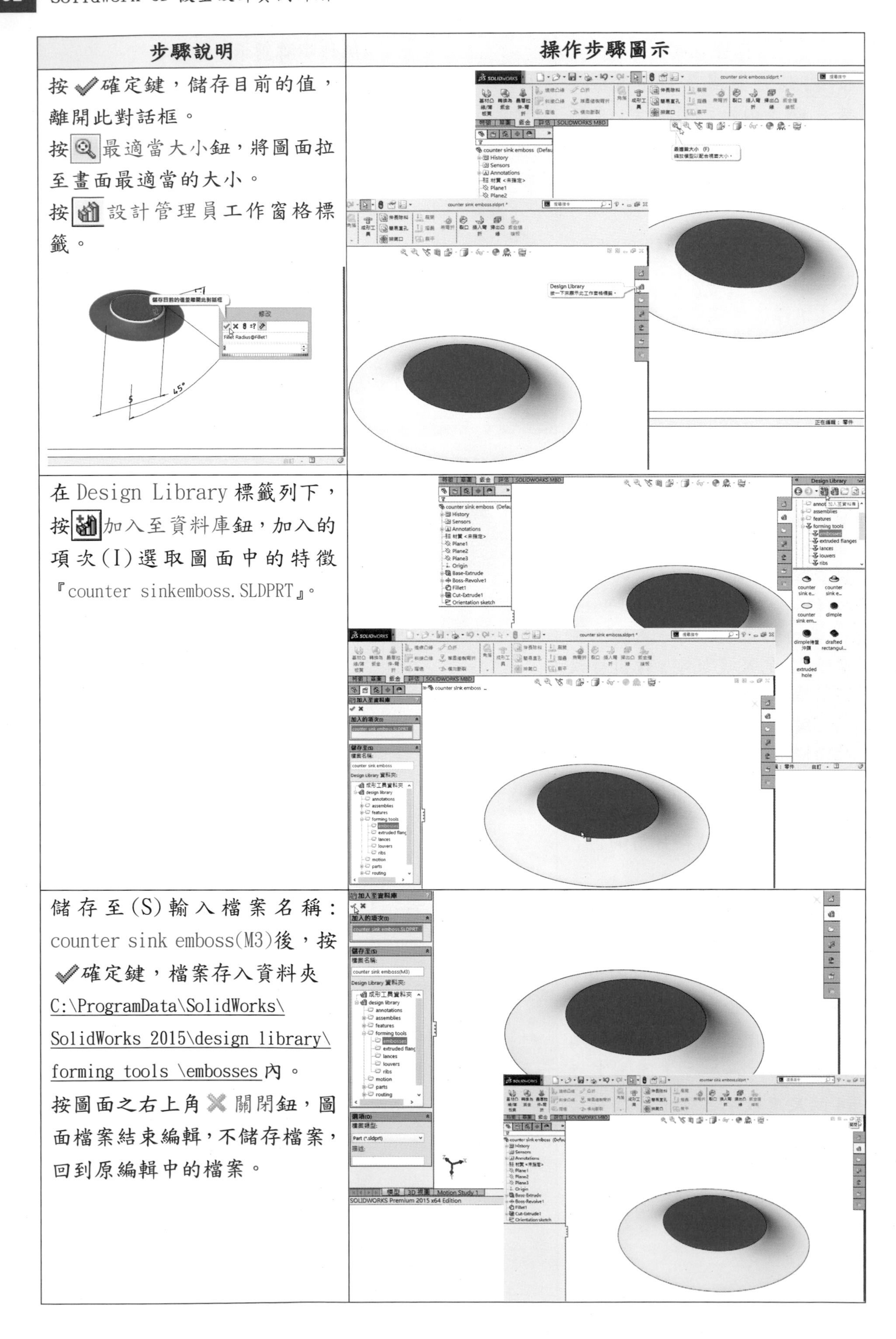

| 步驟說明 | 操作步驟圖示 |
| --- | --- |
| 按✔確定鍵，儲存目前的值，離開此對話框。<br>按最適當大小鈕，將圖面拉至畫面最適當的大小。<br>按設計管理員工作窗格標籤。 | |
| 在 Design Library 標籤列下，按加入至資料庫鈕，加入的項次(I)選取圖面中的特徵『counter sinkemboss.SLDPRT』。 | |
| 儲存至(S)輸入檔案名稱：counter sink emboss(M3)後，按✔確定鍵，檔案存入資料夾 C:\ProgramData\SolidWorks\SolidWorks 2015\design library\forming tools \embosses 內。<br>按圖面之右上角✖關閉鈕，圖面檔案結束編輯，不儲存檔案，回到原編輯中的檔案。 | |

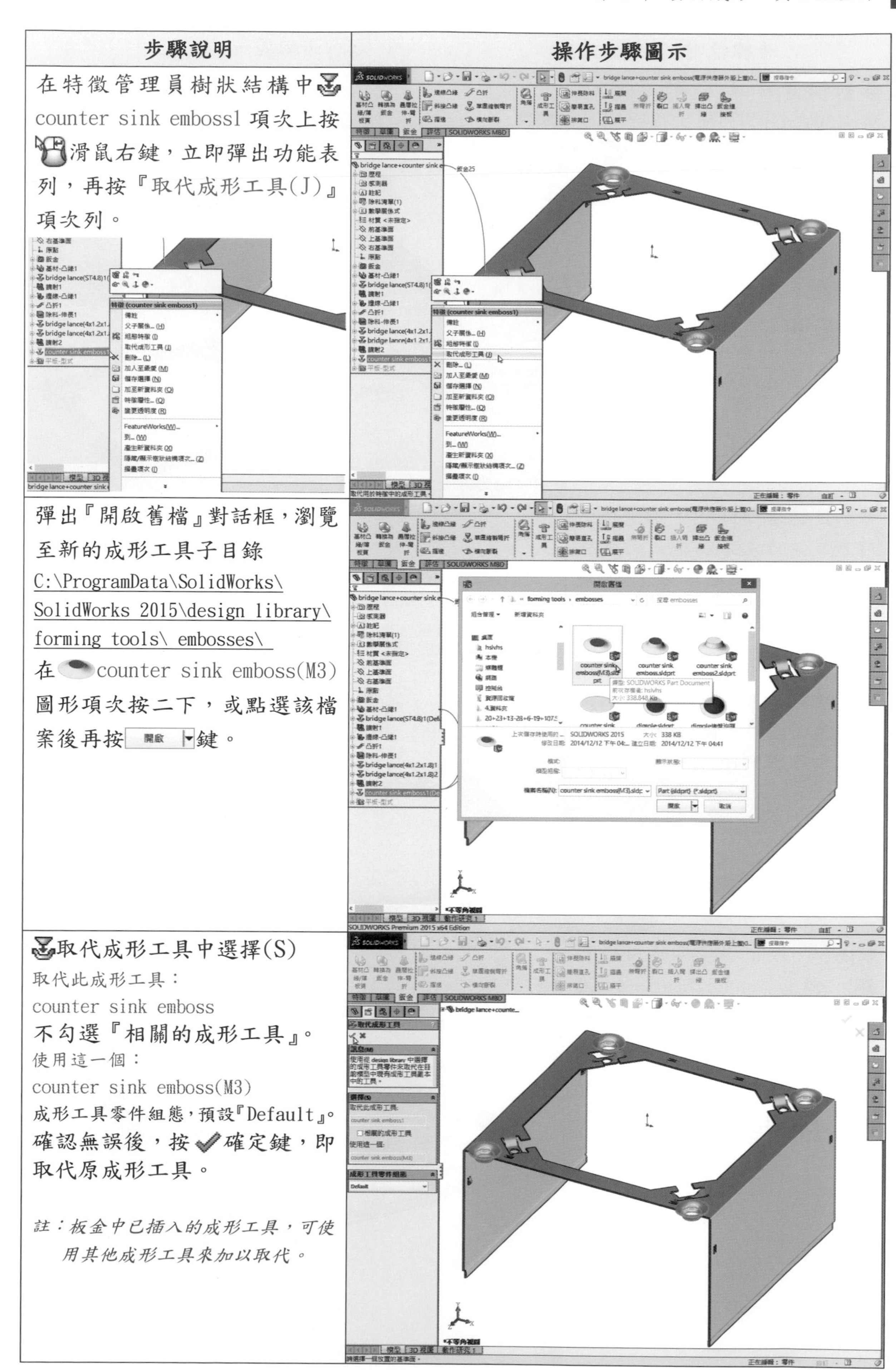

| 步驟說明 | 操作步驟圖示 |
|---|---|
| 在特徵管理員樹狀結構中 counter sink emboss1 項次上按滑鼠右鍵，立即彈出功能表列，再按『取代成形工具(J)』項次列。 | |
| 彈出『開啟舊檔』對話框，瀏覽至新的成形工具子目錄 C:\ProgramData\SolidWorks\SolidWorks 2015\design library\forming tools\ embosses\ 在 counter sink emboss(M3) 圖形項次按二下，或點選該檔案後再按 開啟 鍵。 | |
| 取代成形工具中選擇(S)<br>取代此成形工具：<br>counter sink emboss<br>不勾選『相關的成形工具』。<br>使用這一個：<br>counter sink emboss(M3)<br>成形工具零件組態，預設『Default』。<br>確認無誤後，按 ✔ 確定鍵，即取代原成形工具。<br><br>*註：板金中已插入的成形工具，可使用其他成形工具來加以取代。* | |

| 步驟說明 | 操作步驟圖示 |
| --- | --- |
| 在特徵管理員中 counter sink emboss(M3)項次按一下，彈出文意感應工具列，按編輯特徵鈕。<br>在成形工具特徵中，按一下位置標籤列。<br>按 草圖 草圖工作列上的 ＊ 點鈕，取消定位點插入。 | 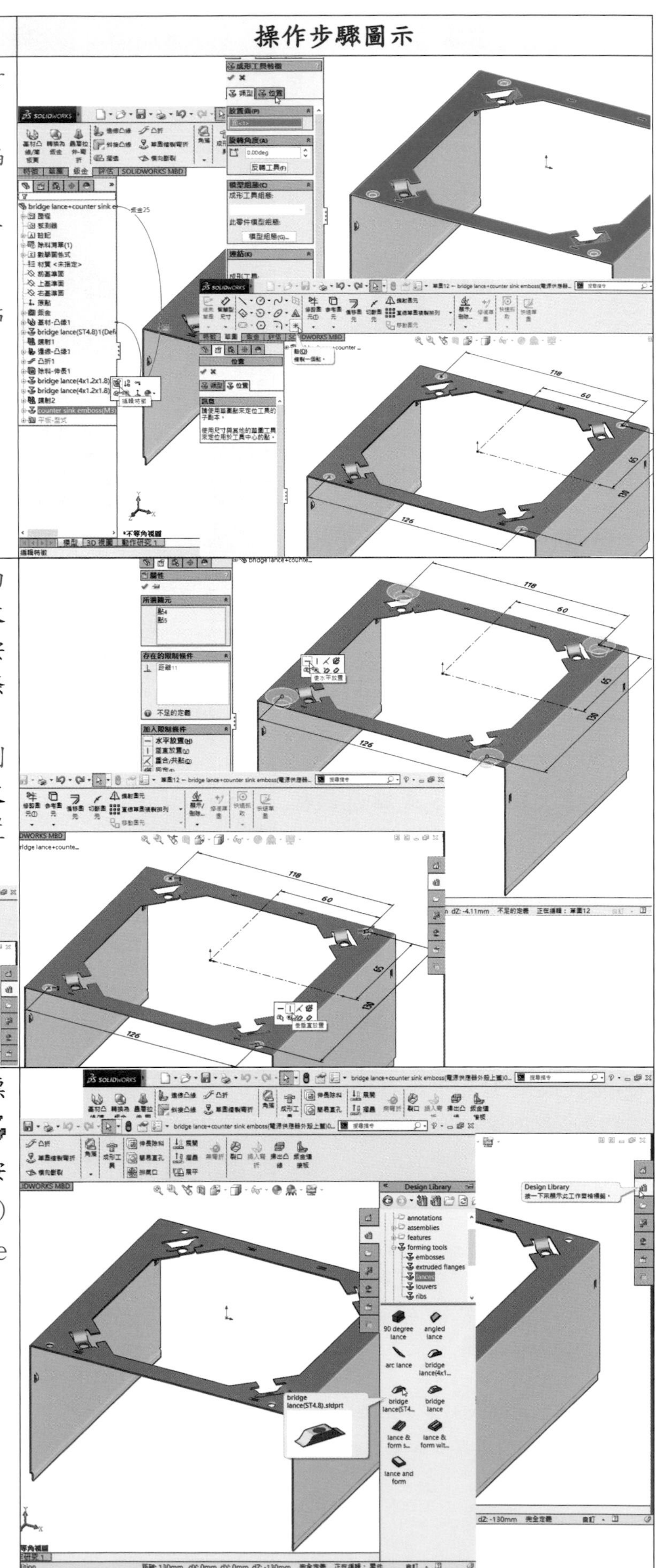 |
| 分別按鍵盤 Ctrl 鍵，點選頂面前方或後方左右兩插入點後放開，彈出文意感應工具列，各按 ─ 水平放置鈕，加入限制條件。<br>按鍵盤 Ctrl 鍵，點選頂面右側前後兩插入點後放開，彈出文意感應工具列，按 │ 垂直放置鈕，加入限制條件。<br>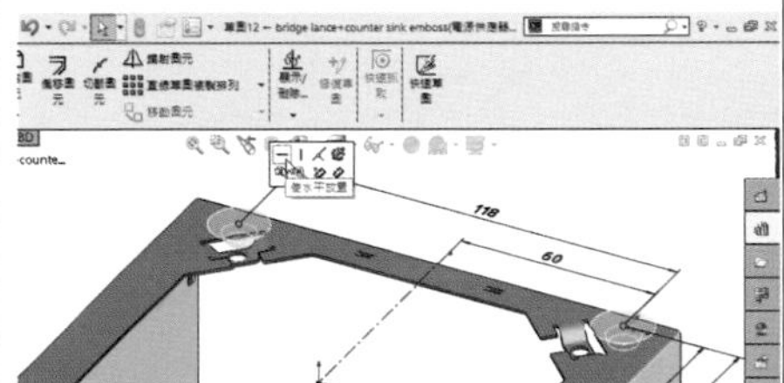 | |
| 按設計管理員工作窗格標籤＞ design library ＞ forming tools ＞ lance ＞按二下 bridge lance(ST4.8)圖示項次，開啟 bridge lance (ST4.8).sldprt。 | |

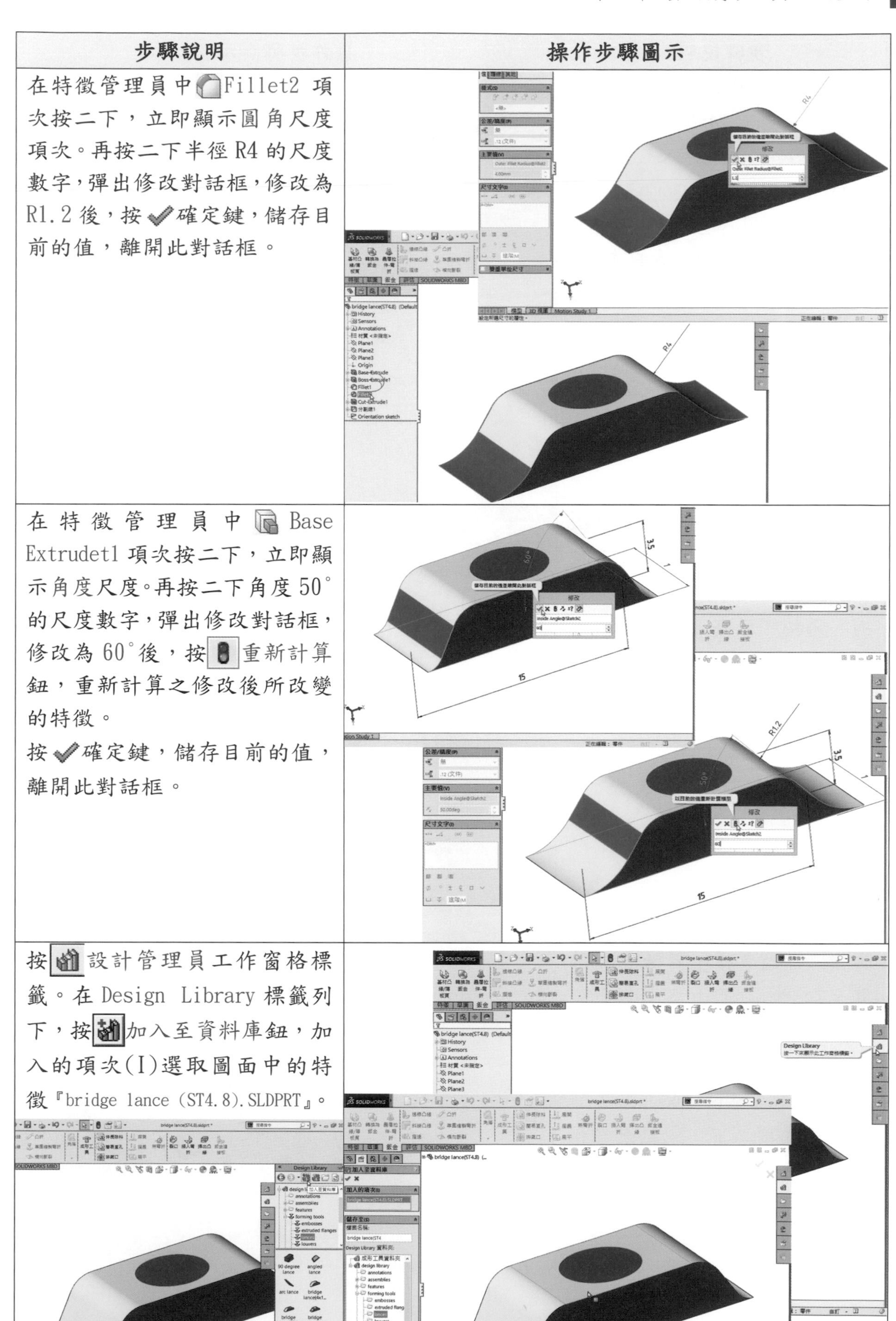

| 步驟說明 | 操作步驟圖示 |
| --- | --- |
| 在特徵管理員中Fillet2 項次按二下，立即顯示圓角尺度項次。再按二下半徑 R4 的尺度數字，彈出修改對話框，修改為 R1.2 後，按✔確定鍵，儲存目前的值，離開此對話框。 | |
| 在特徵管理員中Base Extrude1 項次按二下，立即顯示角度尺度。再按二下角度 50° 的尺度數字，彈出修改對話框，修改為 60° 後，按重新計算鈕，重新計算之修改後所改變的特徵。<br>按✔確定鍵，儲存目前的值，離開此對話框。 | |
| 按設計管理員工作窗格標籤。在 Design Library 標籤列下，按加入至資料庫鈕，加入的項次(I)選取圖面中的特徵『bridge lance (ST4.8).SLDPRT』。 | |

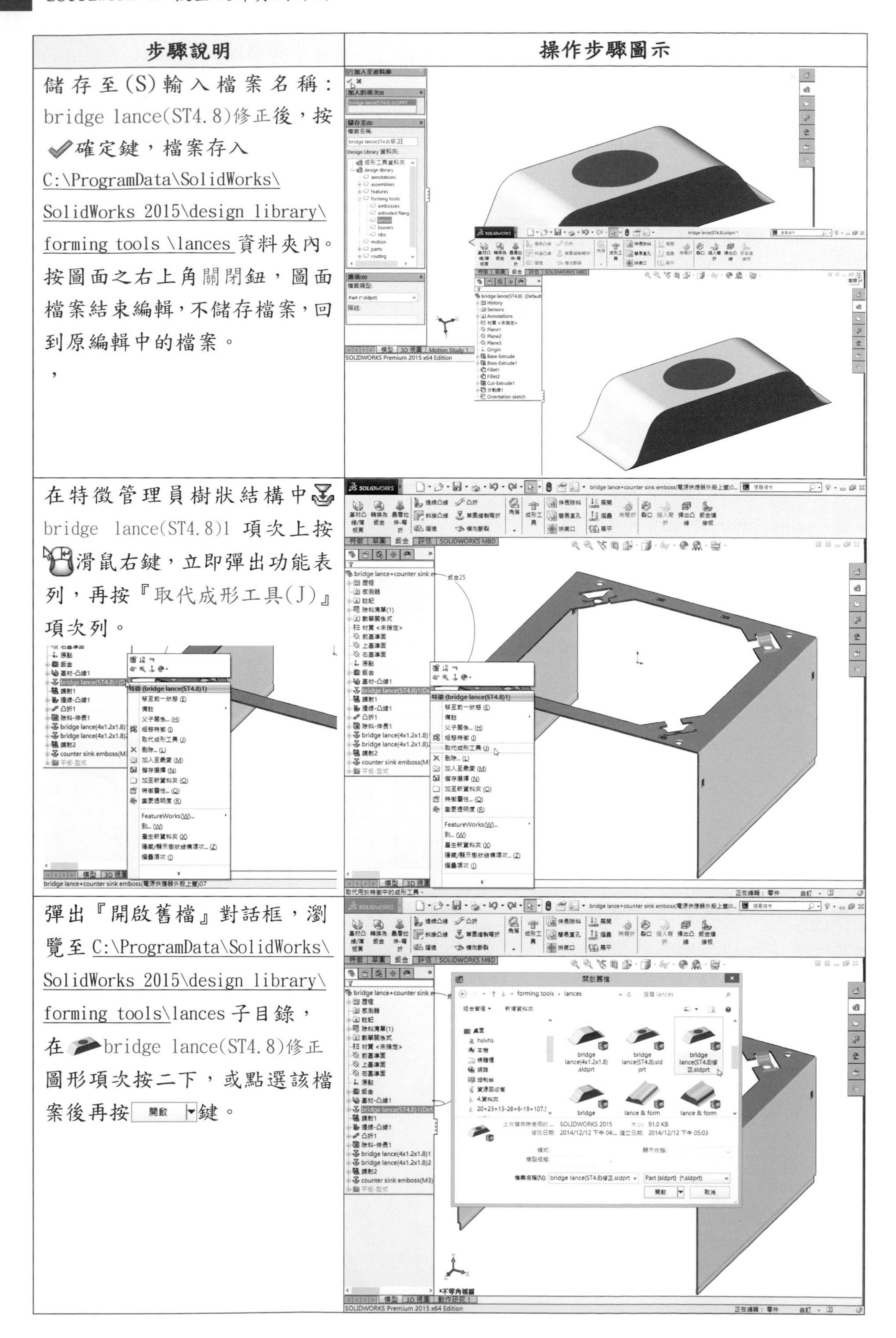

| 步驟說明 | 操作步驟圖示 |
| --- | --- |
| 儲存至(S)輸入檔案名稱：bridge lance(ST4.8)修正後，按✔確定鍵，檔案存入C:\ProgramData\SolidWorks\SolidWorks 2015\design library\forming tools \lances資料夾內。按圖面之右上角關閉鈕，圖面檔案結束編輯，不儲存檔案，回到原編輯中的檔案。 ， | |
| 在特徵管理員樹狀結構中 bridge lance(ST4.8)1 項次上按滑鼠右鍵，立即彈出功能表列，再按『取代成形工具(J)』項次列。 | |
| 彈出『開啟舊檔』對話框，瀏覽至C:\ProgramData\SolidWorks\SolidWorks 2015\design library\forming tools\lances子目錄，在 bridge lance(ST4.8)修正圖形項次按二下，或點選該檔案後再按 開啟 鍵。 | |

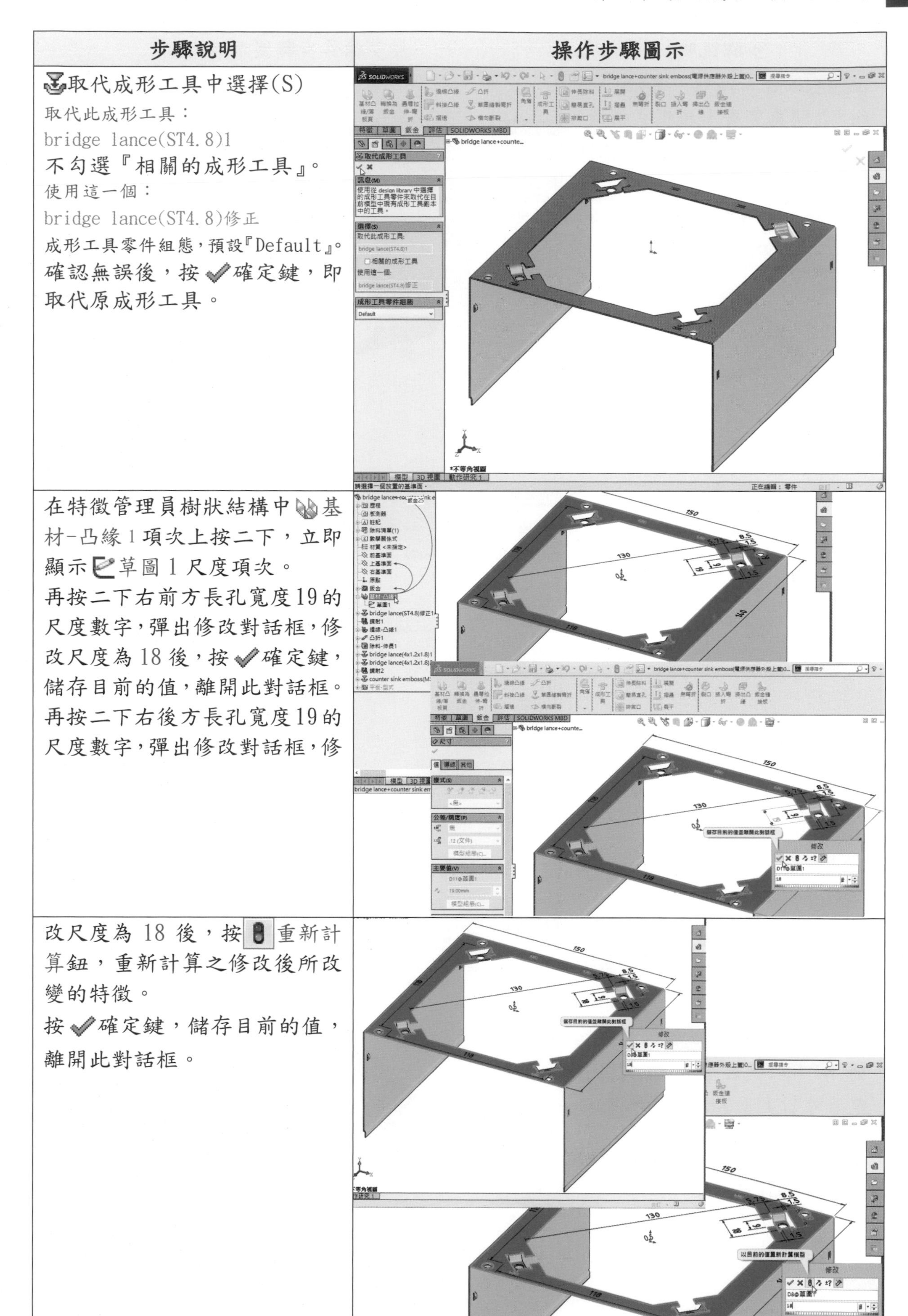

| 步驟說明 | 操作步驟圖示 |
| --- | --- |
| 取代成形工具中選擇(S)<br>取代此成形工具：<br>bridge lance(ST4.8)1<br>不勾選『相關的成形工具』。<br>使用這一個：<br>bridge lance(ST4.8)修正<br>成形工具零件組態，預設『Default』。<br>確認無誤後，按確定鍵，即取代原成形工具。 | |
| 在特徵管理員樹狀結構中基材-凸緣 1 項次上按二下，立即顯示草圖 1 尺度項次。<br>再按二下右前方長孔寬度19的尺度數字，彈出修改對話框，修改尺度為 18 後，按確定鍵，儲存目前的值，離開此對話框。<br>再按二下右後方長孔寬度19的尺度數字，彈出修改對話框，修 | |
| 改尺度為 18 後，按重新計算鈕，重新計算之修改後所改變的特徵。<br>按確定鍵，儲存目前的值，離開此對話框。 | |

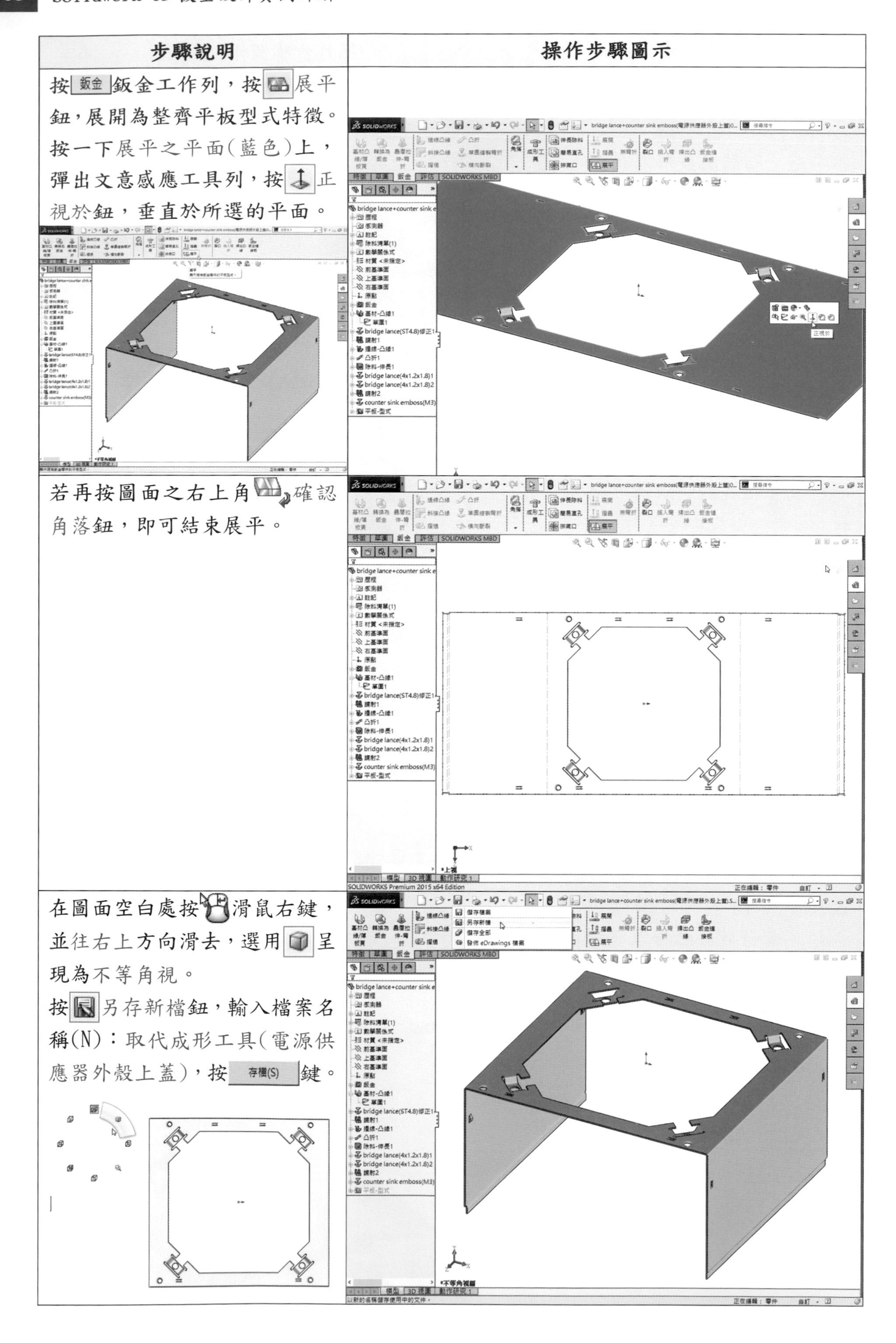

| 步驟說明 | 操作步驟圖示 |
| --- | --- |
| 按 鈑金 鈑金工作列，按展平鈕，展開為整齊平板型式特徵。按一下展平之平面(藍色)上，彈出文意感應工具列，按正視於鈕，垂直於所選的平面。 | |
| 若再按圖面之右上角確認角落鈕，即可結束展平。 | |
| 在圖面空白處按滑鼠右鍵，並往右上方向滑去，選用呈現為不等角視。<br>按另存新檔鈕，輸入檔案名稱(N)：取代成形工具(電源供應器外殼上蓋)，按 存檔(S) 鍵。 | |

# 第 4 章 加入特徵工具於鈑金件

特徵工具列提供產生各式各樣的加工形狀特徵之工具，您可以選擇適當的特徵工具，將設計所需的特徵加入、複製或除料至鈑金件。將該鈑金件建構完成後，可以展平才算選對最佳的特徵工具。但目前變形與彎曲特徵工具尚未提供可展平的功能，故請展平前先行使用抑制功能將其變形或彎曲的特徵抑制，直到結束展平後再作恢復抑制的動作。

本章下列實例分別使用填入複製排列、草圖複製排列、曲線導出複製排列、凹陷、包覆、變形、排氣口、彎曲、分割、熔接角落、熔珠、套用及編輯移畫印花等功能加入、除料或複製到鈑金件中，詳細步驟說明於後。

| 實例序號 | 實例立體圖 | 立體呈現鈑金展平 | 正視於展平鈑金件 |
|---|---|---|---|
| 4.1.1 填入複製排列指令用於不銹鋼茶盤鈑金件(一) |  | 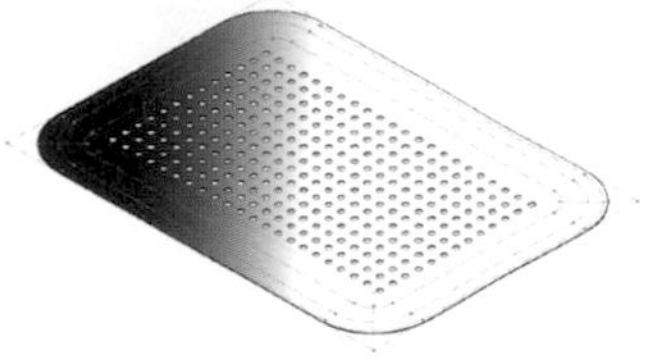 | 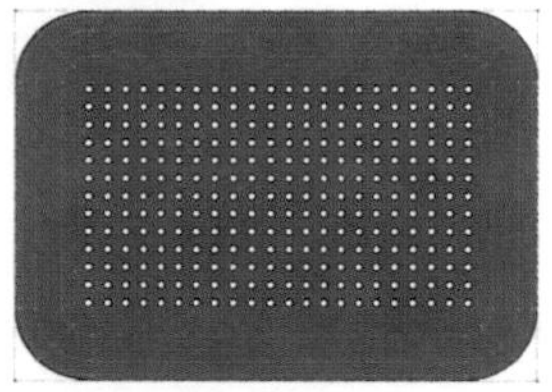 |
| 4.1.1 填入複製排列指令用於不銹鋼茶盤鈑金件(二) |  | 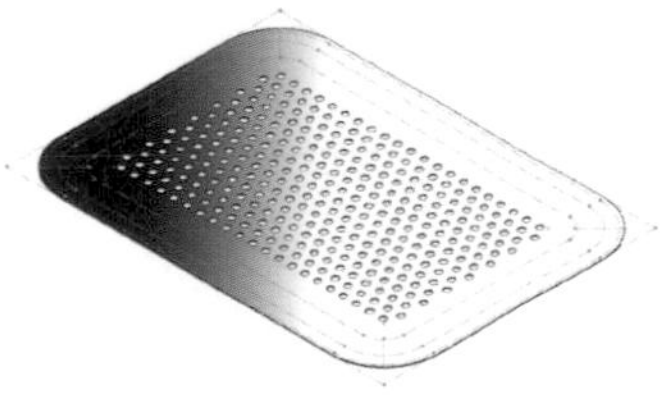 | 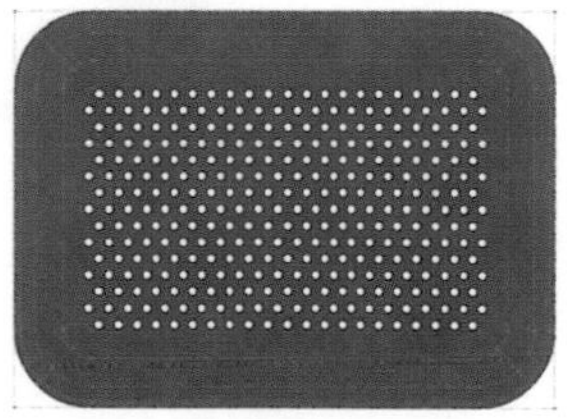 |
| 4.1.1 填入複製排列指令用於不銹鋼茶盤鈑金件(三) |  |  | 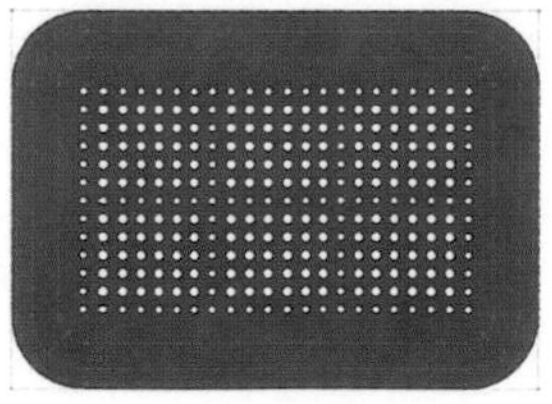 |
| 4.1.2 填入複製排列指令用於濾清器配件鈑金件 |  | 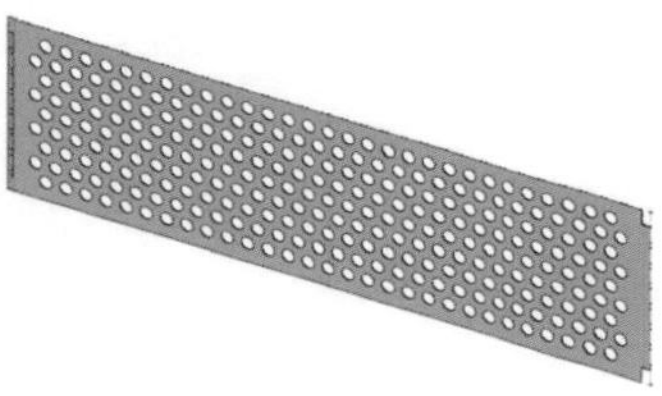 | 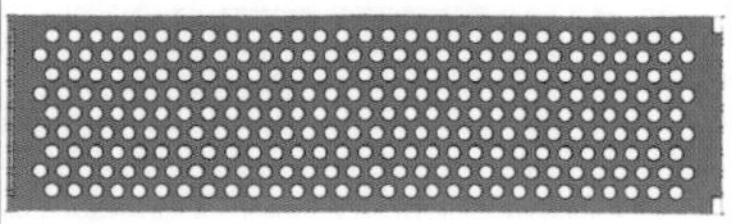 |

| 實例序號 | 實例立體圖 | 立體呈現鈑金展平 | 正視於展平鈑金件 |
| --- | --- | --- | --- |
| 4.1.3 填入與草圖複製排列指令用於電源供應器外殼底座鈑金件 | 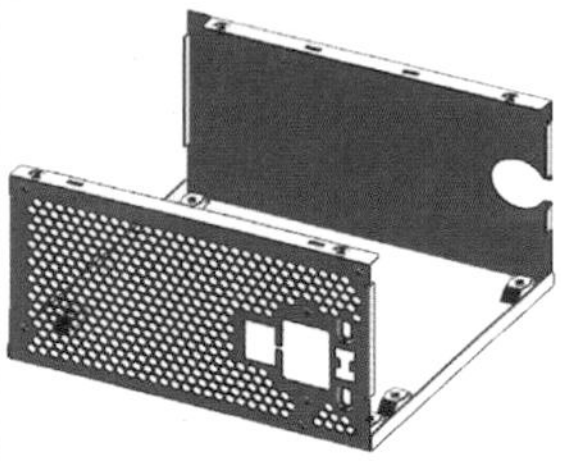 | 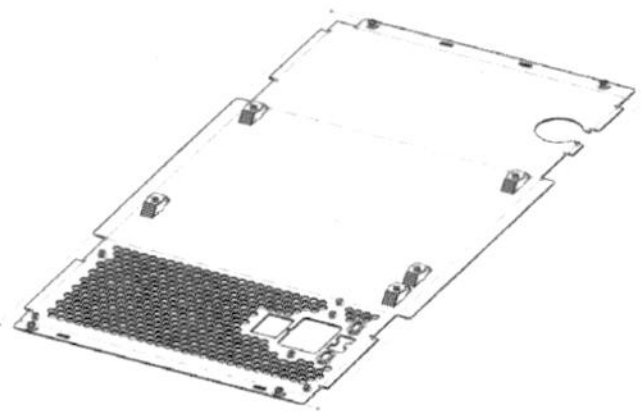 | 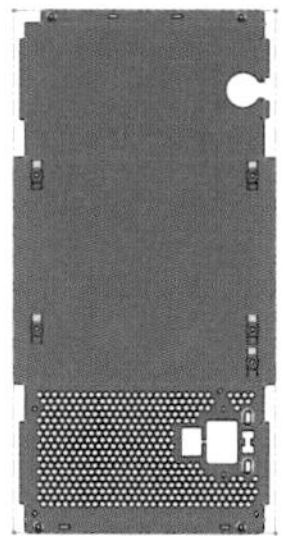 |
| 4.2.1 凹陷、曲線導出複製排列指令用於指甲剪底層剪片鈑金件 | 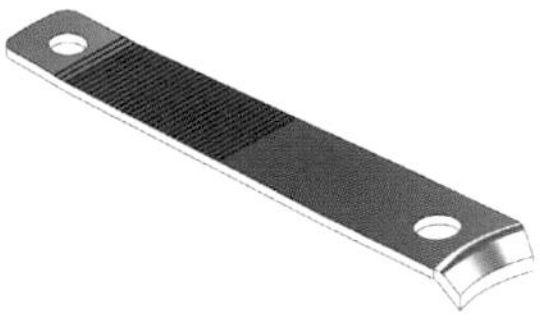 | 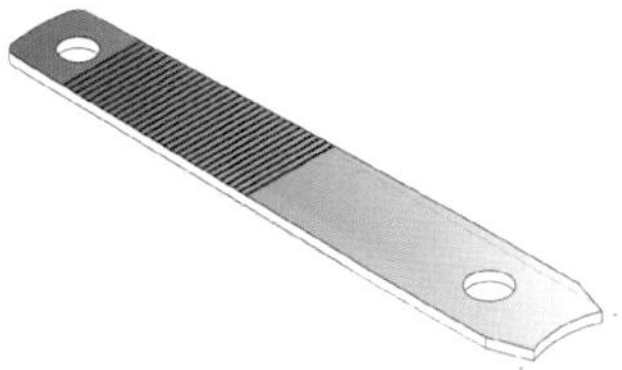 |  |
| 4.2.2 凹陷、曲線導出複製排列指令用於指甲剪頂層剪片鈑金件 |  | 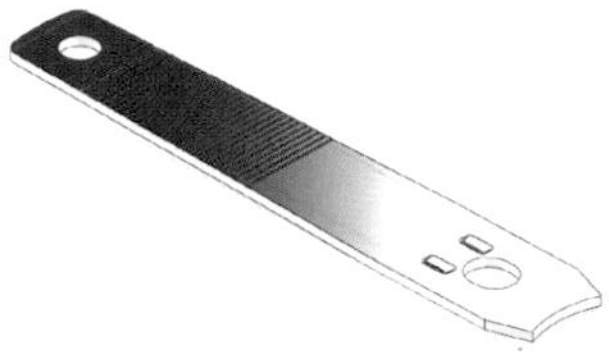 |  |
| 4.2.3 凹陷、曲線導出複製排列指令用於指甲剪指壓片鈑金件 | 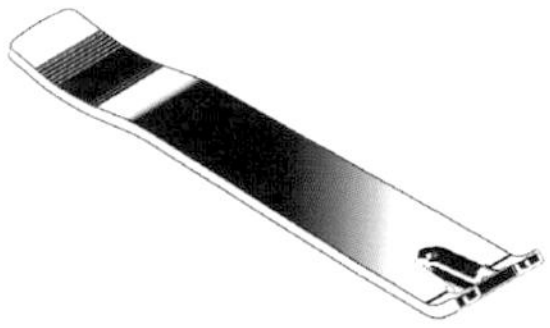 | 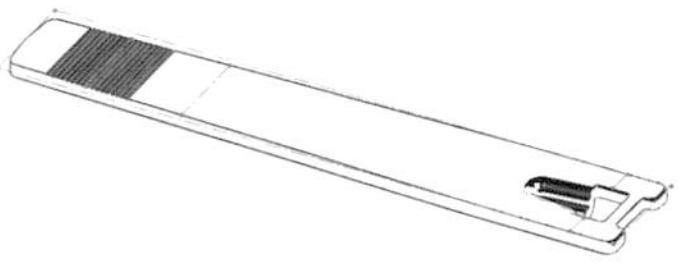 |  |
| 4.3.1 包覆指令用於八角形金屬盒鈑金件(浮凸) |  | 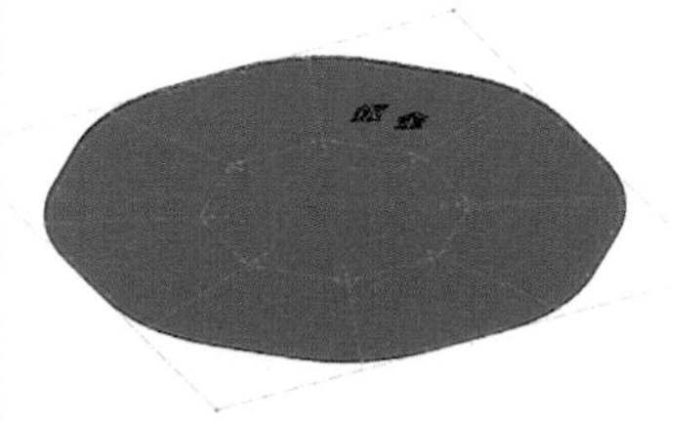 | 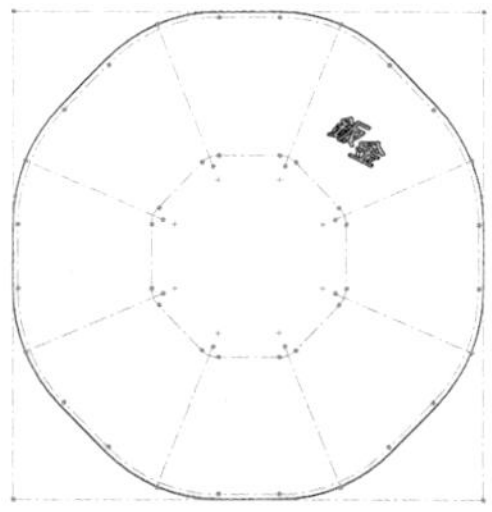 |
| 4.3.1 包覆指令用於八角形金屬盒鈑金件(凹陷) |  | 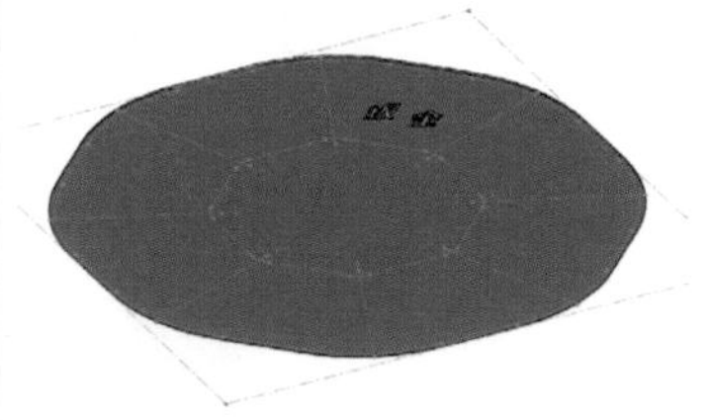 | 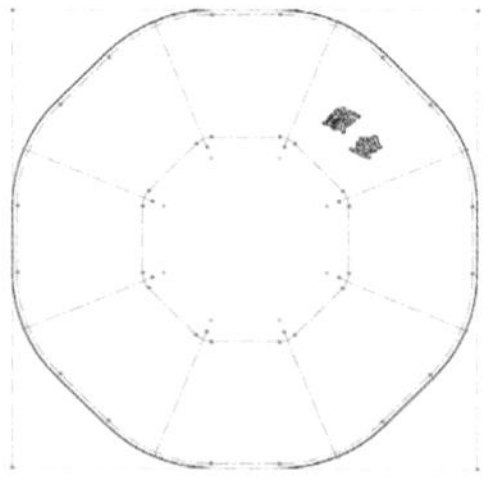 |

| 實例序號 | 實例立體圖 | 立體呈現鈑金展平 | 正視於展平鈑金件 |
|---|---|---|---|
| 4.3.1 包覆指令用於八角形金屬盒鈑金件（刻畫） |  鈑金 | 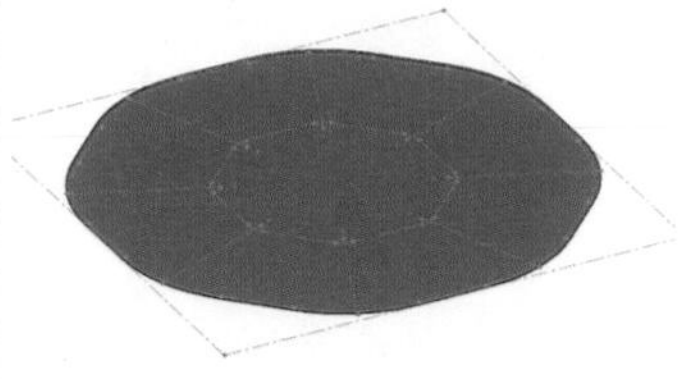 | 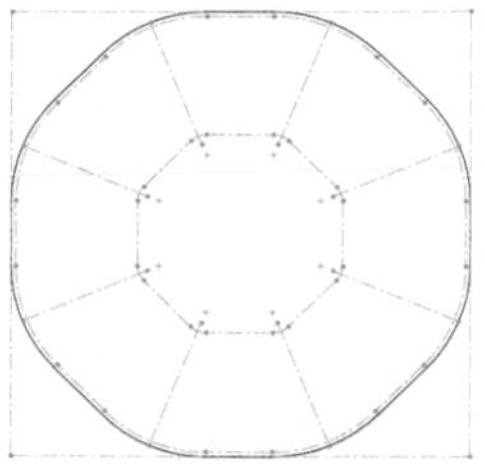 |
| 4.3.2 包覆指令用於釘書機底座鈑金件 |  SolidWorks | 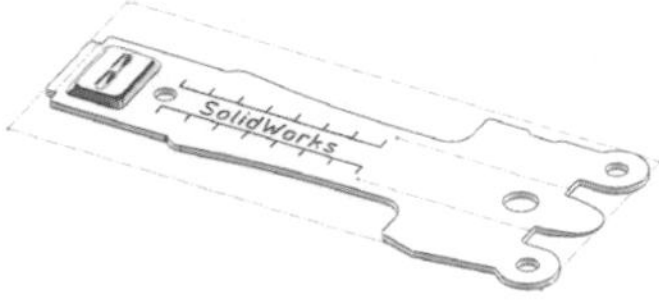 SolidWorks | 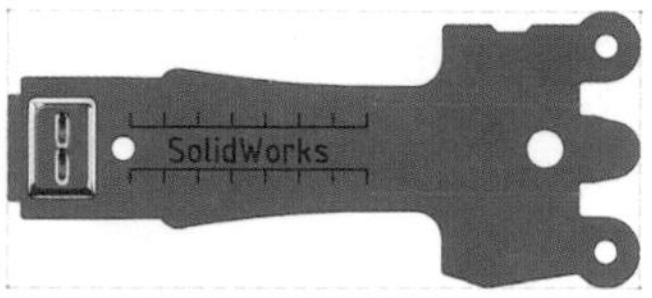 SolidWorks |
| 4.4.1 變形（一個點）指令用於管鉗調整框鈑金件 |  |  |  |
| 4.4.2 變形（曲線對曲線）指令用於不銹鋼叉子鈑金件 |  |  |  |
| 4.5.1 彎曲指令用於瓦斯爐瓦斯管支架鈑金件 |  |  |  |
| 4.5.2 彎曲指令（L 型角架支撐片）使用於鈑金件（一） |  |  | |

| 實例序號 | 實例立體圖 | 立體呈現鈑金展平 | 正視於展平鈑金件 |
| --- | --- | --- | --- |
| 4.5.2 彎曲指令(L 型角架支撐片)使用於鈑金件(二) |  |  |  |
| 4.6.1 排氣口指令用於電源供應器外殼底座鈑金件 | 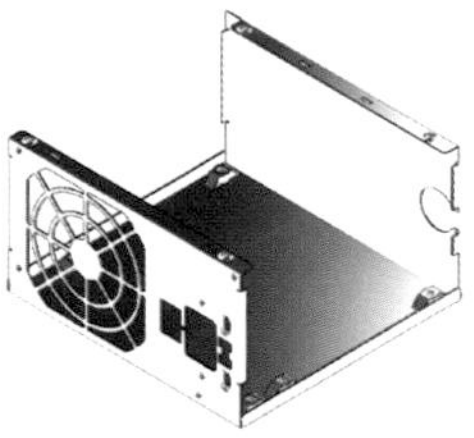 |  | 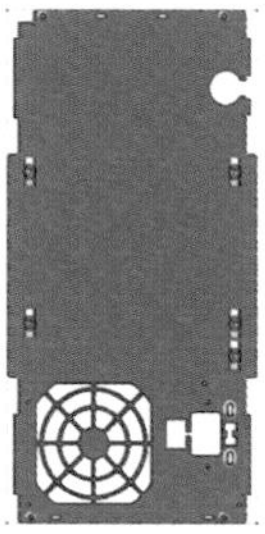 |
| 4.6.2 排氣口指令用於不銹鋼烤箱外殼鈑金件 | 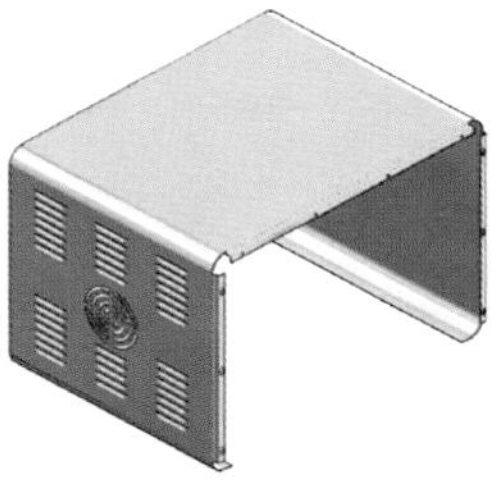 | 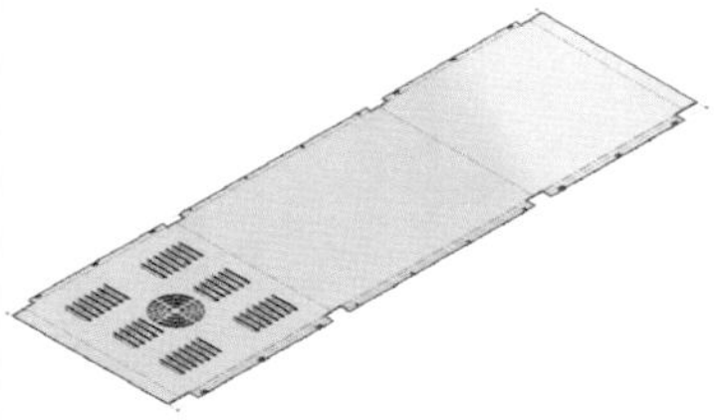 | |
| 4.6.2 排氣口指令用於不銹鋼烤箱外殼鈑金件成型工具 | 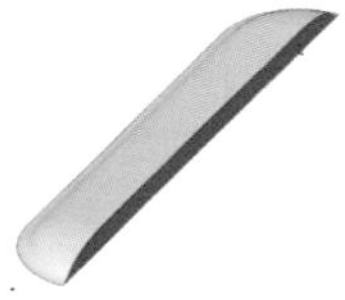 | | |
| 4.7.1 分割(兩相交圓柱管)產生上下兩圓柱管鈑金件 | 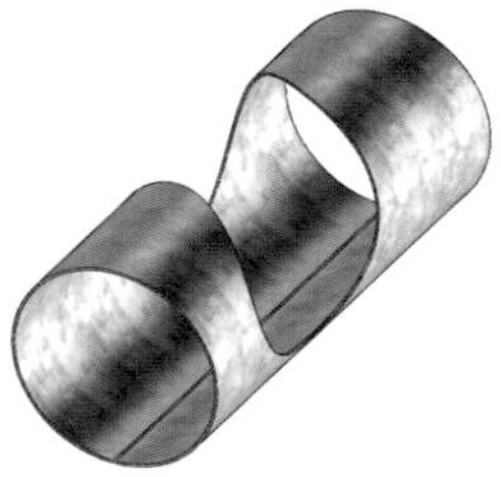 | 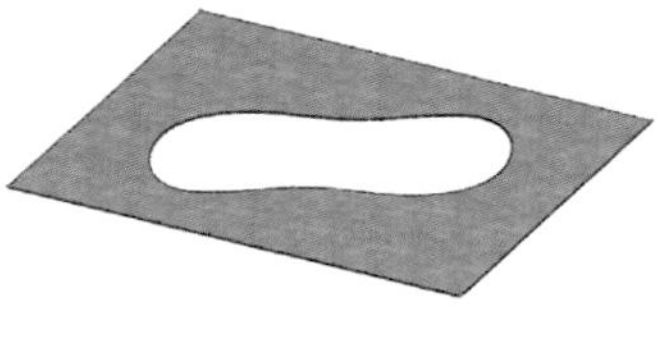 | 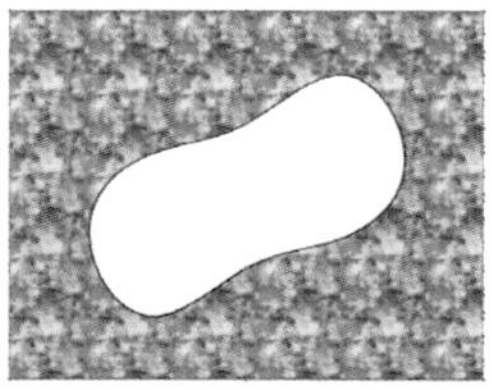 |
| 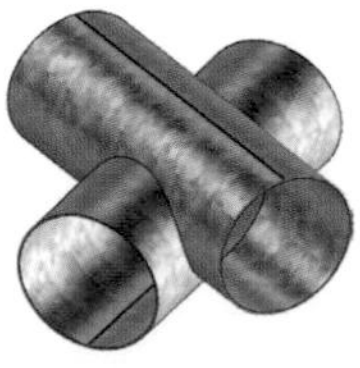 |  | 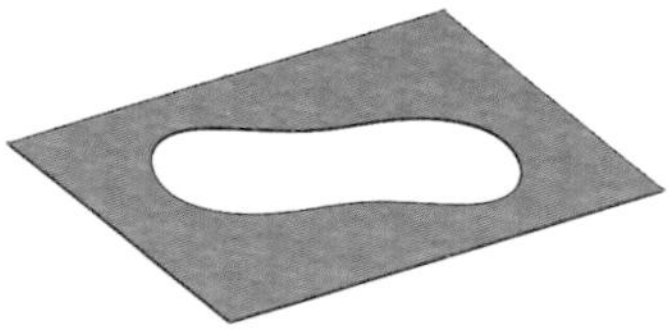 | 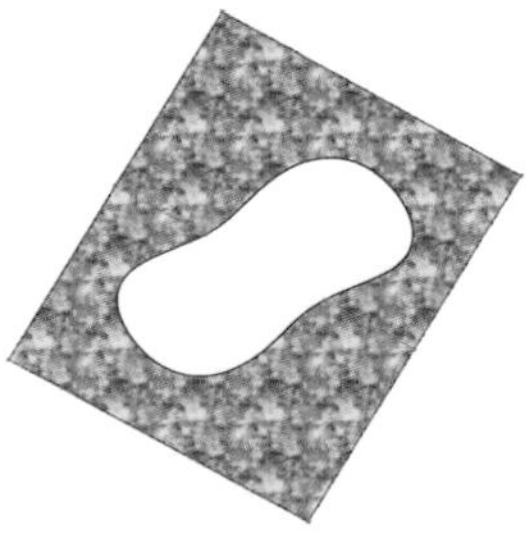 |

| 實例序號 | 實例立體圖 | 立體呈現鈑金展平 | 正視於展平鈑金件 |
| --- | --- | --- | --- |
| 4.8.1 熔接角落指令用於電源箱門鈑金角落加入熔珠 |  | |  |
| 4.8.2 熔接角落指令用於電源箱體鈑金角落加入熔珠 |  | 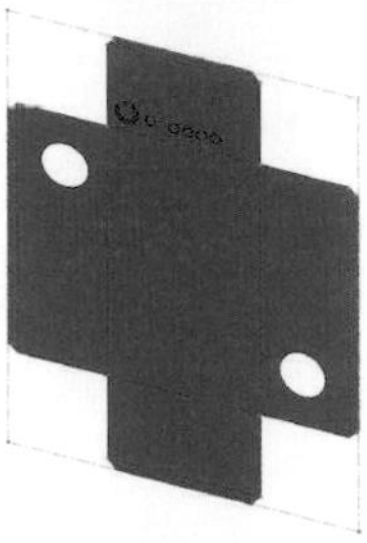 | 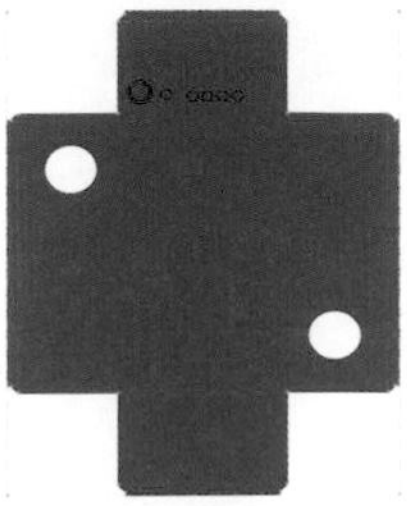 |
| 4.9.1 熔珠(熔接幾何)在偏心異徑管彎折鈑金縫隙產生熔珠 | 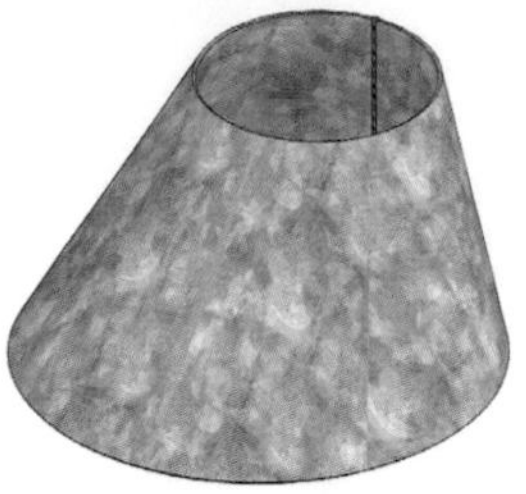 | 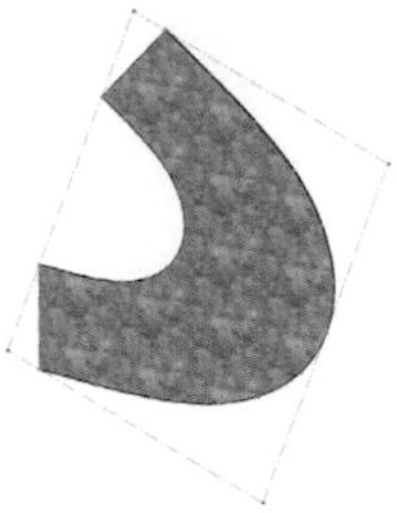 | 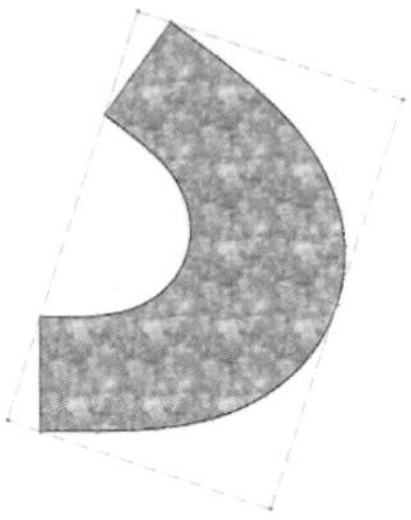 |
| 4.9.2 熔珠(熔接幾何)在異口形管彎折鈑金縫隙產生熔珠 | 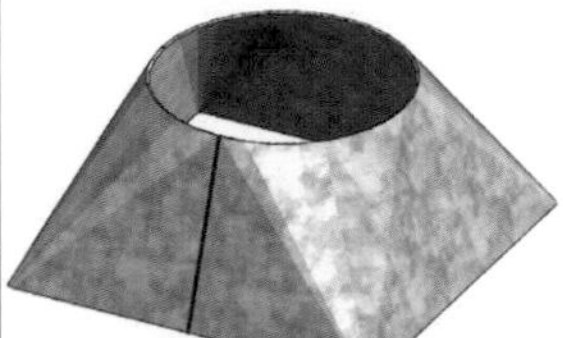 | 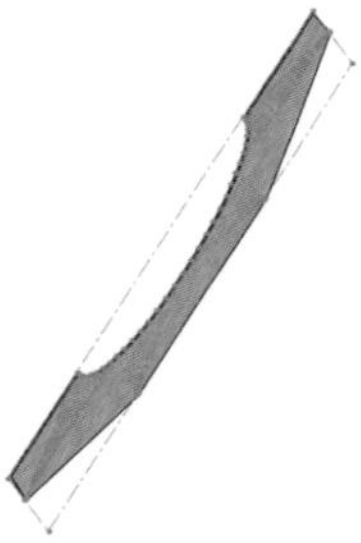 | 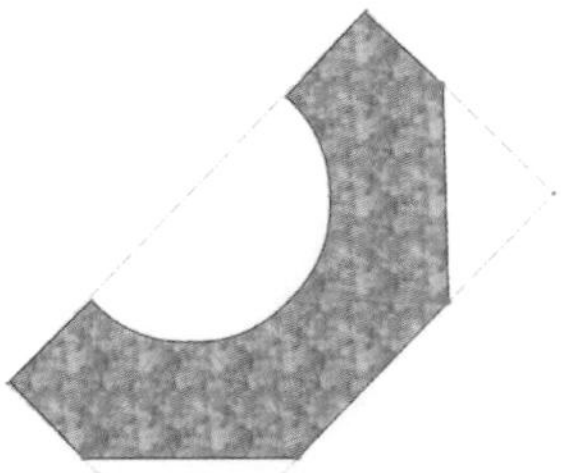 |
| 4.9.3 熔珠(熔接路徑)在圓柱風管鈑金縫隙產生熔珠 |  | 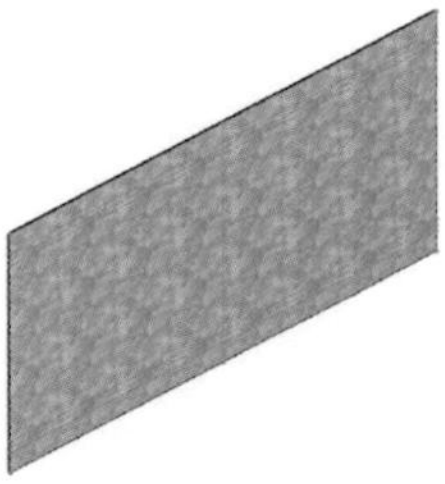 |  |
| 4.9.4 熔珠(熔接幾何)在兩相交圓柱管鈑金縫隙產生熔珠 | 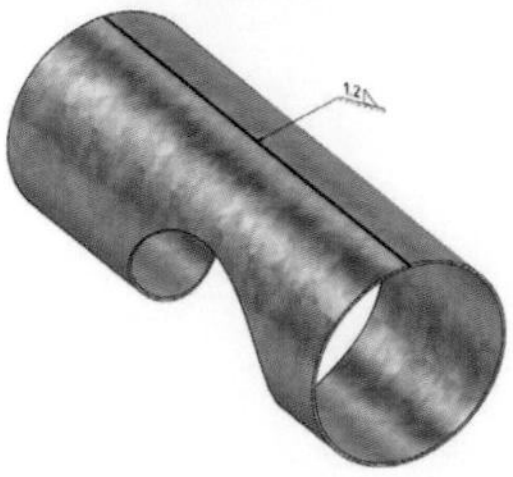 | 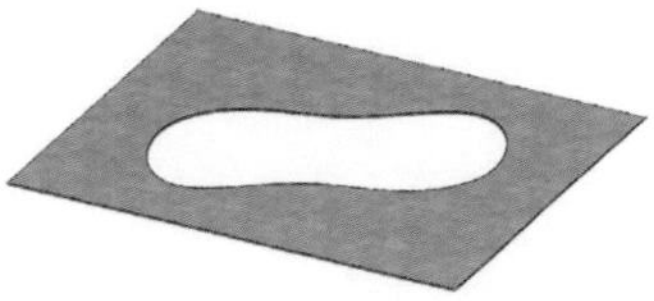 | 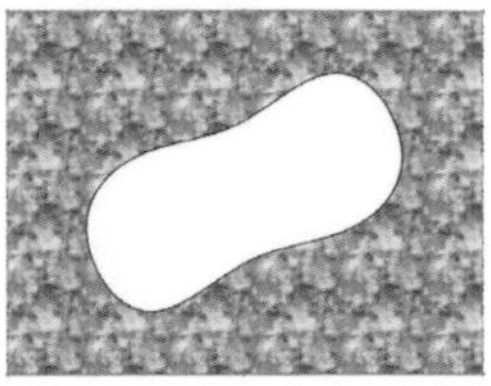 |

| 實例序號 | 實例立體圖 | 立體呈現鈑金展平 | 正視於展平鈑金件 |
|---|---|---|---|
| 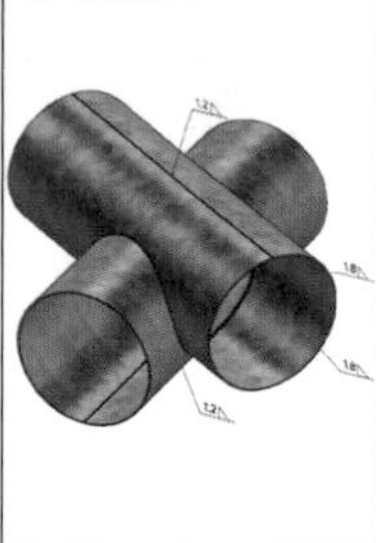 | 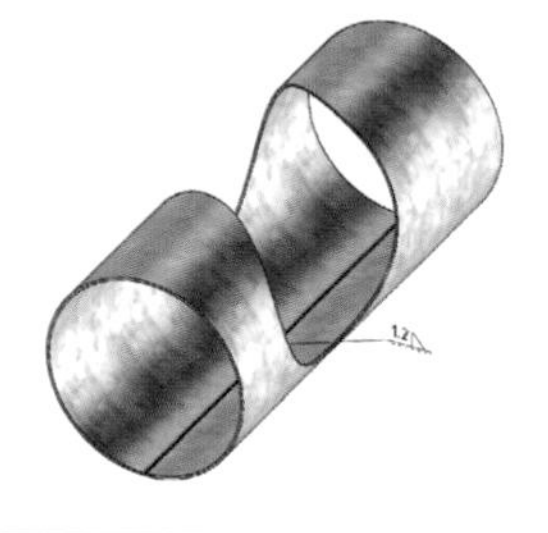 | 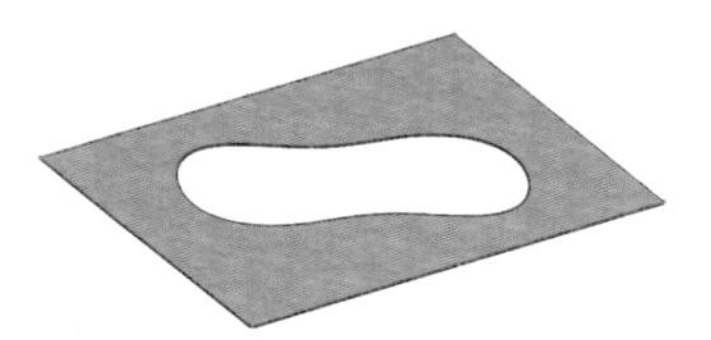 | 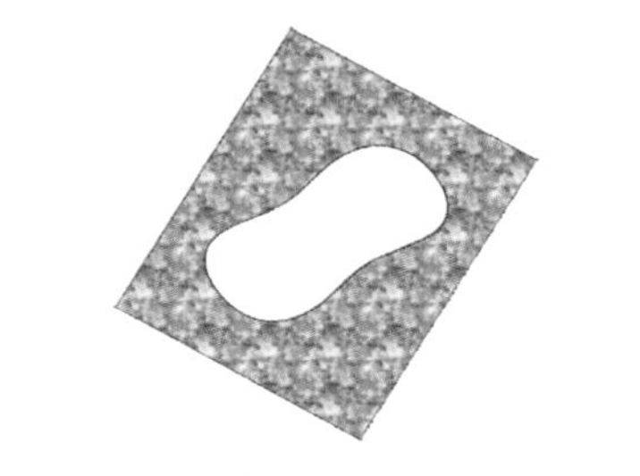 |
| 4.10.1 套用及編輯移畫印花對應至八角形金屬盒上(一) | 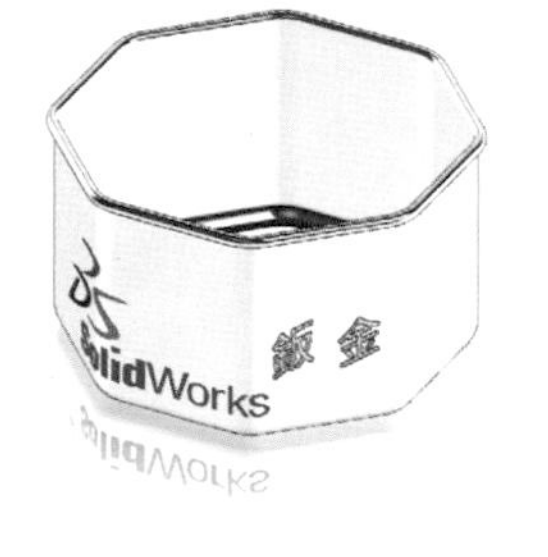 | 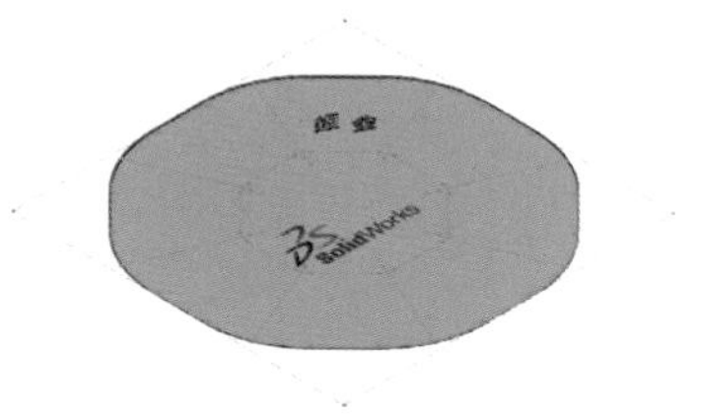 |  |
| 4.10.1 套用及編輯移畫印花對應至八角形金屬盒上(二) | 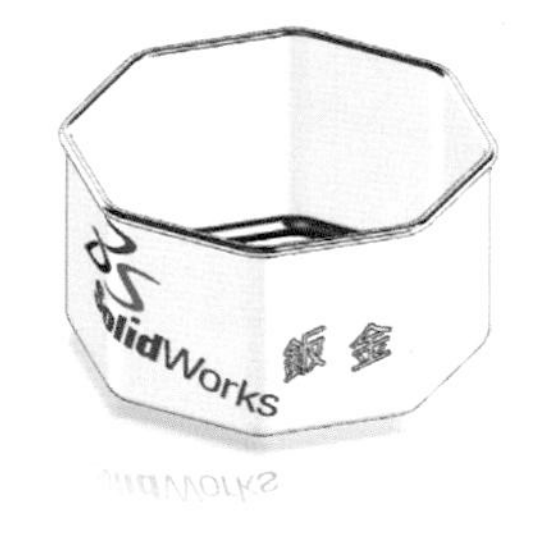 | 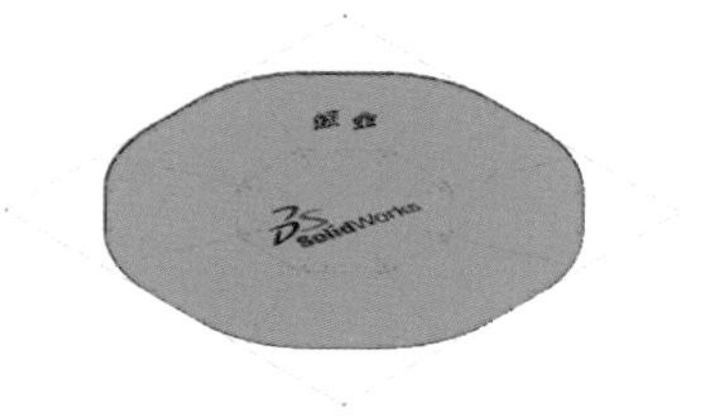 |  |

## 4.1.1 填入複製排列指令用於不銹鋼茶盤鈑金件

學習目標：能使用填入複製排列指令，產生種子複製排列切除於鈑金平面上。

繪圖步驟：開啟舊檔→刪除茶盤沖頭→修改尺寸→填入複製排列(穿孔)→按展平→另存新檔→修改填入複製排列→按展平→另存新檔→開啟舊檔→修改圖形尺寸→填入複製排列→按展平→另存新檔。

使用指令：

- 草圖指令：編輯草圖、中心矩形、中心線、角落矩形、直線草圖複製排列、參考圖元、修剪圖元、點。
- 特徵指令：填入複製排列。
- 鈑金指令：展平。

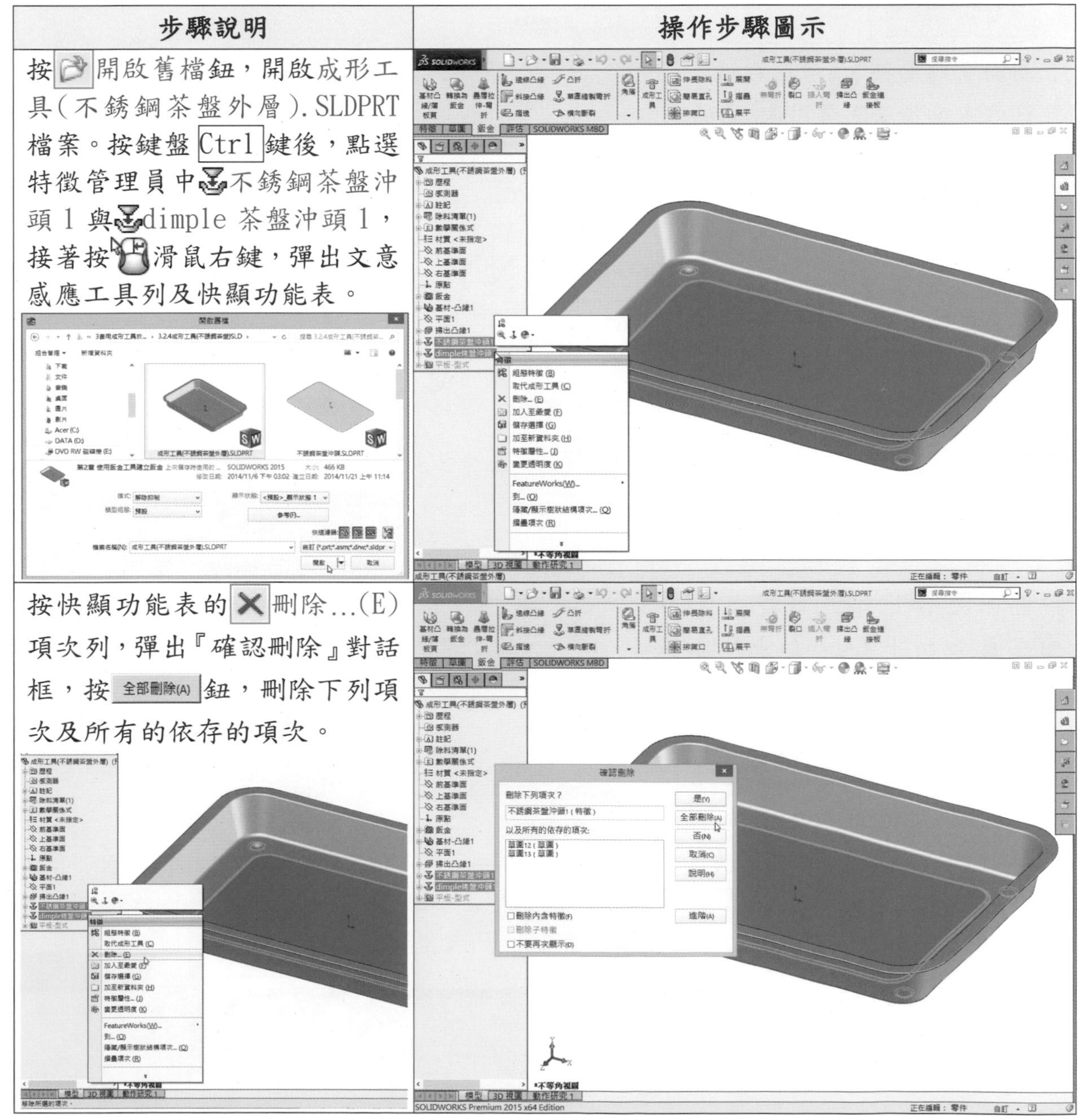

| 步驟說明 | 操作步驟圖示 |
| --- | --- |
| 按開啟舊檔鈕，開啟成形工具(不銹鋼茶盤外層).SLDPRT檔案。按鍵盤 Ctrl 鍵後，點選特徵管理員中不銹鋼茶盤沖頭 1 與dimple 茶盤沖頭 1，接著按滑鼠右鍵，彈出文意感應工具列及快顯功能表。 | |
| 按快顯功能表的刪除...(E)項次列，彈出『確認刪除』對話框，按 全部刪除(A) 鈕，刪除下列項次及所有的依存的項次。 | |

| 步驟說明 | 操作步驟圖示 |
|---|---|
| 按特徵管理員中 掃出凸緣 1 前方⊞的位置，顯示樹狀結構中的 草圖 2 的項次列上，按 滑鼠右鍵。彈出文意感應工具列，按 編輯草圖鈕。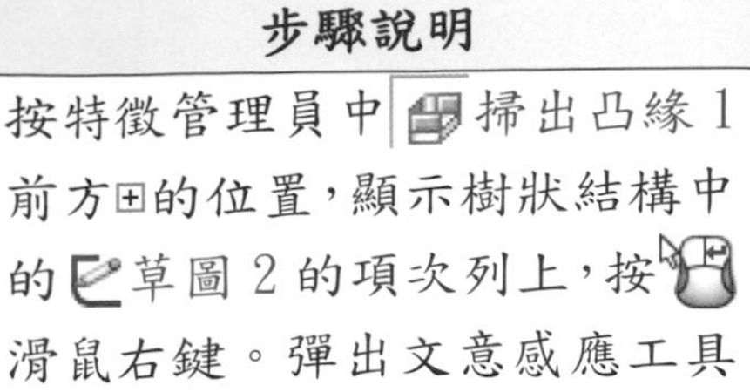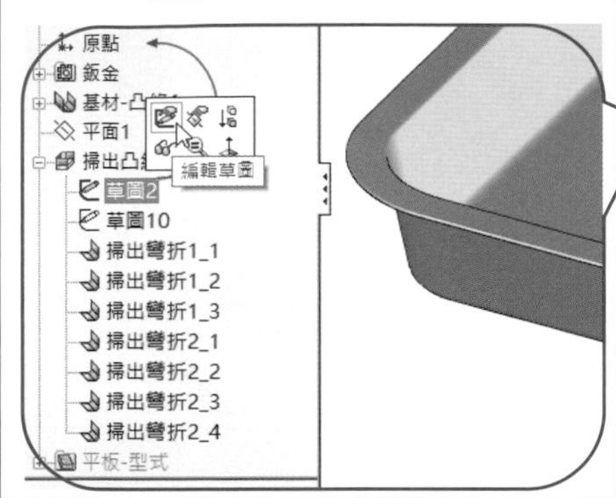 | 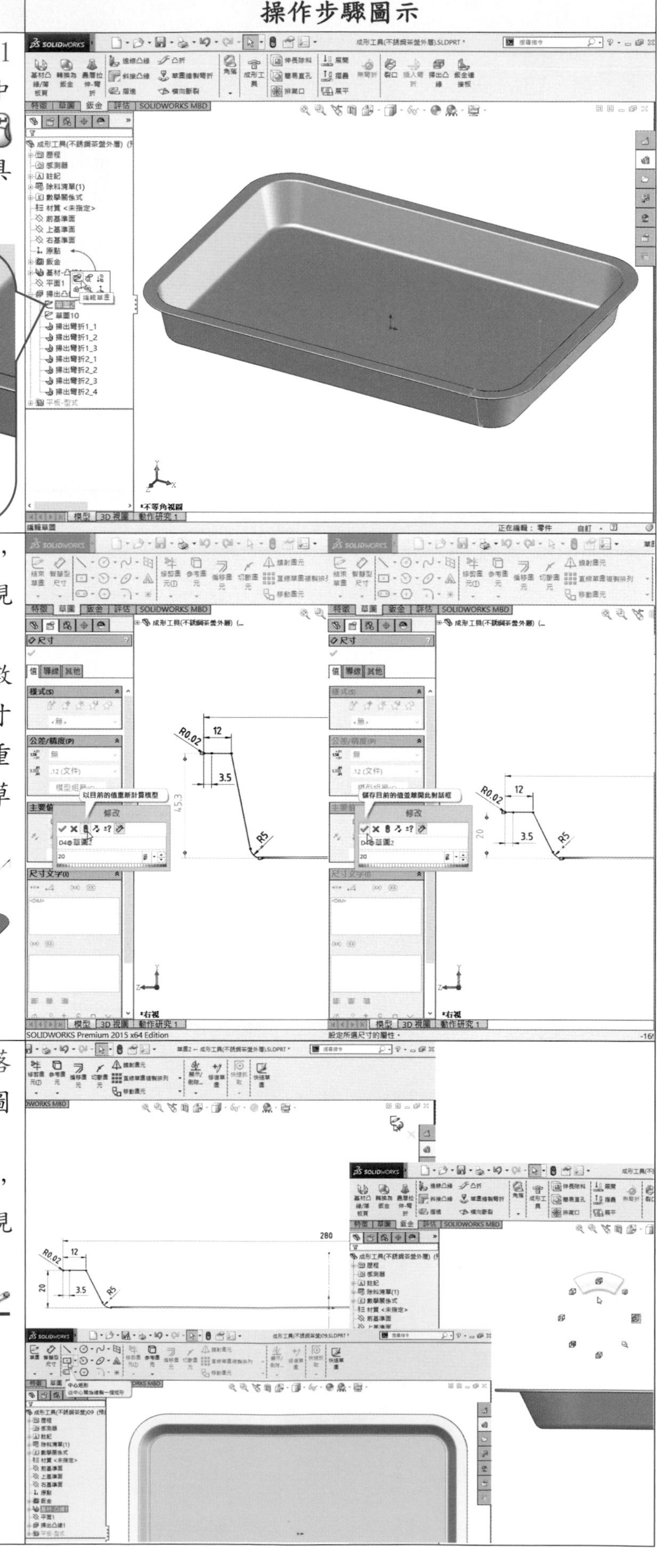 |
| 在圖面空白處按 滑鼠右鍵，並往右方向滑去，選用 呈現為右視。<br>點選 草圖 2 中 45.3 尺寸數字，顯示修改對話框，修改尺寸為 20mm，按 重新計算鈕，重新計算模型。按 ✔鈕，結束草圖編輯。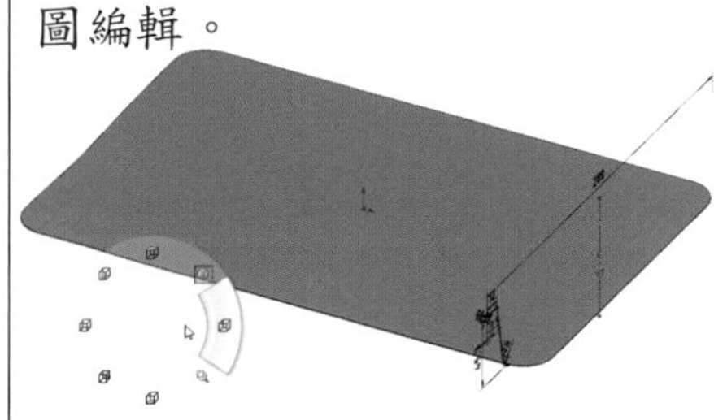 | |
| 按圖面之右上角 確認角落鈕或 重新計算鈕，結束草圖編輯。<br>在圖面空白處按 滑鼠右鍵，並往上方向滑去，選用 呈現為上視。<br>選取內凹平面（藍色）作為 草圖 4 之繪圖平面。<br>按 中心矩形鈕。 | |

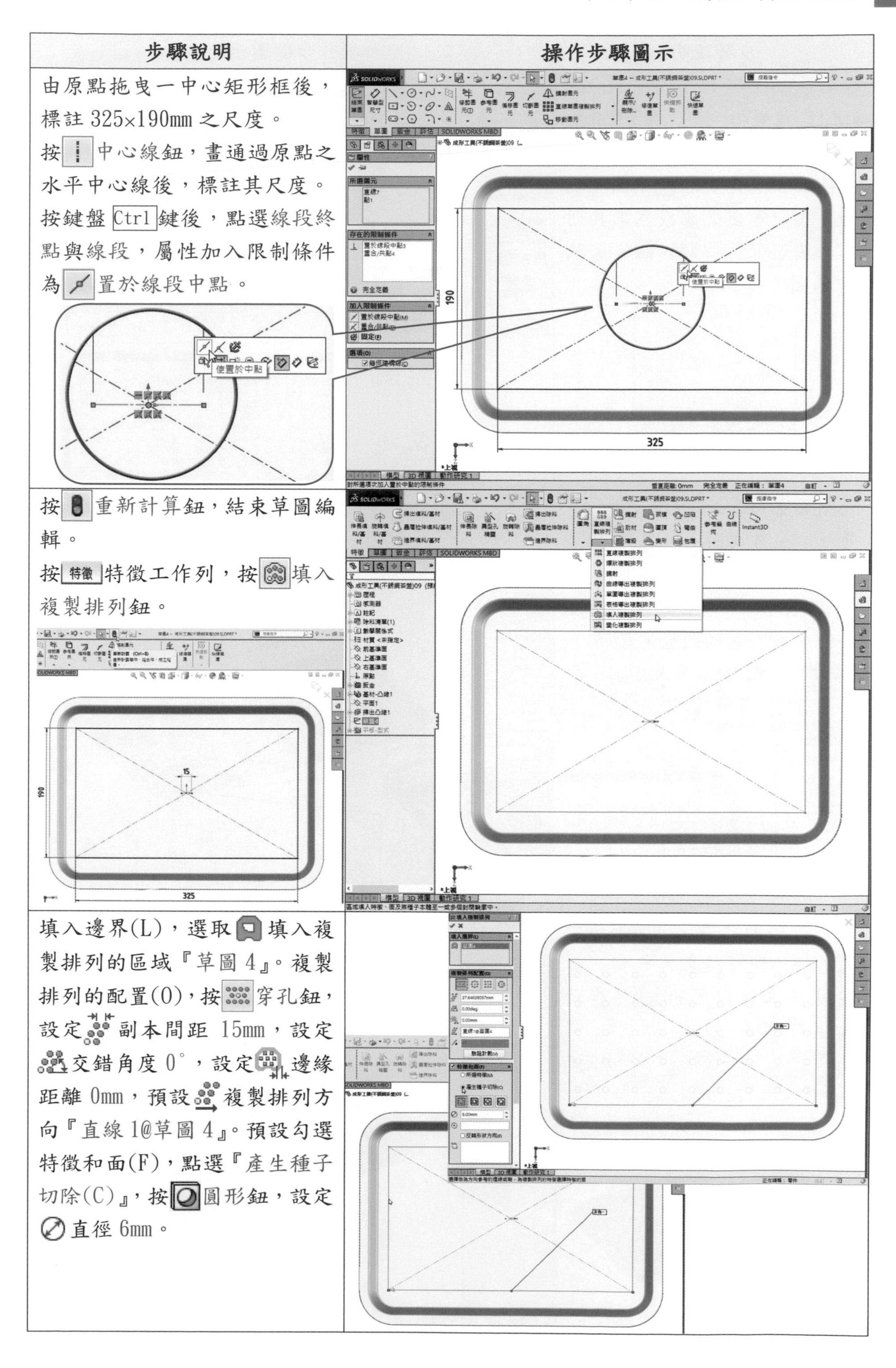

| 步驟說明 | 操作步驟圖示 |
| --- | --- |
| 由原點拖曳一中心矩形框後，標註 325×190mm 之尺度。<br>按 中心線鈕，畫通過原點之水平中心線後，標註其尺度。<br>按鍵盤 Ctrl 鍵後，點選線段終點與線段，屬性加入限制條件為 置於線段中點。 | |
| 按 重新計算鈕，結束草圖編輯。<br>按 特徵 特徵工作列，按 填入複製排列鈕。 | |
| 填入邊界(L)，選取 填入複製排列的區域『草圖 4』。複製排列的配置(O)，按 穿孔鈕，設定 副本間距 15mm，設定 交錯角度 0°，設定 邊緣距離 0mm，預設 複製排列方向『直線 1@草圖 4』。預設勾選特徵和面(F)，點選『產生種子切除(C)』，按 圓形鈕，設定 直徑 6mm。 | |

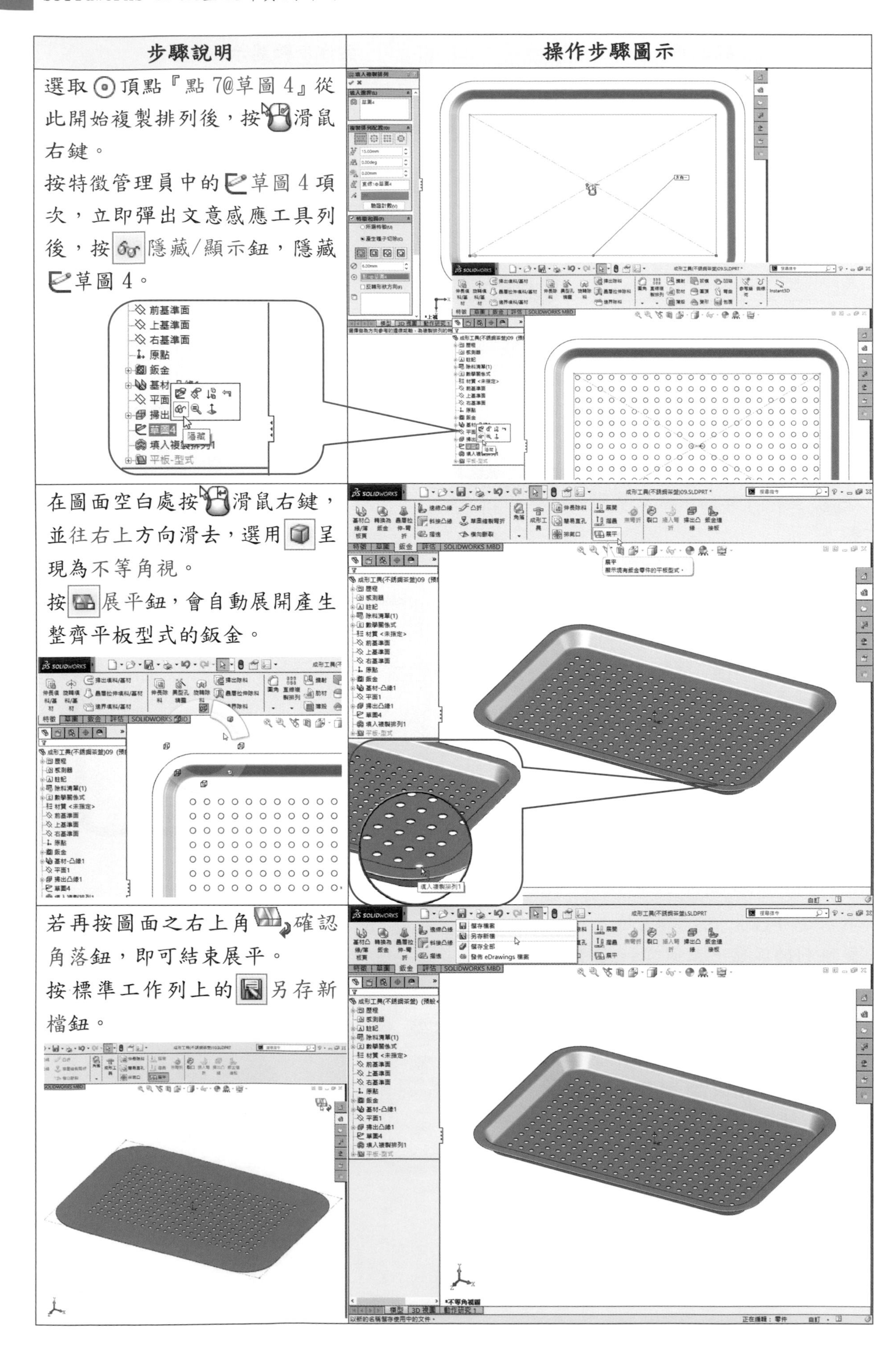

| 步驟說明 | 操作步驟圖示 |
|---|---|
| 選取 ⊙ 項點『點 7@草圖 4』從此開始複製排列後，按滑鼠右鍵。<br>按特徵管理員中的草圖 4 項次，立即彈出文意感應工具列後，按隱藏/顯示鈕，隱藏草圖 4。 | |
| 在圖面空白處按滑鼠右鍵，並往右上方向滑去，選用呈現為不等角視。<br>按展平鈕，會自動展開產生整齊平板型式的鈑金。 | |
| 若再按圖面之右上角確認角落鈕，即可結束展平。<br>按標準工作列上的另存新檔鈕。 | |

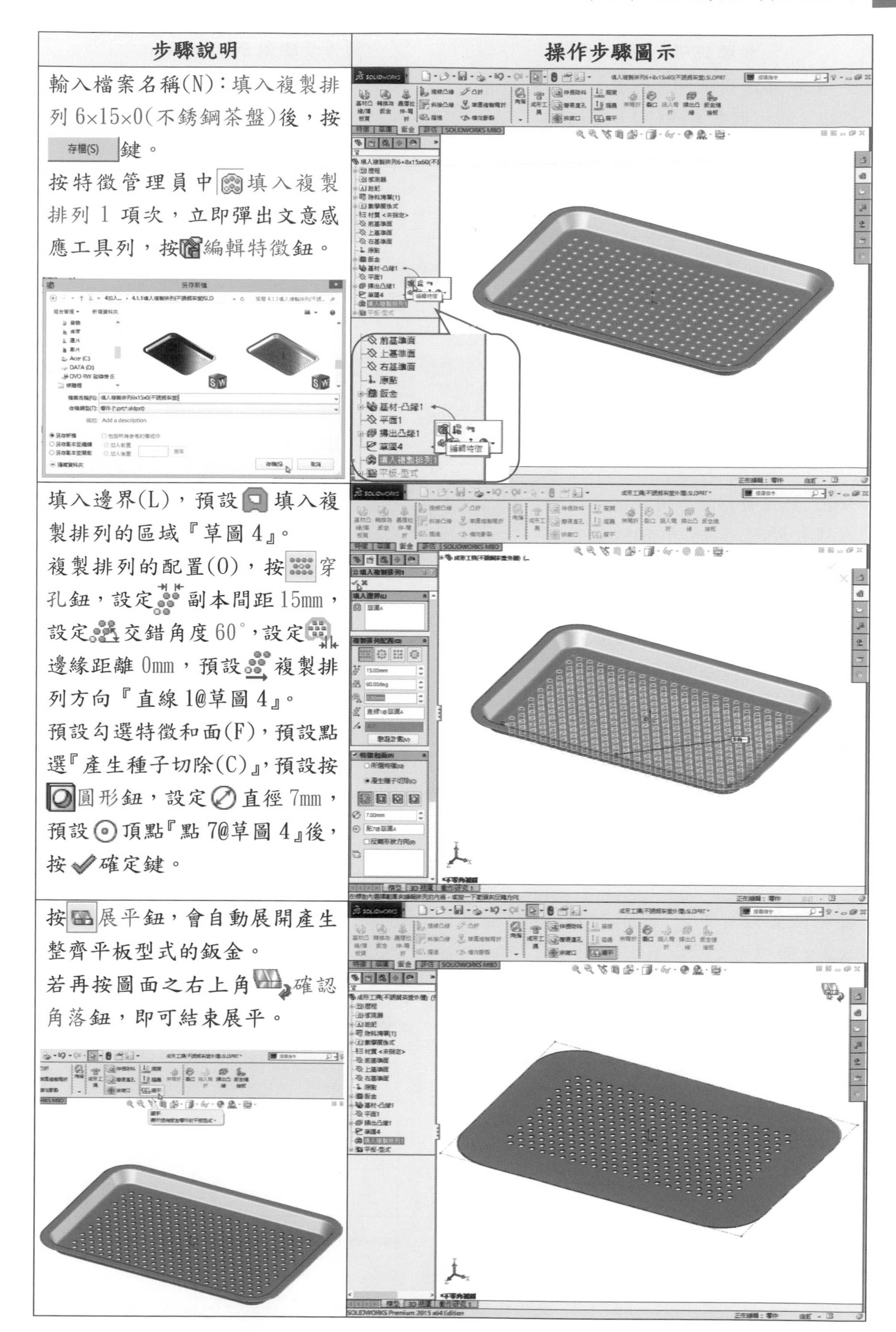

| 步驟說明 | 操作步驟圖示 |
|---|---|
| 輸入檔案名稱(N)：填入複製排列 6×15×0(不銹鋼茶盤)後，按 存檔(S) 鍵。<br>按特徵管理員中 填入複製排列 1 項次，立即彈出文意感應工具列，按 編輯特徵鈕。 | |
| 填入邊界(L)，預設 填入複製排列的區域『草圖 4』。<br>複製排列的配置(O)，按 穿孔鈕，設定 副本間距 15mm，設定 交錯角度 60°，設定 邊緣距離 0mm，預設 複製排列方向『直線 1@草圖 4』。<br>預設勾選特徵和面(F)，預設點選『產生種子切除(C)』，預設按 圓形鈕，設定 直徑 7mm，預設 頂點『點 7@草圖 4』後，按 確定鍵。 | |
| 按 展平鈕，會自動展開產生整齊平板型式的鈑金。<br>若再按圖面之右上角 確認角落鈕，即可結束展平。 | |

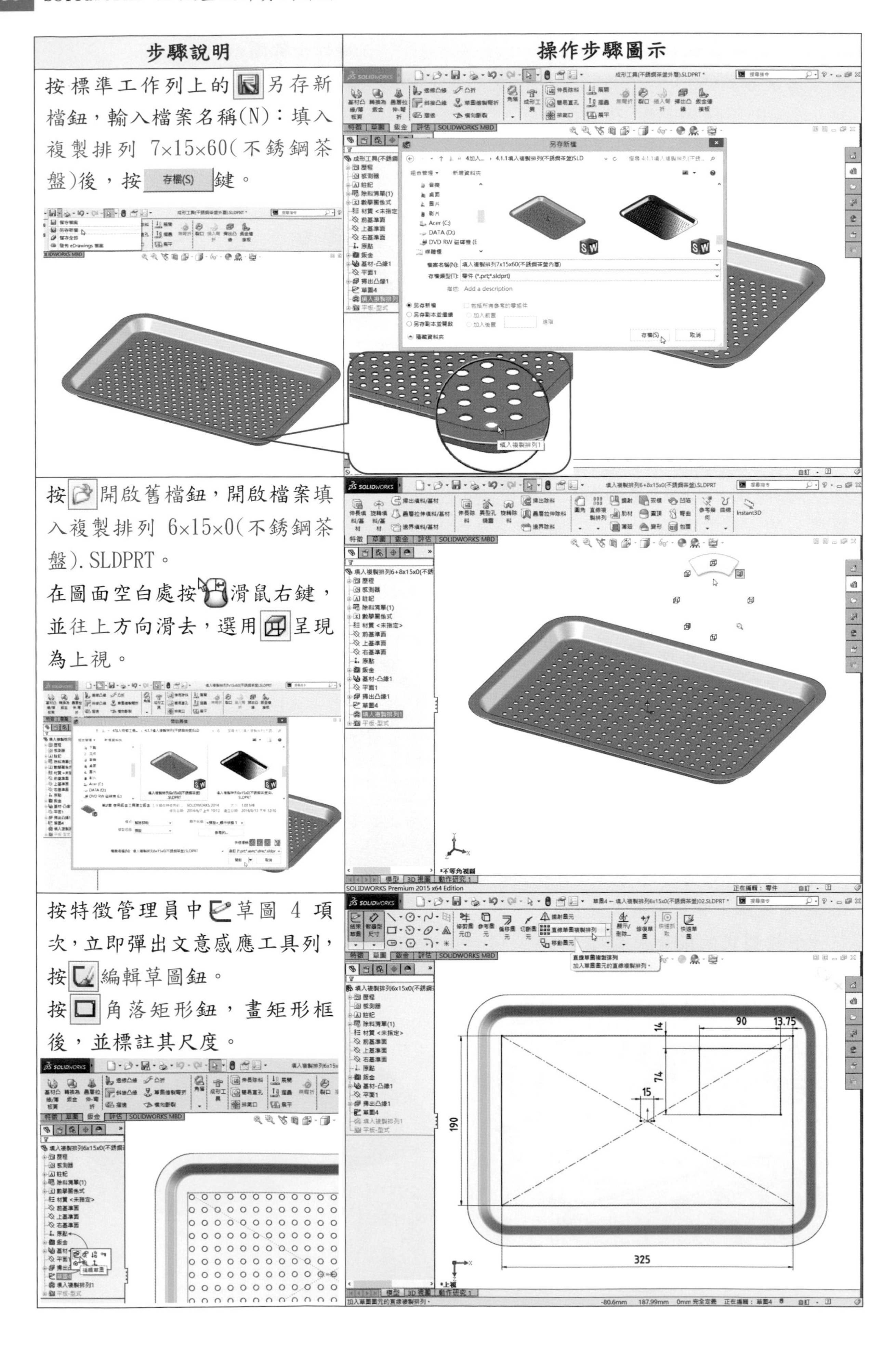


| 步驟說明 | 操作步驟圖示 |
|---|---|
| 按標準工作列上的另存新檔鈕，輸入檔案名稱(N)：填入複製排列 7×15×60(不銹鋼茶盤)後，按 存檔(S) 鍵。 | |
| 按開啟舊檔鈕，開啟檔案填入複製排列 6×15×0(不銹鋼茶盤).SLDPRT。<br>在圖面空白處按滑鼠右鍵，並往上方向滑去，選用呈現為上視。 | |
| 按特徵管理員中草圖 4 項次，立即彈出文意感應工具列，按編輯草圖鈕。<br>按角落矩形鈕，畫矩形框後，並標註其尺度。 | |

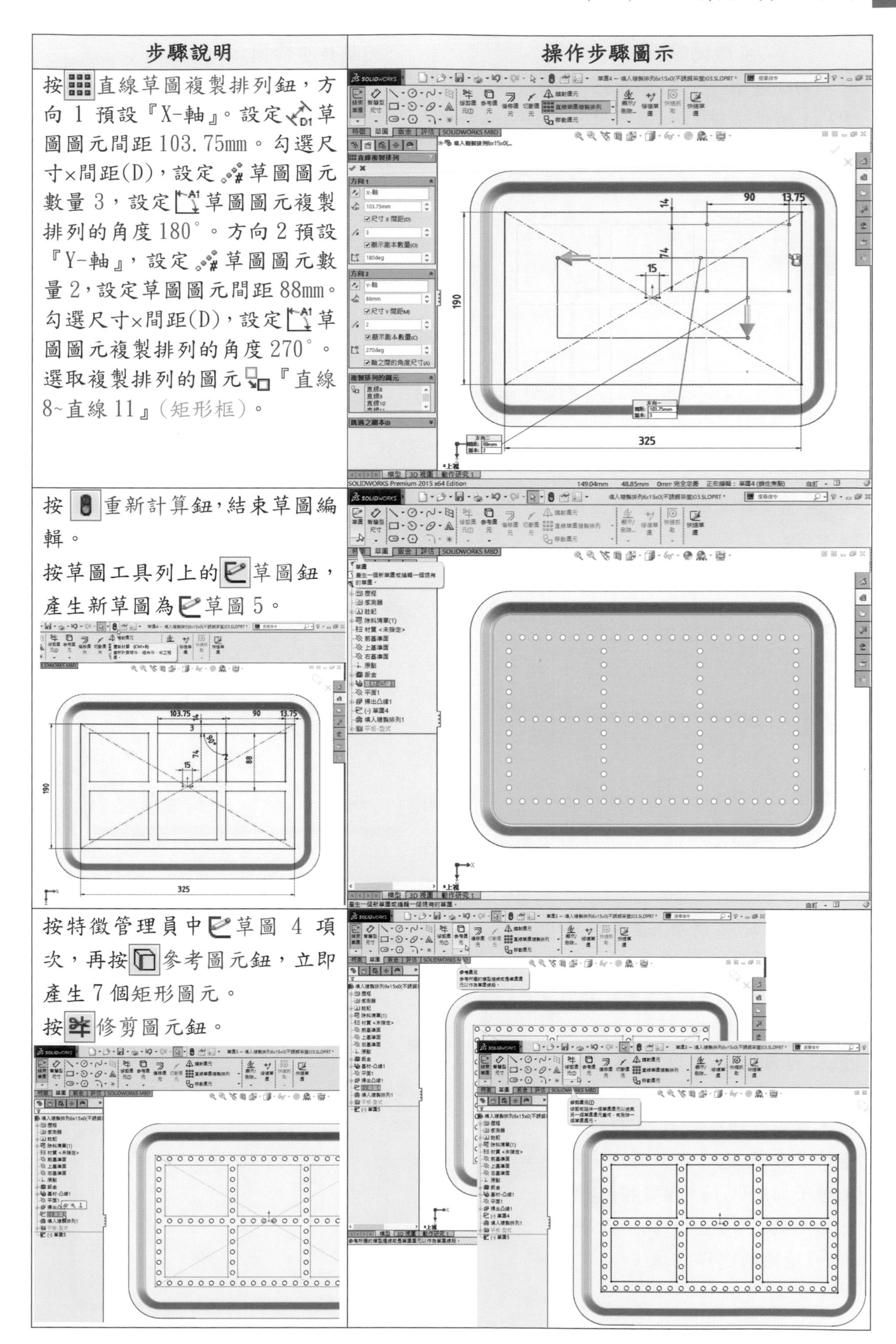

| 步驟說明 | 操作步驟圖示 |
|---|---|
| 按直線草圖複製排列鈕，方向 1 預設『X-軸』。設定草圖圖元間距 103.75mm。勾選尺寸×間距(D)，設定草圖圖元數量 3，設定草圖圖元複製排列的角度 180°。方向 2 預設『Y-軸』，設定草圖圖元數量 2，設定草圖圖元間距 88mm。勾選尺寸×間距(D)，設定草圖圖元複製排列的角度 270°。選取複製排列的圖元『直線 8~直線 11』(矩形框)。 | |
| 按重新計算鈕，結束草圖編輯。<br>按草圖工具列上的草圖鈕，產生新草圖為草圖 5。 | |
| 按特徵管理員中草圖 4 項次，再按參考圖元鈕，立即產生 7 個矩形圖元。<br>按修剪圖元鈕。 | |

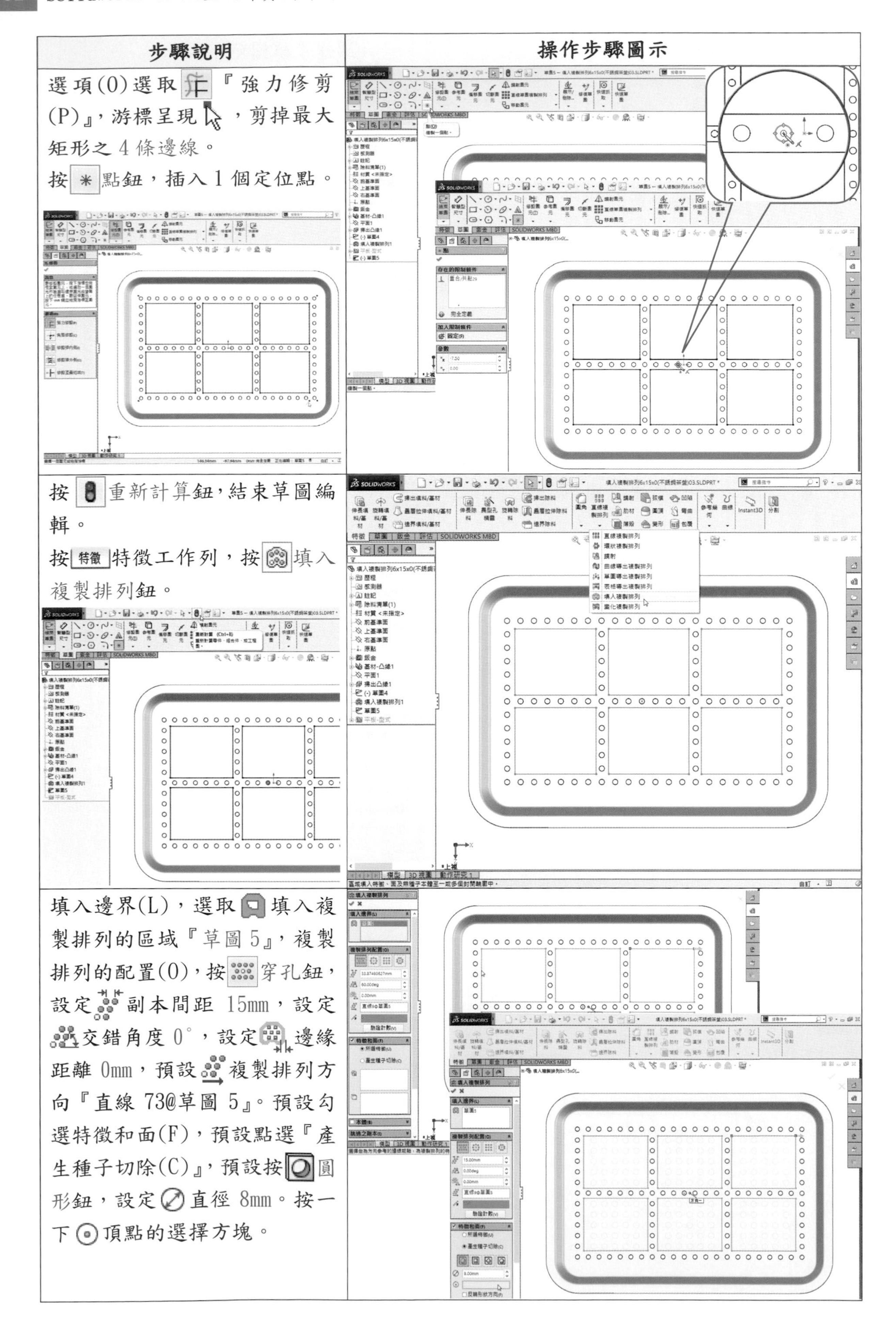

| 步驟說明 | 操作步驟圖示 |
|---|---|
| 選項(0)選取『強力修剪(P)』，游標呈現，剪掉最大矩形之 4 條邊線。<br>按 ＊ 點鈕，插入 1 個定位點。 | |
| 按重新計算鈕，結束草圖編輯。<br>按 特徵 特徵工作列，按填入複製排列鈕。 | |
| 填入邊界(L)，選取填入複製排列的區域『草圖 5』，複製排列的配置(0)，按穿孔鈕，設定副本間距 15mm，設定交錯角度 0°，設定邊緣距離 0mm，預設複製排列方向『直線 73@草圖 5』。預設勾選特徵和面(F)，預設點選『產生種子切除(C)』，預設按圓形鈕，設定直徑 8mm。按一下頂點的選擇方塊。 | |

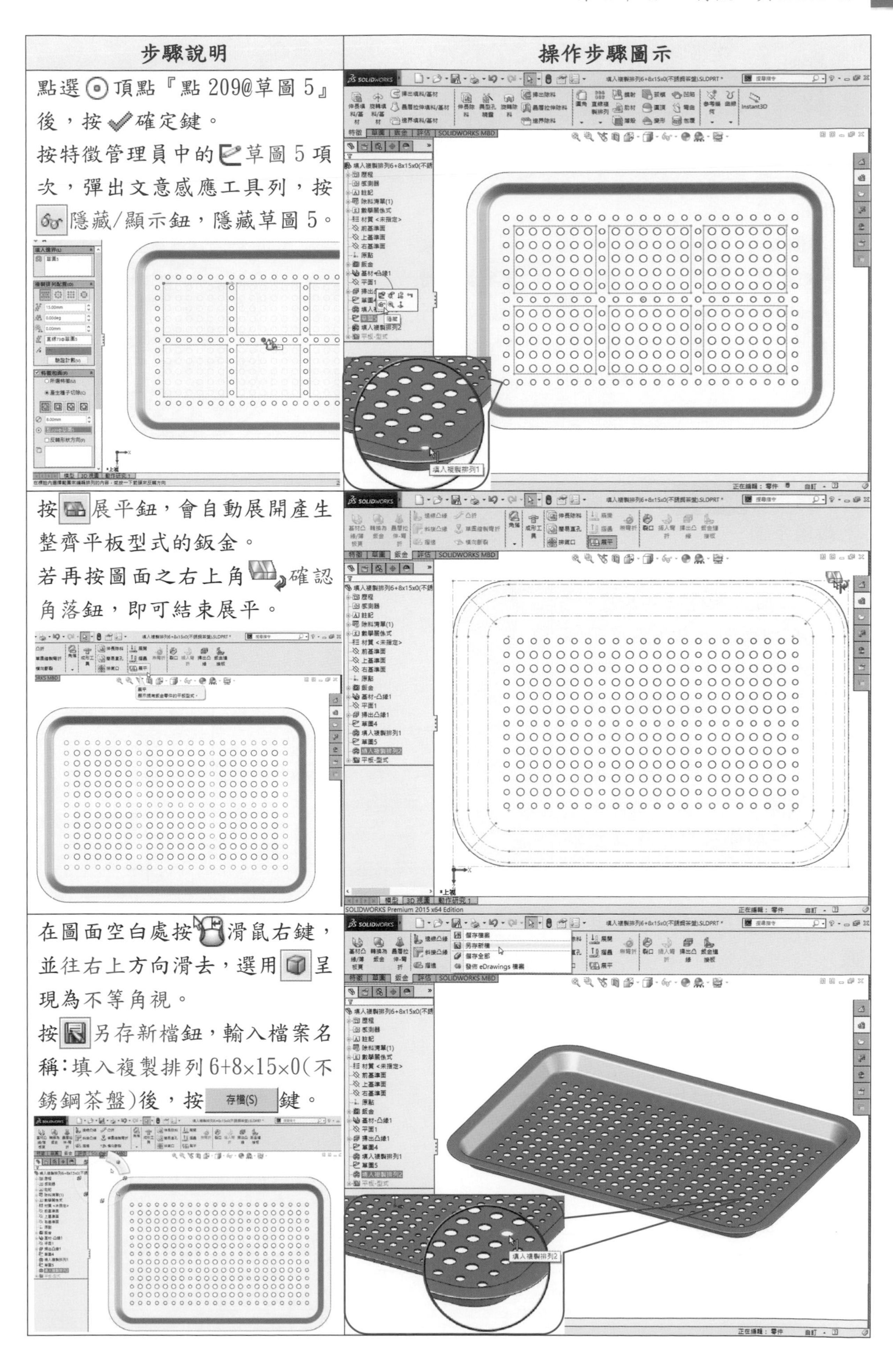

| 步驟說明 | 操作步驟圖示 |
|---|---|
| 點選◎項點『點 209@草圖 5』後，按✔確定鍵。按特徵管理員中的草圖 5 項次，彈出文意感應工具列，按隱藏/顯示鈕，隱藏草圖 5。 | |
| 按展平鈕，會自動展開產生整齊平板型式的鈑金。若再按圖面之右上角確認角落鈕，即可結束展平。 | |
| 在圖面空白處按滑鼠右鍵，並往右上方向滑去，選用呈現為不等角視。按另存新檔鈕，輸入檔案名稱：填入複製排列 6+8×15×0(不銹鋼茶盤)後，按 存檔(S) 鍵。 | |

## 4.1.2 填入複製排列指令用於濾清器配件鈑金件

**學習目標**：能使用填入複製排列指令，產生種子複製排列切除於鈑金圓柱面上。

**繪圖步驟**：長基材凸緣→產生鈑金→按展開→作伸長除料→加填入複製排列(穿孔)→按摺疊→作摺邊(開放形)→作摺邊(捲形)→按展平。

使用指令：

- 草圖指令：圓、切斷圖元、中心線、直線、圓心/起/終點畫弧、直狹槽。
- 特徵指令：伸長除料、填入複製排列。
- 鈑金指令：基材凸緣/薄板頁、展開、摺疊、摺邊、展平。

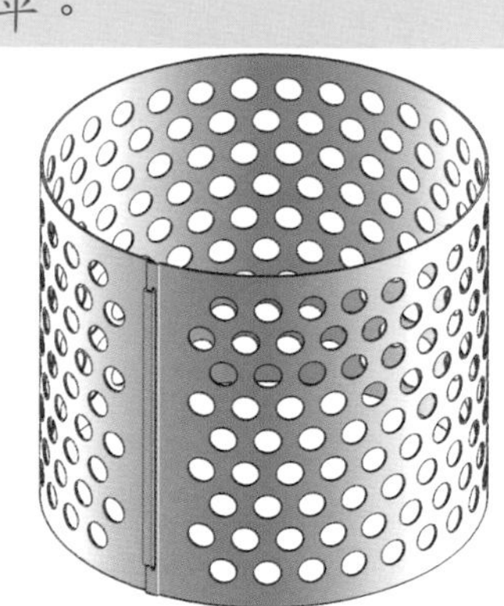

| 步驟說明 | 操作步驟圖示 |
| --- | --- |
| 首先選取上基準面作為草圖 1 之繪圖平面。<br>按圓鈕，以原點為圓心畫 Ø80 草圖圓，並標註其尺度，再按切斷圖元鈕，點選兩個切斷點來分開圓。<br>按中心線、直線鈕，畫 1 條垂直中心線，另 1 條傾斜中心線(橘色)與直線相互垂直。<br>再按圓心/起/終點畫弧鈕，由垂直輪廓線端點向左畫一弧線。 | 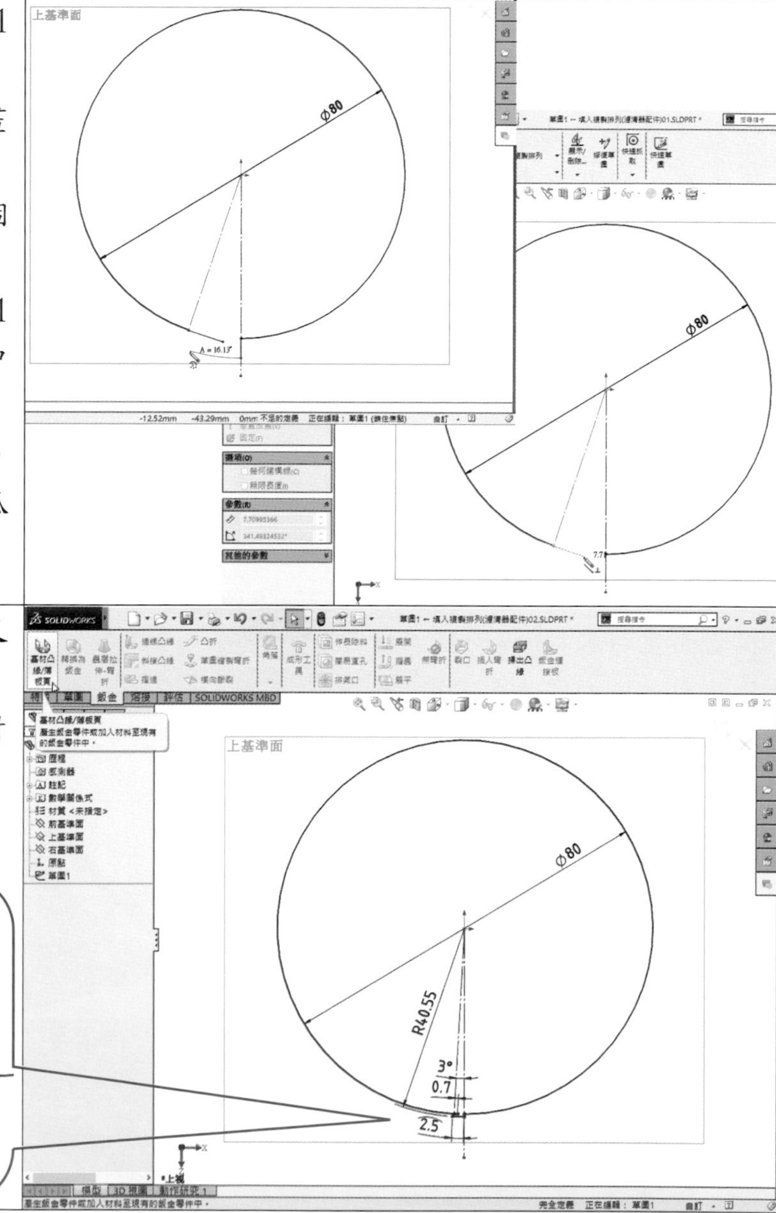 |
| 按智慧型尺寸鈕，標註其尺度。<br>按鈑金鈑金工具列，按基材凸緣/薄板頁鈕。 | |

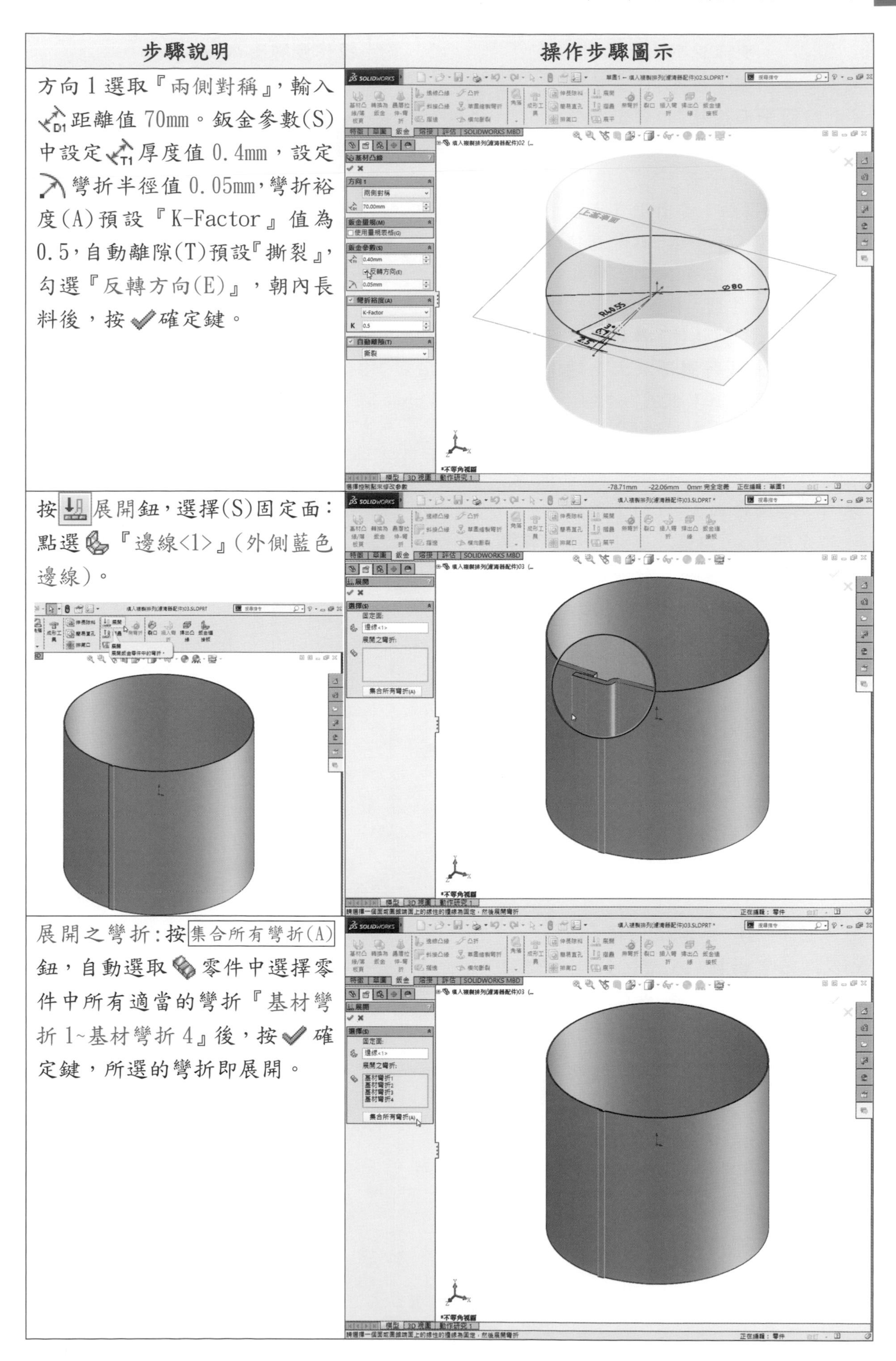

| 步驟說明 | 操作步驟圖示 |
| --- | --- |
| 方向 1 選取『兩側對稱』，輸入距離值 70mm。鈑金參數(S)中設定厚度值 0.4mm，設定彎折半徑值 0.05mm，彎折裕度(A)預設『K-Factor』值為 0.5，自動離隙(T)預設『撕裂』，勾選『反轉方向(E)』，朝內長料後，按確定鍵。 | |
| 按展開鈕，選擇(S)固定面：點選『邊線<1>』(外側藍色邊線)。 | |
| 展開之彎折：按集合所有彎折(A)鈕，自動選取零件中選擇零件中所有適當的彎折『基材彎折 1~基材彎折 4』後，按確定鍵，所選的彎折即展開。 | |

| 步驟說明 | 操作步驟圖示 |
|---|---|
| 按展平之平面(藍色)作為草圖2之繪圖平面後放開，彈出文意感應工具列，按正視於鈕，垂直於所選的平面。<br>按直狹槽鈕，畫出垂直直狹槽。按鍵盤Ctrl鍵，點選直狹槽中心點與原點後放開，彈出文意感應工具列，按水平放置鈕，加入限制條件。轉動滑鼠中間滾輪，可將圖形放大至適當大小後，標註其尺度。<br>按特徵特徵工作列，按伸長除料鈕。 | 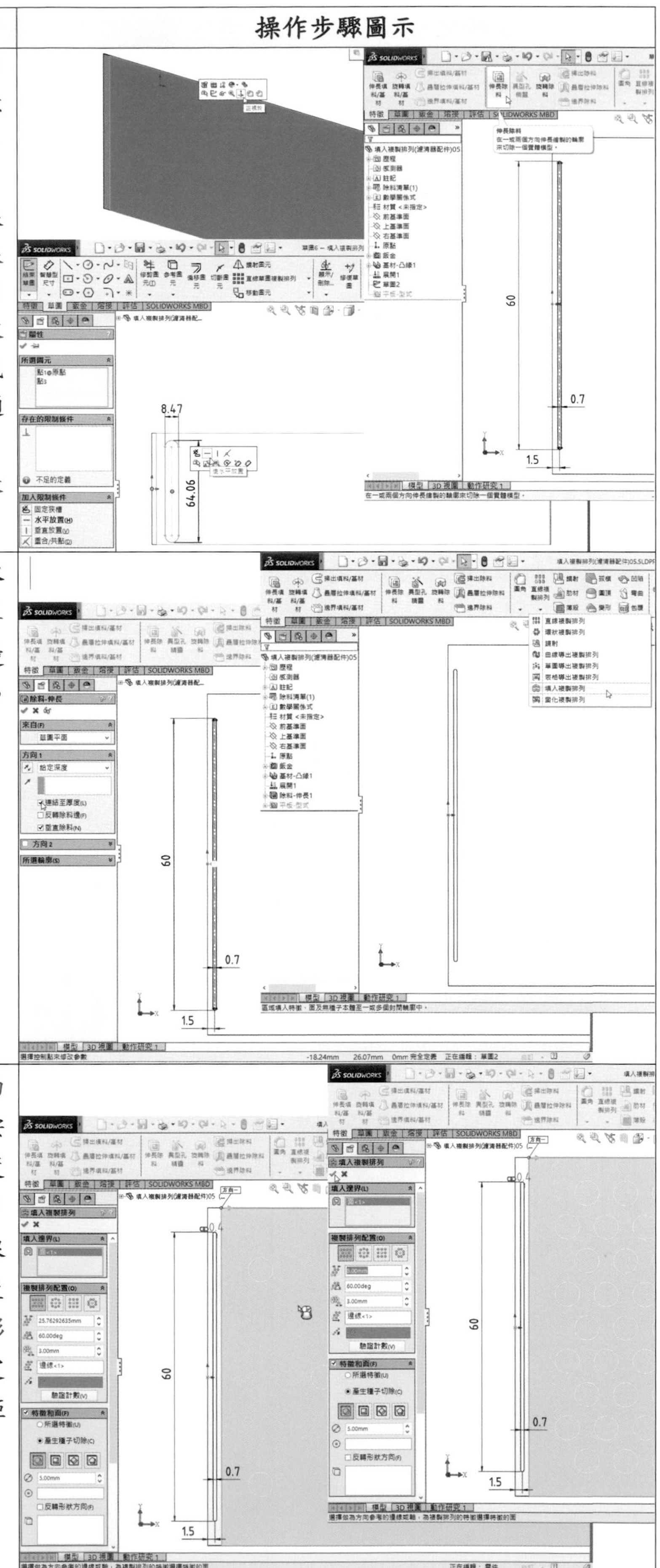 |
| 來自『草圖平面』，方向1選取『給定深度』，勾選『連結至厚度(L)』，不勾選『反轉除料邊(F)』，勾選『垂直除料(N)』後，按確定鍵。<br>按填入複製排列鈕。 | |
| 填入邊界(L)，選取區域『面<1>』，複製排列的配置(O)，按穿孔鈕，設定交錯角度60°，設定邊緣距離3mm，自動預設複製排列方向『邊線<1>』。特徵和面(F)，點選『產生種子切除(C)』，按圓形鈕，設定直徑5mm，不設定頂點『 』。設定副本間距8mm後，按確定鍵。 | |

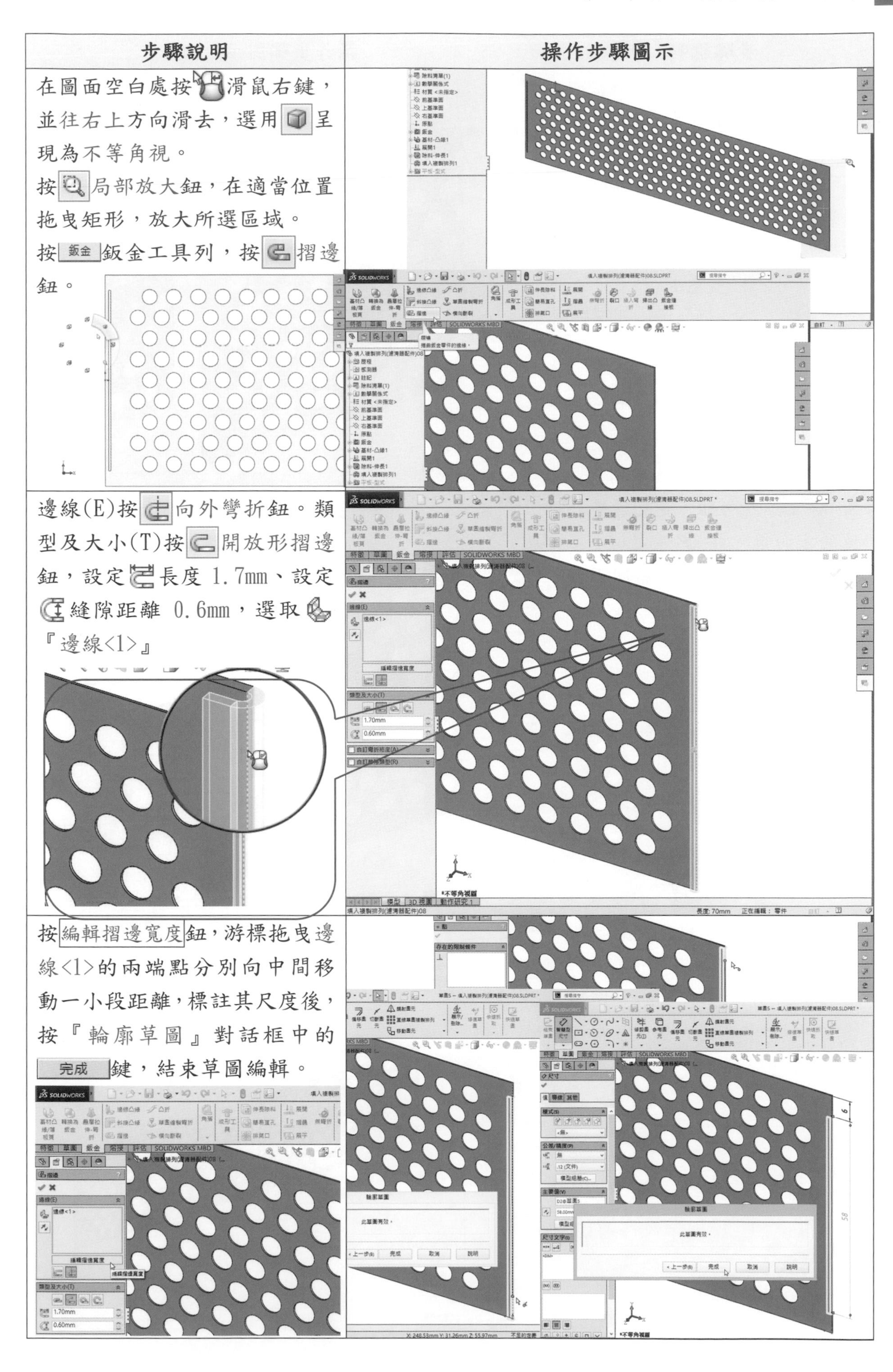

| 步驟說明 | 操作步驟圖示 |
|---|---|
| 在圖面空白處按滑鼠右鍵，並往右上方向滑去，選用呈現為不等角視。<br>按局部放大鈕，在適當位置拖曳矩形，放大所選區域。<br>按鈑金工具列，按摺邊鈕。 | |
| 邊線(E)按向外彎折鈕。類型及大小(T)按開放形摺邊鈕，設定長度 1.7mm、設定縫隙距離 0.6mm，選取『邊線<1>』 | |
| 按編輯摺邊寬度鈕，游標拖曳邊線<1>的兩端點分別向中間移動一小段距離，標註其尺度後，按『輪廓草圖』對話框中的完成鍵，結束草圖編輯。 | |

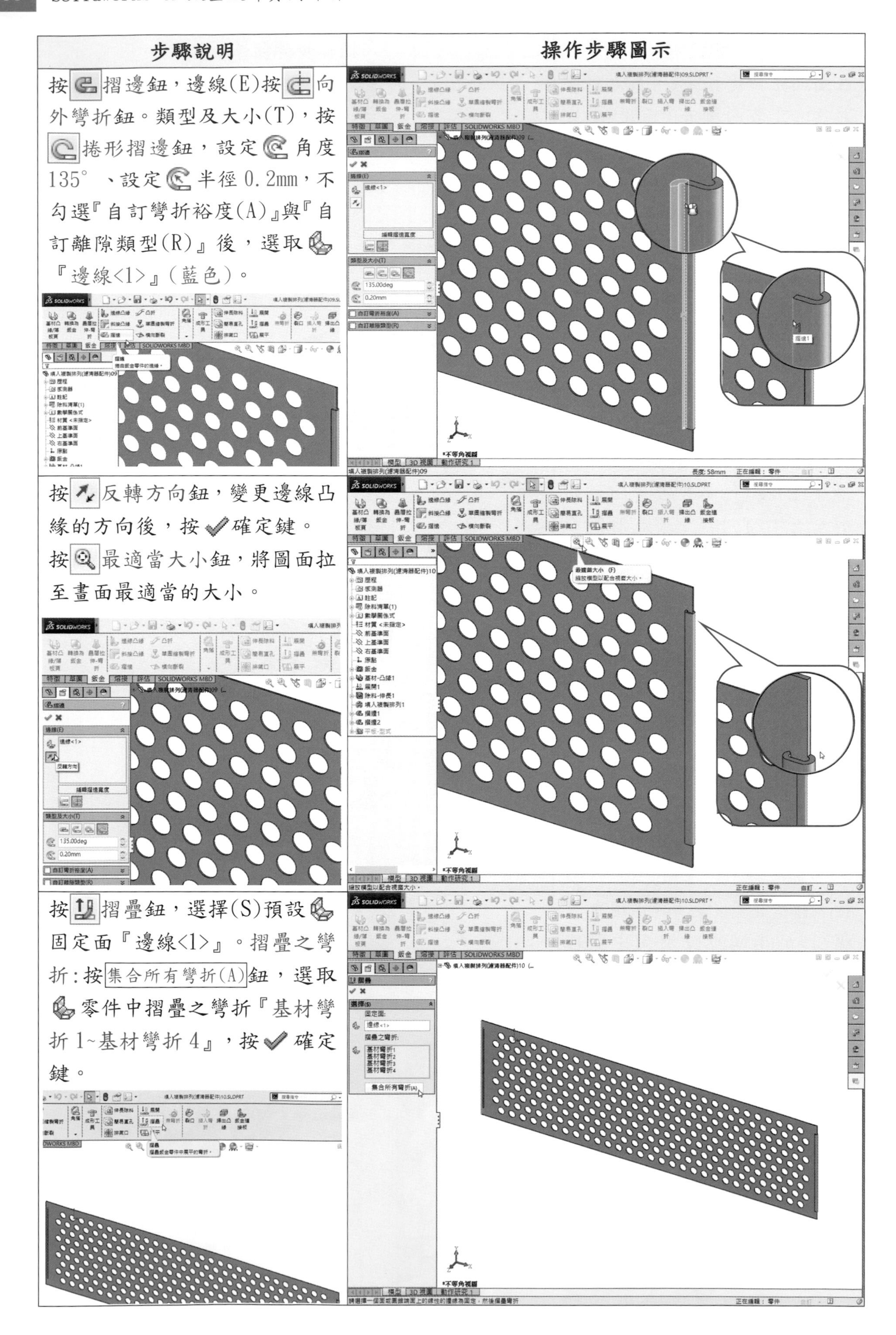

| 步驟說明 | 操作步驟圖示 |
| --- | --- |
| 按摺邊鈕，邊線(E)按向外彎折鈕。類型及大小(T)，按捲形摺邊鈕，設定角度135°、設定半徑0.2mm，不勾選『自訂彎折裕度(A)』與『自訂離隙類型(R)』後，選取『邊線<1>』(藍色)。 | |
| 按反轉方向鈕，變更邊線凸緣的方向後，按確定鍵。按最適當大小鈕，將圖面拉至畫面最適當的大小。 | |
| 按摺疊鈕，選擇(S)預設固定面『邊線<1>』。摺疊之彎折：按集合所有彎折(A)鈕，選取零件中摺疊之彎折『基材彎折1~基材彎折4』，按確定鍵。 | |

| 步驟說明 | 操作步驟圖示 |
| --- | --- |
| 在圖面空白處按滑鼠右鍵，並往上方向滑去，選用呈現為上視。查看勾搭情況無誤後，在圖面空白處按滑鼠右鍵，並往右上方向滑去，選用呈現為不等角視。按展平鈕，產生平板型式的鈑金。 | 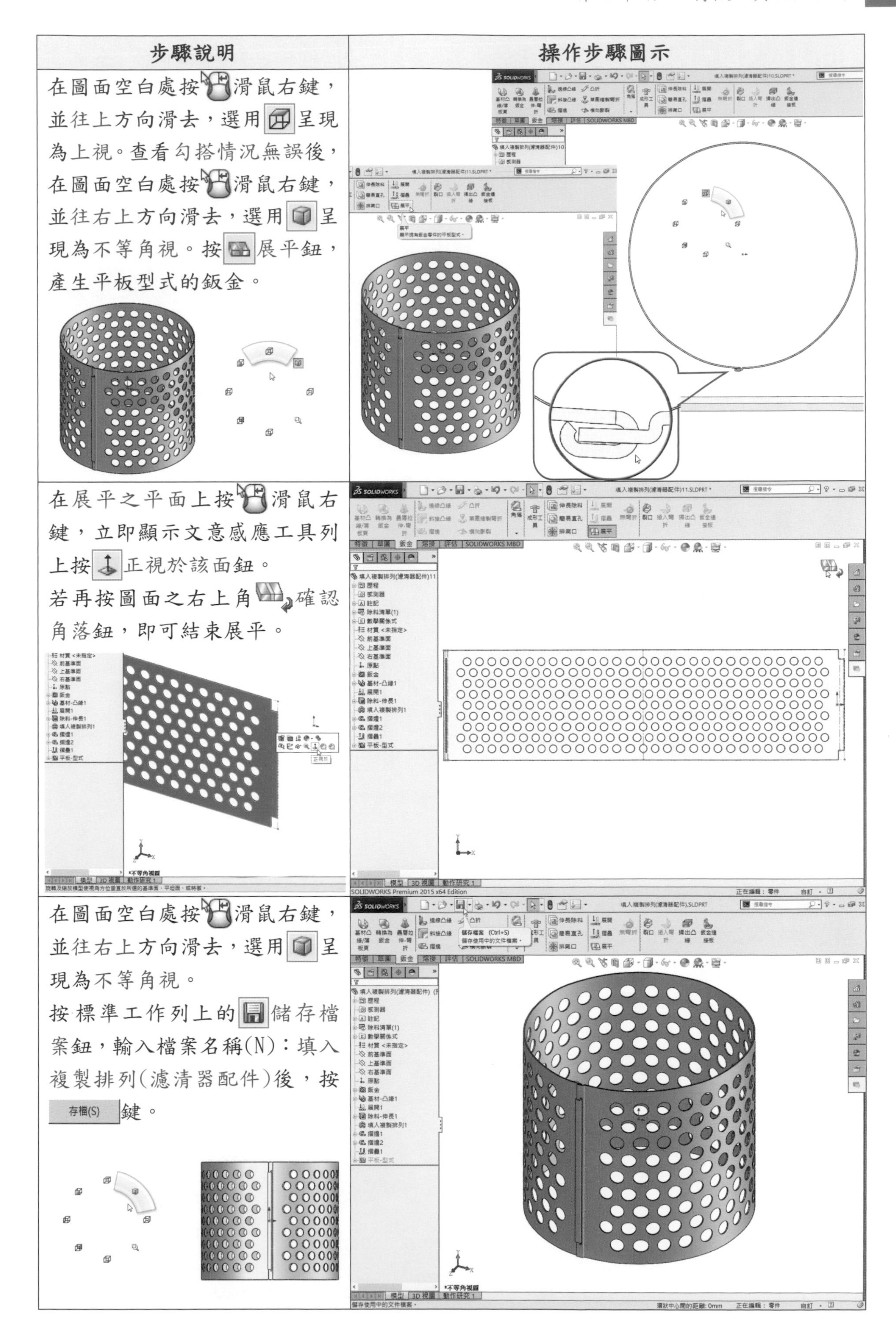 |
| 在展平之平面上按滑鼠右鍵，立即顯示文意感應工具列上按正視於該面鈕。<br>若再按圖面之右上角確認角落鈕，即可結束展平。 | |
| 在圖面空白處按滑鼠右鍵，並往右上方向滑去，選用呈現為不等角視。<br>按標準工作列上的儲存檔案鈕，輸入檔案名稱(N)：填入複製排列(濾清器配件)後，按 存檔(S) 鍵。 | |

## 4.1.3 填入與草圖複製排列使用於電源供應器外殼底座鈑金件

學習目標：能使用填入及草圖複製排列指令，在鈑金件上複製多個不同造型特徵。

繪圖步驟：建基材凸緣→作邊線凸緣→作鏡射→作伸長除料→作填入複製排列→

- 草圖指令：角落矩形、幾何建構線、圓、中心線、偏移圖元、修剪圖元、草圖圓角、中心矩形、圓心/起/終點直狹槽。
- 特徵指令：鏡射、伸長除料、填入複製排列。
- 鈑金指令：基材凸緣/薄板頁、邊線凸緣、封閉角落、展平。

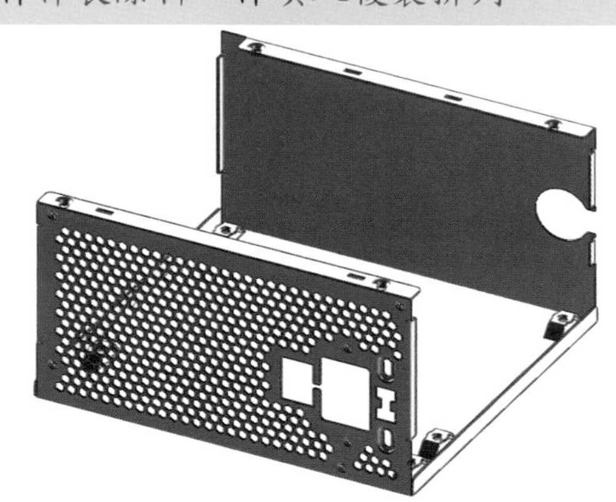

| 步驟說明 | 操作步驟圖示 |
|---|---|
| 首先選取右基準面作為草圖1之繪圖平面。<br>按角落矩形鈕，畫矩形框後，並標註其尺度。<br>按幾何建構線鈕，將上方水平線段切換為中心線。<br>按鍵盤Ctrl鍵後，點選原點與水平線段，屬性加入限制條件為置於線段中點。<br>按鈑金鈑金工具列，按基材凸緣/薄板頁鈕。 | 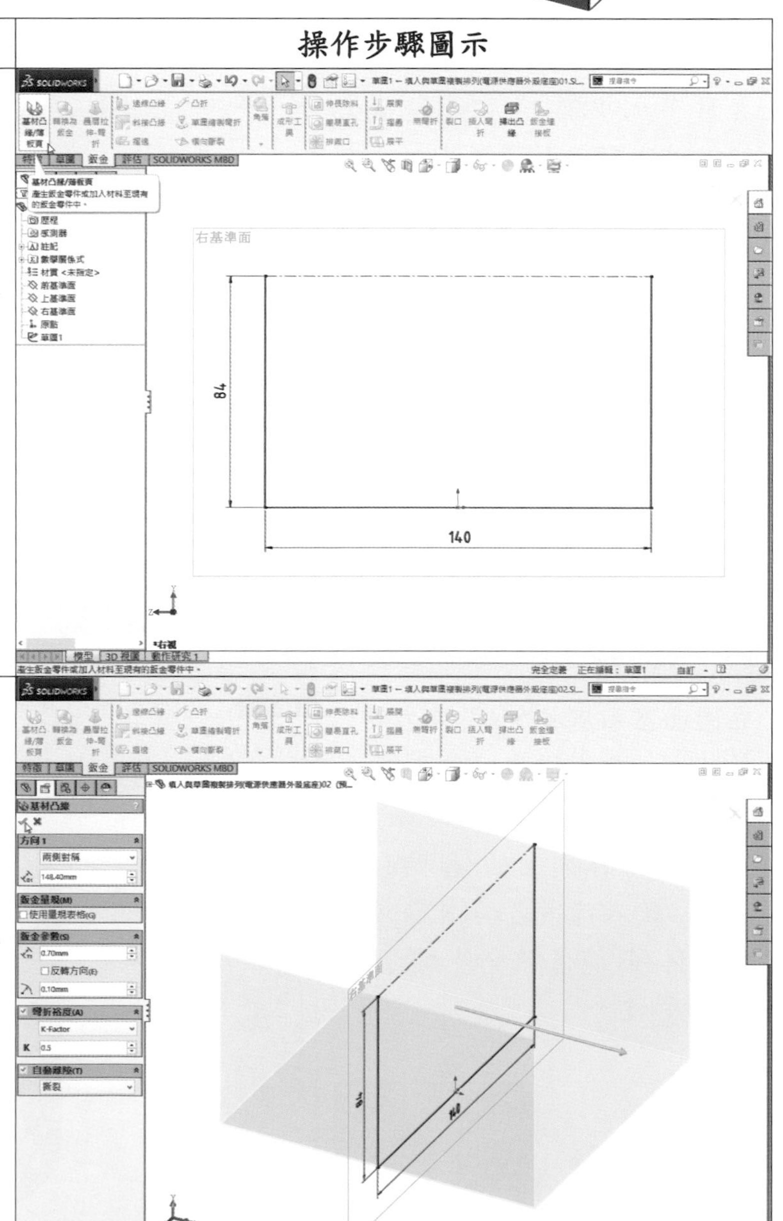 |
| 方向1終止型態選取『兩側對稱』，輸入深度值148.4mm。鈑金參數(S)中設定厚度值0.7mm，預設不勾選『反轉方向(E)』，設定彎折半徑值0.1mm，彎折裕度(A)預設『K-Factor』值為0.5，自動離隙(T)預設『撕裂』後，按確定鍵。 | |

| 步驟說明 | 操作步驟圖示 |
| --- | --- |
| 按邊線凸緣鈕，凸緣參數(P)中，勾選『使用預設半徑(U)』，預設彎折半徑值0.1mm。角度(G)輸入凸緣角度90°，凸緣長度(L)選取『給定深度』輸入長度值8.7mm，按外側虛擬交角鈕凸緣位置(N)中彎折位置，按材料內鈕。預設不勾選『自訂彎折裕度(A)』，勾選『自訂離隙類型(R)』，選取『圓端離隙』。游標移動至屬性管理員窗格右側捲動軸往下拖曳。 | 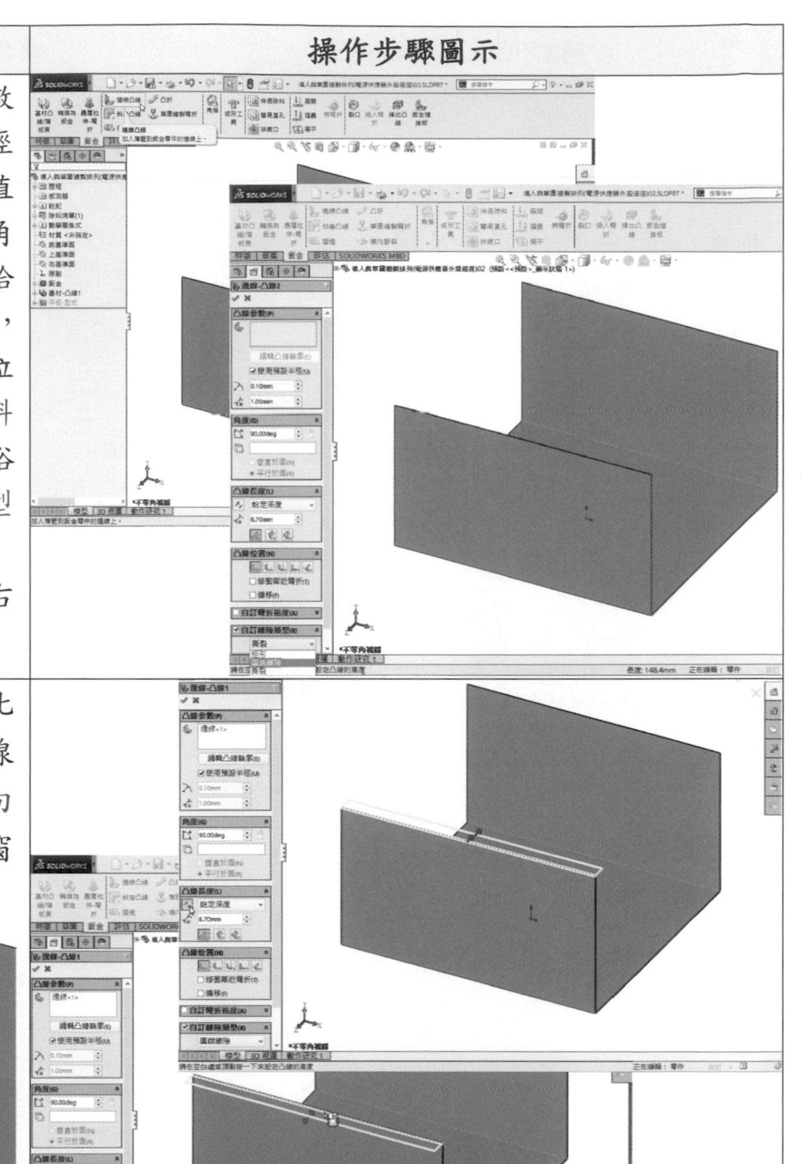 |
| 勾選『使用離隙比例(A)』，比例(A)設定為1，選取邊線『邊線<1>』，按反轉方向鈕。游標移動至屬性管理員窗格右側捲動軸往上拖曳。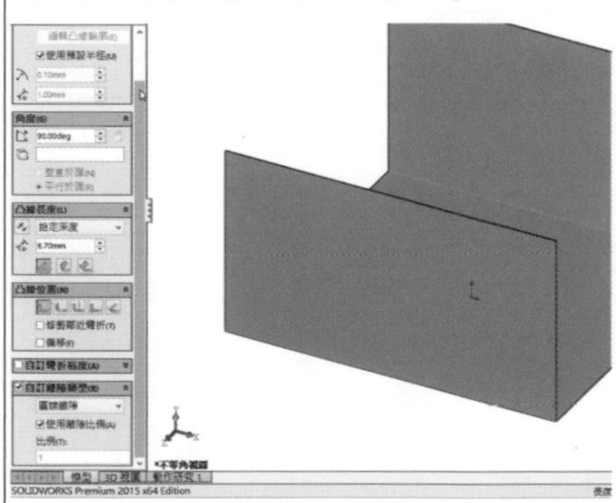 | |
| 接著選取邊線『邊線<2>』，預覽右側對稱的邊線凸緣，往左方向長出後，按凸緣參數(P)中 編輯凸緣輪廓(E) 鈕。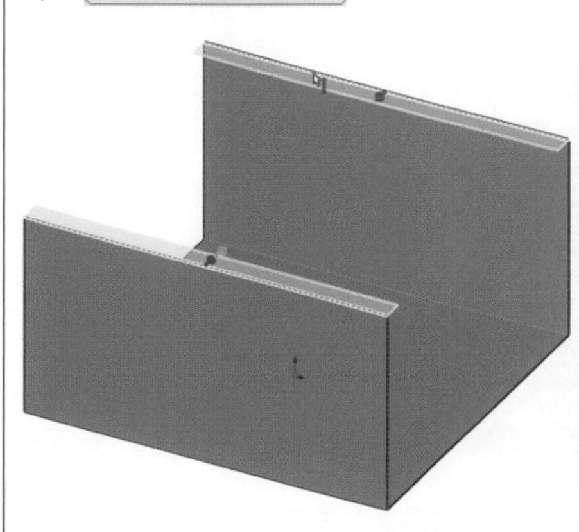 | 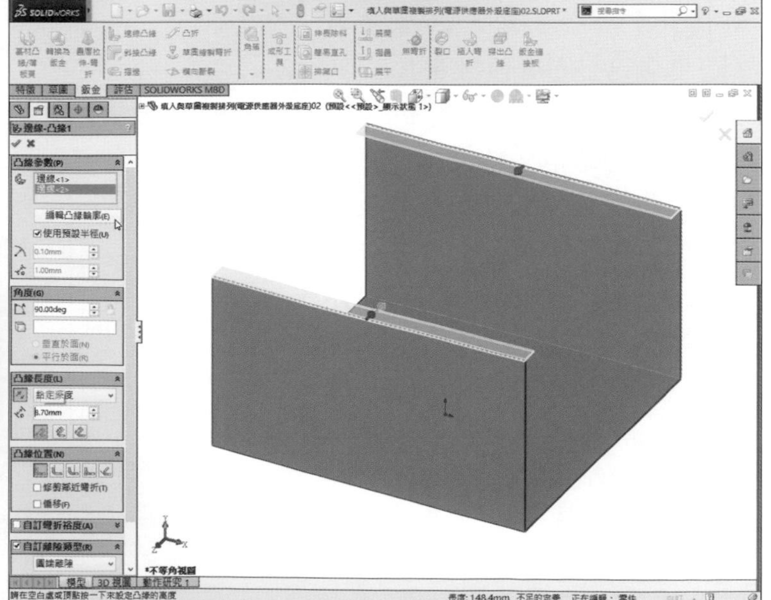 |

| 步驟說明 | 操作步驟圖示 |
| --- | --- |
| 彈出『輪廓草圖』對話方塊，游標拖曳矩形草圖左側邊線之端點，往內側移動修正其矩形之長度，並標註10mm距離尺度後，在『輪廓草圖』對話框中，按 完成 鈕，結束草圖變更。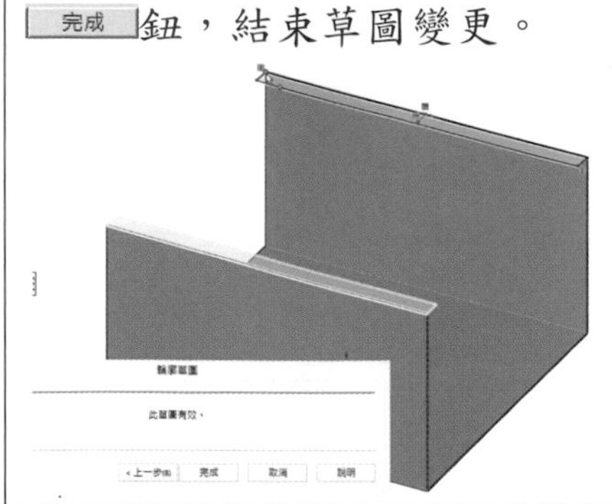 | 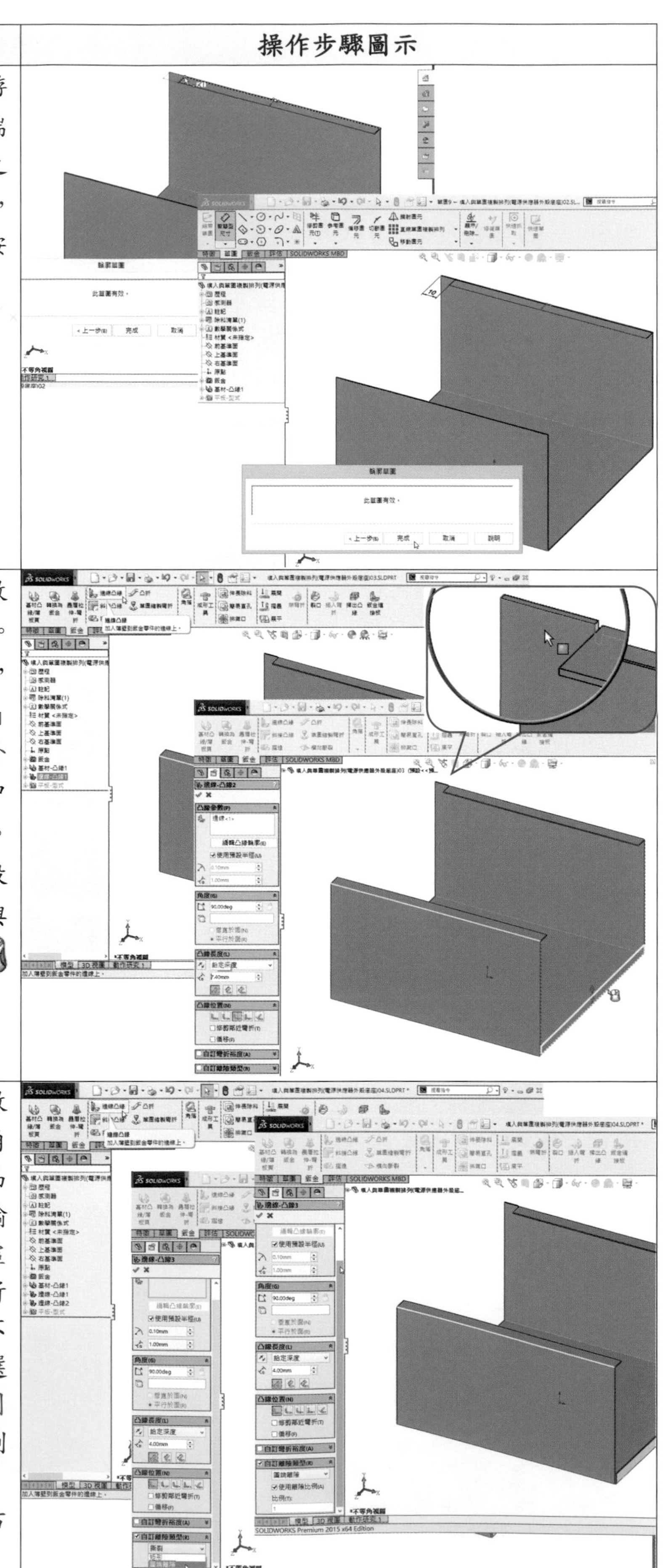 |
| 按 邊線凸緣鈕，凸緣參數(P)中，勾選『使用預設半徑』。角度(G)輸入 凸緣角度90°，凸緣長度(L)選取『給定深度』輸入 長度值7.4mm，按 外側虛擬交角鈕，凸緣位置(N)中彎折位置，按 向外彎折鈕。選取 邊線『邊線<1>』。預設不勾選『自訂彎折裕度(A)』與『自訂離隙類型(R)』後，按 滑鼠右鍵。 | |
| 按 邊線凸緣鈕，凸緣參數(P)中勾選『使用預設半徑』。角度(G)輸入 凸緣角度90°，凸緣長度(L)選取『給定深度』輸入 長度值4mm，按 外側虛擬交角鈕凸緣位置(N)中彎折位置，按 材料內鈕。預設不勾選『自訂彎折裕度(A)』，勾選『自訂離隙類型(R)』，選取『圓端離隙』，勾選『使用離隙比例(A)』，比例(A)設定為1，游標移動至屬性管理員窗格右側捲動軸往上拖曳。 | |

| 步驟說明 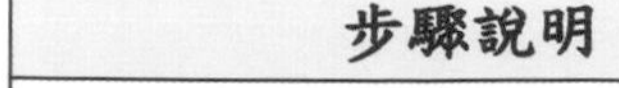 | 操作步驟圖示 |
| --- | --- |
| **選取**邊線『邊線<1>』**，凸緣預覽特徵往左方向長出，按**反轉方向鈕，凸緣特徵改往右方向長出。按凸緣參數(P)中 編輯凸緣輪廓(E) 鈕。<br>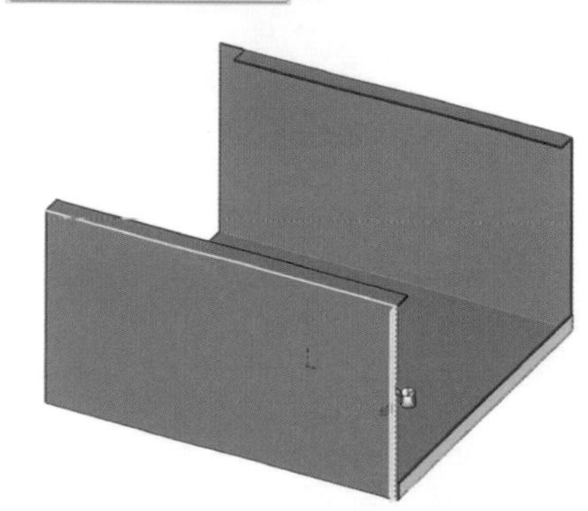 | 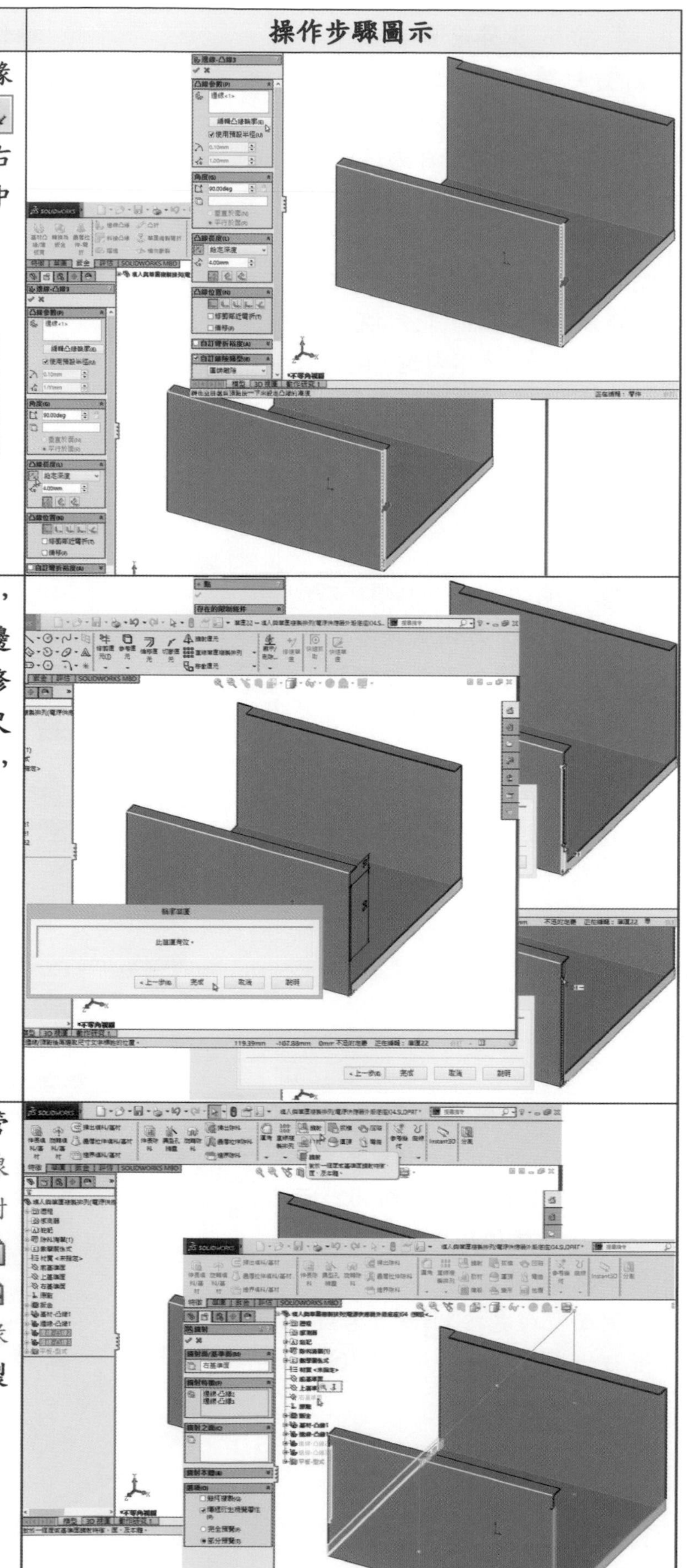 |
| **立即彈出**『輪廓草圖』**對話框，移動游標拖曳矩形草圖上下邊線之左側端點，往內側移動修正其矩形之長度，並標註其尺度後，在**『輪廓草圖』**對話框中，按** 完成 **鈕，結束草圖編輯。** | |
| **按住鍵盤** Ctrl **鍵，選取特徵管理員中**邊線-凸緣 2、邊線-凸緣 3』**項次後，按**鏡射**鈕，鏡射面/基準面(M)選取**『右基準面』**，鏡射特徵(F)載入**『邊線-凸緣 2、邊線-凸緣 3』**。選項(O)不勾選**『幾何複製(G)』**後，按確定鍵。** | |

| 步驟說明 | 操作步驟圖示 |
| --- | --- |
| 按封閉角落鈕，延伸面(F)選取平坦面『面<1>、面<3>』。相配的面，自動選取相配面『面<2>、面<4>』，凸緣間預覽加入封閉角落。角落類型：按不重疊鈕，設定縫隙距離值 0.1mm，設定不重疊比例值為1。不勾選『開放彎折區域(O)』，預設勾選『共平面的面(C)』及『窄化角落(N)』。 | 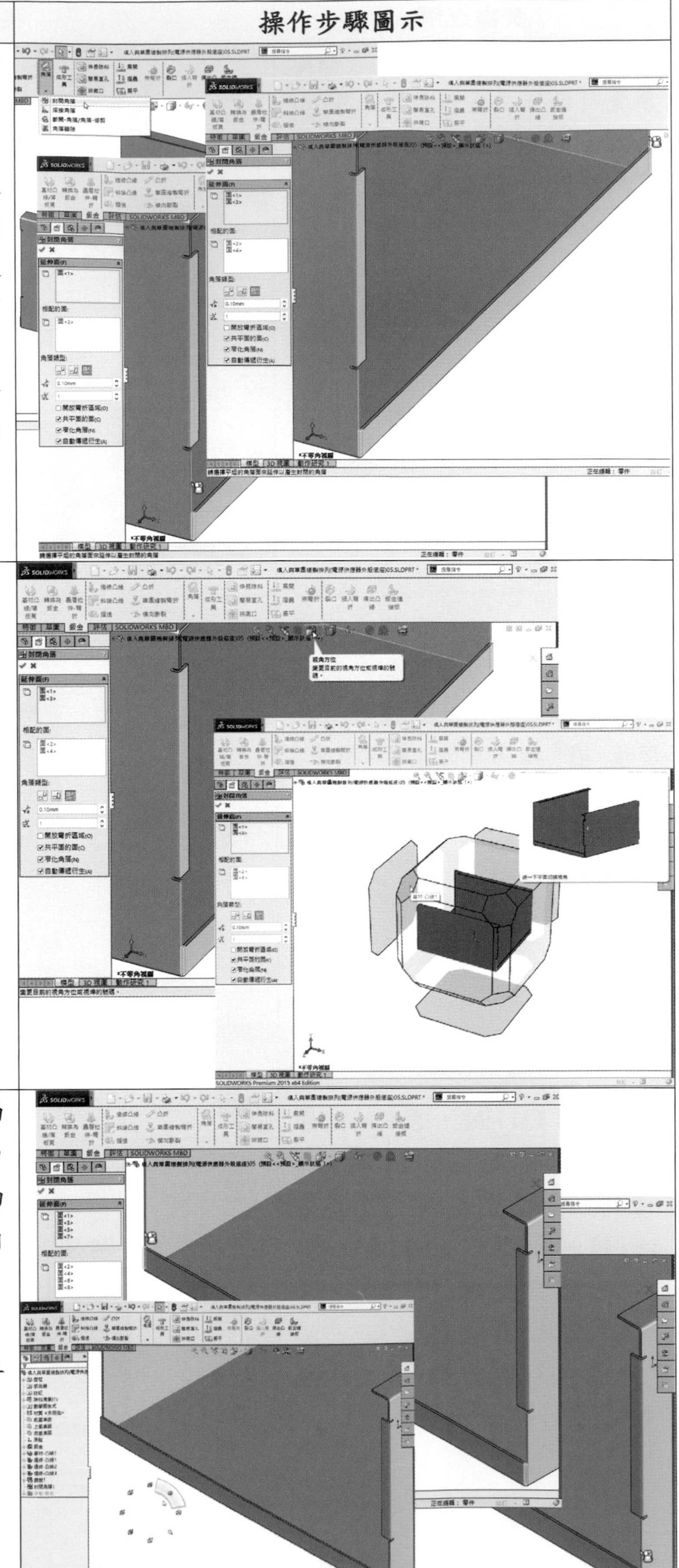 |
| 按視角方位鈕，點選『視圖選擇器』方向對話方塊中的左上角位置的面，強調顯示左後方向的不等角視。 | |
| 延伸面(F)繼續選取平坦面『面<5>、面<7>』。相配的面，自動選取相配面『面<6>、面<8>』，凸緣間預覽加入封閉角落，按確定鍵。<br>在圖面空白處按滑鼠右鍵，並往右上方向滑去，選用呈現為不等角視。 | |

<table>
<tr><th>步驟說明</th><th>操作步驟圖示</th></tr>
<tr><td>按邊線凸緣鈕，凸緣參數(P)中勾選『使用預設半徑』。角度(G)輸入凸緣角度 90°，凸緣長度(L)選取『給定深度』輸入長度值 4mm，按外側虛擬交角鈕凸緣位置(N)中彎折位置，按材料內鈕。不勾選『自訂彎折裕度(A)』，勾選『自訂離隙類型(R)』，選取『圓端離隙』，勾選『使用離隙比例(A)』，比例(A)設定為 1。<br>游標移動至屬性管理員窗格右側捲動軸往上拖曳。</td><td>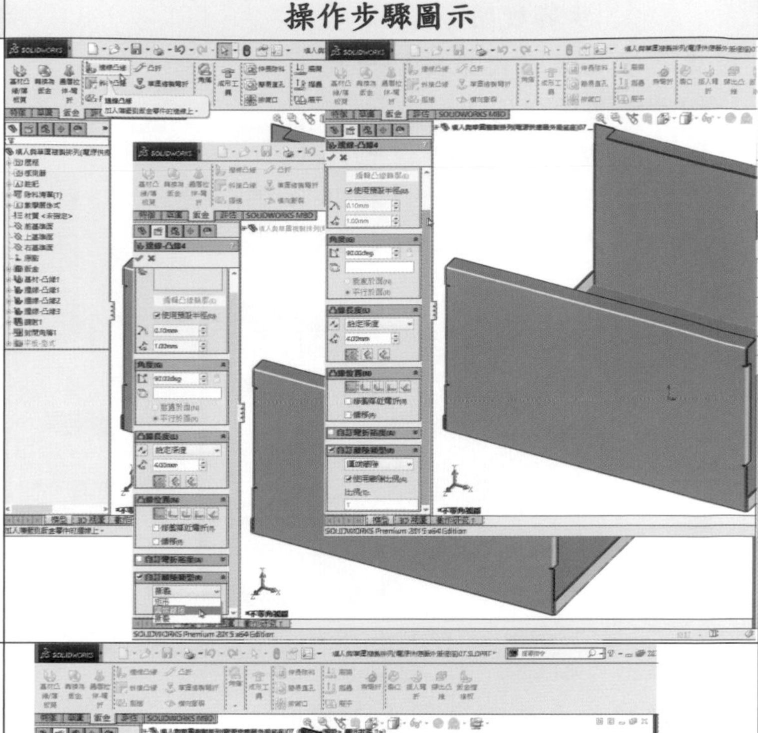</td></tr>
<tr><td>選取邊線『邊線<1>』，凸緣預覽特徵往左方向長出。按凸緣參數(P)中 編輯凸緣輪廓(E) 鈕。<br>立即彈出『輪廓草圖』對話框，移動游標拖曳矩形草圖上下邊線之端點，往內側移動修正其矩形之長度。</td><td>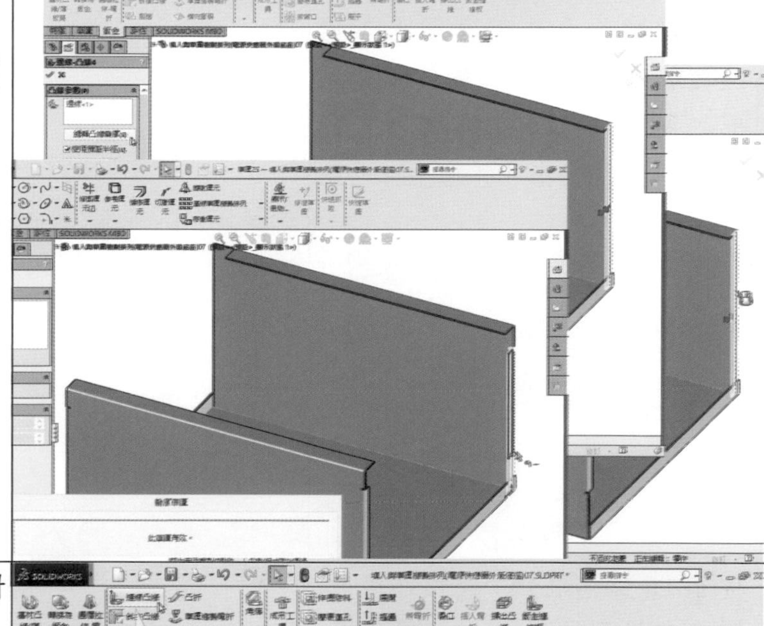</td></tr>
<tr><td>標註其尺度，按『輪廓草圖』對話框中 完成 鈕，結束草圖變更。按邊線凸緣鈕。<br>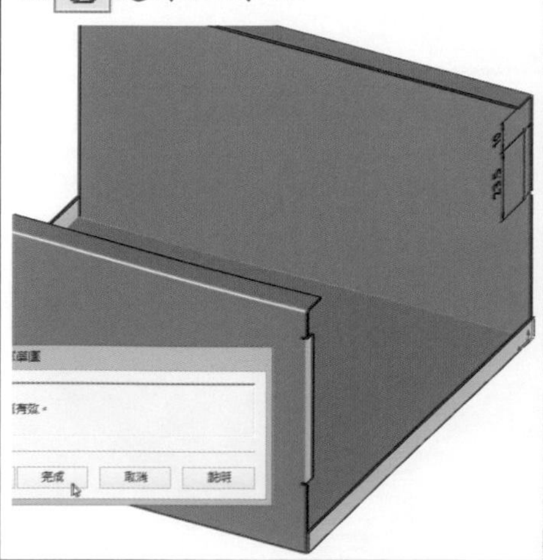</td><td>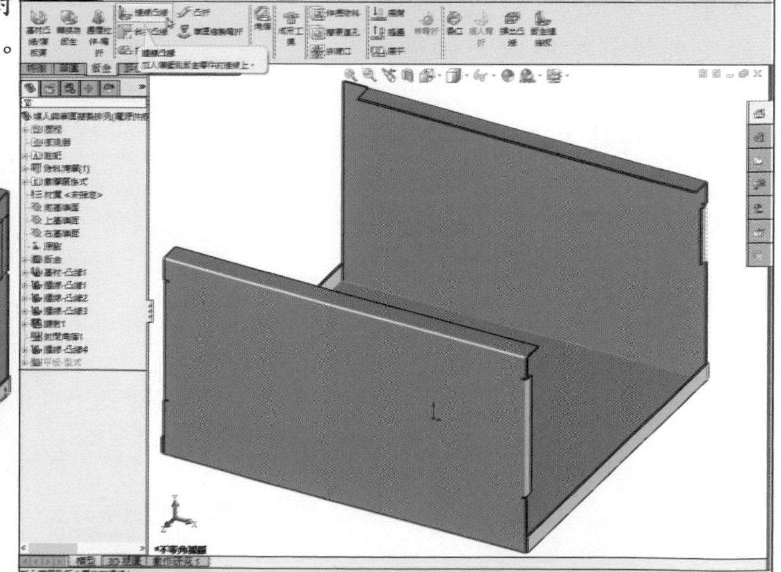</td></tr>
</table>

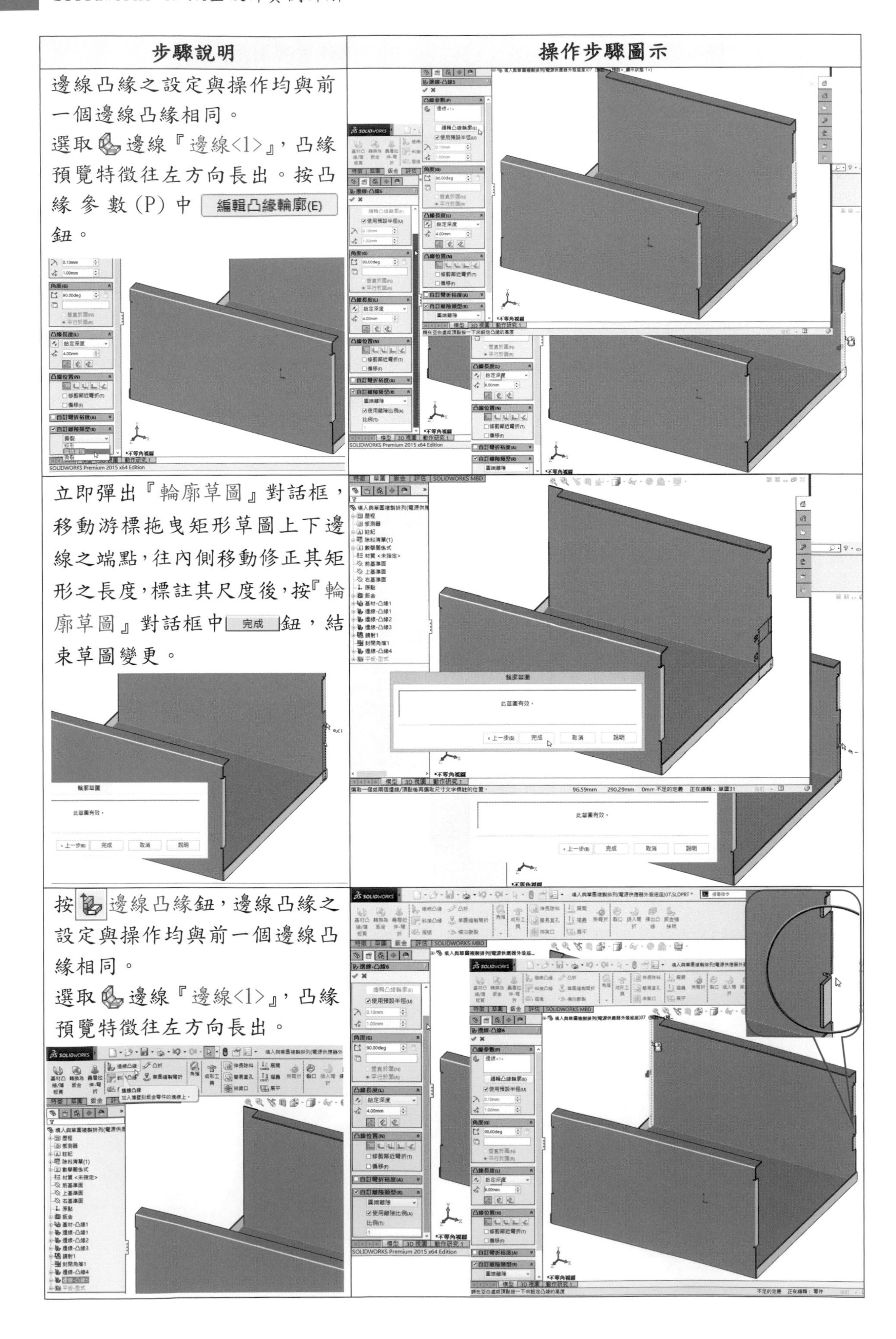

| 步驟說明 | 操作步驟圖示 |
| --- | --- |
| 邊線凸緣之設定與操作均與前一個邊線凸緣相同。<br>選取邊線『邊線<1>』，凸緣預覽特徵往左方向長出。按凸緣參數(P)中 編輯凸緣輪廓(E) 鈕。 | |
| 立即彈出『輪廓草圖』對話框，移動游標拖曳矩形草圖上下邊線之端點，往內側移動修正其矩形之長度，標註其尺度後，按『輪廓草圖』對話框中 完成 鈕，結束草圖變更。 | |
| 按邊線凸緣鈕，邊線凸緣之設定與操作均與前一個邊線凸緣相同。<br>選取邊線『邊線<1>』，凸緣預覽特徵往左方向長出。 | |

| 步驟說明 | 操作步驟圖示 |
| --- | --- |
| 按凸緣參數(P)中 編輯凸緣輪廓(E) 鈕。立即彈出『輪廓草圖』對話框，移動游標拖曳矩形草圖上下邊線之端點，往內側移動修正其矩形之長度後，標註尺度後，按『輪廓草圖』對話框中 完成 鈕，結束草圖變更。  | 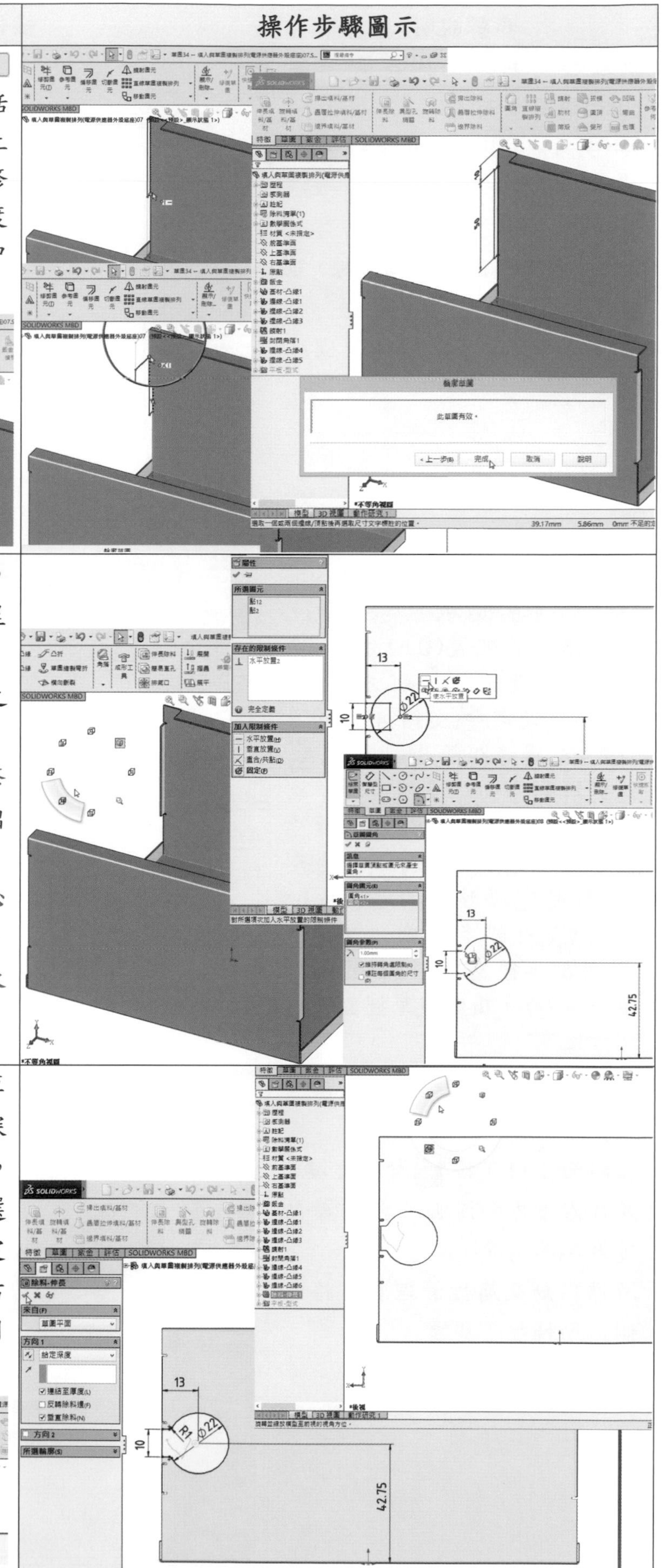 |
| 在圖面空白處按滑鼠右鍵，並往左下方向滑去，選用呈現為後視。<br>選取後方正垂面作為草圖 9 之繪圖平面。<br>按圓、角落矩形、修剪圖元、草圖圓角鈕，畫出草圖外型輪廓，標註其尺度。<br>按鍵盤 Ctrl 鍵，點選 Ø22 圓心與矩形左側邊線中點後放開，彈出文意感應工具列，按水平放置鈕，加入限制條件。 | |
| 按伸長除料鈕，來自(F)『草圖平面』，方向 1 選取『給定深度』，勾選『連結至厚度(L)』，不勾選『反轉除料邊(F)』，勾選『垂直除料(N)』後，按確定鍵。在圖面空白處按滑鼠右鍵，並往左上方向滑去，選用呈現為前視。 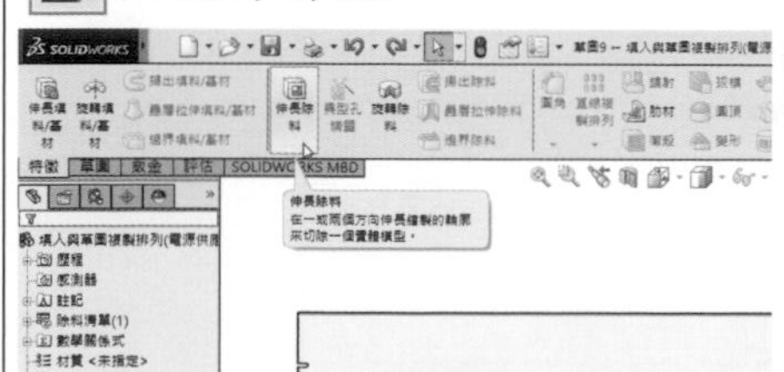 | |

| 步驟說明 | 操作步驟圖示 |
| --- | --- |
| 選取前基準面作為草圖10之繪圖平面。<br>按圓、角落矩形、中心線、偏移圖元、中心矩形、幾何建構線、修剪圖元鈕，畫出草圖外型輪廓線，並標註其尺度。<br>按重新計算鈕，結束草圖編輯。 | 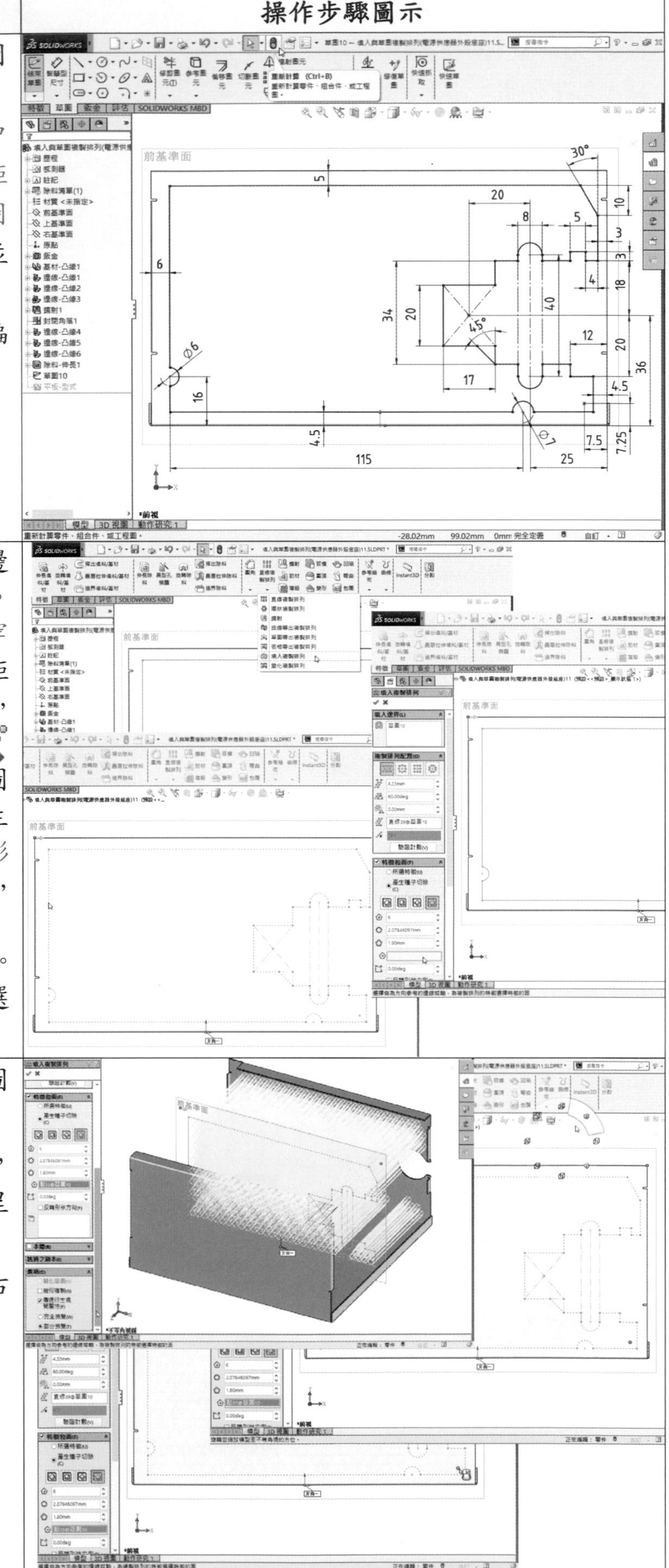 |
| 按填入複製排列鈕，填入邊界(L)選取區域『草圖10』。複製排列的配置(O)，按穿孔鈕，設定副本間距4.55mm，設定交錯角度60°，設定邊緣距離0mm，預設複製排列方向『直線39@草圖10』。特徵和面(F)，點選『產生種子切除(C)』，按多邊形鈕，設定多邊形的邊數為6，設定內部半徑為1.8mm，外部半徑為2.07846097mm。按一下『頂點或草圖點』選擇方塊。 | |
| 點選草圖點『點55@草圖10』。<br>在圖面空白處按滑鼠右鍵，並往右上方向滑去，選用呈現為不等角視。<br>游標移動至屬性管理員窗格右側捲動軸往下拖曳。 | |

| 步驟說明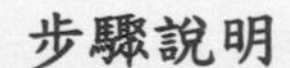 | 操作步驟圖示 |
|---|---|
| 勾選『反轉形狀方向(F)』，設定逆時針旋轉 90°。顯示副本數 425，『驗證計數(V)』後，按確定鍵。<br>游標移動至屬性管理員窗格右側捲動軸往上拖曳。<br>按標準工作列上的開啟新檔鈕。 | 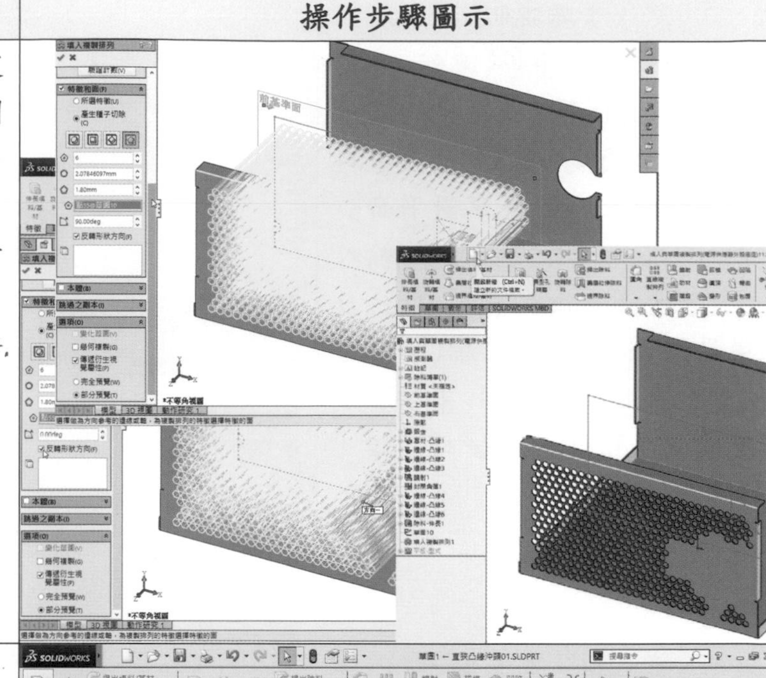 |
| 若預設為選取零件鈕，按確定鍵，開啟一個新檔。選取上基準面作為草圖 1 之繪圖平面。按圓心/起/終點直狹槽、偏移圖元鈕，畫外型輪廓線，並標註其尺度。<br>按特徵特徵工作列，按伸長填料/基材鈕。<br> | 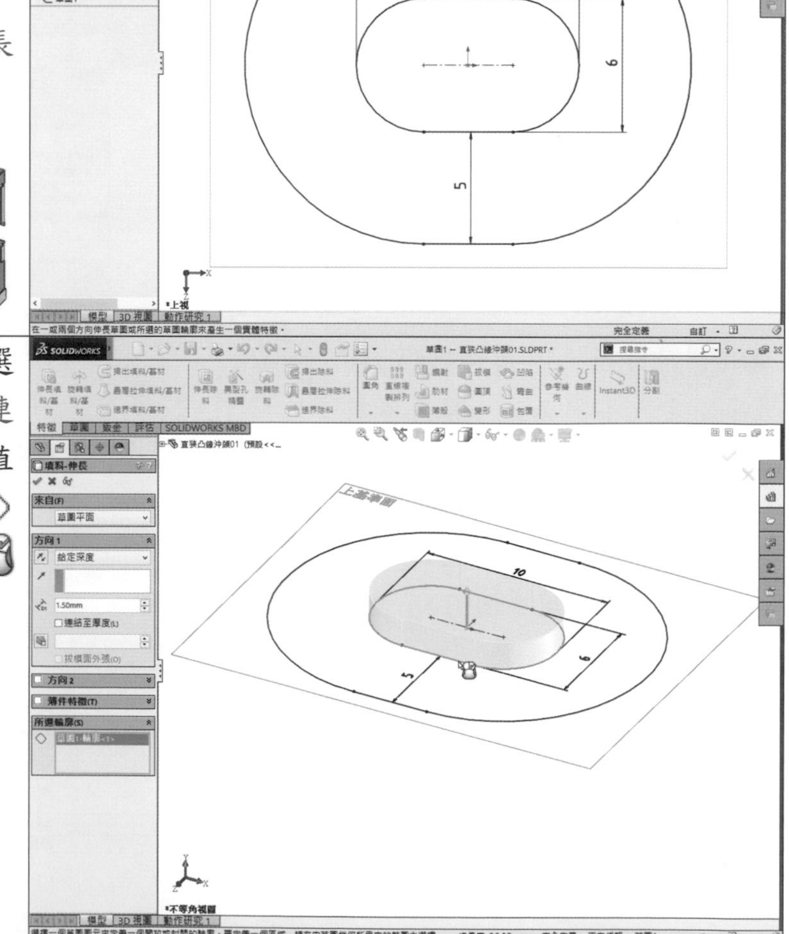 |
| 來自(F)『草圖平面』，方向 1 選取『給定深度』，預設不勾選『連結至厚度(L)』，輸入深度值 1.5mm，所選輪廓(S)點選『草圖 1-輪廓<1>』後，按滑鼠右鍵。 | |

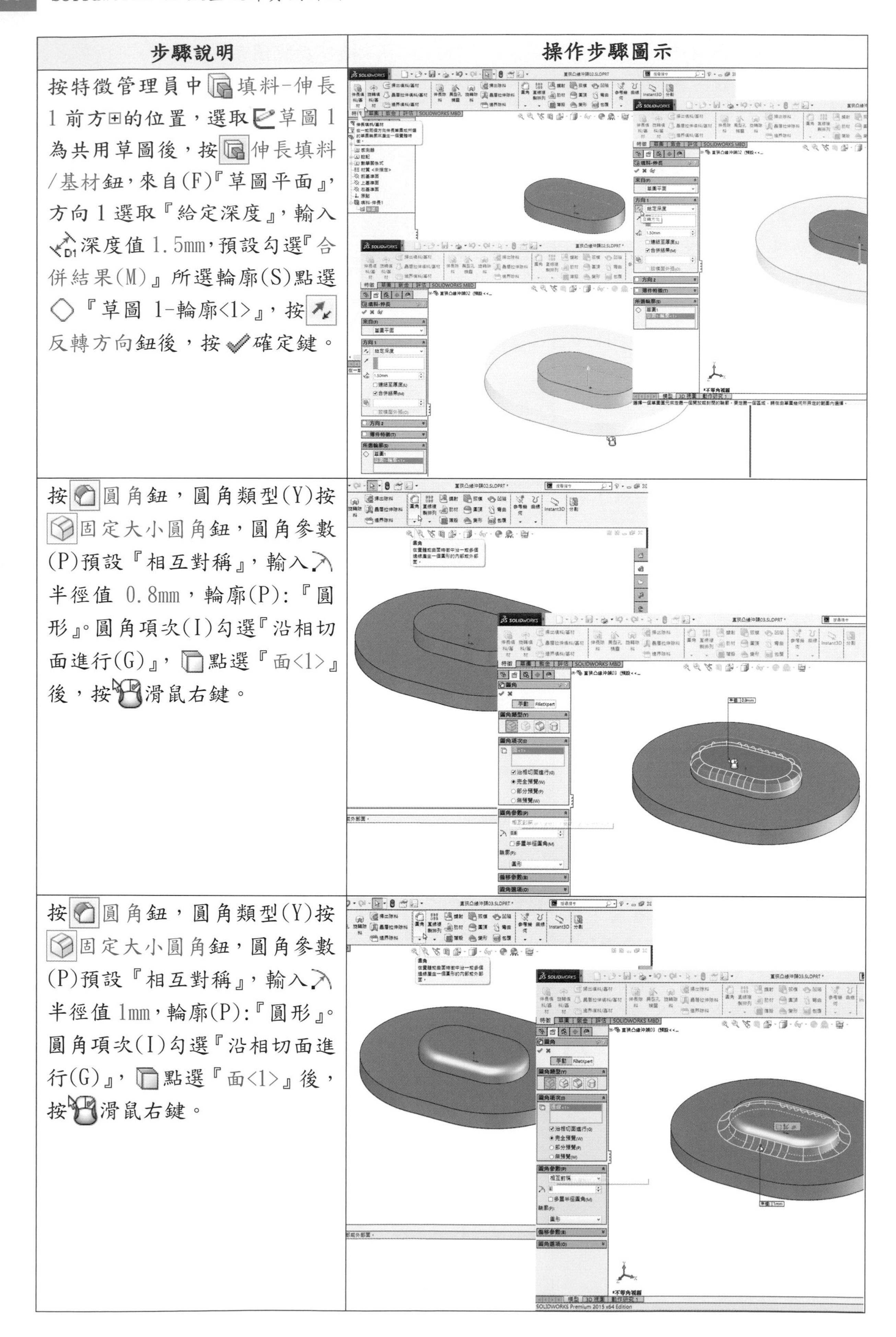

| 步驟說明 | 操作步驟圖示 |
| --- | --- |
| 按特徵管理員中填料-伸長1前方⊞的位置，選取草圖1為共用草圖後，按伸長填料/基材鈕，來自(F)『草圖平面』，方向1選取『給定深度』，輸入深度值1.5mm，預設勾選『合併結果(M)』所選輪廓(S)點選◇『草圖1-輪廓<1>』，按反轉方向鈕後，按確定鍵。 | |
| 按圓角鈕，圓角類型(Y)按固定大小圓角鈕，圓角參數(P)預設『相互對稱』，輸入半徑值0.8mm，輪廓(P):『圓形』。圓角項次(I)勾選『沿相切面進行(G)』，點選『面<1>』後，按滑鼠右鍵。 | |
| 按圓角鈕，圓角類型(Y)按固定大小圓角鈕，圓角參數(P)預設『相互對稱』，輸入半徑值1mm，輪廓(P):『圓形』。圓角項次(I)勾選『沿相切面進行(G)』，點選『面<1>』後，按滑鼠右鍵。 | |

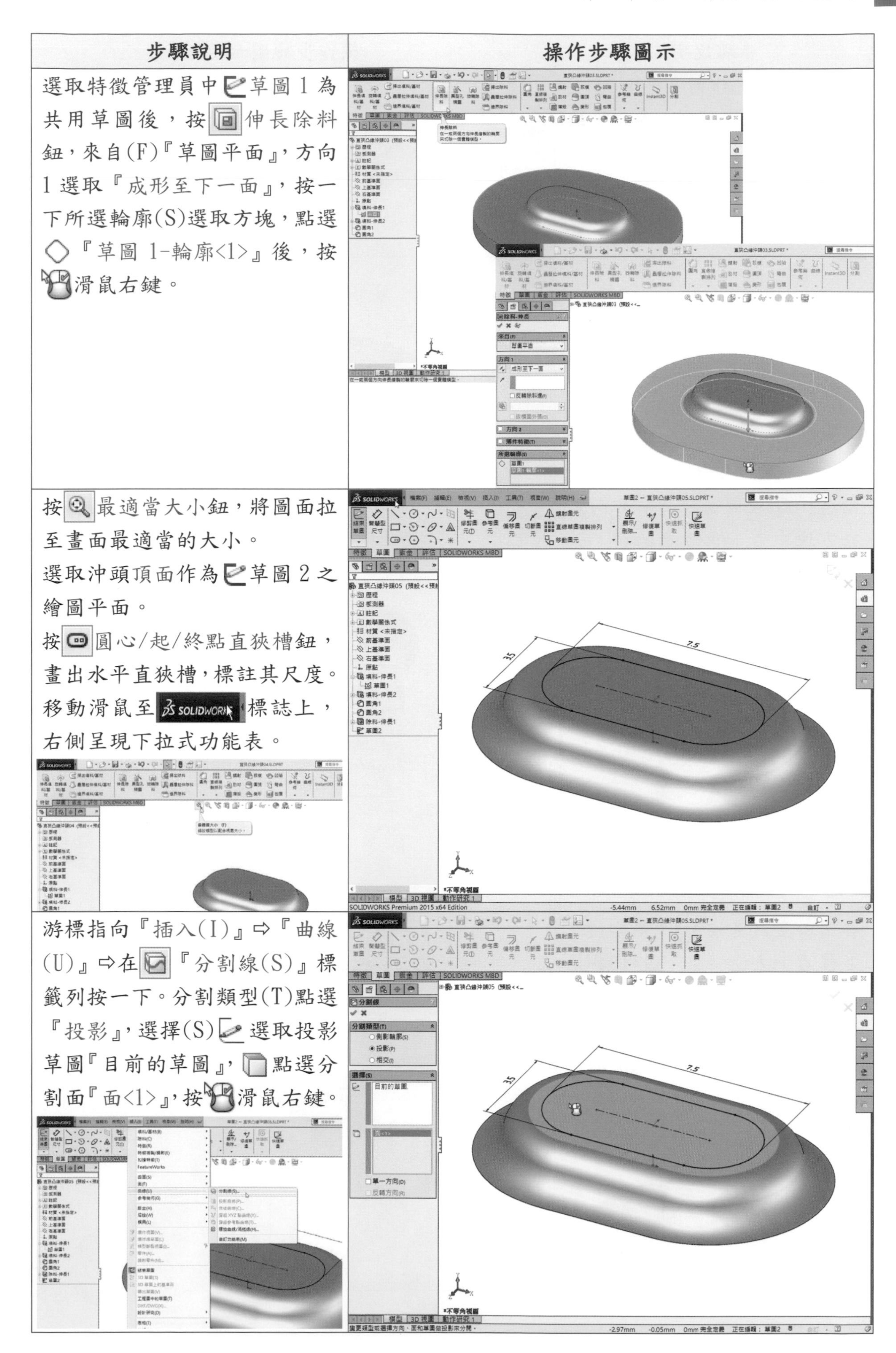

| 步驟說明 | 操作步驟圖示 |
| --- | --- |
| 選取特徵管理員中草圖 1 為共用草圖後，按伸長除料鈕，來自(F)『草圖平面』，方向 1 選取『成形至下一面』，按一下所選輪廓(S)選取方塊，點選『草圖 1-輪廓<1>』後，按滑鼠右鍵。 | |
| 按最適當大小鈕，將圖面拉至畫面最適當的大小。<br>選取沖頭頂面作為草圖 2 之繪圖平面。<br>按圓心/起/終點直狹槽鈕，畫出水平直狹槽，標註其尺度。<br>移動滑鼠至 SOLIDWORKS 標誌上，右側呈現下拉式功能表。 | |
| 游標指向『插入(I)』⇨『曲線(U)』⇨在『分割線(S)』標籤列按一下。分割類型(T)點選『投影』，選擇(S)選取投影草圖『目前的草圖』，點選分割面『面<1>』，按滑鼠右鍵。 | |

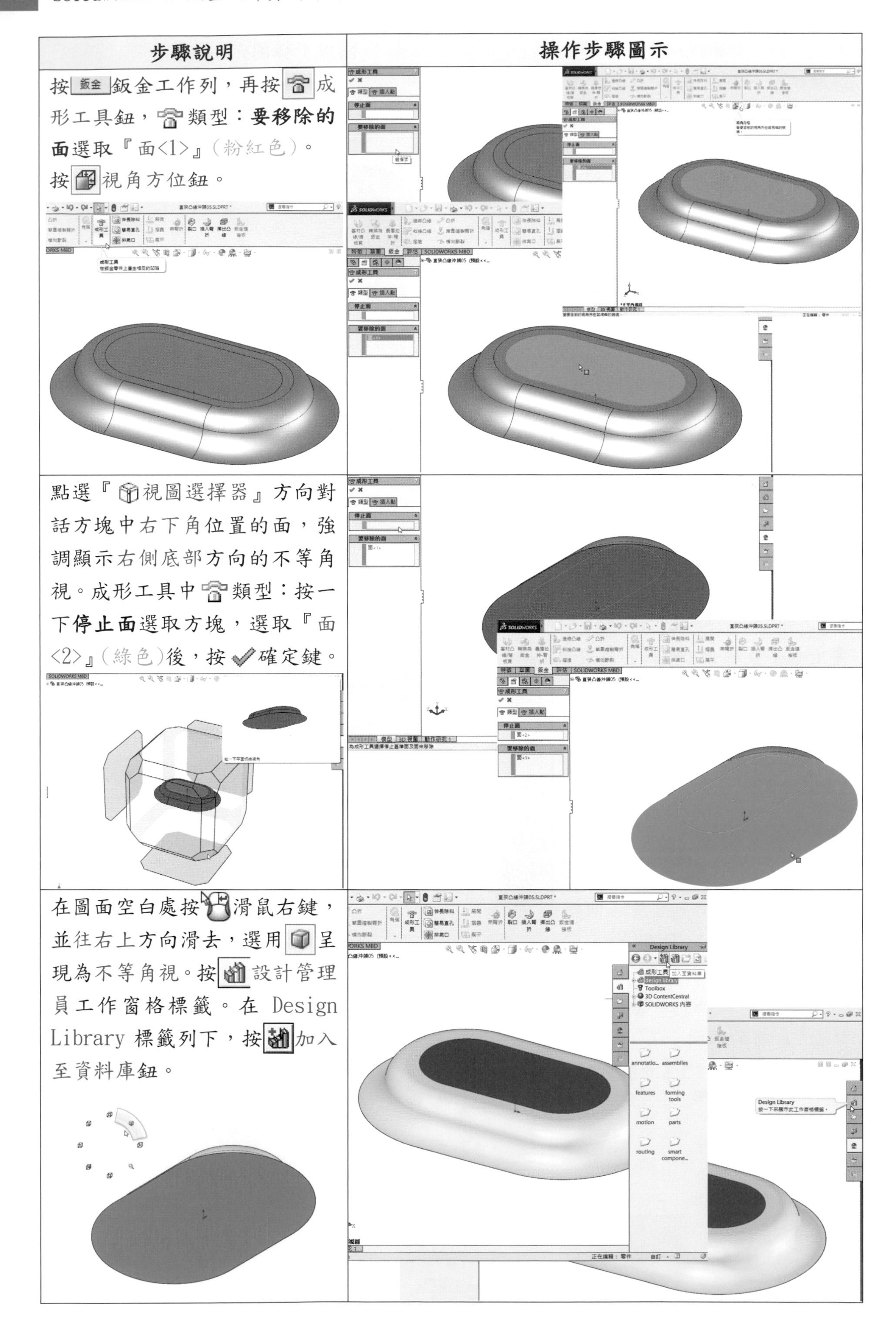

| 步驟說明 | 操作步驟圖示 |
| --- | --- |
| 按 鈑金 鈑金工作列，再按 成形工具鈕， 類型：**要移除的面**選取『面<1>』(粉紅色)。按 視角方位鈕。 | |
| 點選『 視圖選擇器』方向對話方塊中右下角位置的面，強調顯示右側底部方向的不等角視。成形工具中 類型：按一下**停止面**選取方塊，選取『面<2>』(綠色)後，按 確定鍵。 | |
| 在圖面空白處按 滑鼠右鍵，並往右上方向滑去，選用 呈現為不等角視。按 設計管理員工作窗格標籤。在 Design Library 標籤列下，按 加入至資料庫鈕。 | |

| 步驟說明 | 操作步驟圖示 |
| --- | --- |
| 加入的項次(I)選取圖面中的特徵『直狹凸緣沖頭.SLDPRT』。儲存至(S)檔案名稱:設定為直狹凸緣沖頭，在 Design Library 資料夾:按一下成形工具資料夾後，按確定鍵。<br>檔案存入『C:\成形工具資料夾』內。<br>按圖面之右上角關閉鈕，關閉檔案，回到原編輯中的檔案。 | |
| 按設計管理員工作窗格標籤。在 Design Library 工作窗格下方按一下成形工具資料夾。將游標移動到直狹凸緣圖形項次上，拖曳至底座前方正垂面右側適當位置。 | |
| 類型：放置面(P)自動載入『面<1>』，旋轉角度(A)預設角度值 90°，按位置標籤，下方插入另 1 個定位點。<br>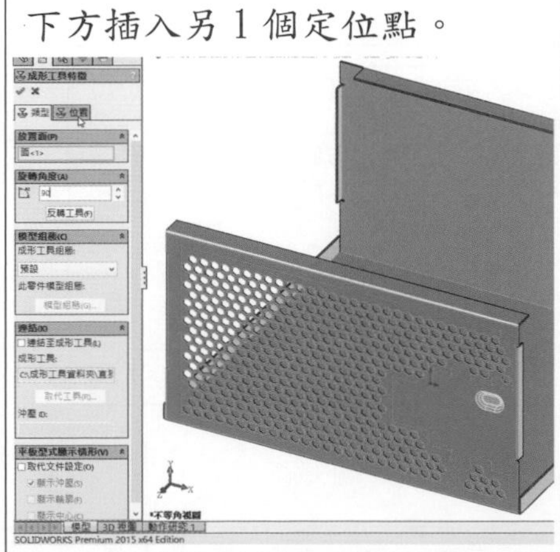 | 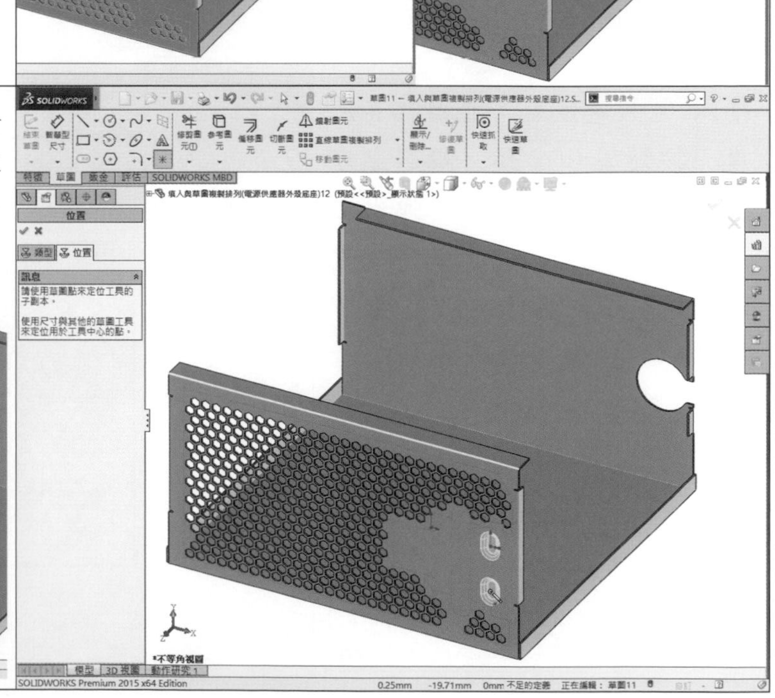 |

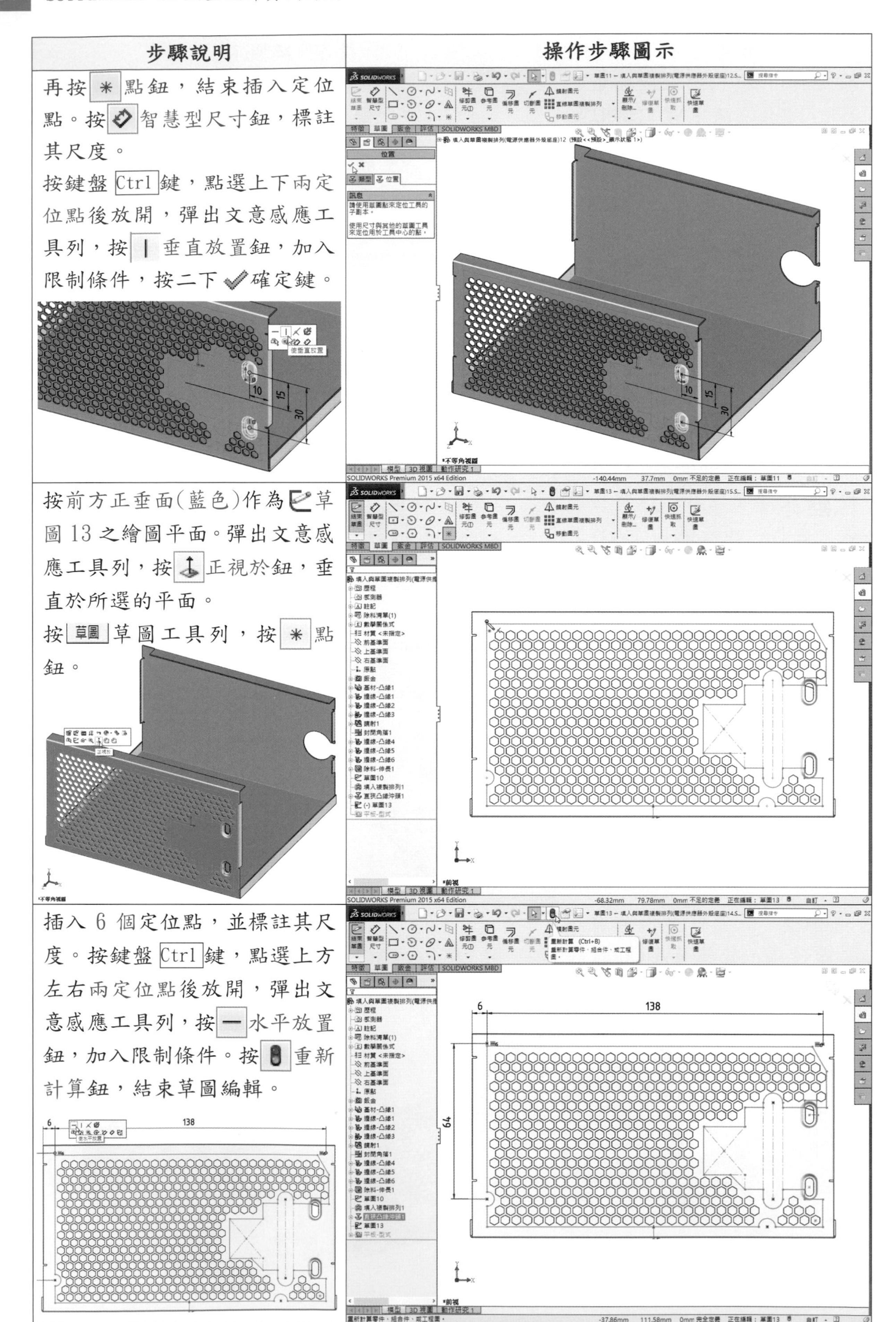

| 步驟說明 | 操作步驟圖示 |
|---|---|
| 再按 ✳ 點鈕，結束插入定位點。按 智慧型尺寸鈕，標註其尺度。<br>按鍵盤 Ctrl 鍵，點選上下兩定位點後放開，彈出文意感應工具列，按 \| 垂直放置鈕，加入限制條件，按二下 ✔ 確定鍵。 | |
| 按前方正垂面(藍色)作為 草圖 13 之繪圖平面。彈出文意感應工具列，按 正視於鈕，垂直於所選的平面。<br>按 草圖 草圖工具列，按 ✳ 點鈕。 | |
| 插入 6 個定位點，並標註其尺度。按鍵盤 Ctrl 鍵，點選上方左右兩定位點後放開，彈出文意感應工具列，按 — 水平放置鈕，加入限制條件。按 重新計算鈕，結束草圖編輯。 | |

## 4.1.3 填入與草圖複製排列使用於電源供應器外殼底座鈑金件(續)

學習目標：能使用填入及草圖複製排列指令，在鈑金件上複製多個不同造型特徵。

繪圖步驟：編修成形工具→另存成形工具→插入成形工具→作草圖導出複製排列→按展平。

使用指令：

- 草圖指令：點、中心矩形、草圖圓角、圓、中心線。
- 特徵指令：異形孔精靈、草圖導出複製排列、伸長除料、伸長填料/基材、圓角。
- 鈑金指令：展平。

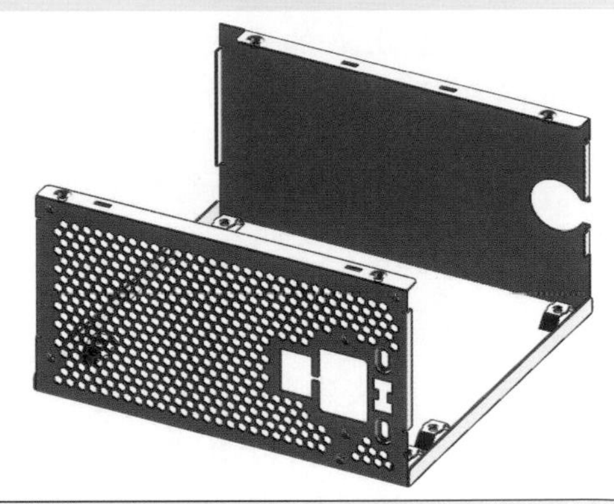

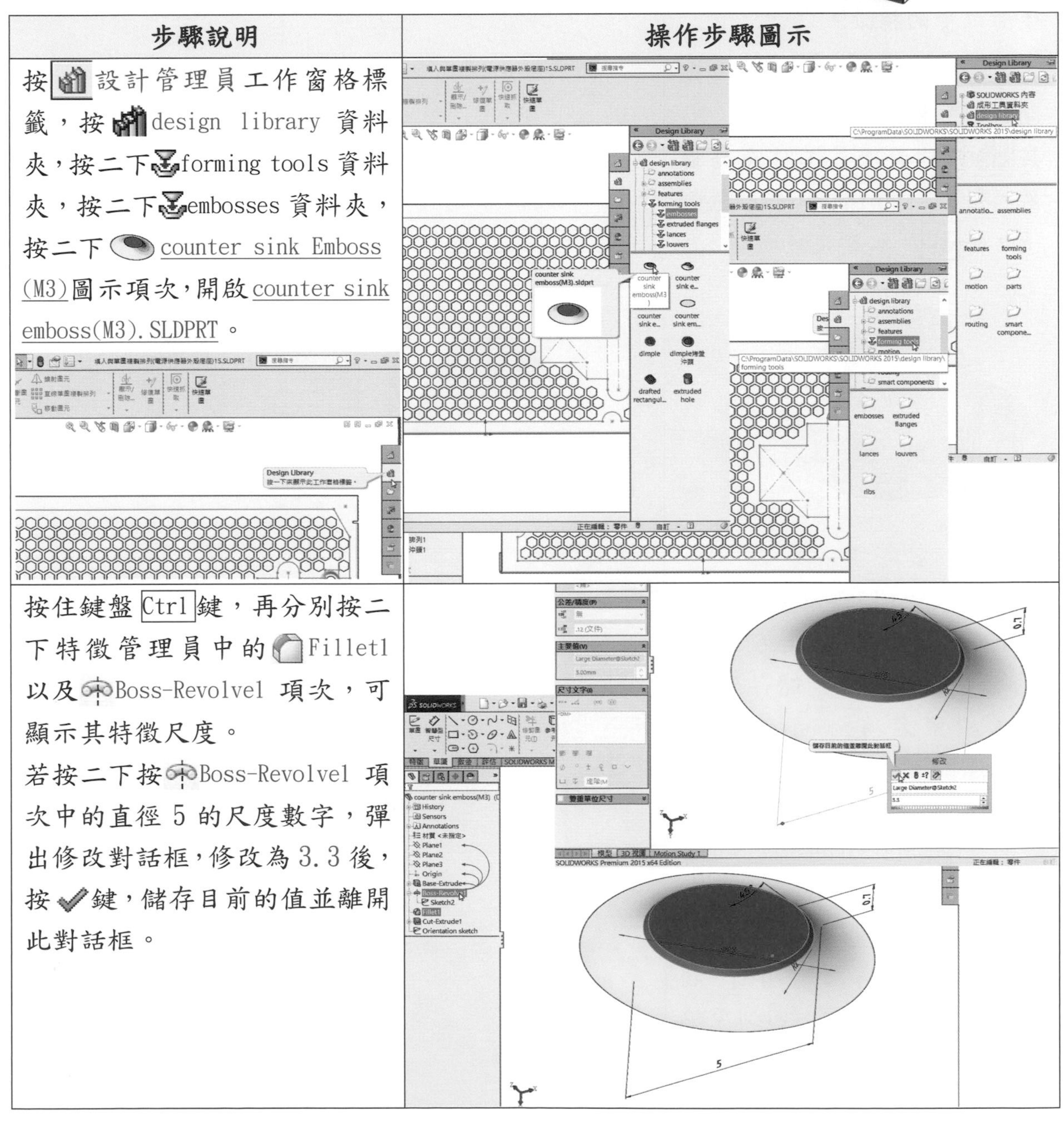

| 步驟說明 | 操作步驟圖示 |
| --- | --- |
| 按設計管理員工作窗格標籤，按design library 資料夾，按二下forming tools 資料夾，按二下embosses 資料夾，按二下counter sink Emboss (M3)圖示項次，開啟counter sink emboss(M3).SLDPRT。 | |
| 按住鍵盤Ctrl鍵，再分別按二下特徵管理員中的Fillet1以及Boss-Revolve1 項次，可顯示其特徵尺度。<br>若按二下按Boss-Revolve1 項次中的直徑 5 的尺度數字，彈出修改對話框，修改為 3.3 後，按鍵，儲存目前的值並離開此對話框。 | |

| 步驟說明 | 操作步驟圖示 |
| --- | --- |
| 按二下角度 45°的尺度數字，彈出修改對話框，修改為 15°後，按✔鍵，儲存目前的值並離開此對話框。<br>按二下高度 0.7 的尺度數字，彈出修改對話框，修改為 2.5 後，按✔鍵，儲存目前的值並離開此對話框。<br>按二下 Fillet1 項次中的圓角半徑 R2 的尺度數字，彈出修改對話框，修改為 R1 後，按重新計算鈕，重新計算之修改後所改變的特徵。 | 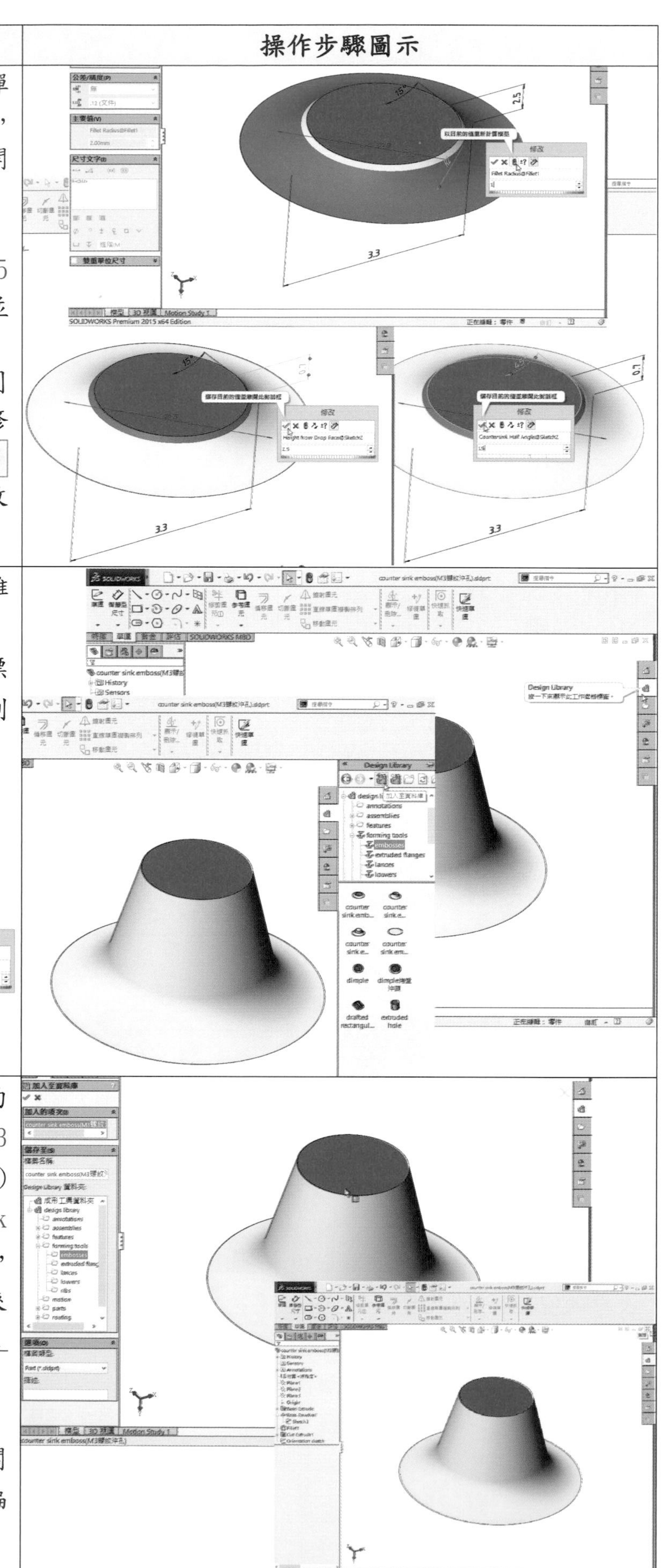 |
| 再按✔鍵，儲存目前的值並離開此對話框。<br>按設計管理員工作窗格標籤。在 Design Library 標籤列下，按加入至資料庫鈕。<br>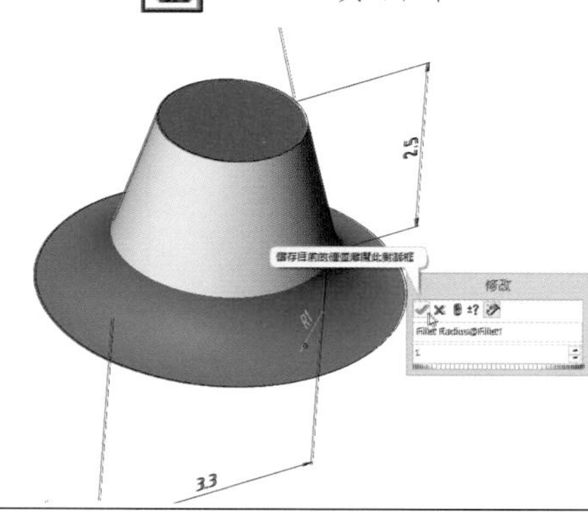 | |
| 加入的項次(I)選取圖面中的特徵『counter sink emboss(M3 螺紋沖孔).SLDPRT』，儲存至(S)輸入檔案名稱:counter sink emboss(M3 螺紋沖孔).SLDPRT 後，按✔確定鍵，檔案存入資料夾 C:\ProgramData\SolidWorks\SolidWorks 2015\design library\forming tools\embosses 內。<br>按圖面之右上角✖關閉鈕，關閉且不要儲存檔案，回到原編輯中的檔案。 | |

| 步驟說明 | 操作步驟圖示 |
| --- | --- |
| 按設計管理員工作窗格標籤 ⇨ forming tools⇨ embosses⇨按 counter sink emboss(M3 螺紋沖孔).SLDPRT 圖示項次拖曳至正垂面左上側位置點一下。 | |
| 成形工具特徵中類型：放置面(P)載入『面<1>』，旋轉角度(A)預設角度值 0°。按位置標籤。再按點鈕，結束插入定位點。拖曳定位點至草圖 13 之任一點上，即屬性加入限制條件為重合/共點。 | |
| 按特徵特徵工作列，按異形孔精靈鈕，鑽孔類型(T)，按直螺絲攻鈕，標準：選取『ISO』規格，類型：選取『螺紋孔』。鑽孔規格大小：選取『M3』，不勾選『顯示自訂大小(Z)』。終止型態(C)選取『給定深度』螺紋孔鑽深度為 8.5mm，螺紋：螺紋深度預設為盲孔(2×直徑)，選項中按裝飾螺紋線鈕，勾選『有螺紋標註』後，按『位置』標籤。 | |

| 步驟說明 | 操作步驟圖示 |
| --- | --- |
| 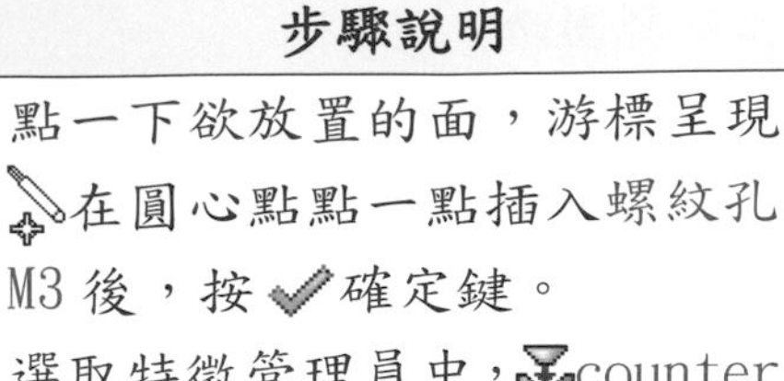 點一下欲放置的面，游標呈現在圓心點點一點插入螺紋孔 M3 後，按確定鍵。<br>選取特徵管理員中，counter sink emboss(M3 螺紋沖孔)、M3 螺紋孔 1 項次後，按特徵特徵工作列，按草圖導出複製排列鈕。  | 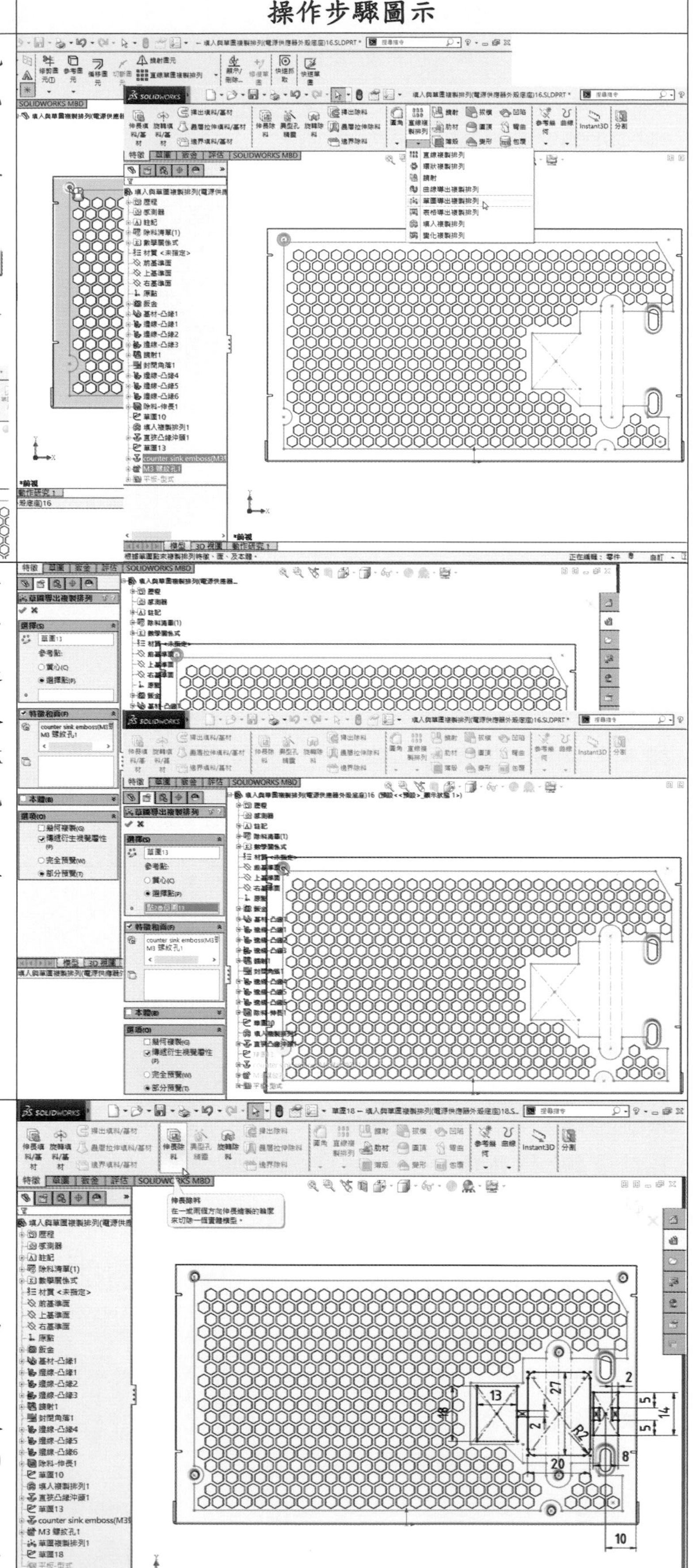 |
| 選擇(S)選取參考草圖按一下透明的快顯特徵管理員中的『草圖 13』。參考點:點選『選擇點(P)』。預設勾選特徵和面(F)載入『counter sink emboss(M3 螺紋沖孔)、M3 螺紋孔 1』，選取參考頂點『點 1@草圖 13』。選項(O)不勾選『幾何複製(G)』後，按確定鍵。 | |
| 選取前方正垂面作為草圖 18 之繪圖平面。<br>按中心矩形鈕，畫出 6 個中心矩形後，標註其尺度。<br>按鍵盤 Ctrl 鍵後，點選 6 個中心矩形中心點，屬性加入限制條件為水平放置。<br>按草圖圓角鈕，圓角參數輸入值 2mm 後，點選 27×20 矩形草圖之 4 個角落作圓角。<br>按特徵特徵工作列，按伸長除料鈕。 | |

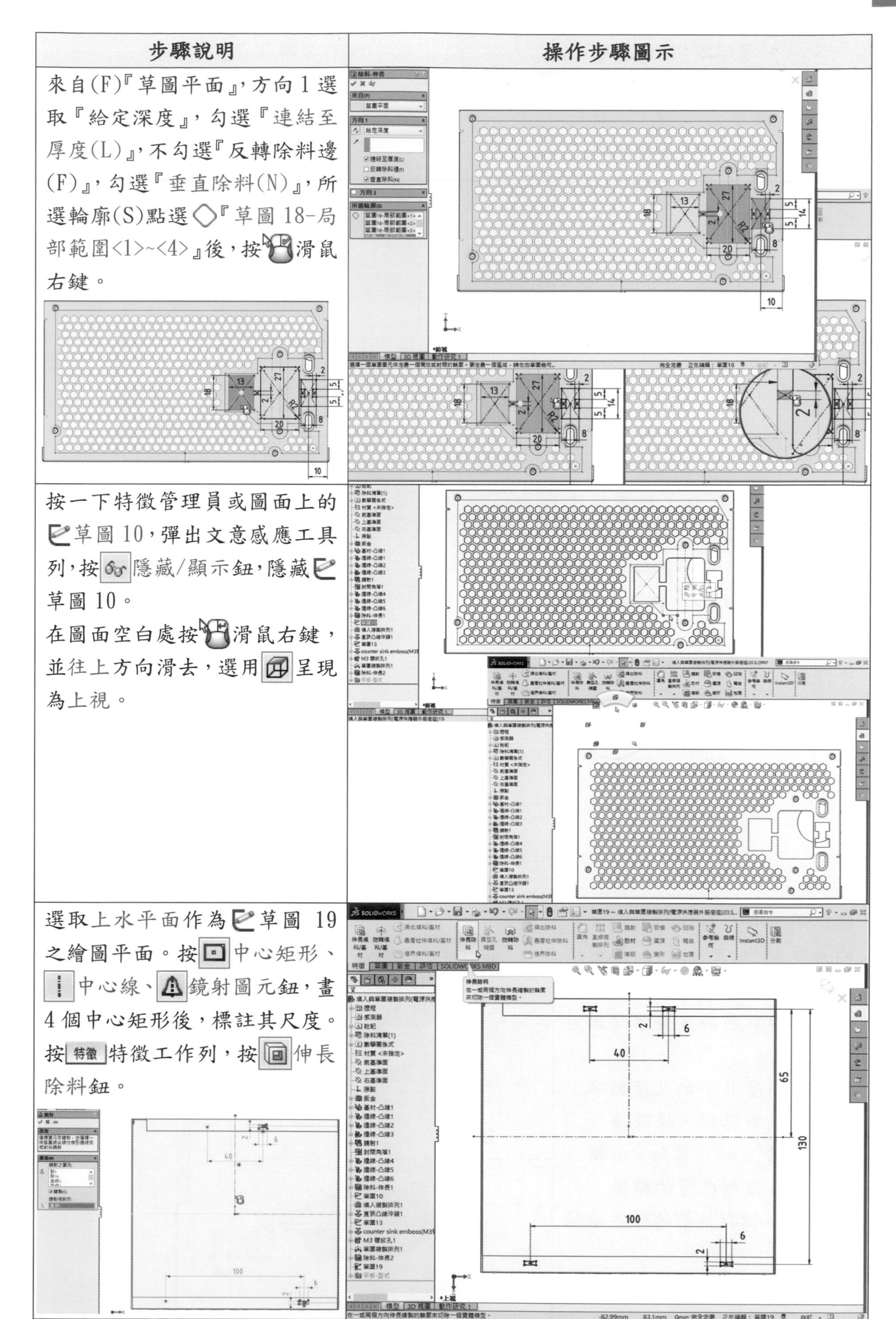

| 步驟說明 | 操作步驟圖示 |
| --- | --- |
| 來自(F)『草圖平面』，方向 1 選取『給定深度』，勾選『連結至厚度(L)』，不勾選『反轉除料邊(F)』，勾選『垂直除料(N)』，所選輪廓(S)點選『草圖 18-局部範圍<1>~<4>』後，按滑鼠右鍵。 | |
| 按一下特徵管理員或圖面上的草圖 10，彈出文意感應工具列，按隱藏/顯示鈕，隱藏草圖 10。<br>在圖面空白處按滑鼠右鍵，並往上方向滑去，選用呈現為上視。 | |
| 選取上水平面作為草圖 19 之繪圖平面。按中心矩形、中心線、鏡射圖元鈕，畫 4 個中心矩形後，標註其尺寸。按特徵特徵工作列，按伸長除料鈕。 | |

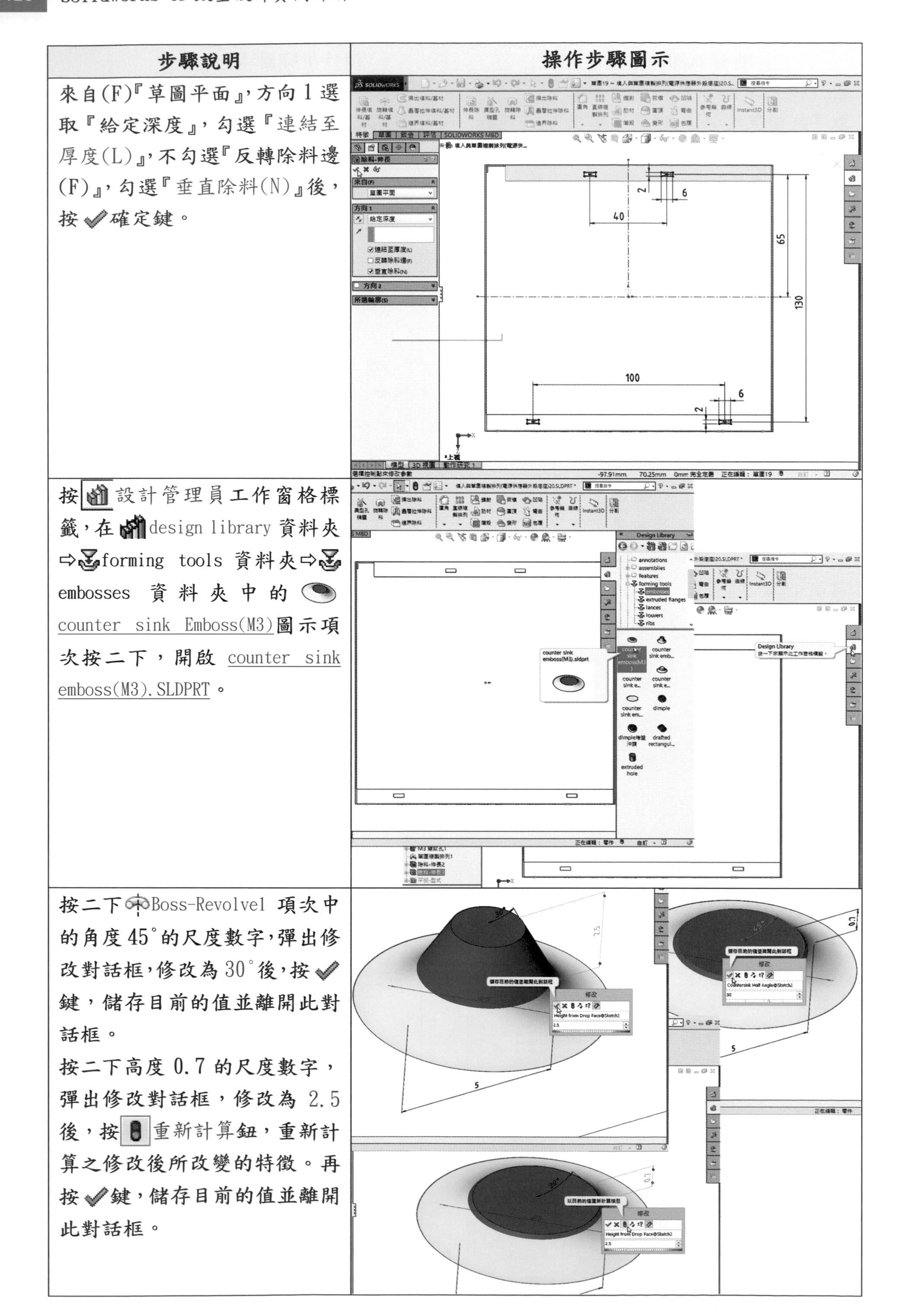

| 步驟說明 | 操作步驟圖示 |
|---|---|
| 來自(F)『草圖平面』，方向 1 選取『給定深度』，勾選『連結至厚度(L)』，不勾選『反轉除料邊(F)』，勾選『垂直除料(N)』後，按 ✔ 確定鍵。 | |
| 按 設計管理員工作窗格標籤，在 design library 資料夾 ⇨ forming tools 資料夾 ⇨ embosses 資料夾中的 counter sink Emboss(M3) 圖示項次按二下，開啟 counter sink emboss(M3).SLDPRT。 | |
| 按二下 Boss-Revolve1 項次中的角度 45° 的尺度數字，彈出修改對話框，修改為 30° 後，按 ✔ 鍵，儲存目前的值並離開此對話框。<br>按二下高度 0.7 的尺度數字，彈出修改對話框，修改為 2.5 後，按 重新計算鈕，重新計算之修改後所改變的特徵。再按 ✔ 鍵，儲存目前的值並離開此對話框。 | |

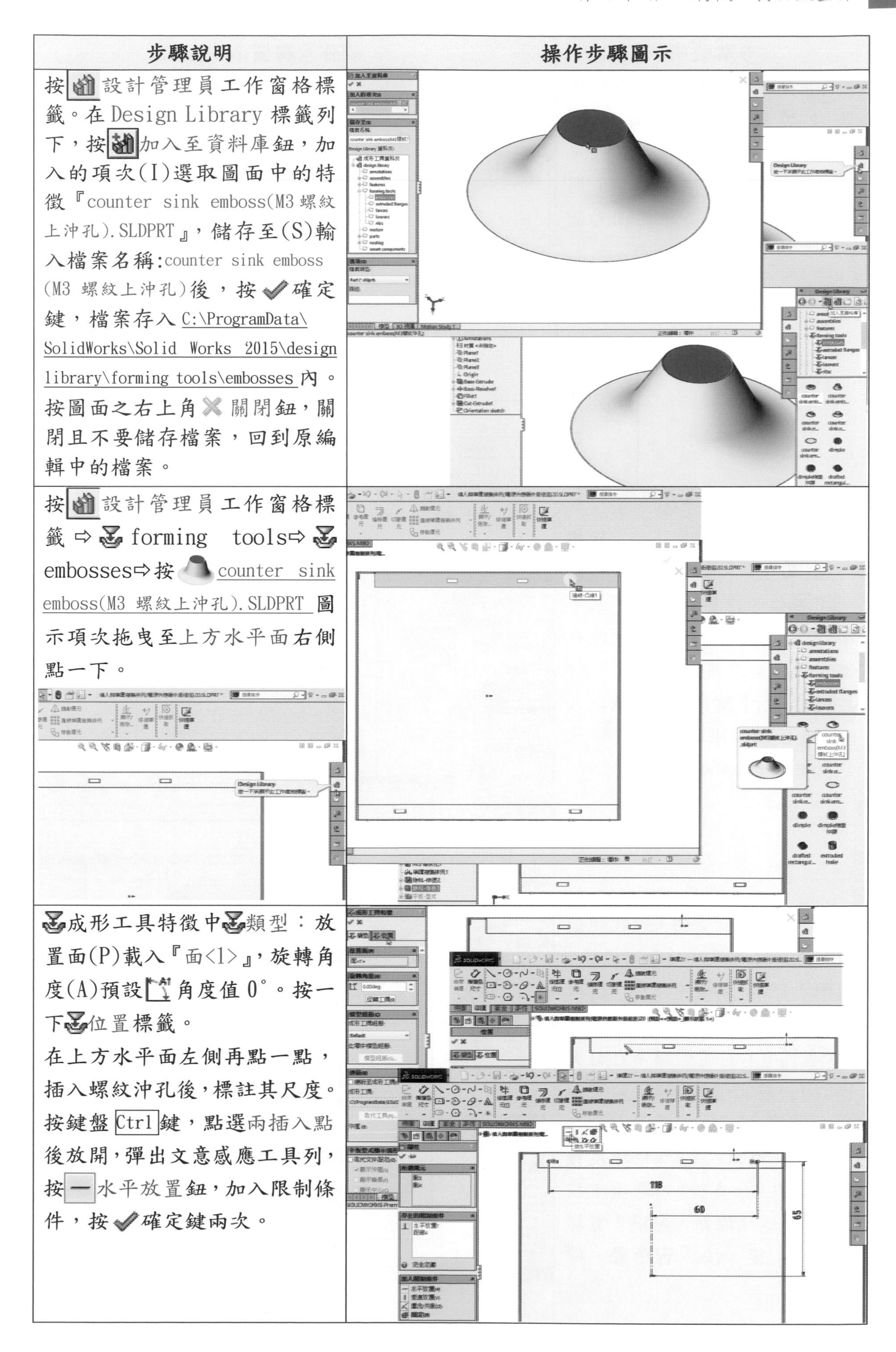

| 步驟說明 | 操作步驟圖示 |
| --- | --- |
| 按設計管理員工作窗格標籤。在 Design Library 標籤列下，按加入至資料庫鈕，加入的項次(I)選取圖面中的特徵『counter sink emboss(M3 螺紋上沖孔).SLDPRT』，儲存至(S)輸入檔案名稱:counter sink emboss (M3 螺紋上沖孔)後，按確定鍵，檔案存入 C:\ProgramData\SolidWorks\Solid Works 2015\design library\forming tools\embosses 內。按圖面之右上角關閉鈕，關閉且不要儲存檔案，回到原編輯中的檔案。 | |
| 按設計管理員工作窗格標籤 ⇨ forming tools ⇨ embosses ⇨ 按 counter sink emboss(M3 螺紋上沖孔).SLDPRT 圖示項次拖曳至上方水平面右側點一下。 | |
| 成形工具特徵中類型：放置面(P)載入『面<1>』，旋轉角度(A)預設角度值 0°。按一下位置標籤。<br>在上方水平面左側再點一點，插入螺紋沖孔後，標註其尺度。按鍵盤 Ctrl 鍵，點選兩插入點後放開，彈出文意感應工具列，按水平放置鈕，加入限制條件，按確定鍵兩次。 | |

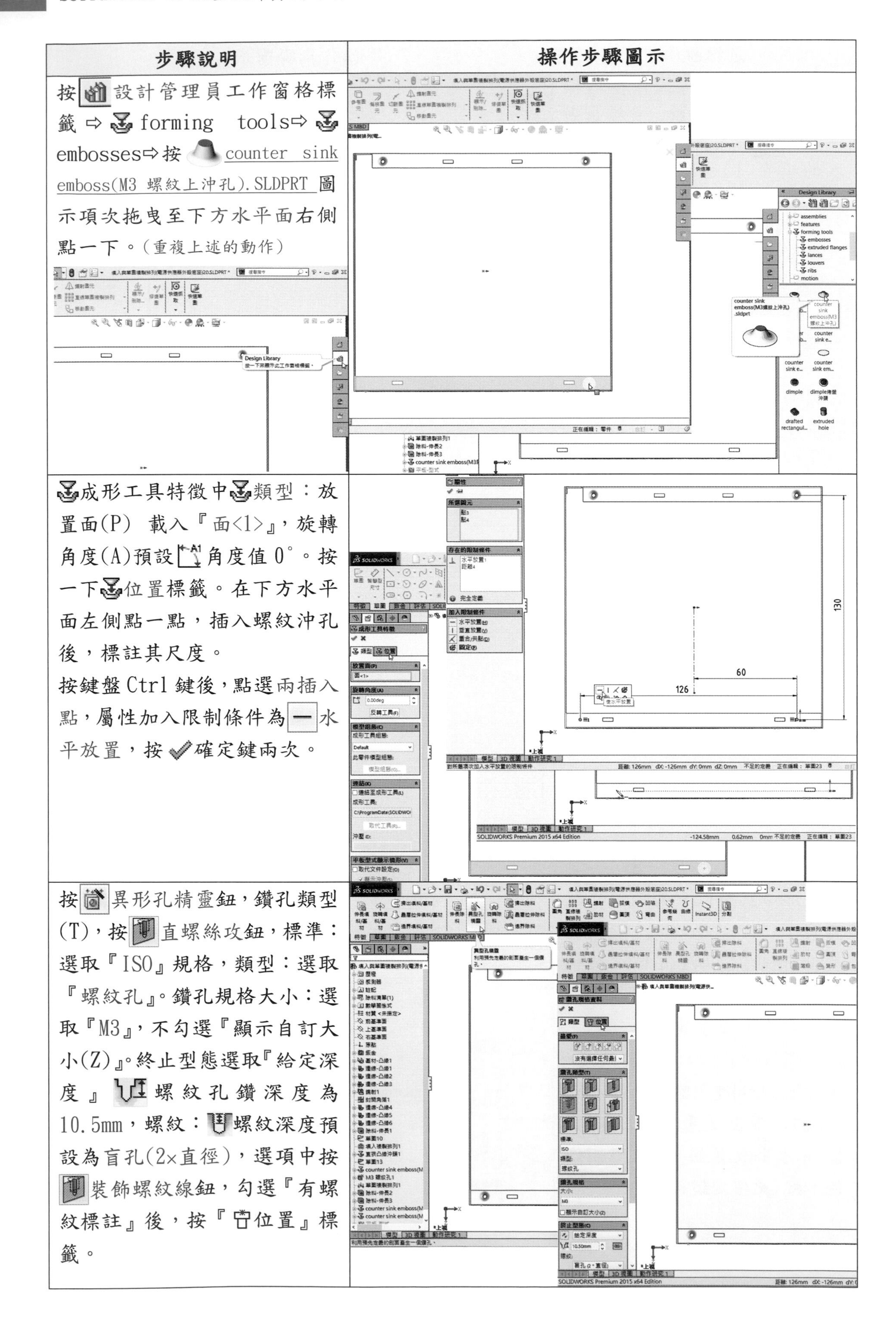

| 步驟說明 | 操作步驟圖示 |
|---|---|
| 按設計管理員工作窗格標籤 ⇨ forming tools⇨ embosses⇨按 counter sink emboss(M3 螺紋上沖孔).SLDPRT 圖示項次拖曳至下方水平面右側點一下。(重複上述的動作) | |
| 成形工具特徵中類型：放置面(P) 載入『面<1>』，旋轉角度(A)預設角度值 0°。按一下位置標籤。在下方水平面左側點一點，插入螺紋沖孔後，標註其尺度。<br>按鍵盤 Ctrl 鍵後，點選兩插入點，屬性加入限制條件為水平放置，按確定鍵兩次。 | |
| 按異形孔精靈鈕，鑽孔類型(T)，按直螺絲攻鈕，標準：選取『ISO』規格，類型：選取『螺紋孔』。鑽孔規格大小：選取『M3』，不勾選『顯示自訂大小(Z)』。終止型態選取『給定深度』螺紋孔鑽深度為 10.5mm，螺紋：螺紋深度預設為盲孔(2×直徑)，選項中按裝飾螺紋線鈕，勾選『有螺紋標註』後，按『位置』標籤。 | |

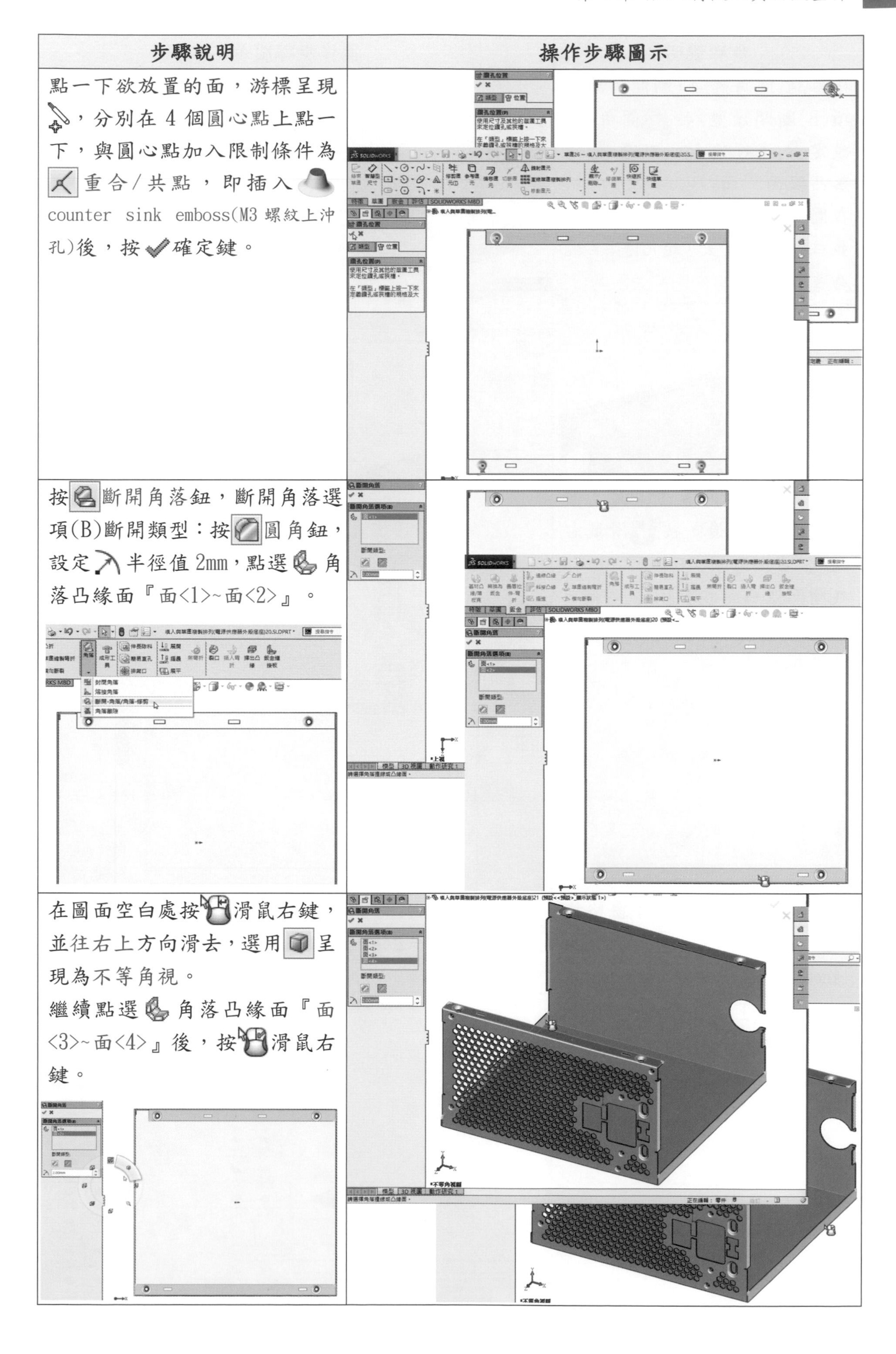

| 步驟說明 | 操作步驟圖示 |
| --- | --- |
| 點一下欲放置的面，游標呈現，分別在 4 個圓心點上點一下，與圓心點加入限制條件為 重合/共點，即插入 counter sink emboss(M3 螺紋上沖孔)後，按確定鍵。 | |
| 按斷開角落鈕，斷開角落選項(B)斷開類型：按圓角鈕，設定半徑值 2mm，點選角落凸緣面『面<1>~面<2>』。 | |
| 在圖面空白處按滑鼠右鍵，並往右上方向滑去，選用呈現為不等角視。<br>繼續點選角落凸緣面『面<3>~面<4>』後，按滑鼠右鍵。 | |

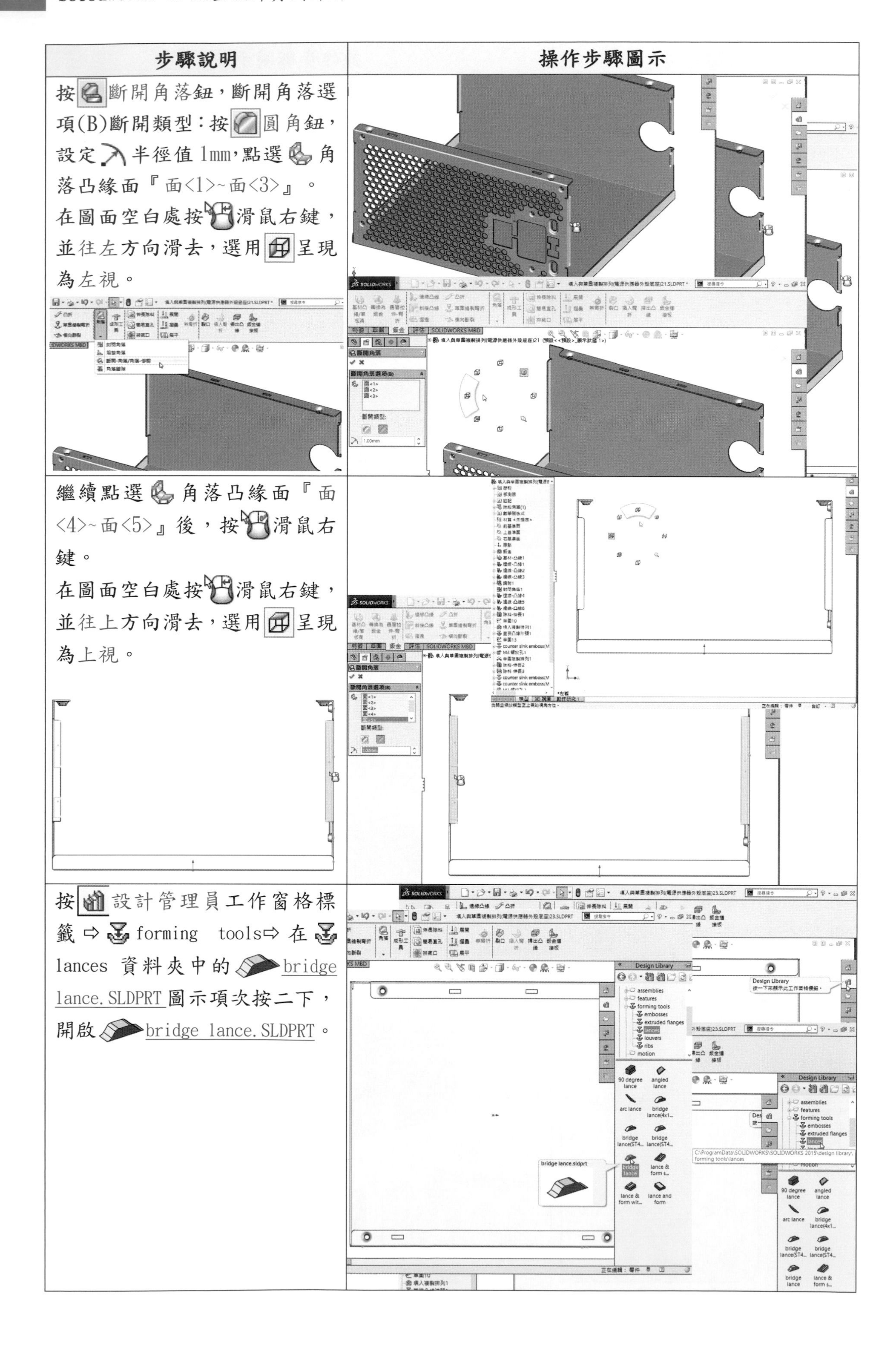

| 步驟說明 | 操作步驟圖示 |
|---|---|
| 按斷開角落鈕，斷開角落選項(B)斷開類型：按圓角鈕，設定半徑值1mm，點選角落凸緣面『面<1>~面<3>』。<br>在圖面空白處按滑鼠右鍵，並往左方向滑去，選用呈現為左視。 | |
| 繼續點選角落凸緣面『面<4>~面<5>』後，按滑鼠右鍵。<br>在圖面空白處按滑鼠右鍵，並往上方向滑去，選用呈現為上視。 | |
| 按設計管理員工作窗格標籤 ⇨ forming tools⇨ 在lances 資料夾中的bridge lance.SLDPRT圖示項次按二下，開啟bridge lance.SLDPRT。 | |

| 步驟說明 | 操作步驟圖示 |
| --- | --- |
| 按二下特徵管理員中的 Boss-Extrude1 項次，可顯示其特徵尺度。<br>按二下 Boss-Extrude1 特徵的寬度 20 的尺度數字，彈出修改對話框，修改為 17 後，按 ✔ 鍵，儲存目前的值並離開此對話框。<br>按二下高度 6 的尺度數字，彈出修改對話框，修改為 5 後，按 ✔ 鍵，儲存目前的值並離開此對話框。 | 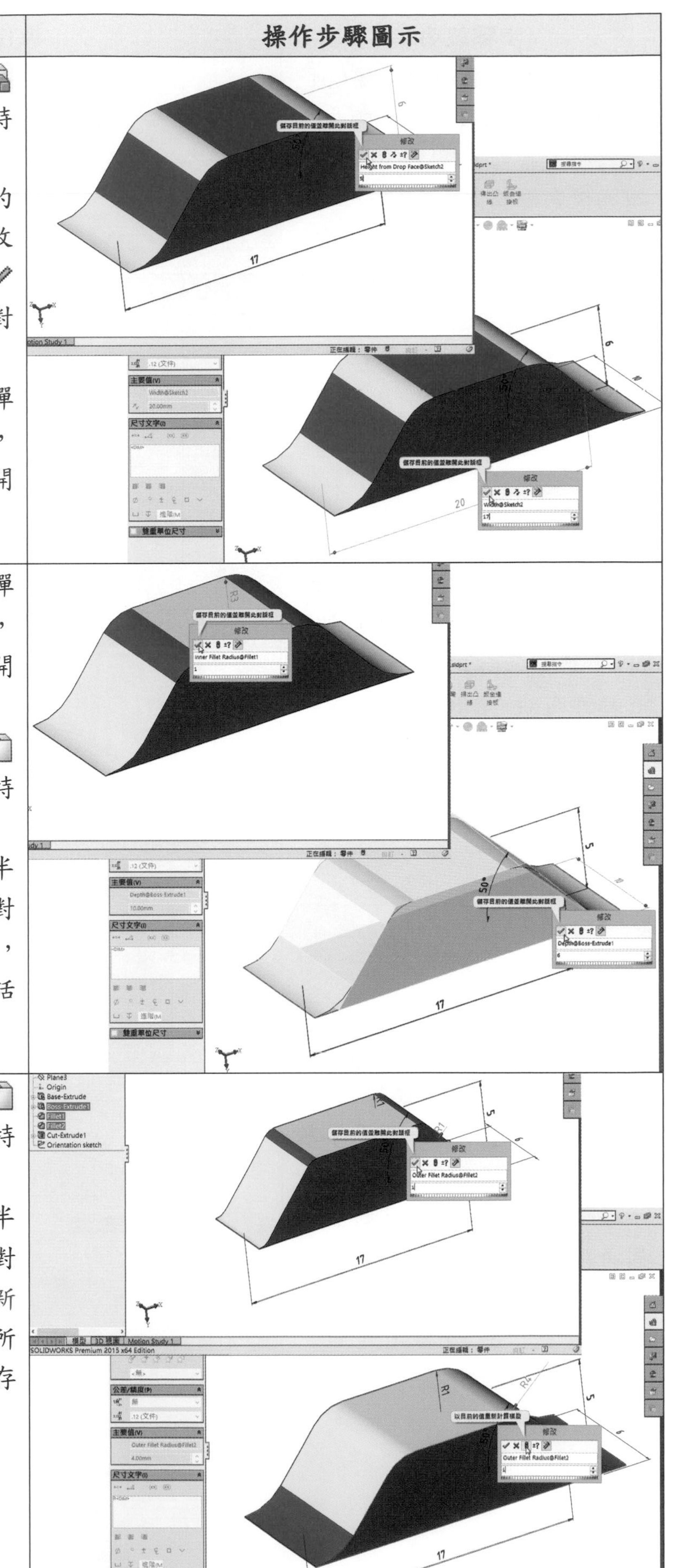 |
| 按二下深度 10 的尺度數字，彈出修改對話框，修改為 6 後，按 ✔ 鍵，儲存目前的值並離開此對話框。<br>按二下特徵管理員中的 Fillet1 項次，可顯示其圓角特徵尺度。<br>再按二下 Fillet1 特徵上半徑 R3 的尺度數字，彈出修改對話框，修改為 1 後，按 ✔ 鍵，儲存目前的值並離開此對話框。 | |
| 按二下特徵管理員中的 Fillet2 項次，可顯示其圓角特徵尺度。<br>再按二下 Fillet2 特徵上半徑 R4 的尺度數字，彈出修改對話框，修改為 1 後，按 重新計算鈕，重新計算之修改後所改變的特徵。再按 ✔ 鍵，儲存目前的值並離開此對話框。 | |

| 步驟說明 | 操作步驟圖示 |
|---|---|
| 按特徵管理員中的 Cut-Extrude1 項次後放開，彈出文意感應工具列，按回溯鈕。回溯控制棒位置，立即移至 Cut-Extrude1 項次上方位置。選取頂面(藍色)作為草圖 1 之繪圖平面。<br>按圓鈕，點一下原點放置圓的圓心。 | 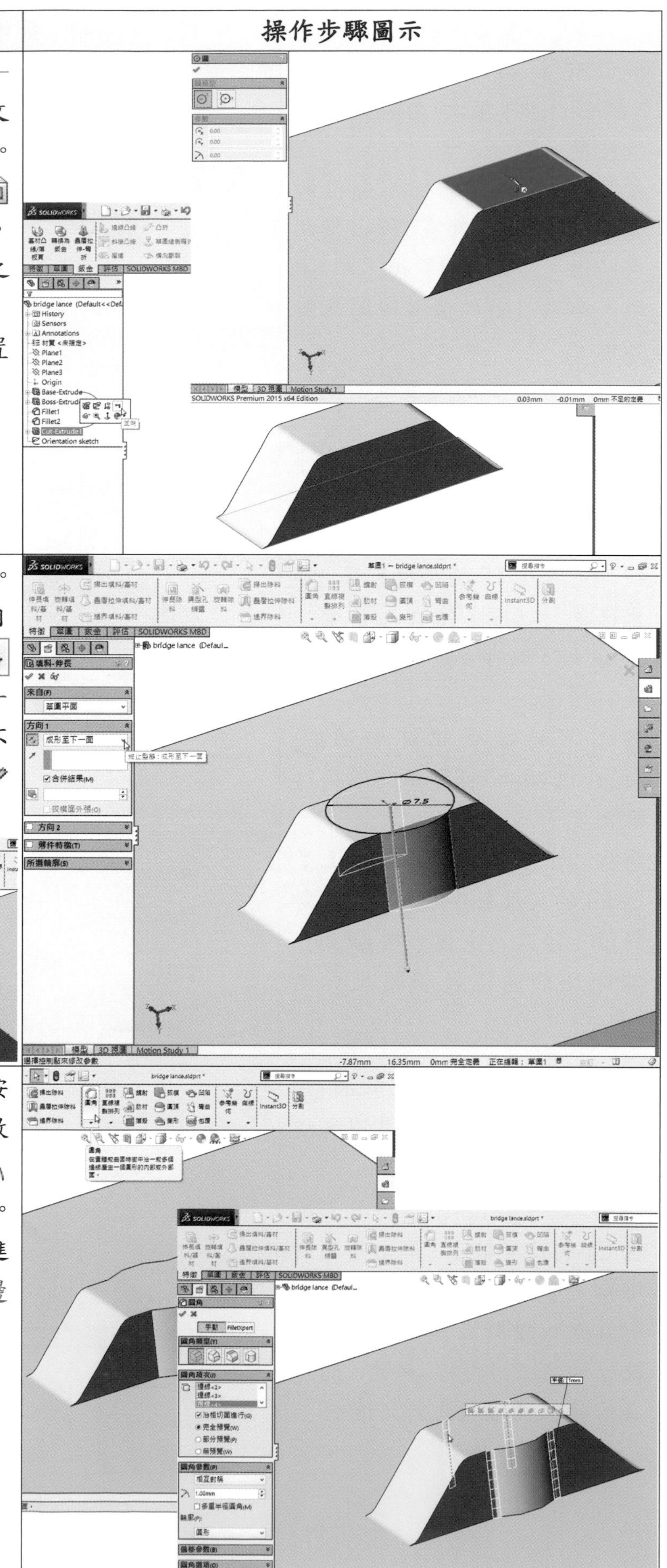 |
| 畫 Ø7.5 草圖圓，並標註其尺度。按伸長填料/基材鈕，來自(F)『草圖平面』，方向 1 按反轉方向鈕，選取『成形至下一面』，勾選『合併結果(M)』，不勾選『薄件特徵(T)』後，按確定鍵。<br>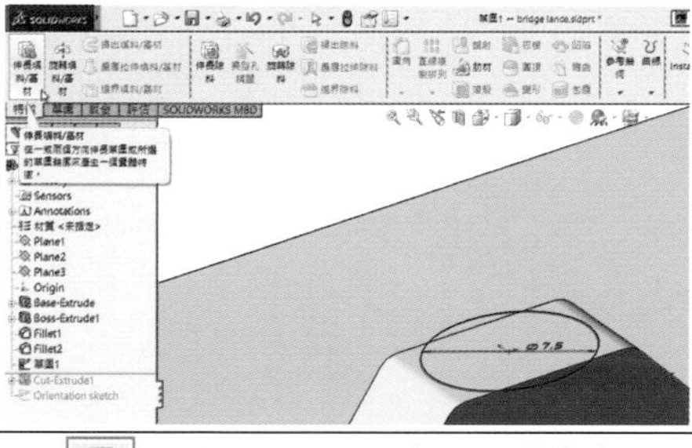 | |
| 按圓角鈕，圓角類型(Y)按固定大小圓角鈕，圓角參數(P)預設『相互對稱』，輸入半徑值 1mm，輪廓(P):『圓形』。圓角項次(I)勾選『沿相切面進行(G)』，點選『邊線<1>~邊線<4>』後，按確定鍵。 | |

| 步驟說明 | 操作步驟圖示 |
| --- | --- |
| 游標移至特徵管理員中圓角 1 項次列下方的回溯控制棒位置，按住向下拖曳至Orientation sketch 項次列之上位置放開或按滑鼠右鍵，彈出功能表列，按移至最後(E)項次列，系統會回溯至最後。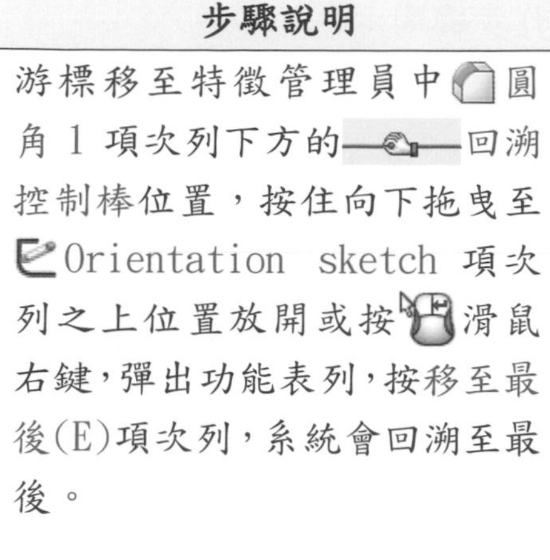 | 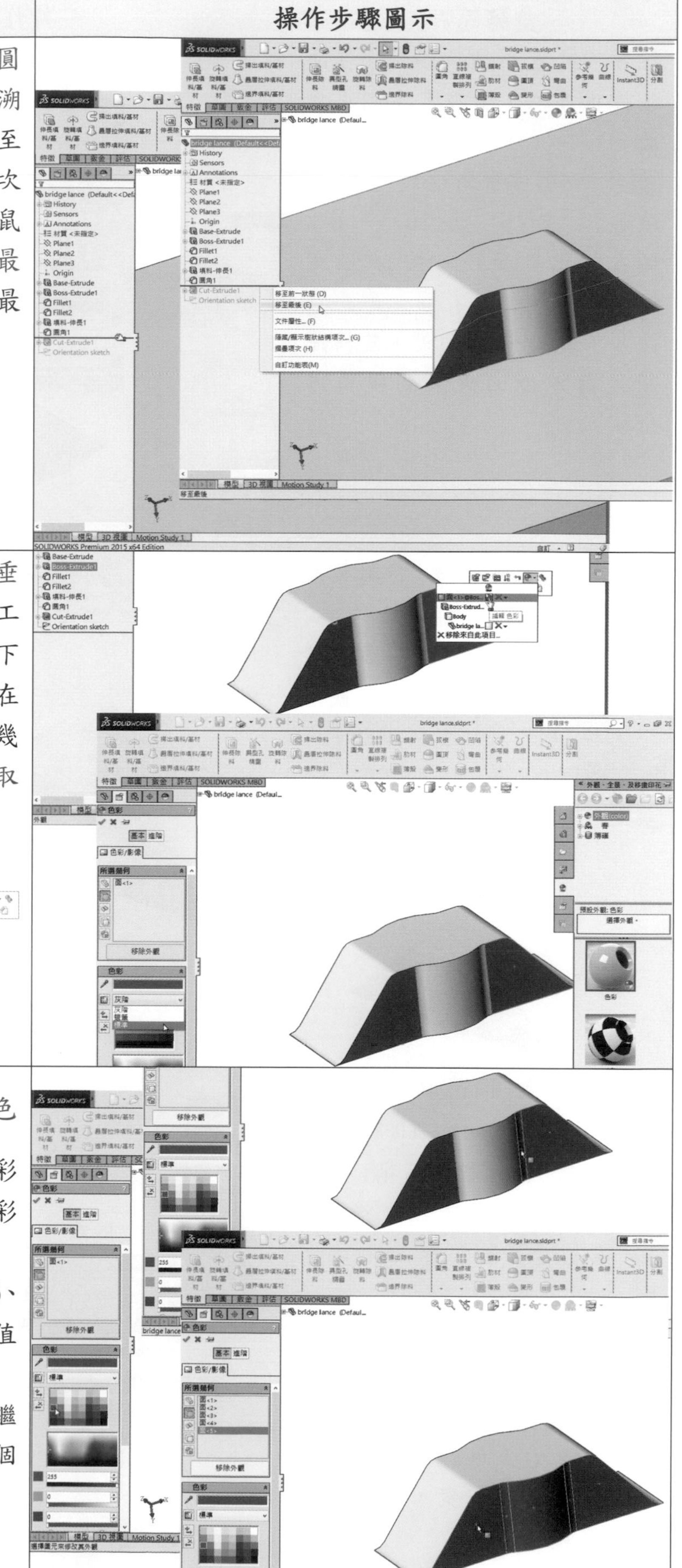 |
| 游標在沖頭右側紅色外觀正垂面上點一下，彈出文意感應工作列，按外觀鈕。再按一下『面<1>@Boss...』項次列。在色彩色彩/影像中所選幾何載入『面<1>』，選取方塊中選取『標準』項次。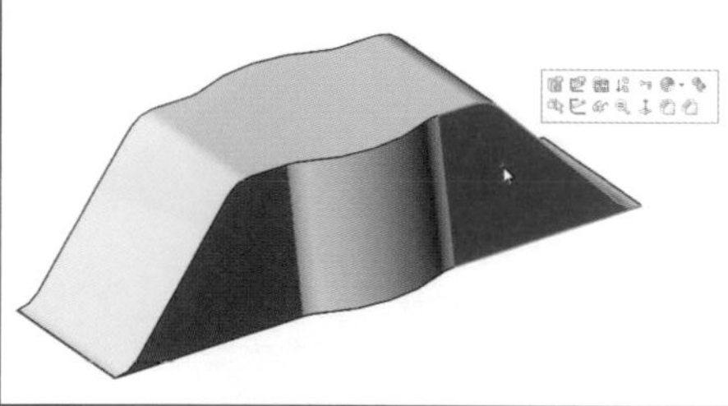 | |
| 按一下標準色彩調色盤中的『』紅色色樣塊，色彩中立即顯示目前所選色彩為『紅色』。<br>RGB 中預設紅色數值為 255、綠色數值為 0、藍色數值為 0。<br>色彩/影像中所選幾何繼續選取『面<2>~面<5>』，共 5 個右側正垂面。 | |

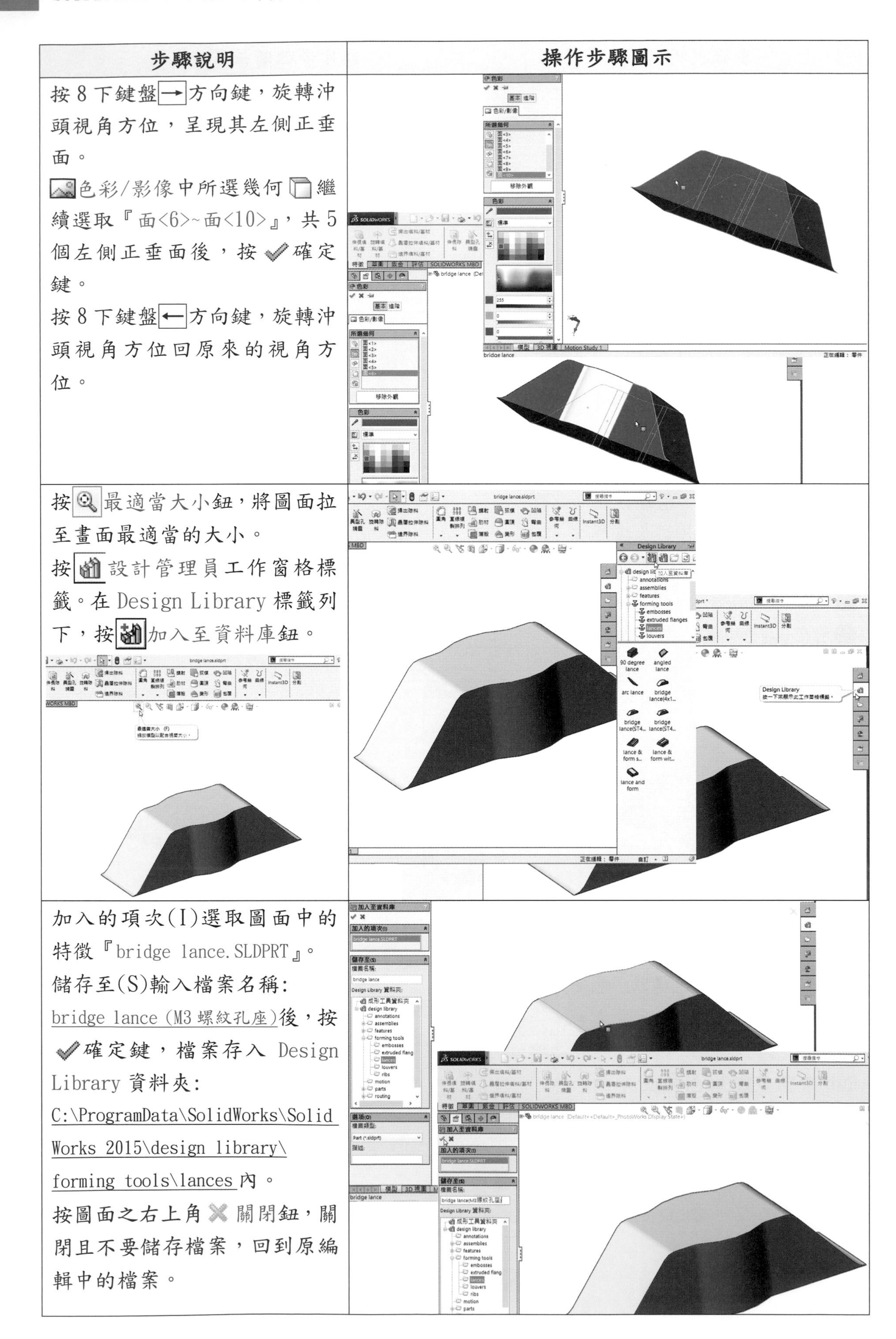

| 步驟說明 | 操作步驟圖示 |
|---|---|
| 按 8 下鍵盤→方向鍵，旋轉沖頭視角方位，呈現其左側正垂面。<br>色彩/影像中所選幾何繼續選取『面<6>~面<10>』，共 5 個左側正垂面後，按確定鍵。<br>按 8 下鍵盤←方向鍵，旋轉沖頭視角方位回原來的視角方位。 | |
| 按最適當大小鈕，將圖面拉至畫面最適當的大小。<br>按設計管理員工作窗格標籤。在 Design Library 標籤列下，按加入至資料庫鈕。 | |
| 加入的項次(I)選取圖面中的特徵『bridge lance.SLDPRT』。<br>儲存至(S)輸入檔案名稱：bridge lance (M3 螺紋孔座)後，按確定鍵，檔案存入 Design Library 資料夾：C:\ProgramData\SolidWorks\SolidWorks 2015\design library\forming tools\lances 內。<br>按圖面之右上角關閉鈕，關閉且不要儲存檔案，回到原編輯中的檔案。 | |

| 步驟說明 | 操作步驟圖示 |
| --- | --- |
| 選取水平底面(藍色)作為草圖 26 之繪圖平面。<br>按 中心線、 點鈕，插入 3 個定位點，並標註其尺度。<br>按鍵盤 Ctrl 鍵，點選右側 3 個點放開，彈出文意感應工具列，按 垂直放置鈕，加入限制條件。 | 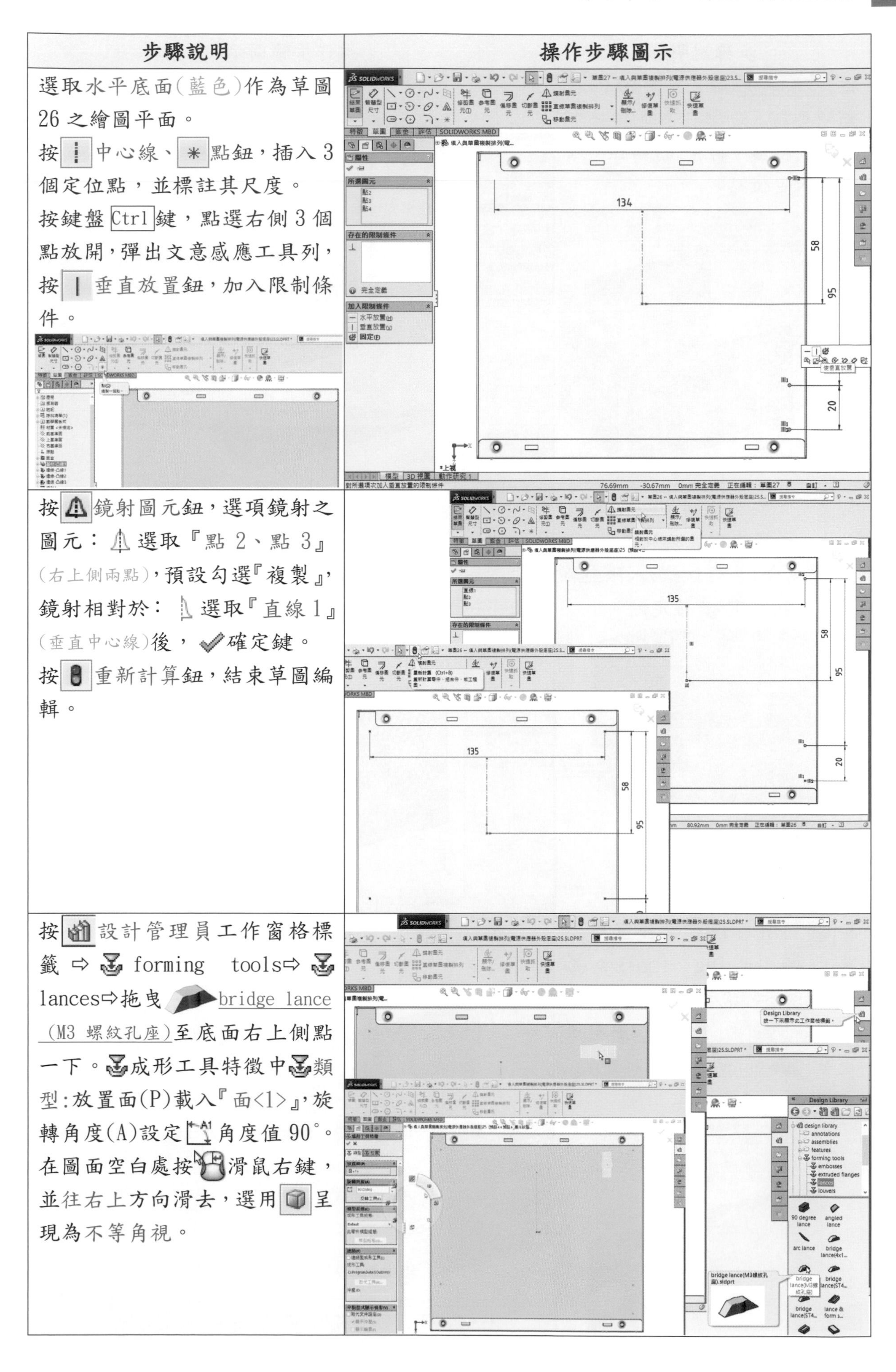 |
| 按 鏡射圖元鈕，選項鏡射之圖元： 選取『點 2、點 3』(右上側兩點)，預設勾選『複製』，鏡射相對於： 選取『直線 1』(垂直中心線)後， 確定鍵。<br>按 重新計算鈕，結束草圖編輯。 | |
| 按 設計管理員工作窗格標籤 ⇨ forming tools⇨ lances⇨拖曳 bridge lance (M3 螺紋孔座)至底面右上側點一下。成形工具特徵中類型:放置面(P)載入『面<1>』，旋轉角度(A)設定 角度值 90°。在圖面空白處按 滑鼠右鍵，並往右上方向滑去，選用 呈現為不等角視。 | |

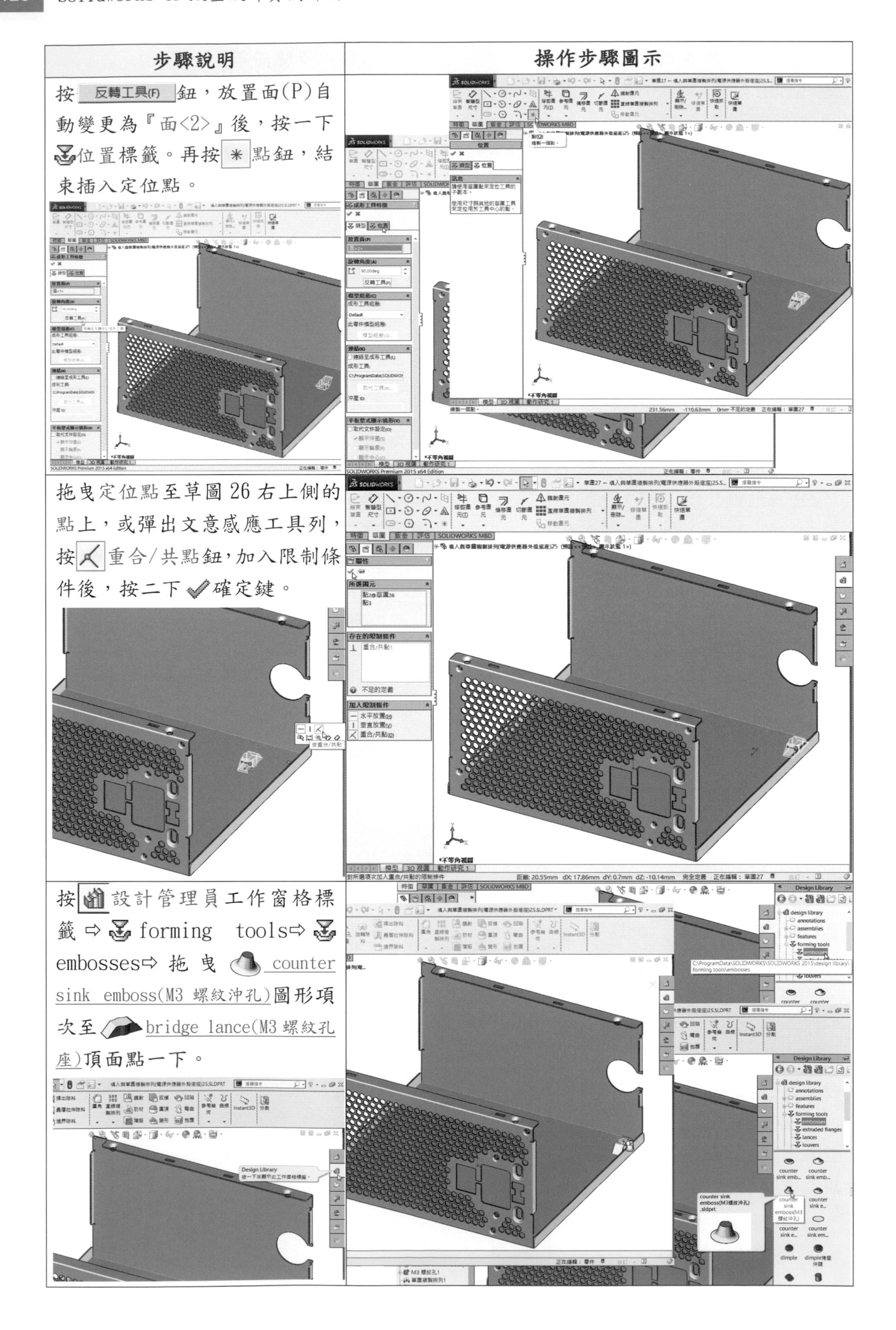

| 步驟說明 | 操作步驟圖示 |
|---|---|
| 按 反轉工具(F) 鈕，放置面(P)自動變更為『面<2>』後，按一下位置標籤。再按 * 點鈕，結束插入定位點。 | |
| 拖曳定位點至草圖 26 右上側的點上，或彈出文意感應工具列，按重合/共點鈕，加入限制條件後，按二下確定鍵。 | |
| 按設計管理員工作窗格標籤 ⇨ forming tools ⇨ embosses ⇨ 拖曳 counter sink emboss(M3 螺紋沖孔)圖形項次至 bridge lance(M3 螺紋孔座)頂面點一下。 | |

| 步驟說明 | 操作步驟圖示 |
| --- | --- |
| 成形工具特徵中類型：放置面(P)載入『面<1>』，旋轉角度(A)角度值 0°。按一下位置標籤。<br>再按點鈕，結束插入定位點。<br>在 bridge lance(M3 螺紋孔座)，頂面點一下，游標呈現移至圓弧邊線停一下，出現預覽之圓心，並在圓心位置點一下，即插入 counter sink emboss (M3 螺紋沖孔)，按二下確定鍵。 | 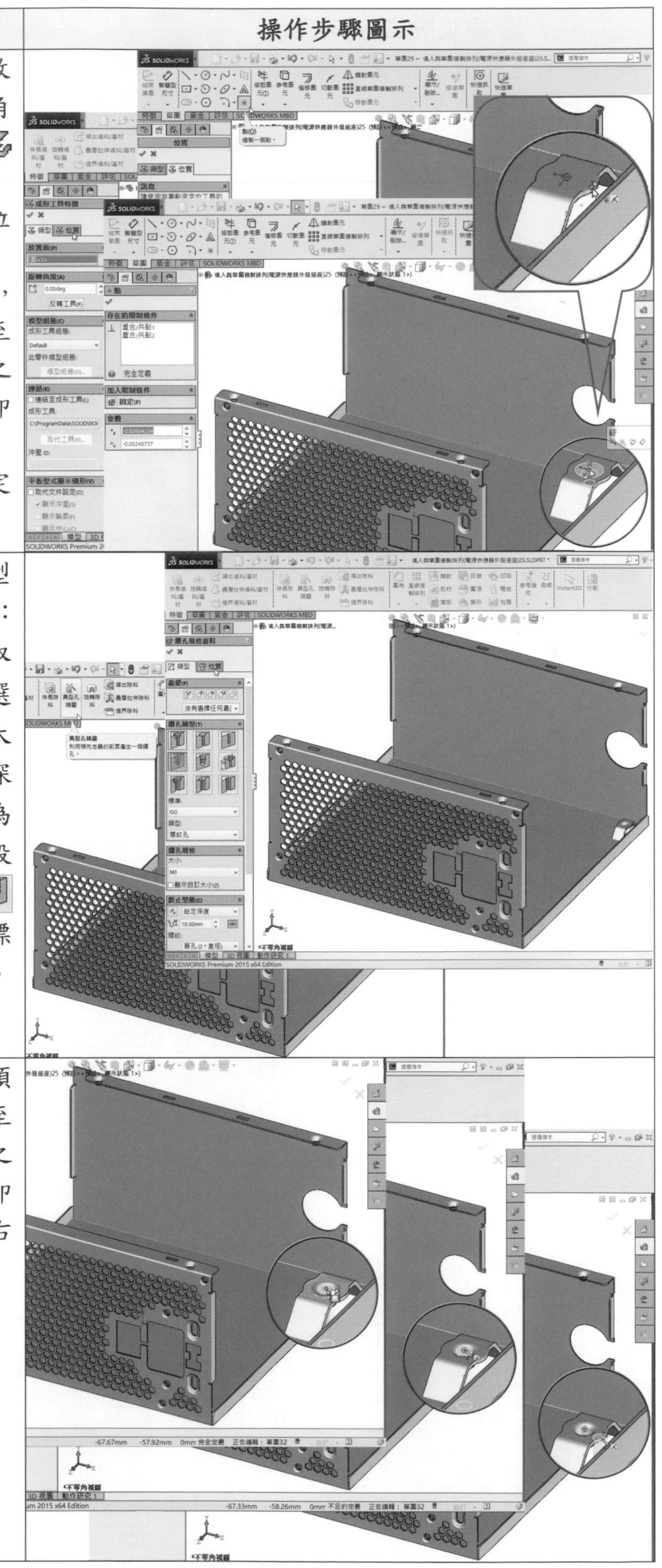 |
| 按異形孔精靈鈕，鑽孔類型(T)，按直螺絲攻鈕，標準：選取『ISO』規格，類型：選取『螺紋孔』。鑽孔規格大小：選取『M3』，不勾選『顯示自訂大小(Z)』。終止型態選取『給定深度』螺紋孔鑽深度為 8.5mm，螺紋：螺紋深度預設為盲孔(2×直徑)，選項中按裝飾螺紋線鈕，勾選『有螺紋標註』後，按『位置』標籤。 | |
| 在 bridge lance(M3 螺紋孔座)頂面點一下後，游標呈現移至圓弧邊線停一下，出現預覽之圓心，並在圓心位置點一下，即插入 M3 螺紋孔，按滑鼠右鍵，再按確定鍵。 | |

<table>
<tr><th>步驟說明</th><th>操作步驟圖示</th></tr>
<tr><td>游標移動至特徵管理員窗格右側捲動軸往下拖曳。<br>選取特徵管理員中，counter sink emboss(M3 螺紋沖孔)2、bridge lance(M3 螺紋孔座)1、M3 螺紋孔 3。<br>按草圖導出複製排列鈕。</td><td>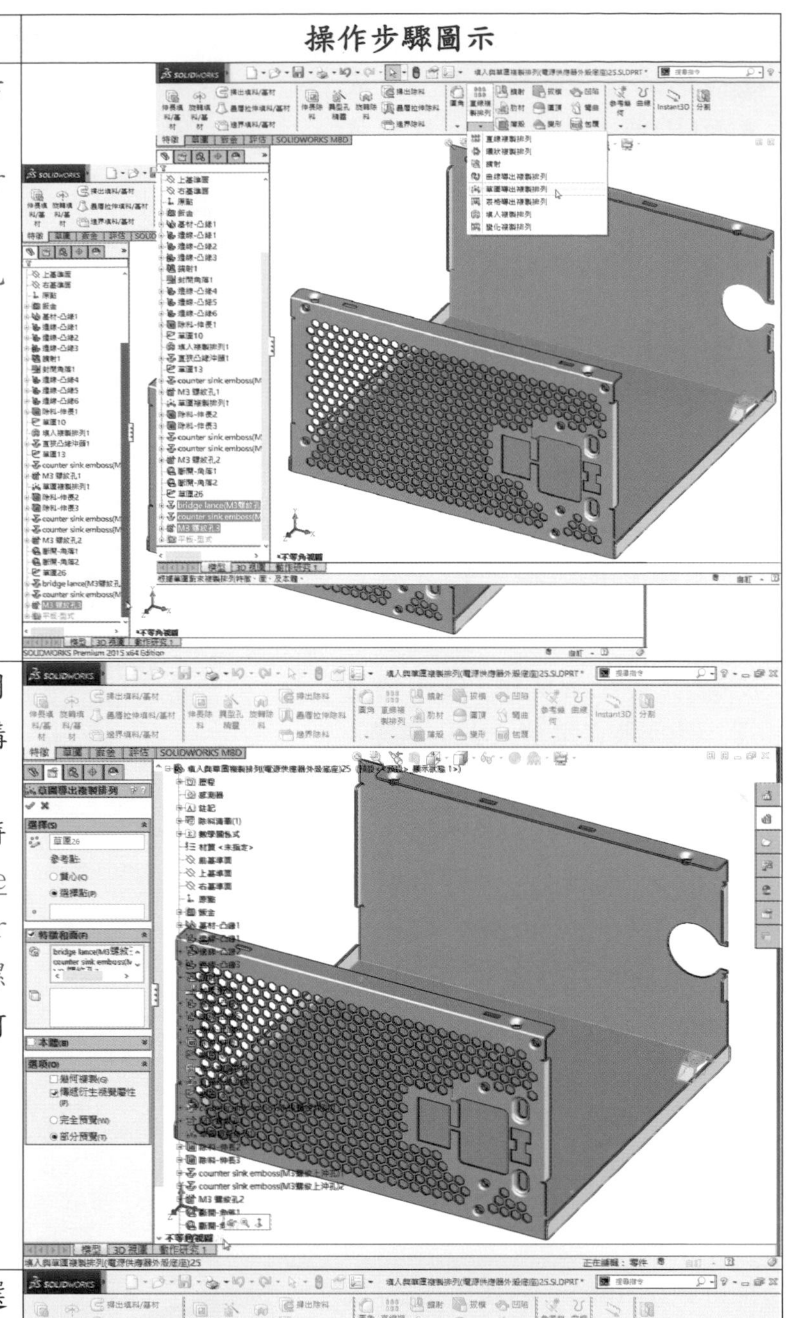</td></tr>
<tr><td>選擇(S)參考草圖選取透明快顯特徵管理員設計樹狀結構中的『草圖 26』。參考點：點選『選擇點(P)』。預設勾選特徵和面(F)載入『bridge lance(M3 螺紋孔座)、counter sink emboss(M3 螺紋沖孔)、M3 螺紋孔 3』，選項(O)不勾選『幾何複製(G)』。</td><td></td></tr>
<tr><td>參考頂點選取方塊點一下，選取參考頂點『點 2@草圖 26』(右上角草圖點)，按滑鼠右鍵。<br>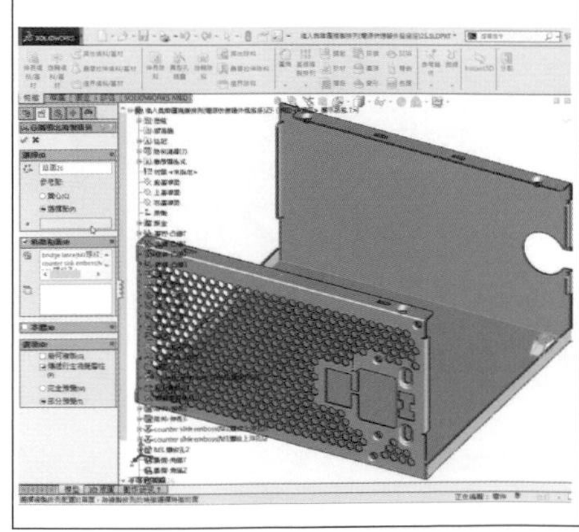</td><td>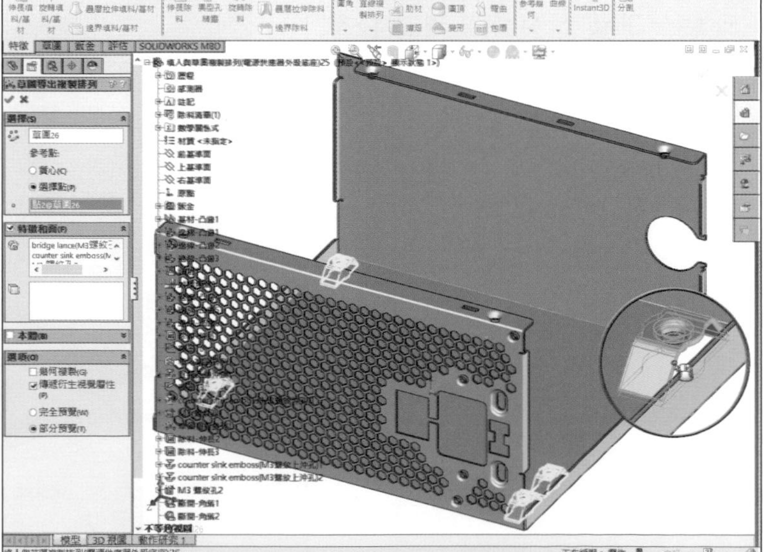</td></tr>
</table>

| 步驟說明 | 操作步驟圖示 |
|---|---|
| 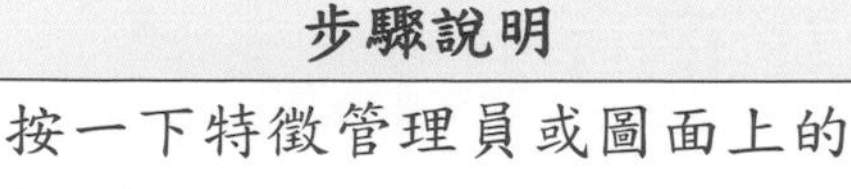按一下特徵管理員或圖面上的草圖 26，彈出文意感應工具列，按隱藏/顯示鈕，隱藏草圖 26。<br>按鈑金鈑金工作列，按展平鈕，展開為整齊平板型式特徵。<br>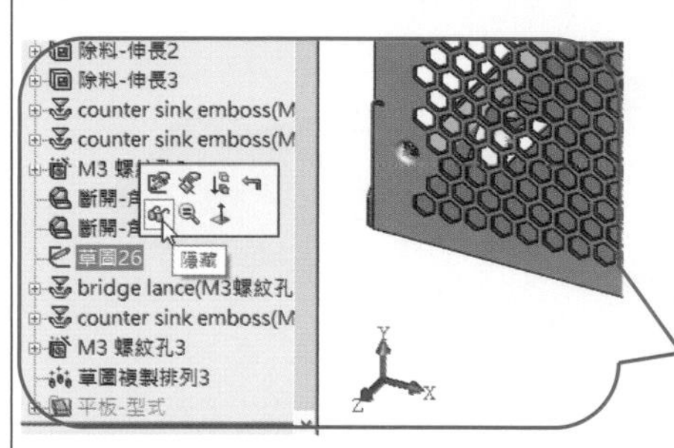 | 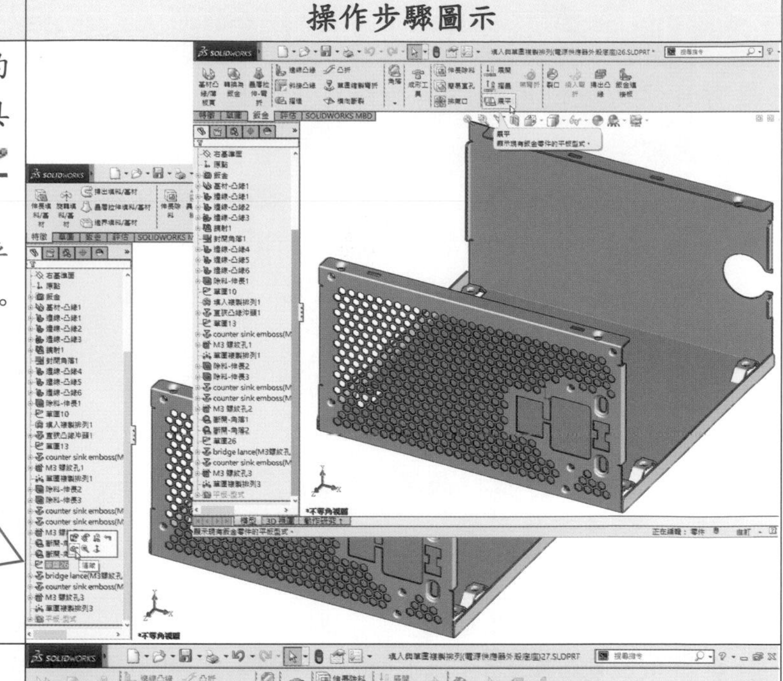 |
| 按展平之平面(藍色)後放開，彈出文意感應工具列，按正視於鈕，垂直於所選的平面。若再按圖面之右上角確認角落鈕，即可結束展平。<br>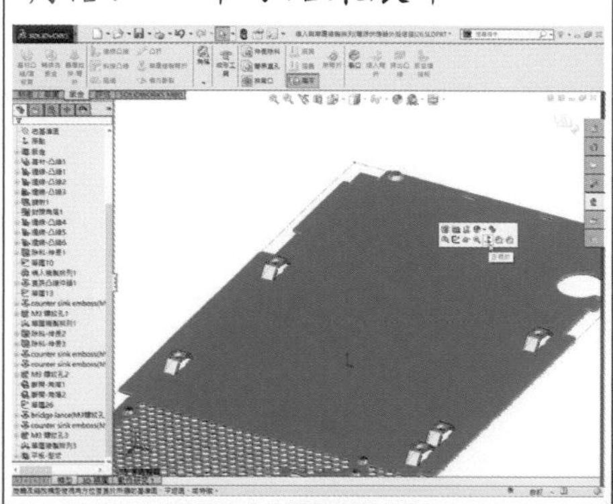 | 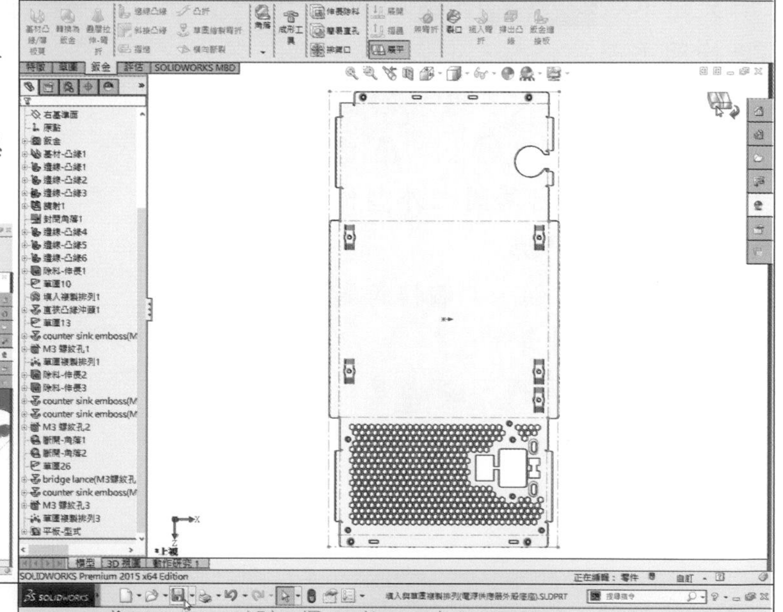 |
| 在圖面空白處按滑鼠右鍵，並往右上方向滑去，選用呈現為不等角視。<br>按標準工作列上的儲存檔案鈕，輸入檔案名稱(N)：填入與草圖複製排列(電源供應器外殼底座)後，按存檔(S)鍵。<br>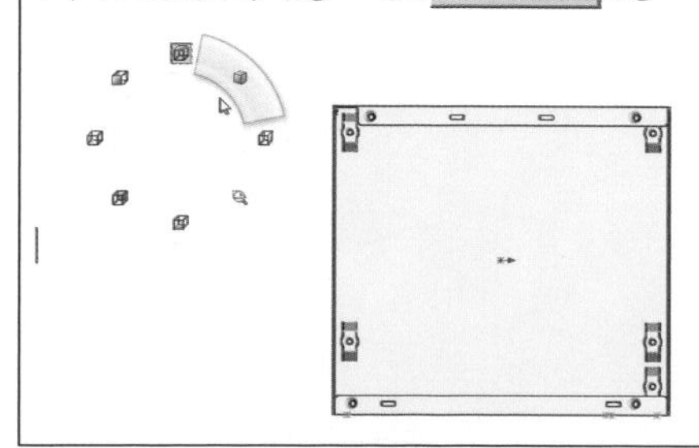 | 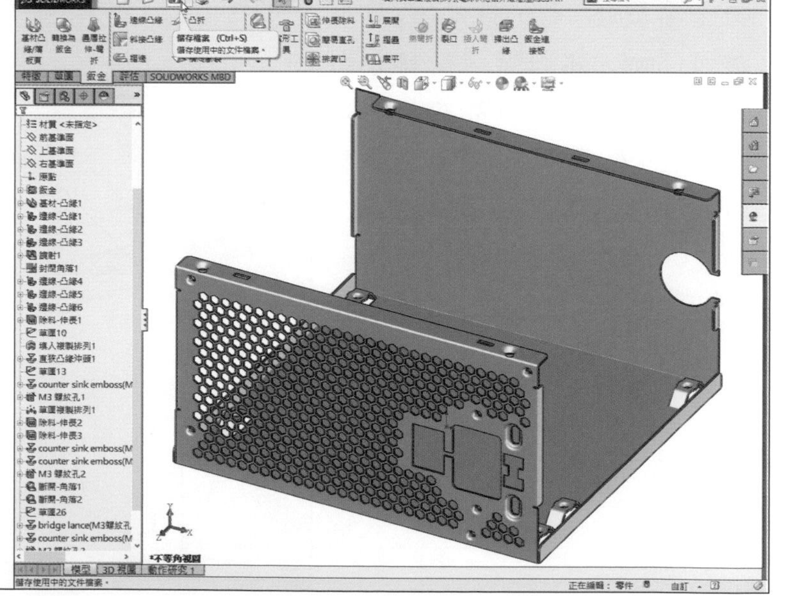 |

## 4.2.1 凹陷、曲線導出複製排列指令用於指甲剪底層剪片鈑金件

學習目標：能使用凹陷與曲線導出複製排列，在鈑金件上產生內凹特徵。

繪圖步驟：建基材凸緣→作邊線凸緣→繪製彎折線→作彎折→作伸長除料→選取單一連續線→作曲線導出複製排列→作凹陷→按展平。

- 草圖指令：中心線、直線、圓心/起/終點畫弧、圓、鏡射圖元、草圖圓角、參考圖元。
- 特徵指令：伸長除料、曲線導出複製排列、凹陷。
- 鈑金指令：基材凸緣/薄板頁、邊線凸緣、草圖繪製彎折、展平。

| 步驟說明 | 操作步驟圖示 |
|---|---|
| 首先選取上基準面作為草圖 1 之繪圖平面。<br>按中心線、直線、圓心/起/終點畫弧、圓、鏡射圖元鈕，畫出草圖之外型輪廓線，標註其尺度。<br>按草圖圓角鈕，4 個轉角處畫出 R2 草圖圓角。<br>按鈑金鈑金工具列，按基材凸緣/薄板頁鈕。 | 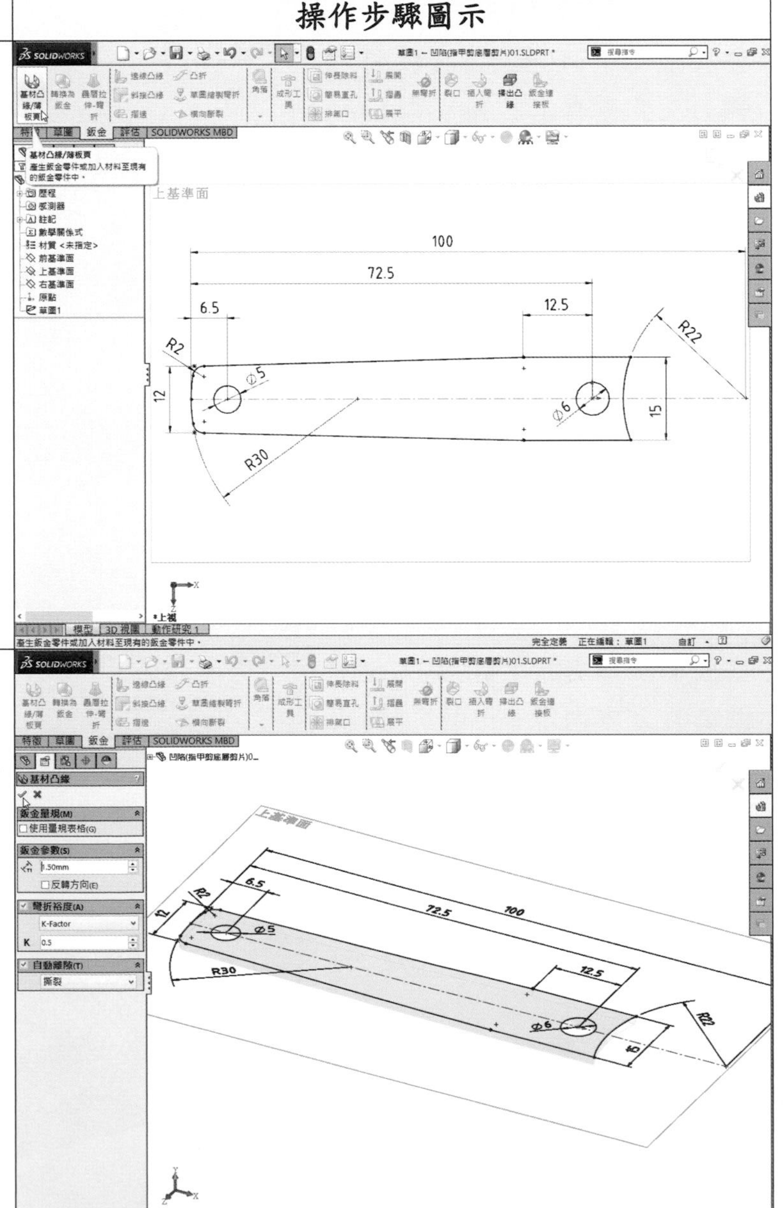 |
| 鈑金參數(S)中，設定厚度值 1.5mm，不勾選『反轉方向(E)』，彎折裕度(A)預設『K-Factor』值 0.5，預設自動離隙(T)『撕裂』後，按確定鍵。 | |

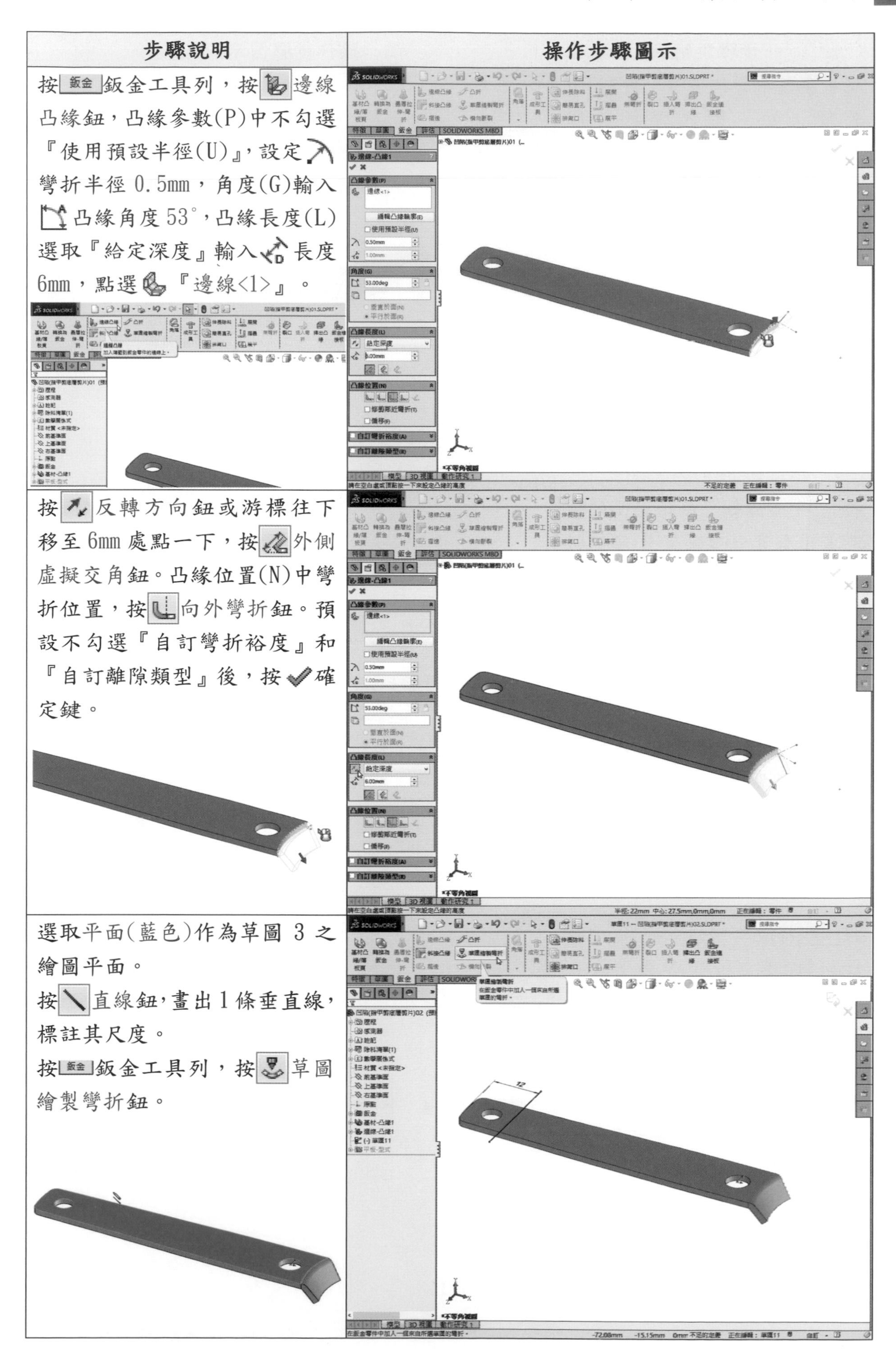

| 步驟說明 | 操作步驟圖示 |
| --- | --- |
| 按鈑金鈑金工具列，按邊線凸緣鈕，凸緣參數(P)中不勾選『使用預設半徑(U)』，設定彎折半徑 0.5mm，角度(G)輸入凸緣角度 53°，凸緣長度(L)選取『給定深度』輸入長度 6mm，點選『邊線<1>』。 | |
| 按反轉方向鈕或游標往下移至 6mm 處點一下，按外側虛擬交角鈕。凸緣位置(N)中彎折位置，按向外彎折鈕。預設不勾選『自訂彎折裕度』和『自訂離隙類型』後，按確定鍵。 | |
| 選取平面(藍色)作為草圖 3 之繪圖平面。<br>按直線鈕，畫出 1 條垂直線，標註其尺度。<br>按鈑金鈑金工具列，按草圖繪製彎折鈕。 | |

| 步驟說明 | 操作步驟圖示 |
| --- | --- |
| 彎折參數中彎折位置：按向外彎折鈕。輸入彎折角度4.15°，取消勾選『使用預設半徑』，設定彎折半徑值30mm，預設不勾選『自訂彎折裕度』，點選固定面『面<1>』後，按滑鼠右鍵。<br>首先選取前基準面作為草圖4之繪圖平面。<br>在圖面空白處按滑鼠右鍵，並往左上方向滑去，選用呈現為前視。 | 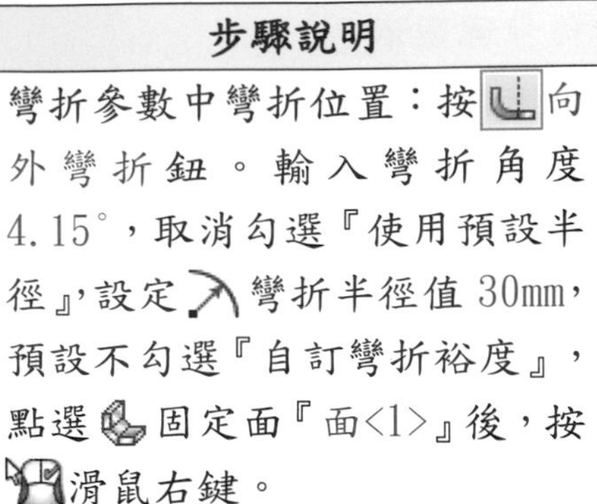 |
| 按中心線鈕，由相切面的端點畫出垂直中心線及2條傾斜中心線，並標註其尺度。<br>鍵盤Ctrl鍵，點選2條傾斜中心線後放開，彈出文意感應工具列，按相互垂直鈕，加入限制條件。<br>按直線鈕，由右下角落畫出1條與水平中心線重疊的輪廓線。 | 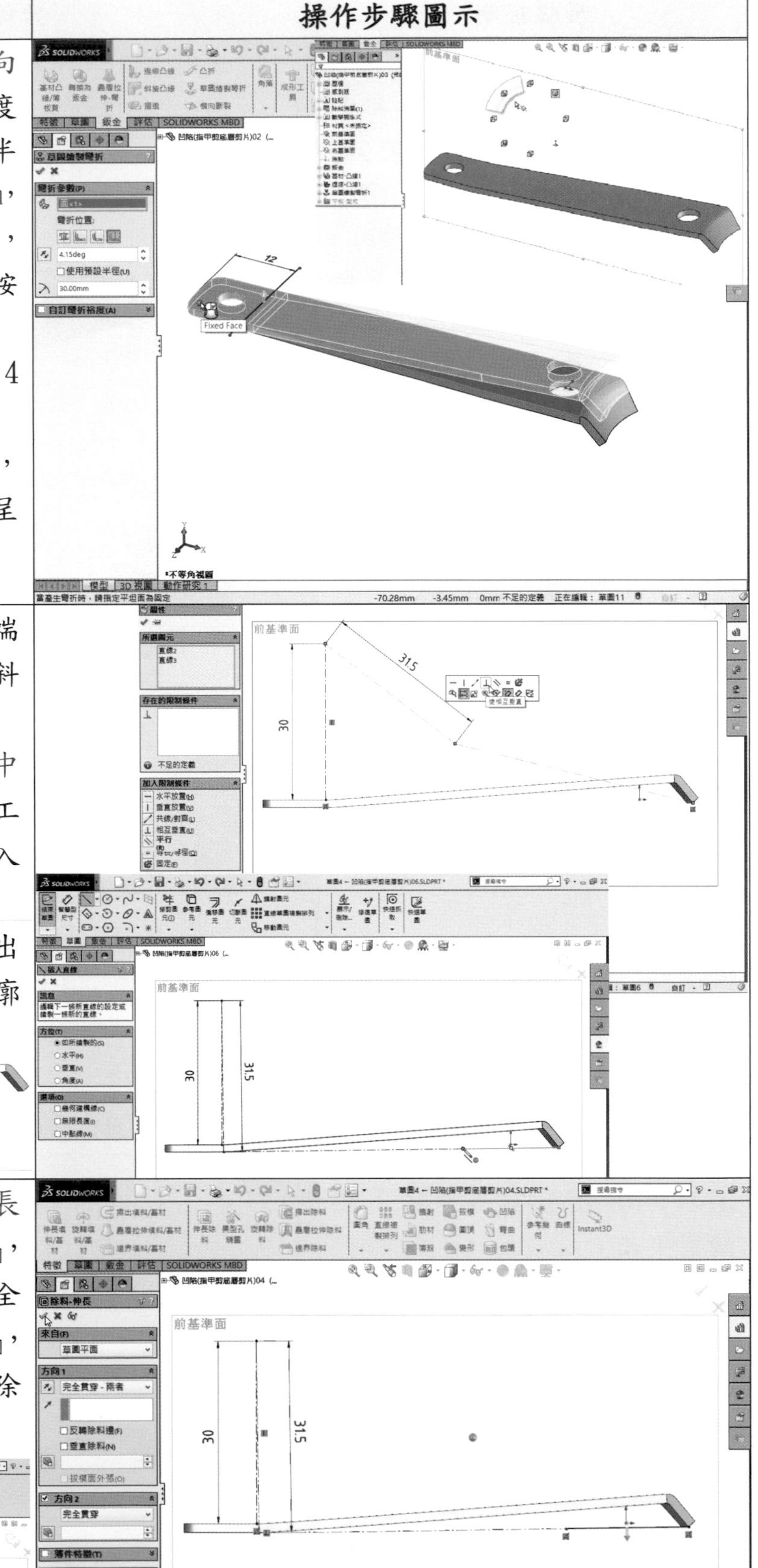 |
| 按特徵特徵工作列，按伸長除料鈕，來自(F)『草圖平面』，方向1及方向2皆選取『完全貫穿』，不勾選『反轉除料邊』，不勾選『垂直除料』，往下方除料伸長後，按確定鍵。<br>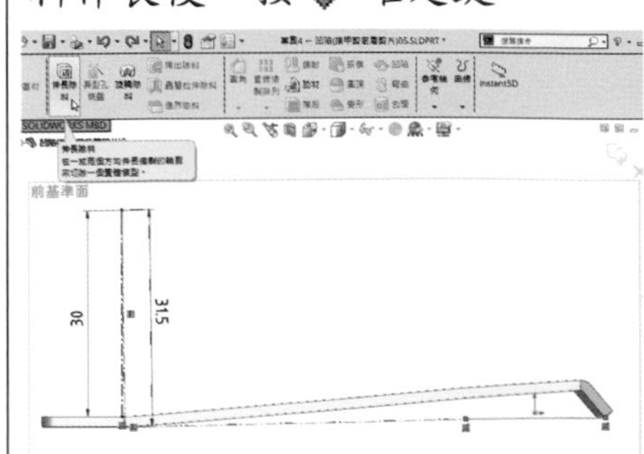 | |

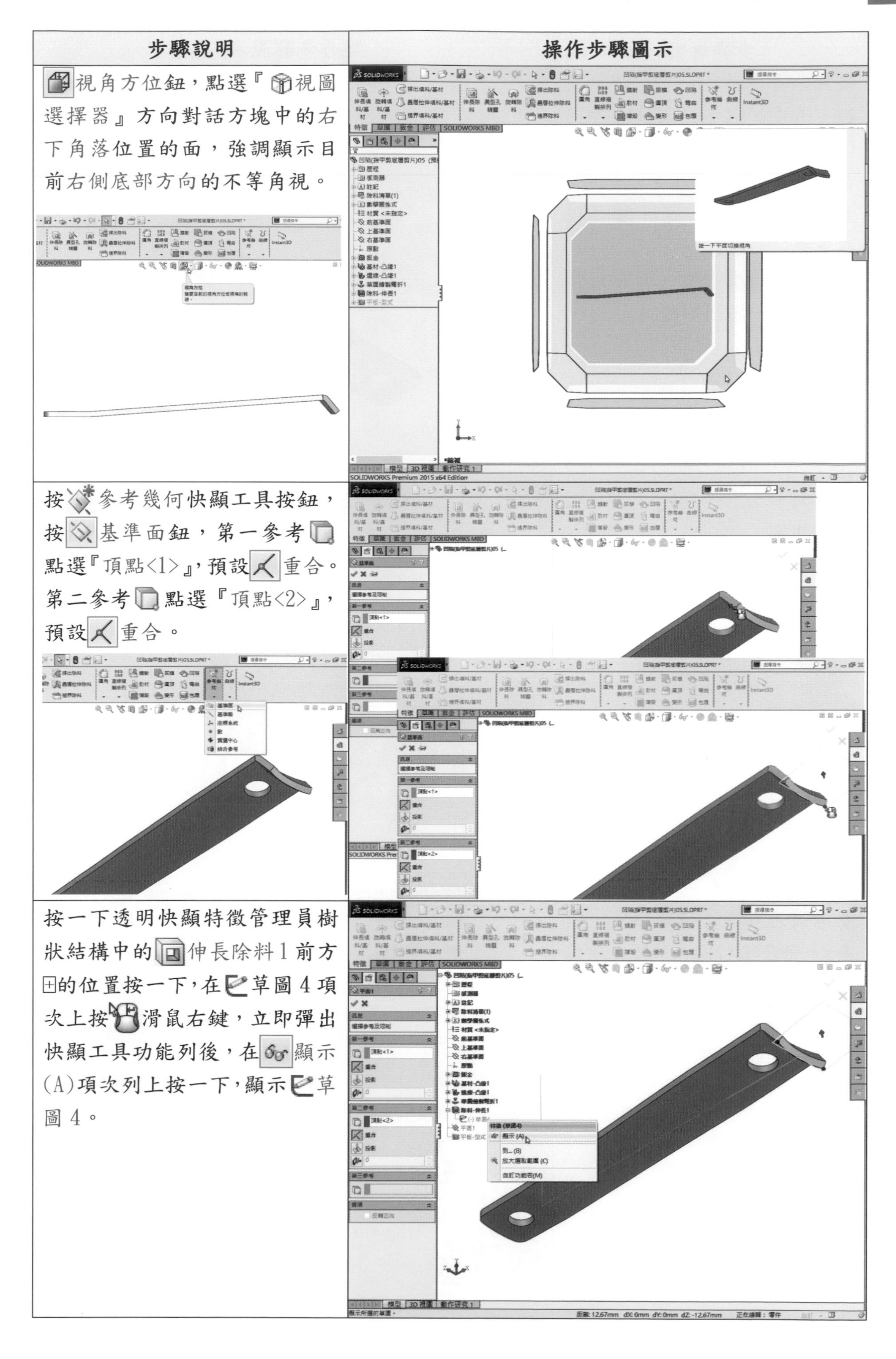

| 步驟說明 | 操作步驟圖示 |
| --- | --- |
| 視角方位鈕，點選『視圖選擇器』方向對話方塊中的右下角落位置的面，強調顯示目前右側底部方向的不等角視。 | |
| 按參考幾何快顯工具按鈕，按基準面鈕，第一參考點選『頂點<1>』，預設重合。第二參考點選『頂點<2>』，預設重合。 | |
| 按一下透明快顯特徵管理員樹狀結構中的伸長除料1前方⊞的位置按一下，在草圖4項次上按滑鼠右鍵，立即彈出快顯工具功能列後，在顯示(A)項次列上按一下，顯示草圖4。 | |

| 步驟說明 | 操作步驟圖示 |
| --- | --- |
| 第三參考點選『點 7@草圖 4』，預設重合，產生『平面 1』後，按滑鼠右鍵。<br>在圖面空白處按滑鼠右鍵，並往下方向滑去，選用呈現為下視。<br>游標移至適當位置，轉動滑鼠中間滾輪，將圖形放大。 | 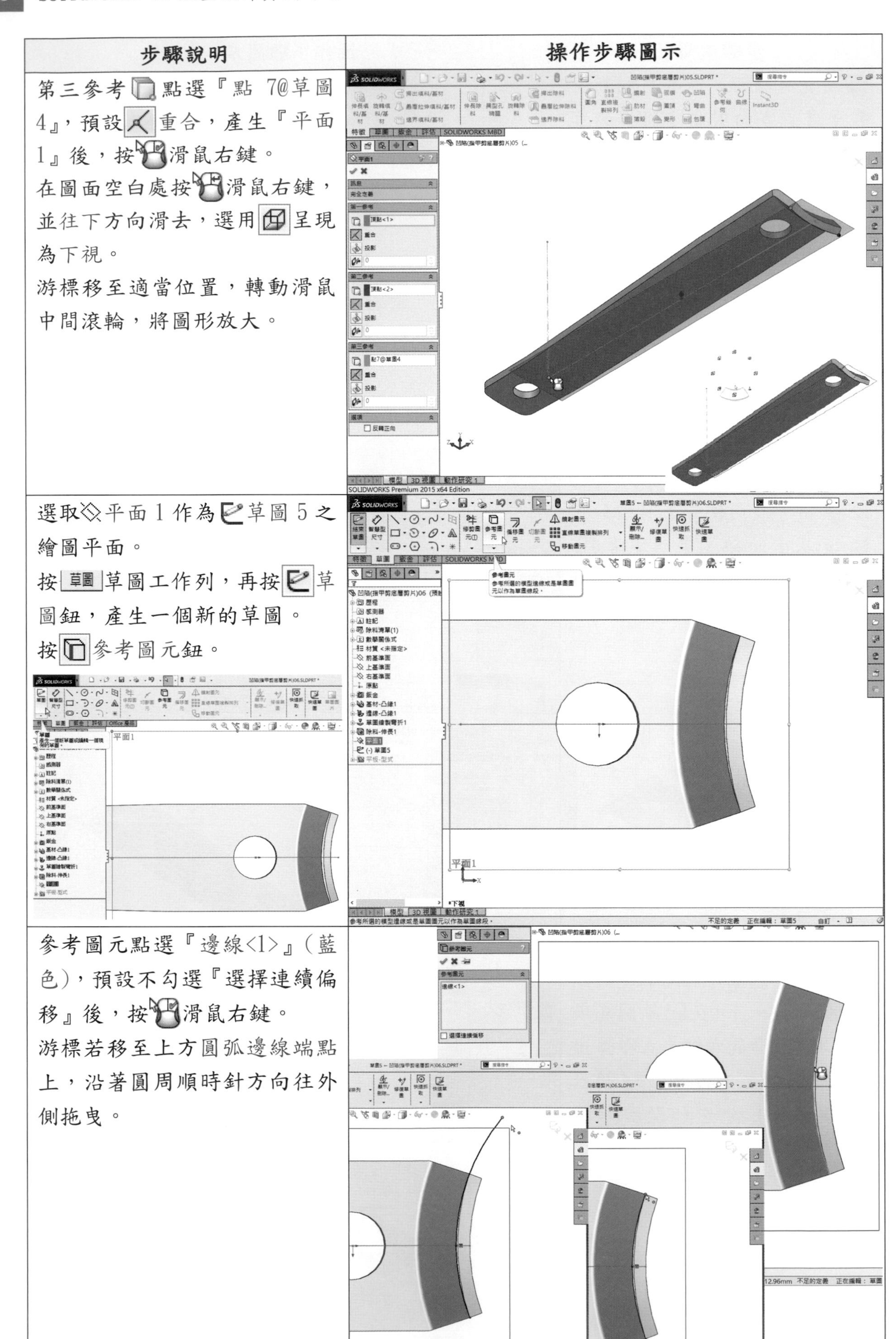 |
| 選取平面 1 作為草圖 5 之繪圖平面。<br>按 草圖 草圖工作列，再按草圖鈕，產生一個新的草圖。<br>按參考圖元鈕。 | |
| 參考圖元點選『邊線<1>』（藍色），預設不勾選『選擇連續偏移』後，按滑鼠右鍵。<br>游標若移至上方圓弧邊線端點上，沿著圓周順時針方向往外側拖曳。 | |

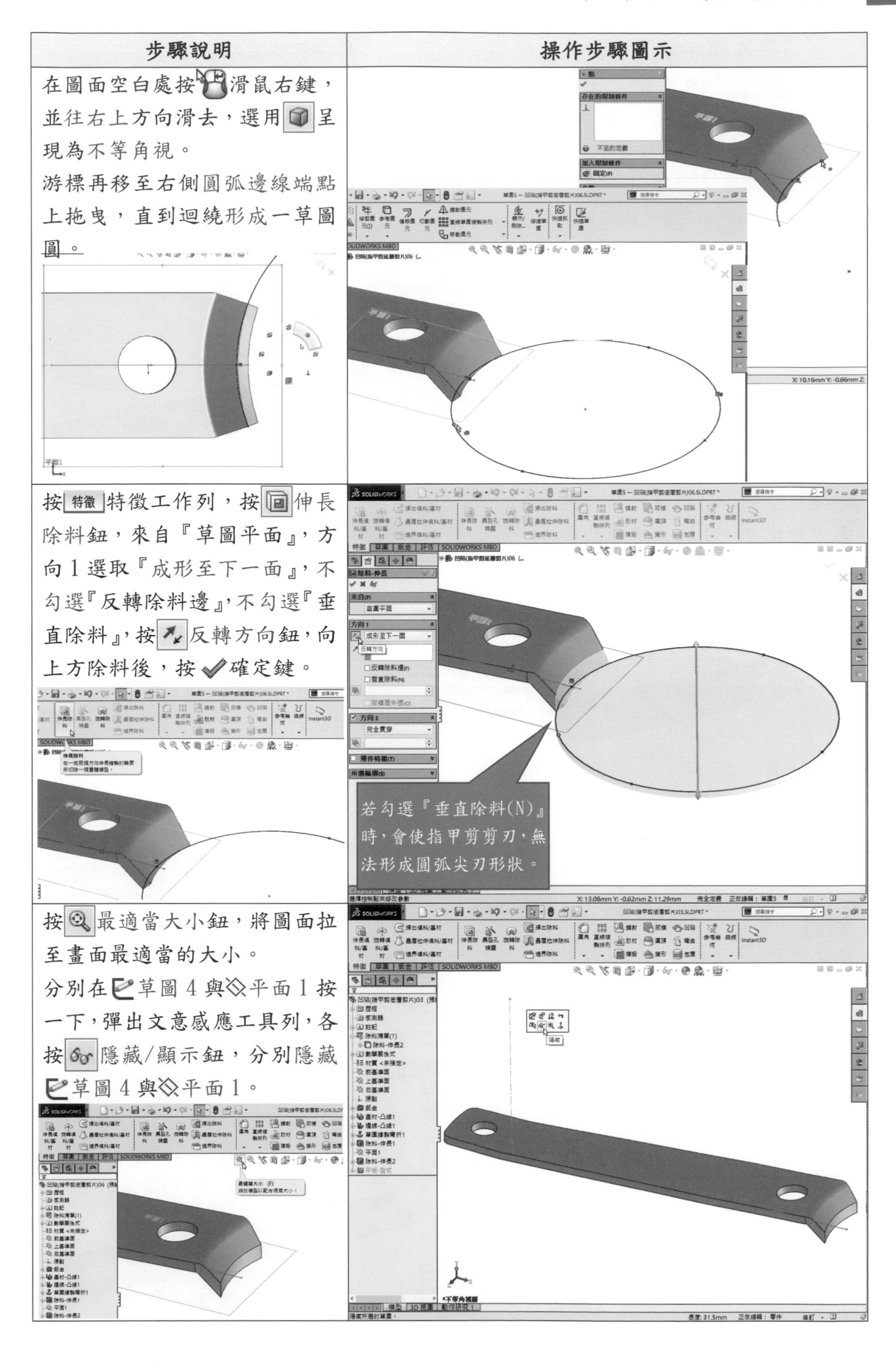

| 步驟說明 | 操作步驟圖示 |
| --- | --- |
| 在圖面空白處按滑鼠右鍵，並往右上方向滑去，選用呈現為不等角視。<br>游標再移至右側圓弧邊線端點上拖曳，直到迴繞形成一草圖圓。 | |
| 按特徵特徵工作列，按伸長除料鈕，來自『草圖平面』，方向 1 選取『成形至下一面』，不勾選『反轉除料邊』，不勾選『垂直除料』，按反轉方向鈕，向上方除料後，按確定鍵。 | 若勾選『垂直除料(N)』時，會使指甲剪剪刃，無法形成圓弧尖刃形狀。 |
| 按最適當大小鈕，將圖面拉至畫面最適當的大小。<br>分別在草圖 4 與平面 1 按一下，彈出文意感應工具列，各按隱藏/顯示鈕，分別隱藏草圖 4 與平面 1。 | |

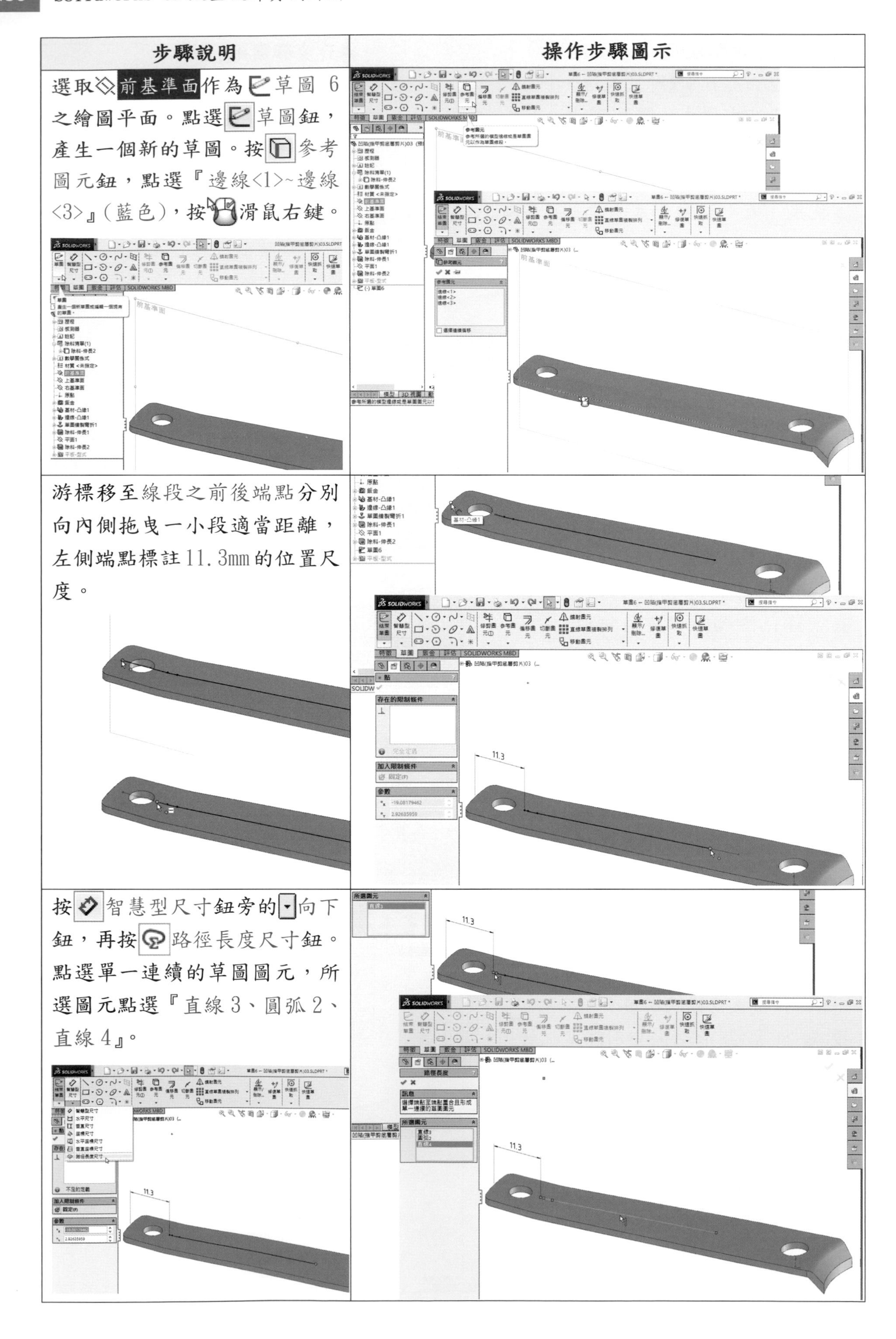

| 步驟說明 | 操作步驟圖示 |
| --- | --- |
| 選取前基準面作為草圖 6 之繪圖平面。點選草圖鈕，產生一個新的草圖。按參考圖元鈕，點選『邊線<1>~邊線<3>』(藍色)，按滑鼠右鍵。 | |
| 游標移至線段之前後端點分別向內側拖曳一小段適當距離，左側端點標註 11.3mm 的位置尺度。 | |
| 按智慧型尺寸鈕旁的向下鈕，再按路徑長度尺寸鈕。點選單一連續的草圖圖元，所選圖元點選『直線 3、圓弧 2、直線 4』。 | |

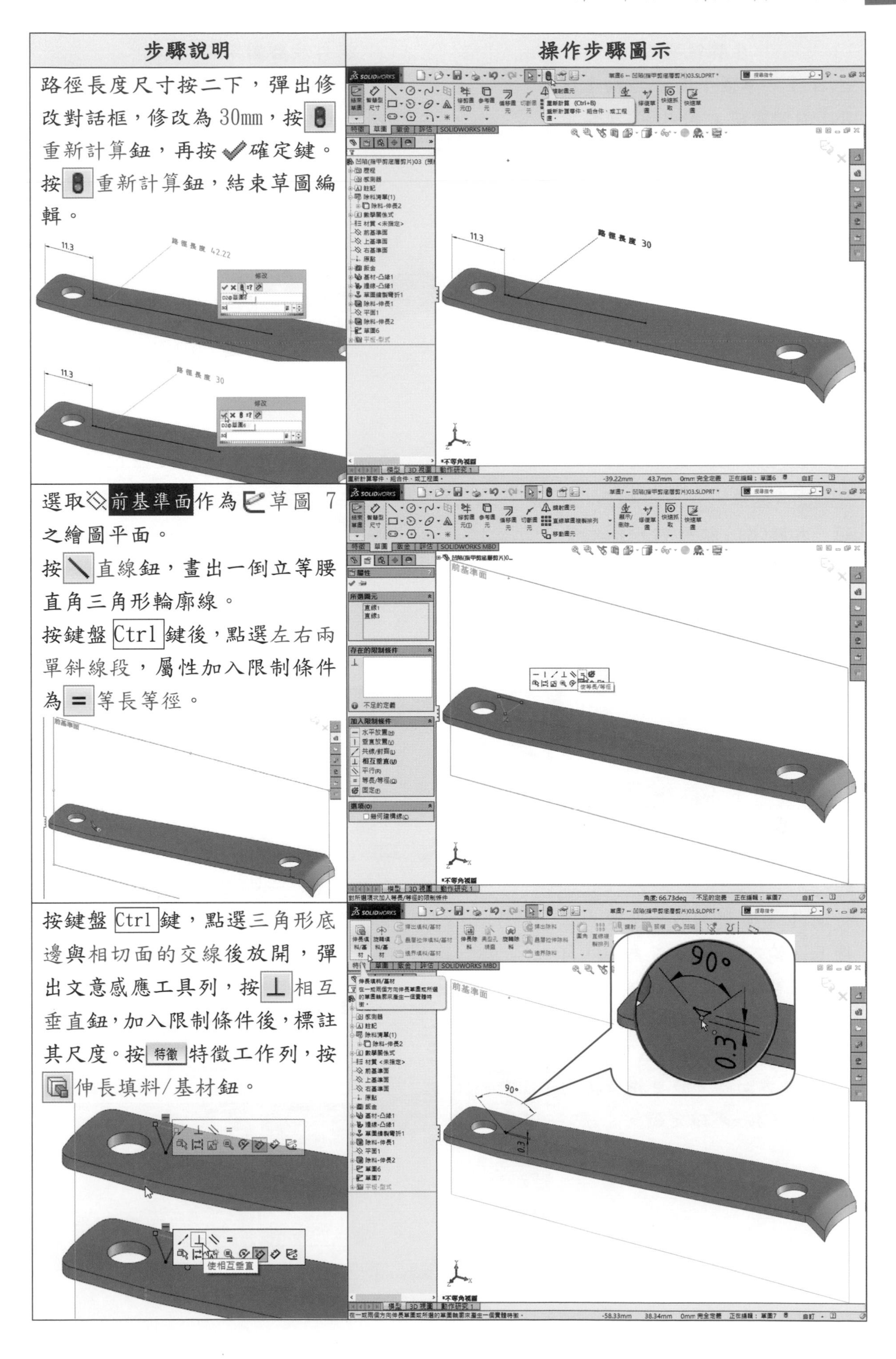

| 步驟說明 | 操作步驟圖示 |
| --- | --- |
| 路徑長度尺寸按二下，彈出修改對話框，修改為 30mm，按重新計算鈕，再按確定鍵。按重新計算鈕，結束草圖編輯。 | |
| 選取前基準面作為草圖 7 之繪圖平面。按直線鈕，畫出一倒立等腰直角三角形輪廓線。按鍵盤 Ctrl 鍵後，點選左右兩單斜線段，屬性加入限制條件為 = 等長等徑。 | |
| 按鍵盤 Ctrl 鍵，點選三角形底邊與相切面的交線後放開，彈出文意感應工具列，按 ⊥ 相互垂直鈕，加入限制條件後，標註其尺度。按 特徵 特徵工作列，按伸長填料/基材鈕。 | |

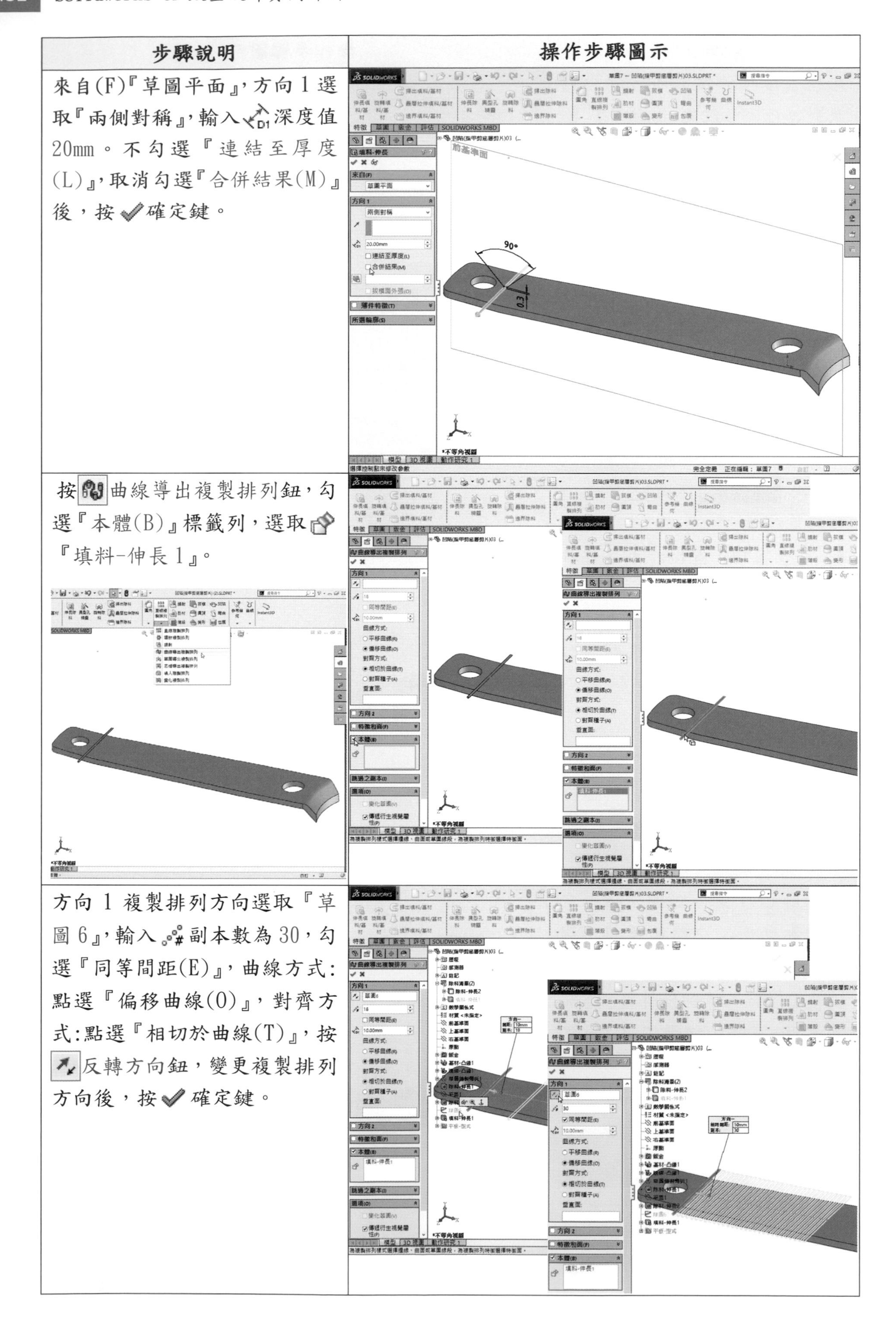

| 步驟說明 | 操作步驟圖示 |
| --- | --- |
| 來自(F)『草圖平面』，方向 1 選取『兩側對稱』，輸入深度值 20mm。不勾選『連結至厚度(L)』，取消勾選『合併結果(M)』後，按確定鍵。 | |
| 按曲線導出複製排列鈕，勾選『本體(B)』標籤列，選取『填料-伸長 1』。 | |
| 方向 1 複製排列方向選取『草圖 6』，輸入副本數為 30，勾選『同等間距(E)』，曲線方式：點選『偏移曲線(O)』，對齊方式：點選『相切於曲線(T)』，按反轉方向鈕，變更複製排列方向後，按確定鍵。 | |

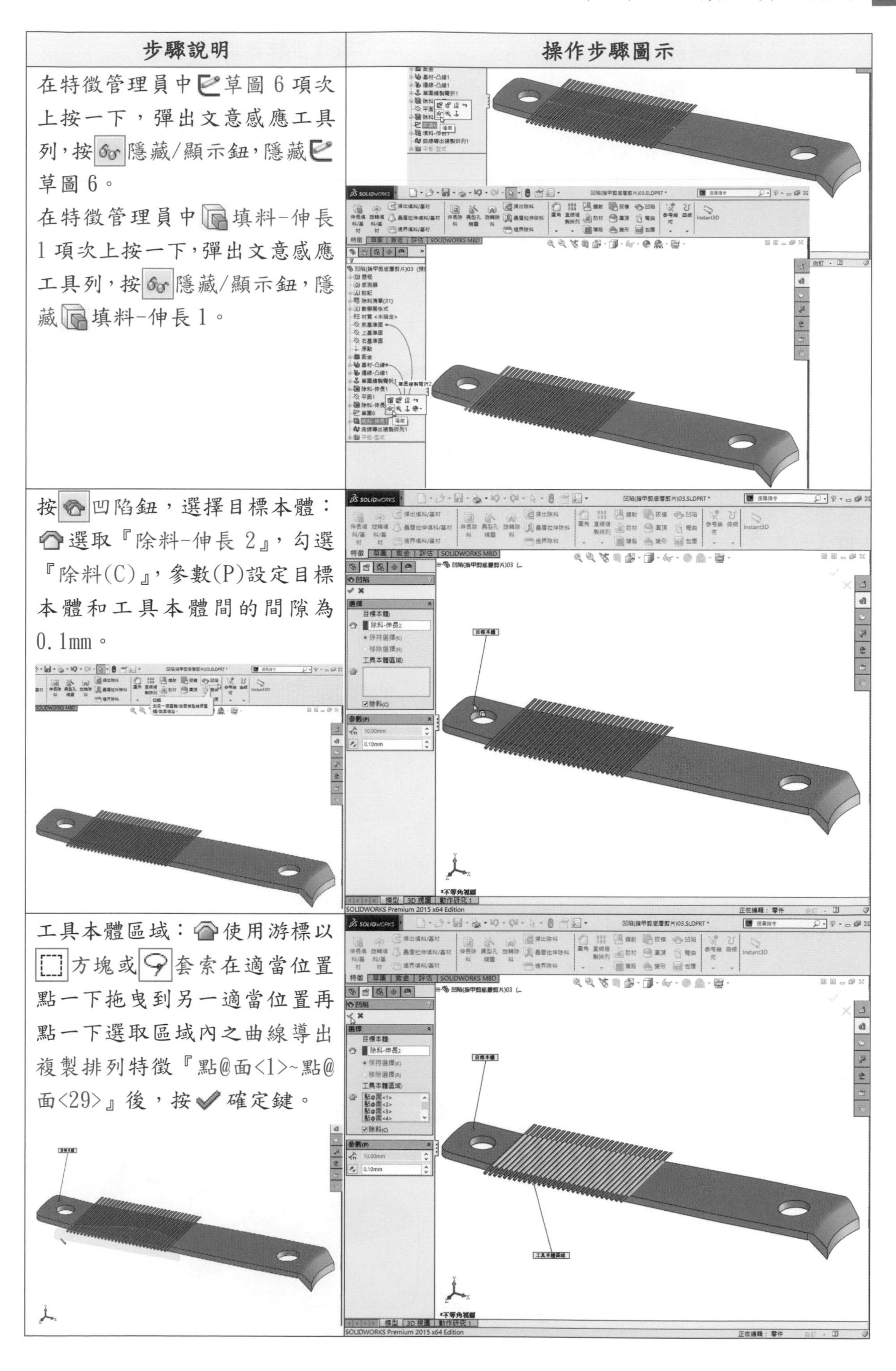

| 步驟說明 | 操作步驟圖示 |
|---|---|
| 在特徵管理員中草圖 6 項次上按一下，彈出文意感應工具列，按隱藏/顯示鈕，隱藏草圖 6。<br>在特徵管理員中填料-伸長 1 項次上按一下，彈出文意感應工具列，按隱藏/顯示鈕，隱藏填料-伸長 1。 | |
| 按凹陷鈕，選擇目標本體：選取『除料-伸長 2』，勾選『除料(C)』，參數(P)設定目標本體和工具本體間的間隙為 0.1mm。 | |
| 工具本體區域：使用游標以方塊或套索在適當位置點一下拖曳到另一適當位置再點一下選取區域內之曲線導出複製排列特徵『點@面<1>~點@面<29>』後，按確定鍵。 | |

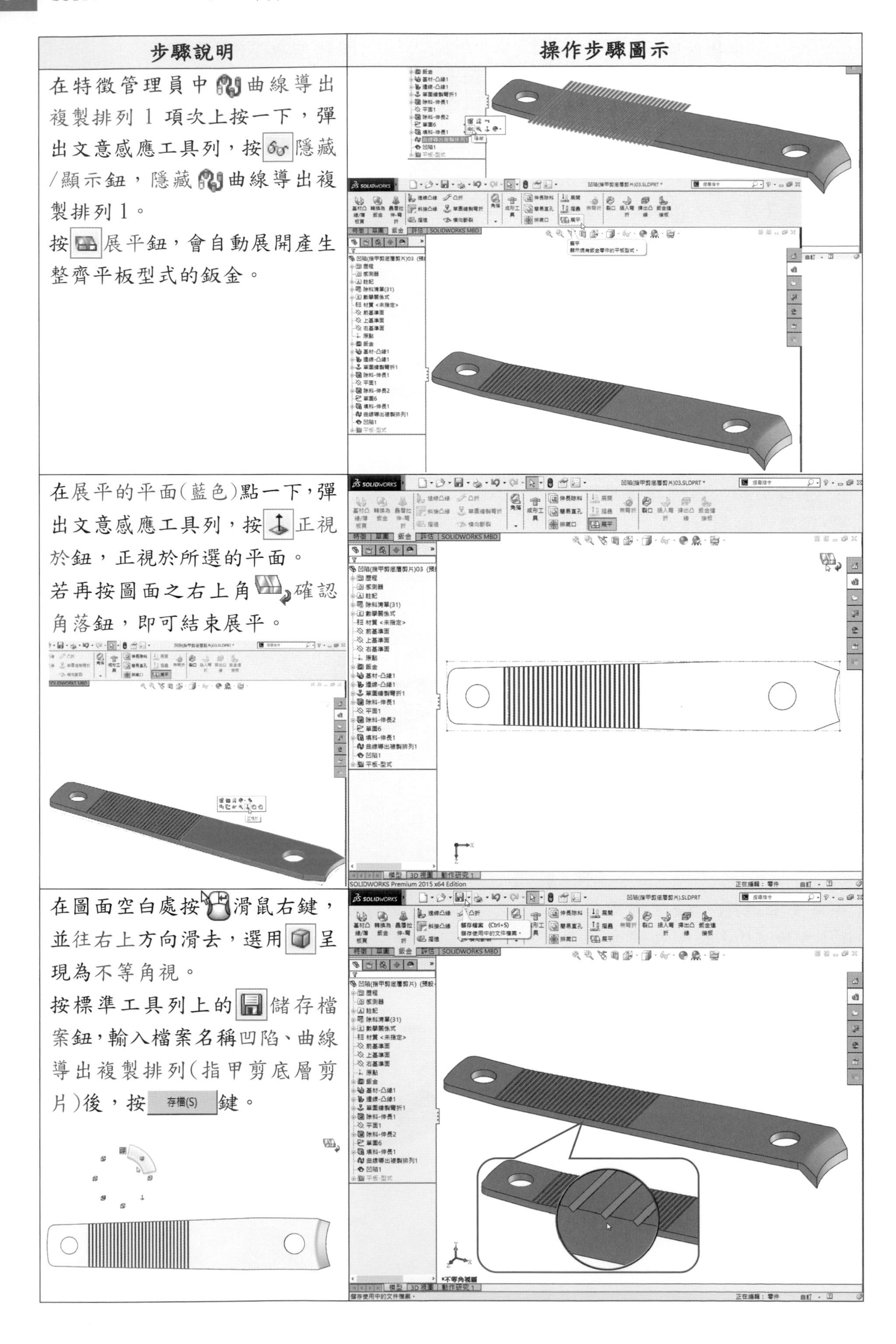

| 步驟說明 | 操作步驟圖示 |
| --- | --- |
| 在特徵管理員中曲線導出複製排列1項次上按一下，彈出文意感應工具列，按隱藏/顯示鈕，隱藏曲線導出複製排列1。<br>按展平鈕，會自動展開產生整齊平板型式的鈑金。 | |
| 在展平的平面(藍色)點一下，彈出文意感應工具列，按正視於鈕，正視於所選的平面。<br>若再按圖面之右上角確認角落鈕，即可結束展平。 | |
| 在圖面空白處按滑鼠右鍵，並往右上方向滑去，選用呈現為不等角視。<br>按標準工具列上的儲存檔案鈕，輸入檔案名稱凹陷、曲線導出複製排列(指甲剪底層剪片)後，按存檔(S)鍵。 | |

## 4.2.2 凹陷、曲線導出複製排列指令用於指甲剪頂層剪片鈑金件

學習目標：能使用編輯草圖與凹陷指令，在舊檔鈑金件上產生新的內凹鈑金特徵。

繪圖步驟：開啟舊檔→邊輯草圖→作伸長填料→作圓角→作凹陷→隱藏伸長填料、圓角→按展平。

使用指令：

- 草圖指令：幾何建構、直狹槽、中心矩形、中心線、鏡射圖元。
- 特徵指令：伸長填料/基材、圓角、凹陷。
- 鈑金指令：展平。

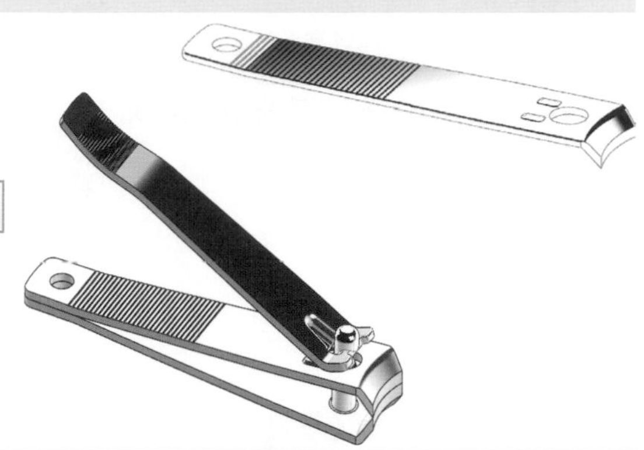

| 步驟說明 | 操作步驟圖示 |
|---|---|
| 按標準工具列上的開啟舊檔鈕，開啟凹陷(指甲剪底層剪片).sldprt 檔案。<br>在特徵管理員中基材凸緣 1 項次上按一下，彈出快顯工具列，按編輯草圖鈕，顯示草圖 1 編輯模式。<br>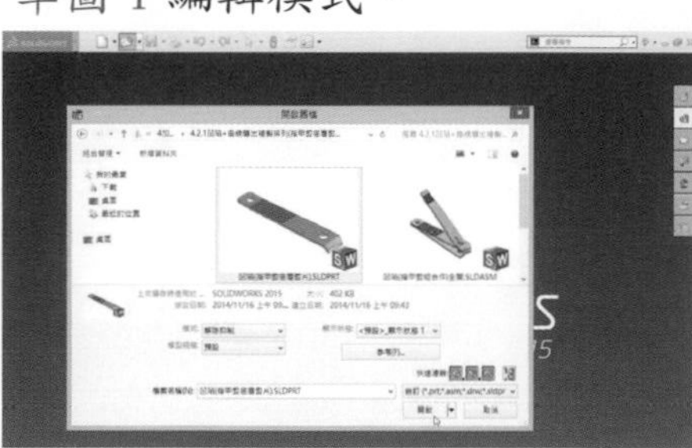 | 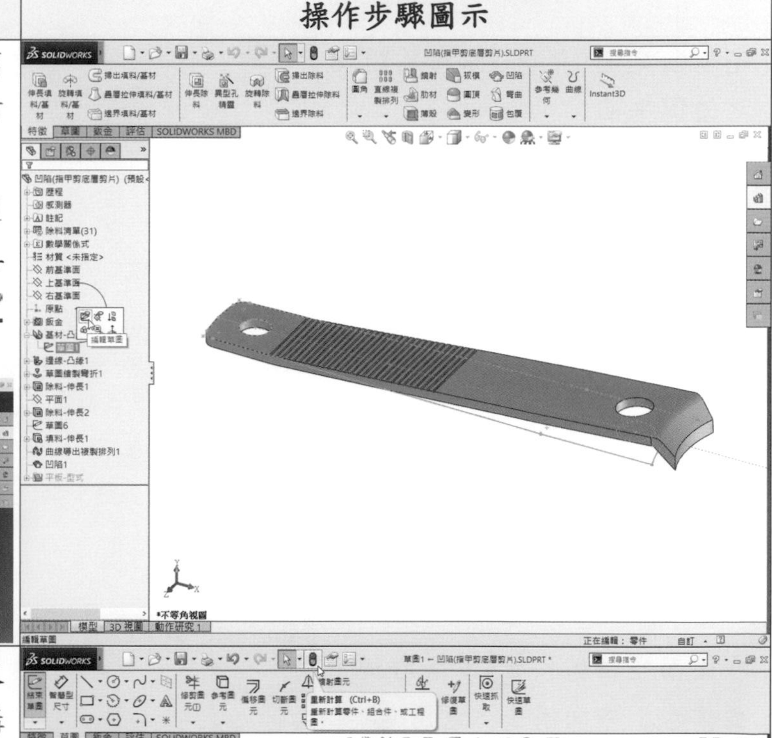 |
| 在 Ø6 草圖圓上按一下，彈出文意感應工具列，按幾何建構線鈕，將圓切換為中心線圓。<br>按直狹槽鈕，由原點畫出水平直狹槽寬度後，標註其尺度。<br>按重新計算鈕，結束草圖編輯，回到實體模型狀態。<br>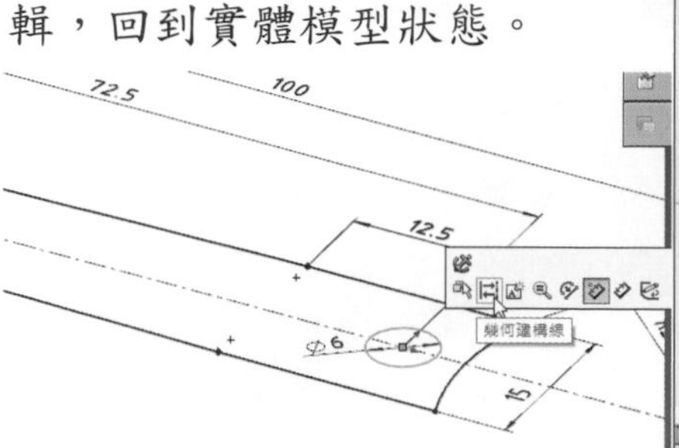 | 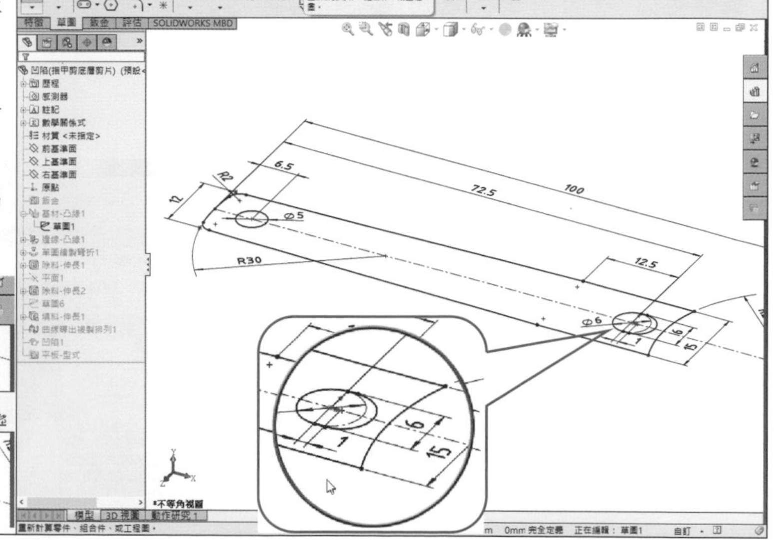 |

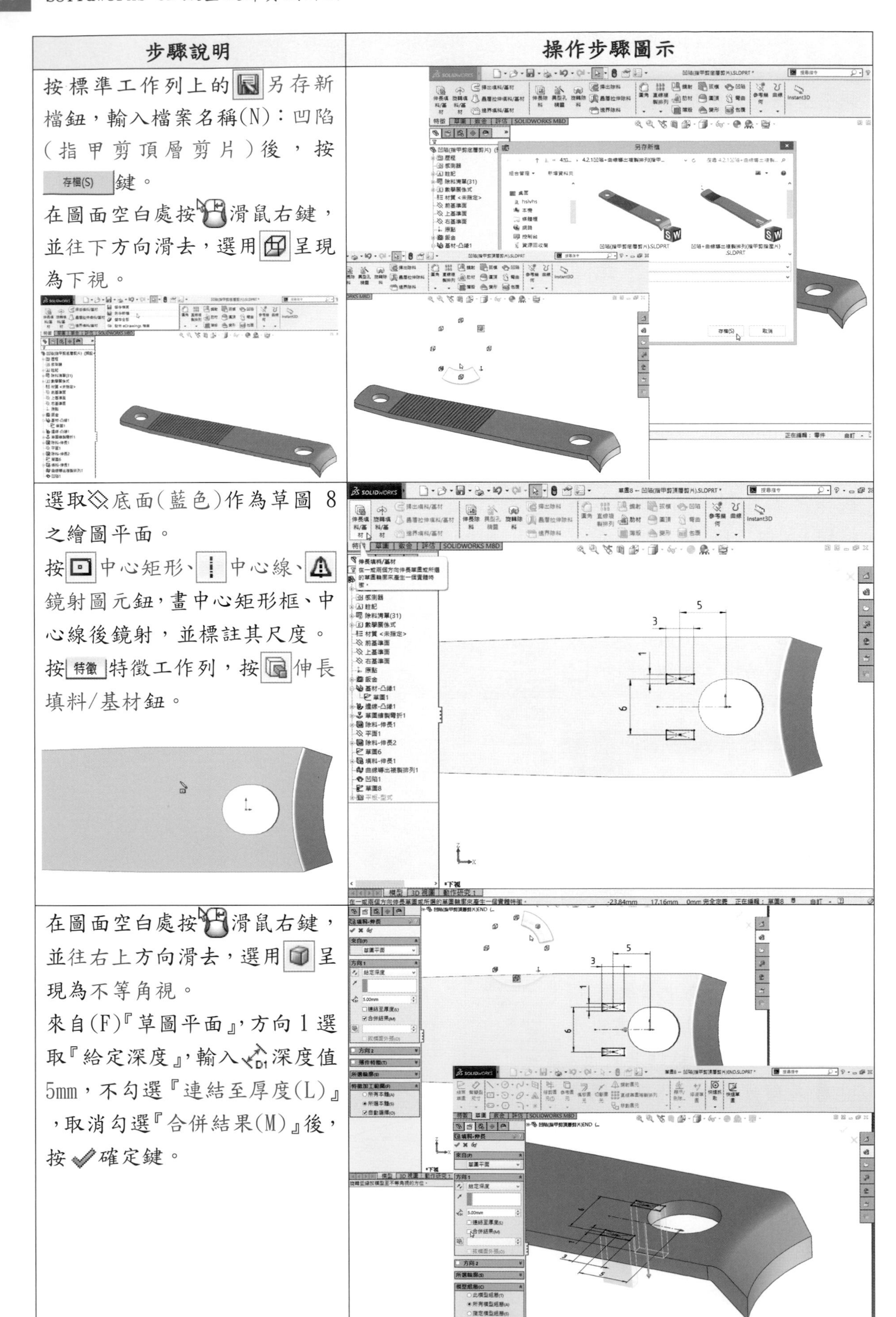

| 步驟說明 | 操作步驟圖示 |
| --- | --- |
| 按標準工作列上的另存新檔鈕，輸入檔案名稱(N)：凹陷（指甲剪頂層剪片）後，按存檔(S)鍵。<br>在圖面空白處按滑鼠右鍵，並往下方向滑去，選用呈現為下視。 | |
| 選取底面(藍色)作為草圖 8 之繪圖平面。<br>按中心矩形、中心線、鏡射圖元鈕，畫中心矩形框、中心線後鏡射，並標註其尺度。<br>按特徵特徵工作列，按伸長填料/基材鈕。 | |
| 在圖面空白處按滑鼠右鍵，並往右上方向滑去，選用呈現為不等角視。<br>來自(F)『草圖平面』，方向 1 選取『給定深度』，輸入深度值 5mm，不勾選『連結至厚度(L)』，取消勾選『合併結果(M)』後，按確定鍵。 | |

| 步驟說明 | 操作步驟圖示 |
| --- | --- |
| 按圓角鈕，圓角類型(Y)，按固定大小圓角鈕，圓角項次(I)勾選『沿相切面進行』，圓角參數(P)預設『相互對稱』，輸入半徑 0.15mm，不勾選『多重半徑圓角(M)』，輪廓:『圓形』，點選『邊線<1>』，彈出文意感應工具列，按選取『對特徵內部,11 邊線』後，按滑鼠右鍵。 | |
| 按圓角鈕，重複上述動作，預設固定大小圓角，圓角項次(I)勾選『沿相切面進行』，圓角參數(P)預設『相互對稱』，預設半徑 0.15mm，不勾選『多重半徑圓角(M)』，輪廓:『圓形』，點選『邊線<1>』，彈出文意感應工具列後，按選取『對特徵內部,11 邊線』後，按滑鼠右鍵。 | 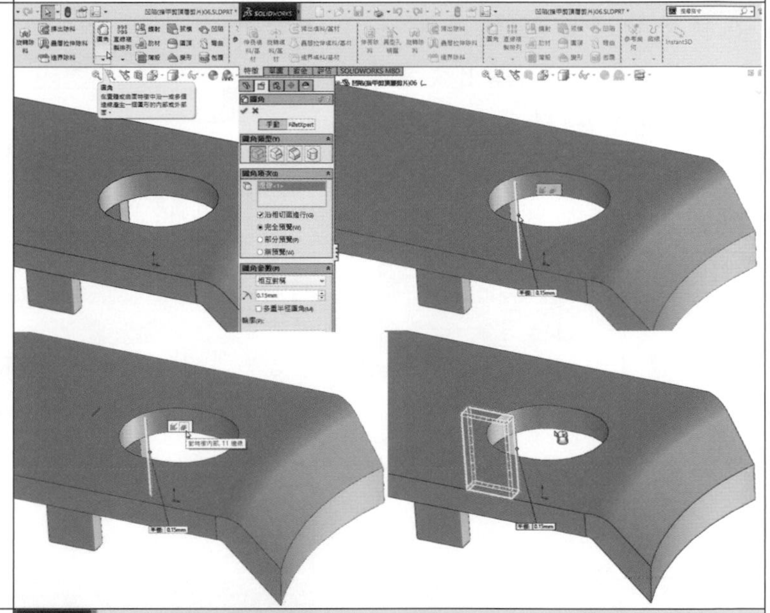 |
| 按凹陷鈕，選擇目標本體：選取『凹陷 1』，點選『移除選擇(R)』，參數(P)設定凹陷特徵的厚度 1.5mm。目標本體和工具本體間的間隙 0.35mm。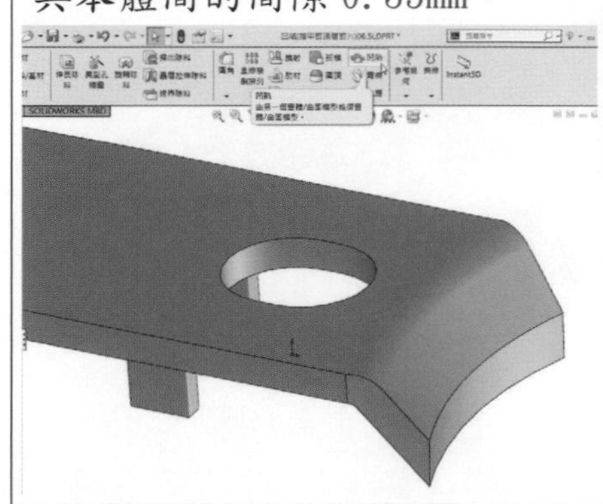 | 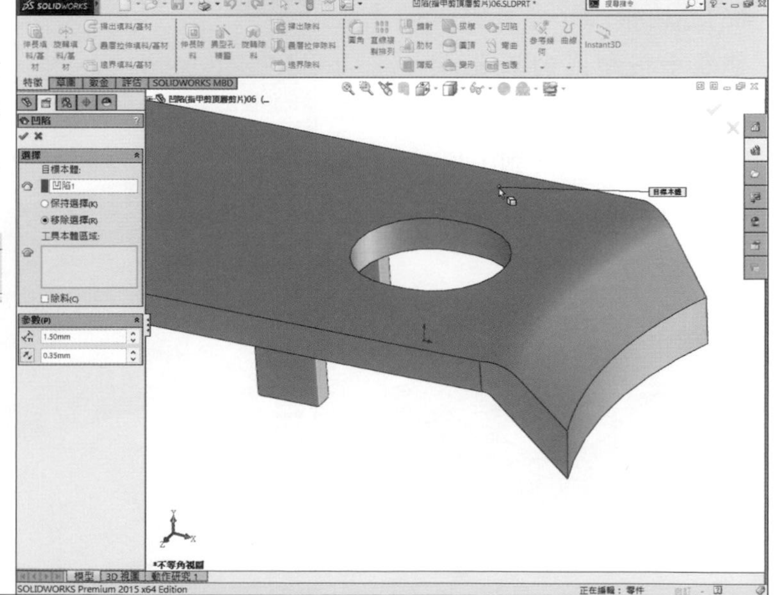 |

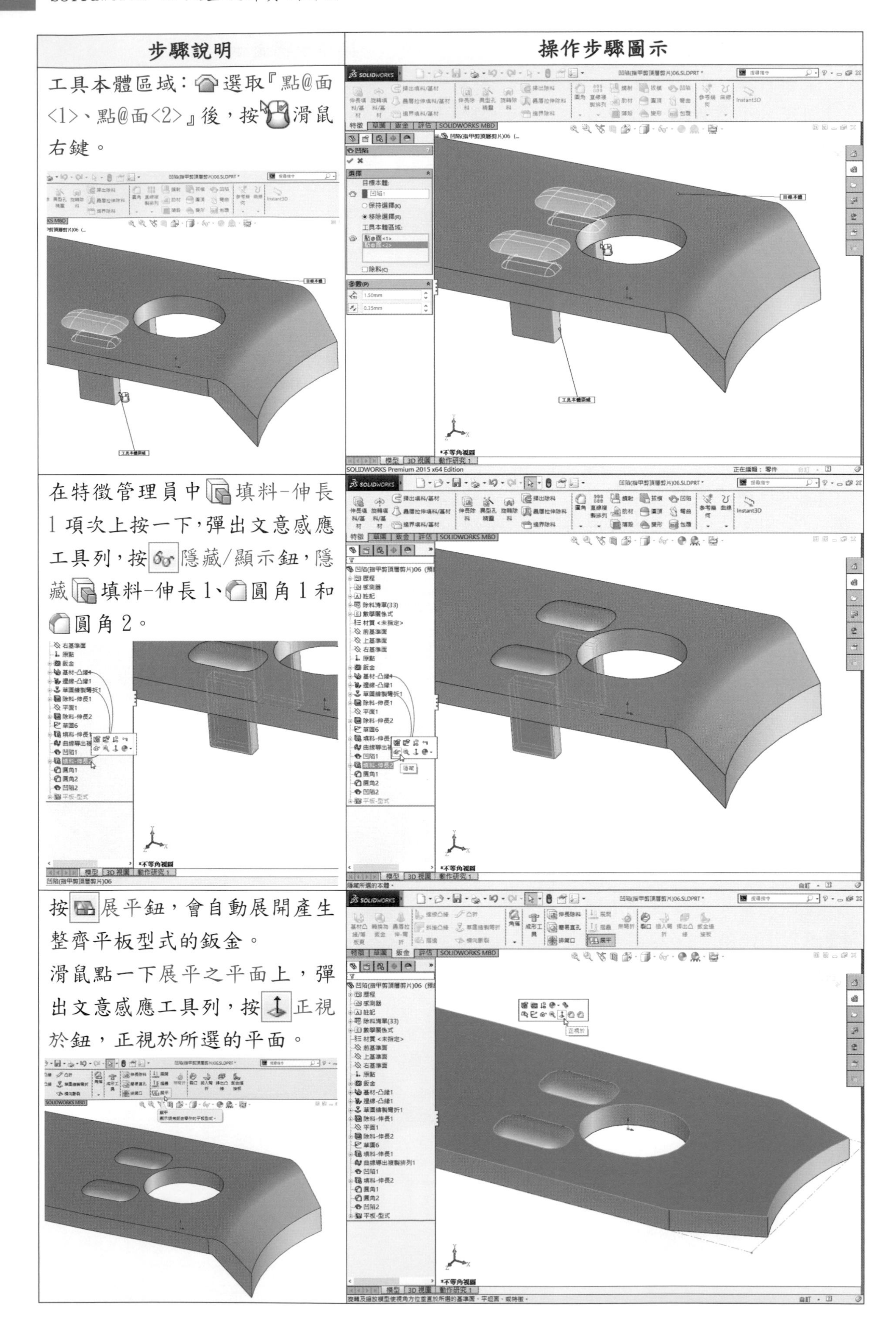

| 步驟說明 | 操作步驟圖示 |
| --- | --- |
| 工具本體區域：選取『點@面<1>、點@面<2>』後，按滑鼠右鍵。 | |
| 在特徵管理員中填料-伸長1項次上按一下，彈出文意感應工具列，按隱藏/顯示鈕，隱藏填料-伸長1、圓角1和圓角2。 | |
| 按展平鈕，會自動展開產生整齊平板型式的鈑金。<br>滑鼠點一下展平之平面上，彈出文意感應工具列，按正視於鈕，正視於所選的平面。 | |

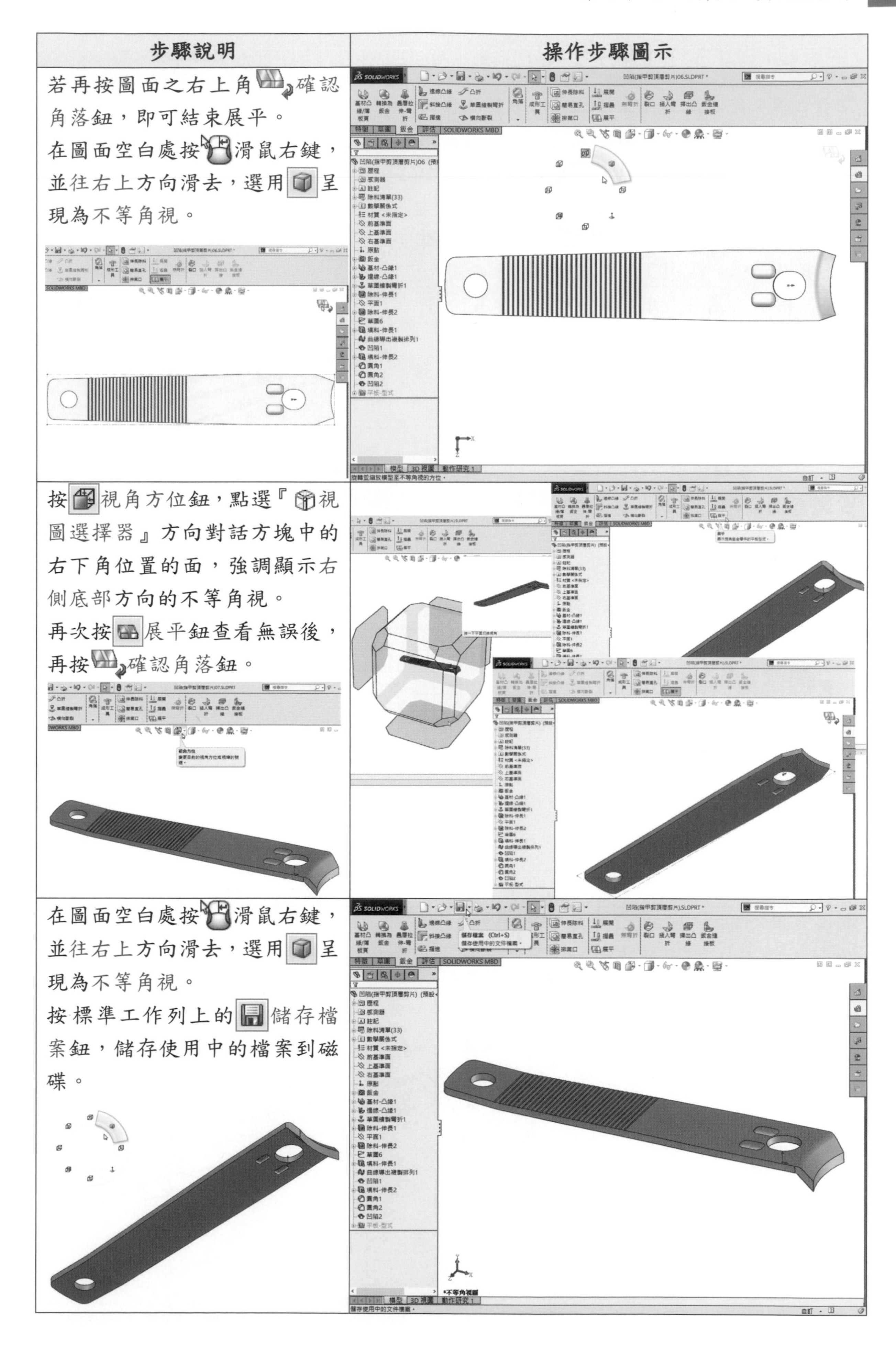

| 步驟說明 | 操作步驟圖示 |
|---|---|
| 若再按圖面之右上角確認角落鈕，即可結束展平。<br>在圖面空白處按滑鼠右鍵，並往右上方向滑去，選用呈現為不等角視。 | |
| 按視角方位鈕，點選『視圖選擇器』方向對話方塊中的右下角位置的面，強調顯示右側底部方向的不等角視。<br>再次按展平鈕查看無誤後，再按確認角落鈕。 | |
| 在圖面空白處按滑鼠右鍵，並往右上方向滑去，選用呈現為不等角視。<br>按標準工作列上的儲存檔案鈕，儲存使用中的檔案到磁碟。 | |

### 4.2.3 凹陷、曲線導出複製排列指令用於指甲剪指壓片鈑金件

學習目標：能在鈑金件上插入成形工具及作曲線導出複製排列與凹陷完成其鈑金件。

繪圖步驟：長基材凸緣→作角落-修剪(圓角)→作彎折→插入成形工具→作草圖繪製彎折→作曲線導出複製排列→作凹陷→按展平。

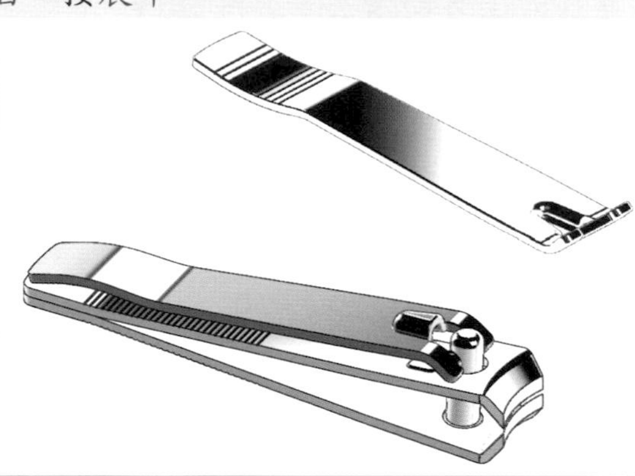

- 草圖指令：中心線、直線、圓心/起/終點畫弧、偏移圖元、中心矩形、修剪圖元、點、角落矩形、參考圖元。
- 特徵指令：伸長填料/基材、伸長除料、圓角、曲線導出複製排列、凹陷。
- 鈑金指令：基材凸緣/薄板頁、斷開角落/角落-修剪、草圖繪製彎折、展平。
- 成形工具：指甲剪握柄沖頭。

| 步驟說明 | 操作步驟圖示 |
| --- | --- |
| 首先選取上基準面作為草圖1之繪圖平面。<br>按中心線、直線、圓心/起/終點畫弧、偏移圖元、鏡射圖元、中心矩形、修剪圖元鈕，畫出草圖之外型輪廓線，標註其尺度。<br>按鈑金鈑金工具列，按基材凸緣/薄板頁鈕。 | 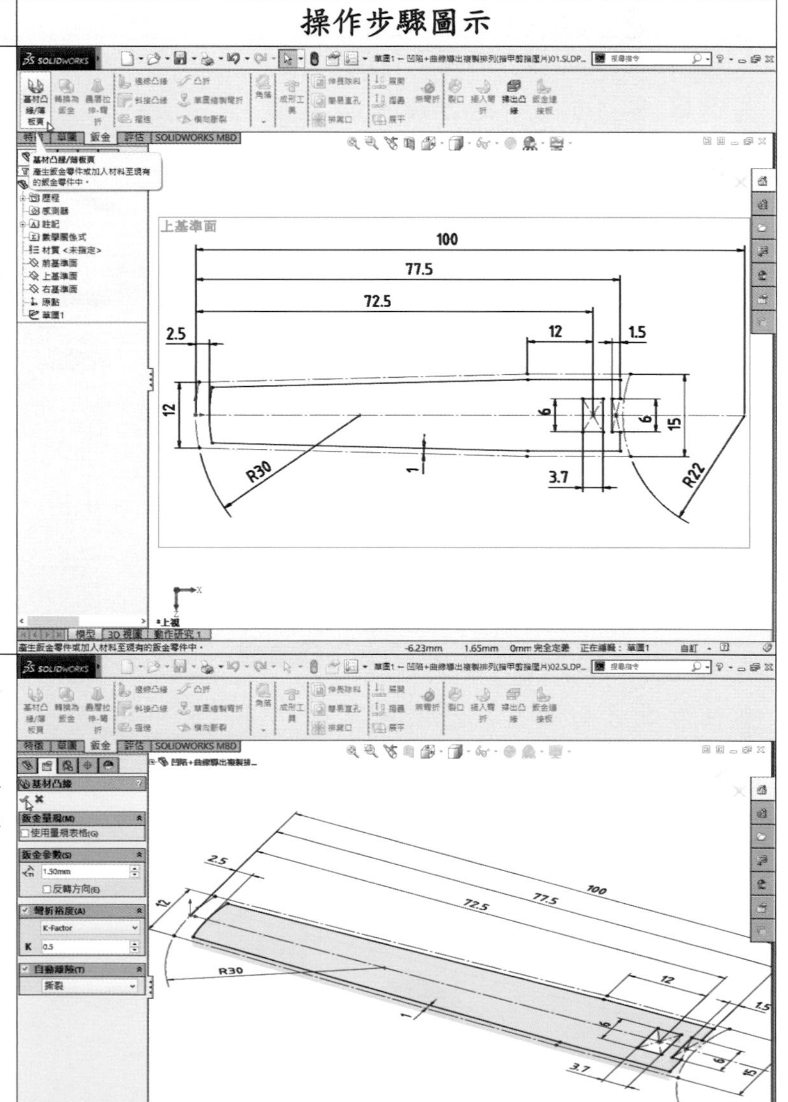 |
| 鈑金參數(S)中，設定厚度值1.5mm，不勾選『反轉方向』，彎折裕度預設『K-Factor』值0.5，自動離隙『撕裂』後，按確定鍵。 | |

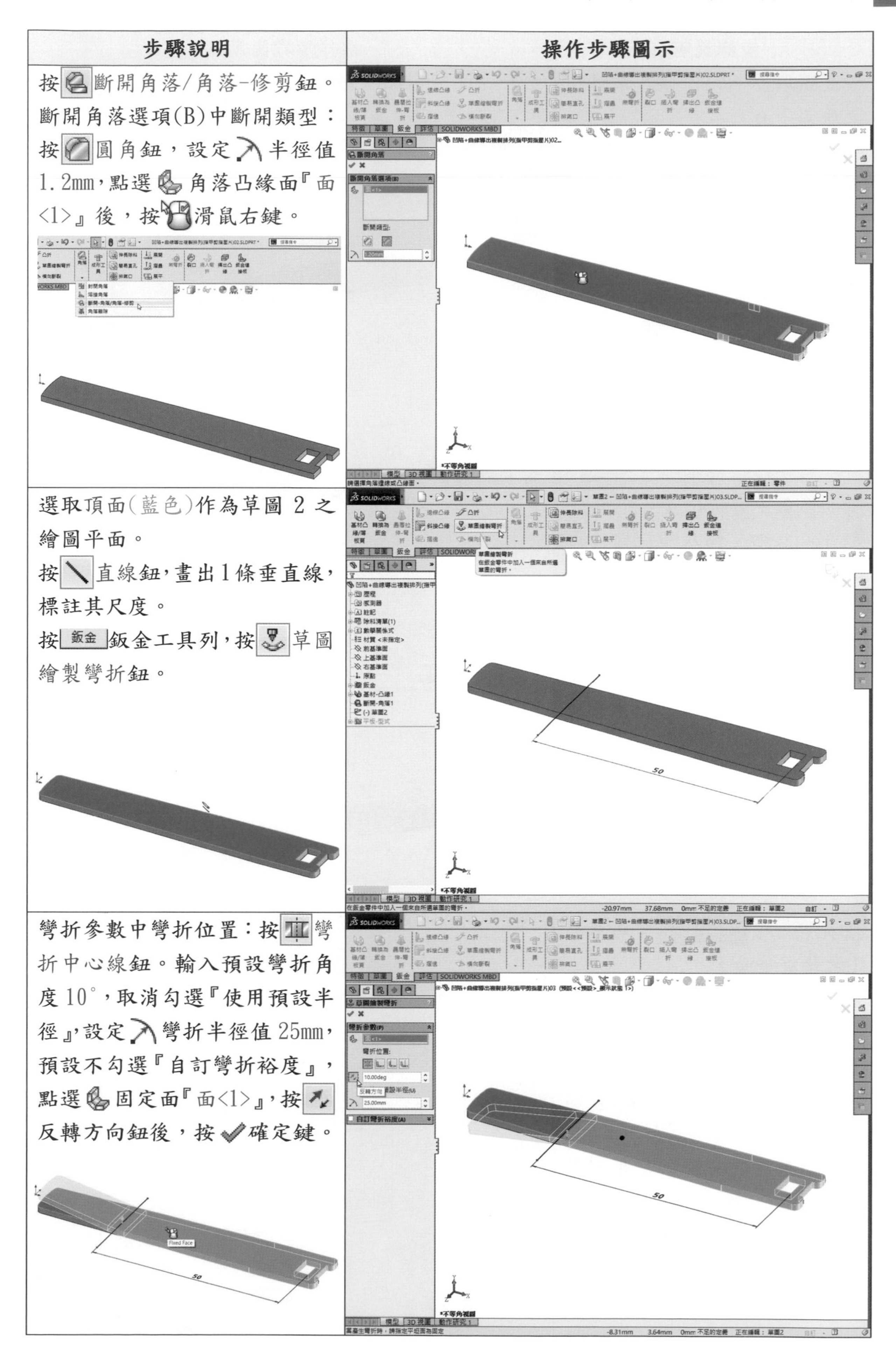

| 步驟說明 | 操作步驟圖示 |
|---|---|
| 按斷開角落/角落-修剪鈕。斷開角落選項(B)中斷開類型：按圓角鈕，設定半徑值1.2mm，點選角落凸緣面『面<1>』後，按滑鼠右鍵。 | |
| 選取頂面(藍色)作為草圖 2 之繪圖平面。<br>按直線鈕，畫出1條垂直線，標註其尺度。<br>按 鈑金 鈑金工具列，按草圖繪製彎折鈕。 | |
| 彎折參數中彎折位置：按彎折中心線鈕。輸入預設彎折角度10°，取消勾選『使用預設半徑』，設定彎折半徑值25mm，預設不勾選『自訂彎折裕度』，點選固定面『面<1>』，按反轉方向鈕後，按確定鍵。 | |

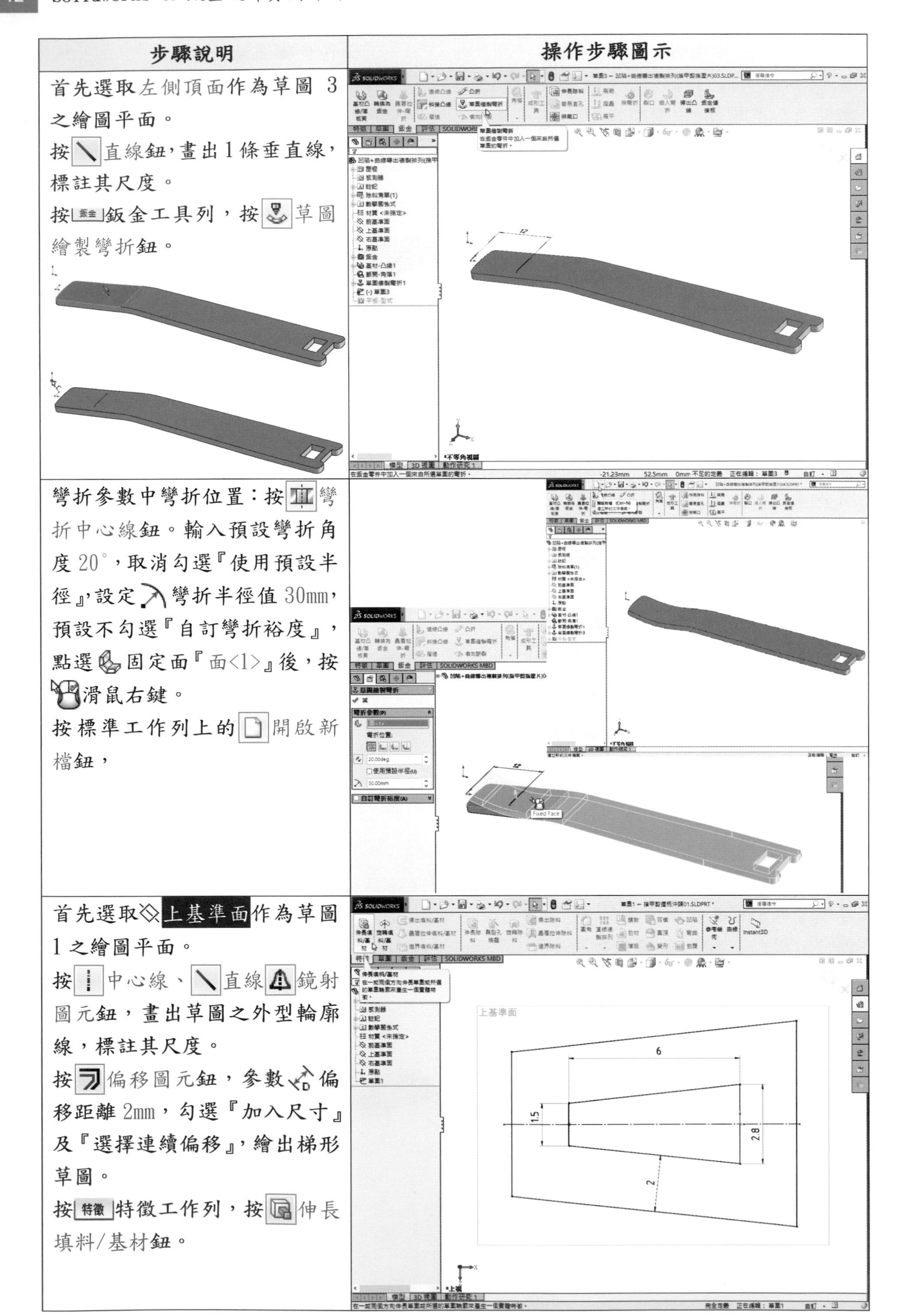

| 步驟說明 | 操作步驟圖示 |
|---|---|
| 首先選取左側頂面作為草圖 3 之繪圖平面。<br>按直線鈕，畫出1條垂直線，標註其尺度。<br>按鈑金鈑金工具列，按草圖繪製彎折鈕。 | |
| 彎折參數中彎折位置：按彎折中心線鈕。輸入預設彎折角度 20°，取消勾選『使用預設半徑』，設定彎折半徑值 30mm，預設不勾選『自訂彎折裕度』，點選固定面『面<1>』後，按滑鼠右鍵。<br>按標準工作列上的開啟新檔鈕， | |
| 首先選取上基準面作為草圖 1 之繪圖平面。<br>按中心線、直線鏡射圖元鈕，畫出草圖之外型輪廓線，標註其尺度。<br>按偏移圖元鈕，參數偏移距離 2mm，勾選『加入尺寸』及『選擇連續偏移』，繪出梯形草圖。<br>按特徵特徵工作列，按伸長填料/基材鈕。 | |

| 步驟說明 | 操作步驟圖示 |
| --- | --- |
| 來自(F)『草圖平面』，方向 1 選取『給定深度』，輸入深度值 2.2mm，預設不勾選『連結至厚度(L)』，所選輪廓(S)點選『草圖 1-輪廓<1>』後，按滑鼠右鍵。 | |
| 按特徵管理員中填料-伸長 1 前方⊞的位置，選取草圖 1 為共用草圖後，按伸長填料/基材鈕，來自(F)『草圖平面』，方向 1 選取『給定深度』，輸入深度值 2.2mm，預設不勾選『連結至厚度(L)』，預設勾選『合併結果(M)』按反轉方向鈕，往下方伸長填料，所選輪廓(S)點選『草圖 1-輪廓<1>』後，按確定鍵。 | |
| 按圓角鈕，圓角類型(Y)按固定大小圓角鈕，圓角項次(I)點選『邊線<1>、邊線<2>』，勾選『沿相切面進行』，圓角參數(P)預設『相互對稱』，輸入半徑 0.8mm，輪廓:『圓形』，按確定鍵。<br>按圓角鈕。<br>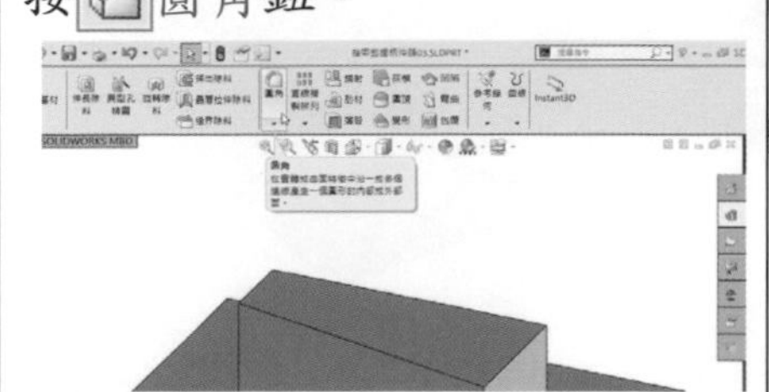 | 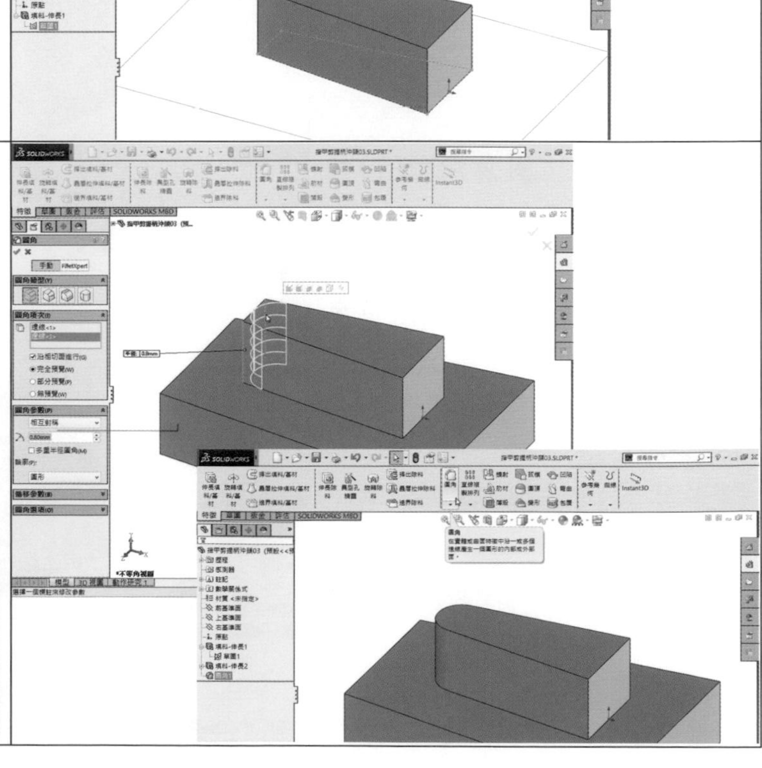 |

| 步驟說明 | 操作步驟圖示 |
| --- | --- |
| 圓角類型(Y)按變化大小圓角鈕，變化半徑參數(P)中圓角方法選取『不對稱』，設定半徑 1 為 1.3mm、半徑 2 為 0.8mm。輪廓(P)：選取『橢圓』，副本數預設值 3。預設點選『圓滑變化(N)』圓角選項(O)預設勾選『穿透面選法(S)』，溢出處理方式(Y)：『預設(D)』，圓角項次(I)點選『邊線<1>、邊線<1>變化半徑 50%控制點、邊線<2>及邊線<2>變化半徑 50%控制點』。 | 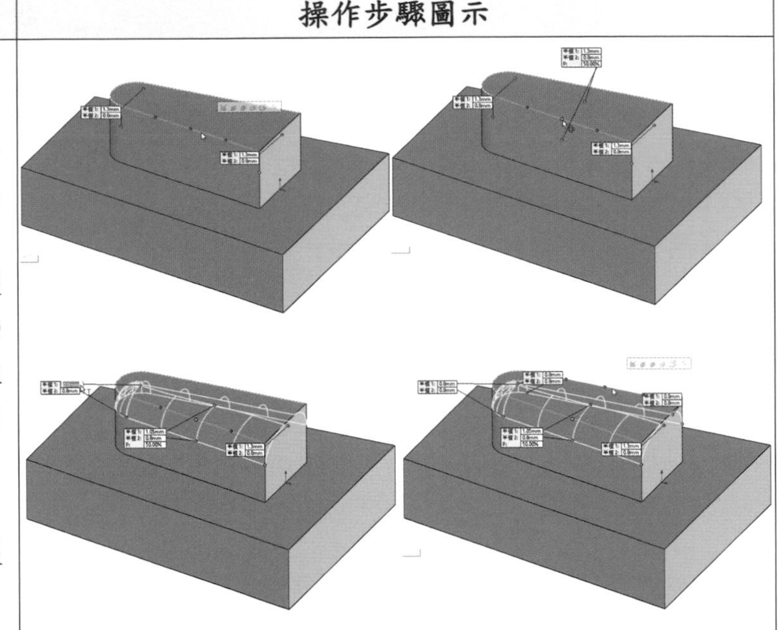 |
| 在邊線的兩側各點分別輸入半徑 1 及半徑 2 之變化半徑距離。<br>附加半徑載入『V1, R1=1.3mm, R2=0.8mm、V2, R1=0.8mm, R2=0.8mm、V3, R1=0.8mm, R2=1.3mm、V4, R1=0.8mm, R2=0.8mm、P1, R1=1.05mm, R2=0.8mm, P:50%、P2, R1=0.8mm, R2=1.05mm, P:50%』。<br>後，按確定鍵。<br>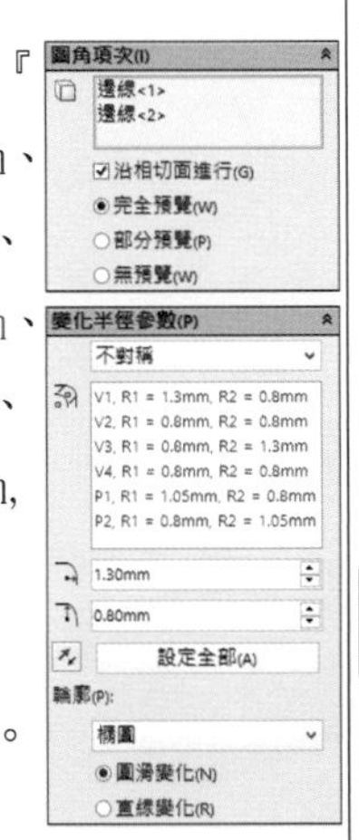 | 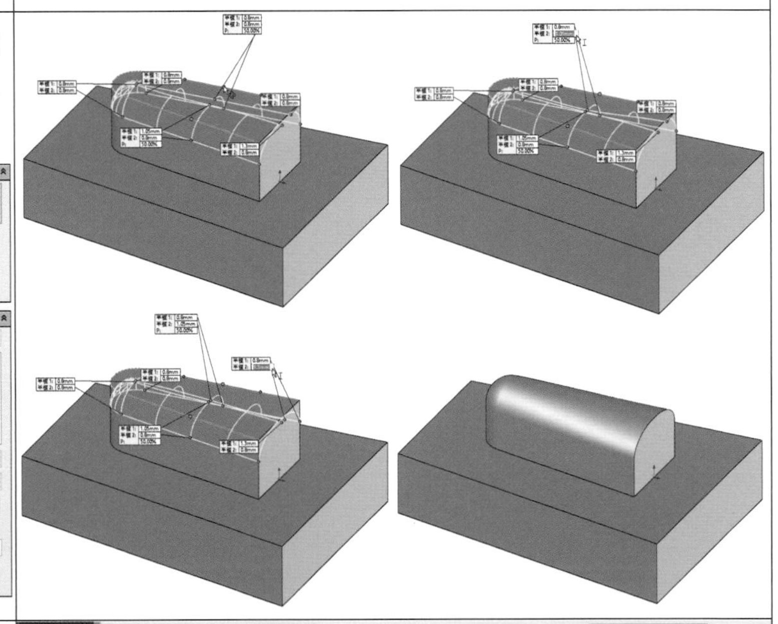 |
| 按圓角鈕，圓角類型(Y)按固定大小圓角鈕，圓角項次(I)點選『邊線<1>』，勾選『沿相切面進行(G)』，圓角參數(P)預設『相互對稱』，輸入半徑 1.5mm，輪廓(P)：『圓形』，按確定鍵。<br>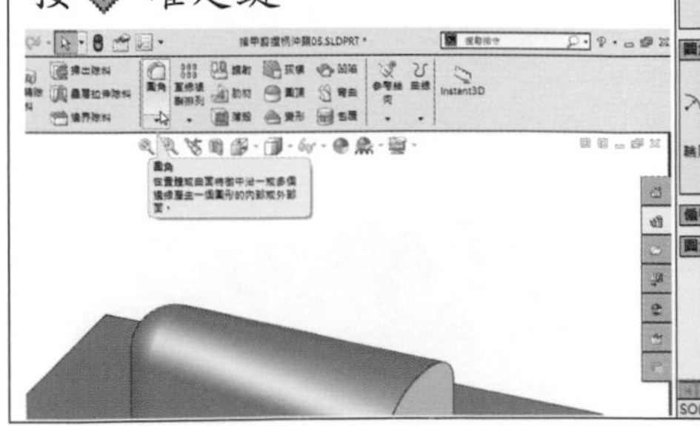 | 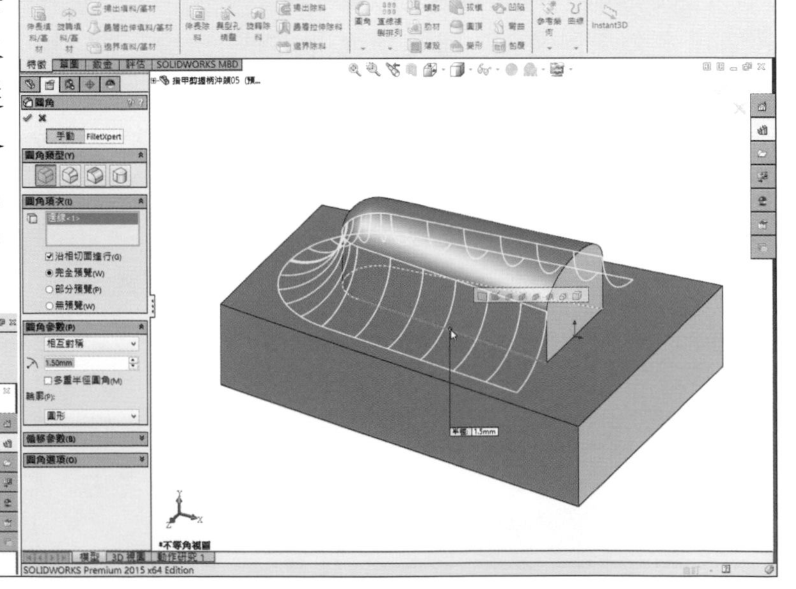 |

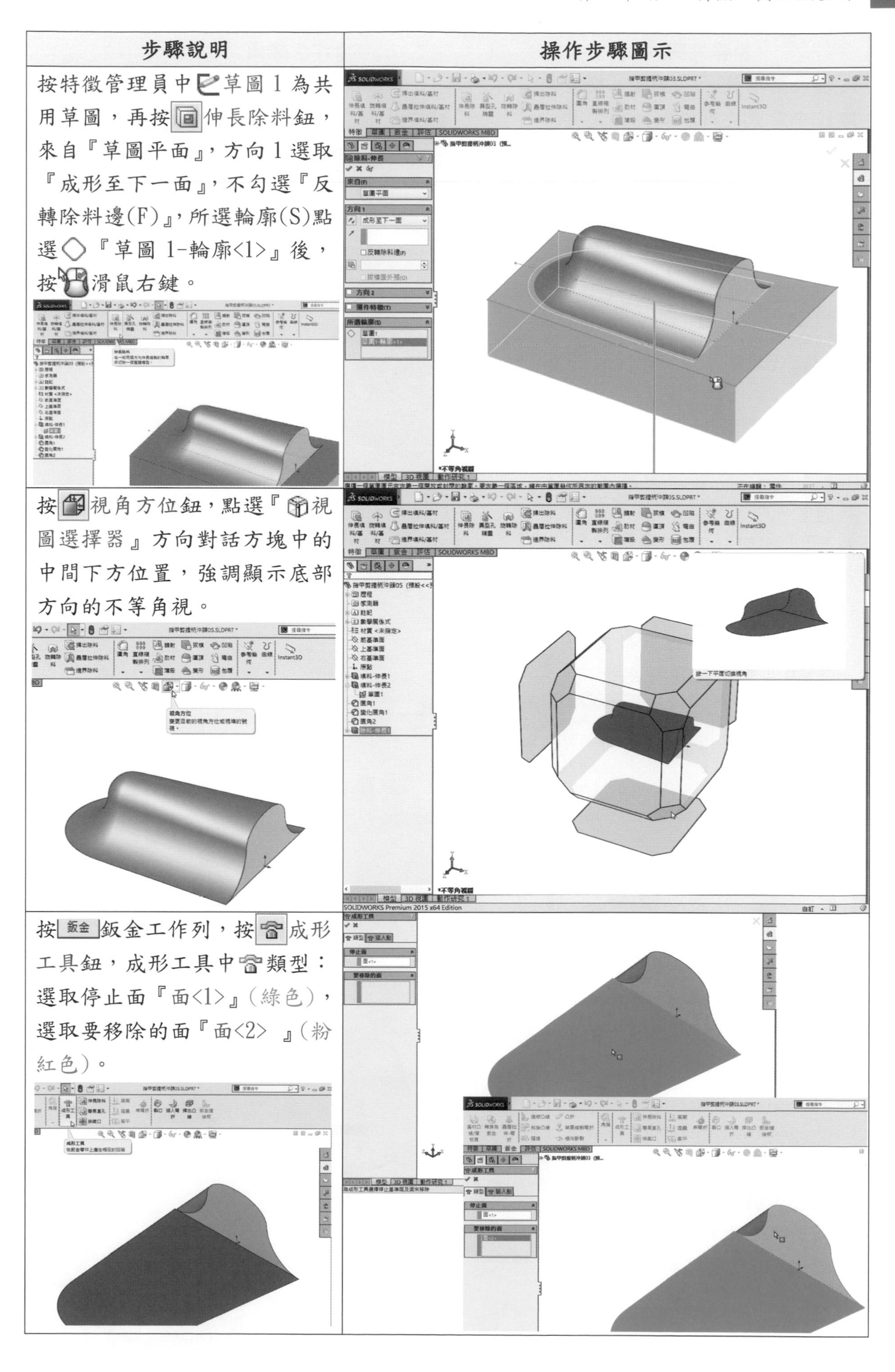

| 步驟說明 | 操作步驟圖示 |
| --- | --- |
| 按特徵管理員中草圖 1 為共用草圖，再按伸長除料鈕，來自『草圖平面』，方向 1 選取『成形至下一面』，不勾選『反轉除料邊(F)』，所選輪廓(S)點選『草圖 1-輪廓<1>』後，按滑鼠右鍵。 | |
| 按視角方位鈕，點選『視圖選擇器』方向對話方塊中的中間下方位置，強調顯示底部方向的不等角視。 | |
| 按鈑金鈑金工作列，按成形工具鈕，成形工具中類型：選取停止面『面<1>』(綠色)，選取要移除的面『面<2> 』(粉紅色)。 | |

| 步驟說明 | 操作步驟圖示 |
| --- | --- |
| 按插入點標籤，拖曳插入點至線段中點或使用限制條件工具置於線段中點定義設定插入點的位置後，按確定鍵。在圖面空白處按滑鼠右鍵，並往右上方向滑去，選用呈現為不等角視。 | 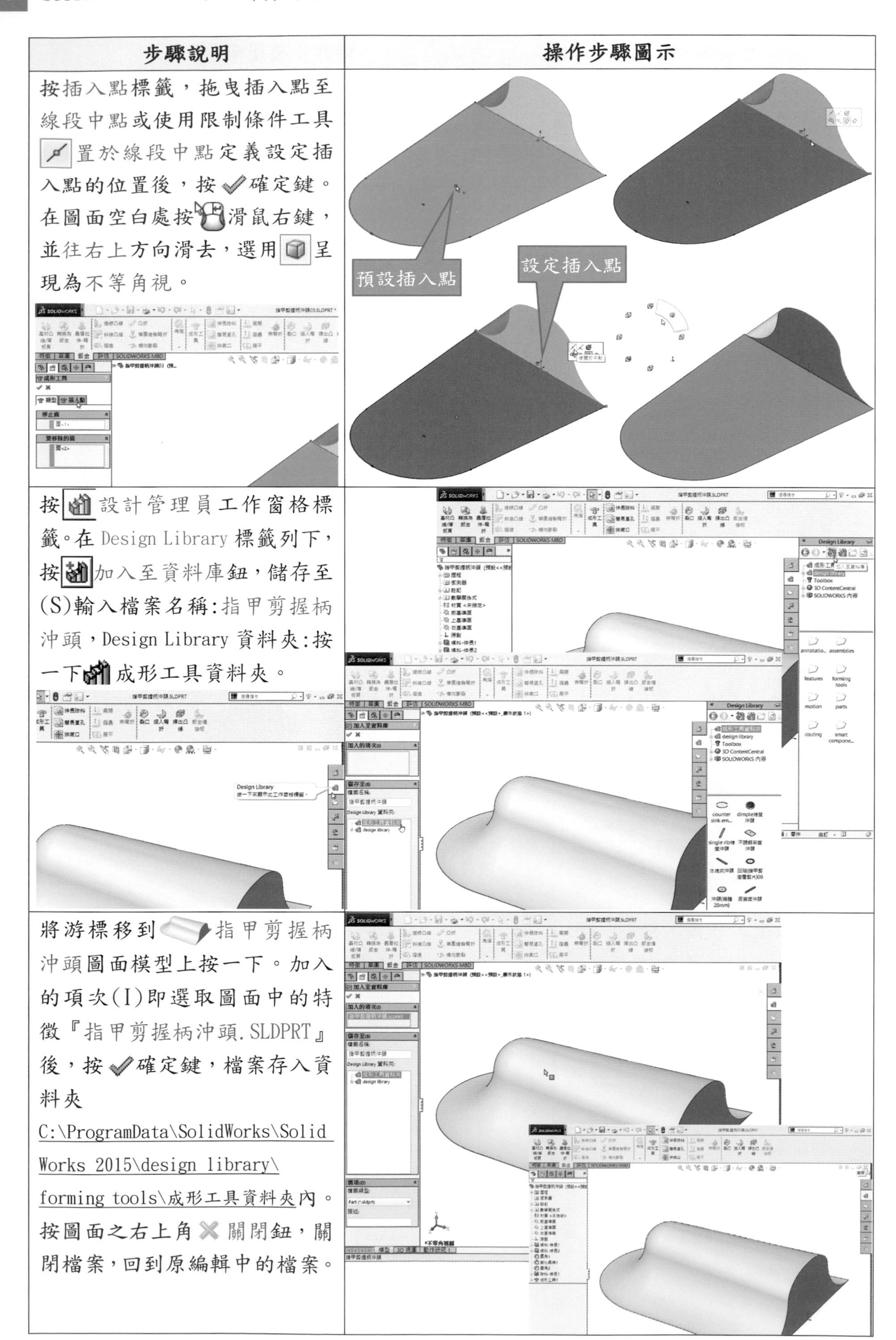 |
| 按設計管理員工作窗格標籤。在 Design Library 標籤列下，按加入至資料庫鈕，儲存至(S)輸入檔案名稱:指甲剪握柄沖頭，Design Library 資料夾:按一下成形工具資料夾。 | |
| 將游標移到指甲剪握柄沖頭圖面模型上按一下。加入的項次(I)即選取圖面中的特徵『指甲剪握柄沖頭.SLDPRT』後，按確定鍵，檔案存入資料夾 C:\ProgramData\SolidWorks\SolidWorks 2015\design library\forming tools\成形工具資料夾內。按圖面之右上角關閉鈕，關閉檔案，回到原編輯中的檔案。 | |

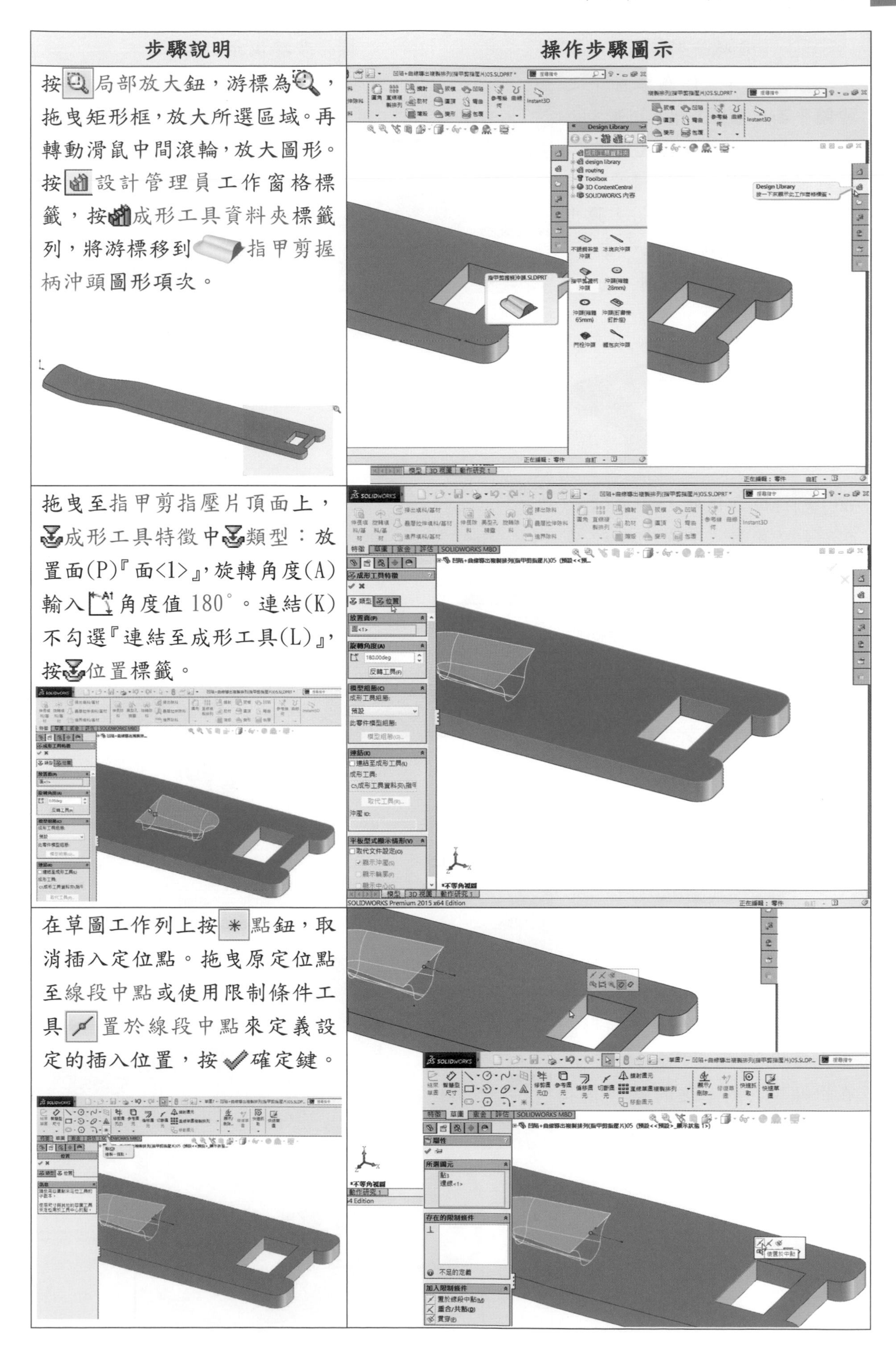

| 步驟說明 | 操作步驟圖示 |
| --- | --- |
| 按局部放大鈕，游標為，拖曳矩形框，放大所選區域。再轉動滑鼠中間滾輪，放大圖形。按設計管理員工作窗格標籤，按成形工具資料夾標籤列，將游標移到指甲剪握柄沖頭圖形項次。 | |
| 拖曳至指甲剪指壓片頂面上，成形工具特徵中類型：放置面(P)『面<1>』，旋轉角度(A)輸入角度值 180°。連結(K)不勾選『連結至成形工具(L)』，按位置標籤。 | |
| 在草圖工作列上按點鈕，取消插入定位點。拖曳原定位點至線段中點或使用限制條件工具置於線段中點來定義設定的插入位置，按確定鍵。 | |

| 步驟說明 | 操作步驟圖示 |
| --- | --- |
| 選取頂面(藍色)作為草圖 7 之繪圖平面。按角落矩形鈕，畫一矩形後，標註其尺度。<br>按鍵盤 Ctrl 鍵，點選邊線與矩形右前角落端點後放開，彈出文意感應工具列，按重合/共點鈕，加入限制條件。 | |
| 按 特徵 特徵工作列，按伸長除料鈕，來自『草圖平面』，方向 1 選取『成形至下一面』，不勾選『反轉除料邊(F)』，勾選『垂直除料(N)』，向下方向除料後，按確定鍵。 | |
| 按圓角鈕，圓角類型(Y)預設『固定大小圓角』，圓角參數(P)預設『相互對稱』，輸入半徑值 0.3mm，輪廓(P)：『圓形』，圓角項次點選『邊線<1>』，在快顯工具列上選取『連接至結束虛擬迴圈，3 邊線』。 | |

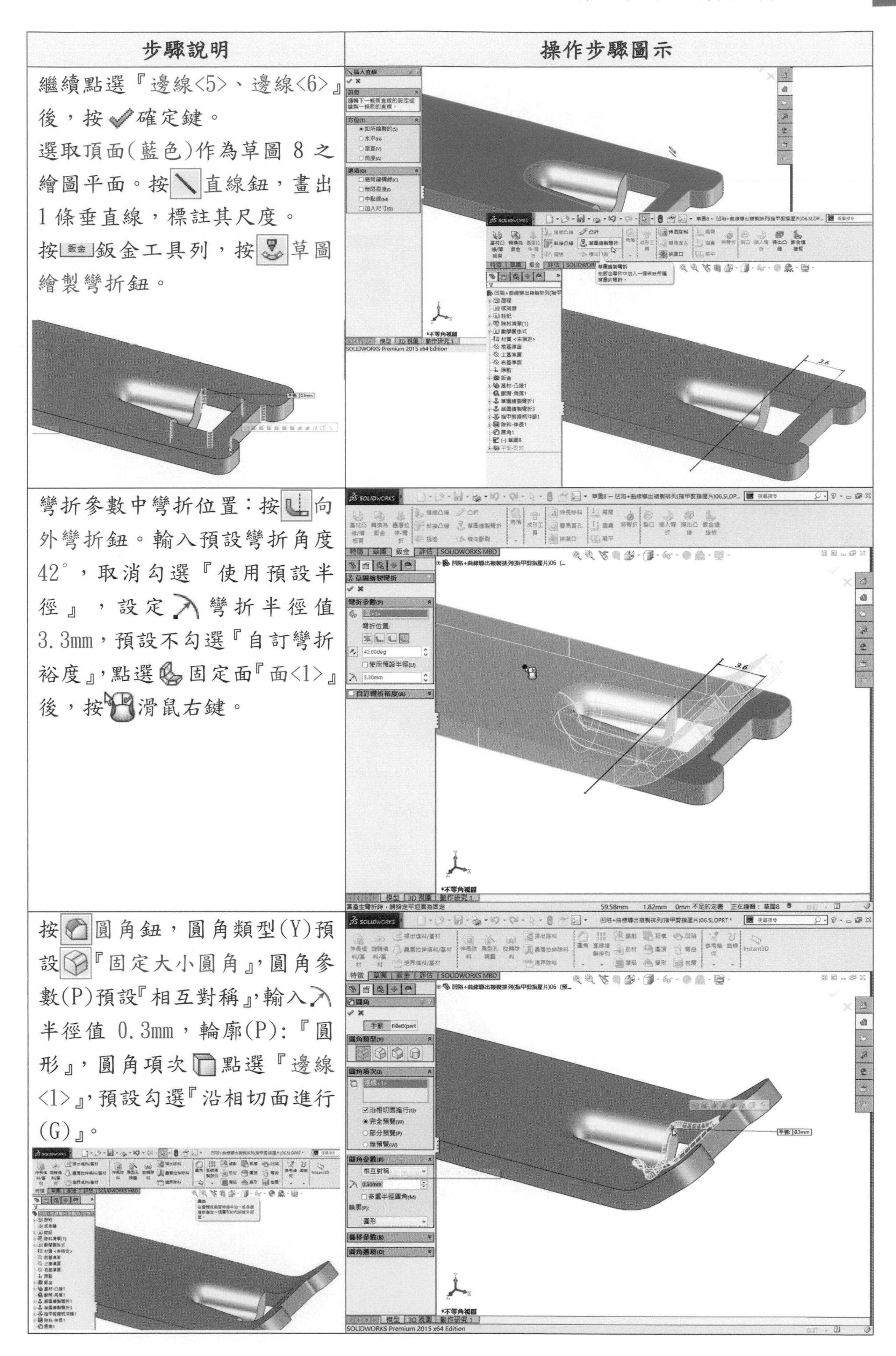

| 步驟說明 | 操作步驟圖示 |
| --- | --- |
| 繼續點選『邊線<5>、邊線<6>』後，按確定鍵。<br>選取頂面(藍色)作為草圖 8 之繪圖平面。按直線鈕，畫出 1 條垂直線，標註其尺度。<br>按鈑金工具列，按草圖繪製彎折鈕。<br>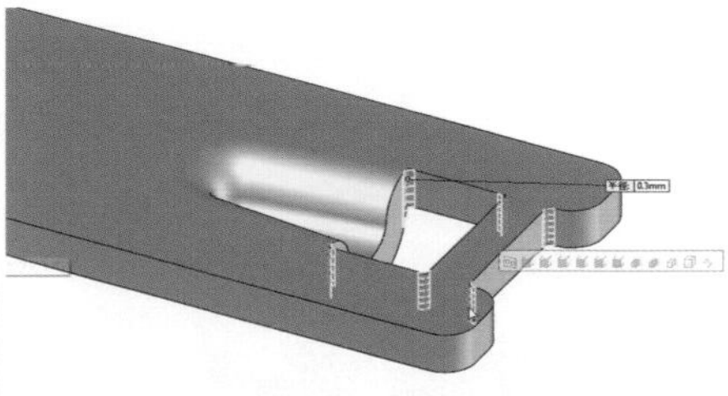 | 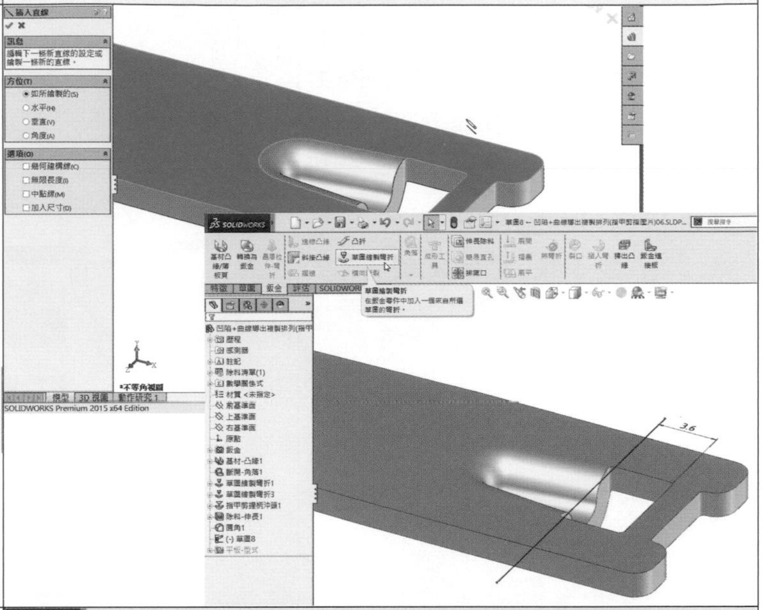 |
| 彎折參數中彎折位置：按向外彎折鈕。輸入預設彎折角度 42°，取消勾選『使用預設半徑』，設定彎折半徑值 3.3mm，預設不勾選『自訂彎折裕度』，點選固定面『面<1>』後，按滑鼠右鍵。 | 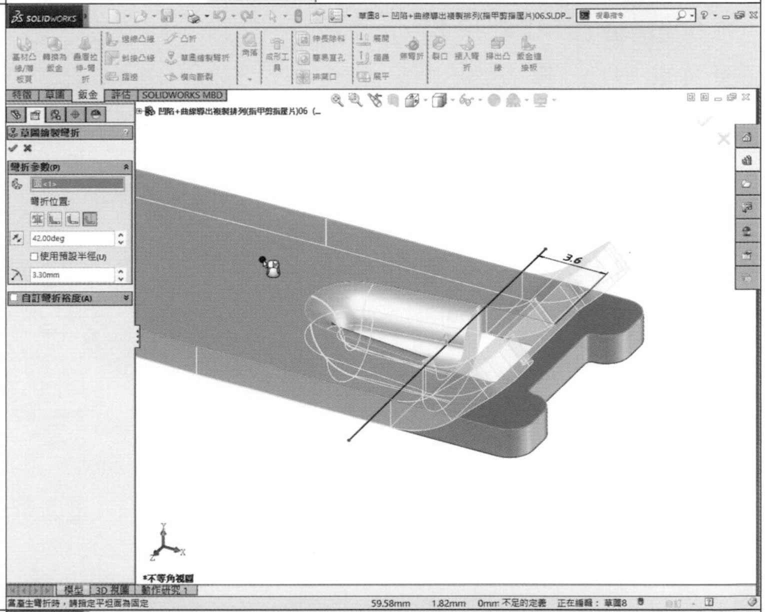 |
| 按圓角鈕，圓角類型(Y)預設『固定大小圓角』，圓角參數(P)預設『相互對稱』，輸入半徑值 0.3mm，輪廓(P)：『圓形』，圓角項次點選『邊線<1>』，預設勾選『沿相切面進行(G)』。<br>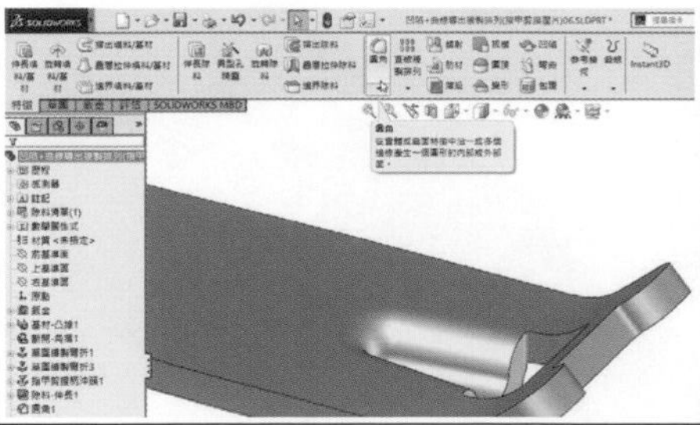 | 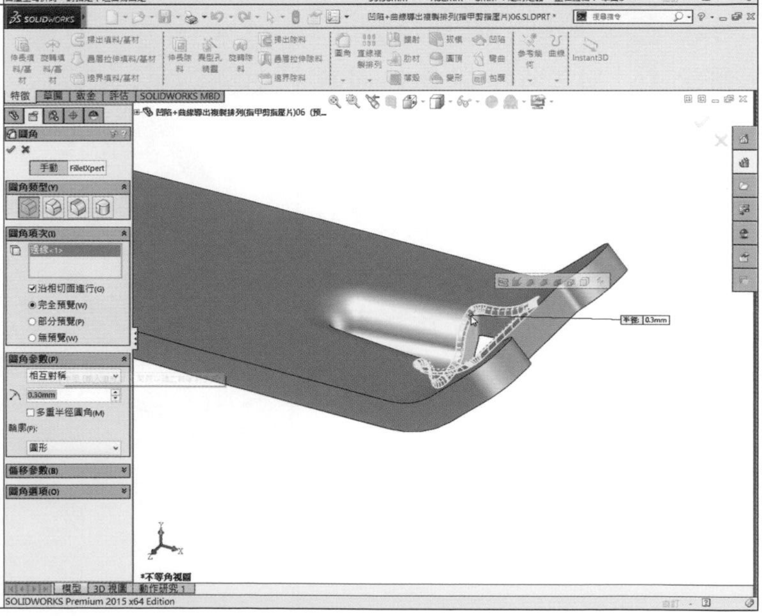 |

| 步驟說明  | 操作步驟圖示 |
|---|---|
| 按視角方位鈕，點選『視圖選擇器』方向對話方塊中右下角位置的面，強調顯示右側底部方向的不等角視。<br>圓角項次(I)繼續點選『邊線<2>』後，按確定鍵。<br>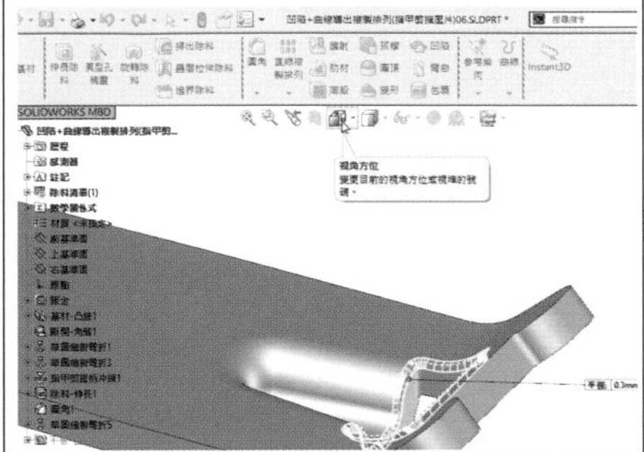 | 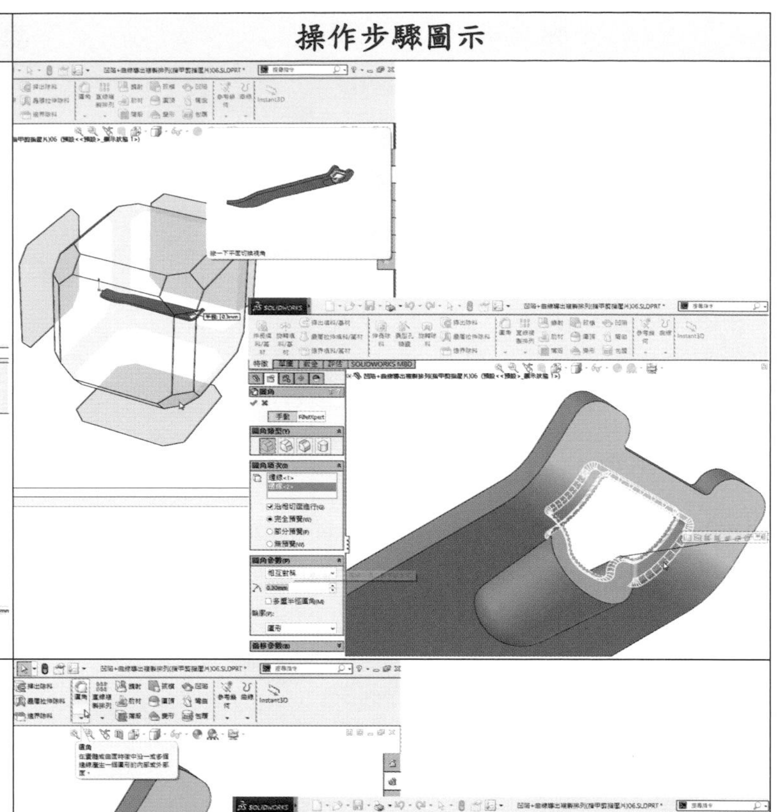 |
| 再按圓角鈕(或按 Enter 鍵)，圓角類型(Y)預設『固定大小圓角』，圓角項次(I)點選『邊線<1>』，預設勾選『沿相切面進行(G)』。圓角參數(P)預設『相互對稱』，輸入半徑值 0.5mm，輪廓(P):『圓形』後，按確定鍵。 | |
| 再按圓角鈕，圓角類型(Y)預設『固定大小圓角』，圓角項次(I)點選『邊線<1>~邊線<3>』，預設勾選『沿相切面進行(G)』。圓角參數(P)預設『相互對稱』，輸入半徑值 0.2mm，輪廓(P):『圓形』，不勾選『多重半徑圓角(M)』後，按確定鍵。 | 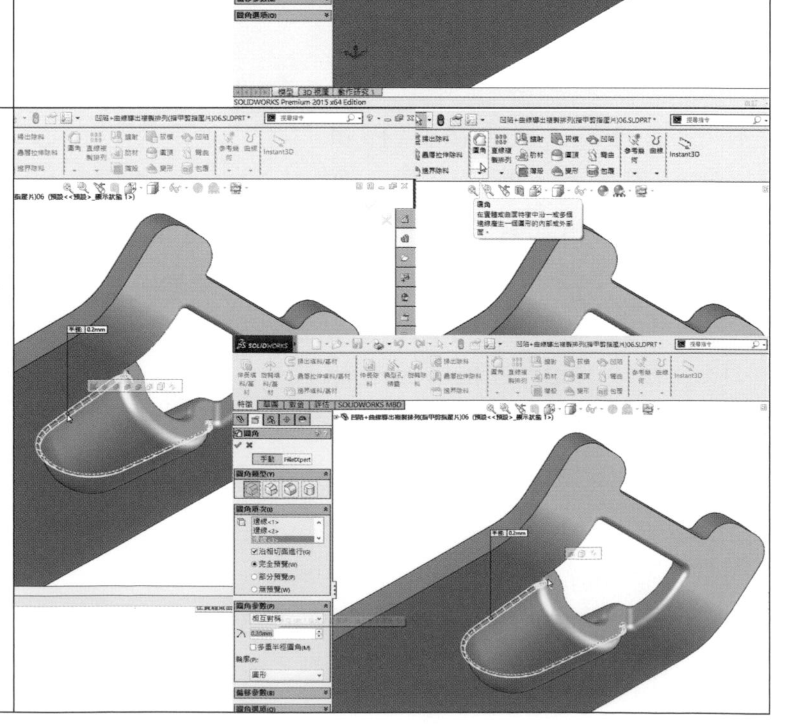 |

| 步驟說明 | 操作步驟圖示 |
| --- | --- |
| <br>按圓角鈕，圓角類型(Y)按變化大小圓角鈕，變化半徑參數(P)中圓角方法預設『相互對稱』，設定半徑值0.2mm，輪廓(P):『圓形』，副本數預設值3，圓角項次(I)不勾選『沿相切面進行(G)』，點選『邊線<1>』。<br>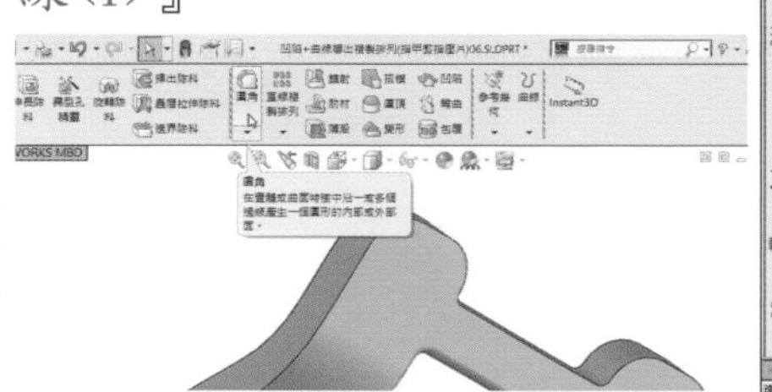 | 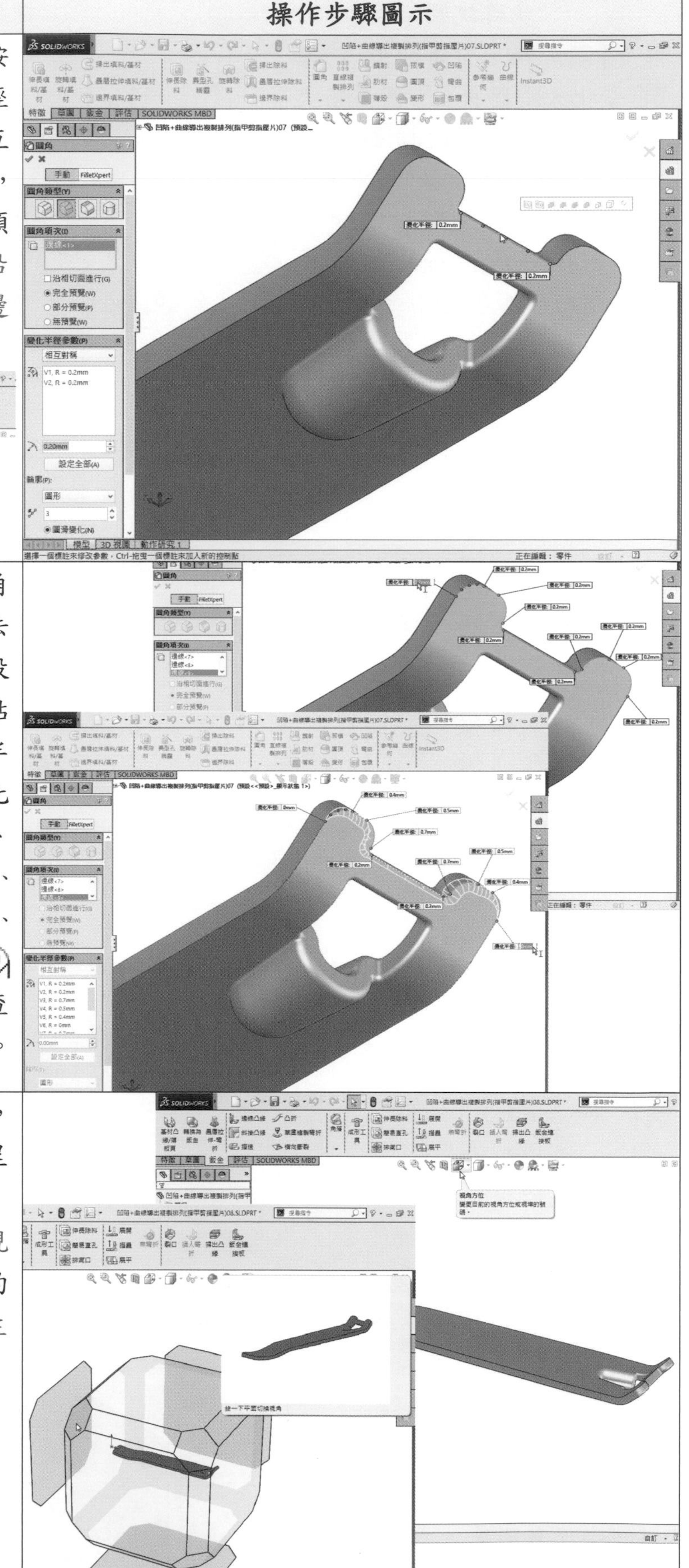 |
| 預設點選『圓滑變化(N)』圓角選項(O)預設勾選『穿透面選法(S)』，溢出處理方式(Y):『預設(D)』，圓角項次(I)繼續點選『邊線<2>~邊線<9>』。變化半徑參數(P)在左上方邊線變化半徑：分別輸入『v1,R=0.2mm、v2,R=0.2mm、v3,R=0.7mm、v4,R=0.5mm、v5,R=0.4mm』、v6,R=0mm、v7,R =0.7mm、v8,R=0.5mm、v9,R=0.4mm、v10,R=0mm』附加半徑自動載入欄位內，查看確認無誤後，按確定鍵。 | |
| 在圖面空白處按滑鼠右鍵，並往右上方向滑去，選用呈現為不等角視。<br>按視角方位鈕，點選『視圖選擇器』方向對話方塊中的左上角位置的面，強調顯示左上方向的不等角視。<br>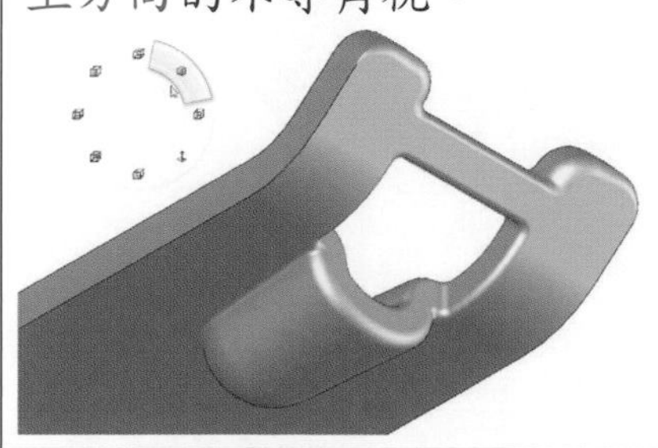 | |

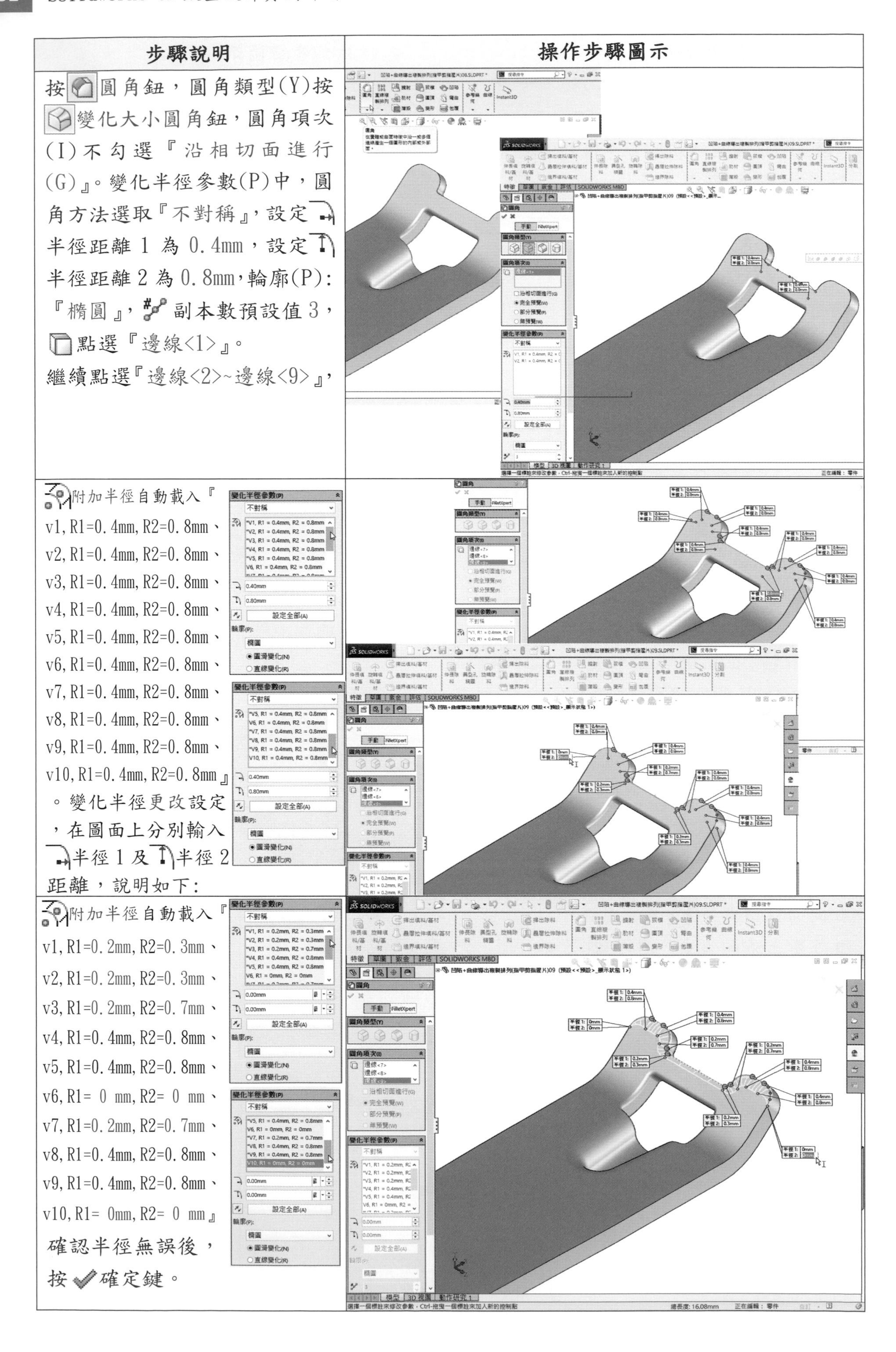

| 步驟說明 | 操作步驟圖示 |
| --- | --- |
| 按圓角鈕，圓角類型(Y)按變化大小圓角鈕，圓角項次(I)不勾選『沿相切面進行(G)』。變化半徑參數(P)中，圓角方法選取『不對稱』，設定半徑距離1為0.4mm，設定半徑距離2為0.8mm，輪廓(P)：『橢圓』，副本數預設值3，點選『邊線<1>』。<br>繼續點選『邊線<2>~邊線<9>』， | |
| 附加半徑自動載入『v1,R1=0.4mm,R2=0.8mm、v2,R1=0.4mm,R2=0.8mm、v3,R1=0.4mm,R2=0.8mm、v4,R1=0.4mm,R2=0.8mm、v5,R1=0.4mm,R2=0.8mm、v6,R1=0.4mm,R2=0.8mm、v7,R1=0.4mm,R2=0.8mm、v8,R1=0.4mm,R2=0.8mm、v9,R1=0.4mm,R2=0.8mm、v10,R1=0.4mm,R2=0.8mm』。變化半徑更改設定，在圖面上分別輸入半徑1及半徑2距離，說明如下： | |
| 附加半徑自動載入『v1,R1=0.2mm,R2=0.3mm、v2,R1=0.2mm,R2=0.3mm、v3,R1=0.2mm,R2=0.7mm、v4,R1=0.4mm,R2=0.8mm、v5,R1=0.4mm,R2=0.8mm、v6,R1= 0 mm,R2= 0 mm、v7,R1=0.2mm,R2=0.7mm、v8,R1=0.4mm,R2=0.8mm、v9,R1=0.4mm,R2=0.8mm、v10,R1= 0mm,R2= 0 mm』<br>確認半徑無誤後，按確定鍵。 | |

| 步驟說明  | 操作步驟圖示 |
|---|---|
| 在圖面空白處按滑鼠右鍵，並往右上方向滑去，選用呈現為不等角視。<br>選取前基準面作為草圖 9 之繪圖平面。點選草圖鈕，產生一個新的草圖。按參考圖元鈕，參考圖元點選『邊線<1>』(藍色)。<br>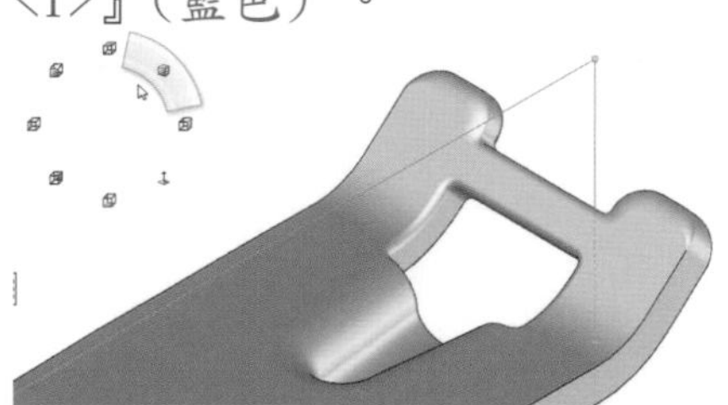 | 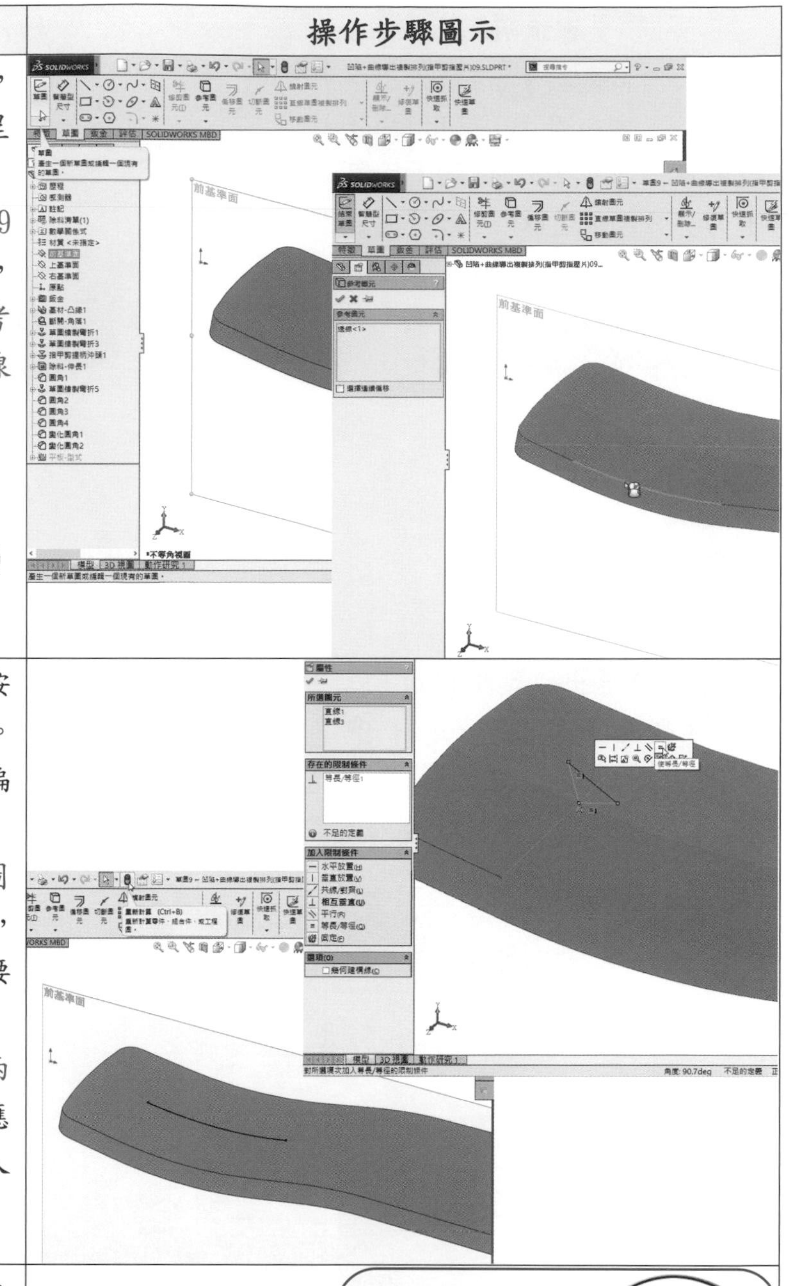 |
| 不勾選『選擇連續偏移』後，按滑鼠右鍵，產生一條曲線。按重新計算鈕，結束草圖編輯。<br>選取前基準面作為草圖 10 之繪圖平面。按直線鈕，由左端點為起點畫一倒立等腰直角三角形。<br>按鍵盤 Ctrl 鍵，點選三角形兩直角邊後放開，彈出文意感應工具列，按等長等徑，加入限制條件。 | |
| 在圖面空白處按滑鼠右鍵，並往左上方向滑去，選用呈現為前視。按鍵盤 Ctrl 鍵，點選三角形斜邊與相切面的交線後放開，彈出文意感應工具列，按相互垂直，加入限制條件後，標註其尺度。按特徵特徵工作列，按伸長填料/基材鈕。<br>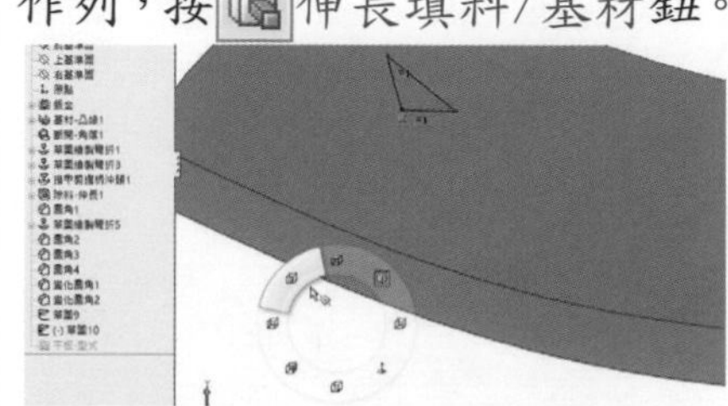 | 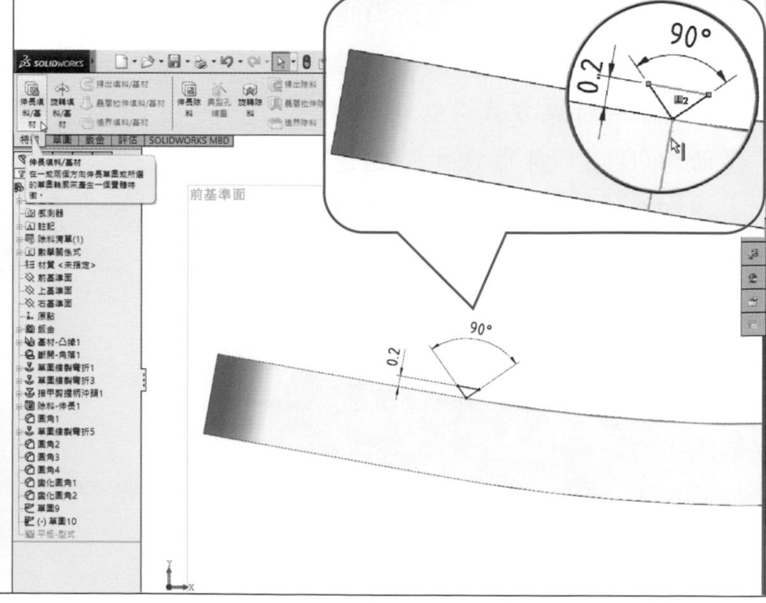 |

| 步驟說明 | 操作步驟圖示 |
|---|---|
| 在圖面空白處按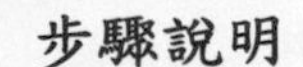滑鼠右鍵，並往右上方向滑去，選用呈現為不等角視。來自(F)『草圖平面』，方向1選取『兩側對稱』，輸入深度值 15mm，不勾選『連結至厚度』，取消勾選『合併結果』後，按確定鍵。<br>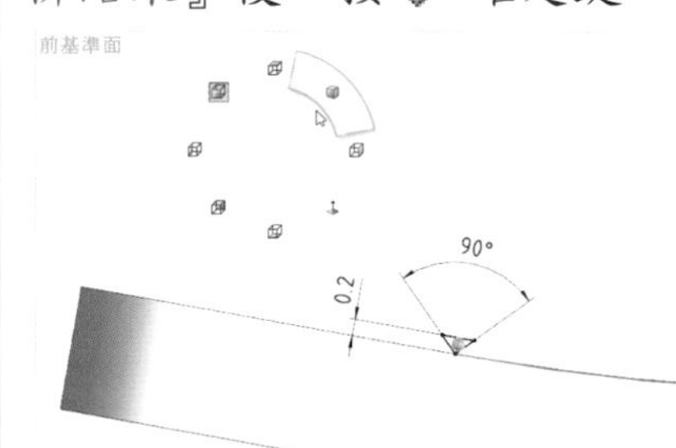 | 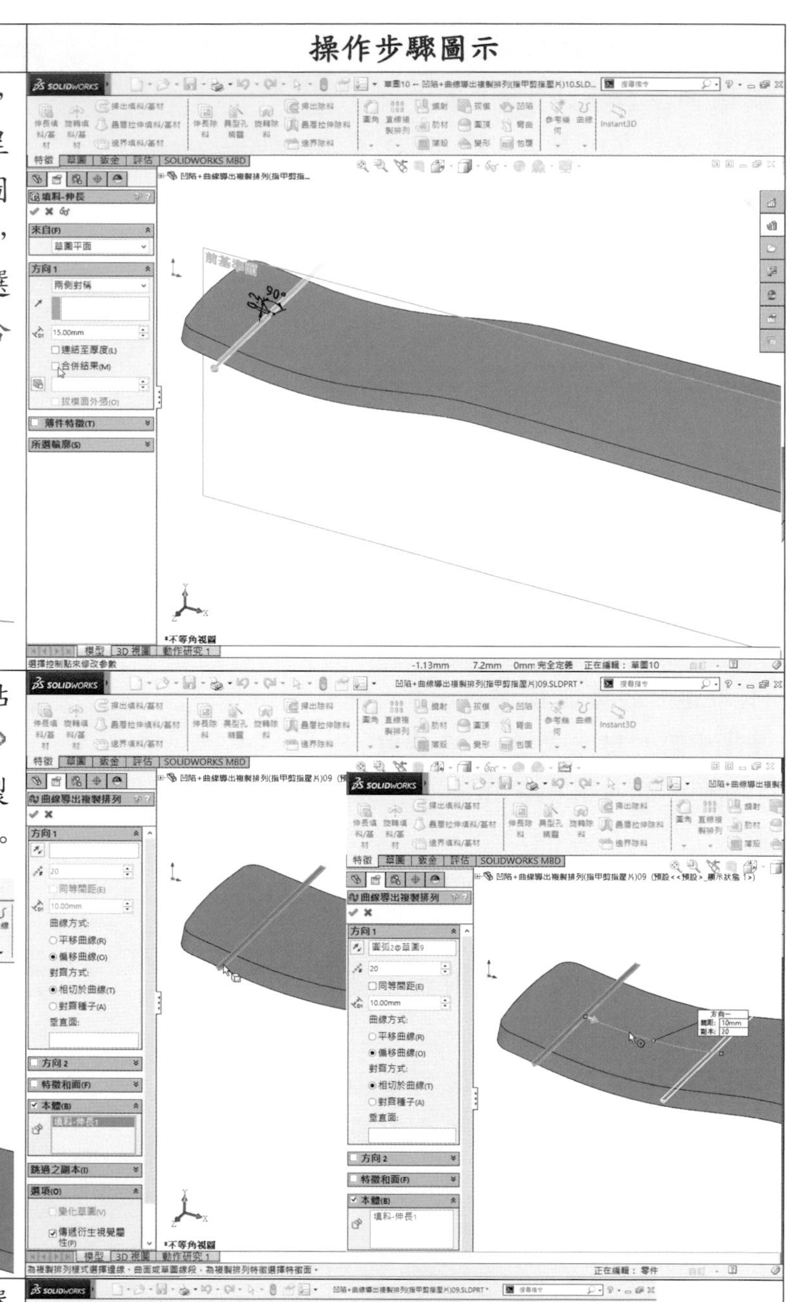 |
| 按曲線導出複製排列鈕，點選『本體(B)』標籤列，選取『填料-伸長 1』。方向 1 複製排列方向選取『圓弧2@草圖8』。<br>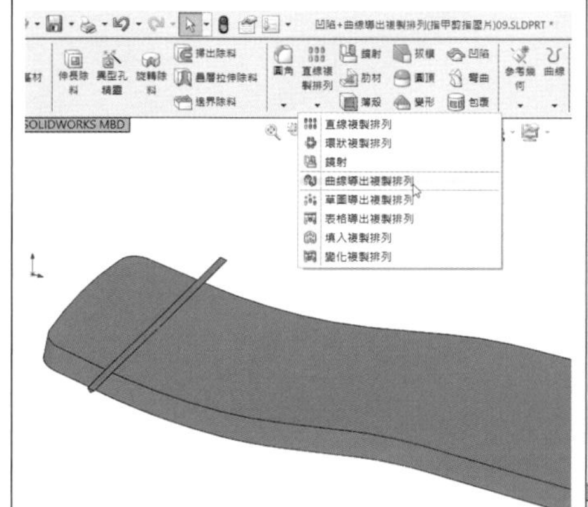 | |
| 輸入副本數為18，取消勾選『同等間距(E)』，輸入距離值0.6mm。曲線方式：點選『偏移曲線(O)』，對齊方式：點選『相切於曲線(T)』後，按確定鍵。<br>在特徵管理員中草圖8項次上按一下，彈出文意感應工具列，按隱藏/顯示鈕，隱藏草圖8。 | 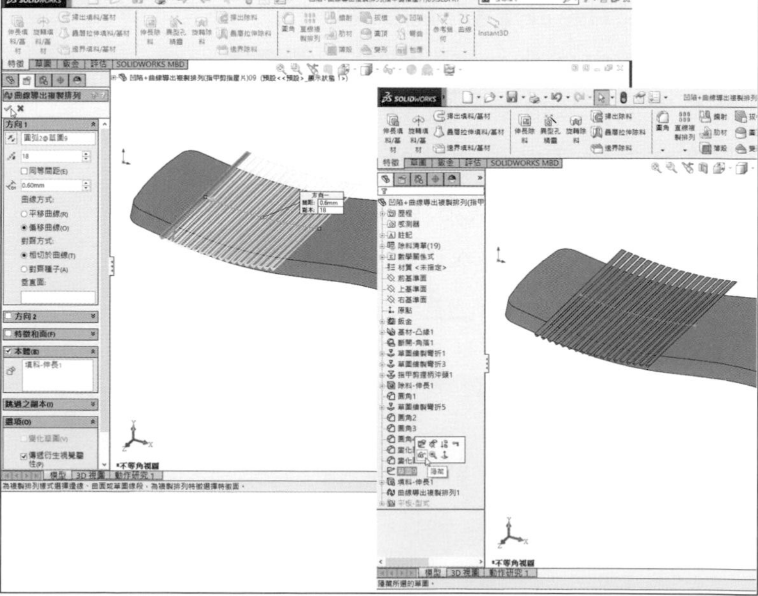 |

| 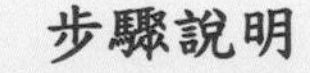步驟說明 | 操作步驟圖示 |
| --- | --- |
| 在特徵管理員中填料-伸長 1 項次上按一下，彈出文意感應工具列，按隱藏/顯示鈕，隱藏填料-伸長 1。<br>按凹陷鈕。<br><br>*註：凹陷特徵能在目標本體上產生與所選工具本體輪廓完全相符的偏移內凹或伸長特徵，可使用厚度及餘隙值來產生特徵。* | 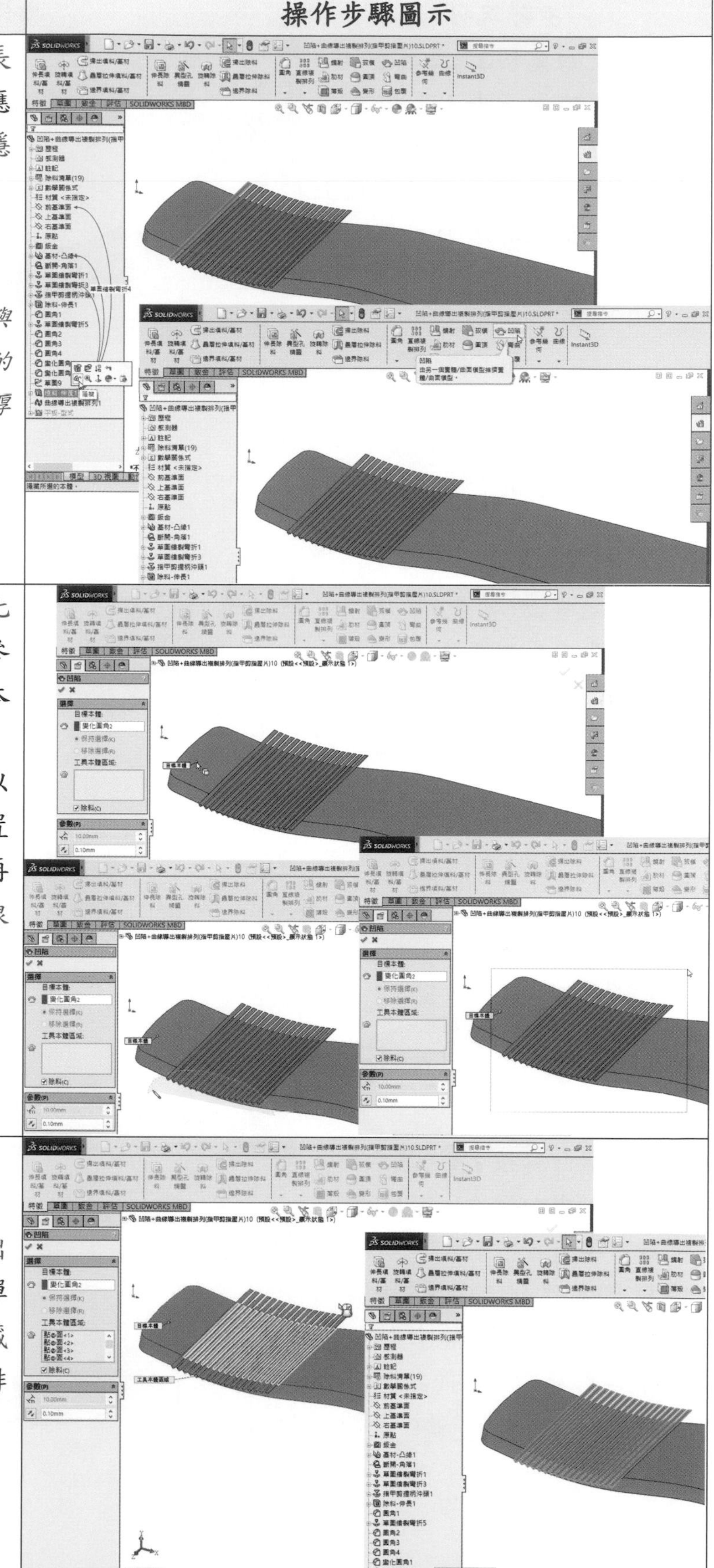 |
| 選擇目標本體：選取『變化圓角 2』，勾選『除料(C)』，參數(P)設定目標本體和工具本體餘隙為 0.1mm。<br>工具本體區域：使用游標以套索或方塊在適當位置點一下拖曳到另一適當位置再點一下選取區域內之曲線導出複製排列特徵。 | |
| 選取『點@面<1>~點@面<17>』後，按滑鼠右鍵。<br>在特徵管理員中曲線導出複製排列 1 項次上按一下，彈出文意感應工具列，按隱藏/顯示鈕，隱藏曲線導出複製排列 1。 | |

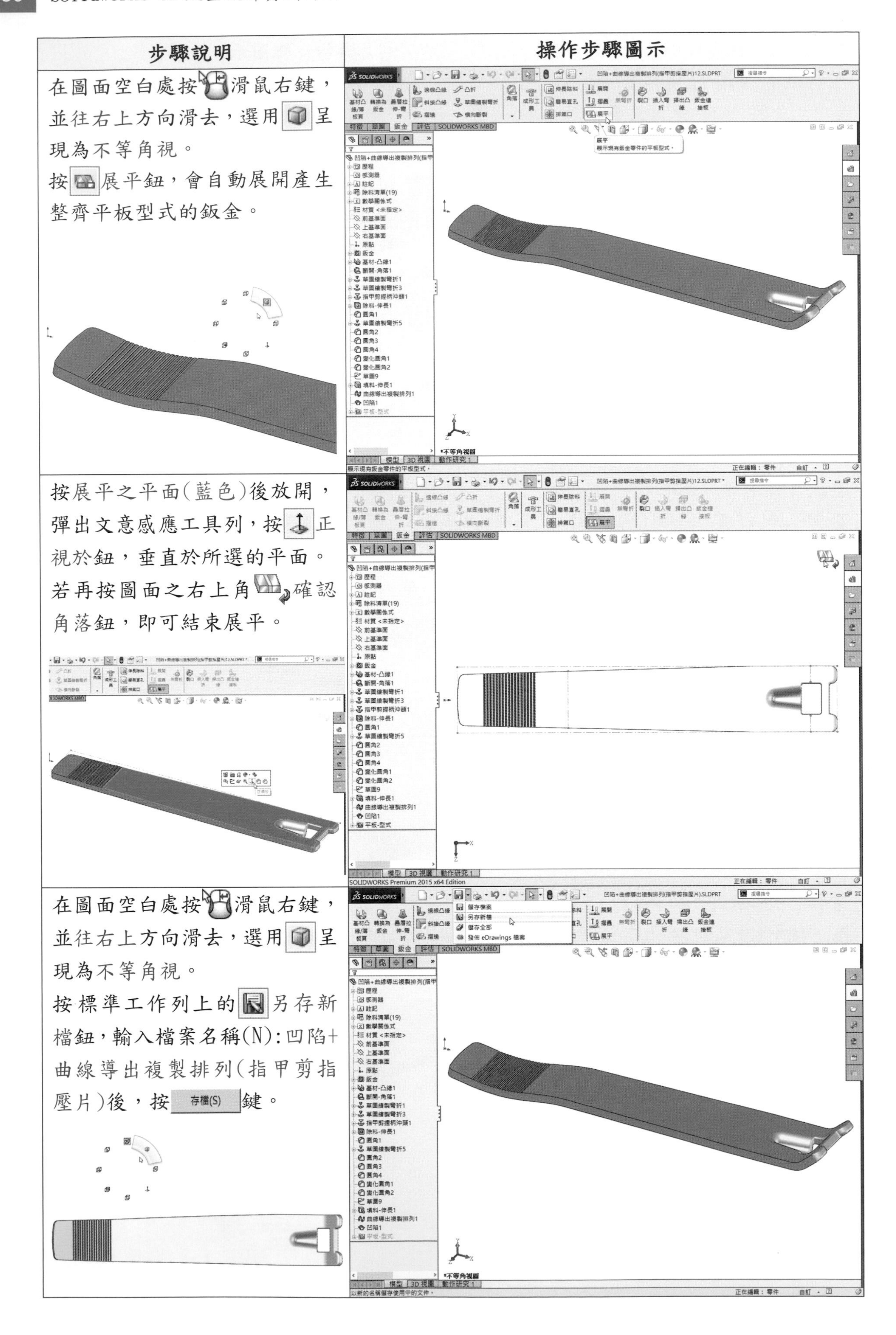

| 步驟說明 | 操作步驟圖示 |
| --- | --- |
| 在圖面空白處按滑鼠右鍵，並往右上方向滑去，選用呈現為不等角視。<br>按展平鈕，會自動展開產生整齊平板型式的鈑金。 | |
| 按展平之平面(藍色)後放開，彈出文意感應工具列，按正視於鈕，垂直於所選的平面。<br>若再按圖面之右上角確認角落鈕，即可結束展平。 | |
| 在圖面空白處按滑鼠右鍵，並往右上方向滑去，選用呈現為不等角視。<br>按標準工作列上的另存新檔鈕，輸入檔案名稱(N):凹陷+曲線導出複製排列(指甲剪指壓片)後，按 存檔(S) 鍵。 | |

## 4.3.1 包覆指令用於八角形金屬盒鈑金件

**學習目標：能使用包覆指令在鈑金件上，產生隆起、凹入或輪廓的壓印等文字特徵。**

**繪圖步驟：** 開啟舊檔→插入文字→編輯外觀→作包覆(浮凸)→另存新檔→作包覆(凹陷)→另存新檔→作包覆(刻畫)→另存新檔→按展平→開啟包覆(浮凸)→按展平→開啟包覆(凹陷)→按展平。

- 草圖指令：中心線、文字。
- 特徵指令：包覆。
- 鈑金指令：展平。

*註：包覆的草圖僅能是 1 個或多個封閉的輪廓，不能包含開放輪廓的草圖中產生包覆特徵。*

*註：包覆草圖垂直於草圖基準面時，拉的方向 留為空白。*

| 步驟說明 | 操作步驟圖示 |
| --- | --- |
| 按標準工具列上的開啟舊檔鈕，開啟掃出凸緣(八角形金屬盒 102×60).sldprt 檔案。<br>選取前方正垂面作為草圖 4 之繪圖平面。<br>按草圖草圖工作列，按中心線鈕，畫水平線後，標註其尺度。<br>按文字鈕。 | 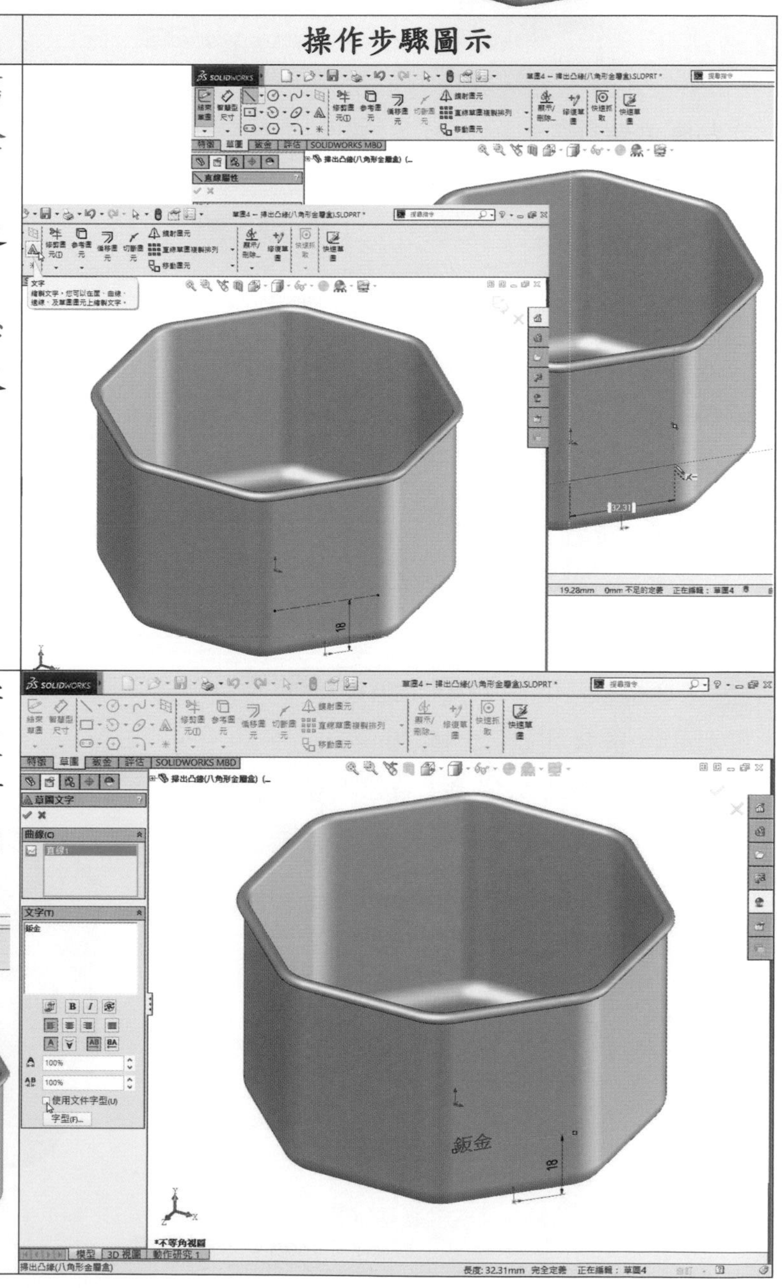 |
| 曲線(C)選取『直線 1』。文字(T)預設靠左對正、垂直反轉、水平反轉。在文字方塊中輸入『鈑金』二字，取消勾選『使用文件字型(U)』。<br>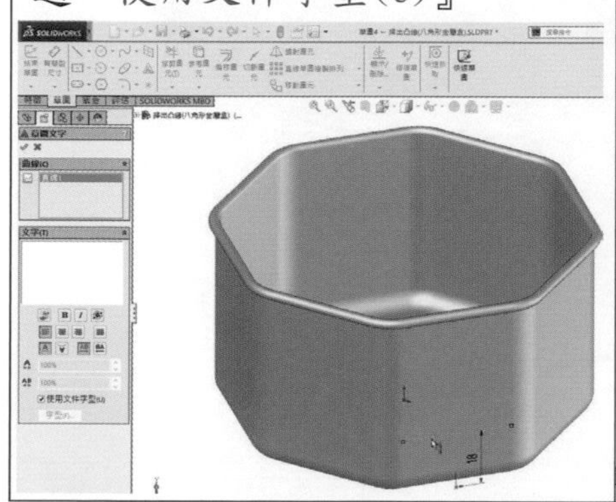 | |

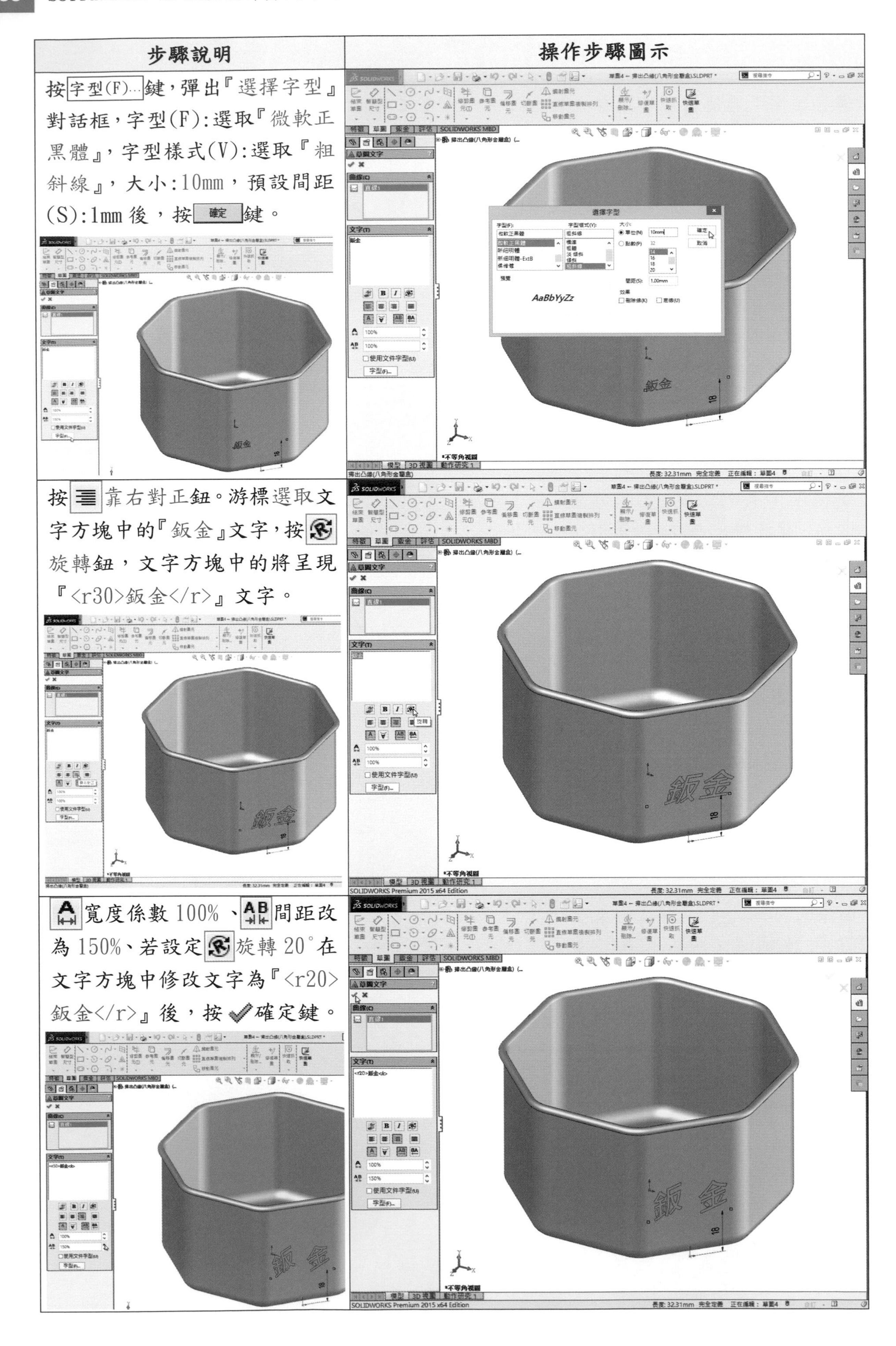

| 步驟說明 | 操作步驟圖示 |
| --- | --- |
| 按字型(F)...鍵，彈出『選擇字型』對話框，字型(F):選取『微軟正黑體』，字型樣式(V):選取『粗斜線』，大小:10mm，預設間距(S):1mm後，按確定鍵。 | |
| 按靠右對正鈕。游標選取文字方塊中的『鈑金』文字，按旋轉鈕，文字方塊中的將呈現『<r30>鈑金</r>』文字。 | |
| 寬度係數100%、間距改為150%、若設定旋轉20°在文字方塊中修改文字為『<r20>鈑金</r>』後，按✔確定鍵。 | |

| 步驟說明 | 操作步驟圖示 |
| --- | --- |
| 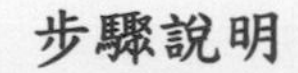 | |
| 按 重新計算鈕，結束草圖編輯。選取特徵管理員中草圖 4，作為包覆的來源草圖。再按 特徵 特徵工作列的包覆鈕。<br>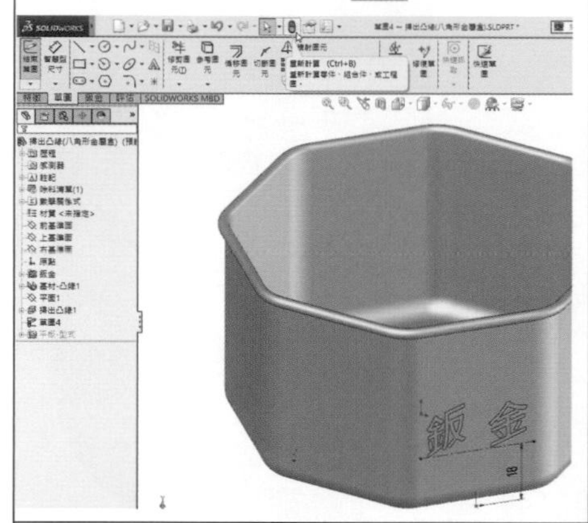 | 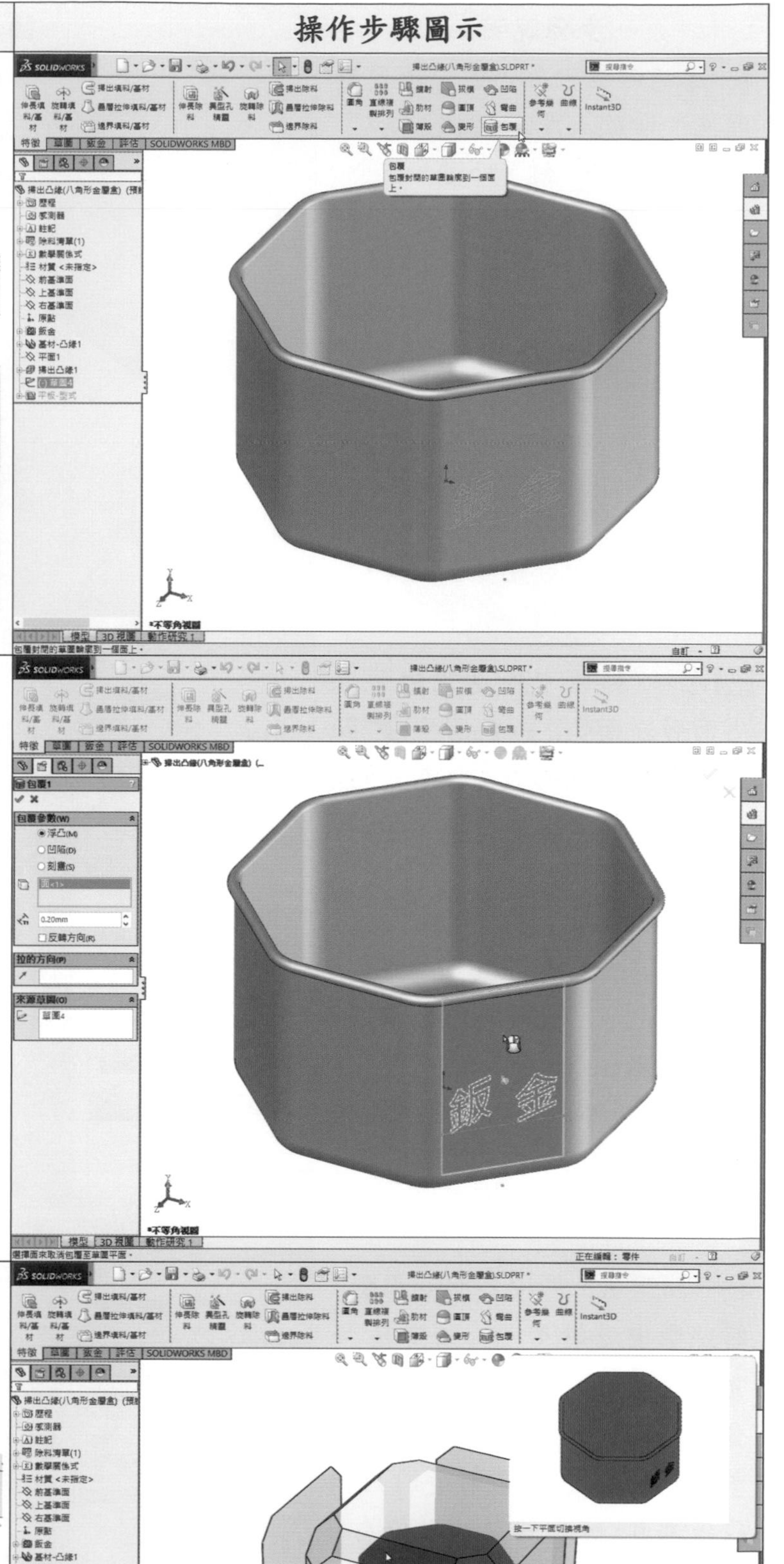 |
| 包覆參數(W)：點選『浮凸(M)』，設定厚度值 0.2mm，不勾選『反轉方向(R)』，選取包覆草圖的面『面<1>』，拉的方向(P)留為空白，來源草圖(O)載入『草圖 4』後，按滑鼠右鍵。<br>*註：包覆選取浮凸選項時，在所選面上產生一個隆起的特徵。* | |
| 按視角方位鈕，點選『視圖選擇器』方向對話方塊中的中上方位置的面，強調顯示目前偏左上方向的不等角視。<br>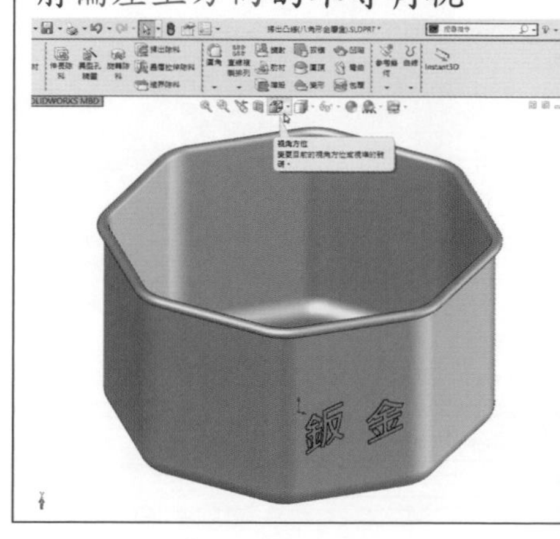 | |

| 步驟說明 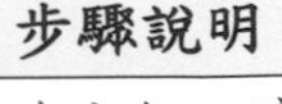 | 操作步驟圖示 |
|---|---|
| 按局部放大鈕，適當位置對角拖，即放大所選區域。<br>按住鍵盤Ctrl鍵，點選『鈑金』字體筆劃上所有的面(藍色)後放開，彈出文意感應工具列，按外觀鈕，再按面<1>@包覆標籤列，使面的階層加入外觀。 | 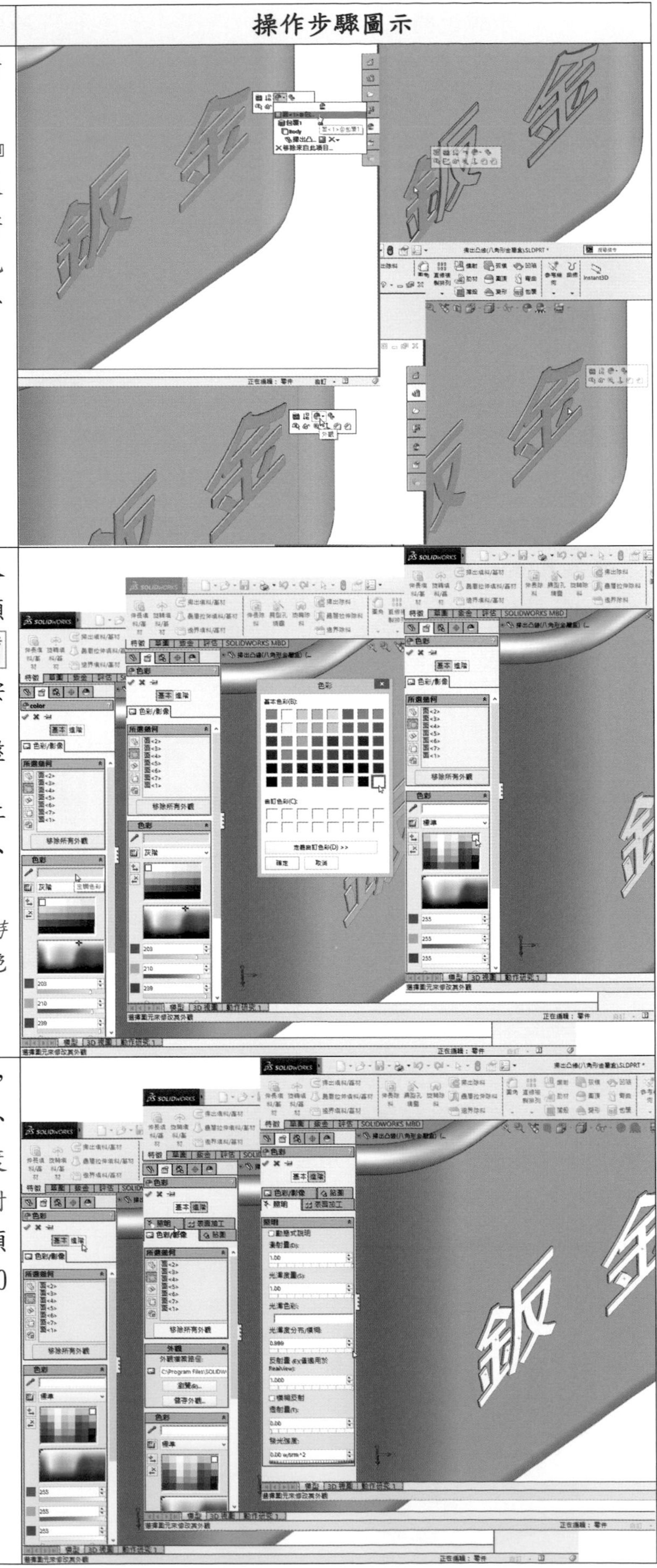 |
| 色彩/影像中所選幾何載入『面<1>~面<7>』，色彩中顯示目前所選色彩為『白色』，產生新色樣，選取『標準』，按一下標準色彩調色盤『白色』色樣，RGB預設紅色數值255、綠色數值255、藍色數值255。<br>*註：編輯外觀指令，顯示面、特徵、本體及零件的色彩，可查看色彩的階層與設定的色彩。* | |
| 按進階標籤，再按照明標籤，將照明中漫射量(D):設定為1、光澤度量(S):設定為1、光澤度分布/模糊:設定為0.999、反射量(E):設定為1、透射量(T):預設值為0、發光強度預設值為0 W/srm^2後，按確定鍵。 | |

|  步驟說明 | 操作步驟圖示 |
| --- | --- |
| 按另存新檔鈕，輸入檔案名稱(N):包覆-浮凸(八角形金屬盒）後，按存檔(S)鍵。<br>在特徵管理員中包覆1項次按一下，彈出文意感應工具列，按編輯特徵鈕。<br>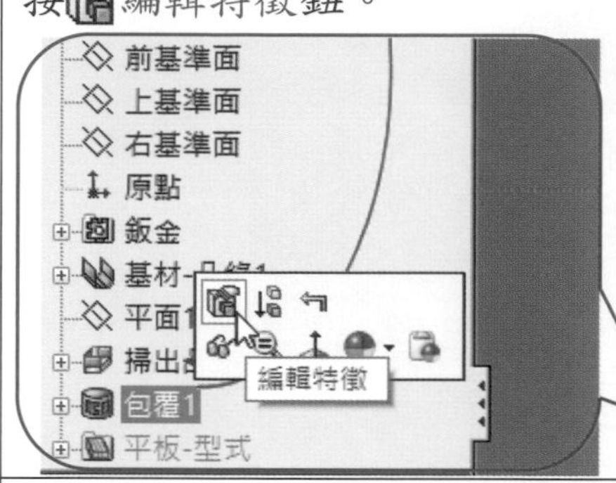 |  |
| 包覆參數(W)：點選『凹陷(D)』後，其餘設定不變，按確定鍵。<br>再按標準工作列上的另存新檔鈕。<br>*註：包覆選取凹陷選項時，在所選面上產生一個凹入的特徵。* | 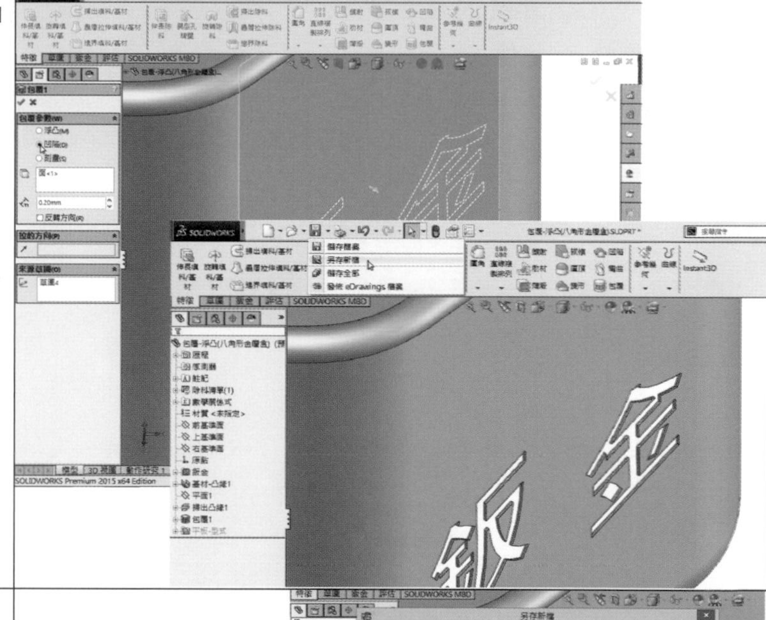 |
| 輸入檔案名稱(N):包覆-凹陷(八角形金屬盒)，按存檔(S)鍵。<br>在特徵管理員中包覆1項次按一下，彈出文意感應工具列，按編輯特徵鈕。<br>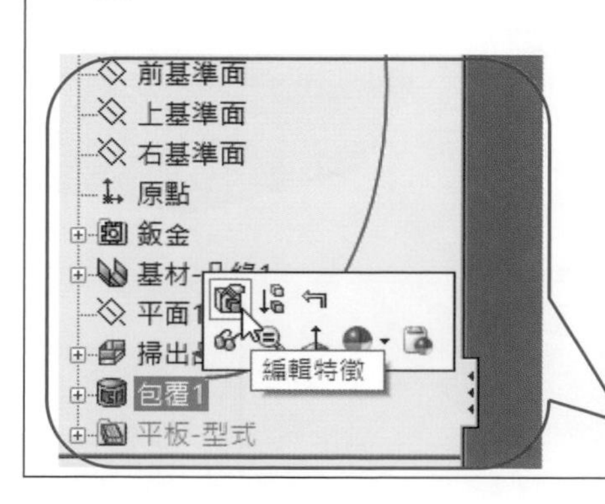 | 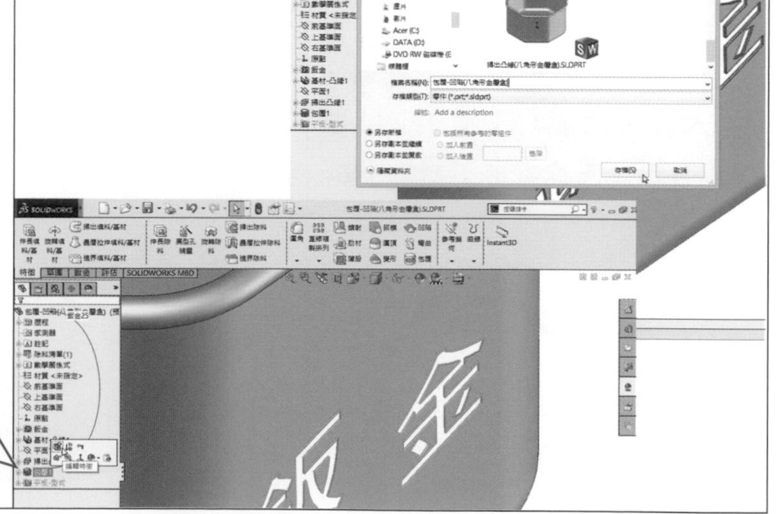 |

| 步驟說明 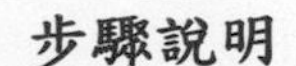 | 操作步驟圖示 |
| --- | --- |
| 包覆參數(W)：點選『刻畫(S)』後，其餘設定不變，按 ✔ 確定鍵。<br>在圖面空白處按滑鼠右鍵，並往下方向滑去，選用 呈現為下視。<br><br>*註：包覆選取刻畫選項時，在所選面上產生一個草圖輪廓壓印的特徵。* | 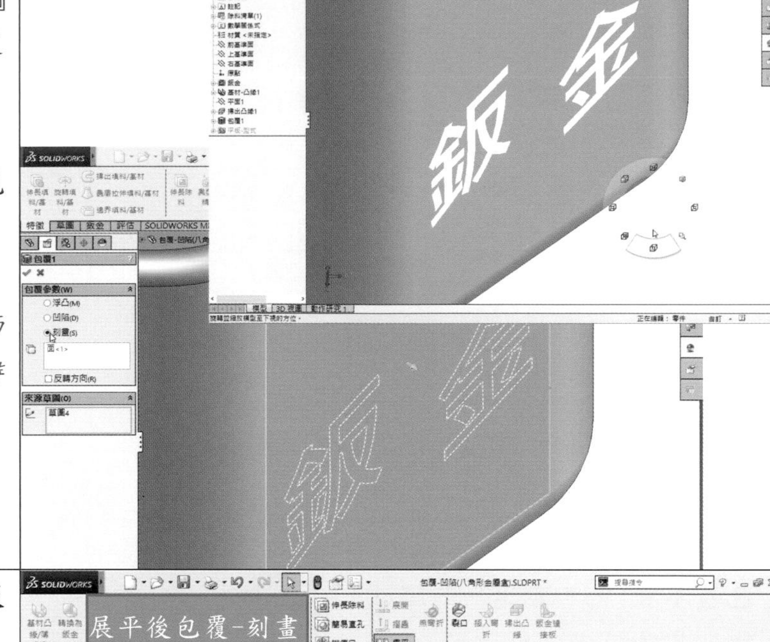 |
| 按 展平鈕，會展開產生平板型式特徵的鈑金件。<br>若按圖面之右上角 確認角落鈕，結束展平。<br>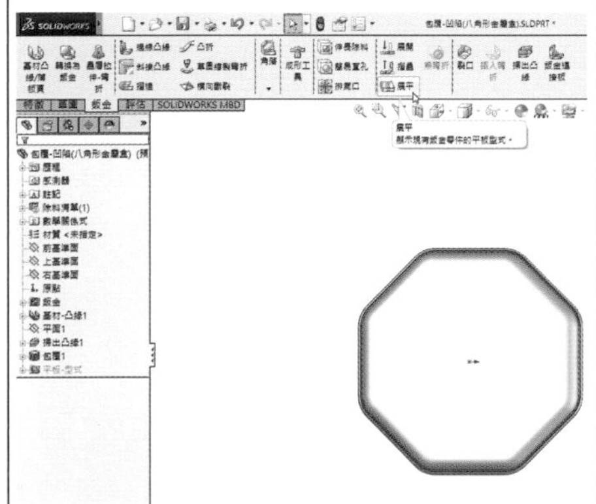 | 展平後包覆-刻畫的『鈑金』字體無法呈現。 |
| 在圖面空白處按滑鼠右鍵，並往右上方向滑去，選用 呈現為不等角視。<br>按標準工作列 另存新檔鈕，輸入檔案名稱(N): 包覆-刻畫(八角形金屬盒)，按 存檔(S) 鍵。<br>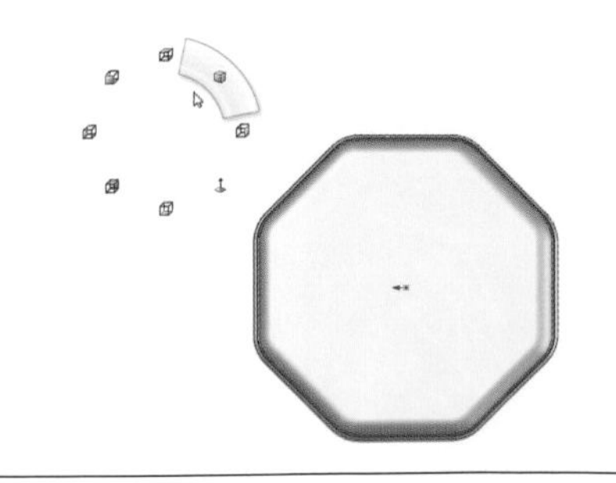 | 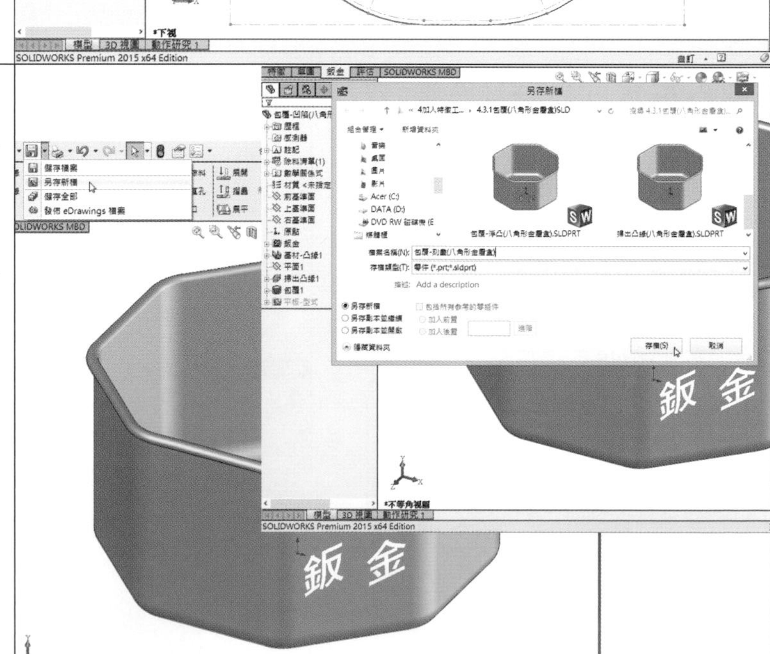 |

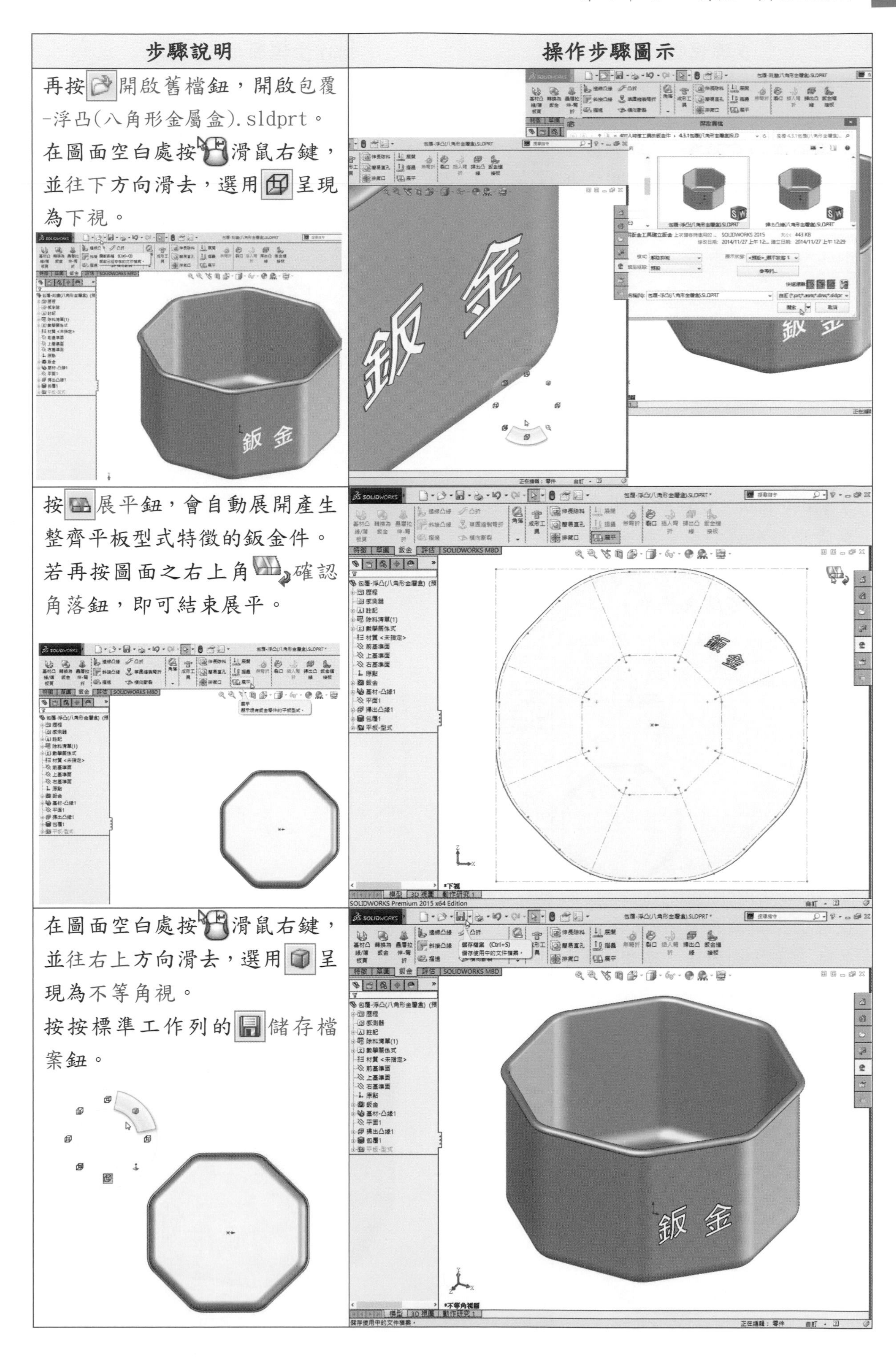

| 步驟說明 | 操作步驟圖示 |
| --- | --- |
| 再按開啟舊檔鈕，開啟包覆-浮凸(八角形金屬盒).sldprt。<br>在圖面空白處按滑鼠右鍵，並往下方向滑去，選用呈現為下視。 | |
| 按展平鈕，會自動展開產生整齊平板型式特徵的鈑金件。<br>若再按圖面之右上角確認角落鈕，即可結束展平。 | |
| 在圖面空白處按滑鼠右鍵，並往右上方向滑去，選用呈現為不等角視。<br>按按標準工作列的儲存檔案鈕。 | |

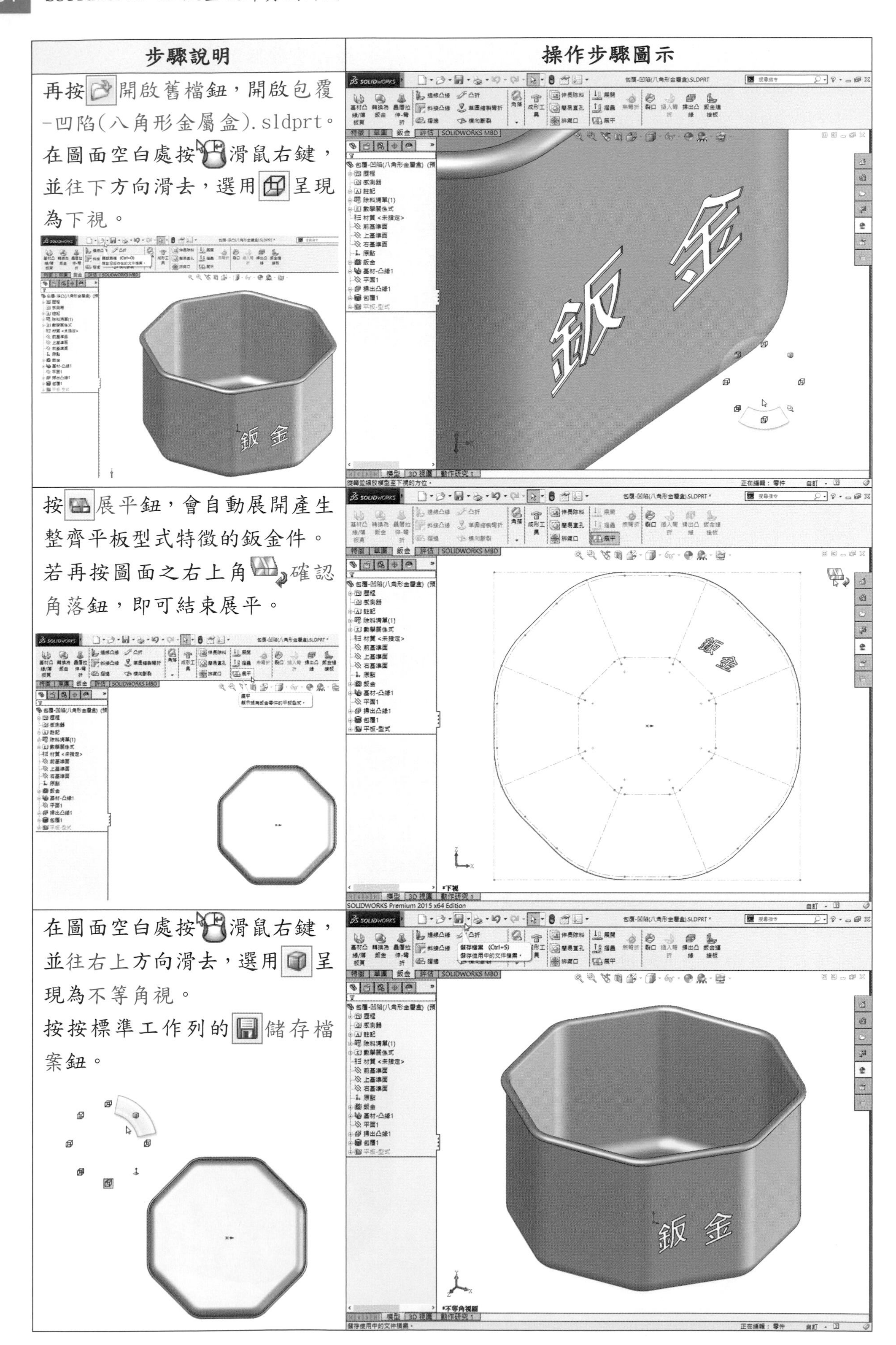

| 步驟說明 | 操作步驟圖示 |
|---|---|
| 再按開啟舊檔鈕，開啟包覆-凹陷(八角形金屬盒).sldprt。在圖面空白處按滑鼠右鍵，並往下方向滑去，選用呈現為下視。 | |
| 按展平鈕，會自動展開產生整齊平板型式特徵的鈑金件。若再按圖面之右上角確認角落鈕，即可結束展平。 | |
| 在圖面空白處按滑鼠右鍵，並往右上方向滑去，選用呈現為不等角視。<br>按按標準工作列的儲存檔案鈕。 | |

## 4.3.2 包覆指令用於釘書機底座鈑金件

**學習目標：**能使用包覆指令在鈑金件上畫刻度寫文字，產生內凹特徵。

**繪圖步驟：**開啟舊檔→畫刻度→作包覆(凹陷)→ 插入文字→作包覆(凹陷)→按展平。

使用指令：

- 草圖指令：中心線、直線草圖複製排列、偏移圖元、修剪圖元、文字。
- 特徵指令：伸長填料/基材、包覆、鏡射。
- 鈑金指令：展平。

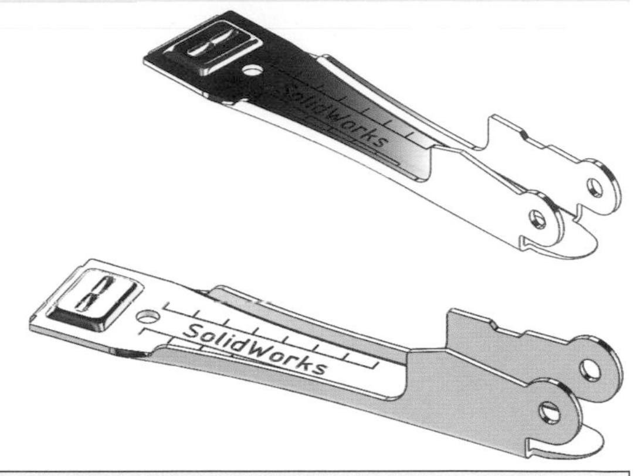


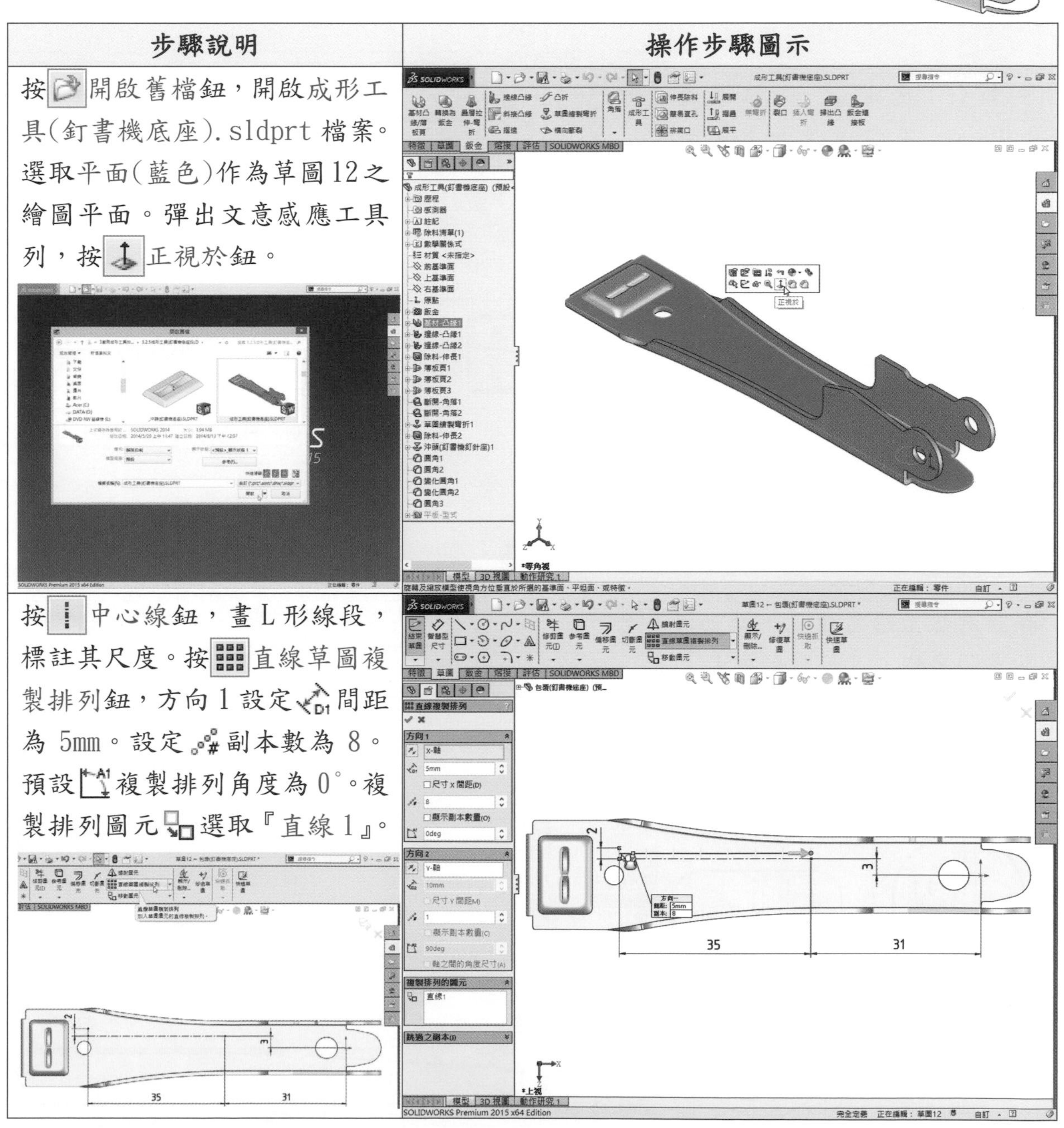

| 步驟說明 | 操作步驟圖示 |
|---|---|
| 按開啟舊檔鈕，開啟成形工具(釘書機底座).sldprt 檔案。選取平面(藍色)作為草圖12之繪圖平面。彈出文意感應工具列，按正視於鈕。 | |
| 按中心線鈕，畫 L 形線段，標註其尺度。按直線草圖複製排列鈕，方向 1 設定間距為 5mm。設定副本數為 8。預設複製排列角度為 0°。複製排列圖元選取『直線 1』。 | |

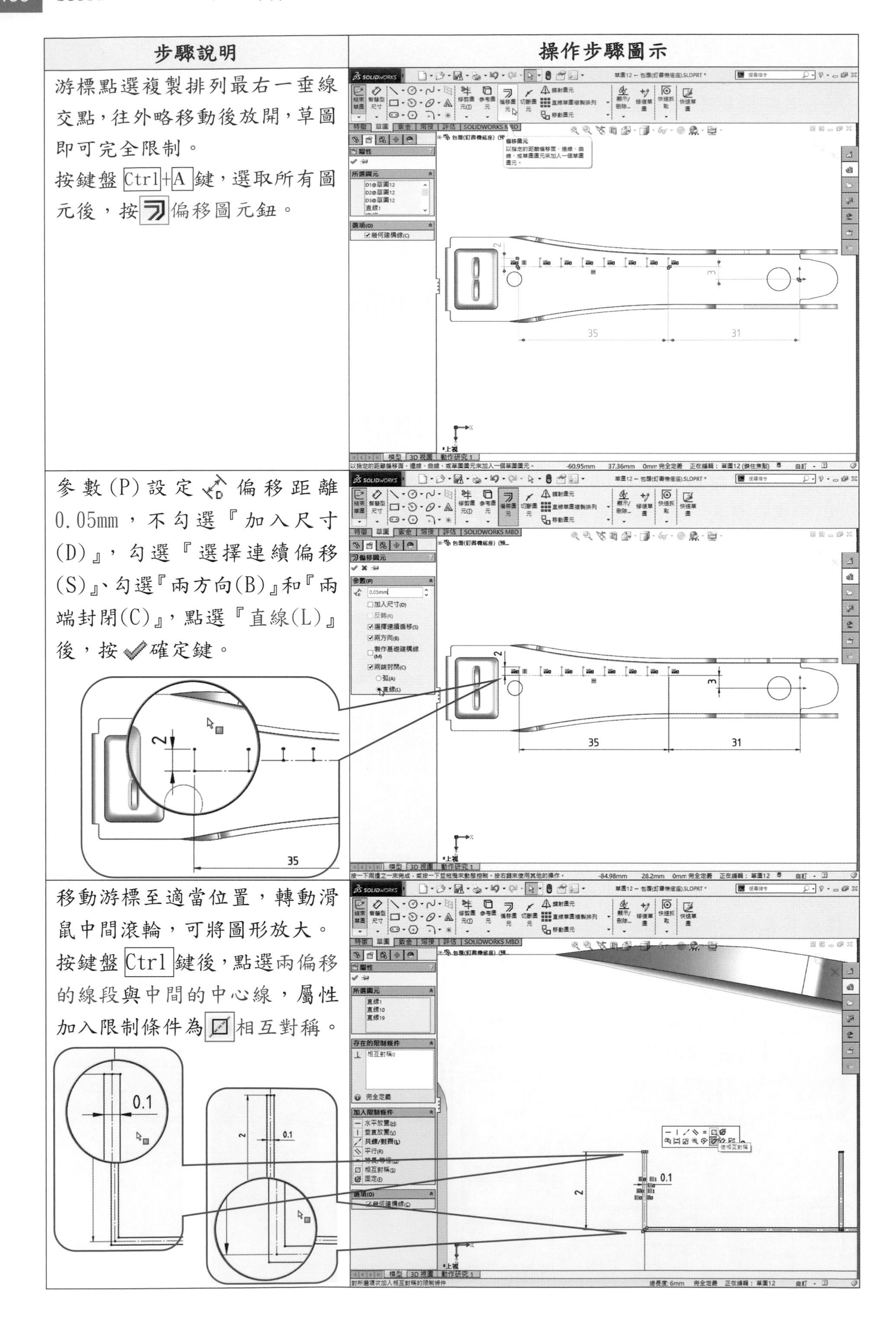

| 步驟說明 | 操作步驟圖示 |
| --- | --- |
| 游標點選複製排列最右一垂線交點，往外略移動後放開，草圖即可完全限制。<br>按鍵盤Ctrl+A鍵，選取所有圖元後，按偏移圖元鈕。 | |
| 參數(P)設定偏移距離0.05mm，不勾選『加入尺寸(D)』，勾選『選擇連續偏移(S)』、勾選『兩方向(B)』和『兩端封閉(C)』，點選『直線(L)』後，按確定鍵。 | |
| 移動游標至適當位置，轉動滑鼠中間滾輪，可將圖形放大。<br>按鍵盤Ctrl鍵後，點選兩偏移的線段與中間的中心線，屬性加入限制條件為相互對稱。 | |

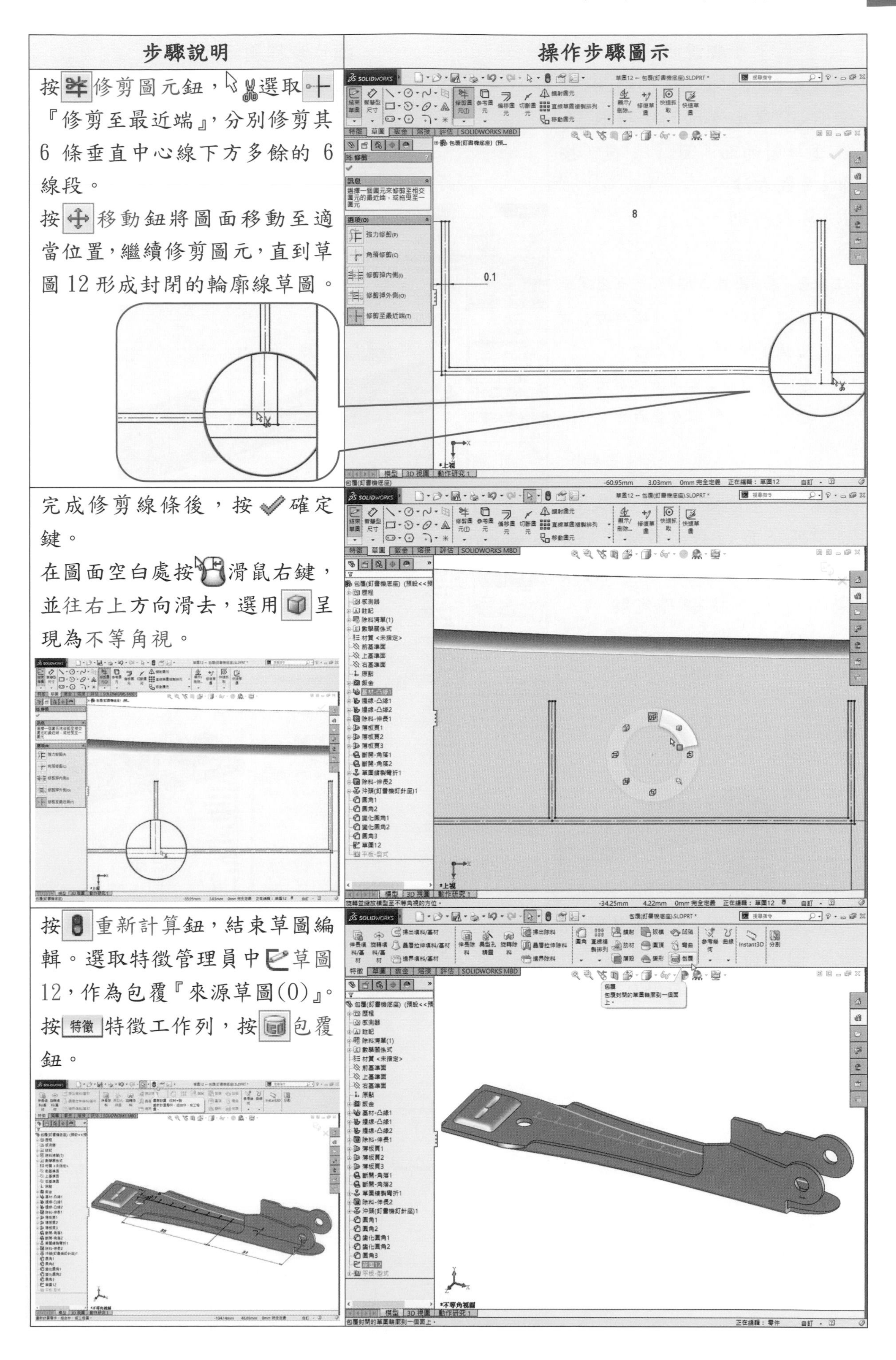

| 步驟說明 | 操作步驟圖示 |
| --- | --- |
| 按修剪圖元鈕，選取『修剪至最近端』，分別修剪其 6 條垂直中心線下方多餘的 6 線段。<br>按移動鈕將圖面移動至適當位置，繼續修剪圖元，直到草圖 12 形成封閉的輪廓線草圖。 | |
| 完成修剪線條後，按確定鍵。<br>在圖面空白處按滑鼠右鍵，並往右上方向滑去，選用呈現為不等角視。 | |
| 按重新計算鈕，結束草圖編輯。選取特徵管理員中草圖 12，作為包覆『來源草圖(0)』。按特徵特徵工作列，按包覆鈕。 | |

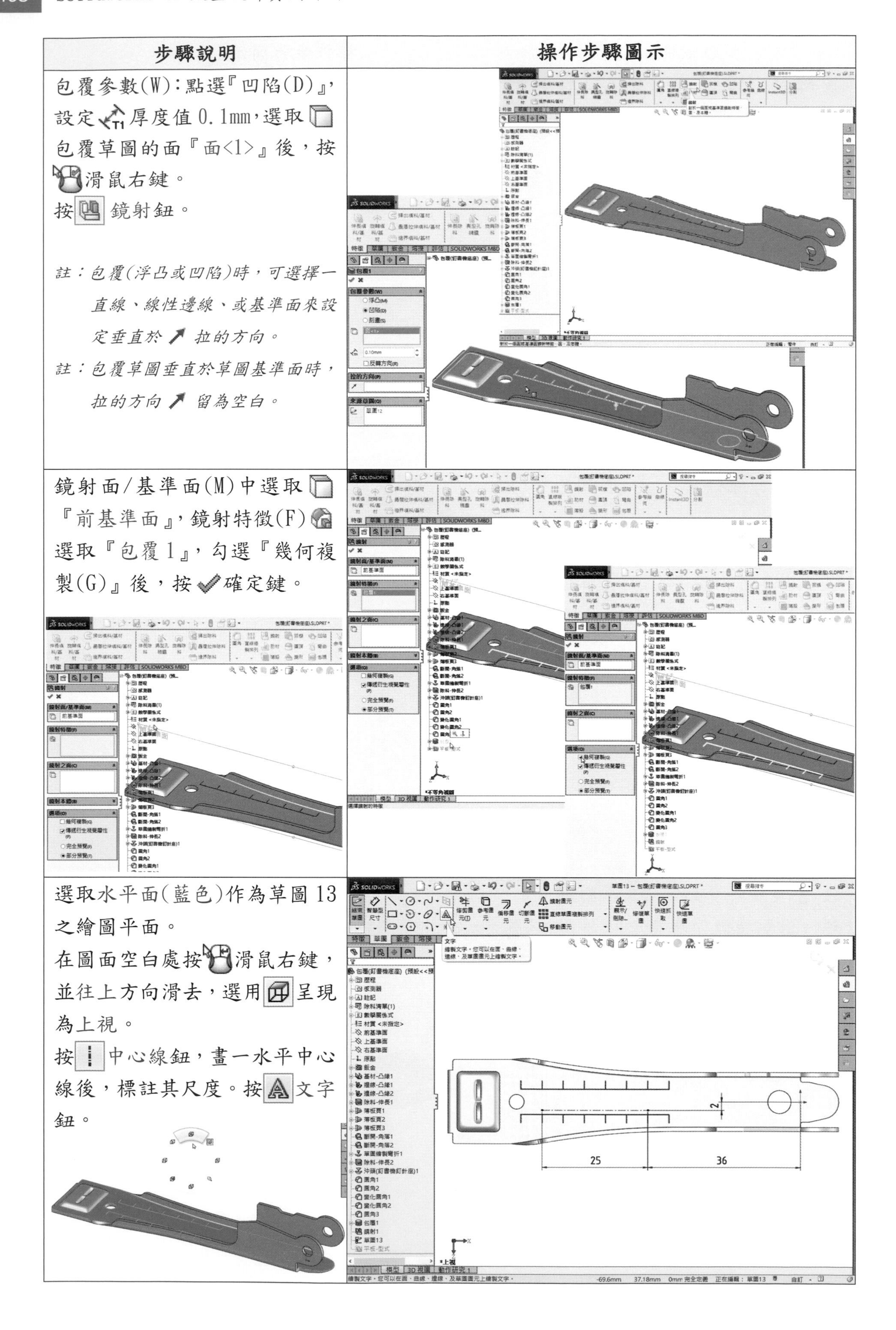

| 步驟說明 | 操作步驟圖示 |
| --- | --- |
| 包覆參數(W)：點選『凹陷(D)』，設定 T1 厚度值0.1mm，選取 包覆草圖的面『面<1>』後，按 滑鼠右鍵。<br>按 鏡射鈕。<br>*註：包覆(浮凸或凹陷)時，可選擇一直線、線性邊線、或基準面來設定垂直於 拉的方向。*<br>*註：包覆草圖垂直於草圖基準面時，拉的方向 留為空白。* | |
| 鏡射面/基準面(M)中選取 『前基準面』，鏡射特徵(F) 選取『包覆1』，勾選『幾何複製(G)』後，按 確定鍵。 | |
| 選取水平面(藍色)作為草圖13之繪圖平面。<br>在圖面空白處按 滑鼠右鍵，並往上方向滑去，選用 呈現為上視。<br>按 中心線鈕，畫一水平中心線後，標註其尺度。按 文字鈕。 | |

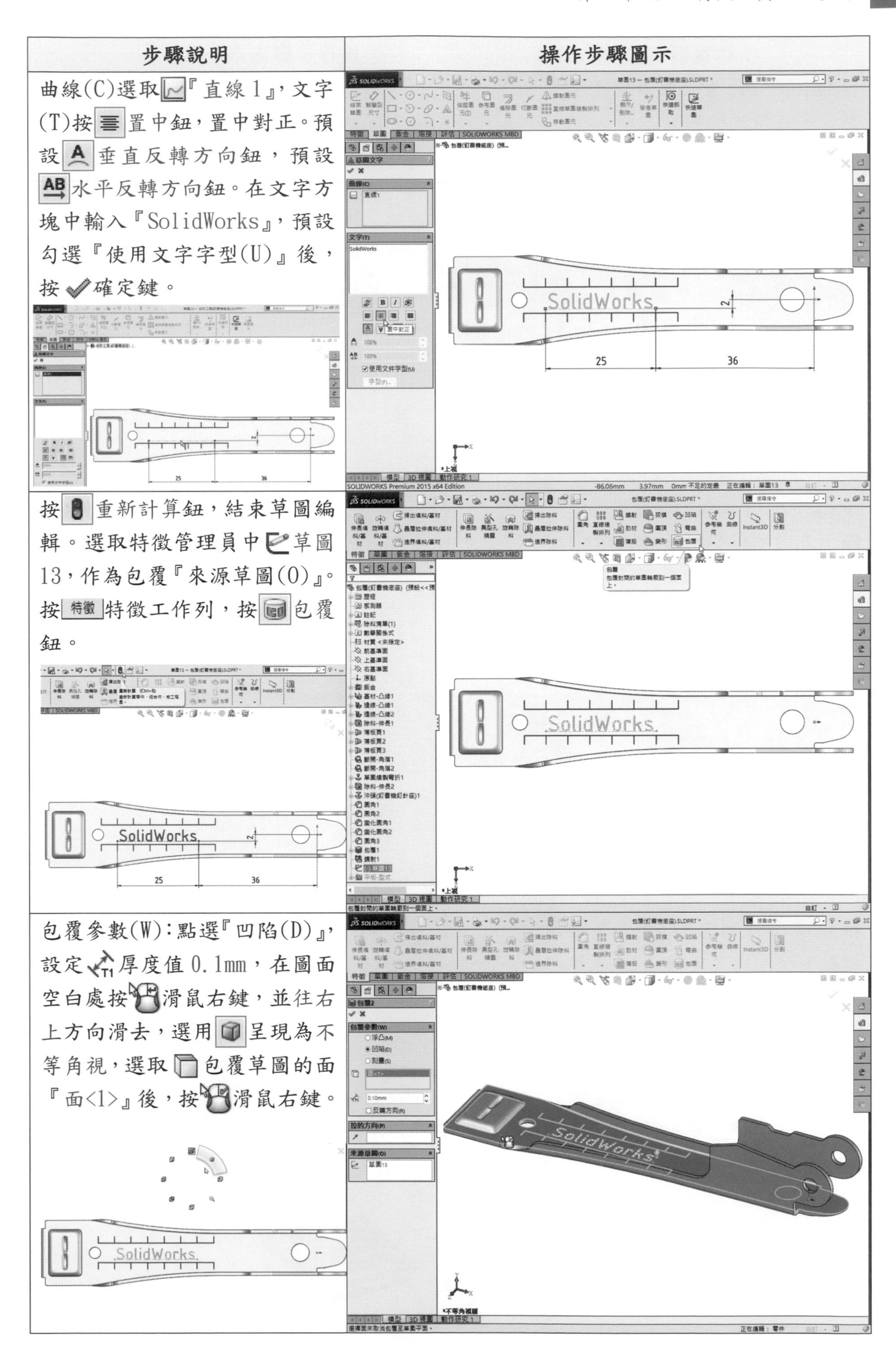

| 步驟說明 | 操作步驟圖示 |
| --- | --- |
| 曲線(C)選取『直線 1』，文字(T)按置中鈕，置中對正。預設垂直反轉方向鈕，預設水平反轉方向鈕。在文字方塊中輸入『SolidWorks』，預設勾選『使用文字字型(U)』後，按確定鍵。 | |
| 按重新計算鈕，結束草圖編輯。選取特徵管理員中草圖 13，作為包覆『來源草圖(O)』。按特徵特徵工作列，按包覆鈕。 | |
| 包覆參數(W)：點選『凹陷(D)』，設定厚度值 0.1mm，在圖面空白處按滑鼠右鍵，並往右上方向滑去，選用呈現為不等角視，選取包覆草圖的面『面<1>』後，按滑鼠右鍵。 | |

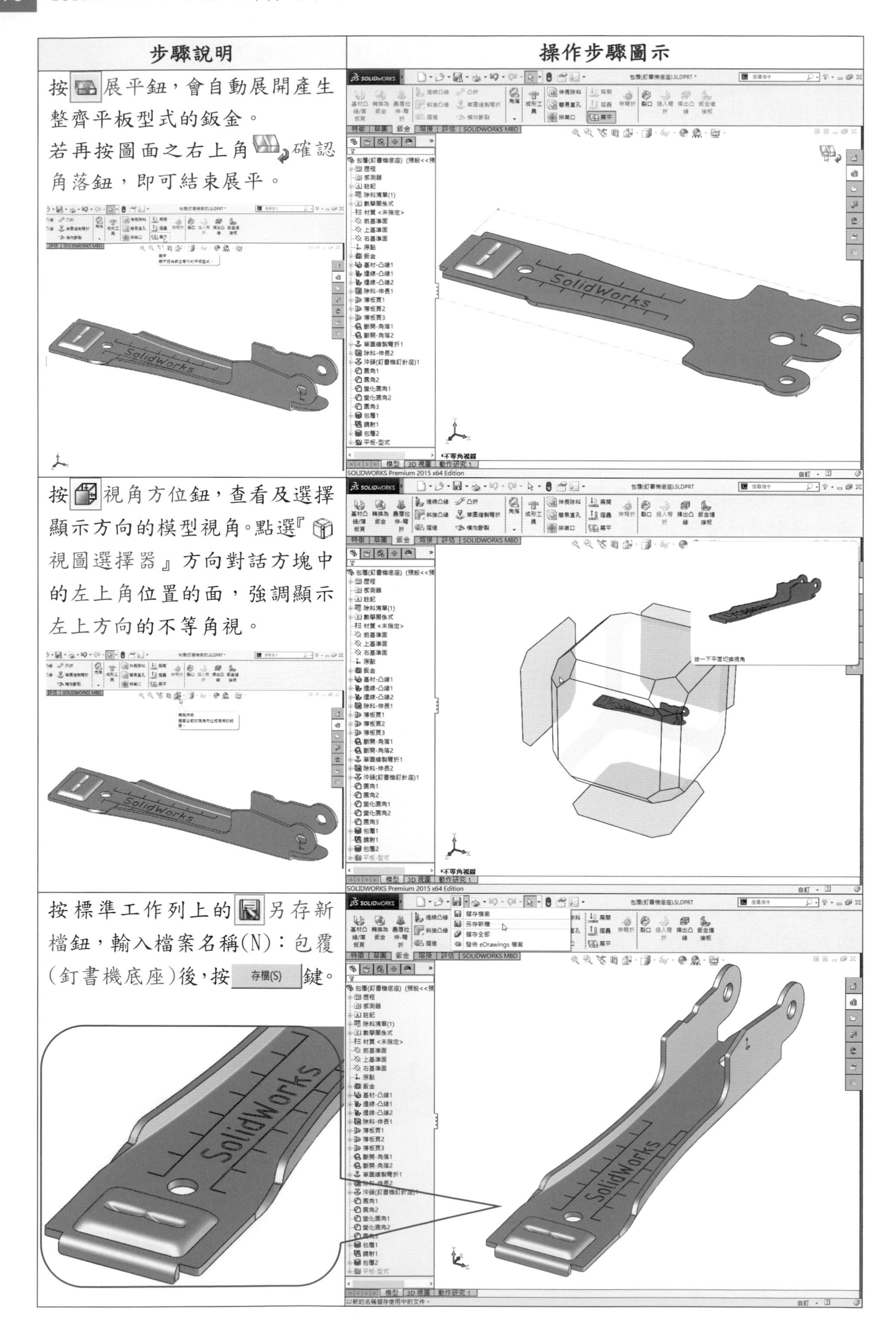

| 步驟說明 | 操作步驟圖示 |
| --- | --- |
| 按展平鈕，會自動展開產生整齊平板型式的鈑金。<br>若再按圖面之右上角確認角落鈕，即可結束展平。 | |
| 按視角方位鈕，查看及選擇顯示方向的模型視角。點選『視圖選擇器』方向對話方塊中的左上角位置的面，強調顯示左上方向的不等角視。 | |
| 按標準工作列上的另存新檔鈕，輸入檔案名稱(N)：包覆(釘書機底座)後，按 存檔(S) 鍵。 | |

## 4.4.1 變形(一個點)指令用於管鉗調整框鈑金件

學習目標：能選擇空間中的一個點及其拉起方向的向量在鈑金件上作變形。

繪圖步驟：長基材凸緣→產生鈑金→除料伸長→拉起點的變形→按展平。

使用指令：

- 草圖指令：中心線、直線、鏡射圖元、草圖圓角、圓、角落矩形。
- 特徵指令：伸長除料、變形。
- 鈑金指令：基材凸緣/薄板頁、草圖繪製彎折、展平。

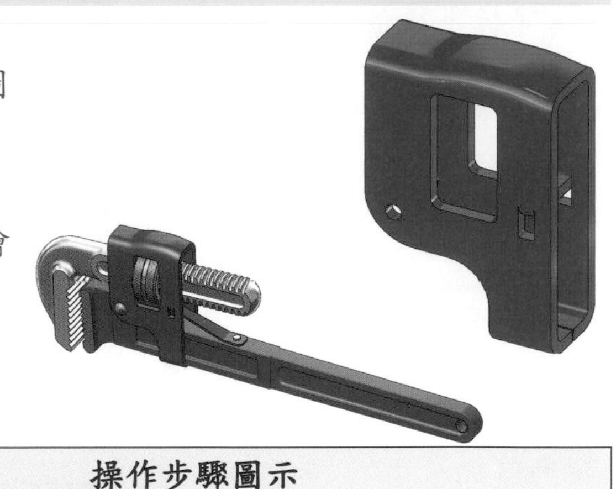

| 步驟說明 | 操作步驟圖示 |
|---|---|
| 選取右基準面作為草圖 1 之繪圖平面。按角落矩形鈕，畫矩形框後，並標註其尺度。<br>按鍵盤 Ctrl 鍵，點選原點與水平線後放開，彈出文意感應工具列，按置於線段中點鈕，加入限制條件。<br>按切斷圖元鈕，將矩形底部水平線分割成兩個草圖圖元。<br>點選中間切斷的圖元後放開，彈出文意感應工具列，按幾何建構線鈕，將切斷的圖元切換為中心線。 | |
| 按鍵盤 Ctrl 鍵，點選左右兩水平線後放開，彈出文意感應工具列，按等長等徑鈕，加入限制條件。<br>按智慧型尺寸鈕，標註其尺度。<br>按 鈑金 鈑金工具列，按基材凸緣/薄板頁鈕。 | 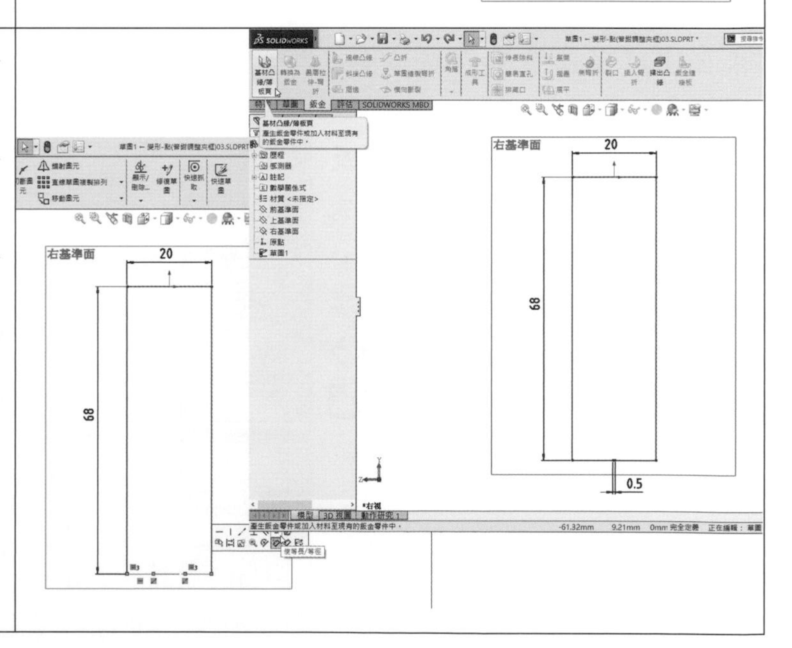 |

| 步驟說明 | 操作步驟圖示 |
|---|---|
| 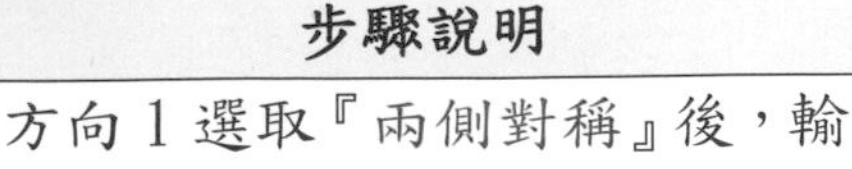 方向1選取『兩側對稱』後，輸入距離值 45mm。鈑金參數(M)中設定厚度值3mm，設定彎折半徑值 2mm 彎折裕度(A)預設『K-Factor』值為0.5，自動離隙(T)預設『撕裂』，勾選『反轉方向』，往內長料後，按確定鍵。<br>選取前基準面作為草圖 2 之繪圖平面。<br>在圖面空白處按滑鼠右鍵，並往左上方向滑去，選用呈現為前視。 | 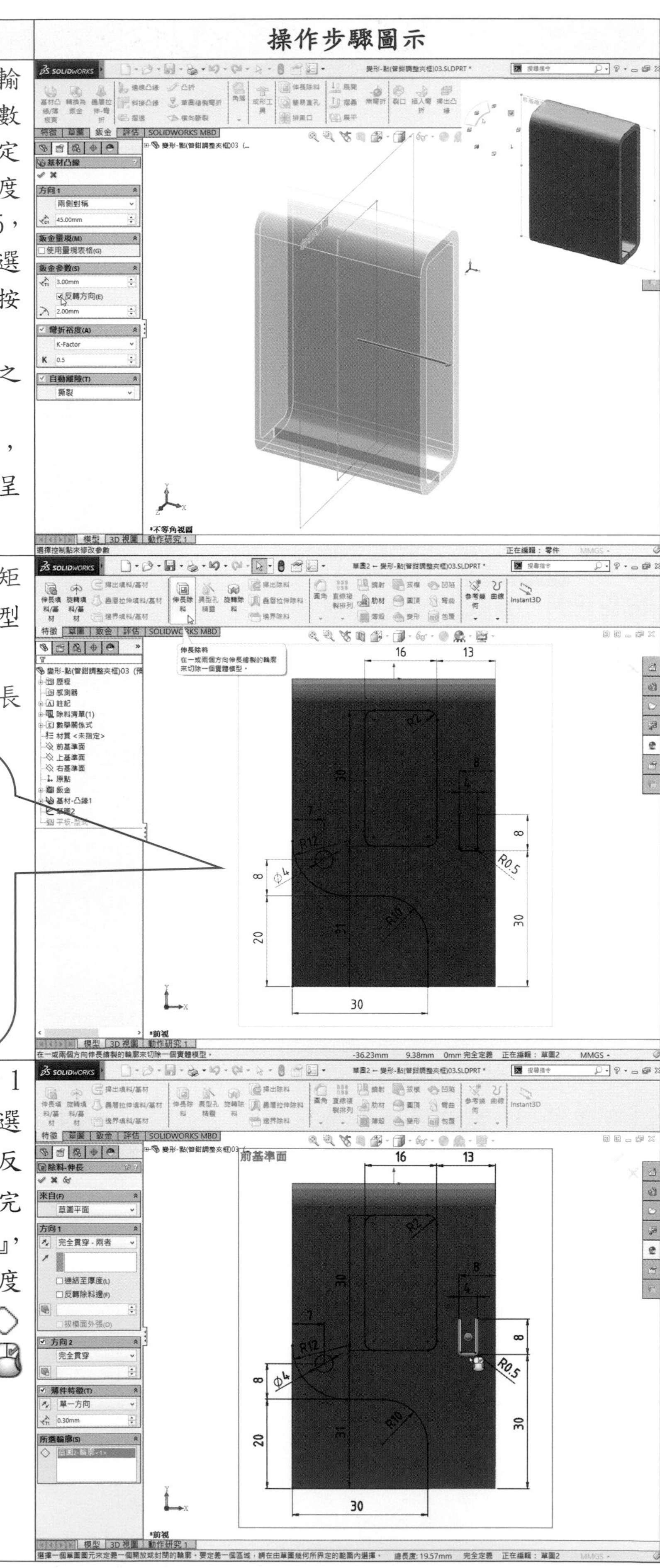 |
| 按直線、圓、角落矩形、草圖圓角鈕，畫出U型輪廓線，標註其尺度。<br>按特徵特徵工作列，按伸長除料鈕。<br>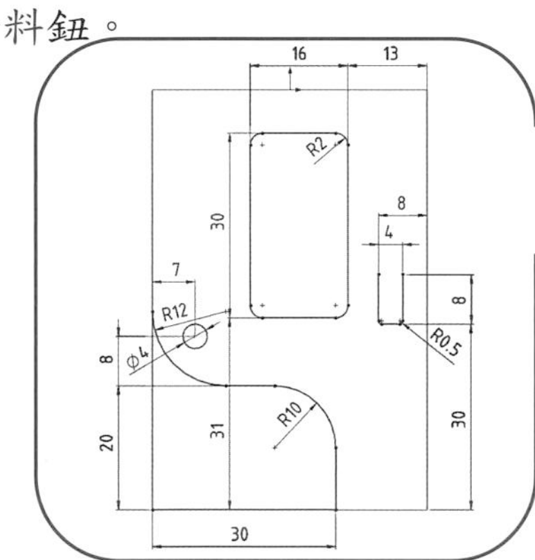 | |
| 來自(F)『草圖平面』，於方向1選取『完全貫穿-兩者』，不勾選『連結至厚度(L)』，不勾選『反轉除料邊(F)』。方向2預設『完全貫穿』。勾選『薄件特徵(T)』，選取『單一方向』，輸入厚度0.3mm。所選輪廓(S)點選『草圖 2-輪廓<1>』後，按滑鼠右鍵。 | |

| 步驟說明 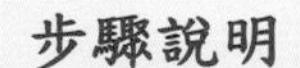 | 操作步驟圖示 |
| --- | --- |
| 按特徵管理員中除料-伸長1前方⊞的位置，選取草圖2為共用草圖後，按伸長除料鈕，來自(F)『草圖平面』，於方向1選取『完全貫穿-兩者』，不勾選『反轉除料邊(F)』，勾選『垂直除料(N)』。方向 2 預設『完全貫穿』。所選輪廓(S)點選『草圖 2-輪廓<1>、草圖 2-輪廓<2>』後，按滑鼠右鍵。 | 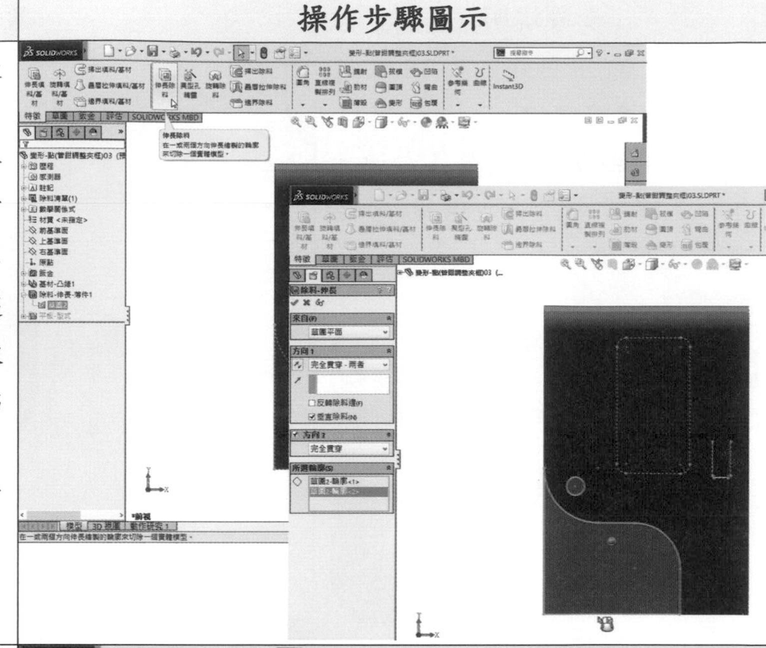 |
| 選取前方正垂面作為草圖 3 之繪圖平面。按直線鈕，U 型邊線端畫出一水平線。<br>在圖面空白處按滑鼠右鍵，並往右上方向滑去，選用呈現為不等角視。<br>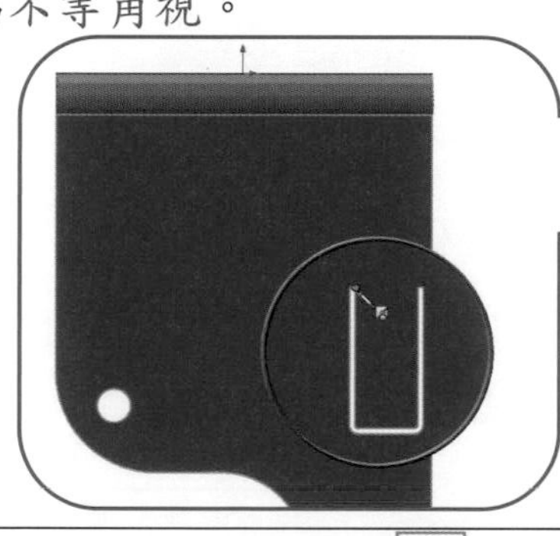 | 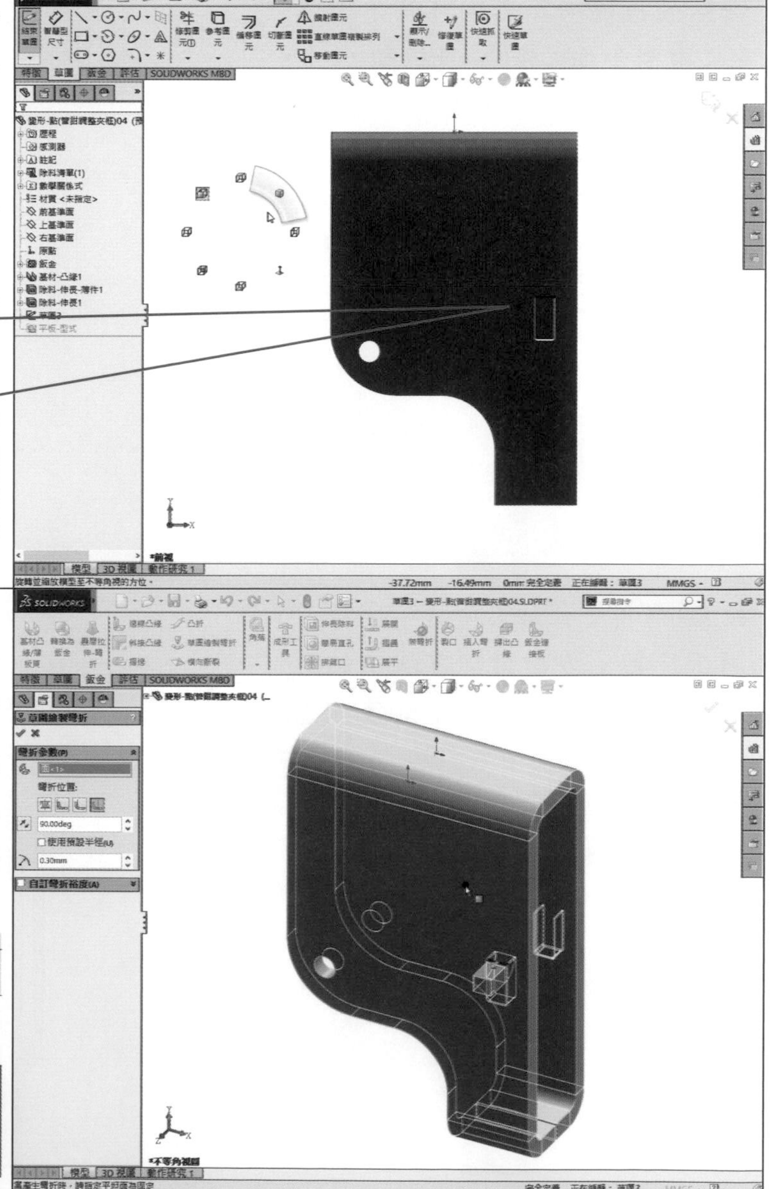 |
| 按鈑金鈑金工具列，按草圖繪製彎折鈕。彎折參數(P)中彎折位置：按向外彎折鈕。彎折角度 90°，不勾選『使用預設半徑(U)』，輸入彎折半徑 0.3mm，不勾選『自訂彎折裕<br>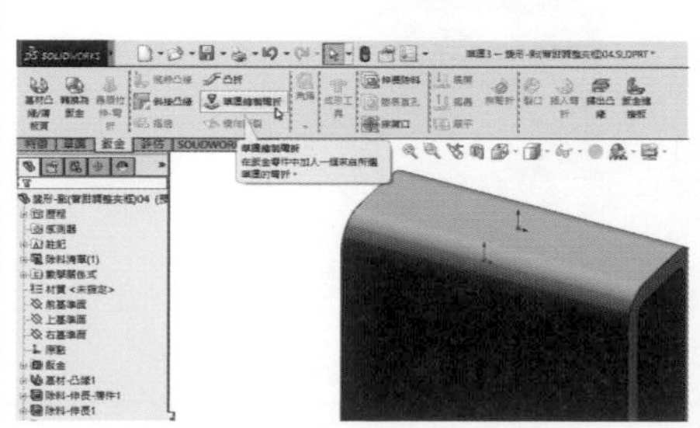 | |

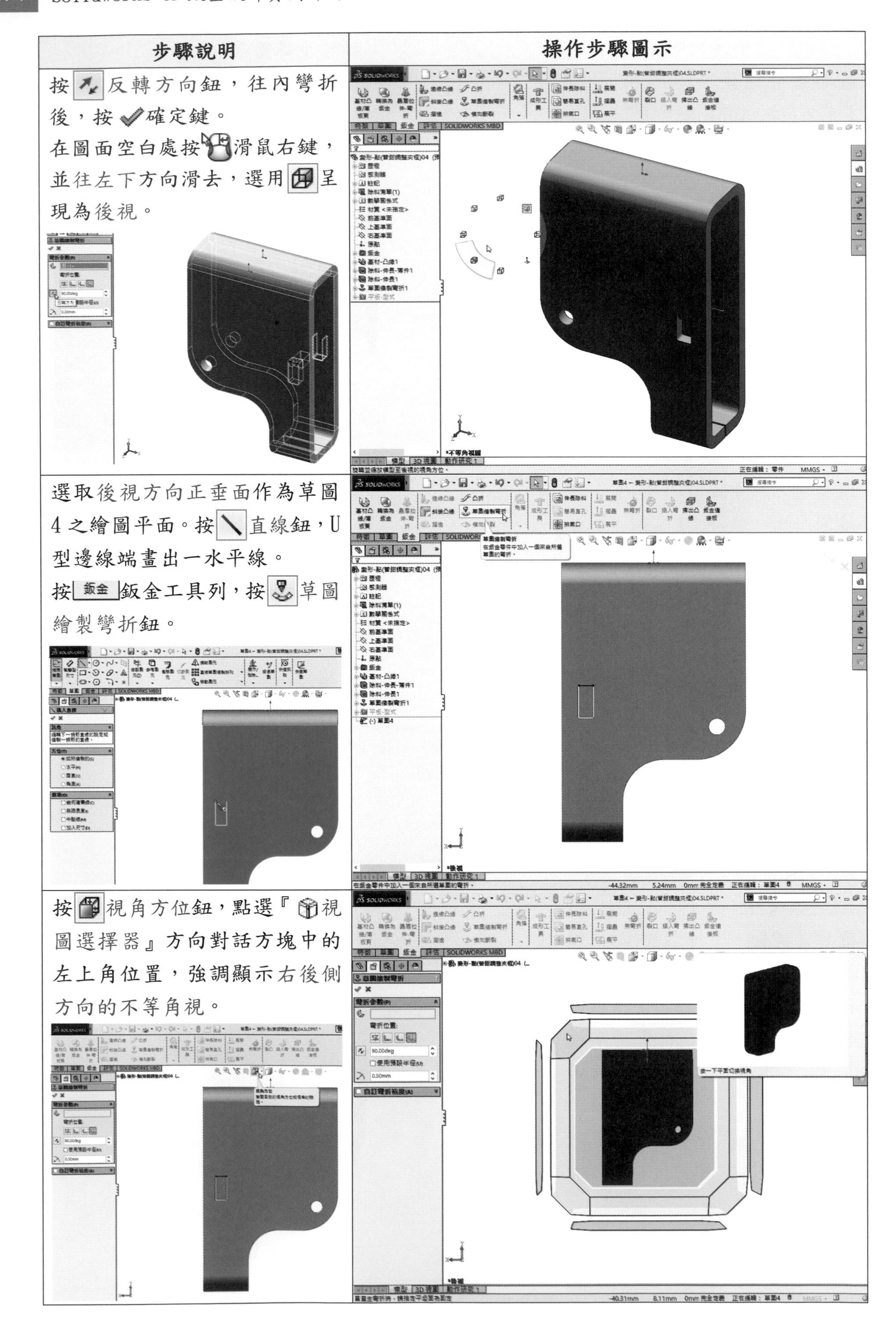

| 步驟說明 | 操作步驟圖示 |
| --- | --- |
| 按反轉方向鈕，往內彎折後，按確定鍵。在圖面空白處按滑鼠右鍵，並往左下方向滑去，選用呈現為後視。 | |
| 選取後視方向正垂面作為草圖4之繪圖平面。按直線鈕，U型邊線端畫出一水平線。按鈑金鈑金工具列，按草圖繪製彎折鈕。 | |
| 按視角方位鈕，點選『視圖選擇器』方向對話方塊中的左上角位置，強調顯示右後側方向的不等角視。 | |

| 步驟說明 | 操作步驟圖示 |
| --- | --- |
| 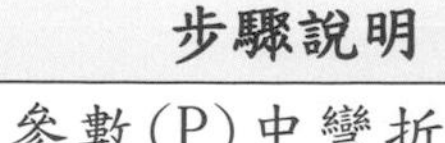 彎折參數(P)中彎折位置：按向外彎折鈕，彎折角度 90°，不勾選『使用預設半徑(U)』，設定彎折半徑 0.3mm，預設不勾選『自訂彎折裕度』，點選固定面『面<1>』，按反轉方向鈕，往內彎折後，按確定鍵 | 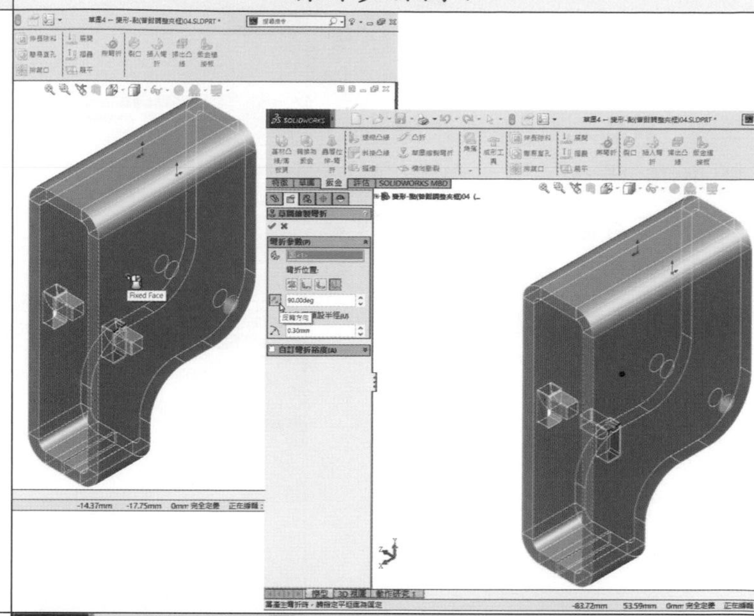 |
| 選取頂面作為草圖 4 之繪圖平面。按 * 點鈕，插入一定位點，並標註其尺度。<br>按鍵盤 Ctrl 鍵後，點選線段終點與線段，屬性加入限制條件為水平放置。<br> | 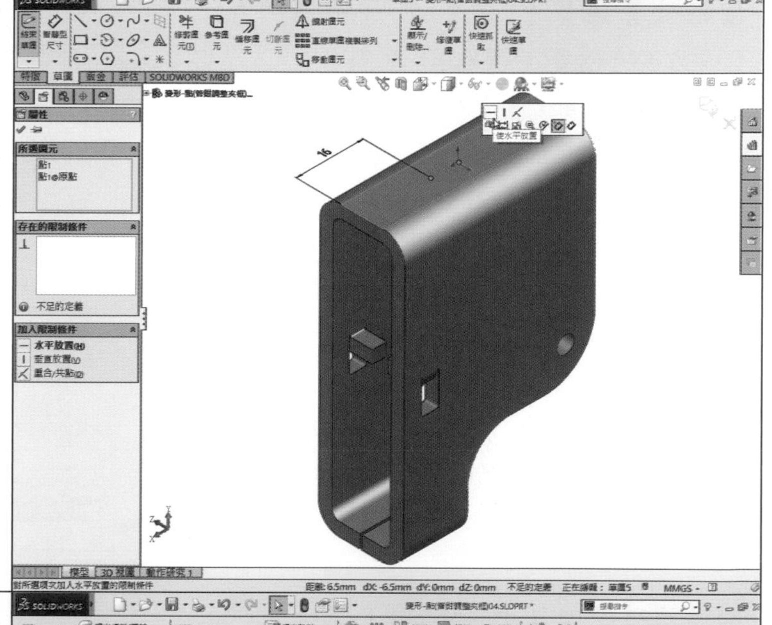 |
| 按圖面之右上角確認角落鈕或按重新計算鈕，結束草圖編輯。<br>按 特徵 特徵工作列，按變形鈕。<br>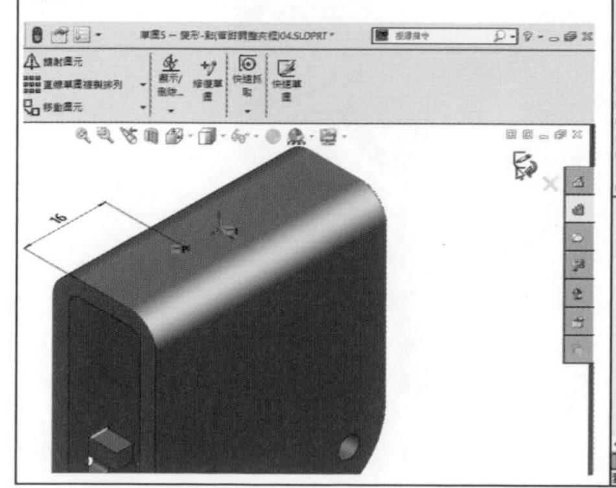 |  |

| 步驟說明 | 操作步驟圖示 |
| --- | --- |
| 變形類型(D)點選『點(P)』。變形點(P)選取變形點『點 1@草圖 5』。輸入變形距離 2mm，變形區域(R) 變形半徑 18mm，不勾選『變形，區域(D)』。形狀選項(O)按勁度－中鈕後，按確定鍵。 | 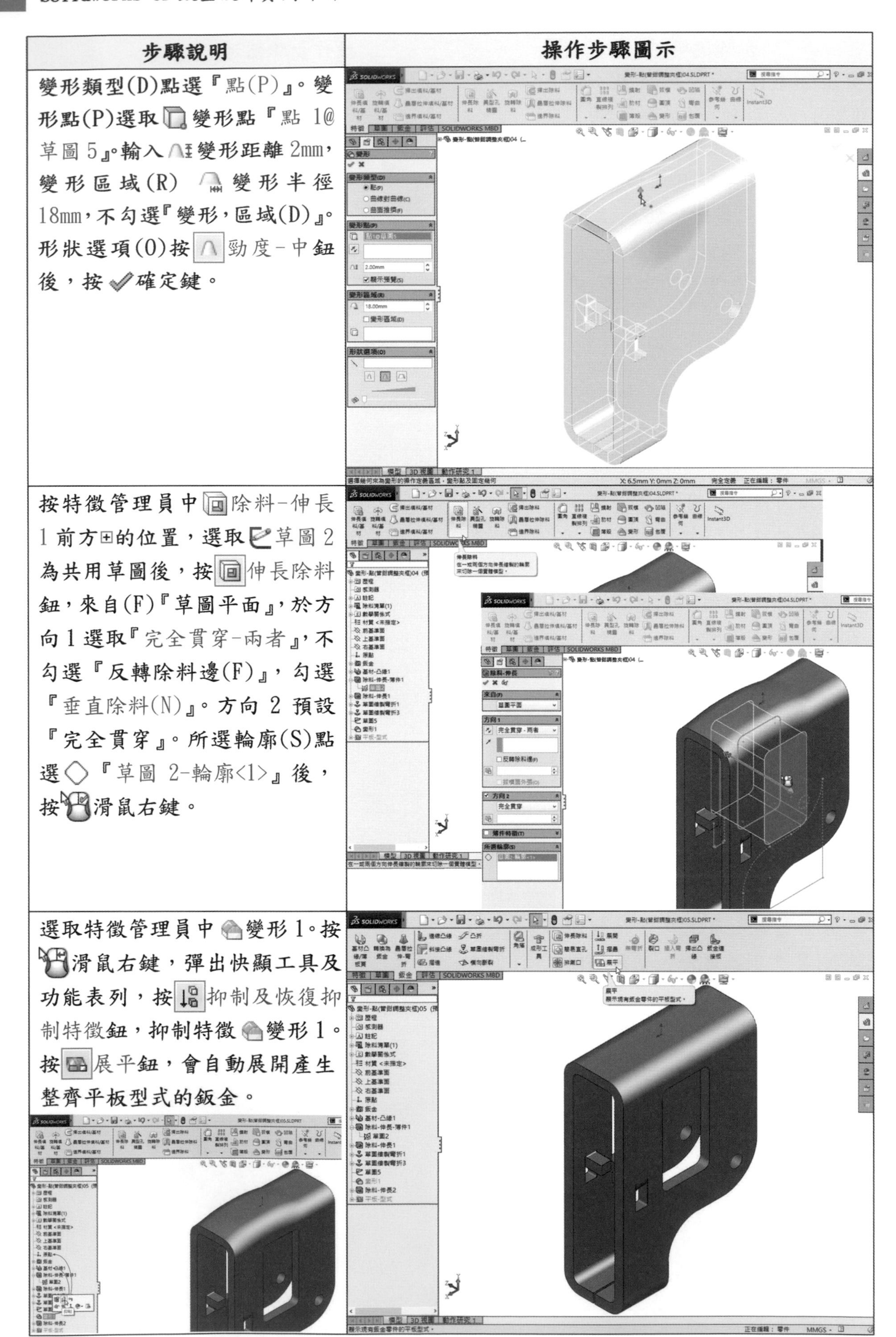 |
| 按特徵管理員中除料-伸長 1 前方⊞的位置，選取草圖 2 為共用草圖後，按伸長除料鈕，來自(F)『草圖平面』，於方向 1 選取『完全貫穿-兩者』，不勾選『反轉除料邊(F)』，勾選『垂直除料(N)』。方向 2 預設『完全貫穿』。所選輪廓(S)點選『草圖 2-輪廓<1>』後，按滑鼠右鍵。 | |
| 選取特徵管理員中變形 1。按滑鼠右鍵，彈出快顯工具及功能表列，按抑制及恢復抑制特徵鈕，抑制特徵變形 1。按展平鈕，會自動展開產生整齊平板型式的鈑金。 | |

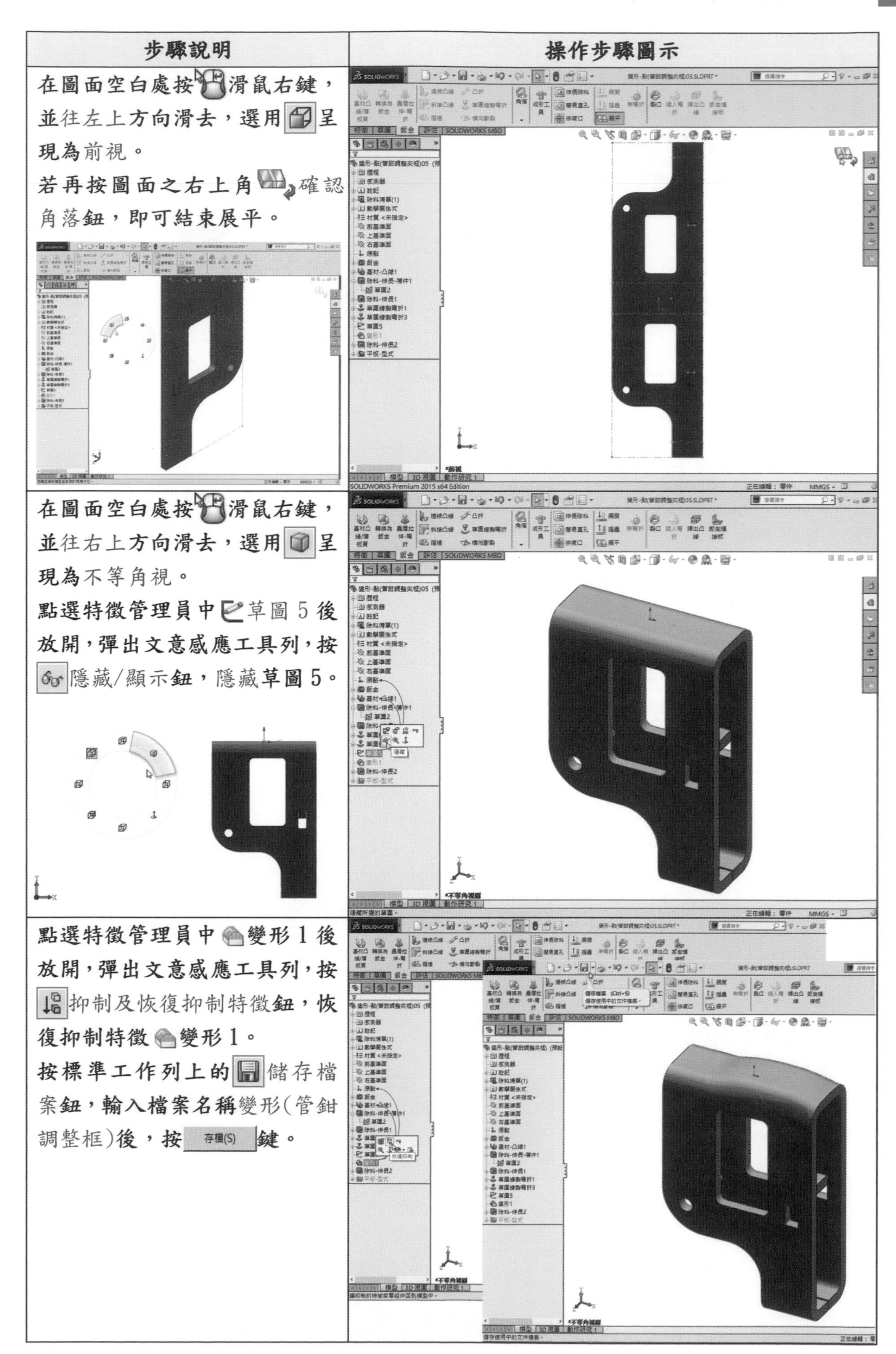

| 步驟說明 | 操作步驟圖示 |
| --- | --- |
| 在圖面空白處按滑鼠右鍵，並往左上方向滑去，選用呈現為前視。<br>若再按圖面之右上角確認角落鈕，即可結束展平。 | |
| 在圖面空白處按滑鼠右鍵，並往右上方向滑去，選用呈現為不等角視。<br>點選特徵管理員中草圖 5 後放開，彈出文意感應工具列，按隱藏/顯示鈕，隱藏草圖 5。 | |
| 點選特徵管理員中變形 1 後放開，彈出文意感應工具列，按抑制及恢復抑制特徵鈕，恢復抑制特徵變形 1。<br>按標準工作列上的儲存檔案鈕，輸入檔案名稱變形(管鉗調整框)後，按 存檔(S) 鍵。 | |

## 4.4.2 變形(曲線對曲線)指令用於不銹鋼叉子鈑金件

**學習目標：** 能使用曲線對曲線變形指令，將直線狀態鈑金件變為曲線狀態鈑金件。

**繪圖步驟：** 長基材凸緣→產生鈑金→除料直線複製排列→作圓角→變形曲線對曲線→作抑制特徵→作恢復抑制特徵。

使用指令：

- 草圖指令：中心線、直線、鏡射圖元。
- 特徵指令：伸長除料、直線複製排列、圓角、變形。
- 鈑金指令：基材凸緣/薄板頁。

<table>
<tr><th>步驟說明</th><th>操作步驟圖示</th></tr>
<tr><td>首先選取上基準面作為草圖1之繪圖平面。<br>按中心線、直線、鏡射圖元鈕，畫出叉子之草圖外型輪廓線，標註其尺度。<br>按鍵盤Ctrl鍵後，點選R5.5弧線圓心與中心線，屬性加入限制條件為重合/共點。<br>按鈑金鈑金工具列，按基材凸緣/薄板頁鈕。</td><td>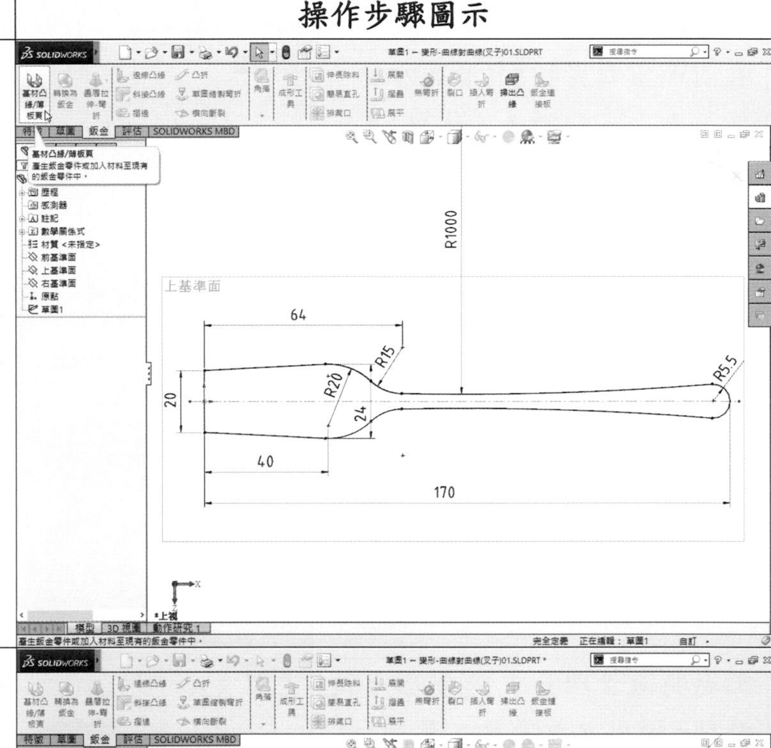
</td></tr>
<tr><td>鈑金參數(S)中，設定厚度值為1.5mm，不勾選『反轉方向(E)』，彎折裕度(A)預設『K-Factor』值為0.5，自動離隙(T)預設『撕裂』後，按確定鍵。</td><td>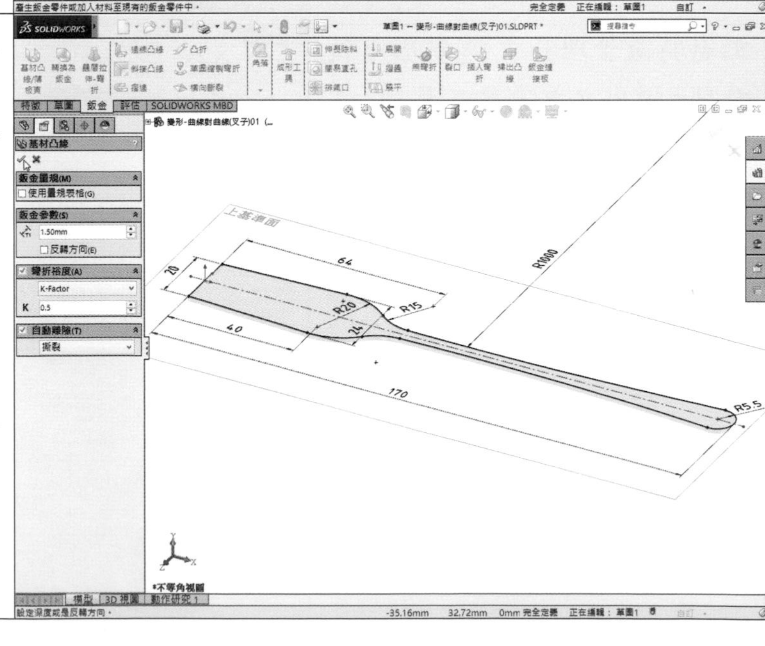
</td></tr>
</table>

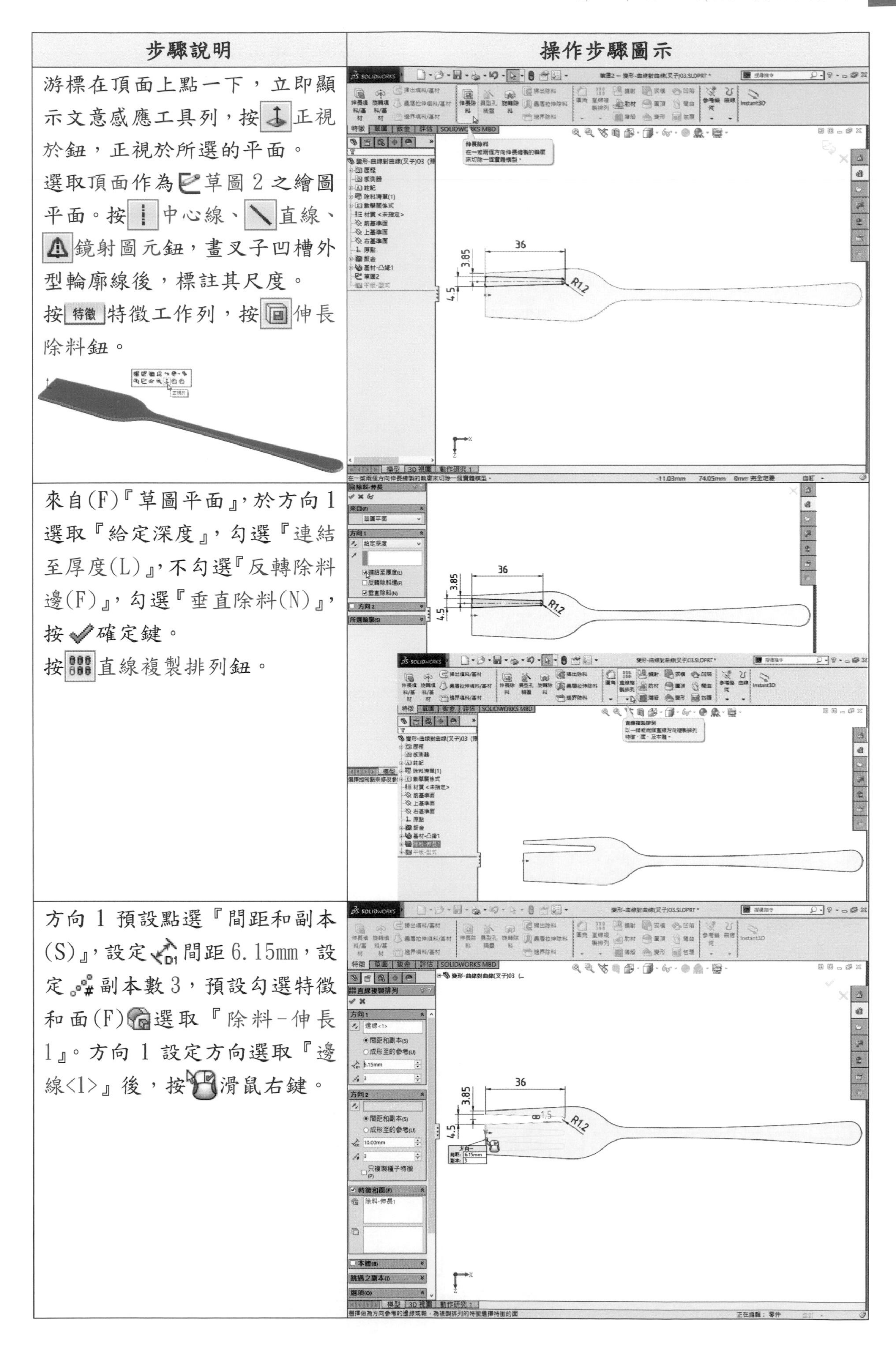

| 步驟說明 | 操作步驟圖示 |
| --- | --- |
| 游標在頂面上點一下，立即顯示文意感應工具列，按正視於鈕，正視於所選的平面。選取頂面作為草圖 2 之繪圖平面。按中心線、直線、鏡射圖元鈕，畫叉子凹槽外型輪廓線後，標註其尺度。按特徵特徵工作列，按伸長除料鈕。 | |
| 來自(F)『草圖平面』，於方向 1 選取『給定深度』，勾選『連結至厚度(L)』，不勾選『反轉除料邊(F)』，勾選『垂直除料(N)』，按確定鍵。按直線複製排列鈕。 | |
| 方向 1 預設點選『間距和副本(S)』，設定間距 6.15mm，設定副本數 3，預設勾選特徵和面(F)選取『除料-伸長1』。方向 1 設定方向選取『邊線<1>』後，按滑鼠右鍵。 | |

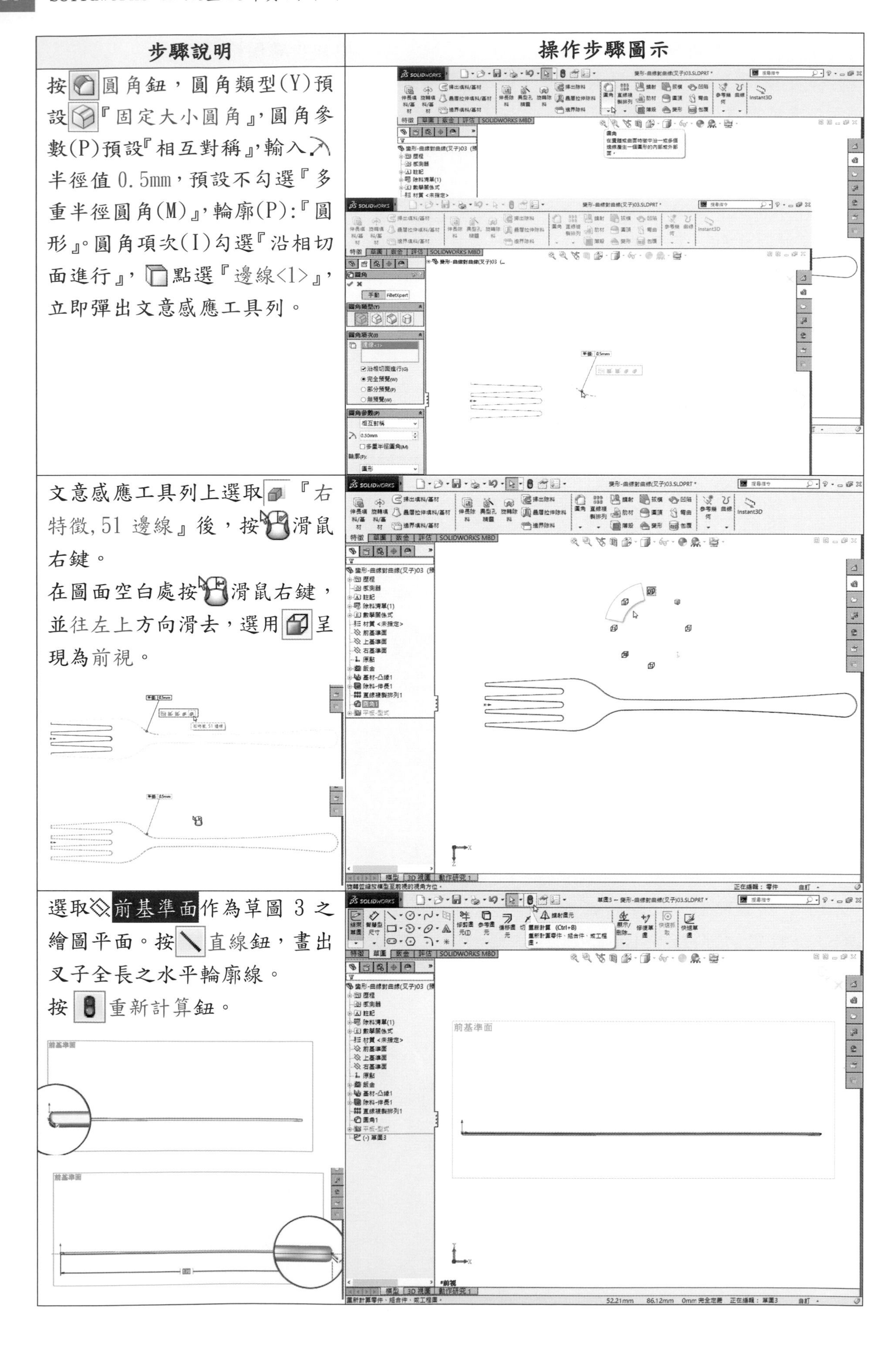

| 步驟說明 | 操作步驟圖示 |
|---|---|
| 按圓角鈕，圓角類型(Y)預設『固定大小圓角』，圓角參數(P)預設『相互對稱』，輸入半徑值 0.5mm，預設不勾選『多重半徑圓角(M)』，輪廓(P):『圓形』。圓角項次(I)勾選『沿相切面進行』，點選『邊線<1>』，立即彈出文意感應工具列。 | |
| 文意感應工具列上選取『右特徵, 51 邊線』後，按滑鼠右鍵。<br>在圖面空白處按滑鼠右鍵，並往左上方向滑去，選用呈現為前視。 | |
| 選取前基準面作為草圖 3 之繪圖平面。按直線鈕，畫出叉子全長之水平輪廓線。<br>按重新計算鈕。 | |

| 步驟說明 | 操作步驟圖示 |
| --- | --- |
| 選取◇前基準面作為草圖 4 之繪圖平面。<br>按╲直線鈕，畫出叉子彎曲變形後之曲線輪廓線。<br>按鍵盤 Ctrl 鍵，點選左右側直線端點與曲線端點後放開，彈出文意感應工具列，按 │ 垂直放置鈕，加入限制條件後，按✔確定鍵。 | 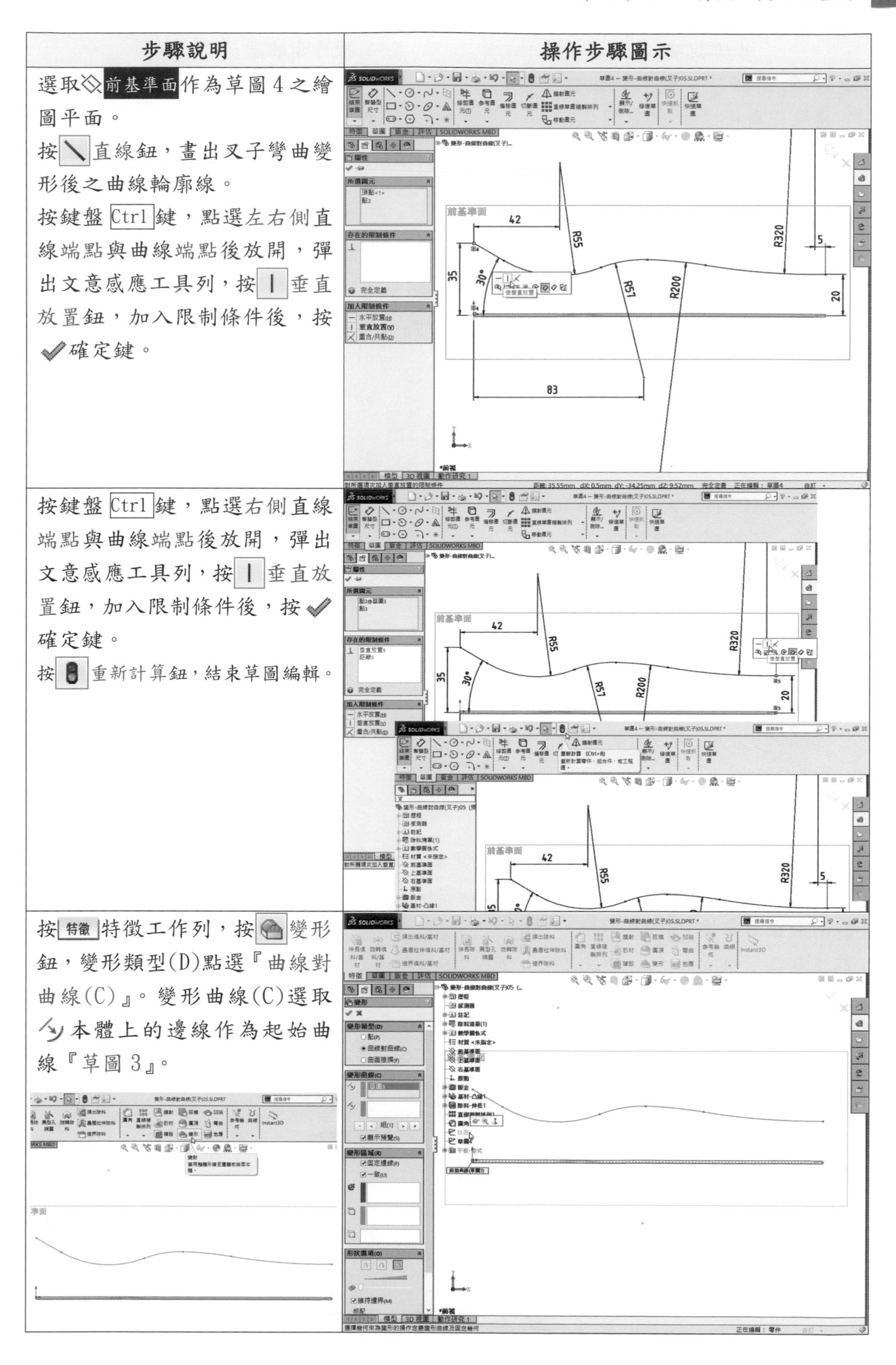 |
| 按鍵盤 Ctrl 鍵，點選右側直線端點與曲線端點後放開，彈出文意感應工具列，按 │ 垂直放置鈕，加入限制條件後，按✔確定鍵。<br>按 重新計算鈕，結束草圖編輯。 | |
| 按 特徵 特徵工作列，按 變形鈕，變形類型(D)點選『曲線對曲線(C)』。變形曲線(C)選取 本體上的邊線作為起始曲線『草圖 3』。 | |

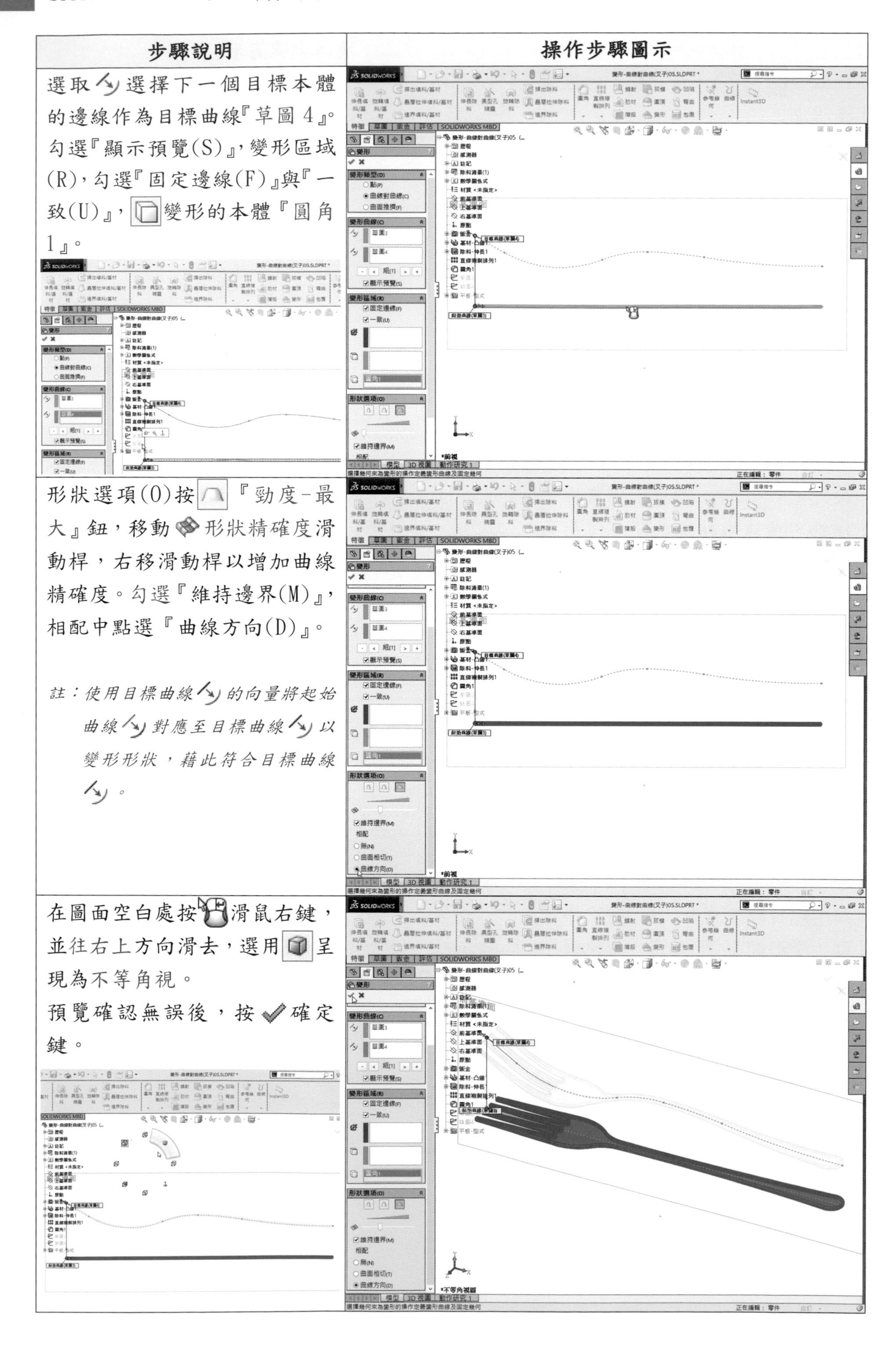

| 步驟說明 | 操作步驟圖示 |
| --- | --- |
| 選取選擇下一個目標本體的邊線作為目標曲線『草圖 4』。勾選『顯示預覽(S)』，變形區域(R)，勾選『固定邊線(F)』與『一致(U)』，變形的本體『圓角 1』。 | |
| 形狀選項(O)按『勁度-最大』鈕，移動形狀精確度滑動桿，右移滑動桿以增加曲線精確度。勾選『維持邊界(M)』，相配中點選『曲線方向(D)』。<br>*註：使用目標曲線的向量將起始曲線對應至目標曲線以變形形狀，藉此符合目標曲線。* | |
| 在圖面空白處按滑鼠右鍵，並往右上方向滑去，選用呈現為不等角視。<br>預覽確認無誤後，按確定鍵。 | |

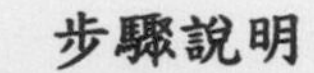

| 步驟說明 | 操作步驟圖示 |
| --- | --- |
| 按鍵盤 Ctrl 鍵，點選特徵管理員中草圖 3 和草圖 4 後放開，彈出文意感應工具列，按隱藏/顯示鈕，隱藏草圖 3 和草圖 4。<br>點選特徵管理員中變形 1 特徵後放開，彈出文意感應工具列，按抑制特徵鈕。 | |
| 抑制變形 1 特徵後，不銹鋼叉子即成平直狀態。<br>按展平鈕，會自動展開產生整齊平板型式特徵的鈑金件。<br>若再按圖面之右上角確認角落鈕，即可結束展平狀態。<br>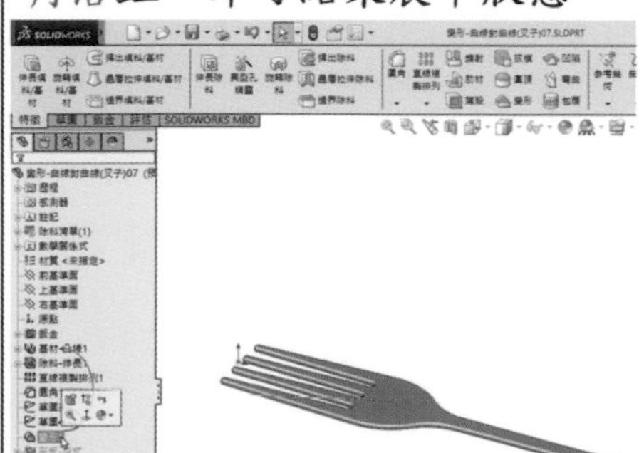 | 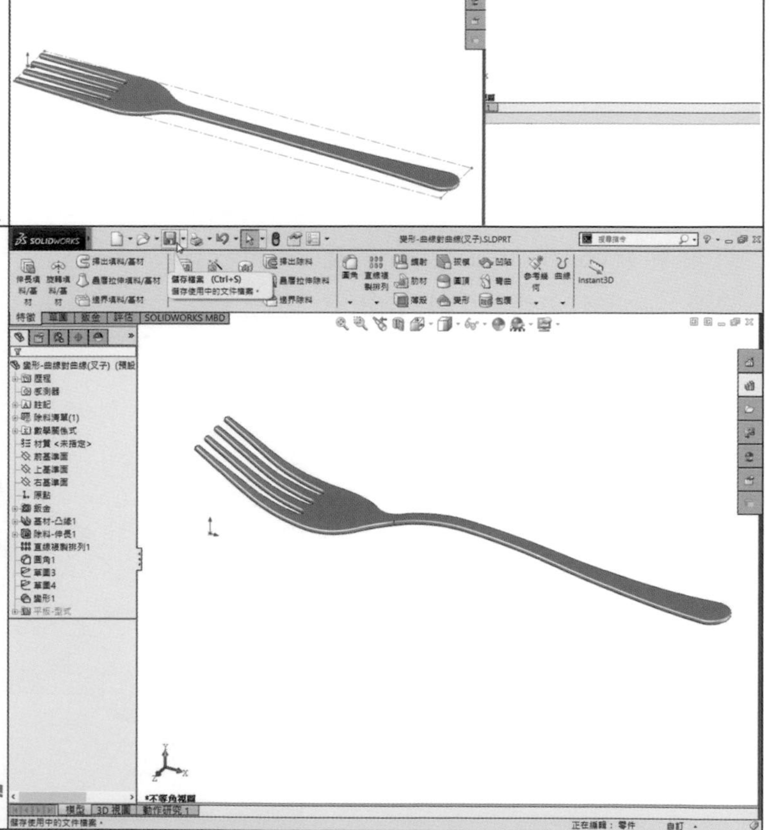 |
| 點選特徵管理員中變形 1 後放開，彈出文意感應工具列，按恢復抑制特徵鈕，恢復抑制變形 1 特徵後，不銹鋼叉子即回到原來變形的狀態。<br>按標準工作列上的儲存檔案鈕，輸入檔案名稱(N)：變形(不銹鋼叉子)後，按 存檔(S) 鍵。<br>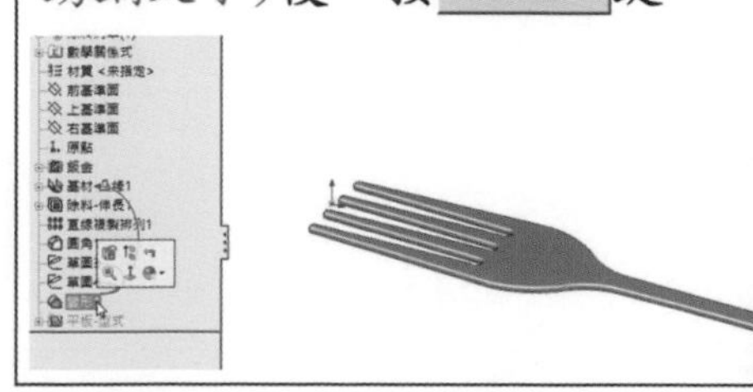 | |

## 4.5.1 彎曲指令用於瓦斯爐瓦斯管支架鈑金件

學習目標：能使用彎曲指令在鈑金件指定位置上，作角度的彎折使之完成其造型。

繪圖步驟：建基材凸緣→作邊線凸緣→作伸長除料→作彎曲(彎折)→作抑制特徵→按展平→作恢復抑制特徵。

- 草圖指令：中心線、直線、中心矩形、圓、修剪圖元、鏡射圖元、草圖圓角、3 點角落矩形、偏移圖元、幾何建構線。
- 特徵指令：伸長除料、圓角、鏡射、彎曲。
- 鈑金指令：基材凸緣/薄板頁、邊線凸緣、展平。

| 步驟說明 | 操作步驟圖示 |
|---|---|
| 首先選取上基準面作為草圖 1 之繪圖平面。<br>按中心線、直線、中心矩形、圓、修剪圖元、鏡射圖元鈕，畫出草圖之外型輪廓線，標註其尺度。<br>按草圖圓角鈕，圓角 R3、R5、R2，分別畫出 4 個轉角處。<br>按鈑金鈑金工具列，按基材凸緣/薄板頁鈕。 | 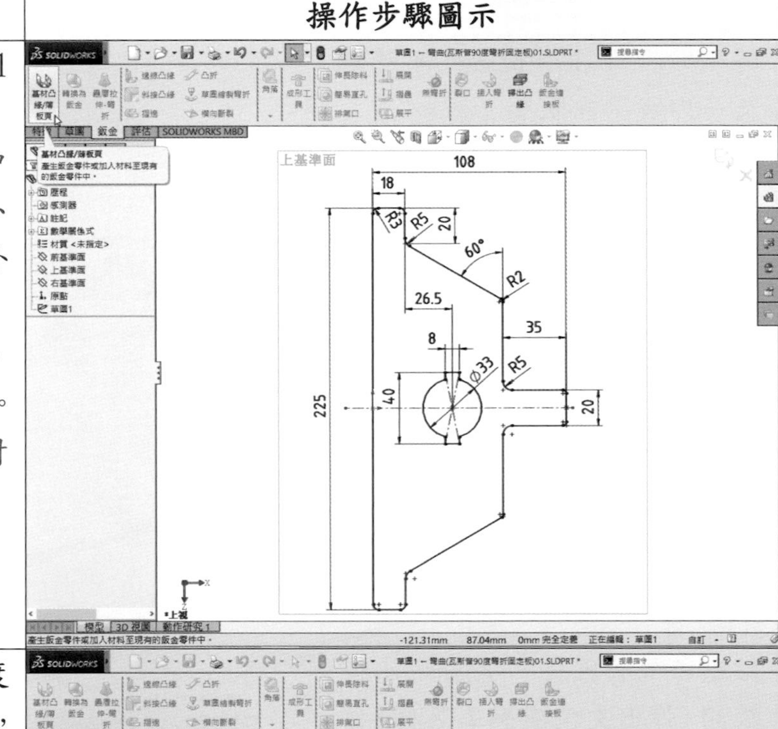 |
| 鈑金參數(S)中，設定厚度值 0.7mm，不勾選『反轉方向』，彎折裕度預設『K-Factor』值 0.5，自動離隙『撕裂』後，按確定鍵。 | 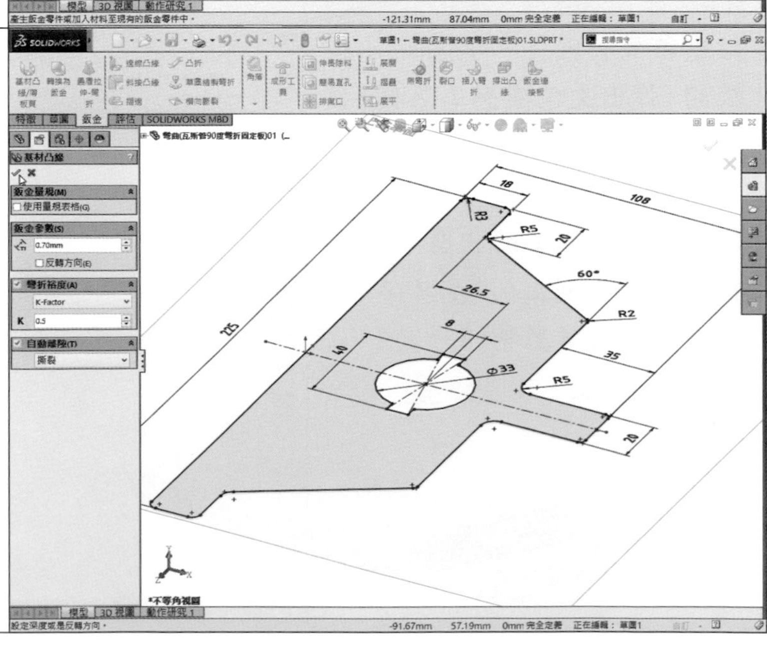 |

| 步驟說明 | 操作步驟圖示 |
| --- | --- |
| 按邊線凸緣鈕，凸緣參數(P)中，不勾選『使用預設半徑(U)』，輸入彎折半徑0.8mm，角度(G)輸入凸緣角度 90°，凸緣長度(L)選取『給定深度』輸入長度 3.3mm，按內側虛擬交角鈕。凸緣位置(N)中彎折位置，按向外彎折鈕，預設不勾選『自訂彎折裕度』，及『自訂離隙類型』。點選『邊線<1>』，滑鼠往上方向移至 3.3mm 位置點一下後，按滑鼠右鍵。 | 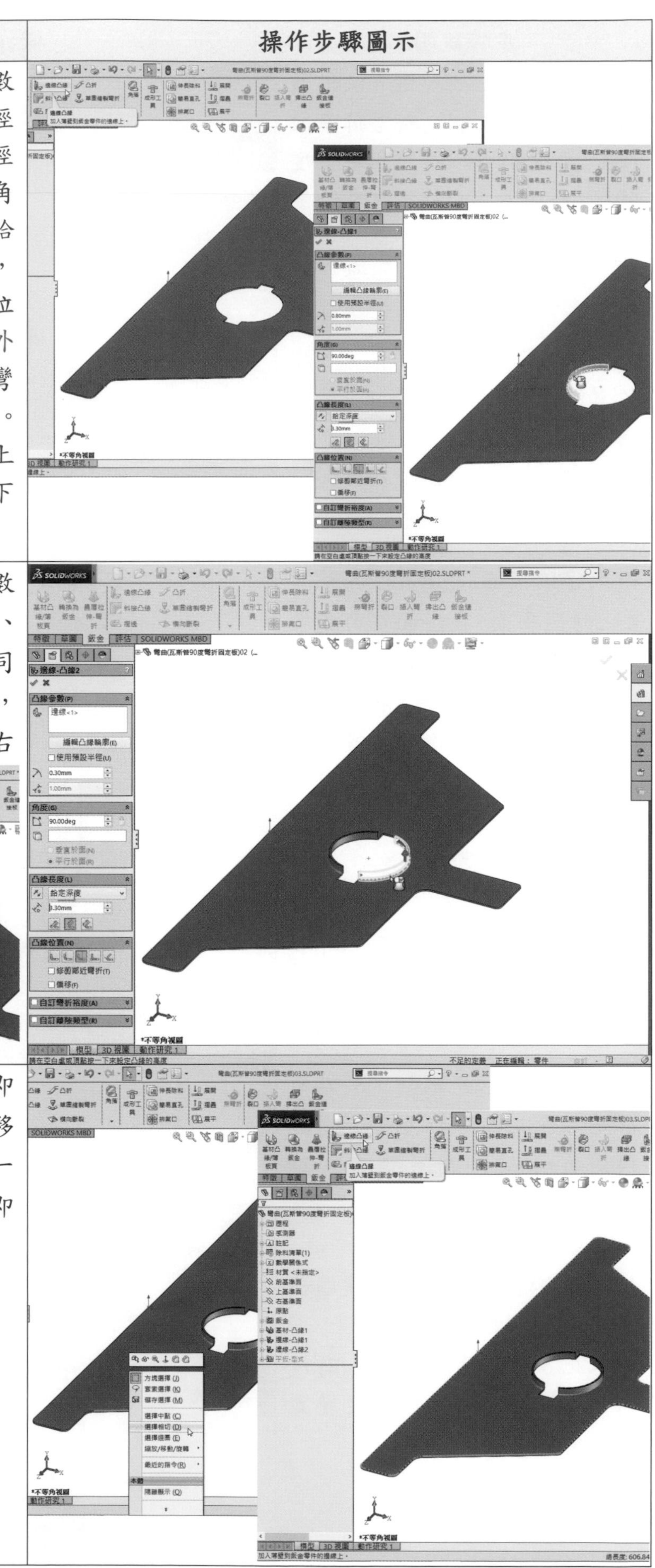 |
| 按邊線凸緣鈕，凸緣參數(P)、角度(G)、凸緣長度(L)、凸緣位置(N)之設定與操作同前。點選『邊線<1>』後，長出方向向上，按滑鼠右 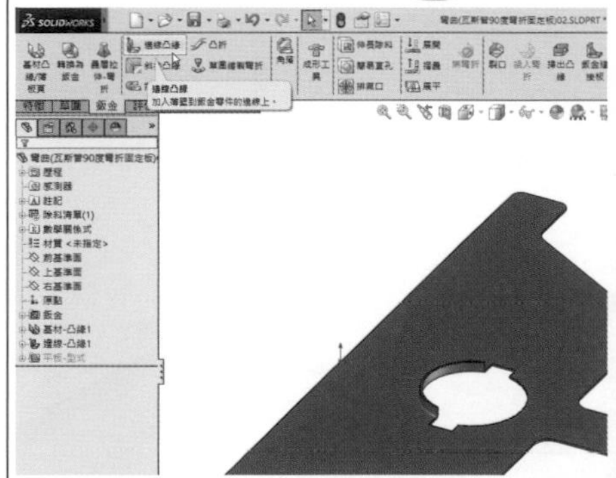 | |
| 在邊線上按滑鼠右鍵，立即彈出快顯功能表列後，游標移至『選擇相切(D)』項次點一下，相切之輪廓邊線全選，即『邊線<1>~邊線<24>』。<br>按邊線凸緣鈕。 | |

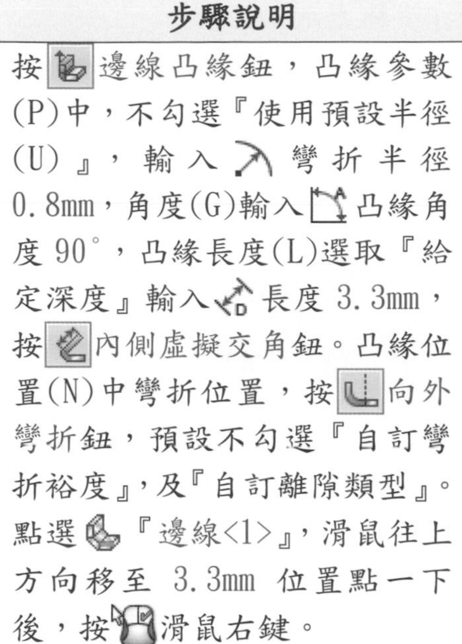

| 步驟說明 | 操作步驟圖示 |
|---|---|
| 凸緣參數(P)中，勾選『使用預設半徑(U)』，預設彎折半徑1mm，角度(G)輸入凸緣角度90°，凸緣長度(L)選取『給定深度』輸入長度5.3mm，按內側虛擬交角鈕。預設不勾選『自訂彎折裕度』，預設不勾選『自訂離隙類型』。凸緣位置(N)中彎折位置，按材料內鈕。<br>長出方向向上，按確定鍵。 | 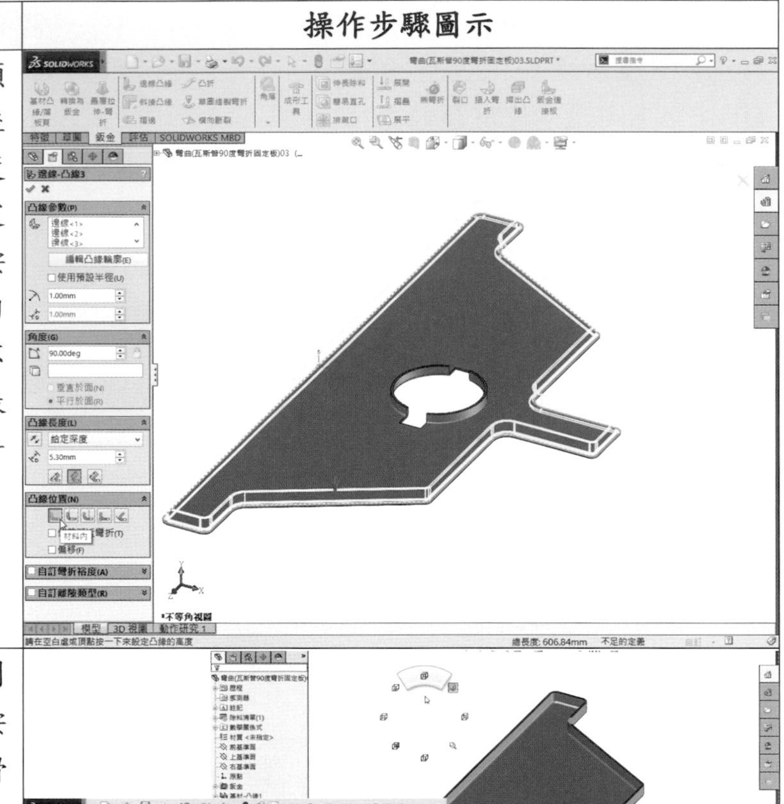 |
| 選取邊緣頂面(藍色)作為草圖2之繪圖平面。在圖面空白處按滑鼠右鍵，並往上方向滑去，選用呈現為上視。<br>按3點角落矩形鈕，畫一矩形輪廓線3點分別與內外圓弧端點重合。選取此3點角落矩形變更為幾何建構線。<br>按偏移圖元鈕，畫其中3個邊偏移距離3mm之圖元。按直線鈕，畫出一封閉矩形。 | |
| 按3點角落矩形鈕，3點角落矩形邊線之點1、點2分別與內圓弧端點重合/共點，矩形另一對邊與外圓弧邊，按相切鈕。<br>按偏移圖元鈕，畫連續偏移距離1.5mm之圖元。<br>選取此3點角落矩形，按幾何建構線鈕，將草圖圖元變更為幾何建構線。 | 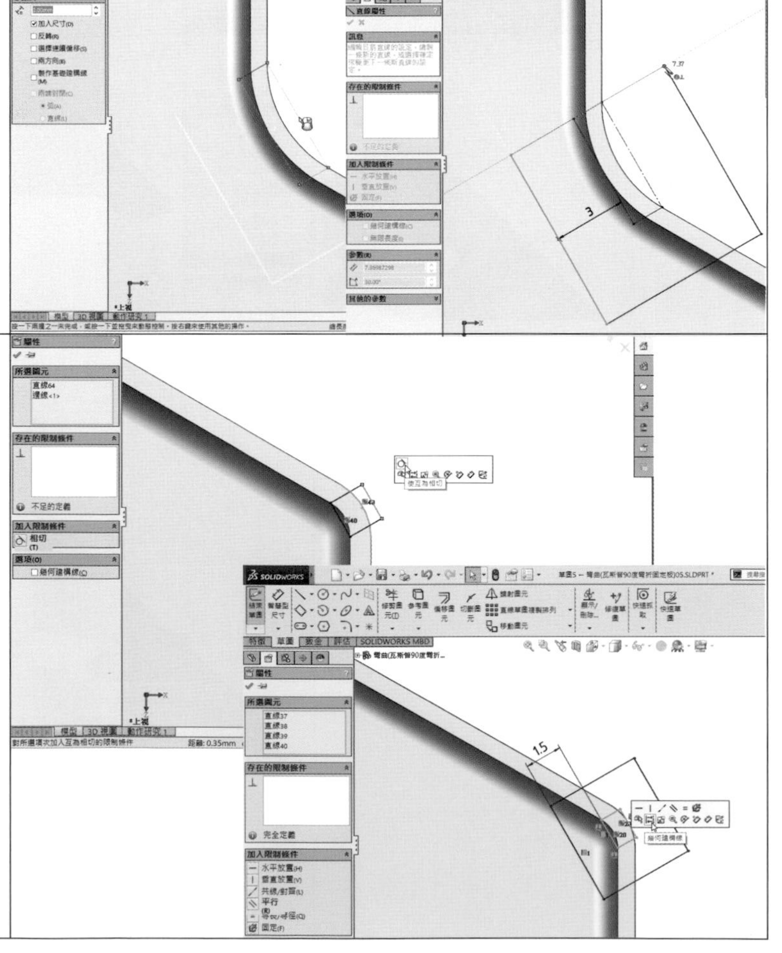 |

| 步驟說明 | 操作步驟圖示 |
| --- | --- |
| 按 3 點角落矩形鈕，3 點角落矩形邊線之點 1、點 2 分別與內圓弧端點 重合/共點，矩形另一對邊與外圓弧邊，按 相切鈕。<br>按 偏移圖元鈕，畫連續偏移距離 1.5mm 之圖元。<br>選取此 3 點角落矩形，按 幾何建構線鈕，將草圖圖元變更為幾何建構線。 | 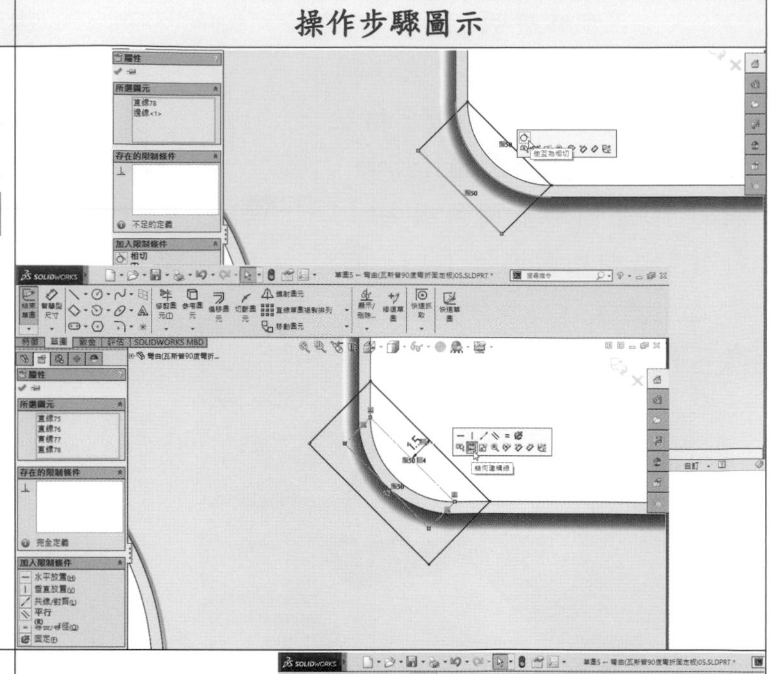 |
| 按 特徵 特徵工作列，按 伸長除料鈕，來自『草圖平面』，方向 1 選取『給定深度』，不勾選『連結至厚度(L)』，輸入 深度值 1.5mm，不勾選『反轉除料邊(F)』，不勾選『薄件特徵(T)』，勾選『垂直除料(N)』。 | 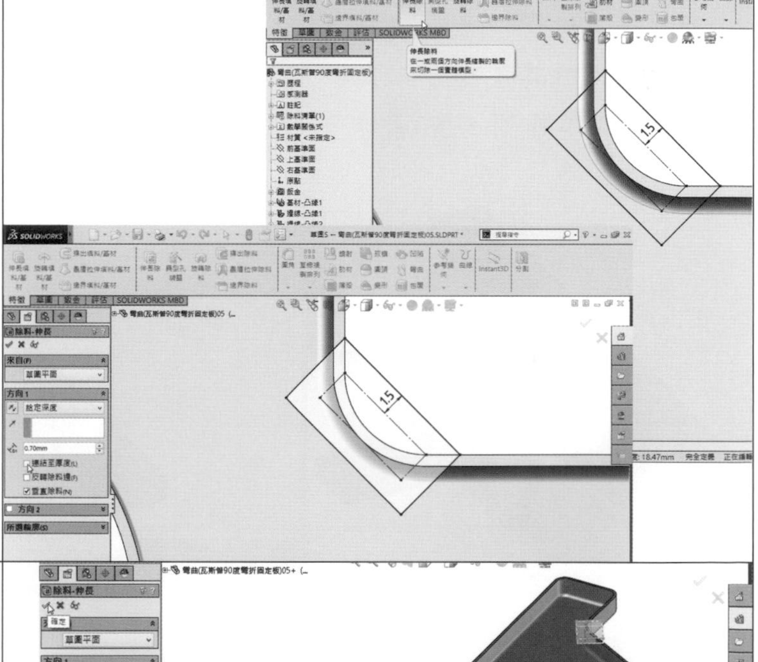 |
| 在圖面空白處按 滑鼠右鍵，並往右上方向滑去，選用 呈現為不等角視。<br>向下方除料無誤後，按 確定鍵。<br>按 圓角鈕。<br>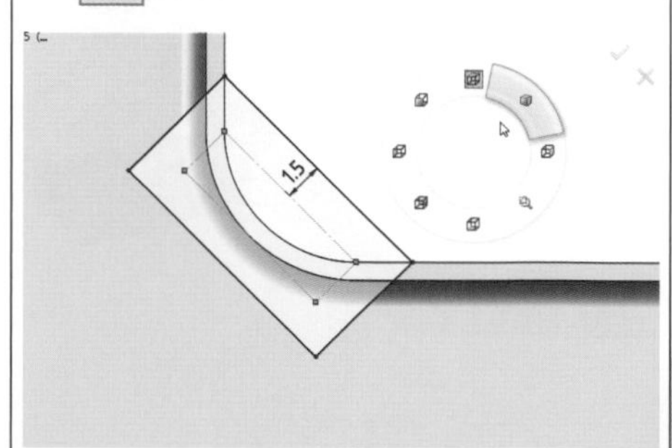 | 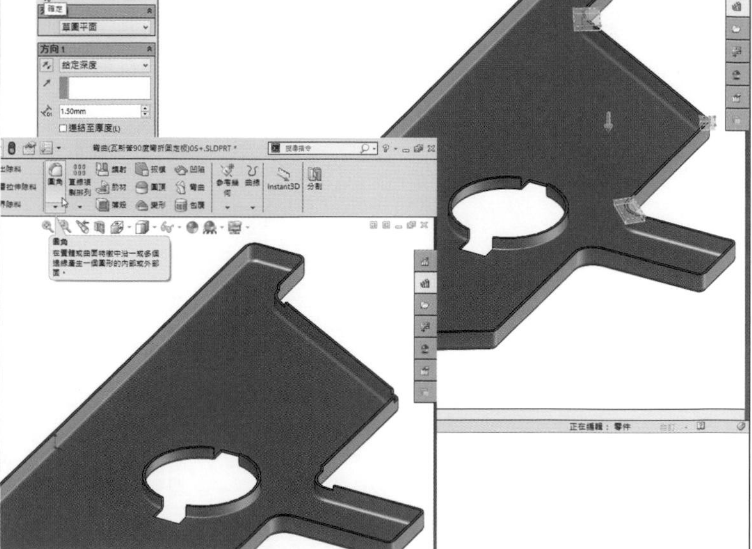 |

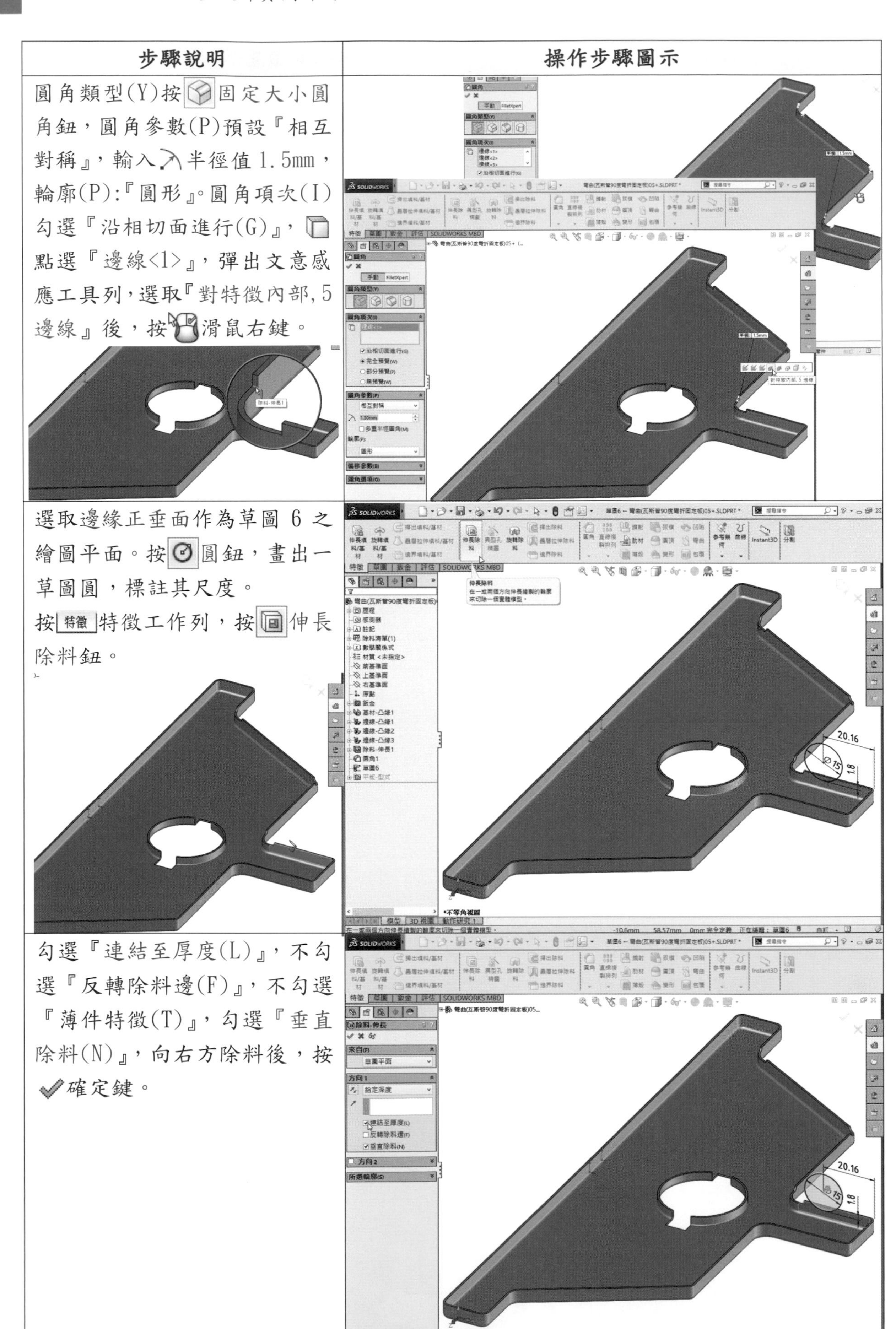

| 步驟說明 | 操作步驟圖示 |
| --- | --- |
| 圓角類型(Y)按固定大小圓角鈕，圓角參數(P)預設『相互對稱』，輸入半徑值 1.5mm，輪廓(P):『圓形』。圓角項次(I)勾選『沿相切面進行(G)』，點選『邊線<1>』，彈出文意感應工具列，選取『對特徵內部, 5 邊線』後，按滑鼠右鍵。 | |
| 選取邊緣正垂面作為草圖 6 之繪圖平面。按圓鈕，畫出一草圖圓，標註其尺度。<br>按特徵特徵工作列，按伸長除料鈕。 | |
| 勾選『連結至厚度(L)』，不勾選『反轉除料邊(F)』，不勾選『薄件特徵(T)』，勾選『垂直除料(N)』，向右方除料後，按確定鍵。 | |

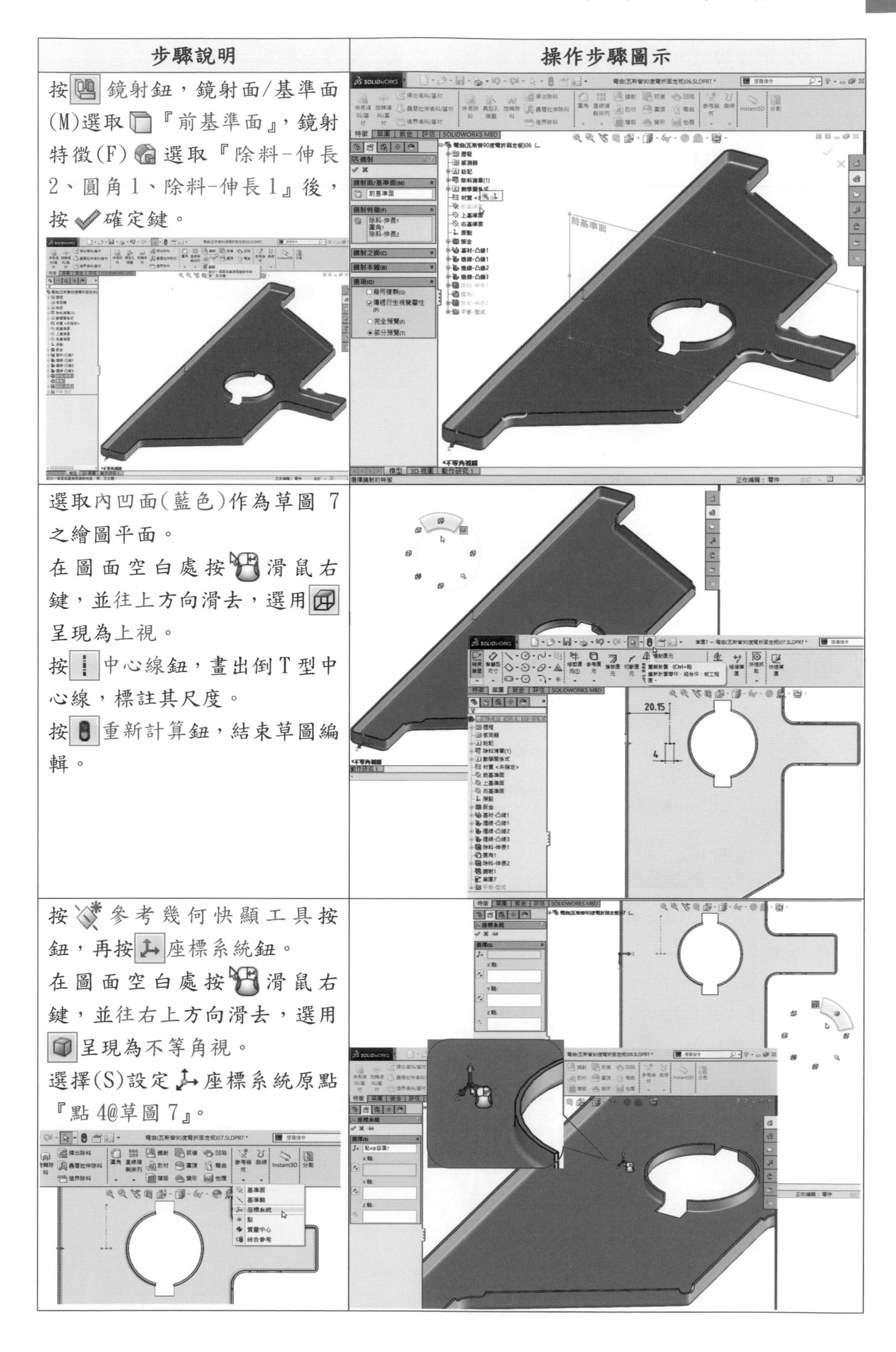

| 步驟說明 | 操作步驟圖示 |
| --- | --- |
| 按鏡射鈕，鏡射面/基準面(M)選取『前基準面』，鏡射特徵(F)選取『除料-伸長2、圓角1、除料-伸長1』後，按確定鍵。 | |
| 選取內凹面(藍色)作為草圖 7 之繪圖平面。<br>在圖面空白處按滑鼠右鍵，並往上方向滑去，選用呈現為上視。<br>按中心線鈕，畫出倒 T 型中心線，標註其尺度。<br>按重新計算鈕，結束草圖編輯。 | |
| 按參考幾何快顯工具按鈕，再按座標系統鈕。<br>在圖面空白處按滑鼠右鍵，並往右上方向滑去，選用呈現為不等角視。<br>選擇(S)設定座標系統原點『點 4@草圖 7』。 | |

| 步驟說明 | 操作步驟圖示 |
| --- | --- |
| X軸：點選『直線2@草圖7』，Z軸：按一下Z軸方向參考選擇方塊點選『直線1@草圖7』後，按滑鼠右鍵。<br>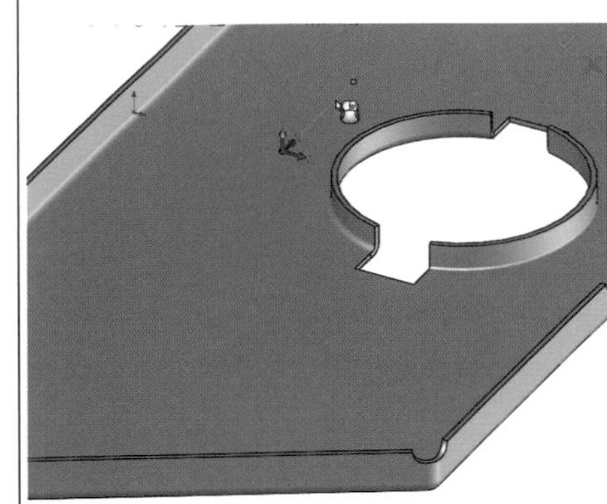 | 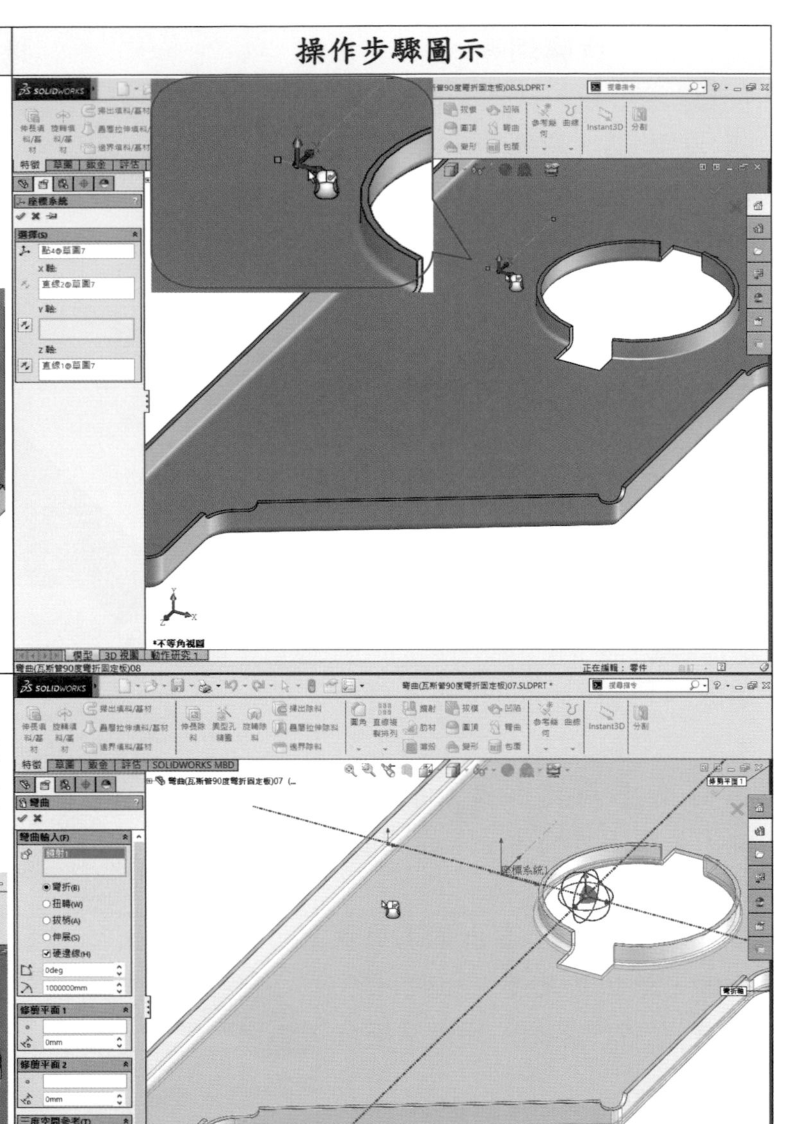 |
| 按彎曲鈕，彎曲輸入(F)中點選『彎折(B)』，勾選『硬邊線(H)』，選取彎曲的本體『鏡射1』。<br>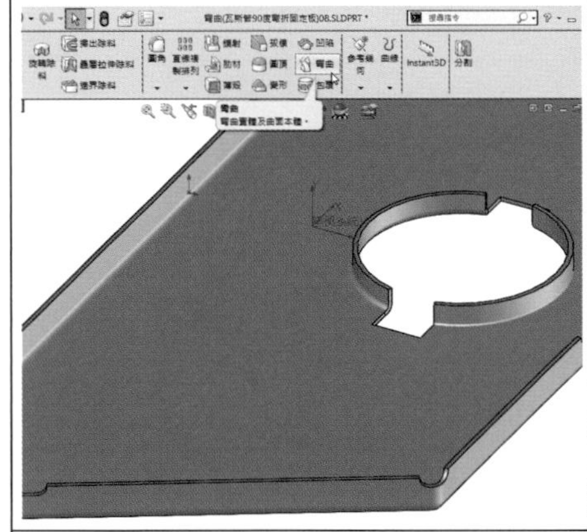 | |
| 三度空間參考(T)按一下座標系統選擇方塊點選『座標系統1』，修剪平面1按一下修剪平面1選擇方塊點選『點1@草圖7』，即Z軸中心線左端點。<br>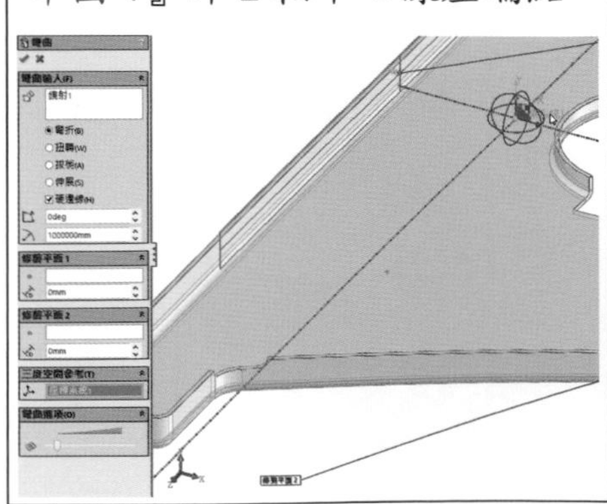 | 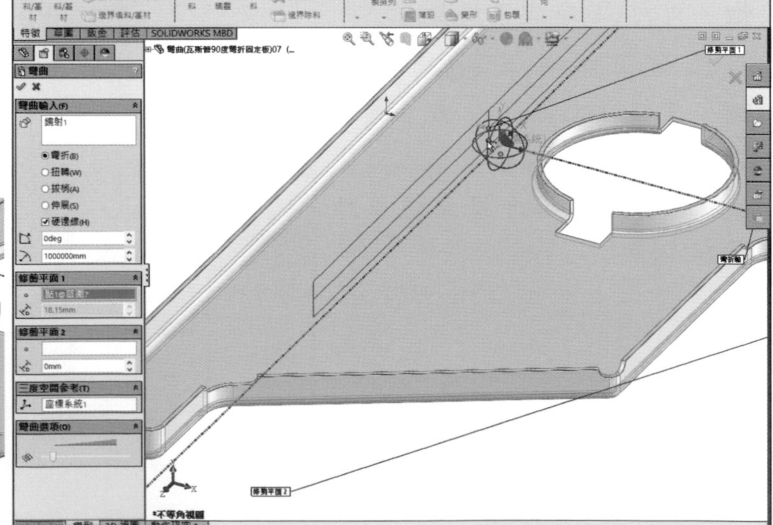 |

| 步驟說明 | 操作步驟圖示 |
| --- | --- |
| 修剪平面 2 按一下修剪平面 2 選擇方塊點選『點 2@草圖 7』，即 Z 軸中心線右端點。設定彎折角度 90°，彎折半徑配合執行(2.55mm)後，按確定鍵。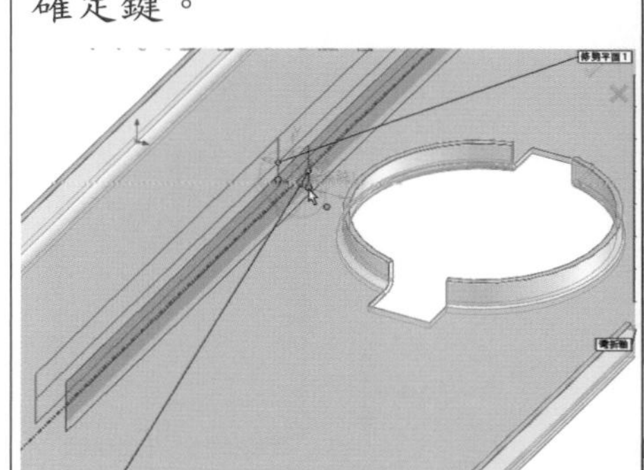 | |
| 按右側單斜面(藍色)作為草圖 8 之繪圖平面，彈出文意感應工具列，按正視於鈕，垂直於所選的平面。 | |
| 在適當位置轉動滑鼠中間滾輪，可將圖形放大至適當大小。選取該面按中心線鈕，由圓柱孔中心畫出水平中心線，並與垂直中心線成 T 字型，標註其尺度。<br>按鍵盤 Ctrl 鍵後，點選垂直中心線與原點，屬性加入限制條件為重合/共點。<br>按重新計算鈕，結束草圖編輯。 | |

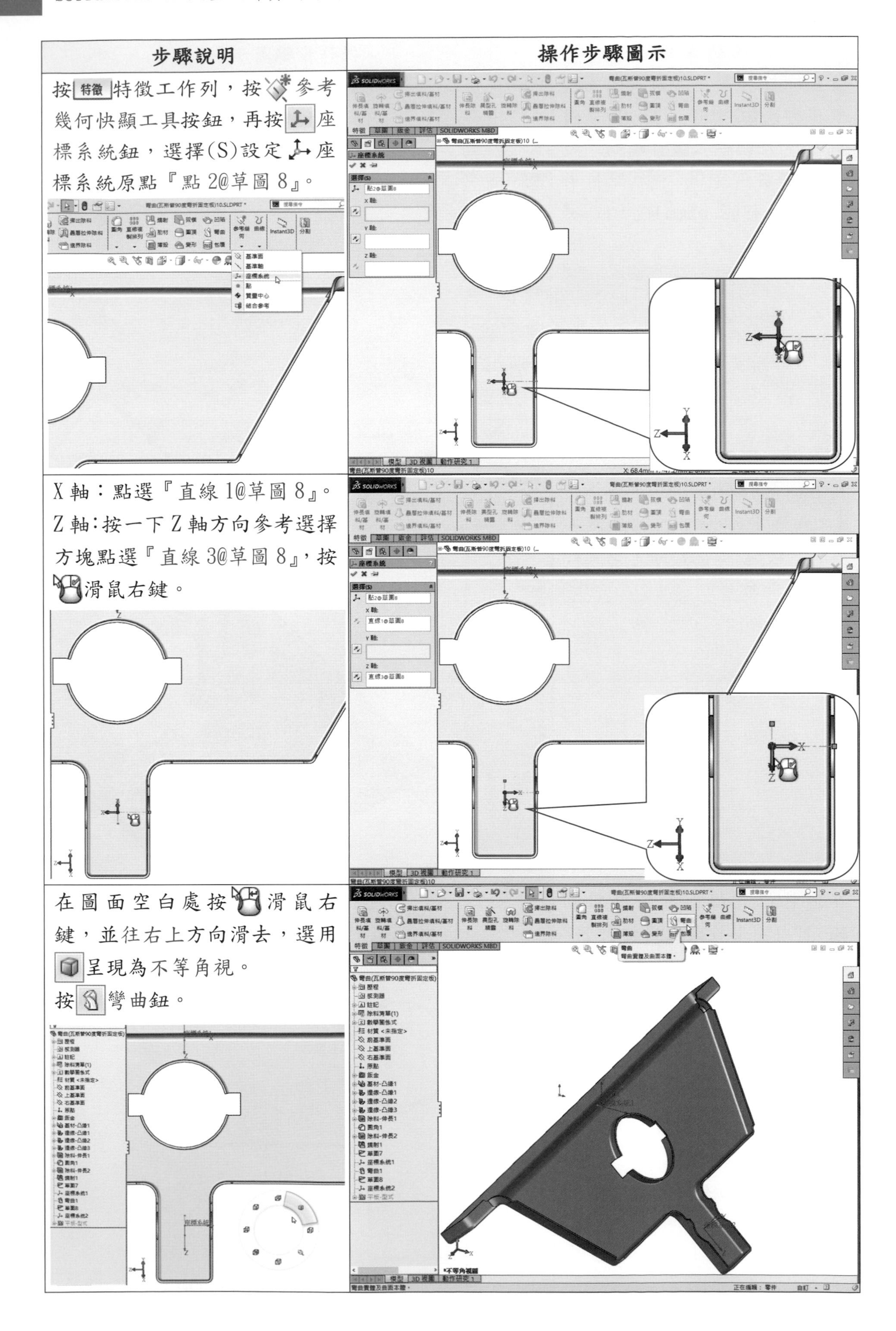

| 步驟說明 | 操作步驟圖示 |
| --- | --- |
| 按特徵特徵工作列，按參考幾何快顯工具按鈕，再按座標系統鈕，選擇(S)設定座標系統原點『點2@草圖8』。 | |
| X軸：點選『直線1@草圖8』。<br>Z軸：按一下Z軸方向參考選擇方塊點選『直線3@草圖8』，按滑鼠右鍵。 | |
| 在圖面空白處按滑鼠右鍵，並往右上方向滑去，選用呈現為不等角視。<br>按彎曲鈕。 | |

| 步驟說明 | 操作步驟圖示 |
|---|---|
| 彎曲輸入(F)中點選『彎折(B)』，勾選『硬邊線(H)』，選取彎曲的本體『彎曲 1』，三度空間參考(T)按一下座標系統選擇方塊點選『座標系統 2』。 | 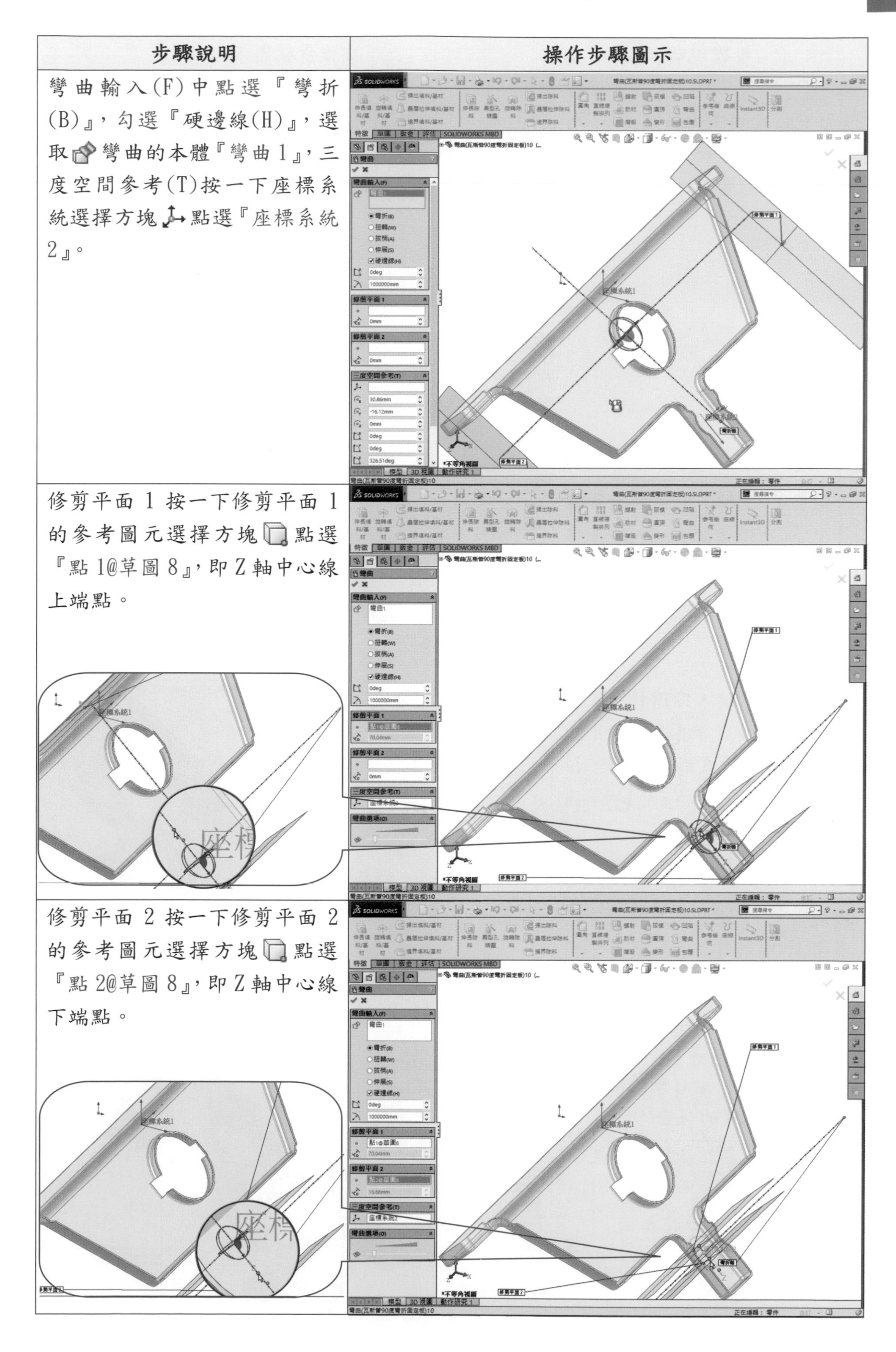 |
| 修剪平面 1 按一下修剪平面 1 的參考圖元選擇方塊點選『點 1@草圖 8』，即 Z 軸中心線上端點。 | |
| 修剪平面 2 按一下修剪平面 2 的參考圖元選擇方塊點選『點 2@草圖 8』，即 Z 軸中心線下端點。 | |

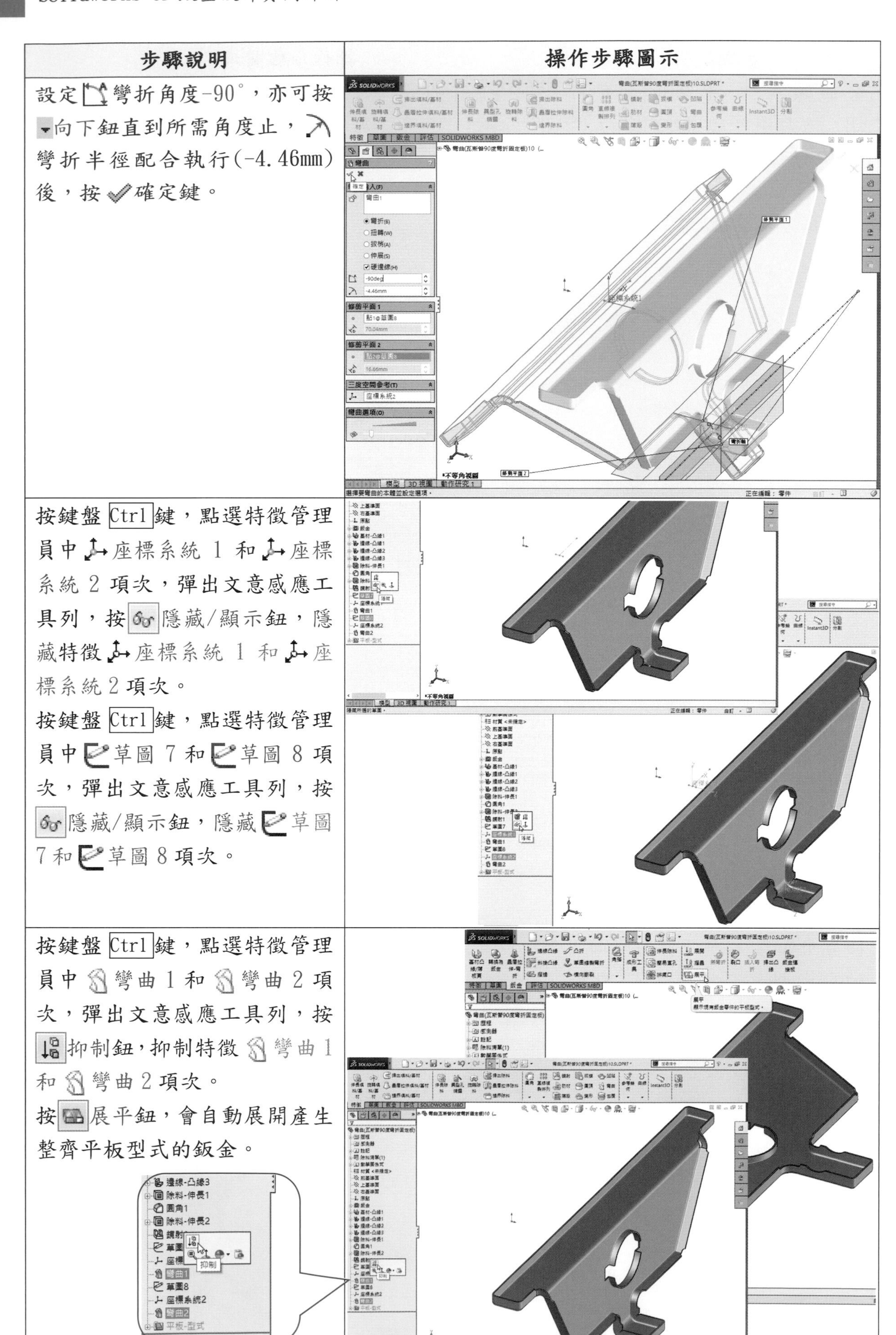

| 步驟說明 | 操作步驟圖示 |
|---|---|
| 設定彎折角度-90°，亦可按向下鈕直到所需角度止，彎折半徑配合執行(-4.46mm)後，按確定鍵。 | |
| 按鍵盤Ctrl鍵，點選特徵管理員中座標系統 1 和座標系統 2 項次，彈出文意感應工具列，按隱藏/顯示鈕，隱藏特徵座標系統 1 和座標系統 2 項次。<br>按鍵盤Ctrl鍵，點選特徵管理員中草圖 7 和草圖 8 項次，彈出文意感應工具列，按隱藏/顯示鈕，隱藏草圖 7 和草圖 8 項次。 | |
| 按鍵盤Ctrl鍵，點選特徵管理員中彎曲 1 和彎曲 2 項次，彈出文意感應工具列，按抑制鈕，抑制特徵彎曲 1 和彎曲 2 項次。<br>按展平鈕，會自動展開產生整齊平板型式的鈑金。 | |

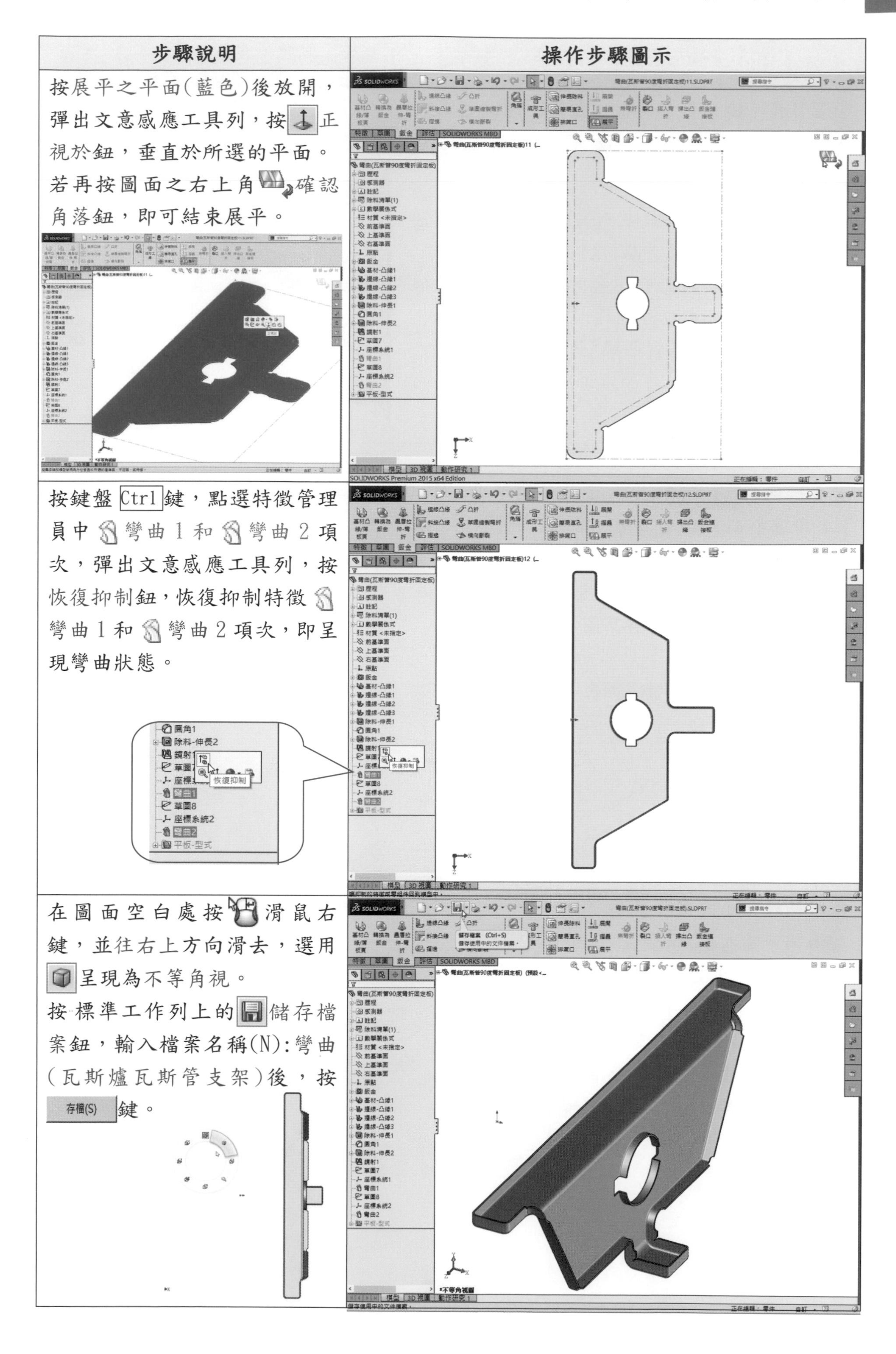

| 步驟說明 | 操作步驟圖示 |
|---|---|
| 按展平之平面(藍色)後放開，彈出文意感應工具列，按正視於鈕，垂直於所選的平面。若再按圖面之右上角確認角落鈕，即可結束展平。 | |
| 按鍵盤 Ctrl 鍵，點選特徵管理員中彎曲 1 和彎曲 2 項次，彈出文意感應工具列，按恢復抑制鈕，恢復抑制特徵彎曲 1 和彎曲 2 項次，即呈現彎曲狀態。 | |
| 在圖面空白處按滑鼠右鍵，並往右上方向滑去，選用呈現為不等角視。<br>按標準工作列上的儲存檔案鈕，輸入檔案名稱(N)：彎曲(瓦斯爐瓦斯管支架)後，按存檔(S)鍵。 | |

## 4.5.2 彎曲指令(L 型角架支撐片)使用於鈑金件

學習目標：能使用彎曲指令在鈑金件指定位置上，作角度的扭轉使之完成其造型。

繪圖步驟：建基材凸緣→作彎曲(扭轉)→作抑制特徵→按展平→作恢復抑制特徵。

使用指令：

- 草圖指令：中心線、直線、草圖圓角、鏡射圖元、幾何建構線。
- 特徵指令：彎曲、伸長除料、直線複製排列、抑制、恢復抑制。
- 鈑金指令：基材凸緣/薄板頁、邊線凸緣、展平。

| 步驟說明 | 操作步驟圖示 |
|---|---|
| 首先選取前基準面作為草圖1之繪圖平面。按直線、中心線、鏡射圖元鈕，畫出草圖外型輪廓線，標註其尺度。按幾何建構線鈕，將草圖圖元切換為中心線。<br>按鈑金鈑金工具列，按基材凸緣/薄板頁鈕。<br>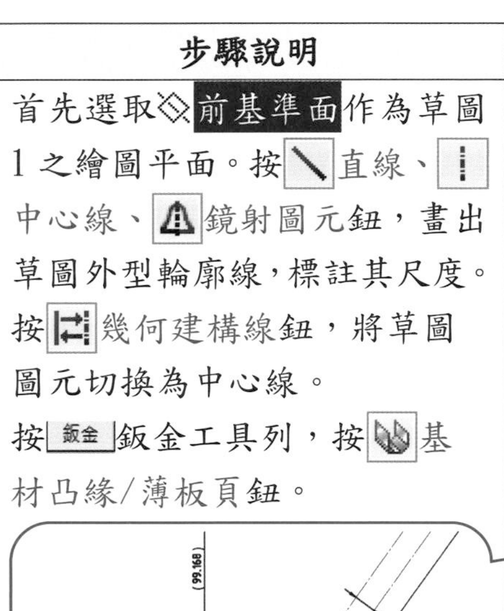 | 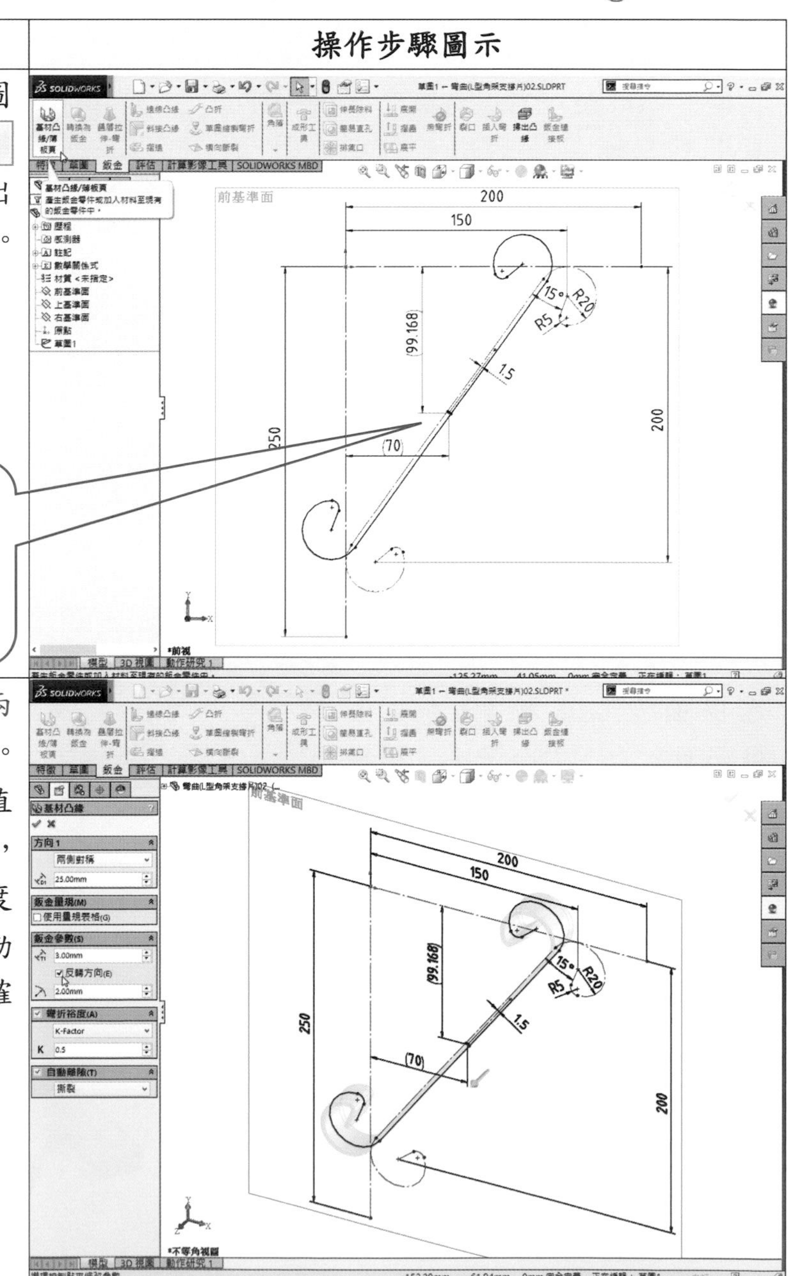 |
| 基材凸緣中，方向 1 選取『兩側對稱』，輸入深度值 25mm。鈑金參數(S)設定厚度值 3mm，輸入圓角半徑值 2mm，勾選『反轉方向(E)』。彎折裕度預設『K-Factor』值 0.5，自動離隙預設『撕裂』後，按確定鍵。<br>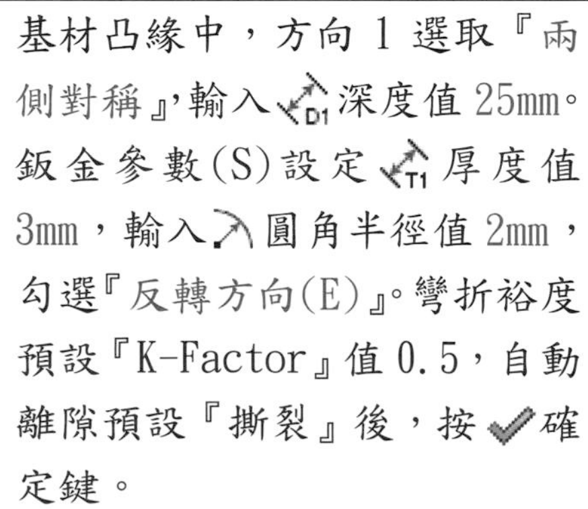 | |

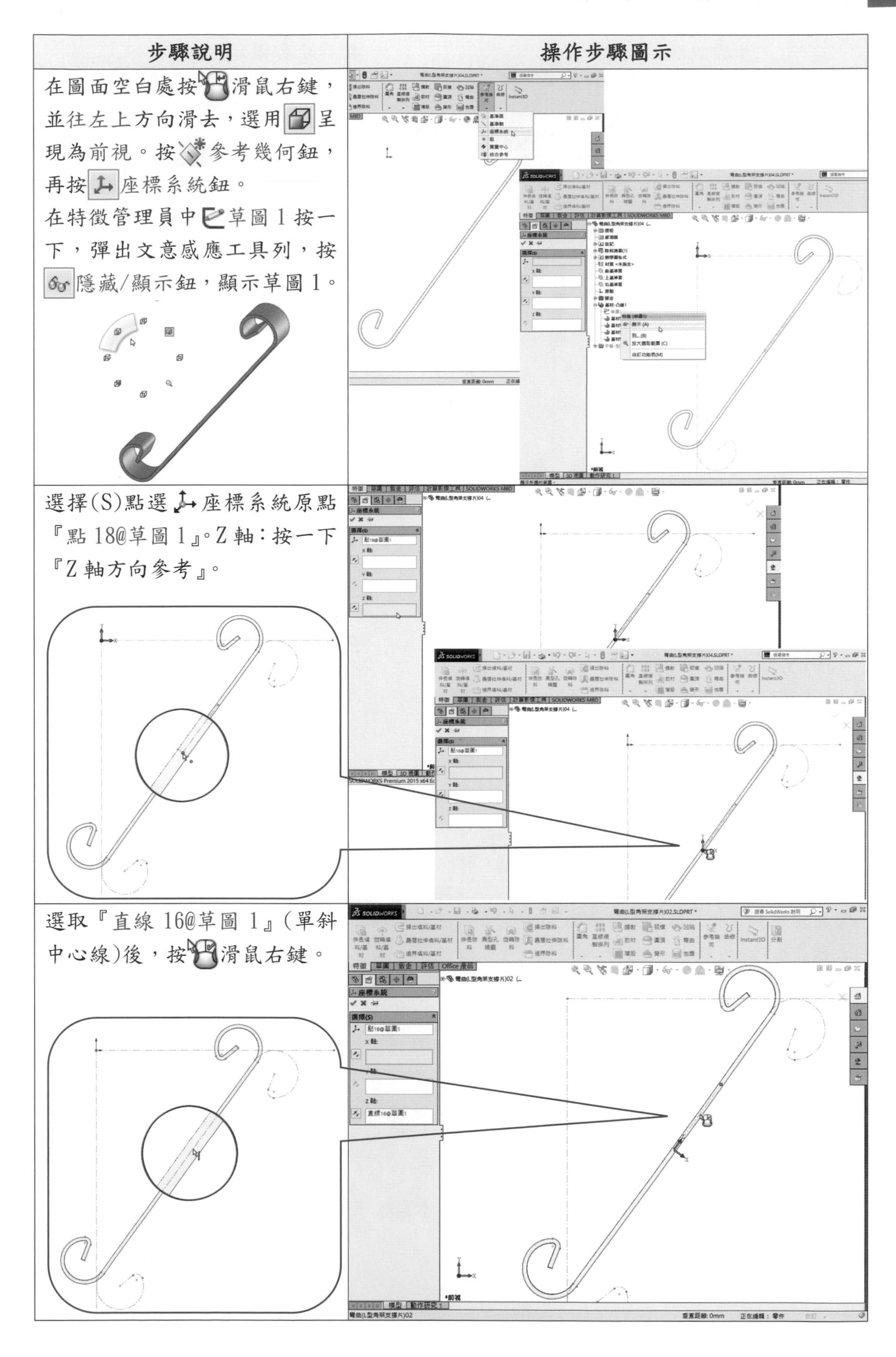

| 步驟說明 | 操作步驟圖示 |
| --- | --- |
| 在圖面空白處按滑鼠右鍵，並往左上方向滑去，選用呈現為前視。按參考幾何鈕，再按座標系統鈕。<br>在特徵管理員中草圖 1 按一下，彈出文意感應工具列，按隱藏/顯示鈕，顯示草圖 1。 | |
| 選擇(S)點選座標系統原點『點 18@草圖 1』。Z 軸：按一下『Z 軸方向參考』。 | |
| 選取『直線 16@草圖 1』(單斜中心線)後，按滑鼠右鍵。 | |

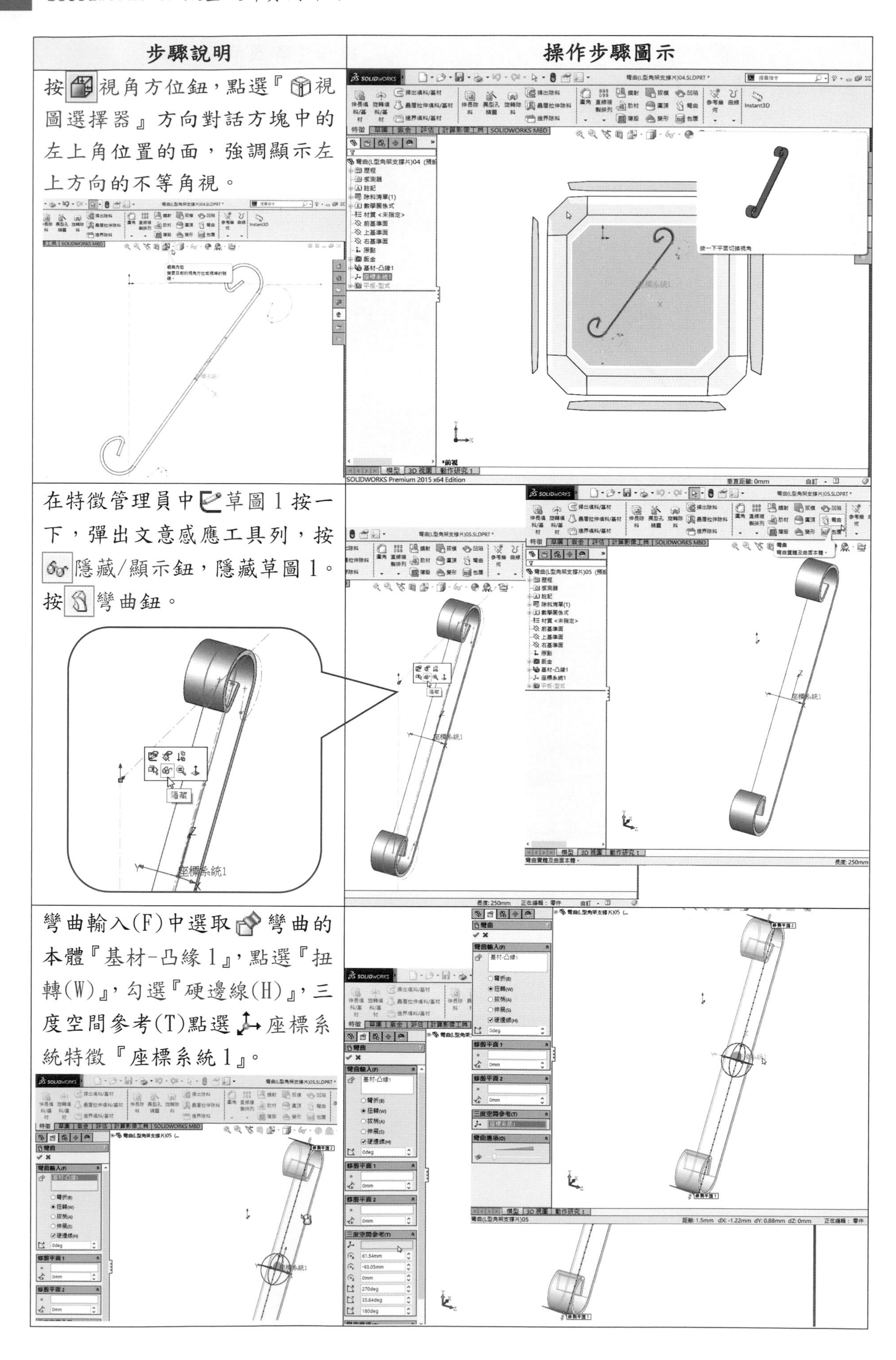

| 步驟說明 | 操作步驟圖示 |
| --- | --- |
| 按視角方位鈕，點選『視圖選擇器』方向對話方塊中的左上角位置的面，強調顯示左上方向的不等角視。 | |
| 在特徵管理員中草圖1按一下，彈出文意感應工具列，按隱藏/顯示鈕，隱藏草圖1。按彎曲鈕。 | |
| 彎曲輸入(F)中選取彎曲的本體『基材-凸緣1』，點選『扭轉(W)』，勾選『硬邊線(H)』，三度空間參考(T)點選座標系統特徵『座標系統1』。 | |

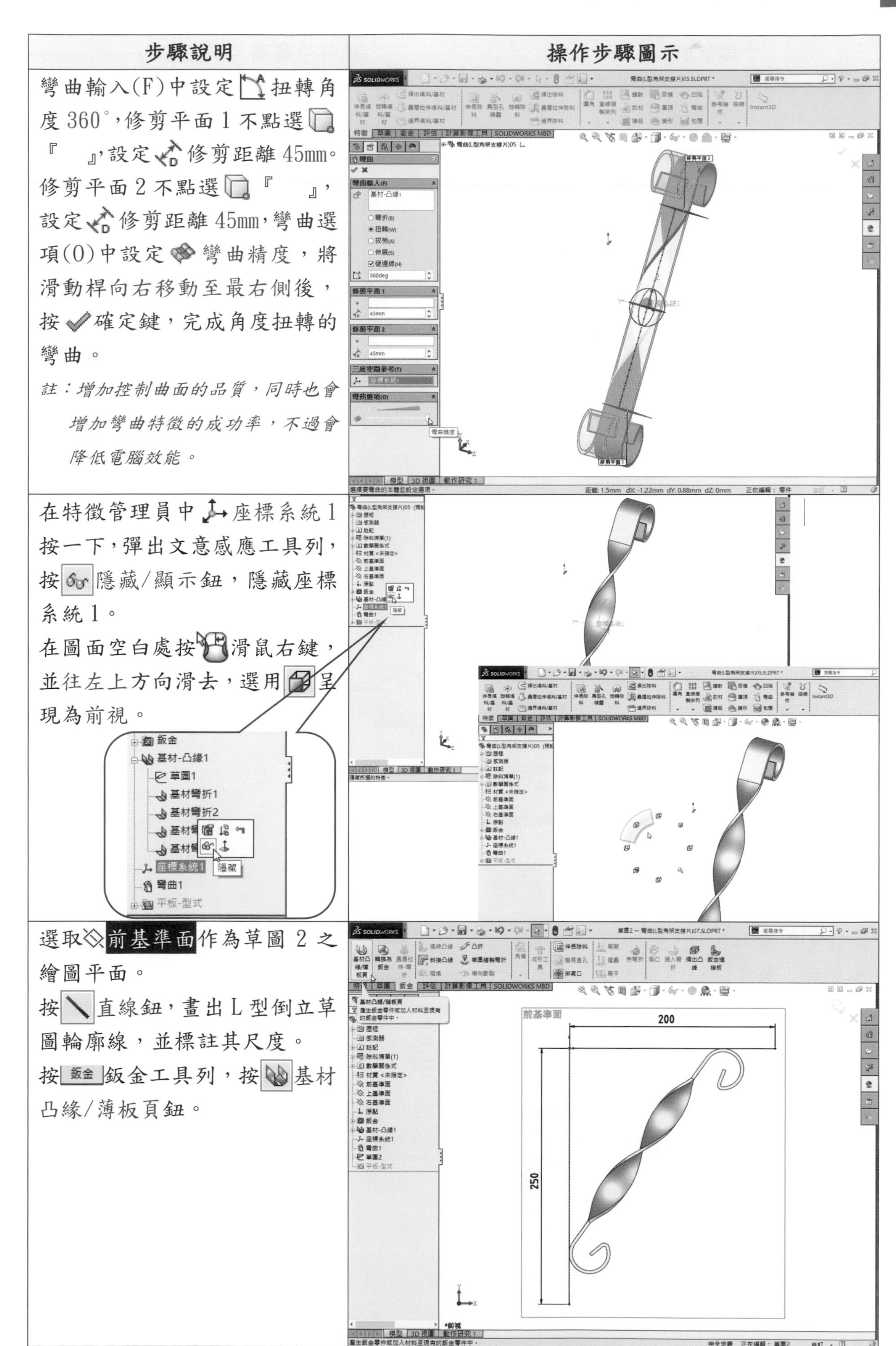

| 步驟說明 | 操作步驟圖示 |
| --- | --- |
| 彎曲輸入(F)中設定扭轉角度 360°，修剪平面 1 不點選『 』，設定修剪距離 45mm。修剪平面 2 不點選『 』，設定修剪距離 45mm，彎曲選項(O)中設定彎曲精度，將滑動桿向右移動至最右側後，按確定鍵，完成角度扭轉的彎曲。<br>*註：增加控制曲面的品質，同時也會增加彎曲特徵的成功率，不過會降低電腦效能。* | |
| 在特徵管理員中座標系統 1 按一下，彈出文意感應工具列，按隱藏/顯示鈕，隱藏座標系統 1。<br>在圖面空白處按滑鼠右鍵，並往左上方向滑去，選用呈現為前視。 | |
| 選取前基準面作為草圖 2 之繪圖平面。<br>按直線鈕，畫出 L 型倒立草圖輪廓線，並標註其尺度。<br>按鈑金鈑金工具列，按基材凸緣/薄板頁鈕。 | |

| 步驟說明 | 操作步驟圖示 |
|---|---|
| 基材凸緣中方向 1 選取『兩側對稱』，輸入深度值 25mm。鈑金參數(S)預設厚度值 3mm，不勾選『反轉方向(E)』，預設圓角半徑值 2mm，彎折裕度(A)預設『K-Factor』值 0.5，自動離隙(T)預設『撕裂』後，按確定鍵。 | 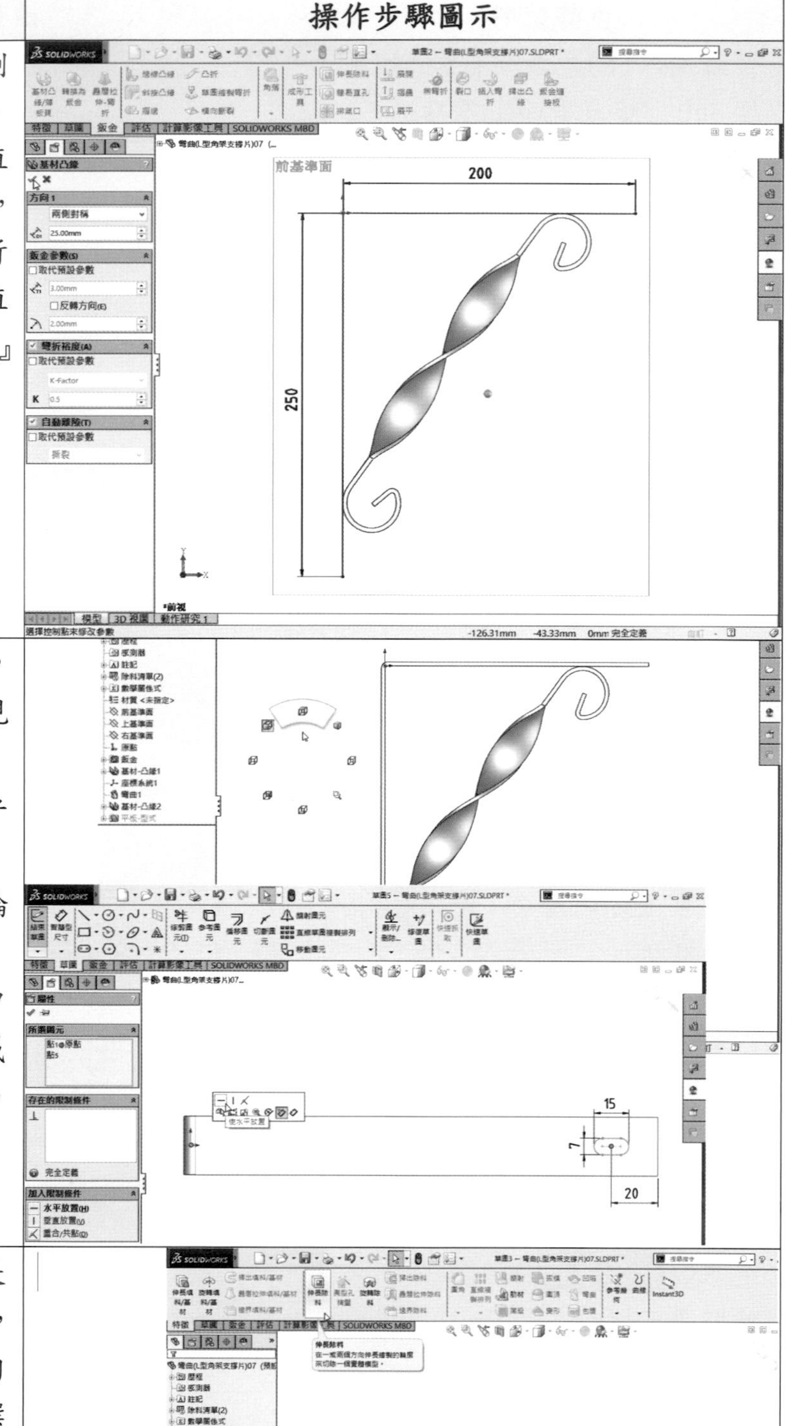 |
| 在圖面空白處按滑鼠右鍵，並往上方向滑去，選用呈現為上視。<br>選取頂面作為草圖 3 之繪圖平面。<br>按直狹槽鈕，畫出直狹槽輪廓線，標註其尺度。<br>按鍵盤 Ctrl 鍵，點選直狹槽中點與原點後放開，彈出文意感應工具列，按水平放置鈕，加入限制條件。 | |
| 按 特徵 特徵工作列，按伸長除料鈕，來自(F)『草圖平面』，於方向 1 選取『給定深度』，勾選『連結至厚度(L)』，不勾選『反轉除料邊(F)』，勾選『垂直除料(N)』，特徵加工範圍(F)點選『所有本體(A)』後，按確定鍵。 | 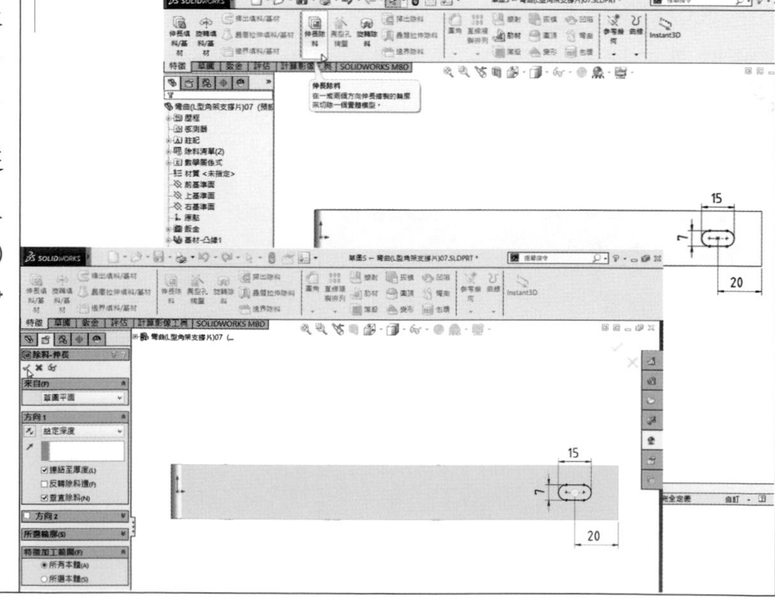 |

| 步驟說明 | 操作步驟圖示 |
| --- | --- |
| 點選特徵管理員中除料-伸長 1 項次，再按直線複製排列鈕，方向 1 點選『邊線<1>』，預設點選『間距和副本(S)』，設定間距為 75mm，設定副本數為 3，預設勾選特徵和面(F)載入『除料-伸長 1』，往左方向複製特徵後，按確定鍵。 | 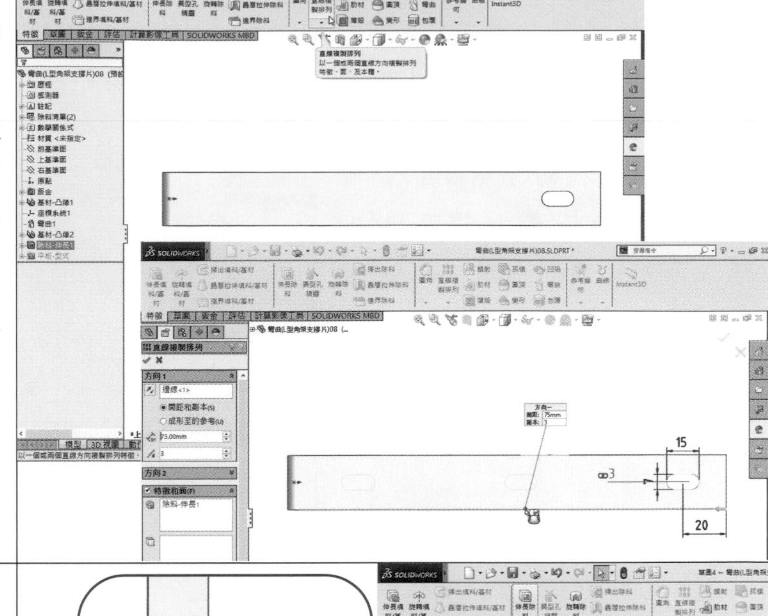 |
| 在圖面空白處按滑鼠右鍵，並往左方向滑去，選用呈現為左視。<br>選取左側正垂面作為草圖 4 之繪圖平面。按直狹槽鈕，畫出直狹槽輪廓線，標註其尺度。按鍵盤 Ctrl 鍵，點選直狹槽中點與原點後放開，彈出文意感應工具列，按垂直放置鈕，加入限制條件。<br>按特徵特徵工作列，按伸長除料鈕。 | 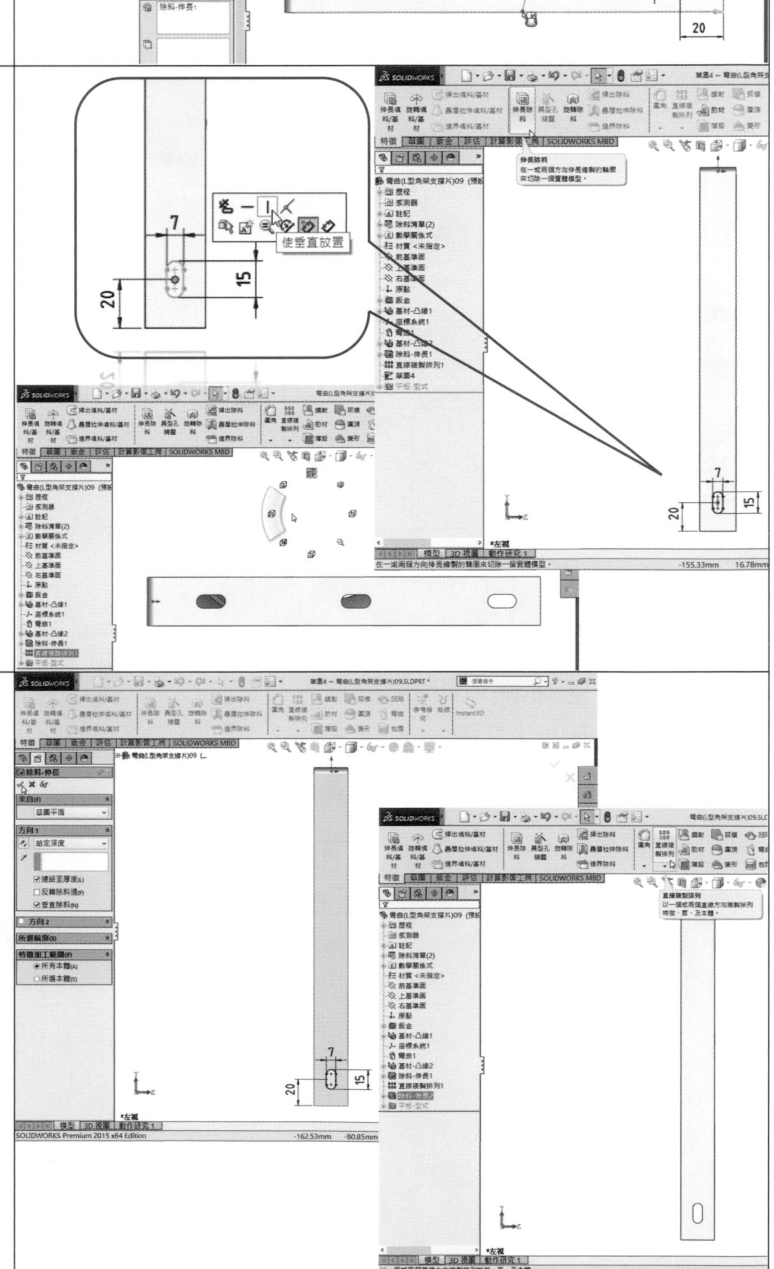 |
| 來自(F)『草圖平面』，於方向 1 選取『給定深度』，勾選『連結至厚度(L)』，不勾選『反轉除料邊(F)』，勾選『垂直除料(N)』，特徵加工範圍(F) 點選『所有本體(A)』後，按確定鍵。<br>點選特徵管理員中除料-伸長 2 項次，再按直線複製排列鈕。 | |

<table>
<tr><th>步驟說明</th><th>操作步驟圖示</th></tr>
<tr><td>複製排列特徵(F)方向 1 點選『邊線<1>』，預設點選『間距和副本(S)』，設定間距為95mm，設定副本數為 3，預設勾選特徵和面(F)載入『除料-伸長 2』，按反轉方向鈕，往上方向複製特徵後，按確定鍵。</td><td>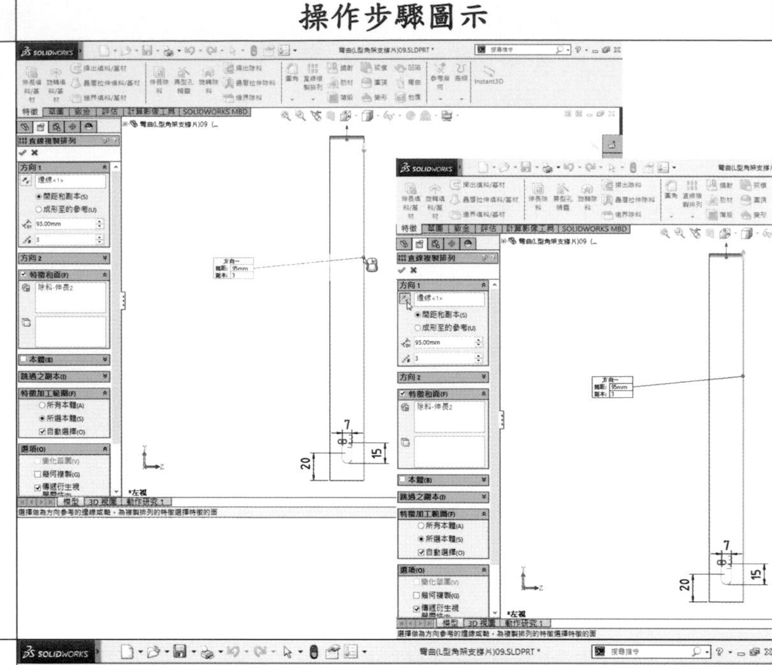</td></tr>
<tr><td>按視角方位鈕，按住鍵盤Alt鍵後，點選『視圖選擇器』方向對話方塊中的右下角位置的面，強調顯示左側底部方向的不等角視。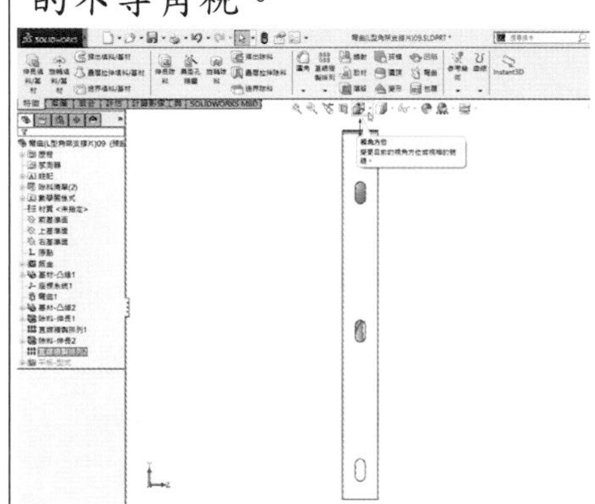</td><td>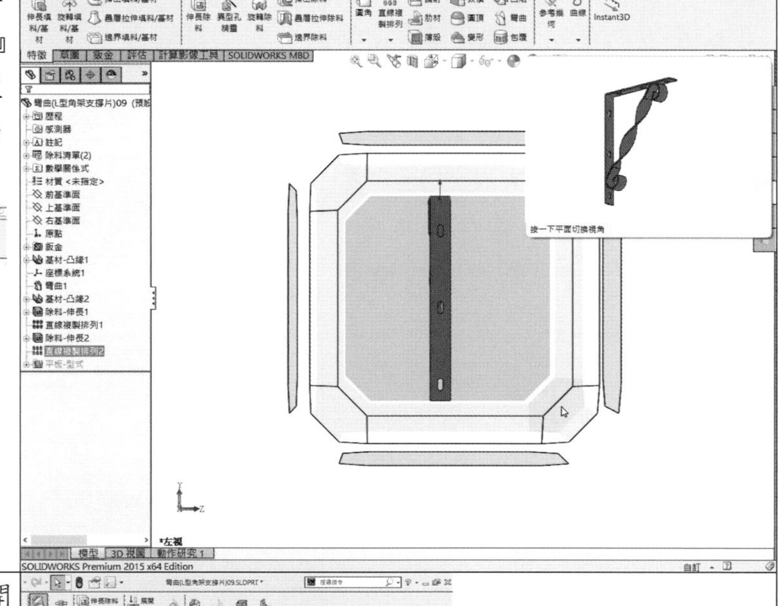</td></tr>
<tr><td>按 鈑金 鈑金工具列，按斷開角落/角落-修剪鈕，斷開角落選項(B)中斷開類型：按圓角鈕，設定半徑值為 3mm，點選角落凸緣面『面<1>、面<2>』後，按滑鼠右鍵。</td><td>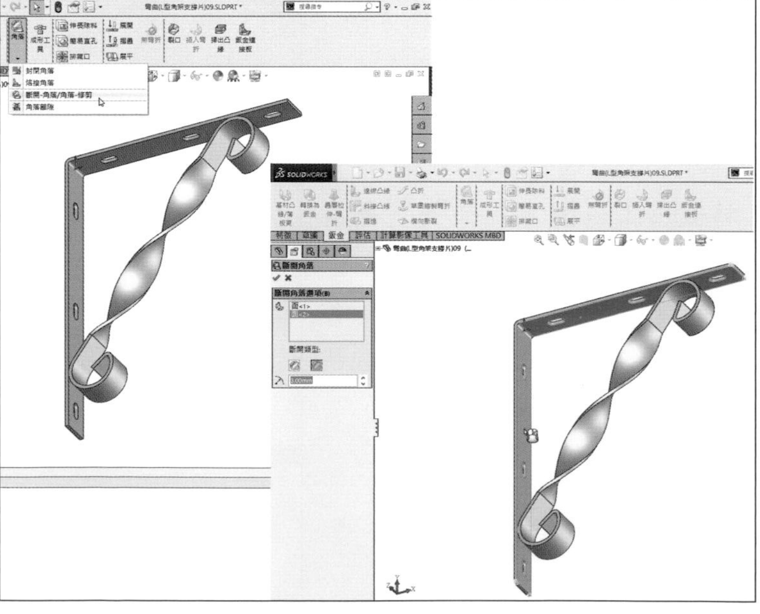</td></tr>
</table>

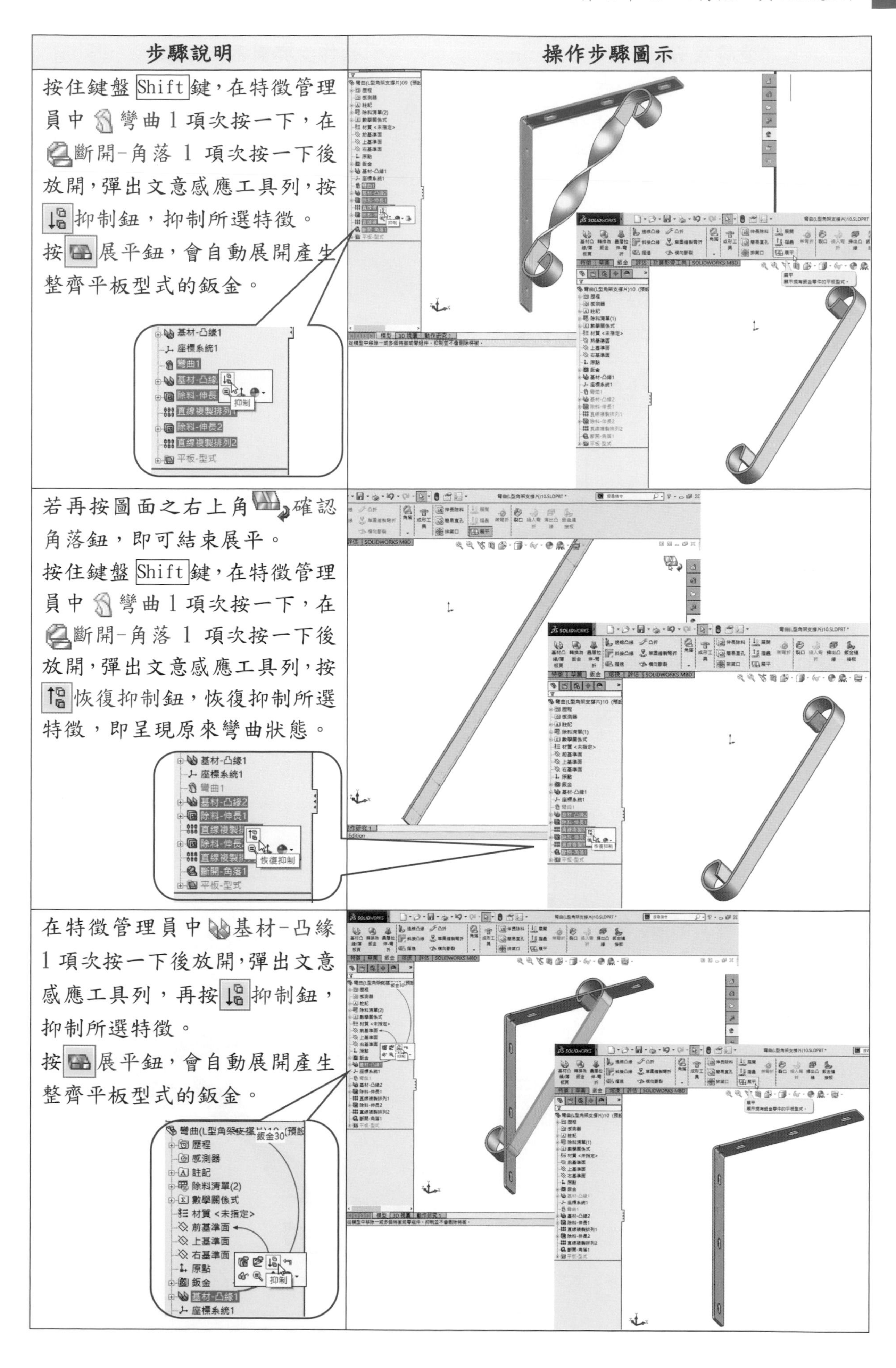

| 步驟說明 | 操作步驟圖示 |
| --- | --- |
| 按住鍵盤 Shift 鍵，在特徵管理員中 彎曲1 項次按一下，在 斷開-角落 1 項次按一下後放開，彈出文意感應工具列，按 抑制鈕，抑制所選特徵。<br>按 展平鈕，會自動展開產生整齊平板型式的鈑金。 | |
| 若再按圖面之右上角 確認角落鈕，即可結束展平。<br>按住鍵盤 Shift 鍵，在特徵管理員中 彎曲1 項次按一下，在 斷開-角落 1 項次按一下後放開，彈出文意感應工具列，按 恢復抑制鈕，恢復抑制所選特徵，即呈現原來彎曲狀態。 | |
| 在特徵管理員中 基材-凸緣 1 項次按一下後放開，彈出文意感應工具列，再按 抑制鈕，抑制所選特徵。<br>按 展平鈕，會自動展開產生整齊平板型式的鈑金。 | |

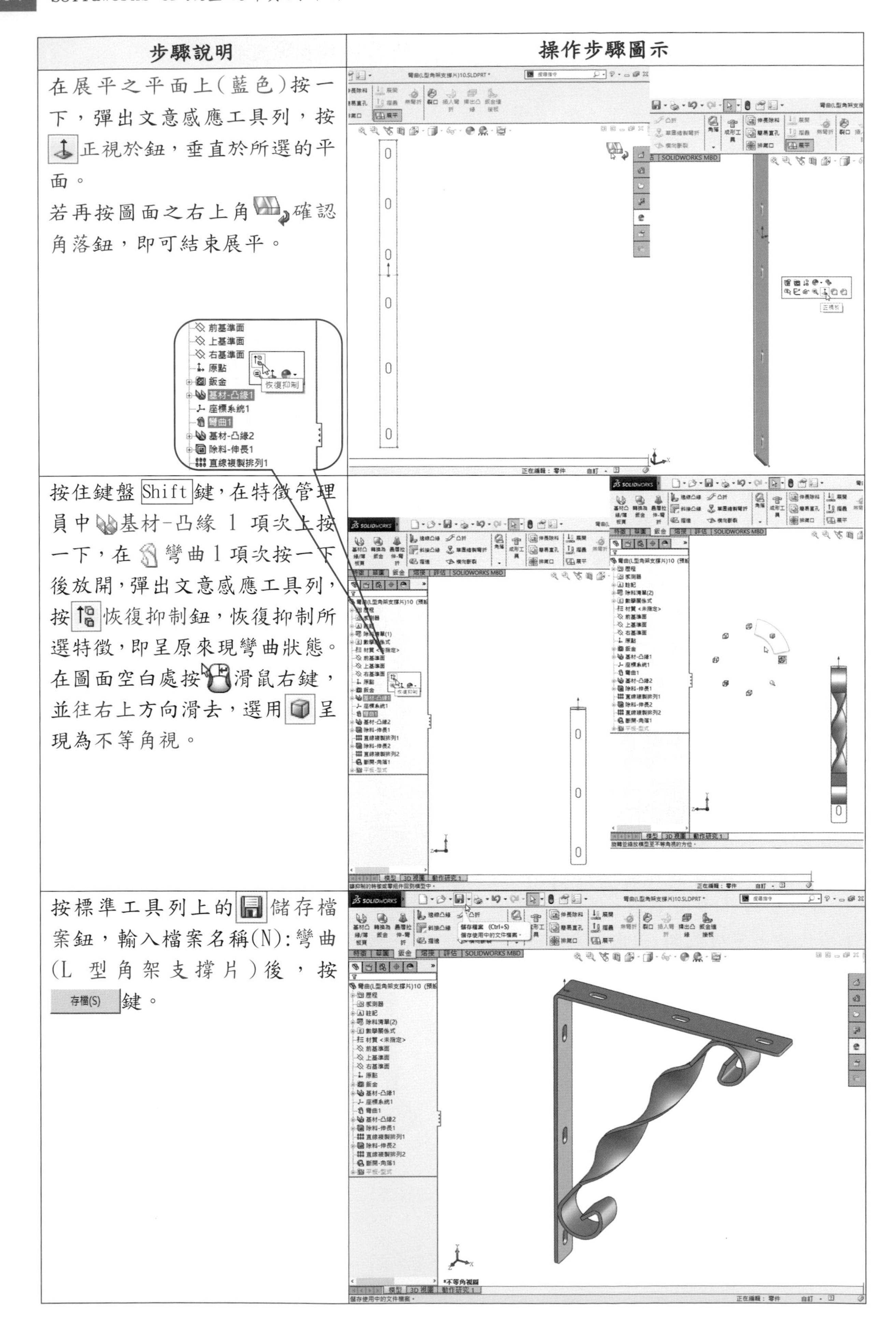

| 步驟說明 | 操作步驟圖示 |
| --- | --- |
| 在展平之平面上(藍色)按一下，彈出文意感應工具列，按正視於鈕，垂直於所選的平面。<br>若再按圖面之右上角確認角落鈕，即可結束展平。 | |
| 按住鍵盤Shift鍵，在特徵管理員中基材-凸緣1項次上按一下，在彎曲1項次按一下後放開，彈出文意感應工具列，按恢復抑制鈕，恢復抑制所選特徵，即呈原來現彎曲狀態。<br>在圖面空白處按滑鼠右鍵，並往右上方向滑去，選用呈現為不等角視。 | |
| 按標準工具列上的儲存檔案鈕，輸入檔案名稱(N):彎曲(L型角架支撐片)後，按存檔(S)鍵。 | |

## 4.6.1 排氣口指令用於電源供應器外殼底座鈑金件

**學習目標：能在鈑金上建立排氣口的草圖後，使用排氣口指令產生排氣孔的造型。**

**繪圖步驟：開啟**舊檔**→刪除**複製排列的草圖**→刪除**填入複製排列**→畫**排氣口的草圖**→**
產生排氣口**→按**展平。

使用指令：

- 草圖指令：圓、直線、角落矩形、幾何建構線和修剪圖元。
- 特徵指令：伸長除料、
- 鈑金指令：排氣口、展平。

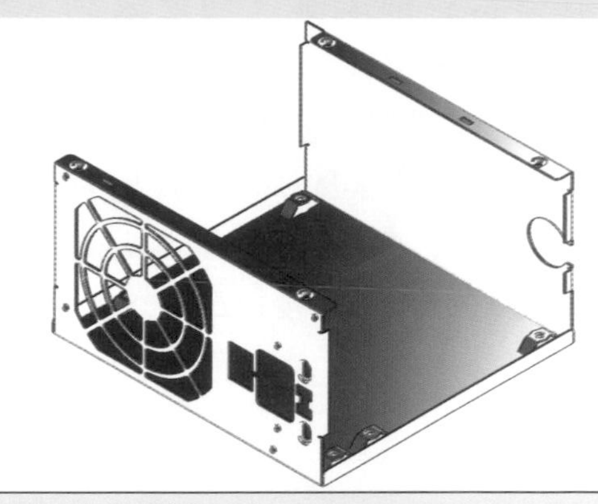

| 步驟說明 | 操作步驟圖示 |
|---|---|
| 在標準工具列上，按**開啟舊檔鈕**，**開啟**填入與草圖複製排列(電源供應器外殼底座).SLDPRT **檔案**。 | 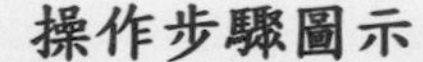  |
| 按一下特徵管理員中**直狹凸緣沖頭 1 項次後放開，彈出文意感應工具列，按**回溯**鈕。**回溯控制棒**會立即移至**直狹凸緣沖頭 1 **項次上方的位置。** 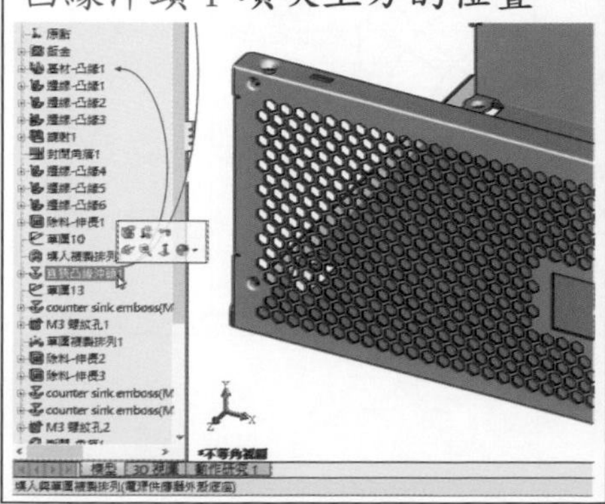 | 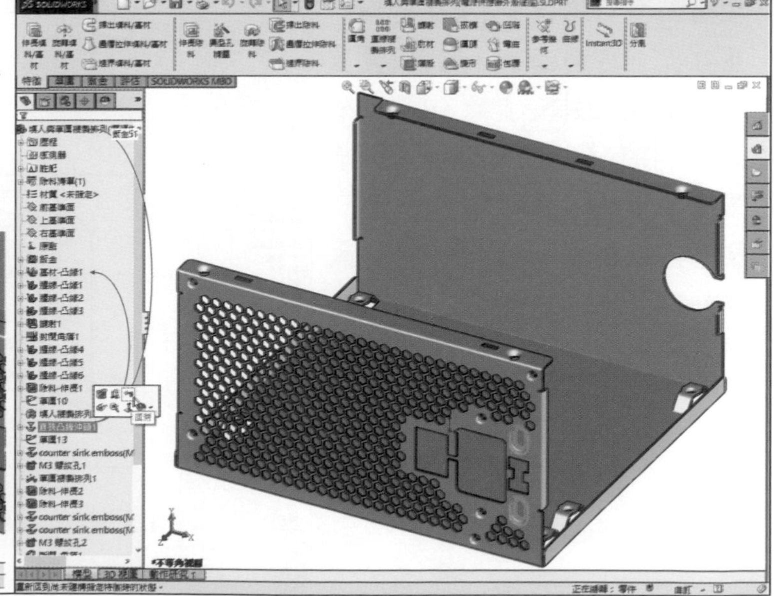 |

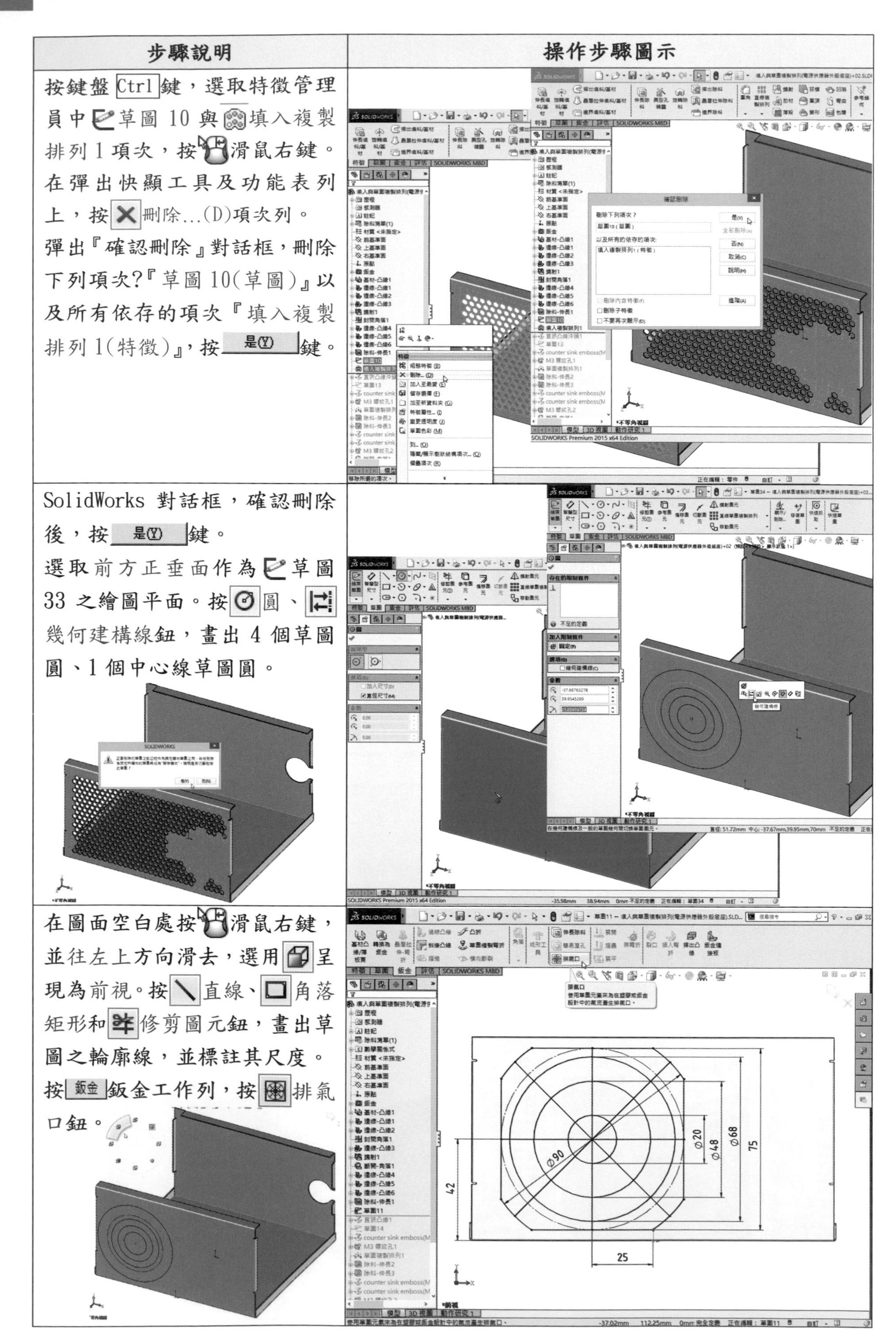

| 步驟說明 | 操作步驟圖示 |
| --- | --- |
| 按鍵盤 Ctrl 鍵，選取特徵管理員中草圖 10 與填入複製排列 1 項次，按滑鼠右鍵。在彈出快顯工具及功能表列上，按刪除...(D)項次列。彈出『確認刪除』對話框，刪除下列項次?『草圖 10(草圖)』以及所有依存的項次『填入複製排列 1(特徵)』，按 是(Y) 鍵。 | |
| SolidWorks 對話框，確認刪除後，按 是(Y) 鍵。選取前方正垂面作為草圖 33 之繪圖平面。按圓、幾何建構線鈕，畫出 4 個草圖圓、1 個中心線草圖圓。 | |
| 在圖面空白處按滑鼠右鍵，並往左上方向滑去，選用呈現為前視。按直線、角落矩形和修剪圖元鈕，畫出草圖之輪廓線，並標註其尺度。按 鈑金 鈑金工作列，按排氣口鈕。 | |

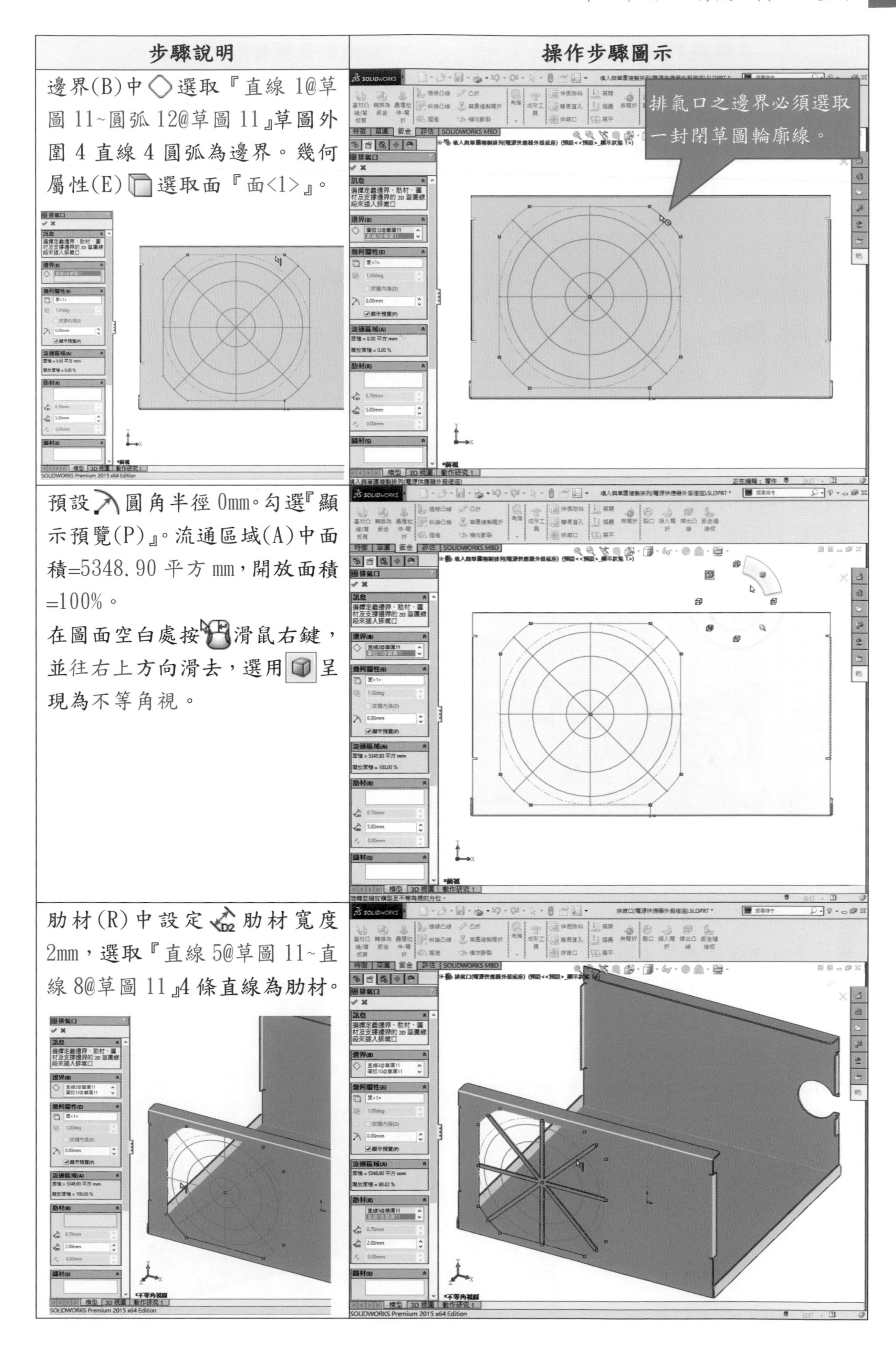

| 步驟說明 | 操作步驟圖示 |
| --- | --- |
| 邊界(B)中選取『直線 1@草圖 11~圓弧 12@草圖 11』草圖外圍 4 直線 4 圓弧為邊界。幾何屬性(E)選取面『面<1>』。 | 排氣口之邊界必須選取一封閉草圖輪廓線。 |
| 預設圓角半徑 0mm。勾選『顯示預覽(P)』。流通區域(A)中面積=5348.90 平方 mm，開放面積=100%。<br>在圖面空白處按滑鼠右鍵，並往右上方向滑去，選用呈現為不等角視。 | |
| 肋材(R)中設定肋材寬度 2mm，選取『直線 5@草圖 11~直線 8@草圖 11』4 條直線為肋材。 | |

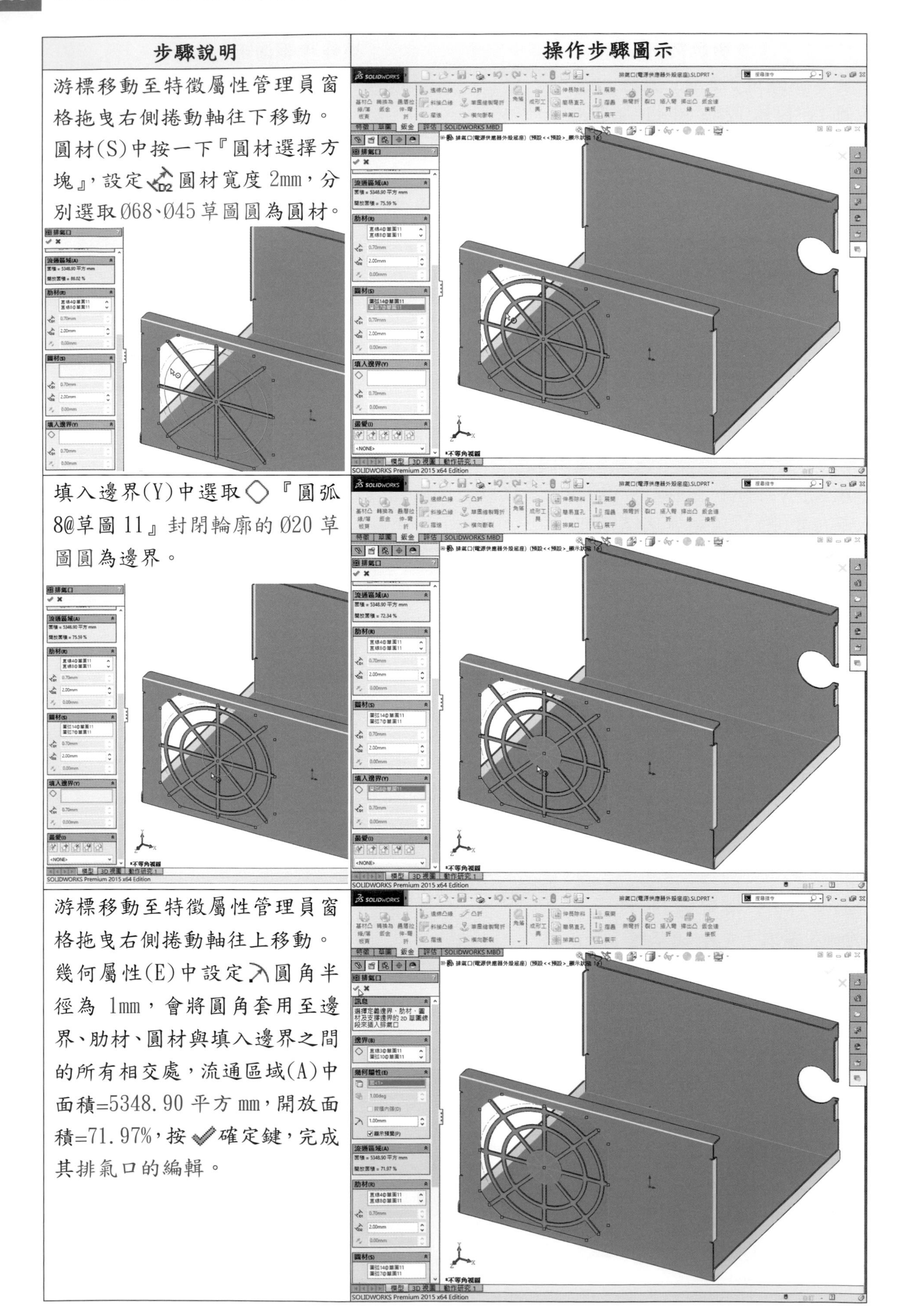

| 步驟說明 | 操作步驟圖示 |
| --- | --- |
| 游標移動至特徵屬性管理員窗格拖曳右側捲動軸往下移動。圓材(S)中按一下『圓材選擇方塊』，設定圓材寬度2mm，分別選取Ø68、Ø45草圖圓為圓材。 | |
| 填入邊界(Y)中選取『圓弧8@草圖11』封閉輪廓的Ø20草圖圓為邊界。 | |
| 游標移動至特徵屬性管理員窗格拖曳右側捲動軸往上移動。幾何屬性(E)中設定圓角半徑為1mm，會將圓角套用至邊界、肋材、圓材與填入邊界之間的所有相交處，流通區域(A)中面積=5348.90平方mm，開放面積=71.97%，按確定鍵，完成其排氣口的編輯。 | |

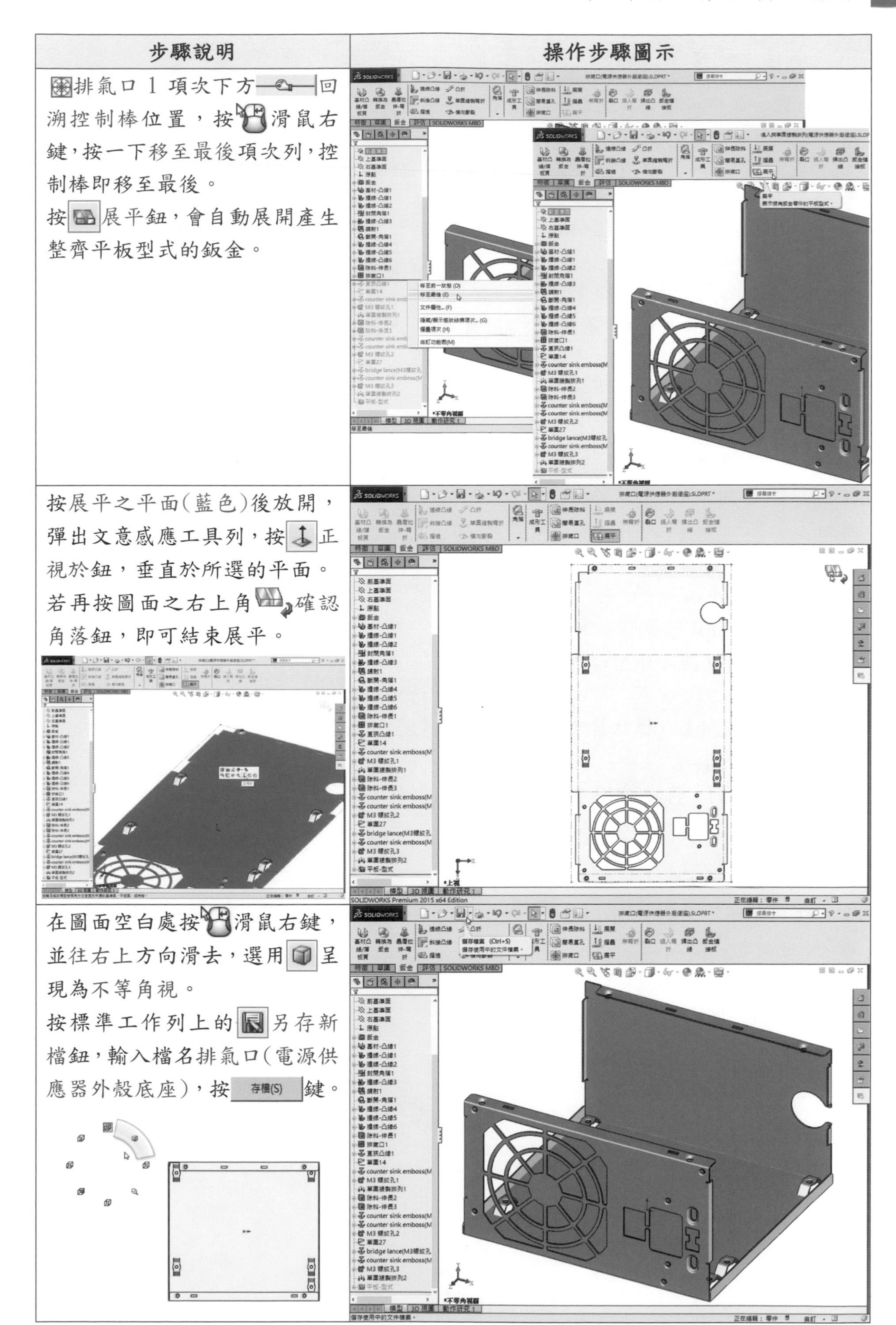

| 步驟說明 | 操作步驟圖示 |
| --- | --- |
| 排氣口 1 項次下方回溯控制棒位置，按滑鼠右鍵，按一下移至最後項次列，控制棒即移至最後。<br>按展平鈕，會自動展開產生整齊平板型式的鈑金。 | |
| 按展平之平面(藍色)後放開，彈出文意感應工具列，按正視於鈕，垂直於所選的平面。<br>若再按圖面之右上角確認角落鈕，即可結束展平。 | |
| 在圖面空白處按滑鼠右鍵，並往右上方向滑去，選用呈現為不等角視。<br>按標準工作列上的另存新檔鈕，輸入檔名排氣口(電源供應器外殼底座)，按 存檔(S) 鍵。 | |

## 4.6.2 排氣口指令用於不銹鋼烤箱外殼鈑金件

**學習目標**：能使用排氣口指令在鈑金上，快速產生不同形狀的排氣孔造型。

**繪圖步驟**：長基材凸緣→作邊線凸緣→作凸折→按展開→作伸長除料→作排氣口→建成形工具→插入成形工具→按摺疊→按展平。

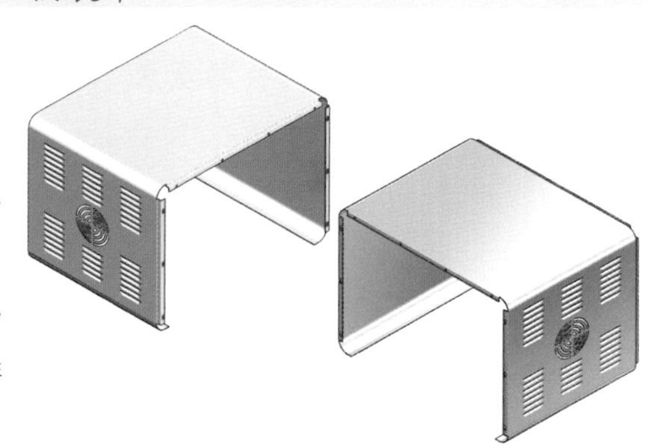

- 草圖指令：圓、直線、角落矩形、切斷圖元、幾何建構線、直狹槽、橢圓、角落矩形。
- 特徵指令：伸長除料、直線複製排列、鏡射、伸長填料/基材、圓角。
- 鈑金指令：基材凸緣/薄板頁、邊線凸緣、凸折、展開、成形工具、排氣口、摺疊、展平。

| 步驟說明 | 操作步驟圖示 |
|---|---|
| 按標準工作列上的開啟新檔鈕。<br>首先選取前基準面作為草圖1之繪圖平面。<br>按橢圓、角落矩形、直線鈕，畫出草圖之外型輪廓線。<br>按智慧型尺寸鈕，標註其尺度。<br>特徵特徵工作列，再按伸長填料/基材鈕。 | 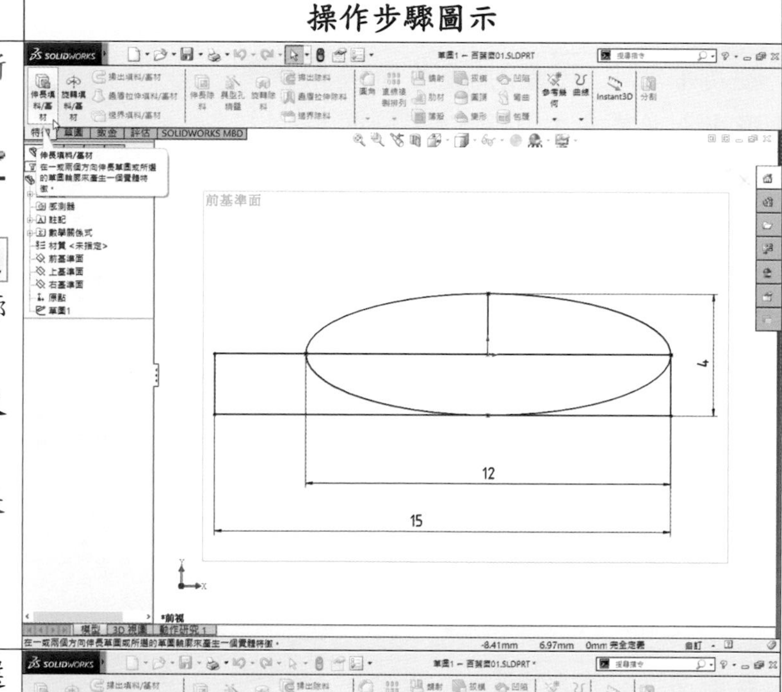 |
| 來自(F)『草圖平面』，方向1選取『給定深度』，輸入深度值17mm，所選輪廓(S)點選『草圖1-局部範圍<1>』後，按滑鼠右鍵。 | 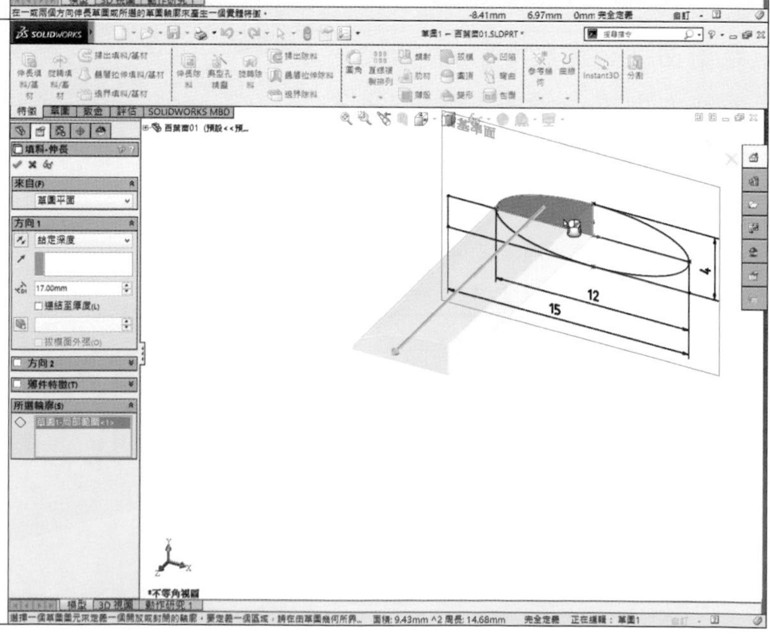 |

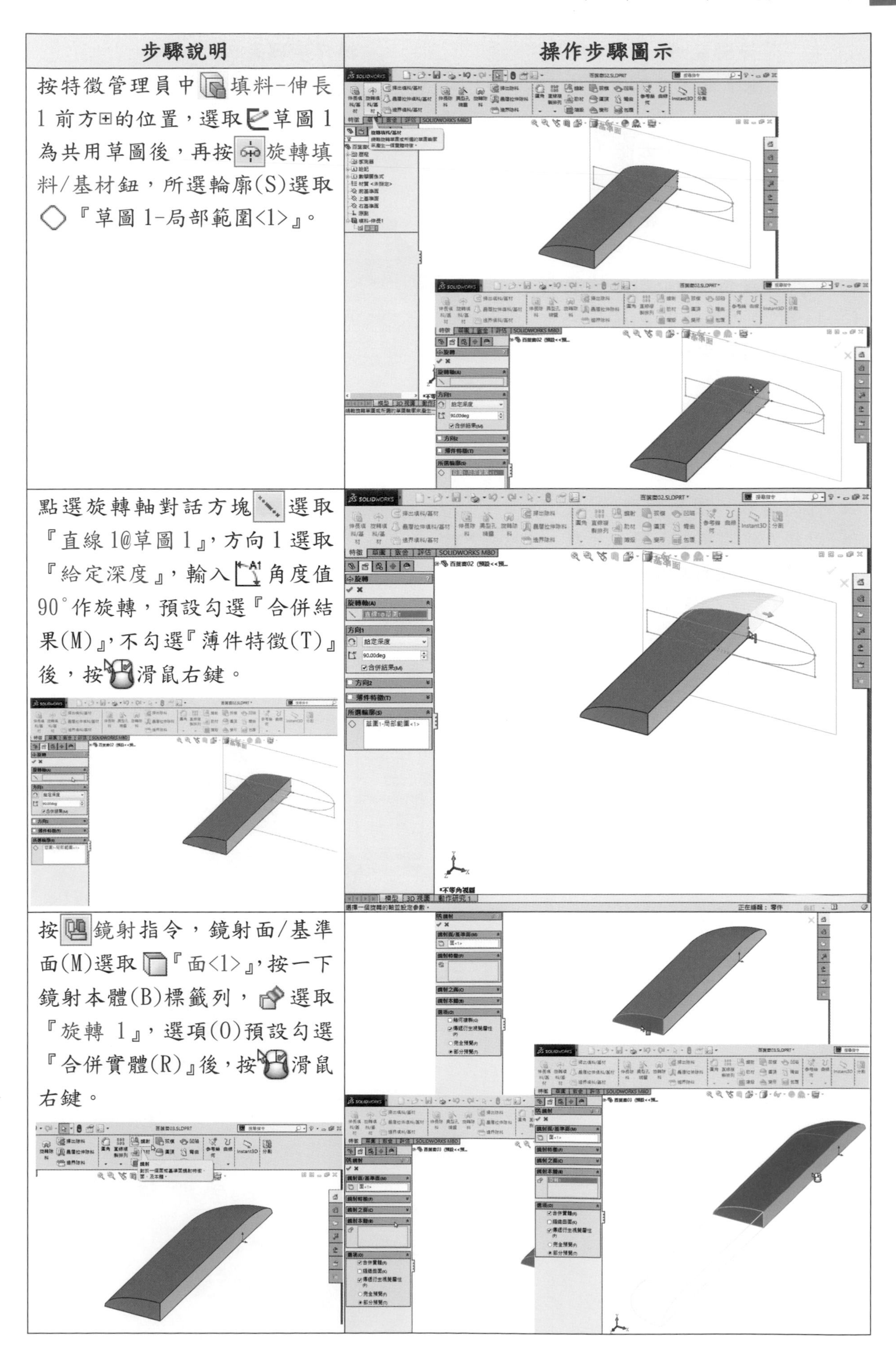

| 步驟說明 | 操作步驟圖示 |
|---|---|
| 按特徵管理員中填料-伸長1前方⊞的位置，選取草圖1為共用草圖後，再按旋轉填料/基材鈕，所選輪廓(S)選取『草圖1-局部範圍<1>』。 | |
| 點選旋轉軸對話方塊選取『直線1@草圖1』，方向1選取『給定深度』，輸入角度值90°作旋轉，預設勾選『合併結果(M)』，不勾選『薄件特徵(T)』後，按滑鼠右鍵。 | |
| 按鏡射指令，鏡射面/基準面(M)選取『面<1>』，按一下鏡射本體(B)標籤列，選取『旋轉1』，選項(O)預設勾選『合併實體(R)』後，按滑鼠右鍵。 | |

| 步驟說明 | 操作步驟圖示 |
|---|---|
| 選取草圖1為共用草圖後，再按伸長填料/基材鈕，來自(F)『草圖平面』，方向1選取『給定深度』，輸入深度值45mm，預設勾選『合併結果(M)』。方向2選取『給定深度』，輸入深度值10mm，所選輪廓(S)點選『草圖1-輪廓<1>』後，按滑鼠右鍵。 | |
| 按圓角鈕，圓角類型(Y)按固定大小圓角鈕，圓角參數(P)預設『相互對稱』，輸入半徑值1.5mm，，輪廓(P):『圓形』。圓角項次(I)勾選『沿相切面進行(G)』，點選『邊線<1>』後，按確定鍵。 | |
| 選取草圖1為共用草圖後，再按伸長除料鈕，來自『草圖平面』，方向1與方向2均選取『成形至下一面』，所選輪廓(S)選取『草圖1-輪廓<1>』後，按滑鼠右鍵。 | 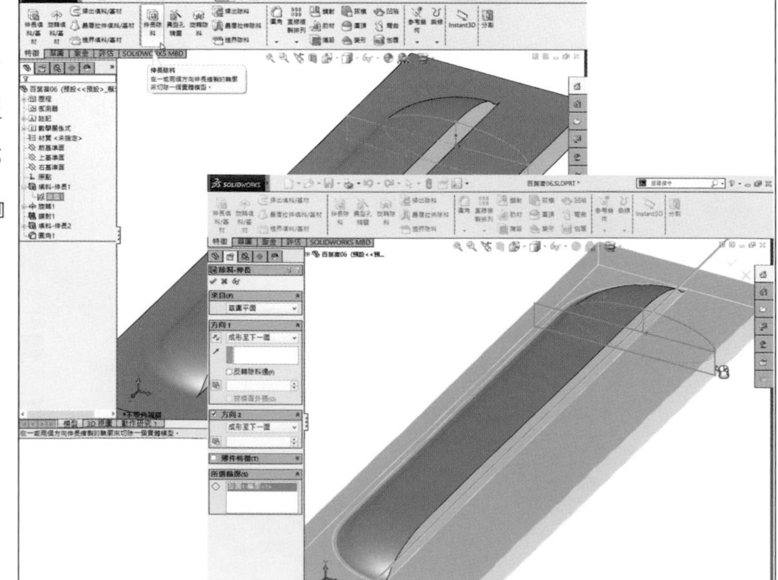 |

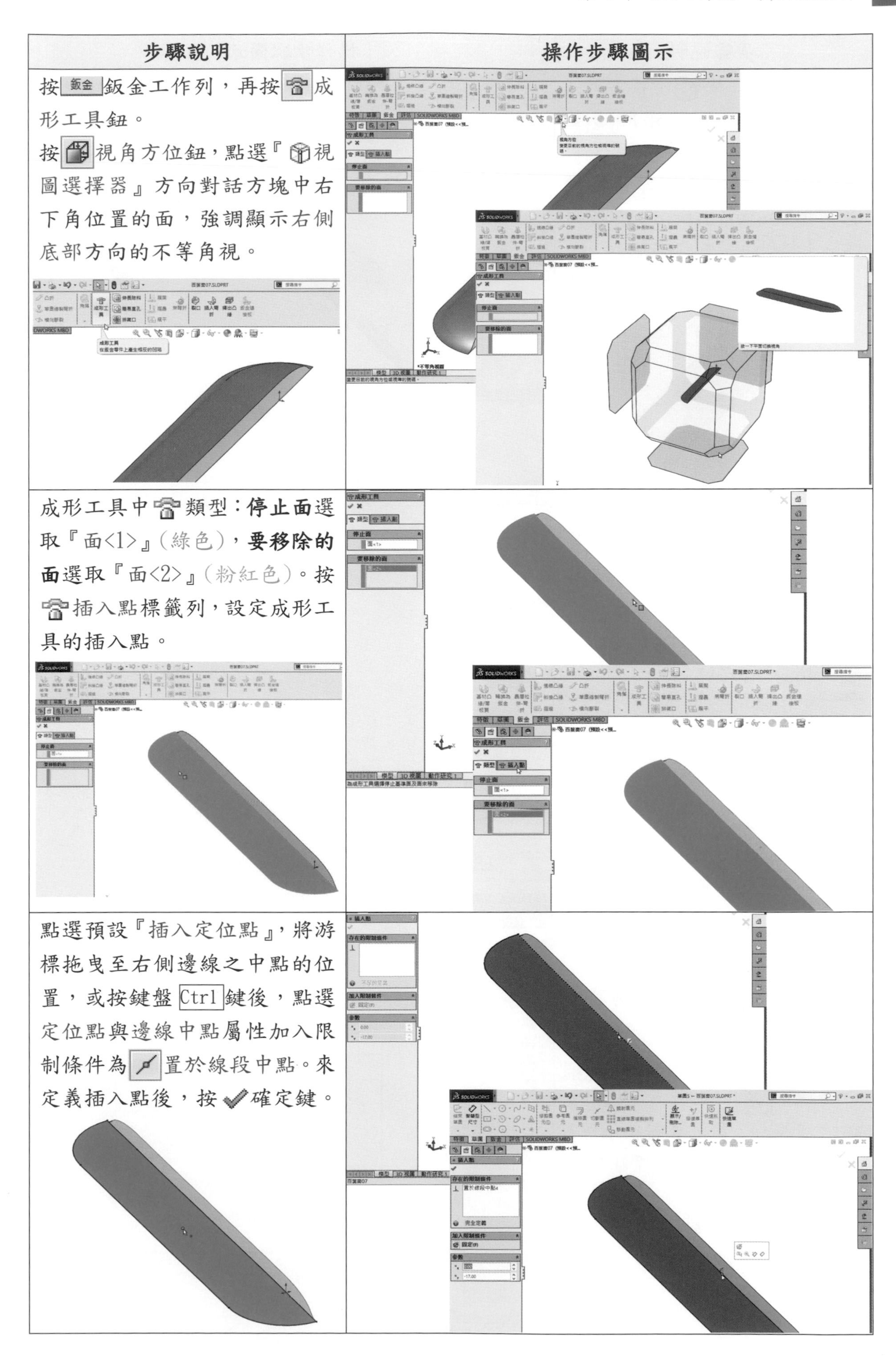

| 步驟說明 | 操作步驟圖示 |
| --- | --- |
| 按 鈑金 鈑金工作列，再按成形工具鈕。按視角方位鈕，點選『視圖選擇器』方向對話方塊中右下角位置的面，強調顯示右側底部方向的不等角視。 | |
| 成形工具中類型：**停止面**選取『面<1>』(綠色)，**要移除的面**選取『面<2>』(粉紅色)。按插入點標籤列，設定成形工具的插入點。 | |
| 點選預設『插入定位點』，將游標拖曳至右側邊線之中點的位置，或按鍵盤 Ctrl 鍵後，點選定位點與邊線中點屬性加入限制條件為置於線段中點。來定義插入點後，按確定鍵。 | |

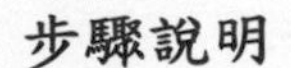

| 步驟說明 | 操作步驟圖示 |
| --- | --- |
| 在圖面空白處按滑鼠右鍵，並往右上方向滑去，選用呈現為不等角視。<br>按設計管理員工作窗格標籤，在Design Library標籤列下，按加入至資料庫鈕。<br>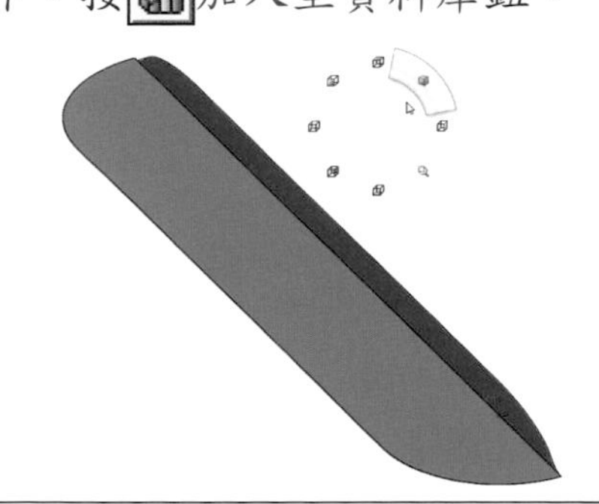 | 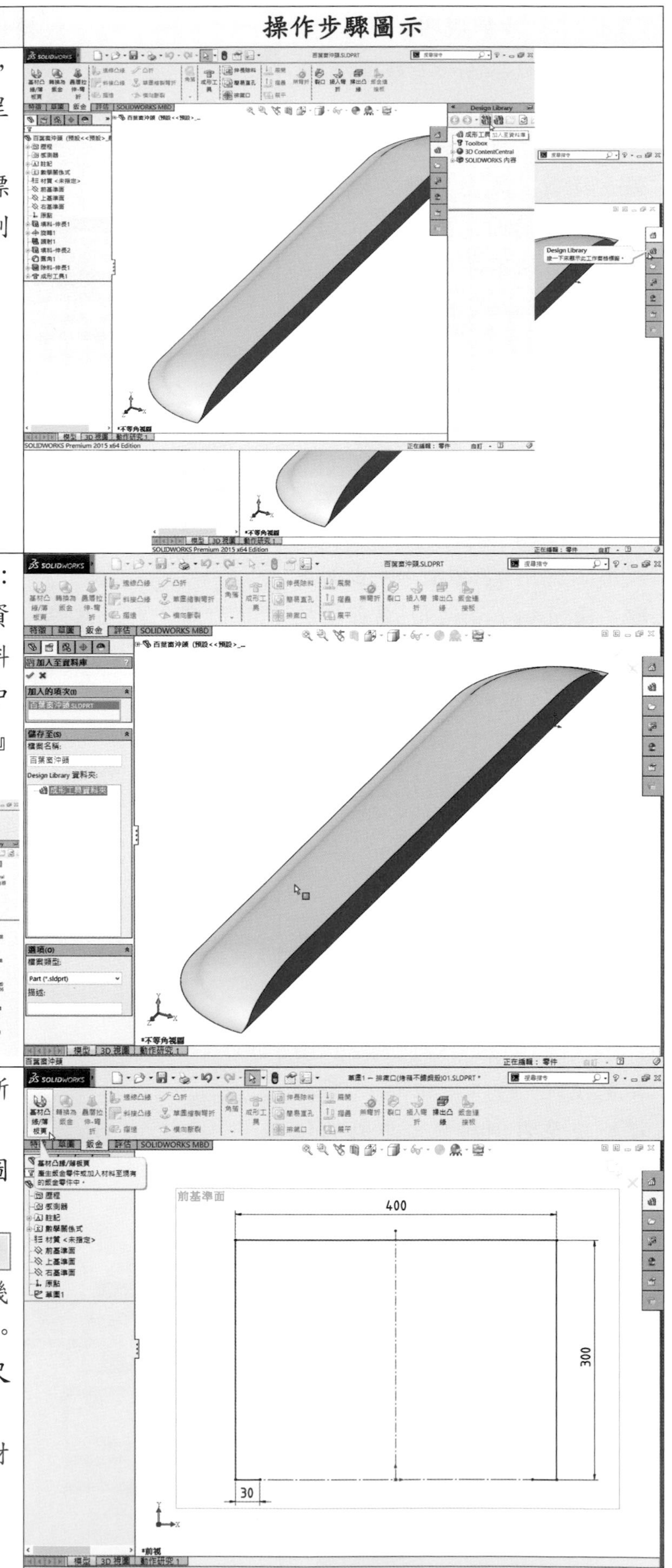<br> |
| 儲存至(S)自動載入檔案名稱:冰塊夾沖頭,Design Library資料夾:按一下成形工具資料夾,加入的項次(I)選取圖面中的特徵『百葉窗沖頭.sldprt』後，按確定鍵。<br> | |
| 按標準工作列上的開啟新檔鈕，開啟一個新檔。<br>首先選取前基準面作為草圖1之繪圖平面。<br>按角落矩形、直線、中心線、切斷圖元和幾何建構線鈕，畫出草圖輪廓線。<br>按智慧型尺寸鈕，標註其尺度。<br>按鈑金鈑金工具列，按基材凸緣/薄板頁鈕。 | |

| 步驟說明 | 操作步驟圖示 |
| --- | --- |
| 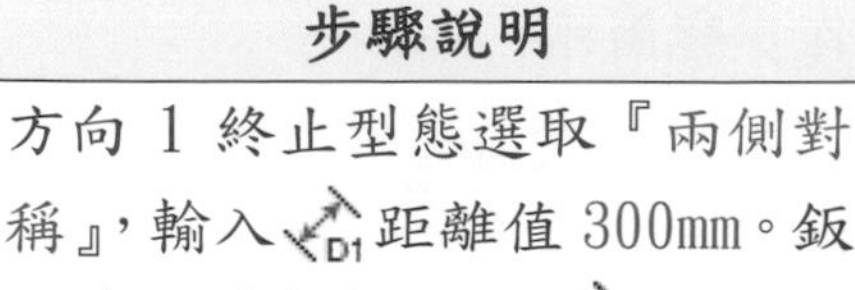 方向 1 終止型態選取『兩側對稱』，輸入距離值 300mm。鈑金參數(S)中設定厚度值 0.8mm，設定彎折半徑值 20mm，勾選『反轉方向(E)』，彎折裕度(A)預設『K-Factor』值為 0.5，自動離隙(T)預設『撕裂』後，按確定鍵。 | |
| 按邊線凸緣鈕，凸緣參數(P)中不勾選『使用預設半徑(U)』，設定彎折半徑值 0.5mm。角度(G)輸入凸緣角度 90°。凸緣長度(L)『給定深度』，設定長度值 10mm，按外側虛擬交角鈕。凸緣位置(N)按向外彎折鈕，點選『邊線<1>』。預設不勾選『自訂彎折裕度(A)』與『自訂離隙類型(R)』。游標向右移至 10mm 位置點一下。 | |
| 繼續點選『邊線<2>、邊線<3>』，完成 3 個方向 10mm 等長的邊線凸緣後，按確定鍵。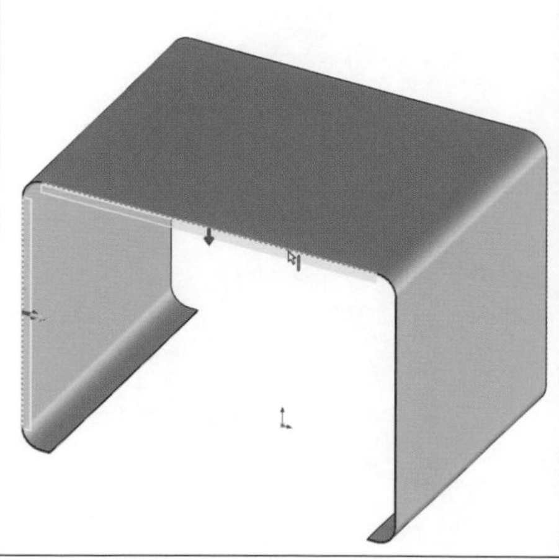 | 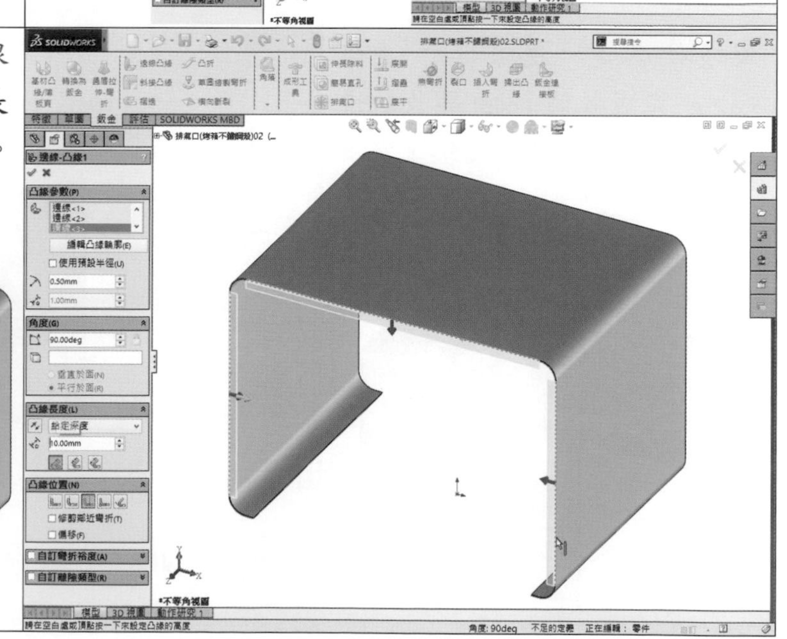 |

<table>
<tr><th>步驟說明</th><th>操作步驟圖示</th></tr>
<tr><td>按視角方位鈕，按鍵盤 Alt 鍵，點選『視圖選擇器』方向對話方塊中後方右下角位置的面，強調顯示右後底部的不等角視。<br>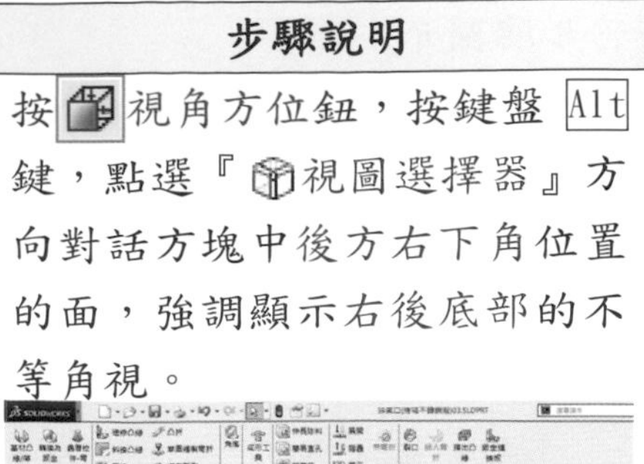</td><td>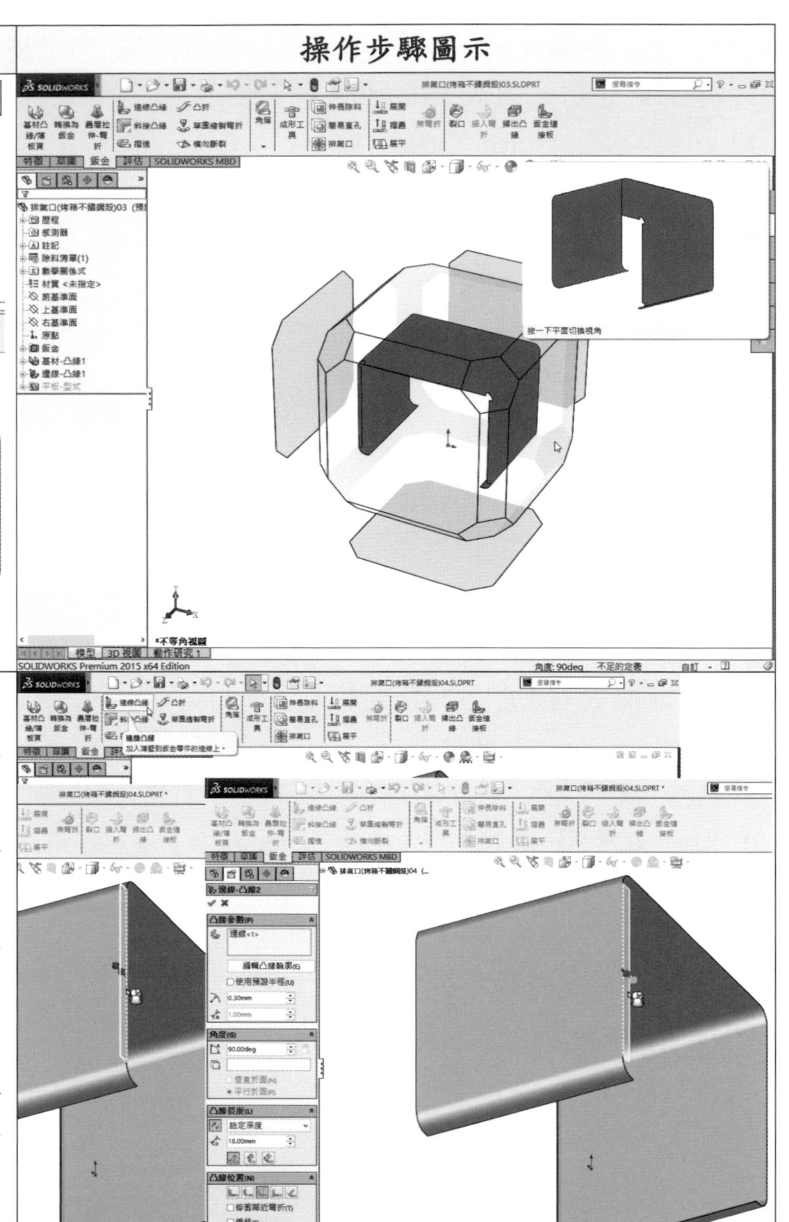</td></tr>
<tr><td>按 鈑金 鈑金工具列，按邊線凸緣鈕，凸緣參數(P)中不勾選『使用預設半徑』，設定彎折半徑值 0.3mm。角度(G)輸入凸緣角度 90°。凸緣長度(L)『給定深度』，設定長度值 18mm，按外側虛擬交角鈕。凸緣位置(N)按向外彎折鈕，點選『邊線<1>』。預設不勾選『自訂彎折裕度(A)』與『自訂離隙類型(R)』後，游標向右移至 18mm 位置點一下。<br>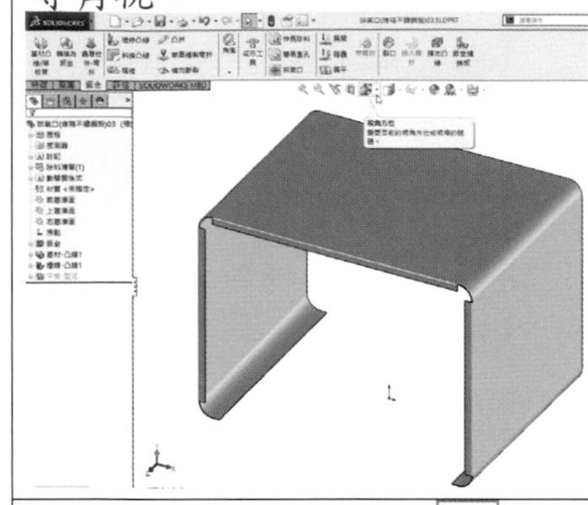</td><td></td></tr>
<tr><td>繼續點選『邊線<2>、邊線<3>』，完成 3 個 18mm 等長的邊線凸緣後，按確定鍵。<br>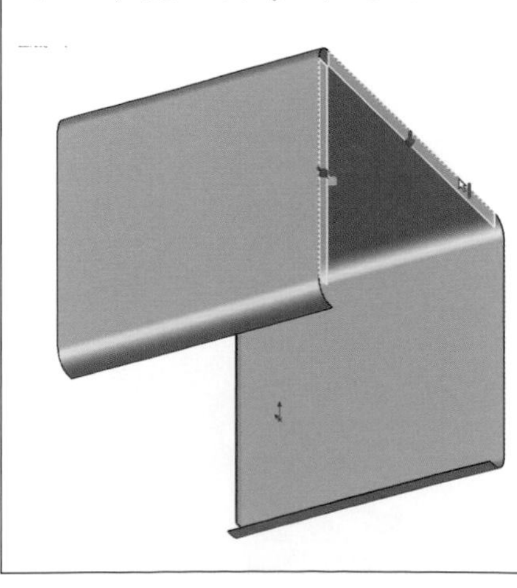</td><td>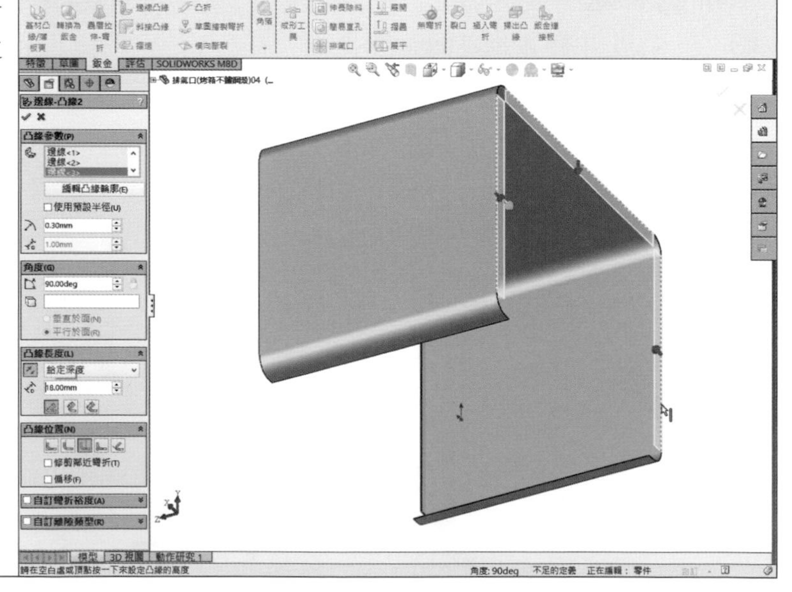</td></tr>
</table>

| 步驟說明 | 操作步驟圖示 |
| --- | --- |
| 在圖面空白處按滑鼠右鍵，並往左下方向滑去，選用呈現為後視。<br>選取左側垂直的凸緣面作為草圖 8 之繪圖平面。按直線鈕，畫出一垂直線，標註其尺度。<br>按 鈑金 鈑金工具列，按凸折鈕。<br>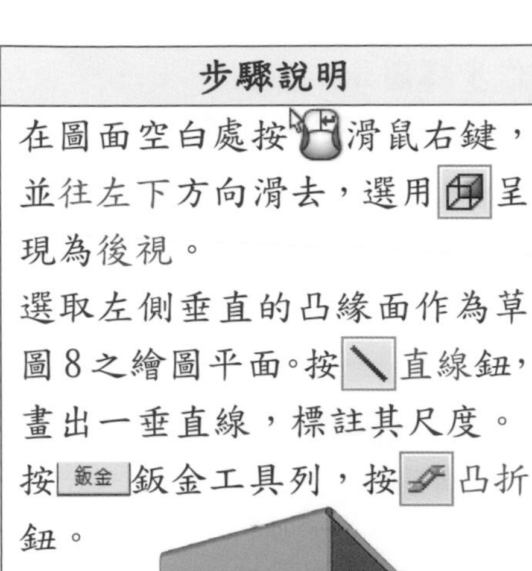 | 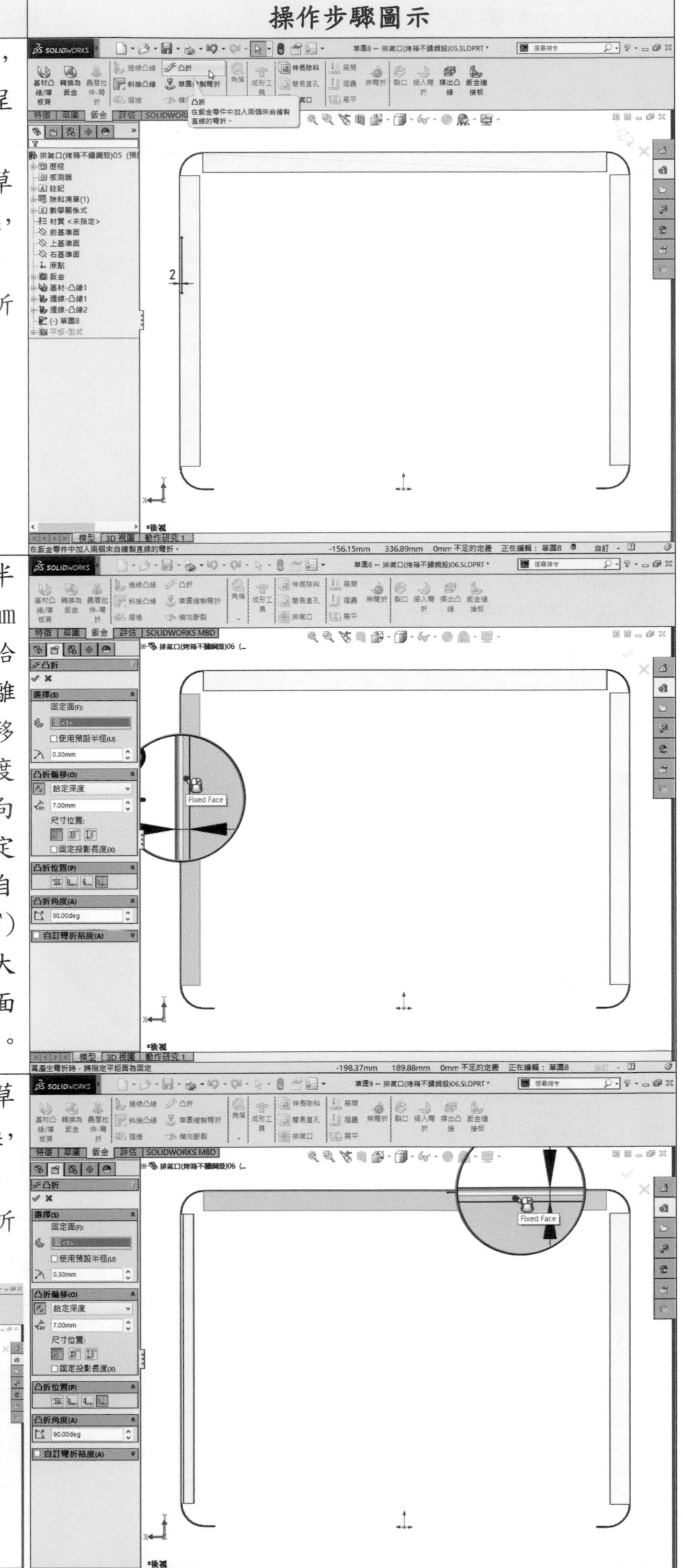 |
| 選擇(S)中不勾選『使用預設半徑(U)』，設定半徑值 0.3mm 凸折偏移(O)長度終止型態『給定深度』，設定偏移距離 7mm，尺寸位置：按外側偏移鈕，不勾選『固定投影長度(X)』。凸折位置(P)：按向外彎折鈕，凸折角度(A)：設定角度值 90°，預設不勾選『自訂彎折裕度(A)』。固定面(F)按鍵盤 G 鍵，顯示放大鏡，放大模型易於選取凸緣面『面<1>』後，按滑鼠右鍵。 | |
| 選取上方水平的凸緣面作為草圖 9 之繪圖平面。按直線鈕，畫出一水平線，標註其尺度。<br>按 鈑金 鈑金工具列，按凸折鈕。*(設定與操作重複上述相同)*<br>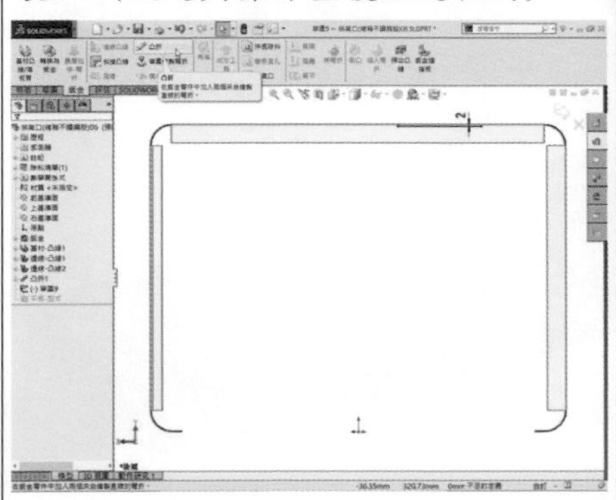 | |

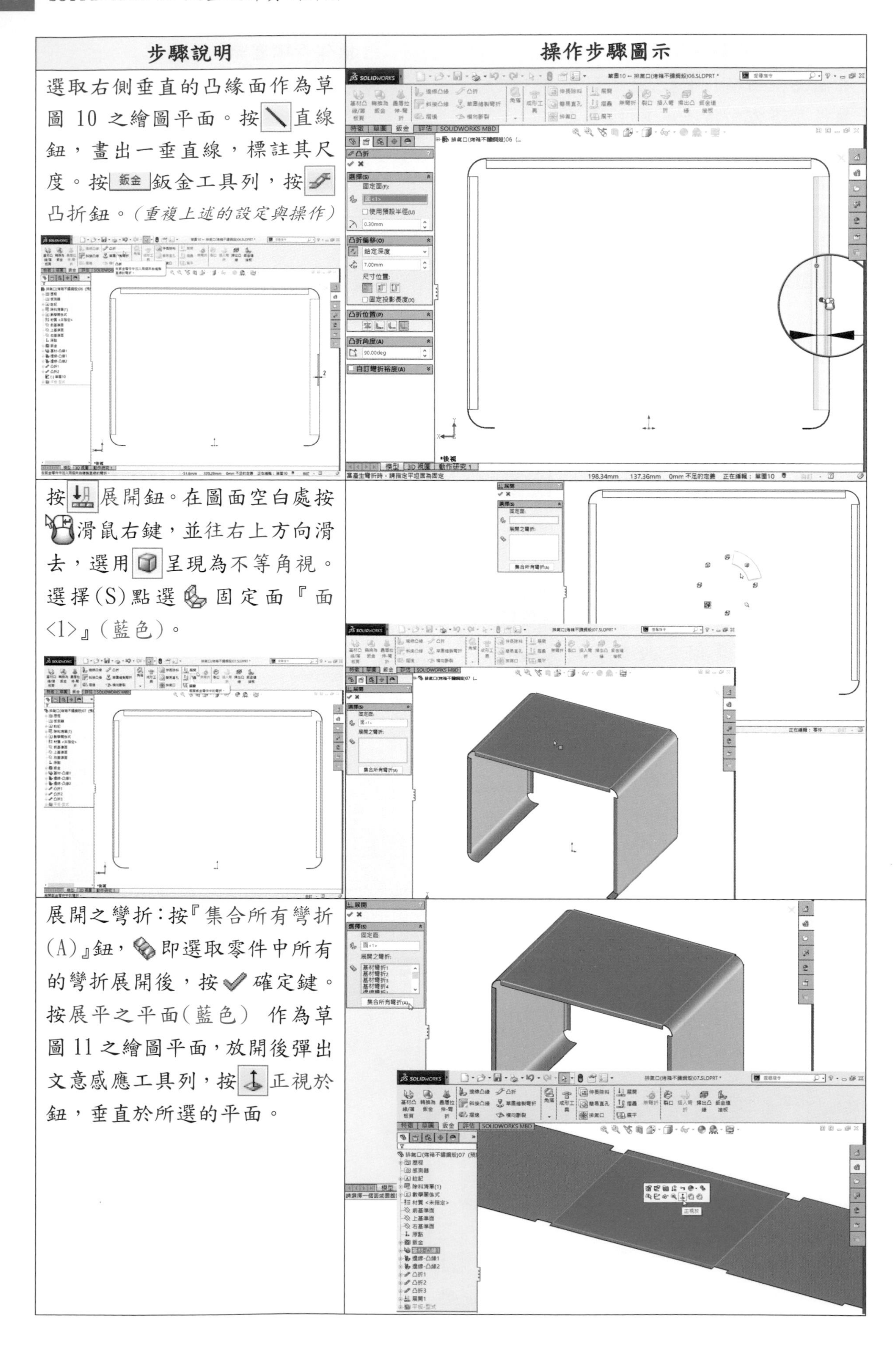

| 步驟說明 | 操作步驟圖示 |
| --- | --- |
| 選取右側垂直的凸緣面作為草圖 10 之繪圖平面。按 直線鈕，畫出一垂直線，標註其尺度。按 鈑金 鈑金工具列，按 凸折鈕。*(重複上述的設定與操作)* | |
| 按 展開鈕。在圖面空白處按 滑鼠右鍵，並往右上方向滑去，選用 呈現為不等角視。選擇(S)點選 固定面『面<1>』(藍色)。 | |
| 展開之彎折：按『集合所有彎折(A)』鈕， 即選取零件中所有的彎折展開後，按 確定鍵。按展平之平面(藍色) 作為草圖 11 之繪圖平面，放開後彈出文意感應工具列，按 正視於鈕，垂直於所選的平面。 | |

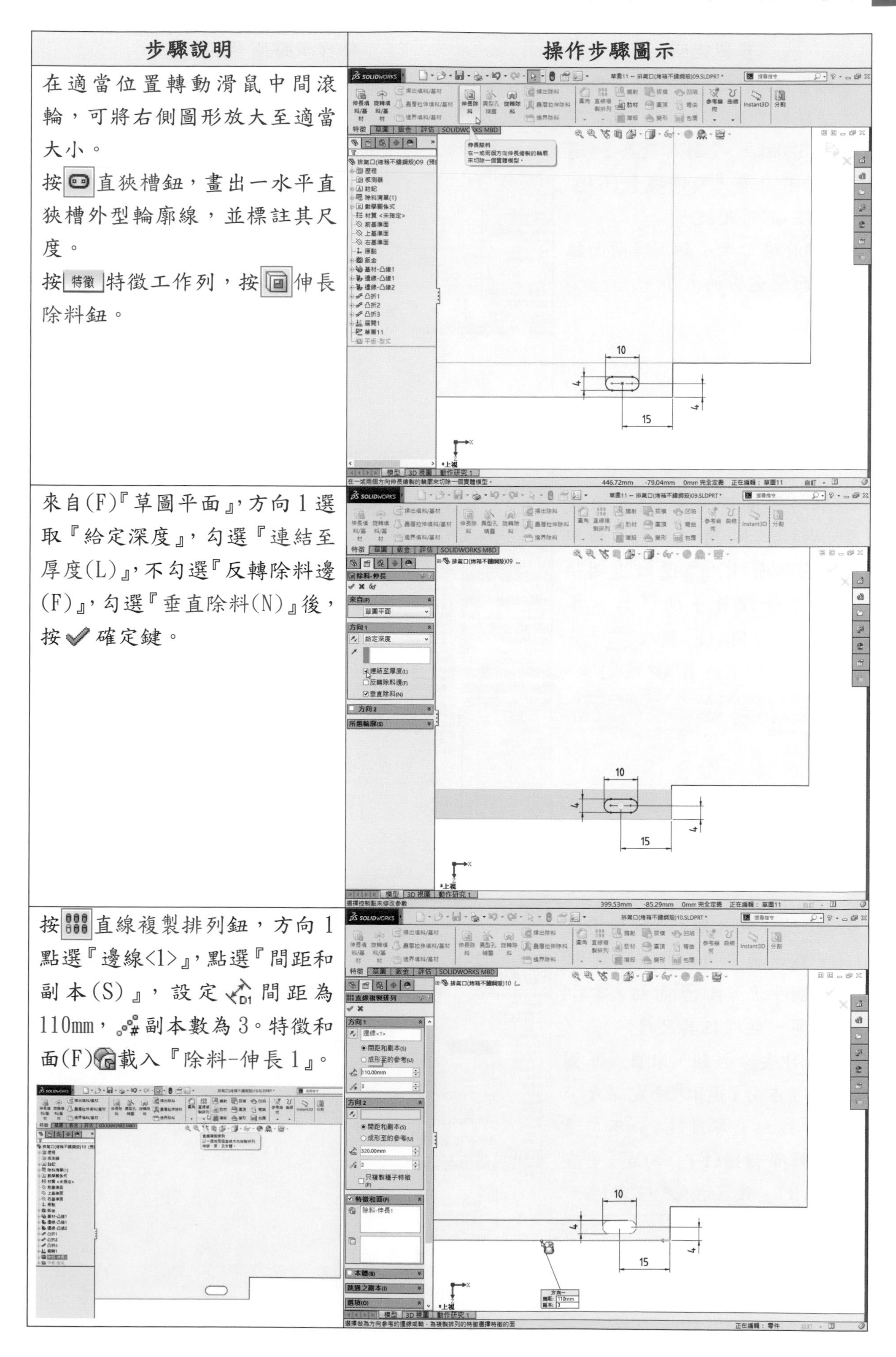

| 步驟說明 | 操作步驟圖示 |
| --- | --- |
| 在適當位置轉動滑鼠中間滾輪，可將右側圖形放大至適當大小。<br>按直狹槽鈕，畫出一水平直狹槽外型輪廓線，並標註其尺度。<br>按特徵特徵工作列，按伸長除料鈕。 | |
| 來自(F)『草圖平面』，方向1選取『給定深度』，勾選『連結至厚度(L)』，不勾選『反轉除料邊(F)』，勾選『垂直除料(N)』後，按確定鍵。 | |
| 按直線複製排列鈕，方向1點選『邊線<1>』，點選『間距和副本(S)』，設定間距為110mm，副本數為3。特徵和面(F)載入『除料-伸長1』。 | |

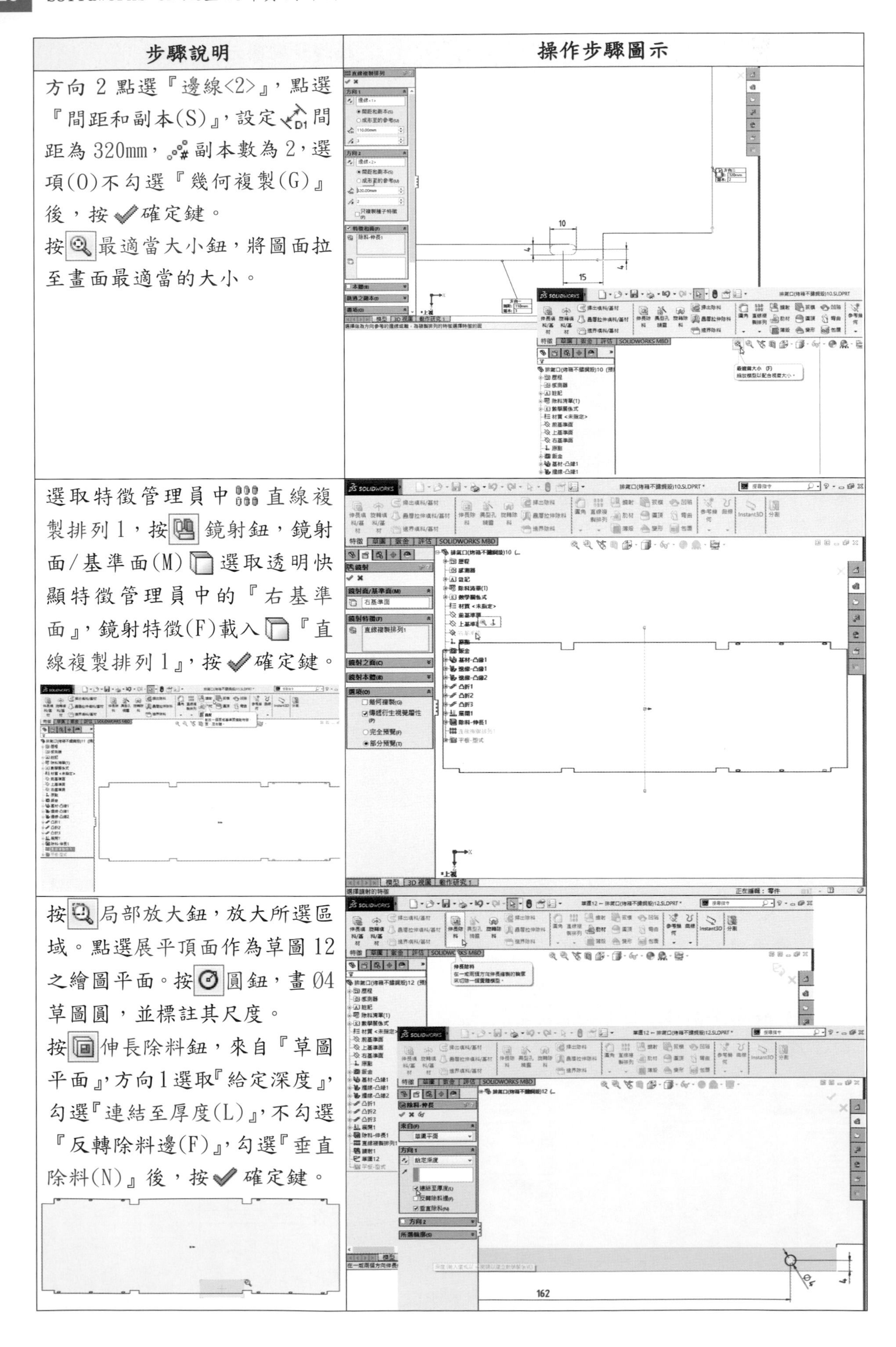

| 步驟說明 | 操作步驟圖示 |
| --- | --- |
| 方向 2 點選『邊線<2>』，點選『間距和副本(S)』，設定間距為 320mm，副本數為 2，選項(O)不勾選『幾何複製(G)』後，按確定鍵。<br>按最適當大小鈕，將圖面拉至畫面最適當的大小。 | |
| 選取特徵管理員中直線複製排列 1，按鏡射鈕，鏡射面/基準面(M)選取透明快顯特徵管理員中的『右基準面』，鏡射特徵(F)載入『直線複製排列 1』，按確定鍵。 | |
| 按局部放大鈕，放大所選區域。點選展平頂面作為草圖 12 之繪圖平面。按圓鈕，畫 Ø4 草圖圓，並標註其尺度。<br>按伸長除料鈕，來自『草圖平面』，方向 1 選取『給定深度』，勾選『連結至厚度(L)』，不勾選『反轉除料邊(F)』，勾選『垂直除料(N)』後，按確定鍵。 | |

| 步驟說明 | 操作步驟圖示 |
|---|---|
| 選取特徵管理員中除料-伸長 2。再按直線複製排列鈕，方向 1 點選『邊線<1>』，點選『間距和副本(S)』，設定間距為 108mm，副本數為 4。特徵和面(F)載入『除料-伸長 2』。 | 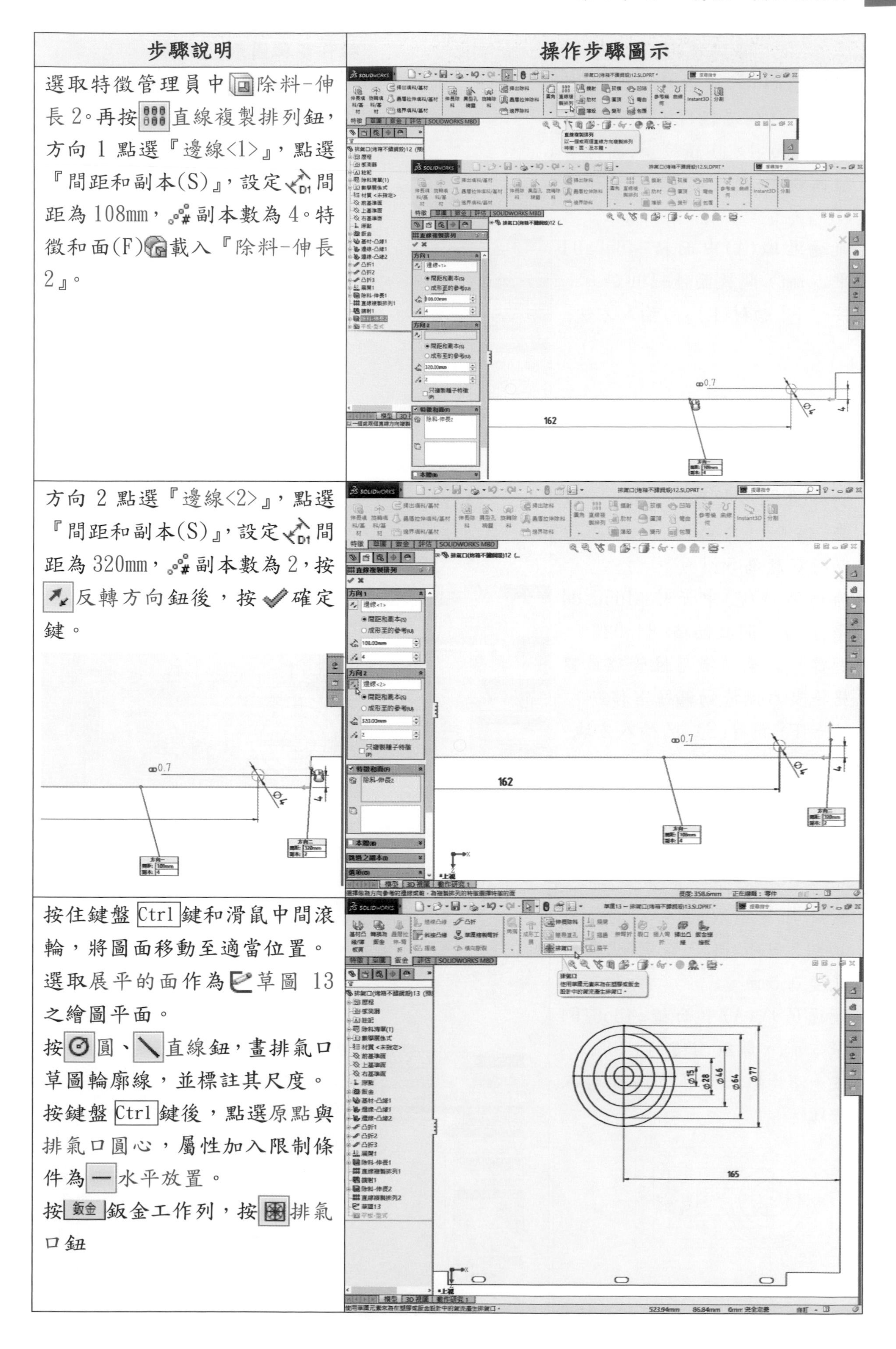 |
| 方向 2 點選『邊線<2>』，點選『間距和副本(S)』，設定間距為 320mm，副本數為 2，按反轉方向鈕後，按確定鍵。 | |
| 按住鍵盤 Ctrl 鍵和滑鼠中間滾輪，將圖面移動至適當位置。<br>選取展平的面作為草圖 13 之繪圖平面。<br>按圓、直線鈕，畫排氣口草圖輪廓線，並標註其尺度。<br>按鍵盤 Ctrl 鍵後，點選原點與排氣口圓心，屬性加入限制條件為水平放置。<br>按 鈑金 鈑金工作列，按排氣口鈕 | |

| 步驟說明 | 操作步驟圖示 |
| --- | --- |
| 邊界(B)中◇選取『圓弧 1』為邊界，幾何屬性(E)選取面載入『面<1>』，預設圓角半徑為 0mm，預設勾選『顯示預覽(P)』。<br>流通區域(A)中面積=4656.04 平方 mm，開放面積=100%。<br>按一下『肋材(R)』的輸入方塊。 | 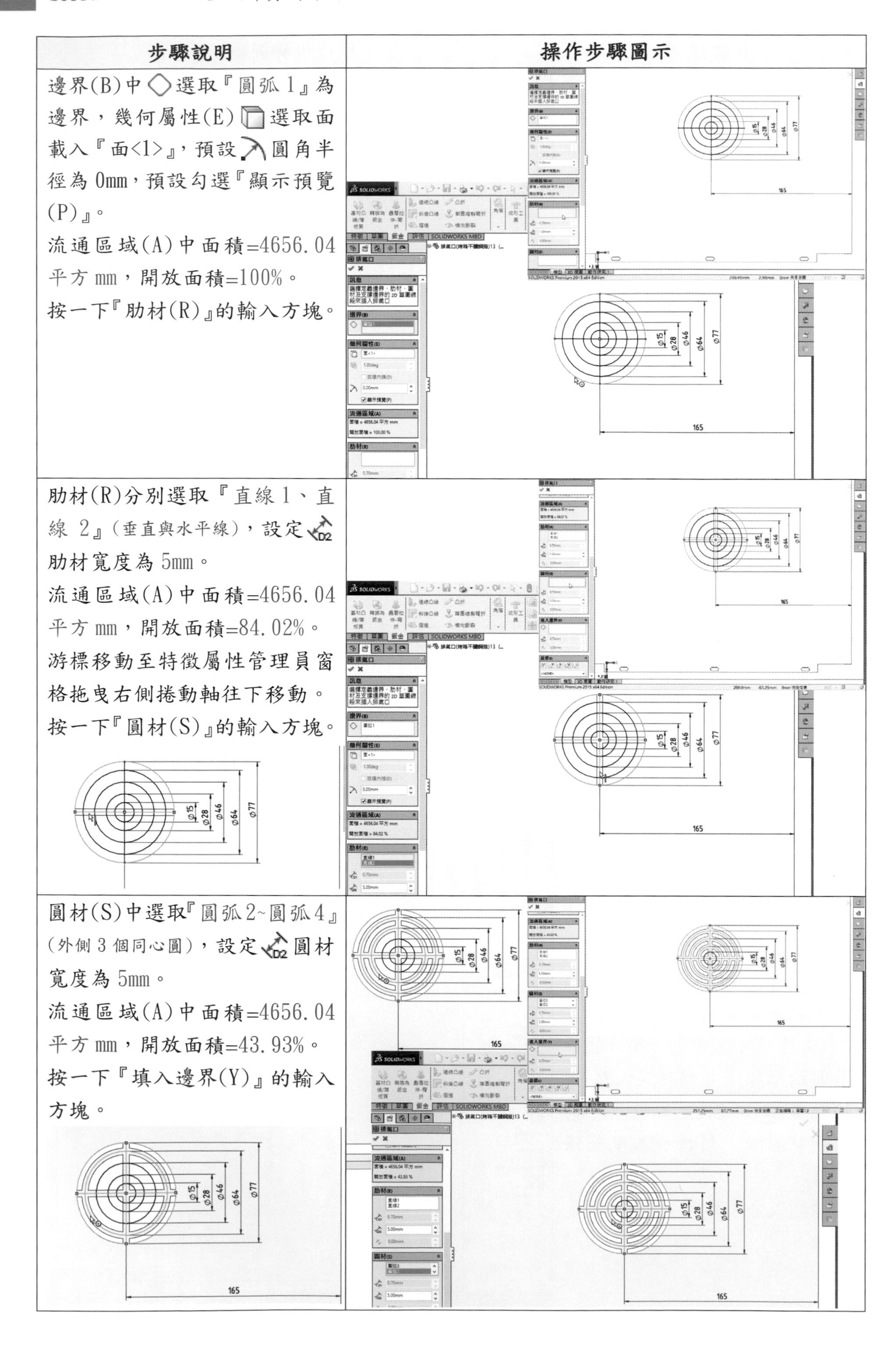 |
| 肋材(R)分別選取『直線 1、直線 2』(垂直與水平線)，設定肋材寬度為 5mm。<br>流通區域(A)中面積=4656.04 平方 mm，開放面積=84.02%。<br>游標移動至特徵屬性管理員窗格拖曳右側捲動軸往下移動。<br>按一下『圓材(S)』的輸入方塊。 | |
| 圓材(S)中選取『圓弧 2~圓弧 4』(外側 3 個同心圓)，設定圓材寬度為 5mm。<br>流通區域(A)中面積=4656.04 平方 mm，開放面積=43.93%。<br>按一下『填入邊界(Y)』的輸入方塊。 | |

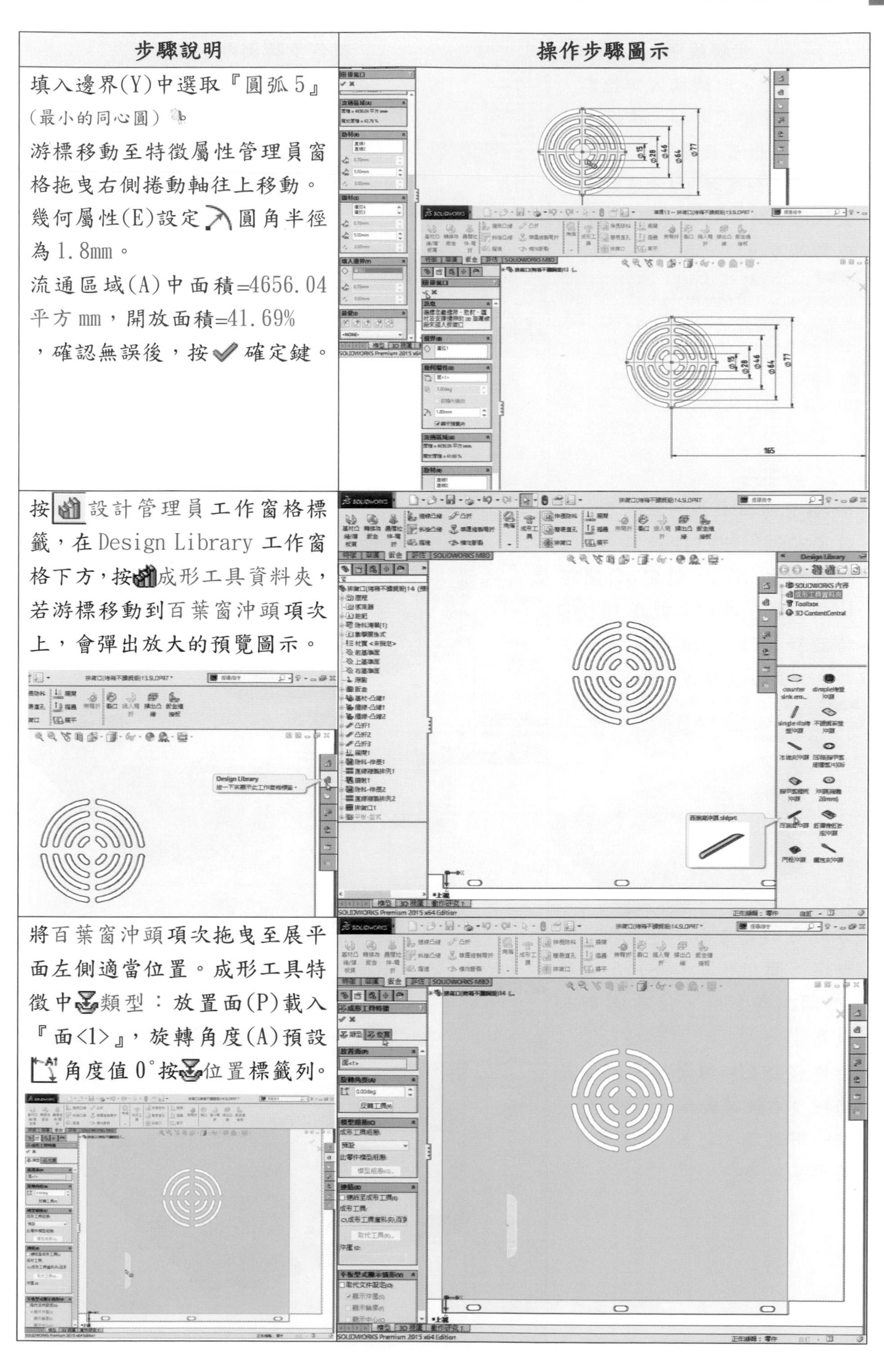

| 步驟說明 | 操作步驟圖示 |
| --- | --- |
| 填入邊界(Y)中選取『圓弧 5』(最小的同心圓) 。游標移動至特徵屬性管理員窗格拖曳右側捲動軸往上移動。幾何屬性(E)設定圓角半徑為 1.8mm。流通區域(A)中面積=4656.04 平方 mm，開放面積=41.69%，確認無誤後，按✔確定鍵。 | |
| 按設計管理員工作窗格標籤，在 Design Library 工作窗格下方，按成形工具資料夾，若游標移動到百葉窗沖頭項次上，會彈出放大的預覽圖示。 | |
| 將百葉窗沖頭項次拖曳至展平面左側適當位置。成形工具特徵中類型：放置面(P)載入『面<1>』，旋轉角度(A)預設角度值 0°按位置標籤列。 | |

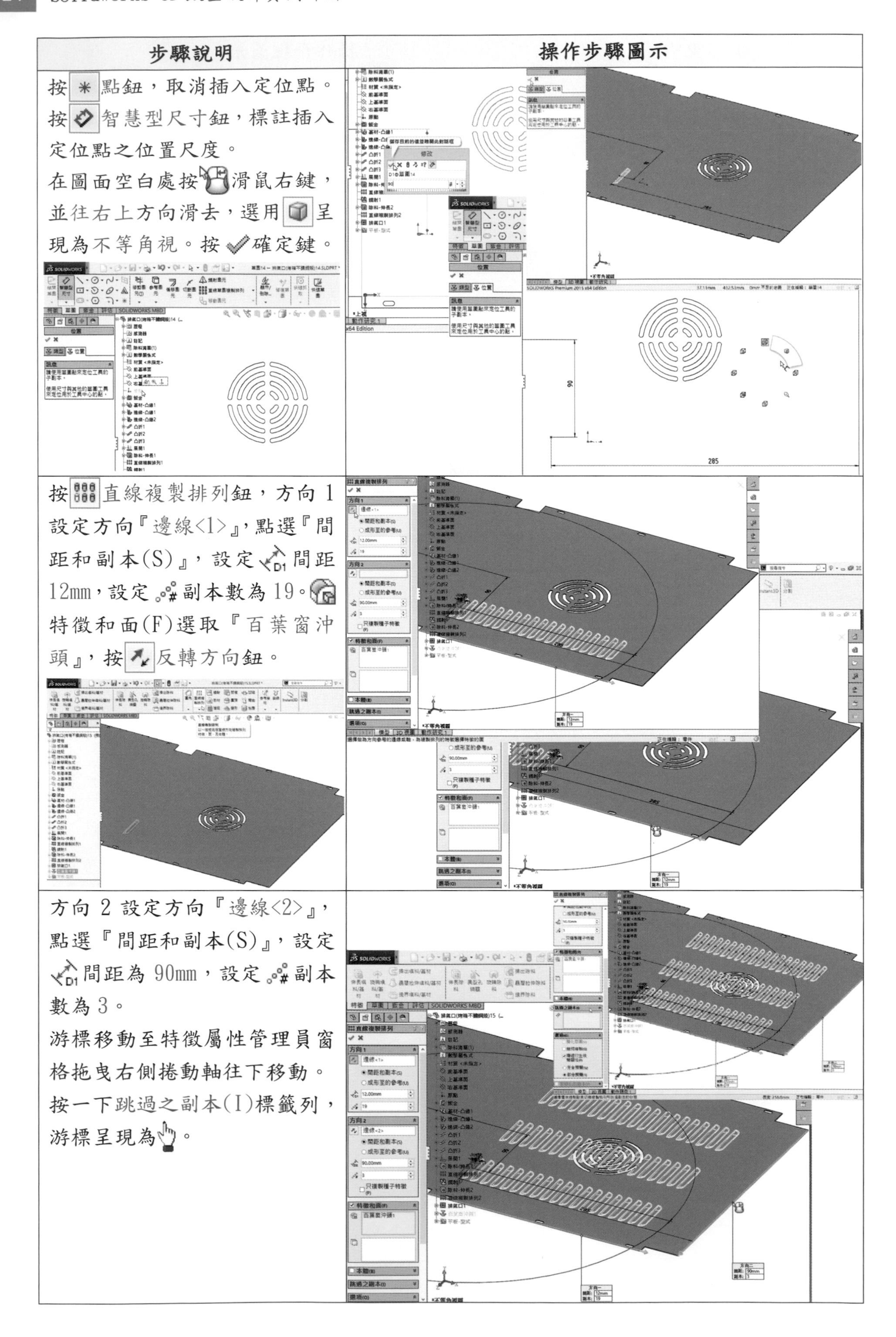

| 步驟說明 | 操作步驟圖示 |
| --- | --- |
| 按 ✳ 點鈕，取消插入定位點。按 智慧型尺寸鈕，標註插入定位點之位置尺度。在圖面空白處按滑鼠右鍵，並往右上方向滑去，選用 呈現為不等角視。按 確定鍵。 | |
| 按 直線複製排列鈕，方向 1 設定方向『邊線<1>』，點選『間距和副本(S)』，設定 間距 12mm，設定 副本數為 19。特徵和面(F)選取『百葉窗沖頭』，按 反轉方向鈕。 | |
| 方向 2 設定方向『邊線<2>』，點選『間距和副本(S)』，設定 間距為 90mm，設定 副本數為 3。游標移動至特徵屬性管理員窗格拖曳右側捲動軸往下移動。按一下跳過之副本(I)標籤列，游標呈現為 。 | |

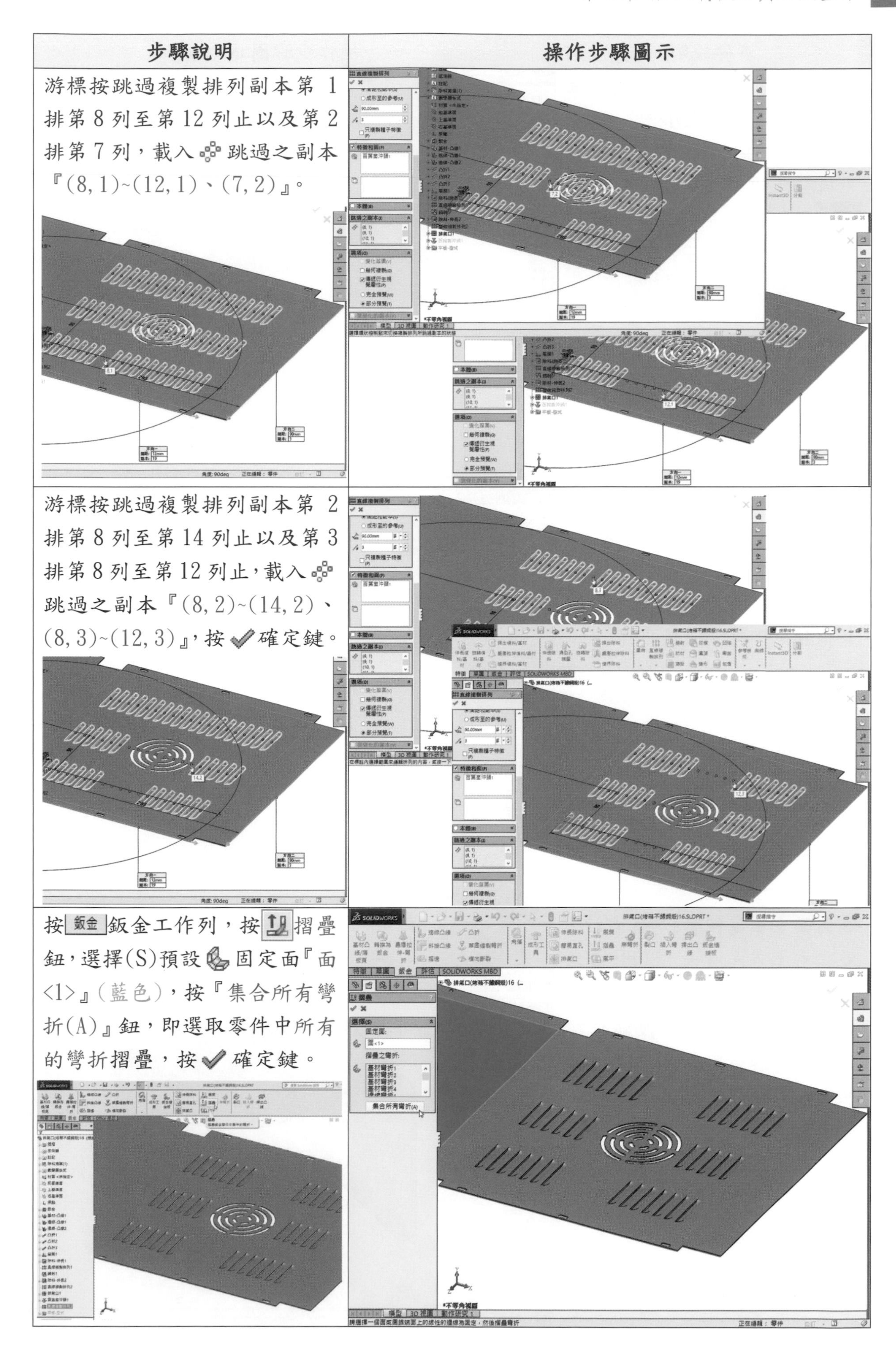

| 步驟說明 | 操作步驟圖示 |
| --- | --- |
| 游標按跳過複製排列副本第 1 排第 8 列至第 12 列止以及第 2 排第 7 列，載入跳過之副本『(8,1)~(12,1)、(7,2)』。 | |
| 游標按跳過複製排列副本第 2 排第 8 列至第 14 列止以及第 3 排第 8 列至第 12 列止，載入跳過之副本『(8,2)~(14,2)、(8,3)~(12,3)』，按確定鍵。 | |
| 按鈑金鈑金工作列，按摺疊鈕，選擇(S)預設固定面『面<1>』(藍色)，按『集合所有彎折(A)』鈕，即選取零件中所有的彎折摺疊，按確定鍵。 | |

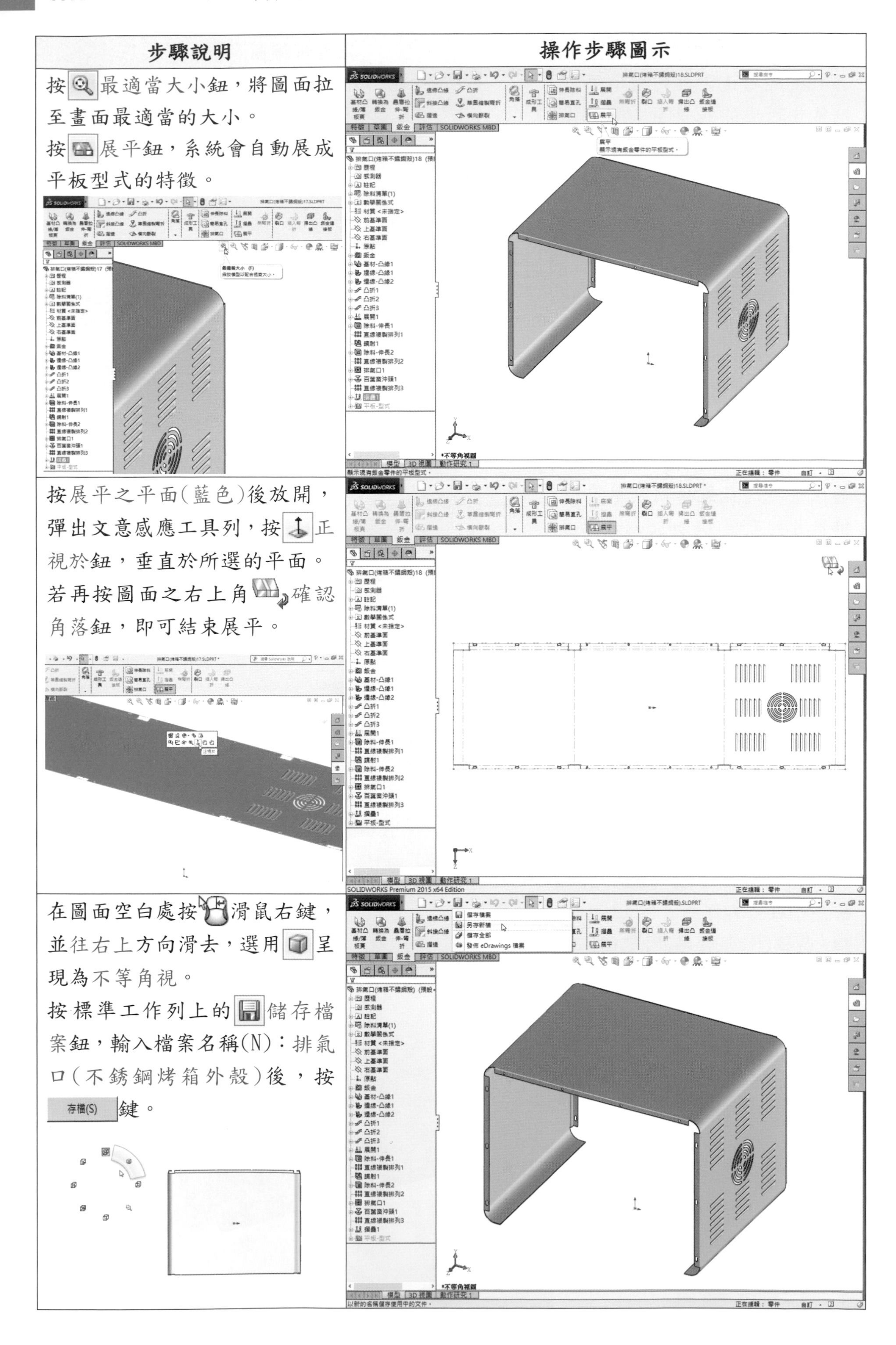

| 步驟說明 | 操作步驟圖示 |
|---|---|
| 按最適當大小鈕，將圖面拉至畫面最適當的大小。<br>按展平鈕，系統會自動展成平板型式的特徵。 | |
| 按展平之平面(藍色)後放開，彈出文意感應工具列，按正視於鈕，垂直於所選的平面。<br>若再按圖面之右上角確認角落鈕，即可結束展平。 | |
| 在圖面空白處按滑鼠右鍵，並往右上方向滑去，選用呈現為不等角視。<br>按標準工作列上的儲存檔案鈕，輸入檔案名稱(N)：排氣口(不銹鋼烤箱外殼)後，按存檔(S)鍵。 | |

## 4.7.1 分割(兩相交圓柱管)產生上下兩圓柱管鈑金件

學習目標：能使用分割指令將零件分割為 2 個本體，在以插入彎折方式產生鈑金件。

繪圖步驟：長伸長填料→作旋轉填料→作薄殼→作伸長除料→作分割→分別作插入彎折→按展平。

使用指令：

- 草圖指令：圓、直線、中心線。
- 特徵指令：伸長填料/基材、旋轉填料/基材、薄殼、伸長除料、分割。
- 鈑金指令：插入彎折、展平。

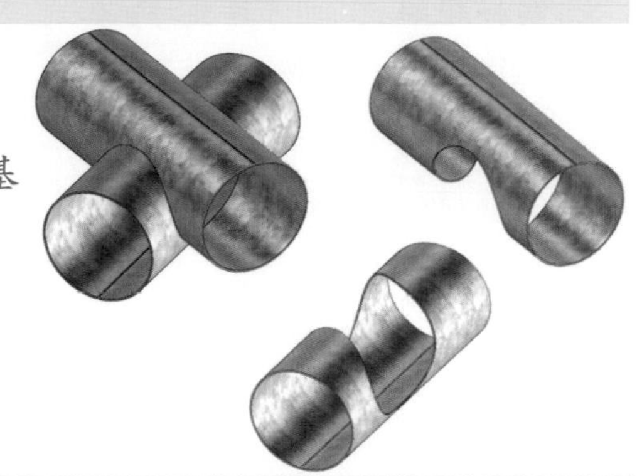

*註：分割指令不可使用內含特徵的草圖作為分割。*

| 步驟說明 | 操作步驟圖示 |
| --- | --- |
| 首先選取前基準面作為草圖 1 之繪圖平面。<br>按圓鈕，點一下原點放置圓的圓心，畫圓 Ø80 草圖圓。<br>按智慧型尺寸鈕，標註其尺度。<br>按特徵特徵工作列，按伸長填料/基材鈕。 | 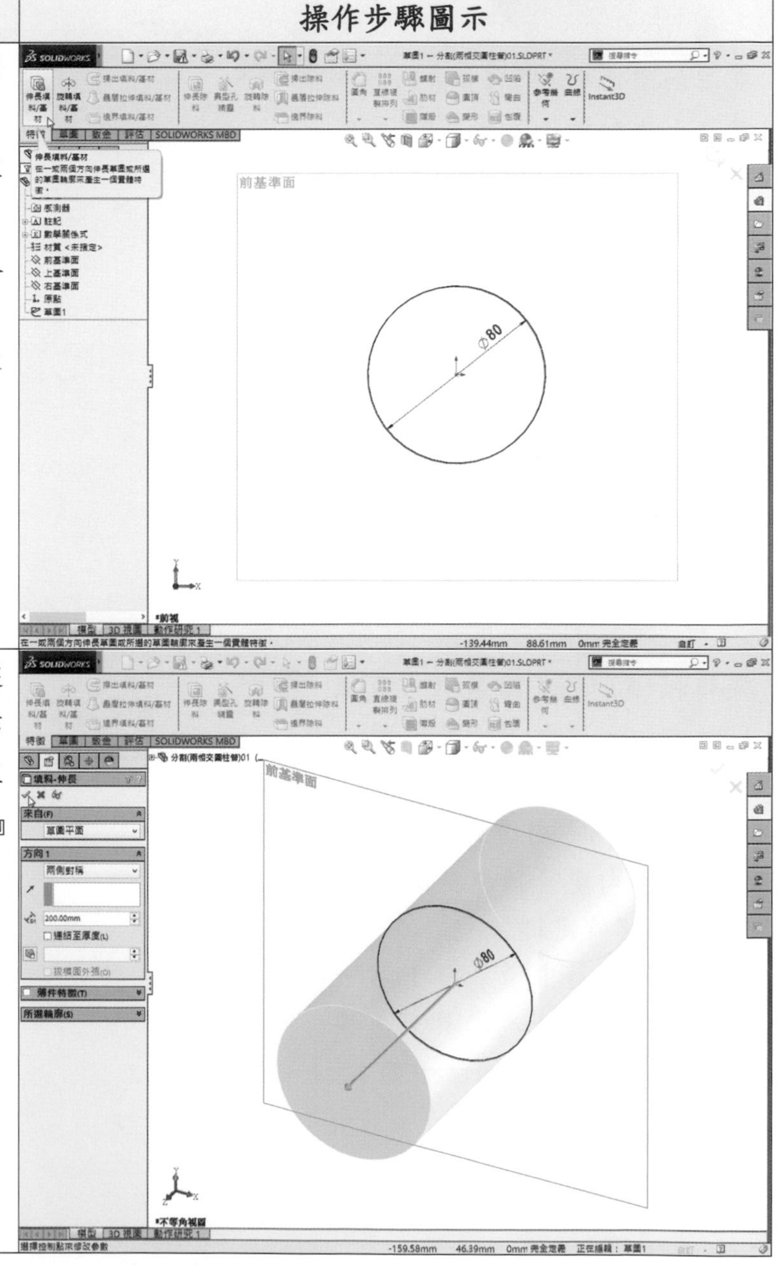 |
| 來自(F)『草圖平面』，方向 1 選取『兩側對稱』，不勾選『連結至厚度(L)』，輸入深度值 200mm，不勾選『薄件特徵(T)』後，按確定鍵。 | |

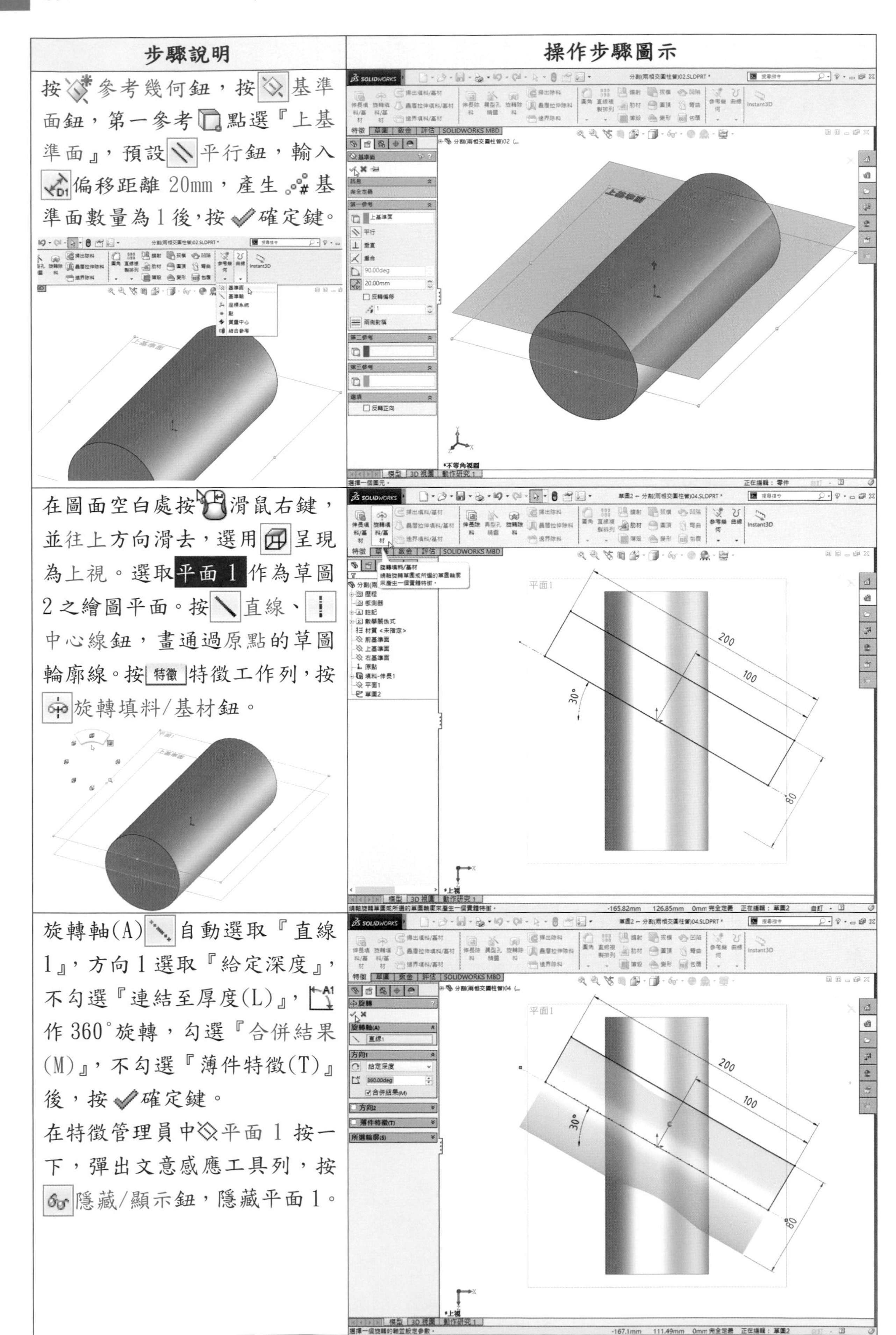

| 步驟說明 | 操作步驟圖示 |
| --- | --- |
| 按參考幾何鈕，按基準面鈕，第一參考點選『上基準面』，預設平行鈕，輸入偏移距離 20mm，產生基準面數量為 1 後，按確定鍵。 | |
| 在圖面空白處按滑鼠右鍵，並往上方向滑去，選用呈現為上視。選取**平面 1** 作為草圖 2 之繪圖平面。按直線、中心線鈕，畫通過原點的草圖輪廓線。按特徵特徵工作列，按旋轉填料/基材鈕。 | |
| 旋轉軸(A)自動選取『直線 1』，方向 1 選取『給定深度』，不勾選『連結至厚度(L)』，作 360°旋轉，勾選『合併結果(M)』，不勾選『薄件特徵(T)』後，按確定鍵。<br>在特徵管理員中平面 1 按一下，彈出文意感應工具列，按隱藏/顯示鈕，隱藏平面 1。 | |

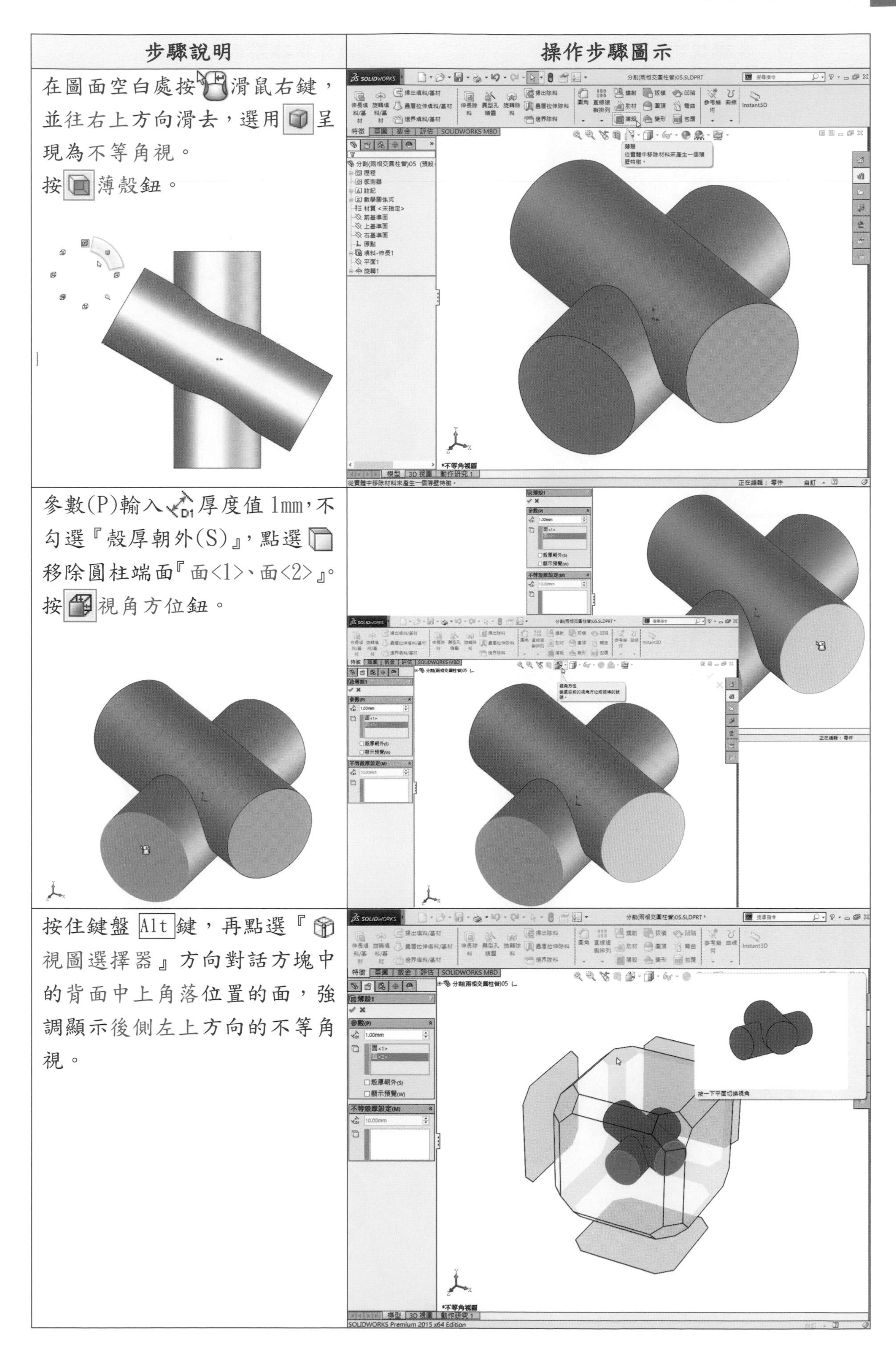

| 步驟說明 | 操作步驟圖示 |
| --- | --- |
| 在圖面空白處按滑鼠右鍵，並往右上方向滑去，選用呈現為不等角視。<br>按薄殼鈕。 | |
| 參數(P)輸入厚度值 1mm，不勾選『殼厚朝外(S)』，點選移除圓柱端面『面<1>、面<2>』。<br>按視角方位鈕。 | |
| 按住鍵盤 Alt 鍵，再點選『視圖選擇器』方向對話方塊中的背面中上角落位置的面，強調顯示後側左上方向的不等角視。 | |

| 步驟說明 | 操作步驟圖示 |
| --- | --- |
| 繼續點選 移除圓柱端面『面<3>、面<4>』後，按 滑鼠右鍵。<br>在圖面空白處按 滑鼠右鍵，並往上方向滑去，選用 呈現為上視。<br>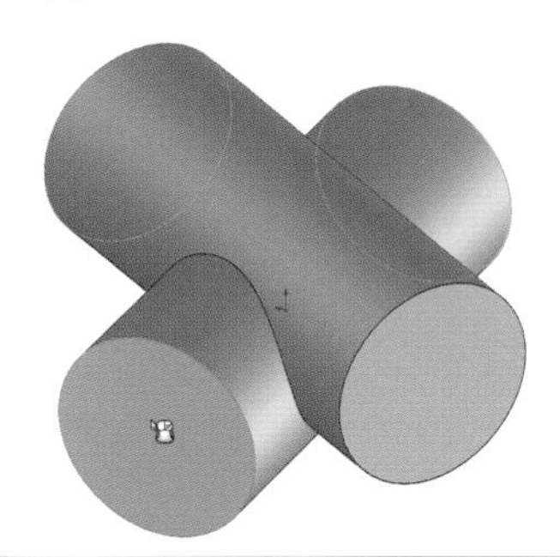 | 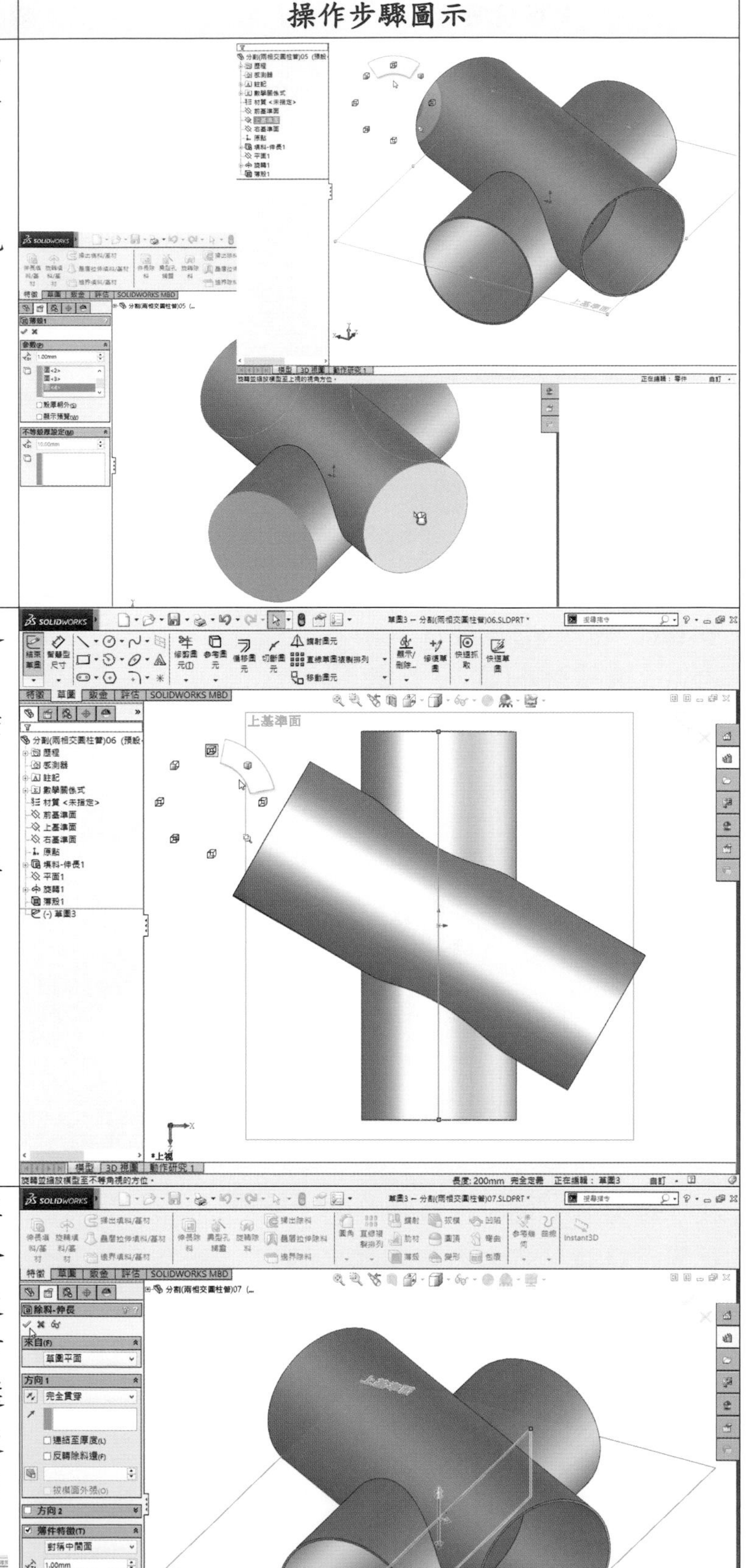 |
| 選取 上基準面作為草圖 3 之繪圖平面。<br>按 直線鈕，畫通過原點的垂直線(藍色)與圓柱等長。<br>在圖面空白處按 滑鼠右鍵，並往右上方向滑去，選用 呈現為不等角視。 | |
| 按 伸長除料鈕，來自(F)『草圖平面』，於方向 1 選取『完全貫穿』，不勾選『連結至厚度(L)』、『反轉除料邊(F)』以及方向 2，勾選『薄件特徵(T)』，選取『對稱中間面』，輸入 厚度 1mm，不勾選『自動圓化邊角(A)』後，按 確定鍵。<br>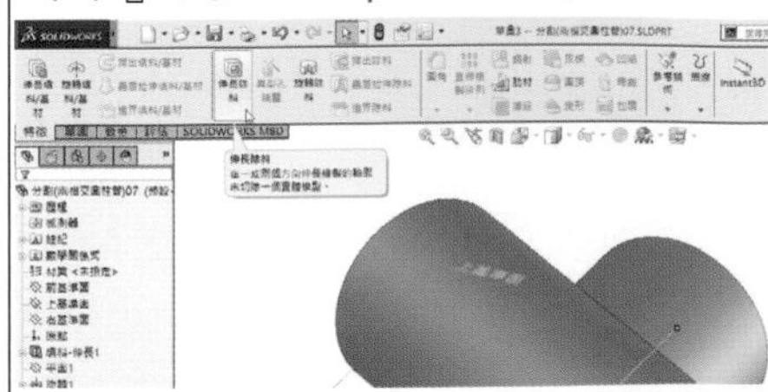 | |

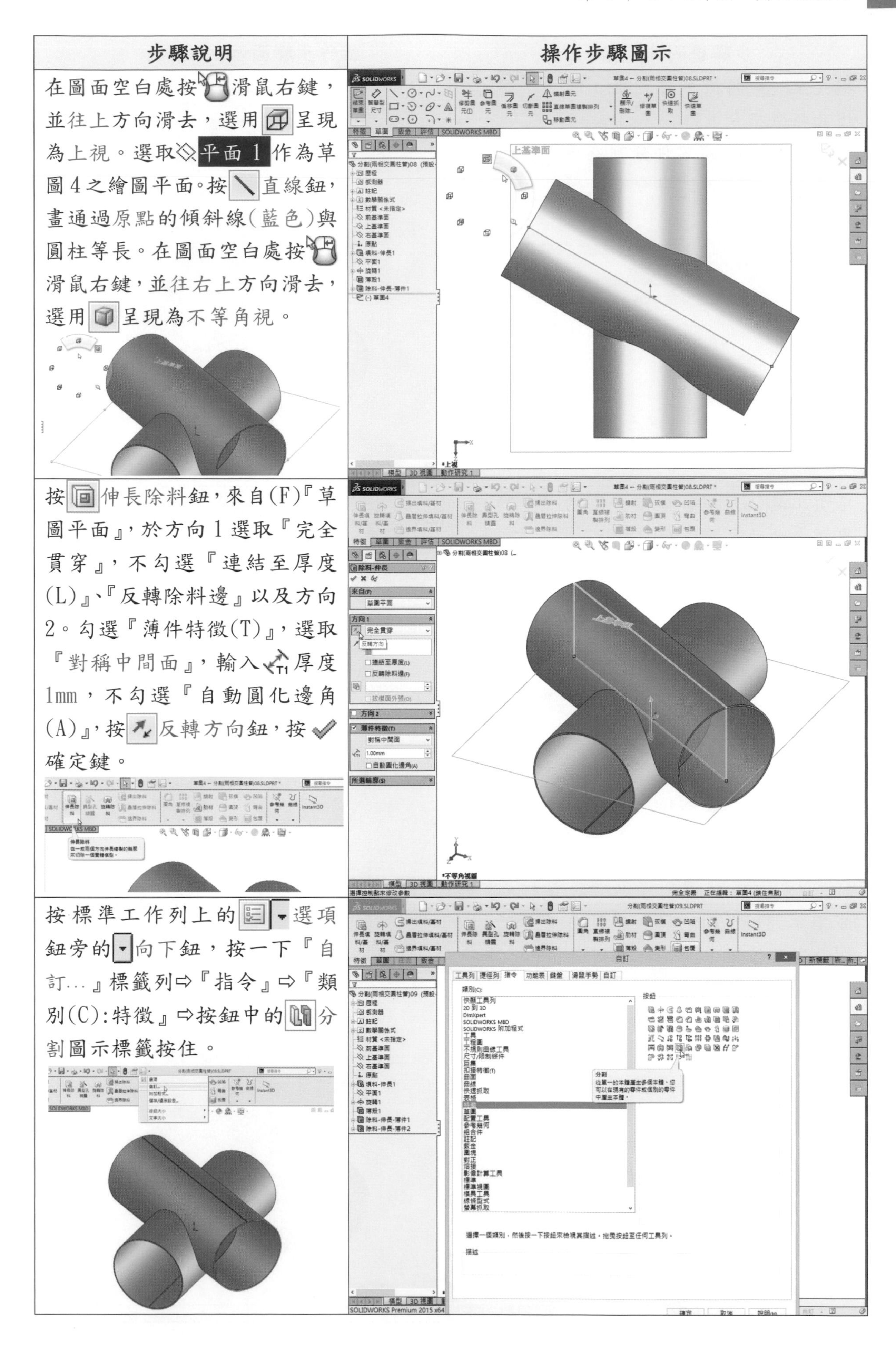

| 步驟說明 | 操作步驟圖示 |
| --- | --- |
| 在圖面空白處按滑鼠右鍵，並往上方向滑去，選用呈現為上視。選取平面 1 作為草圖 4 之繪圖平面。按直線鈕，畫通過原點的傾斜線(藍色)與圓柱等長。在圖面空白處按滑鼠右鍵，並往右上方向滑去，選用呈現為不等角視。 | |
| 按伸長除料鈕，來自(F)『草圖平面』，於方向 1 選取『完全貫穿』，不勾選『連結至厚度(L)』、『反轉除料邊』以及方向 2。勾選『薄件特徵(T)』，選取『對稱中間面』，輸入厚度 1mm，不勾選『自動圓化邊角(A)』，按反轉方向鈕，按確定鍵。 | |
| 按標準工作列上的選項鈕旁的向下鈕，按一下『自訂...』標籤列⇨『指令』⇨『類別(C):特徵』⇨按鈕中的分割圖示標籤按住。 | |

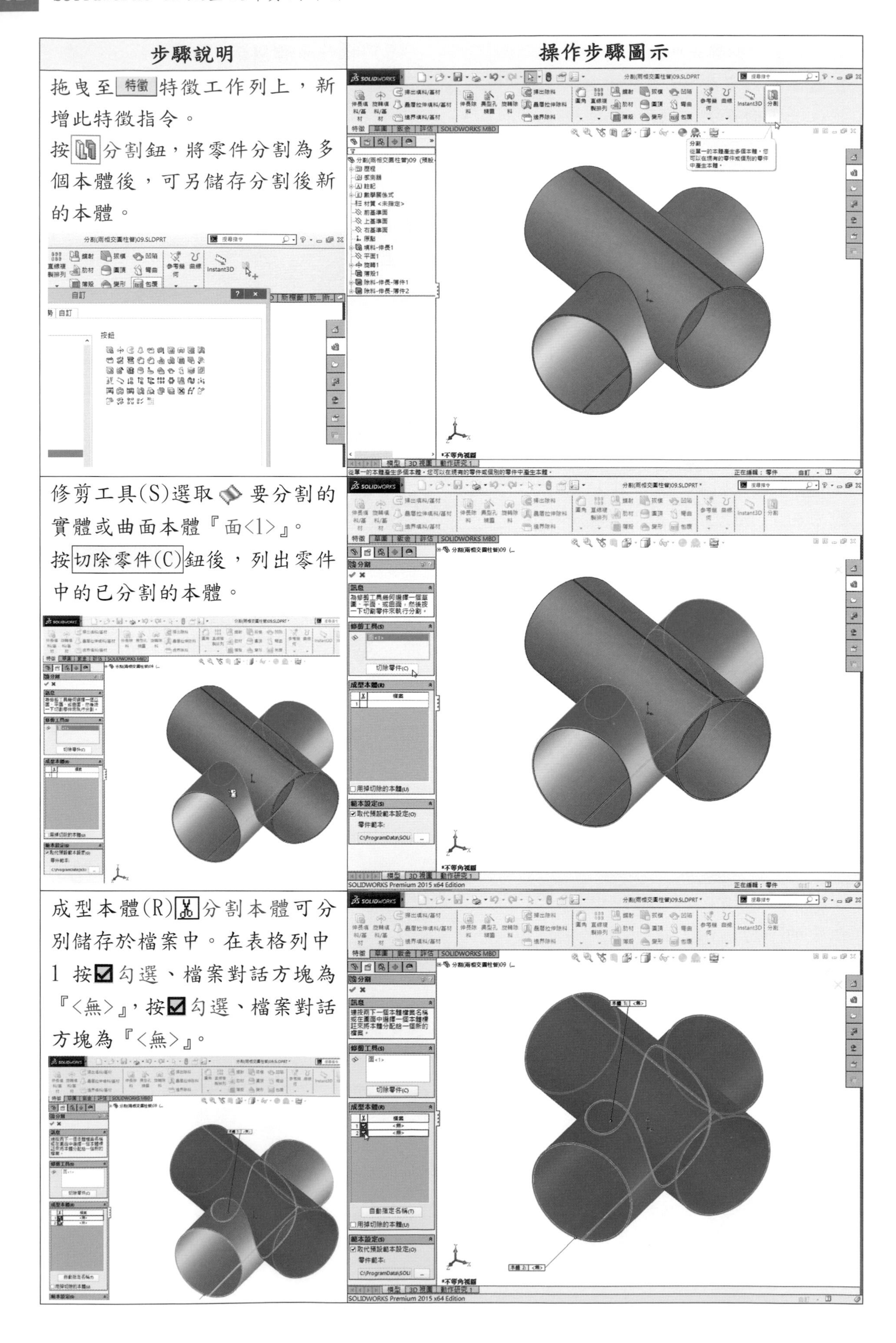

| 步驟說明 | 操作步驟圖示 |
| --- | --- |
| 拖曳至 特徵 特徵工作列上，新增此特徵指令。<br>按分割鈕，將零件分割為多個本體後，可另儲存分割後新的本體。 | |
| 修剪工具(S)選取要分割的實體或曲面本體『面<1>』。<br>按 切除零件(C) 鈕後，列出零件中的已分割的本體。 | |
| 成型本體(R)分割本體可分別儲存於檔案中。在表格列中1按☑勾選、檔案對話方塊為『<無>』，按☑勾選、檔案對話方塊為『<無>』。 | |

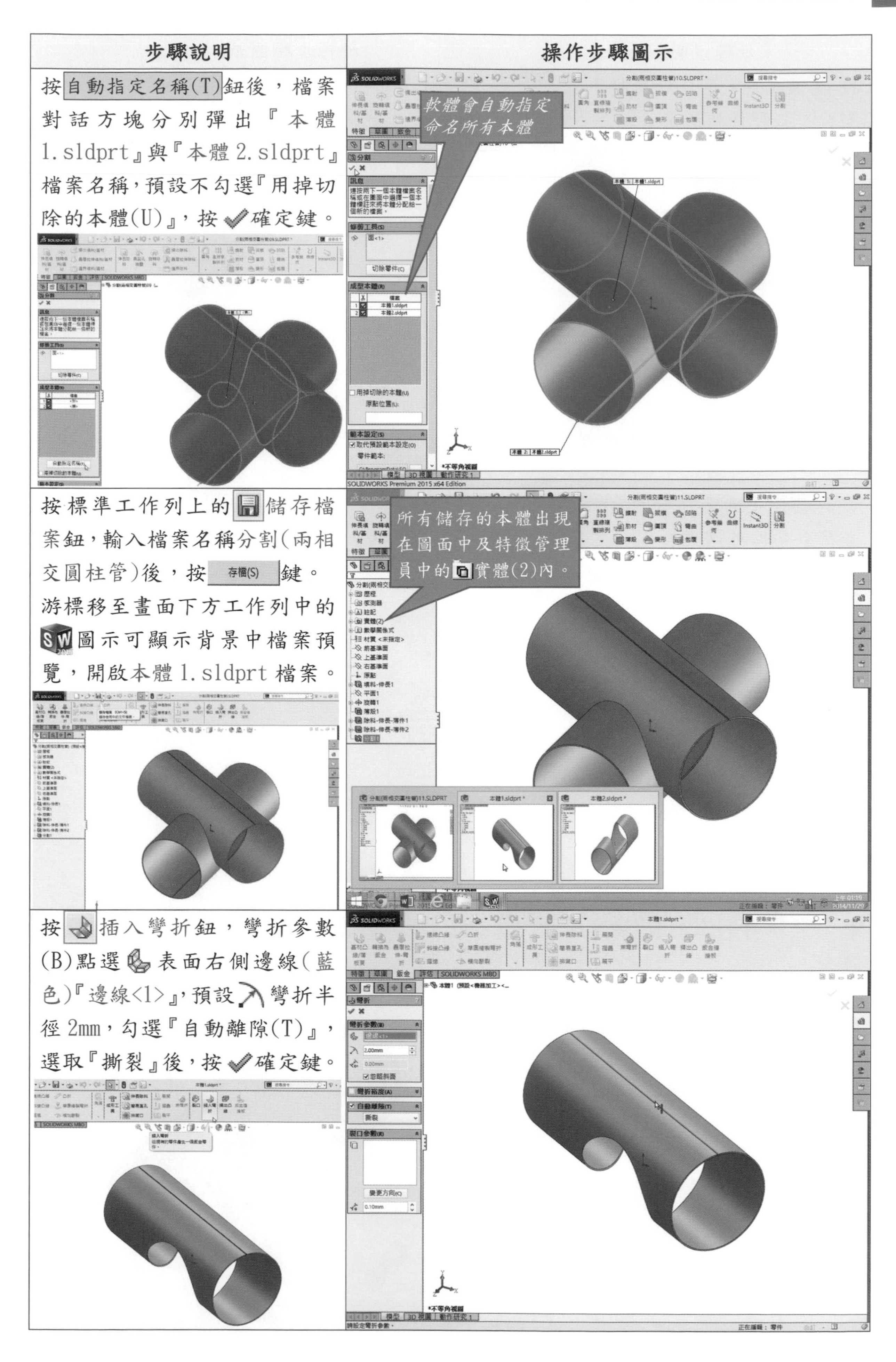

| 步驟說明 | 操作步驟圖示 |
| --- | --- |
| 按自動指定名稱(T)鈕後，檔案對話方塊分別彈出『本體1.sldprt』與『本體2.sldprt』檔案名稱，預設不勾選『用掉切除的本體(U)』，按確定鍵。 | 軟體會自動指定命名所有本體 |
| 按標準工作列上的儲存檔案鈕，輸入檔案名稱分割(兩相交圓柱管)後，按 存檔(S) 鍵。游標移至畫面下方工作列中的圖示可顯示背景中檔案預覽，開啟本體1.sldprt 檔案。 | 所有儲存的本體出現在圖面中及特徵管理員中的實體(2)內。 |
| 按插入彎折鈕，彎折參數(B)點選表面右側邊線(藍色)『邊線<1>』，預設彎折半徑 2mm，勾選『自動離隙(T)』，選取『撕裂』後，按確定鍵。 | |

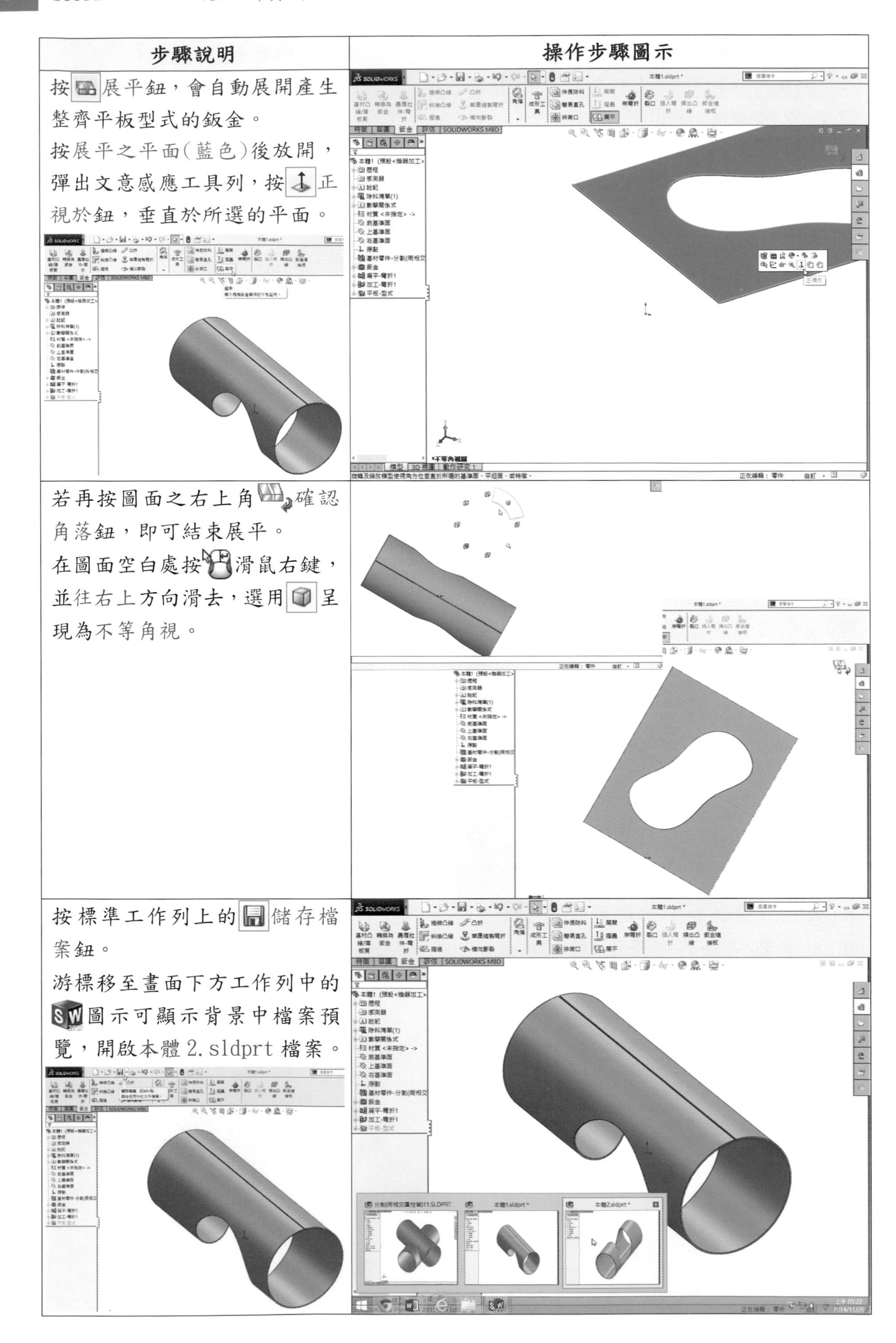

| 步驟說明 | 操作步驟圖示 |
| --- | --- |
| 按展平鈕，會自動展開產生整齊平板型式的鈑金。<br>按展平之平面(藍色)後放開，彈出文意感應工具列，按正視於鈕，垂直於所選的平面。 | |
| 若再按圖面之右上角確認角落鈕，即可結束展平。<br>在圖面空白處按滑鼠右鍵，並往右上方向滑去，選用呈現為不等角視。 | |
| 按標準工作列上的儲存檔案鈕。<br>游標移至畫面下方工作列中的圖示可顯示背景中檔案預覽，開啟本體 2.sldprt 檔案。 | |

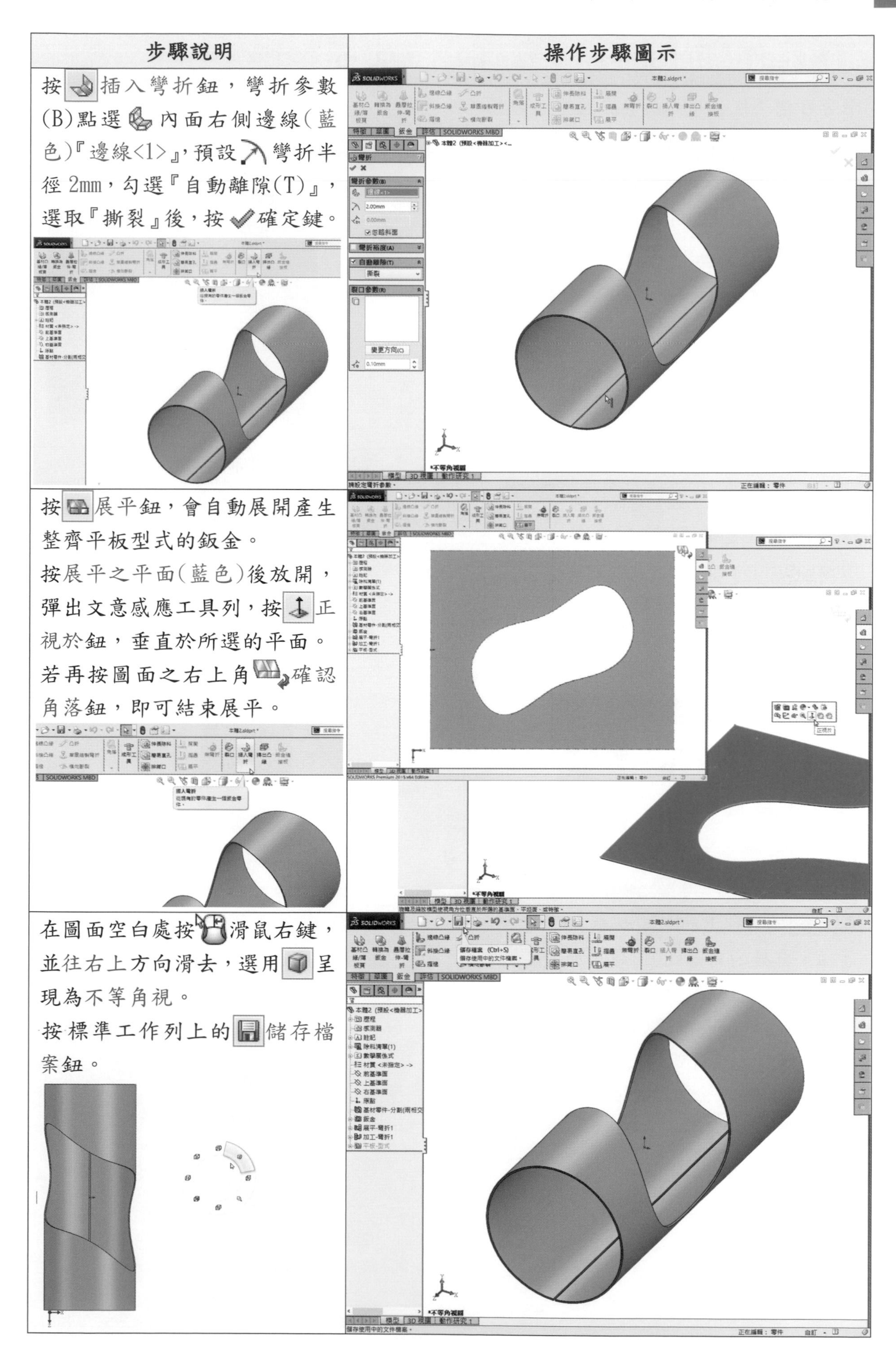

| 步驟說明 | 操作步驟圖示 |
| --- | --- |
| 按插入彎折鈕，彎折參數(B)點選內面右側邊線（藍色）『邊線<1>』，預設彎折半徑 2mm，勾選『自動離隙(T)』，選取『撕裂』後，按確定鍵。 | |
| 按展平鈕，會自動展開產生整齊平板型式的鈑金。按展平之平面（藍色）後放開，彈出文意感應工具列，按正視於鈕，垂直於所選的平面。若再按圖面之右上角確認角落鈕，即可結束展平。 | |
| 在圖面空白處按滑鼠右鍵，並往右上方向滑去，選用呈現為不等角視。按標準工作列上的儲存檔案鈕。 | |

## 4.8.1 熔接角落指令用於電源箱門鈑金角落加入熔珠

學習目標：能使用熔接角落指令，將熔珠加入至摺疊鈑金零件的角落上。

繪圖步驟：開啟舊檔(電源箱門)→使用熔接角落→角落加入熔珠→按展平。

使用指令：

- 檢視工具：局部放大、視角方位。
- 鈑金指令：熔接角落、展平。

*註：可在斜接凸緣、邊線凸緣和封閉角落的角落上加入熔接角落。*

| 步驟說明 | 操作步驟圖示 |
| --- | --- |
| 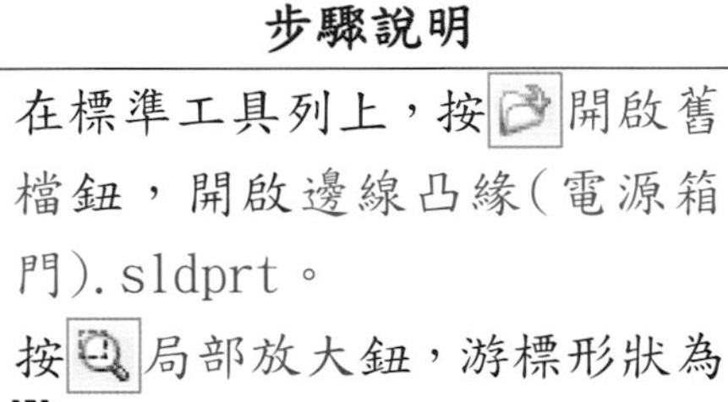在標準工具列上，按開啟舊檔鈕，開啟邊線凸緣(電源箱門).sldprt。按局部放大鈕，游標形狀為，適當位置點一下對角拖曳矩形適當位置，放大所選區域。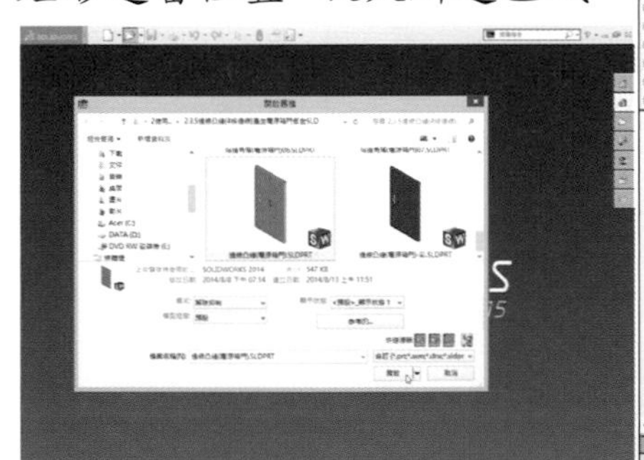 | 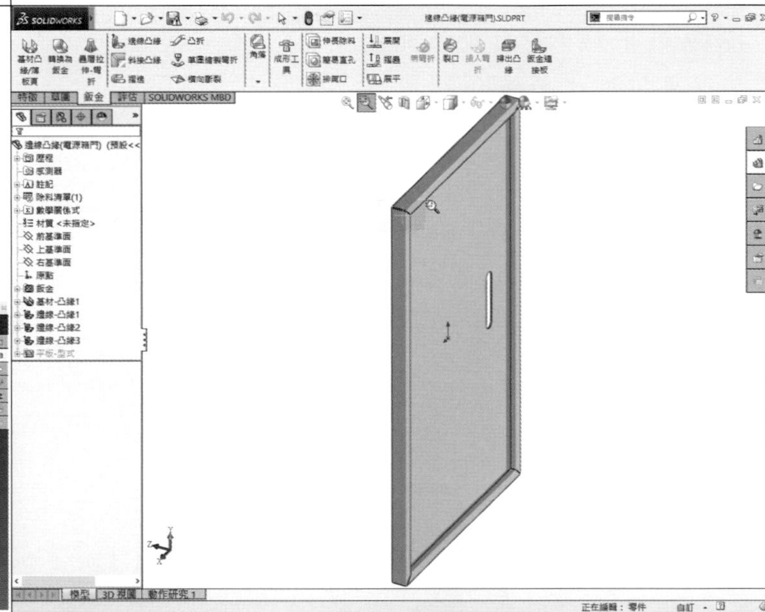 |
| 在 鈑金 工具列上，按熔接角落鈕，熔接的角落(C)勾選『加入圓角(F)』，輸入圓角半徑1mm，勾選『加入紋路(T)』，不勾選『加入熔接符號(S)』，選取要熔接的鈑金角落側面『面<1>』後，按滑鼠右鍵。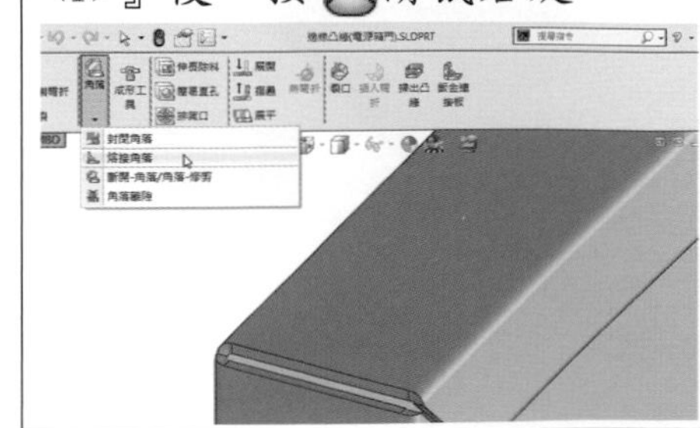 | 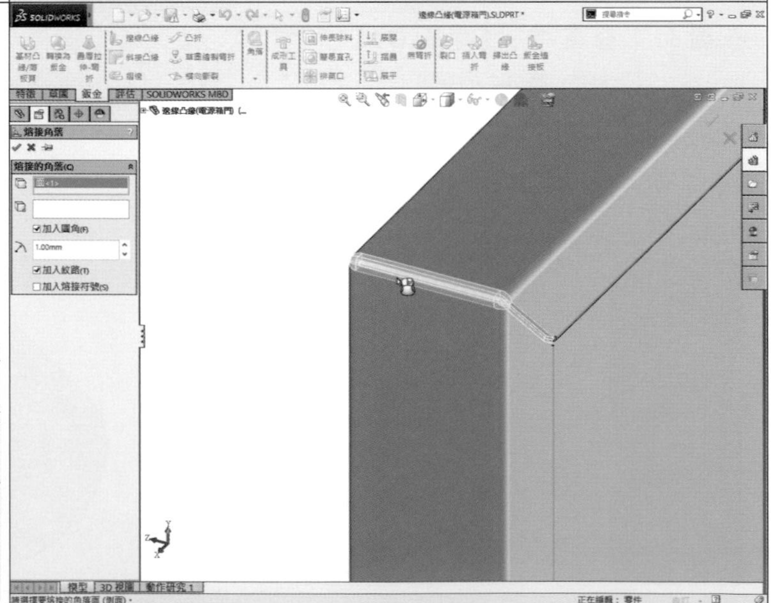 |

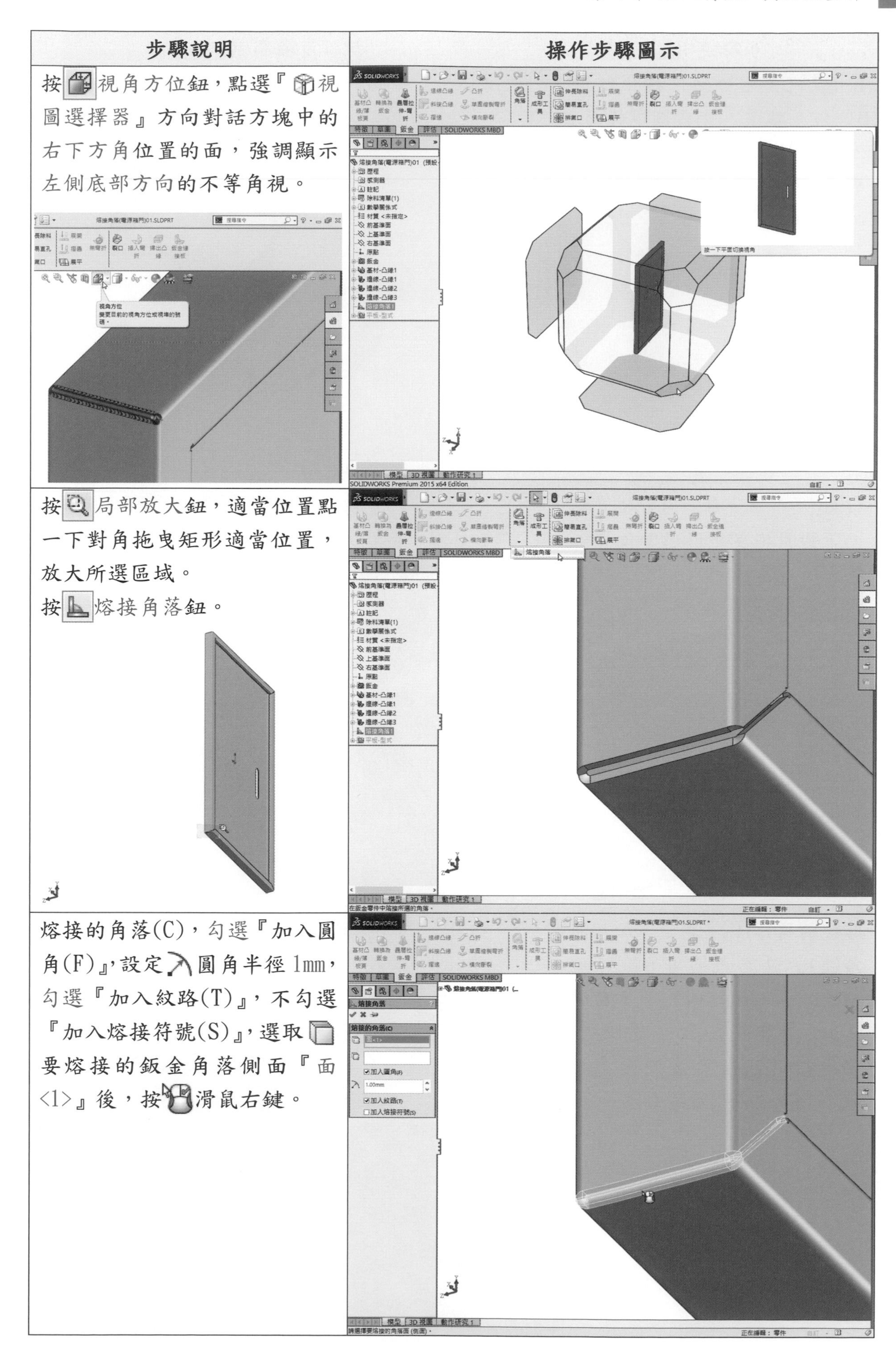

| 步驟說明 | 操作步驟圖示 |
|---|---|
| 按視角方位鈕，點選『視圖選擇器』方向對話方塊中的右下方角位置的面，強調顯示左側底部方向的不等角視。 | |
| 按局部放大鈕，適當位置點一下對角拖曳矩形適當位置，放大所選區域。<br>按熔接角落鈕。 | |
| 熔接的角落(C)，勾選『加入圓角(F)』，設定圓角半徑 1mm，勾選『加入紋路(T)』，不勾選『加入熔接符號(S)』，選取要熔接的鈑金角落側面『面<1>』後，按滑鼠右鍵。 | |

| 步驟說明 | 操作步驟圖示 |
| --- | --- |
| 按視角方位鈕，按住鍵盤Alt鍵，點選『視圖選擇器』方塊右後上方角位置的面，強調顯示右上方向的不等角視。 | 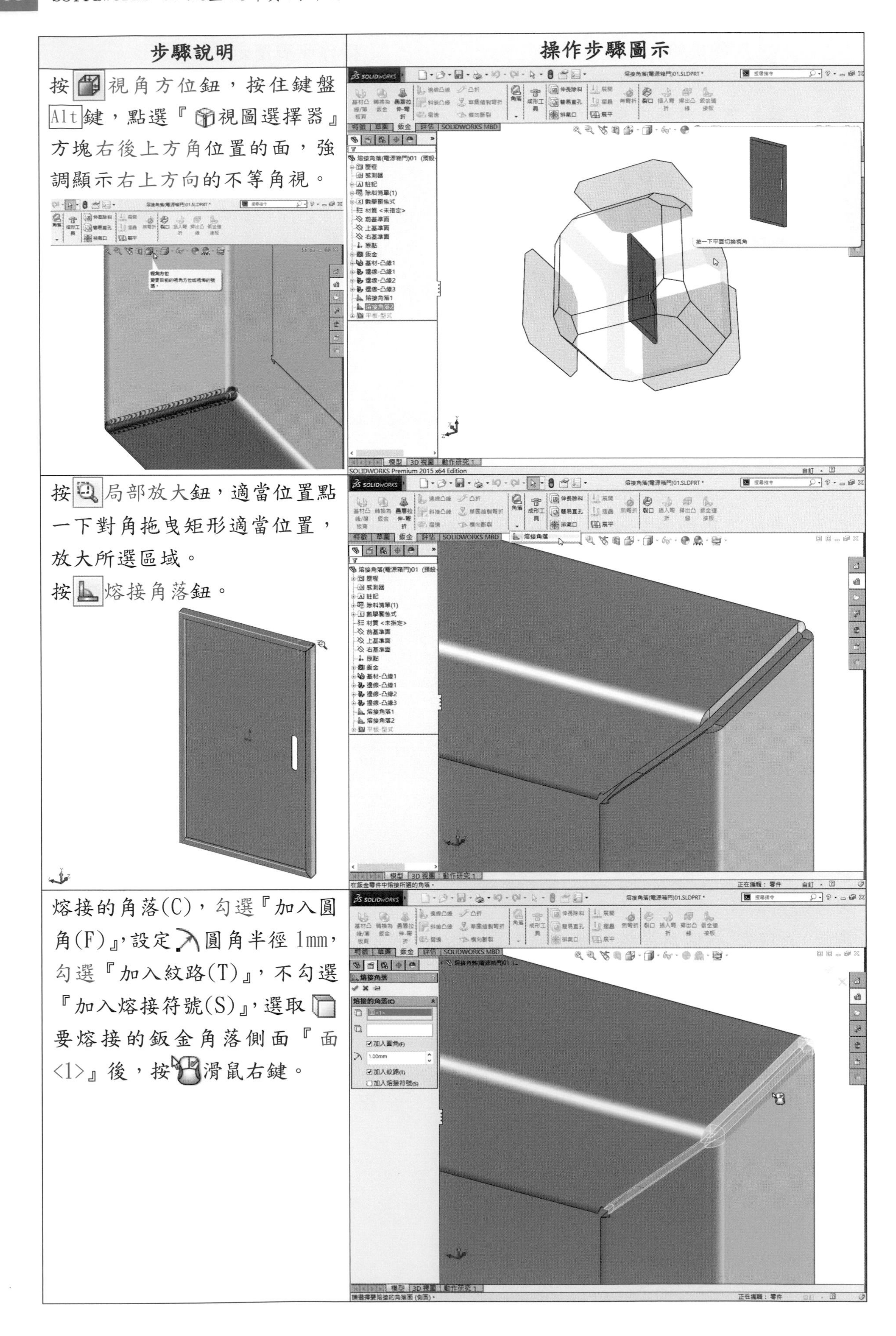 |
| 按局部放大鈕，適當位置點一下對角拖曳矩形適當位置，放大所選區域。<br>按熔接角落鈕。 | |
| 熔接的角落(C)，勾選『加入圓角(F)』，設定圓角半徑 1mm，勾選『加入紋路(T)』，不勾選『加入熔接符號(S)』，選取要熔接的鈑金角落側面『面<1>』後，按滑鼠右鍵。 | |

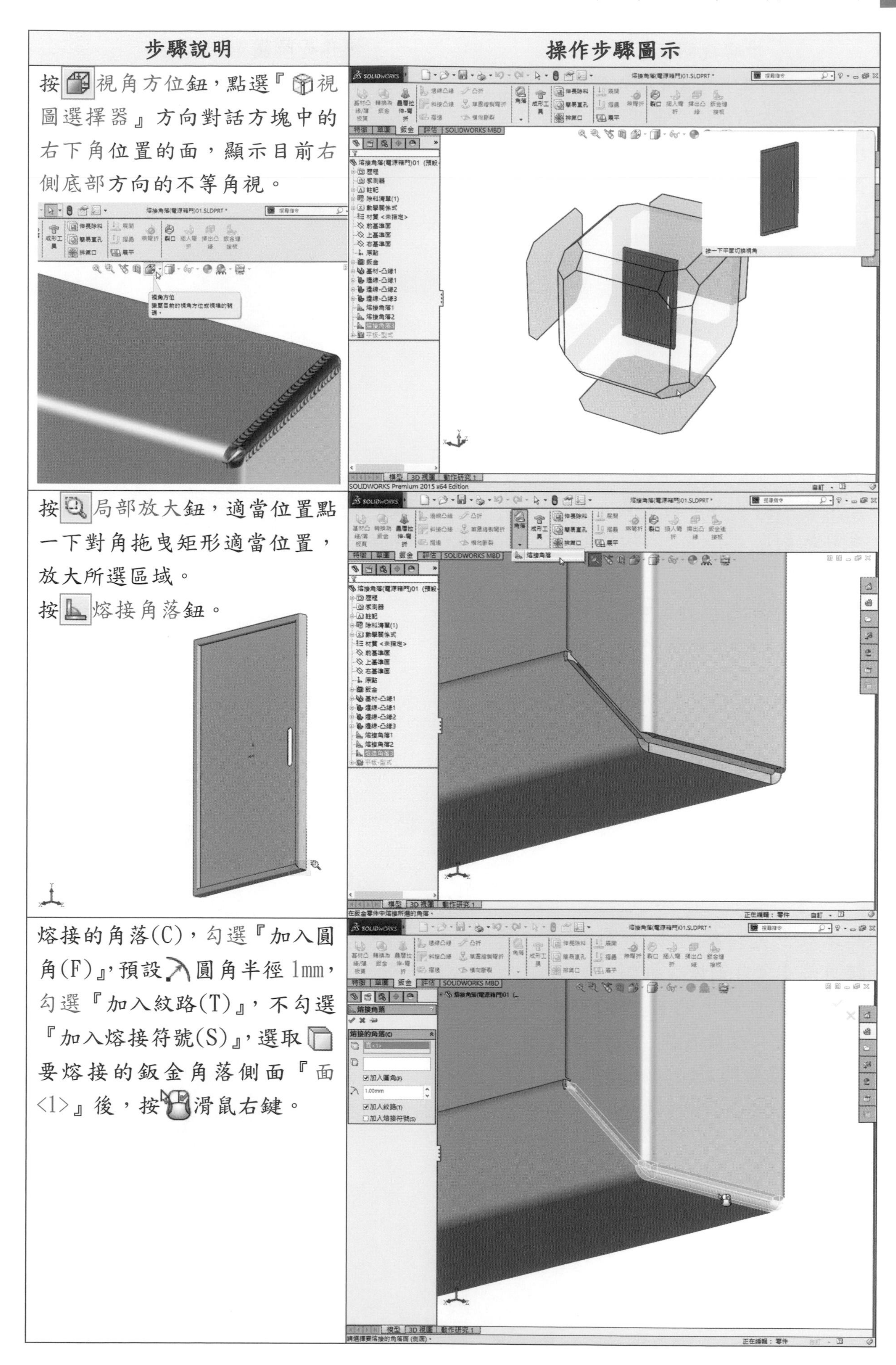

| 步驟說明 | 操作步驟圖示 |
| --- | --- |
| 按視角方位鈕，點選『視圖選擇器』方向對話方塊中的右下角位置的面，顯示目前右側底部方向的不等角視。 | |
| 按局部放大鈕，適當位置點一下對角拖曳矩形適當位置，放大所選區域。<br>按熔接角落鈕。 | |
| 熔接的角落(C)，勾選『加入圓角(F)』，預設圓角半徑 1mm，勾選『加入紋路(T)』，不勾選『加入熔接符號(S)』，選取要熔接的鈑金角落側面『面<1>』後，按滑鼠右鍵。 | |

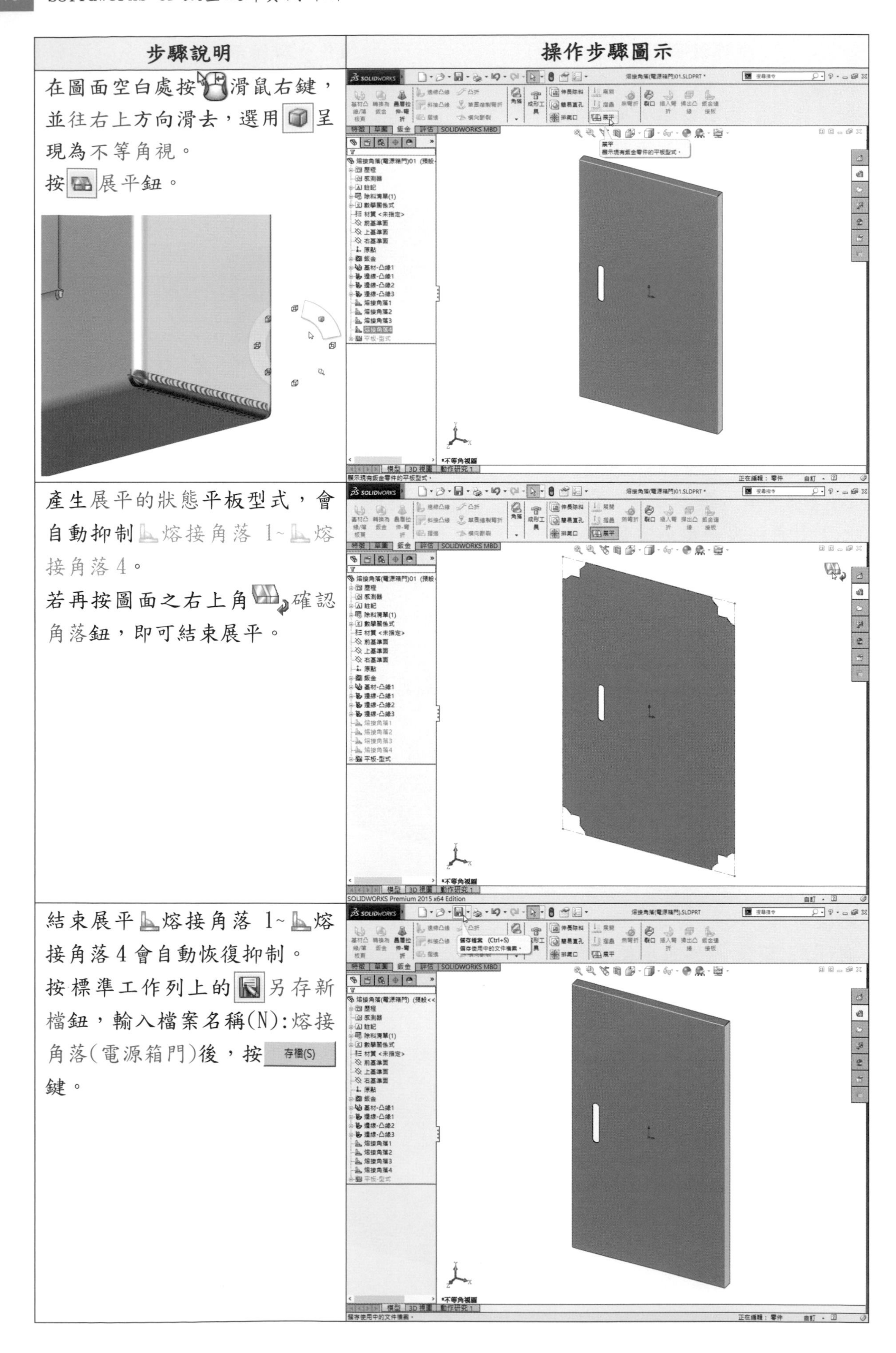

| 步驟說明 | 操作步驟圖示 |
| --- | --- |
| 在圖面空白處按滑鼠右鍵，並往右上方向滑去，選用呈現為不等角視。<br>按展平鈕。 | |
| 產生展平的狀態平板型式，會自動抑制熔接角落 1~熔接角落 4。<br>若再按圖面之右上角確認角落鈕，即可結束展平。 | |
| 結束展平熔接角落 1~熔接角落 4 會自動恢復抑制。<br>按標準工作列上的另存新檔鈕，輸入檔案名稱(N):熔接角落(電源箱門)後，按 存檔(S) 鍵。 | |

## 4.8.2 熔接角落指令用於電源箱體鈑金角落加入熔珠

**學習目標：**能使用熔接角落指令，將摺疊鈑金零件的角落上加入熔珠。

**繪圖步驟：**開啟舊檔(電源箱體)→使用熔接角落→角落加入熔珠→按展平。

使用指令：

- 檢視工具：局部放大、視角方位。
- 鈑金指令：熔接角落、展平。

*註：可在斜接凸緣、邊線凸緣和封閉角落的角落上加入熔接角落。*

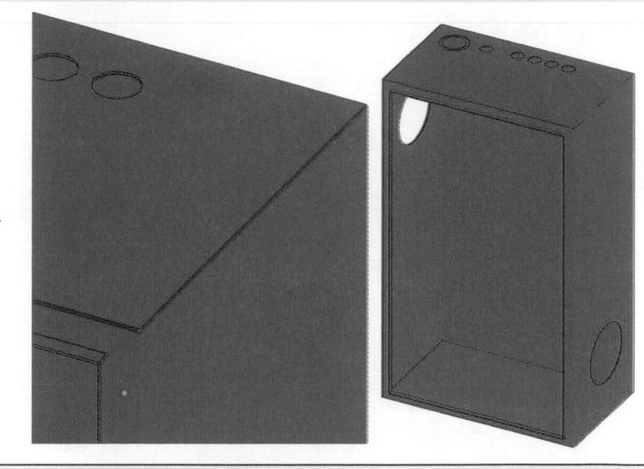

| 步驟說明 | 操作步驟圖示 |
| --- | --- |
| 在標準工具列上，按開啟舊檔鈕，開啟成形工具(電源箱體).SLDPRT 檔案。<br>按局部放大鈕，游標形狀變為，在適當位置拖曳矩形，放大所選區域。<br>在 鈑金 工具列上，按熔接角落鈕。<br>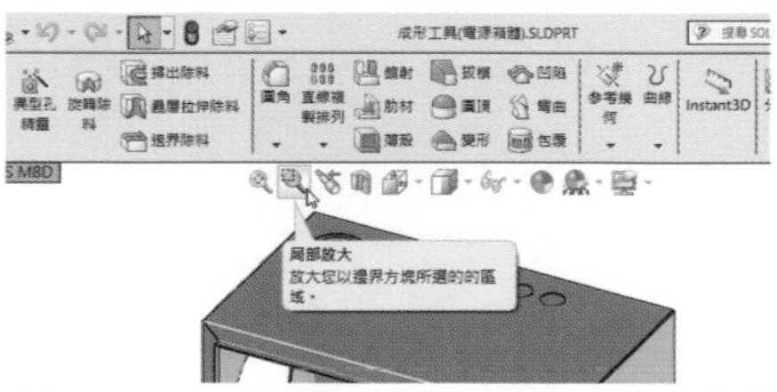 | 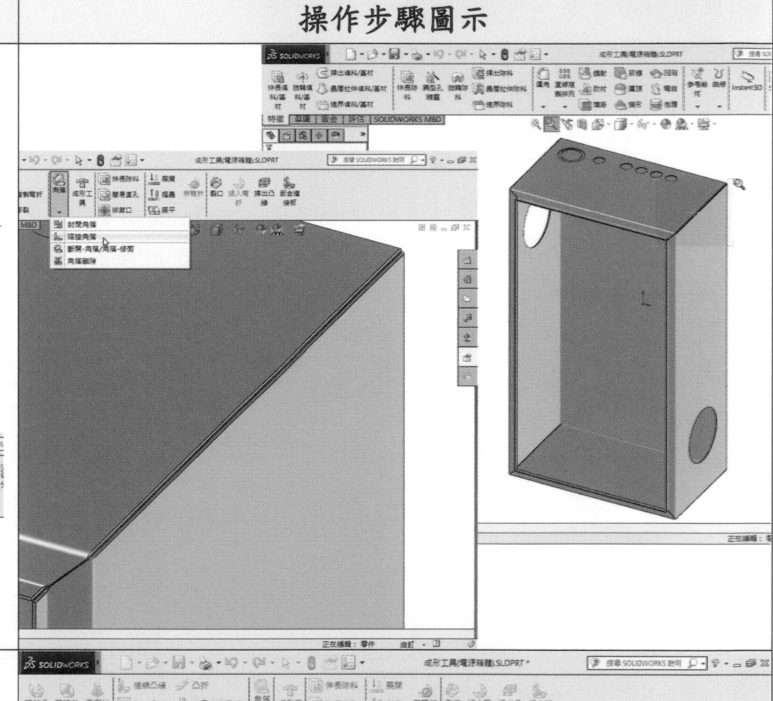 |
| 熔接的角落(C)，勾選『加入圓角(F)』，輸入圓角半徑 1mm，勾選『加入紋路(T)』，不勾選『加入熔接符號(S)』，選取要熔接的鈑金角落側面『面<1>』後，按滑鼠右鍵。 | 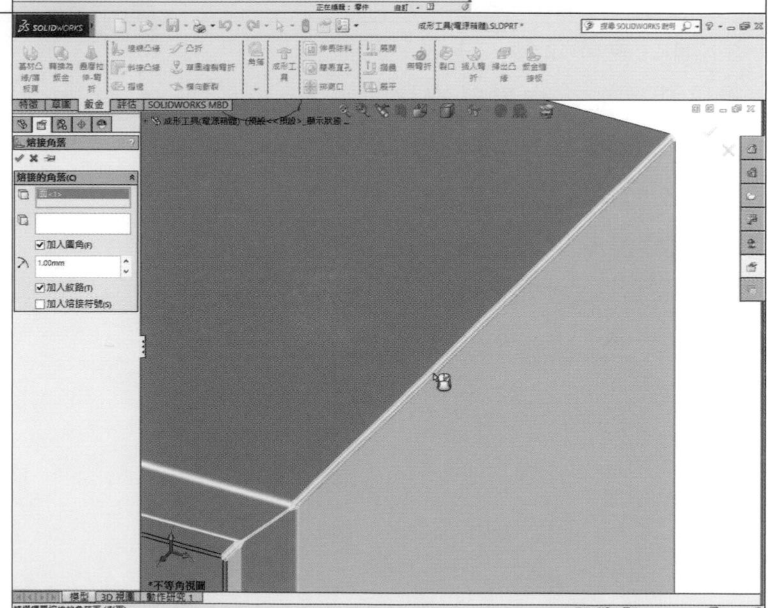 |

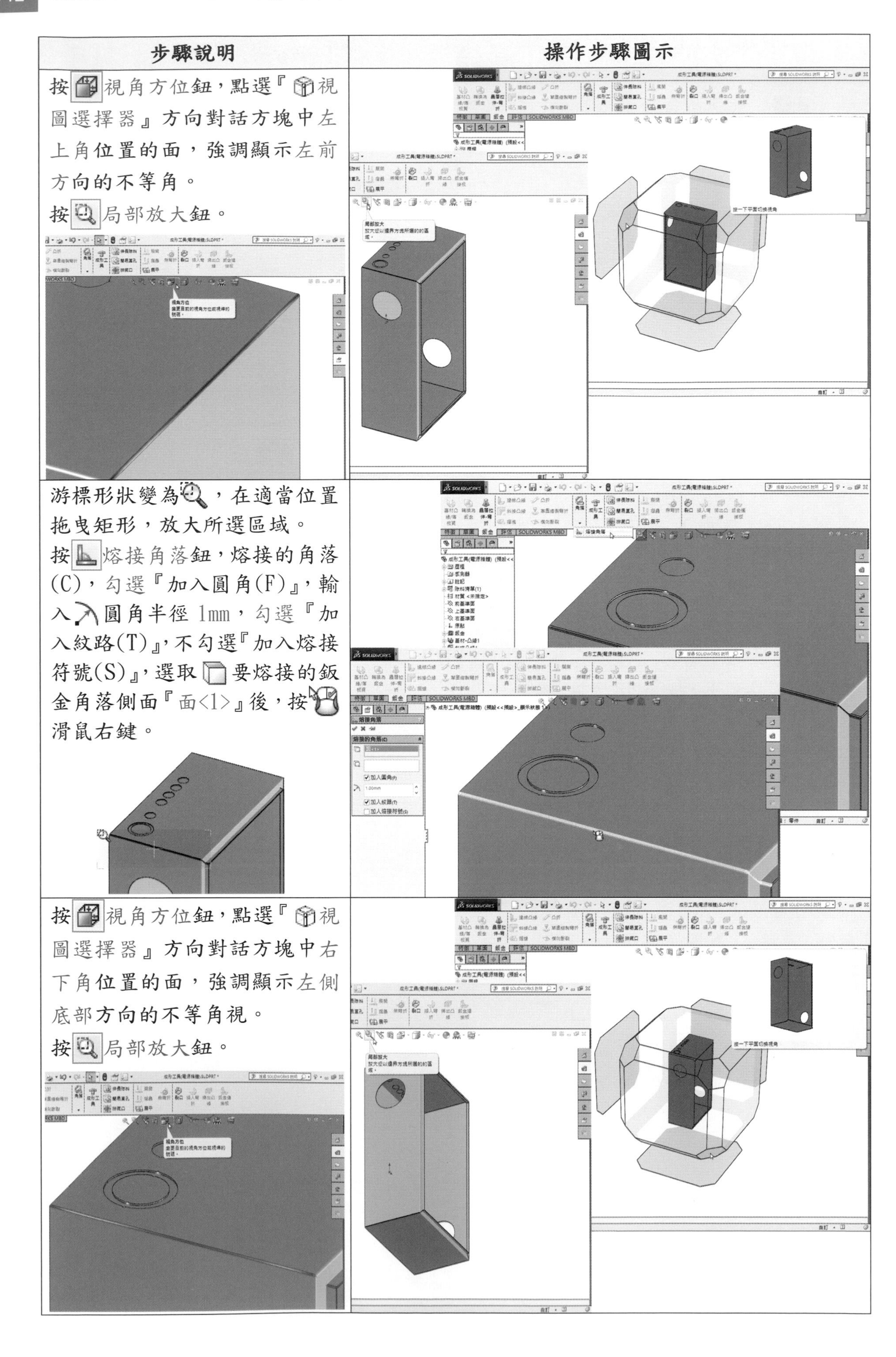

| 步驟說明 | 操作步驟圖示 |
| --- | --- |
| 按視角方位鈕，點選『視圖選擇器』方向對話方塊中左上角位置的面，強調顯示左前方向的不等角。<br>按局部放大鈕。 | |
| 游標形狀變為，在適當位置拖曳矩形，放大所選區域。<br>按熔接角落鈕，熔接的角落(C)，勾選『加入圓角(F)』，輸入圓角半徑 1mm，勾選『加入紋路(T)』，不勾選『加入熔接符號(S)』，選取要熔接的鈑金角落側面『面<1>』後，按滑鼠右鍵。 | |
| 按視角方位鈕，點選『視圖選擇器』方向對話方塊中右下角位置的面，強調顯示左側底部方向的不等角視。<br>按局部放大鈕。 | |

| 步驟說明 | 操作步驟圖示 |
| --- | --- |
| 游標形狀變為，在適當位置拖曳矩形，放大所選區域。<br>按熔接角落鈕，熔接的角落(C)，勾選『加入圓角(F)』，輸入圓角半徑 1mm，勾選『加入紋路(T)』，不勾選『加入熔接符號(S)』，選取要熔接的鈑金角落側面『面<1>』後，按滑鼠右鍵。<br>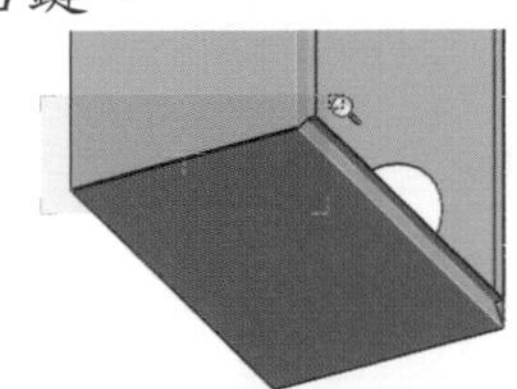 | 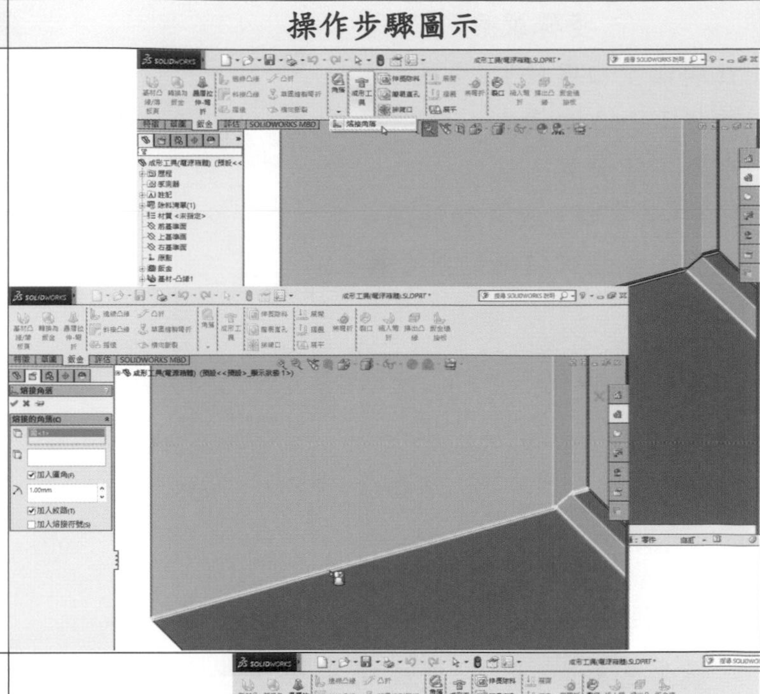 |
| 按視角方位鈕，按住滑鼠中間滾輪拖曳至適當方位來旋轉物件。可點選到『視圖選擇器』方向對話方塊中右下角落位置的面，強調顯示右側底部方向的不等角視。<br> | 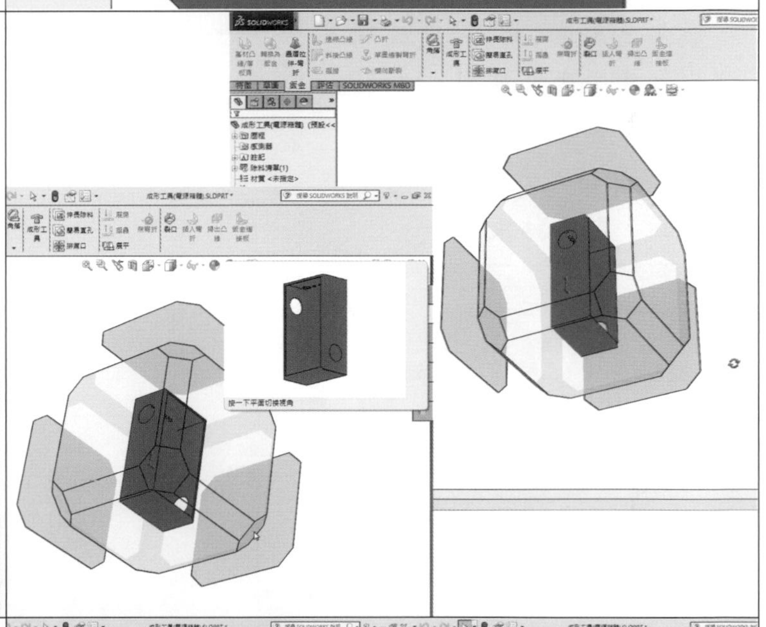 |
| 按局部放大鈕，游標形狀變為，在適當位置拖曳矩形，放大所選區域。<br>按熔接角落鈕，熔接的角落(C)，勾選『加入圓角(F)』，輸入圓角半徑 1mm，勾選『加入紋路(T)』，不勾選『加入熔接符號(S)』，選取要熔接的鈑金角落側面『面<1>』後，按滑鼠右鍵。 | 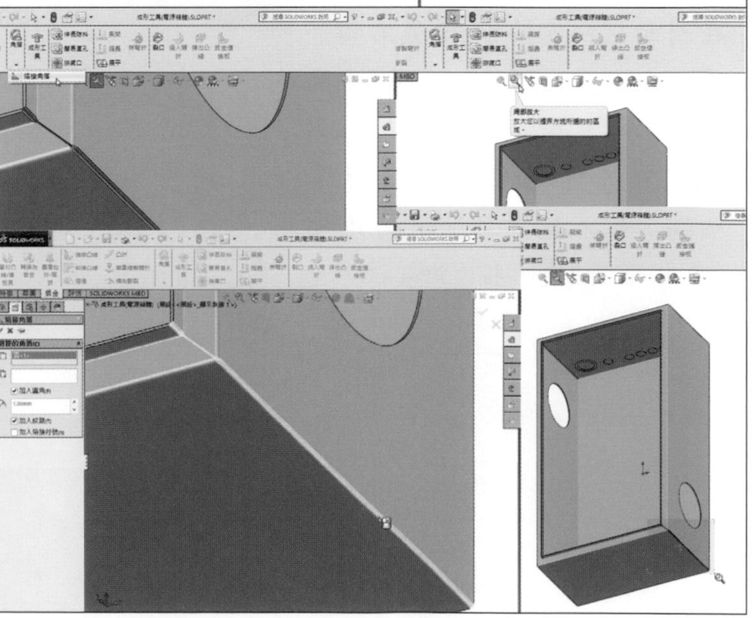 |

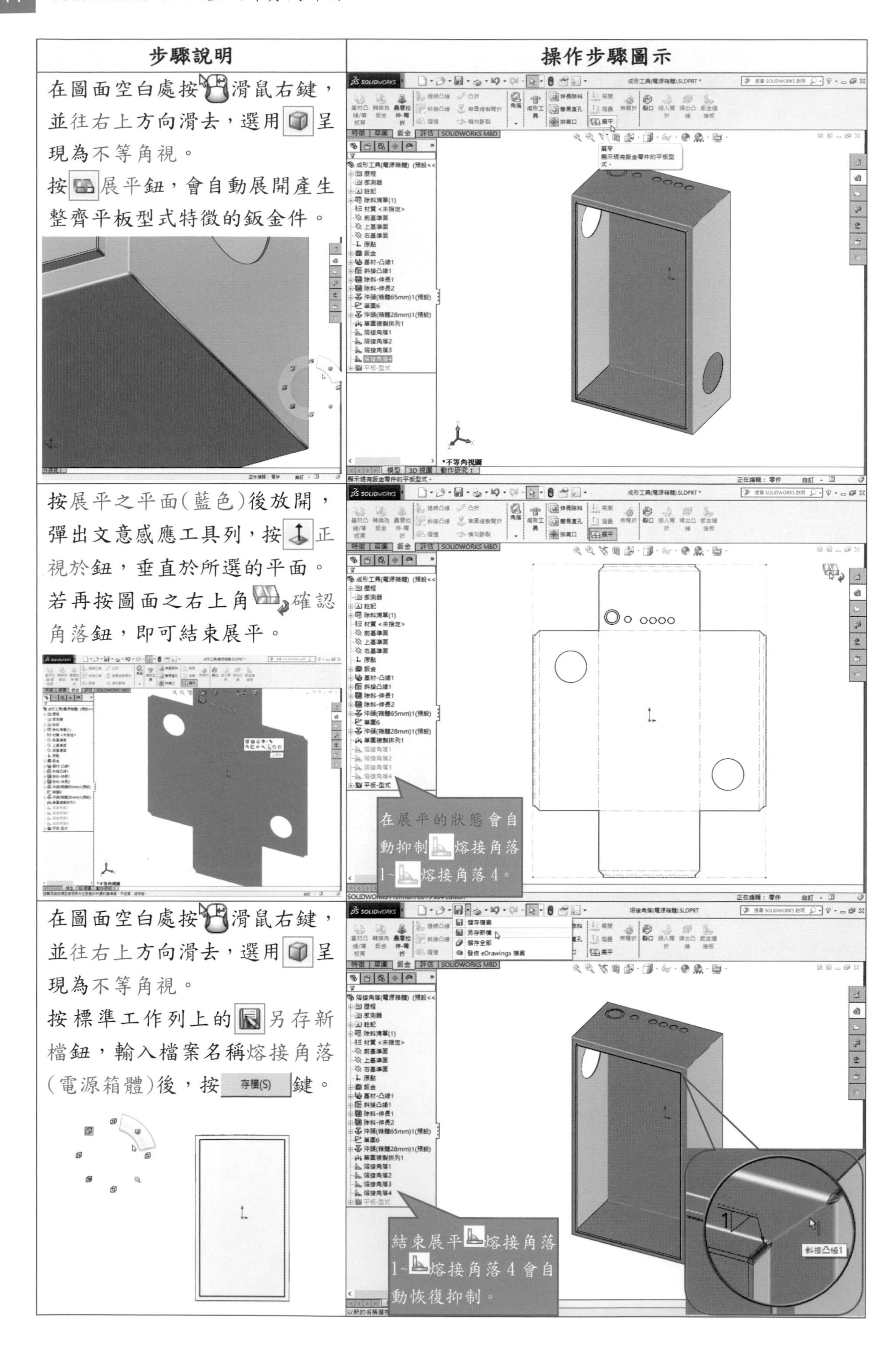

| 步驟說明 | 操作步驟圖示 |
| --- | --- |
| 在圖面空白處按滑鼠右鍵，並往右上方向滑去，選用呈現為不等角視。<br>按展平鈕，會自動展開產生整齊平板型式特徵的鈑金件。 | |
| 按展平之平面(藍色)後放開，彈出文意感應工具列，按正視於鈕，垂直於所選的平面。<br>若再按圖面之右上角確認角落鈕，即可結束展平。 | |
| 在圖面空白處按滑鼠右鍵，並往右上方向滑去，選用呈現為不等角視。<br>按標準工作列上的另存新檔鈕，輸入檔案名稱熔接角落(電源箱體)後，按存檔(S)鍵。 | |

## 4.9.1 熔珠(熔接幾何)在偏心異徑管彎折鈑金縫隙產生熔珠

學習目標：能使用熔珠指令中的熔接幾何，在偏心異徑管鈑金縫隙邊線產生熔珠。

繪圖步驟：開啟舊檔→作導角→產生熔珠→顯示熔珠→按展平。

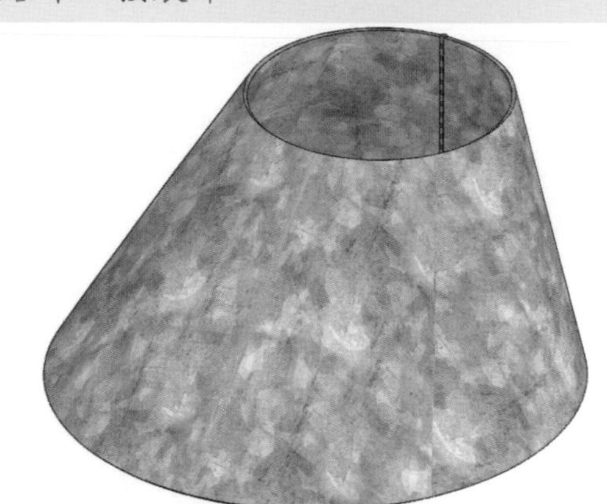

- 檢視指令：視角方位、局部放大、隱藏/顯示、檢視熔珠。
- 特徵指令：導角。
- 鈑金指令：展平。
- 熔接指令：熔珠。

*註：若從檢視功能表選擇顯示熔珠和所有註記，熔珠和熔接符號會呈現在畫面上。*

*註：使用插入零件來將基材零件插入至另一個零件文件。*

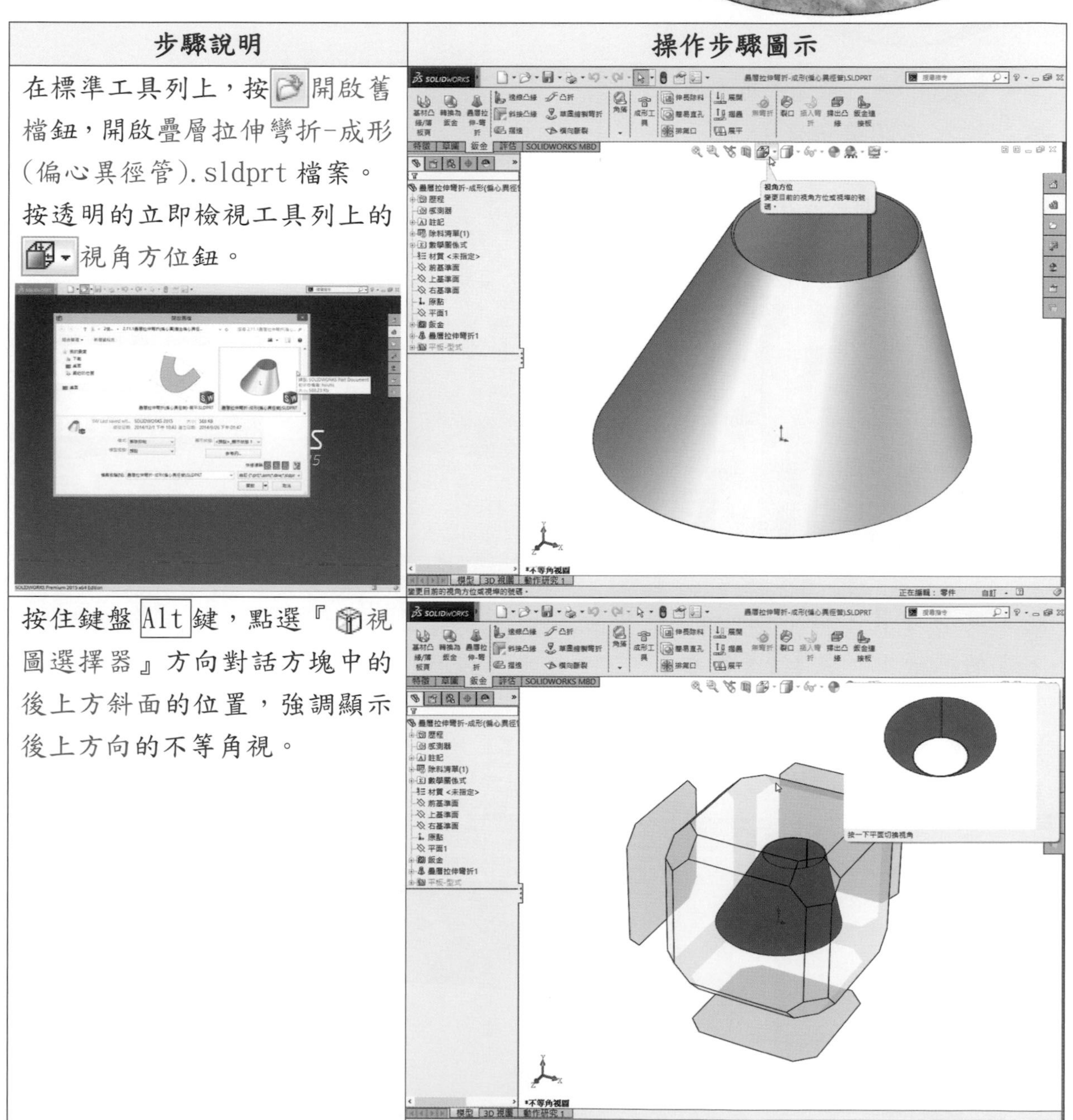

| 步驟說明 | 操作步驟圖示 |
|---|---|
| 在標準工具列上，按開啟舊檔鈕，開啟疊層拉伸彎折-成形(偏心異徑管).sldprt 檔案。按透明的立即檢視工具列上的視角方位鈕。 | |
| 按住鍵盤 Alt 鍵，點選『視圖選擇器』方向對話方塊中的後上方斜面的位置，強調顯示後上方向的不等角視。 | |

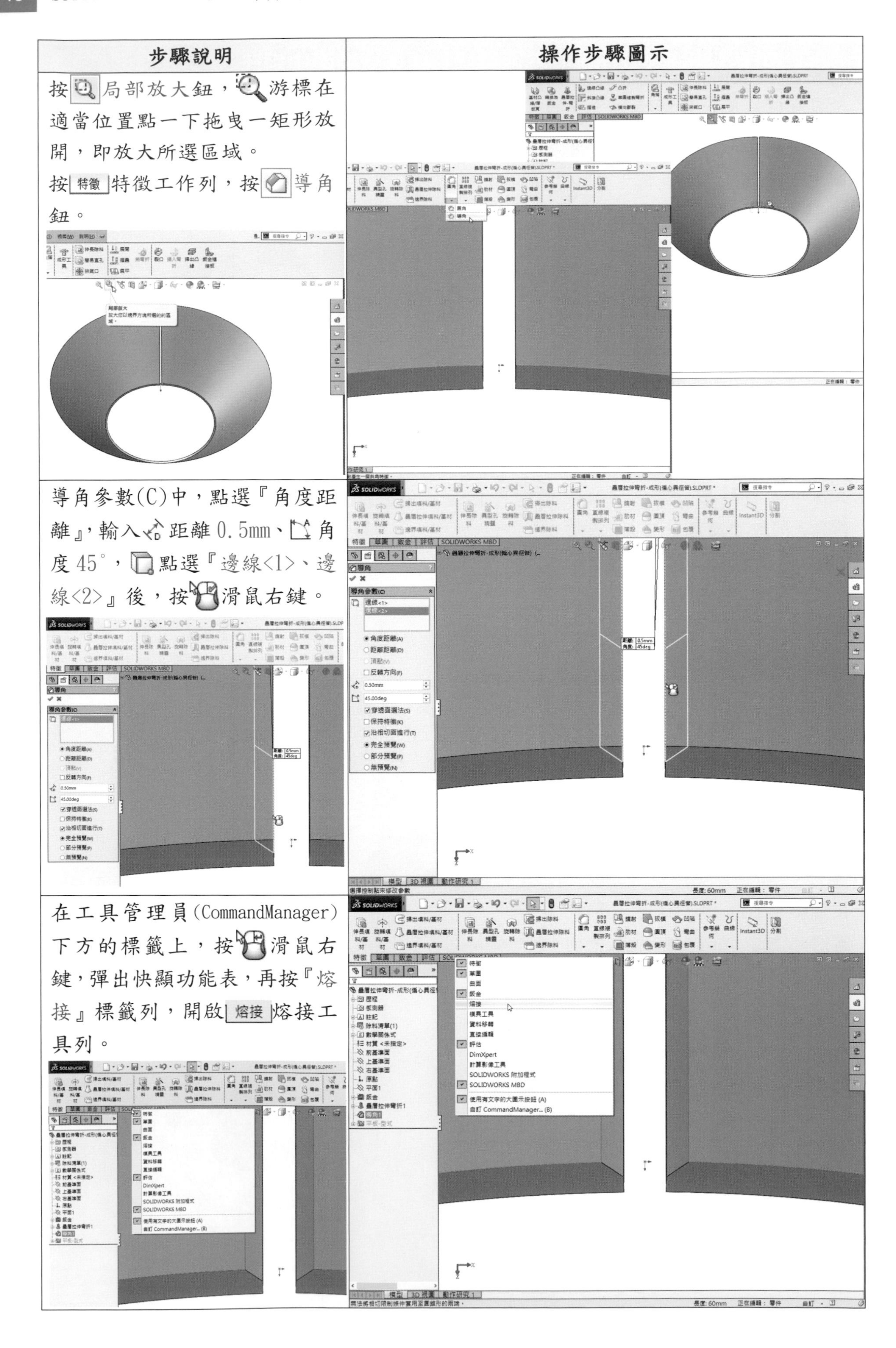

| 步驟說明 | 操作步驟圖示 |
| --- | --- |
| 按局部放大鈕，游標在適當位置點一下拖曳一矩形放開，即放大所選區域。<br>按 特徵 特徵工作列，按導角鈕。 | |
| 導角參數(C)中，點選『角度距離』，輸入距離 0.5mm、角度 45°，點選『邊線<1>、邊線<2>』後，按滑鼠右鍵。 | |
| 在工具管理員(CommandManager)下方的標籤上，按滑鼠右鍵，彈出快顯功能表，再按『熔接』標籤列，開啟 熔接 熔接工具列。 | |

| 步驟說明 | 操作步驟圖示 |
| --- | --- |
| 按 熔接 熔接工具列，再按熔珠鈕，熔接路徑(P)預設『熔接路徑 1』。設定(S)熔接選擇:點選『熔接幾何』。熔接自選取『邊線 1』(左側導角邊線)。設定熔珠尺寸為 1.5mm，不勾選『沿相切面進行(G)』。 | |
| 熔接至選取『邊線 2』(右側導角邊線)，兩邊線中間呈現粉紅色預覽熔接線後，按滑鼠右鍵。<br>*註：單一本體，每個選擇方塊只能包含一個選擇(選擇要熔接的面或邊線)。*<br>*註：熔接至選擇面或邊線，成為熔接自中選擇的本體指定連接。* | |
| 按快顯檢視工具列中的隱藏/顯示項次鈕，再按檢視熔珠鈕，控制熔珠的顯示情形。 | |

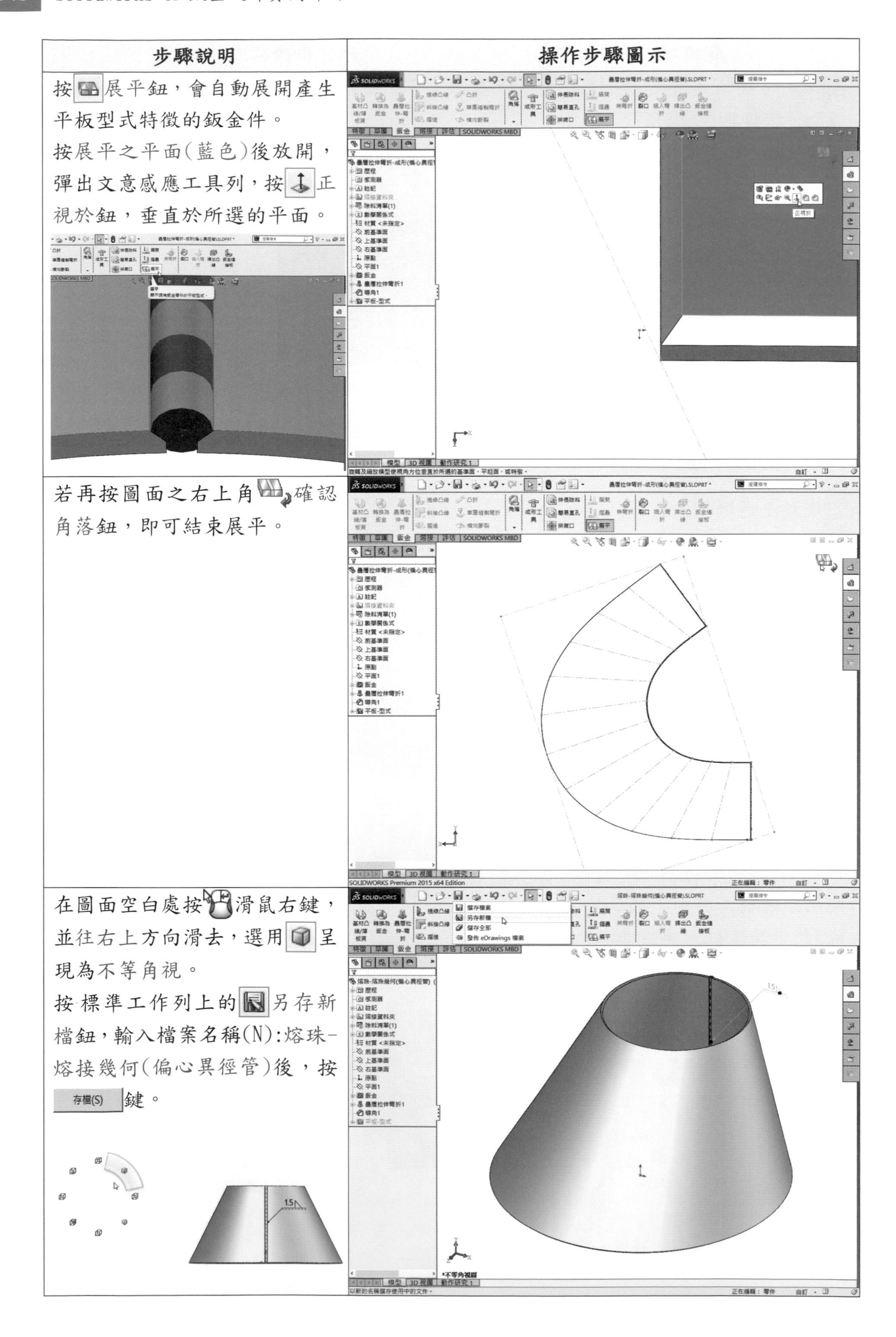

| 步驟說明 | 操作步驟圖示 |
| --- | --- |
| 按展平鈕，會自動展開產生平板型式特徵的鈑金件。<br>按展平之平面(藍色)後放開，彈出文意感應工具列，按正視於鈕，垂直於所選的平面。 | |
| 若再按圖面之右上角確認角落鈕，即可結束展平。 | |
| 在圖面空白處按滑鼠右鍵，並往右上方向滑去，選用呈現為不等角視。<br>按標準工作列上的另存新檔鈕，輸入檔案名稱(N):熔珠-熔接幾何(偏心異徑管)後，按存檔(S)鍵。 | |

## 4.9.2 熔珠(熔接幾何)在異口形管彎折鈑金縫隙產生熔珠

**學習目標：能使用熔珠指令中的熔接幾何，在異口形管鈑金縫隙邊線產生熔珠。**

**繪圖步驟：開啟舊檔→產生熔珠(熔接幾何)→顯示熔珠→按展平。**

使用指令：

- 檢視指令：局部放大、視角方位、隱藏/顯示、檢視熔珠。
- 鈑金指令：展平。
- 熔接指令：熔珠。

*註：若從檢視功能表選擇顯示熔珠和所有註記，熔珠和熔接符號會呈現在畫面上。*

*註：使用插入零件來將基材零件插入至另一個零件文件。*

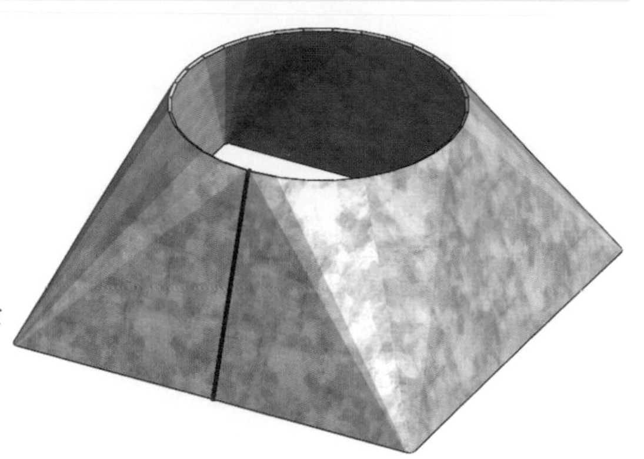

| 步驟說明 | 操作步驟圖示 |
| --- | --- |
| 在標準工具列上，按開啟舊檔鈕，開啟疊層拉伸彎折(異口形管).sldprt 檔案。按熔接熔接工具列，再按熔珠鈕。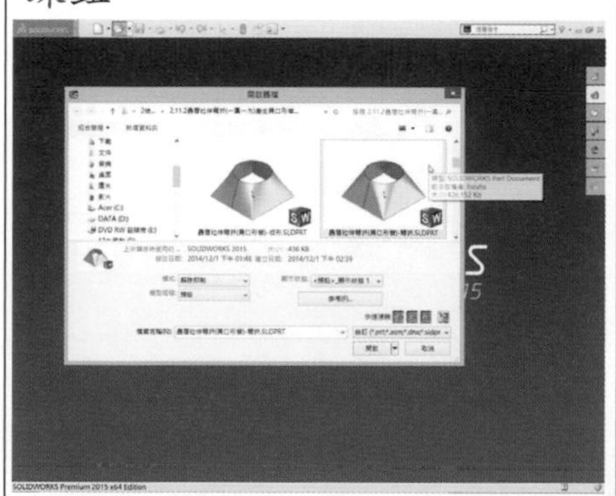 | 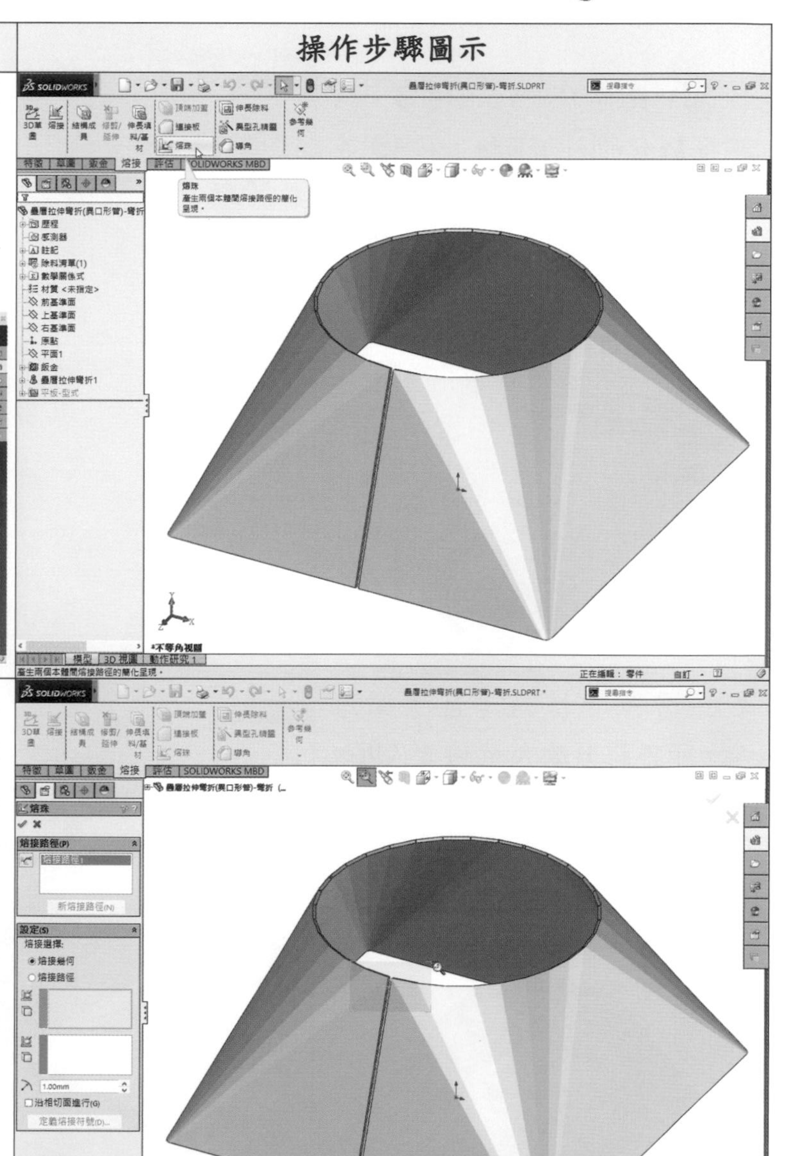 |
| 熔接路徑(P)預設『熔接路徑1』。設定(S)熔接選擇：點選『熔接幾何』。設定熔珠尺寸為1mm，不勾選『沿相切面進行(G)』。按局部放大鈕，游標形狀變為，適當位置點一下對角拖曳矩形適當的位置後，放開滑鼠按鈕，即為放大所選區域。 | |

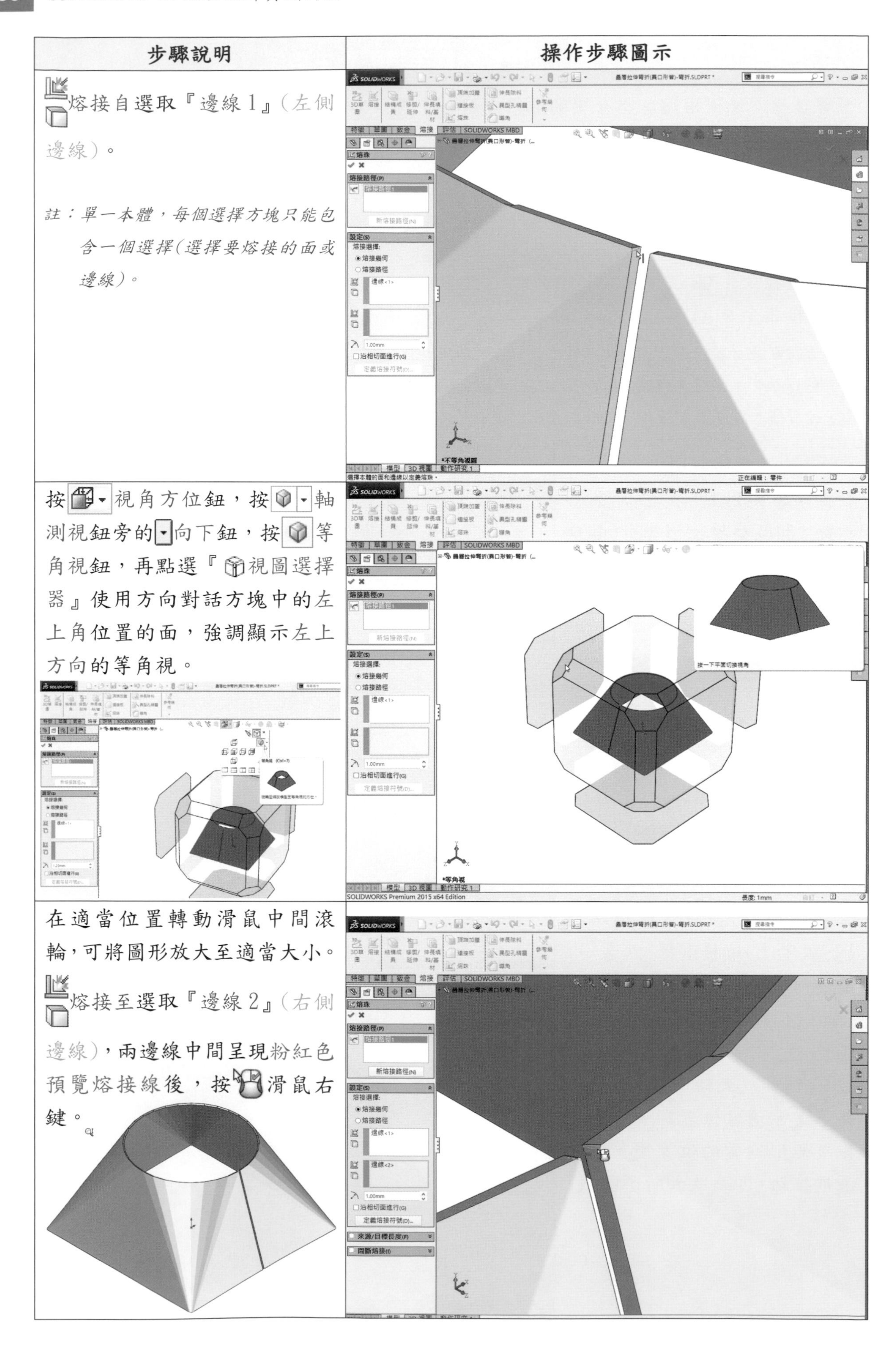

| 步驟說明 | 操作步驟圖示 |
|---|---|
| 熔接自選取『邊線 1』(左側邊線)。<br>註:單一本體,每個選擇方塊只能包含一個選擇(選擇要熔接的面或邊線)。 | |
| 按視角方位鈕,按軸測視鈕旁的向下鈕,按等角視鈕,再點選『視圖選擇器』使用方向對話方塊中的左上角位置的面,強調顯示左上方向的等角視。 | |
| 在適當位置轉動滑鼠中間滾輪,可將圖形放大至適當大小。<br>熔接至選取『邊線 2』(右側邊線),兩邊線中間呈現粉紅色預覽熔接線後,按滑鼠右鍵。 | |

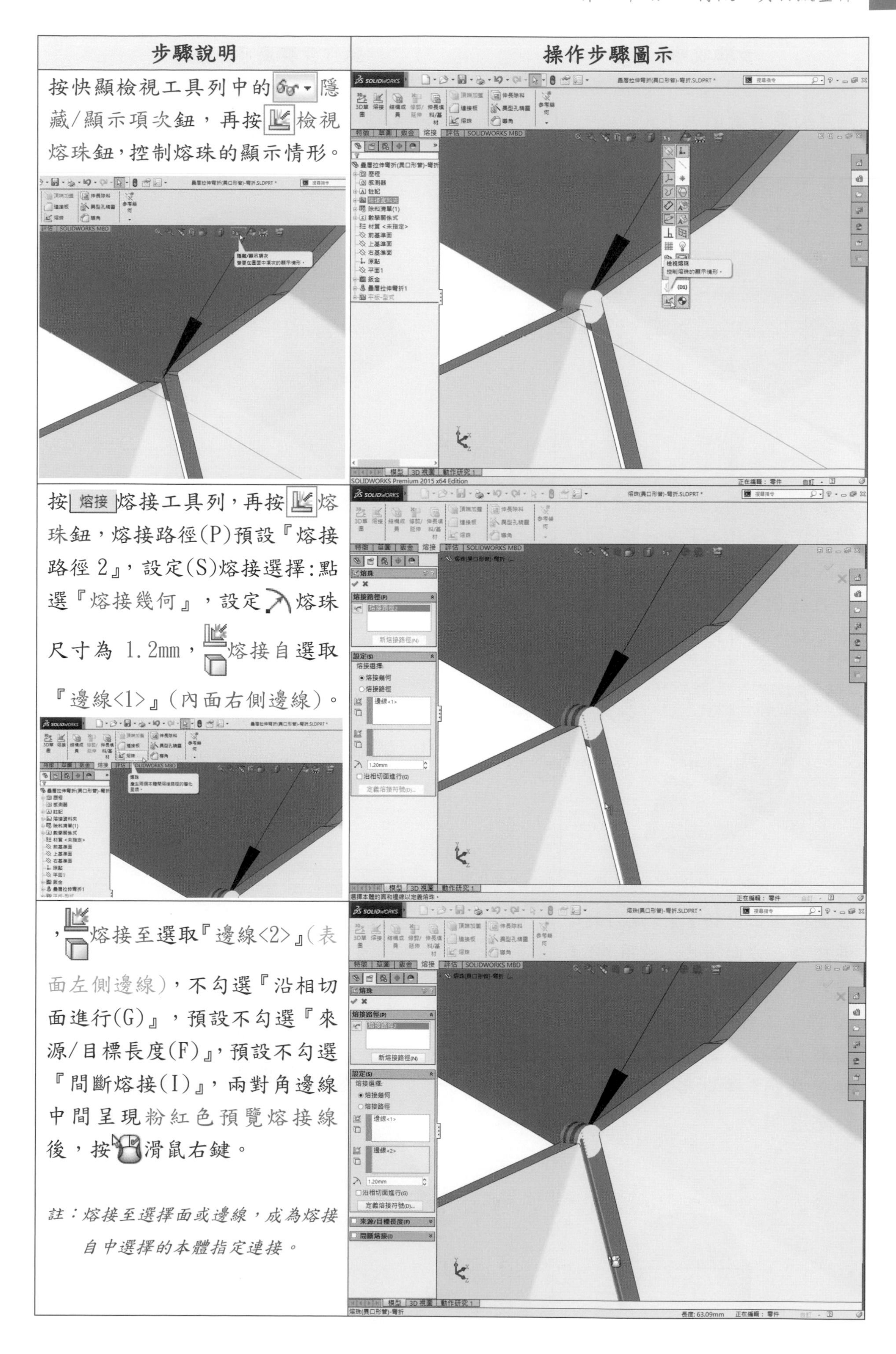

| 步驟說明 | 操作步驟圖示 |
| --- | --- |
| 按快顯檢視工具列中的隱藏/顯示項次鈕，再按檢視熔珠鈕，控制熔珠的顯示情形。 | |
| 按熔接熔接工具列，再按熔珠鈕，熔接路徑(P)預設『熔接路徑 2』，設定(S)熔接選擇：點選『熔接幾何』，設定熔珠尺寸為 1.2mm，熔接自選取『邊線<1>』(內面右側邊線)。 | |
| ，熔接至選取『邊線<2>』(表面左側邊線)，不勾選『沿相切面進行(G)』，預設不勾選『來源/目標長度(F)』，預設不勾選『間斷熔接(I)』，兩對角邊線中間呈現粉紅色預覽熔接線後，按滑鼠右鍵。<br><br>*註：熔接至選擇面或邊線，成為熔接自中選擇的本體指定連接。* | |

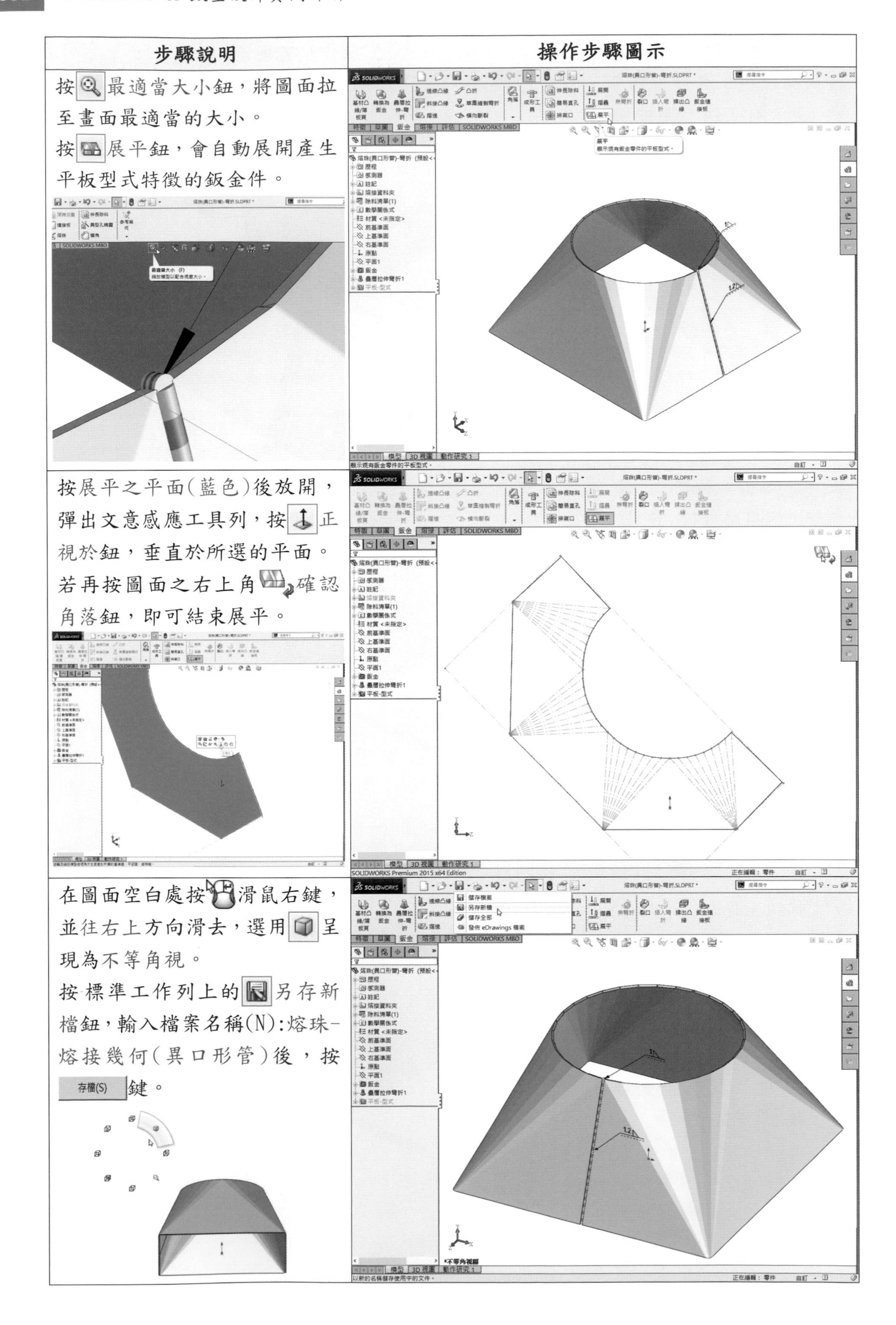

| 步驟說明 | 操作步驟圖示 |
| --- | --- |
| 按最適當大小鈕，將圖面拉至畫面最適當的大小。<br>按展平鈕，會自動展開產生平板型式特徵的鈑金件。 | |
| 按展平之平面(藍色)後放開，彈出文意感應工具列，按正視於鈕，垂直於所選的平面。<br>若再按圖面之右上角確認角落鈕，即可結束展平。 | |
| 在圖面空白處按滑鼠右鍵，並往右上方向滑去，選用呈現為不等角視。<br>按標準工作列上的另存新檔鈕，輸入檔案名稱(N):熔珠-熔接幾何(異口形管)後，按 存檔(S) 鍵。 | |

## 4.9.3 熔珠(熔接路徑)在圓柱風管鈑金縫隙產生熔珠

學習目標：能使用熔珠指令中的熔接路徑，在單一圓柱風管鈑金縫隙邊線產生熔珠。

繪圖步驟：開啟舊檔→畫草圖(路徑)→產生熔珠→顯示熔珠→按展平。

使用指令：

- 草圖指令：草圖、偏移圖元。
- 鈑金指令：展平。
- 熔接指令：熔珠。

*註：若從檢視功能表選擇顯示熔珠和所有註記，熔珠和熔接符號會呈現在畫面上。*

*註：熔珠會自動加入特徵管理員中的熔接資料夾內，並根據類型和大小分子資料夾。*

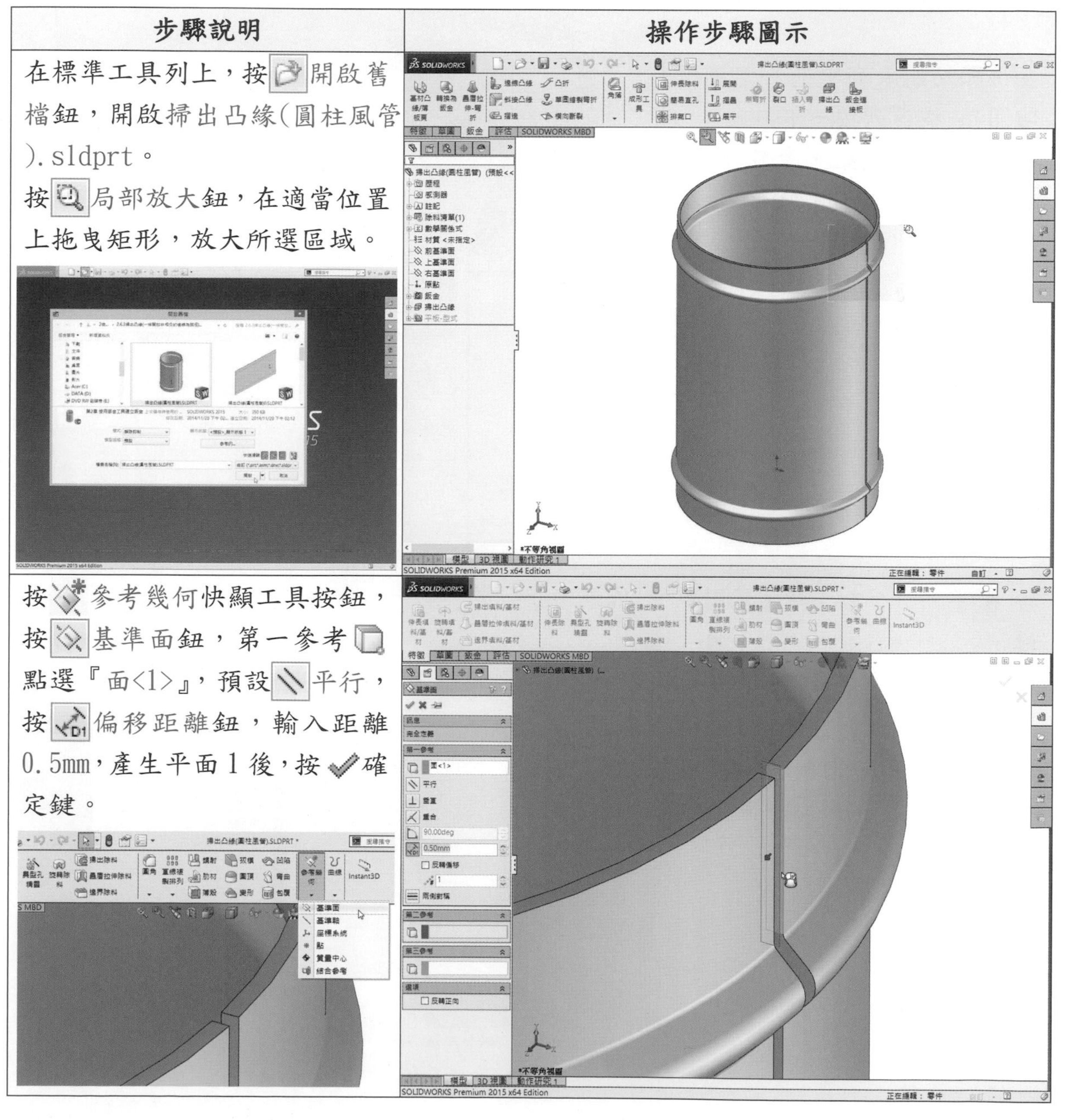

| 步驟說明 | 操作步驟圖示 |
| --- | --- |
| 在標準工具列上，按開啟舊檔鈕，開啟掃出凸緣(圓柱風管).sldprt。按局部放大鈕，在適當位置上拖曳矩形，放大所選區域。 | |
| 按參考幾何快顯工具按鈕，按基準面鈕，第一參考點選『面<1>』，預設平行，按偏移距離鈕，輸入距離0.5mm，產生平面1後，按確定鍵。 | |

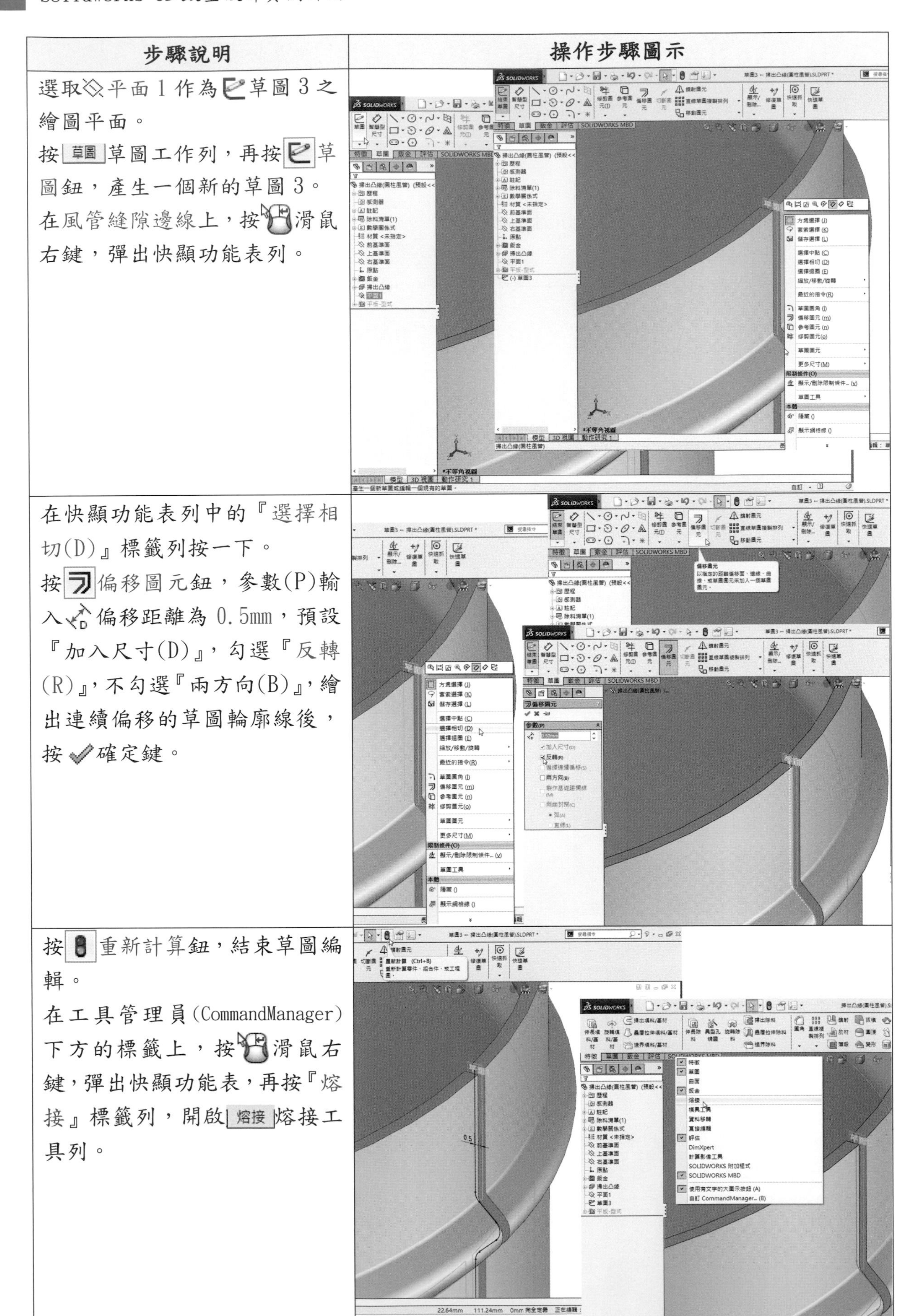

| 步驟說明 | 操作步驟圖示 |
|---|---|
| 選取平面 1 作為草圖 3 之繪圖平面。<br>按 草圖 草圖工作列，再按草圖鈕，產生一個新的草圖 3。<br>在風管縫隙邊線上，按滑鼠右鍵，彈出快顯功能表列。 | |
| 在快顯功能表列中的『選擇相切(D)』標籤列按一下。<br>按偏移圖元鈕，參數(P)輸入偏移距離為 0.5mm，預設『加入尺寸(D)』，勾選『反轉(R)』，不勾選『兩方向(B)』，繪出連續偏移的草圖輪廓線後，按確定鍵。 | |
| 按重新計算鈕，結束草圖編輯。<br>在工具管理員(CommandManager)下方的標籤上，按滑鼠右鍵，彈出快顯功能表，再按『熔接』標籤列，開啟 熔接 熔接工具列。 | |

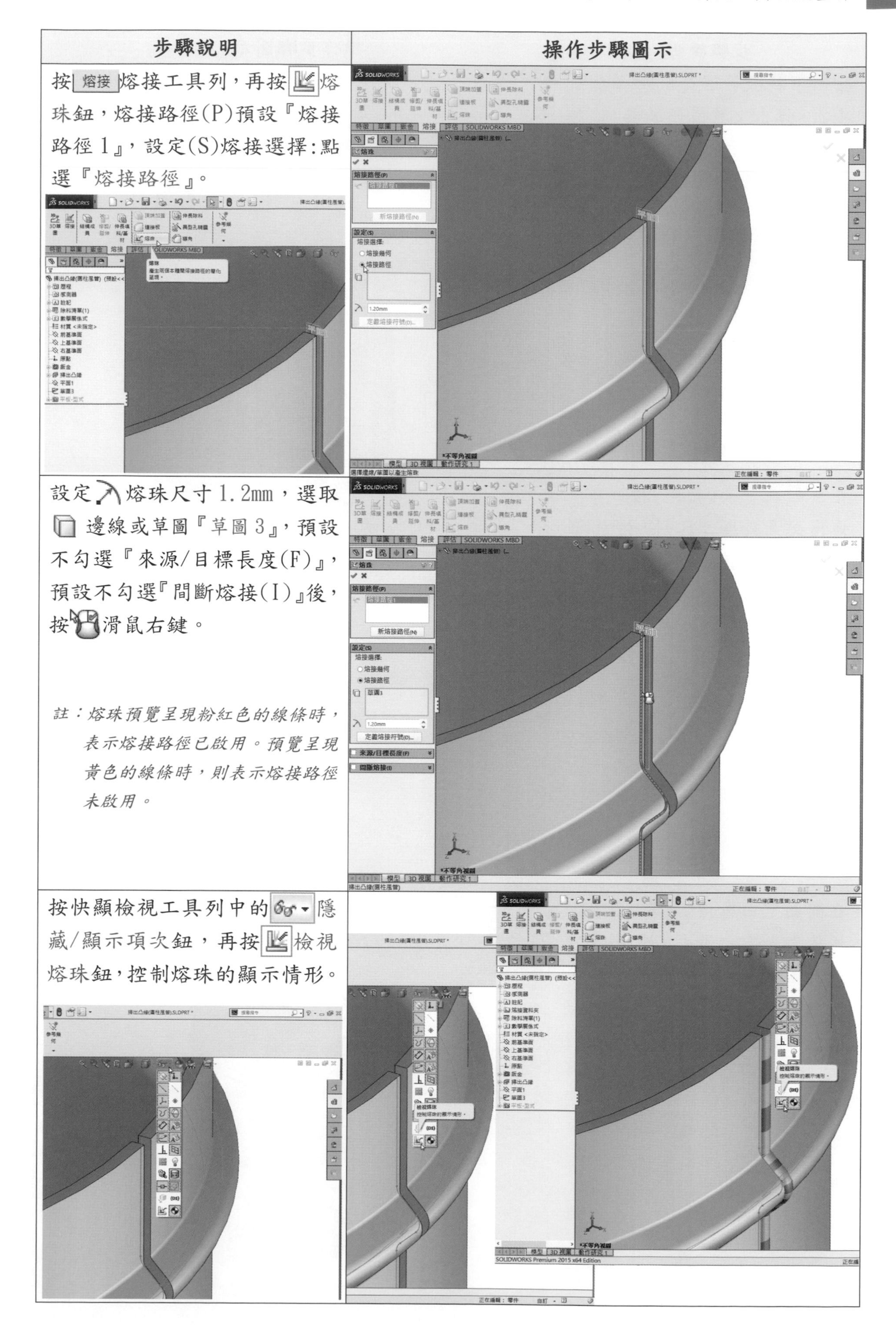

| 步驟說明 | 操作步驟圖示 |
| --- | --- |
| 按 熔接 熔接工具列，再按熔珠鈕，熔接路徑(P)預設『熔接路徑 1』，設定(S)熔接選擇：點選『熔接路徑』。 | |
| 設定熔珠尺寸 1.2mm，選取邊線或草圖『草圖 3』，預設不勾選『來源/目標長度(F)』，預設不勾選『間斷熔接(I)』後，按滑鼠右鍵。<br>*註：熔珠預覽呈現粉紅色的線條時，表示熔接路徑已啟用。預覽呈現黃色的線條時，則表示熔接路徑未啟用。* | |
| 按快顯檢視工具列中的隱藏/顯示項次鈕，再按檢視熔珠鈕，控制熔珠的顯示情形。 | |

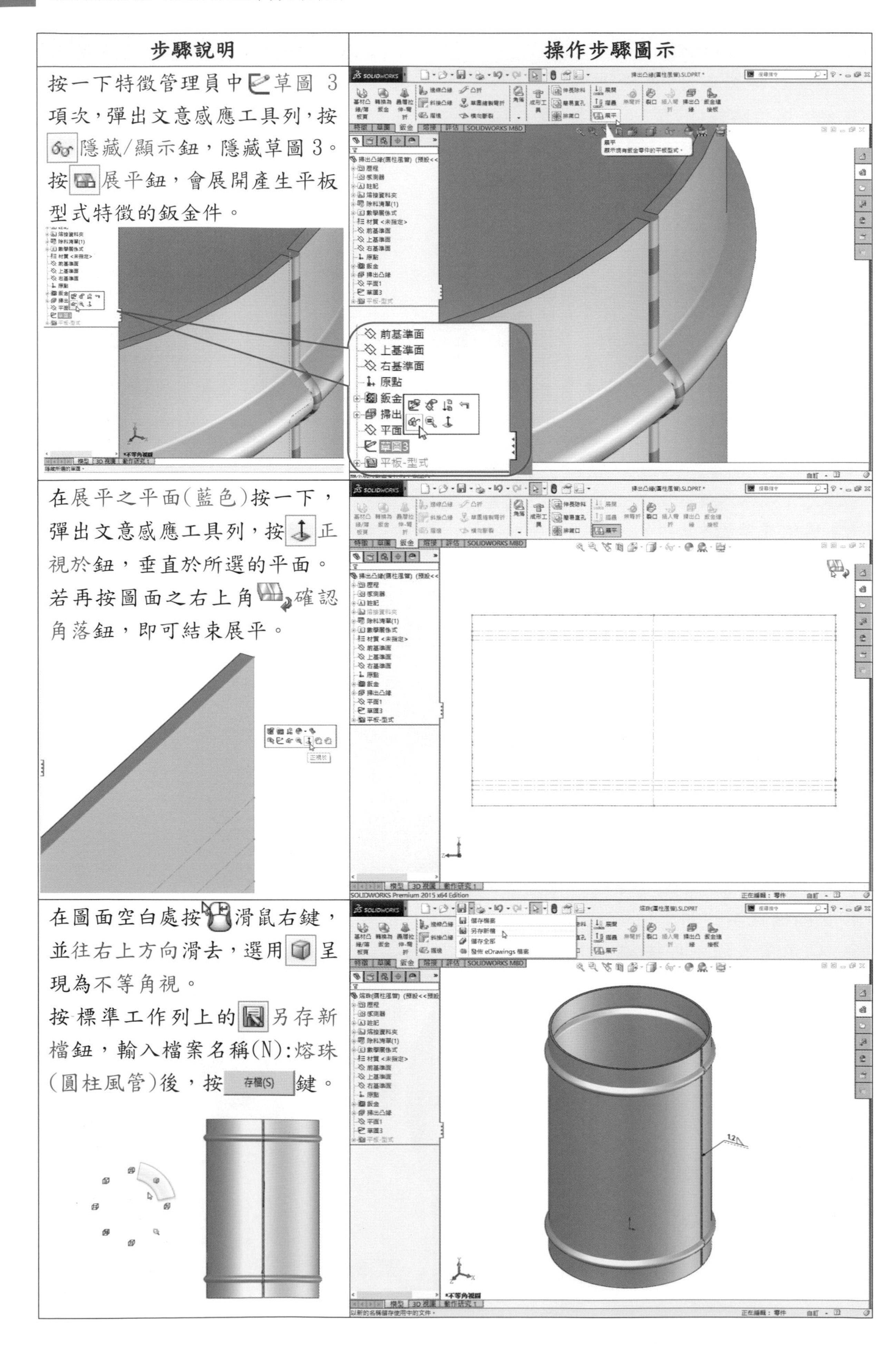

| 步驟說明 | 操作步驟圖示 |
| --- | --- |
| 按一下特徵管理員中草圖 3 項次，彈出文意感應工具列，按隱藏/顯示鈕，隱藏草圖3。按展平鈕，會展開產生平板型式特徵的鈑金件。 | |
| 在展平之平面(藍色)按一下，彈出文意感應工具列，按正視於鈕，垂直於所選的平面。若再按圖面之右上角確認角落鈕，即可結束展平。 | |
| 在圖面空白處按滑鼠右鍵，並往右上方向滑去，選用呈現為不等角視。<br>按標準工作列上的另存新檔鈕，輸入檔案名稱(N):熔珠(圓柱風管)後，按存檔(S)鍵。 | |

## 4.9.4 熔珠(熔接幾何)在兩相交圓柱管鈑金縫隙產生熔珠

學習目標：能使用熔珠指令中的熔接幾何，在兩相交圓柱管鈑金縫隙邊線產生熔珠。

繪圖步驟：開啟舊檔(本體 2)→插入零件(本體 1)→產生熔珠→顯示熔珠。

使用指令：

- 特徵指令：插入零件。
- 熔接指令：熔珠。

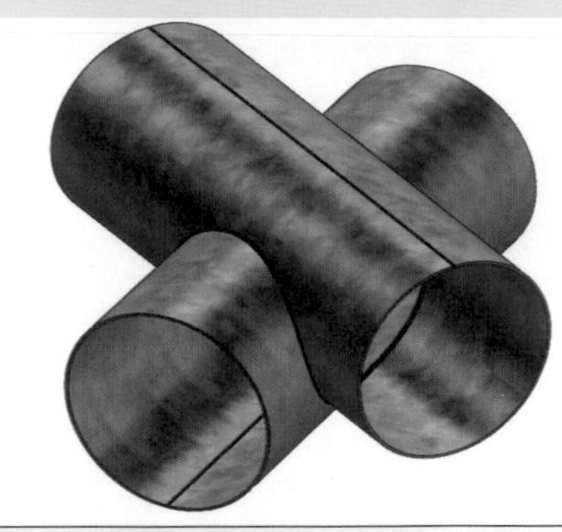

註：若從檢視功能表選擇顯示熔珠和所有註記，熔珠和熔接符號會呈現在畫面上。

註：使用插入零件來將基材零件插入至另一個零件文件。

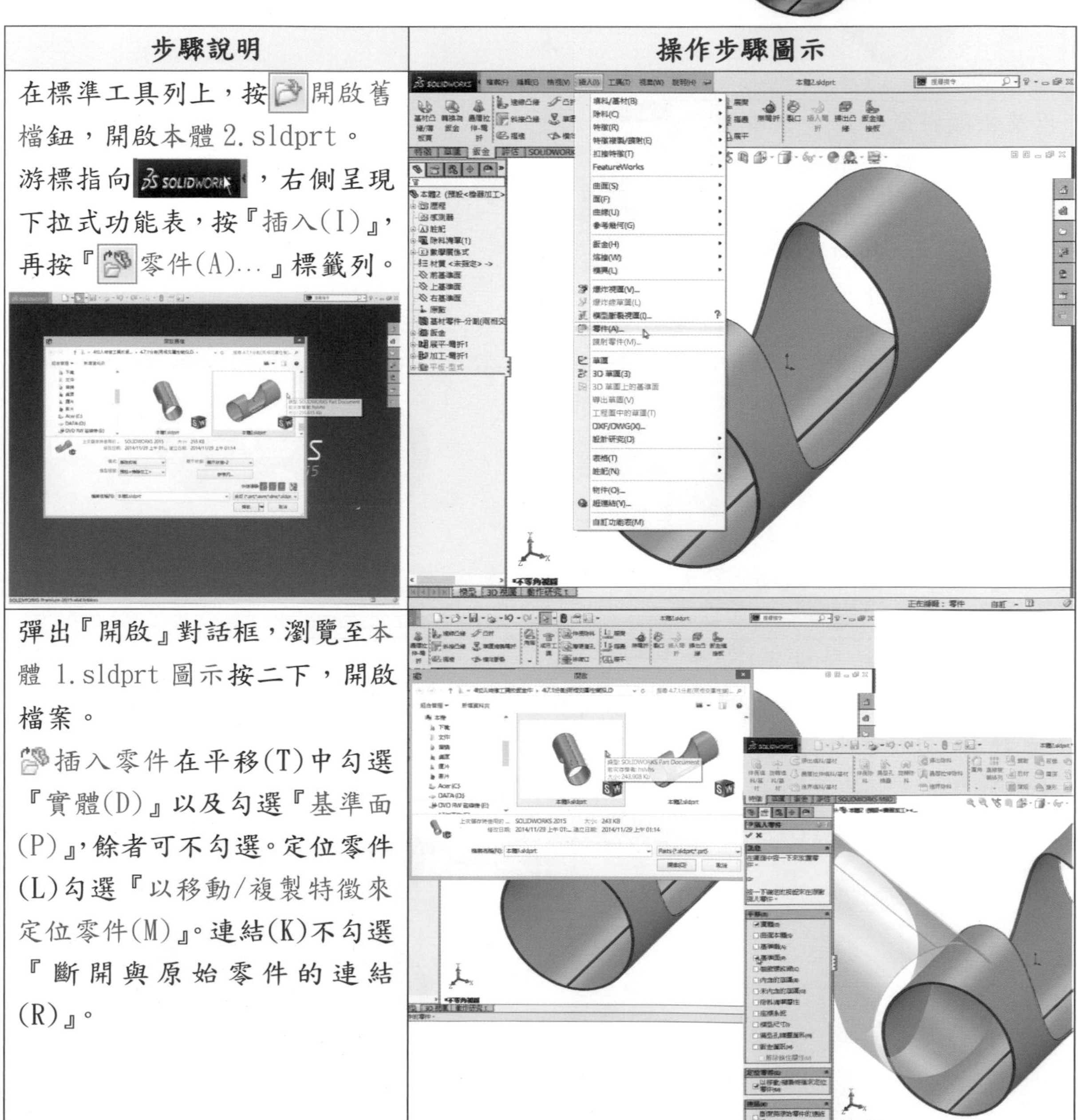

| 步驟說明 | 操作步驟圖示 |
|---|---|
| 在標準工具列上，按開啟舊檔鈕，開啟本體 2.sldprt。游標指向 SOLIDWORKS，右側呈現下拉式功能表，按『插入(I)』，再按『零件(A)...』標籤列。 | |
| 彈出『開啟』對話框，瀏覽至本體 1.sldprt 圖示按二下，開啟檔案。<br>插入零件在平移(T)中勾選『實體(D)』以及勾選『基準面(P)』，餘者可不勾選。定位零件(L)勾選『以移動/複製特徵來定位零件(M)』。連結(K)不勾選『斷開與原始零件的連結(R)』。 | |

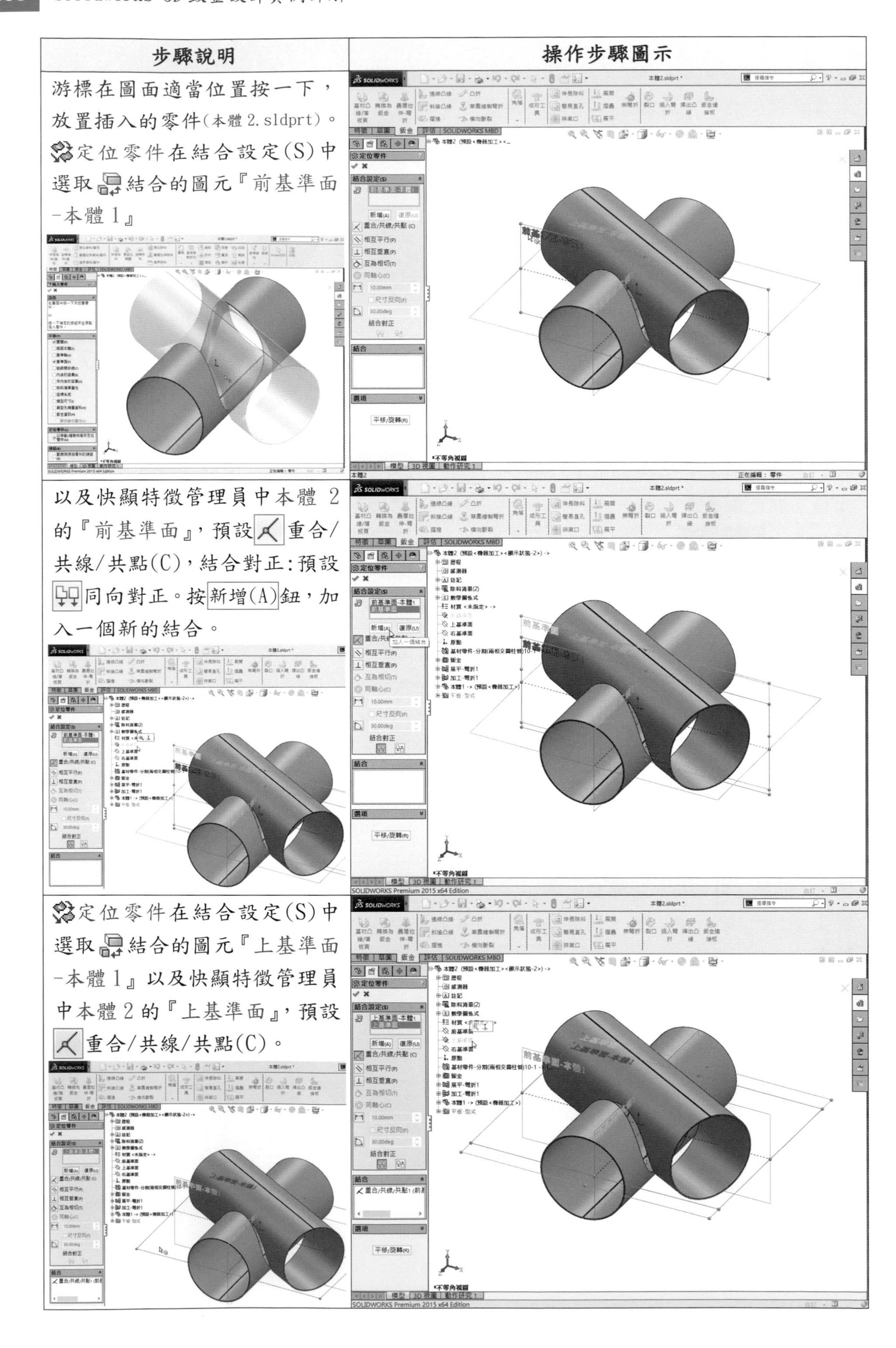

| 步驟說明 | 操作步驟圖示 |
| --- | --- |
| 游標在圖面適當位置按一下，放置插入的零件(本體2.sldprt)。定位零件在結合設定(S)中選取結合的圖元『前基準面-本體1』 | |
| 以及快顯特徵管理員中本體2的『前基準面』，預設重合/共線/共點(C)，結合對正：預設同向對正。按新增(A)鈕，加入一個新的結合。 | |
| 定位零件在結合設定(S)中選取結合的圖元『上基準面-本體1』以及快顯特徵管理員中本體2的『上基準面』，預設重合/共線/共點(C)。 | |

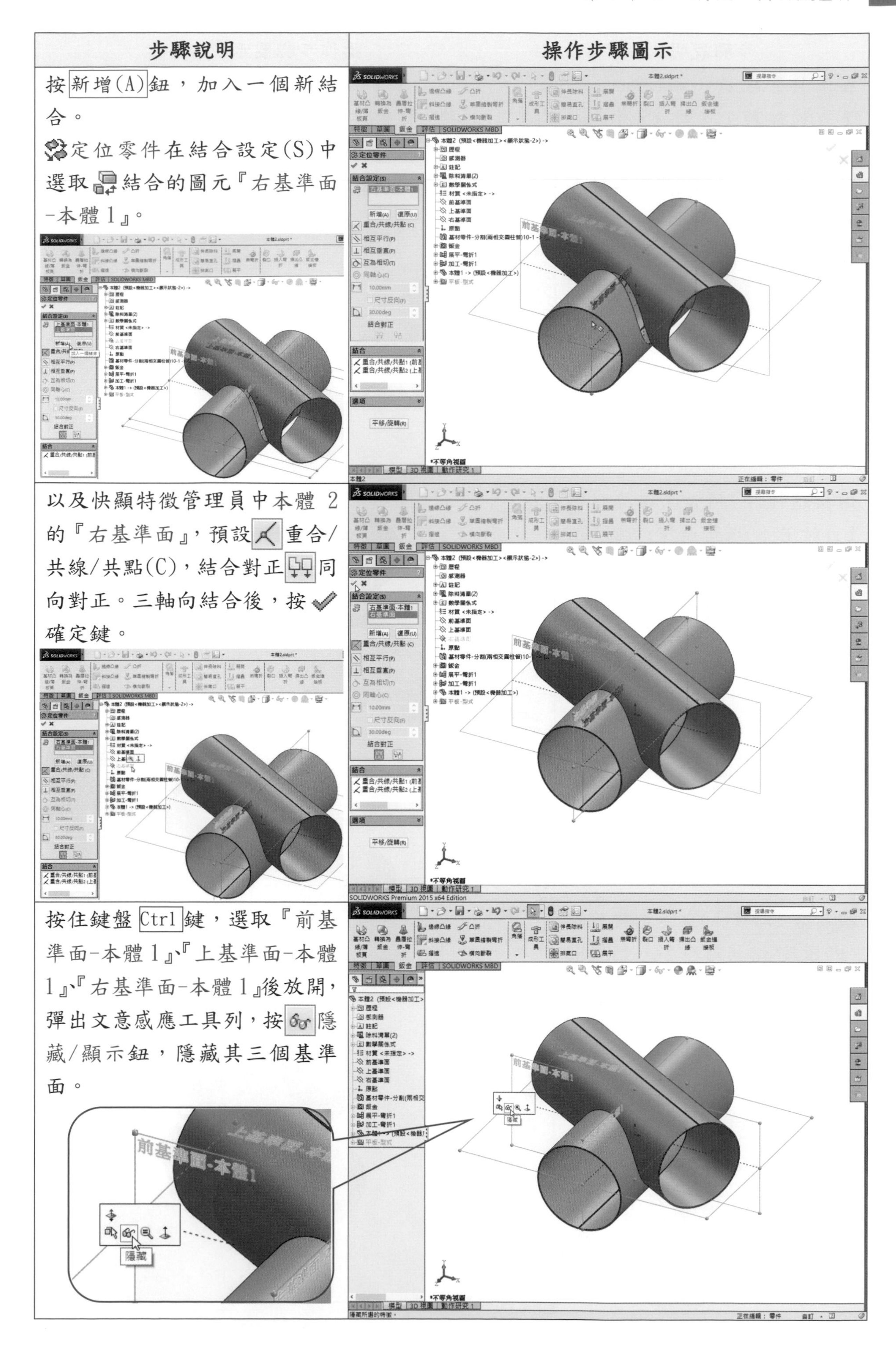

| 步驟說明 | 操作步驟圖示 |
|---|---|
| 按新增(A)鈕，加入一個新結合。<br>定位零件在結合設定(S)中選取結合的圖元『右基準面-本體 1』。 | |
| 以及快顯特徵管理員中本體 2 的『右基準面』，預設重合/共線/共點(C)，結合對正同向對正。三軸向結合後，按確定鍵。 | |
| 按住鍵盤Ctrl鍵，選取『前基準面-本體 1』、『上基準面-本體 1』、『右基準面-本體 1』後放開，彈出文意感應工具列，按隱藏/顯示鈕，隱藏其三個基準面。 | |

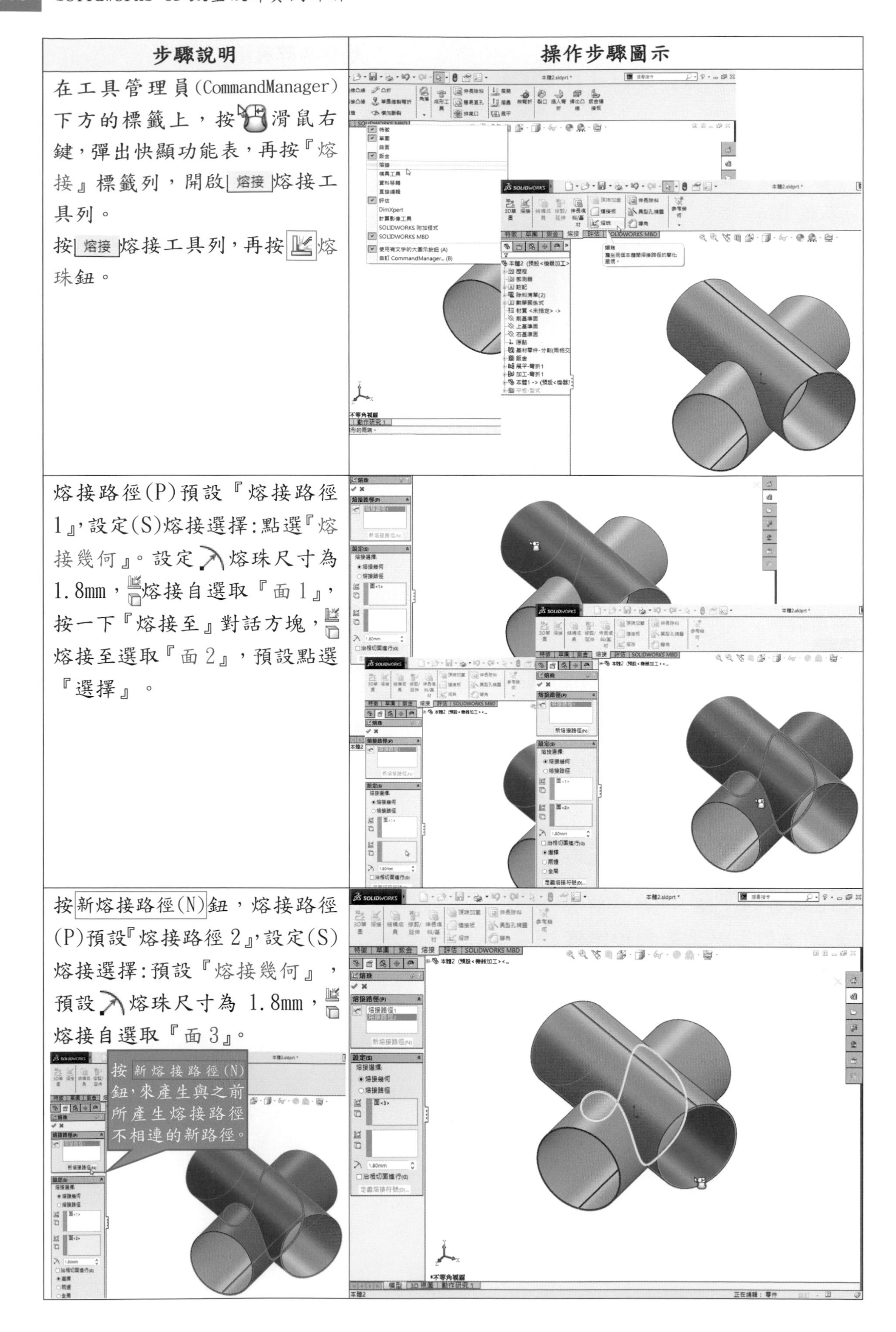

| 步驟說明 | 操作步驟圖示 |
| --- | --- |
| 在工具管理員(CommandManager)下方的標籤上，按滑鼠右鍵，彈出快顯功能表，再按『熔接』標籤列，開啟熔接熔接工具列。<br>按熔接熔接工具列，再按熔珠鈕。 | |
| 熔接路徑(P)預設『熔接路徑1』，設定(S)熔接選擇：點選『熔接幾何』。設定熔珠尺寸為1.8mm，熔接自選取『面1』，按一下『熔接至』對話方塊，熔接至選取『面2』，預設點選『選擇』。 | |
| 按新熔接路徑(N)鈕，熔接路徑(P)預設『熔接路徑2』，設定(S)熔接選擇：預設『熔接幾何』，預設熔珠尺寸為1.8mm，熔接自選取『面3』。 | |

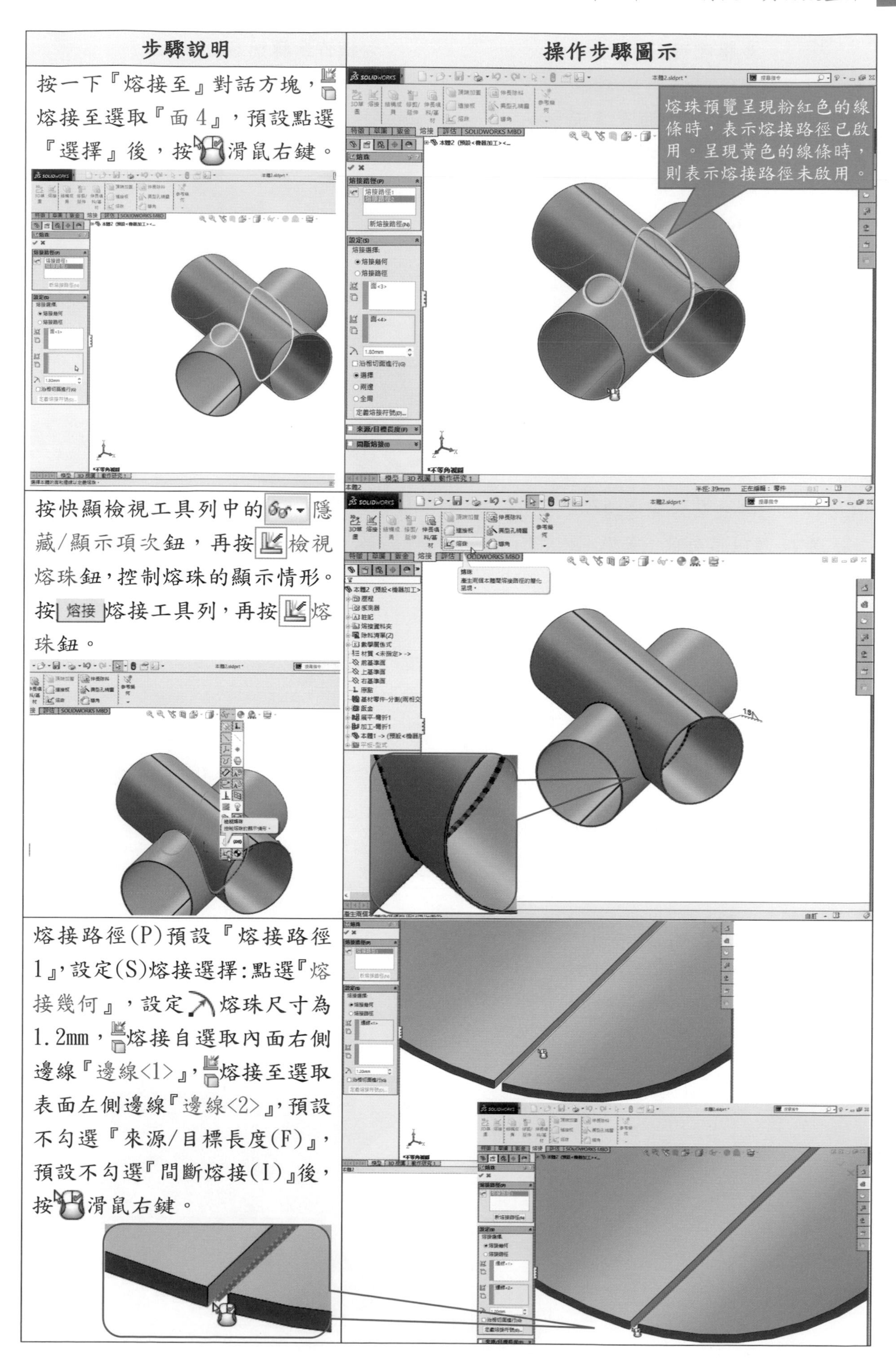

| 步驟說明 | 操作步驟圖示 |
| --- | --- |
| 按一下『熔接至』對話方塊，熔接至選取『面 4』，預設點選『選擇』後，按滑鼠右鍵。 | 熔珠預覽呈現粉紅色的線條時，表示熔接路徑已啟用。呈現黃色的線條時，則表示熔接路徑未啟用。 |
| 按快顯檢視工具列中的隱藏/顯示項次鈕，再按檢視熔珠鈕，控制熔珠的顯示情形。按 熔接 熔接工具列，再按熔珠鈕。 | |
| 熔接路徑(P)預設『熔接路徑 1』，設定(S)熔接選擇：點選『熔接幾何』，設定熔珠尺寸為 1.2mm，熔接自選取內面右側邊線『邊線<1>』，熔接至選取表面左側邊線『邊線<2>』，預設不勾選『來源/目標長度(F)』，預設不勾選『間斷熔接(I)』後，按滑鼠右鍵。 | |

| 步驟說明 | 操作步驟圖示 |
| --- | --- |
| 按新熔接路徑(N)鈕，再按最適當大小鈕，將圖面拉至畫面最適當的大小。移動游標至適當位置，轉動滑鼠中間滾輪，可將圖形放大至適當大小。<br>熔接路徑(P)預設『熔接路徑2』，設定(S)熔接選擇：預設『熔接幾何』，預設熔珠尺寸為1.2mm。熔接自選取表面左側『邊線<1>』。 | 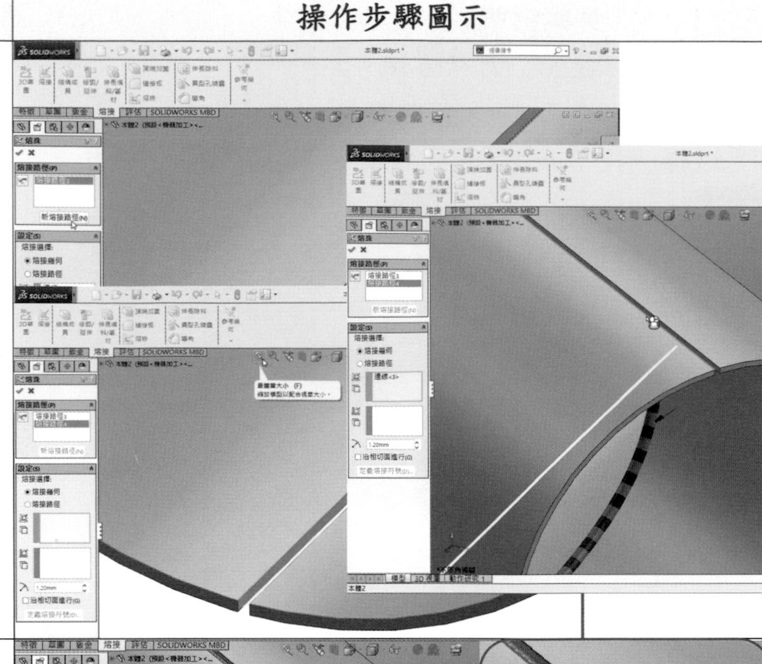 |
| 熔接至選取內面右側邊線『邊線<2>』，預設不勾選『來源/目標長度(F)』，預設不勾選『間斷熔接(I)』後，按滑鼠右鍵。按最適當大小鈕，將圖面拉至畫面最適當的大小。 | 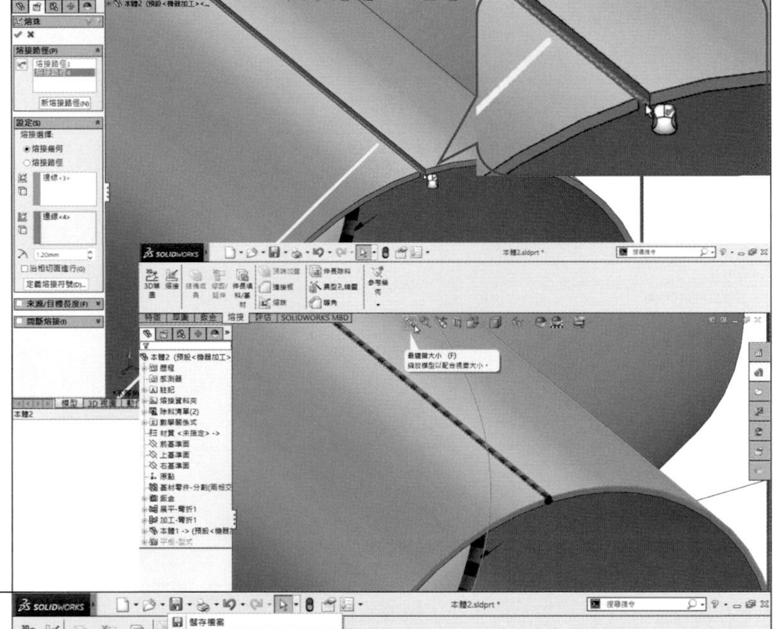 |
| 按標準工作列上的另存新檔鈕，輸入檔案名稱(N)：熔珠(兩相交圓柱管)後，按存檔(S)鍵。 | 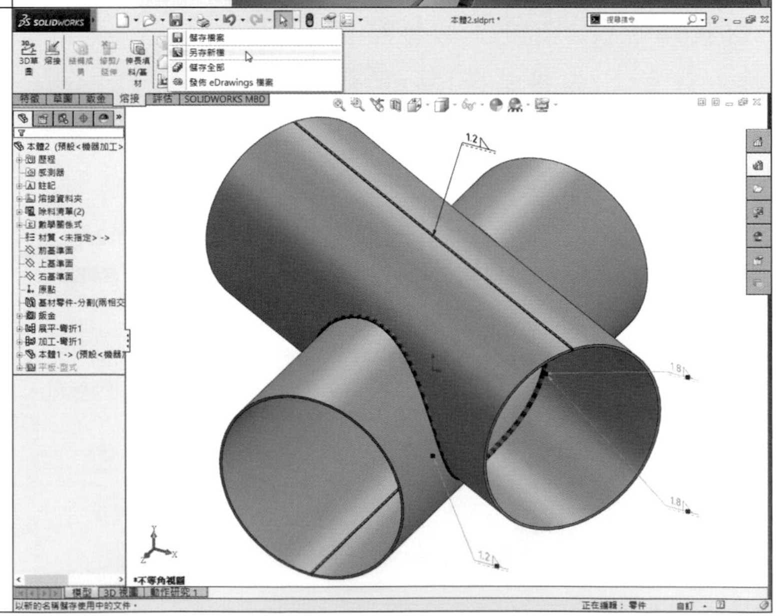 |

## 4.10.1 套用及編輯移畫印花對應至八角形金屬盒上

**學習目標：能套用與編輯移畫印花指令，投射對應至八角形金屬盒表面上。**

**繪圖步驟：開啟舊檔→套用移畫印花→編輯外觀→按展平→編輯移畫印花→按展平。**

使用指令：

- 影像工具指令：移畫印花、編輯外觀。
- 鈑金指令：展平。

*註：移畫印花是套用至模型零件的 2D 影像圖。可用於套用警告標籤或說明標籤到模型零件上。也可套用影像圖示呈現取代模型細節真實建構。*

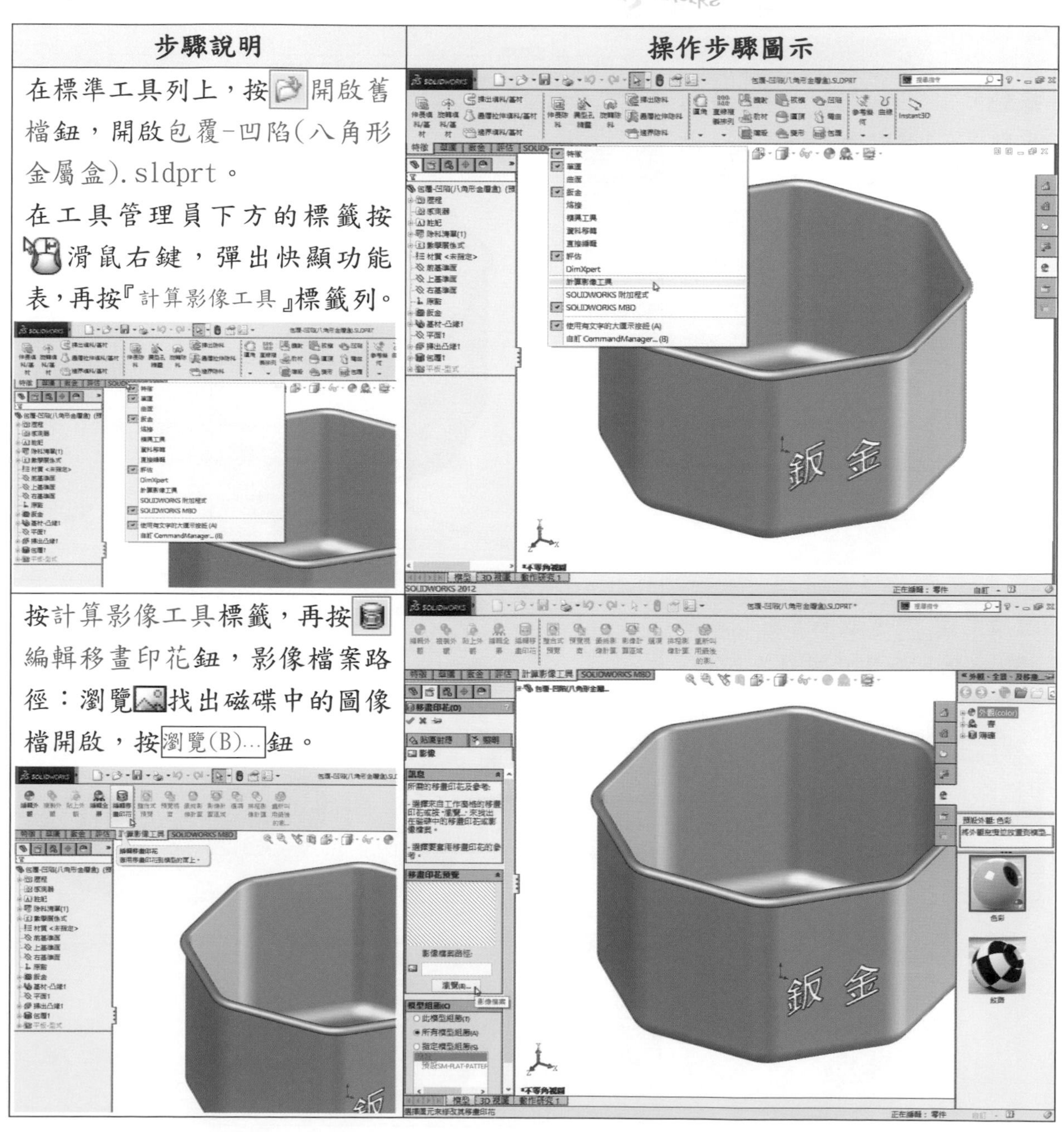

| 步驟說明 | 操作步驟圖示 |
| --- | --- |
| 在標準工具列上，按開啟舊檔鈕，開啟包覆-凹陷(八角形金屬盒).sldprt。在工具管理員下方的標籤按滑鼠右鍵，彈出快顯功能表，再按『計算影像工具』標籤列。 | |
| 按計算影像工具標籤，再按編輯移畫印花鈕，影像檔案路徑：瀏覽找出磁碟中的圖像檔開啟，按瀏覽(B)...鈕。 | |

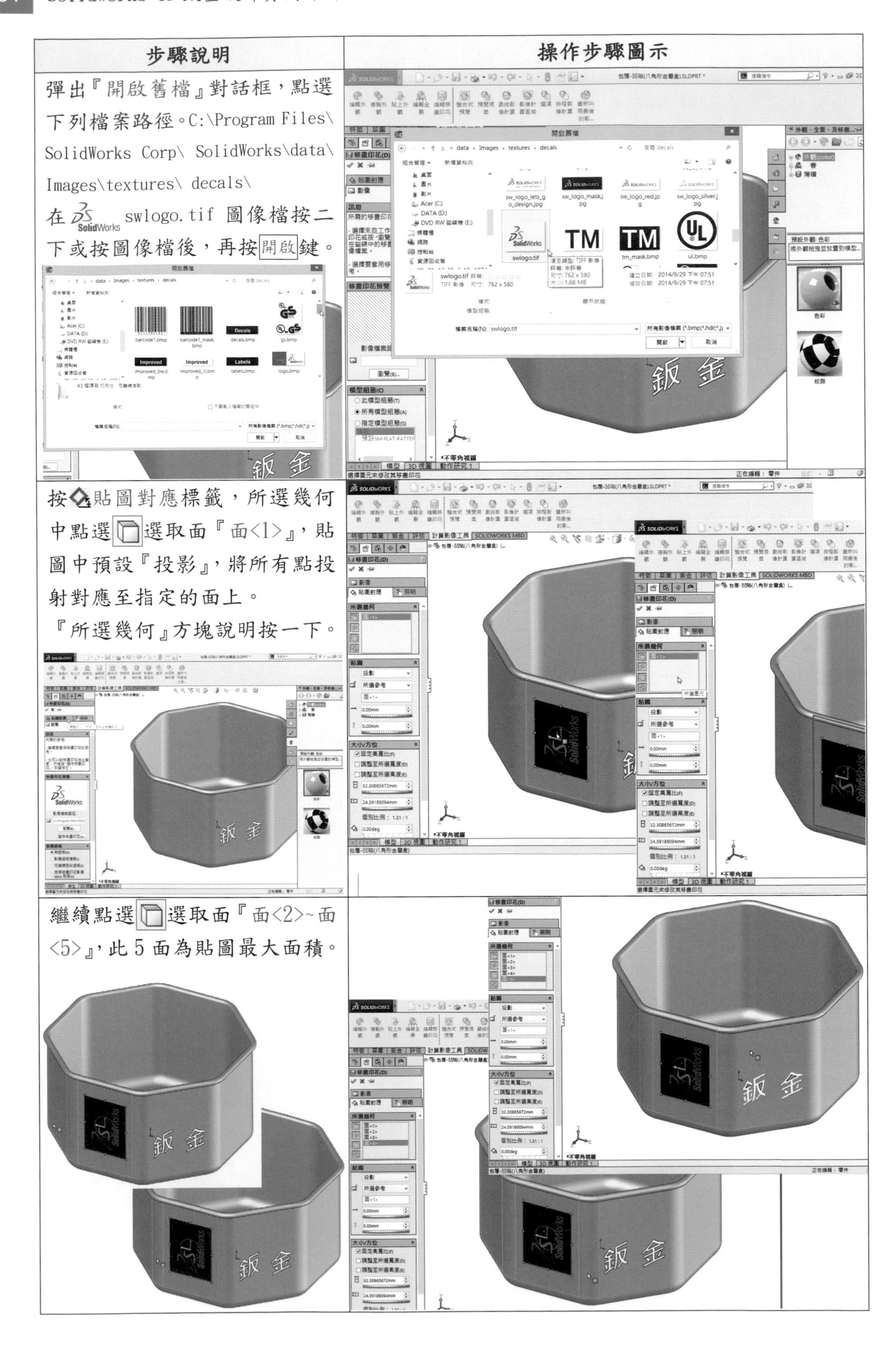

| 步驟說明 | 操作步驟圖示 |
|---|---|
| 彈出『開啟舊檔』對話框，點選下列檔案路徑。C:\Program Files\SolidWorks Corp\ SolidWorks\data\Images\textures\ decals\<br>在 SolidWorks swlogo.tif 圖像檔按二下或按圖像檔後，再按開啟鍵。 | |
| 按貼圖對應標籤，所選幾何中點選選取面『面<1>』，貼圖中預設『投影』，將所有點投射對應至指定的面上。<br>『所選幾何』方塊說明按一下。 | |
| 繼續點選選取面『面<2>~面<5>』，此 5 面為貼圖最大面積。 | |

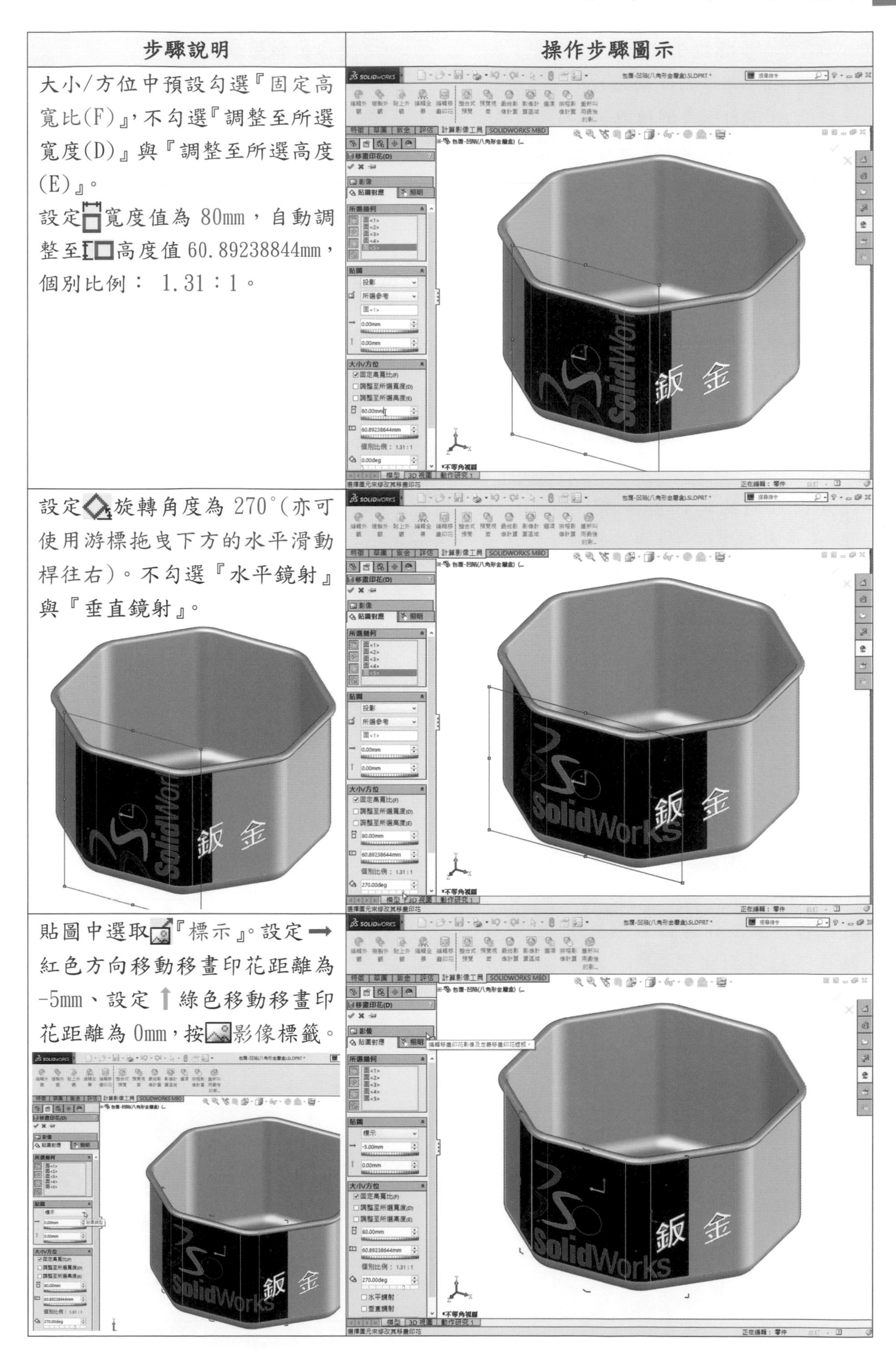

| 步驟說明 | 操作步驟圖示 |
| --- | --- |
| 大小/方位中預設勾選『固定高寬比(F)』，不勾選『調整至所選寬度(D)』與『調整至所選高度(E)』。設定寬度值為 80mm，自動調整至高度值 60.89238844mm，個別比例： 1.31：1。 | |
| 設定旋轉角度為 270°(亦可使用游標拖曳下方的水平滑動桿往右)。不勾選『水平鏡射』與『垂直鏡射』。 | |
| 貼圖中選取『標示』。設定紅色方向移動移畫印花距離為 -5mm、設定綠色移動移畫印花距離為 0mm，按影像標籤。 | |

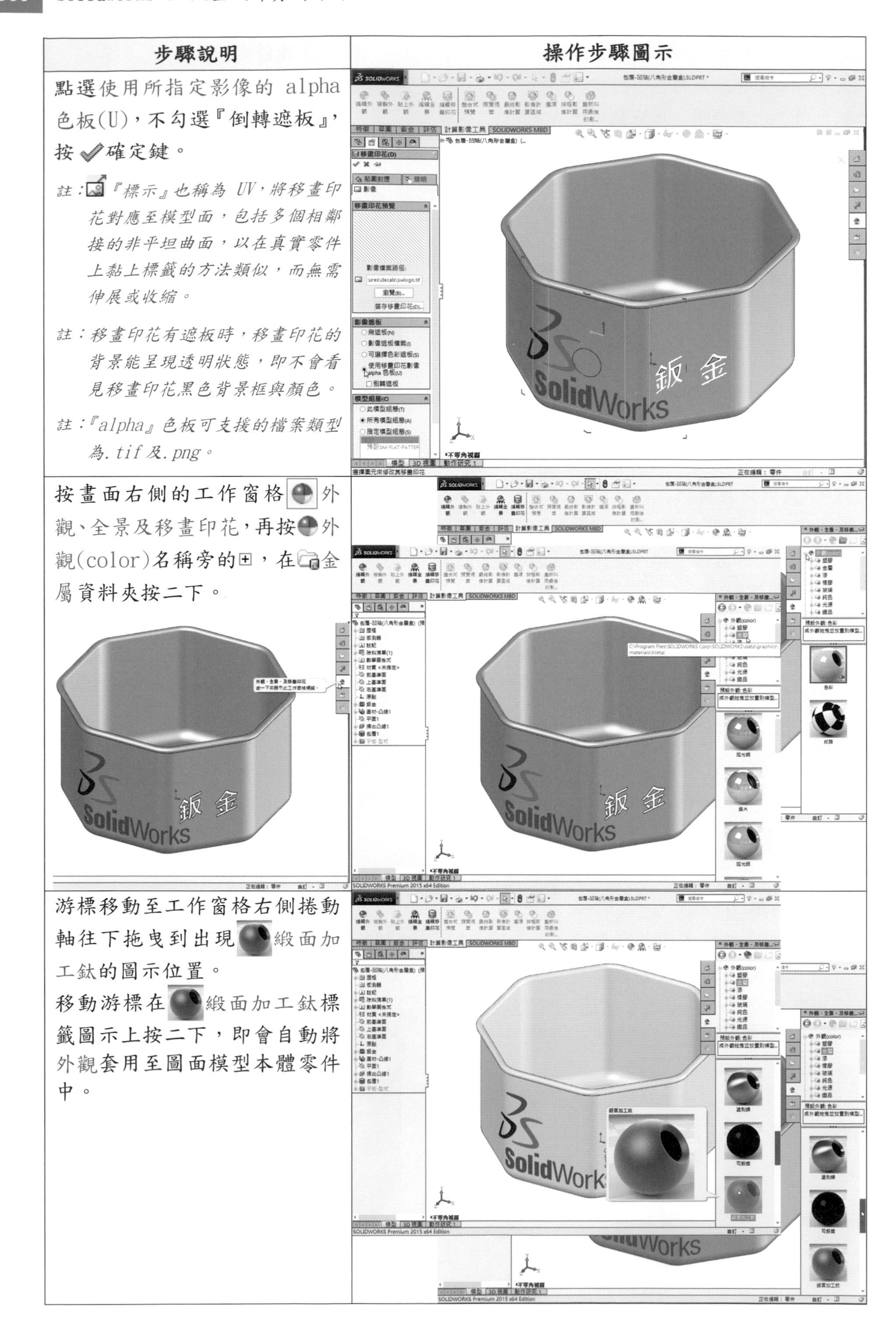

| 步驟說明 | 操作步驟圖示 |
| --- | --- |
| 點選使用所指定影像的 alpha 色板(U)，不勾選『倒轉遮板』，按✔確定鍵。<br>註：『標示』也稱為 UV，將移畫印花對應至模型面，包括多個相鄰接的非平坦曲面，以在真實零件上黏上標籤的方法類似，而無需伸展或收縮。<br>註：移畫印花有遮板時，移畫印花的背景能呈現透明狀態，即不會看見移畫印花黑色背景框與顏色。<br>註：『alpha』色板可支援的檔案類型為.tif 及.png。 | |
| 按畫面右側的工作窗格外觀、全景及移畫印花，再按外觀(color)名稱旁的⊞，在金屬資料夾按二下。 | |
| 游標移動至工作窗格右側捲動軸往下拖曳到出現緞面加工鈦的圖示位置。<br>移動游標在緞面加工鈦標籤圖示上按二下，即會自動將外觀套用至圖面模型本體零件中。 | |

| 步驟說明 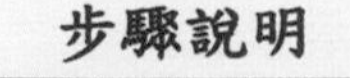 | 操作步驟圖示 |
|---|---|
| 按特徵管理員中原點，彈出文意感應工具列後，按隱藏/顯示鈕，隱藏原點。<br>按特徵管理員中包覆1，彈出文意感應工具列後，按外觀鈕，再按包覆1的標籤列。<br>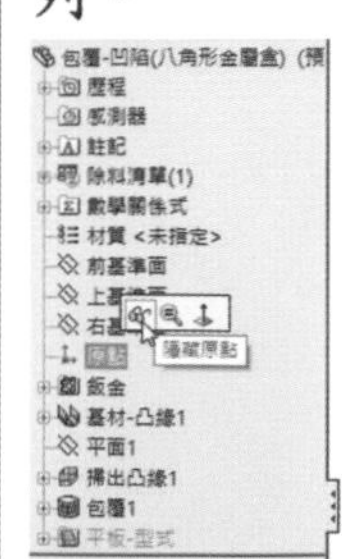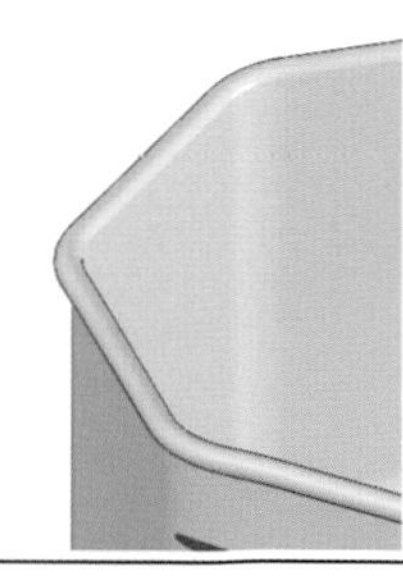 |  |
| 色彩/影像中所選幾何載入『包覆1』，色彩中顯示目前所選色彩為『藍色』，產生新色樣，選取『標準』，按一下標準色彩調色盤『』深藍色色樣。<br>游標移動至工作窗格右側捲動軸往下拖曳。<br>RGB 預設紅色數值 0、綠色數值 0、藍色數值 192 後，按確定鍵。 | 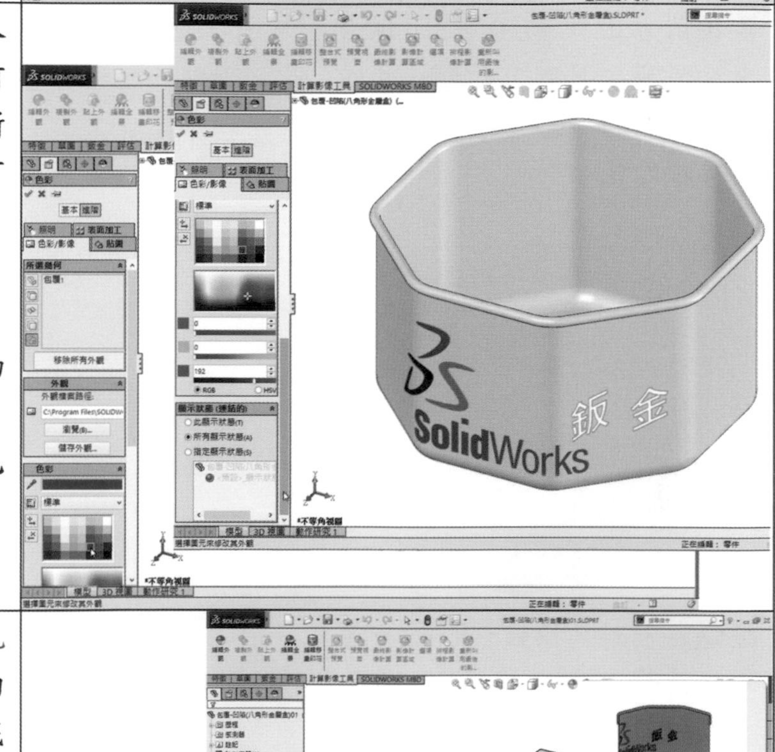 |
| 按視角方位鈕，點選『視圖選擇器』方向對話方塊中的右下角位置，強調顯示右側底部方向的不等角視。<br>按展平鈕，會自動展開產生整齊平板型式的鈑金。<br> | 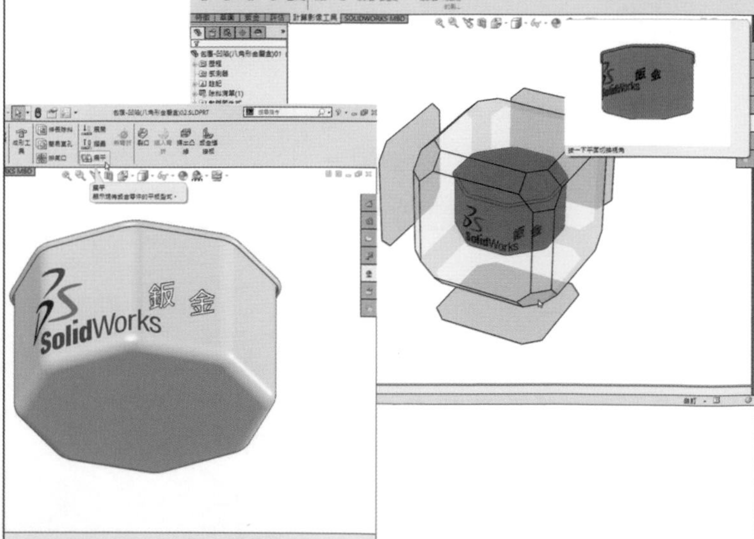 |

| 步驟說明 | 操作步驟圖示 |
| --- | --- |
| 若再按圖面之右上角確認角落鈕，即可結束展平。<br>按另存新檔鈕，輸入檔案名稱(N)：套用移畫印花(八角形金屬盒)，按 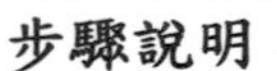 鍵。<br>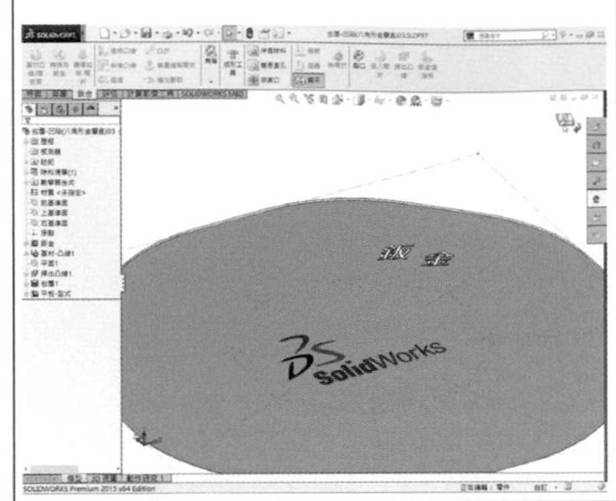 | 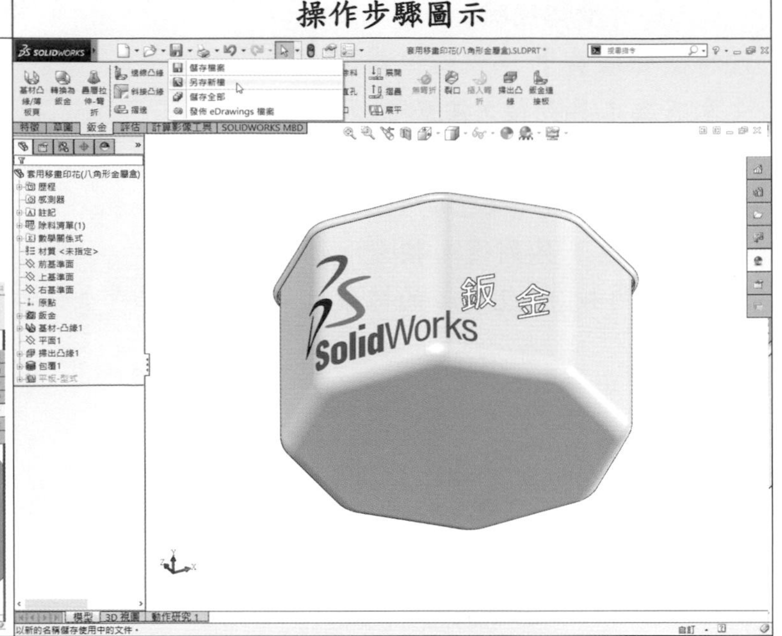 |
| 再按前方正垂面(藍色)，彈出文意感應工具列，按外觀鈕，再按test 標籤列後，編輯移畫印花。<br> | 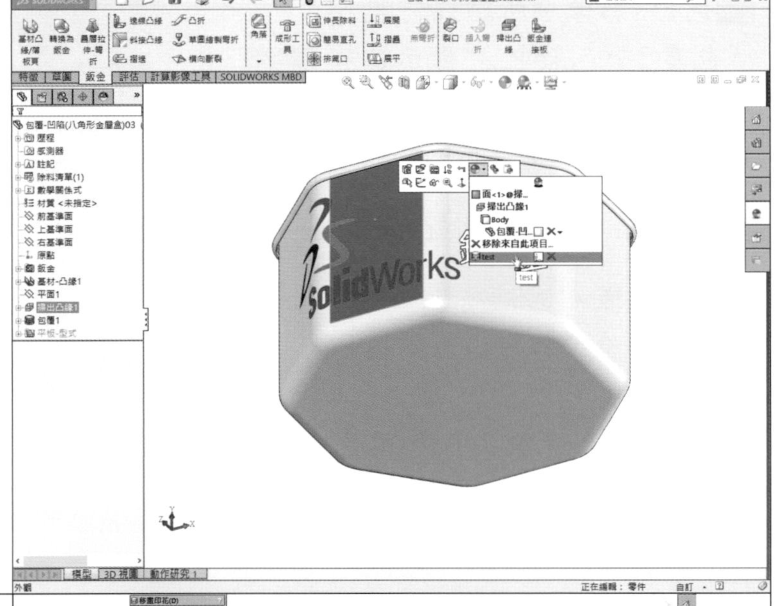 |
| 按貼圖對應標籤，大小/方位中修改旋轉角度為 0°。取消勾選『固定高寬比(F)』，不勾選『調整至所選寬度(D)』與『調整至所選高度(E)』，設定寬度值 90mm、設定高度值 50mm。<br>貼圖中修改➡紅色方向移動距離為-10mm、設定⬆綠色移動距離為-8mm，修改確認無誤後，按✔確定鍵。 | 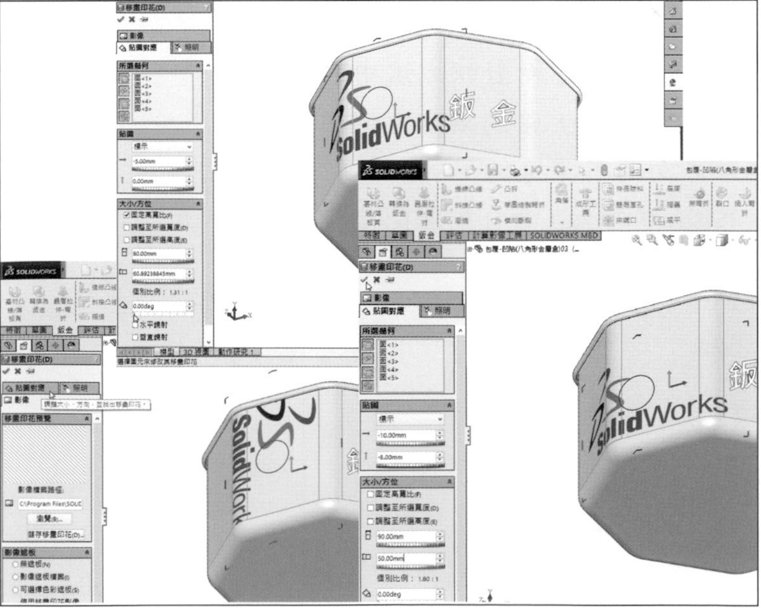 |

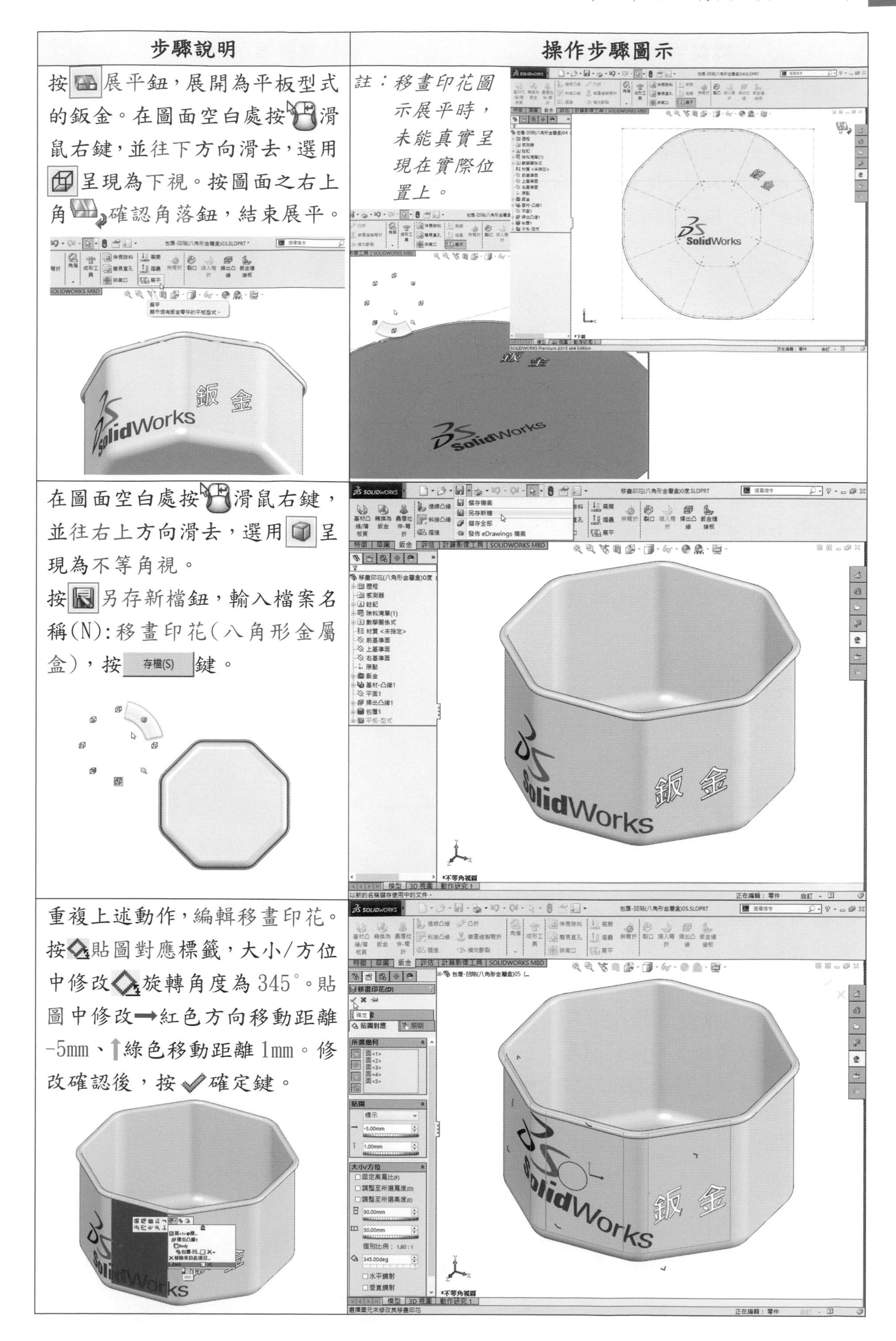

| 步驟說明 | 操作步驟圖示 |
| --- | --- |
| 按展平鈕，展開為平板型式的鈑金。在圖面空白處按滑鼠右鍵，並往下方向滑去，選用呈現為下視。按圖面之右上角確認角落鈕，結束展平。 | 註：移畫印花圖示展平時，未能真實呈現在實際位置上。 |
| 在圖面空白處按滑鼠右鍵，並往右上方向滑去，選用呈現為不等角視。<br>按另存新檔鈕，輸入檔案名稱(N):移畫印花(八角形金屬盒)，按 存檔(S) 鍵。 | |
| 重複上述動作，編輯移畫印花。按貼圖對應標籤，大小/方位中修改旋轉角度為345°。貼圖中修改紅色方向移動距離-5mm、綠色移動距離1mm。修改確認後，按確定鍵。 | |

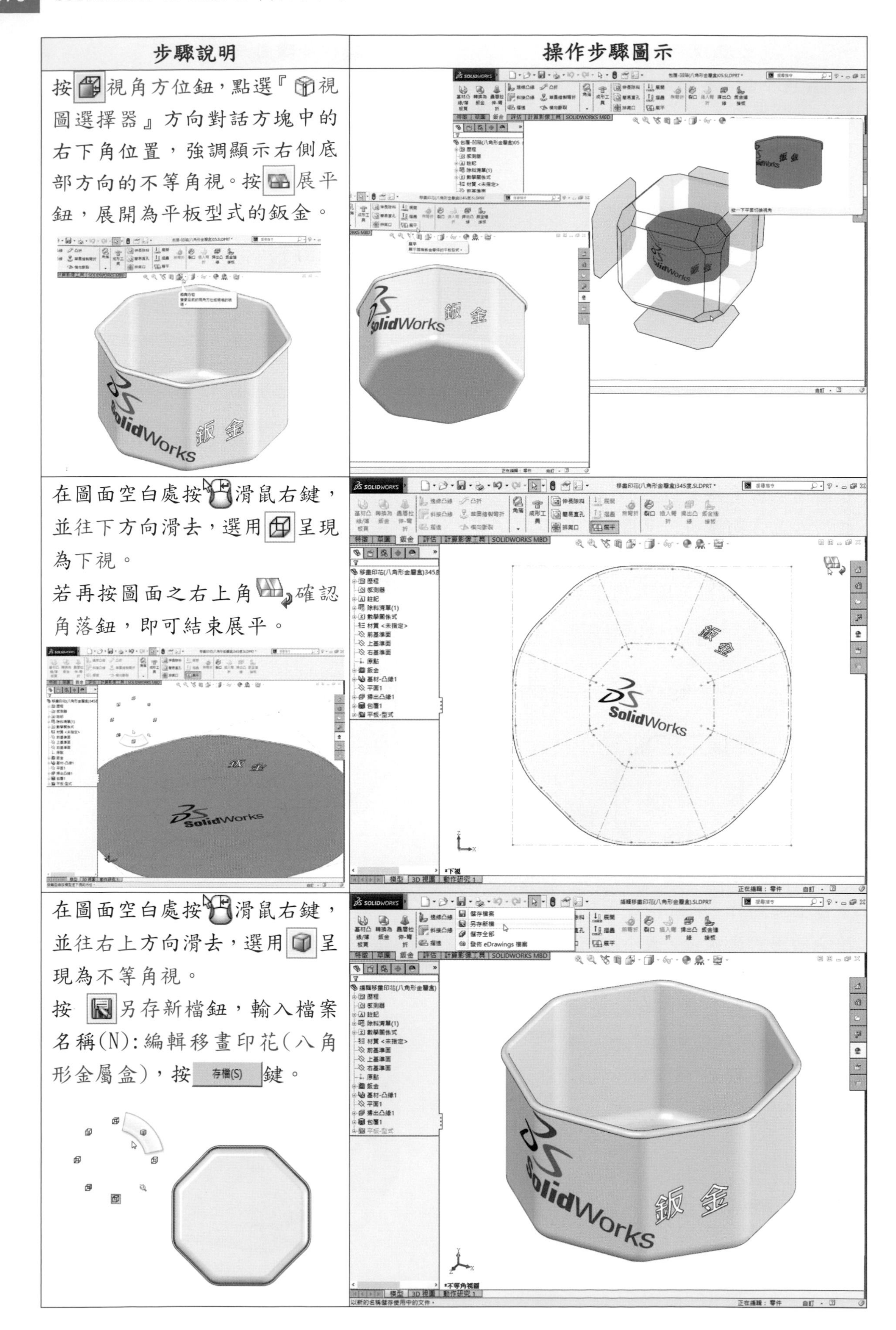

| 步驟說明 | 操作步驟圖示 |
|---|---|
| 按視角方位鈕，點選『視圖選擇器』方向對話方塊中的右下角位置，強調顯示右側底部方向的不等角視。按展平鈕，展開為平板型式的鈑金。 | |
| 在圖面空白處按滑鼠右鍵，並往下方向滑去，選用呈現為下視。<br>若再按圖面之右上角確認角落鈕，即可結束展平。 | |
| 在圖面空白處按滑鼠右鍵，並往右上方向滑去，選用呈現為不等角視。<br>按另存新檔鈕，輸入檔案名稱(N):編輯移畫印花(八角形金屬盒)，按存檔(S)鍵。 | |

# 隨書動畫光碟內容說明(學生版)

1. SolidWorks 3D 鈑金設計實例(完成檔)2014~2015 版適用。
2. SolidWorks 3D 鈑金設計實例(草圖參考檔)2014~2015 版適用。
3. SolidWorks 3D 鈑金設計實例 SAT 檔。
4. SolidWorks 3D 鈑金設計實例成形工具 SAT 檔。
5. SolidWorks 3D 鈑金設計實例成形工具 SLD 檔。
6. SolidWorks 2014 版第 2~4 章動畫 mp4 檔 640×480dpi。
7. SolidWorks 2015 版第 2 章 動畫 mp4 檔 640×480dpi。
8. SolidWorks 2015 版第 3 章 動畫 mp4 檔 640×480dpi。
9. SolidWorks 2015 版第 4 章 動畫 mp4 檔 640×480dpi。
10. SolidWorks 3D 鈑金設計實例詳解 特色範例 JPG 檔。

# 心得 筆記篇

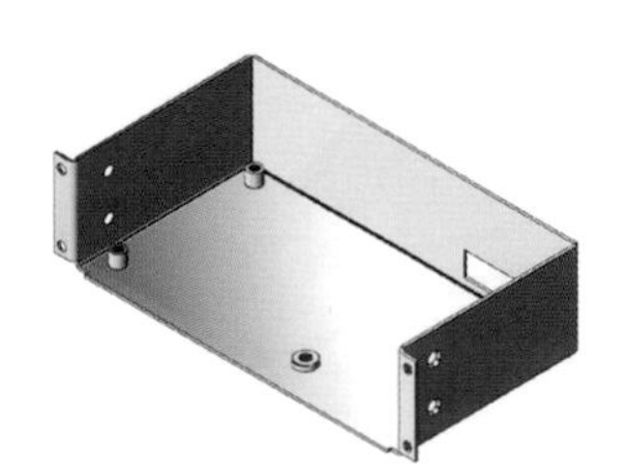

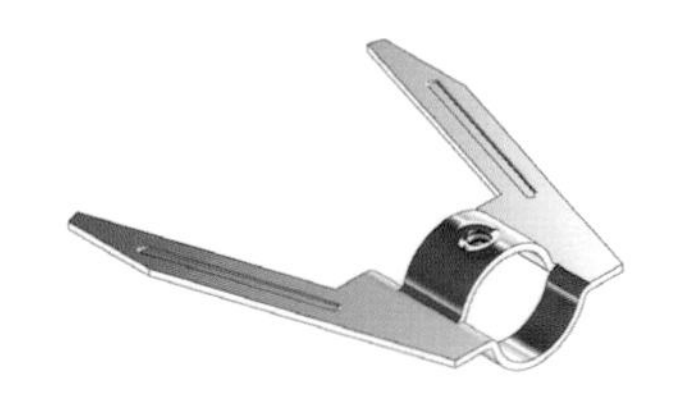

國家圖書館出版品預行編目資料

SolidWorks 2015 3D 鈑金設計實例詳解 / 鄭光臣, 陳世龍, 宋保玉編著. - - 二版.- - 新北市：全華圖書， 2017.08
面 ； 公分
ISBN 978-986-463-616-7(平裝)
1.SolidWorks(電腦程式) 2.電腦繪圖
312.49S678　　106013168

# SolidWorks 2015 3D 鈑金設計實例詳解

作者 / 鄭光臣、陳世龍、宋保玉
發行人 / 陳本源
執行編輯 / 黃立良
封面設計 / 楊昭琅
出版者 / 全華圖書股份有限公司
郵政帳號 / 0100836-1 號
印刷者 / 宏懋打字印刷股份有限公司
圖書編號 / 06289007
二版一刷 / 2017 年 08 月
定價 / 新台幣 750 元
ISBN / 978-986-463-616-7 (平裝附光碟)
全華圖書 / www.chwa.com.tw
全華網路書店 Open Tech / www.opentech.com.tw
若您對書籍內容、排版印刷有任何問題，歡迎來信指導 book@chwa.com.tw

**臺北總公司(北區營業處)**
地址：23671 新北市土城區忠義路 21 號
電話：(02) 2262-5666
傳真：(02) 6637-3695、6637-3696

**南區營業處**
地址：80769 高雄市三民區應安街 12 號
電話：(07) 381-1377
傳真：(07) 862-5562

**中區營業處**
地址：40256 臺中市南區樹義一巷 26 號
電話：(04) 2261-8485
傳真：(04) 3600-9806

**版權所有・翻印必究**

（請由此線剪下）

# 歡迎加入 全華會員

## ● 會員獨享

會員享購書折扣、紅利積點、生日禮金、不定期優惠活動…等。

## ● 如何加入會員

填妥讀者回函卡直接傳真（02）2262-0900 或寄回，將由專人協助登入會員資料，待收到 E-MAIL 通知後即可成為會員。

# 如何購買 全華書籍

## 1. 網路購書

全華網路書店「http://www.opentech.com.tw」，加入會員購書更便利，並享有紅利積點回饋等各式優惠。

## 2. 全華門市、全省書局

歡迎至全華門市（新北市土城區忠義路 21 號）或全省各大書局、連鎖書店選購。

## 3. 來電訂購

(1) 訂購專線：(02) 2262-5666 轉 321-324
(2) 傳真專線：(02) 6637-3696
(3) 郵局劃撥（帳號：0100836-1　戶名：全華圖書股份有限公司）
※ 購書未滿一千元者，酌收運費 70 元。

全華網路書店 www.opentech.com.tw
E-mail: service@chwa.com.tw

※ 本會員制如有變更則以最新修訂制度為準，造成不便請見諒。

廣　告　回　信
板橋郵局登記證
板橋廣字第540號

**行銷企劃部　收**

23671
新北市土城區忠義路 21 號
全華圖書股份有限公司

（請由此線剪下）

# 讀者回函卡

填寫日期：　　/　　/

姓名：＿＿＿＿　生日：西元＿＿年＿＿月＿＿日　性別：□男 □女

電話：（　）＿＿＿＿　傳真：（　）＿＿＿＿　手機：＿＿＿＿

e-mail：（必填）＿＿＿＿

註：數字零，請用 Φ 表示，數字 1 與英文 L 請另註明並書寫端正，謝謝。

通訊處：□□□□□

學歷：□博士　□碩士　□大學　□專科　□高中・職

職業：□工程師　□教師　□學生　□軍・公　□其他

學校／公司：＿＿＿＿　科系／部門：＿＿＿＿

・需求書類：

□ A. 電子 □ B. 電機 □ C. 計算機工程 □ D. 資訊 □ E. 機械 □ F. 汽車 □ I. 工管 □ J. 土木

□ K. 化工 □ L. 設計 □ M. 商管 □ N. 日文 □ O. 美容 □ P. 休閒 □ Q. 餐飲 □ B. 其他

・本次購買圖書為：＿＿＿＿　書號：＿＿＿＿

・您對本書的評價：

封面設計：□非常滿意　□滿意　□尚可　□需改善，請說明＿＿＿＿

內容表達：□非常滿意　□滿意　□尚可　□需改善，請說明＿＿＿＿

版面編排：□非常滿意　□滿意　□尚可　□需改善，請說明＿＿＿＿

印刷品質：□非常滿意　□滿意　□尚可　□需改善，請說明＿＿＿＿

書籍定價：□非常滿意　□滿意　□尚可　□需改善，請說明＿＿＿＿

整體評價：請說明＿＿＿＿

・您在何處購買本書？

□書局　□網路書店　□書展　□團購　□其他＿＿＿＿

・您購買本書的原因？（可複選）

□個人需要　□幫公司採購　□親友推薦　□老師指定之課本　□其他＿＿＿＿

・您希望全華以何種方式提供出版訊息及特惠活動？

□電子報　□ DM　□廣告（媒體名稱＿＿＿＿）

・您是否上過全華網路書店？（www.opentech.com.tw）

□是　□否　您的建議＿＿＿＿

・您希望全華出版那方面書籍？＿＿＿＿

・您希望全華加強那些服務？＿＿＿＿

～感謝您提供寶貴意見，全華將秉持服務的熱忱，出版更多好書，以饗讀者。

全華網路書店 http://www.opentech.com.tw　　客服信箱 service@chwa.com.tw

2011.03 修訂

親愛的讀者：

感謝您對全華圖書的支持與愛護，雖然我們很慎重的處理每一本書，但恐仍有疏漏之處，若您發現本書有任何錯誤，請填寫於勘誤表內寄回，我們將於再版時修正，您的批評與指教是我們進步的原動力，謝謝！

全華圖書　敬上

# 勘誤表

| 書號 | | 書名 | | 作者 | |
|---|---|---|---|---|---|
| 頁數 | 行數 | 錯誤或不當之詞句 | | 建議修改之詞句 | |
| | | | | | |
| | | | | | |
| | | | | | |
| | | | | | |
| | | | | | |
| | | | | | |
| | | | | | |
| | | | | | |
| | | | | | |

我有話要說：（其它之批評與建議，如封面、編排、內容、印刷品質等・・・）